I0032479

DICTIONNAIRE

CLASSIQUE

D'HISTOIRE NATURELLE.

Liste des lettres initiales adoptées par les auteurs.

MM.

AD. B. Adolphe Brongniart.
A. D. J. Adrien de Jussieu.
A. D..NS. Antoine Desmoulins.
A. R. Achille Richard.
AUD. Audouin.
B. Bory de Saint-Vincent.
C. P. Constant Prévost.
D. C..E. De Candolle.
D..S. Deshaies.
D..Z. Drapiez.
E. Edwards.

MM.

F. Daudebard de Férussac.
FL..S. Flourens.
G. DEL. Gabriel Delafosse.
GEOF. ST.-H. Geoffroy de St.-Hilaire.
G..N. Guillemin.
ISID. B. Isidor Bourdon.
K. Kunth.
LAM..X. Lamouroux.
LAT. Latreille.
LUC. Lucas fils.

La grande division à laquelle appartient chaque article , est indiquée par l'une des abréviations suivantes , qu'on trouve immédiatement après son titre.

ACAL. Acalèphes.
ANNEL. Annelides.
ARACHN. Arachnides.
BOT. Botanique.
CRUST. Crustacés.
CRYPT. Cryptogamie.
ECHIN. Echinodermes.
FOSS. Fossiles.
GÉOL. Géologie.
INF. Infusoires.
INS. Insectes.
INT. Intestinaux.

MAM. Mammifères.
MIN. Minéralogie.
MOLL. Mollusques.
OIS. Oiseaux.
PHAN. Phanerogamie.
POIS. Poissons.
POLYP. Polypes.
REPT. BAT. Reptiles Batraciens.
— CHEL. — Chéloniens.
— OPH. — Ophidiens.
— SAUR. — Sauriens.
ZOOL. Zoologie.

IMPRIMERIE J. TASTU , RUE DE VAUGIRARD N° 36.

DICTIONNAIRE

CLASSIQUE

D'HISTOIRE NATURELLE,

PAR MESSIEURS

Audouin, Isid. Bourdon, Ad. Brongniart, De Candolle, Daudebard
de Férussac, Deshaies, A. Desmoulins, Drapiez, Edwards,
Flourens, Geoffroy de Saint-Hilaire, Guillemin, A. De Jussieu,
Kunth, G. De Lafosse, Lamouroux, Latreille, Lucas fils,
C. Prévost, A. Richard, et Bory de Saint-Vincent.

Ouvrage dirigé par ce dernier collaborateur, et dans lequel on a ajouté, pour
le porter au niveau de la science, un grand nombre de mots qui n'avaient
pu faire partie de la plupart des Dictionnaires antérieurs.

TOME TROISIÈME.

CAD-CHI.

PARIS.

REY et GRAVIER, LIBRAIRES-ÉDITEURS,
Quai des Augustins, n° 55;

BAUDOUIN FRÈRES, LIBRAIRES-ÉDITEURS,
Rue de Vaugirard, n° 36.

ᴧᴧᴧᴧᴧᴧᴧ

1823.

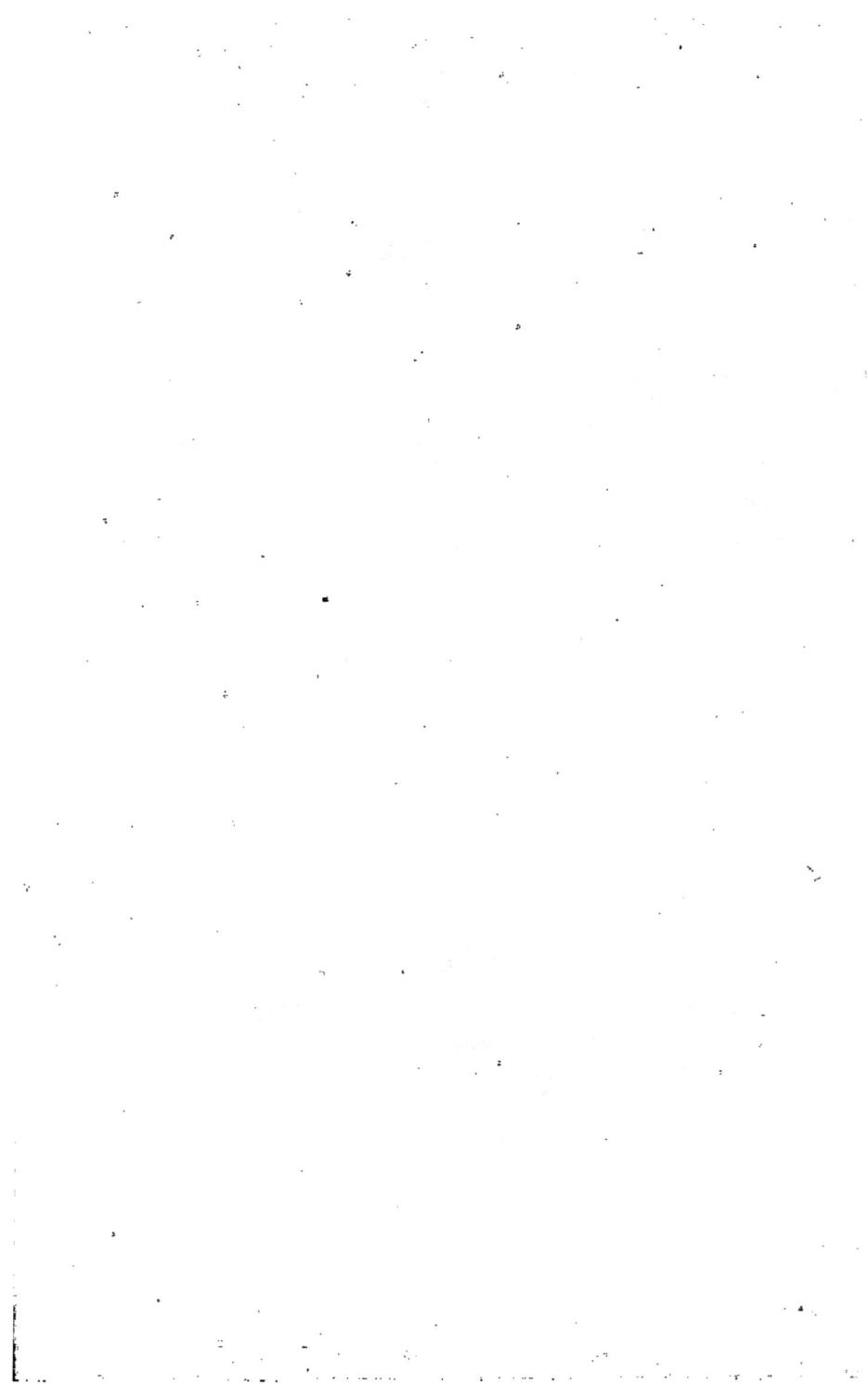

DICTIONNAIRE

CLASSIQUE

D'HISTOIRE NATURELLE.

CAD. BOT. PHAN. L'un des noms du Genevrier en vieux français. A-danson écrit Kad. (B.)

CADABA. BOT. PHAN. Genre de la famille des Capparidées, établi par Forskahl qui lui a donné ce nom, que Vahl avait changé en celui de *Stroemia.* Son calice est composé de quatre sépales étalés et caducs ; ses pétales, onguiculés et au nombre de quatre, manquent quelquefois ; quatre ou cinq étamines, à filets grêles, à anthères dressées, s'insèrent sur le sommet d'un support qui soutient l'ovaire. En bas et sur le côté de ce même support, se présente un appendice tubuleux inférieurement et qui finit supérieurement en languette. L'ovaire, que termine un stigmate obtus et sessile, devient une silique cylindrique, s'ouvrant en deux valves qui se roulent en dehors et contenant dans une seule loge, remplie de pulpe, des graines nombreuses sur un triple rang. A trois espèces originaires de l'Arabie-Heureuse et décrites par Forskahl, savoir les *Cadaba rotundifolia, glandulosa* et *farinosa*, on en a réuni une quatrième de l'Inde, le *Cleome fruticosa* de Linné. Toutes les quatre sont des Arbrisseaux. La première présente des feuilles orbiculaires et glabres ; la seconde des feuilles arrondies et re-

couvertes de poils visqueux. L'une et l'autre sont dépourvues de pétales, tandis qu'on en observe dans le *C. farinosa* dont les feuilles sont allongées et farineuses, ainsi que dans le *C. tetrandra* qui doit son nom au nombre de ses étamines, moindre de l'unité que dans les trois premières. Les fleurs sont disposées en grappes à l'extrémité des rameaux. (A. D. J.)

* **CADALE.** BOT. PHAN. (Léchenault.) Syn. de *Cicer arietinum*, aux environs de Pondichéry. (B.)

CADALI ou **KADALI.** BOT. PHAN. (Ray.) Syn. d'*Osbeckia zeylanica*, L. *V.* OSBECKIE.

* Les Malabares donnent, selon Adanson, ces noms à un Mélastome. (B.)

* **CADALINI.** BOT. PHAN. Nom portugais d'une variété de Banane dans l'Inde. (B.)

CADALI-PUA. BOT. PHAN. Syn. malabare de Munchausie. *V.* ce mot. (B.)

CADAMBA. BOT. PHAN. (Sonnerat.) Syn. de *Guettarda speciosa. V.* GUETTARDE. (B.)

CADA-NAKU ou **KADANACU.** Syn. d'*Aloe perfoliata* à la côte de Malabar. (B.)

CADA-PILAVA ou CODA-PILA-VA. bot. phan. Syn. de *Morinda citrifolia* à la côte de Malabar. Adanson écrit *Kada-Pilava*. (b.)

CADAR. bot. phan. Probablement la même chose que Cadare ? *V.* ce mot. (b.)

* CADARE. bot. phan. Syn. d'*Aloe vera* à la côte de Malabar. (b.)

CADARON. bot. phan. Une espèce d'*Hieracium* chez les Arabes. *V.* Epervière. (b.)

CADAVANG ou CADAWANG. bot. phan. (Plukenet.) Syn. de *Gleditsia inermis* à Java. *V.* Gleditsie. (b.

CADAVRE. zool. *V.* Mort.

CADDATI ou CATTATI. bot. phan. Syn. de *Bauhinia tomentosa* à la côte de Coromandel. (b.)

CADDO. ois. Syn. anglais de Choucas, *Corvus Monedula*, L. *V.* Corbeau. (dr..z.)

CADDOU-COULLOU. bot. phan. Et non CADDON-COULLOU. Même chose que Caddati et non Coddati. (b.)

CADE et CADÉ. bot. phan. Probablement de Cad. *V.* ce mot. Syn. d'Oxicèdre, *Juniperus Oxicedrus*, L. en provençal. (b.)

CADE-ÉLÉMICH. bot. phan. Syn. de *Ziziphus Œnoplia* à la côte de Coromandel. (b.)

CADEJI-INDI. bot. phan. (C. Bauhin.) Syn. de *Laurus Malabathrum*, Lamk. *V.* Laurier. (b.)

CADELAFON. bot. phan. (Scaliger.) Variété de Banane qui est peut-être la même que celle que les Portugais de l'Inde nomment Cadalini. (b.)

CADELARI. bot. phan. De *Kadelari*, nom malabare sous lequel on désigne, dans quelques ouvrages, le genre Achyranthe *V.* ce mot. (b.)

CADEL-AVANACU bot. phan. Et non *Avanaca*. Syn. de *Croton Tiglium* à la côte de Malabar. (b.)

CADELI-POEA et SOTULARI.

Syn. indou d'Adamboë. *V.* ce mot. Adanson écrit *Kadeli-Poeá*. (b.)

CADELIUM. bot. phan. (Rumph. *Amb.* 5. pl. 140.) Syn. de *Phaseolus Max*, appellé Kadelée à Java et à Balis. *V.* Dolic. (b.)

CADELLE. ins. Nom sous lequel on a désigné et on désigne encore, dans le midi de la France, une larve d'Insecte Coléoptère qui se nourrit de la substance farineuse du Blé renfermé dans les greniers. Cette Larve a d'abord été décrite par Rozier (Cours d'Agriculture), et ensuite par Dorthe (Mém. de la Soc. d'agriculture de Paris. 1er trimestre, 1787). Ce dernier observateur a suivi ses métamorphoses, et nous a appris que l'Insecte parfait était le *Tenebrio mauritanicus* de Linné ou le *Trogossite mauritanique* d'Olivier. *V.* Trogossite. (aud.)

CADELPACHI. bot. phan. Plante de la côte de Coromandel que Bosc croit appartenir au genre Scorsonère. (b.)

CADENACO ou KADENAKO. bot. phan. Syn. indou de *Sansevièra lanuginosa*, Willd. *V.* Sansevière. (b.)

* CADENELLES. bot. phan. On appelle ainsi dans le Languedoc et dans la Provence les fruits du *Juniperus Oxicedrus*. *V.* Cade. (b.)

CADIE. *Cadia.* bot. phan. Forskahl nomme ainsi un Arbrisseau qui croît dans l'Égypte et l'Arabie, et qui par son port ressemble au Tamarin. C'est le même que Piccivoli, botaniste italien, appelait *Panciatica* et dont Desfontaines, sous le nom de *Spaendoncea*, a fait un genre consacré à un célèbre peintre de fleurs. Il le plaça parmi les Légumineuses à corolle régulière et à gousse uniloculaire bivalve. Son calice est campanulé et quinquefide ; ses pétales égaux entre eux, au nombre de cinq en général, plus rarement de six ou sept, se rapprochent en formant une cloche régulière, qui passe du blanc au rouge et rappelle la corolle de la Mauve. Le nombre des étamines est double de celui des pétales, c'est-à-dire varie de dix à quatorze ; leurs filets, libres et égaux, s'épaississent vers leur base. Les feuilles sont composées de plusieurs paires de folioles terminées par une impaire, et munies de stipules sétacées. Ses pédoncules axillaires et solitaires portent une ou deux fleurs. (A. D. J.)

, CADITE. ÉCHIN. FOSS. Quelques oryctographes ont donné ce nom à des articulations d'Encrines fossiles, rondes et non anguleuses. (LAM..X.)

CADJAN ou CADJANG. BOT. PHAN. Même chose que Cajan, V. ce mot. (B.)

CADJOE-COÉ. BOT. PHAN. (Burman fils.) Syn. de Choux de la Chine. (B.)

CADJU. BOT. PHAN. L'un des noms indiens de l'Acajou. V. ce mot. (B.)

CADMIE. MIN. Oxide gris de Zinc, qui, dans le traitement de la Calamine ou de tout Minerai zincifère, s'attache aux parois du fourneau ; il est en masses concrétionnées d'un gris cendré ; on l'emploie en pharmacie dans quelques préparations anti-ophtalmiques.—D'anciens minéralogistes appelaient CADMIE NATURELLE ou FOSSILE l'Oxide blanc d'Arsénic, l'arséniate de Cobalt, la Calamine, etc. (DR..Z.)

* CADMIUM. MIN. Métal découvert en 1818, par Stromeyer, dans divers minerais de Zinc. Il est d'un blanc légèrement bleuâtre, éclatant, mou, flexible, un peu plus dur et plus tenace que l'Etain. Sa pesanteur spécifique est de 8,69 ; il se fond avant de rougir, et se volatilise à une température plus élevée ; il cristallise par décantation en octaèdres ; il se combine avec l'oxigène dans les proportions de 100 à 14,352 ; il forme avec les Acides des sels incolores ; il s'allie avec la plupart des autres Métaux. (DR..Z.)

CADMON ou CATMON. BOT.PHAN. Syn. de Dillenie. V. ce mot. (B.)

CADOCS. BOT. PHAN. Double emploi de Cadoques. V. ce mot. (B.)

* CADOLINI. BOT. PHAN. Même chose que Cadalini. V. ce mot. (B.)

CADOO. BOT. PHAN. (Marsden.) Espèce de Poivre dans l'Inde, peut-être le Betel. (B.)

CADOQUES. BOT. PHAN. Nom vulgaire des graines du Guilandina Bonduc aux îles de France et de Mascareigne, où l'on appelle aussi CADOQUES NOIRES les fruits d'une Légumineuse qui paraît être un Dolic, peut-être la Plante figurée dans Rhéede, T. VIII, pl. 46, sous le nom de Tseria-Cametti-Valli. (B.)

CADOREUX. OIS. Syn. vulgaire du Chardonneret, Fringilla Carduelis, L. V. GROS-BÉC. (DR..Z.)

CADORIJA. BOT. PHAN. Syn. d'Hypecoom procumbens dans les provinces de Grenade et de Murcie en Espagne. (B.)

CADOUCAIE. BOT. PHAN. (Lettres édifiantes, nouv. édit. T. IV, p. 148.) Syn. présumé de Myrobolan. (B.)

CADRAN. OIS. Espèce du genre Merle, figurée par Levaillant, pl. 109 de ses Oiseaux d'Afrique. V. MERLE. (DR..Z.)

CADRAN. MOLL. V. SOLARIUM.

CADRAN ou CADRANURE. BOT. PHAN. Maladie des Arbres très-vieux, où les zônes ligneuses du centre se détachent les unes des autres. (B.)

CADRAN. BOT CRYPT. L'un des noms vulgaires de l'Oronge, espèce d'Agaric. (B.)

CADUC, deciduus. BOT. C'est-à-dire qui tombe. On donne ce nom aux parties des Végétaux qui ne persistent pas pendant le développement des organes, dans la composition desquels ces parties entraient d'abord. Le calice est caduc dans le Pavot. Les stipules sont caduques dans quelques Passionaires. La corolle est caduque dans les fleurs de la Vigne, etc. (B.)

CADUK-DUK. BOT. PHAN. On donne indifféremment à Java ce nom au Melastoma aspera et au Melastoma octandra. V. MÉLASTOME. (B.)

1*

CADULA et CADUTAS. bot. phan. Pour Kadula et Kadutas. *V.* ces mots. (b.)

CADUL-GAHA ou GAHÆ. bot. phan. Syn. de Xylocarpe. *V.* ce mot. (b.)

CADUTAS. bot. phan. *V.* Cadula.

CADYTAS. bot. phan. Pour Kadutas. *V.* Kadula.

CÆCALYPHE. bot. crypt. *V.* Cecalyphum.

CÆLACHNE. bot. phan. *V.* Coelachne.

CÆLA-DOLO. bot. phan. Syn. indou de *Torenia asiatica*, dont Adanson (*Fam. Plant.* T. ii, p. 209) avait formé son genre Kæla. (b.)

* CÆLESTINE. *Cœlestina.* bot. phan. Genre formé par H. Cassini, dans la tribu des Eupatoriées, famille des Corymbifères, Singénésie Polygamie égale, L. et qui ne renferme jusqu'ici qu'une espèce fort élégante, qui paraît être l'*Eupatorium cœlestinum*, L., et qu'on cultive dans les serres du Jardin des Plantes, où l'élégance de ses fleurs, d'un bleu sublime, la fait remarquer. Elle avait déjà été figurée dans l'*Hortus Elthamensis*, t. 114, f. 139. On en trouve un beau dessin dans le Dictionnaire de Levrault. Les caractères du genre sont, selon son auteur : calathide multiflore, flosculeuse, composée de fleurons hermaphrodites ; péricline sub-cylindracé, irrégulièrement imbriqué, et formé d'écailles foliacées, inégales, linéaires, lancéolées ; le clinanthe nu et conique ; la cypsèle pentagone, glabre et surmontée, au lieu d'aigrette, d'une petite couronne formée par une membrane cartilagineuse, continue, dont le bord est irrégulièrement sinué et denticulé. (b.)

CÆLESTINE. min. *V.* Célestine.

CÆNOMYE. ins. *V.* Coenomie.

CÆNOPTÈRE. *Cœnopteris.* bot. crypt. (*Fougères.*) Nom donné par Swartz au genre Daréa de Jussieu. *V.* ce mot et Asplenie. (ad.b)

* CÆNOTHALAMES. *Cœnothalami.* bot. crypt. (*Lichens.*) Classe seconde de la famille des Lichens dans le système d'Achar, qui renferme tous les Lichens dont les scutelles ou apothécies sont formées en partie par la fronde ou le thallus du Lichen, et en partie par une substance particulière. Cette classe se divise en trois ordres ; les *Phymatoïdes* qui renferment les genres dont les apothécies sont contenues dans une sorte de verrue, formée par la fronde ; les *Discoïdes* dans lesquels les apothécies sont en forme de scutelles entourées par un rebord produit par la fronde ; les *Cephaloïdes* dont les apothécies sont en forme de têtes ou de globules pédicellées ou sessiles à l'extrémité des rameaux, et ne sont entourés par aucun rebord. *V.* Céphaloïdes, Discoïdes, Phymatoïdes. (ad. b.)

* CÆOMA. bot. crypt. (*Urédinées.*) Link a donné ce nom et ensuite celui d'*Hypodermium* à un genre dans lequel il réunit les *Æcidium* et les *Uredo* des autres auteurs, c'est-à-dire toutes les Urédinées épiphytes à capsule uniloculaire. Il le divise en six sous-genres, sous les noms de *Ustilago, Uredo, Cœomurus, Æcidium, Peridermium, Ræstelia* ; mais nous pensons que malgré la grande analogie qui existe entre les *Uredo* et les *Æcidium*, on doit conserver ces deux genres. On doit alors rapporter aux *Uredo* les trois premiers sous-genres de Link ; nous avons déjà indiqué les trois derniers à l'article *Æcidium. V.* tous ces mots. (ad. b.)

* CÆOMURUS. bot. crypt. (*Urédinées.*) Sous-genre établi par Link dans le genre *Cœoma*, et qui doit, si on conserve la division ancienne de ce genre en *Æcidium* et *Uredo*, faire partie du genre *Uredo* ; il renferme toutes les Puccinies à une loge de De Candolle qui sont de vrais *Uredo* à capsules pédicellées, comme cet habile botaniste l'a reconnue dans le Supplément de la Flore française ;

telles sont les *Puccinia Trifolii.* D. C., *Puccinia Phyteumarum*, l'*Uredo appendiculata*, Persoon, etc. Peut-être devra-t-on un jour regarder ce sous-genre comme un genre distinct, intermédiaire aux Uredo et aux Puccinies. *V.* UREDO.   (AD. B.)

CÆSALPINIE. *Cæsalpinia*, L. BOT. PHAN. Genre de la famille des Légumineuses et de la Décandrie Monogynie, L., ainsi caractérisé : calice urcéolé, quinquéfide, dont le sépale inférieur est plus long ; corolle presque régulière à cinq pétales, dont l'inférieur est souvent plus coloré ; dix étamines libres et d'une longueur à peu près égale à celle des pétales, à filets laineux ; légume oblong, comprimé, bivalve et polysperme, quelquefois tronqué à son sommet, et terminé obliquement en pointe, renfermant deux ou six graines, ovoïdes ou rhomboïdales. Ces caractères donnés par Jussieu et Lamarck diffèrent très-peu de ceux attribués par les mêmes auteurs au genre *Poinciana*. Aussi ce dernier penche-t-il beaucoup à réunir les deux genres en un seul, et cette opinion a été embrassée sans réserve par Persoon dans son *Enchiridium botanicum*. En outre, ces genres sont tous les deux composés de Végétaux arborescens, qui habitent entre les tropiques.

Deux espèces du genre Cæsalpinie sont fort intéressantes à connaître, à cause du haut degré d'utilité qu'elles offrent à la teinture. Ce sont les *Cæsalpinia echinata*, Lamck. et *C. Sappan*, L. ; le premier fournit le bois de Brésil ou Brésillet de Fernambouc, grand Arbre qui croît naturellement dans l'Amérique méridionale, et que l'on reconnaît aisément à ses rameaux longs et divergens, couverts de feuilles deux fois ailées, à folioles ovales et obtuses. Les grappes de ses fleurs, panachées de jaune et de rouge, exhalant une bonne odeur, produisent aussi un effet très-agréable. Quoique son bois reçoive bien le poli, et soit par conséquent très-propre aux ouvrages de tour et d'ébénisterie, on l'emploie rarement à cet usage ; mais on en fait un commerce considérable pour la teinture en rouge. Cette couleur, comme tous les autres rouges végétaux, n'a pourtant pas beaucoup de fixité, et il est nécessaire de lui associer d'autres substances tinctoriales, ou de l'aviver par des procédés chimiques.

L'autre espèce a un bois qui se vend dans les Indes-Orientales, où il est indigène, pour les mêmes usages que le bois de Brésil en Europe. Il paraît plus facile à travailler et plus riche en principe colorant, car il donne une plus belle teinte rouge au coton et à la laine. Au reste, c'est un petit Arbre de quatre à cinq mètres de hauteur et de vingt centimètres dans le plus grand diamètre de son tronc, qui porte, ainsi que plusieurs autres espèces, des branches couvertes de piquans, et chargées de feuilles bipinnées à folioles obliques et échancrées. Il est figuré dans Roxburg, (*Fl. Coromand.* t. 16). On le connaît dans le commerce, sous le nom de *Bois de Sappan* ou *Brésillet des Indes*. Lamarck décrit (Encycl. 1. p. 462) une espèce indigène du Malabar, qui a des folioles aussi contractiles, lorsqu'on les touche, que celle de la Sensitive, et qu'il nomme pour cette raison *Cæsalpinia mimosoïdes*.   (G..N.)

CÆSIE. *Cæsia*. BOT. PHAN. Genre de la famille des Asphodélées, voisin du Phalangium. R. Brown, qui l'a établi, lui donne pour caractères : un calice à six divisions étalées, égales, caduques ; six étamines dont les filets sont glabres et latéralement rétrécis, les anthères insérées à ces filets par leur base échancrée ; un ovaire à trois loges dispermes ; un style filiforme ; un seul stigmate ; une capsule dont les valves sont à peine sensibles, renflée à son sommet en bosse ou en massue ; des graines ventrues, présentant autour de leur ombilic ces appendices calleux que Salisbury nomme strophioles. Ce genre renferme des Plantes herbacées, ordinairement annuelles, glabres, dont la racine se compose de faisceaux de fibres assez épaisses, ou de tubercules allongés. Leurs feuilles sont graminées. Les pédicelles solitaires ou réunis plusieurs ensemble s'articulent avec le calice, et se disposent en grappes simples ou composées. Les anthères sont jaunes, les fleurs blanchâtres ou bleues, dressées, plus rarement penchées; le calice se contourne en spirale, après la floraison, et ne tarde pas à tomber. Brown en décrit cinq espèces, recueillies dans la Nouvelle-Hollande. L'une d'elles, le *C. lateriflora*, s'éloigne de ses congénères par son port, son inflorescence, ses filets un peu hispides, et sa capsule monosperme en forme de massue. (A. D. J.)

CÆSIO. POIS. Genre formé par Commerson, adopté par Lacépède dans son histoire des Poissons (T. III, p. 85 et suiv.), qui le place parmi les Thoraciques en le rapprochant des Scombéroïdes. Cuvier n'a pas même mentionné ce genre auquel Lacépède donne pour caractère: une seule dorsale, point de petites nageoires au-dessus ni au-dessous de la queue; les côtes de celles-ci sont relevées longitudinalement en carène; une petite nageoire, composée de deux aiguillons qu'unissent une membrane, se voit au-devant de l'anale qui est très-prolongée vers la queue; la lèvre supérieure est fort extensible; les dents sont si petites que le tact seul aide à les faire distinguer, elles garnissent les mâchoires. Deux espèces composent le genre Cœsio.

L'AZUROR, *Cœsio cœruleus*, beau Poisson d'une brillante couleur de bleu de ciel, qui se trouve aux Moluques, dont la chair est fort bonne à manger, et qu'un dessin de Commerson, reproduit dans Levrault, a fait connaître. B. 7, D. 9—15, P. 24, V. 6, A. 2—13, 6, 17.

Le POULAIN, *Cœsio Æquulus*, Lac. *Centrogaster Æquula*, Gmel. *Syst. Nat.* T. III, *pars* 1337. Petit Poisson découvert par Forskahl dans les mers d'Arabie, dont une variété est décrite, d'après le même auteur, sous le nom

de Scombre Meillet, par Bonaterre dans les planches de Poissons de l'Encyclopédie par ordre de matières. (B.)

CÆSIOMORE. *Cœsiomorus.* POIS. Genre fort voisin du Cœsio, ainsi que son nom l'indique, formé par Lacépède (T. III, p. 92), sur deux dessins de Commerson; de l'ordre des Thoraciques, et de la famille des Scombéroïdes. Ses caractères sont une seule dorsale; pas de petite nageoire en avant de l'anale; des aiguillons isolés au-devant de la dorsale. Cuvier n'a même pas mentionné ce genre où Lacépède établit deux espèces, qu'il dédie, l'une à Baillau, l'autre à Bloch. Le genre Cœsiomore doit être examiné de nouveau, aucun détail sur les dents n'accompagnant ce qu'on en a rapporté. (B.)

CÆSION ou CESION. POIS. Même chose que Cœsio. *V.* ce mot. (B.)

CÆSULIE. *Cœsulia.* BOT. PHAN. Corymbifères, Juss. Syngénésie Polygamie égale, L. Les fleurs, sessiles et solitaires à l'aisselle des feuilles, sont flosculeuses; l'involucre est composé de trois folioles; le réceptacle, garni de paillettes, qui enveloppent les akènes, dépourvus d'aigrette; les tiges sont rampantes ou grimpantes; les feuilles sont opposées et très-entières dans une espèce observée en Guinée, le *C. radicans* de Willdenow; alternes et dentées dans une seconde, originaire des Indes, le *C. axillaris.* Roxb. *Corom.* tab. 93. (A. D. J.)

CAFAGINA ou KAFAGINA. BOT. PHAN. Syn. de Lychnide. (B.)

CAFAL, CAFIL ET CAFEL. BOT. PHAN. (Daléchamp.) Et non *Cafat*, *Cafit* ou *Cafet.* Syn. arabes d'*Agrimonia Eupatoria*, L. *V.* AIGREMOINE. (B.)

CAFÉ ou CAFFÉ. BOT. PHAN. Graine du Cafeier ou Cafier. *V.* ces mots.

Le nom de Café a été étendu à d'autres substances végétales et à plusieurs Arbrisseaux divers; ainsi l'on a appelé:

CAFÉ BATARD ou MARRON, à la

Martinique, le *Coffea occidentalis*, L. qui appartient aujourd'hui au genre *Tetramariam*. *V.* ce mot ;

CAFÉ DE CHICORÉE, les racines de Scorsonère et de Chicorée qu'on emploie beaucoup en Allemagne, en guise de Café ordinaire ;

CAFÉ DIABLE à Cayenne, l'*Irancana guianensis* d'Aublet ;.

CAFÉ FRANÇAIS, dans plusieurs provinces, divers fruits et graines indigènes qu'on a essayé de substituer au Café arabique dans l'office, tels que le *Cicer arietimum*, l'Orge, le *Valantia Aparine*, l'Hélianthe annuel, le Fragon, l'Iris faux-Acore, le Seigle ou le Hêtre.

CAFÉ MARRON, à Mascareigne, le *Coffea mauritiana*, Lamk., et les graines du *Gaertneria*.   (B.)

CAFÉ AU LAIT. MOLL. Nom vulgaire et marchand du *Cipræa carneola*. *V.* CIPRÆE.   (B.)

CAFEIER ou CAFIER. *Coffæa.* BOT. PHAN. (Quelquefois écrit Cafeyer et Caffier.) Ce genre intéressant appartient à la famille naturelle des Rubiacées et à la Pentandrie Monogynie, L. et offre pour caractères généraux : des fleurs axillaires, composées d'un calice presque globuleux, adhérent avec l'ovaire infère, et terminé par cinq dents; une corolle monopétale à tube long et grêle et à limbe presque plane, à cinq divisions aiguës, et assez longues; les cinq étamines sont saillantes : le fruit est une baie cérasiforme, globuleuse ou ovoïde, allongée, ombiliquée à son sommet et renfermant deux noyaux cartilagineux et monospermes; chaque graine est convexe du côté externe, plane du côté interne, où elle offre un sillon longitudinal profond. Les espèces de ce genre, au nombre d'une trentaine, sont toutes des Arbres ou des Arbrisseaux, portant des feuilles entières et opposées, avec des stipules intermédiaires, des fleurs axillaires ordinairement blanches. On doit en exclure les espèces décrites par Ruiz et Pavon, dans la Flore du Chili et du Pérou, et qui, ayant les fleurs disposées en corymbes terminaux, se rapprochent beaucoup plus du genre déjà si nombreux des *Psychotries*. Toutes les véritables espèces de Cafeier sont originaires des contrées chaudes, soit du nouveau, soit de l'ancien continent. Il en est une entre elles qui, par son importance dans le commerce, l'économie domestique et politique, mérite que nous entrions dans quelques détails sur ses caractères et sur son histoire.

Le CAFEIER D'ARABIE, *Coffea arabica*, L. est un Arbrisseau qui croît en Arabie, particulièrement dans la province d'Yémen, sur les bords de la mer Rouge et aux environs de la ville de Moka. Son tronc, qui est cylindrique, s'élève à une hauteur de quinze à vingt pieds et se divise en branches opposées, un peu noüeuses et grisâtres ; ses feuilles, qui forment en tout temps une verdure agréable, sont opposées, presque sessiles, ovales, lancéolées, acuminées, très-entières, un peu onduleuses sur les bords, d'un vert un peu foncé et luisantes à leur face supérieure, entièrement glabres; les deux stipules sont lancéolées entières et glabres ; les fleurs sont groupées à l'aisselle des feuilles supérieures; elles sont presque sessiles, blanches, et répandent une odeur extrêmement suave, que l'on compare à celle du Jasmin d'Espagne. Il leur succède des baies ou nuculaires cérasiformes, charnus, d'abord verts, puis rouges, et devenant enfin presque noirs à l'époque de leur maturité. Leur sommet est marqué par un petit ombilic; la pulpe est glaireuse et jaunâtre : les deux noyaux sont minces, cartilagineux, formés par l'endocarpe ou paroi interne du péricarpe et non par une arille, ainsi que plusieurs auteurs l'ont avancé. Les graines, qui sont convexes du côté extérieur, planes et marquées d'un sillon longitudinal du côté interne, ont une consistance dure et cartilagineuse.

Au rapport de Raynal, le Cafeier est primitivement originaire de la Haute-Ethiopie, où il était cultivé de temps immémorial, lorsque les Arabes le transportèrent dans leur pays à une époque qui est loin d'être déterminée avec précision. C'est particulièrement sur les bords de la mer Rouge, dans la province d'Yémen et surtout aux environs de la ville de Moka que les plantations de Caféier ont le mieux prospéré; et encore aujourd'hui le Café le plus estimé est celui que le commerce nous apporte de ces contrées. Pendant long-temps l'usage du Café n'a été connu que des peuples de l'Orient. Les habitans de la Perse, de l'Arabie, de Constantinople en préparaient une boisson qui était pour eux un régal exquis, et l'on voyait, dans les quartiers populeux d'Ispahan et de Constantinople, des lieux publics où l'on se réunissait pour boire du Café. Ce ne fut guère que vers l'année 1669 que l'on commença à Paris à connaître l'usage du Café. Vers cette époque, Soliman Aga, qui résidait à Paris en qualité d'agent diplomatique, fit goûter de cette liqueur à quelques personnes, qui bientôt en répandirent l'usage dans les classes élevées de la société. Le peuple, imitateur servile des usages des grands, ne tarda pas à prendre du goût pour le Café, et bientôt les Parisiens rivalisèrent d'enthousiasme avec les Orientaux pour cette boisson. Des établissemens, semblables à ceux de Constantinople et de la Perse, ne tardèrent point à s'établir à Paris; on leur donna le nom de *cafés*. Leur nombre, d'abord peu considérable, s'augmenta ensuite d'une manière graduelle.

Les graines du Café devinrent alors une branche importante de commerce, à cause de la grande consommation qui s'en faisait en Europe. On désira connaître et se procurer l'Arbre qui produisait des fruits si délicieux. Le Hollandais Van-Horn en acheta quelques pieds à Moka et les transporta à Batavia, en 1690. Ils réussirent assez bien. Il en envoya un pied à Amsterdam, vers l'année 1710. Cet individu, placé dans les serres du Jardin de Botanique, se couvrit bientôt de fleurs et de fruits, dont les graines servirent à le multiplier. Un de ces pieds fut, vers cette époque, envoyé à Louis XIV, et réussit parfaitement dans les serres du Jardin des Plantes de Paris, où l'on ne tarda point à le multiplier. Le gouvernement français conçut alors le grand projet de naturaliser le Caféier dans ses colonies des Indes-Occidentales, et de cesser ainsi d'être tributaire de l'étranger pour cette denrée devenue si importante dans la balance du commerce. Trois jeunes pieds furent expédiés pour la Martinique, et confiés aux soins du capitaine Duclieux. Deux de ces individus ne purent résister à l'intempérie et surtout à la sécheresse des vents pendant la traversée qui fut longue et périlleuse, et le troisième ne dut sa conservation qu'aux privations que le capitaine s'imposa, en partageant sa ration d'eau avec le jeune Caféier, qui arriva sain et sauf à sa destination. Le climat de la Martinique fut tellement favorable au jeune Arbrisseau, qu'en peu d'années il devint fort vigoureux, se chargea de fleurs et de fruits et s'y multiplia d'une manière prodigieuse.

Telle fut la source première des plantations immenses de Caféiers qui, depuis cette époque, couvrent la plupart des Antilles et font la branche principale du commerce de ces îles lointaines. Peu de temps après, le Caféier fut également introduit à la Guianne française et aux îles de France et de Mascareigne, où il se naturalisa avec une égale facilité. Les Français reconnurent bientôt la sagesse et l'importance de la mesure adoptée par le gouvernement. Peu à peu le Café recueilli dans les Antilles remplaça celui d'Orient, et aujourd'hui presque tout celui qui se consomme en Europe provient de Plants naturalisés dans les diverses contrées du globe. Cependant on doit avouer que l'espèce la plus recherchée, la plus suave et la plus chère est encore celle que l'on tire des environs de Moka.

On distingue dans le commerce

plusieurs sortes ou variétés de Café, surtout d'après les pays où il est récolté. Les principales sont : 1° le *Café Moka*, que l'on tire de l'Arabie Heureuse. Son grain est petit, généralement arrondi, parce qu'une des deux graines renfermées dans la cerise avorte. C'est la sorte la plus chère, la plus estimée ; elle réunit à la fois une saveur exquise et un arome délicieux ; 2° le *Café de Cayenne*, encore peu répandu dans le commerce où il est fort estimé. C'est, à ce qu'il paraît, une des meilleures ; 3° le *Café Bourbon*. On appelle ainsi celui qu'on récolte dans les îles de France et de Mascareigne. Son grain est gros, jaunâtre, et son arome est fort développé ; c'est surtout dans le quartier qu'on appelle le Bois de Nèfle que se récolte la meilleure qualité, qui ne le cède en rien au Café de Moka, et que l'on apprécierait autant, s'il n'était reçu en France de déprécier les richesses qui lui sont propres ; 4° le *Café Martinique*, dont le grain est moyen et d'une teinte verdâtre, est surtout amer et astringent ; en sorte que le mélange du Café Bourbon et du Café Martinique, torréfiés séparément et à des degrés différens, forme une boisson des plus délicieuses.

Avant de parler de la culture du Caféier et de la récolte de ses fruits, ajoutons quelques mots sur ses usages. Le hasard révéla, dit-on, les propriétés du Café. Les Arabes remarquèrent que les Chèvres qui mangeaient ces fruits étaient plus vives et plus entreprenantes. Le mollach Chadely fut, suivant quelques-uns, le premier Arabe qui en fit usage, afin de se tenir éveillé pendant ses prières nocturnes. Ses derviches voulurent imiter son exemple, et le leur entraîna bientôt ceux même qui n'avaient pas besoin de se tenir éveillés.

L'infusion de Café, convenablement torréfié, est une liqueur exquise qui stimule tous les organes de l'économie animale. Elle a tous les avantages des liqueurs spiritueuses, par la stimulation vive et instantanée qu'elle détermine ; mais elle n'est jamais suivie des mêmes accidens, c'est-à-dire des vertiges et de l'ivresse. Prise chaude, elle fait naître dans l'estomac une sensation de bien-être, qui ne tarde pas à réagir sur tout l'organisme. Le système musculaire et surtout le cerveau en reçoivent une influence particulière. De-là la force, l'agilité, dont se sent pénétré celui qui a fait usage de cette boisson. Les facultés sensitives et intellectuelles sont plus vives, plus exaltées ; l'imagination est plus riante, la pensée plus rapide, l'élocution plus facile ; en un mot tous les travaux de l'esprit sont plus prompts et plus parfaits. Aussi est-ce à juste titre que l'on a nommé le Café une boisson intellectuelle.

Nous ne parlerons point ici de l'emploi du Café dans la thérapeutique. L'action tonique et stimulante qu'il possède, les changemens qu'il détermine dans l'économie animale, rendent assez bien raison de ses bons effets dans certains cas de fièvre ou d'autres maladies compliquées d'un état de faiblesse et de prostration. On l'a employé tantôt après l'avoir torréfié et en en préparant une infusion très-chargée, à laquelle on ajoute quelquefois le jus d'un citron ; tantôt à l'état de crudité. Le docteur Grindel en a fait usage dans ce dernier état et le considère comme un médicament essentiellement tonique et fébrifuge, que l'on peut opposer avec avantage à l'écorce du Pérou. Ce médecin l'administrait, soit en poudre à la dose d'un scrupule, répétée plusieurs fois dans la journée, soit en faisant bouillir une once de ces graines dans dix-huit onces d'eau, jusqu'à réduction des deux-tiers. Mais dans tous les cas, on ne peut espérer retirer quelque fruit du Café administré comme médicament, que chez les individus qui n'en font point habituellement usage.

Les graines du Caféier ont été analysées par plusieurs chimistes. Cadet de Gassicourt a trouvé, dans ces graines non torréfiées, un principe aromatique particulier, une huile essentielle concrète, du mucilage qui résulte probablement de l'action de l'eau chaude sur la fécule, une matière extractive colorante, de la Résine, une très-petite quantité d'Albumine, et enfin un Acide que Cadet de Gassicourt et la plupart des chimistes modernes regardent comme de l'Acide gallique, tandis que le docteur Grindel le considère comme de l'Acide quinique, et Payssé comme un Acide particulier qu'il nomme Acide cafique. La Caféine, que Robiquet a retirée du Café, est un principe immédiat nouveau, cristallisable.

Lorsqu'il n'a point été torréfié, le Café est dur, corné, d'une odeur et d'une saveur herbacées, qui n'ont rien d'agréable. C'est la torréfaction qui y développe l'arome délicieux, qui donne à son infusion tant de suavité. L'action du feu y occasione des changemens très-notables dans sa nature chimique. Elle y développe le tannin et une huile empyreumatique aromatique à laquelle il doit son action éminemment stimulante.

La culture du Caféier a dû être, pour nos colonies américaines, l'objet de soins et de recherches multipliées. Aussi ne manquons-nous point de documens à cet égard. Nous signalerons ici en peu de mots les règles principales de cette culture, exposée avec beaucoup de détails dans les traités d'agriculture et en particulier de l'agriculture coloniale.

Les lieux qui conviennent le mieux aux plantations de Cafeiers sont en général les terrains substantiels des mornes qui sont médiocrement arrosés par les eaux de la pluie. Elles réussissent très-bien sur le penchant des collines un peu ombragées, pourvu qu'on ne les élève point à une trop grande hauteur; autrement le froid, l'intempérie et surtout les variations trop subites de l'atmosphère nuiraient infailliblement à la végétation du Cafeier. On a remarqué que les limites moyennes de la chaleur la plus favorable à ce genre de plantations, variaient de dix à vingt-cinq degrés du thermomètre de Réaumur.

Avec une température plus élevée, la croissance du bois est trop rapide, les sujets ont une apparence magnifique, une vigueur très-grande, mais ils donnent peu de fruits. Il en est de même dans les expositions dont la température descend souvent au-dessous de dix degrés; la végétation en est faible, languissante et la récolte peu productive. La circonstance la plus avantageuse pour former des plantations de Cafeier est celle où l'on abat et défriche une portion de bois, dont le fond est substantiel et profond. Les terrains vierges sont singulièrement propres à cette culture, et dédommagent amplement le colon des frais que nécessite une pareille entreprise. Le choix du terrain étant fait, et ce terrain convenablement préparé par des labours profonds, on doit choisir pour semences les grains les plus forts, les mieux nourris et qui proviennent des espèces ou variétés reconnues les meilleures et les plus productives. Ces graines germent communément un mois ou six semaines après avoir été confiées à la terre. Ce n'est guère qu'une année ou même quinze mois après, que les jeunes plans sont assez forts pour pouvoir être plantés avec avantage. Il faut alors pratiquer des trous carrés, espacés d'environ dix à douze pieds et disposés en quinconce. On enlève avec soin chaque pied des jeunes plans avec sa motte, et on le place dans le trou que l'on a établi. Ce n'est guère que trois ou quatre années après avoir été plantés, que les Cafeiers commencent à donner du fruit. A cette époque, on est dans l'habitude d'arrêter la croissance verticale des Cafeiers en retranchant leur tête. C'est ordinairement lorsque ces Arbrisseaux ont acquis une hauteur de cinq à six pieds, qu'on leur fait subir l'opération de l'étêtement. Ce procédé a pour usage de faciliter la récolte des fruits, en tenant les sujets à une hauteur convenable, et d'augmenter le nombre des rameaux fructifères, en arrêtant l'accroissement du bourgeon central, qui absorbe une grande quantité de sève.

Bory de Saint-Vincent a donné, dans son Voyage aux quatre îles des mers d'Afrique, des détails intéressans sur les caféteries de l'île de Mascareigne. Nous y renverrons, pour qu'on puisse juger du degré d'utilité que peut avoir l'introduction de l'Arbre à pain pour l'abritage, à la place des Mimeuses qui d'ordinaire y sont employées. Le même auteur a indiqué les raisons qui avaient, durant les premières années de ce siècle, fait descendre dans le commerce le Café de nos colonies, à l'est du cap de Bonne-Espérance, au dessous de sa réputation.

Les Cafeiers fleurissent ordinairement deux fois l'année, au printemps et en automne. Mais il n'y a en quelque sorte aucune interruption entre ces deux époques, en sorte qu'en tout temps ces Arbrisseaux élégans sont ornés de fleurs odorantes et chargées de fruits. Ceux-ci, qu'on nomme Cerises, sont ordinairement mûrs environ quatre mois après la floraison. Ils doivent être recueillis avec soin à mesure de leur maturité, sans endommager ceux qui les avoisinent, et qui ne sont pas encore parvenus à leur parfaite maturité.

Il existe plusieurs procédés pour dépouiller les graines de Café de leur enveloppe charnue; car ce n'est jamais qu'après leur avoir fait subir cette opération, qu'elles sont livrées au commerce. Tantôt on les expose par lits à l'action du soleil, en ayant soin de les remuer assez fréquemment. Tantôt on les laisse macérer pendant un jour ou deux dans l'eau avant de les exposer aux rayons du soleil; ce Café porte alors le nom de *Café trempé*. Il est d'une couleur grisâtre et peu estimé. Un troisième procédé consiste à écraser les cerises et à les faire tremper pour en détacher la pulpe. Enfin la dernière méthode, qui est à la fois la meilleure, la plus usitée et celle qui donne la qualité la plus estimée, se pratique en faisant passer les cerises fraîches à un moulin nommé *grage*, à enlever toute la pulpe, en sorte que les graines restent revêtues seulement de leur endocarpe que

l'on appelle vulgairement *parchemin*. Cette sorte, la plus estimée, est connue dans le commerce sous le nom de *Café gragé*. (A. R.)

CAFE LALÉ. BOT. PHAN. Nom turc d'une variété de Tulipe. (B.)

CAFETERIE. BOT. PHAN. On appelle ainsi dans les colonies les plantations de Cafeier. *V.* ce mot. (B.)

CAFFERVISCH. POIS. (Ruysch), C'est-à-dire *Poisson Caffre*. Deux espèces de Scares indéterminés des Moluques. (B.)

CAFFIER ET CAFIER. BOT. PHAN. *V.* CAFEIER. (B.)

CAFFRE. OIS. Syn. du Ventourin, *Falco vulturinus*. L. Levail. Oiseaux d'Afrique, pl. 6. *V.* GYPAETE. (DR..Z.)

* CAFURA ET CANFORA. BOT. PHAN. Syn. italiens de *Laurus Camphora*, L. *V.* LAURIER. (B.)

CAFUVO. BOT. PHAN. Syn. de *Dioscorea bulbifera* à Célèbes. (B.)

CAGAO. OIS. Syn. du Calao des Philippines, *Buceros bicornis*, L. dans l'Inde. *V.* CALAO. (DR..Z.)

CAGAREL, CAGARELLE ET CAKAREL. POIS. (Rondelet.) Vieux noms vulgaires de la Mendole à Marseille. On nomme également ce Poisson Cackerel. *V.* SPARE. (B.)

CAGARELLE. BOT. PHAN. L'un des noms languedociens du *Mercurialis annua*. *V.* MERCURIALE. (B.)

CAGARINHAS. BOT. PHAN. Syn. portugais de Scolyme. *V.* ce mot. (B.)

CAGAROL. MOLL. C'est, selon Bosc, l'un des noms vulgaires des Sabots qui sont nacrés en dedans. (B.)

CAGE. OIS. Syn. de l'Oie hybride. *Anas hybrida*, Gmel. *V.* CANARD.

* CAGNAN. OIS. Espèce du genre Turnix, *Hemipodius nigricollis*, Temm. *V.* TURNIX. (DR..Z.)

* CAGNOLU. POIS. (Belon.) Syn. de Marteau. *Squalus Zigœna*, L. (B.)

CAGNOT. ZOOL. Mot gascon qui signifie un jeune Chien, et donné sur les côtes méridionales de la France aux Squales Glauque et Milandre appelés aussi petits Chiens-de-Mer.   (B.)

CAGNUELO ET CEGNUELINO. MAM. Diminutifs du nom italien que porte le Chien, et qui désignent dans cette langue le Bichon.   (B.)

CAGOSANGA. BOT. PHAN. (Chomel.) Syn. portugais d'Ipécacuanha au Brésil.   (B.)

CAGOUARÉ. MAM. V. CAAIGOVARÉ.   (B.)

CAGUI. MAM. Qui se prononce *Çagui*, nom donné par les Brasiliens à diverses espèces de Singes, et qui peut être la racine du mot Saki. (B.)

CAHA. BOT. PHAN. Syn. de Curcuma à Ceylan.   (B.)

CAHADE, JIHADE ET GIADE. BOT. PHAN. (Daléchamp.) Syn. arabes de *Teucrium Polium*, L. V. GERMANDRÉE.   (B.)

CAHOANE ou CAHOUANE. REPT. CHEL. Vieux noms qui désiguaient des Tortues de mer, et particulièrement le Caret.   (B.)

*CAHODINÉES. BOT. CRYPT. Pour peu qu'on ait touché des rochers longtemps mouillés, les pierres polies qui forment le pavé ou le pourtour de certaines fontaines fermées, et la surface de divers corps solides inondés ou exposés à l'humidité, on a dû y reconnaître la présence d'une mucosité particulière, qui ne se manifeste qu'au tact, dout la transparence empêche d'apprécier la forme et la nature, et dans laquelle le microscope n'aide à distinguer aucune organisation. Elle ressemble à une couche d'Albumine étendue avec le pinceau. Cet enduit est ce qui rend souvent si glissantes les dales sur lesquelles coulent les conduits d'eau, et les pierres plates qu'on trouve quelquefois dans les rivières. Cette substance s'exfolie en séchant, et devient, à la fin, visible par la manière dont elle se colore, soit en vert, soit par une teinte de rouille souvent très-foncée. On dirait une création provisoire qui se forme comme pour attendre une organisation, et qui en reçoit de différentes selon la nature des corpuscules qui la pénètrent ou qui s'y développent. On dirait encore l'origine de deux existences bien distinctes, l'une certainement animale, l'autre purement végétale. C'est de cette sorte de création rudimentaire dont nous formerons le genre Chaos, V. ce mot, genre duquel nous n'oserions assigner la place dans la nature, mais que nous signalerons à l'attention des naturalistes. Il deviendra le type de la famille naturelle dont nous proposerons l'établissement sous le nom de *Chaodinées*.

Les genres que nous établirons dans cette famille, passant du simple au composé, s'éloigneront considérablement les uns des autres à mesure que leur organisation se compliquera, et plusieurs d'entre eux, comparés immédiatement ensemble pourraient paraître au premier coup-d'œil forcément ou arbitrairement rapprochés. Mais, si l'on compare ces genres dans l'ordre de filiation où nous les avons subordonnés les uns aux autres, on verra bientôt que, du plus simple au plus composé, ou ne saurait trouver une coupure brusque, et que du Batrachosperme, si avancé dans l'échelle végétale, mais dont toutes les parties sont renfermées dans une mucosité inorganisée, jusqu'au genre Chaos, il existe des nuances qui permettent à peine d'établir les limites de groupes tranchés. C'est donc cette mucosité comme albumineuse, qui forme le caractère de la famille dont il est question. C'est dans l'épaisseur de cette mucosité que nous allons trouver les premiers corpuscules organiques, et ces corpuscules, d'abord isolés, simples et sphériques, se groupant, s'agglomérant ou s'enchaînant les uns aux autres, produiront bientôt, sous nos yeux, seize genres assez naturels, tous reconnaissables au tact, de telle sorte que nul autre signe n'est nécessaire pour distinguer une Chaodinée de tout autre Végétal. Cette mucosité est très-analogue à celle dont se revêtent les Spongodium, diverses Fucacées, des Alcyons, ou des Gorgoniées ; nous répétons qu'elle mérite la plus sérieuse attention des naturalistes.

Nous diviserons notre nouvelle famille en trois ordres :

† Les CHAODINÉES PROPREMENT DITES, les plus simples de toutes les existences végétales ; consistant en une couche muqueuse que ne limite ou ne contient aucune membrane, et que remplissent sans ordre, en nombre plus ou moins considérable, des corpuscules de formes diverses.

Les genres appartenant à cette division sont :

I. CHAOS, *Chaos*, N. Corpuscules internes disséminés, sphériques, entièrement isolés ou solitaires, épars dans un mucus amorphe étendu.

II. HÉTÉROCARPELLE, *Heterocarpella*, N. Corpuscules internes, indifféremment simples, composés ou aggrégés, et formant dans l'intérieur du mucus amorphe qu'ils colorent des groupes de figures diverses.

III. HELIERELLE, *Helierella*. Corpuscules internes cunéiformes, composés, se groupant dans l'épaisseur du mucus par leur côté aminci, et figurant comme des faisceaux divergens. Ce genre établit un passage aux Bacillariées par les Navicules et les Styllaires.

Le genre *Potarcus* de Rafinesque pouvait bien appartenir à cette section des Chaodinées. *V*. POTARCUS.

Les Chaodinées proprement dites offrent une grande singularité. Quelquefois le mucus qui sert de base, ou comme de matrice, aux corpuscules intérieurs, lorsqu'il trouve dans des eaux abondantes les conditions les plus favorables à son développement, s'allonge, s'épaissit, et finit par former des masses de quelques pouces d'étendue qui ne tardent pas à flotter ou bien à s'accrocher aux Plantes aquatiques. D'abord ces masses ressemblent à du frai de Poissons, et se ternissant ; elles ne tardent pas à se colorer en vert à mesure que des corpuscules végétaux intérieurs s'y forment. Mais souvent elles prennent une couleur laiteuse

ou ferrugineuse, et, si on les examine dans cet état au microscope, on en trouve la totalité pénétrée de Navicules, de Lunulines, et même les Styllaires qui s'y pressent quelquefois au point de ne pouvoir plus s'y balancer. Alors ces Animalcules deviennent inertes. S'y développent-ils ? y accourent-ils ? y empêchent-ils le développement des corpuscules verts ? Le mucus qu'ils remplissent est-il pour eux comme cette substance albumineuse dans laquelle sont contenus les œufs de tant d'Animaux aquatiques ? Nous ne pouvons encore résoudre ces questions. — A la surface des rochers humides où le mucus constitutif des Chaodinées apparaît à l'aide de quelque suintement, la même chose arrive en plus petit, et si l'on voit ce mucus prendre une couleur de rouille souvent très-foncée, en l'examinant même à l'aide d'une lentille de deux lignes, on le verra pénétré de Navicules rousses qui finissent par le rendre épais, opaque, et si tenace que, pour peu qu'il survienne un desséchement, il s'écaille, et tombe par plaques souvent de plusieurs pouces d'étendue, et d'une ligne d'épaisseur. Nous avons observé ce phénomène en plusieurs endroits, particulièrement sur les parois des Cryptes de Maestricht et de Kannes, et l'on peut voir, dans la description que nous avons donnée de ces lieux (*Voyage souterrain*, p. 273 et suivantes, et Ann. gén. des Sciences phys. T. I, p. 270), quelques détails à ce sujet.

C'est ce mucus constitutif des Chaodinées considérablement développé, flottant en masses, qu'arrêtaient des Plantes aquatiques, et pénétrées de Lunulines ou de Styllaires que Lyngbye a pris pour une Plante distincte, confondant ainsi sous le nom d'*Echinella olivacea* (tab. 70) une substance végétale, et de véritables Animaux qui s'y étaient nichés. Ce savant algologue danois est tombé dans l'erreur où serait l'homme qui prendrait pour un être unique le bois d'un vaisseau rempli des tarets qui l'eussent percé, et pour une espèce de roche distincte, la pierre remplie de Pholades.

La presque totalité des Chaodinées replongées dans l'eau, même après une longue dessiccation dans l'Herbier, s'en pénètre, se ramollit, se gonfle, et paraît renaître à la vie. La vie n'y recommence cependant pas, ce n'est qu'une apparence. Mais ces échantillons que l'humidité semble ranimér, se conservent sans se dégrader un temps assez considérable dans le liquide où on les a plongés. Nous avons ainsi laissé dans plusieurs vases des Nostocs, des Batrachospermes ou des Cluzelles, et ces Plantes ne se sont désorganisées qu'à la longue. Dans l'état naturel, la dessiccation ne les eût cependant pas tuées, et c'est à cette faculté de suspension dans la vie, qui ne se conserve qu'à moitié dans la dessiccation artificielle, qu'on doit attribuer l'apparition presque subite des Nostocs dans nos allées de jardins ou sur certaines pelouses, et celle des Draparnaldes dans plusieurs cours d'eau qui n'étant pas permanens, se dessèchent ou arrosent tour à tour les campagnes selon les saisons.

†† TREMELLAIRES. Ici le mucus, s'arrondissant en masses globuleuses, ou s'allongeant en expansions plus ou moins divisées, semble se modifier dans une forme plus arrêtée. Des corpuscules toujours semblables les uns aux autres en pénètrent l'étendue, s'y disposent en filamens, et lors même qu'ils sont épars, ils semblent déjà tendre vers un ordre sérial, pour arriver, par leur emboutement, à la composition de rameaux qui sont très-distincts dans les derniers genres de la section des Tremellaires.

IV. PALMELLE, *Palmella*, N. *Palmellæ Spec.*, Lyngb. Mucus en masses arrondies, non sinueuses, pénétrées et colorées par des globules homogènes absolument isolés, ou tendant à s'organiser de manière à former des glomerules où ces globules sont disposés de quatre en quatre, ou comme de petites courbes. (Passage aux Ulves.)

V. CLUZELLE, *Cluzella*, N. *Pal-*

mellæ spec. Lyngb. Mucus en expansions plus ou moins divisées et rameuses, pénétrées de globules qui paraissent eux-mêmes des agglomérations, et qui semblent chercher à se coordonner dans une disposition sériale. (Passage aux Arthrodiées et aux genres plus composés de la famille des Chaodinées.)

VI. NOSTOC, *Nostoc*, Vaucher, *Tremellæ spec.*, L. Mucus en masses globuleuses ou sinueuses dans lesquelles les corpuscules se sont déjà disposés en séries comme filamenteuses, et articulées. (Passage aux Lichens par les *Collema* qui ne sont que des Nostocs portant des scutelles.)

VII. CHÆTOPHORE, *Chætophora*, Agardh. Mucus en globules dans lesquels se distinguent des filamens divergens, rameux, où la matière colorante est disposée intérieurement en globules dont la disposition rappelle celle d'un collier de perles. (Passage aux Conferves.)

VIII. LINCKIA, *Linckia*, Lyngbye. Mucus en globules dans lesquels se développent des filamens simples, divergens, ciliaires, dans l'intérieur desquels une matière colorante ne forme point des globules, mais comme des taches carrées ou confuses.

IX. GAILLARDOTELLE, *Gaillardotella*, N. *Linckiæ spec.* Lyngb. Mucus en globules dans lesquels se développent des filamens simples, divergens, munis d'une sorte de bulbe ou appendice globuleux à sa base.

X. CLAVATELLE, *Clavatella*, N. Mucus en globules dans lesquels se développent des filamens divergens, dichotomes, visiblement articulés par sections transverses, et dont l'extrémité se renfle en massue par l'effet du développement des gemmes. (Passage aux Conferves par les Lyngbyelles et les Sphacelaires.)

XI. MÉSOGLOJE, *Mesogloja*, Agardh. Mucus en masses allongées, rameuses, du centre à la circonférence desquelles, quand ce n'est pas dans leur longueur, se développent des filamens articulés par sections transverses, subdichotomes ou rameux à leur extrémité, qui produisent des gemmes analogues à celles du genre *Ceramium*. (Passage aux Céramiaires.)

††† DIPHYSES. Dans cette section, le mucus qui forme d'abord des masses globuleuses ou étendues, absolument semblables à celles où il persévère dans les genres précédens, s'allonge bientôt pour ne constituer qu'un enduit sur les rameaux qui se développant, en divergeant dans son intérieur, acquièrent une physionomie confervoïde très-déliée. On dirait qu'il y a ici complication de Plantes ou deux existences; celle des filamens principaux, et celle des ramules dont les prolongemens ciliformes semblent sécréter le mucus; ramules d'une forme très-différente des filamens principaux ou rachis qu'ils revêtent. On est ici déjà bien éloigné du genre Chaos, dont nous sommes partis en passant par des degrés de complications insensibles.

XII. BATRACHOSPERME, *Batrachosperma*, N. Rachis filamenteux investis de ramules cilifères, transparentes, muqueuses; ces ramules sont articulées par étranglement; des entre-nœuds sphériques ou ovoïdes leur donnent absolument l'aspect des séries filamenteuses de globules qu'on voit dans l'intérieur des Nostocs. On doit observer que ce n'est pas la disposition par verticilles, ou un duvet continu, qui caractérise les Batrachospermes; mais la forme ovoïde des articles par étranglement, et non par sections transversales de leurs ramules. La fructification des Batrachospermes, que nous avons eu le bonheur de saisir et de pouvoir bien observer, se compose de glomérules formés par beaucoup de corpuscules obronds et pressés, assez semblables à ceux qu'on découvre dans notre genre Botrytelle.

XIII. DRAPARNALDIE, *Draparnaldia*, N. Rachis filamenteux très-distinctement articulés par sections transverses; rameux, produisant des houpes ou des faisceaux de ramules cilifères muqueuses, articulées, comme les filamens, par sections transverses.

XIV. CLADOSTEPHE, *Cladostephus*. Agardh. Rachis filamenteux articulés par sections transverses autour desquelles se réunissent, en verticilles, des ramules simples ou divisées, également articulées par sections qui donnent aux entre-nœuds une forme plus ou moins approchant du carré.

XV. THORÉE, *Thorea*, N. Rachis filamenteux, obscurément articulés, revêtus de ramules simples qui en couvrent toutes les parties, et sont articulées par sections transverses comme dans le genre précédent.

XVI. LEMANE, *Lemanea*, N. Rachis filamenteux articulés par sections transverses, que ne paraissent pas séparer de dissépimens, et renflés vers les articulations; intérieurement rempli de séries filamenteuses composées de globules, et qu'on pourrait comparer à celles d'un Nostoc emprisonné dans une enveloppe cornée. On dirait des Batrachospermes retournées. (Passage aux Fucacées, famille à laquelle appartiendra peut-être ce genre quand sa fructification sera connue.) (B.)

* CAHOS. *Chaos*. BOT. CRYPT. (*Chaodinées*.) Type de la famille des Chaodinées. *V.* ce mot. Genre le plus simple et le plus obscur de la botanique, composé d'espèces amorphes, à peine organisées, répandues comme un enduit à la surface des corps pénétrés d'humidité, et que leur mucosité rend plus sensibles au tact qu'à la vue. Des Animalcules de la famille des Bacillariées y remplacent quelquefois ces corpuscules sphériques sans mouvement et verts, que nous regardons comme la molécule organique de l'existence végétale. Nous connaissons une douzaine d'espèces de ce genre, qui ne sont peut-être que de simples modifications d'une existence d'essai. La plus commune est celle qui colore en vert, souvent de la plus belle teinte, les pierres des villes, d'où sont sorties des transsudations humides, transsudations où les corpuscules colorans du genre Chaos se sont développés en plus ou moins grande quantité, selon leur épaisseur,

leur étendue et leur permanence. On la retrouve sur la terre, dans l'eau, et probablement c'est encore elle qui, en couches épaisses, venant à se dessécher et demeurant pulvérulente, a été décrite sous le nom de *Byssus botryoides* et de *Lepra botryoides* par les botanistes. Ces globules sphériques et verts, dont l'espèce qui nous occupe est un amas, varient en diamètre, et les plus gros paraissent avec une lentille de demi-ligne de foyer du volume de l'un des globules du sang. Nous appellerons cette espèce *Chaos primordialis.* — Nous citerons encore le *Chaos bituminosa*, N., dont la couleur brunâtre ou noire, et la consistance visqueuse rappellent l'idée de l'Asphalte sortant des rochers. Cette espèce croît sur les parois des entrées de grottes ou de carrières creusées dans la pierre calcaire; c'est celle que nous avons trouvée si abondamment à Kanne. Ses globules, plus petits que ceux de l'espèce précédente, sont d'un brun verdâtre. — Le *Chaos sanguinarius* abonde dans les grandes villes, au bas des murs humides, parmi les tapis d'*Oscillaria urbica*, N., ou sur la terre et les pavés pénétrés d'humidité. On dirait souvent des taches de sang répandues sur le sol et à demi-caillées. Les globules, dans cette espèce, sont plus petits que ceux du sang, de la même couleur, mais dépourvus de globule intérieur. Les *Palmella adnata*, *alpicola* et *hyalina* de Lyngbye rentrent dans ce genre, et peut-être tous les *Lepra.* (B.)

CAHOUAR ou KEWER. BOT. PHAN. Espèce peu connue et indéterminée de Savonnier, qui croît au Sénégal. (B.)

CAHUA ET CAHUE. BOT. PHAN. Vieux noms du Café dans le Levant. (B.)

CAHUHAU. POIS. Nom donné par les pêcheurs de côtes du département de la Seine-Inférieure aux individus mâles du *Clupea fallax*. *V.* CLUPE. (B.)

CAHUITAHU. OIS. (Lacondami-

ne.) Syn. du Kamichi, *Palamedea cornuta*, L., dans l'Amérique méridionale. *V.* KAMICHI. (DR..Z.)

CAI. MAM. Qu'on prononce *Sai.* Racine américaine du nom qu'on a donné à un Sapajou. *V.* ce mot. (A. D..NS.)

CAIAMA. BOT. PHAN. (Oviédo.) Syn. de *Caryota urens.* L. *V.* CARYOTA. (B.)

CAIATA ET CAIA-TIA BOT. PHAN. Même chose que Caa-cica. *V.* ce mot. (B.)

* CAIBAT-SIAMBU. BOT. PHAN. (Rhéede. *Malab:* T. IV. t. 16.) Espèce d'Eugenia. (B.)

CAICA. OIS. Syn. de Perruche à tête noire, *Psittacus pileatus*, L. Buff. pl. enl. 744., Levaill., Hist. des Perr., pl. 133. *V.* PERROQUET. (DR..Z.)

CAIDA. Pour Kaida. BOT. PHAN. *V.* KAIDA.

CAIDBEJA. BOT PHAN. (Forskahl.) Syn. de Forskahlea. *V.* ce mot. (B.)

CAIEU. BOT. PHAN. *V.* OIGNON.

CAIGUA. BOT. PHAN. (Feuillée, Pérou, part. 1, pl. 41.) Syn. de *Momordica pedata.* *V.* MOMORDIQUE. (B.)

CAIHUA. BOT. PHAN. Nom de pays du *Dianthera nodiflora* (Flor. Péruv.) (B.)

CAILLE. *Coturnix.* OIS. Espèce fort connue du genre Perdrix, dont le nom a été étendu à l'une des sections de ce genre. *V.* PERDRIX. (B.)

* CAILLE AQUATIQUE ou d'EAU. OIS. *V.* ACOLIN.

CAILLE DU BENGALE. OIS. Syn. de la Brève de Ceylan, *Corvus brachyurus*, L. *V.* BRÈVE. (DR..Z.)

CAILLEBOT. BOT. PHAN. L'un des noms vulgaires de l'Obier, *Viburnum Opulus*, L. *V.* VIORNE. (B.)

CAILLELAIT. BOT. PHAN. Nom vulgaire qui répond au *Galium* des botanistes. *V.* GAILLET. (B.)

CAILLETEAU ET CAILLETON. OIS. La jeune Caille. (B.)

CAILLETOT. pois. Nom vulgaire du jeune Turbot en Normandie. *V.* PLEURONECTE. (B.)

CAILLETTE. mam. *V.* Estomac.

CAILLETTE. ois. Syn. vulgaire de l'Oiseau de tempête, *Procellaria pelagica*, L. *V.* Pétrel. (DR..Z.)

CAILLEU-TASSART ou SAVAL-LE. pois. Syn. de *Clupea Trissa*, L. Espèce du genre Clupanodon de Lacépède. (B.)

CAILLI. bot. phan. L'un des noms vulgaires du Cresson, *Sysimbrium Nasturtium*, L. dans quelques cantons de Normandie. (B.)

CAILLOT. zool. Partie du sang composée de la fibrine et de la matière colorante qui se forme par la coagulation. Bory de Saint-Vincent y trouve, par des observations microscopiques très-délicates, une sorte d'organisation analogue à celle de certaines membranes. (A. D..NS.)

CAILLOU. géol. Silex commun, translucide, à pâte grossière, dont la cassure terne et quelquefois terreuse n'est jamais cireuse, qui ne peut prendre un poli brillant, et n'est par conséquent pas employé comme bijoux ou ornemens. *V.* Silex.

Bien que les minéralogistes appliquent spécialement le nom de Caillou aux pierres siliceuses, on comprend cependant assez ordinairement sous la dénomination de *Cailloux roulés* les fragmens arrondis et usés par le frottement, de toute espèce de Pierre dure qui se rencontrent libres ou agrégés dans les terrains meubles et de transports anciens, comme dans le lit des cours d'eau actuels et sur les bords de la mer. Ainsi il y a pour les géologues des Cailloux roulés de Granit, de Quartz, de Calcaire, etc. Les Cailloux roulés, réunis par un Ciment, forment les *Poudingues. V.* ce mot. Afin de donner une acception plus rigoureuse aux noms, nous réserverons celui de *Caillou* pour les Silex, et nous appellerons *Galets*, d'une manière générale, les fragmens roulés de toute espèce de Pierre, et

TOME III.

c'est à ce mot que nous renvoyons leur histoire géologique. *V.* aussi Géologie, Terrains, et Roches.

Ce mot de Caillou désigne vulgairement, avec quelque épithète, des fragmens de substances diverses ; ainsi l'on nomme :

Caillou ferrugineux, *Eisenkiesel* des Allemands, le Quartz rubigineux de Haüy.

Caillou de Rennes, une sorte de Pierre jaspoïde qui se trouve en fragmens isolés dans quelques rivières de la Bretagne, particulièrement aux environs de Rennes ; elle a été rangée dans la classe des Poudingues, quoique les noyaux, arrondis et réunis par une pâte de même nature qui les compose, ne paraissent pas avoir été roulés. *V.* Poudingue.

Caillou d'Angleterre, une espèce de Poudingue. *V.* ce mot.

Caillou d'Alençon ou Diamans d'Alençon, des masses de Cristaux de Quartz qui remplissent des cavités dans le Granit des environs de la ville de ce nom.

Cailloux de Bristol et du Rhin, des fragmens de Quartz roulés.

Cailloux d'Égypte, des fragmens arrondis ou plutôt orbiculaires d'une espèce de Jaspe qui se rencontrent en Égypte au milieu des sables ; ces Cailloux sont formés de couches concentriques de couleurs brune et jaune brillantes, qui figurent, lorsqu'on les casse, des zônes rubanées d'un bel effet. Selon Cordier, les Cailloux d'Égypte auraient fait partie d'une brèche qui, en se décomposant, les a laissés libres.

Cailloux francs, nom donné par les ouvriers dans les départemens de l'Yonne et du Cher à celles des couches de Silex pyromaque qui peuvent être employées à la fabrication des Pierres à fusil. (C. P.)

*CAIMAN. rept. oph. Nom donné aux Crocodiles par les Nègres de Guinée et par les voyageurs, dans tous les lieux où ils ont rencontré de ces Animaux, de quelque espèce qu'ils fussent. Le Caiman des colons de

2

Saint-Domingue n'est pas, comme on le sent bien, celui des habitans de l'Afrique ou de l'Inde. Cuvier a restreint le nom de Caïmans aux Crocodiles de son sous-genre Alligator. *V.* CROCODILE.   (B.)

CAIMIRI ET CAYMIRI. MAM. Même chose que Saïmiri. *V.* ce mot.   (A. D..NS.)

* CAIMITE. BOT. PHAN. Fruit du *Chrysophyllum Caïnito*, L. *V.* CHRYSOPHYLLE.   (B.)

CAIMITIER. BOT. PHAN. Nom vulgaire donné par les Créoles à l'Arbre nommé par les botanistes *Chrysophyllum*. *V.* CHRYSOPHYLLE. (B.)

CAI-NGAT. BOT. PHAN. Nom cochinchinois du genre formé par Loureiro sous le nom d'Hexanthus. *V.* ce mot.   (B.)

CAINITO. BOT. PHAN. Par corruption de Caïmite. Nom devenu spécifique d'une espèce de Chrysophylle. *V.* ce mot. Adanson écrit Kaïnito. (B.)

CAINO, TURCHESA ET TURCHINA. MIN. Noms italiens de la Turquoise.   (LUC.)

CAIOT. OIS. Espèce du genre Héron, division des Crabiers, *Ardea Squaiotta*, Lath. *V.* HÉRON. (DR..Z.)

CAIOUS. BOT. PHAN. L'un des noms vulgaires de la Noix d'Acajou, qui est la graine du *Cassuvium pomiferum*, Lamk. *V.* ACAJOU. (B.)

CAIPA-SCHORA. BOT. PHAN (Rhéede, *Hort. Mal.* tom. 8, pl. 5.) Variété pyriforme de Cucurbitacée de la côte de Malabar dont on mange le fruit.   (B.)

* CAIPHA. OIS. C'est-à-dire Poule du ciel, dans le langage des Siamois. Gallinacée peu connue, de la grosseur du Dindon; émaillée de diverses couleurs avec la queue disposée comme celle du Coq.   (B.)

CAIPON. BOT. PHAN. *V.* BOIS DE CAÏPON.

* CAI-QUONG ou CAY-QUONG. BOT. PHAN. Syn. cochinchinois d'*Aralia chinensis*, selon Loureiro. (B.)

CAIRA ou CAIRAN. BOT. PHAN. Syn. d'*Ixora parviflora* à la côte de Coromandel.   (B.)

CAIRE. BOT. PHAN. Écorce filandreuse du Cocos, dont on fabrique dans l'Inde des cordages et des étoffes grossières. *V.* COCOTIER.   (B.)

CAIRIN ET CHAUM. BOT. PHAN. Nom de l'Ail sur la côte de Barbarie.   (B.)

CAIROLI ou KAIROLI. BOT. PHAN. Même chose que Cacuvalli. *V.* ce mot.   (B.)

CAIRTEAL. BOT. PHAN. Syn. de *Mentha arvensis* au pays de Galles. *V.* MENTHE.   (B.)

* CAISSOTI. POIS. (Risso.) Espèce nouvelle de Spare de la mer de Nice, appartenant au sous-genre Pagre. (B.)

CAITAIA. MAM. Qu'on prononce *Saitaia*. (Marcgraf.) Syn. de Saimiri et non d'Ouistiti.   (A. D.. NS.)

CAITON ET ZAITON. BOT. PHAN. (Daléchamp.) Noms arabes de l'Olivier, d'où viennent évidemment les mots *Aceytune*, espagnol, et *Azeitona*, portugais, qui signifient l'un et l'autre Olive.   (B.)

CAITU. BOT. PHAN. *V.* MAROTTI.

CAJAN. *Cajanus.* BOT. PHAN. Une Plante légumineuse, voisine des Dolic et du Haricot, et dont la graine sert à la nourriture de l'Homme et des Animaux, est cultivée sous le nom de *Cajan*, dans les Indes-Orientales; en Afrique, sous celui d'*Ambrevade*, et dans nos colonies d'Amérique, sous celui de *Pois d'Angole*. Réunie à tort aux Cytises par Linné, elle est devenue, pour les botanistes plus récens, le type d'un genre nouveau, auquel ils ont conservé le premier de ces noms, et qu'ils ont caractérisé de la manière suivante : calice campanulé, à cinq divisions inégales, l'inférieure plus longue que les autres; étendard grand, présentant sur les côtés de sa base deux petites callosités; carène dressée; étamines diadelphes; gousse allongée, présentant une suite de renflemens qui répondent aux graines séparées par des cloisons transversales membraneuses; deux feuilles séminales opposées, différentes des vrais cotylédons, qui sont épais et restent enfouis. Les feuilles sont ternées, les fleurs disposées en grappes axillaires et munies de bractées. Au *Cytisus Cajan*, L., qui a été considéré quelque temps comme la seule espèce de ce genre, Jacquin en a ajouté une dont les caractères lui paraissent assez tranchés pour former plus qu'une variété, et il l'a figurée tab. 119 du Jardin de Vienne sous le nom de *Cytisus pseudo-Cajan*. Enfin Du Petit-Thouars pense qu'on doit y rapporter une espèce du genre *Dolichos*, le *D. Scarabæoides*, L., dont le nom est dû à la forme de la graine petite et noire qui rappelle celle d'un Scarabée.   (A. D. J.)

*CAJAROU ET CARNAROU, ou LIANE A MALINGRES. BOT. PHAN. (Vaillant. *in Herb.*) Syn. de *Convolvulus umbellatus*. *V.* CARIAROU. (B.)

CAJATIA. BOT. PHAN. (Pison.) Plante brasilienne, prise à tort par Brown, dans son Histoire de la Jamaïque, pour le Caa-Cica (*V.* ce mot) de Rumph, espèce d'Euphorbe mangeable qui croît dans l'Inde.   (B.)

CAJENNEAM. ET CAJONI. BOT. PHAN. (Rhéede. *Hort. Mal.* t. 10. pl. 61.) Syn. d'*Eclipta prostrata* à la côte de Malabar.   (B.)

CAJEPUT. BOT. PHAN. Huile très-volatile, d'une couleur verdâtre, et d'une odeur pénétrante, qui tient du Camphre et de la Térébenthine. On l'obtient par distillation des feuilles du *Melaleuca Leucadendrum*, et non par incision de son bois, comme on l'avait d'abord pensé. Outre les propriétés médicinales qu'on lui attribue, et qui sont amplement détaillées dans la Matière médicale de Murray, elle en a une très-précieuse aux yeux des naturalistes. Nulle substance ne garantit mieux les Insectes conservés dans les collections, de la destruction et des attaques des larves de Dermestes. Quelques gouttes d'huile de Cajeput, pla-

cés dans des boîtes où étaient des Papillons, ont suffi pour préserver ceux-ci de toute atteinte durant plusieurs années.   (B.)

* CAJOE-TOCA ET TOLA. BOT. PHAN. Plante de l'Inde, imparfaitement observée, qui doit être un Cissus, si elle n'est pas un Aquilicia, et qui est peut-être la même que le Caju-Tola. *V.* ce mot.   (B.)

CAJONI. BOT. PHAN. *V.* CAJENNEAM.

CAJOPOLIN, MAM. Même chose que Cayopollin. *V.* ce mot.   (B.)

CAJOU ET CAJOUS. BOT. PHAN. Chez les Portugais, même chose que Caious. *V.* ce mot et CAJU.   (B.)

CAJU, CAZOU ET CAZE. BOT. PHAN. Ces noms, dit Du Petit-Thouars, signifient dans la langue malaise également les Arbres en général et le bois qu'on en retire; ils se retrouvent dans la langue de Madagascar, où, par l'habitude qu'on a de changer les intonations gutturales en aspirations, on prononce plus souvent Hazou et Haze. On dit aussi quelquefois Cacazou. Ces mots, avec une épithète, servent à désigner un grand nombre d'Arbres du pays de la même manière que nous nous servons dans l'usage commun des mots Arbres et Bois. Les Noirs, transportés dans nos colonies, y ont porté avec eux ces mots qui forment la racine de plusieurs noms vulgaires des Végétaux qu'on y trouve. Ainsi l'on appelle:

CAJU-ADJARAN, à Java, le *Bignonia spathacea*. *V.* CAJU-CUDA.

CAJU-AGER, chez les Malais l'*Aralia chinensis*.

CAJU-API-API, dans l'Inde, l'espèce d'*Avicennia* désignée à Madagascar sous le nom d'Afe, et dont le Bois brûle si lentement qu'on s'en sert pour conserver et transporter du feu.

CAJU-ARANG-UTAN. Même chose que Caju-Itam. *V.* ce mot.

CAJU-ARENG (Rumph. *Amb.* t. 3 pl. 1-3.) Diverses espèces de Bois d'Ébène qui appartiennent au genre *Diospyros*. *V.* PLAQUÉMINIER.

Caju-Baraedan, ou Arbre des Rapes, *Arbor radulifera* (Rumph. *Amb.* t. 3. pl. 129.) Un Arbre imparfaitement connu, ayant des feuilles pinnées avec impaire, et le fruit à cinq loges dont la surface est tellement hérissée qu'on s'en sert pour raper les racines tendres et nourricières. Son bois nourrit la larve mangeable d'un Insecte que l'on a comparée au Vers palmiste. *V.* ce mot.

Caju-Bawang, le même Arbre que nous avons déjà mentionné sous le nom de Bawang.

Caju-Belo, même chose que Bois de Pieux. *V.* ce mot.

Caju-Besaar, le *Morus indica* chez les Macassars. *V.* Murier.

Caja-Bessi, c'est-à-dire Bois de fer chez les Malais (*Metrosideros amboinensis.* Rumph. *Amb.* t. 3. pl. 10.) Un Arbre de la famille des Légumineuses, dont le Bois est fort dur, et que Loureiro regarde comme son *Baryaxylum. V.* ce mot.

Caju-Boba (Rumph. *Amb.* t. 3. pl. 105.) Un grand Arbre imparfaitement connu, dont les feuilles sont lancéolées-ovales, les fruits réunis en grappes terminales, peu-garnies, renfermant une amande d'un goût très-amer, employé en décoction comme topique.

Caju-Caloway (*Arbor spicularum,* Rumph. *Amb.* t. 3. pl. 106.) Un Arbre d'Amboine qui paraît être le *Terminalia mauritiana. V.* Terminalia.

Caju-Cambing (Rumph. *Amb.* t. 2. p. 139.) Un Arbre des Moluques dont la fleur n'a pas été observée, et que la mollesse de son bois blanc ne suffit pas pour faire reconnaître.

Caju-Cautekka, à Java, l'*Avicennia tomentosa.*

Caju-Casturi, c'est-à-dire Bois de *Musc.* (Rumph. *Amb.* t. 2. p. 41.) Un Arbre à peu près inconnu du Pegu, dont la rapure répandue sur des charbons ardens donne une odeur musquée, fort agréable.

Caju-Cuda, chez les Malais, le *Bignonia spathacea,* et dans l'île de Bali, l'*Excoecaria Agallocha.*

Caju-Cuning, c'est-à-dire *Arbre*

de *Nuit* (Rumph. *Amb.* t. 3. pl. 54.) Un grand Arbre indéterminé, dont le feuillage est si épais que le jour pénètre rarement jusqu'à son tronc, ce qui lui a valu le nom par lequel on le désigne. Son fruit est de la grosseur d'un œuf de Canard; ayant sa chair blanche et molle comme celle d'une pomme et d'une saveur moins agréable que son parfum.

Caju-Cutana, syn. d'Anasser. *V.* ce mot.

Caju-Galedupa (Rumph. *Amb.* t. 2. pl. 13.) Même chose que Galedupa. *V.* ce mot.

Caju-Gorita, même chose que Caju-Sussu. *V.* ce mot.

Caju-Hollanda (Rumph. *Amb.* t. 3. pl. 56.) Le *Quercus molucca,* L. que Du Petit-Thouars croit être un Laurier voisin de celui qu'on appelle Bois-Canelle à l'Ile-de-France.

Caju-Lati (Rumph. *Amb.* t. 3. pl. 18), le *Tectona grandis* ou Bois de Tek.

Caju-Itam (*Arbor nigra,* Rumph. *Amb.* t. 3. pl. 4-5.) Un Arbre qui paraît appartenir au genre Uvaria.

Caju-Japan, à Java, le *Poinciana alata,* L.

Caju-Jawa, chez les Macassars, l'*Æschynomene grandiflora.*

Caju-Ketan, même chose que *Melaleuca.*

Caju-Langit (*Arbor cœli,* Rumph. *Amb.* t. 3. pl. 132.) *Aylantho* des habitans d'Amboine, dont Desfontaines a emprunté le nom d'Aylanthus pour l'imposer au genre dans lequel il a fait entrer le Caju-Langit qu'on avait, jusqu'à lui, pris pour un Rhus. *V.* Aylanthe.

Caju-Lapia (*Lignum muscorum,* Rumph. *Amb.* t. 3. pl. 130.) Un Arbre qu'il est impossible de déterminer.

Caju-Lingoo (*Lingoum,* Rumph. *Amb.* t. 2. pl. 70.) Syn. de *Pterocarpus indicus,* Willd.

Caju-Lobé (*Arbor fucum major,* Rumph. *Amb.* t. 3. pl. 49.) Probablement l'espèce d'*Erythroxylum,* qu'on nomme Bois de Ronde ou d'Aronde aux Iles-de-France et de Mascareigne, et dont le Bois résineux qui brûle aisément sert à faire des flambeaux.

CAJU-MARIA. Syn. de Calophylle.

CAJU-MAS. *V*. ANDJURI.

CAJU-MATTA-BUTA. Syn. d'*Excœcaria*.

CAJU-MERA (*Arbor rubra*, Rumph. *Amb*. t. 3. pl. 47-48.) Trois Arbres dont le bois est rouge, et qui paraissent appartenir au genre *Eugenia*.

CAJU-MONI ou CAY-MONI, chez les Malais, le *Murraya* qui est le *Comemicum japonense* de Rumph.

CAJU-NASI, chez les Malais, un Arbrisseau qui croît jusqu'en Cochinchine, où Loureiro en a fait son genre *Dartus*. *V*. ce mot.

CAJU-PALACA ou PALACCA (Rumph. *Amb*. t. 3. pl. 125.) L'un des plus grands Arbres des Indes que les Malais regardent comme le roi des forêts, mais qu'il est impossible de déterminer par ce qu'on en a dit.

CAJU-PUTI, c'est-à-dire Bois blanc. L'Arbre qui produit la résine de Cajeput. *V*. ce mot, et qui est le *MelaleucaLeucadendrum*.

CAJU-RADJA (*Arbor regis*, Rumph. *Amb*. t. 2. pl. 84) chez les Malais ; il paraît que c'est l'*Hernandia sonora*, malgré les doutes élevés à l'égard de l'identité. Le *Cassia Fistula* est aussi désigné quelquefois par le nom de *Caja radja*.

CAJU-RAPA ou RAPAT. *V*. RAPA ou RAPAT.

CAJU-SALOWACHO , c'est-à-dire Bois de Bouclier (*Clypearia*, Rumph. *Amb*. t. 3. pl. 3.) Syn. d'*Adenanthera falcata*. *V*. ADÉNANTHÈRE.

CAJU-SANGA (*Arbor vernicis*, Rumph. *Amb*. t. 2. pl. 86.) Cet Arbre qu'il est impossible de déterminer est regardé comme un Terminalia par Lamarck.

CAJU-SAWO. Syn. de *Mimusops Kauki*, Willd.

CAJU-SOMMOT, même chose que Caju-Radja. *V*. ce mot.

CAJU-SONTI, *V*. COSSIR.

CAJU-SOSSU pour CAJU-SUSSU. *V*. ce mot.

CAJU-SOULAMOÉ, syn. de *Soulamea* de Lamarck. *V*. SOULAMÉE.

CAJU - SUSSU , (*Arbor lactaria*, Rumph. *Amb*. t. 2. pl. 81.) Syn. de *Cerbera Manghas*.

CAJU-TIJAMMARA (Rumph. *Amb*. t. 3. pl. 57-58.) Deux espèces de Casuarines.

CAJU-TOLA , à Java, un Arbuste qui paraît appartenir au genre Cissus, et qui n'est certainement pas le Sureau du Canada, ainsi que l'avait supposé fort légèrement Burmann fils.

CAJU-ULAR (*Lignum colubrinum*, Rumph. *Amb*. t. 2. pl. 38.) Un Arbre de l'Inde que Linné regardait comme le *Strychnos colubrina*, et de Jussieu, comme le *Strychnos potatorum*. Ses racines ont la forme de Couleuvres.   (B.)

CAKALIA. BOT. PHAN. (Dioscoride.) Probablement le *Cacalia alpina*, L. Nom adopté par Linné, avec un léger changement d'orthographe, pour le genre auquel appartient cette Plante *V*. CACALIE.   (B.)

CAKAREL. POIS. *V*. CAGAREL.

CAKATO ET CAKATOU. OIS. *V*. CACATOUA.

CAKATOCA ET CAKATOCHA. OIS. Même chose que Kakatoès. *V*. ce mot.   (B.)

CAKATOON ET CAKOTOIE. OIS. Même chose que Kakatoès. *V*. ce mot.   (B.)

CAKENAN. BOT. PHAN. Syn. de *Clitoria ternatea* sur la côte de Coromandel.   (B.)

CAKETAN. BOT. PHAN. Espèce indéterminée de Liseron à la côte de Coromandel.   (B.)

CAKILE. BOT. PHAN. Genre de la famille des Crucifères et de la Tétradynamie siliculeuse, L. Linné avait fondu ce genre, établi par Tournefort, dans celui des *Bunias*, quoiqu'il y eût entre les organes tant principaux qu'accessoires de ces Plantes des différences assez frappantes. Scopoli, dans la Flore de Carniole, rétablit le genre de Tournefort, et son exemple fut imité par Desfontaines, Willde-now, Lamarck, De Candolle, Brown et la plupart des botanistes modernes. Enfin De Candolle, par l'examen de la graine de Cakile, a fixé les caractères propres à ce genre, et dans sa nouvelle distribution des Crucifères, l'a placé fort loin des espèces dont on avait fait ses congénères. Il en fait le type de sa sixième tribu qu'il nomme *Cakilinées* (*V*. ce mot) ou *Pleurorhizées lomentacées*. Au reste, voici les caractères essentiels du genre Cakile : Un calice dressé, à deux bosses à sa base; des pétales dont le limbe est oboval; une silicule lomentacée, comprimée, dont l'articulation inférieure a la forme d'un cône tronqué, renversé, à deux dents, et la supérieure est ensiforme, couronnée par le stigmate sessile. Chaque loge ne renferme qu'une seule graine, qui a ses cotylédons linéaires, accombans. On ne connaît que trois espèces de Cakile; la plus remarquable est abondante dans les sables maritimes de toute l'Europe, tant de l'Océan que de la Méditerranée et de la mer Noire. C'est le *Cakile maritima* (*Bunias Cakile*, L.) Plante charnue, à feuilles pinnatifides, et dont les grappes de fleurs blanches ou rougeâtres sont opposées aux feuilles. (G..N.)

* CAKILINÉES. BOT. PHAN. Sous ce mot, De Candolle a désigné sa sixième tribu de la famille des Crucifères, à laquelle il assigne les caractères suivans : Une silicule ou une silique, partagée en deux ou plusieurs articulations, à une ou deux loges, dont les valves sont irrégulières, concaves et la cloison étroite. Les graines sont comprimées et sans appendices; elles ont des cotylédons planes et accombans, c'est-à-dire penchés sur la radicule, de manière que celle-ci soit couchée le long de leur fissure. Ce double caractère du fruit et des cotylédons a fait encore appeler cette tribu par De Candolle *Pleurorhizées lomentacées*. Elle se compose de quatre genres (*Cakile, Rapistrum, Cordylocarpus* et *Chorispora*), qui par la

structure de leur péricarpe se rapprochent des Anchoniées et des Raphanées, mais en diffèrent essentiellement par leurs graines comprimées et la position de leurs cotylédons. (A. R.)

CALAB, COLT, CULT ET KULB. BOT. PHAN. (Daléchamp.) Noms arabes du Grémil. *V*. ce mot. (B.)

CALABA. BOT. PHAN. Nom de pays adopté par Plumier et par quelques botanistes modernes pour désigner le genre Calophylle. *V*. ce mot. Adanson écrit Kalaba. (B.)

CALABASSA. BOT. PHAN. Syn. espagnol et portugais de Courge et dont le mot Calebasse est une traduction. (B.)

CALABASSEN. BOT. PHAN. Même chose chez les Hollandais de l'Inde que Caipa-Schora. *V*. ce mot. (B.)

CALABOTIS. BOT. PHAN. Pour Kalabotis. *V*. ce mot.

CALABRIA. OIS. (Adanson.) Syn. de Grèbe huppé, *Colymbus cristatus*, L. en Espagne. *V*. GRÈBE. (DR..Z.)

CALABRINA. BOT. CRYPT. (Dodoens.) Vieux nom du *Blechnum boreale*, Swartz. *V*. BLECHNE et LOMARIA. (B.)

CALABRONE. INS. Syn. de Bourdon chez les Italiens. (B.)

CALABURE. BOT. PHAN. Nom de pays donné par des botanistes français au genre *Muntigia*. *V*. ce mot. (B.)

CALAC. BOT. PHAN. Nom de pays donné par quelques botanistes français au genre *Carissa*. *V*. ce mot. (B.)

CALADENIE. *Caladenia*. BOT. PHAN. Genre de la famille des Orchidées établi par R. Brown, qui le caractérise ainsi : calice extérieurement glanduleux et dont les divisions forment deux lèvres, la supérieure à peu près plane; labellum onguiculé, en capuchon, découpé en trois lobes ou rétréci à son sommet, présentant sur son limbe des rangées de petites glandes; gynostème membraneux et dilaté; anthères terminales, persistantes; ses loges sont rapprochées et contiennent chacune deux masses polliniques, comprimées, à demi-bilobées, pulvérulentes. Ce genre renferme de belles Plantes herbacées, chargées de poils glanduleux, entremêlés avec des poils simples; leur bulbe est indivise; leur hampe porte, près de la racine, une feuille unique, souvent linéaire, renfermée dans une gaine à sa base, et une bractée outre celles qui accompagnent chacune des fleurs. Celles-ci, au nombre d'une à quatre, sont inodores et de couleurs variées; l'anthère est très-souvent mucronée. Brown distribue quinze espèces, toutes recueillies dans la Nouvelle-Hollande, en deux sections. La première comprend celles dans lesquelles la lèvre inférieure du calice est formée par quatre divisions à peu près égales, et celles-là, au nombre de treize, constituent véritablement le genre. La seconde section, qui pourrait peut-être servir à en établir un distinct sous le nom de *Leptoceras*, ne renferme que deux espèces dans lesquelles on rencontre la lèvre inférieure bipartie, et les divisions intérieures ascendantes, allongées, rétrécies. (A. D. J.)

CALADION. *Caladium*. BOT. PHAN. Ventenat a établi ce genre avec quelques espèces exotiques qu'il a retirées du genre Gouet, *Arum*, et qui s'en distinguent par les caractères suivans : leur spathe est monophylle, roulée en cornet, un peu renflée à sa base; les fleurs sont monoïques, dépourvues d'écailles, recouvrant en totalité le spadice; les fleurs femelles occupent la partie inférieure, tandis que les mâles recouvrent toute la partie supérieure. Dans les fleurs mâles, qui se composent d'une seule étamine, l'anthère est presque sessile, tronquée à son sommet; dans les fleurs femelles, le stigmate est sessile; le fruit est une baie, renfermant plusieurs graines.

Les espèces de ce genre, au nombre d'environ une vingtaine, sont en général des Plantes souvent herbacées et parasites. Leurs feuilles sont quel-quefois entières, d'autres fois quinquépartites.

La seule espèce qu'on cultive dans les jardins, est le *Caladium bicolor* de Ventenat (*Jard. de Cels.* t. 50), Plante vivace, originaire du Brésil. ses feuilles sont radicales, sagittées, d'un beau rouge, bordées de vert. Elle fleurit en juin et juillet.

Le genre *Culcasia*, établi par Beauvois dans sa Flore d'Oware et de Benin, doit être réuni à ce genre. (A. R.)

CALÆIATOUE. BOT. CRYPT. Syn. de *Polypodium crenatum* de Swartz, chez les Caraïbes. (B.)

CALAF ou CHALAF. BOT. PHAN. (Prosper Alpin.) Syn. de *Salix Ægyptiaca*, Forsk. qui est probablement un *Eleagnus*, et des fleurs odorantes duquel on obtient, par la distillation, une eau employée en médecine sous le nom de Macahalaf. (B.)

CALAFUR ET CARAFUL. BOT. PHAN. Syn. persans, arabes et turcs de Giroflier. *V.* ce mot. (B.)

CALAGANSA. BOT. PHAN. Syn. malais de Cléome. *V.* ce mot. (B.)

CALAGERI. BOT. PHAN. Syn. indon de *Conyza anthelmintica*. *V.* CONYZE. (B.)

CALAGNONE ou CALOGNONE. MOLL. (Rondelet.) Vieux nom vulgaire sur les côtes de la Méditerranée de l'*Archa Noæ*, L. *V.* ARCHE. (B.)

CALAGUALA ou CALAGUELA. BOT. CRYPT. Plante qu'on présume être une Fougère, et même l'*Aspidium coriaceum* de Swartz; elle croît au Pérou où l'on fait usage de sa racine comme sudorifique. (B.)

CALAI-TCHERI. BOT. PHAN. (Tournefort.) Syn. de *Guilandina Bonduc*, à la côte de Coromandel. (B.)

CALAK. OIS. Syn. du Corbeau, *Corvus Cornix*, L. en Perse. CORBEAU. (DR. Z.)

CALALOU. BOT. PHAN. C'est la Morelle, *Solanum nigrum*, L. préparée à Saint-Domingue, à la manière des Brèdes, *V*. ce mot, et à laquelle on ajoute, pour lui donner une certaine viscosité, le Gombo, fruit de l'*Hibiscus esculentus*. *V*. Ketmie.—On emploie quelquefois les *Amaranthus albus* et *viridis*, dans le Calalou, à la place de la Morelle. *V*. AMARANTHE. (B.)

CALAMAC. BOT. PHAN. Syn. de Haricot à Madagascar. L'on appelle :

CALAMAC PROPREMENT DIT, le *Phaseolus lunatus*.

CALAMAC BE, c'est-à-dire *petit*, un Dolic indéterminé, dont les graines ne sont guère plus grosses qu'une Lentille.

CALAMAC HELIC, ce qui veut également dire *petit*, le *Dolichos scarabœides*, L. qui appartient, selon Du Petit-Thouars, au genre Cajan. *V*. ce mot. (B.)

CALAMAGROSTIS. BOT. PHAN. Roth, dans sa *Flora germanica*, a établi, après Adanson, ce genre de Graminées sur quelques espèces d'*Arundo* de Linné ; Koeler y a réuni plusieurs *Agrostis* ; De Candolle, dans sa Flore française, l'a adopté tel que ces deux auteurs l'ont constitué, en lui donnant pour caractères : une lépicène bivalve et uniflore, une glume aussi bivalve, mais recouverte, soit à la base, soit sur sa surface, de poils longs et soyeux ; caractère qui le distingue du genre *Agrostis* qui a les valves de la glume très-glabres. Le port de ces Plantes est celui des *Arundo*, mais elles en diffèrent par leurs épillets uniflores, différence qui nous semble très-légère pour la validité du genre *Calamagrostis*. Palisot-Beauvois a retiré de ce genre les *Calamagrostis argentea* et *lanceolata*, D. C., pour en constituer le genre *Achnatherum*, où il a fondu aussi quelques espèces d'*Agrostis* et d'*Arundo*. *V*. ROSEAU. Au reste, les *Calamagrostis* sont des Graminées européennes qui se trouvent à des stations très-diverses, les Alpes, les plaines sablonneuses et les bords de la mer. Le Calamagrostis des sables (*Arundo arenaria*, L.) a des racines tellement longues et traçantes, qu'elles servent à fixer le Sable mobile des dunes, et même en Hollande on le cultive à cet effet. C'est à l'aide de ce précieux végétal, indiqué comme premier élément de la fertilisation des dunes aquitaniques par Bory de Saint-Vincent et par Bremontier, il y a vingt-cinq ans, que les côtes d'Arcachon doivent cette immense étendue de forêts de Pins maritimes, ajoutées pendant la durée du dernier gouvernement à celles qui existaient en petit nombre et de toute antiquité sur quelques points des côtes du golfe de Gascogne. (G..N.)

CALAMAJO, CALAMARELLI et CALAMARO. MOLL. Noms italiens du Calmar. *V*. ce mot. (B.)

CALAMANDRIÉ. BOT. PHAN. D'où peut-être CALAMANDRINA des Italiens. Syn. de *Teucrium* dans le midi de la France. *V*. GERMANDRÉE. (B.)

CALAMANDRINA. BOT. PHAN. *V*. CALAMANDRIÉ.

CALAMANSAY. BOT. PHAN. Grand Arbre de charpente des Philippines, dont Camelli n'a mentionné que le nom. (B.)

CALAMARELLI ET CALAMARO. MOLL. *V*. CALAMAJO.

CALAMARIA. BOT. CRYPT. (Dillen.) Syn. d'*Isoetes lacustris*, L. *V*. ISOETE. (B.)

CALAMARY. MOLL. Syn. anglais de Calmar. *V*. ce mot. (B.)

CALAMBAC. BOT. PHAN. *V*. BOIS D'AIGLE, D'ALOÈS, etc.

CALAMBAU. BOT. PHAN. Syn. de *Piper diffusum*, Vahl. Espèce du genre Poivre. (B.)

CALAMBOURG ET CALAMBOUX. BOT. PHAN. Même chose que Calambac. *V*. BOIS D'AIGLE, D'ALOÈS, etc. (B.)

*CALAMÉES. *Calameœ*. BOT. PHAN. Kunth désigne sous ce nom la troisième section de la famille des Palmiers, qui renferme les genres dont l'ovaire est à trois loges monospermes, et le fruit recouvert d'écailles imbriquées. Tels sont les genres *Mauritia,* *Sagus*, etc. *V.* PALMIERS. (A. R.)

CALAMENT. BOT. PHAN. Espèce du genre *Melissa* de Linné, dont Tournefort avait formé un genre particulier sous le nom de *Calamintha*. *V.* MÉLISSE. (B.)

CALAMINE. *Calamina.* BOT. PHAN. Palisot-Beauvois a retiré des genres Anthistiria et Apluda un certain nombre d'espèces dépourvues d'arête, et dont il a fait son genre Calamina. Mais ce genre ne nous paraît point suffisamment distinct de ceux dont on l'a voulu séparer, et son nom, emprunté de la minéralogie, ne saurait être adopté. (A. R.)

CALAMINE ou CALAMITE. MIN. On a donné le nom de *Pierres calaminaires* ou de *Calaminès* à des masses concrétionnées ou terreuses, souvent cellulaires, spongieuses et comme vermoulues, et qui sont formées d'Oxyde de Zinc uni accidentellement à l'Oxyde de Fer, à l'Argile et à d'autres principes étrangers. On trouve les Calamines en masses immenses presque à la surface du sol en diverses parties de l'Europe; la Silésie en avait long-temps alimenté le commerce presque exclusivement jusqu'à l'époque où des persécutions religieuses, ayant conduit des réformés dans les environs d'Aix-la-Chapelle, ces hommes industrieux tolérés à Stolberg qui n'en est distant que de quelques lieues, s'aperçurent qu'ils étaient entourés de Calamine, et l'exploitèrent pour en faire du laiton. Ils se contentent encore de faire calciner cette substance qui forme presque tout le sol de leur vallon, et après l'avoir réduite en poudre, de la mêler avec de la poussière de Charbon au Cuivre rouge qu'ils tirent de Suède; on stratifie le tout dans de grands creusets, et l'on opère la fusion. La matière d'une grande partie des épingles qui se consomment en Europe vient de Stolberg où la fabrication du laiton est presque encore dans l'enfance. — Des masses de Calamines plus considérables encore se trouvent à l'ouest de cette même ville d'Aix-la-Chapelle sur un espace de terrain indivis entre la Prusse et les Pays-Bas, au bord même de la grande route de la Belgique; des exploitations y ont eu lieu dans les temps les plus reculés; on les a maintenant reprises avec la plus louable activité. La Calamine de cette localité paraît devoir être inépuisable, on la concasse et on la calcine aujourd'hui sur les lieux mêmes, et, transportée à Liége, on en extrait le Zinc qu'on façonne en lames. Le Zinc dans cet état sert aux couvertures des monumens, ainsi qu'au doublage des vaisseaux. Une mine d'argent ne répandrait guère plus de richesses dans le pays. — Nous avons remarqué, pendant cette partie du temps de notre exil que nous passâmes sur les lieux, un fait de botanique constaté dans l'excellente Flore de Spa, publiée par le savant et modeste docteur Lejeune; c'est que partout la présence de la Calamine est manifestée, sans qu'on s'y puisse jamais tromper, par une végétation constamment la même. Une Pensée jaune, une variété courte de l'Euphraise officinale, le *Cucubalus Behen*, une jolie Sabline, un Lichen fruticuleux et un Brome particuliers composent cette végétation appauvrie, mais élégante. L'on ne peut nourrir de Gallinacées dans les terrains calaminaires; tous les Oiseaux de basse-cour, habitués à avaler de petits cailloux avec le grain, y meurent; quelle substance dans la Calamine dont ils avaient conséquemment des fragmens leur peut être contraire? *V.* ZINC. (B.)

CALAMISTRUM. BOT. CRYPT. (Ray.) Syn. d'*Isoetes lacustris*, L. *V.* ISOETE. (B.)

CALAMITE. REPT. BATR. Espèce du genre Crapaud. *V.* ce mot. (B.)

* CALAMITE. POLYP. FOSS. Nom donné par Guettard, dans les Mémoires, à des Caryophyllées fossiles, semblables à des tuyaux réunis ensemble, telles que le *Caryophyllea musicalis* et quelques autres. (LAM..X.)

CALAMITE. MIN. *V.* CALAMINE et AMPHIBOLE GLOBULIFORME RADIÉ.

* CALAMITE. *Calamites.* BOT. FOSS. Ce nom a été donné par Schlotheim et Sternberg à un groupe de Végétaux fossiles, renfermant des tiges simples, articulées et régulièrement striées longitudinalement. Quoique ce nom indique une analogie qui ne nous paraît pas exacte entre ces Fossiles et les tiges des *Calamus* ou Rotangs, nous avons pensé qu'étant déjà adopté, il fallait le respecter, et nous l'avons conservé dans notre Essai sur la classification des Végétaux fossiles (Mém. Mus. Hist. natur. T. VIII). La plupart des auteurs qui ont écrit sur les Végétaux fossiles ont avancé que ces tiges avaient appartenu à des Bambous, à des Rotangs ou à des Palmiers. Cette opinion ne nous paraît pas probable. En effet, aucun Palmier n'a des tiges articulées, du moins nous ne croyons pas qu'on en ait observé ou figuré de tels. Quelques-uns présentent bien des sortes d'anneaux transversaux produits par la chute des feuilles, mais ces anneaux ne font jamais le tour complet de la tige; en second lieu, ces tiges ne présentent pas ces stries régulières qui couvrent les empreintes des Calamites; les Bambous et les Calamus sont, il est vrai, articulés; mais deux caractères nous semblent les éloigner des Fossiles qui nous occupent : 1°. L'absence des stries régulières qui caractérisent toutes les Calamites, et ces stries méritent de fixer notre attention, car ce ne sont pas de simples lignes couvrant irrégulièrement toute la surface de la tige, mais des lignes parfaitement continues d'une articulation à l'autre, parallèles entre elles, alternant avec celles qui sont au-delà de l'articulation, et par conséquent en même nombre dans toute l'étendue d'une même tige; 2° la présence sur les tiges des Calamus, des Bambous et sur le chaume de presque toutes les Graminées d'une impression unilatérale placée sur l'articulation, et alternativement sur les deux côtés

opposés de la tige; ces impressions qui indiquent la position du bourgeon placé à l'aisselle de la feuille, sont surmontées d'une sorte de cannelure qui s'étend à une certaine distance sur la tige : on ne voit jamais rien de semblable sur les tiges de Calamite. Au lieu d'impression unilatérale, on remarque une série de petits points ronds qui font tout le tour de l'articulation, et quelquefois un certain nombre d'impressions plus grandes qui sont placées à des intervalles égaux sur cette articulation. Les petits points se retrouvent sur toutes les Calamites bien conservées; ils sont en nombre égal aux stries et terminent chacune de ces stries.

Cette disposition indique évidemment des organes, rameaux ou feuilles verticillés. C'est en effet parmi des Plantes dans lesquelles cette disposition est un caractère important et constant que nous croyons qu'on peut retrouver les analogues des Calamites, du moins il est probable que si elles n'appartenaient pas au même genre, elles avaient la même structure extérieure.

Ce sont les *Equisetum* ou Prêles qui nous paraissent se rapprocher le plus de ce genre fossile; les tiges principales sont en général simples, articulées et striées; les stries, de même que dans les Calamites, alternent avec celles qui sont au-dessus de l'articulation; enfin si on dépouille une articulation de la gaîne qui l'entoure, on voit que les faisceaux de vaisseaux qui se portaient dans cette gaîne, étant en nombre égal aux dents qui la terminent et par conséquent aux stries de la tige, laissent chacun une marque arrondie à l'extrémité de chaque strie. Dans les espèces où il y a de grandes impressions espacées autour de l'articulation, ces impressions seraient produites par la chute des rameaux. L'organisation des *Equisetum* nous paraît donc expliquer parfaitement ce qui nous reste des Calamites, nous avons même trouvé dans des échantillons renfermant des Calamites, des débris de gaînes dentées qui paraîtraient appartenir à ce genre, La seule différence remarquable consiste donc dans la grandeur; mais on sait que parmi les Végétaux fossiles du terrain de Houille, auquel toutes les espèces de Calamites appartiennent, un grand nombre paraissent les analogues gigantesques de genres ou de familles encore existans, mais dans des proportions réduites. Ainsi les Sagénaires (*Lepidodendron* , Sternb.) paraissent représenter les Lycopodes, les Sigillaires et les Clathraires appartiendraient aux Fougères en Arbres qui devaient être alors beaucoup plus fréquentes qu'actuellement. *V.* VÉGÉTAUX FOSSILES.   (AD. B.)

CALAMOXENUS. ois. (Nozmann.) Syn. de la Fauvette grise, *Motacilla Sylvia*, L., figurée sous le nom de Calamoxène dans l'Encyclopédie par ordre de matières, pl. 178. n° 3. *V.* BEC-FIN.   (DR. Z.)

CALAMUS. BOT. PHAN. Ce mot latin, tiré du grec, désignait originairement ce que nous appelons *Chaume*, genre de tige propre aux Graminées, ainsi qu'à quelques Végétaux qui appartiennent à des familles très-voisines ; il est depuis devenu le nom propre de Végétaux différens, tels que des Roseaux ou le Nard, et, avec l'épithète d'aromatique, synonyme d'Acore dans les pharmacies; il est maintenant donné scientifiquement au Rotang. *V.* ce mot.   (B.)

CALAMUS-AROMATICUS. BOT. PHAN. On trouve, sous ces noms latins, dans toutes les pharmacies, une racine odorante qu'on apportait autrefois de l'Inde, et qui n'est que celle de l'*Acorus Calamus*, L. Dans la Prusse ducale où cette Plante est fort commune, on la mêle avec le grain ; et c'est elle qui donne à l'Eau-de-vie de Dantzick ce parfum d'Iris tirant sur la Canelle, qui la particularise. C'est par erreur qu'on a quelquefois confondu le Rotang et le Nard avec le *Calamus aromaticus*. Une figure imaginaire de Mathiole a causé cette confusion. (B.)

CALANCHOE. BOT. PHAN. *V.* KALANKOE.

CALANDRE. ois. Espèce du genre Alouette, *Alauda Calandra*, L., Buff., pl. enl. 363. Ce nom a été étendu à quelques autres Alouettes exotiques. *V.* ALOUETTE.   (DR. Z.)

CALANDRE. *Calandra.* INS. Genre de l'ordre des Coléoptères, section des Tétramères, extrait du grand genre Charanson de Linné, par Clairville (*Entom. helvet.*) et rangé par Latreille (Règn. Anim. de Cuv.) dans la famille des Rhinchophores avec ces caractères : Antennes insérées à la base de la trompe, coudées, de huit articles, dont le dernier, presque globuleux ou triangulaire, forme la massue. Les Calandres se distinguent sous plusieurs rapports des autres genres de leur famille. Elles ont une tête terminée par une trompe cylindrique, longue, un peu courbée, et sans sillons latéraux; des antennes prenant naissance à la base de la trompe, de huit articles, dont le premier est allongé, les suivans courts, arrondis, et le dernier ovoïde, triangulaire ou conique, offrant quelquefois l'apparence d'une division transversale ; une bouche fort petite, munie cependant de mandibules dentelées, de mâchoires velues ou ciliées, de palpes coniques et presque imperceptibles, et d'une lèvre linéaire ou cornée. Les yeux embrassent supérieurement les côtés de la tête; le prothorax est arrondi de la longueur de la trompe, étroit en avant pour recevoir la tête, et plus large postérieurement; les pates sont fortes avec les jambes pointues; les tarses ont leur pénultième article plus grand, velu en dessous et en forme de cœur; l'abdomen, terminé en pointe, est plus long que les élytres; le corps considéré dans son ensemble est allongé, elliptique, très-déprimé en dessus.

Les Calandres ont la démarche lente; elles se nourrissent des Plantes monocotylédones, attaquent principalement les semences, et occasionent souvent des dégats incalculables. Leurs larves s'introduisent dans le Blé, le Seigle, le Riz, les Palmiers, et détruisent en fort peu de temps les récoltes amassées dans nos greniers, sans qu'il soit, pour ainsi dire, possible d'arrêter le ravage lorsqu'il est commencé. L'espèce, servant de type au genre, est la Calandre raccourcie, *Cal. abbreviata* d'Olivier (Coléopt. T. v. pl. 16. fig. 195. A. B.) Elle est la plus grande de celles qu'on rencontre en Europe, et atteint quelquefois huit lignes en longueur.

La Calandre du Palmiste, *C. palmarum*, ou le Charanson palmiste, *Curculio palmarum* de Linné, figurée par Olivier (*loc. cit.* pl. 2. fig. 16. A. B), est connue de tous les naturalistes, et se trouve très-communément dans nos collections. Sa larve désignée vulgairement sous le nom de *Ver palmiste*, a été figurée par mademoiselle Merian (Ins. de Surinam, pl. 48.) Elle vit de la moelle qui remplit le tronc des Palmiers, et se métamorphose dans une coque qu'elle construit avec leurs fibres. Les Indiens et les Créoles la font griller et trouvent ce mets fort délicat. C'est probablement, quoi qu'en ait dit Linné, cette même larve, et non celle du Cossus, dont les Romains étaient si friands, et qu'ils nourrissaient avec de la farine.

La Calandre du Riz, *Cal. Oryzæ* d'Olivier (*loc. cit.* pl. 7, fig. 81, A. B) attaque le Riz et les grains de Mil. Mais l'espèce la plus nuisible et malheureusement répandue sur toute la terre, est la Calandre du Blé, *Cal. granaria* ou le *Curculio granarius* de Linné, figurée par Olivier (*loc. cit.*, pl. 16. fig. 196, A. B). Son corps est étroit, de couleur brune; ses antennes sont en massue ovale; le prothorax offre des points enfoncés, et a presque la longueur des élytres. Celles-ci sont striées profondément. A cet état, la Calandre n'occasione pas de très-grands dommages dans les tas de Blé, il n'est même pas certain qu'elle vive alors de grains, et si on la rencontre au milieu de ceux-ci, il est probable qu'elle y est plutôt pour déposer ses œufs que pour s'en

nourrir. A peine devenue Insecte parfait, et lorsque la température est au-dessus de 8 à 9 degrés du thermomètre de Réaumur, la Calandre se livre à la copulation. S'il faisait plus froid, l'accouplement n'aurait pas lieu; l'Animal pourrait même, à un certain degré, rester engourdi et offrir tous les caractères de la mort apparente. La ponte a lieu plus ou moins long-temps après l'union des sexes. Dans le midi de la France, elle commence au mois d'avril, et se continue jusqu'à l'automne. La femelle s'enfonce dans les tas de Blé, et fait une piqûre à l'enveloppe du grain, probablement à l'aide d'un petit dard caché sous la partie inférieure de la trompe. La peau, soulevée dans cet endroit, forme une élévation peu sensible, au-dessous de laquelle est pratiqué un trou oblique ou même parallèle à la surface du grain. Un seul œuf y est déposé, après quoi l'ouverture du trou est bouchée avec une sorte de gluten de la couleur du Blé. Il devient alors très-difficile de distinguer à la simple vue les grains attaqués, on les reconnaît cependant à leur poids spécifiquement moindre que celui de l'eau, et à leur légèreté, très-sensible lorsqu'on les manie. L'accouplement, la ponte des œufs et toutes les autres fonctions des Calandres n'ont pas lieu à la surface des tas de Blé, mais à la profondeur de quelques pouces; elles n'abandonnent leur retraite que lorsqu'on les inquiète, et quand la saison rigoureuse arrive; à cette époque elles vont chercher un abri contre le froid dans les angles et les crevasses des murs, ou dans les fentes des boiseries. Un grand nombre périt, et celles qui échappent retournent au printemps dans les tas de Blé.

L'œuf, déposé ainsi que nous l'avons dit dans le grain, ne tarde pas à éclore. Il en naît une petite larve blanche, allongée, molle, ayant le corps composé de neuf anneaux, avec une tête arrondie, de consistance cornée, munie de deux fortes mandibules au moyen desquelles elle agrandit journellement sa demeure, faisant tourner au profit de son accroissement la substance farineuse dont elle se nourrit. Arrivée au terme de sa grosseur, elle se métamorphose en nymphe, reste dans cet état huit ou dix jours, et se transforme ensuite en Insecte parfait qui perce l'enveloppe du grain. On conçoit que la durée de toutes ces périodes est toujours liée au degré de température; la chaleur accélérant beaucoup les transformations, et le froid les retardant singulièrement, cette influence est générale dans la classe des Insectes. Les travaux que nous avons entrepris sur cette action permettront de l'apprécier d'une manière bien plus exacte qu'on ne l'a fait jusqu'à ce jour. Quoi qu'il en soit, le terme moyen entre l'accouplement et l'état parfait du nouvel être qui en résulte est de 40 à 45 jours.

— Lorsque les idées de génération spontanée avaient une grande vogue, on pensait que les Calandres étaient engendrées par les grains de Blé imprégnés d'humidité. Plus tard, on crut que ces Insectes déposaient leurs œufs dans l'épi encore vert, et que de-là ils étaient transportés dans les greniers. Des observations fort exactes de Lœuwenhoek (*Continuatio Epistolarum*, p. 56), en détruisant ces erreurs, ont appris tout ce que nous venons de faire connaître sur l'accouplement, la ponte et les diverses transformations des Charansons du Blé. — Chaque larve consommant à elle seule un grain de Blé, on sent que toujours les ravages seront exactement proportionnels au nombre de ces larves, et on ne se rend compte des grands dégâts dont nous avons parlé que par leur multiplication excessive : c'est aussi ce que l'observation a démontré. D'après un calcul de Degéer, un seul couple de Calandres, y compris plusieurs générations auxquelles il donne naissance et qui se multiplient entre elles, peut avoir produit au bout de l'année vingt-trois mille six cents individus. D'autres observateurs sont arrivés à un résultat moins effrayant; ils ont cal-

culé que le nombre des Calandres, provenant d'une seule paire, ne fournissait en dernier total que le nombre six mille quarante-cinq. Sans nous arrêter à cette différence, et en n'admettant que le dernier de ces résultats, on conçoit qu'il est très-important pour les agriculteurs et pour les économistes d'opposer des obstacles à cette multiplication excessive. Le nombre des moyens que l'on a proposés pour détruire ces Insectes est très-grand, mais il n'en est que fort peu dont l'expérience ait constaté l'efficacité. Nous croyons donc pouvoir passer sous silence les fumigations de Plantes odorantes ou de Soufre, l'exposition subite à une chaleur de 19 degrés ou à celle de 70 dans une étuve. Ces procédés, s'ils offrent quelque avantage réel, présentent aussi des inconvéniens incontestables.

Il n'en est pas de même du suivant : lorsqu'on s'aperçoit qu'un tas de Blé est infecté par les Charansons, on dresse à côté un petit monticule de grain auquel on ne touche plus, tandis qu'on remue avec une pelle le monceau de Blé. Les Calandres qui l'habitent étant inquiétées, l'abandonnent et se réfugient presque toutes dans le petit tas qui est placé auprès. On y ramène avec un balai les insectes qui s'en écartent. Cette opération est continuée pendant quelques jours, et à des intervalles assez rapprochés. Lorsqu'on juge qu'un grand nombre d'individus s'est réuni dans le petit tas, on les fait tous périr en jetant dessus celui-ci de l'eau bouillante. Ce procédé, qui détruit les Insectes parfaits, et non les larves qui restent dans les grains, doit être employé aux premières chaleurs du printemps et avant que la ponte n'ait eu lieu. Il réussit bien plus complétement, si on substitue au petit tas de blé une quantité égale de grains d'Orge, les Calandres ayant une préférence bien marquée pour ces derniers. Un second moyen consiste à entretenir dans les greniers, au moyen d'un ventilateur, une température assez basse pour que les Ca-

landres soient dans un état d'engourdissement qui les empêche de s'accoupler, et même de se nourrir. Nous
ignorons si ce moyen a été mis en
usage ; il serait sans doute très-effica-
ce, si on pouvait atteindre un degré
de froid assez considérable pour amener l'état de mort apparent et l'entretenir pendant toute la saison chaude.

Des expériences tentées par Clé-
ment ont fait encore découvrir que
l'air desséché avec la Chaux pouvait
devenir un moyen certain de conservation par la propriété qu'il a de faire
périr les œufs, les Larves et les Insectes parfaits. Les résultats de ces
recherches ont été annoncés par l'auteur dans le courant de l'année 1819
à la Société philomatique de Paris,
et ils se trouvent consignés avec quelques détails dans le T. LXXXIX, p.
558 du Journal de physique.

On connaît un grand nombre d'autres espèces appartenant au genre Calandre et qui sont la plupart étrangères
à l'Europe. Le général Dejean (Catal.
des Coléoptères, p. 99) en possède
vingt-trois. (AUD.)

CALANDRELLE. OIS. Nom vul-
gaire dans le midi de l'Europe de l'*A-
lauda brachydactyla*, Temm. *V.*
ALOUETTE. (B.)

CALANDRES. REPT. CHEL. Vieux
nom des Tortues de mer, selon Gesner, qui pense que les Calandres que
des pêcheurs présentèrent à Christo-
phe Colomb, dans son premier voyage en Amérique, et qu'on qualifia de
Poisson, étaient des Tortues. (B.)

CALANDRIA. OIS. (Azara.) Espèce
de Merle du Paraguay, qui a beaucoup de ressemblance avec les Mo-
queurs. (DR.. Z.)

CALANDRINO. OIS. Syn. de la
Farlouse, *Alauda pratensis*, L. en
Italie. *V.* PIPIT. (DR..Z.)

CALANDROTTE. OIS. Nom vulgaire de la Grive-Mauvis, *Turdus
iliacus*, L., et de la Litorne, *Turdus
pilaris*, L. *V.* MERLE. (DR..Z.)

CALANGARI. BOT. PHAN. L'un
des noms de la Pastèque dans l'Indostan. (B.)

CALAO. *Buceros*, L. OIS. Genre
de l'ordre des Omnivores dans la Méthode de Temminck, etc. Caractères :
Bec long, très-gros, grand, cellulaire, courbé en faulx, surmonté ou
d'un casque ou d'une simple arête
lisse ; bords des mandibules lisses ou
échancrés ; narines placées à la surface du bec, près de sa base, dans
un sillon, petites, rondes, en partie
couvertes par une membrane ; pieds
courts, forts, musculeux, écailleux ;
trois doigts devant ; l'intermédiaire
uni à l'externe jusqu'au-delà du milieu, et à l'interne jusqu'à la seconde
phalange, ce qui forme au pied une
plante épatée ; un doigt derrière large
et plat ; ailes médiocres, amples ; les
trois premières rémiges étagées ; la
quatrième ou la cinquième la plus
longue. Queue composée de dix à
douze rectrices.

Les Calaos, si remarquables par
les formes extraordinaires et bizarres
du bec de quelques-uns d'entre eux,
paraissent appartenir exclusivement
aux Indes et à l'Afrique, du moins
ne les a-t-on encore trouvés que sur
l'ancien continent et les îles qui en
dépendent. Ils s'y nourrissent de tout
ce qui convient aux autres Oiseaux,
de Vers, d'Insectes, de petits Quadrupèdes, de charognes, de Graines,
et principalement de Fruits. Malgré
la force de leurs jambes, ils marchent
rarement et paraissent même souffrir
de cet exercice, quoique la nature ait
tout fait pour les y assujettir en leur
donnant, par la conformation de
leurs doigts, une base large et épaisse ;
ils se tiennent presque toujours per-
chés sur les plus grands Arbres ; et
de préférence sur ceux qui sont le
moins garnis de feuillages. C'est sur
ces Arbres ou dans les parties mortes
de leur tronc qu'ils construisent leur
nid, dans lequel ils se retirent chaque
soir, même hors le temps de l'incubation. La ponte consiste en quatre
et quelquefois cinq œufs que le mâle
et la femelle couvent alternativement
avec beaucoup de soin, et l'observation faite sur l'espèce des Philippines
porte que les parens ne mettent pas
moins de soin dans l'éducation de

leurs petits, qui ne les quittent que dans un âge assez avancé. L'on commettrait de grandes erreurs si l'on s'en rapportait à la conformation du bec pour la distinction des espèces, car cet organe, n'acquérant que graduellement ses dimensions, diffère totalement dans le jeune âge et dans l'âge adulte ; néanmoins, comme dans tous les âges on aperçoit toujours le casque ou le rudiment qui doit le devenir chez les espèces qui en sont pourvues, on peut diviser les Calaos en deux sections dont l'une comprend tous les Calaos à casque, et l'autre ceux qui ont la mandibule supérieure lisse.

† *A casques.*

CALAO D'ABYSSINIE, *Buceros abyssinicus*. Calao caronculé et grand Calao. Buff. pl. enlum. 779. Levaill. Oiseaux d'Afrique, pl. 230 et 231. Tout le plumage d'un noir foncé, à l'exception des premières rémiges qui sont d'un blanc fauve. Le bec est très-grand, très-gros, avec le casque à cannelures arrondies en dessus, ouvertes par devant où le bord des cannelures forme un trèfle régulier ; des caroncules à la gorge. Longueur, trois pieds et demi environ. Bruce, qui a vu l'Oiseau en vie, assure qu'il est brun : c'était peut-être une femelle. Les jeunes de l'année ont aussi les tectrices alaires brunes ; leur bec est légèrement arqué, aplati et comprimé sur les côtés ; les deux mandibules sont creusées en gouttières à l'intérieur ; la supérieure est surmontée d'une excroissance cornée, bombée, unie et fléchissant sous la pression du doigt ; c'est alors la figure de la pl. 779 de Buff. et 232 de Levaill.

CALAO D'AFRIQUE, *Buceros africanus*, L., Levaill. Oiseaux rares, p. 17. Noir, abdomen et queue blancs ; bec jaune, rouge et noir ; la mandibule supérieure surmontée d'une excroissance cornée qui se prolonge antérieurement en corne presque droite, et recouvre postérieurement le dessus de la tête. Longueur, trois pieds et demi. Cette espèce, qui n'a été vue que par le père Labat, paraît

à Levaillant n'être que le Calao Rhinocéros qu'une description exagérée a rendu méconnaissable. Cuvier pense qu'il n'en est qu'une variété d'âge.

CALAO A BEC BLANC, *Buceros albirostris*, Vieill. Levaill. Oiseaux rares, pl. 14. Parties supérieures noires à reflets verdâtres ; une huppe de longues plumes effilées à la nuque ; une large tache blanche à l'extrémité des rectrices et de la plupart des rémiges ; parties inférieures blanches. Bec irrégulièrement dentelé et terminé en pointe mousse ; casque de la longueur des deux tiers de la mandibule supérieure, s'étendant sur le sommet de la tête. Longueur, deux pieds ; celle du bec est de quatre pouces trois lignes. Ce Calao, que Levaillant juge différent de celui de Malabar, lui a été envoyé de Chandernagor.

CALAO A BEC CISELÉ, Levaill. *V.* CALAO DE L'ILE-PANAY.

CALAO BICORNE, *Calao bicornis*, L. Levaill. Oiseaux rares, pl. 7 et 8. Parties supérieures noires ; une tache blanche sur les tectrices alaires ; parties inférieures et rectrices latérales blanches, pieds verdâtres. Casque concave dans sa partie supérieure, à deux saillies en avant, en forme de double corne ; il s'étend en s'arrondissant sur le sommet de la tête. Longueur de l'Oiseau, du haut de la tête à la pointe de la queue, deux pieds huit pouces ; celle du bec est de neuf pouces. Il habite les Philippines et la Chine.

CALAO BLANC, *Buceros albus*, Lath. Tout le plumage blanc ; cou long et étroit ; bec très-grand, courbé, noir. Grandeur de l'Oie ordinaire. Cette espèce est douteuse ; elle a été formée d'après un seul individu pris en mer, près des îles de l'archipel des Larrons.

CALAO BRAC. Même chose que Calao d'Afrique.

CALAO CARONCULÉ. *V.* CALAO D'ABYSSINIE.

CALAO A CASQUE CONCAVE, *Buceros cristatus*, Vieill. (*V.* Planches de ce Dictionnaire.) Parties supérieures noires ; une huppe d'un roux fauve ainsi que la moitié du cou ; parties inférieures et rectrices d'un blanc mêlé de fauve ; mandibule supérieure jaune, rouge à sa pointe, surmontée d'un casque arrondi sur ses côtés et très-relevé par derrière, creusé en gouttière ouverte par devant. Longueur de l'Oiseau, du sommet de la tête, à la pointe de la queue, trois pieds ; celle du bec est de sept pouces. Les jeunes et les femelles sont entièrement noirs. De Java. Il est possible que le *Buceros cavatus*, Cuv. et Levail. pl. 3, 4, 5, 6, ne soit autre chose que le *Buceros cristatus*.

CALAO A CASQUE EN CROISSANT, *Buceros sylvestris*, Vieill., Levaill. Oiseaux rares, pl. 13. *Buceros niger*, Cuv. *Buceros diadematus*. Parties supérieures noires, irisées ; parties inférieures d'un blanc teint de fauve ; queue plus longue que le corps, arrondie, noire au milieu, blanchâtre sur les côtés. Bec jaunâtre, long de près d'un pied, et très-fort ; la mandibule supérieure garnie d'un casque formant un grand croissant. Longueur, trois pieds quatre pouces du sommet de la tête à l'extrémité de la queue. Cette espèce vit en société à Sumatra et dévore les cadavres.

CALAO A CASQUE FESTONNÉ, *Buceros niger*, Vieill., Levaill. Oiseaux rares, pl. 20 et 21. *Buceros undulatus*, Cuv. *Buceros annulatus*. Parties supérieures noires, irisées de bleuâtre ; une plaque d'un brun rougeâtre sur les épaules du mâle ; parties inférieures d'un noir brunâtre ; queue d'un blanc roussâtre ; une peau nue et ridée enveloppe les yeux et descend sur la gorge ; les plumes de la nuque sont longues. Le bec est d'un brun jaunâtre, la mandibule supérieure a une espèce de casque qui ne s'élève que de cinq à six lignes ; il est coupé transversalement en plusieurs festons. Longueur totale, deux pieds dix pouces ; celle du bec de cinq pouces. De Java.

CALAO A CASQUE PLISSÉ, *Buceros leucocephalus*, Vieill. Le plumage est entièrement noir, le bec est d'un brun jaunâtre ; les mandibules d'un noir bleuâtre ont jusqu'aux trois quarts de leur longueur des rainures horizontales ; la supérieure est garnie d'un casque haut de deux pouces, long de quatre, en forme de quart de cercle, coupé verticalement sur le devant où il est comme ridé et garni de quatre plis verticaux très-profonds ; sa couleur est un rouge brillant. Une peau nue, extensible et d'un beau jaune, couvre la gorge. Longueur totale, deux pieds et demi ; celle du bec est de six pouces. Des îles Moluques.

CALAO A CASQUE ROND, *Buceros galeatus*, L. Buff., pl. enl. 935 (le bec seulement). Cette espèce, d'après la description de Latham qui l'a vue au Muséum britannique, a les parties supérieures noires et les inférieures blanches ; la queue cunéiforme, blanche, avec une large bande noire à l'extrémité de chaque rectrice. Le bec est presque droit ; la mandibule supérieure porte un casque arrondi, comprimé sur les côtés ; haut de trois pouces deux lignes. La longueur de l'Oiseau est de trois pieds huit pouces depuis l'extrémité du bec jusqu'à celle de la queue ; la longueur du bec est de sept pouces quatre lignes.

CALAO A CASQUE SILLONNÉ, *Buceros sulcatus*, Temm., pl. coloriée, 69. Parties supérieures d'un noir à reflets bleuâtres ; tête et cou d'un blanc jaunâtre tirant au brun sur le haut de la poitrine ; de longues plumes brunâtres formant sur le cou une espèce de crête longitudinale ; rectrices blanches, terminées de noir ; parties inférieures noires. Bec rouge, long de quatre pouces trois lignes ; une protubérance osseuse, plissée transversalement, s'élève au-dessus de la moitié de la mandibule supérieure, et se termine insensiblement près du crâne ; la mandibule inférieure a trois stries profondes à sa base ; peau nue qui entoure les yeux rouges ; iris jaune ; pieds noirâtres. Taille, vingt-six pouces. De Mindanao.

CALAO DE CÉRAM, *Buceros plicatus*, Lath. Cet Oiseau, vu à la Nouvelle-Guinée par Dampierre dans son

Voyage autour du monde, serait de la grosseur d'une Corneille, noir, avec le cou assez long, d'une couleur de Safran et la queue blanche; le bec ressemblerait à la corne d'un Bélier. Jugeant d'après cette description, Latham est porté à croire que cette espèce serait celle qu'a trouvée Labillardière à l'île de Waigiou, l'une des Moluques, et dont le corps est noir, le cou d'un roux assez brillant avec la queue blanche; le casque de couleur jaune est cannelé et aplati; la longueur de cet Oiseau depuis l'extrémité du bec jusqu'à celle de la queue est de deux pieds huit pouces, et celle du bec de huit pouces.

CALAO DE LA CÔTE DE COROMANDEL est une variété du Calao du Malabar.

CALAO COURONNÉ, *Buceros coronatus*, Levaill. Oiseaux d'Afrique, pl. 234 et 235. Parties supérieures noires; une ligne blanche partant des yeux entoure la tête dans le mâle; une huppe sur la nuque; parties inférieures blanches ainsi que les rectrices latérales; bec d'un rouge vif; casque petit en forme de crête; pieds bruns.

CALAO A CRINIÈRE, *Buceros jubatus*, Vieill. Parties supérieures grises; gorge et devant du cou d'un gris blanchâtre; parties inférieures blanches ainsi que l'extrémité de la queue; une crête hérissée sur l'occiput et le long du cou. Bec rouge et noir, la mandibule supérieure garnie dans presque toute sa longueur d'une arête très-relevée. De la Nouvelle-Hollande.

CALAO DE GINGI, *Buceros ginginianus*, Lath., Levaill. Oiseaux rares, pl. 15. Parties supérieures grises; rémiges noires; parties inférieures blanches; rectrices latérales rayées de noir vers le bout, et terminées de blanc, les deux intermédiaires roussâtres terminées de noir. Bec long, courbé avec une excroissance également recourbée sur la mandibule supérieure. Longueur totale, deux pieds; celle du bec est de trois pouces six lignes. De la côte de Coromandel.

TOME III.

GRAND CALAO. *V.* CALAO D'ABYSSINIE.

CALAO GRIS, *Buceros griseus*, Lath. La couleur du plumage est le gris cendré avec les rémiges noires, blanches à l'extrémité; dessus de la tête noir; une peau nue, bleuâtre autour des yeux; rectrices blanches, à l'exception des deux intermédiaires qui sont noires. Bec jaune entouré de soies nombreuses; casque tronqué en arrière, et s'abaissant progressivement vers la pointe. De la Nouvelle-Hollande.

CALAO DE L'ILE-PANAY, *Buceros Panayensis*, L., Buff., pl. enl. 780 et 781. Levaill. Oiseaux rares, pl. 16, 17 et 18. Parties supérieures noires, irisées de verdâtre; parties inférieures d'un rouge brun; queue d'un jaune roussâtre, noire à l'extrémité. Bec très-long, arqué, sillonné, jaune nuancé de brun; casque s'élevant à la base, aplati sur les côtés, tranchant en dessus, s'étendant le long du bec; yeux entourés d'une membrane nue et brune. La femelle a la tête et le cou blancs avec une tache triangulaire d'un noir verdâtre. Dans les jeunes, le casque ne s'élève pas à plus d'une ligne et demie; il en atteint huit et neuf chez les adultes. Longueur totale, deux pieds et quelques lignes.

CALAO DES INDES. Même chose que le C. Rhinocéros.

CALAO LONGIBANDE, *Buceros melanoleucus*, Vieill., *Buceros fasciatus*, Cuv., Levaill. Oiseaux d'Afrique, pl 233. Parties supérieures noires; parties inférieures et rectrices latérales blanches. Bec rouge, brun et jaune terne, avec un casque festonné peu élevé. Longueur, dix-huit à vingt pouces. De la côte d'Angôle.

CALAO DE MALABAR, *Buceros malabaricus*, L., *Buceros monoceros*, Sh., Calao unicorne, Buff., pl. enl., n° 873; Levaill. Oiseaux rares, pl. enl. 9, 10, 11 et 12. Parties supérieures noires à reflets violets et verts; parties inférieures, premières rémiges et les trois rectrices extérieures blanches; bec arqué, jaunâtre, noir

5

à sa base; casque non adhérent au crâne, plat en arrière et recouvert d'une peau noire; il est sillonné, s'élève progressivement, suivant l'âge, se tronque carrément et s'allonge enfin vers l'extrémité du bec en se courbant ainsi que lui. La longueur totale de ce Calao est de deux pieds six pouces; le bec a huit pouces. Latham donne comme variété le Calao figuré par Sonnerat, pl. 121 dans son Voyage aux Indes et à la Chine; le casque s'élève de la base du bec en s'étendant jusque vers la moitié de sa longueur, et en s'arrondissant sur les côtés; il est très-gros ainsi que le bec.

CALAO DE MANILLE, *Buceros manillensis*, L., Buff., pl. enl. 891. Parties supérieures d'un brun noirâtre; tête et cou d'un blanc brunâtre; parties inférieures d'un blanc sale; queue rayée transversalement d'une bande rousse. Bec tranchant et surmonté d'un léger feston. Longueur totale, vingt pouces. Levaillant pense que c'est une variété de sexe d'une espèce déjà décrite.

CALAO DES MOLUQUES, *Buceros Hydrocorax*, Lath., Calao roux, Buff., pl. enl. 283. Parties supérieures noires, mélangées de brun et de fauve; côtés de la tête noirs; gorge entourée d'une bande blanche; parties inférieures brunâtres, rectrices d'un gris blanchâtre; bec cendré; casque arrondi en arrière et aplati en devant. Longueur, deux pieds quatre pouces; celle du bec est de cinq pouces. On assure que cette espèce ne se nourrit que de muscades, ce qui donne à sa chair un fumet exquis. Levaillant prétend qu'elle n'est que le Calao à casque concave dans son jeune âge, et l'a figurée pl. 6 de ses Oiseaux rares, sous le nom de Calao roux.

CALAO DE LA NOUVELLE-HOLLANDE, *Buceros orientalis*, Lath. Tout le corps est noirâtre; le bec est convexe, creusé en gouttière longitudinalement, et relevé en casque sur le front; peau nue des yeux ridée. Longueur, quatorze pouces.

CALAO DES PHILIPPINES. Même chose que le Calao bicorne.

CALAO RHINOCÉROS, *Buceros Rhinoceros*, L., Buff., pl. enl. 934 (le bec), Levaill. Oiseaux rares, pl. 1 et 2. Le plumage est noir, à l'exception du croupion, de l'abdomen, de la base et de l'extrémité des rectrices qui sont blancs; bec en faulx, surmonté d'un casque énorme, recourbé en haut, imitant la corne du Rhinocéros, d'un beau rouge, et d'une teinte orangée que séparent deux lignes noires. Longueur totale, quatre pieds quatre pouces, celle du bec prend environ un pied. Les jeunes n'ont qu'un rudiment de casque et point de corne. De l'Inde.

CALAO ROUGE, *Buceros ruber*, Lath. Tête huppée noire, plumage d'un beau rouge avec une bande transversale sur le dos; bec casqué et recourbé. Cette espèce, fort douteuse, a été décrite par Latham sur un dessin trouvé dans les papiers de Smith.

CALAO ROUX. *V.* CALAO DES MOLUQUES.

CALAO UNICORNE. *V.* CALAO DU MALABAR.

CALAO VERT, *Buceros viridis*, Lath. Parties supérieures noires avec des reflets verts; ventre et rectrices latérales blancs; une touffe de plumes effilées de chaque côté de l'abdomen. Bec jaune et noir, surmonté d'un casque tronqué postérieurement. Patrie inconnue.

CALAO VIOLET, *Buceros violaceus*, Vieill., Levaill. Oiseaux rares, pl. 19. Parties supérieures noires avec des reflets pourprés; parties inférieures blanches ainsi que les trois rectrices latérales. Bec en faulx, échancré avec un casque élevé, aplati et bi-sillonné sur les côtés, coupé brusquement en devant, coloré de rouge et de noir; la mandibule inférieure rayée transversalement de deux bandes noires à la base. Des Indes.

CALAO DE WAYGION, *Buceros ruficollis*, Vieill. Le corps noir; le cou d'un roux brillant; la queue blanche; bec denté, surmonté d'un casque jaunâtre, aplati et cannelé. Longueur, deux pieds six pouces; celle

du bec est de sept pouces et demi,
Des Moluques.

†† *Bec sans casque.*

CALAO DU BENGALE, *Buceros Ben-galensis*, Cuv. Vaill. Cal. 23.

CALAO COURONNÉ, *Buceros coro-natus.* Cuv., Levaill. Oiseaux d'Afri-que, pl. 234 et 235. Parties supérieu-res noires; une ligne blanche, partant des yeux, entoure la tête du mâle; une huppe sur la nuque; parties infé-rieures et rectrices latérales blanches; bec d'un rouge vif; mandibule supé-rieure un peu relevée en crête; pieds bruns.

CALAO GINGALA, *Buceros Gingala*, Vieill., Levaill. Oiseaux rares, pl. 23. Bec courbé et dentelé, noir et blanc; parties supérieures noires nuancées de gris bleuâtre; tête hup-pée; gorge et dessous du cou bleus; parties inférieures grises; rectrices anales rousses; queue étagée; rectri-ces pointues terminées de blanc. Longueur, dix-sept pouces; le bec en a trois.

CALAO JAVAN, *Calao javanicus*, Cuv., Levaill. Oiseaux rares, pl. 22. Il a le bec jaunâtre, brun à sa base avec une espèce de protubérance, point assez élevée pour constituer un casque, coupée de rides transversales profondes, mais point apparentes chez les jeunes; le plumage est noir, irisé, à l'exception du sommet de la tête qui est roux, du cou et de la queue qui sont blancs; la peau nue qui couvre le dessous des yeux et le bas des joues forme sur la gorge une poche profondément ridée. Lon-gueur totale, trois pieds; celle du bec est de neuf pouces.

CALAO NASIQUE, *Buceros Nasica*, Cuv., Levaill. Oiseaux d'Afrique, pl. 236 et 237. Parties supérieures d'un gris sale, ondé de blanchâtre; parties inférieures blanches, mêlées de gris et de brun; un trait blanc au-dessus de l'œil; une petite huppe à la nuque; queue coupée carrément; les deux rectrices intermédiaires brunes, les autres terminées de blanc. Longueur, dix-huit pouces. Du Sénégal.

CALAO TOCK, *Buceros nasutus*, L.

Calao à bec rouge du Sénégal. Buff. pl. enl. 260. Levaill. Oiseaux d'Afri-que, pl. 238. Parties supérieures va-riées de blanc et de noir; une huppe de plumes effilées sur la nuque; par-ties inférieures blanches; rectrices grises, bordées et terminées de blanc; bec rouge. Longueur, vingt pouces. Du Sénégal.   (DR..Z.)

* CALAOMECOU. BOT. PHAN. Syn. caraïbe d'*Ageratum conyzoides.* *V.* AGERATE.   (B.)

CALAPIS. OIS. Pour Colaris. *V.* ce mot.

CALAPITE. BOT. MIN. *V.* CALAP-PITE.

* CALAPITO. BOT. PHAN. Syn. de *Teucrium Iva* en Provence.   (B.)

CALAPPA. BOT. PHAN. Ce nom paraît désigner les Palmiers en géné-ral dans l'idiome malais, puisque le Cycas lui-même est appelé dans les îles malaises *Sajor-Calappa*, ce qui signifie Calappa – Légume. Rumph restreint ce nom aux Cocotiers, dont il mentionne plusieurs espèces ou variétés. *V.* COCOTIER.   (B.)

CALAPPE. *Calappa.* CRUST. Genre établi par Fabricius (*Suppl. entom. Syst.* p. 345) aux dépens du grand genre Crabe, et rapporté par Latreille (Règne Anim. de Cuv.) à l'ordre des Décapodes, famille des Brachyures, section des Cryptopodes, avec ces ca-ractères: crâne très-bombé; serres comprimées en crête, et s'adaptant parfaitement aux bords extérieurs du test, de manière à couvrir toute la région de la bouche; deuxième ar-ticle des pieds-mâchoires extérieur terminé en pointe. — Les Calappes, qu'on nomme aussi Migranes, diffè-rent de tous les autres genres de la famille des Brachyures par le dévelop-pement considérable de leur cara-pace dont les deux angles postérieurs s'épanouissent, et constituent deux avances en forme de voûte qui logent et recouvrent les quatre dernières paires de pates lorsque l'Animal les contracte. Cette particularité caracté-rise la section des Cryptopodes à la-quelle appartient aussi le genre Æthre de Leach. Mais ces Crustacés qui ont

3*

été omis dans les Dictionnaires à leur ordre alphabétique, parce que les auteurs ont écrit à tort OÊTHRE; ces Crustacés, dis-je, diffèrent des Calappes par le test très-aplati et par le deuxième article des pieds-mâchoires carrés. Du reste, ils ont avec eux beaucoup de ressemblance par l'ensemble de leurs formes.

Les mains en crêtes bien prononcées ne sont point un caractère moins important des Animaux dont nous traitons. Dans l'état de repos, ces mains sont repliées verticalement sur la bouche, de manière à former devant elle une sorte de bouclier; de-là les noms de Crabe honteux et de Coq-de-mer sous lesquels on les a vulgairement désignés. On rencontre les Calappes dans toutes les mers des climats chauds.

Le Calappe Migrane, Calappa Granulata de Fabricius, sert de type au genre. Il a été figuré par Herbst. (Canc. tab. 12, fig. 75, 76). C'est le Crabe honteux ou le Coq-de-mer, la Migrane ou la Migraine des Provençaux et des Languedociens. Belon, et d'après lui Aldrovande, le rapportent au Crabe d'Héraclée ou Héracléotique des anciens. Suivant Rondelet (lib. 18) cette espèce serait le Crabe Ours d'Aristote et d'Athénée. Risso (Hist. Natur. des Crust. de Nice, p. 18), qui a observé cette espèce dans la mer de Nice, dit qu'elle fait habituellement son séjour dans les fentes des rochers, d'où elle plonge à vingt ou trente mètres de profondeur pour se procurer sa nourriture qui consiste en divers Mollusques et Zoophytes. Elle est vorace, et c'est à l'approche du crépuscule qu'elle commence à chasser. Si le mouvement des flots l'oblige d'abandonner plus tôt son réduit, elle contracte la première paire de pates ainsi que les quatre paires postérieures, et se laisse tomber au fond de l'eau. Ces Animaux s'accouplent vers la fin du printemps, et la femelle pond ses œufs en été. Leur chair est fort bonne à manger. — On rapporte encore à ce genre le Calappa fornicata de Fabricius, figuré par

Herbst (loc. cit. tab. 12, fig. 73, 74); le Calappa marmorata de Fabricius, représenté par Herbst (loc. cit. tab. 40, fig. 2). Latreille soupçonne qu'il est le Guaja-apara de Pison et de Marcgrave, et le Crabe honteux de Chanvalon (Voyage à la Martinique). Enfin les Crabes désignés sous les noms de Lophos, tuberculatus, inconspectus, Gallus, etc., etc., etc, figurés par Herbst, appartiennent aussi au genre Calappe. (AUD.)

CALAPPITE. BOT. MIN. Et non Calapite. Nom donné par Rumph à la concrétion pierreuse qu'on trouve quelquefois dans le Cocos appelé Calappa, et que les Malais regardent comme fort précieuse. Ils la portent en amulette et lui attribuent de grandes vertus. Ils assurent que pour éprouver son authenticité, il suffit de l'exposer avec quelque grain à l'appétit des Poules qui n'y touchent pas tant que la Calappite s'y trouve. Cette Pierre peu connue n'a pas été analysée. (B.)

* CALARDROTE. OIS. Syn. vulgaire du Mauvis, Turdus iliacus, L. V. MERLE. (DR..Z.)

CALAROU. BOT. PHAN. (Surian.) Nom caraïbe de Begonia scandens, espèce du genre Bégone. (B.)

* CALATHE. Calathus. INS. Genre de l'ordre des Coléoptères, section des Pentamères; famille des Carnassiers, tribu des Carabiques (Règne Anim. de Cuv.), fondé par Bonelli dans ses Observations entomologiques (Mém. de l'Académie de Turin). Ces Insectes appartiennent, selon Latreille et Dejean (Hist. nat. des Coléopt.), à la division des Thoraciques. V. CARABIQUES.

Les Calathes sont surtout remarquables par les crochets de leurs tarses dentelés en dessous, et ce caractère, qu'ils partagent seulement avec les Læmosthènes et les Taphries, suffit pour les distinguer des autres genres de cette division. Ils se rapprochent des Harpales par la forme de leur corps, et ont quelque analogie avec les Amares et les Pœciles; mais ils s'éloignent des premiers par l'absence d'une échancrure ou labre; et diffèrent des seconds par leur prothorax aussi long ou plus long que large, presque carré ou en trapèze sans rétrécissement à sa base. Ce genre est assez nombreux en espèces. Le général Dejean (Catal. des Coléopt. p. 11) en mentionne seize parmi lesquelles plusieurs se rencontrent en France et aux environs de Paris. Telles sont entre autres le Calathe melanocéphale, *Carabus melanocephalus* de Fabricius, figuré par Panzer (*Faun. Ins. Germ.* Fasc. 50, fig. 19); le Cal. cisteloïde, *Car. cisteloïdes* d'Illiger, ou le *Car. flavipes* d'Olivier représenté par Panzer (*loc. cit.* Fasc. 11, fig. 12).

Dejean en a découvert une espèce nouvelle dans les environs de Paris, il la nomme *Cal. rotundicollis.* (AUD.)

CALATHIANA, BOT. PHAN. (Daléchamp.) Syn. des Gentianes Pneumonanthe et filiforme.   (B.)

CALATHIDE. BOT. PHAN. Dans la vaste famille des Synanthérées ou Plantes à fleurs composées, les fleurs forment un véritable capitule, c'est-à-dire qu'elles sont réunies sur un plateau ou réceptacle commun, et environnées d'un involucre général. C'est à cette inflorescence que Mirbel a proposé de donner le nom de *Calathide,* et le professeur Richard celui de *Céphalanthe.* Mais la Calathide est un véritable capitule. Nous renvoyons donc à ce mot. (A.R.)

CALATTI. OIS. (Brisson.) Syn. des Indes du genre Tangara, *Tanagara Amboinensis,* L. *V.* TANGARA.   (DR..Z.)

* CALAU. OIS. Syn. de *Colymbus minor* dans le Bas-Poitou. *V.* GRÈBE. (B.)

CALAVANCE. BOT. PHAN. (Sloane.) Syn. de *Phaseolus sphærospermus* à la Jamaïque.   (B.)

*CALAVEZZA. BOT. PHAN. Syn. de Myrtille dans quelques cantons de la Toscane. *V.* AIRELLE.   (B.)

CALAVRIA. OIS. Syn. italien de Lagopède, *Tetrao Lagopus,* L. *V.* TÉTRAS.   (DR..Z.)

CALAWEE. BOT. PHAN. (Marsden.) Probablement un Jaquier dont l'é-

corce est employée à Sumatra pour faire de la toile.   (B.)

CALAYCAGAY. BOT. PHAN. Syn. de *Poinciana* aux Philippines. *V.* POINCILLADE.   (B.)

CALAYIACAY. BOT. PHAN. Syn. d'*Hedysarum Gangeticum* aux Philippines.   (B.)

* CALBET. MAM. *V.* BOURRET.

CALBOA. BOT. PHAN. Genre de la famille des Convolvulacées, voisin de l'Ipomæa, dont il ne se distingue que par les quatre loges monospermes de sa capsule. Il a été établi par Cavanilles, qui, *tab.* 476 de ses *Icones.*, a figuré l'unique espèce connue jusqu'ici, le *Calboa vitifolia,* Herbe grimpante, dont les fleurs sont disposées en corymbes axillaires, et dont les feuilles longuement pédonculées rappellent par leurs découpures celles de la Vigne. Persoon a substitué au nom de Cavanilles celui de *Macrostema,* destiné à exprimer la longueur des étamines qui font saillie hors du tube de la corolle.   (A.D.J.)

CALBOS. POIS. Bosc dit que les Marseillais désignent sous ce nom une espèce du genre Cotte.   (B.)

CALCABOTTO. OIS. Syn. italien de l'Engoulevent ordinaire, *Caprimulgus europœus,* L. *V.* ENGOULVENT.   (DR..Z.)

CALCAIRE. GÉOL. Dénomination commune à toutes les masses minérales ou roches qui sont essentiellement composées de Chaux carbonatée soit à l'état cristallin, soit à l'état de sédiment, telles, par exemple, que les Marbres salins ou statuaires, les Marbres ordinaires, la Craie, la Pierre à bâtir des environs de Paris, etc.

Le Calcaire est très-abondant dans la nature; on le rencontre au milieu des terrains primitifs, et son abondance relative augmente depuis les couches le plus anciennement formées jusqu'à celles qui paraissent être les dernières de l'enveloppe terrestre. Les divers Calcaires forment des montagnes et des chaînes entières considérables; ils sont presque toujours disposés en lits ou assises distinctes, soit inclinés soit horizontaux. A l'exception du Calcaire primitif, ils renferment de nombreux débris de corps organisés qui diffèrent dans tel ou tel Calcaire, selon l'ancienneté de formations de chacun d'eux, et qui concourent, avec l'ordre de superposition, à faire distinguer leur âge relatif ; c'est par une application trop vague du moyen fourni par l'observation des corps organisés que fréquemment on parle dans les descriptions géognostiques de *Calcaire à Gryphées*, de *C. à Ammonites*, de *C. à Cérites*, etc., expressions qui ne peuvent avoir, dans l'état actuel de la science, une valeur rigoureuse et exclusive. On distingue d'une manière plus exacte les Calcaires en *C. marins* et *C. d'eau douce*, d'après les espèces de corps organisés qu'ils renferment et qui indiquent l'origine de leur formation; on peut également, sous le même point de vue, les séparer en *C. cristallins* et *C. de sédiment*, les premiers ayant été formés par voie de précipitation chimique ou de cristallisation, et les seconds par dépôt à la suite d'une simple suspension ou d'un délayement.

On verra au mot Roche ce que les géologues entendent par Calcaire primitif, de transition, alpin, du Jura, de montagnes, à cavernes, coquillier, siliceux, etc. *V*. pour l'histoire des Roches calcaires les articles Géologie et Géognosie. (c. p.)

CALCAMAR. ois. Quelques voyageurs ont ainsi nommé un Oiseau de la grosseur du Pigeon qu'ils ont vu sur les côtes du Brésil, et que, d'après leur dire, on devrait rapporter au genre Manchot. (DR..Z.)

* CALCANEUM. zool. *V*. Os et Pied.

CALCANTHE. min. C'est-à-dire *Fleur de Cuivre*, l'un des anciens noms du sulfate de Cuivre. *V*. Cuivre. (luc.)

* CALCAR. moll. Genre formé par Denis Montfort aux dépens des *Turbo* de Linné, et dont les caractères consistent dans la dépression de la coquille non ombiliquée, à spire peu élevée, ayant les bords de l'ouverture continus, tranchans, offrant une gouttière creusée dans un éperon, d'où vient le nom générique, située au milieu du bord droit, et se conservant sur les tours de la spire. Le *Turbo Calcar*, L. a servi de type à ce petit genre. On voit la figure de cette coquille dans Dargenville (Conch. p. 207. pl. 6. fig. *k*) et dans Chemnitz (*V*. CLXIV. 1552).

Une espèce de Nautile porte encore le nom de *Calcar* dans Linné. *Syst. Nat.* XIII. *pars* XI. 3370. (B.)

* CALCARAMPHIS. bot. phan. Espèce du genre Amphorchis de Du Petit-Thouars, qui l'a figuré pl. 4 de sa Flore des îles australes de l'Afrique. (B.)

CALCATREPPOLA, CALCATREPPO et CALCATRIPA. bot. Noms vulgaires donnés dans certains cantons d'Italie au *Delphinium Consolida*, L., au *Centaurea Calcitrapa*, L., et à *l'Agaricus Prunulus*, Scop. (B.)

CALCE. géol. (De La Méthrie.) Syn. de Chaux. *V*. ce mot. (luc.)

* CALCEANGIS. bot. crypt. Nom donné par Du Petit-Thouars à l'une des espèces de son genre Angorchis, et qui était l'*Epidendrum Calceolus;* il l'a figurée pl. 77 de sa Flore des îles de l'Afrique australe. (B.)

CALCÉDOINE. min. Variété d'Agate, d'un blanc-laiteux et d'une transparence nébuleuse, que l'on taille pour en faire des objets d'agrément. Le nom de *Calcédoine* est celui d'une ville de Bithynie dans l'Asie-Mineure, près de laquelle les anciens trouvaient cette Pierre. Les Calcédoines les plus estimées se tirent maintenant de l'Islande et des îles Feroë, où elles se rencontrent en abondance. On donne quelquefois l'épithète d'*orientales* aux Calcédoines dont la pâte est plus fine, et dont l'intérieur paraît comme pommelé. *V*. Quartz-Agate. (G. DEL.)

CALCÉOLAIRE. *Calceolaria.* bot. phan. Genre de Plantes appartenant à la famille des Scrophularinées, et à la Diandrie Monogynie. Linné n'en avait décrit que trois espèces originaires du Pérou; Lamarck en ajouta cinq autres rapportées du détroit de Magellan par Commerson; enfin les auteurs de la Flore du Pérou et du Chili, Cavanilles, Humboldt et Bonpland ont considérablement augmenté ce genre, de sorte que le nombre des espèces publiées par ces divers auteurs s'élève aujourd'hui à plus de soixante. Voici les caractères de ce genre, tels que les donne Kunth (*Nova Genera et Spec. Plant. Amer. Æquin*): calice à quatre divisions presque égales entre elles; la supérieure un peu plus large; corolle dont le tube est très-court, le limbe bilabié; la lèvre supérieure, petite, tronquée et entière; l'inférieure très-développée, concave et en forme de sabot; deux étamines insérées à la base du tube, courtes, ayant les loges de leurs anthères écartées; un seul stigmate; capsule conique, biloculaire et à deux valves bifides, et les trophospermes adnés à la cloison; graines sillonnées, anguleuses.

Les Calcéolaires sont des Plantes ligneuses ou herbacées, rarement sans tiges; leurs feuilles sont le plus souvent opposées ou ternées. Leurs fleurs disposées en corymbe, d'une couleur jaune, sont remarquables par l'aspect que leur donne la lèvre inférieure de la corolle, dont la forme rappelle celle du labelle de notre Sabot de Vénus, *Cypripedium Calceolus*, L. Elles sont toutes indigènes de la partie occidentale du continent de l'Amérique méridionale, et principalement du Pérou et du Chili. (G..N.)

CALCÉOLE. *Calceola*. MOLL. FOS. Genre formé par Lamarck, dont l'*Anomia sandalium*, L., coquille fossile, est la seule espèce. Elle a été figurée par Knorr (T. III. Suppl. pl. 206. f. 5, 6); et cette figure a été reproduite dans les ouvrages d'Histoire naturelle, où il est question du genre Calcéole, dont les caractères sont: coquille inéquivalve, turbinée, aplatie sur le dos; la plus grande valve en forme de demi-sandale, ayant à la charnière deux ou trois petites dents; la plus petite valve plane, semi-orbiculaire, en forme d'opercule. On trouve la

Calcéole en diverses parties de l'Allemagne, où elle est toujours assez rare. Nous l'avons rencontrée notamment sur les hauteurs de Bisfeld en Westphalie. (B.)

CALCEOLE. *Calceolus*. BOT. PHAN. (Tournefort.) Syn. de *Cypripedium*, L. (Petiver.) Même chose que Galanga. (B.)

CALCHANTE. MIN. (Bertrand.) Même chose que Chalcanthe. *V.* ce mot. (LUC.)

CALCHILE. MIN. Même chose que Colcotar fossile selon Patrin. (LUC.)

CALCHIS. OIS. Pour Chalsis. *V.* ce mot. (DR..Z.)

CALCIFRAGE. *Calcifraga*. BOT. PHAN.(Pline.)Syn. de *Globularia Alypum*, L.(Lobel.)Vieux nom du *Crithmum maritimum*, L. *V.* CRITHME. (B.)

*CALCINATION. MIN. Réduction des Pierres calcaires en Chaux par l'action du feu. On a improprement étendu cette dénomination aux opérations qui soumettaient à une température très-élevée les substances infusibles, mais sensiblement altérables. (DR.. Z.)

CALCINELLA ET CALCINELLE. MOLL. Syn. de *Venus dealbata* de Gmelin. Coquille que le même auteur a reproduite sous le nom de *Mactra piperita*. Belon dit que ce nom est surtout en usage dans l'Adriatique. (B.)

*CALCIPHYRE. GÉOL. Brongniart a donné ce nom à une Roche porphyroïde, c'est-à-dire du genre de celles dans la pâte desquelles sont disséminés des Cristaux de forme déterminable et de diverse nature. Ces Cristaux sont ici tantôt du Feldspath, tantôt des Grenats; de la Diallage, du Pyroxène ou de l'Amphibole, du Fer oxidulé et des Pyrites, s'y présentent aussi quelquefois, comme parties, éventuellement disséminées. La structure de la pâte calcaire qui fait la base du Calciphyre est tantôt grenue et presque lamellaire, tantôt compacte,

mais très-homogène et à grains fins. Sa dureté la rend souvent susceptible d'un beau poli; sa cassure, rarement raboteuse, est généralement conchoïde; la pâte calcaire étant plus destructible que les Cristaux, ceux-ci font souvent saillie sur la surface de la Roche, dont les principales variétés sont :

CALCIPHYRE FELDSPATHIQUE, qui consiste en Cristaux de Feldspath blanchâtre, disséminé dans un calcaire compacte, presque transparent, d'un blanc jaunâtre. On le trouve en couches inclinées au petit Saint-Bernard.

CALCIPHYRE PYROPIEN. Des Grenats rougeâtres dans un calcaire lamellaire ou grenu, tirant sur le gris verdâtre, le composent. Se trouve dans les Pyrénées moyennes en couches subordonnées au Calcaire saccharoïde.

CALCIPHYRE MÉLANIQUE, formé de Grenats mélanites dans un calcaire compacte et noirâtre. Il a été observé dans les Pyrénées, au pic d'Espade, au Tourmalet, etc.

CALCIPHYRE PYROXENIQUE. Cristaux de Pyroxène verdâtre dans un Calcaire compacte, translucide et roussâtre. Cette belle variété, susceptible d'un beau poli, vient de l'une des îles Hébrides.

Les Calciphyres ne constituent, à ce qu'il paraît, que très-artificiellement une espèce parmi les Roches. *V.* ce mot. (B.)

CALCITRAPE. *Calcitrapa.* BOT. PHAN. Linné avait réuni dans son genre *Centaurea* plusieurs genres des botanistes ses prédécesseurs, et Jussieu les a séparés de nouveau dans son *Genera.* L'un d'eux est le *Calcitrapa,* caractérisé par les épines qui terminent les folioles de ses involucres. La Chausse-Trape, cette Plante si commune dans nos champs incultes et sur le bord de nos chemins, lui appartient, et lui a donné son nom, selon Bory-de-Saint-Vincent. Elle est fort amère et jouit d'une propriété si éminemment fébrifuge, que les pay-

sans des Landes guérissent des fièvres tierces en avalant des pilules qu'ils font avec ses feuilles écrasées. Moench, en admettant ce genre, lui réunit le *Crocodilium* où les folioles sont terminées par une pointe unique, et le *Seridia,* où elles le sont par des épines palmées. (A. D. J.)

* CALCITRAPOIDES. BOT. PHAN. Genre formé par Vaillant, que Linné avait, avec tant d'autres, confondu parmi ses Centaurées, et qui rentre aujourd'hui dans le genre Calcitrape. *V.* ce mot. (B.)

* CALCIUM. MIN. Métal blanc, brillant, extrêmement combustible, passant promptement à l'état d'Oxyde ou de Chaux, soit par le contact de l'air, soit par celui de l'eau qu'il décompose. On n'a pu encore obtenir le Calcium qu'à l'aide de la pile; on soumet à son action un Sel calcaire humecté d'eau et entouré de Mercure; le Sel est décomposé, et le Calcium s'unit au Mercure dont on le sépare ensuite par la distillation. (DR..Z.)

CALCOCRI. BOT. PHAN. (Dioscoride.) Probablement le *Fumaria officinalis,* L., selon Adanson. *V.* FUMETERRE. (B.)

CALCOPHONE. MIN. *V.* CHALCOPHONE.

CALCUL. ZOOL. MIN. De *Calx.* Nom par lequel on désigne des concrétions pierreuses qui se forment dans diverses parties de l'Homme et des autres Animaux. Il ne sera point question ici des Perles ni des yeux d'Écrevisses, qui ne sont pas ordinairement compris dans l'acception générique du mot Calcul, non plus que des Bézoards dont il a déjà été parlé. Les concrétions tophacées de la Goutte ne sont pas non plus appelées ordinairement Calculs, encore qu'elles soient de l'Urate de Soude, et non de la Craie ou du Phosphate de Chaux, comme on l'avait cru jusqu'ici; les principales concrétions désignées par le nom de Calculs sont les :

CALCULS BILIAIRES. Concrétions qui paraissent dues à la séparation de la matière jaune que la Soude tenait en dissolution dans la Bile. Ces concrétions dont le nombre varie, ainsi que le volume qui du point imperceptible peut aller jusqu'à celui d'un très-gros Pois, se trouvent dans la vésicule du fiel et dans les canaux biliaires qu'ils obstruent quelquefois au point de désorganiser complétement le système vital. Les Calculs biliaires sont inodores, insipides, d'un jaune orangé, presque insolubles dans l'Eau et dans l'Alcohol, légèrement attaquables par les Alcalis; ils donnent à la distillation de l'Eau, de l'Huile, des substances gazeuses, du sous-Carbonate d'Ammoniaque, du Phosphate de Chaux et du Charbon animal; ils contiennent abondamment une matière particulière que les chimistes ont nommée Cholestérine. *V.* ce mot.

CALCULS CÉRÉBRAUX. On rencontre quelquefois dans le cerveau des concrétions blanches, insolubles dans l'Eau et dans l'Alcohol, lesquelles, examinées chimiquement, ont été trouvées composées de Cholestérine et de Phosphate de Chaux.

CALCULS PULMONAIRES. Concrétions que l'on trouve, mais rarement, dans le poumon, sous forme de petits grains blancs, durs, agglomérés par une matière muqueuse épaissie; elles sont composées de Phosphate et de Carbonate de Chaux.

CALCULS SALIVAIRES. Ils sont de la même nature que les Calculs pulmonaires, et paraissent se former dans les couloirs de la salive.

CALCULS URINAIRES. Concrétions plus ou moins volumineuses qui se forment dans la vessie, dans les reins, et quelquefois, mais rarement, dans les autres voies urinaires. Ils sont composés d'Acide urique, d'Urate d'Ammoniaque, d'Oxyde cystique, d'Oxalate de Chaux, de Silice, de Phosphate ammoniaco-magnésien, de Phosphate de Chaux, et d'une autre matière que le docteur Marcet n'a rencontrée qu'une seule fois, et qu'il a nommée Oxyde xanthique. Les quantités respectives de ces matières,

et quelquefois l'isolement de l'une d'elles, font varier à l'infini la forme, la consistance, l'aspect et la couleur des Calculs, et toute tentative de classification de ces corps a été jusqu'ici, pour ainsi dire, impossible. Les Calculs sont les causes d'affections terribles et douloureuses, qui, le plus souvent, ne se terminent que par l'opération cruelle, mais indispensable, connue vulgairement sous le nom de *taille de la pierre.* Quelques chimistes ne désespèrent point que leur science, dont les découvertes journalières présagent les résultats les plus étonnans, ne parvienne un jour à dissoudre les Calculs, et même à en prévenir la formation. Ce sera certainement l'un des plus grands bienfaits que l'humanité recevra de la science. (DR..Z.)

On appelle encore CALCULS ou DRAGÉES DE TIVOLI une sorte de Pisolithe, *V.* ce mot, qui se forme dans quelques parties du ruisseau des bains de Saint-Philippe en Toscane.
              (C. P.)

CALDASIE. *Caldasia.* BOT. PHAN. Willdenow, ayant donné le nom de *Bonplandia trifoliata* à l'Arbre qui produit la vraie écorce d'Augustura, nommait *Caldasia heterophylla* la Plante de la famille des Polémoniacées que Cavanilles avait nommée *Bonplandia geminiflora*; ce changement n'a point été adopté.

Il existe encore un autre genre *Caldasia* proposé par Mutis; ce genre rentre dans celui que le professeur Richard père a désigné sous le nom d'*Helosis* dans son beau Mémoire sur la famille des Balanophorées. *V.* HÉLOSIS.   (A. R.)

CALDERA. BOT. PHAN. (Marsden.) *Pandanus* indéterminé dont on forme des nattes à Sumatra. *V.* VAQOI. (B.)

CALDERON. MAM. Quelques voyageurs ont mentionné sous ce nom certains Cétacées qu'on ne peut reconnaître à ce qu'ils en disent. (B.)

CALDERUGIO. OIS. Syn. italien du Chardonneret, *Fringilla Carduelis*, L. *V.* GROS-BEC.   (DR..Z.)

CAL

CALEA. bot. phan. Corymbifères, Juss. Syngénésie Polygamie égale, L. L'involucre est composé de folioles lâchement imbriquées, le réceptacle paleacé, les fleurs sont flosculeuses, les akènes surmontés d'une aigrette de poils simples; les feuilles alternes ou opposées, les fleurs solitaires ou réunies plusieurs à l'extrémité des rameaux. Douze espèces environ sont rapportées, plusieurs il est vrai avec doute, à ce genre. La Billardière en a recueilli, dans la Nouvelle-Zélande, deux qu'on peut voir figurées tab. 185 et 186 de son ouvrage sur les Plantes de la Nouvelle-Hollande. Loureiro en a observé une à la Cochinchine. Toutes les autres sont originaires de la Jamaïque. (A. D. J.)

CALEANA ou CALEYA. bot. phan. Genre de Plantes de la famille naturelle des Orchidées établi par Rob. Brown pour deux espèces de la Nouvelle-Hollande; elles sont herbacées, glabres; leurs bulbes, au nombre de deux, sont ovoïdes, entiers, terminant le caudex descendant, qui est chargé de fibres simples; une seule feuille radicale, linéaire, accompagne la hampe; celle-ci porte un petit nombre de fleurs d'un brun verdâtre. Leur périanthe est à six divisions, dont cinq sont égales et étroites, le labelle est supérieur et rétréci à sa base; sa lame est peltée et concave. Le gynostème est mince et dilaté, et terminé par une anthère persistante dont les loges sont rapprochées et contiennent chacune deux masses polliniques pulvérulentes. Les deux espèces rapportées à ce genre par R. Brown, et qu'il a nommées Caleya major et Caleya minor, ont été trouvées par lui aux environs de Port-Jackson. (A. R.)

CALEBASSE. bot. phan. Nom vulgaire et générique donné dans les pays chauds aux fruits de diverses Cucurbitacées, dont les naturels font des ustensiles de ménage. On a étendu cette désignation au fruit du Baobab quelquefois appelé Calebasse du Sénégal. La Calebasse douce est ordinaire-

ment le Bela Schora, V. ce mot, et la Calebasse d'herbe, le Cucurbita lagenaria, L. V. Courge. (B.)

CALEBASSIER. bot. phan. V. Crescentie. On a étendu improprement ce syn. de Cucurbitacées à d'autres Végétaux, tels que le Baobab, qui portent de gros fruits quelquefois appelés Calebasses, ou qu'on a comparés aux Calebasses véritables. (B.)

CALEÇON-ROUGE. ois. Nom vulgaire à Saint-Domingue du Couroucou à ventre rouge, Trogon Curucui, L. V. Couroucou. (DR.. Z.)

CALECTASIE. Calectasia. bot. phan. Robert Brown appelle ainsi un genre de Plantes originaire de la Nouvelle-Hollande, et qu'il rapporte à la famille des Joncées. Ce genre se compose d'une espèce unique, Calectasia cyanea; c'est un petit Arbuste dressé, très-rameux, couvert de feuilles acérées et engaînantes à leur base. Les fleurs naissent solitaires au sommet des rameaux; elles sont bleues; leur calice est pétaloïde, libre, tubuleux et évasé en forme de coupe: son limbe est étalé et à six divisions égales. Les étamines, au nombre de six, sont insérées au haut du tube du calice; leurs anthères sont terminales, étroites, linéaires et rapprochées. L'ovaire est à une seule loge qui contient trois ovules dressés; il se termine par un style simple, au sommet duquel est un stigmate indivis. Le fruit est un akène devenu monosperme par avortement, et revêtu par le tube du calice.

Ce genre ressemble assez par son port à l'Aphyllanthes dont il s'éloigne par sa structure. (A. R.)

CALEEKÉE. bot. phan. Syn. de Papayer à Sumatra. (B.)

CALEGNEIRIS. pois. Nom vulgaire du Cepola rubescens, L. sur la côte de Nice; on le donne aussi quelquefois à la Donzelle. (B.)

CALEMBEBA. bot. phan. Nom caraïbe des graines du Mimosa scandens, L. espèce d'Acacie. (B.)

CALENDRE. ins. Même chose que Calandre. *V.* ce mot.   (B.)

CALENDRELLE. ois. Espèce du genre Alouette, *Alauda brachydactyla*, *V.* ALOUETTE.   (DR..Z.)

CALENDULA. ois. (Brisson.) *V.* ROITELET.

CALENDULACÉES. bot. phan. H. Cassini a formé, sous ce nom, un petit groupe de Plantes dans la grande famille des Synanthérées. Il le place entre ses Hélianthées et ses Arctotidées; il contient les genres Souci, Meteorine et Osteosperme. *V.* ces mots.   (B.)

CALENDROTE. ois. Syn. de Mauvis en Bourgogne, appliqué improprement à la Litorne dans les planches enluminées de Buffon.   (B.)

CALENTURAS. bot. phan. Ce mot espagnol signifie proprement *fièvres*; joint au mot *palo* qui veut dire bâton ou bois, il a quelquefois désigné le Quina, ou quelque autre Arbre fébrifuge.   (B.)

CALEPINA. bot. phan. Une Plante de la famille des Crucifères, rapportée successivement à un grand nombre de genres différens par différens auteurs, est devenue, pour Adanson, le type d'un genre distinct ainsi nommé, et qui, rétabli par Desvaux dans le Journal de botanique, a été enfin adopté par De Candolle (*Syst. Veget.* T. II, p. 648) qui le place dans sa tribu des Zillées, et lui assigne les caractères suivans : calice de quatre sépales à demi-étalés; pétales obovales, les extérieurs un peu plus grands; filets des étamines dépourvus d'appendices; quatre glandes cylindriques sur le disque; ovaire ovoïde; style conique, très-court, persistant sur la silicule. Celle-ci, coriace, globuleuse, indéhiscente, renferme pendante au sommet d'une loge unique, une seule graine sphérique et tronquée supérieurement. Les cotylédons forment, en se réfléchissant sur leurs bords, un angle longitudinal qui reçoit la radicule recourbée. On ne connaît qu'une seule espèce de ce genre, le *Calepina Corvini*, Desv., *Bunias Cochlearioides* de la Flore française, qui croît dans plusieurs contrées de l'Europe et se rencontre dans les environs de Paris. C'est une Herbe annuelle, glabre, dressée, dont les feuilles radicales sont disposées en rosettes, pétiolées et découpées au-delà de leur milieu en cinq ou sept lobes, les latéraux petits, le terminal grand et obtus, tandis que celles de la tige, sessiles et entières, se prolongent à la base en deux auricules sagittées. Les fleurs, dépourvues de bractées, et de couleur blanche, forment des grappes opposées aux feuilles.   (A. D. J.)

CALERIA. bot. phan. Pour Kaleria d'Adanson. *V.* KALERIA.   (B.)

CALESAN ou CALESJAM. bot. phan. *V.* KALESJAM.

CALEYA ET CALEYE. bot. phan. *V.* CALEANA.

CALF. mam. Syn. anglais de Veau.   (A. D..NS.)

CALFAT. ois. Et non *Galfat*. Espèce du genre Bruant. *V.* ce mot.   (B.)

CALFES-SNOWTE. bot. phan. Syn. anglais de Cymbalaire, *Antirrhinum Cymbalaria*, L.   (B.)

CALHALEITE. bot. phan. Syn. portugais de *Galium verum*, L. *V.* GAILLET.   (B.)

CALI. bot. phan. Même chose que Kali. *V.* ce mot.   (B.)

*CALIAN-TOUVERAY. bot. phan. (Commerson.) *V.* CALLANDOULÉ et CALLIAN-ROUVERAI.

CALI-APOCARO. bot. phan. Qu'il ne faut pas confondre avec *Calo-Apocaro*. *V.* ce mot. Deux Arbustes de la côte de Malabar, figurés par Rumph, mais qu'il est impossible de déterminer.   (B.)

CALIBÉ. ois. Même chose que Calybé. *V.* ce mot.   (B.)

CALI-CALIC. ois. Espèce du genre Pie-Grièche, *Lanius Madagasca-*

riensis minor, L. *V*. Pie-Grièche.

(DR..Z.)

CALICALICHIRI. bot. phan. (Surian.) Syn. caraïbe de Durante. *V*. ce mot. (B.)

CALICATZOU. ois. Syn. du petit Pingouin, *Alca Pica*, L. dans l'île de Crète. *V*. Pingouin. (DR..Z.)

CALICATZU. ois. Syn. du petit Plongeon, *Colymbus stellatus*, L. en Grèce. *V*. Plongeon. (DR..Z.)

CALI-CAVALÉ. bot. phan. Nom vulgaire à la côte de Coromandel d'une espèce indéterminée de Galega, qui est peut-être la même que celle qu'on nomme simplement Cavalé. *V*. ce mot peut-être générique. (B.)

CALICE. *Calix*. bot. phan. Dans une fleur complète, telle que celle de l'OEillet, de la Campanule, de la Rose, de la Giroflée, etc., on trouve en dehors des organes sexuels, nommés pistils et étamines, qui occupent le centre de la fleur, deux enveloppes florales ; l'une plus intérieure, souvent ornée des couleurs les plus vives, d'un tissu plus mince et plus délicat, qui porte le nom de *corolle*; l'autre située en dehors de la précédente, ordinairement verte et de nature foliacée, est le Calice proprement dit. Ces deux enveloppes constituent le *périanthe*, qui dans ce cas est appelé périanthe *double*. Tous les botanistes sont d'accord sur ce point, et appellent calice l'enveloppe la plus extérieure du périanthe double. Mais lorsqu'il n'y a qu'une seule enveloppe florale autour des organes de la reproduction, comme dans les Daphné, le Lis, l'Iris, l'Oseille, la Rhubarbe ; en un mot, quand le périanthe est *simple*, c'est alors que l'on peut remarquer la dissidence d'opinion qui partage encore aujourd'hui les botanistes sur ce point. Si vous consultez les ouvrages des Tournefort, des Linné et de leurs nombreux sectateurs, vous verrez qu'ils nomment calice le périanthe simple, lorsqu'il est peu apparent, vert et de nature foliacée; tandis qu'ils lui donnent le

CAL

nom de corolle, lorsqu'il est grand, mince et coloré à la manière des corolles. Le même organe porte donc deux noms, sans que sa nature intime soit changée, mais seulement parce qu'il offre quelque différence légère dans sa forme et sa coloration. Une semblable distinction ne saurait être admise, et nous pensons avec Jussieu que toutes les fois que le périanthe est simple, on doit le considérer comme un Calice, quelles que soient d'ailleurs et sa forme, et sa consistance, et sa coloration. Plusieurs auteurs, et entre autres De Candolle, avaient proposé de donner le nom particulier de *Périgone* au périanthe simple, afin d'éviter les noms de Calice et de corolle ; mais cette dénomination qui recule la difficulté, sans la résoudre, n'a point été généralement approuvée.

Un des faits principaux sur lesquels se fondent les auteurs qui considèrent le périanthe simple comme un Calice, c'est que l'on désigne généralement sous le nom d'ovaire infère ou adhérent celui qui fait corps par tous les points de sa périphérie avec le tube du Calice; or il existe un ovaire infère dans les Narcissées, les Iridées, les Orchidées qui n'ont qu'une seule enveloppe florale ; cette enveloppe est donc un véritable Calice. En résumé, on appelle Calice l'enveloppe florale la plus extérieure d'un périanthe double, ou le périanthe lui-même lorsqu'il est simple.

Si vous examinez attentivement le Calice de l'OEillet, de la Rose, du Datura, etc., vous verrez qu'il forme une sorte de tube continu, qu'il est d'une seule pièce ou enfin *monosépale* ; tandis que dans la Giroflée, la Renoncule, il se compose de plusieurs petites folioles que l'on peut isoler les unes des autres ; en un mot qu'il est *polysépale*, parce que chacune de ces petites folioles porte le nom de *sépale*.

Dans le Calice monosépale, on distingue le *tube* ou partie inférieure et tubuleuse, le *limbe* ou partie supérieure, ordinairement évasée et découpée plus ou moins profondément en un certain nombre de dents ; de lobes ou de lanières ; de-là les noms de *tridenté*, *quadridenté*, que l'on donne au Calice quand il offre trois ou quatre dents ; ceux de *trifide*, *quadrifide*, quand il présente trois ou quatre lobes peu profonds, et enfin ceux de *triparti* et *quadriparti*, lorsque les incisions sont très-profondes, et descendent presque jusqu'à la base du Calice.

Le Calice monosépale peut offrir des formes extrêmement variées, et qui servent de caractères pour distinguer les Végétaux entre eux. Ainsi, dans la Primevère et l'OEillet, il est tubuleux et cylindrique ; dans la Pulmonaire, il est tubuleux et prismatique ; il peut être renflé en forme d'ampoule, comme dans le Behen blanc : on dit alors qu'il est vésiculeux ; il peut être plane, comme dans l'Oranger ; en forme de cloche ou campanulé, comme dans la Molucelle ; enfin, quelquefois il se termine à sa base par un prolongement creux en forme de corne, qui porte le nom d'éperon, et dans ce cas il est dit éperonné, *calcaratus*, comme celui des Pieds-d'Alouette, de la Capucine, etc.

Le nombre des pièces qui forment le Calice polysépale est extrêmement variable. Ainsi dans la Fumeterre, le Pavot, on trouve deux sépales ; il y en a trois dans la Ficaire ; quatre dans le Cresson, la Giroflée et toutes les Crucifères ; cinq dans la Renoncule, le Lin, etc. De-là les noms de Calice disépale, trisépale tétrasépale, pentasépale, donnés au Calice, suivant qu'il se compose de deux, trois, quatre ou cinq folioles ou sépales que l'on peut isoler les uns des autres. Les sépales varient singulièrement dans leur figure ; ainsi il y en a qui sont arrondis, d'autres qui sont linéaires ; ceux-ci sont obtus, ceux-là terminés en pointe ; d'autres échancrés en cœur, etc.

Revenons maintenant à quelques considérations générales. Le Calice monosépale ou polysépale peut être régulier ou irrégulier. Il est régulier quand toutes les parties qui le com-

posent sont disposées dans un ordre symétrique, autour de l'axe de la fleur, de manière que chaque moitié de cet organe est absolument semblable à l'autre. On dit au contraire que le Calice est irrégulier, lorsque les parties qui le composent ne sont pas symétriques, c'est-à-dire qu'elles offrent une grandeur, une position ou une forme différentes dans les divers points de leur étendue. Ainsi le Calice de la Rose, de la Campanule, de l'OEillet, est régulier, tandis que celui de l'Aconit, du Pied-d'Alouette, est irrégulier.

Le Calice offre encore une autre disposition bien plus importante à étudier, je veux parler de son adhérence ou de sa non-adhérence avec l'ovaire. Si vous examinez le Calice du Lis, de la Belladone, du Datura, de la Giroflée, etc., vous reconnaîtrez qu'il n'a aucune adhérence avec l'ovaire, c'est-à-dire que ce dernier organe est libre de toutes parts au milieu de la fleur. Mais examinez au contraire le Calice de la Campanule, celui du Narcisse, de l'Iris, et vous verrez que, par sa base, il est entièrement confondu et soudé avec toute la paroi externe de l'ovaire, et que celui-ci, au lieu d'être libre et saillant au fond de la fleur, est, au contraire, caché, en quelque sorte, au-dessous d'elle, où il forme une saillie plus ou moins volumineuse. Cette différence est extrêmement importante à noter. Dans le premier cas, on dit que le Calice est infère, relativement à l'ovaire, au-dessous duquel il est inséré : il est au contraire supère dans le second cas. Mais cette expression étant peu exacte, on lui a substitué celles de Calice libre et de Calice adhérent, ou d'ovaire supère et d'ovaire infère. Nous développerons au mot OVAIRE les principes que l'on peut déduire de cette position relative de l'ovaire et du Calice.

Le plus souvent le Calice est vert, et présente la plus grande ressemblance dans sa texture avec les feuilles. Mais quelquefois cependant il est mince, coloré et semblable à la corolle, c'est ce que l'on observe assez fréquemment lorsque le périanthe est simple, comme dans les Liliacées, les Iridées, les Daphnées. On dit alors que le Calice est pétaloïde ou corolliforme.

Le Calice présente souvent dans les côtes ou nervures principales qui le parcourent, des vaisseaux en spirale, qu'il est facile de dérouler. Il se compose de plus de parenchyme vert et d'épiderme ; en un mot, il offre absolument la même organisation que les feuilles. Et en effet, cet organe ne doit être considéré que comme un assemblage de feuilles modifiées par leur éloignement du foyer de la nutrition. Aussi voyons-nous un grand nombre de Végétaux, dans lesquels le Calice est composé de feuilles presque entièrement semblables aux feuilles supérieures de la tige, comme dans la Pivoine, par exemple. Lorsqu'il est d'une seule pièce, ou monosépale, c'est que les feuilles qui doivent le composer se sont réunies et soudées par leurs parties latérales, de manière à former une sorte de tube.

Le Calice se détache et tombe généralement en même temps que les autres parties de la fleur, c'est-à-dire, peu de temps après la fécondation des ovules contenus dans l'ovaire. Cette chute rapide a surtout lieu lorsque le Calice est polysépale. Mais quand il est d'une seule pièce, il est souvent persistant, c'est-à-dire, qu'il survit à la fécondation et accompagne l'ovaire dans toutes les époques de son accroissement, et que souvent lui-même il se développe d'une manière remarquable, comme dans l'Alkekenge, la Molucelle, etc. Il est nécessairement persistant toutes les fois qu'il est adhérent avec l'ovaire ; car, dans ce cas, il fait nécessairement partie du fruit dont il constitue l'épicarpe.

CALICE COMMUN. Pour les auteurs qui considéraient le capitule des Synanthérées comme une seule fleur, à laquelle ils donnaient le nom impropre de *Fleur composée*, l'involucre qui environne chaque capitule était regardé comme un Calice commun. *V*. CAPITULE et INVOLUCRE. (A. R.)

CALICÈRE. BOT. PHAN. Pour Calycère. *V*. ce mot. (B.)

CALICHIMATHEIA. BOT. PHAN. (C. Bauhin.) L'un des syn. du Faux-Dictame, *Marrubium Pseudo-Dictamus*. (B.)

CALICHIRI. BOT. PHAN. (Surian.) Syn. caraïbe d'Ecastaphylle. *V*. ce mot. (B.)

CALICHIRICHIBOU. BOT. PHAN. Même chose qu'Ayouliba, *V*. ce mot; mais dans l'Herbier de Surian, syn. caraïbe de *Cornutia pyramidata*. (B.)

CALICHIROU. BOT. PHAN. Et non *Calichiron*. Nom donné indifféremment, selon Surian, par les Caraïbes, à l'Indigo teinturier, et au *Datura sarmentosa*, L., devenu le genre Solandra de Swartz. (B.)

CALICIMATEIA. BOT. PHAN. Pour Calichimatheia, *V*. ce mot. (B.)

CALICION ET CALICIUM. BOT. CRYPT. Même chose que CALYCIUM. *V*. ce mot. (AD. B.)

* CALICULE. *Caliculus*. BOT. PHAN. On appelle ainsi un second Calice qui se trouve en dehors du Calice proprement dit, dans certains Végétaux : ainsi, dans la Mauve, la Guimauve, la Passerose, il existe un Calicule triphylle, pentaphylle ou polyphylle. On dit d'une fleur qu'elle est *caliculée*, lorsqu'elle est pourvue d'un second calice ou Calicule. (A. R.)

CALIDAY-TOMBAY. BOT. PHAN. Syn. d'*Hydrophylax maritima*, à la côte de Coromandel. (B.)

CALIDRIS. OIS. (Illiger.) Syn. de Sanderling. Ce nom a été donné à plusieurs autres Oiseaux de rivage. (DR.. Z.)

CALIF. BOT. PHAN. L'un des noms arabes du Saule. (B.)

CALIGE. *Caligus*. CRUST. Genre établi par Othon-Frédéric Müller, et rangé par Latreille (Règne Anim. de Cuv.) dans l'ordre des Branchiopodes, section des Pœcilopes, avec ces caractères distinctifs : deux soies ou deux filets articulés et saillans à l'extrémité postérieure de la queue, qui pourraient être des ovaires; deux sortes de pieds, les uns à crochet et les autres en nageoire. Les Caliges sont des Crustacés encore assez imparfaitement connus. Latreille (Considér. génér. p. 90) les avait placés dans la famille des Clypéacés, en leur donnant pour caractères : tête d'une pièce; point de mâchoire; un bec; queue de deux filets; des pates terminées en crochet; les autres branchiales (ou natatoires. Leach, qui a fait une étude assez minutieuse des Animaux de cet ordre (Dict. des sc. nat., article ENTOMOSTRACÉ), les caractérise ainsi : quatorze pates; les six de devant onguiculées; la cinquième paire bifide; le dernier article garni de poils en forme de cils. Soies de la queue allongées, cylindriques et simples. A l'aide de ces caractères, on ne confondra les Caliges avec aucun des genres qui les avoisinent. Les développemens qui vont suivre donneront plus de valeur à cette distinction. Leur corps est allongé, déprimé et formé de deux pièces principales, dont l'antérieure plus grande, recouverte par un bouclier membraneux, présente deux antennes très-petites, sétacées; des yeux écartés, situés sur le bord du bouclier, et supportés latéralement par une petite saillie; une bouche, en suçoir ou en bec, placée inférieurement et en quelque sorte pectorale, enfin toutes les pates ou seulement un certain nombre. La pièce postérieure ou abdominale, moins étendue que la précédente, varie singulièrement dans sa forme; elle est carrée, ovale ou oblongue; nue ou imbriquée d'écailles membraneuses de diverses formes et terminée ordinairement par deux longs filets que Müller a considérés comme des ovaires, et que des auteurs plus anciens avaient cru être les antennes de l'Animal. Ce sont les appendices analogues aux filets abdominaux des Apus, et aucune observation n'autorise à les regarder comme des ovaires.

Les pates, au nombre de dix à quatorze, sont de deux sortes : les premières se terminent par un crochet, et les autres ont ou bien la forme de lames natatoires plus ou moins larges, ou bien celle d'appendices digités et pectinés. Ces deux espèces de pates, fixées en partie au bouclier et en partie à la pièce abdominale, sont toujours branchiales, et se rencontrent quelquefois sur une même espèce.

Les Caliges sont connus depuis fort long-temps, mais les figures et les descriptions que nous en ont laissées les anciens sont trop imparfaites pour qu'il soit utile de les citer. On les désignait vulgairement sous le nom de *Pou de Poissons*. Linné les a rangés parmi les Lernées et les Monocles, et, dans les ouvrages de Fabricius, ils appartiennent encore à ce dernier genre. Müller a beaucoup éclairci leur histoire; Latreille a fixé la place qu'ils paraissent devoir occuper dans la méthode naturelle (nous reviendrons plus sur son important travail à l'article CRUSTACÉS): enfin Leach, *V.* CALIGIDÉES, a tenté de leur découvrir de bons caractères zoologiques; malgré ces travaux, il reste beaucoup à faire sur l'organisation et les mœurs de ces Crustacés. Tout ce que nous savons sur leurs habitudes, c'est qu'ils vivent à la manière des Lernées et autres parasites marins sur divers Poissons cartilagineux. En général, ils sont au nombre d'une vingtaine sur un seul individu, et restent long-temps fixés à la même place; mais lorsque, par une cause quelconque, ils l'abandonnent, on les voit courir avec agilité sur le corps du Poisson aux dépens duquel ils vivent, et se cramponner bientôt à une autre partie de son corps. Quelquefois même ils l'abandonnent et nagent jusqu'à ce qu'ils aient rencontré une nouvelle proie. Nous ne croyons pas que leur mode de reproduction soit connu ; Risso (Hist. des Crust. de Nice, p. 161) dit seulement que les femelles paraissent renfermer quelques œufs dans un sac qui est placé au bas de l'abdomen.

CAL

Latreille divise de la manière suivante les espèces de Caliges jusqu'à ce jour peu nombreuses :

† *Point de pieds abdominaux; mais des pieds situés sur la poitrine ou la première partie du corps.*

CALIGE DES POISSONS, *Caligus piscinus*, ou le Calige court, *Cal. curtus* de Müller (*Entomost.*, tab. 21, fig. 1, 2), qui est le même que le *Monoculus piscinus* de Linné et de Fabricius; il sert de type au genre et se distingue des autres espèces par ses pates au nombre de six paires, dont les trois premières à crochets et les suivantes branchiales et pinnées, les deux dernières étant plus composées et plus grandes; la pièce abdominale est étroite, presque carrée et terminée postérieurement par deux longs filets tubulaires séparés par un appendice échancré. Il habite l'Océan et se rencontre sur le Merlan commun et le Saumon.

Le CALIGE DE MULLER, *Cal. Mulleri* de Leach (*loc. cit.* et Encycl. Brit. suppl. 1, p. 405, pl. 20). Il a été trouvé sur la Morue, et paraît être une espèce distincte de la précédente.

Basoche a trouvé, à Port-en-Bassin, en Normandie et sur la Raie, un Calige qui appartient peut-être à cette division, et qu'il nomme Calige de la Raie, *Cal. Rajæ*.

††*Abdomen portant des pieds, soit pinnés, soit en forme de lames larges et membraneuses.*

CALIGE PROLONGÉ, *Cal. productus* de Müller (*loc. cit.*, tab. 21, fig. 3, 4), ou le *Monoculus salmoneus* de Fabricius. Il se rencontre sur les Saumons et sur les nageoires de certains Squales.

Leach a créé plusieurs genres voisins des Caliges, et que l'on pourrait y réunir. Tels sont ses Pandares, ses Nogaus, ses Riscules et ses Anthosomes. Ce dernier genre peut être classé dans cette seconde division des Caliges, et offre pour caractères, suivant Leach : test arrondi en avant et en arrière; antennes à six articles; abdo-

men beaucoup plus étroit que le test, muni de deux petites lames foliacées sur le dos, et de six autres sur le ventre, tenant lieu des trois dernières paires de pates : les paires antérieures étendues en avant; leur ongle crochu et rencontrant une petite dent située vers le sommet de l'article qui précède : la seconde paire ayant l'ongle comprimé : le dernier article de la troisième paire très-épais, denté antérieurement, et terminé par un ongle très-fort : le bec inséré derrière les pates de devant, et muni à son extrémité de deux mandibules droites et cornées.

Nous y rapportons le Calige imbriqué, *C. imbricatus* de Risso (*loc. cit.*, p. 162, pl. 3, fig. 13), qui est la même espèce que l'*Anthosoma Smithii* de Leach (Enc. Brit. suppl. 1, p. 406, tab. 20). Lamarck en fait, à tort, deux espèces. Smith l'a découvert le premier sur la côte méridionale du Devonshire, en Angleterre; il était fixé à un Squale (*Squalus cornubiensis*, Pennant), et agitait, sans discontinuer, les filamens de l'extrémité postérieure de son corps. Risso l'a trouvé sur les branchies et les lèvres de son Squale féroce. (AUD.)

* CALIGIDÉES. *Caligidæ*. CRUST. Famille de l'ordre des Branchiopodes et de la section des Pœcilopes, établi par Leach (Dict. des Sc. Nat., art. Entomostracés) avec les Caliges de Müller qu'il subdivise en plusieurs petits genres. Les Caligidées se distinguent de deux nouvelles familles de la même section, les Argulidées et les Limulidées, par ces caractères : bouche en forme de bec; deux antennes. Toutes les espèces qui s'y rapportent ont les antennes insérées à l'angle externe de deux lobes sur la partie externe de leur test; elles ont aussi cela de commun, qu'elles sont parasites et adhèrent à certaines parties du corps des Poissons marins. Leach divise cette famille en quatre races ou sous-familles.

† Douze pates; les six de devant terminées par des crochets ou ongui-

culées. Elle comprend les genres An-
thosome de Leach, et Dichelestion
de Hermann.

II. — Quatorze pates ; les six antérieures onguiculées ; la quatrième ou
cinquième paire bifide ; la sixième et
la septième ayant les hanches et les
cuisses très-dilatées et réunies par
paires. Le seul genre Cecrops la compose.

III. — Quatorze pates ; les six antérieures onguiculées ; les troisième,
quatrième, cinquième, sixième et
septième paires bifides. L'auteur y
rapporte ses genres Pandare et Nogaus.

IV. — Quatorze pates ; les six de
devant onguiculées ; la cinquième
paire bifide ; le dernier article garni
de poils en forme de cils. Ici se clas-
sent les genres Calige et Riscule.
V. tous ces mots.   (aud.)

CALIGNI. bot. phan. Nom vulgaire que porte, à la Guiane, le genre
formé par Aublet, sous le nom de
Licania. *V.* ce mot.   (b.)

* CALIGULE. *Caligula.* ois. Illiger
donne ce nom à la peau qui couvre
les tarses dans les Oiseaux. (dr..z.)

CALIMANDE. pois. Espèce du
Genre Pleuronecte. *V.* ce mot. Duhamel la nomme Callimande royale. (b.)

CALIN. min. Sorte de préparation
de l'Étain, dont on fait en Chine divers ustensiles, et particulièrement des
boîtes à Thé.   (luc.)

CALINEA. bot. phan. Espèce du
genre *Tetracera.* *V.* ce mot, dont
Aublet (Guiane, t. 221) avait formé
un genre qui n'a pas été adopté. (b.)

CALINÉE et CALINIER. bot.
phan. Même chose que Calinea. *V.*
Tétracère.   (b.)

CALIRIBA. bot. phan. Syn. caraïbe de *Lantana involucrata*, L.,
espèce du genre Lantane.   (b.)

CALISPERME. *Calispermum.* bot.
phan. Genre établi par Loureiro,
dans la Flore de la Cochinchine,
placé à la fin de la famille des Berbe-
ridées. Il présente un calice très-petit,

TOME III.

quinquefide, persistant ; cinq pétales
concaves, étalés ; cinq étamines à
anthères arrondies, insérées aux pétales ; un ovaire libre ; un style filiforme ; un stigmate assez épais ; une
baie globuleuse, ayant une seule loge
dont la surface interne est pulpeuse, et
dans laquelle sont nichées des graines
nombreuses et très-petites. C'est un
Arbrisseau grimpant, rameux, inerme,
à feuilles alternes, à fleurs disposées
en grappes vers l'extrémité des rameaux.   (a. d. j.)

CALI-VALLI. bot. phan. Syn.
indou de *Convolvulus hastatus*, espèce du genre Liseron.   (b.)

CALIXHYMÈNE. bot. phan. Pour
Calyxhimène. *V.* ce mot.   (a.r.)

CALKOENTJE. ois. Syn. de l'A-
louette à cravate jaune, *Alauda capensis*, L., au cap de Bonne-Espérance. *V.* Alouette.   (dr..z.)

CALLA. bot. phan. Vieux nom du
brou de Noix. *V.* ce mot.   (dr..z.)

CALLADIUM. bot. phan. Pour
Caladium. *V.* ce mot.   (a. r.)

CALLADOE. *Calladoa.* bot. phan.
(Cavanilles. Dict. de Déterville.) Syn.
d'Anthéphore. *V.* ce mot.   (b.)

CALLÆAS. ois. (Bechstein, Latham.) Syn. de Glaucope. *V.* ce mot.
     (dr..z.)

* CALLAÏDA. min. (Dioscoride.)
Probablement la même chose que
Callaïs. *V.* ce mot.   (luc.)

* CALLAINAS. min. (Pline.)
Variété de couleur trouble de la gem-
me nommée par les anciens Callaïs.
V. ce mot.   (luc.)

CALLAÏS. min. (Pline.) Les anciens désignaient sous ce nom une
gemme qu'on disait imiter le Saphir,
mais de couleur plus pâle, avec une
teinte d'eau de mer sur les bords. Sa
couleur était quelquefois celle de l'É-
meraude. On la trouvait dans les rochers inaccessibles des plus hautes
régions du Caucase, en Perse et dans
la Caramanie. On en faisait des bijoux. On a cru que cette substance

4

était la Turquoise , l'Aigue-Marine, ou une Chaux fluatée verte. (LUC.)

CALLALLUH. BOT. PHAN. Rumph donne ce nom à une Amaranthe d'un usage journalier dans la cuisine indienne. Le nom de Calalou, appliqué par les Créoles à un mets du même genre , est dérivé de ce mot.   (B.)

CALLANDOULÉ. BOT. PHAN. Syn. de *Glycine monophylla*, L., à la côte de Coromandel. Commerson l'appelait Calian-Touvéray.   (B.)

* CALLARIAS. POIS. Nom donné par les Romains à une variété du Poisson de la Méditerranée qu'ils appelaient *Asellus*, et qui conséquemment ne saurait être le Callarias des modernes, lequel est une espèce de Gade de la Baltique.   (B.)

CALLE. *Calla.* BOT. PHAN. C'est à la famille des Aroïdées et à la Monœcie Polyandrie , L. qu'appartient ce genre de Plantes, dont les caractères consistent en des fleurs monoïques, dépourvues d'écailles, portées sur un spadice cylindrique , où elles sont réunies pêle-mêle. La spathe qui les environne est monophylle et roulée. Chaque étamine doit être considérée comme une fleur mâle ; l'anthère est à deux loges distinctes qui s'ouvrent chacune par un sillon longitudinal. Les fleurs femelles sont formées d'un ovaire libre, uniloculaire , contenant plusieurs ovules basilaires et dressés. Le stigmate est sessile. Le fruit est une baie ovoïde renfermant un petit nombre de graines qui naissent de sa base. Les espèces de ce genre, au nombre de trois ou quatre, sont des Plantes herbacées qui se plaisent dans les lieux marécageux : leurs racines sont vivaces ; leurs tiges rampantes ; leurs feuilles alternes , pétiolées , entières. Leurs fleurs, très-petites, réunies en spadices axillaires.

Kunth a retiré de ce genre la plus belle de toutes ses espèces , le *Calla œthiopica*, pour en former un genre distinct sous le nom de *Richardia*. *V.* RICHARDIE.

L'espèce la plus commune de ce genre et celle qui lui sert en quelque sorte de type, est le *Calla palustris* , L. , Plante vivace qui croît dans les marais du nord de l'Europe, en Pologne, en Prusse , en Belgique et jusque dans les Vosges. Sa racine, qui est épaisse et charnue, contient une assez grande quantité de fécule ; on la mange dans quelques parties de la France. Kunth rapporte encore au genre *Calla* le *Dracontium pertusum* de Linné, qui croît dans les marais de l'Amérique méridionale, et qui se fait remarquer par ses feuilles obliques , cordiformes et percées d'un grand nombre de trous y formant une sorte de treillage.   (A. R.)

CALLEIRION. BOT. PHAN. (Dioscoride.) C'est-à-dire beau Lis. Probablement le Lis commun , *Lilium candidum.*   (B.)

CALLESIS. BOT. PHAN. (Dioscoride.) Syn. présumé de Verveine. (B.)

CALLI. BOT. PHAN. Nom donné dans la langue du Malabar au suc laiteux contenu dans diverses Plantes, et qui entre dans la composition des noms de pays que portent plusieurs Végétaux, tels que *Tiru-Calli*, espèce d'Euphorbe , *Cali-Valli. V.* ce mot. etc. , etc.   (B.)

* CALLIANASSE. *Callianassa.* CRUST. Genre de l'ordre des Décapodes , section des Homards (Règne Anim. de Cuv.) fondé par le docteur Leach (*Linn. Trans. Societ.* T. XI), et très-voisin des Thalassines propres , des Gébies et des Axies , ne différant même de ces deux derniers genres que parce que les deux premières paires de pieds sont munies d'une serre à deux doigts très-distincts , et que ceux de la troisième paire se terminent par un onglet qui manque aux quatre derniers. Le *Cancer subterraneus* de Montagu (*loc. cit.* T. IX) appartient à ce genre. *V.* THALASSINE.   (AUD.)

CALLIANIRE. *Callianira.* ACAL. Genre de l'ordre des Acalèphes libres, proposé par Péron, qui le regardait comme un Mollusque, placé par de

Lamarck dans la première section des Radiaires mollasses, et par Cuvier, dans la classe des Acalèphes, ainsi que par Schweigger. Les caractères sont : Animal libre, gélatineux, transparent, à corps cylindracé, tubuleux, obtus à ses extrémités, augmenté sur les côtés de deux nageoires opposées, lamelleuses, ciliées à leurs bords ; bouche terminale supérieure, nue, subtransverse. Le genre Callianire a été d'abord classé par Péron, parmi les Mollusques ptéropodes, nus, non tentaculés ; Lamarck a démontré que l'organisation de ces Animaux les rapproche des Béroës. Il était indispensable de les réunir à ce groupe, et plaçant les Callianires à la suite des Cestes et avant les Béroës, il y réunit le Béroé hexagone de Bruguière à cause de ses caractères.

Les Callianires sont des Animaux libres, gélatineux, mollasses, transparens dans toutes leurs parties. Leur corps est vertical dans l'eau, presque cylindrique, comme tubuleux, obtus aux deux extrémités. Il est muni sur les côtés de deux espèces de nageoires opposées, qui se divisent chacune en deux ou trois feuillets membraneux, gélatineux, verticaux et fort amples. Ces feuillets sont très-contractiles, bordés de cils, et égalent presque, par leur étendue verticale, la longueur du corps. — On peut dire que les deux nageoires lamellifères et ciliées des Callianires ne sont que les côtes ciliées et longitudinales des Béroës, mais qui, dans les Callianires, sont très-agrandies en volume et réduites en nombre, ou rapprochées et réunies en deux corps opposés. Ces Animaux n'ont point de rapport, par l'organisation, avec les Mollusques ptéropodes.

CALLIANIRE TRIPLOPTÈRE, *Callianira triploptera*, Lamk., Anim. sans vert., T. II, p. 467. *Beroe hexagonus*, Brug. Encycl. méth., p. 176, n. 3, pl. 90, fig. 5, 6. La description que Bruguière donne de ce Zoophyte laisse peu de chose à désirer sur le phénomène de sa phosphorescence et de ses mouvemens ; il ne dit rien de son organisation. Il offre un corps oblong, marqué de six côtes longitudinales ; les intervalles sont un peu convexes et remplis de petites rides longitudinales. La bouche est ronde avec deux tentacules ciliés et branchus, plus courts que le corps. On le rencontre par grandes bandes dans les mers de Madagascar. Cette espèce est beaucoup plus grande que la suivante. Elle en diffère essentiellement par un caractère, et surtout par la présence des tentacules qui nous portent à regarder comme douteux le rapprochement fait par Lamarck.

CALLIANIRE DIPLOPTÈRE, *Callianira diploptera*, Péron et Lesueur, Ann. du Mus., T. XV, p. 65, pl. 3, fig. 16. Cette Callianire n'a point de tentacules, point d'yeux apparens ; elle offre une bouche simple et transversale ; trois nageoires, dont deux latérales et une caudale : les branchies, en forme de cils, sont distribuées au pourtour extérieur des nageoires latérales. Elle se trouve en troupes nombreuses dans les mers équatoriales voisines de la Nouvelle-Hollande.   (LAM..X.)

CALLIAN-TOUVERAI. BOT. PHAN. Syn. de *Glycine nummularia*. Espèce de Glycine à la côte de Coromandel.   (B.)

CALLIAS. BOT. PHAN. (Dioscoride.) Syn. d'*Anthemis Cota*, L. Espèce du genre Camomille.   (B.)

* CALLIBIOS. POIS. On n'a d'autres renseignemens sur ce Poisson, mentionné par Diphilus, sinon qu'il le dit bon à manger.   (B.)

* CALLIBRYUM. BOT. CRYPT. (*Mousses*.) Nom donné par Wibel (*Primitiæ Floræ Wertheimensis*) au genre Catharinea d'Ehrhart. *V.* CATHARINEA.   (AD. B.)

CALLICARPE. *Callicarpa*. BOT. PHAN. Genre de la famille des Verbénacées, voisin du Vitex, et caractérisé par un calice quadrifide, une corolle découpée supérieurement en quatre parties, quatre étamines saillantes, un seul stigmate et une baie uniloculaire renfermant quatre grai-.nes. On en compte douze espèces. Ce sont des Arbrisseaux à fleurs en corymbes opposés et axillaires, origi-naires de pays divers ; les uns ont été recueillis en Amérique, tandis que les autres croissent dans les Indes-Orientales, à la Cochinchine, au Japon, et que Brown en décrit deux trouvés dans la Nouvelle-Hollande. C'est à l'aspect agréable de ses fruits que ce genre doit son nom, substitué par Linné à ceux de *Burchardia* et de *Johnsonia* que lui donnaient Heister et Miller. Il lui rapporte le *Tomex* de son *Flora Zeylanica*, ou *Illa* d'Adanson. On peut aussi y réunir le *Porphyra* de Loureiro, qui ne s'en distingue que par son calice tronqué, et sa baie renfermant trois graines seulement, mais peut-être par suite d'avortement. *V*. Lamk. Enc., tab. 69, fig. 2, et Valh. *Symb.* t. 53. (A. D. J.)

CALLICÈRE. *Callicera*. INS. Genre de l'ordre des Diptères, fondé par Meigen, et rangé par Latreille (Règne Anim. de Cuv.) dans la nombreuse famille des Athéricères. Les Callicères ressemblent beaucoup aux Chryso-toxes, dont elles ne diffèrent que par leurs antennes terminées par une massue allongée avec une soie à l'extrémité ; elles ont aussi beaucoup d'analogie avec le genre Cérie, ce qui a engagé Latreille (*loc. cit.*) à les y réunir. La Callicère bronzée, *Call. œnea* de Meigen, sert de type au genre : elle a été figurée par Panzer (*Fauna Insect. Germ. fasc.* 104. *tab.* 17), et est la même espèce que le *Syrphus auratus* de Rossi (*Fauna Etrusca*, T. II, *tab.* 10, fig. 4).

Gravenhorst (*Coleopt. microsc Brunsw.*, 1802) avait établi sous ce nom un autre genre dans l'ordre des Coléoptères, mais il a été réuni au genre Aléochare. *V.* ce mot. (AUD.)

CALLICHROME. *Callichroma*. INS. Genre de l'ordre des Coléoptères, section des Tétramères, famille des Longicornes, extrait récemment par Latreille (Règn. Anim. de Cuv.) du genre Capricorne, et ayant, suivant lui, pour caractères : tête penchée en avant; palpes terminés par un article plus grand en forme de cône renversé, allongé et comprimé; les maxillaires plus courts que les labiaux, et ne dépassant pas l'extrémité des mâchoires; corselet épineux.—Les Callichromes ont une très-grande analogie avec les Capricornes, et n'en diffèrent essentiellement que par la longueur relative des palpes maxillaires. Ils ressemblent aussi beaucoup aux Lamies, mais ils s'en distinguent par leur tête penchée en avant et par la forme de leurs palpes. Des caractères semblables tirés des mêmes parties, et auxquels on peut ajouter la présence des épines au corselet, empêchent de les confondre avec les Saperdes.

Les espèces qui appartiennent à ce genre sont ornées de belles couleurs métalliques ou brillantes, et répandent en général une odeur fort agréable. Le Callichrome Rosalie, *Call. alpina* de Latreille, ou le *Cerambix alpinus*, L., peut être considéré comme lui servant de type. Il a été figuré par Olivier (Coléopt., T. IV, pl. 9, fig. 58). On le trouve assez communément dans les Alpes et dans les montagnes ; quelques individus ont été rencontrés dans les chantiers de Paris.

Le Callichrome musqué, *Callichroma moschata* ou le *Cerambix moschatus* de Linné, représenté par Olivier (*loc. cit.*, pl. 2, fig. 7), est très-commun sur les Saules des environs de Paris. Il est remarquable par sa belle couleur verte, quelquefois bleuâtre ou cuivreuse, et par l'odeur de rose très-prononcée qu'il exhale. Les Capricornes *virens, albitarsus, nitens, micans, ater, festivus, vittatus, velutinus, sericeus, elegans, suturalis, latipes, regius, albicornis, longipes* et *cyanicornis* de Fabricius, appartiennent, suivant Latreille, au genre Callichrome. (AUD.)

CALLICHTE. *Callichtys*. POIS. C'est-à-dire, *Beau Poisson*. Genre formé d'abord par Linné, dans ses

Aménités académiques (1, p. 317, t. 14, f. 1), pour un Poisson qu'il réunit depuis à ses Silures entre lesquels Gmelin (*Syst.Nat. T.* 1, *pars* III, 1361) l'a laissé sous le même nom, adopté comme spécifique. Il est devenu l'un des sous-genres établis par Cuvier (Règ. Anim., T. II, p. 207). Lacépède, d'après Bloch, en a fait le genre Cataphracte. *V.* ce mot. (B.)

* CALLICHTYN. POIS. (Gesner.) Syn. de Fiatole chez les Grecs. *V.* FIATOLE. (B.)

CALLICOME. *Callicoma.* BOT. PHAN. Andrews a figuré sous le nom de *Callicoma serratifolia* (*Botan. Reposit.*, t. 166) un petit Arbrisseau originaire de la Nouvelle-Hollande, dont les caractères sont encore trop imparfaitement connus pour pouvoir le rapporter avec certitude à quelqu'une des familles naturelles de Plantes. Cependant il nous semble avoir beaucoup de rapports avec la famille des Cunoniacées dans laquelle il doit être placé. Il a, comme les Brunia, dont il se rapproche beaucoup par le port, les fleurs petites, groupées en un capitule arrondi, environné d'un involucre tétraphylle. Son calice se compose de quatre à cinq folioles, et ses étamines varient de onze à dix-neuf. Son ovaire est libre, à une seule loge qui contient un grand nombre d'ovules. Les deux styles se terminent chacun par un stigmate simple. Le fruit n'a pas encore été observé. (A.R.)

CALLICOQUE. *Callicocca.* BOT. PHAN. Brotero a décrit, sous le nom de *Callicocca Ipecacuanha,* la Plante qui au Brésil fournit l'Ipécacuanha apporté en Europe par le commerce. Mais ce genre *Callicocca* est le même que le *Cephaelis* de Swartz ou *Tapogomœa* d'Aublet. Nous avons donc nommé cette Plante *Cephaelis Ipecacuanha,* dans notre Histoire naturelle et médicale des Ipécacuanha. *V.* CEPHAELIS. (A.R.)

CALLICORNE. *Callicornia.* BOT. PHAN. (Burmann.) Même chose qu'Asteroptère. *V.* ce mot et LEYSERA. (B.)

CALLICTE. POIS. Pour Callichte. *V.* ce mot. (B.)

CALLIDIE. *Callidium.* INS. Genre de l'ordre des Coléoptères, section des Tétramères, extrait par Fabricius (*Entom. System.* T. 1, B. p. 318), des deux grands genres Capricorne et Lepture de Linné. Il appartient (Considér. génér., p. 231) à la famille des Cérambycins. Ses caractères sont: antennes insérées dans une échancrure des yeux, le plus souvent de longueur moyenne et filiformes; tête penchée en avant; palpes terminés par un article plus gros, obtrigone ou presque en hache; corselet mutique, orbiculaire ou globuleux; cuisses postérieures en massue. Les Callidies, rangés par Latreille (Règne Anim. de Cuv.) dans la famille des Longicornes, ont, de même que les Capricornes, la tête penchée en avant; mais leurs palpes sont proportionnellement plus courts; leurs antennes, moins longues, ne dépassent guère celles du corps, et leur prothorax presque toujours sans épines est de forme variable. Fabricius, attachant peut-être trop d'importance à la forme du corselet, s'en est servi pour fonder, sous le nom de Clyte, *Clytus,* un nouveau genre aux dépens de celui des Callidies (*Syst. Eleut.*) Il comprend toutes les espèces dont le corselet est convexe et presque globuleux; celles qui ont cette partie du thorax déprimée et presque circulaire, appartiennent seules à son genre Callidie. Latreille n'admet pas cette distinction générique.

Les Callidies ont la tête plus étroite que le prothorax, supportant des antennes filiformes, insérées à côté de l'échancrure de l'œil, et non dans le fond de cette échancrure, comme on le remarque dans les Capricornes et les Saperdes; leur bouche est composée d'une lèvre supérieure, petite, arrondie antérieurement, de mandibules courtes, dentelées fort légèrement et recouvertes par la lèvre, de mâchoires terminées par deux pièces inégales, membraneuses, dont l'une interne, plus courte, est terminée en pointe, et dont l'autre, externe, étroite à sa base, arrondie et élargie à son extrémité, donne attache à un palpe de quatre articles; d'une lèvre inférieure, membraneuse et bifide, supportant deux palpes composés chacun de trois pièces. Le prothorax est plus ou moins convexe, quelquefois déprimé, toujours arrondi sur ses bords; les élytres sont aussi longues que l'abdomen; les pates, surtout les postérieures, offrent des cuisses grosses et renflées à leur extrémité, amincies vers leur base.

Les Callidies se rencontrent communément au printemps dans les bois, sur des troncs d'Arbres pourris, dans les chantiers et jusque dans nos appartemens. Quand on les saisit, ou lorsqu'on les inquiète, ils font entendre un bruit particulier qui est dû au frottement de leur corselet sur la base de l'écusson du mésothorax. Ils volent avec assez de facilité. Le mâle est plus petit que la femelle; celle-ci, étant fécondée, perce le bois et y dépose les œufs au moyen d'une sorte de tarière cachée dans son abdomen. Il en naît des larves molles et allongées, ayant treize anneaux au corps, des pates fort petites, un cou renflé et une bouche armée de deux fortes mandibules, au moyen desquelles elles rongent le bois, s'en préparent une nourriture, et pratiquent successivement dans son intérieur de longues sinuosités qui, à mesure que l'Animal avance, se trouvent en partie bouchées par une poussière friable, ligneuse, rejetée par l'anus. La larve change plusieurs fois de peau, et ne se métamorphose ordinairement en nymphe qu'au bout de deux ans. L'Insecte parfait éclot au printemps.

Ce genre est très-nombreux en espèces. Le général Dejean (Catal. des Coléopt., p. 110) en mentionne quarante-six, et ce nombre s'élèverait à quatre-vingts, si on y réunissait les espèces qu'il range dans les Clythes de Fabricius. La plupart sont exotiques; mais nous en trouvons néanmoins un grand nombre en France.

Le CALLIDIE PORTE-FAIX, *Call. Bajulus* de Fabricius (*Entom. Syst.*), ou la Lepture brune, à corselet rhomboïdal, de Geoffroy (Ins. T. 1, p. 218, n° 17), sert de type au genre. — Parmi les autres espèces très-communes aux environs de Paris, nous citerons le Callidie sanguin, *Call. sanguineum*, Fabr. (*loc. cit.*), ou la Lepture veloutée, couleur de feu, de Geoffroy (*loc. cit.* T. 1, p. 220, n° 21), et le Callidie arqué, *Call. arcuatum*, Fabr. (*loc. cit.*), ou la Lepture à croissant doré de Geoffroy (*loc. cit.* T. 1, p. 212, n° 10).

(AUD.)

CALLIDUNION et KAUROCH. BOT. PHAN. (Daléchamp.) Syn. arabe de Chélidoine. (B.)

CALLIGONE. *Calligonum.* BOT. PHAN. Ce genre de la famille des Polygonées et de la Dodécandrie Tétragynie, L., avait été constitué par Tournefort, sous le nom de *Polygonoides*. Il offre les caractères suivans : un calice à cinq divisions arrondies et inégales; douze étamines; nombre des styles un peu variable (de deux à quatre); stigmates capités; capsule pyramidale à trois ou quatre angles, monosperme et couverte de poils rameux. Outre l'espèce que Tournefort a fait connaître, et qu'il a trouvée dans l'Orient sur le mont Ararat, Desfontaines et l'Héritier en ont décrit une autre que le premier a rencontrée en Barbarie, et y ont ajouté le *Pallasia caspica*, L., que Jussieu avait indiqué déjà comme congénère du Calligone.

Loureiro, dans sa Flore de Cochinchine (ed. Willd. p. 418) avait postérieurement établi un autre genre *Calligonum*, auquel ce nom déjà consacré ne pouvait point rester. De Candolle, en adoptant le genre constitué par Loureiro, l'appela Trachytelle. *V.* ce mot. (G..N.)

CALLIMORPHE. *Callimorpha.* INS. Genre de l'ordre des Lépidoptères établi par Latreille, et rangé par ce savant (Considér: génér. p. 565) dans la section des Nocturnes, famille des Noctuo-Bombycites, avec ces caractères : langue allongée et dont les deux filets sont réunis en un seul ; palpes unis ou ne paraissant pas hérissés ; antennes simples ou seulement ciliées. Les Insectes qui composent ce genre avaient été confondus avec les Bombyces par Fabricius : mais ils en diffèrent par la présence d'une trompe assez allongée. Ce caractère, joint à celui des antennes plus ou moins ciliées dans les mâles et à celui des palpes inférieurs couverts seulement de petites écailles, sert à les distinguer des Arcties avec lesquels ils ont plusieurs points de ressemblance. On ne les confondra pas non plus avec les Noctuelles parce que leurs palpes sont presque cylindriques ou coniques. Les Chenilles des Callimorphes ont seize pates, ce qui les éloigne des Phalènes. Les Insectes qui en naissent portent les ailes en toit ; leurs habitudes sont analogues à celles des Bombyces. *V.* ce mot. L'espèce servant de type au genre est le Callimorphe du Seneçon, *Call. Jacobœœ*, ou la Phalène Carmin du Seneçon de Geoffroy (Ins. T. II, p. 146), figuré par mademoiselle de Mérian (Ins. d'Europe, tab. 129), et par Rœsel (Ins. Class. 2, Pap. noct., T. 1, pl. 44). Il est commun dans nos jardins. Son vol est lourd. La Chenille se trouve sur les Jacobées et les Seneçons.

Les Bombyces *Hera*, *Dominula*, *rosea*, *obscura* de Fabricius, peuvent être rapportés au genre Callimorphe. (AUD.)

CALLIMUS. MIN. Nom donné par les anciens aux noyaux des OEtites. *V.* ce mot. (LUC.)

CALLINUX. BOT. PHAN. (Raffinesque.) Double emploi du Pyrularia de Michaux. *V.* ce mot. (B.)

* CALLIODON. POIS. Genre formé par Gronou, adopté par Schneider qui le plaçait entre les Holocentres et les Lutjans, mais que les ichtyologistes français n'ont pas conservé. (B.)

CALLIOMORE. *Calliomorus.* POIS. Genre formé par Lacépède aux dépens du genre Callionyme, *V.* ce mot, pour l'espèce appelée *Callionymus indicus*, L. Cuvier, qui ne l'adopte point, n'en a pas même mentionné le nom dans son Règne Animal. (B.)

CALLION. BOT. PHAN. (Pline.) Syn. de *Physalis Alkekengis*. *V.* PHYSALIS. (B.)

CALLIONYME. *Callionymus.* POIS. Genre établi par Linné, et le premier de son ordre des Jugulaires, placé par Cuvier dans la famille des Gobioïdes parmi les Acanthoptérygiens, et dont les caractères consistent : dans leurs ouïes ouvertes seulement par un trou de chaque côté de la nuque ; dans leurs ventrales placées sous la gorge et plus larges que les pectorales ; leur tête est oblongue et déprimée ; leurs yeux rapprochés et regardant en haut, ce qui mérita le nom d'Uranoscope, *Regarde-Ciel*, à l'une des espèces les plus anciennement connues du genre. Leur intermaxillaire est très-protractile, et leurs préopercules, allongés en arrière, sont terminés par quelques épines. Le nom de Callionyme indique la beauté et la singularité de ces Poissons, dont la forme est particulière, la peau lisse, les couleurs variées et brillantes. Leur estomac n'est point en cul-de-sac, et ils manquent de cœcum et de vessie aérienne. Cuvier a distingué les Callionymes en trois sous-genres.

† CALLIONYMES proprement dits.

La LYRE, *Callionymus Lyra*, L., Gmel., *Syst. Nat.*, 1, *pars* 3, 1151. Bloch., pl. 161. Lac. t. 2, p. 329, pl. 19, f. 1. Le Lacert. Encyc. Pois., pl. 27, f. 93. Cette espèce, qui parvient à la longueur d'un pied ou quatorze pouces, a la chair délicate et fort estimée. On la trouve principalement dans la Méditerranée où il vit d'Oursins et d'Astéries. B. 6, D. 4-10, P. 18-19, V. 5-6, A. 10, C. 10.

Le DRAGONNEAU, *Cal. Dracunculus*, L., Gmel., *loc. cit.*, p. 1152. Bloch.,

CAL

pl. 162, f. 2. Encyc. p. 27, f, 94. Cette espèce, des mêmes mers que la précédente, n'atteint guère que huit pouces de longueur. B. 6, D. 4-10, P. 12-13, V. 6, A. 9, C. 10.

Le PETIT ARGUS, Encyc., Pois., pl. 27, f. 95. *Callionymus occellatus*, Pall., *Spec. Zool.*, VIII, pl. 4, f. 13. Le Pointillé, Lac., T. II, p. 340. Ce joli Poisson, dont la première dorsale rappelle l'aile d'un Papillon, n'est guère plus long que le petit doigt, et se trouve dans les mers d'Amboine. B. 5-6, D. 4-8, G. 20, V. 5, A. 7, C. 10.

L'INDIEN, *Callionymus indicus*, L., Gmel., *loc. cit.*, p. 1153. *Platicephalus Spatula*, Bloch., pl. 424. C'est cette espèce, avec laquelle Lacépède avait formé son genre Calliomore, dont le principal caractère était fondé sur la disproportion de la tête et du corps. La grosseur de cette première partie et la physionomie générale de l'Animal le faisaient regarder par Linné comme tenant le milieu entre les Uranoscopes, les Trachines ou Vives, et les autres Poissons de son genre. Il se trouve dans les mers d'Asie. B. 7, D. 1-7, 13, P. 20, V. 1-8, A. 13, C. 11.

Les *Callionymus orientalis* de Schneider, *Sagitta* de Pallas, *Japonicus* d'Houttuyn, et *Pusillus* de Laroche, appartiennent à ce sous-genre, auquel il faut rapporter le Callionyme de Risso, et l'Élégant que Le Sueur nous a fait connaître.

†† TRICHONOTE, *Trichonotus* de Schneider. Les caractères de ce sous-genre consistent dans leur corps très-allongé où la dorsale unique et l'anale ont une longueur proportionnée. Les deux premiers rayons de la dorsale s'allongent en soies qui représentent l'analogue de la première dorsale qui existe dans les Callionymes proprement dits. Le *Trichonotus setigerus* est jusqu'ici la seule espèce qui nous soit connue.

††† COMÈPHORE, *Comephorus* de Lacépède. Les caractères qui particularisent ce sous-genre sont : la première dorsale très-basse, le museau oblong, large, déprimé; les ouïes très-fendues, à sept rayons, et de très-longues pectorales. L'absence de ventrales n'indique-t-elle pas la nécessité de considérer le Coméphore comme un genre très-distinct de celui où Cuvier l'a laissé? La seule espèce qui nous soit connue est un Poisson d'eau douce, *Callionymus baïcalensis*, Pall. it. 3, p. 707, n° 49, Gmel., *loc. cit.* 1133. Sa queue est fourchue; il habite les plus grandes profondeurs des eaux, et ne s'en élève qu'aux beaux jours de l'été. B. 6, D. 8-28, P. 13, V. 0, A. 32, C. 13.

Le nom de CALLIONYME désigne, dans Aristote et dans Pline, l'*Uranoscopus scaber*, L., auquel Willughby et Rai l'avaient conservé. *V.* URANOSCOPE. (B.)

CALLIPÉTALON. BOT. PHAN. (Dioscoride.) Probablement une Potentille. (B.)

CALLIPTÈRE. *Callipteris*. BOT. CRYPT. (*Fougères*.) C'est-à-dire *belle Fougère*. Genre établi par Bory de Saint-Vincent dans son Voyage aux quatre îles des mers d'Afrique (T. 1, p. 282) et ayant pour type l'*Asplenium proliferum* de Lamarck. Les quatre espèces de Calliptères, dont trois étaient alors nouvelles, *C. castaneœfolium*, *sylvaticum* et *arborescens*, rentrent toutes dans le genre Diplazium établi par Cavanilles, et adopté par Swartz et Willdenow. *V.* DIPLAZIUM. (AD. B.)

CALLIQUE ou CÉLERIN. POIS. Noms languedociens d'un petit Poisson du genre Clupé. (B.)

CALLIRHOÉ. *Callirhoe*. ACAL. Genre de l'ordre des Acalèphes libres, établi par Péron et Lesueur dans la première section des Méduses gastriques, adopté par Lamarck, et placé dans la deuxième section de ses Radiaires mollasses. Schweigger le considère comme un sous-genre, et Cuvier comme une Cyanée. Ses caractères sont : corps orbiculaire, transparent, garni de bras en dessous, mais privé de pédoncules, le plus souvent des tentacules au pourtour; bouche unique, inférieure et centrale;

CAL

Les naturalistes à qui nous devons l'établissement de ce genre ne nous ont donné aucun détail sur l'histoire des Animaux qui le composent. Lamarck n'y ajoute presque rien; il se borne à dire que les Callirhoés, comme tous les genres qui le précèdent, sont dépourvues de pédoncules, mais qu'elles ont des bras sous l'ombrelle, ce qui les distingue éminemment. L'on ne connaît encore que deux Callirhoés.

CALLIRHOÉ MICROMÈNE, *Callirhoe micromena*, Pér. et Lesueur, Ann. du Mus., T. XIV, pl. 341.—Lamk., Anim. s. vert. T. II, p. 501, n. 1. — Son ombrelle subsphérique offre un grand nombre de lignes simples à son pourtour; ovaires en forme de cœur disposé en un carré; quatre bras très-longs, très-larges, aplatis, subspatuliformes et velus; rebord festonné et garni d'une multitude de tentacules très-courts et comme soyeux; couleur hyaline avec quelques légères taches bleues. Grandeur, quatre à cinq centimètres. Des côtes nord-ouest de la Nouvelle-Hollande.

CALLIRHOÉ BASTÉRIENNE, *Callirhoe basteriana*, Pér. et Lesueur, An. du Mus., T. XIV, p. 342. — *Medusa æquorea*, Gmel. *Syst. nat.*, p. 3153, n. 4. — Encycl. méth., pl. 94, fig. 4-5. Ombrelle orbiculaire, aplati, polymorphe; quatre ovaires disposés en forme de croix; quatre bras allongés et pointus; rebord entier garni d'un grand nombre de longs tentacules et marqué d'un cercle rouge; couleur hyaline. Grandeur, quatre à cinq centimètres. Se trouve dans les mers du Nord. (LAM..X.)

CALLIRHOÉ. *Callirhoe*. MOLL. FOSS. Genre institué par Montfort (*Conch.* 1, p. 362) et adopté par Oken (*Lehrb.* p. 323) pour la pile d'alvéoles d'une espèce de Bélemnite. *V.* ce mot. (F.)

CALLIRION. BOT. PHAN. Pour Calleirion. *V.* ce mot. (B.)

CALLISE. *Callisia.* BOT. PHAN. Ce genre, établi par Linné, d'après son disciple Lœfling, et placé par ce savant législateur dans la Triandrie Monogynie, avait été rapporté par Jussieu à la famille des Joncées où celui-ci l'avait mis tout à côté des Commelines et des Tradescanties. R. Brown, ayant également senti cette affinité, indique dans ses Observations (*Prodrom. Fl. Nov.-Holl.*) qu'il doit être compris dans la famille des Commelinées, laquelle se compose des genres précités et de deux autres indigènes de la Nouvelle-Hollande. Les caractères du genre Callise sont : un périanthe à six divisions dont les trois intérieures sont pétaloïdes; trois étamines composées d'un filet plus long que les divisions intérieures du périanthe, et élargi vers son sommet qui présente deux anthères adnées à la lame du filet; un style surmonté de trois stigmates; capsule biloculaire (par avortement d'une loge?), disperme. L'espèce que Linné a décrite a été reproduite par Jacquin (*Pl. amer.* 11, p. 12, T. XII) sous un autre nom de genre: c'est son *Hapalanthus repens*. On y a ajouté depuis quelques autres espèces qui, ainsi que la première, habitent l'Amérique méridionale, et sont de petites Plantes herbacées, rampantes, ayant leurs fleurs en ombelles ou disposées par trois dans chaque gaîne de feuilles inférieures. (G..N.)

CALLISTACHYS. BOT. PHAN. Ventenat a figuré, sous le nom de *Callistachys lanceolata* (Malm., 2, t. 115), un Arbrisseau originaire de la Nouvelle-Hollande, qui est extrêmement voisin des genres *Gompholobium* et *Chorizema*. Ses caractères consistent en un calice bilabié; dans une corolle papilionacée, dont l'étendard ou pétale supérieur est relevé, tandis que les ailes et la carène sont déprimées et rabattues; ses dix étamines sont libres; sa gousse ligneuse, polysperme, s'ouvre par son sommet en deux valves. (A. R.)

CALLISTE. *Callista.* MOLL. Troisième genre de l'ordre des *Mollusca subsilientia* de Poli (*Test. utriusq. Sicil.* , T. 1 , *Introd.* p. 5o , et T. 11, p. 65 et 84,) ou des Mollusques lamellibranches, auquel il donne pour caractères : deux siphons glabres, tantôt entièrement réunis, tantôt séparés à leur partie supérieure ; branchies écartées , quelquefois réunies à leur extrémité supérieure ; le bord du manteau ondulé et frangé dans quelques espèces est disjoint ; le pied lancéolé. Il y réunit les Mactres et la partie des Vénus de Linné dont Lamarck a fait le genre Cythérée , et donne à leur Coquille le nom de Callistoderme , *Callistoderma*. Malgré les rapports de l'Animal des Mactres avec celui des Vénus, ces deux genres ne peuvent être réunis; ils présentent des différences caractéristiques , et leur coquille , outre deux ligamens distincts dans les Mactres , offre des charnières diversement conformées. *V.* MACTRE et CYTHÉRÉE. (F.)

*CALLISTE. *Callistus*. INS. Genre de l'ordre des Coléoptères, section des Pentamères, établi par Bonelli dans ses *Observations entomologiques*, et rangé par Latreille (*Règne Anim. de Cuv.*, et Hist. Natur. des Coléopt. d'Europe) dans la famille des Carnassiers, tribu des Carabiques, division des Thoraciques. Les Insectes qui le composent ont les palpes antérieurs filiformes, avec le dernier article ovalaire, le corps oblong et le prothorax en cœur tronqué. La forme des articles de leurs palpes antérieurs empêche de les confondre avec les Epomis, les Dinodes, les Chlænies, et leur est commune au contraire avec les Oodes; mais ils diffèrent de ceux-ci par leur corselet en forme de cœur tronqué; les Callistes mâles sont encore remarquables par les articles dilatés de leurs tarses antérieurs garnis en dessous d'une brosse très-serrée et sans vide. Ce caractère , qu'ils partagent avec les genres précédens, suffit pour les distinguer de ceux qui portent les noms de Dolique, Platyne, Agone et An-

chomène. Quelques espèces de ce dernier sont réunies par Latreille aux Callistes.

Les Carabes *lunatus*, *pallipes*, *prasinus* et *tœniatus*, figurés par Panzer (*Faun. Ins. Germ.*), appartiennent au genre dont nous avons exposé les principaux caractères. - (AUD.)

CALLISTE. *Callista*. BOT. PHAN. On trouve dans le Dictionnaire de Déterville que c'est peut-être une belle espèce d'Angrec de la Cochinchine. (A.R.)

* CALLISTHÈNE. *Callisthenes*. INS. Genre de l'ordre des Coléoptères, section des Pentamères, famille des Carnassiers, tribu des Carabiques, fondé par Gotthel Fischer (*Entomogr. de la Russie*, T. 1er, p. 84) qui le place à côté des Calosomes et lui donne pour caractères : antennes à distance des yeux, insérées dans une fosse particulière, presque filiformes ; le premier article très-gros, triangulaire , avec le bord aigu en arrière, le second très-court, et le troisième très-long , également triangulaires ; lèvre supérieure très-émarginée , ciliée , et munie de deux dents au milieu portant de longues soies; mandibules allongées , peu arquées , déprimées , bidentées , transversalement sillonnées en haut et ciliées en bas ; les cils ou les soies roussâtres se trouvant placées dans un pli longitudinal ; mâchoires très-courtes , arquées , terminées en épines intérieurement ciliées, supportant quatre palpes filiformes , les extérieurs très-longs avec le dernier article court, obconique , tronqué; les intérieurs courts avec le dernier article dilaté en forme de cuiller, coudé et recevant dans son creux l'épine de la mâchoire; lèvre inférieure triangulaire, munie de deux soies avec deux palpes un peu plus courts que les maxillaires externes, et ayant le dernier article long , comprimé, tronqué et obconique ; menton large , à ailes latérales arrondies. L'auteur transcrit ces caractères en latin et en français; mais il est bon de comparer ceux-ci aux premiers parce qu'ils n'en sont pas une traduc-

tion exacte. Les Callisthènes se rapprochent beaucoup des Calosomes par leurs formes extérieures; la tête est proéminente et supportée par un cou long et courbé; les yeux sont enfermés dans une orbite particulière; le prothorax est carré, tronqué en avant et en arrière; les bords latéraux sont légèrement réfléchis, et sur le milieu, se trouve une ligne enfoncée; l'écusson du mesothorax est grand, triangulaire et garni de plis; les élytres sont plus larges que le prothorax, sillonnées, crénelées, réunies, convexes et fortement rebordées. Il n'existe pas d'ailes au métathorax; quant aux pates, la paire antérieure offre des jambes échancrées très-légèrement, fortement canaliculées à la face interne, et munies de deux épines; l'abdomen est presque orbiculaire, un peu plus long dans les mâles. Fischer rapporte à ce nouveau genre une seule espèce qu'il nomme le Callisthène de Pander, *Callist. Panderi*, en l'honneur du docteur Pander, adjoint de l'Académie Impériale des Sciences de Saint-Pétersbourg. Il les représente dans la pl. 7 de son Entomographie. Elle est dans toutes les parties de son corps d'un bleu foncé, et a été trouvée dans les sables des déserts des Kirguises au midi d'Orenbourg.(AUD.)

* CALLISTODERME. *Callistoderma*. MOLL. Nom donné par Poli aux Coquilles du genre Calliste. *V.* ce mot.   (F.)

* CALLITHAMNIE. *Callithamnion*. BOT. CRYPT. (*Céramiaires.*) Lyngbye, dans son savant Essai d'Hydrophytologie danoise, forma le genre *Callithamnion*, et emprunta son nom des mots grecs qui signifient *très-beau petit Arbuste*, parce que les Plantes qu'il y renfermait sont remarquables par l'élégance de leur port. La plupart des Callithamnies de cet auteur rentrent dans nos Céramiaires, *V.* ce mot; mais nous avons conservé la désignation du savant professeur pour l'une de ses espèces, qui formera le genre dont il est ici ques-

tion, et que Lyngbye avait confondue, on ne sait trop comment, malgré d'énormes différences, avec une autre Plante qu'il a figurée comme l'un des états de celle-ci. — Nous caractérisons ainsi le genre Callithamnie : filamens cylindriques, non noueux comme dans les Borynes, articulés par sections, ayant des entre-nœuds marqués, comme dans les Deliselles et les Lyngbyelles, de macules colorantes longitudinales. La fructification consiste dans des espèces de follicules ovoïdes, subacuminées, comprimées, sessiles, insérées extérieurement aux rameaux, et comme involucrées par une ou deux ramules plus longues qu'elles. Ces follicules contiennent des gemmes rondes, opaques, et très-distinctes vers leur extrémité. La seule espèce de ce genre qui soit bien constatée, est celle que nous nommons *Callithamnion Lyngbyi*, qui est celle que Lyngbye a figurée pl. 58, fig. 4, 5 et 6, comme un état de son *C. arbuscula*.   (B.)

CALLITHRIX. MAM. C'est-à-dire *Beau poil.* Nom quelquefois donné au *Simia Sabœa*, L. , et étendu comme générique, par Erxleben et Geoffroy, à de petits Singes à queue du nouveau continent.   (A. D..NS.)

CALLITRIC. *Callitriche.* BOT. PHAN. Genre de Plantes phanérogames, composé d'un petit nombre d'espèces de peu d'apparence, et vivant au milieu des eaux douces et courantes. Les affinités naturelles de ce genre n'étant pas encore bien déterminées, nous exposerons ses caractères avec quelques détails, afin de faciliter cette détermination. Les tiges sont dans toutes les espèces grêles et rameuses, et portent des feuilles opposées et sessiles. A l'aisselle de chaque feuille se trouve une fleur unisexuée, mâle ou femelle, sessile. La fleur mâle se compose de deux folioles opposées, rapprochées et concaves, et d'une seule étamine dont le filet est long, grêle, et l'anthère réniforme, terminale, à une seule loge, qui s'ouvre par une suture transversale. Dans chaque fleur femelle, on trouve également deux folioles opposées et semblables à celles des fleurs mâles, et un pistil sessile carré, déprimé au sommet, à quatre angles obtus. L'ovaire coupé transversalement présente quatre loges, dans chacune desquelles on voit un seul ovule attaché vers la partie supérieure et interne de la loge. Du sommet de l'ovaire partent deux stigmates subulés et glanduleux. Le fruit, semblable à l'ovaire pour sa forme, constitue une capsule indéhiscente, à quatre loges monospermes. Chaque graine se compose d'un tégument propre, très-mince, et d'un endosperme charnu blanc, qui renferme dans son intérieur un embryon renversé, cylindrique, manifestement dicotylédoné. Sur un seul individu, nous avons observé une fleur hermaphrodite également composée de deux folioles opposées, d'une étamine saillante et d'un pistil.

De Jussieu, dans son *Genera Plantarum*, avait placé ce genre dans sa famille polymorphe des Nayades. Mais son embryon étant bien manifestement bilobé, ce genre ne peut rester parmi les Monocotylédonées. Les Callitrics nous semblent avoir des rapports assez intimes avec le genre Mercuriale, et devoir être rapprochés des Plantes de la famille des Euphorbiacées, ainsi que l'avait déjà annoncé le professeur Richard dans son Analyse du fruit. En effet, les étamines et les pistils ont une structure entièrement analogue dans ces deux genres, et leurs graines offrent absolument la même organisation.

Linné n'avait déterminé que deux espèces de ce genre, le *C. verna* et le *C. autumnalis*, Plantes fort communes aux environs de Paris dans les ruisseaux, et parmi lesquelles les botanistes modernes ont cru distinguer des espèces qui avaient échappé à leurs prédécesseurs. (A. R.)

CALLITRICHE. MAM. *Simia Callitrix*, L. Espèce du genre Guenon. *V.* ce mot. (A. D..NS.)

CALLITRICHE. *Callitriche.* MOLL. Genre de l'ordre des *Mollusca subsilientia* de Poli (*Test. utriusque Sic.* T. I. *Introd.* p. 52, et T. II, p. 195), ou des Mollusques lamellibranches, auquel il donne pour caractère un seul siphon, en forme de trou; abdomen comprimé, ovale et proéminent; point de pied, mais un appendice linguiforme ou subulé, à la racine duquel est un byssus. Ce genre de Poli revient aux genres MOULE, MODIOLE et LITHODOME. *V.* ces mots. (F.)

CALLITRICHE. BOT. PHAN. (Pline.) Syn. d'Hydrocotylet commun. Ce nom est devenu dans Linné celui d'un genre fort différent. *V.* CALLITRIC. (B.)

CALLITRICHO. BOT. PHAN. Syn. portugais d'*Horminum pyrenaicum*, L. *V.* HORMIN. (B.)

* **CALLITRICHON.** BOT. PHAN. (Pline.) Syn. d'*Adianthum Capillus-Veneris*, L. Ce nom ne vient pas, comme on le croit généralement, de ce que les stipes de cette fougère offrent quelque ressemblance avec des cheveux, mais de ce qu'elle était employée pour les teindre. (B.)

* **CALLITRICODERME.** *Callitricoderma.* MOLL. Nom donné par Poli aux Coquilles du genre Callitriche. *V.* ce mot. (F.)

CALLIXÈNE. BOT PHAN. Commerson a établi ce genre de la famille des Asparaginées, d'après une Plante recueillie par lui vers le détroit de Magellan. Elle présente un calice divisé profondément en six parties égales, dont trois alternes munies intérieurement à leur base de deux petites glandes; six étamines à filets inférieurement élargis et à anthères oscillantes s'y insèrent; le style simple se termine par un stigmate trigone; le fruit est une petite baie à trois loges remplies de pulpe, renfermant chacune de deux à quatre graines. — Le *Callixene marginata*, Lamk. (*Illustr.* t. 248), est un sous-

Arbrisseau, sans feuilles inférieurement, mais présentant de distance en distance des nœuds et des écailles qui les engaînent ; les feuilles qui se montrent au sommet des rameaux sont alternes, sessiles, renflées sur leur bord, et rappellent celles du Buis. Les pédicelles terminaux, et environnés à leur point de départ de deux squammules, portent une fleur unique. D'après Lamarck, l'*Enargea marginata* de Gaertner (T. 1, t. 59) doit être rapportée au même genre, peut-être à la même espèce, quoiqu'il lui attribue deux cotylédons. Jussieu y réunit aussi le *Lusuriaga* de la Flore péruvienne (3. t. 298), qui, présentant à peu près les mêmes caractères génériques, peut être distingué comme espèce par ses pédicelles axillaires chargés de trois à quatre fleurs.

(A. D. J.)

* CALLOGRAPHIS. BOT. PHAN. L'une des cinq espèces du genre Calphorchis de Du Petit-Thouars, qu'il a figuré pl. 43 et 44 de la Flore des îles australes de l'Afrique, et qui était le *Limodorum pulchrum*. (B.)

CALLOMYIE. *Callomyia*. INS. Genre de l'ordre des Diptères, créé par Meigen et réuni par Latreille (Règ. Anim. de Cuv.) aux Dolichopes dont il ne diffère que par des antennes notablement plus longues que la tête, avec le dernier article très-allongé et conique. *V*. DOLICHOPE.

(AUD.)

CALLOPILOPHORE. POLYP. Donati, dans son Histoire de la mer Adriatique, a donné ce nom à l'Acétabulaire à bords entiers. *V*. ACÉTABULAIRE. (LAM..X.)

CALLORYNQUE. *Callorynchus*. POIS. Genre formé par Gronou d'après un Poisson du cabinet de Séba, dont la tête, d'une figure bizarre, lui parut mériter un nom qui signifie *Beau-Bec*. Linné le réunit dans l'ordre des Chondroptérygiens à son genre *Chimœra* où Lacépède l'avait laissé. Cuvier l'en a séparé de nou-

veau, et l'a placé à la suite de la famille des Sélaciens, avec laquelle, ainsi que la Chimère proprement dite, les Callorynques présentent de grands rapports. Les caractères du genre consistent dans la manière dont leurs branchies s'ouvrent à l'extérieur par un seul trou apparent de chaque côté ; les mâchoires sont en général plus restreintes que dans les Squales, et des plaques dures, non divisibles, s'y distinguent au lieu de dents ; le museau est terminé par un lambeau charnu en forme de houe ; il y a deux dorsales dont la seconde commence au-dessus de l'anale ; la première est armée antérieurement d'un fort rayon osseux dont la moitié supérieure est libre. — Les mâles portent en outre sur la tête, au-dessus du prolongement singulier en forme de houe, dont il vient d'être question, une autre sorte de tubercule allongé, terminé globuleusement et tuberculeux.

On n'avait jusqu'ici mentionné qu'une espèce de Callorynque que les voyageurs disent avoir trouvé dans la mer Éthiopique, à la Nouvelle-Hollande et au Chili. Il est probable que les Poissons de ce genre, trouvés dans des lieux si éloignés, appartiennent à diverses espèces qu'on a regardées trop légèrement comme identiques, à cause de l'aspect extraordinaire commun à toutes. Nous avons déjà reconnu, comme on va le voir, combien le Callorynque de la Nouvelle-Hollande est différent de l'espèce anciennement décrite.

CALLORYNQUE ÉLÉPHANTIN, *Callorynchus elephantinus*, Gron. *Mus.*, 59, nº 130, t. 4., *Chimœra Callorynchus*, Gmel. *Syst. Nat.* 1, *pars* III, 1489. Chimère antarctique, Lac. 1, p. 400, pl. 12, fig. 1; Roi des Harengs du Sud, Enc. Pois. pl. 14. Cette espèce est probablement la vraie *Paje-Gallo* (Poisson-Coq), et *Elephants-Fisch* (Poisson-Éléphant) de divers auteurs ou voyageurs. Il se trouve sur les côtes du Chili, d'où Dombey en a rapporté une peau fort bien conservée. On y distingue que le dos est lisse et dépourvu de toute sorte d'aiguillon; la figure donnée par Lacépède montre, ainsi que celle de Frezier et de Gronou, que la seconde dorsale est plus près de la caudale que de la première. Cet Animal a la peau argentée avec des reflets grisâtres sur le dos; il a deux à trois pieds de long; il porte au Chili le nom vulgaire d'*Achagual* ou *Achaual*. Sa chair se mange, mais n'est point estimée.

Le Callorynque, figuré par Schneider, pl. 68, et dans l'Atlas du Dictionnaire de Levrault comme le précédent, sous le nom d'Antarctique, ne saurait être le même Animal. Dans celui-ci, la seconde dorsale est à une égale distance de la première et de la caudale. Entre ces nageoires, sur le dos, règnent un ou deux rangs d'aiguillons tournés vers la queue, et qu'on ne retrouve pas dans les figures de l'espèce précédente. La caudale inférieure présente une autre petite nageoire antérieure et les pectorales, beaucoup plus grandes, sont marquées à leur base d'une tache particulière. Enfin le rayon antérieur de la dorsale est muni de dents en arrière, tandis que dans les autres Callorynques, il semble mutique. Cette figure se rapporte donc à une seconde espèce : nous en ajouterons une troisième.

CALLORYNQUE DE MILIUS, *Callorynchus Milii*, N. (*V.* pl. de ce Dict.) Cette espèce, observée par notre ancien ami Milius, aujourd'hui gouverneur de Cayenne, a été découverte sur les côtes occidentales de la Nouvelle-Hollande; elle a plus de rapport que celle qu'on a figurée dans l'Atlas de Levrault avec le véritable *Elephantina* ou la Chimère arctique des mers du Chili. Comme dans ce Poisson, son dos est dépourvu d'aiguillons, et l'aiguillon de sa nageoire antérieure paraît être entièrement mutique. La seconde dorsale est voisine de la queue, qui, relevée comme celle de quelques Squales, n'est terminée par aucun appendice nu ou filiforme. Nous l'avons représenté d'après un dessin qui nous a été communiqué et fait au quart ou au

sixième de la grandeur naturelle ; sa peau lisse, dépourvue d'écailles, variée de nuances glauques et rougeâtres, est luisante et comme argentée. L'individu dont nous devons la connaissance à Milius, était une femelle.

(B.)

CALLOSITÉS. ZOOL. Parties dures, ordinairement dépourvues de poil, recouvertes d'une peau plus épaisse, et quelquefois colorées, qui se voient dans quelques Animaux ; l'usage où sont ceux-ci de s'asseoir ou de s'appuyer dessus ces Callosités les rend plus considérables. Les Chameaux en ont à la poitrine ainsi qu'aux genoux ; certains Singes ont les fesses calleuses, mais la plante de leurs pieds le devient beaucoup moins par l'usage que celle de l'Homme. (B.)

Dans les Mollusques, on donne ce nom à des protubérances placées sur diverses parties des coquilles et qui se distinguent des varices par leur forme, celles-ci étant plus allongées dans le sens de la longueur du test ; cette dénomination est surtout employée pour désigner les dépôts calcaires, souvent semblables à l'émail qu'on observe sur la Columelle. *V.* ce mot et COQUILLE. (F.)

CALLUNE. *Calluna*. BOT. PHAN. Salisbury a retiré du genre Bruyère la Bruyère commune, *Erica vulgaris*. L., et en a formé un genre nouveau sous le nom de *Calluna Erica*. Ce genre se distingue des véritables Bruyères par son double calice et par ce que les cloisons de sa capsule restent adhérentes à l'axe et correspondent non au milieu de chaque valve, mais à leur suture.

La Bruyère commune croît en abondance dans les bois des environs de Paris. Elle fleurit pendant les mois d'août et de septembre. Il en existe une jolie variété à fleurs tout-à-fait blanches, et une autre toute velue. *V.* BRUYÈRE. (A. R.)

*CALLYONIMUS. BOT. PHAN. (Gesner.) Syn de *Convallaria majalis*, L. *V.* MUGUET. (B.)

CALMANTIRKA. ois. Syn. de Bergeronnette en Finlande. *V.* BERGE-
RONNETTE. (DR..Z.)

CALMAR. REPT. OPH. Lacépède
a donné ce nom comme spécifique à
une Couleuvre américaine. (B.)

CALMAR. *Loligo.* MOLL. Genre
de Mollusques de l'ordre des Céphalopodes Décapodes et de la famille
des Seiches, *V.* ces mots, institué par
Lamarck (Mém. de la Soc. d'Hist.
nat. de Paris, p. 10, et An. s. vert.,
prem. édit., p. 60) pour séparer des
Seiches les espèces allongées, munies d'ailes ou de nageoires à la partie
inférieure du sac seulement, et n'offrant à l'intérieur pour rudiment testacé qu'une lame mince, transparente et cornée, qu'on a comparée à une
plume, et que les anciens nommaient
Xiphius, *Gladiolum*, d'où sont venus quelques-uns des noms modernes donnés aux Calmars. De cette
ressemblance du test interne des Calmars à une plume, et de l'encre contenue dans ces Mollusques, est venu le
nom de *Calmar* ou *Calamar*, dérivé
de *Theca Calamaria* (écritoire), employé dans la basse latinité. Ce nom
est même devenu vulgaire sur les côtes du Languedoc où la petite espèce
est appelée *Calamar* ou *Glangio* ; en
Saintonge on la nomme *Casseron* ; à
Bayonne *Corniche*, et le grand Calmar *Cornet* (ou écritoire). En Provence, à Venise, celui-ci est appelé
Tothena ou *Totena*, et *Tante* à Marseille, noms évidemment corrompus
du mot grec *Theutos*, par lequel
Aristote le désigne, tandis qu'il nomme *Theutis* ou *Thetis* la petite espèce.
En Italie les Calmars sont nommés
Calamaro, *Calamaio*, *Glangio*, etc..
(Rondelet, *De Piscib.*, *lib.* 17, *cap.* 4).

Aristote parle avec assez de détails
des Calmars (*Hist. lib.* 1, *cap.* 6; *lib.*
4, *cap.* 1). Les modernes les ont peut-
être moins observés, et la plupart n'ont
fait que répéter à leur sujet ce qu'il
en a dit ou ce que Pline a pris d'Aristote. Le naturaliste grec en distingue deux espèces, le grand et le petit;
toutes deux habitent en pleine mer, dit-

il, et y pondent leurs œufs qui sont liés
ensemble, mais qui forment deux
masses distinctes, parce que la matrice de la femelle est divisée en deux
parties (*De Generat.*, *lib.* 3, *cap.* 8).
On n'est point encore fixé sur la ponte
de ces Animaux; les uns pensent
qu'ils s'approchent des côtes pour
déposer leurs œufs sur des bas-fonds;
mais comme on a trouvé des œufs de
Seiches et même de Calmars en pleine mer, quelques écrivains croient,
comme le dit Aristote, que les Calmars pondent en pleine mer. Cette
dernière opinion est très-vraisemblable; car, selon les observations de
Lesueur et de beaucoup de voyageurs
naturalistes, plusieurs Calmars vivent habituellement dans les Fucus
qui flottent au milieu de l'Océan, et
quelques-uns suivent même le grand
courant dit *Gulfstrom*. Ils vivent peu,
dit Aristote; rarement ils arrivent à
leur seconde année (*Hist.*, *lib.* 5,
cap. 18); fait difficile à croire, mais
qu'on ne peut rejeter, faute d'observations. Ces Mollusques, ceux même
de la petite espèce, se rendent maîtres de gros Poissons, ajoute cet auteur (*Hist.*, *lib.* 8, *cap.* 2); lorsqu'ils ont peur, ils jettent leur encre
(*lib.* 9, *cap.* 37). Mais, selon Athénée (*Deïpn.*, *lib.* 8, *p.* 326), cette
encre n'est pas aussi noire que celle
de la Seiche, elle est plutôt jaunâtre.
Ces faits paraissent vrais; quant à la
différence de couleur de l'encre des
Calmars, elle n'a été constatée que
par Montfort. Aristote donne au
grand Calmar jusqu'à cinq pieds six
pouces de long; Athénée, seulement
vingt-trois pouces; Belon (*lib.* 2, *De
Piscib.*) dit qu'on en a vu de près
de cinq pieds. Il faut d'abord observer que, jusque dans ces derniers
temps, on a confondu dans le grand
et le petit Calmar plusieurs autres
espèces distinctes; mais aucun fait
connu n'a confirmé l'existence de Calmars aussi grands depuis qu'on observe avec exactitude, ce qui ne veut
cependant pas dire qu'il n'en existe
point de cette taille. Selon Aristote,
le grand Calmar diffère du petit en

ce que la pointe de son corps est plus large, et que les nageoires environnent la totalité du tronc, ce qui ne convient qu'aux Seiches, et laisse un peu de doute à l'égard de sa classification dans l'un ou l'autre genre. Cependant il distingue les Seiches des Calmars par des différences organiques qui montrent toute sa sagacité. Il y aura toujours beaucoup d'indécision pour rapporter ces deux espèces à celles qui nous sont connues, jusqu'à ce qu'on ait soigneusement observé toutes celles de la Méditerranée. Aristote n'admet pour différence entre le mâle et la femelle des Calmars, que deux corps rouges qui se trouvent dans le ventre de celle-ci. Les petits Calmars, dit-il, ont, comme les autres Mollusques, deux estomacs, ou un jabot et un estomac très-différens l'un de l'autre par leur organisation (*De Partib. lib.* 4, *cap.* 5). Aristophane (*Equites*, p. 925) et Athénée (*Deïpnos*, *lib.* 7, *p.* 326, et *lib.* 14, *p.* 623) nous apprennent qu'on mangeait de leur temps les Calmars. Apitius donne même la manière de les accommoder (*De Re Culin. lib.* 9, *cap.* 5). Mais il paraît, d'après un passage du premier de ces trois écrivains, que cette nourriture était réservée aux gens les plus pauvres. Du temps de Rondelet, on goûtait assez les Calmars; il dit qu'on les préparait avec leur encre, dans une sauce au beurre ou à l'huile, avec des épices et du verjus. Dans l'Archipel et en Italie, cet usage s'est encore conservé; on les mange dans les mois d'hiver, et on les préfère même aux Seiches. En cuisant, les Calmars deviennent rouges comme l'Ecrevisse : on s'en sert en plusieurs contrées comme appât pour attraper les Morues. Les anciens regardaient l'apparition des Calmars sur les côtes comme un présage de la tempête. Plutarque en donne les motifs (*De Causis nat.*, 18). Pline dit qu'ils semblent voler sur l'Eau, en s'élançant comme une flèche hors de la mer (*Hist.*, *lib.* 9, *cap.* 7), chose dont Montfort doute (*Moll.* de Sonnini, t. 2, p. 16).

Les Latins nommèrent les Calmars *Loligo* (Pline, Ovide, Varron, etc.); quelques-uns des plus modernes les ont désignés aussi sous le nom de *Lollium*. Rondelet est le premier qui nous ait donné la figure d'un grand et d'un petit Calmar, qu'il rapporte aux espèces d'Aristote, et du Sépiole, petite espèce dont Leach a fait un genre distinct. Gesner, Aldrovande, Johnston ont commenté les anciens, compilé tout ce qu'ils ont écrit au sujet des Calmars, et copié les figures de Rondelet. Gesner ajoute à celle-ci (*De Aquat.*, p. 494) la figure d'une troisième espèce qu'il donne pour être celle du grand Calmar d'Aristote.

Nous donnerons à l'article SEICHE les détails de l'organisation commune aux Mollusques de cette famille. Nous nous bornerons seulement ici à indiquer les anatomistes qui s'en sont occupés. Swammerdam fut un des premiers qui travailla à compléter ce qu'Aristote en avait dit. Il parle du Calmar dans sa lettre à Rédi, placée vers la fin du *Biblia naturæ*. Plusieurs années après, A. Monro, dans sa Physiologie des Poissons, donna la première anatomie du Calmar, où il rectifia ce que Swammerdam avait dit d'erroné sur les cœurs, et ajouta plusieurs faits importans à ceux qu'avait fait connaître ce dernier. Tilesius (*Mag. anat. d'Isenflamum*) a donné des détails sur les Calmars. Dans ses Mémoires sur les Céphalopodes en général, Cuvier, enfin, a traité cette anatomie comparativement à celle des autres Céphalopodes nus, et avec les soins qu'exigent les connaissances actuelles, et nous renvoyons à ce beau travail dont nous donnerons un extrait à l'article SEICHE. Les œufs des Calmars ont été bien observés, décrits et figurés par Bohadsch (*Anim. marin.*, cap. 12, pag. 155, pl. XII), qui les prit d'abord pour des œufs de Seiches, mais qui reconnut ensuite son erreur. Ils offrent dans leur ensemble une réunion de tubes ou grappes cylindriques partant en rayonnant d'un centre commun. Cette masse gélatineuse, d'une couleur bleuâtre ou jaunâtre et transparente, forme hors de l'eau une sorte de disque de six à huit pouces de diamètre. Montfort, qui a copié les figures de Bohadsch, dit en avoir vu une de plus de quatre pieds, sur laquelle il a compté près de douze cents grappes, et il avance l'opinion remarquable que les œufs dont sont composées ces grappes, et par conséquent les grappes elles-mêmes et le disque dans son ensemble, prennent un grand développement après la ponte. Ce fait, qui n'est pas impossible, mérite d'être confirmé. Il s'explique d'une manière plausible par l'agrandissement du fœtus auquel, sans doute, la matière de l'œuf sert de nourriture. Alors l'enveloppe gélatineuse, susceptible d'extension, prendrait un développement proportionnel à l'accroissement des petits Calmars. Bohadsch s'est livré à des calculs sur le nombre d'œufs contenus dans une des masses de grappes qu'il a observées, et il a trouvé qu'elle devait en contenir 59,760. Cette prodigieuse multiplication des Calmars finirait par encombrer les mers, si un très-grand nombre de leurs œufs ne devenaient la proie des autres habitans de l'Océan, et celle d'Oiseaux de ces rivages où la marée en rejette beaucoup.

Le test interne des Calmars tient de la figure d'une plume ; il est mince, corné et transparent comme du verre, quelquefois long de près d'un pied, ce qui suppose une assez grande taille dans certaines espèces.

Linné (*Syst. Nat.*) a réuni les Calmars dans son genre *Sepia*, avec les Poulpes et les véritables Seiches. Il n'en décrit que trois espèces : le Calmar commun, *Sepia Loligo*; le petit Calmar, *Sepia media*, et le Sépiole, *Sepia Sepiola*.

Gmelin a ajouté au genre *Sepia* trois espèces décrites par Molina, dont l'une est rapportée au genre Calmar par Montfort; mais il n'a point cru devoir en créer de nouvelles pour plusieurs figures de Séba dont Montfort

a fait des espèces distinctes, et l'on sait qu'ordinairement Gmelin ne s'est pas montré si timoré. Lamarck, le premier, a ajouté aux trois espèces de Linné une autre Calmar, conservé au Muséum, en y rapportant ces mêmes figures de Séba, érigées par Montfort en espèces distinctes.

Dans l'Extrait de son Cours, p. 123, le savant auteur des Animaux sans vertèbres introduit un nouveau nom générique, celui de Calmaret, dont nous parlerons plus bas ; mais ne donnant aucune description de ce genre, nous crûmes qu'il appartenait à la famille des Seiches tandis qu'il appartient à celle des Poulpes.

Tel était l'état de nos connaissances à l'égard des Calmars, lorsque le docteur Leach donna, en 1817, un aperçu de classification pour les Céphalopodes (*Miscell. Zool.*, Tom. III, p. 137, et Journ. de Physique, mai 1818). Il divise, dans ce travail, les Décapodes nus en deux familles, celle des Sépiolidées (*Sepiolidea*), qui comprend le genre Sépiole, *Sepiola*, créé pour le Sépiole de Rondelet, et le genre Cranchie, *Cranchia*, établi pour deux nouvelles espèces découvertes pendant l'expédition du capitaine Tuckey, destinée à reconnaître le Zaïre. La seconde famille, celle des Sépiidées (*Sepiidea*), renferme les deux genres *Sepia* et *Loligo* de Lamarck. Dans ce dernier, le docteur Leach fait connaître trois nouvelles espèces recueillies pendant l'expédition du capitaine Tuckey. On trouve la description plus détaillée des unes et des autres, accompagnée de figures, dans la Notice générale des Animaux recueillis par J. Cranch, en tête de l'atlas de la relation de ce voyage (Trad. franç., p. 13, pl. 18). A peu près dans le même temps, le docteur Lichtenstein a publié et figuré (*Isis*, 1818, p. 1591, tab. 19) une nouvelle espèce de Calmar dont il a fait son genre Onychoteuthe, *Onychoteuthis*, auquel doivent se rapporter les Calmars du docteur Leach. Enfin Lesueur, à qui l'histoire naturelle doit déjà tant de résultats importans, vient d'ajouter à nos connaissances sur les Céphalopodes nus en général, et les Calmars en particulier, par la description de plusieurs nouvelles espèces observées dans ses voyages (Jour. de l'Acad. des sciences natur. de Philad., t. 2, n° 3, 4, mars et octobre 1821), description qui est accompagnée de beaucoup de remarques précieuses pour leur histoire. Il observe avec raison que Leach n'aurait pas dû placer dans deux familles distinctes le Sépiole et les Calmars en les séparant par les Seiches et les Cranchies. Mais il est tombé lui-même dans une autre erreur en créant pour les Calmars une famille distincte sous le nom de *Loligoïdea*. Les familles ne doivent s'établir que sur l'examen d'ensemble de tout l'ordre auquel elles appartiennent, et non sur l'observation partielle de quelques genres. Il en est de même de l'établissement des genres dans les familles, et des espèces dans les genres. Il ne faut jamais oublier que les caractères de chaque coupe doivent être, autant que possible, d'une valeur égale et comparative. Ainsi si le docteur Leach et Lesueur eussent examiné l'ensemble des Décapodes, ils n'eussent point créé des familles distinctes pour les Seiches et les Calmars. Lesueur, embarrassé pour rapporter aux divisions admises une nouvelle espèce, qui réunît, à la forme générale du corps, à la proportion des nageoires et au test interne des Calmars, les caractères de l'ordre des Octopodes, car elle manque des deux bras allongés, a cru pouvoir la réunir, comme un genre nouveau, à la famille des *Loligoïdea*. Ce genre, intermédiaire entre les Calmars et les Poulpes, doit incontestablement entrer parmi les Octopodes; le nombre de bras étant certainement le caractère le plus important à considérer dans l'état de nos connaissances, pour baser les coupes primordiales dans la classe des Céphalopodes. Cette nouvelle et curieuse espèce, dont Lesueur a fait le genre *Leachia*,

en l'honneur du docteur Leach, se trouve appartenir au genre déjà établi par Lamarck sous le nom de Calmaret, *Loligopsis*, dont nous venons de parler (An. sans vert. seconde édit. t. 7, p. 669). — Dans le genre Loligo, second genre de la famille *Loligoïdea* de Lesueur, ce savant décrit cinq nouvelles espèces. Le troisième genre, appelé par lui *Onychia*, n'en contient qu'une seule, également nouvelle; mais il y donne l'indication d'une seconde espèce sous le nom d'*angulatus*. Le genre *Onychia* nous paraît être le même que l'*Onychoteuthis* de Lichtenstein.

Lamarck (Nouvelle édition des An. sans vert.) n'a rien ajouté à ses premiers travaux, et paraît n'avoir pas eu connaissance de ceux de Leach, de Lichtenstein et de Lesueur. Nous laissons dans la famille des Poulpes ou Octopodes le genre *Leachie* ou Calmaret de Lamarck. *V.* ces mots. Nous croyons devoir adopter les genres Sépiole et Cranchie de Leach, *V.* ces mots, basés sur la forme générale du corps, la forme et la position des nageoires et les brides qui tiennent le col au sac de ces Mollusques, et qui sont des caractères de même ordre et de même valeur que ceux qui distinguent les Seiches des Calmars. Quant au genre *Onychoteuthis* ou *Onychia*, nous le laissons avec les Calmars dont il n'est pas différent. Voici les caractères du genre Calmar, tel que nous le limitons, et le tableau des espèces. Sa synonymie sera établie de la sorte : *Loligo*, Lam., Cuvier, Férussac, Schweigger; *Sepia*, L.; *Onychoteuthis*, Lichtenst.; *Onychia*, Lesueur. Corps charnu, contenu dans un sac allongé, cylindracé et ailé inférieurement; ailes et nageoires rhomboïdales ou triangulaires, ordinairement réunies en pointe à leur sommet avec l'extrémité du sac; le col libre; un rudiment testacé formé d'une lame allongée, étroite, mince, transparente et cornée, quelquefois partiellement gélatineux, enchâssé dans l'intérieur du corps vers le dos : bouche terminale, entourée de dix bras ou

pieds, ordinairement garnis de ventouses avec ou sans onglets, dont
deux plus longs que les autres sont
pédiculés et terminés en massue.
On peut admettre plusieurs coupes
dans le genre Calmar, pour ranger
les espèces suivantes : les unes ont
des ventouses ou suçoirs pédonculés et simples à tous les bras; d'autres ont les tiges des longs bras dépourvues de suçoirs; une 3ᵉ coupe
présente des suçoirs onguiculés à tous
les bras, excepté sur la tige des deux
plus longs; enfin dans une quatrième
se placent les espèces dans lesquelles
tous les bras sont pourvus de suçoirs
simples et pédonculés, onguiculés seulement à la partie supérieure de deux
bras allongés; mais il est difficile de
rapporter avec certitude à ces quatre
coupes les figures de plusieurs des
espèces connues, qui n'ont point été
observées avec assez de soin. Voici le
tableau de celles que l'on peut admettre, et dont nous avons fait figurer quelques-unes.

1. Le Calmar ordinaire, *Loligo
vulgaris*, Lamk.; *Loligo magna*,
Rondelet; *Sepia Loligo*, L. Pennant,
Brit. Zool. IV. pl. 27. n° 45. Les
tiges des deux longs bras paraissent
dépourvues de ventouses; la lame
interne a la forme d'une plume. Cette
espèce habite les mers d'Europe. —
2. *L. sagittata*, Lamk. (var. 5 α); *Sepia
sagittata*, Bosc.; Montfort, *Moll.* T. 2.
p. 56. pl. 12. Vulgairement Calmar
Flèche. Lamarck paraît y rapporter, à
tort, plusieurs espèces distinctes, figurées par Séba. Les longs bras n'ont
pas de suçoirs sur leurs tiges, et leur
longueur égale celle du corps. —
3. *L. Harpago*, Montfort. p. 65. pl.
14. C. Harpon, C. Javelot. p. 70.
pl. 15. *L. sagittata*, var. β Lamk.
Séba, *Mus.* 3. pl. IV. f. 3, 4. Encycl. méth., pl. 77. f. 1, 2. Peut-
être les deux espèces de Montfort doivent-elles être conservées?
Mais on ne peut les confondre avec la
précédente à cause de la brièveté des
bras, et les suçoirs qui garnissent la
tige des deux plus longs. 4.—*L. Brasiliensis*, Montfort, *ibid.* p. 61. pl. 15.

L. sagittata, Lamk. (var. z); Séba,
Mus. 3. pl. 4. f. 1, 2. Cette espèce, si
elle se confirme, paraît distincte des
deux précédentes, les bras n'étant
garnis que de deux rangées de ventouses.—5. *L. subulata*, Lamk. *Sepia
media*, L. Gmel.; *Loligo parva*, Rondelet; Pennant, *Brit. Zool.* IV. t. 24.
f. 45. Encycl. méth., pl. 76. f. 9. Cette
espèce habite l'Océan et la Méditerranée. 6. —*L. spiralis*, Montfort, *loc.
cit.*, p. 82. pl. 18. *L. subulata*, Lamk. Selon toutes les apparences, cette espèce,
dessinée sur un individu du cabinet
de Lamarck, est distincte de la précédente. —7. *L. pelagicus. Sepia pelagica*, Bosc, Vers. T. 1. p. 46, pl. 1, f. 1,
2. Montfort, *ibid.* pl. 19. Ce Calmar
a été découvert et décrit par Bosc; il
vient de l'Océan. — 8. *L. Banksii*,
Leach. Voyage de Tuckey, Atlas,
p. 15. pl. 18. f. 2. *id. Misc. Zool. sp.*
4.—9. *L. Leptura*, Leach, *ibid.* p. 14.
pl. 18. f. 3. *Misc. Zool. sp.* 2. — 10.
L. Smithii, Leach, *ibid.* p. 14. pl. 18.
f. 4. *Misc. Zool. sp.* 5. (Ces trois espèces appartiennent au genre *Onychoteuthis* de Lichtenstein, ou *Onychia* de
Lesueur.) — 11. *L. Bergii*, *Onychoteuthis Bergii*, Lichtenst. *Isis* 1818. p.
1591. pl. 19.—12. *L. Bartramii*, Lesueur, *J. of the Acad. of N. Sc. of
Philadel.* vol. 2. p. 90. pl. 7, f. 1, 2.
—13. *L. Pealeii*, Lesueur, *ibid.* p.
92. pl. 8. f. 1, 2. — 14. *L. illece-
brosa*, Lesueur, *ibid.* p. 93. pl. fig.
du cahier de décembre 1821, n° 6.
— 15. *L. Bartlingii*, Lesueur, *ibid.*
p. 95.—16. *L. Pavo*, Lesueur, *ibid*
p. 96. pl. fig. du cahier de décembre 1821, n° 7. — 17. *L. carribœa*,
Onychia, Lesueur, *ibid.* p. 98.
pl. 9. f. 1, 2. — 18. *L. angulatus*,
Onychia, Lesueur, *ibid.* p. 100. pl.
9. f. 5. On voit par cet aperçu
qu'au lieu des deux espèces rapportées par Linné et des quatre décrites
par Lamarck, ce genre contient déjà
dix-huit espèces. *V.*, pour plusieurs
de ces espèces, les planches de ce
dictionnaire.   (F.)

* CALMARET. *Loligopsis.* MOLL.)
Nouveau genre de la famille des Poulpes, de l'ordre des Céphalopodes Dé-

5*

capodes, d'abord indiqué par Lamarck (Extr. de son cours, p. 123), et décrit ensuite par ce savant (Anim. sans vert. 2ᵉ édit. T. VII, p. 659) avec plus de détail. Ce nouveau genre diffère des Calmars par le nombre de ses bras, quoiqu'il s'en rapproche en ce qu'il est pourvu de nageoires à la partie inférieure du sac, et d'un rudiment testacé analogue à ceux de ces Mollusques. Il a été établi pour une petite espèce de la grandeur du Sépiole de Rondelet, découverte par Péron et Lesueur dans leur voyage aux terres Australes. Depuis la publication de l'Extrait du cours de Zoologie, Lesueur a institué ce même genre sous le nom de Leachie, *Leachia*, en l'honneur du docteur Leach (*Journ. of the Acad. of Nat. Sc. et Philad.* T. II, p. 89); mais pour une espèce spécifiquement différente, à ce qu'il paraît, d'après les descriptions des deux auteurs.

Voici les caractères de ce curieux et nouveau genre, intermédiaire entre les Calmars et les Poulpes : corps charnu, contenu dans un sac allongé, oblong ou cylindracé et ailé inférieurement; ailes ou nageoires semi-rhomboïdales ou orbiculaires, terminales; un rudiment testacé interne; bouche terminale entourée de huit bras tous sessiles. Les deux espèces paraissent n'avoir été décrites que sur des dessins, de sorte qu'on ne sait point si le Calmaret est pourvu ou non d'un test interne, et si les bras ont des suçoirs : l'un et l'autre paraissent probables. Lamarck dit que dans son espèce les bras sont égaux; ils sont inégaux dans celle de Lesueur; la forme de leurs nageoires diffère aussi. Voici l'indication de ces deux espèces : 1° *Loligopsis Peronii*, Lamk. Anim. sans vert., 2ᵉ édit., T. VII, p. 660.— 2° *L. Cyclurus*, *Leachia Cyclura*, Lesueur, *loc. cit.* T. II, p. 89, pl. 6. Ces deux espèces sont de l'océan Pacifique. (F.)

CALMOLEA. BOT. PHAN. Syn. italien de Camelée, *Cneorum tricoccum*, L. (B.)

CALMOUNY. BOT. PHAN. (Lindet.)

Variété très-précoce du Mûrier, cultivée en Syrie. (B.)

CALO-ADULASSA. BOT. PHAN. Syn. indou de *Justicia Gandarussa*. *V.* JUSTICIA. (B.)

*CALO-APOCARO BOT. PHAN. (Rumph. *Hort. Mal.* vol. 2. t. 10.) Syn. d'*Uvaria Zeilanica*, L. (B.)

CALOBATE. *Calobata.* INS. Genre de l'ordre des Diptères établi par Fabricius, aux dépens du grand genre *Musca* de Linné, adopté par Meigen et Latreille. Ce dernier le place (Règn. Anim. de Cuv.) dans la famille des Athéricères. Ses caractères sont : antennes en palette, plus courtes que la tête, dont le troisième article est presque orbiculaire, avec une soie latérale et simple; balanciers découverts; yeux sessiles; corps et pates très-allongées, presque filiformes; tête ovoïde ou presque globuleuse; ailes couchées sur le corps. Les Calobates désignées par Duméril (Zoologie analytique), sous le nom générique de *Ceyx*, se distinguent des Sépedons, des Lauxaines et des Tétanocères par leurs antennes sensiblement plus courtes que la tête. Elles ressemblent beaucoup aux Micropèzes et aux Téphrites qui en ont été séparés par Meigen et Latreille, à cause de leurs ailes vibrantes, et parce qu'ils ont le corps et les pates proportionnellement moins longs qu'aucune des espèces dont est composé le genre Calobate. Celui-ci a pour type la Calobate filiforme, *Cal. filiformis* de Fabricius, figurée par Schellenberg (*Dipt.* pl. 6. fig. 1). On la trouve dans les bois aux environs de Paris.

La Calobate Pétronelle ou la Mouche Petronille, *Musca Petronella* de Linné, pourrait être ordinairement confondue avec la précédente. On la trouve assez communément sur les eaux où elle marche avec beaucoup de vitesse. Cette faculté qui lui est commune avec plusieurs Diptères lui a valu le nom de *Mouche de saint Pierre*; il rappelle le miracle de cet apôtre qui, comme chacun sait, marchait à la surface des eaux. Fabricius rapporte à ce genre dix-sept espèces ; parmi elles plusieurs appartiennent aux genres Micropèze et Téphrite. *V*. ces mots.   (AUD.)

CALOCHIERNI. BOT. PHAN. *V*. CALOKHIERNI.

CALOCHILE. *Calochilus.* BOT. PHAN. Dans son prodrome de la Flore de la Nouvelle-Hollande, R. Brown a donné ce nom à un genre nouveau de la famille des Orchidées, voisin du *Neottia*, dont il se distingue par les caractères suivans : son calice est en forme de mufle ; les deux folioles latérales sont appliquées sur le labelle, qui est plus long, sessile, pointu, barbu sur ses bords. L'anthère est persistante et parallèle au stigmate. Les deux espèces qui composent ce genre sont tout-à-fait glabres ; leurs bulbes sont simples et indivis ; leurs feuilles sont lancéolées ; leurs fleurs sont écartées, et forment un épi terminal. Toutes deux ont été rapportées des environs de Port-Jackson par R. Brown.   (A. R.)

CALOCHORTE. *Calochortus.* BOT. PHAN. Pursh et Nuttal appellent ainsi un genre de Plantes, qui a les plus grands rapports avec l'*Hypoxis*, et auquel ils donnent pour caractères : un calice coloré, à six divisions étalées, dont les trois intérieures plus larges sont velues sur leur face interne, et marquées à leur base d'une tache ronde et brillante. Les filamens des étamines sont très-courts et insérés à la base des divisions caliciniales ; les anthères sont dressées et sagittées. Le stigmate est réfléchi, et le fruit est une capsule biloculaire. La seule espèce de ce genre, *Calochortus elegans*, est une petite Plante à bulbe globuleux et solide, portant une seule feuille radicale et graminiforme. Sa hampe produit trois fleurs. Elle croît dans les lieux montueux de l'Amérique septentrionale.   (A. R.)

CALODENDRON. BOT. PHAN. Ce genre établi par Thunberg fait partie de la famille naturelle des Rutacées et de la Pentandrie Monogynie, L. Une seule espèce le compose, c'est le *Ca-*

lodendron capense de Willdenow, ou *Dictamnus capensis* de Lamarck, Arbrisseau originaire du cap de Bonne-Espérance, qui porte des feuilles opposées ou ternées, entières, marquées de points glanduleux, comme la plupart des autres Rutacées, et dont les fleurs, qui forment une sorte de panicule terminale, offrent les caractères suivans : leur calice est étalé, à cinq divisions profondes ; leur corolle se compose de cinq pétales onguiculés, onduleux et velus. Les étamines, au nombre de dix, sont hypogynes ; cinq sont stériles et filamenteuses ; les cinq autres sont fertiles et anthérifères. L'ovaire est élevé sur un pédicelle assez long ; il offre cinq loges qui contiennent chacune deux ovules. Le style et le stigmate sont simples, et le fruit est une capsule à cinq côtés, hérissée de pointes. Ce genre a des rapports intimes avec les genres Rue et Tribulus.   (A. R.)

CALODIUM. BOT. PHAN. Genre établi par Lourciro, mais qui se trouve le même que celui pour lequel le nom de Cassyta a été antérieurement adopté.   (B.)

CALO-DOTIRO. BOT. PHAN. Nom indou d'une Stramoine qui diffère du *Datura Metel* par ses fruits lisses. (B.)

CALOGYNE. BOT. PHAN. Ce genre, établi et nommé ainsi par R. Brown, renferme une seule espèce, qui présente entièrement le port d'un *Goodenia*, et n'en diffère qu'en ce que son style est trifide et non simple. C'est une Plante herbacée, annuelle, velue, exhalant, lorsqu'elle est sèche, l'odeur de la Flouve. Ses fleurs sont dentées ; ses pédoncules axillaires, uniflores, dépourvus de bractées, réfléchis à la maturité du fruit. *V*. GOODENIA.   (A. D. J.)

CALOKHIERNI. BOT. PHAN. (L'Ecluse.) Probablement un Carthame. (B.)

CALOMBÉ ET **CALOMBRE.** BOT. PHAN. (Commerson.) *V*. CALUMBÉ.

* **CALOMEL** OU **CALOMELAS.** MIN. Syn. alchimique et médical du Proto-Chlorure de Mercure. *V*. MERCURE DOUX.   (DR..Z.)

CALOMERIE. *Calomeria.* BOT.

PHAN. Genre établi par Ventenat (Malm. pl. 75), dans la famille des Corymbifères , Syngénésie Polygamie égale , L. pour une Plante herbacée , bisannuelle , à feuilles alternes, dont l'aspect lui mérita le nom spécifique d'*Amaranthoïdes*. Ses fleurs nombreuses et très-petites sont disposées en grandes panicules pendantes, accompagnées de bractées, et d'un rouge foncé; elle est originaire de la Nouvelle-Hollande. Toutes les parties de cette Plante, qui s'élève à cinq pieds de hauteur environ, répandent une odeur analogue à celle de notre Sauge officinale. (B.)

CALONNEA. BOT. PHAN. Nom qui ne saurait être adopté en botanique par la double raison qu'il fut imposé par Buchoz, et créé en mémoire d'un ministre qui fut aussi inutile à la science que funeste à sa patrie. Il est syn. de Galardia. *V.* ce mot. (B.)

CALOPE. *Calopus.* INS. Genre de l'ordre des Coléoptères et de la section des Hétéromères, extrait par Fabricius du grand genre *Cerambix* de Linné, et ayant, selon lui, pour caractères : quatre palpes, les antérieurs en massue, les postérieurs filiformes; mâchoires bifides; lèvre inférieure, membraneuse et bifide; antennes filiformes. Latreille (Règn. Anim. de Cuv.) place ce genre dans la famille des Sténélytres, et le caractérise de la manière suivante : pénultième article des tarses bilobé; mandibules bifides ; dernier article des palpes maxillaires en forme de hache; languette profondément échancrée ; antennes fortement en scie; corps étroit et allongé, avec la tête et le corselet plus étroits que l'abdomen ; les yeux allongés et échancrés. Ces Insectes se distinguent des Capricornes par le nombre des articles des tarses. Ils ont plusieurs points de ressemblance avec les Cistèles, mais en diffèrent essentiellement par l'échancrure du pénultième article de tous les tarses. On ne les confondra pas non plus avec les Lagries, à cause de la lèvre profondément échancrée , ni avec les Nothus dont les antennes

sont simples. Les Calopes ont des antennes longues, en scie, posées dans une échancrure au devant des yeux , et formées de onze articles, le premier gros, en massue, le second petit, les autres un peu comprimés; le labre entier, l'extrémité des mandibules bidentées ; les mâchoires membraneuses, bifides, avec la division interne moindre et pointue; des palpes maxillaires plus longs que les labiaux; la languette arrondie au sommet et échancrée; les palpes labiaux, terminés par un article en cône renversé. Ce genre se compose jusqu'à présent d'une seule espèce. Le Calope serraticorne, *Calopus serraticornis* de Fabricius (*Entom. Syst.*) ou le Capricorne à corselet cylindrique, sans épines, d'un brun grisâtre, à yeux noirs, à antennes médiocres, dentelées, à barbillons longs et à pates déliées de Degéer (Mém. Ins. T. v, p. 79. n° 16.) Cette espèce, longue d'environ neuf lignes, a une forme allongée; sa tête est un peu avancée; son corselet est en carré long, sans rebords, dilaté en devant , un peu raboteux en dessus. Les élytres sont longues, sans rebords, et présentent à leur surface quelques lignes élevées, à peine distinctes. Les pates sont grêles et ont une longueur moyenne; la couleur de l'Insecte est d'un brun-clair pubescent. Il habite les bois et a été rencontré en Suède. (AUD.)

* CALOPHÈNE. *Calophœna.* INS. Genre de l'ordre des Coléoptères , section des Pentamères, famille des Carnassiers, tribu des Carabiques, établi par Klug (*Acta acad. Cœsar-Leopoldinæ natur. Cur.* vol. x. p. 295), aux dépens des Odacanthes. Il décrit comme appartenant à ce nouveau genre, les Carabes *acuminatus* et *bifasciatus* d'Olivier. Les caractères qu'il lui assigne sont : tous les tarses de cinq articles; six palpes; mâchoires mobiles à leur sommet; jambes antérieures, échancrées à leur côté interne. La tête est rétrécie à sa partie postérieure; les mandibules sont dentelées, et les palpes filiformes; le corselet est ovoïde; les tarses ont leur

quatrième article arrondi, et les ongles sont aigus et arqués.

L'ensemble de ces caractères nous autorise à regarder le nouveau genre dont il est ici question comme synonyme de celui qui porte le nom de CORDISTE. *V.* ce mot.   (AUD.)

CALOPHYLLE. *Calophyllum.* BOT. PHAN. C'est à la famille des Guttifères et à la Polyandrie Monogynie, L. qu'appartient ce genre de Plantes, caractérisé par un calice coloré, formé de deux, trois ou quatre sépales caducs, qui quelquefois manque entièrement; par une corolle composée de quatre pétales, et par des étamines fort nombreuses, à anthères allongées. L'ovaire est libre, surmonté d'un style simple, au sommet duquel est un stigmate capitulé. Le fruit est une petite drupe globuleuse ou ovoïde, renfermant un seul noyau, dans lequel est une graine de même forme. Son embryon est droit, dépourvu d'endosperme.

Ce genre se compose d'environ sept espèces, qui toutes sont des Arbres plus ou moins élevés, à feuilles entières et opposées. La structure de ces feuilles est tout-à-fait singulière, et fait facilement reconnaître les Plantes qui appartiennent à ce genre. Ces feuilles sont partagées en deux moitiés égales par une nervure longitudinale, des parties latérales de laquelle naissent une foule de nervures parallèles et très-rapprochées, qui se dirigent vers les bords de la feuille. Les fleurs sont groupées à l'aisselle des feuilles supérieures où elles sont portées sur des pédoncules triflores, qui forment par leur réunion une sorte de panicule terminale.

L'espèce la plus intéressante est le *Calophyllum Inophyllum* de Linné, ou *Calophyllum Tacamahaca* de Willdenow. C'est un grand Arbre qui croît naturellement dans les lieux stériles et sablonneux des Indes-Orientales et des îles australes d'Afrique. Son tronc, qui est épais et recouvert d'une écorce noirâtre et fendillée, laisse découler, quand on l'entame, une matière visqueuse et résineuse, de couleur verte, qui se solidifie et porte le nom de gomme ou résine de Tacamahaca. Ses jeunes rameaux sont carrés et ornés de feuilles opposées, obovales, obtuses, entières, luisantes, à nervures parallèles et très-serrées. Les fleurs qui sont ordinairement polygames, blanches et odorantes, forment à l'aisselle des feuilles supérieures des espèces de petites grappes opposées. Il leur succède des fruits qui sont globuleux, jaunâtres et charnus. Selon Du Petit-Thouars, le bois de cet Arbre est fort employé aux îles de France et de Bourbon, pour la charpente, les constructions navales et le charronnage. Loureiro désigne cet Arbre sous le nom de *Balsamaria Inophyllum*, et il le distingue des autres espèces de Calophylles par son calice formé de deux sépales, par sa corolle composée de six pétales, et par ses étamines qui sont groupées en plusieurs faisceaux ou polyadelphes. *V.* BALSAMARIA.   (A.R.)

*CALOPHYLLODENDRON. BOT. PHAN. (Vaillant.) Syn. de Calophylle. *V.* ce mot.   (B.)

* CALOPODIUM. BOT. PHAN. Rumph appelle ainsi le spathe des Aroïdes.   (B.)

*CALOPOGON. *Calopogon.* BOT. PHAN. R. Brown a donné ce nom à un genre nouveau qu'il a établi pour une Plante de la famille des Orchidées, plus généralement connue sous le nom de *Limodorum tuberosum*, et que Willdenow avait rangée dans le genre *Cymbidium*. Voici les caractères de ce nouveau genre : les cinq divisions extérieures de son calice sont égales, étalées et non soudées entre elles ; le labelle est onguiculé et barbu dans sa partie supérieure ; le gynostème est libre et se termine par une anthère qui s'ouvre par une sorte d'opercule ; les masses polliniques sont anguleuses. Cette jolie Orchidée qui est originaire de l'Amérique septentrionale, et qui a le port des Aréthuses, fleurit fréquemment dans nos serres. Sa racine est composée d'un gros tubercule charnu et irrégulier, d'où naissent des feuilles lancéolées, plissées et striées longitudinalement, et une hampe nue, rameuse supérieurement; où elle porte des fleurs purpurines assez grandes. (A. R.)

CALOPS. POIS. Les pêcheurs appellent ainsi un Labre des côtes de l'Océan. Ce nom a été adopté par les ichthyologistes. *V*. LABRE. (B.)

* **CALOPTILIUM.** BOT. PHAN. Ce genre de la famille des Carduacées et de la Syngénésie séparée a été établi par Lagasca qui lui avait d'abord donné le nom de *Sparocephalus*. Il se compose d'une seule espèce qui est une Plante herbacée fort grêle, couverte de petites feuilles imbriquées. Son involucre est double ; l'extérieur est formé de cinq écailles rapprochées en forme de tube. Le réceptacle est plane, nu, et porte cinq fleurs à corolle bilabiée ; la lèvre intérieure est bifide. Les fleurs sont couronnées par une aigrette sessile et plumeuse.

Selon Lagasca, ce genre offre une très-grande affinité avec le *Nassauvia*. Ce rapprochement a été également indiqué par Cassini qui place ce genre dans sa tribu des Nassauviées. (A. R.)

CALOPUS. MAM. (Albert - le-Grand.) Probablement le Paseng. Espèce d'Antilope. *V*. ce mot. (B.)

CALORIQUE. Principe qui n'est guère appréciable que par quelques-unes de ses propriétés ; fluide, très-subtil et sans pesanteur, qui pénètre tout le corps, en distend les pores, et, se combinant avec eux, les augmente d'abord, les liquéfie ensuite, et finit par les réduire en vapeur. Le Calorique n'est pas toujours perceptible par la vue; quelquefois même il ne l'est pour aucun de nos sens, encore qu'il existe en assez grande quantité dans des corps où nous chercherions vainement à le reconnaître. Ainsi l'expérience nous enseigne que pour faire fondre une livre de glace qui se trouve à la température de zéro, il faut une livre d'eau à la température de soixante degrés, c'est-à-dire qui contient les trois quarts de Ca-

lorique qui rendent l'eau bouillante. Quand la glace est fondue, le liquide se trouve toujours à zéro, et la glace, pour passer à l'état liquide, a absorbé soixante degrés de chaleur qui maintiennent sa fluidité, et que le thermomètre lui-même ne saurait cependant aider à reconnaître.

Le Calorique influe sur la vie et sur la végétation : émane-t-il du soleil en rayonnant comme la lumière? est-il indépendant de cette dernière? est-il comme elle réfracté et réfléchi selon les mêmes lois ? Un certain frottement est-il nécessaire pour le développer ou pour l'entretenir? est-il une substance réelle? Ces questions sortent du cadre de l'ouvrage que nous publions. *V*. ATMOSPHÈRE, LUMIÈRE et TEMPÉRATURE. (B.)

CALOROPE. BOT. PHAN. Pour Calorophe. *V*. ce mot. (B.)

CALOROPHE. *Calorophus*. BOT. PHAN. La Billardière, sous le nom de *Calorophus elongata*, décrit et figure (Plantes de la Nouv.−Holl., tab. 228) une Plante de la famille des Restiacées. Elle a le port d'un Jonc. Ses chaumes grêles et rameux présentent de distance en distance des nodosités, avec des graines terminées supérieurement par une petite pointe réfléchie et logeant des fleurs à leur aisselle. Celles-ci sont dioïques; leur calice, muni à sa base de deux bractées glumacées, et divisé en six parties égales, de même consistance, dont trois intérieures, renferme trois étamines dans les mâles, et, dans les femelles, un ovaire surmonté de trois styles, environné à sa base d'étamines rudimentaires et contenant trois loges monospermes. Le *Calorophus* se rapproche par tous ces caractères du *Restio*, et il lui a même été réuni par R. Brown qui le nomme *R. lateriflorus*. Il n'en diffère en effet que par le petit nombre de fleurs situées dans chaque gaîne; celui des mâles varie de un à trois, et les femelles, quelquefois géminées, sont le plus souvent solitaires. (A. D. J.)

CALOSOME. *Calosoma*. INS. Genre de l'ordre des Coléoptères, section des Pentamères, fondé par Weber (*Observ. Entomologicæ*, p. 20) aux dépens des Carabes de Linné et de Fabricius, adopté par ce dernier auteur (*Syst. Eleuth.*), et par le plus grand nombre des entomologistes. Latreille (Règn. Anim. de Cuv. et Hist. Natur. des Coléopt. d'Europe) le place dans la famille des Carnassiers, tribu des Carabiques, et lui assigne pour caractères : mandibules sans dents notables; tarses antérieurs dilatés dans les mâles; bord antérieur du labre à deux lobes; second article des antennes beaucoup plus court que le suivant; dernier article des palpes extérieurs à peine plus large que le précédent, en cône renversé; corselet presque orbiculaire; abdomen presque carré. Rangés par Latreille (Considér. génér. p. 165) dans la famille des Carabiques, et placés ensuite par le même auteur (Coléopt. d'Europe) dans la division des Abdominaux, les Calosomes se distinguent, au moyen des caractères que nous venons d'exposer, de tous les genres de cette famille et de cette division. Ils diffèrent des Pambores, des Cychres et des Scaphinotes par l'absence des dents au côté interne de leurs mandibules. La dilatation des tarses antérieurs dans les mâles empêche de les confondre avec les Tefflus et les Procères; enfin ils s'éloignent des Procrustes et des Carabes proprement-dits par le peu de développement du second article des antennes. Ils sont en outre caractérisés par leurs habitudes et la forme générale de leur corps qui est déprimé et oblong. La tête est ovale et grande; elle supporte des yeux globuleux, prouéminens et des antennes sétacées à articles comprimés, d'inégale longueur, le premier très-gros, le second très-petit, le troisième aussi étendu que les deux précédens réunis, et tous les autres assez courts et à peu près également développés. Elles sont insérées au devant des yeux. La bouche présente un labre bilobé, des mandibules larges et avancées, des mâchoires donnant in-

sertion à quatre palpes dont les maxillaires sont découverts dans toute leur longueur; enfin une lèvre inférieure à laquelle est attachée une paire de palpes très-saillans. Le prothorax plus large que long a ses bords latéraux arrondis et relevés. Il est tronqué antérieurement et postérieurement. L'écusson du mésothorax est petit, et même ne paraît pas dans quelques espèces. Les élytres sont larges et embrassent un peu sur les côtés l'abdomen; celui-ci est fort étendu dans le sens transversal. Les pates sont longues et cependant très-fortes; la dernière paire est munie d'un trochanter saillant.

Dix espèces ont été décrites par Fabricius comme appartenant à ce genre; celle qui lui sert de type est le Calosome Sycophante, *Cal. Sycophanta* de Fabricius ou le Bupreste carré, couleur d'or, de Geoffroy (Ins. T. 1. p. 144.) Réaumur (Mém. T. 2. p. 457) l'a souvent observé. Il vit sur le Chêne, et attaque les Chenilles qui s'y trouvent. La couleur verdâtre et dorée de ses élytres avec de nombreuses stries longitudinales, et trois rangées de points enfoncés, établissent entre lui et les autres espèces du même genre une distinction tranchée. Réaumur a donné l'histoire d'une larve de couleur noire qui paraît bien être la sienne. Elle s'établit dans le nid des Chenilles processionnaires, et les attaque au moyen de ses mandibules écailleuses : une seule Chenille ne paraît pas lui suffire, et elle n'est satisfaite que lorsque sa gloutonnerie l'a mise hors d'état de pouvoir exécuter aucun mouvement; elle court alors les plus grands dangers. De jeunes larves de son espèce la dévorent et la préfèrent même aux Chenilles.

Le Calosome Inquisiteur, *Cal. Inquisitor* de Fabricius, ou le Bupreste carré, couleur de bronze antique, de Geoffroy (*loc. cit.* T. 1. p. 145), représenté par Panzer (*Faun. Ins. Germ. Fasc.* 81. fig 7), vit, ainsi que le précédent, sur le Chêne, et y fait la chasse aux Insectes, et particulièrement aux Chenilles. L'un et l'autre se trouvent assez communément aux environs de Paris.

Nous rencontrons dans le midi et dans l'ouest de la France une fort belle espèce, le *Calosoma Indagator*.

Les Calosomes *alternans, retusum, callidum, Scrutator* de Fabricius appartiennent à l'Amérique; ceux désignés par cet auteur sous les noms de *reticulatum* et *sericeum* se trouvent assez fréquemment dans l'Allemagne. (AUD.)

CALOSTEGA. BOT. PHAN. Pour Calothèque. *V.* ce mot. (B.)

CALOSTEMMA. BOT. PHAN. Ce genre, établi par Robert Brown, appartient à la famille des Amaryllidées, ou à la seconde section des Narcissées de Jussieu. Le calice, adhérent à l'ovaire, en forme d'entonnoir, pétaloïde, divisé supérieurement en six parties, est muni à sa gorge d'une couronne tubuleuse et découpée en douze dentelures, qui de deux en deux sont subulées et chargées d'une anthère oscillante. L'ovaire uniloculaire, surmonté d'un style filiforme que termine un stigmate obtus, contient deux ou trois ovules; il devient une baie à une ou deux graines, qui commencent à y germer. R. Brown a recueilli dans la Nouvelle-Hollande deux espèces de ce genre, l'une à fleurs blanches, l'autre à fleurs pourpres. (A. D. J.)

* **CALOSTOME.** *Calostoma.* BOT. CRYPT. (*Lycoperdacées.*) Desvaux a établi ce genre dans le Journal de botanique (vol. 2, p. 94). Il ne renferme que le *Scleroderma Calostoma*, décrit dans le même Journal (vol. 11, p. 5, pl. 11, fig. 2), par Persoon, qui avait déjà pensé que cette espèce pouvait devenir le type d'un nouveau genre. Il diffère essentiellement des Sclerodermes par son péridium extérieur qui s'ouvre régulièrement au sommet et dont l'orifice est bordé de dents ou de lanières en étoiles, tandis que dans les Sclerodermes il se fend sans régularité, ou même ne donne issue aux séminules que par des trous produits à sa base par les piqûres des Insectes. Le genre *Calostoma* est ainsi ca-

ractérisé: péridium porté sur un pédicule central, coriace, celluleux, formé de deux membranes, l'extérieure coriace, s'ouvrant au sommet par un orifice régulièrement denté, l'interne très-mince, se rompant irrégulièrement; séminules très-nombreuses, entremêlées de filamens.

La seule espèce connue, nommée par Desvaux *Calostoma cinnabarinum*, croît sur la terre, dans l'Amérique septentrionale. C'est un petit Champignon, gros comme une Noix, porté sur un pédicule cylindrique, épais et peu élevé; le péridium est globuleux, d'un rouge foncé. (AD. B.)

CALOTHAMNE. *Calothamnus.* BOT. PHAN. Labillardière a donné ce nom à un genre nouveau de la famille des Myrtinées, voisin des genres *Tristania* et *Beaufortia*, et qui, comme eux, se compose d'espèces originaires de la Nouvelle-Hollande, et que l'on reconnaît aux caractères suivans: leur calice est monosépale, turbiné, adhérent avec l'ovaire et à quatre dents; leur corolle est formée de quatre pétales réguliers. Les étamines sont réunies en quatre ou cinq faisceaux opposés aux pétales. Les anthères sont terminales et entières, c'est-à-dire non bifides comme dans le Beaufortia. La capsule est couronnée par les dents du calice; elle offre trois loges polyspermes. Dans son Histoire des Plantes de la Nouvelle-Hollande, Labillardière en avait décrit une seule espèce qu'il nomma *Calothamnus sanguineus*, et qu'il figura t. 164. C'est un Arbrisseau dont la hauteur est de sept ou huit pieds, qui porte des feuilles très-nombreuses, roides, subulées, éparses, des fleurs sessiles et solitaires. R. Brown en a découvert trois autres espèces auxquelles il a donné les noms de *Calothamnus quadrifida, C. villosa* et *C. gracilis*; il en a tracé les caractères dans la seconde édition du Jardin de Kew. (A. R.)

CALOTHÈQUE. *Calotheca.* BOT. PHAN. Ce genre de Graminées établi par Desvaux et adopté par Beauvois, qui en a figuré les caractères dans son Agrostographie, pl. 17, fig. 7, est voisin des genres Brome et Brize, dont il diffère par les caractères suivans : ses fleurs sont disposées en une panicule presque simple : leur lépicène est bivalve, coriace, mutique, contenant de six à dix fleurs. Leur glume également coriace est bivalve; la valve inférieure est large, ayant son bord membraneux plissé; elle se termine supérieurement par une soie assez longue; la supérieure est très-petite, et porte à son sommet un petit appendice obtus. Les fruits sont presque sphériques et recouverts par les tégumens. On ne compte guère, dans ce genre, que deux espèces, savoir : le *Calotheca brizoïdea*, Desv., ou *Briza erecta* de Lamarck, et le *Calotheca elegans* ou *Briza subaristata* du même auteur. Ces deux espèces sont exotiques. (A. R.)

CALOTHYRSE. BOT. PHAN. Robert Brown a formé sous ce nom une division dans le genre *Grevillea*, *V.* ce mot, et soupçonne qu'elle pourrait devenir un genre nouveau dans la famille des Protéacées. (B.)

CALOTROPIS. BOT. PHAN. R. Brown, dans son Mémoire sur les Asclépiadées, a retiré du genre Asclépiade les deux espèces connues sous les noms d'*Asclepias procera*, Willd. et d'*Asclepias gigantea*, Willd., pour en former un genre particulier sous le nom de *Calotropis*. Ce genre diffère des véritables Asclepiades par sa corolle campanulée et non réfléchie; par sa couronne staminale simple, formée de cinq folioles attachées longitudinalement au tube des étamines, non concaves et appendiculées.

La première de ces espèces croît en Perse, et la seconde est originaire des Grandes-Indes. (A. R.)

*CALOTTINS. BOT. CRYPT. Nom sous lequel Paulet désigne divers Champignons dont le chapeau a la forme d'une calotte, et qui doit être rejeté de la science, quelque effort que fassent les amateurs d'une nomenclature ridicule pour y mainte-

nir quelque espèce de Calottins que ce puisse être. (B.)

CALOUASSE ou **COLOUASSE.** OIS. Syn. vulgaire de la Pie-Grièche grise, *Lanius Excubitor*, L. *V.* PIE-GRIÈCHE. (DR..Z.)

CALOUBOULI. BOT. PHAN. (Surian.) Syn. caraïbe de Banistère. (B.)

CALP. MIN. (Kirwan.) Sous-espèce de Chaux carbonatée d'un noir bleuâtre dont on bâtit les maisons en Irlande, particulièrement à Dublin. (LUC.)

*CALPA. BOT. CRYPT. Nom donné par Necker à l'urne des Fontinales. *V.* ce mot. (B.)

*CALPETRO. OIS. Syn. russe de la Spatule, *Platelea leucorodia*, L. *V.* SPATULE. (DR..Z.)

CALPIDIE. *Calpidia.* BOT. PHAN. Aubert Du Petit-Thouars a nommé ainsi un Arbre observé par lui à l'Ile-de-France, et qui se place dans la famille des Nyctaginées, auprès du Pisonia, dont il ne diffère pas par des caractères très-tranchés. Son calice est pétaloïde, campanulé et terminé supérieurement par cinq divisions en étoile; vers sa base, s'insèrent les filets de dix étamines, terminés par un connectif auquel sont attachées les deux loges de l'anthère s'ouvrant par une fente longitudinale. Le style, plus court que ces étamines, est surmonté d'un stigmate bilobé et velu. L'ovaire renferme un seul ovule. Le calice persiste et croît avec lui, en formant l'enveloppe du fruit qui est allongé et prismatique, à cinq angles enduits d'une matière visqueuse. La graine est droite et contient, sous une tunique membraneuse, deux cotylédons foliacés, cordiformes et égaux, roulés autour d'un moule ou corps charnu. La radicule est inférieure et cylindrique. L'Arbre s'élève à peine à une hauteur de huit à neuf pieds, tandis que son tronc en acquiert deux ou trois de diamètre; son bois est mou; ses rameaux forment une tête touffue; ses feuilles, portées sur un pétiole

court et épais, sont alternes, lancéolées et entières, d'une substance charnue et d'un vert coloré. Des pédoncules axillaires partent, à angles presque droits, plusieurs pédicelles munis d'une bractée à leur base, et terminés par une ombellule de fleurs
roses et d'un parfum agréable, environnée elle – même de plusieurs
bractées qui lui forment une sorte
d'involucre. *V*. Voyage dans les îles
australes d'Afrique par Aubert Du
Petit-Thouars, p. 23, tab. 8. (A.D.J.)

CALPURNE. *Calpurnus*. MOLL.
Genre institué par Montfort (Conchyl. T. 2, p. 638) pour la *Bulla
verrucosa* de Linné, et qui n'a pas été
adopté. *V*. OVULE. (F.)

CALQUIN. OIS. Syn. de Harpie.
Espèce de Faucon du sous-genre
Aigle. *V*. ce mot. (DR..Z.)

CALSCHISTE. GÉOL. Brongniart
donne ce nom à une roche mélangée
essentiellement et distinctement composée de Schiste argileux et de Calcaire, où cette première substance,
souvent dominante, imprime la frac-
ture feuilletée ou du moins fissile
qui lui est propre. Le Calcaire y est
blanc et saccharoïde, quelquefois
compacte et grisâtre, et répandu dans
la roche en taches allongées ou en lames minces. On y voit du Mica, de
la Serpentine et de l'Anthracite. La
cassure est super-écailleuse. Ses principales variété sont : 1° le Calschiste
veiné, Schistes rubanés de Brochant;
2° Le Granitellin, *Grunsteinschiefer*
des Allemands ; 3° Le Sublamellaire.
V. ROCHE. (LUC.)

CALTHE. *Caltha*. BOT. PHAN. Ce
genre appartient à la famille des Renonculacées, Polyandrie Polyginie, L.
Tournefort avait donné le nom de
Populago à la seule espèce connue de
son temps ; mais Linné lui a restitué
celui que C. Bauhin et d'autres anciens botanistes avaient imposé
auparavant à cette Plante, qui se
trouve ainsi désignée dans Virgile.
Dans son *Systema Vegetabilium*,
De Candolle donne les caractères
suivans au Caltha qu'il place en tête

des Helléborées, quatrième tribu
des Renonculacées : calice coloré,
cinq sépales, les sépales pétaloïdes ;
point de corolle; étamines nombreuses;
cinq, ou dix ovaires, autant de capsules
comprimées, uniloculaires et polyspermes. Ce genre ne renferme que
des Herbes vivaces et très-glabres,
dont les racines sont fibreuses et les
fleurs terminales et d'une couleur
jaune très-intense, ce qui les faisait
confondre avec les Soucis par les anciens. On a divisé les Caltha en deux
sections : la première, nommée *Psy-
chrophila* par De Candolle, se compose
de deux espèces indigènes de l'hémisphère austral, et doit peut-
être constituer un nouveau genre
à cause de la persistance de son
calice et surtout par l'existence de
ses appendices foliaires. La seconde
Populago a pour type le *Caltha palustris* vulgairement Souci
de Marais, Plante très-commune
dans les fossés et les ruisseaux de
toute l'Europe, qui a des fleurs très-
âcres, et que les paysans emploient
cependant pour donner à leur beurre
une belle nuance jaune. Les autres
espèces habitent l'Amérique septentrionale, à l'exception d'une seule qui
se trouve en Sibérie. (G..N.)

Le nom de CALTHA désigne dans
Pline le Souci des Champs, *Calendula
arvensis*, L., l'*Arnica montana* dans
Tabernæmontanus, et le *Verbesina
calendulacea* dans Burmann. (B.)

CALTHOIDE. *Calthoïdes*. BOT.
PHAN. Vieux nom de l'*Othonna chei-
rifolia*. *V*. OTHONNE. (B.)

CALTROP. BOT. PHAN. Syn. anglais de *Centaurea Calcitrapa*, L. *V*.
CALCITRAPE. (B.)

CALUMBÉ. BOT. PHAN. Même chose
que Calombé et Calombre. *V*. CO-
LUMBO. (B.)

CALUMET. BOT. PHAN. Évidemment
dérivé de *Calamus* (Chaume.) Nom
donné à plusieurs Végétaux ou plutôt
aux tiges de plusieurs Végétaux, dont
les Nègres ou les Sauvages se font des
tuyaux de pipe. Au Canada, où ce nom

de Calumet a été évidemment introduit par les Européens, c'est un Roseau : à Saint-Domingue, où l'on le distingue le *grand* et le *petit Calumet*, ou *Calumet franc* et *Calumet bâtard*, c'est la tige d'un *Lygodium*, sorte de Fougère autrefois appelée *Ophioglossum scandens*; à Cayenne, c'est le *Mabea Piriri* d'Aublet; à Mascareigne, c'est l'espèce de Bambou qui est devenu le type du genre *Nastus*, et qu'on nomme plus particulièrement *Calumet des hauts*, parce qu'il ne croît qu'à une grande élévation au-dessus du niveau de la mer.   (B.)

* CALUNGEN. BOT. PHAN. L'un des noms arabes du *Maranta Galanga*, L.   (B.)

CALUNGIA, CALUNGIAN. BOT. PHAN. (Avicène.) Syn. de *Maranta Galanga*.   (B.)

CALVEGIA, CALVEGIAM ET CHARSENDAR. BOT. Autres noms arabes du *Maranta Galanga*.   (B.)

CALVIL. BOT. PHAN. Variété du Pommier. Ses fruits dont il existe plusieurs sous-variétés sont appelés *Calvilles*. *V.* POMMIER.   (B.)

CALYBÉ. OIS. Espèce du genre Cassican, *Barita viridis*, Temm., que Linné avait placée parmi les *Parasidea*. *V.* CASSICAN.   (DR..Z.)

CALYBION. BOT. PHAN. L'espèce de fruit auquel Mirbel donne ce nom dans sa Nomenclature carpologique, est le même que celui que tous les botanistes s'accordent à nommer Gland. *V.* ce mot.   (A. R.)

CALYCANT. BOT. PHAN. Pour Calycanthe. *V.* ce mot.   (A. R.)

CALYCANTHE. *Calycanthus.* BOT. PHAN. Ce genre de Plantes dont la place n'est point encore positivement déterminée dans la série des ordres naturels, se compose d'environ cinq ou six espèces exotiques qui pour la plupart sont originaires de l'Amérique septentrionale. Ce sont des Arbrisseaux à tiges ligneuses et ramifiées, portant des feuilles opposées et simples, dépourvues de stipules. Leurs fleurs sont hermaphrodites, solitaires, d'une couleur pourpre foncée, et terminent les jeunes rameaux. Le périanthe paraît simple et monosépale, quoique son limbe présente un très-grand nombre de divisions disposées sur plusieurs rangées; mais il est impossible d'établir aucune ligne de démarcation, et de distinguer un calice et une corolle. Le tube du périanthe est turbiné à sa base qui est dure et épaisse. Les divisions du limbe sont extrêmement nombreuses et forment plusieurs rangs. L'ouverture du tube calicinal est singulièrement rétrécie par un épaississement considérable, d'où naissent les étamines. Celles-ci sont fort nombreuses (environ 40 à 50), les plus intérieures sont avortées et filamentiformes; les plus extérieures, au nombre de douze ou treize, sont seules fertiles. Leurs anthères sont presque sessiles, allongées et biloculaires, tournées en dehors. Les pistils occupent tout le fond et les parois du tube calicinal, ainsi qu'on l'observe dans les Roses; ils sont sessiles, formés d'un ovaire allongé, uniloculaire, contenant deux ovules superposés, attachés au côté interne de la cavité. Le style qui se confond insensiblement avec le sommet de l'ovaire se termine par un stigmate oblong et glanduleux. Le fruit se compose d'un grand nombre de petits akènes légèrement charnus, renfermés dans l'intérieur du tube calicinal. Le péricarpe est mince et appliqué immédiatement sur une seule graine dressée, contenant un embryon épispermique, dont les cotylédons larges, minces et membraneux sont roulés plusieurs fois sur eux-mêmes, autour de l'axe de la graine.

Ce genre a de grands rapports avec la famille des Rosacées, dont il retrace en plusieurs points la structure. Jussieu l'a rapproché de sa famille des Monimiées, avec laquelle il ne nous paraît avoir que des rapports éloignés. Enfin dans ces derniers temps, John Lindley a proposé d'en faire le type d'un ordre naturel, distinct, auquel il a donné le nom de CALYCANTHÉES.

Cette nouvelle famille doit être placée auprès des Rosacées. Plusieurs espèces de Calycanthes font l'ornement de nos jardins; on cultive surtout :

Le CALYCANTHE POMPADOUR, *Calycanthus floridus*, L. ou Arbre aux Anémones, Pompadoura, etc., Arbrisseau originaire de l'Amérique septentrionale qui peut s'élever à une hauteur de six à huit pieds. Ses rameaux portent des feuilles opposées, ovales, aiguës, d'un vert terne, et ses fleurs d'un rouge foncé répandent une odeur agréable de Pomme de reinette. Il passe l'hiver en pleine terre.

On cultive également le Calycanthe nain, *Calycanthus nanus*, beaucoup plus petit que le précédent. Le Calycanthe fertile, *Calycanthus ferax*, Michx.; et enfin le Calycanthe précoce, *Calycanthus præcox*, dont quelques auteurs ont fait un genre distinct sous les noms de *Meratia præcox* ou de *Chimanthus*. Cette dernière espèce est originaire du Japon; elle fleurit en pleine terre et au cœur de l'hiver dans quelques-uns de nos jardins qu'elle parfume. (A. R.)

*CALYCANTHÉES. *Calycantheæ*. BOT. PHAN. C'est ainsi que John Lindley a proposé de nommer une famille naturelle nouvelle qui se composerait des genres *Calycanthus* et *Chimanthus* ou *Meratia*. Voici les caractères assignés à ce groupe par le botaniste de Londres : les fleurs sont hermaphrodites et composées d'un calice monosépale, turbiné, divisé en un grand nombre de lanières inégales, imbriquées sur plusieurs rangs. Les étamines en grand nombre, mais dont les intérieures sont stériles, sont insérées à la gorge du calice. Les anthères sont presque sessiles et extrorses; les pistils sont en grand nombre attachés aux parois calicinales; leur ovaire est uniloculaire et contient deux ovules superposés et pariétaux; le style et le stigmate sont simples; les fruits sont autant de petits carpelles, légèrement charnus, indéhiscens, monospermes; l'embryon, dé-

pourvu d'endosperme, a les cotylédons planes et roulés sur eux-mêmes. Les Végétaux de cette famille, qui a des rapports avec les Monimiées et avec les Rosacées, sont des Arbrisseaux à feuilles opposées, à fleurs solitaires, terminales ou axillaires, qui croissent tous dans l'Amérique septentrionale ou le Japon. (A. R.)

CALYCANTHÈMES. *Calycanthemæ*. BOT. PHAN. Linné désigna sous ce nom, dans ses *Fragmenta naturalia*, une sorte de famille qui depuis a été répartie dans les Onagraires, les Mélastomées et les Lythraires. Ventenat, dans son Tableau du Règne Végétal, le restreignit à cette dernière famille qui est la septième de sa quatorzième classe. Il n'est plus d'usage dans la méthode naturelle. (B.)

CALYCÈRE. *Calycera*. BOT. PHAN. C'est Cavanilles qui a le premier établi ce genre de Plantes, que Jussieu a placé d'abord dans la famille des Synanthérées, mais qui plus récemment est devenu le type d'un ordre particulier sous le nom de Calycérées, lequel tient le milieu entre les Synanthérées et les Dipsacées. V. CALYCÉRÉES. Voici les caractères qui distinguent le genre *Calycera* : ses fleurs sont disposées en capitules globuleux, comme dans les Synanthérées, environnés d'un involucre polyphylle ou quinquéparti. Les fleurs sont dissemblables, les unes plus grandes, les autres plus petites; les premières sont toutes hermaphrodites et fertiles, et des secondes, les unes sont hermaphrodites, les autres mâles par imperfection; toutes sont sessiles sur un réceptacle garni d'écailles et non soudées les unes avec les autres, ainsi qu'on l'observe dans le genre *Acicarpha*. Le limbe du calice est à cinq divisions, qui sont tantôt grandes, épaisses, inégales et en forme de cornes, d'autres fois petites et comme squammiformes. La corolle est infundibuliforme, tubuleuse; son limbe est resserré un peu au-dessous des incisions. Les cinq étamines sont soudées ensemble par leurs filets et leurs anthères ou symphysandres. Le style est simple, grêle, glabre, terminé par un stigmate très-petit et presque globuleux. Le fruit est un akène couronné tantôt par quatre ou cinq cornes inégales, tantôt par cinq petites écailles.

On ne connaît encore que deux espèces de ce genre. Ce sont deux Plantes herbacées, à feuilles alternes et découpées, offrant à peu près le port des Scabieuses. L'une, *Calycera Cavanillesii* (Rich., Mém. du Mus., t. 6., 10, f. 1) ou *Calycera herbacea* de Cavanilles, a été trouvée au Chili par Nées. Elle est très-glabre dans toutes ses parties ; ses feuilles sont pinnatifides ; ses capitules sont terminaux, globuleux et très-gros. La seconde, *Calycera balsamitœfolia* (Rich., l. c. t. 10, f. 2), est le *Boopis balsamitœfolia* de Jussieu. Elle est également originaire du Chili, d'où elle a été rapportée par Dombey. Sa tige est velue ; ses feuilles sont incisées, dentées ou presque pinnatifides, un peu velues sur les bords.

Le genre *Calycera* est extrêmement rapproché du *Boopis* dont il ne diffère essentiellement que par ses fruits couronnés par des cornes roides et simples ou des écailles, et par sa corolle qui est rétrécie au-dessous des incisions de son limbe.   (A. R.)

* CALYCÉRÉES. *Calycereœ.* BOT. PHAN. On appelle ainsi une petite famille naturelle de Plantes, intermédiaire entre les Dipsacées et les Synanthérées, et qui en a été distinguée, pour la première fois, par H. Cassini, sous le nom de *Boopidées.* Les genres *Calycera*, *Boopis* et *Acicarpha*, qui composent cette famille, avaient d'abord été rapportés par Jussieu à la grande famille des Synanthérées. Le genre *Calycera*, décrit en 1797 par Cavanilles, a été le premier genre connu de cette famille. Plus tard, en 1803, Jussieu fit connaître les genres *Boopis* et *Acicarpha*, qu'il rapprocha du précédent en les plaçant parmi les Synanthérées. Ce fut le célèbre carpologiste Corréa de Serra qui le premier

éleva des doutes sur les affinités de ces trois genres avec les véritables Synanthérées, en faisant voir que, dans le *Calycera herbacea* de Cavanilles, le fruit renferme une graine pendante, contenant un embryon renversé dans l'intérieur d'un endosperme épais. Enfin les travaux de R. Brown, d'Henri Cassini, et surtout le Mémoire récent du professeur L.-C. Richard, ont établi d'une manière très-exacte et très-positive les caractères de cette famille.

Les Calycérées ressemblent beaucoup pour leur port aux Scabieuses, et surtout à quelques Synanthérées herbacées. Leur tige est ordinairement cylindrique, rameuse, et porte des feuilles alternes, souvent découpées et pinnatifides, plus rarement entières (*Acicarpha spatulata.*) Les fleurs sont petites et forment des capitules globuleux, munis à leur base d'un involucre simple, dont les folioles sont soudées inférieurement, en sorte qu'il paraît monophylle, ordinairement à cinq divisions. Le phoranthe ou réceptacle, qui porte les fleurs, est garni de squammes foliacées, qui se soudent quelquefois avec les fleurs, de manière à en être peu distinctes. Les fleurs, réunies dans un même capitule, sont ordinairement dissemblables, quelques-unes étant beaucoup plus grandes et paraissant plus parfaites dans leur organisation. Le calice est adhérent avec l'ovaire infère. Son limbe est persistant, à cinq divisions, quelquefois épineuses ou en forme de cornes, d'autres fois foliacées ou écailleuses. La corolle est monopétale, tubuleuse et infundibuliforme ; son limbe, qui est tantôt campanulé, tantôt infundibuliforme, offre cinq divisions égales ; l'entrée du tube présente, au-dessous du point d'origine des étamines, cinq glandes nectarées, que l'on observe aussi quelquefois dans certaines Synanthérées. Les cinq étamines, dans tous les genres de cette famille, sont soudées à la fois par les anthères et par les filets, qui constituent un tube plus ou moins cylindrique. Le tube anthérifère ou le synème est ordinairement fendu en cinq lobes peu profonds à sa partie supérieure ; le tube anthérique est également quinquéfide, en sorte que les cinq anthères ne sont soudées que par leur moitié inférieure.

Chaque anthère s'ouvre par sa face interne. L'ovaire, bien manifestement infère, est à une seule loge du sommet de laquelle pend un ovule renversé, qui n'en remplit qu'une partie. Cet ovaire est couronné par un disque épigyne, glanduleux et jaunâtre, qui se continue, d'une part, avec la base du style, et de l'autre, avec le tube de la corolle. Dans le genre *Acicarpha*, les ovaires de toutes les fleurs sont entregreffés entre eux, et semblent en quelque sorte nichés dans la substance même du réceptacle. Le style est toujours simple, entièrement glabre, un peu renflé dans sa partie supérieure, et terminé par un stigmate hémisphérique, simple et glanduleux. Le fruit est un akène qui se termine à sa partie supérieure par le limbe calicinal, lequel forme ou cinq arêtes épaisses, inégales et en forme de cornes, ou simplement cinq écailles. La graine qu'il renferme se compose : 1° d'un épisperme ou tégument propre, sur l'un des côtés duquel on voit régner un vasiducte ou raphé, qui s'étend de la base de la graine jusqu'à son sommet; 2° d'un endosperme épais et charnu; 3° et enfin d'un embryon cylindrique renversé, placé au centre de l'endosperme. En comparant ces caractères avec ceux des Plantes de la famille des Synanthérées, il sera facile d'apercevoir l'extrême analogie qui existe entre ces deux familles. En effet l'on y observe le même port, la même disposition de fleurs et une organisation intérieure presque en tous points analogue. Mais cependant il existe des différences assez tranchées pour justifier la séparation de ces deux familles. Ainsi l'ovule est renversé et non dressé comme dans les Synanthérées; les étamines ont leurs filets monadelphes et non distincts; le stigmate est simple et non bifide. Tels sont les caractères distinctifs entre les Calycérées et les Synanthérées.

La famille qui nous occupe a également les plus grands rapports avec les Dipsacées. Mais ses feuilles alternes et non opposées, ses étamines à la fois synanthères et monadelphes la distinguent suffisamment de ce dernier groupe.

Il résulte donc de ces observations que la famille des Calycérées doit être placée entre les Dipsacées et les Synanthérées, et qu'elle établit en quelque sorte le milieu entre ces deux ordres naturels. (A. R.)

* CALYCIFLORES. (*Végétaux.*) BOT. PHAN. De Candolle appelle ainsi la seconde division qu'il établit parmi les Dicotylédones, et dans laquelle il place les Végétaux dicotylédons qui ont la corolle monopétale ou polypétale insérée sur le calice. Cette division correspond exactement à la neuvième classe de la méthode de de Jussieu, c'est-à-dire aux Dicotylédones monopétales qui ont la corolle périgyne. (A. R.)

* CALYCINAIRES. (*Fleurs.*) BOT. PHAN. Les fleurs doubles ou pleines doivent cette multiplication extraordinaire des pétales à la transformation d'un ou de plusieurs des autres organes de la fleur. Ainsi ce sont tantôt les étamines, tantôt les pistils; quelquefois ce sont les sépales du calice : dans ce dernier cas, De Candolle donne à ces fleurs le nom de *Calycinaires*, pour rappeler l'origine de leur multiplication. (A. R.)

CALYCIUM. BOT. CRYPT. (*Urédinées.*) L'opinion des divers auteurs est très-divisée sur la famille à laquelle on doit rapporter ce genre. Acharius et Persoon le rangent parmi les Lichens; Link le place dans la famille des Lycoperdacées à côté des genres *Craterium*, *Onygena*, etc.; enfin, Nées, dont nous croyons devoir adopter ici la manière de voir, le rapporte à ses *Protomyci* qui correspondent à la famille des Urédinées, auprès des

CAL

genres *Tubercularia*, *Atractium*, etc., avec lesquels il nous paraît avoir les plus grands rapports. Quelle que soit l'opinion qu'on admette, on peut caractériser ce genre ainsi : sporules globuleuses ou ovales, libres, portées sur un réceptacle fibreux en forme de tête ou de cône renversé, pédicellé, et présentant quelquefois à sa base une croûte lichenoïde. Cette croûte lichenoïde, qui paraîtrait rapprocher ce genre des Lichens, n'existe pas dans toutes les espèces, et il serait même possible qu'elle leur fût toujours étrangère. On connaît une vingtaine d'espèces de ce genre ; presque toutes croissent sur les bois pourris ; elles sont très-petites et de couleur noire ou brune foncée ; on les divise en trois sections suivant que leur réceptacle est sessile, qu'il est pédiculé et en forme de cône renversé, présentant une sorte de calice ou de cupule, ou qu'il est pédiculé et arrondi en tête. Achar a donné à ces trois sections les noms d'*Acolium*, de *Phacotium* et de *Strongylium*. Une des espèces les plus communes est le *Calycium claviculare*, Ach. ; il se trouve surtout fréquemment dans les vieux Saules creux. (AD. B.)

CALYCOPTÈRE. *Calycopteris.* BOT. PHAN. (Lamk., *Illust.* t. 357.) *V.* GÉTONIE. (B.)

CALYDERME. *Calydermos.* BOT. PHAN. Lagasca (*Genera et specie.*) a proposé ce genre pour deux Plantes de la famille des Corymbifères, Syngénésie Polygamie égale, L., dont les caractères sont : involucre oblong, composé d'écailles imbriquées et scarieuses ; réceptacle chargé d'écailles et de fleurons qui sont tous égaux, hermaphrodites et à cinq dents ; fruits nus et turbinés. Deux espèces herbacées, mais vivaces, le composent, le *Calydermos scaber*, qui croît au Mexique, et le *Cal longifolius* qui a été trouvé à la Nouvelle-Espagne. (A. R.)

Le genre CALYDERMOS de la Flore du Pérou, répond au Nicandra de Persoon. *V.* NICANDRA. (B.)

TOME III.

CALYMÈNE. *Calymene.* CRUST. FOSS. Genre d'Animaux fossiles de la famille de Trilobites, fondé par Alexandre Brongniart (Hist. natur. des Trilobites in-4°, Paris 1822), et ayant, suivant lui, pour caractères : corps contractile en sphère presque demi-cylindrique ; bouclier portant plusieurs tubercules ou plis, et deux tubercules oculiformes réticulés ; abdomen et post-abdomen à bords entiers, le premier divisé en douze ou quatorze articles ; point de queue prolongée. Ce genre a beaucoup d'analogie avec celui des Asaphes, dont les premières espèces présentent, à peu de choses près, les mêmes caractères ; cependant lorsqu'on examine les extrêmes on trouve entre ces deux genres quelques différences assez tranchées. Les Calymènes au contraire se distinguent essentiellement des Ogygies par la forme de leur corps qui est contractile, par la présence des tubercules oculiformes réticulés, et par le nombre des articulations à l'abdomen qui varie de douze à quatorze. Ces Animaux sont ellipsoïdes, presque demi-cylindriques dans leur épaisseur ; leur bouclier est surtout très-reconnaissable : on y voit une sorte de chaperon ou de lèvre supérieure plus ou moins relevée, et offrant un petit sillon, lequel semblerait indiquer une séparation entre la partie supérieure de cette espèce de lèvre et sa partie inférieure, et comme une ouverture entre ces deux portions de la même partie. On y remarque encore un front garni de six tubercules rangés sur deux lignes longitudinales ; enfin il existe en dehors de ce front ou vertex deux éminences que l'on pourrait appeler joues, et qui supportent des yeux saillans, cornés, à structure réticulaire. L'abdomen, partagé transversalement en douze ou quatorze anneaux, est aussi divisé dans le sens de la longueur, en trois lobes par deux sillons profonds. Les côtes, ou arcs costaux, ou lobes latéraux, ou flancs, sont aplatis de devant en arrière, et chacun d'eux est divisé, par un léger sillon, en deux

6

pièces qui correspondent à l'épister-
num et à l'épimère constituant aussi
les flancs dans les Insectes. Le post-
abdomen présente même ces arcs bi-
furqués vers leur extrémité, et ils semblent avoir soutenu une expansion
membraneuse ou coriace. Nous citerons plusieurs espèces : la première peut être considérée comme
type du genre.

CALYMÈNE DE BLUMENBACH, *Cal.
Blumenbachii.* Décrit très-ancienne-
ment sous le nom de Fossile de Dudley. Cette espèce est la même que
l'Entomolithus paradoxus de Blumenbach , et *l'Entomostracites tuberculatus* de Vahlenberg. Elle se rencontre
principalement en Angleterre , dans
le calcaire de transition de Dudley
dans le Worcestershire. Elle a encore été trouvée aux États-Unis d'A-
mérique , dans la province d'O-
hio , et dans le canton de Genessée,
faisant partie de l'État de New-
Yorck.

LE CALYMÈNE DE TRISTAN , *Cal.
Tristani.* Décrit pour la première fois
par Tristan (Jour. des min., V. XXIII,
n° 135 , p. 21). Elle a été trouvée
dans des roches de Schiste argileux
grisâtre ou jaunâtre de la Hunaudière, près de Nantes. On l'a aussi rencontrée à Brenville près de Briquebec
dans le Cotentin; à Siouville, dans un
Phyllade pailleté presque luisant et
un peu carburé, enfin dans plusieurs
autres lieux des environs de Valogne
et de Cherbourg.

LE CALYMÈNE VARIOLAIRE , *Cal.
Variolaris.* Parkinson (*Organics Re-
mains*, tab. XVII , fig. 16) a représenté sa partie antérieure. Il a été observé à Dudley.

LE CALYMÈNE MACROPHTHALME ,
Cal. Macrophthalma. Il a été trouvé
dans un Schiste analogue à celui de la
Hunaudière , et provenant , à ce
qu'il paraît , de ce lieu; à Coal-Brook-
Dale , en Shorpshire, et aux États-
Unis d'Amérique. La détermination
des deux dernières espèces ayant été
faite sur des échantillons en mauvais

état , n'a pas le même degré de certitude que les précédentes.

(AUD.)

CALYMENIE. *Calymenia.* BOT.
PHAN. Persoon (Syn. 1, p. 36.) adopte
ce genre établi dans la *Flora Peruviana* (*Prodr.* 1 , p. 45 et 46 , t. 75).
Il appartient à le Triandrie Monogynie, L., famille des Nyctaginées. Il est le
même qu'*Oxybaphus* antérieurement
établi par L'Héritier. Le *Calyxhymenia* est encore la même chose. Nuttal
(*Genera of north American Plants*)
adopte le même nom pour les Allio-
nies de l'Amérique septentrionale,
que nous avons déjà soupçonné devoir être détachées du genre où Michaux les avait placées. *V.* OXIBA-
PHE et ALLIONIA. (B.)

* CALYMPÈRES. BOT. CRYPT.
(*Mousses.*) Genre de Mousse établi par
Swartz dans le Supplément au *Species
Muscorum* d'Hedwig par Schwœgrichen , et qui est aujourd'hui généralement adopté ; Hooker, qui a donné
une excellente figure du *Calymperes
Gaertneri* dans ses *Musci exotici*, caractérise ce genre ainsi : péristome
simple , formé par une membrane
spongieuse horizontale qui couvre
d'abord tout l'orifice de la capsule et
qui se divise ensuite vers le milieu en
seize dents courtes; coiffe très-grande,
tronquée à sa base , enveloppant d'a-
bord toute la capsule , se fendant
ensuite latéralement.

La capsule est terminale; la tige
simple ou peu rameuse; les feuilles
sont allongées , ondulées , crispées
par la sécheresse ; leur nervure est
forte et s'étend jusqu'à l'extrémité de
la feuille. Ces Mousses ont le port des
Polytrics. On n'en connaît encore
que trois espèces , toutes trois des régions équinoxiales ; deux ont été figurées par Schwœgrichen : l'une a été
recueillie au royaume d'Oware par
Palisot-Beauvois et porte son nom ;
l'autre a été découverte par Richard à
la Guiane, on la nomme *Calymperes
lonchophyllum.* Enfin , la troisième a
été figurée par Hooker sous le nom

de *Calympteres Gaertneri*. Elle est du Nepaul.   (AD. B.)

CALYPLECTE. *Calyplectus.* BOT. PHAN. Genre établi dans la *Flora Peruviana* pour un Arbre qui ne diffère des Munchausies que par le nombre des pétales qui est double. Ce caractère n'étant pas suffisant pour constituer un genre, Jussieu pense que le Calyplecte doit être rejeté. *V.* MUN-CHAUSIE.   (B.)

CALYPSO. *Calypso.* BOT. PHAN. Du Petit-Thouars avait d'abord donné ce nom à un Arbrisseau observé par lui à Madagascar, et qu'il croyait former un genre nouveau; mais depuis, ce genre ayant été reconnu être le même que le *Tontelea* d'Aublet, Salisbury et Richard ont appliqué le nom de Calypso à un genre de la famille des Orchidées, qui offre les caractères suivans : son ovaire est pédicellé et non contourné; son calice est étalé et ses divisions sont presque égales; le labelle est concave et presque en forme de sabot; le gynostème est allongé et membraneux sur les bords; l'anthère est terminale, arrondie; ses loges sont simples; le pollen est en masses solides, ovoïdes, un peu comprimées.

Ce genre ne renferme qu'une seule espèce, c'est le *Calypso borealis* de Salisbury (*Paradis. Lond.* t. 89), ou *Cypripedium bulbosum* de Linné, *Limodorum boreale* de Willdenow. Cette jolie petite Plante, qui est assez rare, présente une tige renflée à sa base et recouverte de fibrilles, à peu près comme dans le *Liparis Loeselii*, il en naît une seule feuille ovale, lancéolée, entière, et une hampe terminée par une seule fleur pourpre et assez grande. Elle croît dans les régions septentrionales de l'Europe, en Sibérie, à Terre-Neuve et dans quelques parties de l'Amérique du nord. R. Brown a voulu distinguer celle de cette dernière localité sous le nom de *Calypso americana.* Mais nous n'avons pu en saisir les caractères distinctifs.   (A. R.)

*CALYPTERIA. OIS. (Illiger.) Nom donné aux plumes de la couverture de la queue.   (B.)

*CALYPTRACIENS. MOLL. Quatrième famille de l'ordre des Gastéropodes de Lamarck (Anim. sans vert., T. VI, part. 2, p. 1; et Extr. de son Cours, p. 114), dans laquelle ce savant réunit les genres Parmophore, Émarginule, Fissurelle, Cabochon, Calyptrée et Crépidule. Il y ajoute provisoirement le genre Ancyle oublié dans ses traités antérieurs, et donne à cette coupe les caractères suivans : branchies placées dans une cavité particulière sur le dos, dans le voisinage du cou, et saillantes, soit seulement dans cette cavité, soit même au dehors. Elles ne respirent que l'eau. Coquille toujours extérieure, recouvrante.

Nous avons adopté cette même dénomination pour le second sous-ordre des Mollusques Scutibranches, *V.* ce mot, sous-ordre que nous divisons en deux familles, celle des Cabochons et celle des Patelloïdes. *V.* ces mots. Notre coupe comprend de plus que la famille créée par Lamarck les genres Septaire (Navicelle, que Lamarck rapproche des Nérites), et Trémésie de Rafinesque, celui-ci encore incertain. Quant aux Ancyles, elles doivent rester dans les Pulmonées.   (F.)

CALYPTRANTHE. *Calyptranthes.* BOT. PHAN. Swartz a nommé ainsi un genre de Plantes de la famille des Myrtinées, et de l'Icosandrie Monogynie, L., qui tient en quelque sorte le milieu entre le Myrte et l'Eucalyptus, et offre pour caractères : un calice turbiné, adhérent par sa base avec l'ovaire infère, clos dans sa partie supérieure qui s'ouvre par une sorte d'opercule ou de coiffe, coupée circulairement, et d'une manière irrégulière. Les étamines sont nombreuses, insérées aux parois du calice. Celui-ci, lorsque la coiffe est tombée, est presque campanulé et à bord irrégulier. L'ovaire est semi-infère à deux loges, contenant chacune un petit nombre d'ovules; il est surmonté par un style simple, dressé, au sommet duquel est un stigmate très-petit et entier. Le fruit est une baie globuleuse couronnée par une partie du calice ; elle renferme de deux à six graines.

Ce genre contient des Arbres et des Arbrisseaux à feuilles le plus souvent opposées. Swartz en décrit trois espèces dans sa Flore des Indes-Occidentales, savoir les *Calyptranthes Zuzygium*, *Chytraculia* et *rigida*. Les noms spécifiques des deux premiers méritent d'être remarqués, parce qu'ils sont génériques dans Gaertner et dans Browne. Les *C. cumini*, *caryophyllata* et *Jambolena* croissent dans les Indes-Orientales et à Ceylan. On en connaît encore deux espèces, le *C. guineensis* et le *C. paniculata*, ce dernier originaire du Pérou. *V.* Swartz, *Fl. Ind.-Occid.*, tab. 15, Browne, *Jam.*, tab. 7, fig. 2, et tab. 37, fig. 2.

(A. D. J.)

* CALYPTRANTHUS. BOT. PHAN. Du Petit-Thouars établit sous ce nom un genre particulier pour le *Capparis panduriformis* de Lamarck, qui est le *Thilachium africanum* de Loureiro. *V.* THILACHIUM. (A. R.)

*CALYPTRE. *Calyptra*. MOLL. Dénomination générique employée par Klein (*Ostrac.* p. 118, § 290) pour désigner le premier genre de sa classe Ansata. *V.* ce mot. Il y réunit à de véritables Calyptrées, des Patelles et l'*Ancylus fluviatilis*, et il paraît avoir eu, en établissant ce genre, plutôt en vue la forme générale des Coquilles que la languette intérieure de quelques-unes d'entre elles. La première espèce de Klein, la *Patella equestris* de L., est devenue pour Humphrey (*Mus. Calonnian.*, p. 5) le type du genre Calyptre, *Calyptra*, qui est le même que celui que Lamarck a nommé depuis Calyptrée. *V.* ce mot. (F.)

CALYPTRE. *Calyptra*. BOT. CRYPT. Syn. de coiffe lorsqu'il est question de Mousses. Les racines des Lenticules sont inférieurement terminées par un organe du même genre. *V.* COIFFE. (B.)

CALYPTRÉ. *Calyptrus*. MOLL. Nom donné par Montfort (Conchyl., T. II, p. 78) au genre Calyptrée de Lam., en en changeant la terminaison. *V.* CALYPTRÉE. (F.)

CALYPTRÉE. *Calyptroea*. MOLL. Genre d'abord indiqué sous un nom analogue par Klein (*Ostrac.*, p. 118) et limité aux vraies Calyptrées par Humphrey (*Mus. Calonnian.*, p. 5); puis définitivement institué par Lamarck (Mém. de la Soc. d'hist. nat. de Paris, p. 54). Ce genre a été confondu dans les Patelles par Linné, et dans ces derniers temps encore par Ocken, malgré les divisions établies à leurs dépens par Lamarck. Plusieurs de ses espèces étaient connues des anciens naturalistes, tels que Buonanni, Rumphius, Petiver, Lister, etc., qui les désignaient sous les noms de Lépas à appendice, Cabochons à languette, Bonnets chinois ou de Dragon, etc. Martini en a fait la troisième division de ses Lépas (*Lepades vertice adunco semi-concameratœ, sive stilo interno donato. Conch.*, 1, p. 93 et 150). Linné, dans les dernières éditions du *Systema Naturæ*, avait déjà donné cet exemple, suivi depuis par Gmelin. Dillwyn (*Descrip. catal.*), en le suivant à son tour, a distingué, par une coupe particulière, les Crépidules des Calyptrées. Montfort (Conchyl., 2, p. 78) en adoptant avec de Roissy le genre Calyptrée de Lamarck, en a séparé, sur l'indication du premier (Moll. de Sonnini, T. V, 241), les espèces qui offrent extérieurement une ligne spirale plus ou moins distincte, pour les joindre à son genre Entonnoir, *Infundibulum*, créé pour un *Trochus* de Linné. Cuvier (Règne An., T. II, p. 451) présume que ces espèces devront peut-être en effet se rapprocher des Pectinibranches, lorsque leur Animal aura été examiné. Lamarck, d'après ces diverses observations, a cru devoir retirer des Calypt.es les Coquilles dont la cloison, pre ue horizontale, trace une ligne spir : visible à l'extérieur, mais il n'ad e pas le genre *Infundibulum* de Montfort. Il laisse l'espèce qui en est le type dans les Trochus, et y rapporte aussi les Calyptrées à spirale, telle que sa *Cal. trochiformis*, qu'il nomme *Tr. calyptræformis* (An. sans vert., 2ᵉ édit., T. VII, p. 558), imitant en cela Brander qui a figuré cette Coquille. Nous ne pensons pas que ces conjectures puissent être admises. Le Trochus dont Montfort a fait le genre *Infundibulum* peut rester dans les Trochus, mais la *Cal. trochiformis* et les espèces analogues nous paraissent devoir rester dans les Scutibranches et former, soit un genre nouveau, intermédiaire entre les Crépidules et les Calyptrées, soit un sous-genre dans l'un ou l'autre de ces deux genres. La lame septiforme des Calyptrées en question a les plus grands rapports avec celle des Crépidules dont certaines espèces offrent non seulement un sommet un peu spiral, mais aussi un sommet élevé et éloigné de la circonférence, ce qui établit entre ces Coquilles une grande analogie, tandis que des Calyptrées de cette sorte se rapprochent à leur tour des Crépidules par l'inclinaison de leur sommet rapproché de la base du test. Nous ne serions donc pas surpris que l'observation des Animaux fît réunir ces Calyptrées aux Crépidules ; nous les conserverons néanmoins jusqu'à nouvel ordre dans le genre Calyptrée, en les séparant de celles qui lui appartiennent réellement. On peut aussi distinguer dans ce genre des espèces intermédiaires par la forme et la direction de leur languette entre les véritables Calyptrées et celles analogues à la *Calyptr. trochiformis* ; dans ces espèces, la languette est adhérente du haut en bas par un de ses côtés sur une partie de la paroi du test ; elle offre un plan peu saillant, plus ou moins oblique, par rapport à cette paroi, et dont la direction longitudinale est aussi perpendiculaire au plan de l'ouverture. Enfin, dans les vrais Calyptrées, cette languette varie également, car elle présente un petit cornet complet, aplati sur un des côtés, ou plus ou

moins échancré du sommet à la base du cône. Toutes ces modifications dans les Calyptrées, depuis les Crépidules jusqu'aux Septaires, montrent évidemment que ces Coquilles appartiennent à une même coupe, dont on ne peut séparer quelques membres, pour les porter aux Pectinibranches. Quelquefois la languette intérieure semble dépasser le plan de l'ouverture, ce qui, joint au manque d'épiderme dans ces Coquilles, à leur blancheur, à la transparence de plusieurs d'entre elles, a fait soupçonner à de Roissy et à Montfort que les véritables Calyptrées étaient des Coquilles en partie recouvertes par le manteau de l'Animal, dont la masse serait plus considérable que la cavité du test. Plusieurs sont couvertes d'épines creuses ou petits tubes qui semblent indiquer que les bords du manteau sont garnis d'une foule de petits filets sur lesquels se moulent ces petits tubes. L'on ne connaît encore l'Animal d'aucune Calyptrée ; cependant plusieurs espèces vivent sur nos côtes. Voici les caractères du genre Calyptrée : (Animal inconnu) test conoïde à sommet imperforé plus ou moins élevé ou surbaissé ; axe vertical, quelquefois un peu oblique par rapport à la base, celle-ci orbiculaire ou elliptique et souvent irrégulière dans ses contours. Empreinte volutatoire bien marquée chez quelques espèces, quelquefois même un à deux spires ; cavité munie d'un appendice vertical, détaché ou adhérent, en demi–tube ou en cône complet, ou d'une languette formée par une saillie oblique sur la partie interne, ou bien pourvue, dans les espèces à spirale plus ou moins distincte, d'un diaphragme en spirale, souvent presque horizontal, soutenu par une columelle torse et solide. Les espèces les plus remarquables de ce genre sont réparties dans trois sections :

† CAMPANULÉES. Un appendice vertical en cornet ou en demi–tube, sans spire. Genre Calyptrée de Lamarck et Montfort.

1. *Calyptræa equestris*, Lamk.

Martini, tab. 13, fig. 119, 120, Gualtieri, t. 9, f. z. Elle habite l'océan Indien. Lamarck a confondu la suivante avec celle-ci. L'*equestris* se distingue par des bandes circulaires de très-fines stries, qui font paraître sa Coquille comme gravée, et par un sommet mousse, excentrique. Elle varie beaucoup. Vulgairement la Cloche ou la Sonnette. — 2. *C. Neptuni*, Dillw., Davila, Cat., t. 2, B. Martini, t. 13, f. 117, 118, vulgairement le Bonnet de Neptune. Elle habite, à ce qu'on croit, les Antilles. Elle offre des stries ou côtes longitudinales ondulées, subépineuses. La fig. de Favanne offre à tort une sorte de spire. — 3. *C. Tectum*, Dillw. *Patella Tectum-Sinense*, Chemnitz, t. 168, f. 1630, 1651. Lamk., sp. 4. Elle habite les îles de la Sonde; vulgairement le Toit chinois, la Molette. — 4. *C. auriculata*, Dillw.; Chemn. x, t. 168, f. 1628, 1629. Vulgairement le Bonnet chinois rayé. Cette espèce et la suivante ont leur appendice en demi-cornet aplati sur un de ses côtés. — 5. *C. tubifera*, N. (*V.* Planches de ce Dictionnaire). Belle espèce que nous ne trouvons pas indiquée. Elle est fauve et luisante à l'intérieur et couverte extérieurement de petits tubes creux, saillans, en forme d'épines, par rangées circulaires; l'appendice est adhérent par un de ses côtés. Nous ne connaissons aucune espèce fossile de ce groupe.

†† Une languette verticale, plane, oblique et peu saillante sur la paroi interne, sans spire.

6. *C. deformis*, Lamk., An. sans vert., T. VII. p. 532. Espèce fossile des environs de Bordeaux. On rapporte aussi à cette section une très-petite espèce conique des environs de Dax.

††† TROCHIFORMES. Un diaphragme interne soutenu par une columelle; test offrant une empreinte volutatoire plus ou moins distincte. *Infundibulum*, Montf., Blainv.; *Trochus*, Lamk.

7. *C. Sinensis*, Dillw., Martini, tab. 13, f. 121, 122. Lister, Conchyl. t. 546, f. 39; *P. albida*, Donovan, t.

129. Peut-être confond-on deux espèces sous ce nom : celle des Indes, figurée par Chemnitz, et celle de nos côtes, figurée par Donovan. Vulgairement le Bonnet chinois. — 8. *C. Trochiformis*, Chemnitz, t. 168, f. 1626, 1627. Elle habite les Grandes-Indes. — 9. *C. trochoides*, Dillw., Martini, Conch., t. 13, f. 155. Favanne, t. 4. f. A. 2. Le Bouton de chapeau. — 10. *C. pilea*, *Tr. pileus*, Lamk., An. sans vert., t. 7, p. 11. — 11. *C. Lamarckii*, *Troch. calyptræformis*, Lamk., An. s. vert., t. 7, p. 12. — 12. *C. plicata*, *Patella*, Gmel. — 13. *C. striata*, *Patella*, Gmel. — 14. *C. contorta*, *Patella*, Gmel. — 15. *C. depressa*, *Patella*, Gmel.

Espèces fossiles de cette section.

16. *C. muricata*, Brocchi, Conch., p. 254, t. 1, f. 2; *Cal. depressa*, Lamk., An. sans vert., t. 7, d. 532. Se trouve en Italie et aux environs de Bordeaux. — 17. *C. echinata*, *Patella*, Gmelin, *Syst. Nat.* p. 3695. Martin, *Neuest. Mannig.*, 1, p. 407, t. 7, f. 7, 8. *Trochus apertus* et *opercularis*, Brander; *Calyp. trochiformis*, Lamk., Ann. du Mus., 1, p. 385, n° 1. *Trochus calyptræformis*, An. sans vert., t. 7, p. 558. Lamarck mentionne deux variétés qui peut-être doivent faire deux espèces. Il rapporte à cette Coquille, comme en étant l'analogue vivant, la *Calypt. Lamarkii*, sous le nom de *Calyptræformis* que nous avons dû changer. Cette espèce se trouve à l'état fossile en Angleterre, aux environs de Paris et en Champagne. — 18. *C. crepidularis*, Lamk., Annales, n° 2. de Roissy, Moll., T. v, p. 244. Fossile de Grignon, elle se rapproche beaucoup des Crépidules. Elle est rare. (F.)

* CALYPTRÉES. *Colyptrati*. BOT. CRYPT. Nom sous lequel quelques botanistes ont désigné les Mousses, à cause de la calyptre ou coiffe qui surmonte leurs capsules et les distingue des Hépatiques. *V.* ce mot. (B.)

* CALYRHOYON. BOT. PHAN. (Ruellius.) Syn. de *Gypsophylle*, chez les Mages. (B.)

CALYSTEGE. *Calystegia.* BOT. PHAN. Sous ce nom, R. Brown a séparé du genre Liseron plusieurs espèces remarquables par les deux grandes bractées qui embrassent leurs fleurs, et par leur ovaire divisé incomplétement en deux loges et contenant quatre graines. Ce nouveau genre renferme des Plantes herbacées, lactescentes, glabres, à tige grimpante ou couchée, à pédoncules uniflores et solitaires, qu'on ne rencontre que hors des tropiques. Deux espèces originaires d'Europe, les *Convolvulus Soldanella* et *Sepium* de Linné, lui appartiennent. Cette dernière, qui croît dans nos environs, se retrouve au Pérou et dans la Nouvelle-Hollande, où R. Brown l'a observée. Il y a découvert de plus deux espèces nouvelles qu'il nomme *Calystegia marginata* et *reniformis*. *V.* LISERON.   (A.D.J.)

CALYTRIPLE. *Calytriplex.* BOT. PHAN. Ruiz et Pavon ont proposé l'établissement de ce genre nouveau pour une Plante herbacée qui croît au Pérou, dans les lieux marécageux, et qu'ils ont nommée *Calytriplex obovata*. Les caractères qu'ils en donnent et qu'ils ont figurés T. XIX de leur *Genera*, consistent en un calice qui paraît triple (de-là l'étymologie du nom générique), c'est-à-dire qu'en dehors de chaque fleur on trouve deux petites bractées lancéolées appliquées immédiatement sur le calice; celui-ci est à cinq divisions, trois extérieures plus larges et deux internes lancéolées. La corolle est monopétale, irrégulière, tubuleuse. Son limbe est à cinq divisions, deux supérieures plus larges. Le style se termine par un stigmate capitulé, un peu échancré. Le fruit est une capsule biloculaire, à deux valves bifides à leur sommet; elle contient plusieurs graines striées transversalement, attachées à deux trophospermes qui règnent de chaque côté de la cloison.

Le *Calytriplex obovata* présente des feuilles obovales, très-entières et dépourvues de nervures. Il doit être placé dans la famille naturelle des Scrophularinées, et paraît, selon Jussieu, avoir des rapports avec le genre *Russelia* de Jacquin.   (A. R.)

CALYTRIX. BOT. PHAN. Labillardière, dans sa Flore de la Nouvelle-Hollande, a établi sous ce nom un genre nouveau de la famille des Myrtinées et de l'Icosandrie Monogynie, L., auquel il donne pour caractères: un calice turbiné adhérent avec l'ovaire infère, terminé par un limbe tubuleux, à cinq divisions qui finissent en une longue pointe capillaire (de-là l'étymologie du nom de ce genre). La corolle se compose de cinq pétales ovales oblongs, insérés à la partie supérieure du calice; les étamines sont fort nombreuses et attachées au même point que la corolle. L'ovaire est surmonté d'un style simple, au sommet duquel on observe un stigmate presque capitulé. Le fruit est une petite drupe sèche monosperme. Ce genre ne se compose que d'une seule espèce, *Calytrix tetragona*, Labillardière (Nouv.-Holl., 2, p. 8, t. 146). C'est un petit Arbuste qui ne s'élève guère au-delà de quatre à cinq pieds, et qui a le port d'une Bruyère; ses rameaux sont velus, ses feuilles éparses, linéaires et presque tétragones, parsemées de points glanduleux. Ses fleurs sont axillaires, solitaires et pédonculées. Il croît à la Nouvelle-Hollande.   (A. R.)

*CALYXHYMÈNE. *Calyxhymenia.* BOT. PHAN. *V.* CALYMÉNIE.

CAM. MAM. Syn. portugais de Chien.   (A. D. NS.)

CAM. BOT. PHAN. Paraît être le Nard dans la langue chinoise. On le nomme plus particulièrement *Cam-Sumhiam* à la Chine, et *Cam-Tung-huong* chez les Cochinchinois. (B.)

CAMAA. MAM. Même chose que Caama chez les Hottentots. (B.)

CAMACARI. BOT. PHAN. (Marcgraaff.) Grand Arbre du Brésil, qu'il est impossible de déterminer. Ses feuilles ressemblent à celles du Laurier; son Bois est jaune, et l'on en fait des boîtes pour conserver le Sucre ; il donne une Résine qu'on dit être vermifuge. (B.)

* CAMACÉES. MOLL. Famille de Mollusques Lamellibranches instituée par Lamarck, d'abord dans ses Mollusques acéphalés testacés dimyaires (Extr. du Cours de Zool., p. 105), et ensuite dans sa classe des Conchyfères (An. sans vert. T. v i, 1ʳᵉ p., p. 89). Il donne à cette famille pour caractères : une coquille inéquivalve, irrégulière, fixée; une seule dent grossière ou aucune à la charnière, deux impressions musculaires séparées et latérales. Ce naturaliste y réunit les trois genres Dicérate, Came et Éthérie. *V*. ces mots. Nous avons adopté cette famille (Tabl. syst. des An. moll., p. XIV) avec les mêmes genres. Elle fait partie, dans notre classification, de l'ordre des Cardiacés. *V*. ce mot. (F.)

CAMACOAN. BOT. PHAN. (Rumph.) Syn. de *Canarium odoriferum. V*. CANARIUM. (B.)

* CAMADIA. MOLL. *V*. BIVERONE.

CAMADJARA. BOT. PHAN. Syn. javanais d'*Andropogon Schœnanthus*, L. *V*. ANDROPOGON. (B.)

CAMADU. BOT. PHAN. (Rumph.) Nom javanais d'une Ortie indéterminée. (B.)

CAMAGNOC. BOT. PHAN. Variété de Manioc, cultivée à Cayenne, dont la racine n'a aucune qualité vénéneuse et peut se manger bouillie ou rôtie, sans que le suc en ait été extrait. (B.)

CAMAIL. OIS. (Buffon.) Espèce du genre Tangara, *Tangara atra*, L. *V*. TANGARA. (DR..Z.)

CAMAJONDURO. BOT. PHAN. Syn. d'*Helicteres apetala* à Carthagène, dans l'Amérique méridionale. (B.)

CAMALANGA ou COMOLANGA. BOT. PHAN. (Daléchamp.) Cucurbitacée de Sumatra, dont le fruit est oblong, et qui croît sur terre comme les Melons. On en fait d'excellentes confitures. Il est probable que c'est le Camolenga de Rumph. *V*. ce mot. (B.)

CAMALEONE ET CAMÉLÉONE.

BOT. PHAN. Noms vulgaires donnés par d'anciens botanistes aux racines de diverses Plantes Cinarocéphales, auxquelles on attribuait des propriétés médicinales et la faculté de changer de forme et de couleur. (B.)

CAMAMILLA ET CAMAMILLINA. BOT. PHAN. Vieux noms de la Camomille et de la Matricaire. (B.)

CAMANBAYA. BOT. PHAN. Nom de pays du *Tillandsia usneoides. V*. TILLANDSIE. (B.)

CAMANDAG ou CAMANDANG. BOT. PHAN. (Camelli.) Arbre indéterminé des Philippines, dont le suc, appelé Taguc, est fort vénéneux, et sert pour empoisonner des flèches dont la piqûre cause la mort la plus prompte. (B.)

CAMANGSI. BOT. PHAN. (Camelli.) Espèce de Jacquier indéterminé des Philippines. (B.)

* CAMANIOC. BOT. PHAN. Même chose que Camagnoc. *V*. ce mot. (B.)

CAMANTOURAY ou CAMBANTOURA. BOT. PHAN. Syn. de *Pharnaceum distichum* à la côte de Coromandel, où la racine de cette Plante est réputée fébrifuge. (B.)

CAMARA. BOT. PHAN. Espèce de Lantana, *V*. ce mot, dont on a quelquefois étendu la signification à tout le genre. (B.)

CAMARANBAYA. BOT. PHAN. (Marcgraaff.) Espèce de *Jussiœa* du Brésil, qui pourrait bien être le *Tenella* ou peut-être une Ludwige. (B.)

CAMARA-PUGUACU. POIS. Pour Camari-Puguacu. *V*. ce mot.

CAMARE. *Camara*. BOT. PHAN. On donne ce nom à un fruit multiple, plus ou moins membraneux, s'ouvrant en deux valves par son côté interne, et contenant une ou plusieurs graines attachées à la suture intérieure. Les Aconits et la Delphinelle en offrent un exemple.

Il ne faut pas confondre la Camare avec la Samare, qui est un fruit mince, ailé, et restant complétement clos, comme celui de l'Orme, des Érables, etc. *V*. SAMARE. (A. R.)

* **CAMAR-EL-LEILLE.** POIS. C'est-à-dire *Astre de nuit.* Nom que donnent les Arabes à un Saumon du Nil, qui paraît être le *Salmo rhombeus,* Pall. *V.* SAUMON. (B.)

CAMARIA. OIS. Syn. de l'Hirondelle acutipenne, *Hirundo pelasgia,* L., à Cayenne. *V.* HIRONDELLE.
(DR..Z.)

CAMARILLA. BOT. PHAN. (L'Écluse.) Nom espagnol du *Teucrium Polium. V.* GERMANDRÉE. (B.)

CA-MARIN. OIS. Les Plongeons et les Cormorans portent ce nom sur les côtes de Normandie et de Picardie. (B.)

CAMARINE. *Empetrum.* BOT. PHAN. Les botanistes ne sont pas encore tous d'accord pour déterminer positivement le rang que doit occuper ce genre dans la série des ordres naturels. Jussieu l'avait placé à la suite de la famille des Éricinées, sans toutefois décider s'il y devait être réuni. Cette opinion a ensuite été adoptée par tous les auteurs qui ont eu à parler de ce genre. Mais les différences qu'il offre sont tellement tranchées, qu'il est impossible de le laisser auprès des Éricinées. Nous allons en faire connaître la structure avec quelques détails, parce que cette structure n'a point encore été parfaitement exposée par la plupart des botanistes. C'est principalement la Camarine noire que nous avons en vue, en décrivant l'organisation du genre, dont cette Plante est le type.

Les fleurs sont fort petites, solitaires et sessiles à l'aisselle des feuilles ; elles sont presque constamment hermaphrodites dans la Camarine noire, toujours unisexuées et dioïques dans la Camarine blanche. Chaque fleur est environnée d'une sorte de petit involucre formé d'écailles imbriquées, dressées, dont le nombre varie ; nous en avons presque toujours compté six dans l'*Empetrum nigrum.* Le calice est monosépale, à trois divisions égales et très-profondes ; il est concave et comme campanulé. La corolle se compose de trois pétales, alternes avec les lobes du calice, plus longs et plus étroits qu'eux, situés au-dessous de l'ovaire. Dans les fleurs hermaphrodites, on trouve deux et plus souvent trois étamines, insérées au même point que les pétales, c'est-à-dire à une sorte de petit pédicule très-court, qui soutient l'ovaire. Leurs filets sont grêles, capillaires, deux fois plus longs que la corolle ; les anthères sont didymes, à deux loges qui s'ouvrent chacune par un sillon longitudinal. L'ovaire est globuleux et déprimé, lisse, profondément ombiliqué à son centre, porté sur un petit pédicule court, étroit, qui constitue une sorte de disque hypogyne, coupé transversalement ; il offre sept, huit ou neuf loges, contenant chacune un seul ovule redressé. Le style est court, il naît de l'enfoncement profond qu'on remarque à la partie centrale de l'ovaire et se termine par un stigmate élargi, pelté en forme de disque, partagé en un nombre de rayons égal au nombre des loges de l'ovaire.

Le fruit est une baie globuleuse, déprimée, contenant de sept à neuf graines osseuses, renfermées dans autant de loges. Chaque graine se compose d'un tégument osseux, et d'un endosperme charnu dans lequel on trouve un embryon dressé, ayant la radicule inférieure.

Le genre Camarine ne se compose que de deux espèces, la Camarine noire, *Empetrum nigrum,* L., petit Arbuste faible, ayant le port d'une Bruyère, des feuilles très-petites, persistantes, éparses, à bords tellement roulés en dessous, qu'on n'aperçoit à la face inférieure de la feuille qu'une simple fente longitudinale, en sorte que la feuille est creuse. Ses fleurs sont fort petites, en général hermaphrodites, d'un rouge foncé ; il leur succède de petites baies pisiformes, déprimées, noirâtres, acidules, contenant de sept à neuf graines osseuses. Cette espèce croît dans les lieux montueux, en Auvergne, dans les Vosges, les Alpes et les Pyrénées.

La seconde espèce ou la Camarine

blanche, *Empetrum album*, L., est originaire du Portugal. Elle est dressée et offre à peu près le même port que la précédente ; ses fleurs sont constamment dioïques. Selon l'Écluse, ses fruits ne contiennent que trois graines.

Quant à l'*Empetrum pinnatum* de Lamarck, découvert à Montevideo par Commerson, il fait partie du genre *Margaricarpus* établi par Ruiz et Pavon.

En comparant les caractères que nous venons de tracer du genre *Empetrum*, il sera facile de remarquer combien il diffère des véritables Éricinées. En effet sa corolle est manifestement polypétale, et ses étamines sont, ainsi que les pétales, insérées sous l'ovaire. Ces caractères, joints au diclinisme des fleurs, rapprochent ce genre du *Ceratiola* établi par Richard père dans la Flore de Michaux, ainsi que ce botaniste l'avait déjà indiqué. Ces deux genres constituent un petit groupe distinct que l'on doit éloigner des vrais Éricinées, mais dont les affinités ne sont pas faciles à déterminer. Nous ne saurions à cet égard partager l'opinion de Nuttal (*Genera of north Amer. Plants*) qui rapproche ces deux genres de la famille des Conifères. Il nous a été impossible de nous rendre compte des motifs qui ont engagé cet auteur à établir ce singulier rapprochement. Nous pensons que la petite famille des Empétracées, que nous proposons d'établir, n'a aucun rapport avec les Conifères. Nous éclaircirons cette question au mot EMPÉTRACÉES. (A.-R.)

CAMARINHEIRA et CAMARINNAS. BOT. PHAN. Noms vulgaires de la Camarine en Espagne et en Portugal. (B.)

CAMARI-PUGUACU. POIS. (Marcgraaff.) Syn. de *Clupea cyprinoides*, espèce du genre Clupe. *V.* ce mot. (B.)

CAMAROCH et CHAMAROCH. BOT. PHAN. (Rumph.) Syn. persan d'*Averrhoa Carambola*, L. *V.* CARAMBOLIER. (B.)

* CAMARON ou CAMARONE.

CRUST. Syn. d'Écrevisse chez les Espagnols, qui ont étendu ce nom aux Langoustes et Homars appelés *Camarones de mar*, Écrevisses de mer. Nos Créoles ont adopté ces noms. (B.)

CAMARON ou KAMARON. BOT. PHAN. *V.* CAMMARUM.

CAMARONUS, SABRA et XABRA. BOT. PHAN. (Rhazès.) Syn. d'*Euphorbia mauritanica*, L. *V.* EUPHORBE. (B.)

CAMARU. BOT. PHAN. Syn. brasilien de *Physalis pubescens*, dont on mange les fruits, et non de *Ph. angulata*. (B.)

CAMARUMA. BOT. PHAN. Même chose que Fève de Tonga. (B.)

CAMAWARRY. OIS. (Stedmann.) Grosse espèce de Gallinule de Surinam, encore peu connue et indéterminée. (B.)

CAMAX. BOT. PHAN. (Schreber.) Même chose que *Roupourea* d'Aublet. *V.* ROUPOURIER. (B.)

CAMAYAN. BOT. PHAN. Eschelskron, cité par Murray dans sa Matière médicale, nous apprend qu'on nomme ainsi le Benjoin à Sumatra où l'on en distingue trois sortes : le *camayan-Poeti*, qui est le plus beau, blanc et traversé de lignes rouges ; le *Camayan-Bamatta*, qui est moins blanc et comme marbré ; et le *Camayan-Itan*, qui est impur et le moins estimé. (B.)

* CAMBALA. POIS. Syn. kamschadale de *Pleuronectes stellatus*. *V.* PLEURONECTE. (B.)

CAMBANG-CUNING. BOT. PHAN. et non *Cuming*. Les Malais nomment ainsi une espèce de Casse à grandes fleurs, dont les feuilles se mangent comme des herbes potagères, et qui n'est pas bien connue, encore qu'on la trouve figurée dans Rumph. (B.)

CAMBANG - TSIULANG. BOT. PHAN. Syn. du *Camunium sinense* de Rumph, à Ceylan. Cet Arbre paraît appartenir au genre Aglaia de Loureiro. (B.)

CAMBANTOURA. BOT. PHAN. *V.* CAMANTOURAY.

CAMBARE. BOT. PHAN. Nom malegache de l'Igname, dont on cultive diverses variétés à l'Ile-de-France où le nom de Cambaré est passé du langage des Nègres dans celui des Créoles. (B.)

CAMBARLES. BOT. PHAN. On désigne sous ce nom, dans quelques départemens du Midi de la France, les tiges du Maïs, qu'on donne aux bestiaux comme fourrage. (B.)

CAMBÉ. BOT. PHAN. Nom du Chanvre dans les dialectes gascons.(B.)

CAMBERY. BOT. PHAN. (Pison.) Syn. de *Myrtus Pimenta*, L. *V.* MYRTE. (B.)

CAMBET ET GAMBET. OIS. Syn. provençal de Chevalier. *V.* ce mot. (DR..Z.)

CAMBING. BOT. PHAN. Même chose que Caju-Cambing. *V.* ce mot. (B.)

* CAMBING - OUTANG. MAM. C'est-à-dire Bouc de bois. (Marsden.) Bouc sauvage de Sumatra encore indéterminé. (B.)

CAMBIUM. BOT. PHAN. Lorsqu'au temps de la végétation on enlève sur le tronc d'un Arbre dicotylédone une plaque d'écorce, et qu'on abrite la plaie du contact de l'air, on voit bientôt suinter de la surface extérieure de l'Aubier, mis à nu, des gouttelettes d'un liquide limpide et visqueux, qui se rapprochent les unes des autres, se confondent et s'étendent sur toute la surface de la plaie. C'est à ce liquide, observé d'abord par Duhamel, que l'on a donné le nom de *Cambium*. Lorsque la plaie est bien abritée du contact de l'air, ce liquide s'épaissit graduellement ; des filamens déliés s'y montrent, s'anastomosent, se multiplient, et bientôt la couche liquide est remplacée par une couche de tissu cellulaire, dans laquelle se développent de nouveaux vaisseaux, et qui finit par remplacer la plaque d'écorce que l'on a enlevée. — A une époque encore peu reculée, où la plupart des physiologistes attribuaient l'accroissement en diamètre du tronc dans les Végétaux dicotylédones, à la transformation annuelle du liber en aubier, on prêtait au Cambium un rôle beaucoup plus important dans les phénomènes de la végétation. C'était ce liquide, disait-on, qui chaque année se changeait en liber, à mesure que ce dernier organe se transformait en jeune bois. Mais aujourd'hui que l'on convient généralement de la non-transmutation du liber en aubier, le Cambium est seulement regardé comme une sorte de matrice dans laquelle se passent chaque année les phénomènes de l'accroissement en diamètre. Tous les ans il se reproduit une nouvelle couche de Cambium. Ce liquide régénérateur n'est point un fluide spécial sécrété par des organes particuliers. C'est la sève, dépouillée de toutes ses parties étrangères, convenablement élaborée et ayant acquis toutes les qualités qui peuvent la rendre propre à la nutrition de la Plante. Ce n'est donc pas sans quelque justesse que l'on peut la comparer au sang des Animaux, qui après s'être en quelque sorte revivifié dans les poumons, est porté dans toutes les parties du corps par le moyen des artères et de leurs innombrables ramifications. (A. R.)

CAMBLI ou CAMBOULI. BOT. PHAN. Espèce de Murier indéterminé de la côte de Coromandel. (B.)

*CAMBO ou SOUMLO. BOT. PHAN. Variété du Thé Bout, qui sent, dit-on, la Violette. (B.)

* CAMBODISCHE PAMPUS-VISCH. POIS. Syn. d'Holacanthe Anneau. *V.* HOLACANTHE.

CAMBOGIE. *Cambogia*. BOT. PHAN. Ce genre, établi par Linné, a été détruit par Gaertner, qui le réunit au Mangoustan ou *Garcinia*, dont il ne diffère en effet que par la figure de son stigmate et le nombre de ses étamines. L'Arbre qui lui servait de type est remarquable par le suc gommo-résineux qu'il contient, suc connu sous le nom de Gomme-Gutte. *V.* GUTTIER et MANGOUSTAN. (A. D. J.)

* CAMBOH. BOT. PHAN. (Leschenault.) Syn. de *Holcus spicatus* aux

environs de Pondichéri. *V.* HOUQUE.
(B.)

CAMBONG-SANTAL. BOT. PHAN.
(Burmann fils.) Nom de pays du *Pavetta indica* ou d'une espèce voisine du même genre. (B.)

CAMBOULI. BOT. PHAN. *V.* CAMBLI.

CAMBROEIRA ET CAMBRONERA. BOT. PHAN. Noms portugais et espagnol de divers buissons, et particulièrement du *Lycium europœum* dont quelques haies sont composées dans la Péninsule ibérique. (B.)

CAMBROSEL ou CAMBROSEN. BOT. PHAN. Noms italiens du Troëne.
(B.)

CAMBROUSE ou CAMBROUZE. BOT. PHAN. Une espèce de Bambou indéterminé des marais de la Guiane. (B.)

CAMBRY. *Cimber.* MOLL. Dénomination générique substituée sans motif par Montfort (Conchyl., T. II, p. 85) à celle de Septaire, *Septaria*, donnée par nous en instituant, ce nouveau genre(Essai d'une méthode Conchyl., p. 6o) pour la *Patella Borbonica* de Bory de Saint-Vincent(Voyage aux quatre îles principales de la mer d'Afrique, vol. 1, p. 287, pl. 37, f. 2) rapporté au genre Crépidule), par de Roissy et appelé Navicelle par Lamarck. *V.* SEPTAIRE. (F.)

CAMBULA. BOT. PHAN. Syn. de Catalpa. *V.* ce mot. (B.)

CAMBUY. BOT. PHAN. (Pison.) Nom de pays qui convient à diverses espèces d'*Eugenia* indéterminées du Brésil. (B.)

CAMCHAIN, CAMPKIT et CAMSANH. BOT. PHAN. Espèces d'Orangers cultivées à la Cochinchine. (B.)

CAMDENIE. *Camdenia.* BOT. PHAN. (Scopoli.) Syn. d'*Evolvulus alsinoides*, L. *V.* LISERON. (B.)

CAME. *Chama.* MOLL. Ce mot est l'une des plus anciennes dénominations employées pour désigner certaines espèces de Coquilles bivalves.

C'était, dans l'antiquité, un nom collectif, comme celui de Conques; mais il était appliqué plus particulièrement, à ce qu'il paraît, aux espèces dont les valves sont béantes; le mot *Chama* venant, selon les étymologistes, du grec *Chemaï* (*id est*, *ab hiando*, *Conchœ hiatulœ*). Aristote (*Hist.*, *lib.* 5, *cap.* 15) mentionne les Cames, mais sans aucun détail; Élien (*lib.* 15, *cap.* 12) en distingue de grandes et de petites; Athénée dit (*Deïpn.*, *lib.* 5) que leur chair provoque le relâchement et excite aux urines; Dioscoride en parle aussi (*lib.* 2, *cap.* 9). Pline donne, le premier, à leur sujet (*lib.* 32, *cap.* 11) des indications qui cependant ne mettent pas sur la voie pour reconnaître les Coquilles qu'il signale; il distingue quatre espèces de Cames : les Cames striées, les Cames lisses, les Cames Pélorides ou monstrueuses, différentes entre elles par leurs variétés et leur rotondité, et les Cames Glycimérides ou de saveur douce, plus volumineuses que les Pélorides. Les anciens conchyliologistes, Rondelet, Belon, Aldrovande, Gesner, etc., ont longuement dissertépour déterminer ce qu'étaient les Cames d'Aristote, et à quelles espèces se rapportaient les dénominations de Pline. Rondelet a pris à tort celles-ci pour spéciales, elles s'appliquaient évidemment à un certain nombre d'espèces auxquelles elles convenaient plus ou moins. Il fait avec les Cames striées une première espèce, sous le nom de *Chama trachœa*, Came trachée; la figure qu'il en donne (*de Testac.*, *lib.* 1, p. 14) ressemble un peu à une arche. D'Argenville a cru y reconnaître la Coquille dont Linné a fait depuis la *Venus verrucosa*. Klein, avec plus de raison, a adopté le nom de Came trachée, comme nom générique. Rondelet a fait une seconde espèce des Cames lisses, sous le nom de *Chameleia* ou *Chamelœa* (*loc. cit.*, p. 11), dénomination également adoptée par Klein pour l'un de ses genres. Les Pélorides, ainsi nommées, selon les anciens, parce que les meilleures se prenaient près du cap Pelore en Sicile , et que quelques modernes ont confondus à tort avec les Palourdes des côtes de France , ont été mentionnées sous ce nom par Athénée ; celle que Rondelet figure avec son Animal (*loc. cit.* , p. 14) paraît être un Solen ; Buonanni l'a confondu avec la *Chama nigra* de Rondelet (*loc. cit.* , p. 14) , qui est très-vraisemblablement le *Solen strigillatus* de Linné. Enfin les Cames Glycimérides ne sont aussi pour Rondelet qu'une espèce ; la figure qu'il en donne , copiée comme les précédentes par Gesner , peut convenir à plusieurs Coquilles de genre différent. Aldrovande a cru reconnaître ces Cames dans la Coquille nommée depuis *Mya Glycimeris* par Chemnitz ; Coquille pour laquelle Menard de la Groye a institué le genre Panopée. Il est à remarquer , à ce sujet , que plus anciennement Klein en avait déjà fait un genre distinct sous le nom de Glycimère. *V.* ce mot. Ainsi des quatre espèces de Rondelet on ne reconnaît bien distinctement que le *Solen strigillatus*, et quant à celles de Pline , il est difficile de rien décider à leur sujet avant d'avoir entrepris un travail critique spécial , en comparant tout ce qu'ont dit les anciens sur les Cames. Bellonius leur rapporte des Coquilles différentes de celles de Rondelet. On appelle, dit-il, les Cames en France , *Flammes* ou *Flammettes* , celles du pays d'Aunis sont nommées *Avagnons* ou *Lavignons*, et on donne le nom de *Palourdes* à quelques autres espèces des côtes de France. Il y rapporte aussi les *Piperones* ou *Biverones* des Vénitiens ; mais il est évident que toutes indications sont arbitraires , du moins quant à leur analogie avec les Cames des anciens. Aldrovande a confondu les Cames dans les Conques , il en figure quatorze espèces parmi lesquelles il place la Tuilée ou le Bénitier (tab. 462 et 463). Lister chercha à se rapprocher de Pline en comprenant dans les Cames les Coquilles bâillantes. Il en fait deux sections : la première , sous le nom de *Cha-

mis* , comprend la Glycimère d'Aldrovande , une Mye, des Solens , etc. ; la seconde section , sous le nom de Cames pholades, *Chamæ pholadibus* , renferme des Myes, un Lithodome , etc. Rumphius fait avec les Cames trois genres comprenant en général des Vénus de Linné , mais mélangées de Tellines , de Donaces , et renfermant la Tridachne et l'Hippope (tab. 42 à 44). Gualtieri (*Ind.* , tab. 75 et 85 , 86) a employé , d'après Langius , le nom de Came pour deux genres , l'un *Chama æquilatera*, l'autre *Chama inæquilatera*, tous deux comprennent des Vénus de Linné. D'Argenville a donné à la deuxième famille de ses Conques le nom de famille des Cames, il y rapporte toutes celles de ses devanciers comme des variétés qu'il y réunit, contre toutes les analogies , en cinq espèces ; celles qu'il figure comme exemple , sont en général des Vénus. Klein (*Ostrac.* p. 148) a fait des Cames une classe distincte , divisée en trois genres qui renferment en général des Vénus, mais où figure aussi la Tuilée. Ainsi l'on voit qu'en général la tendance des auteurs de cette époque a été d'appliquer le nom de Cames aux Coquilles nommées depuis Vénus , et par conséquent de s'écarter des indications données par Pline dont Lister et Tournefort ensuite ont voulu se rapprocher. Adanson a suivi aussi la marche des premiers conchyliologistes; son genre Came est en général composé de Vénus. Linné vint enfin, et si le genre qu'il a établi sous le nom de Came ne ressemble pas à ceux de ses devanciers , toujours est-il vrai qu'il n'était guère mieux limité, et que par suite des caractères qu'il lui a assignés le mot Came a pris dans la langue scientifique une toute autre acception. Ces caractères ne s'appliquaient qu'aux Coquilles auxquelles Bruguière et Lamarck ont conservé ce nom générique, et cependant Linné comprenait avec elles les Cardites, l'Isocarde et les Tridachnes. Bruguière , le premier , réserva le nom de Cames pour les Coquilles irrégulières, adhérentes, dont la charnière n'est composée que d'une seule dent, Coquilles confondues avec les Huîtres et les Spondyles par Lister et d'Argenville. Klein (*Ostrac.*, p. 173, 174), outre deux espèces confondues dans les Huîtres et les *Chamœtrachœa*, avait déjà fait avec les vraies Cames les trois genres *Globus*, *Stola* et *Concha ansata*. Gualtieri avait institué pour elles le genre *Concha gryphoïdes* (*Ind.*, pl. 101), et Adanson le genre *Jataron* (Sénég., p. 205), en sorte qu'il aurait peut-être mieux valu adopter un de ces noms que d'employer le mot Came qui n'établit aucune analogie avec les Coquilles nommées ainsi par les Grecs et les Latins, et qui paraissent être des espèces à valves bâillantes, ni avec celles des auteurs antérieurs à Linné qui avaient appliqué ce nom aux Vénus en particulier et qui ont fait mention des Cames de Bruguière, sous le nom de *Concha rugata*. Le genre de ce dernier auteur a été adopté par Lamarck et les conchyliologistes modernes ; c'est celui dont nous allons nous occuper et dont les espèces sont tellement déterminées, qu'on ne peut varier à son sujet. Nous observerons seulement que postérieurement à Bruguière, 1° Humphrey (*Mus. Calonn.*, p. 55) lui a donné le nom de *Lacinia* (Lisez *Gryphus*) ; 2° Poli (*Test. utriusq. Sic.*, t. 2 p. 111) l'a appelé *Psilopus*, dénomination adoptée par Ocken (*Lehrb. der Zool.*, p. 231) qui laisse le nom générique de Chama aux Tridachnes et aux Hippopes réunies ; 3° que Goldfuss (*Handb.*, p. 621) réunit à son genre Came l'Isocarde de Lamarck ; 4° que Lamarck a fait avec la *Chama bicornis* de Bruguière le genre Dicérate, et séparé les Hippopes des Tridachnes ; 5° Geoffroy (Traité sur les Coq. des env. de Paris) a donné le nom générique de Came aux Bivalves fluviatiles appelées depuis *Cyclades* par Lamk.

Le genre Came fait partie de la famille des Camacées, *V.* ce mot, la première de l'ordre des Lamellibranches cardiacés. Adanson et Poli nous ont donné des détails sur les Animaux des Cames, le premier en dérivant celui du Jataron (Sénég., p. 206), le second en expliquant l'anatomie de son genre *Psilopus* dont il nomme la Coquille *Psilopoderma* (*loc. cit.*). Nous renvoyons à ce sujet à ces deux auteurs. Nous dirons seulement ici que les Cames vivent ordinairement à une petite profondeur dans la mer, toujours attachées à d'autres Coquillages, aux rochers ou aux Madrépores, et groupées entre elles d'une manière très-variée. Rarement elles offrent des couleurs brillantes, et leur valve inférieure est constamment moins colorée que celle de dessus, et souvent blanche ou cendrée. C'est à leur adhérence sur les corps de formes diverses, adhérence telle qu'on brise souvent la Coquille sans pouvoir l'arracher, qu'on doit attribuer la variété infinie que présentent dans leur configuration les individus d'une même espèce de Came, ce qui en rend la détermination fort difficile ; aussi c'est à l'intérieur qu'il faut chercher les caractères spécifiques. La surface lisse, striée ou pointillée, les bords plissés, striés ou unis, peuvent seuls, avec la proportion des sommets, et combinés avec les caractères extérieurs, donner les moyens de les distinguer. La forme irrégulière des Cames et les feuillets dont leur superficie est garnie, leur donnent au premier coup-d'œil l'aspect des Huîtres ou des Spondyles, mais la charnière les fait aisément distinguer, on y voit une callosité épaisse, inégale sur son contour et dont la superficie est raboteuse et garnie de tubercules ou de crénelures qui sont répétées dans la fossette de l'autre valve. Les valves sont inégales, leurs sommets sont souvent en spirale et fort saillans.

Voici les caractères du genre Came : Animal muni de deux tubes courts et disjoints, bordés à leur orifice de petits filets tentaculaires ; les branchies séparées, réunies à leur extrémité ; abdomen ovale comprimé ; un petit pied en forme de languette coudée de couleur rouge, ou sécuriforme. Coquille irrégulière, inéquivalve, fixée, à crochets recourbés, inégaux; charnière composée d'une seule dent épaisse, oblique, subcrénelée, s'articulant dans une fossette de la valve opposée; deux impressions musculaires, distantes, latérales; ligament extérieur enfoncé. *V.* pour les espèces vivantes, Bruguière (Enc.méth. au mot Came) et Lamarck (An. sans vert., deuxième édit., t. 6, 1 , p. 93). Quant aux espèces fossiles, selon Defrance (Dict. des sc. nat.), toutes appartiennent aux couches du calcaire de sédiment supérieur à la Craie. Outre les espèces signalées par ce savant dans l'ouvrage cité, celles de Brocchi et de Sowerby, *V.* Schlotheim (*Petrefact.*, p. 210), qui décrit onze espèces de Camites ou Cames fossiles, mais dont on ne peut assigner le genre, cet auteur entendant par *Chamitem* les espèces fossiles du genre Came de Linné.   (F.)

CAMEACTIS. BOT. PHAN. Syn. arabe d'Hièble. *V.* SUREAU.   (B.)

CAMEAN. BOT. PHAN. (Rumph, *Amb.* T. VII. pl. 8. Suppl.) Espèce d'Euphorbiacée indéterminée de l'Inde.   (B.)

CAMEELBLOMSTER. BOT. PHAN. Syn. d'*Anthemis nobilis.*, L. dans quelques dialectes du Nord. *V.* CAMOMILLE.   (B.)

CAMEELLING. BOT. PHAN. (Marsden.) Fruit de Sumatra comparé à la Noix, dont on mange l'amande, et qui provient d'un Arbre indéterminé. (B.)

*CAMEHUJA. MIN. Nom proposé par divers savans d'Allemagne, pour les Agates Onyx, suceptibles, par la disposition de leurs couches colorées, de fournir la matière des bijoux appelés *Camées*, où l'une des couches forme une figure en relief, et la suivante le fond.   (LUC.)

CAMEL. MAM. Syn. anglais de Chameau.   (A. D..NS.)

CAMELAN. BOT. PHAN. (*Anisum Moluccanum*, Rumph, T. II, pl. 42.) Probablement une espèce du genre *Fagara V.* FAGARIER.   (B.)

CAMELANNE , CAMELAUN ET CAMUL. BOT. PHAN. Noms donnés aux Moluques au *Piper Malamiri*, espèce du genre Poivre.   (B.)

CAMELEE. *Cneorum.* BOT. PHAN. C'est un genre de la famille des Térébinthacées et de la Triandrie Monogynie, L., reconnaissable aux caractères suivans : le calice est persistant et à trois ou quatre dents; la corolle a trois ou quatre pétales égaux; les étamines varient également pour le nombre, de trois à quatre; l'ovaire est surmonté d'un style, surmonté lui-même de trois stigmates; le fruit est une baie sèche à trois coques, chacune ne renfermant qu'une seule graine. Les Plantes de ce genre ont tout le port des Euphorbiacées; mais leurs graines, dépourvues de périsperme, et autres caractères semblables à ceux des Térébinthacées, les en séparent complètement. Une espèce de Camelée, *Cneorum Tricoccon*, L., habite les lieux pierreux des départemens méridionaux de la France: c'est un Arbuste rameux, ayant la forme d'un buisson, dont les feuilles alternes, entières et sessiles, sont toujours vertes. Cultivé dans les pays septentrionaux, il exige des soins et des précautions pour le garantir des gelées lorsqu'il est en pleine terre. Il est très-âcre, même caustique, et purge violemment. L'autre espèce, *Cneorum pulverulentum* (Vent., Jard. de Cels, T. 77) est indigène de Ténériffe. On la cultive dans les serres comme Plante d'ornement.   (G..N.)

CAMÉLÉON. *Chamœleon.* REPT. SAUR. Genre fort singulier, confondu par Linné dans celui qu'il appelait *Lacerta*, mais où ce législateur en avait indiqué l'existence par une section, et qui se trouve tellement distinct de tous les autres par plusieurs caractères de première valeur, que, seul, Cuvier l'a jugé capable de constituer une famille particulière dans l'ordre des Sauriens. Laurenti, Bonaterre et Brongniart l'avaient successivement établi. Les Caméléons ont la peau dépourvue de véritables écailles, mais chagrinée par de petits grains presque tuberculeux, susceptibles d'écartement quand l'Animal distend sa peau. Le corps est comprimé; le dos tranchant; la queue ronde, prenante par-dessous, à peu près de la longueur du corps; les pieds sont séparés en cinq doigts que réunissent une peau qui s'étend jusqu'aux ongles, et séparés en deux paquets, l'un de deux, l'autre de trois. La langue est charnue, cylindrique, pouvant s'allonger considérablement, et terminée par un bouton visqueux; les dents sont trilobées, les yeux gros, saillans, mobiles indépendamment l'un de l'autre, presque recouverts par la peau, avec un petit trou vis-à-vis la prunelle. Les Caméléons n'ont pas d'oreille externe visible; leur occiput est relevé en pyramide; leurs premières côtes se joignent à un petit sternum; mais les suivantes, s'unissant les unes aux autres, forment un cercle entier autour de poumons tellement vastes qu'ils remplissent la presque totalité de l'Animal; ce grand développement donne à celui-ci la faculté de se gonfler d'une manière prodigieuse, et ce renflement se communique parfois jusqu'aux extrémités qui ensuite ne reviennent que très-lentement à l'état naturel.

Cette singulière manière de doubler son volume, la bizarrerie de sa forme, la lenteur, la gaucherie de ses mouvemens, la vivacité et la mobilité de son regard, la façon merveilleuse dont il darde, pour ainsi dire, sa langue, afin de saisir au vol les Insectes les plus agiles, quand ils passent à sa portée, la possibilité de demeurer plusieurs mois sans manger, et l'habitude de percher comme des Oiseaux, eussent suffi pour rendre le Caméléon célèbre chez les anciens qui cherchaient le merveilleux dans toutes les productions de la nature, lors même qu'une plus grande singularité ne lui eût pas attiré l'attention de ces hommes crédules. A ce mot de Caméléon mille idées de versatilité, d'inconstance, d'ingratitude et de basse adulation se réveillent dans notre esprit, plus que jamais surpris

de la facilité avec laquelle on passe aujourd'hui d'une opinion à une autre; nous cherchons un terme de comparaison qui exprime d'un seul mot tous les genres d'infidélité et de flatterie. Le Caméléon change, dit-on, de couleur presque subitement selon les corps qui l'environnent; le Caméléon est donc le portrait de ces hommes qui, changeant aussi de couleur, n'attendent pas pour revêtir celle du jour qu'ils aient complétement dépouillé celle de la veille. Mais ce Caméléon, dont le nom retrace le dernier degré des lâchetés humaines, est, moins que l'Homme lui-même, prompt à changer. De blanc ou de grisâtre qu'il est habituellement, c'est par degrés, et comme en y accoutumant l'œil de l'observateur, que sa peau se bigarre de teintes jaunâtres, purpurines où rembrunies. La crainte et la colère, les rayons du jour ou l'obscurité sont les causes d'un changement qui, tenant à des causes physiques, n'est jamais aussi considérable ni aussi prompt qu'on le croit, d'après les préjugés reçus. Nous avons observé des Caméléons en liberté, fixés sur les rameaux des Arbustes qu'ils tenaient fortement serrés entre leurs doigts, à peu près comme le font les Perroquets dont le pied présente une certaine analogie avec les leurs; ils étaient aussi immobiles que s'ils eussent été des imitations artificielles. Leurs yeux seulement, dont la prunelle brillait comme une Pierre précieuse au milieu d'un globe blanchâtre percé d'un petit trou étincelant, roulaient en tout sens, et tandis que l'un regardait par-devant, l'autre observait les objets situés en arrière. Quelquefois le mouvement anguleux d'une pate comme disloquée, lentement suivi de celui de la suivante et du déroulement de la queue qui servait de cinquième point d'appui au Caméléon, déterminait un tardif avancement de quelques lignes. Dans cet état de paix, au milieu du feuillage des Lentisques, sa couleur était d'un blanc assez pur, tirant sur le jaunâtre. Saisi, il se gonflait d'abord et ne faisait nul effort pour éviter le danger; sans doute il en sentait l'inutilité; mais bientôt on voyait circuler sur toutes les parties de son corps des teintes diverses dues au sang, poussé vers la peau par la dilatation de ses vastes poumons. Le Caméléon, rendu à lui-même, ne tardait point à reprendre sa couleur blanchâtre que la mort rembrunit. Du reste, le plus innocent de tous les Animaux, ce Caméléon changeant, qui ne cherche jamais à mordre, vit de Mouches qu'il guette; lorsque celles-ci passent à sa portée, son corps, sa tête, ses membres demeurent immobiles; mais il a calculé la portée de sa langue; il la lance comme un trait, et l'Animal ailé, malgré son agilité et la promptitude de son vol, se trouve collé au bouton visqueux qui le rapporte en un clin-d'œil dans la bouche de son ennemi.

On a imprimé, dans la plupart des livres d'Hist. Nat., qu'on ne trouvait de Caméléons que dans les parties les plus chaudes des régions intertropicales. Ces Animaux s'y plaisent sans doute, mais non-seulement ils dépassent les tropiques, ils s'élèvent encore beaucoup au nord dans la zône tempérée, puisque nous en avons trouvé fréquemment dans le midi de l'Espagne. L'espèce de Barbarie y est assez commune autour de la baie de Cadix, où lorsque, pour les opérations du siége, nous faisions abattre des Pins sur la rive gauche du Guadalète, nous en trouvions communément entre les rameaux dont se formaient la cime de ces Arbres. On en voit dans quelques maisons, qui demeurent fort longtemps, sans remuer, suspendus à des ficelles sur lesquelles on les a placés comme objets de curiosité; les Chats en sont assez friands, et ceux qu'on tient en captivité finissent ordinairement par les griffes de ces Tigres domestiques.

Les espèces composant le genre Caméléon dans l'état actuel de nos connaissances, sont les suivantes :

CAMÉLÉON VULGAIRE, *Chamæleon vulgaris*, N. *C. africanus*, Laurent. n°

62. *Lacerta africana*, Gmel., *Syst. Nat.* XIII. I. *part.* III, 1069. Ce compilateur ne l'avait probablement vu que mort et conservé dans quelque liqueur, puisqu'il le dit noir. C'est celui que nous avons observé en Andalousie où il est au contraire très-blanc. La figure de Lacépède (*Ovip.* t. 1. pl. 22) est excellente, et lui convient parfaitement. On le trouve communément en Barbarie; il est de moyenne taille, et non de la plus grande, comme on l'a prétendu mal à propos. Le nom d'*africanus* ne saurait être conservé, puisque l'Animal auquel on l'applique se trouve aussi en Europe, et que deux ou trois autres Caméléons sont également africains.

CAMÉLÉON DU SÉNÉGAL, *C. senegalensis*, N. *C. parisiensium*, Laurent. *Amph.* n° 59. *Lacerta Chamæleon*, Gmel. *loc. cit.* 1069. Seba. 1. pl. 82. f. 2. C'est probablement l'espèce qui se trouve représentée dans l'Encyclopédie (Rept. pl. 7. f. 2), mais dont la figure est mauvaise, et qu'on dit être si commune dans les haies, sur les bords du Nil et autour du Caire.

CAMÉLÉON ZÈBRE, *C. Zebra*, N. Cette belle espèce que nous n'avons point vue, se trouve dans l'Inde, à ce qu'il paraît, dans les contrées arrosées par le Gange. Nous la décrivons d'après une figure qui nous en a été fournie, qui paraît fort exacte, et que nous reproduirons dans les planches de ce Dictionnaire. A peu près de la taille des Caméléons que nous avons étudiés en Espagne, elle en a presque toutes les formes; la carène de sa tête est plus prononcée, et celle-ci porte une sorte de capuchon en arrière du vertex; le dessous de la gorge présente aussi une petite carène formée par des tubercules un peu plus gros que ceux dont le reste de l'Animal est recouvert. Des taches noirâtres en forme de facies se remarquent sur le dos, et descendent jusque sur les flancs; elles deviennent annulaires sur la queue et sur les pattes. Cet Animal était représenté sur les rameaux d'une espèce de petit Figuier.

CAMÉLÉON NAIN, *C. pumilus. C. Bonœ-Spei.* Laurent. *Amph.* n° 64. *Lacerta pumila,* Gmel. *loc. cit.* 1069. Seba. 1. pl. 83. f. 5. La figure de l'Encyclopédie, donnée (pl. 7. f. 3) sous le nom de Caméléon du cap de Bonne-Espérance, représente un dos crénelé, ce qui paraît n'être pas naturel.

CAMÉLÉON FOURCHU, *Chamœleon bifurcus,* Daudin. Cette espèce étrange avait déjà été mentionnée par Pennant. Il est singulier que, sur cette indication, Lacépède l'eût omise. Dès long-temps nous en possédions un magnifique individu, dont, en l'an v, nous adressâmes une figure fort soignée avec une description minutieuse à la Société philomatique de Paris. N'ayant jamais reçu de nouvelles de cet envoi, notre Caméléon a été déposé, avec le reste des belles collections d'Histoire Naturelle formées dans notre famille depuis trois générations, dans le cabinet de l'académie de Bordeaux où on peut le voir aujourd'hui sous le nom de Caméléon cornu. Cet Animal, d'assez grande taille, a l'occiput plane, le museau divisé de haut en bas, et se prolongeant en deux espèces de protubérances légèrement comprimées, qui lui donnent un air cornu des plus remarquables. Notre individu venait des Moluques; Riche a retrouvé cet Animal dans quelque autre île de l'océan Indien.

Diverses figures de Séba et des individus conservés dans plusieurs musées, soit desséchés, soit dans la liqueur, nous font présumer qu'il existe encore d'autres espèces de Caméléons.

On a donné le nom de CAMÉLÉON, dans quelques parties de l'Amérique méridionale, et particulièrement au Paraguay, à divers Lézards du genre Agame, qui ont la faculté de changer aussi de couleur. *V.* AGAME. Il ne se trouve point de véritables Caméléons dans le Nouveau-Monde; et le *Chamœleon mexicanus* de Laurenti, rapporté comme une variété du Caméléon ordinaire, ne venait certainement pas de la Nouvelle-Espagne, comme l'avait cru Séba qui,

en beaucoup de circonstances, a donné des *Habitat* très-fautifs. (B.)

CAMÉLÉON. BOT. PHAN. *V.* CHAMÉLÉON.

CAMÉLÉON MINÉRAL. MIN. Combinaison, à une température élevée, du Peroxide de Manganèse avec la Potasse. La dissolution aqueuse de ce composé, abandonnée à elle-même sous l'influence de l'Oxigène atmosphérique, passe successivement du vert au bleu, au violet, au rouge, et se décolore enfin totalement à mesure qu'elle laisse déposer un précipité plus ou moins abondant. Ces mêmes variations de couleurs peuvent aussi être déterminées par une addition d'eau. (DR..Z.)

CAMÉLÉONIENS. REPT. SAUR. Famille formée par Cuvier dans l'ordre des Sauriens, et qui ne contient que le seul genre Caméléon. *V.* ce mot. (B.)

CAMÉLÉOPARD. MAM. Traduction des noms donnés par les anciens à la Girafe, et qu'on lui donne encore quelquefois. *V.* GIRAFE. (B.)

CAMÉLIÉES. BOT. PHAN. Nom proposé, selon Bosc, pour une nouvelle famille de Plantes dont le genre *Camellia* serait le type. *V.* CAMELLIE. (B.)

CAMÉLINE. *Camelina.* BOT. PHAN. Sous ce nom, les botanistes actuels, et notamment De Candolle, comprennent des Plantes de la famille des Crucifères et de la Tétradynamie siliculeuse, qui appartenaient au genre *Myagrum* de Linné. Elles ont un calice sans bosses, des pétales entiers; les filets des étamines sans appendices; la silicule obovale ou sphérique, obtuse, à valves ventrues, déhiscentes et à deux loges remplies d'un grand nombre de graines non bordées, dont les cotylédons sont incombans; les fleurs de ces Plantes sont jaunes, leurs tiges souvent rameuses, et leurs feuilles amplexicaules ou sagittées. Le genre Caméline se distingue du Myagre par son fruit polysperme; des Cochlearia, Draba et

Alysson, par ses cotylédons incombans. Quoique le nom de Myagrum, donné par Linné à l'espèce la plus remarquable, eût dû être conservé au genre, De Candolle a cru devoir adopter le nom vulgaire de Caméline, proposé par Crantz, Desvaux et R. Brown, pour ne pas augmenter la confusion des noms déjà trop grande dans cette famille, réservant celui de Myagrum à une espèce qu'il place dans le groupe des Isatidées. Il a divisé le genre Caméline en deux sections : la première, qu'il appelle *Chamælinum*, a les silicules obovales; la seconde, *Pseudolinum*, les a sphériques. Ces Plantes habitent l'Europe et l'Asie. On en cultive une espèce, *Camelina sativa*, D. C., à cause de ses graines dont on retire une huile fixe par expression. (G..N.)

* CAMELINÉES. *Camelineæ.* BOT. PHAN. C'est le nom de la huitième tribu des Crucifères, donné par De Candolle (*Syst. Veget.* T. II, p. 513) au groupe qui comprend les genres *Stenopetalum*, *Camelina* et *Eudema*. Il les appelle aussi Nothorizées latiseptées (*Notorhizeæ latiseptæ*), parce que la radicule est placée sur le dos des cotylédons, ou, en d'autres termes, parce que ceux-ci sont incombans. Leur silicule biloculaire ou uniloculaire par avortement à valves plus ou moins concaves, souvent déhiscentes et séparées par une cloison elliptique d'un grand diamètre transversal, caractérise bien cette tribu des Crucifères, et mérite le nom adjectif que M. De Candolle leur a imposé. (G..N.)

CAMELLIE. *Camellia.* BOT. PHAN. Genre de la famille des Théacées, dédié par Linné au jésuite Camelli, qui visita le Japon et les îles Philippines; on le reconnaît aux caractères suivans : les fleurs sont grandes, solitaires ou réunies à l'aisselle des feuilles; leur calice est formé de cinq ou six sépales concaves et coriaces, environné de dix à douze écailles immédiatement imbriquées; la corolle se compose de cinq pétales arrondis,

obtus, un peu réunis par leur base et ressemblant à une corolle monopétale profondément quinquépartie. Les étamines sont fort nombreuses; leurs filets sont soudés et monadelphes par leur base, qui est insérée à la partie inférieure des pétales. Les anthères sont globuleuses, à deux loges séparées par un connectif. L'ovaire est turbiné, à trois loges qui contiennent chacune deux ovules. Le style est trifidé à son sommet, et se termine par trois stigmates obtus. Le fruit est une capsule globuleuse, à trois côtes, ligneuse, formée de trois coques monospermes par avortement.

Les Camellies dont on connaît aujourd'hui six ou huit espèces ou variétés remarquables, sont de jolis Arbrisseaux qui décorent nos jardins et nos salons. Leurs feuilles persistantes, d'un vert foncé, luisantes, dentées en scie, sont alternes; leurs fleurs sont très-grandes, ordinairement d'un beau rouge, ou blanches, ou enfin panachées; elles doublent avec facilité, et par leur grandeur et leur éclat, elles peuvent, en quelque sorte, rivaliser avec nos belles espèces de Roses; mais elles sont inodores, et, malgré la vogue avec laquelle les Camellia se sont répandus depuis plusieurs années, et, ils ne l'emporteront jamais sur notre Rose, qui restera toujours la reine des fleurs, par la fraîcheur de son coloris et la suavité de son parfum.

L'espèce la plus répandue dans nos jardins est le *Camellia Japonica*, L., Jacq., *Ic. rar.*, 3, t. 553, Arbrisseau élégant et toujours vert, originaire du Japon. On en voit dans les jardins de Paris qui ont sept à huit pieds de hauteur. Ses fleurs, naturellement d'un beau rouge incarnat et simples, sont quelquefois d'un beau blanc et doubles. Cette dernière variété est beaucoup plus recherchée par les amateurs. Les cultivateurs en distinguent un grand nombre d'autres variétés : tels sont le *Camellia Pinck*, à fleurs doubles, d'un rose tendre, à feuilles plus arrondies et moins dentées; le *Camellia Pompon;* les pétales exté-

7*

rieurs sont blancs, planes, ceux du centre sont roulés en cornets et rouges à leur base. Le *Camellia Pivoine;* ses pétales sont disposés comme dans la variété précédente, mais d'un beau rose. Le *Camellia à fleurs d'Anémone;* fleurs rouges, pétales extérieurs très-grands et planes; ceux du centre très-petits et roulés en cornets, etc.

On cultive également, mais plus rarement, une autre espèce qui vient aussi de la Chine et du Japon; c'est le *Camellia Sesanqua* de Thunberg ou *Camellia-Thé.* Cette espèce se distingue facilement par ses rameaux plus grêles, ses feuilles plus étroites, ses fleurs blanches, beaucoup plus petites, simples et légèrement odorantes. Les Chinois mélangent quelquefois ses fleurs avec le Thé pour lui donner plus de parfum. Ses graines, mais surtout celles de l'espèce précédente, contiennent beaucoup d'huile grasse, que les Japonais en expriment pour les usages domestiques.

Les Camellia sont des Arbrisseaux d'orangerie, mais que l'on pourrait naturaliser en pleine terre. Ils demandent les mêmes soins que l'Oranger, et se multiplient de graines ou de marcottes.

Forskalh avait donné le nom de CAMELLIA à un Végétal fort différent qu'il avait découvert en Arabie, et qui depuis a été placé dans le genre Ruelle, sous le nom de *Ruellia grandiflora,* L. (A. R.)

CAMELLO. MAM. Qui se prononce *Cameillo.* Syn. espagnol et portugais de Chameau. Les Italiens disent *Camelo.* (B.)

CAMELOPARDALIS. MAM. Même chose que Caméléopard. *V.* GIRAFE. (B.)

CAMELOPODIUM. BOT. PHAN. (Dioscoride.) Syn. de *Marrubium creticum* ou *peregrinum.V.*MARRUBE.(B.)

CAMELSTRO. BOT. PHAN. Vieux nom allemand d'*Andropogon Schœnanthus,* L. (B.)

CAMERAIRE. *Cameraria.* BOT. PHAN. Genre de la famille des Apoci-nées. Ses caractères sont : un calice très-petit, quinquefide; une corolle en entonnoir, dont le tube renflé à sa base et à son sommet se rétrécit dans l'intervalle, et dont le limbe se partage en cinq lobes obliquement contournés dans la préfloraison; les filets des étamines présentent un appendice à leur base, et leurs anthères conniventes, une double soie à leur sommet; le style court est surmonté d'un stigmate en tête et bifide; le fruit est formé de deux follicules divariqués et comprimés, renflés de l'un et de l'autre côté à leur base, et contenant un rang de graines aplaties et surmontées d'une expansion membraneuse. On a décrit quatre espèces de ce genre. Ce sont des Arbres ou des Arbrisseaux à fleurs disposées en corymbes axillaires ou terminaux; leurs feuilles opposées sont marquées de nervures parallèles et transversales dans deux espèces : le *Cameraria latifolia,* L., originaire de l'Amérique méridionale, et le *C. zeilanica* qui s'en distingue par ses feuilles plus allongées et ses fleurs plus petites; les nervures des feuilles forment un réseau dans le *C. lutea,* Willd., *C. tamaquarina,* Aublet (Plantes de la Guiane, t. 102). Elles sont linéaires dans le *C. angustifolia.* C'est Plumier qui, dans ses nouveaux genres d'Amérique, a établi celui-ci et fait connaître la première et la dernière espèce. Il l'a consacrée à J. Camerarius, médecin et botaniste à Nuremberg, qui vivait dans le seizième siècle. (A. D. J.)

CAMERI. BOT. PHAN. Euphorbiacée indéterminée de l'Inde, qui n'est peut-être qu'un double emploi de *Camean. V.* ce mot. (B.)

CAMERIER. BOT. PHAN. Même chose que Caméraire. *V.* ce mot. (B.)

CAMERINE. *Camerina.* MOLL. FOSS. *V.* NUMMULITE.

CAMERINHIERA. BOT. PHAN. Pour Camarinheira. *V.* ce mot. (B.)

CAMERISIER. *Xylosteum.* BOT. PHAN. Tournefort avait établi les deux genres *Chamœcerasus* et *Xylosteum*, que plus tard Linné avait réunis au genre Chèvrefeuille, en y comprenant également le genre *Diervilla* du même auteur et le *Symphoricarpos* de Dillenius. Mais les auteurs modernes ont abandonné l'opinion de Linné pour revenir à celle de Tournefort, et l'on a de nouveau érigé en genre distinct les Camerisiers sous le nom de *Xylosteum*, en y réunissant les espèces dont il avait formé son genre *Chamœcerasus*. Ce genre est suffisamment distinct du *Caprifolium* par ses fleurs constamment géminées au sommet d'un pédoncule commun axillaire; par sa corolle à deux lèvres, dont la supérieure offre quatre divisions, tandis que l'inférieure est simple, et enfin, parce qu'il se compose d'Arbrisseaux non sarmenteux ni grimpans. — Tous les Camerisiers ont les feuilles opposées et entières; leurs fleurs, généralement moins longues que celles des Chèvrefeuilles, sont toujours géminées au sommet d'un pédoncule commun; tantôt leurs ovaires sont simplement contigus; tantôt ils sont soudés par leur côté interne de manière à former un même fruit; au sommet du pédoncule on trouve six bractées; deux plus grandes sont extérieures; et quatre beaucoup plus petites sont appliquées deux à deux de chaque côté des deux ovaires. La structure de l'ovaire, et par conséquent celle du fruit, n'a point encore été exactement décrite jusqu'à présent, puisqu'on lui attribue deux loges, et que l'on donne ce caractère comme propre à distinguer ce genre des Chèvrefeuilles dont l'ovaire est à trois loges. Toutes les espèces de Camerisiers ont toujours l'ovaire à trois loges, et dans chaque loge, de deux à quatre ovules pendans de la partie supérieure et interne. Dans les espèces dont les deux ovaires sont soudés, les loges sont également distinctes, ainsi qu'on peut le voir par exemple dans le Camerisier des Alpes, *Xylosteum alpigenum*; mais assez souvent, après la fécondation, quelques-

uns des ovules et même des cloisons disparaissent, et le fruit présente tantôt trois, tantôt deux, ou même une seule loge. L'ovaire est toujours couronné par cinq petites dents aiguës; la corolle est monopétale, plus ou moins irrégulière, ordinairement à deux lèvres, dont la supérieure est à quatre-divisions profondes et l'inférieure simple; les étamines, au nombre de cinq, sont libres et insérées à la corolle; le style se termine par un stigmate épais, ombiliqué, et légèrement trilobé. Le fruit est une baie globuleuse, ombiliquée, à deux ou à trois loges dans chacune desquelles on trouve une, deux ou trois graines.

La plupart des espèces de ce genre sont cultivées en pleine terre dans nos jardins d'agrément. Un grand nombre sont indigènes de l'Europe. On peut les diviser en deux sections, suivant que les deux ovaires sont soudés, ou suivant qu'ils sont distincts.

† Ovaires soudés.

CAMERISIER DES ALPES, *Xylosteum alpigenum*, Rich. (*Cat. hort. med.*) Cet Arbrisseau peut s'élever à une hauteur de dix et douze pieds, et se distingue facilement à ses feuilles larges, glabres et luisantes, et à ses fleurs d'un brun rougeâtre. Il croît dans les Alpes et les Pyrénées.

CAMERISIER BLEU, *Xylosteum cœruleum*; ses feuilles sont beaucoup plus petites que dans l'espèce précédente, elles sont un peu pubescentes; ses fleurs sont jaunâtres, et ses baies, parvenues à leur parfaite maturité, offrent une couleur bleue foncée; cette espèce croît également dans les Alpes.

†† Ovaires non soudés.

CAMERISIER COMMUN, *Xylosteum vulgare*; il croît naturellement dans les contrées septentrionales de l'Europe. Ses feuilles sont ovales, arrondies, couvertes d'un duvet blanchâtre; ses fleurs sont d'un rose pâle, et remplacées par des baies rouges.

CAMERISIER DE TARTARIE, *Xylosteum tartaricum*; cette espèce, l'une des plus jolies du genre, est celle que l'on désigne communément sous le nom de *Chamœcerasus*, ou de Cerisier nain. C'est un Arbrisseau de huit à dix pieds d'élévation, qui porte des feuilles cordiformes, molles, lisses et glabres ; des fleurs très-nombreuses, roses, et d'un aspect fort agréable ; ses baies sont rouges lorsqu'elles ont acquis leur parfaite maturité. C'est une des espèces le plus fréquemment cultivées dans les bosquets. (A. R.)

CAMESPERME. BOT. PHAN. Pour Comesperme. *V.* ce mot. (A. R.)

CAMFE. BOT. PHAN. Nom qu'on prétend désigner les Graminées du genre *Aira* chez les Auvergnats, lesquels probablement, ne les distinguent guère des autres Herbes. (B.)

*CAMHA. BOT. CRYPT. L'un des synonymes de Truffe en langue arabe. (B.)

CAMICHI. OIS. *V.* KAMICHI. (DR..Z.)

CAMIFITIUS. BOT. PHAN. Ce mot, évidemment dérivé du latin *Chamœpithis*, désigne la Germandrée sur les côtes de Barbarie. (B.)

CAMILBLOMMOR. BOT. PHAN. Syn. suédois d'*Anthemis nobilis*, L. *V.* CAMOMILLE. (B.)

* CAMILLE. *Camillus*. MOLL. Denis Montfort a établi ce genre pour une petite Coquille de l'Adriatique, décrite par Soldani (*Test. mior. part.* 1, p. 24, T. XIX), et qu'il nomme *Camillus armatus*; elle est globuleuse, à spire peu élevée, à sommet mamelonné, ayant son ouverture arrondie, échancrée, et terminée par un canal droit avec une dent à la base de son bord gauche ; sa couleur est verdâtre et transparente. Elle est fort petite. (B.)

CAMILLE ou CHAMILLE. BOT. PHAN. Syn. allemand de *Matricaria Chamomilla*, L. (B.)

*CAMINE-MALE. MIN. Syn. de Beurre-de-Montagne, *V.* ce mot, chez les Orientaux. (LUC.)

CAMINYAN. BOT. PHAN. (Marsden.) Nom du Benjoin à Sumatra. *V.* CAMAYAN. (B.)

CAMIRI ET CAMIREU. BOT. PHAN. (*Camirium*. Rumph, *Amb.* T. II, t. 58), probablement le Bancoulier, *V.* ce mot, à Java et dans les Moluques. (B.)

CAMIRION. BOT. PHAN. Double emploi de Camiri. (B.)

CAMITES. MOLL. FOSS. Nom donné aux Cames fossiles. *V.* CAME. (B.)

CAMIUM ET CAMUM. Syn. arabe de Cumin. (B.)

*CAMLY. INS. Syn. islandais d'Abeille. (B.)

CAMMARUM. BOT. PHAN. Espèce du genre Aconit, pour laquelle Linné emprunta en le latinisant le nom de *Cammaron*, qui, dans Dioscoride, désigne un *Delphinium* ou la Mandragore, et dans Pline, l'*Arnica scorpioides*, L.

CAMMETTI. BOT. PHAN. (Rhéede, *Malab.* T. V, p. 45.) Arbre du Malabar imparfaitement connu, et qui paraît voisin de l'Exœcaria. (B.)

CAMMOCK. BOT. PHAN. Syn. anglais d'*Ononis arvensis*, L. (B.)

CAMOLENGA. BOT. PHAN. Cucurbitacée de l'Inde, dont la description et la figure données par Rumph (*Amb.* T. V, p. 395, t. 143) ne suffisent pas pour reconnaître l'espèce, mais qui pourrait être la même que le *Camalanga*, dont, au rapport de Daléchamp, les Espagnols font d'excellentes confitures appelées *Carabassadas*. (B.)

CAMOLXOCHITL. BOT. PHAN. Espèce indéterminée du genre *Cœsalpinia*, originaire du Mexique. (B.)

CAMOMELE. BOT. PHAN. L'un des noms vulgaires du *Matricaria Chamomilla* dans le midi de l'Europe. (B.)

CAMOMILLE. *Anthemis*. BOT. PHAN. Genre de la famille des Synanthérées de Richard, section des Corymbifères, et de la Syngénésie Polygamie superflue, L. C'était le *Chamamelum* des anciens botanistes, ainsi que de Tournefort et d'Allioni, d'où le nom français de Camomille.

Il est ainsi caractérisé : involucre hémisphérique, composé d'écailles imbriquées presque égales entre elles et scarieuses sur leurs bords; fleurs radiées, à demi-fleurons nombreux, lancéolés, femelles et fertiles; à fleurons hermaphrodites; réceptacle convexe et garni de paillettes; akènes sans aigrettes, mais couronnés par une membrane entière ou dentée. Les Camomilles sont des Plantes herbacées douées d'une odeur pénétrante, due à la présence d'une huile volatile assez abondante et remarquable par sa belle couleur azurée; leurs feuilles sont en général très-découpées, et leurs fleurs, ordinairement terminales, sont discolores, c'est-à-dire, ayant les rayons blancs ou rouges et le centre jaune; quelquefois cependant les rayons sont également jaunes. C'est d'après ce caractère artificiel que les auteurs ont distribué les nombreuses espèces d'Anthemis. La plupart de ces Plantes habitent l'Europe méridionale et le bassin de la Méditerranée. Parmi les Camomilles à rayons discolores, une espèce se fait remarquer parce qu'elle est assez répandue dans les environs de Paris, et que, cultivée dans les jardins, elle double facilement; en cet état elle est très-employée en médecine sous le nom de Camomille romaine (*Anth. nobilis*, L.), et c'est un des meilleurs stomachiques dont on puisse faire usage. La racine de Pyrèthre, usitée pour exciter la salivation, est celle de l'*Anthemis Pyrethrum*, L. Selon Desfontaines, cette racine, maniée lorsqu'elle est fraîche, communique à la main une sensation de froid, puis une chaleur assez vive. (Desf. *Flor. atlant.* 5. p. 287.) Dans la section des Camomilles à fleurs entièrement jaunes, une Plante a des fleurs employées dans la teinture en jaune, *Anthemis tinctoria*, L.

De Candolle avait réuni au genre Anthemis, le *Chrysanthemum indicum*, L., Plante d'ornement commune dans les parterres à la fin de l'automne. On n'en avait jamais vu que des fleurs doubles de couleurs très-diverses, et alors le réceptacle était toujours garni, quoique incomplétement, de paillettes; c'était cette circonstance qui avait déterminé De Candolle à placer cette Plante parmi les Camomilles. Cependant on savait qu'en Angleterre, quelques pieds se conservaient toujours avec des Fleurs simples; Gay, de la Société d'Histoire naturelle de Paris, en a fait venir au Jardin du Luxembourg et a pu vérifier le caractère donné à cette Plante par Linné, savoir : que les rayons de la fleur sont naturellement jaunes, et que le réceptacle est nu, comme dans les Chrysanthèmes.
(G..N.)

CAMOMILLE DE PICARDIE. BOT. PHAN. Syn. de *Myagrum sativum*. *V.* CAMÉLINE. (B.)

* **CAMONA.** BOT. PHAN. Nom de pays que porte l'*Iriartea* de la Flore du Pérou. *V.* IRIARTÉE. (B.)

CAMOONING. BOT. PHAN. (Marsden.) Grand Arbre indéterminé de Sumatra, dont le bois est élégamment veiné, et qu'on emploie pour divers petits meubles. On le suppose le même que le *Chalcas paniculata*. (B.)

CAMORCIA ET **CAMOSCIO.** MAM. Syn. de Chamois, espèce d'Antilope dans quelques cantons de l'Italie. (B.)

CAMORON. CRUST. Pour CAMARON. *V.* ce mot.

CAMOSCIO. MAM. *V.* CAMORCIA.

CAMOTES. BOT. PHAN. Variété fort savoureuse du *Convolvulus Batatas* cultivée dans la province de Panama en Amérique. *V.* AMOTES et LISERON. (B.)

CAMOUCHE ou **CAMOUCLE.** OIS. Syn. du Kamichi, *Palamedea cornuta*, L. *V.* KAMICHI. (DR..Z.)

CAMOULROULOE. BOT. PHAN. Nom caraïbe de *Convolvulus brasiliensis*, espèce du genre Liseron. (B.)

CAMPAGNOL. *Arvicola.* MAM. Cuvier a caractérisé ce genre, parmi les Rongeurs à clavicules complètes, par trois molaires partout, dont l'antérieure est ordinairement la plus longue, et dont chacune est formée d'un seul tube vertical d'émail, transversalement comprimé et plissé sur toute la hauteur de ses côtés interné et externe, de manière que les plis représentent autant de prismes triangulaires alternant d'un côté à l'autre. Chaque dent a cinq, six, et même huit prismes par côté. Chaque rangée de prismes, ayant ses bases contiguës à celles de l'autre sur une ligne droite d'avant en arrière de la dent, il en résulte l'apparence illusoire d'une lame centrale d'émail. Les molaires des Lièvres, des Cobaïes, des Cabiais, sont aussi cannelés sur toute la hauteur de leurs flancs, mais il y a toujours pour chaque dent plusieurs tubes inégalement aplatis, de sorte que chaque molaire, dans ces derniers genres, est réellement multiple comme dans les Éléphans.

Avant Cuvier, Pallas (*Nov. Sp. Glir.*) avait réuni les Campagnols et les Lemmings sous le titre de *Mures Cunicularii.* C'était la troisième division de son grand genre *Murinus.* Mais il n'avait pas motivé cette réunion, dans laquelle d'ailleurs n'entraient pas les Ondatras, sur un caractère positif, à l'influence duquel l'organisation entière fût subordonnée. Il n'avait vu d'autre convenance générale parmi ces nombreuses espèces, qu'il a d'ailleurs si bien étudiées en particulier, que la petitesse des incisives et des pieds, leur activité hivernale et leur instinct voyageur. Le vice des deux premiers caractères, c'est d'être vagues; celui des deux derniers, c'est de n'être pas visibles sur l'animal. Certes, les qualités en question dérivent des organes; mais l'expression seule de la condition mécanique qui engendre ces qualités, pourrait former un caractère.

La loi de la corrélation des formes, par laquelle Cuvier a fait de la place et de la dénomination méthodique d'un animal, l'expression même de sa nature (*V.* ANATOMIE), trouve l'une de ses plus heureuses applications dans la convenance d'organisation générale des nombreuses espèces de Campagnols. La diversité en nombre et en développement de certaines parties du squelette, telles que les côtes qui varient de treize à quatorze, et des vertèbres caudales de sept à vingt-sept, laisse subsister l'harmonie réciproque entre la figure des dents et les formes de l'intestin. Et comme des formes déterminées dans un organe en nécessitent ailleurs d'autres qui le sont aussi, il suffira de voir une partie pour en conclure les autres. Ainsi de tous les Rongeurs, moins sans doute les Rats-Taupes, les Campagnols ont l'interpariétal le plus petit, et la vue plus faible, l'arcade interoculaire du frontal plus étroite, et partant la fosse éthmoïdale plus petite, et l'odorat moins actif. Le péroné soutend une arcade du tibia au tiers inférieur duquel il se soude, et augmente ainsi les surfaces d'insertion musculaire, et partant la force d'impulsion des membres postérieurs. Enfin l'arcade zygomatique est plus solide que dans les Rats et les Hamsters, qui sont pourtant plus carnassiers. J'ajoute qu'entre le bord alvéolaire et les apophyses coronoïde et condyloïdienne, fort écartées en dehors, le maxillaire inférieur est excavé longitudinalement pour mettre des alimens en dépôt; qu'enfin la caisse auditive est plus renflée que dans la plupart des autres Rongeurs, indice certain d'une ouïe plus active et plus fine. Excepté deux ou trois espèces qui ne s'écartent pas beaucoup du bord des eaux, la plupart des Campagnols sont doués d'un instinct d'excursion qu'il ne faut pas confondre avec celui d'émigration. Quelque lointaines que soient leurs excursions, ceux qui ont survécu aux périls du voyage, retournent constamment au pays. Les Rats, au contraire, ne trouvent pas de barrières dans leur instinct, quand les mers, les fleuves ou les montagnes ne leur en opposent plus. Ainsi l'invasion de l'Europe par le Rat commun et le Surmulot, y a été suivie de leur établis-sement. Aucune espèce de Campagnol, au contraire, n'a encore franchi les limites de sa patrie (*V.* notre Mémoire sur la géographie des Animaux vertébrés moins les Oiseaux. Journ. de Physiq. février 1822). Excepté le Rat d'eau, répandu depuis le midi de l'Europe jusqu'au nord-est de l'Asie, et resté inaltérable malgré la diversité de ces climats, toutes les autres espèces sont échelonnées en longitude sous les Zônes boréales et tempérées des deux continens, par régions dont la largeur varie beaucoup dans le sens des méridiens. Le Campagnol vulgaire est de toute l'Europe et de l'Asie, à l'ouest du méridien passant par l'Obi et le bord oriental de la mer Caspienne : le *Mus socialis*, des contrées entre le Volga et le Jaïck ; le Campagnol Économe de toute la Sibérie orientale ; les espèces *gregalis, rutilus, alliaceus et saxatilis*, de la Daourie et de la Mongolie : mais dans une même circonscription géographique chaque espèce habite des sites particuliers, caractérisée par la hauteur verticale, l'aridité ou l'humidité du sol.

†Les Ondatras ou Campagnols à pieds palmés, *Fiber.* Cuv. , qui ont la queue verticalement comprimée et écailleuse, et dont on ne connaît bien qu'une espèce ; du nord de l'Amérique.

1°. Ondatra ou Rat musqué du Canada, *Castor Zibetecus*, L. *Mus Zibetecus*, Gmel. Buff. T. x, pl. 1; Schreb. pl. 176. Encycl. pl. 67, fig. 7. Presque de la grosseur du Lapin, mais plus bas sur jambes ; il a cinq doigts fortement onguiculés à tous les pieds, dont la demi-palmure est complétée, sur le bord interne des doigts, par des rangées de poils roides et onctueux, dont les sommets s'entrecroisent comme dans les Musaraignes d'eau. Sa queue, déjà remarquable par son aplatissement vertical sur le milieu de sa longueur, est aussi longue que le corps ; elle a vingt-sept vertèbres. Sa plus grande

largeur n'excède pas sept lignes. Sa couleur générale est brun-roussâtre nuancée de gris, à cause du double poil de la fourrure : l'un, soyeux et brun, est long de dix à douze lignes; l'autre est un duvet gris très-fin, de cinq à six lignes, qui est traversé et recouvert par l'autre ; l'œil presque aussi grand que celui du Castor ; l'oreille arrondie est toute velue ; il a quatorze côtes comme le Rat d'eau. C'est à tort que Sarrasin, qui en a donné une anatomie complète (Mém. de l'Acad. des Sc. pour 1725), ne lui en accorde que douze. L'odeur fortement musquée qu'il exhale, surtout au printemps pendant le rut, et qui faillit, à cette époque, être funeste à Sarrasin, dans plusieurs dissections, provient d'un liquide de la consistance et de la couleur du lait, liquide sécrété par un appareil de glandes volumineuses, situées entre les muscles peaucier et grand oblique en avant du pubis. Les canaux excréteurs de ces glandes contournent le bord postérieur du pubis, longent la verge jusqu'au gland dans le mâle, et l'urètre jusqu'au clitoris dans la femelle : ce ne sont donc pas des prostates. L'intestin est six fois plus long que le corps; le colon est terminé par un intestin spiral comme dans les autres Campagnols. La femelle porte six mamelles ventrales et autant de petits. Sarrasin parle obscurément d'une particularité anatomique, qu'il importerait de vérifier; il dit que pendant l'hivernage, lorsque l'Ondatra ne vit que de racines, la face interne de l'estomac est tapissée d'une membrane blanche, de consistance de crème épaissie qu'il parvint à extraire de plusieurs individus, et remplie d'eau, laquelle finit par suinter et se tamiser au travers : cette membrane n'existerait pas pendant l'été, saison où les membranes de l'estomac sont si minces, qu'il est tranparent comme dans le Castor.

Les Sauvages, frappés de la ressemblance de l'Ondatra avec le Castor pour l'industrie et même pour l'aspect dans le jeune âge de celui-ci, les croient du même sang. Ils disent que le Castor est l'aîné et a plus d'esprit. Néanmoins, quoique plus simples, les constructions de l'Ondatra ont encore leur mérite, surtout en considérant que l'Animal ne travaille pas par un instinct aveugle, mais par l'appréciation de la convenance de telle partie du travail avec la nécessité du lieu et du temps. Ainsi il y a ordinairement des galeries souterraines pour aller de la cabane au fond de la rivière; d'autres sont destinées seulement pour les ordures. Ces galeries leur servent à aller en hiver chercher à manger sans être vus. Mais s'ils ont pu élever leur cabane contre une jonchaie assez épaisse pour soutenir en hiver une voûte de glace et de neige, alors ils ne creusent pas de souterrains, et se fraient des routes à travers les joncs.

Leurs cabanes, dont Sarrasin a donné la figure, le plan et l'élévation (pl. 11, *loc. cit.*), sont établies toujours au-dessus des plus hautes eaux sur le bord des lacs et des rivières dont le lit est plat et l'eau dormante. Elles forment un dôme de deux pieds de diamètre intérieur en tous sens. Quand elles sont faites pour sept ou huit individus, l'intérieur offre plusieurs étages de gradins pour y monter en cas d'inondation. La voûte, épaisse de quatre pouces, est en bouse pétrie avec de la glaise et des débris de joncs, et maçonnée à l'aide des pates et de la queue. La couverture, épaisse de huit pouces, est de joncs nattés fort régulièrement à l'extérieur. La porte de la cabane se ferme en hiver quand ils ont creusé des puits, mais reste ouverte quand la cabane est dans une jonchaie. Avant le dégel ils se retirent dans les hautes terres. C'est le temps de l'amour. Alors, outre les glandes dont nous avons parlé, les prostates et tout l'appareil génital, presque oblitérés auparavant, grossissent énormément, comme dans la plupart des Rongeurs et Insectivores fouisseurs. Quand elles ont conçu, les femelles retournent aux cabanes; mais les mâles continuent de courir la

campagne jusqu'à la fin de l'été, qu'ils bâtissent de nouvelles cabanes pour l'hiver. Plus au midi, dans la Louisiane, l'Ondatra se terre et ne construit pas. En été il se nourrit de toutes sortes d'herbes; en hiver principalement de racines de Nymphæa et d'Acore aromatique. Ses muscles maxillaires sont si forts, qu'en une nuit un seul Ondatra perça, dans une cloison de bois dur, un trou de trois pouces de diamètre et d'un pied de long, pour s'échapper.

†† CAMPAGNOLS PROPREMENT DITS, *Arvicola*, Lac., *Hypudæus*, Illiger. Tous ont la queue velue, celle-ci est plus ou moins courte que le corps; le pouce de devant est caché, et son ongle est en général remplacé par une callosité.

2°. LE RAT D'EAU, *Mus amphibius*, Lin., *Mus marinus*, Ælian., *Mus aquaticus*, Rai et Briss., Schreb. pl. 186, Encycl. pl. 68 fig. 9. Un peu plus grand que le Rat, d'un gris brun foncé; queue d'un tiers plus courte que le corps. Il n'y a que l'ongle de visible au pouce de devant. Les quatre pieds nus et squammeux; oreilles nues, presque cachées dans le poil; les incisives plus jaunes que dans ses congénères : il s'en sert plus que de ses ongles pour fouir. Ses trous, parallèles au sol et peu profonds, ont de fréquentes sorties comme ceux de la Taupe. Il vit sur le bord de toutes les eaux, surtout de celles qui abondent en Typha, même quand elles manquent de Poissons dont il ne mange pas. Quand il est surpris, il court se jeter à l'eau et nage mal.

En Sibérie il est plus grand qu'en Europe et d'autant plus qu'on s'avance dans le nord-est. Vers l'embouchure du Jenisey et de l'Obi, les Rats d'eau sont assez grands pour que l'on emploie en vêtemens leur fourrure qui a deux sortes de poils comme celle de l'Ondatra. Dans tous les climats, les mâles sont plus grands et d'un poil plus foncé que les femelles. Ils ont aussi quelques poils blancs au bout de la queue et à la lèvre d'en bas. Entre l'Obi et le Jenisey, il y en a une variété d'ailleurs semblable à celle d'Europe, mais avec une grande tache blanche entre les épaules et une raie blanche sous la poitrine.

Le Rat d'eau a vingt-trois vertèbres à la queue; les mamelles sont imperceptibles sur le mâle et la femelle qui n'est pas pleine. Il y en a huit, quatre sur le ventre, et quatre sur la poitrine.

Pallas présume que l'une des deux espèces de Rats aquatiques, décrites outre l'Ondatra par Brickell (Hist. nat. de la Caroline du nord), est le même que le Rat d'eau.

5°. Schermauss, *Mus paludosus*, Lin., Buff., sup. 7, pl. 70; Encycl., pl. 68, f. 10. Plus petit, à tête plus ramassée, à queue plus courte, à poil plus noir que le Rat d'eau. La brièveté proportionnelle de la tête est surtout remarquable sur le squelette où l'apophyse orbitaire du frontal est aussi beaucoup plus saillante que chez le Rat d'eau où elle est à peine sensible. Strauss, qui l'a observé, nous a dit qu'il s'éloigne plus de l'eau que le précédent. On ne l'a encore vu que dans les environs de Strasbourg.

4°. Campagnol ou petit Rat des champs, *Mus arvalis*, Lin., Buff., 7, pl. 47; Schreb., 191; Encycl., pl. 69, f. 2. Le corps de trois pouces de long, la queue d'un pouce, l'oreille dégagée du poil; pieds antérieurs à quatre doigts visibles; pelage jaune-brun dessus, et blanc sale sous le ventre. Commun par toute l'Europe et le nord de la Russie jusqu'à l'Obi dans les champs et les jardins. Il n'entre pas dans les habitations, ni même dans les granges : il se creuse plusieurs trous qui aboutissent par des courbes ou des zig-zags à une chambre de trois ou quatre pouces de diamètre en tous sens; la femelle y met bas, deux fois par an sur un lit d'herbe, jusqu'à douze petits, dont huit sont le plus souvent dans la corne utérine droite, quatre dans la gauche. Les trous sont toujours deux ou trois issues. La multiplication de cet Animal, quand elle est favorisée par la sécheresse de l'été, est un fléau pour l'agriculture. Heureusement qu'alors les pluies de l'automne, et surtout la fonte des neiges, les détruisent en nombre aussi prodigieux qu'ils s'étaient multipliés. On ne le trouve plus au-delà de l'Obi. Pallas en a vu qui avaient été pris à l'est de la mer Caspienne et vers l'Irtisch.

5°. Le Campagnol-Économe, *Mus Œconomus*, Pallas, *Nov. Spec. Glir.*, pl. 14, A; Schreb. 190; Encycl., pl. 69, f. 1. Ne différant extérieurement du précédent que par sa couleur un peu plus foncée; mais sa structure intérieure l'en distingue spécifiquement autant que ses mœurs. Il a quatorze paires de côtes et l'arc interoculaire du frontal beaucoup plus grand. La molaire postérieure a quatre prismes de chaque côté, la moyenne trois, l'antérieure deux. Deux glandes plus grosses qu'une lentille à l'entrée de la vulve dans la femelle, et un peu plus petites sur le prépuce du mâle, sécrétent une humeur fortement musquée.

Le domicile du *Mus Œconomus*, le plus intéressant de tous les Campagnols, est une chambre de trois ou quatre pouces de hauteur et d'un pied de diamètre, garnie d'un lit de mousse, plafonnée par le gazon même, et qui, dans les lieux humides, est voûtée dans une motte de terre au-dessus du sol environnant. Tout autour s'étendent des boyaux, quelquefois au nombre de trente, ouverts latéralement de distance en distance par des trous du diamètre du doigt. D'autres boyaux plus profonds conduisent de la chambre d'habitation à deux ou trois magasins plus vastes que celle-ci, et où, dès le printemps, l'Économe apporte des morceaux de racines taillées convenablement pour le transport et l'empilage. Tant de travail est l'œuvre de deux petits Quadrupèdes de trois pouces de long, et quelquefois d'un seul individu qui vit solitaire. Souvent à l'automne, plusieurs se rassemblent, creusent une chambre plus vaste, et minent autour jusqu'à huit ou dix magasins qu'ils remplissent de racines. La provision d'un seul couple pèse quelquefois de vingt à trente livres. Elle se compose principalement de racines et de bulbes de *Phlomis tuberosa*, *Polygonum Bistorta*, *Polygonum viviparum* et *Poterium Sanguisorba*. C'est une bonne fortune pour les nomades de la Daourie que la découverte de tels magasins; ils se servent, en guise de Thé, de la racine de Sanguisorbe, et du reste comme assaisonnemens. Pallas y a trouvé aussi la racine vireuse du *Chœrophyllum temulum* à demi-rongée. Au Kamtschatka, Steller a vu ces Campagnols s'approvisionner des bulbes du *Lilium kamtschaticum*, des noix du *Pinus Cembra*, et, entre autres racines, de celle du Napel et d'une Anémone très-âcre. Les Kamtschadales croient qu'ils n'amassent ces dernières que pour éloigner par leur odeur des Campagnols spoliateurs. Plus reconnaissans que les Mongols, ces peuples indemnisent toujours l'Econome par quelque présent de Caviar sec. Ils ne lui prennent pas non plus toute sa provision, de peur qu'il ne se tue de désespoir, et ne les prive l'année suivante de leur part au fruit de ses travaux. L'emmagasinage se fait par ordre; les racines de même espèce ensemble. Ils ont jusqu'au soin de reporter sécher celles qui menacent de se pourrir. Le Lièvre des Alpes, *Lepus alpinus*, en fait de même pour son fourrage.

Les femelles sont au moins un tiers plus grandes que les mâles: Elles sont aussi plus laborieuses. Le rut vient au printemps, même sous le pôle; alors la femelle sent fortement le musc. Elle met bas, au milieu de mai, deux ou trois petits aveugles. Il est probable qu'elle porte plusieurs fois dans la même année.

Les excursions non périodiques de ces animaux sont aussi célèbres dans le nord-est de l'Asie que celle des Lemmings dans le nord de l'Europe. Au Kamtschatka, quand ils doivent émigrer, ils se rassemblent de toutes parts en grandes troupes au printemps, excepté ceux qui trouvent à vivre près des Ostrogs. Dirigés sur le couchant d'hiver, rien ne les arrête : ni lacs, ni rivières, ni bras de mer. Beaucoup se noient, d'autres deviennent la proie des Plongeons et des grandes espèces de Salmones. Ceux qui sont trop fatigués restent couchés sur la rive pour se sécher, se reposer et pouvoir ensuite continuer leur route. Heureux quand ils rencontrent des Kamtschadales qui les réchauffent et les protègent autant qu'ils peuvent. Quand ils ont passé le Penshina qui se jette à l'extrémité nord du golfe d'Ochotsk, ils côtoient la mer vers le sud, et, au milieu de juillet, arrivent sur les bords de l'Ochotsk et du Joudoma, après une route de plus de vingt-cinq degrés en longitude. Il y en a des colonnes si nombreuses qu'il leur faut au moins deux heures pour défiler. Au mois d'octobre de la même année, ils reviennent au Kamtschatka. Leur retour est une fête pour le pays. Outre l'escorte de Carnassiers à fourrures dont ils amènent une chasse abondante, ils présagent une année heureuse pour la pêche et les récoltes. On sait au contraire par expérience que la prolongation de leur absence est un prognostic de pluies et de tempêtes. Comme, dans son voyage en Daourie, Pallas a trouvé aux environs de la Toura, alors inondés, nombre de leurs habitations désertes, quoiqu'on n'en pût trouver un seul dans tout le pays, il en conclut que le motif de leurs émigrations, c'est un sûr pressentiment des saisons.

La variété du Kamtschatka ne diffère de celle de Sibérie que par un peu plus de grandeur, et par une teinte plus brune. La couleur reste la même toute l'année.

On prétend avoir trouvé le Campagnol Econome en Danemarck et en France. Son existence à un si grand éloignement de la patrie que choisit son espèce serait une nouveauté en géographie zoologique (Voir notre Mém. sur la distribr. géogr. des Animaux, Journal de Phys., février 1822). Aussi le fait est-il plus que douteux.

Le prétendu *Mus Œconomus* du midi de la France, dont le squelette existe au Muséum d'anatomie comparée, n'a que douze côtes au lieu de quatorze, l'un des caractères de son type supposé. Ce n'est donc pas le *Mus Œconomus*, mais c'est évidemment une espèce nouvelle, puisque tous ses congénères ont au moins treize côtes.

On n'a que la figure du prétendu *Mus Œconomus* d'Allemagne trouvé dans l'île de Laland par le conseiller-d'État Müller, qui d'ailleurs n'a rien dit de ses mœurs. C'est le *Mus Glareolus* de Schreb., pl. 190. B. D'après cette figure, le *Glareolus* diffère plus des autres Campagnols, que ceux-là ne diffèrent entre eux. Son anatomie apprendra sans doute que c'est une espèce distincte.

Les sites habités par le Campagnol Économe sont les pâturages et les prés humides au fond des vallées, et les îles au milieu des fleuves.

6°. Le CAMPAGNOL DES HAUTEURS, *Mus gregalis*, Pallas, *Nov. Sp. Glir.* page 238; Schreb., pl. 189; Encycl.; Rat cendré, pl. 68, f. 13. Encore plus semblable que le précédent au Campagnol ordinaire : même forme du crâne, même nombre de côtes, de couleur gris pâle, blanc sale sous le ventre; des mêmes contrées que le précédent, mais n'habitant que les montagnes et les plaines élevées, et jamais les prairies, comme lui. Il ne fait provision que de bulbes de Lis. Aussi ne sort-il pas des limites de leur végétation; il diffère encore plus du Campagnol social, qui n'a que cinq vertèbres lombaires, fort petites, et dont le crâne ressemble à celui de la Souris.

Borné par l'Obi à l'ouest, il ne cesse d'être rare que dans les montagnes depuis l'Irtisch jusqu'aux sources du Jénisey; mais il est surtout commun en Daourie; la nature même des sites montueux le préserve des inondations et de la nécessité d'émigrer. Le plan de son domicile est de même que pour l'Économe. Seulement les ouvertures des boyaux sont couvertes d'un dôme en terre pour éloigner l'eau. On ne trouve que des bulbes de Liliacées dans ses magasins, surtout du *Lilium Pompónium* et de l'*Allium tenuissimum*. Il se trouve jusque sous la latitude de Jeniseisk.

7°. CAMPAGNOL SOCIAL, *Mus socialis*, Pallas. *Nov. Sp. Gl.* pl. 13. B. Schreb. pl. 192. Enc., pl. 69. f. 3. Différent de tous les Campagnols par la mollesse de son poil; bord des oreilles, queue et pieds blanchâtres, les reins plus faibles, à cause de la petitesse de leurs cinq vertèbres; ils sont si nombreux dans le désert sablonneux, sec en été, inondé au printemps, qui borde le Jaïck, que l'on ne peut faire un pas sur ses rives élevées sans défoncer leurs trous. Ils ne dépassent pas le cinquantième degré au nord, l'Irstisch à l'est et le Volga à l'ouest. Leur existence est liée, pour ainsi dire, à celle de la *Tulipa Gesneriana*, dont ils amassent les bulbes: ils ne peuvent souffrir l'eau, bien différens du Campagnol ordinaire qui, dans les mêmes contrées, n'habite que les prairies.

8°. CAMPAGNOL ROUX, *Mus rutilus*, Pallas., *Glir.*, pl. 14. B. Schreb., pl. 188. Encycl., pl. 68, f. 12. Roux sur le dos et le ventre, la bouche en peu blanchâtre, pieds blancs et plus velus que dans tous les autres. La femelle n'a que deux mamelles à deux tétines chacune. Seul de tous les Campagnols, il entre dans les greniers et les maisons, vit errant et de rapine, habite les forêts de la Sibérie à l'est de l'Obi, dessine toutes sortes de courbes en courant sur la neige, se prend dans les piéges tendus aux Hermines : Pallas en a retrouvé une variété un peu plus petite, mais à queue plus longue, sans avoir plus de seize vertèbres. Cette variété habite aux environs de Gœttingue et dans le pays de Symbirsk et de Casan.

9°. CAMPAGNOL DES ROCHERS, *Mus saxatilis*, Pall. *Gl.* pl. 23. B. Schreb. 185. Encycl. 68, f. 8. Très-ressemblant au Mulot. Propre aux rochers de la Mongolie, où il vit principalement de graines d'Astragale, dans les fissures presque verticales que font les gelées et le pivotement des racines.

10°. CAMPAGNOL DES AULX, *Mus alliarius*, Pall. *Gl.* pl. 14. 6. Encycl., pl. 68, f. 11. Queue toute velue; deux mamelles pectorales, deux ventrales, deux inguinales; poil gris-cendré, moustaches plus longues qu'à tous les autres; oreilles de la Souris; grand comme le Campagnol; cette espèce est bien distincte; mais est-elle la même que celle dont en Sibérie on défonce les trous pour en prendre les provisions d'Ail? Elle habite la Sibérie et à l'est de l'Obi.

††† LEMMINGS, Cuv., *Georychus*, Illig. La queue et les oreilles très-courtes, les ongles de devant plus propres à fouir.

11°. LEMMING, *Mus Lemmus*, L., Pall., *Glir.* 12. A. et B. Schreb. 195. A et B. Encycl. pl. 67, f. 6. Le plus célèbre et le plus agréablement peint de tous les Campagnols. De la taille d'un Rat, à pelage varié de jaune et de noir sur le dos; le ventre et les flancs d'un blanc jaunâtre, ainsi que les pates; cinq ongles à tous les doigts. Ils vivent en peuplades immenses, chacun dans un trou particulier, sur les Alpes de la Laponie; ils émigrent à des époques irrégulières, au plus une fois en dix ans, vers l'Océan et le golfe de Bothnie. Ces excursions précèdent les hivers rigoureux. Les Lemmings en doivent avoir le pressentiment; car, à l'approche de l'hiver de 1742, qui fut extrêmement rigoureux dans le cercle d'Uméa, et beaucoup plus doux dans celui de Lula, pourtant plus boréal, ils émigrèrent du premier et non de l'autre. Quelle que soit la cause de ces expéditions, elles se font par un merveilleux accord de toute la population d'une contrée. Formés en colonnes parallèles, aucun obstacle ne peut suspendre ni détourner leur marche toujours rectiligne; la halte dure tout le jour. L'endroit en est rasé comme si le feu y avait passé. Presque tous ont péri avant d'avoir vu la mer. Il n'en reste pas la centième partie pour retourner au pays, car l'objet du voyage n'était pas d'aller s'établir ailleurs; sans cela, l'espèce se serait propagée fort loin, puisqu'ils traversent aisément les plus grands fleuves et même des bras de mer. Or le Lemming des Alpes de la Scandinavie ne se retrouve plus dans la Laponie russe. Le Lemming des régions voisines de la mer Blanche et de la mer Glaciale jusqu'à l'Obi est une variété d'un tiers plus petite, d'une couleur fauve-brun sur le dos, jaunissant sur les flancs et blanchâtre sous le ventre (*V.* Schreb. pl. 195. B.). Les Lemmings de cette variété, nombreux surtout dans l'extrémité nord des monts Ourals, émigrent aussi tantôt vers la Petzora, tantôt vers l'Obi, toujours escortés comme les autres par toutes sortes de Carnassiers. Ils diffèrent aussi par leurs mœurs. Ceux de Norwège n'ont qu'une seule chambre dans leur terrier, et ne font pas de provision. La petite variété a toujours plusieurs chambres de réserve sur la longueur d'un boyau, où elle emmagasine du *Lichen rangiferinus*.

12°. CAMPAGNOL A COLLIER, *Mus torquatus*, Pall., *Glir.*, pl. 11. B. Schreb. 194. Encycl. pl. 69, f. 5. De l'extrémité polaire de l'Oural, cette espèce émigre aux mêmes époques que les Lemmings; elle n'a pas d'ongles au pouce de devant.

13°. CAMPAGNOL A COURTE QUEUE, *Mus lagurus*, Pall., *Glir.*, pl. 13 A. Schreb., pl. 193. Encycl. pl. 69, f. 3. Plus petit que le Campagnol ordinaire, n'a que quatre ongles devant et sept vertèbres à la queue. Poil cendré, pâle en dessus avec une ligne noire dorsale depuis l'intervalle des yeux jusqu'à la queue. Habitant des steppes sablonneuses qui s'étendent aux pieds des monts Altaïs, il est surtout nombreux dans le désert de l'Irtisch où croît en abondance l'*Iris pumila*. C'est le plus belliqueux de tout ce genre. Quoique le plus petit, il attaque, pour les manger, les autres espèces qui pour cette raison ne l'habitent guère dans son canton. Pallas en a vu d'enfermés se dévorer jusqu'à ce qu'il ne restât plus qu'un mâle pour posséder toutes les femelles. Ils sont aussi lascifs que cruels.

14°. Le LEMMING DE LA BAIE D'HUD-SON, *Mus Hudsonius*, Pall. Schreb., pl. 196; Encycl., pl. 69, f. 6. D'un gris perlé, ni la queue ni les oreilles visibles; quatre ongles aux pieds de devant, dont les mitoyens paraissent à double pointe; ceux-ci sont uniformément simples dans les jeunes et les femelles. Grand comme un Rat; il vit sous terre autour de la baie d'Hudson.

15°. CAMPAGNOL TAUPIN, *Mus talpinus*, Pall., *Gl.*, pl. 11. A. Schreb., pl. 203. Encycl., pl. 71, f. 3. Figure plus mauvaise qu'à l'ordinaire, sous le nom de petit Spalax.—Cinq doigts à tous les pieds; première molaire plus longue; pelage variant du gris-jaune au brun-noir avec l'âge; six mamelles sans vestige dans le mâle. Des bassins méridionaux de l'Oural; on ne le trouve pas à l'est de l'Obi. Fouille près de la surface même du gazon de longs boyaux sur lesquels il élève de distance en distance de petits dômes de terre. Il n'en sort que pour chercher sa femelle ou pour aller s'établir ailleurs. Il s'approvisione pour l'hiver de racines du *Phlomis tuberosa*, près duquel on est toujours sûr de le trouver. La femelle porte trois ou quatre petits.

Rafinesque (*Annals of nature* 1820) décrit, sous le nom générique de *Lemmus*, trois Rongeurs, sans motiver cette détermination sur la figure et le nombre des dents, seul caractère positif.

1°. *Lemmus vittatus*. Six mamelles sur la poitrine; cinq raies blanches longitudinales sur le dos. Des champs et des bois de Kentucky.

2°. *Lemmus talpoïdes*. Gris de fer en dessus, blanchâtre en dessous.

3°. *Lemmus Novœboracensis*. Long de cinq pouces et demi; pieds courts comme au précédent; queue écailleuse, terminée par un flocon de soie. Des États de New-York et de New-Jersey. (A. D..NS.)

Cuvier a découvert, dans les brèches osseuses du rocher de Cette, des restes de Campagnols fossiles qui ne présentent aucune différence caractéristique avec les Campagnols ordinaires. (C. P.)

CAMPAGNOL VOLANT. MAM. *V.* NYCTÈRE.

CAMPAGNOLO ET CAMPAGNOLI. MAM. Syn. italien de Campagnol. (A. D..NS.)

CAMPAGNOUL ET CAMPAGNOULE. BOT. CRYPT. Noms vulgaires de plusieurs Agarics dans quelques cantons du midi de la France. On y ajoute quelques épithètes, telles que *vinous*, vineux; *aurat*, doré; *mouret*, brun, pour désigner des différences qui au reste sont fort vagues, et varient de signification d'un lieu à l'autre. (B.)

CAMPAINHAS. BOT. PHAN. Nom portugais du Muguet, *Convallaria majalis*, selon les dictionnaires antérieurs. (B.)

CAMPAN (Marbre de). GÉOL. Espèce de Calcaire Marbre de transition qui s'est exploité principalement au bourg de Campan, dans la vallée de ce nom, auprès de Bagnères dans les Pyrénées. Les veines entrelacées que l'on observe à sa surface sont formées par une substance talqueuse, qui s'exfolie et laisse des creux dans les surfaces polies exposées à l'air. On en distingue trois variétés dans les arts : le C. vert, le C. isabelle, le C. rouge. (C. P.)

CAMPANA ET CAMPANE. BOT. PHAN. Ces mots signifient une *cloche* dans les dialectes méridionaux. Les gens de la campagne et des herboristes le donnent à diverses Plantes dont les fleurs ont plus ou moins de rapport avec la forme d'une cloche, telles que les Liserons des champs et des haies, le *Narcissus Pseudo-Narcissus* et le *Bulbocodium*, plusieurs Campanules, etc. Ils ont été étendus jusqu'à l'*Inula Helenium*. (B.)

CAMPANETTA, CAMPANETTE ET CAMPANELLE. BOT. PHAN. C'est-à-dire *petite cloche*. On donne plus particulièrement ce nom au

Convolvulus arvensis dans le midi de l'Europe. (B.)

* CAMPANG – SAPPADOE. BOT. PHAN. (Burmann.) Syn. d'*Hibiscus, Rosa-sinensis* à Java. *V*. KETMIE. (B.)

* CAMPANIFORME. *Campaniformis.* BOT. PHAN. Ce terme s'applique aux calices et aux corolles monopétales régulières dont la forme approche de celle d'une cloche, c'est-à-dire qui, n'ayant pas de tube, vont en s'évasant insensiblement de la base vers le sommet, ainsi qu'on l'observe dans la plupart des espèces des genres Campanule et Liseron.

(A. R.)

* CAMPANIFORMES. *Campaniformæ.* BOT. PHAN. Nom donné par Tournefort aux Plantes qu'il rangeait dans la première classe de son Système, et dont la plupart ont en effet leurs corolles en forme de cloche. Cette classe contenait, répartis dans neuf sections, les genres Mandragore, Belladone, Muguet, Polygonatum, Fragon, Cerinthe, Gentiane, Hydrophylle, Soldanelle, Liseron, Tithymale, Glaux, Oxalide (*Oxys*), Rhubarbe, Cotylet, Apocin, Périploque, Asclépiade, Mauve, Althæa, Alcée, Malacoïde, Abutilon, Ketmie, Coton, Bryone, Tamne, Scicyos, Momordique, Concombre, Melon, Patissons, Courges, Angurie, Calebasse, Campomèle, Raiponce, Garance, Grateron, Gaillet et Croisette. On voit combien de rapports naturels étaient brisés par de tels rapprochemens. (B.)

CAMPANILLA. BOT. PHAN. Syn. espagnol de Campanule. *V*. ce mot. On a étendu ce nom, dans les possessions d'outre-mer, à divers Liserons et Quamoclits. (B.)

CAMPANIOLA. BOT. CRYPT. (Gouan.) Nom vulgaire d'*Agaricus fumetarius*, L. en Languedoc.

(AD. B.)

CAMPANULACÉES. *Campanulaceæ.* BOT. PHAN. C'est ainsi qu'on appelle un groupe naturel de Végétaux dont le genre Campanule peut

être considéré comme le type. Jussieu, dans son *Genera Plantarum*, a placé cette famille parmi celles qui, ayant la corolle monopétale et staminifère, ont cette corolle insérée au calice ou périgynique. Il y a réuni quelques genres qui plus tard en ont été retirés pour former des ordres distincts ; tels sont le *Gesneria* de Plumier qui appartient à la nouvelle famille des Gesnériées, le *Lobelia* dont il a fait sa nouvelle famille des Lobéliacées. La première de ces deux familles nous paraît suffisamment distincte des vraies Campanulacées ; mais quant au genre *Lobelia*, il ne nous paraît point offrir des différences assez tranchées pour autoriser sa séparation d'avec les autres genres de la famille des Campanulacées, ainsi qu'il nous sera facile de le prouver quand nous aurons exposé les caractères généraux de cette famille.

Les Campanulacées sont ordinairement des Plantes herbacées ou sous-frutescentes, remplies d'un suc blanc laiteux très-amer. Leurs feuilles sont alternes, entières, dépourvues de stipules ; très-rarement elles sont opposées ; leurs fleurs, qui sont souvent fort grandes, forment des épis, des thyrses, ou sont rapprochées en capitules. Chacune d'elles offre un calice monosépale adhérent avec l'ovaire infère ou seulement semi-infère ; il est à quatre, cinq ou huit divisions égales, qui persistent et couronnent le fruit. La corolle est monopétale, ordinairement régulière, plus rarement irrégulière, ayant son limbe partagé en un nombre de lobes égal aux divisions du calice; quelquefois elle est profondément fendue d'un côté ou semble être à deux lèvres inégales ; elle est généralement marcescente. Les étamines sont le plus souvent au nombre de cinq, attachées à la corolle, alternant avec ses lobes. Leurs anthères, qui sont attachées par leur base, et qui offrent deux loges s'ouvrant par un sillon longitudinal, sont tantôt libres et écartées les unes des autres, tantôt rapprochées et soudées en tube. L'ovaire est infère ou semi-infère, ordinairement à deux loges, plus rarement à un grand nombre de loges polyspermes. Le style est simple , terminé par un stigmate diversement lobé et nu , c'est-à-dire sans involucre. Le fruit est une capsule couronnée par le limbe du calice , à deux ou un plus grand nombre de loges , s'ouvrant soit par le moyen de trous qui se forment vers la partie supérieure , soit par des valves qui n'occupent que sa moitié supérieure , et qui entraînent avec elles une partie des cloisons sur leur face interne. Les graines sont fort nombreuses et fort petites ; elles renferment, dans un endosperme charnu, un embryon central et dressé.

Tels sont les caractères généraux des Campanulacées lorsque l'on y comprend le genre *Lobelia*. En effet, l'irrégularité de la corolle et la soudure des anthères ne sauraient être considérées comme des caractères suffisans pour écarter ce genre des Campanulacées auxquelles il appartient par tous les autres points de son organisation. Quant aux genres avec lesquels on a formé les familles des Stylidées et des Goodénoviées, les différences qu'ils présentent ne sont point tellement grandes, que l'on ne puisse les réunir avec les vraies Campanulacées, ainsi que Kunth l'a proposé, et en faire de simples sections d'un même ordre naturel, ou, si l'on veut, les considérer comme des familles appartenant à une même tribu qui retiendrait le nom de Campanulacées. Cette grande tribu, qui aurait pour caractères communs un ovaire infère , ordinairement à deux loges (rarement à une seule loge) multiovulées ou quelquefois uniovulées ; une corolle monopétale ; des étamines libres ou soudées, en nombre variable, mais toujours déterminé ; pour fruit, une capsule ou rarement une drupe ; enfin des feuilles alternes, se distingue : 1° des Vacciniées par son fruit sec et ordinairement à deux loges , et par ses étamines dont le nombre excède rarement cinq ; 2° des Rubiacées par ses feuilles alternes dépourvues de

stipules ; 3° des Caprifoliacées par ses feuilles également alternes et son fruit capsulaire. Elle comprendrait cinq familles que l'on pourrait ainsi caractériser :

I. CAMPANULÉES. Corolle régulière ; cinq étamines , rarement plus ou moins , distinctes les unes des autres ; capsule à deux loges polyspermes , s'ouvrant dans leur partie supérieure par des trous ou des valves incomplètes qui portent une partie des cloisons sur le milieu de leur face interne. Plantes ordinairement herbacées, souvent lactescentes, portant des feuilles alternes.

A cette famille se rapporteraient les genres suivans : *Ceratostemma*, Juss. ; *Lightfootia*, L'Hérit. ; *Forgesia*, Commers. ; *Michauxia*, L'Hérit. ; *Canarina*, L. ; *Campanula*, L. ; *Prismatocarpus*, L'Hérit. ; *Trachelium*, L. ; *Roella*, L. ; *Phyteuma*, L. ; *Jasione*, L. ; *Cervicina*, Delile.

II. LOBÉLIACÉES. Corolle irrégulière, fendue d'un côté ; étamines soudées par les anthères ; stigmate environné de poils ; capsule à deux loges polyspermes, s'ouvrant par son sommet en deux valves ; Plantes ordinairement herbacées , non lactescentes.

A cette famille appartiennent les genres *Lobelia* de Linné, et *Lysipomia* de Kunth.

III. GOODÉNOVIÉES. Corolle irrégulière ; cinq étamines entièrement libres , ou simplement unies par les anthères ; stigmate environné d'une sorte de godet cupuliforme ; capsule biloculaire ou noix monosperme. Plantes herbacées ou sousfrutescentes, non lactescentes.

On compte dans cette famille les genres : *Goodenia*, Smith ; *Calogyne*, Brown ; *Euthales*, Brown ; *Velleia*, Smith ; *Lechenaultia*, Brown ; *Anthotium* , Brown ; *Scœvola* , Vahl ; *Diaspasis* , Brown ; *Dampiera* , Brown.

IV. STYLIDIÉES. Corolle irrégulière ; deux étamines dont les filets sont soudés et entièrement confondus avec le style, et forment une sorte de colon-

8

ne centrale ; stigmate situé entre les deux anthères ; capsule biloculaire bivalve. Plantes herbacées, non lactescentes.

Nous plaçons dans cette famille les genres suivans : *Stylidium*, Swartz ; *Levenhookia*, Brown ; *Forstera*, Persoon, ou *Phyllachne*, Forster.

V. GESNÉRIÉES. Corolle irrégulière ; étamines distinctes, au nombre de quatre ; capsule uniloculaire contenant un grand nombre de graines attachées à deux trophospermes pariétaux.

Richard père, qui a établi cette famille, y rangeait les genres *Gesneria*, Plumier ; *Gloxinia*, L'Hérit. ; *Columnea*, Willd.

Envisagée sous ce point de vue, la tribu des Campanulacées nous paraît extrêmement naturelle, et l'on a, par cette disposition, le double avantage de conserver, comme familles distinctes, les cinq groupes dont nous avons esquissé les caractères, et cependant de les réunir par des caractères généraux qui leur sont communs. Cette méthode serait également applicable à la plupart des autres familles, qu'on pourrait grouper pour en former des tribus. Voyez pour de plus grands détails les mots GESNÉRIÉES, GOODÉNOVIÉES, LOBÉLIACÉES et STYLIDIÉES. (A. R.)

CAMPANULAIRE. *Campanularia.* POLYP. Lamarck (Hist. natur. des Anim. sans vert., T. II, p. 112) a donné ce nom à un genre de Sertulariées, que nous avions nommé Clytie dans notre premier Mémoire sur les Polypiers en 1810. — Il y réunit le *Sertularia dichotoma* de Linné, que nous regardons comme une Laomédée. *V.* ce mot et CLYTIE. (LAM. X.)

CAMPANULE. *Campanula.* BOT. PHAN. Ce genre, qui a donné son nom à la famille des Campanulacées, et qui appartient à la Pentandrie Monogynie, L., se distingue facilement par son calice monophylle, tantôt à cinq, tantôt à dix divisions plus ou moins profondes, dont cinq alors sont réfléchies ; par sa corolle en forme de cloche et à cinq lobes ; par ses étamines dont les anthères longues et droites sont posées sur des filets tellement larges à leur base qu'ils recouvrent le sommet de l'ovaire ; par son stigmate tripartite, et enfin par sa capsule triloculaire, rarement quinqueloculaire, et de forme très-variée.

Les Campanules sont des Plantes herbacées, ou bien rarement de petits Arbrisseaux qui ont des fleurs munies de bractées et disposées en épis en panicules, ou solitaires dans les aisselles des feuilles. Elles forment un groupe très-naturel de Plantes, dont plusieurs sont cultivées et font l'ornement des jardins d'Europe lorsque la saison d'été est avancée. Parmi les espèces les plus remarquables sous ce rapport, nous citerons : la Campanule à larges feuilles, *C. latifolia* ; la C. gantelée, *C. Trachelium* ; la C. à feuilles de pêcher, *C. persicifolia*, dont les fleurs doublent aisément et varient du blanc au bleu le plus tendre ; le Carillon, *C. medium* ; la Pyramidale, *C. Pyramidalis* ; la plupart transportées de nos bois dans nos parterres ; et la C. dorée, *C. aurea.* Cette dernière espèce, qui est originaire de Madère ou des Canaries, a des fleurs jaunes d'un aspect assez particulier ; leur structure est aussi assez différente de celles des autres Campanules pour la faire considérer comme un genre distinct. Mais si les Campanules charment la vue par l'agrément de leurs fleurs, elles ne fournissent d'un autre côté aucune Plante utile, si ce n'est peut-être la Raiponce des jardiniers, *C. Rapunculus*, L. dont on mange les racines en salade. Quoique celles-ci soient un peu dures, leur goût de Noisette les fait rechercher. Presque toutes les autres Campanules ont un suc lactescent très-amer, et par conséquent ne peuvent être comestibles. On a séparé des Campanules la *Campanula Speculum*, L., pour en constituer un nouveau genre que L'Héritier et De Candolle ont nommé *Prismatocarpus*, *V.* ce mot. Durande (Flore de Bourgogne) avait déjà fait la même innovation, et lui avait donné le nom de *Legouzia*.   (G..N.)

* CAMPANULÉ. *Campanulatus*, BOT. PHAN. Ce terme a à peu près la même signification que Campaniforme; cependant il se dit plus particulièrement des calices et des corolles formés de plusieurs pièces, dont la disposition générale approche de la forme d'une cloche.   (A.R.)

*CAMPARELLE. BOT. PHAN. Syn. d'*Agaricus campestris*; Champignon commun dans toute la France. (B.)

* CAMPDERIE. *Campdéria*. BOT. PHAN. Le professeur Lagasca, dans son Traité des Ombellifères inséré dans le second numéro de ses *Amenitates de las Espanas*, a établi un genre sous ce nom pour le *Sium siculum* de Linné; ce genre se distingue des autres *Sium* par ses fleurs jaunes, ses pétales entiers et roulés, son fruit allongé et cylindrique. Le *Campderia sicula* de Lagasca est une Plante vivace qui croît en Orient, en Corse, en Barbarie; ses feuilles pinnées se composent de folioles obliquement cordiformes et dentées en scie; ses ombelles sont terminales, accompagnées d'un involucre polyphylle; ses ombellules sont presque globuleuses, également environnées d'un involucelle polyphylle. Ignorant l'existence de ce genre, nous avions nous-mêmes proposé un genre *Campderia* pour deux belles Plantes de la famille des Broméliacées qui croissent, l'une au Brésil, et l'autre sur les bords de l'Orénoque. Nous avons depuis changé ce nom en celui de *Radia* en l'honneur de Radius, auteur d'une Monographie des genres *Pyrola* et *Chimophila*, mais ce genre devra probablement être encore détruit, car il paraît être le même que le *Velosia* de Vandelli, genre qui n'avait été adopté ni mentionné par aucun autre botaniste, et dont Auguste de Saint-Hilaire promet de nous faire connaître plusieurs espèces nouvelles qu'il a recueillies dans le voyage qu'il vient de faire avec tant de succès dans l'intérieur du Brésil.   (A.R.)

*CAMPE. INS. Ce mot grec désigne les Chenilles dans Aristote et autres auteurs anciens : de-là Hippocampe (Cheval-Chenille), Pithyocampe (Chenille du Pin), etc.   (B.)

CAMPÊCHE ou BOIS DE CAMPÊCHE. BOT. PHAN. *V.* HÉMATOXYLE. (B.)

CAMPECHIA ET CAMPECIA. BOT. PHAN. (Adanson et Scopoli.) Syn. d'Hématoxyle. *V.* ce mot.   (B.)

* CAMPÉCOPÉE. *Campecopea*. CRUST. Genre de l'ordre des Isopodes, section des Ptérygibranches, créé par Leach (*Linn. Trans. Societ.*, T. XI), et ayant pour caractères distinctifs : appendices postérieurs du ventre, dont la petite lame extérieure seule est saillante; thorax ayant l'avant-dernier article plus grand que le dernier; appendice ventral postérieur courbé, allongé.—La courbure de l'appendice ventral postérieur distingue les Campécopées des Nésées, qui ont cette partie droite; ils est différent des Cymodocées, des Dynamènes, des Zuzares et des Sphéromes par la petite lame extérieure des appendices du ventre, qui seule est saillante, tandis que dans les genres que nous venons de citer, la petite lame intérieure devient apparente; Leach (Dict. des Sc. nat., T. XII, p. 341) classe le genre Campécopée dans la seconde race de sa famille des Cymothoadées. Latreille (Règ. Anim. de Cuv.) le réunit au genre Sphérome.

Deux espèces appartiennent au genre que nous décrivons.

CAMPÉCOPÉE VELUE, *Camp. hirsuta* de Leach ou l'*Oniscus hirsutus* de Montagu (*Act. Soc. Linn.*). Elle habite les rochers de la côte méridionale du Devonshire en Angleterre.

CAMPÉCOPÉE DE CRANCH, *Camp. Cranchii* de Leach, découverte par M.-J. Cranch à Falmouth sur la côte ouest de l'Angleterre. *V.* CYMOTHOADÉES et SPHÉROME.   (AUD.)

* CAMPÉE. *Campœa*. INS. (Lamk. An. sans vert. t. 5. p. 568.) Genre de Lépidoptères, de la division des Phalénides. *V.* ce mot.   (B.)

CAMPELIE. *Campelia*. BOT. PHAN.

8*

Ce genre, de la famille naturelle des Commelinées, a été proposé par Richard père, et adopté par Kunth pour le *Commelina zanonia* de Linné, qui offre les caractères suivans : les fleurs sont sessiles et réunies au nombre de sept à huit à l'aisselle des deux feuilles supérieures, qui sont très-rapprochées l'une de l'autre; le calice est à six divisions étalées, trois intérieures pétaloïdes, persistantes et charnues; trois extérieures caduques; étamines au nombre de six, à filets grêles et glabres, à anthères dont les deux loges sont écartées par un connectif anguleux et très-large; ovaire sessile trigone, à trois loges, contenant chacun deux ovules; style de la longueur des étamines, renflé vers sa partie supérieure où il se termine par un stigmate concave dont les bords sont glanduleux. Le fruit est une capsule triloculaire, s'ouvrant en trois valves par sa partie supérieure, et environnée par les trois divisions persistantes du calice, qui deviennent épaisses et charnues.

La seule espèce qui forme ce genre croît communément dans presque toutes les contrées de l'Amérique méridionale, aux Antilles, à la Guiane, dans le royaume de la Nouvelle-Grenade, etc. Elle a été figurée par Redouté dans ses Liliacées. vol. 4, t. 192. (A. R.)

CAMPEPHAGA. ois. (Vieillot.) *V.* Échenilleur. (B.)

* CAMPÉRIEN. pois. Espèce du genre Scombresoce. *V.* ce mot. (B.)

CAMPESTRES. ois. Vingt-sixième famille du quatrième ordre de la Méthode ornithologique d'Illiger, dont les caractères consistent dans un bec médiocre, droit et légèrement crochu; des ailes propres au vol; des pieds tridactyles fendus, ayant les tarses réticulés. Les Outardes sont comprises dans cette famille. (B.)

CAMPHORATA. bot. phan. C'est-à-dire *qui sent le Camphre*. Nom que la plupart des anciens botanistes donnaient à la Plante que nous appelons

Camphrée. *V.* ce mot. Commelin l'appliquait au *Selago corymbosa*, L. *V.* Selage. (B.)

* CAMPHORATES. Résultats de la combinaison de l'Acide camphorique avec les bases salifiables. On n'a encore trouvé aucun de ces sels comme production naturelle. (DR..z.)

* CAMPHORIQUE. *V.* Acide.

CAMPHRE. bot. phan. Substance particulière, limpide, odorante, amère, solide, onctueuse, fusible, éminemment inflammable, très-peu soluble dans l'eau, facilement dissoluble par l'Alcohol, les Huiles, etc. Le Camphre est un produit immédiat de beaucoup de Végétaux; il abonde dans le *Laurus Camphora*, L. d'où on l'extrait au Japon, en distillant son bois avec de l'eau dans de grandes cucurbites surmontées de chapiteaux dont l'intérieur est garni de cordes en paille de Riz. On le raffine par une sublimation lente. Soumis à l'action de l'Acide nitrique, aidée d'une douce chaleur, le Camphre se convertit en Acide camphorique. Les usages du Camphre dans la médecine sont très-étendus; il est surtout employé comme topique. On a mis à profit l'aversion que son odeur causait à divers Insectes pour les éloigner, avec son secours, des Collections zoologiques d'Histoire naturelle. On retire du tronc d'une espèce de Laurier qui croît à Sumatra, un Camphre impur dont les propriétés sont beaucoup plus actives que celles que l'on a reconnues au Camphre du commerce.

Camphre artificiel. En faisant passer un courant de Chlore à travers les Huiles essentielles, il s'en précipite une substance qui a beaucoup d'analogie avec le Camphre. (DR.. z.)

CAMPHRÉE. *Camphorosma*, L. bot. phan. Ce genre est placé dans la famille des Chénopodées, et dans la Tétrandrie Monogynie, L. Il a pour caractères : un calice ou périgone simple, urcéolé, à quatre dents dont deux alternes sont plus grandes;

quatre étamines à filets saillans hors de la fleur ; un style à deux stigmates et une capsule monosperme.

On n'en connaît qu'un très-petit nombre d'espèces (quatre à cinq); elles habitent les lieux stériles et sablonneux des pays méridionaux : la seule remarquable est la Camphrée de Montpellier, *Camphorosma Monspeliaca*, L., connue de C. Bauhin et des anciens botanistes sous le nom de *Camphorata*. On lui attribuait autrefois des propriétés médicales, sans doute fort exagérées, mais que ses qualités physiques, et principalement la forte odeur de Camphre qu'elle exhale, doivent empêcher de trouver ridicules. C'est à tort que Willdenow a réuni au genre *Camphorosma* le *Louichea pteranthus* décrit par L'Héritier (*Stirp.* 1, p. 135, t. 65). Il a suivi en cela l'exemple de Linné qui en avait déjà fait une espèce de Camphrée ; mais l'examen des caractères de cette Plante nous porte à la considérer comme appartenant à un genre tout-à-fait distinct.

Morison donnait le nom de *Camphorosma* au *Dracocephalum canariense*. *V.* DRACOCÉPHALE. (G..N.)

CAMPHRIER. BOT. PHAN. *Laurus Camphora*, L., espèce du genre Laurier. *V.* ce mot et CAMPHRE. (B.)

CAMPHUR. MAM. Animal fabuleux qui paraît être un double emploi de la Licorne ; les Arabes le représentent comme un Ane sauvage qui aurait une seule corne au milieu du front. (B.)

CAMPHUR. BOT. PHAN. Syn. arabe de Camphre. (B.)

* CAMPILOMYZE. *Campilomyza*. INS. Genre de l'ordre des Diptères, famille des Némocères, établi par Meigen (Descript. Syst. des Diptères d'Europe, T. 1, p. 101), qui le range provisoirement à côté des Cécidomyies et lui assigne pour caractères : antennes étendues, cylindriques, de quatorze articles, dont les deux inférieurs plus gros ; trois yeux lisses ; ailes poilues à trois nervures. — Ce genre se distingue au premier abord des Lasioptères par le nombre des nervures aux ailes, et la présence des yeux lisses; ce dernier caractère est le seul qui l'éloigne des Cécidomyies. Meigen décrit quatre espèces auxquelles il donne les noms de *flavipes*, *bicolor*, *atra* et *aceris*; il figure la première. (AUD.)

* CAMPILOPUS. BOT. CRYPT. (*Mousses.*) Ce genre a été créé par Bridel (*Methodus Muscorum*, p. 71) qui l'a caractérisé ainsi : péristome de seize dents bifides ou perforées, coiffe mitriforme, laminée à la base. Il paraît très-difficile de le distinguer des *Grimmia*, dont plusieurs ont aussi les dents du péristome perforées, et il faut convenir qu'il est presque impossible de placer dans deux genres différens les *Grimmia ovata* et *Donniana*, et quelques autres qui présentent un aspect parfaitement semblable, et dont les unes ont les dents perforées, ou même légèrement bifides au sommet, et les autres les ont entières. Outre plusieurs espèces de *Grimmia*, Bridel rapporte encore à ce genre plusieurs espèces de *Dicranum*, dans lesquelles il dit que la coiffe n'est pas fendue latéralement, ce qui serait contraire aux observations de la plupart des botanistes qui ont étudié cette famille : tels sont les *Dicranum flexuosum*, *scottianum*, etc. Enfin, en adoptant ces observations, ce genre ne différerait des Trichostomes que par les dents plus larges et moins profondément divisées. Si on voulait distinguer ce genre des *Grimmia* d'après la forme des dents du péristome, les espèces qui devraient lui servir de type sont le *Dicranum saxicola*, le *Dicranum ovale*, le *Dicranum pulvinatum*, qui ont été rangés successivement parmi les *Grimmia* et les *Trichostomum*, ce qui prouve assez que leur position est douteuse; on devrait peut-être aussi y rapporter quelques Trichostomes à dents courtes; tels que les *Trichostomum patens*, *funale*, *ellipticum*, etc. *V.* GRIMMIA, TRICHOSTOMUM et DICRANUM. (AD. B.)

*CAMPINI. bot. crypt. C'est dans la basse latinité le nom qui désigne les Champignons, et d'où paraît être venu ce mot. (b.)

CAMPKIT. bot. phan. *V.* Camchain.

CAMPOIDES. bot. phan. (Rivin.) Syn. de *Scorpiurus vermiculata*, L. *V.* Chenillère. (b.)

CAMPOMANÉSIE. *Campomanesia*. bot. phan. Genre de la famille des Myrtacées, établi par Ruiz et Pavon, et dont ils ont donné les détails dans leur *Genera*, p. 72, t. 13. Ce genre offre, selon Jussieu, de très-grands rapports avec le *Decaspermum* de Forster; tandis que Persoon en a fait une espèce du genre Goyavier ou *Psidium*.

La seule espèce décrite par Ruiz et Pavon, sous le nom de *Campomanesia linearifolia* (*Syst. Fl. peruv.* 1, p. 128), est un grand et bel Arbre qui croît dans les forêts les plus chaudes des Andes, et que l'on cultive dans les jardins du Pérou. Ses feuilles sont ovales; ses pédoncules axillaires et uniflores. Ses fruits sont jaunes et de la grosseur d'une petite Pomme. On les mange; leur saveur est fort agréable. (a. r.)

*CAMPOUDI. bot. phan. (Rochon.) Plante indéterminée de Madagascar, qui est peut-être la même que Piripéa. *V.* ce mot. (b.)

CAMPSIS. (Loureiro.) bot. phan. L'éditeur de la Flore de Cochinchine de Loureiro, Willdenow prétend que la Plante décrite dans cet ouvrage, sous le nom de *Campsis adrepens* et appelée *Lien Sien* par les habitans, n'est autre que l'*Incarvillœa sinensis*, Lamk. (Encycl., T. iii, p. 243.) Néanmoins Jussieu, qui a établi ce dernier genre (*Genera Plant.*, p. 158), pense que si ces deux Plantes ne sont pas de genres différens, ils ne constituent pas certainement une seule espèce. Il incline même pour l'admission du genre *Campsis*, si toutefois les caractères suivans donnés par Loureiro sont exacts : calice à cinq divisions acuminées presque inégales; corolle infundibuliforme, à limbe grand, ouvert et divisé en cinq lobes arrondis et égaux; étamines didynames dont les filets sont courbés; style filiforme plus long que les étamines, terminé par un stigmate spatulé; capsule bivalve, tétragone, polysperme; semences presque rondes. Dans l'espèce que Loureiro a trouvée près de Canton en Chine, la tige est grimpante et s'accroche aux troncs des Arbres, les feuilles sont bipinnées, dentées en scie et glabres; les fleurs, d'un rouge vif, sont disposées en corymbe et terminales. Il suffira d'énoncer quelques caractères de l'Incarvillée pour en faire saisir les différences : dans ce genre, la corolle est irrégulière, le fruit siliquiforme, et les semences membraneuses sur leurs bords; les anthères inférieures offrent encore un caractère remarquable, celui d'avoir deux soies à la base, mais comme elles ne sont pas décrites complétement dans le *Campsis*, peut-être cette remarque aura-t-elle échappé à Loureiro. D'après les échantillons conservés dans les herbiers, cette Plante est ligneuse et n'a pas les feuilles tout-à-fait bipinnées, comme celles du Campsis, mais elles y sont découpées irrégulièrement. Au surplus, quelle que soit l'opinion qu'on adoptera sur la séparation ou la réunion de ces deux genres, on les placera toujours dans la famille des Bignoniacées. (g..n.)

CAMPULAIA. bot. phan. Genre de la famille des Rinanthées, caractérisé par un calice tubuleux, terminé par cinq divisions aiguës; une corolle irrégulière dont le tube allongé se recourbe vers le sommet, et dont le limbe présente deux lèvres, la supérieure à demi-bifide, l'inférieure à trois lobes égaux et arrondis; quatre étamines didynames, insérées vers la courbure du tube, par des filets courts dans les deux supérieurs, presque nuls dans les deux autres; un style de la longueur de la corolle et recourbé comme elle, terminé par un stigmate renflé; une capsule à deux valves, sur le milieu desquelles s'insère une cloison qui la divise en deux loges, contenant des graines nombreuses, petites et striées.

Aubert Du Petit-Thouars, auteur de ce genre, en a observé deux espèces, l'une dans l'Ile-de-France, où elle se trouvait abondamment vivant parasite sur les racines et remarquable par sa corolle écarlate; et la seconde dans l'île de Madagascar. Ce sont des Plantes herbacées, vivaces, à racine écailleuse, à tige simple, à feuilles opposées en bas, alternes plus haut; à fleurs solitaires et axillaires, accompagnées de deux bractées linéaires. Leur port est celui du Bartsia. (A.D.J.)

CAMPULOA. BOT. PHAN. *V.* CAMPULOSE.

CAMPULOSE. *Campulosus*. BOT. PHAN. Sous ce nom, Desvaux avait établi un genre de la famille des Graminées, et il en avait publié la description dans le bulletin de la Société philomatique. Palisot-Beauvois (Agrostographie, p. 63) l'a adopté sans aucun changement: c'est pourquoi nous donnons ici le nom primitif de ce genre qui a été changé ensuite par Desvaux lui-même en celui de *Campuloa* (Journ. de Botan., v. 5, p. 69). Ce genre est caractérisé par ses épillets alternes, sessiles et unilatéraux, par sa lépicène inégale, à deux valves, dont la supérieure est bifide et munie sur le dos d'une barbe couchée obliquement sur l'axe; les fleurs sont en outre polygames. On ne connaît encore que deux espèces de Campuloses: la première est le *Chloris monostachya*, Mich., et la seconde le *Cynosurus furcatus*, Willd. Le *facies* de ces Graminées, et surtout de la première, est tellement particulier, qu'on ne conçoit pas comment ce genre avait pu échapper à la recherche de ceux qui, avant Desvaux, ont examiné de nouveau cette nombreuse famille. (G..N.)

CAMPULOTTE. MOLL. FOSS. *V.* MAGILE.

CAMPYLUS. BOT. PHAN. Loureiro décrit, sous ce nom, un Arbrisseau grimpant de la Chine, à feuilles alternes, rares et portées sur de longs pétioles, à fleurs disposées en grappes terminales, flexueuses, munies de bractées trilobées. Le calice est tubuleux, à cinq divisions inégales; la corolle présente un tube et un limbe à deux lèvres, la supérieure subulée, l'inférieure ovale. Cinq étamines inégales s'insèrent à ce tube vers sa base. L'ovaire libre se termine par un style unique, et celui-ci par un stigmate à cinq lobes. Le fruit est une capsule à cinq loges polyspermes. Ce genre, ainsi caractérisé, n'a pu être rapporté à aucune des familles établies jusqu'ici. (A. D. J.)

CAMPYNEMA. BOT. PHAN. Genre établi par La Billardière (*Fl. Nov.-Holl.*, 1, p. 93, tab. 121), d'après une Plante recueillie au cap de Van-Diemen, et qui présente les caractères suivans: le calice, adhérent à l'ovaire et pétaloïde, se divise supérieurement en six lobes, au bas desquels s'insèrent autant d'étamines, dont les filets se recourbent en dehors de la fleur et portent des anthères oscillantes. L'ovaire, surmonté de trois styles et de trois stigmates, devient une capsule prismatique, triangulaire, allongée, qui couronne le calice persistant. Elle s'ouvre en trois valves, qui, appliquées contre l'axe central, la divisent en trois loges, contenant chacune plusieurs graines disposées sur un seul rang et attachées sur le bord des valves. On a décrit une seule espèce de ce genre, le *Campynema linearis*, Plante herbacée, à racines fusiformes et fasciculées, à tige simple, chargée de quelques feuilles graminées qui l'embrassent à demi, et terminée par une seule fleur le plus souvent, et d'autres fois par deux ou quatre, dont les pédoncules sont munis vers leur milieu d'une foliole qui les dépasse. La Billardière propose de classer ce genre à la suite des Narcissées, où sa place est en effet indiquée, quoiqu'il manque de plusieurs caractères propres à cette famille, dans laquelle on observe un style simple à sa base, des graines attachées le long de cloisons qui s'appliquent sur le milieu des valves, et des fleurs munies de spathes. (A. D. J.)

CAM-SANH et TSEMCAN. BOT. PHAN. Une espèce d'Oranger à la Cochinchine. (B.)

CAMSIA. BOT. PHAN. Syn. chinois de Canne à Sucre. (B.)

CAMUL. BOT. PHAN. *V.* CAMELANNE.

CAMULA. MAM. L'un des noms italiens du Chamois. *V.* ANTILOPE. (B.)

CAMUM. BOT. PHAN. Et non *Camun.* *V.* CAMIUM.

CAMUNENG ou CAMUNIUM. BOT. PHAN. (Rumph, *Amb.*, T. v, pl. 17, 18.) Trois Arbres portent ce nom à Amboine, le *Chalcas paniculata*, le *Murraya*, et peut-être celui dont Loureiro a fait son genre *Aglaia*, si ce troisième Arbre ne doit pas former un genre nouveau auquel Jussieu propose de conserver le nom de Camunium. (B.)

*CAMURI. POIS. (Marcgraaff.) Nom brasilien d'un Poisson qui pourrait bien être voisin de l'Alose, s'il est le même que celui que les Portugais appellent Robalo. (B.)

CAMUS. MAM. L'un des noms vulgaires donné par les marins au Dauphin ordinaire, *Delphinus Delphis*, L. (B.)

CAMUS. POIS. Bosc donne ce nom comme celui d'un Polynème qui paraît être le *Decadactylus*. *V.* POLYNÈME. (B.)

*CAMUSE. RÉPT. OPH. Nom vulgaire d'une Couleuvre à la Caroline. (B.)

CAMUZA. MAM. L'un des noms espagnols et italiens du Chamois. *V.* ANTILOPE. (B.)

CAMY-CAMY. OIS. Syn. de l'Agami, *Psophia crepitans*, L. à Surinam. *V.* AGAMI. (DR..Z.)

CAN. MAM. Du latin *Canis.* Nom du Chien dans les dialectes gascons. (B.)

CAN. OIS. Syn. vulgaire du Mauvis, *Turdus iliacus*, L. *V.* MERLE. (DR..Z.)

* CAN. POIS. C'est-à-dire *Chien.* Syn. d'Aiguillat, *V.* ce mot, dans le golfe de Gênes. (B.)

CANA. OIS. Syn. de la Poule en Finlande. *V.* COQ. (DR..Z.)

CANA. BOT. PHAN. L'un des noms de l'*Arundo Donax*, L., dans les dialectes méridionaux. Les Espagnols prononcent *Cagna*, parce qu'ils écrivent ce mot par un *n* mouillé.

Rumph dit qu'on appelle *Cana* en Chine, ce qu'on nomme *Cai-Gana* chez les Cochinchinois, et qui est le *Pimelea alba* de Loureiro. On appelle CANA DE LA VIVORA, c'est-à-dire de la Vipère, la Kunthie, dans la Nouvelle-Grenade. (B.)

CANAB. BOT. PHAN. Syn. de Chanvre chez les Arabes, qui vient peut-être du latin, comme *Canabou* des Languedociens, *Canabier* et *Canabé* des Provençaux, *Canamo* des Espagnols et *Canapé* des Italiens. (B.)

CANABÉ. BOT. PHAN. *V.* CANAB.

CANABERI. OIS. Syn. de l'Alouette Cochevis, *Alauda cristata*, L. en Grèce. *V.* ALOUETTE. (DR..Z.)

CANABIER et CANABOU. BOT. PHAN. *V.* CANAB.

CANABINASTRUM. BOT. PHAN. (Heister.) Syn. de *Galeopsis Galeobdolon*, L. *V.* GALÉOBDOLON. (B.)

CANABRAZ. BOT. PHAN. Syn. portugais d'*Heracleum Sphondylium*. *V.* BERCE. (B.)

CANADA. BOT. PHAN. Syn. de Topinambour. (B.)

CANADE. ZOOL. Il paraît que c'est un nom de pays qui désigne quelque espèce d'Oiseau-Mouche. On appelle aussi de la sorte un Poisson qui appartient au genre Gosterostée. (B.)

CANAFISTOLA ou CANAFISTULA. BOT. PHAN. Syn. de *Cassia fistula*, L. en espagnol. *V.* CANÉFICIER. (B.)

CANAHEIA. BOT. PHAN. (L'Écluse.) Nom appliqué par les Espagnols à diverses grandes Ombellifères, telles que les Férules et les Thapsics. (B.)

CANAL MÉDULLAIRE. BOT.*
PHAN. Au centre de la tige de tous
les Végétaux dicotylédons se trouve
un canal longitudinal, rempli par un
tissu cellulaire très-régulier. Ce canal
porte le nom de *Canal médullaire*, et
l'on appelle *moelle* le tissu cellulaire
qu'il contient. Quelques auteurs donnent aux parois de ce canal le nom
d'étui médullaire. L'étui médullaire
se compose essentiellement de vaisseaux: c'est la seule partie de la tige
qui offre des vaisseaux trachées dans
sa composition, et la première où
l'on commence à apercevoir des vaisseaux lors du premier développement
d'un jeune embryon. La forme du
Canal médullaire n'est pas la même
dans tous les Végétaux. Palisot de
Beauvois a prouvé que cette forme
de l'aire du Canal médullaire était
généralement en rapport avec la disposition des feuilles sur la tige. C'est
ainsi qu'il est allongé dans les Arbres
dont les feuilles sont opposées; qu'il
forme un triangle dans ceux qui
ont les feuilles verticillées par trois,
comme par exemple le Laurier-Rose,
et qu'enfin il est polygone dans
les Végétaux qui ont les feuilles
alternes et disposées en hélice ou en
quinconce.

Quelquefois le Canal médullaire est
tout-à-fait vide, et la moelle n'y existe
pas. Cette disposition se remarque
dans toutes les Plantes qui ont la tige
fistuleuse, comme dans la plupart des
Ombellifères. Mais il est important
de remarquer que cette particularité
ne se rencontre qu'au temps où ces
Plantes ont déjà acquis un accroissement considérable, et qu'il y a une
époque où ces tiges ont leur Canal
médullaire rempli de moelle.

Le Canal médullaire que l'on observe dans les gros troncs ligneux semble généralement beaucoup plus petit
que celui des jeunes branches du
même Arbre, et fort souvent il est
même difficile de l'apercevoir et d'en
constater l'existence. Aussi la plupart
des physiologistes ont-ils écrit que
par les progrès de l'âge, les parois du
Canal se resserrent sur elles-mêmes,

et que sa cavité finit par disparaître
entièrement. Telle n'est pas l'opinion
de Du Petit-Thouars. Ce savant botaniste pense qu'une fois solidifiées, les
parois du Canal médullaire ne se rapprochent en aucune manière, et que
le diamètre de ce Canal reste toujours
le même. Mais peu à peu, dit-il,
des molécules solides se déposent
dans les mailles du tissu cellulaire
qui forme la moelle, et il devient alors
difficile de la distinguer du bois. C'est
cette apparence qui en a imposé aux
observateurs peu attentifs. (A. R.)

*CANALICULAIRE. *Canalicula-
ria*. BOT. CRYPT. (*Lichens*.) Section
formée par Achar, parmi les Parmé-
lies et qui contient celles qui, telles
que les *furfuracea* et *ciliaris*, ont leurs
divisions caniculées en dessous. La
plupart sont devenues des Ramalines.
V. ce mot. (B.)

*CANALICULÉ ET CANALICU-
LÉE. BOT. PHAN. On désigne ainsi les
parties des Plantes qui sont creusées
en figure de canal; des feuilles et
particulièrement des pétioles sont Ca-
naliculés et Caniculées. (A. R.)

CANALITES. ANNEL. *V.* DENTALES.

CANAMELLE. Nom imposé com-
me français par quelques botanistes
au genre Saccharum. *V.* ce mot. (B.)

CANAMO ou CANAMON. BOT.
PHAN. *V.* CANAB.

CANANG ET CANANGO. BOT.
PHAN. Le premier de ces noms qui désignent l'un et l'autre, dans la langue
de Sumatra, l'*Uvaria odorata*, L., a
été étendu par quelques botanistes
français à toutes les espèces du genre
Uvaria. *V.* ce mot. (B.)

CANANGA. BOT. PHAN. Rumph,
sous ce nom, décrit et figure (*Herb.
Amboin.* t. 65 et 69) trois Arbres de
la famille des Anonacées, rapportés
au genre Unona. Ce sont les *Unona
odorata*, *tripetaloïdea* et *ligularis* de
Dunal. — Aublet, regardant comme
congénère des *Cananga* de Rumph
un Arbre de la Guiane, lui avait
donné le même nom (Pl. de la

Guian. t. 244); et Jussieu enfin en avait fait un genre auquel il réunissait l'*Aberemoa* du même auteur. Dunal, dans sa Monographie des Anonacées, et De Candolle, dans son *Systema Regni vegetabilis*, en adoptant le genre *Guatteria* de Ruiz et Pavon, lui ont joint le *Cananga* d'Aublet. *V.* GUATTERIA. (A.D.J.)

CANANGA est aussi l'un des noms du *Convolvulus Batatas* chez les Indous. *V.* LISERON. (B.)

CANAN-POULOU. BOT. PHAN. Nom d'une espèce de Scirpe indéterminé, à la côte de Coromandel. (B.)

CANAOA. BOT. PHAN. (Surian.) Syn. caraïbe de Cocoloba. (B.)

CANAPA. BOT. PHAN. *V.* CANAPÉ.

CANAPACIA. BOT. PHAN. (Cœsalpin.) Syn. d'Armoise. *V.* ce mot. (B.)

CANAPÉ. BOT. PHAN. Et non *Canapa. V.* CANAB.

CANAPETIÈRE. OIS. Même chose que Canepetière. *V.* ce mot, et OUTARDE. (DR..Z.)

CANAPI. BOT. PHAN. Même chose que Canaoa. *V.* ce mot. (B.)

CANAPUCCIA. BOT. PHAN. L'un des synonymes de Chanvre. *V.* ce mot. (B.)

CANARD. MAM. L'un des noms vulgaires du Barbet, race de Chien. (A.D..NS.)

CANARD. OIS. *Anas*, L. Genre de l'ordre des Palmipèdes. Caractères : bec droit, large, souvent très-élevé à sa base, et garni dans cette partie de caroncules tuberculeux, toujours déprimé à la pointe et plus ou moins dans le reste de son étendue, recouvert d'une peau mince, avec l'extrémité arrondie, obtuse et onguiculée ; les deux mandibules plates ou dentelées en lames sur leurs bords ; narines placées presque à la surface du bec, et près de sa base, ovoïdes, à demi couvertes par la membrane de la fosse nasale ; pieds courts, emplumés jusqu'aux genoux, retirés vers l'abdomen ; quatre doigts ; trois devant entièrement réunis par une large membrane, un derrière libre ou avec un rudiment de membrane, articulé assez haut sur le tarse. Ailes médiocres, la première rémige égale en longueur à la deuxième, ou un peu plus courte qu'elle.

La nature en donnant aux Canards la double faculté de parcourir l'immensité des airs, et de sillonner les plaines de l'onde, semble les avoir destinés à faire l'ornement des rivières, des fleuves, des lacs et des mers. C'est dans ces humides demeures qu'ils ne quittent jamais qu'à regret, et lorsqu'une force majeure les y contraint, qu'ils trouvent abondamment la nourriture appropriée à leurs organes, soit qu'elle se compose de Poissons, soit que les Mollusques, les larves, les Vers et même les Fucus ou autres Plantes des eaux en forment la base. Ils recherchent cette nourriture avec avidité, plongent même sans répugnance dans les eaux bourbeuses pour y saisir et avaler leur proie. Il est vrai qu'ils ne craignent point de gâter leur plumage. L'enduit particulier qui le recouvre, le protège contre les atteintes de l'eau et des matières qui la salissent. C'est aussi parmi les Joncs et les Roseaux, sur les Varecs rejetés par les flots, qu'ils construisent assez négligemment leur nid. La forme, la couleur des œufs varient dans chaque espèce. Leur nombre varie également, et non-seulement dans l'espèce, mais encore dans chaque ponte. Les Canards sont presque tous voyageurs ; la plupart habitent de préférence les contrées du Nord, et l'élévation de température dans les régions méridionales les en chasse pendant l'été, ce qui détermine les deux passages assez réguliers pour chaque espèce, de printemps vers le Nord et d'automne vers le Sud. Presque tous sont sujets à une double mue annuelle, et le changement de plumage est tel, chez les mâles, qu'ils sont absolument méconnaissables aux deux époques opposées de l'année. En général, ils prennent leur robe de noces sur la fin de l'automne, et ne la quittent qu'après l'accomplissement de l'incubation.

La facilité avec laquelle divers Canards se sont pliés au joug de la domesticité en a fait pour l'homme une conquête tout à la fois brillante et très-utile. Leur multiplicité dans les basse-cours surpasse souvent celle des Gallinacés. Outre une chair délicate et agréable, ils offrent dans leurs plumes un duvet à la mollesse, et à la pensée un instrument de communication qui la répand et la perpétue. L'allure du Canard, dans la basse-cour comme sur la plage des eaux, a quelque chose de fatigant et même de pénible. On s'aperçoit que ces Oiseaux sont hors de leur élément; ils ne portent que lentement et difficilement, l'un avant l'autre, leurs larges pieds palmés, et le déplacement des jambes courtes et embarrassées dans l'abdomen, communique au corps un mouvement d'oscillation latérale, qui en se combinant avec le mouvement de progression, donne à l'Oiseau une démarche stupide et ridicule; mais à la surface des eaux, la plupart des Canards nagent avec autant de grâce que de facilité.

Le genre Canard, l'un des plus nombreux en espèces, a été divisé par plusieurs ornithologistes qui en ont séparé les Cygnes et les Oies pour en former des genres distincts; mais les caractères assignés à ces deux genres se fondant par des nuances insensibles, on a été, pour ainsi dire, forcé d'en revenir au genre unique établi par Linné, et de ne considérer que comme de simples sections les groupes que l'on avait cru pouvoir présenter sous des caractères génériques particuliers. Cuvier, outre les sous-genres Cygne, Oie et Canard proprement dit, coupe encore ce dernier, et adopte autant de petites familles qu'il trouve de différences marquantes dans la conformation du bec.

† Les Cygnes. *Cou très-long; narines percées vers le milieu du bec.*

Cygne a bec jaune ou sauvage,

Anas Cygnus, L. Cygne à bec noir, Cuv. Tout le plumage blanc avec la tête et la nuque lavées de jaunâtre; bec noir, couvert à sa base par une membrane jaune qui s'étend jusqu'à la région des yeux; pieds noirs. Longueur de quatre pieds six pouces. La femelle est un peu plus petite. Les jeunes ont le plumage gris, la membrane du bec, ainsi que celle des yeux, et les pieds d'un gris rougeâtre; ce n'est qu'après la seconde mue qu'ils prennent leur véritable robe; communs dans les régions septentrionales des deux hémisphères qu'ils ne quittent que dans les froids les plus rigoureux pour passer quelques instans dans le Sud en prenant pour direction les bords de la mer ou le courant des fleuves.

Cygne a bec rouge ou domestique, *Anas Olor*, L. Cygne tuberculé, Tem. Buff. pl. enl. 913. Tout le plumage blanc; bec rouge orangé, avec le bord des mandibules; le tubercule charnu qui s'élève à sa base, et l'espace nu qui entoure les yeux d'un noir profond; pieds gris, nuancés de rougeâtre. Longueur cinq pieds environ. La femelle a en général les dimensions plus petites. Les jeunes sont d'un gris brunâtre, avec le bec et les pieds plombés. Ce magnifique Oiseau paraît être originaire des grands lacs ou des mers de l'intérieur de l'Europe; sa beauté majestueuse a fait naître l'idée de l'amener à l'état de domesticité, et dans sa douce servitude il s'est embelli sans se dégrader; il fait l'ornement des canaux, des bassins que le luxe creuse à grands frais, à l'entour des habitations de plaisance, et malgré l'habitude que l'on a de les voir, l'œil aime toujours à se reposer sur ce symbole vivant de la grâce, de la candeur et de la propreté. Tous les ans, dès la fin de février, chaque couple, aussi tendre que fidèle, construit un nid d'un gros amas de roseaux, qu'il place souvent dans un endroit de prédilection. La femelle y pond six ou sept œufs, et les couve pendant six semaines avec une extrême assiduité; les petits ne quittent leurs parens que vers le mois de novembre, et vivent réunis jusqu'au moment où l'amour leur fait désirer une société plus intime.—L'éducation des Cygnes est un objet assez important pour la Hollande et la Belgique, d'où l'on en expédie souvent pour des contrées lointaines.

CYGNE BRONZÉ, *Anas melanotos*, Lath. Buff. pl. enl. 937. Tête et moitié supérieure du cou blancs, mouchetés de noir; parties supérieures noires, à reflets bronzés; parties inférieures et bas du cou d'un blanc pur; rectrices étagées; une large excroissance charnue à la base du bec qui sont l'un et l'autre, ainsi que les pates, noirs. Longueur, trois pieds. Des Indes.

CYGNE A CRAVATE, *Anas Canadensis*, L. Buff. pl. enl. 346. Oie de Canada. Tout le plumage varié de brun et de gris, à l'exception de la tête et du cou qui sont cendrés, de la queue et de la gorge qui sont noires. Une bande blanche traverse celle-ci. Longueur, deux pieds dix pouces. De l'Amérique septentrionale. Élevé en domesticité.

CYGNE DE GAMBIE, *Anas Gambensis*, L. Sommet de la tête blanchâtre; nuque, haut du cou, aréole des yeux roussâtres; un collier roux; parties supérieures d'un noir pourpré; ailes armées de deux gros éperons; rémiges noires; petites tectrices alaires, blanches, traversées d'un trait noir; les grandes d'un vert chatoyant; parties inférieures rayées de gris et de blanc jaunâtre; rectrices noires; jambes très-longues; une petite caroncule noire sur le front. Longueur, trois pieds. La femelle a brun marron, ce qui est noir-pourpré dans le mâle d'Afrique.

CYGNE DE GUINÉE, *Anas cygnoïdes*, L. Buff. pl. enl. 374. Parties supérieures d'un gris-brun; tête et cou gris, avec une membrane qui forme une poche sous la gorge; parties inférieures fauves; rémiges et rectrices brunes; un tubercule charnu sur la base du bec. Longueur, trois pieds neuf pouces.

CYGNE NOIR, *Anas Plutonia*, Shaw. *Anas atrata*, Lath. Nat. M. pl. 108. Labill. *V*. pl. 17. Entièrement noir à l'exception des six premières rémiges qui sont blanches, du bec et de l'espace oculaire nu qui sont rouges. Longueur, quatre pieds et demi. Les jeunes sont d'un gris cendré. De la Nouvelle-Hollande.

CYGNE SAUVAGE. *V*. CYGNE A BEC JAUNE.

CYGNE A TÊTE et COU NOIRS, *Anas nigricollis*, Lath. *Anas melanocephala*, Gmel. Blanc à l'exception de la tête et de la partie supérieure du cou qui sont noirâtres, veloutées, du bec qui est rouge. Longueur, trois pieds deux pouces. De la partie la plus méridionale de l'Amérique.

†† LES OIES. *Cou de moyenne longueur; bec plus court que la tête, un peu conique, ainsi que les dentelures du bord des mandibules.*

OIE D'AFRIQUE. *V*. OIE D'ÉGYPTE.

OIE ANTARCTIQUE, *Anas antarctica*, Lath. Gmel. Entièrement blanc, avec le bec noir et les pieds jaunes. Longueur, deux pieds quatre pouces. La femelle est tachée de cendré sur la tête, de brun sur le cou et le dos, et de noir aux parties inférieures; les rémiges sont brunes; le bec est jaunâtre. A la Terre-de-Feu.

OIE DE BERING, *Anas Beringii*, Lath. Le plumage blanc, à l'exception des ailes qui sont noires, et de la partie supérieure du cou qui est bleuâtre; une tache verdâtre près des oreilles et une caroncule jaune sur la base du bec. Du Kamtschatka.

OIE BERNACHE, *Anas leucopsis*, Tem, *Anas erythropus*, Gmel. Buff. pl. enl. 855. Parties supérieures cendrées, avec les plumes terminées de noir et frangées de gris; sommet, côtés de la tête et gorge blancs; nuque, cou, haut de la poitrine, extrémité des rémiges et rectrices noirs; parties inférieures blanches; bec et pieds noirs. Longueur, deux pieds. Les jeunes ont du roussâtre sur le dos et une bande noire entre le bec et l'œil. Du nord de l'Europe.

OIE BLANCHE, *Anas candidus, Ganso blanco*, Azara. Entièrement blanche, à l'exception d'une grande tache noire à l'extrémité des rémiges, du bec et des pates qui sont d'un rouge de rose. Longueur, trois pieds. Amérique méridionale.

OIE BORÉALE, *Anas borealis*, Lath. Tout le plumage blanc, à l'exception de la tête qui est d'un vert chatoyant. Longueur, deux pieds trois pouces. D'Islande.

OIE DE BRENTA. *V.* OIE CRAVANT.

OIE BRONZÉE. *V.* CYGNE BRONZÉ.

OIE CAGE, *Anas hybrida*, Lath. Entièrement blanche, à l'exception du bec et des pieds qui sont jaunes, avec une membrane rouge au premier de ces organes. Longueur, trois pieds. La femelle est noire avec quelques filets blancs sur les plumes, le bec et les pieds rouges. De l'Amérique méridionale.

OIE DU CANADA. *V.* CYGNE A CRAVATE.

OIE DU CAP DE BONNE-ESPÉRANCE. Buff. *V.* OIE D'ÉGYPTE.

OIE CENDRÉE, *Anas Anser*, Lath. Gmel. Parties supérieures cendrées, brunâtres, avec les plumes lisérées de blanchâtre; tête et cou d'un cendré clair; petites tectrices alaires et bord extérieur des rémiges d'un cendré blanchâtre; les ailes pliées n'atteignant point l'extrémité de la queue; parties inférieures d'un cendré clair, avec l'abdomen et les rectrices inférieures blancs; bec fort et gros, d'un jaune orangé, ainsi que la membrane des yeux; l'onglet blanchâtre; pieds couleur de chair. Longueur, deux pieds dix pouces. Des contrées orientales de l'Europe. Elle est la souche de toutes les races que l'on tient en domesticité. Dans quelques provinces de l'Europe, on en élève des quantités prodigieuses qui paissent les champs par bandes comme des troupeaux de Moutons; le nord de l'Allemagne et la Poméranie surtout en nourrissent peut-être plus que le reste du monde. Cet Oiseau forme aussi l'une des richesses des landes aquitaniques, où

l'on prépare ses membres d'une façon à l'aide de laquelle ils deviennent un mets délicat capable d'être transporté au-delà des mers. Les foies de l'Oie domestique, ainsi que celui du Canard, fournissent un autre mets plus recherché encore des Sybarites de nos jours; mais la manière dont on martyrise l'Animal pour en obtenir le foie plus gras est l'une des plus grandes méchancetés humaines. L'instinct de l'Oie qui en fit un Oiseau timide en fit aussi un être brutal qu'un regard incommode, et qui va toujours menaçant, même lorsqu'il fuit, les autres compagnons de son esclavage, sans que souvent on devine les motifs de sa colère ridicule. Les anciens vénéraient cet Oiseau, et tout le monde connaît les Oies du Capitole.

OIE A COIFFE NOIRE, *Anas indica*, Lath. Parties supérieures grises, avec les plumes bordées de cendré-clair; parties inférieures cendrées, avec les plumes de l'abdomen brunes, bordées de blanc; tête, haut du cou et gorge blancs; un double croissant noir sur la nuque; rectrices grises avec l'extrémité blanche. De l'Inde.

OIE DE COROMANDEL, *Anas Coromandeliana*, Lath. Sarcelle de Coromandel, Vieill. Buff. pl. enl. 949 et 950. Parties supérieures d'un brun noirâtre changeant faiblement en verdâtre; base du bec entourée de petites plumes blanches; dessus de la tête noirâtre avec un reflet verdâtre; derrière du cou tacheté de cette même couleur sur un fond blanc sale; joues, devant du cou et parties inférieures d'un blanc pur; rémiges noirâtres et blanches vers leur extrémité; rectrices noirâtres; bec noir; dessus des doigts d'un jaunâtre sombre. Longueur, deux pouces six lignes. La femelle est d'un brun sombre où le mâle est irisé en vert; elle a en outre le bas du cou rayé transversalement de noirâtre.

OIE COSCORABA, *Anas Coscoraba*, Lath. Blanc avec le bec et les pieds rouges. Longueur, deux pieds dix pouces. Cette espèce habite l'Amérique méridionale.

OIE DE LA CÔTE DE COROMANDEL, Buff. *V.* CYGNE BRONZÉ.

OIE A COU ROUX, *Anas ruficollis*, L. Pallas. Parties supérieures, gorge et ventre noirs; du blanc entre le bec et l'œil, derrière les yeux et sur les côtés du cou; une ceinture de cette couleur sur la poitrine; devant du cou et poitrine roux, avec une bande noire le long de la partie postérieure du cou; abdomen et tectrices caudales inférieures blancs; bec brun, pieds noirs. Longueur, un pied neuf pouces. Du nord de l'Asie.

OIE CRAVANT, *Anas Bernicla*, L. Lath. Buff. pl. enl. 342. Parties supérieures grises, avec les plumes terminées de cendré-clair; les parties inférieures de même à l'exception de l'abdomen et des tectrices caudales qui sont blancs; tête, cou et poitrine d'un noir terne, avec une tache blanche de chaque côté du cou; rémiges, rectrices, bec et pieds noirs. Longueur, un pied dix pouces. Les jeunes ont le cou entièrement gris et du roux mêlé au cendré du plumage; ils ont aussi les pieds rougeâtres. Du nord de l'Europe et de l'Amérique.

OIE A CRAVATE. *V.* CYGNE A CRAVATE.

OIE A CYGNOIDE. *V.* CYGNE DE GUINÉE.

OIE A DEMI-PALMÉE, *Anas semipalmat*, Lath. Parties supérieures grises; tête, cou et jambes d'un brun-noirâtre; un collier blanc, ainsi que le croupion et les parties inférieures; bec brun; pieds rouges, avec les doigts unis par les membranes dans une partie de leur longueur. Taille, deux pieds neuf pouces. De la Nouvelle-Hollande.

OIE DOMESTIQUE. C'est l'OIE CENDRÉE dont le plumage est plus ou moins modifié par l'effet de la domesticité.

OIE A DUVET. *V.* CANARD EIDER.

OIE D'ÉGYPTE, *Anas Ægyptiacus*, Lath. *Anser varius*, Mey. Buff. pl. enl. 379, 982 et 983. Parties inférieures d'un cendré-roussâtre, varié de zig-zags bruns; aréole des yeux, devant du cou et quelques rémiges d'un marron-clair; parties inférieures blanches, ainsi que les petites et moyennes tectrices alaires; les grandes sont d'un vert chatoyant; extrémité des rémiges et rectrices noires; bec et pieds rougeâtres; un petit éperon au poignet. Longueur, un pied dix pouces. Cette Oie que l'on trouve sur toute la côte orientale d'Afrique arrive quelquefois accidentellement en Europe.

OIE EIDER. *V.* CANARD EIDER.

OIE D'ESPAGNE, Alb. *V.* CYGNE DE GUINÉE.

OIE DES ESQUIMAUX. *V.* OIE HYPERBORÉE.

OIE A FRONT BLANC. *V.* OIE RIEUSE.

OIE GRISE, *Anser griseus*, Vieil. Parties supérieures grises tachées de noir, les inférieures cendrées; rémiges et rectrices noires; bec bombé, couvert d'une membrane jaunâtre; pieds à demi-palmés avec les ongles très-crochus. Longueur, deux pieds six pouces. De la terre de Diemen.

OIE DE GUINÉE. *V.* CYGNE DE GUINÉE.

OIE GULAUND. *V.* OIE BORÉALE.

OIE HYPERBORÉE, *Anas hyperborea*, Gmel. Tout le plumage blanc, à l'exception du front qui est jaunâtre et très-élevé, de la moitié inférieure des rémiges qui est noire; mandibule supérieure rouge; l'inférieure blanchâtre; les onglets bleus; partie latérale du bec coupée par des sillons longitudinaux et des dentelures; aréole des yeux rouges; pieds d'un rouge de sang. Longueur, deux pieds six pouces. Les jeunes ont tout le plumage d'un cendré-bleuâtre. A la seconde mue, ils ont la tête et la partie supérieure du cou blancs; la partie inférieure du cou, la poitrine et le dos d'un brun-cendré-violet, avec les plumes terminées de bleu-clair; les tectrices alaires cendrées; le ventre et l'abdomen blanchâtres, variés de brun. C'est alors *Anas cœrulescens*, Gmel.; l'Oie des Esquimaux, Buffon. Cette espèce est du nord de l'Europe.

OIE DES ILES MALOUINES, *Anas leucoptera*, Lath. Brown. Nouv.-Holl.

pl. 40. Blanche, avec des raies noires sur le haut du dos et les flancs ; rémiges noires, avec une bande transversale blanche et une large plaque verte: rectrices blanches, les deux intermédiaires noires ; un éperon obtus au poignet. Longueur, deux pieds quatre pouces. La femelle est en général d'une teinte fauve, avec la plaque verte des ailes moins vive.

OIE INDIENNE. *V.* OIE À COIFFE NOIRE.

OIE JABOTIÈRE. *V.* CYGNE DE GUINÉE.

OIE DE JAVA, *Anas Javanensis*, N. Parties supérieures noires, à brillans reflets verts ; front et sommet de la tête d'un brun noirâtre ; cou et parties inférieures d'un blanc légèrement tacheté de grisâtre ; un grand collier noir sur le haut de la poitrine ; les plumes des épaules, des flancs et du croupion finement rayées de noir ; une grande tache blanche vers l'extrémité des rémiges qui sont noirâtres ainsi que les rectrices ; tectrices caudales inférieures blanches, avec une bande noire ; bec et pieds entièrement noirs. Longueur, onze pouces. Cette espèce qui nous a été envoyée comme nouvelle n'est peut-être qu'une variété de l'*Anas Coromandeliana*.

OIE KASARKA. *V.* CANARD KASARKA.

OIE DE MADAGASCAR, *Anas Madagascariensis*, Lath. Sarcelle de Madagascar, Vieill. Buff. pl. enl. 770. Parties supérieures noirâtres, à reflets verts ; une large tache vert d'eau, entourée de noir de chaque côté du cou ; front, joues, gorge et parties inférieures d'un blanc pur ; bas du cou et flancs variés de roux et de brun ; mandibule supérieure jaunâtre ; l'inférieure ainsi que les pieds noirs. Longueur, quatorze pouces. La femelle n'a point de tache verte ; le dessus du corps est varié de gris et de brun ; le dessous est d'un gris pâle.

OIE DES MOISSONS. *V.* OIE SAUVAGE.

OIE DE MONTAGNE, *Anas montana*, Lath. D'un gris cendré, varié de noirâtre, avec la tête, le cou et les tectrices alaires d'un vert chatoyant. Longueur, trois pieds. Du Cap.

OIE MOQUEUSE, Edwards. *V.* OIE SAUVAGE.

OIE DE MOSCOVIE. *V.* CYGNE DE GUINÉE.

OIE DE NEIGE. *V.* OIE HYPERBORÉE.

OIE NEWALGANG. *V.* OIE DEMI-PALMÉE.

OIE DU NIL. *V.* OIE D'ÉGYPTE.

OIE NONETTE. *V.* OIE BERNACHE.

OIE PEINTE, *Anas picta*, Lath. D'un cendré obscur, rayé transversalement de noir ; tête, cou, tectrices alaires, bandes sur les rémiges et milieu du ventre blancs ; rémiges, rectrices, bec et pieds noirs ; un éperon obtus au poignet. De la Terre-de-Feu.

OIE PIE, *Anas melanoleuca*, Lath. Tête, cou, dos supérieur, partie des tectrices alaires, rémiges et rectrices noirs ; le reste du plumage blanc ; pieds longs et jaunes, avec la palmure très-courte. D'Australasie.

OIE DE PLEIN, *Anas branchyptera*, Lath. *Anas cinerea*, Gmel. Parties supérieures d'un cendré obscur ; parties inférieures grises avec le milieu de l'abdomen blanc ; une bande blanche sur les ailes ; rémiges et tectrices noires ; un long éperon jaune au poignet ; bec orangé avec la base brune ; pieds orangés avec la palmure noire. Longueur, un pied dix pouces. Des îles Falkland.

OIE FREMIÈRE. *V.* OIE CENDRÉE.

OIE RENARD. *V.* CANARD TADORNE.

OIE RIEUSE, *Anas albifrons*, L. *Anas Casarca*, Gmel. Edw. Glan. t. 153. Parties supérieures brunes, avec les plumes terminées de roussâtre ; tête et cou d'un brun cendré ; front blanc ; rémiges noires ; tectrices alaires secondaires terminées de blanc ; poitrine et ventre blanchâtres variés de noir ; bec orangé, avec l'onglet blanc ; pieds d'un jaune orangé. Longueur, deux pieds trois pouces.

La femelle est moins grande; elle a les couleurs plus ternes. Du nord de l'Europe.

OIE SAUVAGE, *Anas segetum*, Gm. Buff. pl. enl. 985. Parties supérieures d'un cendré brun, liséré de blanchâtre; tête et cou d'un gris bleuâtre; parties inférieures d'un cendré clair avec l'abdomen et les tectrices caudales inférieures blancs; croupion d'un brun noirâtre; bec orangé, noir à sa base et à l'onglet; pieds rougeâtres. Longueur, deux pieds six pouces. Les jeunes ont la tête et le cou d'un roux jaunâtre, et souvent trois petites taches blanches à la naissance du bec. Du nord de l'Europe d'où elle émigre régulièrement chaque automne, en troupes plus ou moins nombreuses; chacune d'elles sur deux files formant un angle aigu, dont le chef de la troupe forme le sommet.

OIE SAUVAGE DE LA BAIE D'HUDSON. *V.* OIE HYPERBORÉE.

OIE SAUVAGE DU CANADA. *V.* CYGNE A CRAVATE.

OIE SAUVAGE GRANDE, *Anas grandis*, Lath. Parties supérieures noirâtres, les inférieures blanches; bec noir, brun à sa base; pieds rouges. Longueur, trois pieds dix pouces. Du Kamtschatka.

OIE SAUVAGE DU NORD. *V.* OIE RIEUSE.

OIE DE SIBÉRIE. *V.* CYGNE DE GUINÉE, qui a paru en Sibérie.

OIE DES TERRES MAGELLANIQUES, *Anas magellanica*, Lath. Buff. pl. enl 1006. Parties supérieures, ainsi que le bas du cou et la poitrine d'un brun roux, avec les plumes bordées de noir; parties inférieures blanchâtres, avec les plumes également bordées de noir; tête et partie du cou d'un roux pourpré; tectrices alaires et deux bandes sur les rémiges blanches; rémiges, rectrices et bec noirs; pieds jaunes. Longueur, trois pieds.

OIE A TÊTE GRISE, *Anas cana*, Lath. *Illust. Zool.* pl. 41 et 42. Parties supérieures roussâtres, variées de roux, les inférieures d'une teinte plus terne; tête et cou cendrés; joues blanches; petites tectrices alaires blan-

ches, les moyennes brunes et les grandes noires, ainsi que les rectrices; le bec et les pieds; tectrices caudales inférieures rousses; un éperon au poignet. Longueur, un pied six pouces. La femelle a les couleurs moins vives et les joues grises.

OIE VARIÉE, *Anas variegata*, Lath. Tête, partie du cou et petites tectrices alaires blanches; tectrices moyennes vertes; dos noirâtre, ondulé de blanc: bas du cou, parties inférieures et croupion d'un rouge-bai, avec quelques taches blanches; rémiges, rectrices, bec et pieds noirs; un éperon obtus au poignet. Longueur, deux pieds. De la Nouvelle-Zélande.

OIE VULGAIRE. C'est l'Oie sauvage amenée à l'état de domesticité.

††† LES CANARDS. *Bec très-déprimé, large vers la poitrine; les dentelures longues et aplaties; le doigt de derrière libre, sans membrane, ou avec un rudiment libre.*

CANARD AUX AILES BLANCHES, *Anas peposaca*, Vieill. Parties supérieures d'un brun noirâtre; tête et cou noirs, à reflets violets; épaules pointillées de bleu; la plupart des rémiges blanches terminées de bleu; parties inférieures blanches, rayées transversalement et tiquetées de noir; quatorze rectrices. Longueur, vingt pouces six lignes. La femelle a les côtés de la tête blanchâtres, le dessus du corps brun, les flancs roussâtres; le dessous du corps blanchâtre; elle est un peu moins longue que le mâle. De l'Amérique méridionale.

CANARD AUX AILES BLEUES, *Anas cyanoptera*, Vieill. Parties supérieures noirâtres; tête, cou et parties inférieures rouges; une bande noire, angulaire, de chaque côté de la tête; tectrices alaires supérieures bleues, les intermédiaires vertes, à reflets; douze rectrices noires. Longueur, seize pouces. La femelle a la tête et le cou bruns, les parties supérieures noirâtres, les inférieures variées de blanc et de roux. De l'Amérique méridionale.

CANARD AUX AILES EN FAUCILLE,

Anas falcaria, Lath. Partie supérieure d'un gris nuancé ; front et sommet de la tête bruns ; tour des yeux, occiput et huppe d'un vert brillant, irisé ; gorge blanche ; cou et poitrine cendrés, ondés de brun ; un double collier noir-verdâtre et blanc ; abdomen noir ; rémiges rayées de blanc et de violet, se relevant en faucille ; tectrices alaires supérieures ou miroir d'un vert bleu. Longueur, seize pouces six lignes. De la Chine.

CANARD ARLEQUIN, Cuv. *V.* CANARD A COLLIER.

CANARD DE BAHAMA, *Anas bahamensis*, Lath. Parties supérieures brunâtres ; sommet de la tête et parties inférieures d'un gris roux tacheté de noir ; joues, gorge et devant du cou blancs ; grandes tectrices alaires vertes, terminées de noir, les petites noirâtres, les intermédiaires d'un jaune foncé ; bec et pieds gris ; une tache triangulaire orangée sur le premier. Longueur, quinze pouces six lignes.

CANARD DE LA BAIE D'HUDSON. *V.* CANARD EIDER.

CANARD DE BARBARIE. *V.* CANARD MUSQUÉ.

CANARD DE BARBARIE A TÊTE BLANCHE, *Anas leucocephala*, Lath. Parties supérieures rousses, variées de brun ; tête blanche avec le sommet noir ; cou blanc, avec un collier noir ; poitrine brune, rayée transversalement de noir ; ventre gris, tacheté de noir ; rémiges et tectrices brunes ; queue très-longue, conique ; bec bleu, large, sillonné à sa base. Longueur, seize pouces. La femelle a le roux nuancé de cendré ; le sommet de la tête est brun. Improprement nommé, car il se trouve dans le nord de l'Europe.

CANARD BARBOTTEUX. *V.* CANARD DOMESTIQUE.

CANARD (BEAU) HUPPÉ, *Anas sponsa*, Lath., Buff., pl. enl. 980 et 981. Parties supérieures brunes à reflets dorés ; front et joues bronzés ; une huppe variée de vert, de blanc et de pourpre ; bas du cou et poitrine d'un roux tacheté de blanc, avec deux

bandes noires et blanches sur les épaules ; ventre blanc ; flancs gris, variolés ; miroir d'un bronze brillant : seize rémiges étagées d'un vert cuivreux. Longueur, dix-huit pouces. La femelle n'a point de huppe, son plumage est bleuâtre, blanchâtre sur la gorge, varié de bleu et de vert sur les ailes et la queue. Amérique septentrionale.

CANARD A BEC COURBÉ, *Anas curvirostra*, Lath. Parties supérieures noirâtres, avec des reflets verts sur la tête, le cou et le croupion ; une tache blanche, ovale sur la gorge ; les cinq premières rémiges blanches ; bec retroussé. Longueur, vingt-deux pouces. Le Canard, décrit par Pallas comme trouvé en Belgique, pourrait bien être une variété accidentelle du Canard sauvage.

CANARD A BEC ÉTROIT. *V.* FOU DE BASSAN. Oiseau qui n'a aucun rapport avec les Canards.

CANARD A BEC JAUNE ET NOIR, *Anas flavirostris*, Vieill. Parties supérieures brunes ; tête et cou rayés de noir et de blanc ; bas du cou et épaules bruns, variés de roux ; deux bandes rousses et un miroir vert sur les ailes ; parties inférieures blanchâtres avec des raies et le ventre bruns ; douze rectrices brunes ; bec jaune, noir à sa base ; pieds plombés ; quinze pouces. Amérique méridionale.

CANARD A BEC MEMBRANEUX, *Anas malacorynchos*, L., Lath. Parties supérieures cendrées ; sommet de la tête et dessus du cou d'un gris verdâtre ; une tache blanche en travers des ailes ; parties inférieures cendrées, mêlées de ferrugineux ; bec mou d'un cendré pâle avec l'onglet noir. Longueur, dix-sept pouces. De l'Australasie.

CANARD A BEC ROUGE, *Anas erythroryncha*, Gm. Parties supérieures d'un brun obscur, plus pâle sur la nuque ; côtés de la tête et parties inférieures d'un blanc tacheté de brun sur les côtés de la poitrine ; deux bandes blanche et jaunâtre sur les ailes ; rectrices et pieds noirs ; bec rouge. Longueur, quatorze pouces. Du Cap.

CANARD A BEC ROUGE ET PLOMBÉ, *Anas rubrirostris*, Vieill. Parties supérieures noirâtres, avec le bord des plumes roux; joues et gorge blanches; sommet de la tête noirâtre; cou roux, tacheté de noir; tectrices intermédiaires vertes, avec une bande noire et l'extrémité rousse; seize rectrices blanchâtres, bordées de roux; parties inférieures rousses, tachetées de noir; bec plombé avec les bords orangés. Longueur, vingt pouces. Amérique méridionale.

CANARD A BEC TACHETÉ DE ROUGE, *Anas pœkiloryncha*, L. Noir avec les joues et le devant du cou cendrés; une raie noire de chaque côté de la tête; miroir vert entouré de noir et de blanc; bec allongé noir, avec la pointe blanche et une tache rouge de chaque côté. Des Indes.

CANARD A BEC TRICOLOR, *Anas versicolor*, Vieill. Parties supérieures brunes, variées de roussâtre; sommet de la tête noir; nuque brune; joues roussâtres; une bande blanche sur les ailes; rémiges à reflets violets, irisés; les quatorze rectrices et le ventre rayés transversalement de noir et de blanc; parties inférieures roussâtres, tachetées de noir; bec bleu pâle, avec des taches orangées, la base et l'extrémité noires. Longueur, quatorze pouces six lignes. Amérique méridionale.

CANARD DES BOIS, CANARD BRANCHU. *V.* BEAU CANARD HUPPÉ.

CANARD DU BRÉSIL, *Anas brasiliensis*, L. Parties supérieures brunes, avec les petites tectrices alaires bordées de blanc, les grandes d'un vert brillant, terminées de noir; une tache d'un blanc jaunâtre entre le bec et l'œil; parties inférieures d'un gris jaunâtre; gorge blanche; rectrices noires; pieds rouges. Longueur, un pied sept pouces.

CANARD BRIDÉ, *Anas frenata*, Sparm. *V.* CANARD MILOUINAN, fem.

CANARD BRUN, *Anas minuta*, L. *V.* CANARD A COLLIER. Buffon (pl. enl. 1007) a donné sous ce nom le Canard Morillon, jeune.

CANARD BRUN DE NEW-YORK, *Anas obscura*, Lath. Parties supérieures d'un brun noirâtre; miroir bleu traversé de noir; rectrices étagées, bordées de blanc; parties inférieures brunes, avec les plumes bordées de jaunâtre. Longueur, deux pieds.

CANARD BRUNATRE, *Anas fucescens*, Lath. Parties supérieures d'un brun pâle, bordées de jaunâtre; tête et cou fauves; ailes cendrées; miroir bleu, bordé de blanc. Longueur, quinze pouces. Amérique septentrionale.

CANARD BUCÉPHALE, *Anas Bucephala*, Lath. Parties supérieures noires; joues, cou, parties inférieures, scapulaires, une bande sur les ailes, blancs; tête garnie d'une touffe de plumes effilées vertes; rectrices grises. Longueur, quinze pouces. La femelle est brune en dessus, sans huppe, avec une tache blanche derrière l'œil; elle est grise en dessous et à la gorge; c'est l'*Anas rustica*, Gmel. De l'Amérique septentrionale.

CANARD CARONCULÉ, *Anas lobata*, Shaw., *Anas carunculata*, Vieill. Parties supérieures noires, variées de traits et de points blanchâtres; les inférieures ainsi que la gorge et le dessous du cou d'un blanc tacheté de noir; rectrices étagées; bec noir, grand et courbé à l'extrémité; une grande membrane arrondie descend de sa base et pend sur la gorge. Longueur, vingt-deux pouces. De la Nouvelle-Hollande.

CANARD CHEVELU, *Anas jubata*, Lath. Parties supérieures noires variées de brun; tête et cou bruns; nuque ornée d'une huppe de plumes effilées roussâtres, terminées de noir; parties inférieures d'un gris argentin, varié de roux et de noir sur la poitrine; miroir d'un vert bronzé, encadré de brun. Longueur, vingt pouces six lignes. La femelle a le ventre blanc et le miroir des ailes peu visible. De l'Australasie.

CANARD CHIPEAU, *Anas strepera*, L., Buff., pl. enl. 958. Parties supérieures grises, écaillées de noir; tête et cou gris, pointillés de noir; miroir blanc; tectrices alaires intermédiaires rousses, les grandes et les tectrices caudales inférieures noires ; parties inférieures blanches , rayées de noir sur les flancs. Longueur, dix-neuf pouces. La femelle a les plumes du dos noirâtres, bordées de roux ; elle n'a point de raies en zig-zags sur les flancs. En Europe.

CANARD A COLLIER , *Anas histrionica*, L., Buff., pl. enl. 798. Parties supérieures, tête et cou noirs, à reflets violets et bleus ; espace entre le bec et l'œil, tache derrière les yeux , bande longitudinale sur le cou, collier et partie des scapulaires, blancs ; miroir d'un violet foncé ; bas du cou et poitrine d'un bleu cendré ; ventre brun, flancs roux. Longueur, dix-sept pouces. La femelle a le dessus du corps brun nuancé de cendré, une tache en avant de l'œil, un espace entre le bec et l'oreille blanc ; la gorge blanchâtre, la poitrine et le ventre blanchâtres, nuancés de brun , les flancs bruns. Du Nord des deux Continens.

CANARD A COLLIER BLEU , *Anas dispar*, L. Parties supérieures, devant du cou et gorge noirs à reflets violets; un collier d'un bleu éclatant ; nuque garnie d'une petite huppe et d'une tache verte ; une autre tache semblable sur le front ; œil entouré de plumes soyeuses noires ; petites tectrices alaires d'un noir violet, pointues et recourbées à l'extrémité, les moyennes variées de noir, de bleu et de blanc , les grandes brunes ; parties inférieures blanches avec la poitrine roussâtre ; rectrices brunes, étagées. Longueur , seize pouces. La femelle est variée de brun et de fauve ; elle a deux taches blanches sur les tectrices alaires qui sont toutes droites et noirâtres. De l'Amérique septentrionale et du Kamtschatka.

CANARD A COLLIER NOIR , *Anas torquata*, Vieill. Parties supérieures noires ; front, côtés de la tête et devant du cou variés de blanc et de brun ; sommet de la tête noir avec un collier de même couleur au bas de la nuque ; un trait blanc entre ce collier et la nuque ; scapulaires rougeâtres ; miroir blanc, vert et bleu : parties inférieures blanchâtres, rayées de noir ;

devant du cou et poitrine rouges , tachetés de noir ; douze rectrices noires. Longueur, quatorze pouces. Amérique méridionale.

CANARD A COLLIER DE TERRE-NEUVE. *V.* CANARD A COLLIER.

CANARD COURONNÉ. *V.* CANARD DE BARBARIE A TÊTE BLANCHE.

CANARD DE DAMIETTE, *Anas damiatica* , Gm., Lath. Plumage gris avec le cou , les scapulaires et la queue noirâtres ; un croissant sur la nuque ; tectrices alaires et caudale d'un vert noirâtre. Longueur, un pied neuf pouces. En Égypte.

CANARD DU DÉTROIT DE MAGELLAN , *V.* CANARD DE BAHAMA.

CANARD DOMESTIQUE. *V.* CANARD SAUVAGE, dont cet Oiseau est la souche.

CANARD DOMINICAIN , *Anas dominicana* , L. Parties supérieures d'un gris cendré , avec deux bandes transversales plus claires ; joues et gorge blanches ; une bande de chaque côté de la tête ; nuque, cou, poitrine, rémiges et rectrices noirs ; parties inférieures d'un gris clair. Longueur, un pied dix pouces. Du Cap.

CANARD EIDER , *Anas mollissima*, L., Buff., pl. enl. 208 et 209. Parties supérieures blanches ; joues , sommet de la tête et occiput d'un blanc verdâtre ; une large bande d'un noir violet au-dessus de l'œil ; parties inférieures noires ; poitrine d'un blanc rougeâtre ; bec vert, sa base se prolongeant latéralement sur le front en deux lamelles aplaties ; pieds d'un cendré verdâtre. Longueur, vingt-quatre pouces. La femelle est plus petite ; elle a le plumage roux rayé transversalement de noir ; les tectrices alaires noires , bordées de roux ; deux bandes blanches sur l'aile ; les parties inférieures brunes avec des bandes noires ; le plumage des jeunes varie extrêmement jusqu'à l'âge de trois ans. Cet Oiseau, qui habite les contrées les plus septentrionales de l'Europe, mérite d'être distingué. Son plumage, où plutôt le duvet qui garnit les parties inférieures de son corps, est devenu un objet considérable de commerce pour le Nord. On

9*

le recueille soigneusement, sous le nom d'EDREDON, et l'on en fait des couvre-pieds ou autres garnitures de lits fort recherchés par les personnes sensuelles des pays froids.

CANARD D'ÉTÉ. *V.* BEAU CANARD HUPPÉ

CANARD A FACE BLANCHE, *Anas leucopsis*, Vieill., *Anas viduata*, Lath., Buff., pl. enl. 808. Parties supérieures variées de noirâtre et de roux; front, joues, nuque et menton blancs; sommet de la tête et collier noirs; rémiges et rectrices au nombre de quatorze, noirâtres; poitrine d'un rouge fauve; parties inférieures brunes; tachetées de noirâtre; bec noir, pieds bleus. Longueur, dix-huit pouces.

CANARD-FAISAN. *V.* CANARD PILET.

CANARD FAUVE, *Anas fulva*, L. Parties supérieures rayées transversalement de fauve et de brun; tête, cou, poitrine et parties inférieures fauves; rémiges brunes; rectrices noires ondulées de blanc; bec et pieds cendrés. Longueur, dix-sept pouces. Du Mexique.

CANARD FERRUGINEUX. *V.* CANARD A COLLIER BLEU, femelle.

CANARD FRANC. *V.* CANARD MUSQUÉ.

CANARD FULIGINEUX, *Anas cinerascens*, Bechst. D'un brun noirâtre, avec les joues, les côtés et le devant du cou blancs; bec large, élevé à la base, noir en dessus, rougeâtre en dessous; l'onglet courbé et pointu; pieds d'un jaune verdâtre, les palmures noires. Longueur, dix-huit pouces. La femelle est presque cendrée et plus petite. De Sibérie.

CANARD GARROT, *Anas Glangula*, Gmel., Lath., Buff., pl. enl. 802. Parties supérieures noires; les inférieures, la poitrine et les grandes tectrices alaires blanches; tête et partie supérieure du cou d'un vert pourpré; un espace blanc à la racine du bec qui est noir, très-court et plus large à la base qu'à la pointe; tarses et doigts d'un jaune orangé, avec la palmure noire. Longueur, dix-sept à dix-huit pouces. La femelle et les jeunes ont les parties supérieures noirâtres, bordées

de cendré; les inférieures blanches, avec la poitrine et les flancs cendrés, la tête et le haut du cou bruns. Du nord des deux Continens.

CANARD GATTAIR, *Anas Gattair*, Lath. Parties supérieures brunes, ainsi que la tête et la poitrine, les inférieures blanches; tectrices alaires supérieures noires, les inférieures blanches; rémiges brunes, blanches dans le milieu; douze rectrices étagées et pointues, brunes; bec brun, ridé; pieds bleus. Longueur, quatorze pouces. D'Egypte.

CANARD DE GÉORGIE, *Anas georgica*, L. Plumage cendré, varié de rougeâtre; miroir vert bordé de blanc; rémiges et rectrices noirâtres; bec légèrement recourbé en haut, jaune, noir à sa base; pieds verdâtres. Longueur, dix-huit pouces.

CANARD GINGEON. *V.* CANARD SIFFLEUR.

CANARD DES GLACES. *V.* CANARD A LONGUE QUEUE DE TERRE-NEUVE.

CANARD GLAUCION, Bel., *Anas Glaucion*, Lath. *V.* CANARD GARROT, femelle au jeune âge.

CANARD GLOUSSANT, *Anas glocitans*, L. Parties supérieures ondulées de noir et de brun; sommet de la tête brun; nuque d'un vert irisé; une tache ronde, jaunâtre entre le bec et l'œil; gorge pourprée; poitrine rougeâtre, tachetée de noir; grandes tectrices alaires cendrées; miroir et partie des rémiges d'un beau vert entouré de blanc; les deux rectrices intermédiaires noires, les autres brunes, bordées de blanc; bec gris; pieds jaunes, avec la palmure noirâtre. De Sibérie. Longueur, dix-neuf pouces.

CANARD A GRAND BEC. *V.* CANARD SOUCHET.

CANARD GRIS-BLEU. *V.* CANARD A BEC MEMBRANEUX.

CANARD GRIS D'EGYPTE. *V.* CANARD DE DAMIETTE.

CANARD GRIS DE LA LOUISIANE. *V.* CANARD JENSEN.

CANARD GRISETTE. *V.* CANARD MACREUSE, jeune âge.

CANARD A GROSSE TÊTE. *V.* CANARD BUCÉPHALE.

CANARD HÆTURRÉRA, *Anas superciliosa*, Lath., L. D'un brun cendré avec les plumes bordées de fauve ; deux raies blanches au-dessus et au-dessous de l'œil ; menton et devant du cou blanchâtres ; miroir d'un vert bleuâtre, entouré de noir ; bec et pieds cendrés. Longueur, dix-neuf pouces. De la Nouvelle-Zélande.

CANARD HINA, *Anas Hina*, Lath. Parties supérieures blanches, tachetées de noir ; tête et gorge brunes ; miroir vert ; pieds cendrés ainsi que le croupion. La femelle a la tête grisâtre, le dos varié de noir et de rougeâtre, les parties inférieures tachetées de noir. De la Chine.

CANARD HISTRION. *V.* CANARD A COLLIER.

CANARD D'HIVER. *V.* CANARD BUCÉPHALE.

CANARD DE HONGRIE. *V.* CANARD GARROT.

CANARD HUPPÉ D'ISLANDE, *Anas islandica*, L. Parties supérieures noires, les inférieures blanches ; la tête garnie d'une huppe de plumes effilées, noires ; pieds orangés.

CANARD HUPPÉ DE LA LOUISIANE. *V.* BEAU CANARD HUPPÉ.

CANARD HUPPÉ DE LA TERRE DES ÉTATS, *Anas cristata*, L. Parties supérieures cendrées, les inférieures plus pâles, avec la gorge et le devant du cou jaunes, tachetés de roux ; ailes noires avec le miroir bleu et blanc ; rectrices ; bec et pieds noirs. Longueur, deux pieds.

CANARD D'INDE. *V.* CANARD MUSQUÉ.

CANARD IPÉCUTIRI, *Anas Ipecutiri*, Vieill. Parties supérieures noires ; front roussâtre ; sommet de la tête et devant du cou grisâtres ; nuque noire ; du roux sur les ailes et les scapulaires ; petites tectrices alaires noires, les autres d'un vert changeant, terminées de blanc et de noir et de bleu-violet ; parties inférieures et dessous du cou variés de roussâtre et de rougeâtre ; flancs tachetés de noir, quatorze rectrices noires. Longueur, seize pouces six lignes. La femelle est plus petite, plus pâle ; elle a

deux taches blanches de chaque côté de la tête. Amérique méridionale.

CANARD A IRIS BLANC, *Anas leucophthalmos*, Bechst, *Anas Nyraca*, Gmel., Lath., Buff., pl. enl. 1000. Parties supérieures noirâtres, irisées ; tête, cou et flancs d'un fauve rougeâtre ; un petit collier brun ; une tache angulaire blanche dans le bec ; miroir blanc et noir ; parties inférieures blanches ; bec noirâtre ; pieds bleus, cendrés ; iris blanc. Longueur, quinze pouces. La femelle n'a point de collier, et toutes les plumes rousses sont terminées de fauve, comme les noirâtres le sont de gris-brun. Les jeunes ont en outre le sommet de la tête d'un brun noirâtre, et l'abdomen lavé de brun clair. De l'est de l'Europe.

CANARD D'ISLANDE. *V.* CANARD HUPPÉ D'ISLANDE.

CANARD JENSEN, *Anas americana*, L., Buff., pl. enl. 955. Parties supérieures d'un cendré roussâtre, varié de raies transversales noires ; front et sommet de la tête blancs ; joues, gorge et cou blancs, variés de noir ; une bande d'un noir à reflets verts, derrière l'œil ; miroir vert bordé de noir ; une large bande blanche sur les ailes ; tectrices caudales et les deux rectrices intermédiaires noires, les autres cendrées ; parties inférieures blanchâtres avec la poitrine nuancée de brun rougeâtre ; bec gris ; pieds noirâtres. De l'Amérique septentrionale jusqu'à Cayenne.

CANARD KASARKA, *Anas rutila*, Pallas, *Anas Casarka*, Gmel. D'un fauve rougeâtre ; tête et moitié du cou gris ; un petit collier noirâtre ; rémiges noires ; miroir blanc et vert foncé ; croupion et rectrices d'un noir verdâtre ; bec noir ; pieds longs d'un brun noirâtre : iris brun. Longueur, vingt pouces. La femelle n'a pas de collier, elle a le front roux, une partie de la tête blanche ; le cou varié de bleu et de brun. De l'est de l'Europe.

CANARD KAGOLCA, *Anas Kagolca*, L. *V.* CANARD MILOUINAN.

CANARD KEKUSCHKA, *Anas Kekuschka*, L. Parties supérieures d'un jaune obscur, les inférieures blanches, ainsi que l'extrémité de plusieurs rémiges ; tectrices caudales et rectrices noires. Longueur, dix-huit pouces. De la Perse.

CANARD A LARGE BÉC. *V.* CANARD MORILLON.

CANARD A LARGE BEC ET PIEDS JAUNES. *V.* CANARD SOUCHET.

CANARD A LONGUE QUEUE, *Anas acuta*, L., Buff., pl. enl. 954. Parties supérieures et flancs variés de zig-zags noirs et cendrés ; de longues taches noires sur les scapulaires ; sommet de la tête varié de brun et de noirâtre; joues, gorge et haut du cou bruns irisés ; une bande noire bordée de blanc sur la nuque ; miroir d'un vert pourpré, bordé en dessus de roux et en dessous de blanc ; parties inférieures et devant du cou blancs ; rectrices d'un noir verdâtre, les deux intermédiaires très-longues; bec d'un bleu noirâtre. Longueur, vingt-quatre pouces. La femelle est plus petite ; elle a la tête et le cou fauves, parsemés de points noirs, le dos brun, écaillé de roux, le ventre d'un jaune roussâtre nuancé de brun, le miroir roussâtre et la queue simplement conique. Du nord des deux Continens.

CANARD A LONGUE QUEUE DE MICLOU. *V.* CANARD DE MICLOU.

CANARD A LONGUE QUEUE DE TERRE-NEUVE. *V.* CANARD DE MICLOU.

CANARD LUPIN. *V.* CANARD TADORNE.

CANARD MACREUSE, *Anas nigra*, L., Buff., pl. enl. 978. D'un noir velouté ; bec noir avec les narines et une bande orangée, une protubérance sphérique à sa base; tarses et doigts cendrés, membranes noires. Longueur, dix-huit pouces. La femelle a le sommet de la tête et la nuque d'un brun noirâtre ; les joues et la gorge d'un cendré clair, taché de brun ; les plumes des parties supérieures brunes bordées de roussâtre; celles de la poitrine d'un cendré brunâtre bordées de cendré clair; la base du bec élevée, sans protubérance. Les jeunes mâles ressemblent aux femelles adul-

tes, et les jeunes femelles ont les nuances très-pâles; c'est alors *Anas cinerascens*, Bechst, *Anas cinerea*, Gmel., Canard Grisette, Temm. Du nord de l'Europe. Cet Oiseau, dont la superstition et l'ignorance ont fait considérer la chair comme celle du Poisson, et qu'on mange ainsi qu'elle au temps de l'abstinence, a été aussi, comme la Brenache, l'objet de contes ridicules sur sa naissance.

CANARD (DOUBLE) MACREUSE, *Anas fusca*, L., Buff., pl. enl. 956. D'un noir velouté ; un croissant blanc au-dessous des yeux ; un petit miroir blanc sur les ailes ; bec élevé à sa base, jaune orangé, avec le bord noir ; tarses et doigts rouges avec la palmure noire. Longueur, vingt pouces. La femelle a les parties supérieures brunes, les inférieures blanchâtres, rayées et tachetées de brun ; une tache blanche près de l'œil. Du nord des deux Continens.

CANARD MACREUSE A LARGE BEC ou CANARD MARCHAND, *Anas perspicillata*, L. Noir, un grand espace angulaire blanc sur la nuque et une large bande sur le front ; bec élevé à la base et fortement renflé de chaque côté, d'un jaune rougeâtre, marqué de deux taches noires et de gris blanchâtre ; pieds et doigts rouges, palmures noires ; iris blanc. Longueur, vingt-un pouces. La femelle est d'un brun noirâtre avec les taches de la tête cendrées ; les renflemens du bec sont peu marqués. De l'extrême nord des deux Continens.

CANARD MARÉCA. *V.* CANARD DU BRÉSIL.

CANARD MARIE. *V.* CANARD DE BAHAMA.

CANARD DE MICLOU, *Anas glacialis*, L. Parties supérieures brunes; sommet de la tête, nuque, devant du cou, ventre, abdomen et rectrices latérales d'un blanc pur ; joues cendrées, un grand espace brun-roux sur les côtés du cou; poitrine et les deux rectrices intermédiaires qui sont très-longues brunes; flancs cendrés; bec noir avec une bande transversale rouge; tarses et doigts jaunes. Longueur, ving-un pouces. La femelle a les parties supérieures variées de noir et de roux cendré, le front et les sourcils blanchâtres, la nuque, le devant du cou et sa partie inférieure, le ventre et l'abdomen blancs; la queue courte avec les rectrices bordées de blanc; sa taille n'est que de seize pouces; c'est alors la Sarcelle de Féroé, Buff., pl. enl. 999. Du nord des deux Continens.

CANARD MILOUIN, *Anas Ferina*, L. *Anas rufa*, Gmel., Buff., pl. enl. 803. Parties supérieures, flancs et abdomen cendrés, rayés de nombreux zig-zags d'un cendré bleuâtre obscur; tête et cou bruns rougeâtres; haut du dos, poitrine et croupion noirs; ventre blanchâtre, finement rayé de noir; rémiges et rectrices grises; bec noir, une large bande transversale bleue; tarses et doigts bleuâtres. Longueur, dix-sept pouces. La femelle est plus petite, elle a les couleurs moins prononcées; la tête, le cou et la poitrine roussâtres, nuancés de fauve; l'espace entre le bec et l'œil, la gorge et le devant du cou blancs, tachetés de roussâtre; le milieu du ventre blanchâtre, les flancs tachetés de brun; les ailes cendrées, pointillées de blanc. Du nord de l'Europe.

CANARD MILOUINAN, *Anas marina*, L., Buff., pl. enl. 1002. Parties supérieures blanchâtres rayées de zig-zags noirs, très-fins; tête et haut du cou noirs à reflets verdâtres; partie inférieure du cou, poitrine et croupion noirs; tectrices alaires variées de blanc et de noir; un petit miroir blanc; ventre et flancs blancs; abdomen rayé; bec large, bleuâtre; iris jaune. Longueur, dix-huit pouces. La femelle est un peu plus petite; elle a une bande blanche autour de la base du bec; le reste de la tête et le cou sont d'un brun noirâtre; les zig-zags blancs et noirs des parties supérieures, que l'on retrouve aussi sur les flancs, sont très-rapprochés; c'est alors *Anas frenata*, Sparm. Les jeunes ressemblent assez aux femelles, mais les zig-zags du dos se confondent souvent avec la nuance brune cen-

drée qui forme le fond de la couleur. Du nord des deux Continens.

CANARD MOINE, *Anas Monacha*, L. Plumage varié de noir et de blanc; miroir vert et violet; rémiges et rectrices blanches, terminées de brun; bec jaunâtre, noir à la pointe. Longueur, deux pieds.

CANARD DE MONTAGNE. *V.* CANARD EIDER.

CANARD DES MONTAGNES DU KAMTSCHATKA. *V.* CANARD A COLLIER.

CANARD MORILLON, *Anas Fuligula*, L., *Anas Glaucion minus*, Briss., Buff. pl. enl. 1001. Parties supérieures d'un brun noirâtre irisé, tiquetées finement de cendré; une huppe de plumes effilées dont la couleur, ainsi que celle de la tête et du cou, est le noir irisé; miroir blanc; poitrine noire avec les plumes du bas, bordées de cendré; parties inférieures blanches, avec l'abdomen noirâtre; bec bleuâtre avec l'onglet noir; pieds cendrés, palmure noire. Longueur, seize pouces. La femelle est également huppée, mais le noir est terne et brunâtre; elle a les flancs et le ventre nuancés de brun. Les jeunes n'ont point de huppe; ils ont une tache blanche de chaque côté du bec, une autre sur le front; ils ont en général toutes les parties du corps plus ou moins variées de brun. C'est alors le Canard brun, Buff. pl. enl. 1007, *Anas Scandiaca*, Gmel. Du nord des deux Continens.

CANARD MORILLON (PETIT), *Anas Glaucion*, L. *V.* CANARD MORILLON.

CANARD DE MOSCOVIE, Albin. *V.* CANARD MUSQUÉ.

CANARD MULARD. Métis du Canard musqué et du Canard domestique.

CANARD MUSQUÉ, *Anas moschatus*, L., Buff. Pl. enl. 989. Parties supérieures d'un noir irisé; nuque garnie d'une espèce de huppe de plumes effilées; une large bande blanche sur les ailes; parties inférieures d'un noir brunâtre; une large plaque nue et des papilles d'un rouge vif de chaque côté de la tête; bec, pieds et palmures rouges. Longueur, deux pieds. La femelle est moins grande; elle a le plumage d'un brun noirâtre ; elle est privée de huppe et de caroncule charnue ; les jeunes ne la prennent qu'à l'âge de deux ans. Cet Oiseau se fait aisément à la domesticité ; il en résulte une variété de plumage qui va souvent jusqu'au blanc parfait.

CANARD NANKIN. *V.* SARCELLE DE LA CHINE.

CANARD DU NIL, *Anas nilotica*, L. Parties supérieures blanchâtres ; tête et cou tachetées de gris ; une raie blanche derrière les yeux ; parties inférieures blanchâtres, rayées de noir et de gris ; bec et pieds rouges. Longueur, vingt-deux pouces.

CANARD NOIR DE SALERNE. *V.* CANARD DOUBLE MACREUSE.

CANARD NOIR (PETIT) DE SALERNE. *V.* CANARD MACREUSE.

CANARD NOIR ET BLANC. *V.* CANARD EIDER.

CANARD NOIRATRE. *V.* CANARD BRUN DE NEW-YORK.

CANARD DU NORD. *V.* CANARD MARCHAND.

CANARD DE LA NOUVELLE-ZÉLANDE, *Anas Novæ-Zeelandiæ*, L. Parties supérieures noirâtres, irisées ; tête et cou d'un noir d'acier ; premières rémiges grises, les autres rayées transversalement de blanc ; rectrices courtes d'un gris verdâtre ; bec et pieds d'un cendré bleuâtre ; iris jaune. Longueur, quatorze pouces.

CANARD NYROCA. *V.* CANARD A IRIS BLANC.

CANARD PAILLE EN QUEUE. *V.* CANARD A LONGUE QUEUE.

CANARD PEINT, *Anas picta*, Lath. Entièrement varié de noir, de blanc et de brun ; une grande tache blanche sur les ailes. Longueur, vingt-deux pouces. La femelle a la tête et le cou blancs. De la Nouvelle-Zélande.

CANARD PEPOSACA. *V.* CANARD AUX AILES BLANCHES.

CANARD A PETIT BEC, *Anas viduata*, Lath. Parties supérieures noirâtres, avec les scapulaires bordées de blanc ; joues blanches ; une bande à reflets verts et violets, partant de l'angle de l'œil, se prolonge vers la partie inférieure du cou, qui est, ainsi que la poitrine et le ventre, rayée de blanc et de noirâtre ; ailes brunes ; partie des tectrices intermédiaires blanche, les grandes, ainsi que l'extrémité des rémiges et les rectrices noires ; bec bleu, pâle en dessus ; pieds verdâtres. Longueur, vingt pouces. Amérique méridionale.

CANARD PIE, *Anas Labradora*, L. Parties supérieures brunes ; tête et cou roussâtres, avec la nuque noire ; un collier noir et une bande de même couleur sur la poitrine ; scapulaires et tectrices alaires moyennes blanches ; bec noirâtre entouré à sa base d'un anneau orangé ; pieds jaunes ; palmures brunes. Longueur, dix-huit pouces. La femelle a les parties supérieures variées de brun, et les inférieures blanchâtres ; une tache blanche sur l'aile, et les pieds noirs. De l'Amérique septentrionale.

On nomme en Alsace le Canard Garrot *Canard Pie.*

CANARD PILET. *V.* CANARD A LONGUE QUEUE.

CANARD POINTU. *V.* CANARD A LONGUE QUEUE.

CANARD A POITRINE RAYÉE, *Anas lucida*, Gmel. *V.* CANARD DE GMELIN.

CANARD A POITRINE ROUGEATRE, *Anas rubens*, L. Variété d'âge du Canard Souchet.

CANARD A QUEUE ÉPINEUSE. *V.* CANARD-SARCELLE A QUEUE ÉPINEUSE.

CANARD A QUEUE NOIRE, *Anas Melanura*, Vieill. *V.* CANARD A BEC ROUGE.

CANARD A QUEUE POINTUE, *Anas spinicauda*, Vieill. Parties supérieures brunes nuancées de brunâtre ; sommet de la tête varié de noirâtre ; nuque, joues et haut du cou blancs, tiquetés de noir ; tectrices alaires brunâtres, avec une bande blanche sur les intermédiaires ; rémiges noires et blanches ; rectrices brunes, blanchâtres sur les bords, étagées au nombre de seize. Longueur, vingt-deux pouces. Amérique septentrionale.

CANARD RENARD, nom vulgaire du Canard Tadorne.

CANARD RIDENNE. *V.* CANARD CHIPEAU.

CANARD ROUGE, *Anas rubens*, Gmel. *V.* CANARD SOUCHET, jeune âge.

CANARD ROUX. *V.* CANARD-SARCELLE ROUX A LONGUE QUEUE.

CANARD ROUX ET NOIR, *Anas bicolor*, Vieill. Parties supérieures noires avec les scapulaires bordées de roux; tête rousse, avec une bande noire; cou roussâtre avec un collier blanc; seize rectrices noires; tectrices caudales d'un blanc jaunâtre; tectrices alaires noirâtres, frangées de roux; poitrine et ventre roux; bec bleu; pieds cendrés. Longueur, dix-sept pouces. Amérique méridionale.

CANARD ROYAL, *Anas regia*, Lath. Parties supérieures bleues; une membrane rouge sur la tête, un large collier blanc; parties inférieures brunes. Longueur, vingt-deux pouces. Amérique méridionale.

CANARD RURAL, Canard sauvage rendu domestique.

CANARD RUSTIQUE, *Anas rustica*, Gmel. *V.* CANARD BUCÉPHALE, femelle.

CANARD – SARCELLE DE LA BAIE D'HUDSON. *V.* CANARD A LONGUE QUEUE, jeune.

CANARD-SARCELLE BALBUL, *Anas Balbul*. Parties supérieures cendrées, ondulées de blanc; tête brune, marquée de vert, teinte de rouge sur les tempes; une autre tache derrière d'un bleu noirâtre; une plaque blanche sur les ailes; tectrices caudales supérieures d'un noir verdâtre; parties inférieures blanches; queue étagée; bec noir; pieds cendrés. Longueur, quinze pouces. En Égypte.

CANARD-SARCELLE A BEC RECOURBÉ, *Anas recurvirostra*, Vieill. *Anas Jamaïcensis*, Lath. Parties supérieures noirâtres, ondulées de brun et de jaunâtre; front noir; joues et gorge blanches; dessus du cou brun; dessous du cou et parties inférieures rayés transversalement de noirâtre et de roux; rémiges et rectrices oran-

gées en dessous, sur les narines et les côtés ainsi que les pieds. Longueur, quatorze pouces six lignes. Des Antilles.

CANARD-SARCELLE BLANC ET NOIR, *Anas albeola*, L.; *Anas Bucephala*, Lath. Sommet de la tête d'un noir irisé; joues, nuque, dessus du cou, poitrine, scapulaires et partie des tectrices alaires intermédiaires d'un blanc pur; dos et partie des tectrices et des rémiges d'un noir velouté; les autres grisâtres variées de brun et de blanc; rectrices cendrées; bec noir en dessus, verdâtre en dessous; pieds frangés. Longueur, seize pouces. Amérique septentrionale.

CANARD-SARCELLE BRUN ET BLANC. *V.* CANARD A COLLIER, femelle.

CANARD-SARCELLE DE LA CAROLINE, *Anas rustica*, L. *V.* CANARD BUCÉPHALE, femelle.

CANARD – SARCELLE DE CAYENNE ou SOUCROUROU, *Anas discors*, L., Buff. Pl. enl. 966. Parties supérieures variées de zig-zags gris et bruns; sommet de la tête et lorum noirs; tête et haut du cou d'un violet irisé, avec une bande blanche entre le bec et l'œil; croupion et tectrices caudales d'un brun noirâtre; une plaque bleue et un trait blanc sur les ailes; miroir vert; premières rémiges brunes, les autres vertes; rectrices brunes; parties inférieures roussâtres, tachetées de brun; bec noir; pieds jaunes. Longueur, seize pouces. La femelle, Buff. Pl. enl. 403, est plus petite; elle est d'un brun bordé de grisâtre avec le milieu du ventre blanchâtre; deux taches bleue et verte, séparées par un trait blanc, près de l'œil; les rectrices lisérées de blanc; le bec teint de rougeâtre sur l'arête.

CANARD-SARCELLE DE LA CHINE, *Anas galericulata*, L., Buff. Pl. enl. 805 et 806. Parties supérieures d'un brun pourpré; front et sommet de la tête d'un vert foncé; nuque et derrière du cou garnis de plumes longues, étroites, formant une huppe brune, irisée; gorge et joues blanches; cou d'un marron clair; poitrine d'un brun pourpré, avec quelques raies transversales noires de chaque côté; grandes tectrices alaires blanches en dehors et terminées de noir et de blanc, ce qui dessine sur l'aile deux larges bandes noires, entourées de blanc; du sein de ces tectrices, s'élève de chaque côté une large et courte plume triangulaire, d'un roux doré, terminée de blanc et de noir, formant panache par la longueur des barbes; rémiges brunâtres, bordées de blanchâtre; parties inférieures blanches, avec les flancs finement rayés de roux et de noir; rectrices brunes; bec et pieds rouges. Longueur, quinze pouces. La femelle a les parties supérieures brunes, la huppe courte, un trait blanc qui entoure l'œil, et se dirige au-delà; la gorge blanche; le devant du cou, la poitrine et les flancs bruns, maillés de roux; les parties inférieures blanches.

CANARD-SARCELLE COMMUN. *V.* CANARD-SARCELLE D'ÉTÉ et D'HIVER.

CANARD-SARCELLE DE COROMANDEL. *V.* OIE DE COROMANDEL.

CANARD-SARCELLE D'ÉGYPTE. *V.* CANARD A IRIS BLANC.

CANARD-SARCELLE D'ÉTÉ, *Anas Querquedula*, L., *Anas Circia*, Gmel. Buff. Pl. enl. 946. Parties supérieures blanchâtres rayées transversalement de cendré; sommet de la tête noirâtre; une bande blanche entourant les yeux, se dirigeant sur la nuque; gorge noire; tête et cou d'un brun rougeâtre, pointillé de blanc; une bande blanche sur les scapulaires; tectrices alaires d'un cendré bleuâtre; miroir vert bordé de blanc; poitrine maillée de noir; parties inférieures blanchâtres, avec des zig-zags noirs sur les flancs; bec noirâtre; iris brun; pieds cendrés. Longueur, quinze pouces. La femelle est plus petite; elle a les parties supérieures noirâtres, bordées de brun-clair, une bande blanche tachetée de brun de chaque côté de la tête, le miroir verdâtre, les parties inférieures blanches ainsi que la gorge. Les jeunes mâles ressemblent aux femelles; sou-

vent le ventre est tacheté de brun. Dans cet état on l'a regardée comme une variété de l'*Anas Crecca*, qui est la Sarcelle commune d'hiver.

CANARD-SARCELLE DE FÉROÉ. *V.* CANARD DE MICLOU, femelle.

CANARD-SARCELLE GMELIN, *Anas Gmelini*, Lath. Parties supérieures noirâtres; tête rousse, brunâtre; une tache blanche à l'angle du bec; croupion blanc; poitrine rayée transversalement de rouge; ventre blanchâtre tacheté de brun; rectrices noirâtres. Longueur, quatorze pouces six lignes. En Russie.

CANARD-SARCELLE (GRAND). *V.* CANARD-SARCELLE D'ÉTÉ.

CANARD-SARCELLE DE LA GUADELOUPE, *Anas Dominica*, L., Buff. Pl. enl. 968. Parties supérieures brunes, bordées de roux; les inférieures d'un gris pâle, roussâtre, pointillé de brun noirâtre; tête noire; miroir blanc; rémiges noirâtres, ainsi que les rectrices qui sont longues, larges, roides, étagées et pointues; bec brun, ainsi que les pieds. Longueur, douze pouces. Amérique méridionale.

CANARD-SARCELLE D'HIVER, *Anas Crecca*, L., Buff. Pl. enl. 947. Parties supérieures rayées de zig-zags blancs et noirs; sommet de la tête, joues et cou d'un roux foncé; une large bande verte de chaque côté de la tête; gorge noire; partie inférieure du cou rayée de zig-zags blancs et noirs; tectrices alaires brunes; miroir vert et noir, bordé de blanc; poitrine d'un blanc roussâtre, tacheté de brun; parties inférieures blanchâtres; bec noirâtre; iris brun; pieds cendrés. Longueur, quatorze pouces. La femelle est plus petite; elle a de chaque côté de la tête une bande roussâtre, tachetée de brun; la gorge blanche; les parties supérieures noirâtres avec les plumes bordées de fauve; le bec varié de brun. Les jeunes, suivant leur âge, ressemblent aux femelles, ou leur plumage tient des deux sexes. La chair de la Sarcelle d'été et de la Sarcelle d'hiver fournit un mets digne des tables les plus délicates.

GANARD-SARCELLE DE L'ÎLE DE LUÇON, *Anas manillensis*, Lath. Parties supérieures variées de jaune et de noirâtre; tête et gorge blanches; cou, poitrine et petites tectrices alaires d'un brun rougeâtre; rémiges et rectrices noirâtres; parties inférieures blanches, variées de noirâtre; bec et pieds noirâtres. Longueur, treize pouces.

CANARD-SARCELLE DE LA JAMAÏ-QUE. *V.* CANARD-SARCELLE A BEC RECOURBÉ.

CANARD-SARCELLE DE JAVA, *Anas falcaria*, Var., L., Buff. Pl. enl. 930. Parties supérieures brunâtres; tête verte irisée; gorge blanche; cou, poitrine et parties inférieures variées de noir et de blanchâtre; bec noir; pieds rougeâtres. Longueur, quinze pouces.

CANARD-SARCELLE DU LAC BAÏKAL, *Anas formosa*, Lath. Parties supérieures brunes; sommet de la tête noir, varié de blanc; un croissant blanc de chaque côté de la gorge qui est roussâtre, tachetée de noir; ailes rayées de roux et de noir; miroir noir, entouré de rouge obscur et marqué d'une tache verte; parties inférieures variées de roux et de blanc; rémiges brunes tachetées de blanc; rectrices noirâtres. Longueur, quinze pouces. De Sibérie.

CANARD-SARCELLE DE LA LOUISIANE. *V.* CANARD-SARCELLE BRUN et BLANC.

CANARD-SARCELLE DE MADAGASCAR. *V.* OIE DE MADAGASCAR.

CANARD-SARCELLE DE LA MER CASPIENNE. *V.* CANARD-SARCELLE DE GMELIN.

CANARD-SARCELLE DU MEXIQUE, *Anas Novæ-Hispaniæ*, Lath. Parties supérieures noirâtres, irisées; tête fauve, variée de noirâtre, avec des reflets brillans et une tache blanche de chaque côté; gorge, cou et parties inférieures blanchâtres, pointillés de noir; tectrices alaires noirâtres; miroir bleu; premières rémiges noires; les autres variées de vert et de fauve, ou de blanc et de noir; bec bleu, noir en dessous; pieds rougeâ-

tres. Longueur, quinze pouces. La femelle a le dessus du corps noirâtre, varié de fauve et de blanc, le dessous blanc tacheté de noir, le bec noir, les pieds cendrés.

CANARD-SARCELLE (PETIT). *V.* CANARD-SARCELLE D'HIVER.

CANARD-SARCELLE A QUEUE ÉPINEUSE, *Anas spinosa*, L., Buff. Pl. enl. 967. Plumage d'un brun varié de noirâtre avec un peu de blanc sur les tectrices alaires; sommet de la tête noir; deux raies blanches et une noire sur les côtés de la tête; rectrices roides, longues, étagées et pointues; bec bleu; pieds jaunâtres. Longueur, onze pouces. Amérique méridionale.

CANARD-SARCELLE ROUX A LONGUE QUEUE. *V.* CANARD-SARCELLE DE LA GUADELOUPE.

CANARD-SARCELLE DE SAINT-DOMINGUE. *V.* CANARD-SARCELLE DE LA GUADELOUPE.

CANARD-SARCELLE SAN-SARAI, *Anas alexandrina*, L. Parties supérieures cendrées, maillées de noir et de blanc; ventre noir; abdomen blanchâtre; bec noir; pieds jaunâtres avec les palmures brunes. Longueur, quinze pouces. A la Perse.

CANARD-SARCELLE SCARCHIR, *Anas arabica*, L. Parties supérieures cendrées, tachetées de noirâtre; les inférieures, ainsi que le croupion, blanchâtres, variées de cendré; miroir noir, bordé de blanc; bec noir, bordé de jaune; pieds jaunâtres avec les palmures noirâtres. Longueur, quatorze pouces. De la Perse et de l'Inde.

CANARD-SARCELLE SIRSAIR, *Anas Sirsair*, L. Parties supérieures brunes, ainsi que la tête et le cou; miroir vert, bordé de blanc; parties inférieures blanchâtres, tachetées de brun; gorge et ventre blancs; bec et pieds gris. Longueur, quatorze pouces. De la Perse.

CANARD-SARCELLE SOUCROURETTE. *V.* CANARD-SARCELLE DE CAYENNE, femelle.

CANARD-SARCELLE SOUCROUROU. *V.* CANARD-SARCELLE DE CAYENNE.

CANARD-SARCELLE A TÊTE BLAN-

CHE. *V*. CANARD DE BARBARIE A TÊTE BLANCHE.

CANARD-SARCELLE A TÊTE BRUNE, *Anas carolinensis*, L. Parties supérieures noirâtres, ondées de blanc; tête et nuque brunes; une large bande verte de chaque côté, et une ligne blanche derrière l'œil; bas du cou et poitrine blancs, tachetés de noir; une lunule blanche sur l'épaule; miroir vert; bec et pieds noirâtres. Longueur, quatorze pouces six lignes. Amérique septentrionale.

CANARD-SARCELLE DE VIRGINIE. *V*. CANARD-SARCELLE DE CAYENNE.

CANARD SAUKI, *Anas Mersa*, Lath. Parties supérieures d'un gris jaunâtre finement pointillé de brun; tête et cou blancs; une tache noire sur la nuque et une autre sur le cou; ailes petites, courtes et cendrées; dix-huit rectrices étroites, roides et étagées; parties inférieures et croupion cendrés; poitrine d'un brun jaunâtre, ondulé de noir; bec large, long, très-renflé à sa base, bleuâtre; pieds blanchâtres, placés fort en arrière. Longueur, quinze pouces. De Sibérie. Temminck le regarde comme le Canard couronné, jeune âge.

CANARD SAUVAGE, *Anas Boscas*, L. Buff. Pl. enl. 676 et 677. Parties supérieures rayées de zig-zags très-fins, de brun cendré et de gris blanchâtre; tête et cou d'un vert foncé; un collier blanc; miroir d'un vert irisé, entre deux bandes blanches; les quatre rectrices intermédiaires; recourbées en demi-cercle; parties inférieures blanchâtres, rayées de zig-zags cendrés; poitrine d'un marron foncé; bec d'un jaune verdâtre; iris brun rougeâtre; pieds orangés. Longueur vingt-deux pouces. La femelle est plus petite; elle est grisâtre, variée de brun; une bande blanchâtre, tachetée de brun au-dessus des yeux, et une autre noirâtre derrière; gorge blanche; toutes les rectrices droites. Les jeunes mâles sont semblables aux femelles. On trouve cet Oiseau dans le nord des deux Continens; il en émigre des troupes nombreuses qui viennent se reposer sur les lacs, dans les marais, et surtout sur les étangs ombragés que l'on dispose à cet effet, et qui sont nommés Canardières. C'est sur les étangs, où l'on place toute espèce de pièges, que s'en font les chasses réglées. Le Canard sauvage, susceptible de diverses modifications de plumage, a été dès long-temps réduit à la domesticité dans nos basse-cours où il est une ressource précieuse dans l'économie rurale, et l'un des Oiseaux les plus répandus.

CANARD SAUVAGE DU BRÉSIL. *V*. CANARD MUSQUÉ.

CANARD SAUVAGE DU MEXIQUE. Briss. Il a le bec large et les ailes colorées de bleu, de blanc et de noir.

CANARD SAUVAGE DE SAINT-DOMINGUE. *V*. CANARD MUSQUÉ.

CANARD SAUVAGE A TÊTE ROUSSATRE *V*. CANARD MORILLON.

CANARD SCARCHIR. *V*. CANARD-SARCELLE SCARCHIR.

CANARD SIFFLEUR, *Anas Penelope*, L. Buff. Pl. enl. 825. Parties supérieures, ainsi que les flancs, rayés de zig-zags noirs et blancs; front jaunâtre; gorge noire; miroir vert, entouré de noir; scapulaires noires, lisérées de blanc; poitrine d'un rouge brun; petites tectrices alaires blanches; les caudales inférieures noires; parties inférieures blanches; bec bleu, noir à la pointe; iris brun; pieds cendrés. Longueur, dix-huit pouces. La femelle et les jeunes mâles sont plus petits; ils ont la tête et le cou roux, tachetés de noirs, les plumes du dos brunes, bordées de roux, les tectrices alaires brunes, bordées de blanc, le miroir d'un cendré blanchâtre, la poitrine et les flancs roux. Il est du nord de l'Europe.

CANARD SIFFLEUR DU CAP DE BONNE-ESPÉRANCE, *Anas capensis*, L. Parties supérieures d'un brun rougeâtre; tête, devant du cou et poitrine d'un bleu cendré, pointillé de noir; miroir d'un bleu verdâtre, entouré de blanc; parties inférieures blanchâtres; bec rouge, noir à la pointe; pieds rougeâtres, avec les palmures noires. Longueur, quatorze pouces.

CANARD SIFFLANT, A BEC MOU. *V.* CANARD A BEC MEMBRANEUX.

CANARD SIFFLEUR, A BEC NOIR, *Anas arborea*, L. Buff. pl. enl. 804. Parties supérieures brunes, avec les plumes bordées de roux; front et occiput roussâtres; nuque garnie de plumes effilées, noirâtres, assez longues pour former une huppe; tectrices alaires d'un roussâtre foncé; tectrices caudales et croupion noirâtres; parties inférieures blanches, tachetées de noir; poitrine roussâtre; rémiges et rectrices noirâtres, ainsi que le bec et les pieds. Longueur, dix-neuf pouces. Amérique septentrionale.

CANARD SIFFLEUR, A BEC ROUGE, *Anas autumnalis*, L. Buff. Pl. enl. 826. Parties supérieures d'un brun marron; tête et cou d'une teinte plus claire; occiput noirâtre; joues, gorge et cou gris; petites tectrices alaires noirâtres, les moyennes fauves, les grandes blanches; croupion et tectrices caudales blanchâtres, tachetées de noir; rémiges et rectrices noirâtres, bordées de gris; bec rouge, avec l'onglet noir; pieds rougeâtres. Longueur, dix-huit pouces. Amérique méridionale.

CANARD SIFFLEUR HUPPÉ, *Anas rufina*, Pall. Gm. Lat. Buff. Pl. enl. 928. Parties supérieures d'un brun clair; tête, joues, gorge et haut du cou d'un brun rougeâtre; une large huppe sur la nuque; bas du cou, poitrine et parties inférieures noires; poignet, miroir et base des rémiges, une grande tache sur les côtés du dos blancs, ainsi que les flancs; bec rouge avec l'onglet blanc; pieds rouges avec les palmures noires. Longueur, vingt-un pouces. La femelle a la tête et la huppe d'un brun foncé, plus clair aux joues et à la gorge; la poitrine et les flancs d'un brun jaunâtre, point de taches sur les côtés du dos, le miroir grisâtre, etc. Du nord de l'Europe.

CANARD SIFFLEUR, A QUEUE NOIRE, *Anas melanura*, L. *V.* CANARD A BEC ROUGE.

CANARD SIFFLEUR DE SAINT-Do-

MINGUE. *V.* CANARD SIFFLEUR A BEC NOIR.

CANARD SIRSAIR. *V.* CANARD-SARCELLE SIRSAIR.

CANARD SKOORA, *Anas Scandiaca*, Mull. Parties supérieures noires, le miroir, ainsi que les parties inférieures, d'un brun-marron; bec large; longueur vingt-deux pouces; du nord de l'Europe; espèce douteuse.

CANARD SOUCHET, *Anas clypeata*, L., Buff., Pl. enl. 971 et 972. Parties supérieures d'un brun noirâtre; tête et cou d'un vert foncé, irisé; scapulaires blanches, tiquetées de noir; miroir d'un vert foncé; tectrices alaires d'un bleu pâle; poitrine blanche; parties inférieures rousses; bec large, noir en dessus, jaunâtre en dessous; iris jaune; pieds orangés. Longueur, dix-huit pouces. La femelle a la tête d'un roux clair, tiqueté de noir; les plumes du dos d'un brun-noirâtre, bordées de roux-blanchâtre; les tectrices alaires d'un bleu sale; les parties inférieures roussâtres, avec de grandes taches brunes. Du nord des deux Continens.

CANARD A SOURCILS BLANCS, *Anas Leucophrys*, Vieill. Parties supérieures brunes; gorge blanche, ainsi qu'une bande en forme de sourcil qui s'étend jusqu'à la nuque; devant du cou et poitrine blancs, rayés de brun; tectrices alaires d'un gris irisé; quelques rémiges vertes, bordées de violet; rectrices noirâtres, terminées de roussâtre: bec noirâtre et brun; iris brun; pieds blanchâtres. Longueur, treize pouces. Amérique méridionale.

CANARD DE SPARMANN, *Anas Sparmanni*, Lath. Parties supérieures variées de noir, de blanc et de roux; scapulaires noires, rayées et bordées de rougeâtre; parties inférieures blanches; rectrices rougeâtres; bec et pieds noirs. Longueur vingt-un pouces. Du nord de l'Europe. Espèce douteuse.

CANARD SPATULE, *V.* CANARD SOUCHET.

CANARD SPATULE DU PARAGUAY, *Anas platelea*, Vieill. Parties supérieures noirâtres, finement rayées de roux; tête et haut du cou blanchâtres, tachetés de noir; bas du cou et flancs roux; tectrices alaires supérieures bleues, variées de cendré et de noirâtre; les intermédiaires d'un vert irisé; parties inférieures noires, variées de rouge-violet; seize rectrices blanchâtres, étagées; bec noir, très-élargi à l'extrémité. Longueur, dix-sept pouces.

CANARD SPIRIT. *V.* CANARD-SARCELLE BLANC ET NOIR.

CANARD DE STELLER. *V.* CANARD A COLLIER BLEU.

CANARD SUCCÉ, *Anas Jacquini*, L. Parties supérieures noirâtres; les inférieures d'un brun-rouge; bec et pieds noirs. Longueur vingt-deux pouces. Des Antilles.

CANARD TADORNE, *Anas Tadorna*, L., *Anas cornuta*, Gmel., Buff., pl. enl. 53. Tête et cou d'un vert sombre; bas du cou, dos, tectrices alaires, flancs et croupion blancs; scapulaires, rémiges, extrémité des rectrices, abdomen et une large bande sur le milieu du ventre noirs; miroir vert irisé; tectrices caudales et une large bande qui entoure la poitrine et remonte sur le dos d'un roux vif; bec et sa protubérance charnue rouges; iris brun; pieds rougeâtres. Longueur vingt-deux pouces. La femelle est plus petite; elle a, au lieu de protubérance sur le bec, une tache blanchâtre. Les jeunes ont le front, la face, le cou, le dos et les parties inférieures blancs; la tête, les joues et la nuque brunes, pointillées de blanchâtre; la poitrine roussâtre; les scapulaires cendrées. Du nord et des contrées occidentales de l'Europe. Niche dans les terriers et les brisures de rochers qui bordent la mer.

CANARD TEMPATLAHOAC. *V.* CANARD SAUVAGE DU MEXIQUE.

CANARD A TÊTE CANELLE, *Anas Caryophyllacea*, Lath. Parties supérieures brunes; tectrices alaires longues et recourbées; miroir rougeâtre; iris rouge; pieds gris. Longueur dix-neuf pouces. De l'Inde.

CANARD A TÊTE GRISE, *Anas*

spectabilis. Le sommet de la tête d'un gris-bleuâtre; joues vertes; cou, parties supérieure du dos, tectrices alaires et deux grands espaces de chaque côté du croupion blancs; une très-étroite bande d'un cuir velouté suit tout le contour de la mandibule supérieure, et se divise vers la partie supérieure du bec en remontant entre deux crêtes charnues qui s'élèvent sur cet organe; une semblable double bande forme sur la gorge un angle en fils de lance; poitrine d'un blanc roussâtre; scapulaires, bas du dos, rémiges, rectrices et parties inférieures noires; bec, crêtes et pieds rouges. Longueur vingt-quatre pouces. De l'extrême nord de l'Europe. Vieillot pense que c'est un jeune mâle du Canard Eider.

CANARD A TÊTE JASPÉE, *Anas jaspidea*, Vieill. Parties supérieures roussâtres, tachetées de noir; tête, haut du cou jaspés de brun et de noirâtre; parties inférieures roussâtres et d'un roux obscur, tachetées de noir; rectrices noires en dessus, grises en dessous. Longueur, dix-neuf-pouces. Amérique méridionale.

CANARD A TÊTE NOIRE, *Anas melanocephala*, Vieill. Parties supérieures noires, finement pointillées de roussâtre; côté du cou, flancs et croupion pointillés de roux et de noir; tête et haut du cou noirs; parties inférieures d'un blanc soyeux, varié de noir; tectrices caudales inférieures rousses; bec verdâtre, bordé de rouge. Longueur, seize pouces. Amérique méridionale.

CANARD A TÊTE ROUSSE (GRAND.) *V.* CANARD SIFFLEUR.

CANARD TZITZIHOA, *Anas Tzitzihoa*, Vieill. Parties supérieures variées de noir et de brun; tête et cou d'un fauve irisé, avec un collier blanchâtre; petites tectrices alaires cendrées, les intermédiaires rougeâtres; les grandes ainsi que les rémiges mélangées de blanc, de cendré et de vert; miroir d'un vert doré; les deux rectrices intermédiaires fort allongées; parties inférieures blanchâtres; bec bleu, allongé; pieds cendrés. Du Mexique. Quelques auteurs pensent que c'est une variété du Canard à longue queue.

CANARD TZONYAYAUHQUI, Hernandez. Parties supérieures noires avec une large bande brune sur toute la longueur du dos ; tête noirâtre irisée ; ailes variées de noir, de fauve, de brun et de cendré ; poitrine noire ; parties inférieures blanchâtres, rectrices traversées de lignes noires ; bec large, brun avec deux taches et une autre à l'extrémité de l'onglet. Longueur, vingt pouces. Du Mexique.

CANARD VARIÉ A CALOTTE NOIRE, *Anas jamaïcensis*, Lath. *V.* CANARD SARCELLE A BEC RECOURBÉ. Vieillot a fait un double emploi en décrivant la même espèce sous ces deux noms dans le Dictionnaire de Déterville.

CANARD WAFFIS, *Anas discors*, Var., Lath. Parties supérieures d'un brun noirâtre ; sommet de la tête noir ; tectrices alaires, poitrine et abdomen bleus ; gorge, ventre et partie extérieure des rémiges blancs ; rectrices noires ; bec noir ; pieds bleus. Longueur, treize pouces. Amérique septentrionale. Selon Latham, cette espèce ne serait qu'une variété du Canard-Sarcelle de Cayenne.

CANARD WRONGI, *Anas membranacea*, Lath. Parties supérieures d'un brun ferrugineux ; devant du cou et parties inférieures blanchâtres ; sommet de la tête, dessus du cou et tour des yeux d'un brun noirâtre ; bec large, membraneux et noir ; iris bleu. Longueur, dix-neuf pouces. De la Nouvelle-Galles du sud. Ne serait-ce pas le mâle du Canard à bec membraneux ?

CANARD XALCUANI, *Anas Xalcuani*, Vieillot. Parties supérieures cendrées, variées de brun et de noir ; une bande verte qui va de l'occiput aux yeux ; ailes et queue variées de verdâtre, de blanc et de brun ; parties inférieures blanchâtres ; poitrine fauve, rayée transversalement de blanc ; pieds brunâtres. Longueur, vingt pouces. Du Mexique.

CANARD YCATEXOTLI, *Anas cyanorostris*, Vieillot. Parties supérieu-

res fauves ; les inférieures cendrées ; ailes noirâtres ; bec large, arrondi, bleu en dessus, rougeâtre en dessous ; pieds noirâtres. Longueur, vingt-un pouces. Du Mexique.

CANARD AUX YEUX D'OR. *V.* CANARD GARROT.

CANARD ZINZIN, *V.* CANARD JENSEN. (DR..Z.)

CANARD DE PRÉ DE FRANCE. OIS. Syn. vulgaire de Cannepetière, *V.* OUTARDE. (DR..Z.)

CANARDEAU. OIS. Nom donné vulgairement aux petits des espèces du genre Canard. (DR..Z.)

CANARI. OIS. Espèce du genre Gros-Bec, *Fringilla Canaria*, L. On appelle CANARI DE MONTAGNE, en Catalogne et en Piémont, le Serin, *Fringilla Serinus*, L. *V.* GROS-BEC et CANARI SAUVAGE ; le Rémiz, *Parus Pendulinus*, L. *V.* MÉSANGE. (DR..Z.)

CANARI. BOT. PHAN. Pour Canarium. *V.* ce mot. (A. D. J.)

CANARIA. BOT. PHAN. (Pline.) Une Graminée qu'Adanson regarde comme celle que Linné a nommée *Dactylis glomerata*. *V.* DACTYLIS. (B.)

CANARI-LAUT. BOT. PHAN. Syn. de *Terminalia Catalpa* dans la langue malaise. *V.* TERMINALIA. (B.)

CANARI-MACAQUE. BOT. PHAN. Nom vulgaire du Qualea à Cayenne, où l'on nomme *Canari* une petite bouilloire, parce que le fruit de cet Arbre a la forme d'une sorte de vase de ce genre. *V.* LECYTHIS. (B.)

CANARIN-SALVATICO. OIS. Syn. sarde du Loriot, *Oriolus Galbula*, L. *V.* LORIOT. (DR..Z.)

CANARINE. *Canarina*. BOT. PHAN. Genre de la famille des Campanulacées, voisin des Campanules, auxquelles Linné le réunissait d'abord en donnant à la seule espèce connue le nom de sa patrie, les îles Canaries ; son calice est quinquéfide ; sa corolle campanulée se partage supérieurement en six lobes ; ses six étamines présentent des filets inférieurement élargis et arqués

CAN

qui portent des anthères pendantes; son stigmate est à six découpures, et sa capsule à six loges. C'est par ce nombre qu'on retrouve dans ses différentes parties que le *Canarina* diffère de la Campanule. Le *C. campanulata* est une Herbe à feuilles opposées, hastées et dentées, à fleurs solitaires portées sur un pédoncule axillaire. *V.* Lamk. *Illust.* tab. 259.

(A. D. J.)

* CANARIO. ois. Syn. romain du Gros-Bec des Canaries, *Fringilla Canaria*, L. *V.* Gros-bec. (DR..Z.)

CANARIUM. BOT. PHAN. Rumph avait décrit et figuré (*Herb. Amboin* T. II, t. 47 et suivantes), sous les noms de *Canarium*, *Dammara* et *Nanarium*, plusieurs Arbres qui semblaient se rapprocher entre eux par leur port, leur inflorescence en grappes axillaires, leurs feuilles pinnées avec impaire, le suc résineux découlant de leur tronc, la consistance huileuse de leur amande. D'un autre côté, il existait des différences bien marquées dans le nombre des divisions de leurs calices, de leurs pétales, de leurs étamines, des loges de leur fruit, dans la séparation ou la réunion des sexes sur une même fleur. Aussi la plupart des auteurs les avaient-ils séparés, les uns en en laissant plusieurs de côté, les autres en faisant plusieurs genres distincts. Un examen plus approfondi paraît conduire à ce résultat, que ces différences sont la suite d'avortemens, que quelques-unes de ces Plantes ont déjà disparu, et que sans doute quelques autres disparaîtraient encore par l'inspection de ces Plantes à une époque moins avancée de la floraison; qu'enfin, ces Arbres appartiennent à un seul genre de la famille des Térébinthacées.

En adoptant ce genre unique, nous le caractériserons : par un calice monosépale divisé en trois parties; trois pétales; six étamines réunies par l'extrémité inférieure de leurs filets; un ovaire libre à trois loges dispermes, surmonté d'un style court et épais

que termine un stigmate à peu près globuleux et sillonné; une drupe quelquefois réduite par suite d'avortement à deux ou une seule loge ordinairement monosperme, et portée sur une sorte de cupule qu'on doit regarder comme un disque hypogyne qui a pris de l'accroissement; l'embryon, dépourvu de périsperme, et dont la radicule est supérieure, est remarquable par ses cotylédons profondément tripartis. (*V.* Gaertner, t. 102 et 103).

Maintenant, si nous examinons les différens genres établis par les auteurs, nous verrons : 1° que les caractères, tels qu'ils viennent d'être exposés, se trouvent dans le *Pimela* de Loureiro qui en décrit trois espèces, dont deux sont rapportées à des Plantes de Rumph; 2° que dans le *Canarium* de Linné, les fleurs sont devenues dioïques; le nombre des divisions du calice, deux, et celui des étamines, cinq; mais que dans deux espèces les trois loges du fruit subsistent. — Le Dammara de Gaertner paraît aussi lui appartenir, et par son port et par son fruit qui est biloculaire, mais il en diffère légèrement par son calice quinquéparti. (A. D. J.)

CANARY-GRAS BOT. PHAN. Syn. anglais de *Phalaris canariensis*, L. *V.* PHALARIS. (B.)

CANATTE-CORONDE. BOT. PHAN. Arbre indéterminé de Ceylan, qui donne une sorte de Cancile amère. (B.)

* CANA – VALAI. BOT. PHAN. (Commerson.) Nom vulgaire d'une Commeline à la côte de Coromandel. (B.)

CANAVALI. BOT. PHAN. Adanson a adopté ce mot indou pour désigner un genre de la famille des Légumineuses, si voisin des Dolics que la Plante qui a servi à le former y avait été réunie par Valh sous le nom de *Dolichos rotundifolius*. Malgré le défaut de caractères essentiels, puisque, selon Adanson lui-même, il n'existe entre ces deux genres qu'une légère différence dans le fruit. Du Petit-Thouars, qui a observé avec attention plusieurs Dolics dans leur lieu natal, pense que le genre Canavali doit être rétabli. Il a exposé (Journal de Botanique, V. III, p. 77), les caractères de ce genre, et y a rangé trois espèces : les *Canavali maxima*, *C. incurva* et *C. maritima*. Celle-ci paraît être la Plante dont on trouve une figure et une description dans Rhéede (*Hort. Malab.*, VIII, p. 83 et t. 43) sous le nom de *Katu-Tsjan-di*. Cette plante a le port des grandes espèces de Dolics et de Haricots; ses Fleurs exhalent une odeur suave, la gousse renferme une douzaine de graines assez grosses et ovales dont Rhéede ne dit pas les usages économiques. Il ajoute seulement qu'on emploie au Malabar les feuilles comme un topique salutaire pour les tumeurs glanduleuses. Du Petit-Thouars (*loc. cit.*, p. 81) parle d'une quatrième espèce de Canavali, à laquelle il donne le nom spécifique de *Cathartica*, indigène de l'île de Mascareigne, et qui paraît être le *Katubara-Mareca* figuré dans Rhéede, T. LV. Cette Plante, dit-il, possède, ainsi que le *C. maritima*, des propriétés purgatives qui paraissent tenir à un principe particulier des Légumineuses plus ou moins développé selon les espèces.

(G..N.)

CANAVETE ou CABALETTE. INS. Noms vulgaires des Sauterelles dans quelques parties de l'Espagne.

(B.)

CANAVROTE. OIS. Syn. de Fauvette chez les Piémontais qui appellent *Canavrote d'Bussoun*, le *Motacilla dumetorum*. *V.* SYLVIE. (DR..Z.)

CANCA. BOT. PHAN. Espèce américaine du genre Casse.

(B.)

CANCAME ET CANCAMUM. BOT. PHAN. Sorte de Gomme-Résine aujourd'hui peu connue, venant d'Afrique selon les uns, d'Amérique selon d'autres, dont les amas, formés de diverses substances, proviennent d'Arbres ou de Végétaux différens, et sont, à ce

qu'on croit, le résultat du travail de quelques Animaux. On employait cette Gomme-Résine comme l'Encens contre les maux de dents, mais on n'en apporte plus en Europe. (B.)

CANCAMON. BOT. PHAN. (Dioscoride.) Arbre qu'on a mal à propos cru le même que l'*Hymænea Courbaril*, lequel, croissant dans l'Amérique méridionale, n'a pu être connu des anciens. (B.)

CANCAN. Syn. de Civette chez les Éthiopiens. (A. D..NS.)

CANCELLAIRE. *Cicclidotus*. BOT. CRYPT. (*Mousses*.) Genre formé par Palisot de Beauvois dans la section des Entopogones et dont le *Trichostomum fontinaloides* d'Hedwig est le type. Il lui donne pour caractères une coiffe campaniforme glabre; opercule conique, aigu, presque mamillaire; cils tournés en spirales, réunis en plusieurs paquets inégaux et réticulés. Weber et Mohr avaient prétendu que ces caractères étaient inexacts, mais Beauvois a persisté dans son opinion dans un Mémoire posthume que nous avons de lui (*V.* le volume des Mémoires de la Société Linnéenne pour 1822, p. 454. pl. 6. f. 3). Hooker admet également ce genre qui, jusqu'ici, ne se compose que d'une seule espèce aquatique dont la tige est rameuse, les feuilles éparses et les fleurs terminales. Cette Mousse se trouve assez communément en Europe. (B.)

CANCELLAIRE. *Cancellaria*. MOLL. Genre établi par Lamarck, dans la seconde section, les Zoophages, de l'ordre des Trachélipodes, famille des Canalifères, aux dépens des Volutes de Linné. Ses caractères sont : coquille ovale ou turriculée, ouverture subcanaliculée à sa base; le canal court ou presque nul; columelle plicifère, à plis tantôt en petit nombre, tantôt nombreux, la plupart transverses; bord droit sillonné à l'intérieur. Les Cancellaires sont des Coquilles striées, cannelées, réticulées et en général assez âpres au toucher; toutes sont marines. Lamarck en décrit douze espèces vivantes, dont les plus répandues dans les collections sont : 1° *Cancellaria reticulata*, An. s. vert., T. VII, p. 112; *Voluta Cancellata*, L., *Syst. Nat.*, XIII, T. 1, p. 5446; Encycl., Coq., pl. 375, f. 5, A, B. Cette Coquille habite l'Océan Atlantique austral. — 2° La NASSE, *Cancellaria scœlœrina*, Lamck., *loc. cit.*, p. 115; *Voluta Nassa*, Gmel., *Syst. Nat.*, T. 1, p. 5493, des mers de l'Ile-de-France, où nous l'avons recueillie nous-mêmes dans la baie du Tombeau. — 3° La ROSETTE, Rivet., Adanson, Sénég., p. 123, pl. 8; *Cancellaria Cancellata*, Lamck., *loc. cit.*, 113; Encycl., Coq., pl. 374, f. 5, A, B. Espèce élégante des côtes d'Afrique, particulièrement de celles de Guinée. — 4° la LIME, *Cancel. senticosa*, Lamck., *loc. cit.*, p. 114; *Murex senticosus*, L., Gmel., *Syst. nat.*, XIII, T. 1 p. 3559; Encycl., Coq., pl. 417, f. 3, A, B., dont le *Buccinum Lima* de Chemnitz est une variété qui se trouve dans les mers de l'Inde, et que sa forme générale ne rend pas moins remarquable que les aspérités de ses côtes.

Il existe aussi des Cancellaires à l'état fossile ; on en connaît sept espèces, dont l'une, l'Atourelle, a été figurée par Knorr., *Petref.*, T. II, pars. 1, pl. 46, f. 1, et se trouve dans les environs de Florence. On distingue encore entre elles le Cabestan, la Buccinule et la Volutelle que Defrance a découvert à Grignon.

Cuvier (Règne Animal, T. II, p. 433) considère les Cancellaires comme un simple sous-genre de Volutes.

(B.)

* CANCELLÉS. *Cancellati*. BOT. CRYPT. (*Lycoperdacées.*) Section établie par Nées d'Esenbeck dans sa famille des *Gastéromyces*, et qui renferme les genres *Trichia*, *Arcyria*, *Cribraria* et *Dictydium*, *V.* ces mots et LYCOPERDACÉES. (AD. B.)

* CANCELLIER. BOT. PHAN. Nom proposé pour l'*Hydrogeton fenestralis* de Madagascar dont les feuilles sont cancellées. (B.)

CANCER. ZOOL. et BOT. Nom du genre Crabe qui a été quelquefois employé en français. Les anciens ont désigné sous les noms de *Cancer petrefactus* et de *C. lapideus* les Crustacés fossiles. Rumph (*Amboinsche Rariteit Kamer lib.* 2, chap. 84, pl. 60, fig. 3) a nommé *Cancer Lapidescens* le *Cancer macrochelus* de Desmarest (Hist. nat. des Crust. Foss., p. 91). Le même Rumph (*loc. cit.*, pl. 60, fig. 1 et 2) a appliqué le nom de *Lapidescens* à un Crustacé Fossile très-différent, et qui est le *Gonoplax incisa* de Desmarest (*loc. cit.*, p. 100). Le *Cancer perversus* de Walch et Knorr (Monum. du déluge, T. 1, p. 136, pl. 14, fig. 2) appartient au genre Limule et à l'espèce que Desmarest (*loc. cit.*, pag. 139) nomme *L. Walchii. V.* CRABE et CRUSTACÉS FOSSILES.

(AUD.)

Le nom de CANCER a été étendu à l'une des plus tristes infirmités qui affligent la plus belle moitié de l'espèce humaine ; il indique aussi une maladie des Arbres consistant dans une sorte d'ulcère ou de carie. (B.)

* CANCÉRIDES. CRUST. Division établie (An. s. vert. de Lamarck. T. V, p. 262) dans la famille des Nageurs, seconde section , les Brachyures, de l'ordre des Holobranches. Ses caractères consistent dans toutes les pates onguiculées, et dans la forme du test qui est arqué antérieurement. C'est la dernière de la classe des Crustacés ; elle embrasse les Arquées de Latreille et quelques autres genres les plus analogues aux Crabes, qui en font également partie. Les Cancérides sont littorales et ne nagent point. Les genres dans lesquels on les a réparties sont les Dromies , les Æthres, les Calappes, les Hépates et les Crabes. *V.* ces mots. (B.)

CANCERIFORMES. CRUST. Famille établie par Duméril et désignée aussi sous le nom de Carcinoïdes. *V.* ce mot. (AUD.)

CANCERILLE. BOT. PHAN. L'un

des noms vulgaires du *Daphne Mezæreum*, L. *V*. DAPHNÉ. (B.)

CANCHA-LAGUA. BOT. PHAN. *V*. CACHEN-LAGUEN.

CANCHE. *Aira*. BOT. PHAN. Genre de la famille des Graminées, de la Triandrie Digynie, L. caractérisé par une lépicène bivalve contenant deux fleurs, dont la glume est à deux valves, l'externe chargée d'une arête genouillée qui part de sa base. Plusieurs espèces rapportées à ce genre en sont exclues par cette description, pour prendre place dans des genres voisins. Il lui en reste environ une douzaine, dont quelquesunes se rencontrent dans nos environs. Elles sont en général remarquables par l'élégance de leur panicule et la couleur luisante de leurs fleurs. L'*Aira cæspitosa* à feuilles planes et striées, à panicule étalée, à glumes velues et dont l'arête ne dépasse pas la longueur, se plaît dans les prairies et les bois où elle atteint jusquà trois pieds de hauteur. L'*Aira flexuosa* moins haute, distinguée par ses pédoncules flexueux et ses feuilles sétacées, couvre les coteaux sablonneux. L'*Aira caryophyllea*, beaucoup plus basse encore, se plaît dans les lieux secs et sur le bord des bois; ses feuilles sont aussi menues, et sa panicule peu garnie. Celle de l'*Aira canescens* est resserrée en épis et longuement embrassée par la gaîne de la feuille supérieure; ses arêtes sont un peu épaissies en massue à leur sommet. L'*Aira precox* en diffère par sa taille très-basse, la distance de ses panicules à la première feuille et ses arêtes pointues. (A. D. J.)

Le mot CANCHE est syn. chez les Chinois de Canne à Sucre. *V*. SACCHARUM. (B.)

CANCHILAGUA. BOT. PHAN. Syn. aragonais de *Linum catharticum*, L. Espèce du genre Lin. (B.)

* CANCLAU. MOLL. Nom de pays de l'Ampullaire OEil-d'Ammon. *V*. AMPULLAIRE. (B.)

CANCOELLE. INS. L'un des noms vulgaires du Hanneton commun. *V*. HANNETON. (B.)

CANCOINE. OIS. Syn. vulgaire de la Litorne, *Turdus Piluris*, L. *V*. MERLE. (DR..Z.)

CANCONG ET SAJOR-CANCONG. BOT. PHAN. Syn. malais des *Convolvulus medium* et *reptans*, L., espèces du genre Liseron. (B.)

* CANCOUDA. OIS. Syn. présumé du Coulavan, *Oriolus chinensis*, L. dans les Indes. *V*. LORIOT. (DR..Z.)

CANCRE. *Cancer*. CRUST. Mot dont on s'est servi quelquefois pour désigner les Crabes à courte queue ou les Crustacés Décapodes de la famille des Brachyures.

CANCRE CAVALIER. *V*. OCYPODE.

CANCRE HÉRACLÉOTIQUE. Les Anciens donnaient ce nom à des Crustacés qu'on rencontrait principalement près de la ville d'Héraclée, sur la Propontide. Belon et Aldrovande rapportent cette espèce au Calappe Migrane, *Cal. granulata* de Fabricius. Rondelet (*de Piscibus, lib.* 18, p, 563) a une opinion différente, et figure sous le nom de *Cancer heracleoticus* un Crustacé du genre *Inachus*. *V*. ce mot.

CANCRE JAUNE ou ONDÉ. *V*. HOMOLE.

CANCRE MADRÉ. *V*. GRAPSE.

CANCRE MIGRAINE ou OURS. *V*. CALAPPE.

CANCRE OURS ou MAJA OURS DE Bosc. *V*. HOMOLE.

CANCRE A PIEDS LARGES. *V*. PORTUNE.

CANCRE PEINT. *V*. GRAPSE et GECARCIN.

CANCRE DE RIVIÈRE. *V*. POTAMOPHILE.

CANCRE SQUINADO. *V*. INACHUS et MAÏA. (AUD.)

CANCRELAT. INS. Syn. de *Blatta americana*, L. *V*. BLATTE. (B.)

CANCRIDE. *Cancris*. MOLL. Genre établi par Montfort (Conchyl., p. 266) pour une très-petite Nautilacée qu'on trouve adhérente sur les algues de la Méditerranée. *V*. NAUTILE. (B.)

CANCRIFORMES. zool. On donne génériquement ce nom aux Animaux qui paraissent se rapprocher des Crustacés par leur aspect. (B.)

CANCRITES ou CRUSTACITES. crust. foss. Nom ordinairement donné aux Crustacés fossiles. *V.* ce mot. (c. p.)

CANCROMA et CANCROPHAGE. ois. Nom donné par quelques auteurs au Savacou. *V.* ce mot. (dr..z.)

CANDA. *Canda.* polyp. Genre de l'ordre des Cellariées dans la division des Polypiers flexibles celluliféres. C'est un Polypier frondescent, flabelliforme, dichotome, à rameaux réunis par de petites fibres latérales et horizontales; à cellules alternes, placées sur une seule face et point saillantes. — Nous avons donné à ce genre le nom de Canda; c'est celui d'une jeune Malaise citée dans le Voyage de Péron et Lesueur; ces naturalistes ont rapporté cette élégante Cellariée des côtes de Timor. La description ne peut peindre que d'une manière imparfaite le port agréable de ce Polypier, et l'effet que font les rameaux peu divisés, presque toujours dichotomes, et réunis par des fibres latérales et horizontales qui lient entre elles toutes les parties de cette jolie production polypeuse. Dans l'état frais les couleurs doivent être très-vives, la dessiccation leur a enlevé leur éclat et en a fait disparaître plusieurs.

Ce genre diffère des Cabérées et des Acamarchis par la forme des cellules et des rameaux; il a beaucoup plus de rapport avec le dernier qu'avec les premiers; cependant il s'en distinguera toujours par la forme des cellules; la substance est membraneuse, cornée, un peu crétacée et friable; la grandeur varie de trois à quatre centimètres; par l'élégance de son port, elle peut servir à faire des tableaux pour orner les cabinets des curieux. La seule espèce qui nous soit connue est le Canda arachnoïde, *Canda arachnoides*, Lamx. Polyp.

p. 5, t. 64, fig. 19-22. Elle croît sur les côtes de l'île de Timor. (lam..x.)

CANDALANG. bot. phan. Même chose que Cadul-Gaha. *V.* ce mot. (b.)

CANDALO. bot. phan. Syn. indou de *Rhizophora. V.* Manglier. (a. r.)

CANDALU. bot. phan. Syn. indou d'*Avicennia tomentosa*, L. *V.* Avicennie. (b.)

CANDAN-CATIDY. bot. phan. Syn. présumé de Mélongène. *V.* ce mot et Solanum. (b.)

CANDARET et CANDARON. bot. phan. (Daléchamp.) Syn. arabes de Chondrille. *V.* ce mot. (b.)

CANDEK. bot. phan. Noms malabares et indous du Care-Kandal. *V.* ce mot. (b.)

CANDEL ou KANDEL. bot. phan. Même chose que Candalo. *V.* ce mot. (b.)

CANDELARIA, CANDELLA et CANDILERA. bot. phan. Noms que l'on donne dans quelques parties de l'Espagne à des Plantes dont les feuilles épaisses sont tellement laineuses qu'on peut s'en servir comme de mèches dans la lampe. Telles sont le *Phlomis Lychnitis*, L., les *Verbascum Thapsus* et *Lychnitis. V.* Phlomide et Molène. (b.)

CANDELBERY. bot. phan. Syn. de *Myrica cerifera* à la Louisiane. *V.* Myrica. (b.)

CANDI. bot. phan. L'un des noms vulgaires du Chanvre en Languedoc. (b.)

CANDIDE. ins. (Engramelle.) Espèce de Lépidoptère du genre Coliade. *V.* ce mot. (b.)

CANDILERA. bot. phan. *V.* Candelaria.

CANDIS. bot. phan. Pour Kandis. *V.* ce mot. (b.)

CANDI-TUST. bot. phan. Syn. anglais d'*Iberis amara* et *umbellata*, *V.* Ibéride. (b.)

CANDOLINI. bot. phan. Même

chose que Chincapalone. *V.* ce mot.
(B.)

CANDOLLEA. BOT. PHAN. Genre de Plantes appartenant à la famille des Dilléniacées et à la Polyadelphie Polyandrie, L. Labillardière l'a établi en l'honneur du professeur De Candolle, sur une Plante de la Nouvelle-Hollande, et c'est celui qui a été adopté par le célèbre naturaliste auquel il a été dédié, parmi les nombreux hommages que la plupart des botanistes s'étaient empressés de lui adresser. Tous les autres Candollea ont donc dû recevoir des noms différens; il faut aussi se garder de confondre le *Candollea* formé par Labillardière lui-même, dans les Annales du Musée, et qui est un genre déjà établi par Swartz, sous le nom de *Stylidium*, avec le genre qu'il a décrit dans les Plantes de la Nouvelle-Hollande. Voici les caractères des vrais Candollea, tels que les donne De Candolle dans le *Systema Vegetabilium*, 1., p. 423 : calice à cinq sépales ovales, couronnés et persistans; corolle à cinq pétales obovales; plusieurs faisceaux d'étamines opposés aux pétales; quatre à cinq anthères oblongues pour chaque faisceau; carpelles au nombre de trois à six, ovés, pointus vers le style, s'ouvrant intérieurement et contenant chacun deux graines ovées dont l'albumen est charnu et l'embryon très-petit. L'espèce décrite par Labillardière est un Arbrisseau dont les rameaux sont un peu dressés, cendrés et rugueux; les feuilles ont la forme d'un Coin *Candollea cuneiformis*, Labill., *Nov.-Holl.*, 2, p. 54, t. 176. Les deux autres espèces que De Candolle a fait connaître ont été aussi rapportées de la Nouvelle-Hollande par R. Brown. Ce sont des Arbrisseaux qui ont des rapports très-marqués avec les *Hibbertia*, et surtout avec le dernier groupe des *Pleurandra*, auquel De Candolle a donné le nom de *Pleur. Candolleanæ* (G..N.).

CANDOLLEA. BOT. CRYPT. (*Hepatiques.*) Raddi dans sa *Jungermannografia Etrusca*, a séparé sous ce nom

quelques espèces de Jungermannes. *V.* ce mot. (AD. B.)

CANDOLLEA. BOT. CRYPT. (*Fougères.*) Genre formé par Mirbel, dans le petit Buffon de Déterville, aux dépens des Acrostics à frondes entières, et dont le nom a été changé par Desvaux en celui de Cyclophore. *V.* ce mot. (B.)

CANDOLLINE. BOT. PHAN. Pour Candollea. *V.* ce mot. (B.)

CANE. OIS. C'est ainsi que l'on nomme vulgairement la femelle des espèces du genre Canard, particulièrement celle du Canard domestique : de-là les noms de *Cane blanche* en Sologne, de *Cane du Cap*, de *Cane à collier*, de *Cane de Guinée*, *du Caire et de Lybie*, de *Cane Pénélope*, de *Cane de mer* et de *Cane à grosse tête* ou *à tête rousse* pour désigner le Harle, le Canard musqué, la Bernache, le Cravant, le Siffleur, le Milouin, etc., espèces du genre Canard. *V.* ce mot. (B.)

CANEBA. BOT. PHAN. L'un des noms du Chanvre dans le midi de la France. (B.)

CANEBAS. BOT. PHAN. Syn. provençal d'*Althœa Cannabina*, espèce du genre Guimauve. *V.* ce mot. (B.)

CANEBÉ. BOT. PHAN. Pour Caneba. *V.* ce mot. (B.)

* CANEBERGE. BOT. PHAN. Pour Canneberge. *V.* ce mot. (B.)

* CANEFICE. BOT. PHAN. La Casse des boutiques. (B.)

CANEFICIER. BOT. PHAN. Espèce du genre *Cassia*, qui donne la Casse des boutiques. On appelle aussi *Caneficier bâtard* le *Cassia bicapsularis* et *Caneficier sauvage* une espèce américaine de Galéga. *V.* CASSE et GALÉGA. (B.)

* CANEJA. POIS. Syn. portugais de Roussette, *Squalus Caniculus*, L. (B.)

CANELA DE EMA. BOT. PHAN. (Vandelli.) *V.* VELLOZIA.

* Les Italiens désignent l'*Arundo Phragmites* par le même nom. *V.* Roseau. (B.)

CANELLA. BOT. PHAN. Genre de la famille des Méliacées, rapporté par quelques auteurs aux Guttifères, et plus généralement connu sous le nom de *Winterania. V.* Winterania. (A. R.)

CANELLA DO MATTO. BOT. PHAN. L'écorce du *Laurus Cassia* chez les Portugais des deux Indes. *V.* Laurier. (B.)

CANELLE. BOT. PHAN. Pour Cannelle. *V.* ce mot. (B.)

* CANELLI. BOT. CRYPT. L'un des synonymes de Clavaire en Italie. (B.)

CANELON. OIS. Syn. de Kamichi, *Palamedea cornuta*, L. *V.* Kamichi. (DR..Z.)

CANELOS DE QUIXOS. BOT. PHAN. (Joseph de Jussieu.) Arbre indéterminé de l'Amérique méridionale, qui croît dans une région où le goût aromatique et piquant de son écorce l'a fait comparer au Cannellier. *V.* ce mot. (B.)

CANELSTEIN ou KANELSTEIN. MIN. *V.* Pierre de Cannelle.

CANEPÉTIÈRE, CANEPÉTRACE ou CANEPÉTROLE. OIS. Espèce du genre Outarde, *Otis Tetrax*, L. *V.* Outarde. (DR..Z.)

CANÉPHORE. *Canephora.* BOT. PHAN. Jussieu a donné ce nom à un genre de la famille naturelle des Rubiacées, auquel il assigne pour caractères : des fleurs aggrégées au nombre de trois à six, sur une sorte de réceptacle commun, entouré d'un involucre très-petit et quinquéfide. Ces fleurs sont sessiles et séparées les unes des autres par des écailles; leur calice est fort petit et marqué de cinq ou six dents; leur corolle est subcampanulée, à cinq ou six lobes dressés; les étamines, en nombre égal aux lobes de la corolle, sont sessiles et incluses; le style est surmonté d'un stigmate bifide; le fruit est pisiforme, couron-né par les dents du calice, et contient deux graines.

Deux seules espèces composent ce genre : le *Canephora axillaris* de Jussieu, figuré par Lamarck (*Illustrat.*, t. 151, f. 1), est un Arbuste originaire de Madagascar, d'où il a été rapporté par Commerson. Ses feuilles opposées sont ovales, et portent à leur aisselle des fleurs axillaires et solitaires. Le *Canephora capitata*, Lamk., Ill., t. 151, f. 2, a les fleurs capitulées; les feuilles plus longues; il est également originaire de Madagascar. (A. R.)

CANET ou CANETON. OIS. Noms vulgaires des petits du Canard domestique. (DR..Z.)

CANETTE. OIS. Syn. de Sarcelle d'hiver, *Anas Crecca*, L. *V.* Canard. (DR..Z.)

CANEVAROLE. OIS. (Aldrovande.) Et non Canevorole. Syn. de Fauvette à tête noire, *Motacilla atricapilla*, L. *V.* Sylvie. (DR..Z.)

CANGAN-GOUPI. BOT. PHAN. Nom de pays du *Randia malabarica. V.* Randia. (B.)

CANGREJO. CRUST. Mot espagnol et portugais qui désigne les espèces les plus communes d'Écrevisses. (B.)

CANGUI. OIS. (Azara.) Syn. de Jabiru, *Mycteria americana*, L. au Paraguay. *V.* Jabiru. (DR..Z.)

CANHAYAWL. BOT. PHAN. Nom gallois de la Pariétaire. *V.* ce mot. (B.)

CANIA. BOT. PHAN. (Pline.) Syn. présumé d'*Urtica pilulifera*, L. *V.* Ortie. (B.)

CANIARD. OIS. Syn. vulgaire de Goéland à manteau noir, du jeune âge, *Larus Nœvius*, L. *V.* Mauve. (DR..Z.)

CANIBELLO. OIS. Syn. italien de la Cresserelle, *Falco Tinunculus*, L. *V.* Faucon. (DR..Z.)

CANICA. BOT. PHAN. Petit Arbre aromatique de Cuba, qui paraît être le *Myrtus Pimenta. V.* Myrte. (B.)

CANICHE , BARBET ou CHIEN-CANARD. MAM. Race de Chien. *V.* ce mot.   (B.)

CANICHON. OIS. Nom par lequel on désigne le jeune Canard avant qu'il soit vêtu de plumes.   (DR..Z.)

CANICULA. POIS. Syn. espagnol de Roussette, *Squalus Caniculus*, L.   (B.)

CANIDAS, CANIDE, CANINDÉ ou CANIVET. OIS. Syn. de l'Ara bleu, *Psittacus Ararauna*, L. dans l'Amérique méridionale où on l'appelle aussi *Canidé Jauré. V.* ARA.   (DR..Z.)

CANIFICIER. BOT. PHAN. Pour Caneficier. *V.* ce mot.   (B.)

CANILLÉE. BOT. PHAN. L'un des noms vulgaires de la Lenticule. *V.* ce mot.   (B.)

CANINA. POIS. La Dorade, espèce du genre Spare en Sardaigne.   (B.)

*CANINANA. REPT. OPH. (Ruysch.) Petit Serpent fort mal connu d'Amérique, qu'on mange dans le pays encore qu'il passe pour très-venimeux.   (B.)

CANINDÉ. OIS. *V.* CANIDAS.

CANINERO. BOT. PHAN. L'un des noms du Sureau, dans quelques parties de l'Italie et de l'Espagne.   (B.)

CANINES. MAM. Dents au nombre de quatre, fortes et coniques, situées chez les Carnassiers, entre les incisives et les molaires. On les nomme aussi Laniaires et Crochets. *V.* DENTS.   (B.)

CANIOR. BOT. PHAN. Syn. de Curcuma, dans la langue de Java.   (B.)

CANI-POUTI. BOT. PHAN. Plante indéterminée de Madagascar, qui ne peut être une Graminée, comme on l'avait supposé, puisque son suc caustique sert à une sorte de tannage. (B.)

CANIRAM. BOT. PHAN. Nom malais du *Strychnos Nux-vomica*, L., que Du Petit-Thouars, d'après Adanson, veut substituer à celui qu'ont adopté les botanistes. *V.* STRYCHNOS. (B.)

CANIRI-UTAM. BOT. PHAN. (Burmann.) Syn. de *Rumphia amboinensis,* à Java. *V.* RUMPHIE.   (B.)

*CANISTRUM. MOLL. Genre de Coquille formé par Klein, aux dépens des *Turbo* de Linné, et qui n'a pas été adopté.   (B.)

*CANITA. POIS. Ce nom, qu'on trouve dans Plaute, y désigne un Poisson qu'il est impossible de reconnaître.   (B.)

CANIVET. OIS. *V.* CANIDAS.

CANIVETTE. ARACHN. On appelle ainsi la toile d'Araignée, en Bretagne.   (B.)

CANJALAT et CANJALUT. BOT. PHAN. Nom malais d'une Plante encore peu connue de l'Inde, que l'on nomme également *Gortia.* Cette Plante paraît avoir quelques rapports avec les Ignames. Rumphius la décrit et figure sous le nom d'*Ubium Polypoïdes* (Herb. Amb. T. v. p. 364, t. 129). Loureiro la rapporte à son genre *Smilax. V.* SMILAX. (A. R.)

CANJAN-CORAI. BOT. PHAN. Syn. de Basilic, *Ocymum*, à la côte de Coromandel.   (B.)

CANKER-ROSE. BOT. PHAN. L'un des noms de *Rosa canina*, en quelques parties de l'Angleterre. *V.* ROSE.   (B.)

CANKONG. BOT. PHAN. Probablement la même chose que Cancoug. Nom donné dans le Dictionnaire de Déterville comme syn. de *Convolvulus medium* , espèce du genre Liseron.   (A. R.)

CANNA. MAM. Espèce d'Antilope. *V.* ce mot.   (B.)

CANNA. BOT. PHAN. *V.* BALISIER.

CANNA DE LA VIBORA. BOT. PHAN. *V.* CANA.

CANNAB. BOT. PHAN. L'un des noms vulgaires du Chanvre.   (B.)

CANNABARE. BOT. PHAN. Nom d'une espèce de *Commelina*, *Comme-*

lina bengalensis, à la côte de Malabar.   (B.)

CANNABINE. *Cannabina.* BOT.
PHAN. Nom spécifique d'un Datisca,
d'un Eupatoire, d'un Bident, d'une
Guimauve, d'une Ortie, d'une Galéopside et de plusieurs autres Végétaux. Ce nom a été étendu au premier de ces genres dans les dictionnaires précédens. *V.* DATISCA. (B.)

CANNABION. BOT. PHAN. (Dioscoride.) Syn. de Chanvre, d'où sont
dérivés la grande quantité de noms
donnés à ce Végétal depuis si long-
temps utilisé.   (B.)

CANNA-BOSCH. BOT. PHAN.
(Thunberg.) Syn. de Caroxyle au
midi de l'Afrique.   (B.)

CANNACORUS. BOT. PHAN. Syn.
de Basilier, *Canna*, chez les anciens
botanistes.   (B.)

CANNACUR. BOT. PHAN. Nom
d'une espèce de Poivre, *Piper Siriboa*,
à Banda, selon Rumph.   (B.)

CANNAMELLE. BOT. PHAN. Pour
Canamelle. V. SACCHARUM.   (B.)

CANNAMERA. BOT. PHAN. L'un
des noms de la Guimauve, en Espagne.   (B.)

* CANNANGOLI ou CAUNAN-
GOLI. OIS. Poule-Sultane de Madras,
Fulica maderaspatana, Gmel. *V.*
TALÈVE.   (DR..Z.)

CANNA-PONDU. BOT. PHAN. Syn.
de Crotalaire à la côte de Coromandel.   (B.)

CANNA-POULOE. BOT. PHAN.
(Burmann.) Nom d'une espèce de
Cretelle, *Cynosurus lagopoides*, à la
côte de Coromandel.   (B.)

CANNAT. POIS. L'un des noms
vulgaires du *Mugil Cephalus*, chez
quelques pêcheurs de la Méditerranée. *V.* MUGE.   (B.)

* CANNA-VIEJA-ROJA. POIS.
(Delaroche.) Syn. de *Perca pusilla*,
Brunn., aux îles Baléares. *V.* PER-
CHE.   (B.)

CANNE. BOT. PHAN. Ce mot, dérivé de l'un des noms latins du Roseau, a été vulgairement donné à des
Plantes dont les tiges sont ordinairement noueuses par intervalles, et
dont les feuilles graminées forment
des gaînes à leur base; ainsi :

CANNE BAMBOCHE désigne quelquefois le Bambou.

CANNE CONGO ou D'INDE, l'espèce
de Balisier, le plus anciennement
connue, *Canna indica*, L. *V.* CANNE
DE RIVIÈRE.

CANNE ÉPINEUSE et CANNE A
MAIN, le Rotang, *Calamus*, L.

CANNE MARRONE, aux Antilles, un
Gouet, *Arum seguinum*; à Mascareigne, notre *Scirpus iridifolius*; à
Cayenne, une Alpinie, *Alpinia occidentalis.*

CANNE DE RIVIÈRE, à la Martinique, le *Costus spicatus* qu'on appelle aussi Canne Congo à Cayenne,
et qui n'est, selon Jussieu, qu'une
Alpinie.

CANNE ROYALE, la variété de l'*A-
rundo Donax*, dont les feuilles sont
panachées.

CANNE ROSEAU, l'*Arundo Donax*
ordinaire.

CANNE A SUCRE et CANAMELLE,
l'espèce la plus utile et la plus connue
du genre *Saccharum.*

CANNE DE TABAGO, aux environs
de Carthagène d'Amérique, le Palmier dont Jacquin a formé le genre
Bactris.

* CANNE VÈLE, par corruption de
Canna vera (vraie Canne), l'*Arundo
Donax* dans divers cantons du midi de
la France.   (B.)

CANNE BERGE. BOT. PHAN. Syn.
de *Vaccinium Oxycoccos*, L., devenu
type du genre Oxycoccus. *V.* ce mot.
                           (B.)

* CANNÉES. BOT. PHAN. *V.* AMO-
MÉES.

CANNEIRA. BOT. PHAN. Syn. portugais d'*Arundo Donax*, L. *V.* RO-
SEAU.   (B.)

CANNEL-COAL. MIN. C'est-à-dire Charbon Chandelle, syn. anglais de Lignite résiniforme de Brongniart. *V*. LIGNITE.   (LUC.)

CANNELÉ. REPT. SAUR. (Lacépède.) Espèce du genre Chalcide. *V*. ce mot.   (B.)

CANNELLA, CANNELETTO ET CANNULICHI. MOLL. Noms vulgaires du Manche de couteau, *Solen*, dans quelques parties de l'Europe méridionale, où l'on appelle Cannelle certains robinets en gouttière qu'on emploie pour transvaser des liquides, et dont la forme rappelle celle de la Coquille qu'on leur compare. (B.)

CANNELLE. *Cinnamomum*. BOT. PHAN. Écorce très-aromatique et fort usitée dans l'office et la pharmacie, qui provient des petits rameaux d'un Arbre du genre Laurier vulgairement appelé Cannellier. On a étendu ce nom à d'autres écorces dont l'odeur et la saveur ont plus ou moins de rapport avec l'odeur et la saveur de la véritable Cannelle. Ainsi l'on a appelé :

CANNELLE BLANCHE, l'écorce du *Winterania*, *V*. ce mot, qui est le *Canella alba* de Murray.

CANNELLE DE LA CHINE (Valmont de Bomare), l'écorce, moins aromatique que celle du *Laurus Cinnamomum*, d'un arbre indéterminé de la Chine, et qui pourrait bien être le *Laurus Cassia*.

* CANNELLE FAUSSE, l'écorce du *Laurus Cassia* et quelquefois la Cascarille des boutiques qui vient d'un arbuste du genre Croton.

CANNELLE GIROFLÉE, *Canella caryophyllata* de l'ancienne droguerie, l'écorce du *Myrtus caryophyllata*.

CANNELLE MATTE, la même chose que Canella do Matto. *V*. ce mot. Et quelquefois la vieille écorce du vrai Cannellier qui n'a presque plus de saveur.

CANNELLE POIVRÉE, la même chose que Cannelle blanche. *V*. ce mot.

CANNELLE SAUVAGE, un Laurier de Ceylan qui n'est peut-être que celui

que la culture a perfectionné, et sur lequel se recueille la Cannelle la plus parfaite.   (B.)

CANNELLE. BOT. CRYPT. Dans la nomenclature barbare des Champignons que quelques auteurs se sont plu à entasser, et parmi lesquels excelle Paulet, on a désigné sous ce nom commun des espèces dont la couleur rappelle celle de la Cannelle des boutiques. On les a appelées Cannelle à grain, Cannelle piquée, Cannelle pluchée, etc., selon les accidens qui se joignaient à leur teinte dominante.   (B.)

CANNELLIER. BOT. PHAN. Espèce du genre Laurier. *V*. ce mot.   (B.)

* CANNIHERBA. BOT. PHAN. (Adanson.) L'un des vieux noms de la Santoline. *V*. ce mot.   (B.)

CANNON-POUKA. BOT. PHAN. Nom d'une espèce de Tradescante, *Tradescantia cristata*, à la côte de Coromandel.   (B.)

CANNUCCIA. BOT. PHAN. L'un des noms italiens de l'*Arundo Phragmites*. *V*. ROSEAU.   (B.)

CANNUME. POIS. (Forskalh.) Nom arabe d'une espèce de Mormyre. *V*. ce mot.   (B.)

CANO-CANO. BOT. PHAN. Syn. malais d'*Aira arundinacea*, espèce du genre Canche. *V*. ce mot.   (B.)

* CANOCHIA. CRUST. (Scopoli.) Syn. de *Cancer Mantis*, L. sur les bords de l'Adriatique et dans le golfe de Livourne.   (B.)

CANOIRA ET CHIRIVIA. BOT. PHAN. Noms portugais d'une Ombellifère qui paraît être l'*Athamanta cretensis*, L. *V*. ATHAMANTE. (B.)

CANOKERSAIA. BOT. PHAN. (Dioscoride.) Syn. présumé de Pariétaire. *V*. ce mot.   (B.)

* CANOLIRE. *Canolira*. CRUST. Genre de l'ordre des Isopodes, section des Ptérygibranches de Latreille (Règne Anim. de Cuvier), fondé par le docteur Leach (Dict. des Sc. nat.,

T. xii, p. 350), qui le range dans la quatrième race de sa famille des Cymothoadées. Les caractères qu'il assigne à cette race sont : corps convexe, abdomen composé de six anneaux distincts, le dernier plus grand que les autres ; yeux placés sur les côtés ; antennes inférieures n'étant jamais plus longues que la moitié du corps ; les ongles des deuxième, troisième et quatrième paires de pates très-arqués , les autres légèrement courbés. Les caractères propres du genre sont : yeux peu granulés , convexes, écartés; abdomen ayant les articles imbriqués sur les côtés ; le dernier un peu plus large à son extrémité. Les Canolires ont, de même que les Anilocres et les Olencires, tous les ongles très-recourbés , les huit dernières pates non épineuses , la tête saillante en avant supportant les yeux et les antennes supérieures presque cylindriques, ayant leur premier article à peu près d'égale largeur. Ils s'éloignent par-là des genres Conilère , Rocinèle et Æga. Ils ne sont distingués des Anilocres et des Olencires que parce qu'ils ont les pates d'égale grosseur et de longueur moyenne , les intérieures étant un peu plus longues. L'abdomen , dont les articles sont imbriqués sur les côtés avec le dernier un peu plus large à son extrémité, peut encore être considéré comme un caractère distinctif. Avouons toutefois que lorsqu'on est obligé de recourir à des différences de cette nature, qui, presque toutes , sont inappréciables, la valeur du genre devient excessivement douteuse : c'est le cas de la plupart de ceux qui viennent d'être cités , et que Leach a beaucoup trop multipliés. Aussi ne leur accordons-nous que très-peu d'importance, et sommes-nous tentés de les réunir tous au genre Cymothoé de Fabricius , aux dépens duquel ils paraissent avoir été formés.

Le genre Canolire se compose d'une seule espèce que Leach désigne sous le nom de Canolire de Risso , *Canolira Rissoniana*, avec cette description succincte : dernier article de l'abdo-

men largement arrondi à son extrémité. Sa localité est inconnue ; il ne la rapporte à aucune espèce *connue*, et cite seulement son cabinet. (AUD.)

* CANON. mam. L'os du métacarpe ou du métatarse dans les Ruminans et les Solipèdes. *V*. Os. (A. D..ns.)

CANONNIER. ins. Nom vulgaire de quelques espèces, d'Insectes de la tribu des Carabiques, qui jouissent de la propriété de lancer, par l'ouverture anale de leur abdomen, une vapeur caustique dont la sortie est accompagnée d'un léger bruit. Ces espèces ont encore été désignées sous les noms de Bombardier et de Tirailleur ; elles appartiennent toutes au genre Brachine. *V*. ce mot. (AUD.)

CANOPE. *Canopus*. ins. Genre de l'ordre des Hémiptères et pouvant être rangé (Règ. Anim. de Cuv.) dans la section des Hétéroptères, famille des Géocorises. Ce genre, fondé par Fabricius et que Latreille (*loc. cit.* et Considér. génér.) n'a pas adopté , paraît très-voisin de celui des Scutellères , et n'en diffère essentiellement que parce qu'il n'a que trois articles aux antennes. Une seule espèce appartient jusqu'à présent à ce genre ; elle est originaire de l'Amérique méridionale ; Fabricius lui donne le nom de *Can. obtectus*. Elle paraît se rapprocher beaucoup des Tetyres *scarabæoides*, *globus*, *cribarius* de l'auteur : son corps a la forme de la Coccinelle à deux points. (AUD.)

CANOPE. *Canopus*. moll. Genre formé par Denys Montfort pour une Coquille d'autant plus singulière qu'elle n'offre aucune ouverture. C'est un corps en forme de Poire, d'une transparence parfaite à travers laquelle on distingue des cloisons intérieures un peu arquées et placées les unes au-dessus des autres. Sa couleur irisée est celle de la Perle , elle a été observée sur les bords de la mer de Java; elle est fort petite. L'Animal auquel elle appartient est inconnu ; Cuvier pense que le genre Canope qui a besoin d'être mieux examiné appartient à la famille des Nautilacés. (B.)

CANOPICON. BOT. PHAN. (Dioscoride.) Syn. d'*Euphorbia Helioscopia*, L. *V*. EUPHORBE. (B.)

CANORI, OIS. *V*. CHANTEURS.

CANOT. OIS. Syn. du Hibou, *Strix Otus*, L. au Canada. *V*. CHOUETTE. (DR..Z.)

CANOTA. BOT. PHAN. Syn. de *Panicum italicum*, L. dans quelques parties de l'Espagne. *V*. PANIC. (B.)

CANRÈNE. MOLL. Nom vulgaire d'une Nérite de Linné, *Nerita Canrena* de laquelle Montfort a fait son genre Polinice. *V*. ce mot. (B.)

CANRULAR. BOT. PHAN. (*Vitis alba indica*, Rumph, *Amb*. 5, t. 165, f. 1.) Espèce peu connue de Bryone chez les Macassars. (B.)

CANSCHENA-POU. BOT. PHAN. Nom malabar d'une espèce du genre Bauhine, *Bauhinia tomentosa*, L. (B.)

CANSCHI ou **CANSCHY.** BOT. PHAN. Syn. de Trewia à la côte de Malabar. Adanson s'est empressé d'adopter ce nom barbare. (B.)

CANSCORE. *Canscora*. BOT. PHAN. Lamarck, dans l'Encyclopédie, abrège ainsi le nom de *Cansjan-Kera* donné par Rhéede à une Plante du Malabar. (*Hort. Mal.*, 10, tab. 52.) Son calice présente un tube renflé et marqué d'angles ailés, rétréci au-dessous du limbe qui paraît à quatre divisions. Les pétales, dont on ne connaît pas l'insertion, sont au nombre de quatre et inégaux, l'un d'eux plus long que les autres. L'ovaire est libre, le style unique, le stigmate en tête aplatie; la capsule, recouverte par le calice, contient des graines nombreuses et petites. C'est une Herbe d'une consistance presque ligneuse, croissant dans les lieux sablonneux; ses feuilles sont opposées; ses pédoncules solitaires, axillaires ou terminaux, portent d'une à trois fleurs qu'environne un involu-

cre commun d'une seule pièce orbiculaire, plane, entière sur ses bords. Ces caractères incomplets ne permettent que d'indiquer la place de ce genre auprès des Gentianées, dont il diffère cependant par sa corolle polypétale. Si d'une autre part cette considération engage à le rapprocher des Caryophyllées, il s'en éloigne par l'inégalité de ses pétales et de ses étamines, et peut-être aussi par la situation relative de ses parties, qui devrait être connue pour fixer ses rapports.(A.D.J.)

CANSJAN-COURE. BOT. PHAN. pour *Causjan-Kera*. *V*. CANSCORE. (B.)

CANSJAVA. BOT. PHAN. Syn. malais de Chanvre : *Kalengi-Cansjava* est le mâle, *Tsjeru-Cansjava* est la femelle. (B.)

CANSJERE. *Cansjera*. BOT. PHAN. Genre de la famille des Thymelées, voisin du Daphné. Son calice en grelot se termine par quatre dents; quatre étamines à anthères arrondies s'insèrent vers sa base, et ne le dépassent pas; son ovaire, entouré de quatre petites écailles, est libre, petit et surmonté d'un style simple et d'un stigmate en tête. Son fruit est une baie monosperme de la grosseur d'un Pois. Les feuilles sont alternes et lancéolées; les fleurs en épis géminés ou ternés à l'aisselle de ces feuilles dans le *Cansjera scandens* de Roxburgh (*Coromand.*, tab. 103), qui paraît le même qu'un Arbrisseau du Malabar, figuré par Rhéede (*Hort. Mal.*, 7, tab. 2) sous le nom de *Tsierou-Cansjeram*, et premier type de ce genre. Le même auteur décrit un autre Arbrisseau du même pays, qu'il nomme *Sjeron-valli-Cansjeram* (*Hort. Mal.* 7, tab. 4), et qui paraît congénère de la première espèce, dont il diffère par ses épis solitaires. *V*. aussi Lamck. (*Illustr.*, t. 289). (A. D. J.)

**CANTABRICA. BOT. PHAN.(Pline.) Espèce d'OEillet, selon les uns, de Campanule, selon d'autres, et de Liseron, d'après Linné, qui appelle *Canvolvulus Cantabrica* une des plus

élégantes espèces de ce dernier genre.
(B.)

*CANTALITE. MIN. (Karsten.) *V*. QUARZ.

CANTALOU ET CANTALOUP. BOT. PHAN. Variété fort savoureuse de Melons. *V*. ce mot. (B.)

CANTAPERDRIS. BOT. PHAN. Syn. languedocien de *Daphne Gnidium*, L. *V*. DAPHNÉ. (B.)

* CANTARA. POIS. (Delaroche.) Syn. de *Sparus Cantharus*, L. aux îles Baléares. *V*. CANTHÈRE. (B.)

*CANTARELLE. INS. Ce nom cité dans plusieurs anciens ouvrages de pharmacie, et employé aussi dans quelques départemens de la France, désigne le Méloë Proscarabée, dont on faisait autrefois usage en médecine comme vésicant. *V*. MÉLOÉ. (AUD.)

CANTARILLOS. BOT. PHAN. C'est-à-dire *Petites Cruches*. Nom espagnol d'une espèce du genre Androsace, *Androsace maxima*, L. (B.)

CANTARIS. OIS. Syn. piémontais de Proyer. (DR..Z.)

CANTARIS. BOT. PHAN. (Dioscoride.) Syn. de *Fumaria officinalis*, L. *V*. FUMETERRE. (B.)

CANTARO. BOT. PHAN. (Copling.) C'est-à-dire *Cruche*. Nom du *Cordia Gerascanthus*, L., espèce de Sebestier, chez les Espagnols de Cumana, à cause sans doute du volume et de la forme du fruit de cet arbre. (B.)

CANTE. POIS. Syn. de Sparillon, *Sparus annularis*. Gmel. *V*. SPARE. (B.)

CANTE-MORGARO. BOT. PHAN. Nom indou d'une espèce d'Achyranthe, *Achyranthes prostrata*, L. (B.)

CANTERINHO. MOLL. Syn. portugais de *Cassis Urceola*, Lamk. *V*. CASQUE. (B.)

CANTHARE. *Cantharus*. MOLL. Genre de Coquilles formé par Denys Montfort pour une très-petite Coquille de l'Adriatique qui n'a guère qu'une ligne de longueur; elle est libre, univalve, cloisonnée droite en forme de nacelle, arrondie sur le dos, aplatie sur le ventre, obtuse au sommet, plus large à la base avec un siphon central. (B.)

CANTHARIDE. *Cantharis*. INS. Genre de l'ordre des Coléoptères, section des Hétéromères, famille des Trachelides (Règn. Anim. de Cuv.), et ayant pour caractères : crochets des tarses profondément bifides, sans denteluresau-dessous; élytres de la longueur de l'abdomen, flexibles, recouvrant deux ailes; antennes filiformes, notablement plus courtes que le corps, avec le troisième article beaucoup plus long que le précédent; palpes maxillaires un peu plus gros à leur extrémité.

Le nom de Cantharide est très-ancien, et a reçu des acceptions fort différentes. Aristote (*Hist. Animal., lib*. IV. *cap.* 7) ne l'appliquait pas à un Insecte en particulier, mais à plusieurs de ceux qui ont les ailes membraneuses, enveloppées par des étuis. Linné s'en est servi pour désigner un grand genre de l'ordre des Coléoptères, ne renfermant pas notre Cantharide, laquelle était rangée parmi ses Méloës. Geoffroy (Hist. des Ins. T. 1. p. 169) substitua le nom de Cicindéle déjà employé par Linné à celui de Cantharide, et il comprit sous ce dernier (*loc. cit.* p. 339) la Cantharide des boutiques, ainsi que plusieurs Insectes qui l'avoisinaient davantage. Degéer opéra aussi quelques réformes dans le genre Cantharide de Linné, et proposa pour quelques espèces l'expression de Téléphore qui aurait été reçue, si ce mot n'avait été employé pour un genre de Champignons. Enfin Fabricius n'adoptant pas les changemens apportés par ses prédécesseurs divisa encore les Cantharides de Linné, et établit aux dépens des Méloës de cet auteur un nouveau genre sous le nom de Lytte, qui répondit à celui des Cantharides de Geoffroy. Cette dernière dénomination a néanmoins prévalu.

Les Cantharides ont un corps al-

longé et presque cylindrique , une
tête forte et cordiforme , supportant
des antennes plus longues que le corselet, et dont le second article est très-
court , transversal ; les suivans sont
cylindracés et le dernier est ovoïde :
une bouche composée de mandibules
terminées en une pointe entière et
de mâchoires de longueur moyenne :
un prothorax petit , presque carré ,
moins large que le ventre : des élytres
longues , linéaires , flexibles , atteignant l'extrémité anale de l'abdomen :
des tarses à articles entiers. Elles
s'éloignent des Ædemères par la terminaison des mandibules et par les
articles entiers de leurs tarses. La
forme de leurs antennes empêche de
les confondre avec les genres Mylabre, Cérocome et Méloë. Enfin, quoique très-voisines des Zonitis, des Ne-
mognates et des Sitaris , elles se distinguent de ces trois genres par la
forme de leurs palpes maxillaires.
Elles diffèrent ensuite du premier
par les antennes, du second par les
élytres et du troisième par les mâchoires.

Il existe encore bien des doutes sur
les métamorphoses de ces Insectes.
Plusieurs observateurs, tels que Degéer et Geoffroy, disent n'avoir jamais rencontré la larve ; d'autres
prétendent l'avoir vue , et nous
apprennent qu'elle se nourrit de diverses racines, et subit dans la terre
tous ses changemens , observation
qui s'accorde assez bien avec la
prompte apparition des insectes parfaits que quelques auteurs avaient
pensé, à cause de cela, venir par émigrations des terres australes ; pour
gagner ensuite les contrées du Nord.
Olivier (Encycl. méthod. T. v. p. 272)
décrit assez vaguement cette larve.
Son corps, formé de treize anneaux,
est mou, d'un blanc jaunâtre, et supporte six pates courtes, écailleuses ;
la tête est arrondie, un peu aplatie ,
munie de deux antennes courtes et
filiformes ; deux mâchoires assez solides et quatre palpes composent la
bouche.

Personne n'ignore l'emploi très-fréquent que l'on fait en médecine d'une
espèce de Cantharide, la Cantharide vésicatoire ; mais son usage ne remonte
pas à des temps fort reculés ; la
Cantharide des anciens n'était certainement pas la nôtre , et n'appartient
même pas au genre que nous décrivons. D'après le témoignage de Pline
et de Dioscoride, qui affirment que les
meilleures Cantharides sont celles
dont les élytres sont marquées de
bandes jaunes transversales ; il paraît évident que leur espèce était
le Mylabre de la Chicorée, qui,
à la Chine, sert encore aujour-
d'hui aux préparations épispastiques.
La Cantharide vésicatoire ou des
boutiques, *Cantharis vesicatoria* de
Geoffroy ou le *Meloë vesicatorius*, L.
et la *Lytta vesicatoria* de Fabricius,
nommée aussi Mouche d'Espagne,
peut être considérée comme le type
du genre ; elle a été figurée par Olivier (Hist. des Coléopt. T. III. tab. 1.
fig. 1. A, B, c) et par Schaeffer (*Icon.
Ins.* tab. 47. fig. 1 et *Elementa Entom.*
tab. 33). Sa couleur est d'un beau
vert, doré, brillant, avec les antennes
noires. Les mâles sont plus petits que
les femelles, et il existe en général une
grande variété dans la taille. Les Cantharides se montrent vers les mois de
mai et de juin, et presque toujours en
grand nombre sur les Frênes, les Lilas
et les Troênes, dont elles dévorent les
feuilles ; on les trouve aussi , mais
moins communément sur les Sureaux
et le Chèvrefeuille ; les dégâts qu'elles
causent s'étendent même quelquefois
sur les blés et les prairies. Leur présence est décelée par l'odeur particulière qu'elles répandent, et qui a quelque analogie avec celle des Souris.
Quelque temps après l'accouplement,
les mâles périssent , et les femelles
s'enfoncent dans la terre pour y pondre de petits œufs allongés, réunis
par tas, desquels sortent des larves
dont l'histoire n'est pas encore bien
connue.

Les Cantharides sont très-communes en France , en Italie et en Espagne. Celles que nous employons ,
nous viennent presque toutes de ces

derniers pays par la voie du commerce. Leur récolte exige plusieurs précautions, d'abord à cause des personnes qui la font et qui pourraient, par un manque de soin, éprouver de graves accidens ; ensuite par rapport à la conservation ultérieure de ce médicament Les moyens dont on se sert se réduisent à ceux-ci : l'emploi du vinaigre en vapeur pour les faire périr, et leur dessiccation complète après qu'elles sont mortes. À cet effet, on met généralement en usage un procédé fort simple. Dans le courant de juin, on étend sous un arbre chargé de Cantharides, plusieurs draps, et on fait tomber dessus les insectes, en secouant alternativement toutes les branches. Lorsqu'on en a obtenu ainsi une assez grande quantité, on les réunit sur un tamis de crin, que l'on expose à la vapeur du vinaigre, ou bien on les rassemble dans une toile assez claire, que l'on trempe plusieurs fois dans un vase contenant du vinaigre étendu d'eau : il s'agit ensuite de les dessécher ; alors on les expose à l'ombre dans un grenier ou sous un hangar bien aéré, sur des claies recouvertes par de la toile ou du papier gris non collé, et on les remue soit avec un petit bâton, soit avec la main. Seulement dans ce dernier cas, il faut prendre la précaution de mettre un gand de peau afin d'éviter l'absorption d'un principe vésicant que renferment ces Insectes, et qui, comme nous le verrons plus loin, est excessivement actif. Il est inutile de dire que, dans la récolte, il faut aussi employer les mêmes moyens pour se garantir du contact. Quelques personnes, après avoir étendu des toiles au-dessous des arbres, placent tout autour des terrines remplies de vinaigre, qu'elles entretiennent à l'état d'ébullition, et, après avoir secoué les arbres, elles ramassent promptement les cantharides, les placent aussitôt dans des vases de bois ou dans des bocaux de verre, les y laissent vingt-quatre heures environ, et, après qu'elles sont tou-

tes mortes, les retirent et les font sécher de la manière qui a été indiquée. Cette méthode devient plus embarrassante et plus dispendieuse que la précédente. Quoi qu'il en soit, les Insectes étant bien desséchés, on les place dans des vases de bois, de verre ou de faïence, exactement fermés, et on les met à l'abri de l'humidité. En ne négligeant aucune de ces précautions, les Cantharides conservent très-long-temps leurs propriétés.

L'analyse chimique des Cantharides a été faite par un grand nombre de savans qui se sont attachés exclusivement à l'espèce employée en médecine. S'ils eussent étudié avec le même soin les Méloës, les Mylabres, les Coccinelles, les Carabes, plusieurs Ténébrions, ils auraient probablement trouvé chez ces insectes, qui ont aussi des propriétés vésicantes, un principe analogue, quelquefois moins actif et peut-être susceptible, par cela même, d'être employé dans quelques cas particuliers. Thouvenel, Fourcroy, Beaupoil, Orfila et surtout Robiquet, sont arrivés à des résultats fort remarquables. Ce dernier a constaté l'existence d'une substance particulière, à laquelle il a donné le nom de *Cantharidine*, et qui a pour caractères principaux d'être blanche, cristalline, insoluble dans l'eau, soluble dans l'alcohol bouillant, dans l'éther ainsi que dans les huiles, et dans laquelle réside essentiellement la propriété vésicante ; celle-ci n'appartient par conséquent ni à l'huile verte, ni à la matière noire insoluble, ni à la matière jaune soluble dans l'alcohol et dans l'eau, qui sont les autres principes dont l'analyse a démontré la présence. Cette découverte, quelque importante qu'elle soit pour la science, n'a apporté aucun changement dans la pratique. L'expérience avait appris depuis long-temps, qu'appliquées sur la peau, les Cantharides, réduites en poudre et unies à quelques corps gras, produisaient le soulèvement de l'épiderme qui, se détachant avec la plus grande facilité, mettait à découvert la surface du derme. On savait aussi que, préparé de diverses manières et employé à l'intérieur, elles produisaient une excitation particulière sur les organes génitaux de l'un et de l'autre sexe, et agissaient sur la vessie en donnant lieu quelquefois à des accidens les plus graves ; enfin on n'ignorait pas qu'administrées dans la paralysie et dans plusieurs autres affections nerveuses, ces Insectes n'étaient pas sans effet.

Plusieurs autres espèces de Cantharides ont été décrites par les auteurs. Dejean (Cat. des Coléop. p. 75) en mentionne trente. Les mieux connues parmi elles sont : la Cantharide syrienne, *C. syriaca* d'Olivier, ou le *Meloë syriacus* de Linné. Elle est assez semblable à la Cantharide vésicatoire, et se trouve dans le midi de l'Europe et en Syrie ; la Cantharide douteuse, *C. dubia* d'Olivier, ou la *Lytta dubia* de Fabricius. On la rencontre communément sur la Luzerne, dans les provinces méridionales de la France, en Italie, dans le Levant et dans la Sibérie méridionale. Nous travaillons dans ce moment à une monographie du genre Cantharide.   (AUD.)

CANTHARIDE. MOLL. Nom vulgaire et marchand du *Trochus Iris*, Gmel. Magnifique Coquille dont Denys Montfort a formé le type de son genre *Cantharidus*.   (B.)

CANTHARIDE. BOT. CRYPT. Nom d'un Champignon vert selon Paulet, qui pourrait bien être l'*Agaricus cyaneus* ou tout autre.   (B.)

*CANTHARIDIENS. INS. Lamarck (Anim. sans vert. t. 4, pl. 428) donne ce nom à une division de la famille des Trachelides, et qui comprend la plupart des genres rangés par Latreille dans celle des Cantharidies. *V.* ce mot.   (AUD.)

CANTHARIDIES. *Cantharidiæ.* INS. Famille de l'ordre des Coléoptères, section des Hétéromères, établie par Latreille (Considér. génér.,

p. 150 et 213), et comprenant plusieurs genres qui y sont répartis de cette manière :

† Antennes en massue ou grossissant très-sensiblement vers son extrémité

Genres CÉROCOME et MYLABRE.

†† Antennes de la même grosseur ou plus menues à leur extrémité.

1. Antennes de la longueur du corselet, au plus, composées d'articles courts, plus globuleux que cylindriques ou qu'obconiques.

A. Pénultième article de tous les tarses bifide.

Genre TÉTRAONYX.

B. Tous les articles des tarses entiers.

α Élytres couvrant tout l'abdomen, en carré long, et à suture droite.

Genres HORIE, OENAS.

β Élytres ne couvrant qu'une partie de l'abdomen, courtes, ovales, divergentes à la suture, (point d'ailes; abdomen très-grand et mou ; antennes souvent irrégulières dans les mâles).

Genre MELOE.

2. Antennes plus longues que le corselet, formées d'articles cylindracés ou obconiques.

Genres CANTHARIDE, ZONITIS, NEMOGNATHE, APALE, SITARIS.

Cette famille correspond assez exactement au grand genre Meloë de Linné et à la cinquième section de la famille des Trachelides de Latreille. (Règne Anim. de Cuv. p. 316.) *V.* ce mot et tous ces noms de genre.   (AUD.)

*CANTHARIDINE. Principe vésicant des Cantharides. *V.* ce mot.(AUD.)

CANTHAROS. POIS. *V.* CANTHÈRE.

CANTHENO. POIS. Nom vulgaire du Canthère commun, *Sparus Cantharus*, L. que Lacepède par un double emploi dit convenir au vrai Scare. *V.* ce mot.   (B.)

CANTHÈRE. *Cantharus.* POIS. Genre formé par Cuvier de plusieurs Spares et Labres des auteurs dans la famille des Percoïdes, de l'ordre des

Acanthoptérygiens, division de ceux qui ont les dents petites et souvent en velours. Ses caractères consistent dans leur bouche étroite, garnie de dents très-nombreuses; dans leur museau peu protractile; dans l'absence de toute épine ou dentelure aux opercules. Le corps est ovale. Ce genre contenait jusqu'ici cinq espèces:

CANTHÈRE ORDINAIRE, *Sparus Cantharus*, L., Gmel. *Syst. nat.* XIII, 1, 1275. Lac. IV. 97. *Sparus Mœna?* Bloch., pl. 270. C'est l'espèce la plus vulgairement connue; elle a sa queue bifide sans tache; son dos est noirâtre, et le reste de son corps argenté avec des lignes longitudinales jaunâtres. Sa chair est peu estimée. Ce Poisson paraît être celui que les anciens nommaient *Cantharos*. B. 6, P. 14, V. 1/5, A. — C. 17. Les autres Canthères sont: 2° la Brême de mer, *Sparus Brama*, Bloch. pl. 269, qui a été observée jusqu'au cap de Bonne-Espérance; 3° le Poisson que Lacepède a décrit sous les deux noms de Labre macroptère et de Labre iris. Il est des mers de l'Inde et même d'Amérique; 4° le Labre sparoïde de Lacepède, III, pl. 24, connu d'après un dessin de Commerson, et qui se trouve à l'Ile-de-France et dans l'Inde; 5° enfin le Centrodonte. Ann. Mus. t. 25, pl. 11.

Nous ajouterons provisoirement au genre Canthère deux espèces dont les dessins et la description nous ont été fournis par notre ancien ami Milius, maintenant gouverneur de la Guiane. Cependant, ce n'est qu'avec doute que nous proposons de rapporter ces élégans Poissons au genre qui nous occupe, parce que les caractères de la bouche n'ont pas été suffisamment étudiés.

CANTHÈRE DOUTEUSE, *Cantharus dubia*, N. Son corps est allongé et acquiert de cinq à sept pouces de longueur. Ce Poisson a été pris à l'hameçon dans la baie des Chiens marins à la Nouvelle-Hollande. Il est d'un gris cendré, pâle en dessus; cette couleur passe au bleu céleste lavé sur les flancs, où se voit une bande d'un

brun-clair dont la moitié inférieure est plus foncée, et qui règne de l'extrémité du museau à la caudale, laquelle est toute entière de la même teinte. Le globe de l'œil qui est assez grand, a l'iris cendré; le ventre est argenté. La nageoire dorsale située à une égale distance de la tête et de la queue, compte seize rayons. Le nombre de ceux des pectorales et de la caudale n'a pas été noté exactement, les ventrales sont fort petites, et l'anale surtout est à peine rudimentairement indiquée par une petite nageoire située au-dessous du point où finit celle du dos. Ce caractère est fort singulier, et semble en indiquer quelque autre qui pourra suffire pour faire de notre Canthère provisoire un genre particulier.

CANTHÈRE DE MILIUS, *Cantharus Milii*, N. Ce beau Poisson, qui acquiert de six à dix pouces de longueur, a la partie supérieure de la tête, et celle où sur le dos s'insère la dorsale d'un assez beau bleu; la même teinte, du verd et du brun pâle, règne sur le reste de son corps, ainsi qu'une large bande longitudinale brune et jaune; le ventre est argenté. Il habite la baie des Chiens marins à la Nouvelle-Hollande. D. 24-25, P. 12, V. 9, A. 11, C. 26. (B.)

CANTHI. *Canthium*. BOT. PHAN. Et non *Canti*. C'est à la famille naturelle des Rubiacées et à la Pentandrie Monogynie, L., qu'appartient ce genre de Plantes, dont le calice est quinquéfide; la corolle monopétale, courte, tubuleuse, à cinq divisions étalées. Ses cinq étamines sont renfermées dans l'intérieur du tube de la corolle, et son style se termine par un stigmate simple, entier et capitulé. Le fruit est une baie ordinairement couronnée par les dents du calice et contenant deux graines semblables à celles du Café, c'est-à-dire planes et marquées d'un sillon longitudinal du côté interne, convexes du côté externe. Ce genre se compose de sept à huit espèces, autrefois placées dans les genres *Gardenia*, *Randia*,

Webera, etc. Ce sont en général des Arbustes épineux, dont les feuilles et les épines sont décussées, c'est-à-dire opposées en croix. Les fleurs sont sessiles, axillaires ou terminales. De Jussieu présume que l'on devra réunir à ce genre le *Damnacanthus* de Gaertner fils, ainsi que cet auteur l'avait déjà soupçonné lui-même. (A. R.)

CANTHROPE. *Canthropus.* MOLL. L'un des genres établis par Denis Montfort, pour des Coquilles cloisonnées, voisines des Nautiles fossiles, dont il sera question au mot NAUTILE. (B.)

CANTI. BOT. PHAN. *V.* CANTHI.

CANTILAGUA. BOT. PHAN. L'un des noms espagnols du *Linum catharticum*, L., espèce du genre Lin. (B.)

CANTSANU. BOT. PHAN. Nom indou d'une espèce du genre Bauhine, *Bauhinia tomentosa*, L. (B.)

CANTUA. BOT. PHAN. Genre de la famille des Polémoniacées. Ses caractères sont : un calice dépourvu de bractées à sa base, et terminé supérieurement par trois ou cinq divisions ; une corolle en entonnoir, dont le tube cylindrique est allongé, et dont le limbe élargi se partage en cinq lobes ouverts; ses cinq étamines, quelquefois saillantes, s'y insèrent par des filets égaux et non dilatés ; les graines sont ailées au sommet. De Jussieu, dans un Mémoire sur le Cantua (Annales du Mus. T. III, p. 113, t. 7 et 8), a prouvé que les genres *Periphragmos* et *Gilia* de Ruiz et Pavon, et *Ipomopsis* de Michaux, ainsi que des Plantes rapportées à des genres déjà connus, appartiennent véritablement à celui-ci, et il a ainsi porté le nombre de ses espèces à dix. Sept d'entre elles sont des Arbrisseaux originaires du Pérou. Leurs pédoncules terminaux ou axillaires vers le sommet des rameaux, portent une seule ou plusieurs fleurs, ou se partagent en corymbes plus ou moins fournis; leurs feuilles, ordinairement alternes, sont toujours simples, et c'est d'après

leur aspect, leur forme, leur surface, les rapports qu'elles ont avec celles de Végétaux bien connus, qu'on ont été nommées ces espèces, qui sont les *Cantua pyrifolia*, *quercifolia*, *ovata*, *ligustrifolia*, *buxifolia*, *tomentosa* et *cordata*. Trois autres sont des sous-Arbrisseaux ou des Herbes à feuilles pinnatifides, l'une originaire également du Pérou, c'est le *C. breviflora*; une seconde de la Caroline, le *C. thyrsoïdea*; une troisième du Brésil, le *C. glomeriflora*. On peut voir la plus grande partie de ces espèces figurées dans les planches jointes au Mémoire indiqué plus haut, t. 121, 131, 132 et 133 de la Flore péruvienne de Ruiz et Pavon; t. 363, 364 et 528 des *Icon.* de Cavanilles; t. 106, des *Illustr.* de Lamarck. (A. D. J.)

CANTUELLO ET CANTUESSO. BOT. PHAN. Syn. de *Lavandula Stœchas*, L. *V.* LAVANDE. (B.)

CANTUFFA. BOT. PHAN. *V.* KANTUFFA. (B.)

CANTURINON ou CANTYRION. (Dioscoride.) Syn. présumé de Ballotte. *V.* ce mot. (B.)

* CANUANEROS. REPT. CHEL. (Valmont de Bomare.) Syn. de Caouane, espèce de Tortue, aux Antilles. *V.* CHÉLONÉE. (B.)

CANUDE ET CANUS. POIS. Nom vulgaire, sur les bords de la Méditerranée, d'une espèce de Labre, *Labrus Cydneus.* (B.)

CANUT. OIS. Espèce du genre Bécasseau, la Maubèche grise, *Tringa cinerea*, L. *V.* BÉCASSEAU. (DR.-Z.)

* CANVUM. BOT. PHAN. L'un des vieux noms du Chanvre. (B.)

CAN-XU ET CAY-CAM. BOT. PHAN. L'Oranger ordinaire à la Cochinchine. (B.)

CAOBO. BOT. PHAN. Syn. d'Acajou, *Cassuvium*, aux environs de Carthagène dans l'Amérique méridionale. (B.)

CAOCHAN. MAM. L'un des noms

11

de la Taupe dans quelques parties de l'Angleterre. (A. D..NS.)

* **CAOCIA.** BOT. PHAN. (Surian.) Graine peu connue des Antilles, qu'on dit bonne pour guérir la morsure des Serpens, et qui paraît être celle d'une Euphorbe. (B.)

CAOLACH. OIS. Syn. anglais de Coq. *V.* ce mot. (DR..Z.)

ʾ * CAO-LEAMKIAM ET CAO-LUONG-KUONGE. BOT. PHAN. Syn. de Galanga en Chine et en Cochinchine. (B.)

CAOLIN. MIN. Même chose que Kaolin, espèce d'Argile. *V.* ce mot. (LUC.)

CAOPIA. BOT. PHAN. Même chose que Caa-Opia. *V.* ce mot. (B.)

CAOU. OIS. Syn. vulgaire du Moteux, *Motacilla Ænanthe*, L. *V.* TRAQUET. (DR..Z.)

CAOU, CAOULE, CAOULET ET **CAULET.** BOT. PHAN. Noms vulgaires du Chou dans les divers dialectes gascons. (B.)

CAOUA. BOT. PHAN. C'est chez les Arabes la boisson qu'on obtient du *Coffea arabica*, et qu'en Europe on appelle communément le Café. *V.* CAFIER. (B.)

CAOUANE. REPT. CHEL. Espèce de Tortue du genre Chélonée. *V.* ce mot. (B.)

* **CAOUIN.** OIS. *V.* CHAT-HUANT.

CAOULÉ ET **CAOULET.** BOT. PHAN. *V.* CAOU.

CAOULICAOU, ET NON *Caoulichon*. BOT. PHAN. Syn. languedocien de *Cucubalus Behen*, L. *V.* CARNILLET. (B.)

CAOURET. BOT. PHAN. Ce mot est, dans le Dictionnaire de Déterville, donné comme synonyme de Chou, mais on ne dit ni dans quel lieu, ni dans quelle langue. (B.)

CAOUROUBALI. BOT. PHAN. (Surian.) Syn. caraïbe d'*Hymenæa*. *V.* COURBARIL. (B.)

CAOUSSIDA ET **CAUSSIDOS.**

BOT. PHAN. (Garidel.) Syn. provençal de Circium. (B.)

CAOUTCHOUC. BOT. PHAN. Produit immédiat des Végétaux, contenu abondamment dans l'*Hevea guianensis*, d'Aublet, dont on le retire en Amérique. A cet effet on recueille le suc blanc et résineux de l'Hévé, on l'applique par couches sur des moules de terre friable, et on laisse sécher à l'air. Dès que le nombre des couches a donné au Caoutchouc une épaisseur suffisante, on brise le moule et on vide par une ouverture de l'enveloppe, la terre réduite en fragmens. Ainsi qu'on le voit, cette substance doit avoir la forme d'un tissu ou d'une membrane; elle jouit d'une extrême élasticité, ce qui lui a valu le nom de résine élastique; elle est insoluble dans l'eau et dans l'Alcohol, se dissout assez difficilement dans l'éther, les huiles essentielles et les huiles fixes dont on a élevé la température; elle est peu odorante et jouit d'une saveur particulière très-faible; sa pesanteur spécifique est de 0,9335; elle s'enflamme au feu. On emploie la dissolution de Caoutchouc faite avec des huiles fixes ou volatiles, étendue par couches sur des tissus de soie, à la confection de beaucoup d'instrumens de chirurgie et de physique; on en prépare une vaisselle de voyage. On l'appliquait autrefois sur le taffetas qui sert d'enveloppe imperméable aux gaz des aérostats; mais ce vernis étant beaucoup trop coûteux, on lui a substitué l'huile de Lin cuite, qui atteint le même but. Des Jacquiers, des Figuiers et autres Arbres analogues, la plupart de la famille des Urticées, donnent aussi du Caoutchouc. (DR..Z.)

CAOUTCHOUC MINÉRAL. MIN. Nom donné au Bitume élastique qui se trouve en Angleterre près de Castleton dans le Derbishire. *V.* BITUME. (B.)

CAP. BOT. PHAN. Loupes ou excroissances ligneuses qui viennent sur les troncs des Bouleaux dans le

Nord, où on les emploie pour faire de petits ustensiles en bois. (B.)

CAP DE COBRA. BOT. PHAN. (Thunberg.) Nom portugais d'une espèce de Croton, *Croton acutum*. (B.)

CAPARACOCH. OIS. (Edwards.) Syn. de *Strix hudsonica*, L. *V.* CHOUETTE. (DR..Z.)

CAPARAS. BOT. PHAN. (Dodoens.) Syn. espagnol de *Delphinium Staphisagria*, espèce de Dauphinelle. (B.)

CAPARRO. MAM. Nom de pays d'un Singe du Rio Guaviare en Amérique, devenu type du genre appelé par Geoffroy-Saint-Hilaire Lagotriche. *V.* ce mot. (A. D..NS.)

CAPARROZOLO. MOLL. Syn. de Telline dans le golfe de Venise. (B.)

CAPAS. BOT. PHAN. Syn. de *Gossypium indicum* dans la langue malaise. *V.* COTONNIER. (B.)

CAPAS-ANTU. BOT. PHAN. C'est-à-dire Coton du diable. Nom malais d'une Ketmie peu connue, encore qu'elle ait été décrite et figurée par Rumph (*Hort. Mal.*, T. IV, t. 14). (B.)

CAPASTRA. OIS. Syn. vulgaire de l'Autour, *Falco palumbarius*, L. *V.* FAUCON. (DR..Z.)

CAPA-TSJACCA. BOT. PHAN. Syn. d'Ananas à la côte de Malabar. (B.)

CAPAVEELA. BOT. PHAN. Syn. de *Cleome pentaphylla*. *V.* CLÉOME. (B.)

CAPÉ D'OR ou CAPODORO. OIS. Syn. de Roitelet aux environs de Venise. *V.* SYLVIE. (B.)

CAPELA. POIS. Pour Capelan. *V.* ce mot. (B.)

CAPELAN ou CAPLAN. POIS. Espèce du genre Gade, *Gadus Luscus*, L. On a quelquefois donné ce nom au Gade blennoïde. (B.)

CAPELET. BOT. PHAN. (Lémery.) L'un des noms vulgaires d'une espèce de Myrte, *Myrtus cariophyllata*, dont l'écorce est fort aromatique. (B.)

CAPELETA. BOT. PHAN. C'est-à-dire petit Chapeau. Syn. languedocien de Cotilet ombiliqué. (B.)

CAPELETS. BOT. PHAN. C'est-à-dire petits Chapeaux. Nom languedocien des fruits du *Rhamnus Paliurus*, L. *V.* PALIURE. (B.)

CAPELLA. OIS. (Gesner.) Syn. du Vanneau, *Tringa Vanellus*, L. *V.* VANNEAU. (DR..Z.)

CAPELLACI. BOT. PHAN. Syn. de *Nymphæa Lotus*, L. *V.* NÉNUPHAR. (B.)

CAPELLAN. POIS. (Delaroche.) C'est-à-dire Chapelain. Syn. d'*Ophidium barbatum* et de *Gadus Luscus*, L., aux îles Baléares. *V.* DONZELLE et GADE. (B.)

CAPELLATA ET CAPELLINA. OIS. Noms italiens du Cochevis, *Alauda cristata*, L. *V.* ALOUETTE. (DR..Z.)

CAPELLONE. BOT. PHAN. Nom vulgaire italien donné aux Champignons qui ont la forme d'un chapeau, recueilli par Paulet qui a hérissé son Traité d'innombrables noms appartenant à une synonymie barbare. (B.)

CAPELVENÈRE. BOT. CRYPT. De *Capillus Veneris*. L'un des noms vulgaires donnés en Italie au Capillaire de Montpellier. *V.* ADIANTHE. (B.)

CAPENDA. BOT. PHAN. *V.* CAPENDU.

CAPENDU ou COURT-PENDU. BOT. PHAN. (Liger.) Et non *Capenda*. Variété de Pommes. (A. R.)

CAPER. POIS. Nom du *Balistes Capriscus* chez les anciens. *V.* BALISTE. (B.)

CAPERON. BOT. PHAN. Variété de Fraise qui provient du plan appelé vulgairement Caperonier dans le jardinage. (B.)

CAPES. BOT. PHAN. Même que Capres, d'où Capier que Daléchamp donne comme synonyme de Caprier. *V.* ce mot. (B.)

CAPETINO. BOT. CRYPT. Nom italien d'un très-petit Champignon qu'on ne peut rapporter à aucune des espèces déterminées, sur ce qu'en disent ceux qui le citent. (AD. B.)

CAPEUNA. POIS. (Marcgraaff.) Poisson indéterminé dont la chair est recherchée au Brésil. (B.)

11*

CAPEY. bot. crypt. Nom malais d'une espèce de Fougère du genre Lygodium, qui est l'*Adianthum volubile* de Rumph(T.VI,t.35), et l'*Ophioglossum flexuosum* de Linné fils.(B.)

CAP-GROS. rept. batr. C'est-à-dire *Grosse-Tête*. L'un des synonymes de Têtard dans les dialectes gascons. (B.)

CAPHUR. bot. phan. L'un des noms arabes du Camphre. (B.)

CAPIA.bot.phan.C'est, selon Jussieu, le nom d'un genre de la famille des Asparaginées, recueilli au Pérou par Dombey, et encore inédit dans l'herbier du premier de ces naturalistes. Ce genre paraît avoir de grands rapports avec les Smilax, dont il diffère cependant par l'absence des vrilles. (A.R.)

CAPIBARA ou CAPYBARA. mam. (Marcgraaff.) Syn. de Cabiai au Brésil (B.)

CAPI-CATINGA. bot. phan. (Pison.) Nom brésilien d'une Plante qui pourrait bien être l'Acore odorant, lequel se trouverait alors dans les pays les plus opposés. (B.)

CAPIDOLIO. mam. Le Cétacé mentionné sous cette dénomination par Belon, paraît, ainsi que l'Orque du même naturaliste, être le Dauphin à bec. L'existence de celui auquel Rondelet applique le nom de *Capidolio* paraît douteuse. (B.)

CAPIGOUARA ou CAPIGOUERA. mam. Même chose que Capibara. *V.* ce mot. (B.)

CAPILI-PODI. bot. phan. On donne ce nom dans l'Inde à la poudre qu'on fait avec les fruits du *Rotlera tinctoria. V.* ROTLÈRE. (B.)

CAPILLAIRE. *Capillaria.* intest. Genre établi par Zeder. Rudolphi l'a adopté, mais en a changé le nom en celui de Trichosoma. *V.* ce mot. (lam..x.)

CAPILLAIRE. *Capillaris.* bot. On applique généralement ce nom à tous les organes des Végétaux qui sont grêles, allongés et semblables à des cheveux. Ainsi la racine du Blé est capillaire ; les feuilles du Fenouil sont partagées en lobes capillaires. Les filets des étamines, dans les Graminées, sont capillaires, etc. (A.R.)

On donne encore et vulgairement ce nom de Capillaire, *Capillaria*, à la plupart des petites Fougères qui croissent sur les murs et dans les fentes des puits ou des rochers.

Le Capillaire proprement dit, est ordinairement l'*Applenium Trichomanes*, L., autrement appelé Polytric.

Le Capillaire du Canada est l'*Adianthum pedatum*, L.

Le Capillaire de Montpellier ou blanc, l'*Adianthum Capillus Veneris*, L.

Le Capillaire noir, l'*Asplenium Adianthum nigrum*, L.

Roussel avait, dans sa Flore du Calvados, établi un genre d'Hydrophytes sous ce nom, mais il n'a pas été plus adopté que la plupart des créations du même auteur. (B.)

✳ CAPILLARA. bot. crypt. Impérati donne ce nom à une Plante marine qu'il est impossible de déterminer. Elle appartient probablement à la division des Hydrophytes articulées. (lam..x.)

CAPILLARIA. bot. crypt. (*Hydrophytes.*) Stackhouse, dans la nouvelle édition de la Néréïde Britannique, propose ce genre auquel il donne pour caractères : fronde filiforme, cylindrique, à rameaux irréguliers très-fins, avec une fructification tuberculeuse, sessile ou pédonculée et polymorphe. Ce naturaliste en compose de cinq espèces qui, appartenant à nos genres *Gelidium*, *Plocamium* et *Gigartina*, nous y paraissent trop bien placées pour que le genre de Stackhouse puisse subsister. (lam..x.)

✳ CAPILLARIA. bot. crypt. (*Mucédinées.*) Genre fondé par Persoon dans sa Mycologie européenne, et placé par lui auprès du genre

Rhizomorpha. Il lui donne le caractère suivant : filamens lisses, capillaires, solides, adhérens fortement au corps qui les supporte, d'une couleur brune ou noirâtre.

Il en indique six espèces qui croissent sur les feuilles ou sur les tiges de diverses Plantes. Aucune n'a encore été figurée. (AD. B.)

CAPILLINE. BOT. CRYPT. Nom donné au genre Trichia par quelques botanistes. *V.* TRICHIE. (AD. B.)

* CAPILLITIUM. BOT. CRYPT. On donne ce nom ou celui de Réseau filamenteux, dans les Plantes de la famille des Lycoperdacées, aux filamens qui sont entremêlés avec les sporules dans l'intérieur du *peridium*, et qui persistent quelquefois après la destruction de ce *peridium*, comme on l'observe dans les genres *Stemonitis*, *Arcyria, Cribraria*, etc. *V.* LYCOPERDACÉES. (AD. B.)

CAPINERA. OIS. Syn. italien de la Fauvette à tête noire, *Motacilla atricapilla*, L. *V.* BEC-FIN. (DR..Z.)

* CAPIRAT ou KAPIRAT. POIS. Espèce du genre Notoptère. (B.)

CAPISTRATE. MAM. (Bosc.) Espèce américaine du genre Écureuil. *V.* ce mot. (B.)

CAPISTRUM. OIS. Partie de la face qui entoure le bec. (DR..Z.)

CAPITA. OIS. Syn. du Tangara à tête rouge, *Tangara gularis*, Lath., au Paraguay. *V.* TANGARA. (DR..Z.)

CAPITAINE. POIS. Syn. de l'Eremophile de Humboldt. On a quelquefois appelé Poisson-Capitaine le *Xiphias Gladius*, Capitaine Blanc, une espèce du genre Spare, et Capitaine des Caffres un poisson désigné par Ruysch dans sa collection d'Amboine, et qui paraît appartenir à la famille des Scombéroïdes. (B.)

CAPITAINE. MOLL. *Camas capitanus*, L. Espèce du genre Came. *V.* ce mot. (B.)
CAPITAINE DE L'ORÉNOQUE.

OIS. Syn. du Grenadin, *Fringilla brasiliana*, L. *V.* GROS-BEC. (DR..Z.)

CAPITAN. BOT. PHAN. Nom d'une espèce du genre Aristoloche, *Aristolochia maxima*, à Carthagène dans l'Amérique méridionale. (B.)

CAPITÉES. *Capitatæ*. BOT. PHAN. Linné, qui le premier signala, dans ses *Fragmenta naturalia*, une méthode où les Plantes étaient disposées selon des familles, donna ce nom à l'une d'elles qui répond exactement à celle que Jussieu, et d'après lui Ventenat, ont depuis nommée celle des Cynarocéphales. (B.)

CAPITELLE. *Capitellum*. MOLL. Espèce du genre Volute. *V.* ce mot. (B.)

CAPITÉS. CRUST. Même chose qu'Arthrocéphales. *V.* ce mot. (B.)

CAPITO. OIS. (Vieillot.) Même chose que Cabezon. *V.* ce mot. (B.)

CAPITO. POIS. Syn. de Truite. *V.* SAUMON. On donne aussi vulgairement ce nom à divers Ables, tels que le Meunier, le Naze et la Chevanne, etc. *V.* ABLE. (B.)

CAPITON. BOT. PHAN. Pour Caperon. *V.* ce mot. (B.)

CAPITORZA. OIS. Syn. italien du Torcol, *Yunx Torquilla*, L. *V.* TORCOL. (DR..Z.)

CAPITULAIRE. *Capitularia*. BOT. CRYPT. (*Lichens*.) Flœrke a donné ce nom au genre *Scyphophorus* de De Candolle. *V.* ce mot et CENOMYCE. (AD. B.)

CAPITULE. *Capitulum*. BOT. PHAN. On donne ce nom à un mode d'inflorescence dans lequel les fleurs sont réunies en grand nombre sur le sommet du pédoncule commun dilaté, où elles constituent une tête de fleurs, globuleuse, ovoïde ou allongée, par exemple dans les Scabieuses, le Jasione, le Phyteuma et toutes les Synanthérées. Plusieurs auteurs ont voulu distinguer par une dénomination spéciale le mode d'inflorescence des Synanthérées. Ainsi feu mon père lui donnait le nom de Céphalanthe (*Cephalanthium*), et Mirbel l'a plus récemment nommée Calathide. Mais nous ne saurions voir de différence essentielle et qui méritât un nom spécial dans cette disposition des fleurs de la famille des Synanthérées , et nous pensons que l'on doit également la comprendre sous la dénomination de Capitule. Nous ferons connaître de la manière suivante la disposition des parties qui composent le Capitule , surtout dans la vaste famille des Synanthérées. Le pédoncule commun qui porte un Capitule de fleurs s'évase, s'élargit à son sommet , et constitue une sorte de plateau charnu , sur lequel les fleurs sont immédiatement appliquées. On a donné à ce plateau le nom de *réceptacle* commun , de *phoranthe* ou de *clinanthe* commun. Tantôt il est plane , tantôt convexe , tantôt proéminent et en forme de colonne cylindrique, tantôt enfin il est concave. Dans certains genres sa surface est nue , c'est-à-dire qu'il ne porte que les petites fleurs. D'autres fois il est pointillé ou creusé d'alvéoles contenant chacune une seule fleur. Dans quelques cas il porte, outre les fleurs, de petites écailles de forme , de grandeur extrêmement variées, ou des poils ou des soies.

La partie extérieure du Capitule est formée par un assemblage de folioles ou d'écailles ordinairement vertes et de nature foliacée, auquel on donne les noms d'*involucre*, de *périphoranthe*, de *péricline* , où enfin de calice commun, à l'époque ou cet assemblage de fleurs était considéré comme une fleur composée. La forme générale de l'involucre est sujette à un grand nombre de variations. Ainsi il est globuleux dans la Bardane , hémisphérique dans la Camomille , cylindracé dans le Cercifix, etc. Il est en général composé de plusieurs folioles distinctes ; mais dans quelques espèces, ces folioles se soudent par leur base , et il semble alors être monophylle comme dans l'OEillet-d'Inde (*Tagetes*).Les fo-

lioles qui composent l'involucre peuvent être disposées sur un seul rang, comme dans le Cercifix, la Lampsane, etc.On dit alors de l'involucre qu'il est simple. Les écailles peuvent être imbriquées à la manière des tuiles d'un toit, c'est-à-dire se recouvrir mutuellement soit par leur partie supérieure, soit par leurs côtés.

Maintenant le Capitule considéré dans son ensemble peut offrir de grandes différences , suivant la nature des fleurs qui le composent. Ainsi on le dit flosculeux , lorsqu'il est uniquement composé de fleurons, c'est-à-dire de petites fleurs ayant la corolle tubuleuse infundibuliforme à cinq lobes, comme dans les Chardons , l'Artichaut , la Bardane. Ce caractère forme la distinction des Cynarocéphales de Jussieu ou des Flosculeuses de Tournefort. Quand au contraire toutes les fleurs composant un Capitule sont des demi-fleurons, c'est-à-dire que leur corolle est irrégulière déjetée d'un côté en forme de languette, le Capitule est dit .sémi-flosculeux. La Laitue, la Chicorée, le Pissenlit , et en général toutes les Chicoracées de Jussieu, ou sémi-Flosculeuses de Tournefort, présentent ce caractère. Enfin , dans le plus grand - nombre des genres de Synanthérées , chaque Capitule se compose à la fois de fleurons qui occupent sa partie centrale, et de demi-fleurons placés à la circonférence. Cette disposition s'observe dans le grand Soleil , la Camomille , les Dalilia , etc., et les Capitules sont alors appelés radiés. La vaste section des Corymbifères de Jussieu , ou Radiées de Tournefort, en offrent de nombreux exemples.

(A. R.)

CAPITULÉES (Fleurs). BOT. PHAN. *Flores capitati.* On applique cette dénomination aux Fleurs qui sont disposées en Capitules . *V.* CAPITULE. (A. R.)

CAPITULUM. MOLL. *V.* ANATIFE.

CAPIVARD ET **CAPIVERD.** MAM. (Froger.) Syn. de Cabiai. (Labat.)

Même chose que Bomba. *V*. ces mots. (B.)

CAPIVI. BOT. PHAN. (Stedman.) Syn. de Baume de Copahu à Surinam. (B.)

CAPIYGOUA. MAM. Syn. de Cabiai au Paraguay. (B.)

CAP-JAUNE. OIS. Espèce du genre Troupiale. *V*. ce mot. (DR..Z.)

CAPLAN. POIS. *V*. CAPELAN.

CAPLUA. OIS. Syn. piémontais du Cochevis, *Alauda cristata*, L. *V*. ALOUETTE. (DR..Z.)

CAP-MORE. OIS. (Mauduyt.) Espèce du genre Troupiale, *Oriolus Textor*, L. Du Sénégal. *V*. TROUPIALE. (DR..Z.)

CAPNEGHER. OIS. Syn. piémontais de la Fauvette à tête noire, *Motacilla atricapilla*, L. *V*. BEC-FIN. (DR..Z.)

CAP-NÈGRE. OIS. Espèce du genre Bec-Fin, que Vieillot a comprise dans son genre Dyithine. *V*. SYLVIE. (DR..Z.)

CAPNIAS. MIN. *V*. CAPNITE.

CAPNIE. *Capnia*. BOT. CRYPT. (*Lichens*.) Ce genre, établi par Ventenat, rentre exactement dans le genre Gyrophore. *V*. ce mot. (B.)

CAPNION ET CAPNITES. BOT. PHAN. (Dioscoride.) Syn. de Corydalis. *V*. ce mot. (B.)

CAPNITE. MIN. Les anciens donnaient ce nom aux roches d'une couleur enfumée, d'où Pline a pris le nom de Capnias qu'il donne à un Jaspe brunâtre. (LUC.)

* CAPNOCYSTE. BOT. PHAN. (Jussieu.) *V*. CYSTICAPNOS.

CAPNOGORGION. BOT. PHAN. (Dioscoride.) Même chose que Capnion, ou la Fumeterre officinale. (B.)

CAPNOIDES. *Capnoides*. BOT. PHAN. Genre établi par Tournefort, réuni aux Fumeterres par Linné, rétabli par Ventenat, et adopté par les botanistes modernes sous le nom de *Corydalis*, à l'une des sections duquel

De Candolle l'a restreint. *V*. CORYDALIS. (B.)

CAP-NOIR. OIS. Espèce du genre Philédon, *Certhia cucullata*, Lath.; *Melithreptus cucullatus*, Vieill., pl. 60. Oiseau dor. *V*. PHILÉDON. (DR..Z.)

CAPNON. BOT. PHAN. Même chose que Capnos. *V*. ce mot. (A. R.)

CAPNOPHYLLE. *Capnophyllum*. BOT. PHAN. Gaertner (tab. 85) a distingué sous ce nom générique une espèce de Ciguë, le *Conium africanum* de Linné, qui diffère en effet des autres Ciguës, en ce que ses fruits sont ovoïdes, allongés, et que ses ombellules, autour d'une fleur centrale, sessile, hermaphrodite, en présentent plusieurs pédonculées et stériles. (A. D. J.)

CAPNORCHIS. BOT. PHAN. (Boerhaave.) Syn. de *Fumaria cucullaria*, L. Espèce du genre Corydalis. *V*. ce mot. (B.)

CAPNOS. BOT. PHAN. Syn. de Fumeterre en grec. (B.)

CAPO-CAPO. BOT. PHAN. *V*. CODA-PAIL. (B.)

CAPOCECCIOLA. OIS. Syn. de la Mésange bleue, *Parus cœruleus*, L. *V*. MÉSANGE. (DR..Z.)

CAPOCIER. OIS. Espèce du genre Bec-Fin. *V*. SYLVIE. (DR..Z.)

CAPODORO. OIS. *V*. CAPE D'OR.

* CAPOET ou CAPOETA. POIS. Espèce de Cyprin du sous-genre des Barbeaux. *V*. CYPRIN. (B.)

CAPOLIN. BOT. PHAN. (Hernandez.) Arbre cultivé au Mexique pour son fruit, et comparé au Cerisier. Il en existe trois variétés. Il est surprenant qu'il ne soit pas plus connu aujourd'hui, d'après les voyages qu'ont faits tant de botanistes au pays où l'on se nourrit de ses fruits. (B.)

CAPO-MOLAGO. BOT. PHAN. C'est-à-dire *Poivre câfre*. Nom malabar du *Capsicum frutescens*, espèce du genre Piment. (B.)

* CAPON ou CAPOUN. OIS. Le

CAP

Chapon dans les dialectes gascons.
(B.)

CAPONE. POIS. Syn. de Trigle dans certaines parties des côtes d'Italie. (B.)

CAPO-NEGRA ou CAPO-NERA. OIS. Syn. italien de la Mésange charbonnière, *Parus major*, L. *V*. MÉSANGE. (DR..Z.)

CAPO-NEGRO. OIS. Syn. italien du Morillon, *Anas Fuligula*, L. *V*. CANARD. (DR..Z.)

* CAPO - NERA. OIS. *V*. CAPO-NEGRA.

*CAPO-NERA GENTILE. OIS. Syn. romain de la Fauvette à tête noire, *Motacilla atricapilla*, L. *V*. BEC-FIN. (DR..Z.)

CAPONERO. OIS. Même chose que Capo-Negra, *V*. ce mot, et synonyme de Morillon. Espèce de Canard. (B.)

* CAPO-ROSSO. OIS. (Anetra.) Syn. romain du Milouin, *Anas Ferina*, L. *V*. CANARD. (DR..Z.)

CAPO-ROSSO MAGGIORE. OIS. (Villughby.) Syn. du Canard siffleur huppé, *Anas rufina*, L. *V*. CANARD. (DR..Z.)

CAPO-TORTO OIS. Syn. italien du Torcol, *Yunx Torquilla*, L. *V*. TORCOL. (DR..Z.)

* CAPOUN. OIS. *V*. CAPON.

CAPOUN. POIS. Syn. de Scorpène à Nice. (B.)

CAPOUNAS. OIS. Syn. piémontais du Butor, *Ardea stellaris*, L. *V*. HÉRON. (DR..Z.)

CAPOUR-BARROOS. BOT. PHAN. Nom malais d'un Arbre trop imparfaitement mentionné par Garcias de Liorta dans son Histoire des Aromates, pour être reconnu, et qui a donné du Camphre en abondance. C'est le Camphre même selon Marsden. (B.)

* CAPO-VERDE. (Anetra.) OIS, Syn. romain du Canard sauvage, *Anas Boscas*, L. *V*. CANARD. (DR..Z.)

CAPPA. MAM. Animal probablement fabuleux auquel Nieremberg,

qui le dit très-féroce, dévorant les Chiens et les troupeaux et tout ce qu'il rencontre, attribue une figure hideuse, un front tout rond, l'ongle du pied semblable pour la forme à un talon, la taille d'un Ane, et une peau très-velue. On a voulu y reconnaître le Tapir, qui n'est ni carnassier, ni couvert de poils. (B.)

CAPPA. POIS. Nom vulgaire d'un Poisson indéterminé de la Méditerranée, qui paraît être un Labre. (B.)

CAPPA-CORANIA. BOT. PHAN. Syn. de Pyrèthre chez les Romains, selon Adanson. (B.)

CAPPA-LONGA. MOLL. Syn. de Solen en Italie. (B.)

CAPPANG ET BIAULAR. MOLL. OU ANNEL. Noms malais des *Serpula lumbricalis*. (B.)

CAPPAR ET KAPPAR. BOT. PHAN. (Daléchamp.) D'où *Capparones* des Espagnols. Syn. arabe de Caprier. (B.)

CAPPARIDÉES. *Capparideæ*. BOT. PHAN. Le Caprier est le type de cette famille naturelle de Plantes, qui vient se ranger parmi les Dicotylédones polypétales, dont les étamines sont insérées sous l'ovaire ou hypogynes, à côté des Crucifères et des Sapindacées. Nous allons d'abord donner les caractères de cette famille, telle qu'elle est aujourd'hui circonscrite; nous indiquerons ensuite les genres qui y avaient été jadis réunis. Les Capparidées sont des Plantes herbacées ou des Végétaux ligneux qui portent des feuilles alternes, simples ou digitées, accompagnées à leur base de deux stipules foliacées, épineuses ou glandulifères; leurs fleurs sont ou terminales et en forme d'épis ou de grappes, ou axillaires et solitaires; leur calice se compose généralement de quatre sépales caducs, très-rarement soudés par leur base et semblant constituer un calice monosépale, à quatre divisions profondes; la corolle est toujours formée de quatre ou cinq pétales, égaux ou inégaux, alternant avec les sépales; les étamines, dont les filamens s'insèrent à la base de l'ovaire, sont en nombre défini 5—8; ou plus généralement très-nombreuses et en nombre indéfini; l'ovaire qui est simple et supère est souvent élevé sur un support plus ou moins long, à la base duquel sont insérés les étamines et les pétales; coupé transversalement, il présente une seule loge, des parois de laquelle s'élèvent plusieurs lames saillantes et longitudinales, qui sont de véritables trophospermes sur lesquels les graines sont attachées, et que plusieurs auteurs ont à tort considérées comme les cloisons d'un fruit pluriloculaire; le style est en général fort court et se termine par un stigmate simple.

Le fruit présente deux modifications principales; il est sec ou charnu. Dans le premier cas, c'est une sorte de silique plus ou moins allongée, uniloculaire, et s'ouvrant en deux valves, comme dans la plupart des Crucifères. Cette disposition existe surtout dans les espèces du genre Cléome. Dans le second cas, il forme une sorte de baie uniloculaire et polysperme dont les graines sont ou pariétales, ou semblent éparses dans la pulpe qui remplit l'intérieur du péricarpe. Ces graines ont ordinairement la forme d'un rein, et s'insèrent au podosperme ou cordon ombilical par le moyen d'une échancrure analogue à celle que l'on observe sur la graine de beaucoup de Légumineuses. Leur tégument propre ou épisperme, est sec, fragile et cartilagineux; il recouvre un embryon renversé, un peu recourbé, dans le même sens que la graine, et dépourvu d'endosperme.

Les genres qui appartiennent à cette famille sont les suivans: Cleome, L.; Cratæva, L.; Cadaba, Forskalh; Capparis, L.; Morisonia, Plumier, L.; Durio, Rumph.; Stephania, Willdenow; Podoria, Persoon, ou Boscia de Lamarck, qu'il ne faut pas confondre avec le Boscia de Thunberg, lequel appartient à la famille des Térébinthacées; Thilachium, Loureiro; Othrys, Du Petit-Thouars.

Outre ces genres qui constituent la véritable famille des Capparidées, Jussieu, dans son Genera Plantarum, en avait rapproché plusieurs autres qui sont devenus les types de plusieurs ordres naturels nouveaux. Ainsi le Reseda forme aujourd'hui celui de la famille des RÉSÉDACÉES. V. ce mot. Le Drosera, le Parnassia constituent avec les genres Aldrovanda, Dionœa et probablement le Sauvagesia, la nouvelle famille des DROSERACÉES, V. ce mot; et enfin le Marcgravia et le Norantea, un ordre distinct, sous le nom de MARCGRAVIACÉES. V. ce mot.

La famille des Capparidées est extrêmement voisine des Crucifères, surtout par le genre Cléome, qui offre pour fruit une silique; mais elle en diffère par ses étamines ou très-nombreuses ou jamais au nombre de six et tétradynames, lorsqu'elles sont en nombre défini; elle s'en éloigne aussi par son fruit qui est généralement une baie dans la plus grande partie de ses genres.   (A. R.)

CAPPARONES. BOT. PHAN. V. CAPPAR.

CAPPA-SANTA. MOLL. Syn. de Pecten jacobeus, L. en Italie. V. PEIGNE.   (B.)

CAPPA THYA. BOT. PHAN. Nom d'une espèce du genre Croton, Croton lactiferum à Ceylan.   (B.)

CAPPIER. BOT. PHAN. V. CAPES.

CAPPIROË - CORONDE. BOT. PHAN. Espèce indéterminée de Cannellier de Ceylan, dont l'écorce exhale une légère odeur de Camphre. (B.)

CAPPODOX. POL. FOSS.? Pline désigne sous ce nom une Pierre qui paraît être une Éponge fossile. (LUC.)

CAPPUCIO ET CAPPUCINO. BOT. PHAN. Syn. de Chou-Pomme en italien, d'où Chou-Capus, nom qu'on donne en France à quelques variétés du Chou.   (B.)

CAPRA. OIS. (Gesner.) Syn. du Vanneau, Tringa Vanellus, L. V. VANNEAU.   (DR..Z.)

* CAPRA. REPT. OPH. Serpent peu connu d'Angole du Congo, ou même du Bengale, peut-être fabuleux, et qu'on dit lancer au loin une salive dangereuse qui cause la cécité. (B.)

CAPRA DE MATTO. MAM. D'anciens voyageurs ont donné ce nom portugais comme celui d'une race de Chien de la Côte-d'Or. (B.)

CAPRAGINA ET CAPRAGO. BOT. PHAN. Syn. de Galega (vulgairement Rhue de Chèvre) dans quelques cantons d'Italie. (B.)

CAPRAIRE. MOLL. Pour Caprinus. V. ce mot. (F.)

CAPRAIRE. Capraria. BOT. PHAN. Genre de la famille des Personnées, caractérisé par un calice quinquéparti; une corolle campanulée, à cinq divisions aiguës; quatre étamines presque didynames, avec le rudiment d'une cinquième à peine visible; un stigmate bilobé; une capsule dont les deux valves, quelquefois biparties, viennent, en se réfléchissant, s'appliquer contre le réceptacle central. On a décrit sept espèces de Capraria. La plus anciennement connue est le C. biflora, dont les feuilles sont recherchées par les Chèvres, ce qui a fait donner au genre son nom, et donnent en infusion une boisson agréable, ce qui a fait appeler cette espèce Thé des Antilles. Deux autres espèces croissent dans l'Amérique septentrionale; trois au cap de Bonne-Espérance; une aux Indes-Orientales. Leur tige est herbacée ou frutescente; leurs feuilles sont disposées par verticilles de trois, opposées ou alternes, entières ou dentées, ou même profondément lobées; leurs fleurs axillaires, portées sur des pédoncules nus ou multiflores, ou bien encore en grappes. V. Lamk. Illustr. t. 534, et Gaert. t. 53. (A.D.J.)

CAPRARIA. BOT. PHAN. (Mathiole.) Même chose que Capragina. V. ce mot. (B.)

CAPREA. BOT. PHAN. Syn. de Marsault, espèce du genre Saule. V. ce mot. (B.)

CAPREA. MAM. L'un des synonymes de Chevreuil. V. CERF. (B.)

*CAPRELLINES. CRUST. Nom donné par Lamark. (An. sans vert. T. v. p. 171) à une division de l'ordre des Isopodes, renfermant entre autres genres celui des Chevrolles, en latin Caprella, et correspondant à la section que Latreille nomme Cystibranches. V. ce mot et CHEVROLLE. (AUD.)

* CAPREOLE. Capreolus. MAM. L'un des noms du Chevreuil, espèce du genre Cerf. V. ce mot. (B.)

CAPREOLI. MAM. Illiger désigne sous ce nom la famille dans laquelle il range les genres Cerf et Chevrotain. (B.)

CAPRES. BOT. PHAN. V. CAPRIER.

CAPRETTO. MAM. Le Chevreau en italien. (A.D..NS.)

* CAPRIA ou KAPRIA. BOT. PHAN. L'un des noms du Caprier dans Dioscoride, selon Adanson. (B.)

CAPRICERVA. MAM. (Kæmpfer.) Syn. de Pasan, Antilopa Orix. V. ANTILOPE. (B.)

*CAPRICOLA. OIS. (Sibbald.) Syn. de l'Eider, Anas mollissima, L. V. CANARD. (DR..Z.)

CAPRICORNE. MAM. Ce mot qui, dès long-temps, désignait une constellation du zodiaque qu'il ne faut pas confondre avec la Chèvre, Capella, a été, quelquefois, donné au Pasang, espèce de Chèvre sauvage, Capra Ægargus. V. CHÈVRE. (B.)

CAPRICORNE. Cerambyx. INS. Genre de l'ordre des Coléoptères, section des Tétramères, famille des Longicornes (Règn. Anim. de Cuv. p. 337), admis fort anciennement et caractérisé d'une manière précise par Linné. Très-nombreux en espèces dont plusieurs offraient des différences assez tranchées, ce genre a été subdivisé depuis en un grand nombre d'autres par Geoffroy, Fabricius, Latreille, etc.; de telle sorte qu'il se trouve aujourd'hui circonscrit (Règ. Anim. de Cuv. p. 342) aux seuls Insectes qui partagent les caractères suivans : yeux allongés, réniformes ou en croissant, environnant la base des antennes; celles-ci longues et sétacées; labre très-apparent; palpes terminés par un article plus grand, en cône renversé, allongé et comprimé; les maxillaires plus longs que les labiaux, et dépassant l'extrémité des mâchoires; tête penchée en avant; corselet presque carré ou presque cylindrique, ordinairement épineux ou tuberculé sur les côtés. — Les Capricornes proprement dits de Latreille correspondent au genre *Cerambyx* de Fabricius (*Entom. Syst.*) et comprennent la plupart des espèces de son genre *Stenocorus*. Ils se distinguent des Spondyles et des Priones par leur labre très-apparent, des Lamies par l'inclinaison de leur tête et la forme du dernier article de leurs palpes, et des Callichromes qui leur ressemblent sous ce double rapport, par les palpes maxillaires plus longs que les labiaux. Enfin ils diffèrent principalement des Callidies et des Clytes par leur prothorax épineux ou tuberculé. Ces Insectes sont remarquables par les couleurs vives et très-variées de leurs corps. Leurs antennes sont toujours longues, mais cependant moins développées dans les femelles que dans les mâles. On les rencontre l'été dans les bois sur les troncs des Arbres, dans l'intérieur desquels ils vivent à leur état de larve, de nymphe et d'Insecte parfait. Ils font souvent usage de leurs ailes, et volent assez bien, surtout si la température est élevée, et si le soleil brille. Lorsqu'on les saisit, ils font entendre un bruit aigu, produit par le frottement du bord postérieur et supérieur de leur corselet sur une pièce du dos du mésothorax, située en avant de l'écusson, confondue avec lui, et à laquelle nous avons donné le nom d'Écu (*Scutum.*) La femelle dépose ses œufs dans les Arbres : à cet effet, elle est pourvue d'un long oviductus caché dans l'abdomen, et que l'on fait sortir facilement en opérant la compression. — Les larves ont un corps allongé, composé de treize anneaux peu consistans, avec six pates écailleuses, une

tête aussi écailleuse, supportant une bouche à laquelle on distingue deux fortes mandibules destinées à ronger le bois qui paraît leur servir de nourriture. Ce n'est guère qu'au bout de trois ans qu'ayant acquis le *maximum* de leur accroissement, elles se métamorphosent en nymphes qui bientôt deviennent Insectes parfaits. On peut suivre ces changemens en conservant les larves dans de la sciure de bois, mais il est rare que, par ce moyen, on obtienne le Capricorne à son dernier état ; presque toujours il périt à celui de nymphe.

Ce genre nombreux en espèces a pour type le Capricorne Savetier, *C. Cerdo* de Fabricius , ou le petit Capricorne noir de Geoffroy (Hist. des Ins. T. 1. p. 201), figuré par Olivier (Hist. des Coléopt. T. iv. pl. 10. f. 65). On distingue encore : le Capricorne Héros , *C. Heros* de Fabricius , ou le grand Capricorne noir de Geoffroy (*loc. cit.* T. 1. p. 200), représenté par Olivier (*loc. cit.* T. iv. pl. 1. fig. 1.) Ces deux espèces sont très-voisines et ne diffèrent que par la taille et les élytres plus ou moins chagrinés. Elles se trouvent aux environs de Paris. La dernière vit dans l'intérieur des Chênes, et fait beaucoup de tort à ces Arbres. — Le Capricorne rouge, *Cerambyx Kœhléri* de Linné, se rencontre sur les Saules. Latreille rapporte au genre Callichrome les *Cerambyx alpinus* et *moschatus* de Linné, mais il place dans son genre Capricorne les espèces du genre Sténocore de Fabricius, désignées sous les noms de *cyaneus*, *garganicus*, *festivus*, *marylandicus*, *spinicornis*, *bidens*, *semipunctatus*, *irroratus*, *glabratus*, *sexmaculatus*, *quinquemaculatus*, *quadrimaculatus*, *maculosus*, *geminatus*, etc. (AUD.)

CAPRIER. *Capparis.* BOT. PHAN. Ce genre qui a donné son nom à la famille des Capparidées est placé dans la Polyandrie Monogynie, L. Il est reconnaissable aux caractères suivans : calice 4-phylle ou 4-partite, à sépales concaves, un peu bossus à leur base; corolle à quatre pétales grands et ouverts; un grand nombre d'étamines, dont les filets sont plus longs que les pétales, insérées sur le réceptacle; ovaire porté sur un pédicelle muni de glandes à l'endroit de la bosselure des sépales; stigmate en tête et sessile; fruit tantôt en baie ovale ou sphérique, tantôt en forme de silique longue, uniloculaire et polysperme; les graines pariétales et nichées dans une sorte de pulpe. Les Capriers sont pour la plupart des Arbrisseaux à feuilles simples, garnis d'épines à leur base dans une partie des espèces, et portant des glandes au lieu d'épines dans les autres. Leurs fleurs sont ou solitaires et axillaires, ou en corymbe et terminales. Il est à remarquer que tous les Capriers épineux habitent l'ancien continent, et qu'ils ont en même temps pour fruit une baie ovoïde à écorce fort épaisse, tandis que les Capriers inermes et à feuilles glanduleuses sont indigènes du Nouveau-Monde, et que leur fruit est une sorte de silique. Ceux-ci forment le genre *Breynia* de Plumier qui pourrait être rétabli, si les différences que nous venons d'exposer étaient assez importantes dans les Capparidées pour en former des caractères. On connaît plus de trente espèces de Caprier dont à peu près moitié sont épineuses. C'est parmi celles-ci qu'on trouve le Caprier commun, *Capparis spinosa*, L. Arbrisseau sarmenteux, abondant en Provence et dans l'Europe méridionale, dont on cueille les fleurs en boutons pour les faire confire dans du vinaigre salé et les employer comme assaisonnement. Ces boutons de fleurs que l'on connaît sous le nom de *Capres* sont d'autant plus fermes et plus sapides, qu'ils ont été cueillis dans un état moins développé. (G.N.)

CAPRIFICATION. BOT. PHAN. opération pratiquée par les anciens sur les Figues pour en hâter la maturité, et qui s'est conservée dans le Levant. Elle consiste à placer sur un Figuier des Figues remplies d'une espèce particulière de Cynips, lesquels en sortent pour se répandre sur les Figues qu'on veut faire mûrir, y pé-

nètrent, chargés de la poussière fécondante que fournissent les Fleurs mâles à l'entrée du calice commun. Des auteurs prétendent que la piqûre de ces Fruits par les Insectes détermine seule leur maturation, de même que la plupart de nos Fruits mûrissent plus vite et deviennent plus sapides lorsque des larves s'y introduisent. Au reste, on a des doutes sur l'efficacité de ce procédé qui ne se pratique ni en France, ni en Espagne, ni en Italie, ni en Barbarie où l'on mange des Figues excellentes qui mûrissent sans le moyen de la Caprification. (B.)

CAPRIFIGUIER. *Caprificus*. BOT. PHAN. Le Figuier sauvage. (B.)

CAPRIFOLIA. BOT. PHAN. Syn. de *Lonicera Periclymenum* en italien. *V.* CHÈVREFEUILLE. (B.)

CAPRIFOLIACÉES. *Caprifoliaceæ*. BOT. PHAN. On appelle ainsi une famille naturelle de Végétaux qui se compose du genre Chèvrefeuille et des autres genres qui ont avec lui le plus de rapport dans leur organisation. Cette famille très-rapprochée des Rubiacées est placée parmi les Dicotylédones monopétales, dont la corolle staminifère est portée sur un ovaire infère. Telle qu'elle avait été présentée dans son ensemble par le savant auteur du *Genera Plantarum*, elle se compose de genres assez dissemblables pour avoir engagé les auteurs modernes à en former des ordres distincts. Nous ne rapporterons donc aux véritables Caprifoliacées que la première et la troisième sections de la famille des Chèvrefeuilles de Jussieu, et nous leur assignerons les caractères suivans:

Leur calice est toujours monosépale, adhérent avec l'ovaire qui est complétement infère; il offre quatre ou cinq dents. Leur corolle est monopétale et très-variable dans sa forme qui est le plus souvent irrégulière et à cinq lobes. Le nombre des étamines varie de quatre à cinq, et est toujours en rapport avec le nombre des dents calicinales. Ces étamines qui sont insérées à la paroi interne de la corolle sont tantôt saillantes et exertes, et tantôt incluses. L'ovaire présente dans le plus grand nombre des genres trois ou quatre loges ; rarement il n'en offre qu'une seule, comme dans le *Viburnum*. Dans chaque loge, on trouve d'un à quatre ovules, dont plusieurs avortent souvent, après la fécondation. Le style manque quelquefois ; dans ce cas, l'ovaire est surmonté de trois stigmates sessiles, très-rapprochés. Lorsque le style existe, on ne trouve à son sommet qu'un seul stigmate élargi, déprimé à son centre et légèrement trilobé. Celui du *Symphoricarpos* est simplement à deux lobes. Le fruit est une baie couronnée par les dents du calice, présentant une ou plusieurs loges qui renferment chacune une ou plusieurs graines, lesquelles se composent, outre leur tégument propre, d'un endosperme charnu, au centre duquel est un embryon longitudinal et renversé, comme chaque graine.

Les Caprifoliacées sont ou des Végétaux sous-frutescens ou plus généralement des Arbrisseaux ou des Arbres. Leurs feuilles qui sont opposées et dépourvues de stipules sont simples ou rarement pinnées. Les fleurs, d'un aspect en général agréable et d'une odeur suave, offrent plusieurs modes d'inflorescence ; elles sont quelquefois géminées au sommet d'un pédoncule commun, et fort souvent leurs ovaires se soudent en un seul. D'autres fois elles forment des sertules ou ombelles simples, ou enfin des cimes ou des corymbes. Le plus souvent chaque fleur est accompagnée de deux petites bractées opposées.

Jussieu avait divisé la famille des Chèvrefeuilles en quatre sections. Dans la première, il plaçait les genres dont le calice est accompagné de deux bractées : la corolle monopétale et l'ovaire surmonté d'un style ; tels sont les genres *Linnæa*, *Triosteum*, *Symphoricarpos*, *Diervilla*, *Xylosteum* et *Caprifolium*. La seconde comprenait les genres *Loranthus*, *Viscum* et *Rhizophora*, qui ont la corolle po-

lypétale, le style simple et le calice caliculé. Il rangeait dans la troisième les genres qui ayant le calice caliculé, la corolle monopétale, sont dépourvus de style, et portent trois stigmates sessiles, comme les genres *Viburnum* et *Sambucus*. Enfin les genres *Cornus* et *Hedera*, qui ont le calice dépourvu de bractées, le style simple et la corolle polypétale, formaient sa quatrième section. Mais depuis la publication du *Genera*, Jussieu et le professeur Richard ont séparé les genres de la seconde section pour en former une famille à part sous le nom de Loranthées, *V.* ce mot ; et Robert Brown trouvant dans les genres *Rhizophora* et *Ægiceras* des différences remarquables, les a séparés des Loranthées, et a proposé d'en former la famille des Rhizophorées. *V.* ce mot. Pour nous, il nous semble que la dernière section, c'est-à-dire les genres *Hedera* et *Cornus* ayant la corolle manifestement polypétale, les étamines insérées immédiatement sur l'ovaire, les fleurs dépourvues de bractées, les feuilles ordinairement alternes doivent être séparées des véritables Caprifoliacées, et former un ordre nouveau, beaucoup plus voisin des Araliacées, et que nous avons désigné sous le nom d'Hédéracées dans notre Botanique médicale. *V.* Hédéracées. Ainsi donc nous ne laissons dans les Caprifoliacées que les genres suivans :

†. Caprifoliées. Style surmonté d'un stigmate trilobé.

Linnæa, Gronov. *Triosteum*, L. *Ovieda*, L. *Symphoricarpos*, Dillen. *Diervilla*, Tournefort. *Xylosteum*, Tournefort. *Caprifolium*, Tournefort.

††. Sambucinées. Style nul ; trois stigmates sessiles.

Viburnum, Tournefort. *Sambucus*, L.

Les Caprifoliacées ont une telle ressemblance avec les Rubiacées qu'il est fort difficile de trouver des caractères propres à les en distinguer. Cette analogie est surtout frappante entre les Caprifoliacées et les Rubiacées à fruit charnu. La seule différence essentielle qui existe alors entre ces deux ordres naturels, c'est que dans les Rubiacées, les feuilles sont verticillées ou opposées avec des stipules intermédiaires, tandis que ces stipules manquent constamment dans les véritables Caprifoliacées. (A.R.)

* CAPRIFOLIÉES. bot. phan. Nous désignons sous ce nom la première section de la famille des Caprifoliacées. (A. R.)

CAPRIMULGUS. ois. Nom scientifique du genre Engoulevent. V. ce mot. Il vient de la fausse idée où l'on était que les Oiseaux qui le composent tétaient les Chèvres. (dr..z.)

CAPRINUS. moll. Genre établi par Denis Montfort pour une petite Coquille du Gange confondue avec la Caracolle. V. ce mot. (b.)

CAPRIOLA. bot. phan. (Adanson d'après Lonicer.) Syn. de *Panicum Dactylon*, L., type du genre Cynodon. V. ce mot. (b.)

CAPRIOLO et CAPRIULO. mam. Syn. de Chevreuil. V. Cerf. (b.)

CAPRISQUE. pois. Espèce de Baliste. V. ce mot. (b.)

CAPRIUOLA. bot. phan. L'un des noms italiens de la Capucine commune. (b.)

CAPROCHETTA. polyp. Donati, dans son Histoire de la mer Adriatique, donne ce nom à un genre de production marine qui, dit-il, « ne » peut produire qu'un seul rang de » baies ovales sur un pédicule qui leur » tient lieu de calice. » d'après cette description, nous ne doutons point que ces êtres n'appartiennent aux Polypiers flexibles cellulifères. (lam..x.)

* CAPROMYS. *Capromys.* mam. Genre de Mammifères de l'ordre des Rongeurs et de la section des Claviculés, récemment établi par Desmarest, pour placer un Animal qui lui a été apporté de Cuba où il n'avait encore été indiqué clairement que par Oviédo, vers 1520 ou 1525, précisément sous le même nom qu'il porte encore dans cette île, celui d'*Utia* ou d'*Hutia*. V. les Mémoires

de la Société d'histoire naturelle de Paris, T. 1er, p. 44, pl. 1, et les planches de notre Dictionnaire.

C'est d'après les notes étendues qu'a bien voulu nous communiquer, avec une extrême complaisance, Desmarest lui-même, que nous occuperons nos lecteurs de l'intéressant Animal si bien décrit par ce savant naturaliste.

Les caractères extérieurs du genre Capromys le placent entre les Rats proprement dits dont il a le nombre de doigts et la queue ronde, conique, écailleuse, et les Marmottes dont il a les membres forts, robustes et assez courts, ainsi que la démarche plantigrade et les incisives inférieures peu comprimées sur les côtés. Il est grimpeur et non fouisseur, nocturne, uniquement herbivore, ce qui semble établir à priori que ses dents molaires, encore inconnues, sont différentes des molaires d'omnivores propres aux deux genres d'Animaux dont il se rapproche le plus (1) : le nombre de ses mamelles est très-restreint. Une seule espèce compose ce genre, et Desmarest en a reçu deux individus mâles, dont il donne la description suivante, en y ajoutant quelques détails sur leurs mœurs dans l'état de captivité.

Capromys de Fournier, *Capromys Furnieri*, du nom du voyageur zélé auquel la science en est redevable. *Hutia* d'Oviédo, *Utia* des habitans de Cuba, et peut-être le Rat appelé *Racoon* par Browne, *Jamaïc.* Dans son Mémoire, Desmarest a fait remarquer par quel genre d'erreur le nom d'*Hutia* ou d'*Utia*, pris dans Oviédo, avait été appliqué par Aldrovande ou son continuateur Marc-Antoine Bernia à la planche des OEuvres de cet auteur (*De Quadrup. digitât.*) qui représente la Gerboise d'Egypte.

La taille du Capromys de Fournier est celle d'un Lapin de moyenne

(1) Ce soupçon, conçu par Desmarest, paraîtrait s'être vérifié, si le rongeur que vient de décrire, sous le nom d'*Isodon*, M. Say (Journ. de l'Acad. des Sc. nat. de Philadelphie) appartenait au même groupe. Celui-ci a six molaires composées, comme celles des Campagnols, de chaque côté des mâchoires.

grosseur; sa tête est assez longue, conique, un peu comprimée latéralement; le bout du museau est comme tronqué, et présente un vaste mufle garni d'une peau fine, noire, non muqueuse, mais revêtue de petits poils très-fins. Les narines sont fort ouvertes, obliques, rapprochées l'une de l'autre en bas, et leur contour est rebordé. La lèvre supérieure offre un sillon médian très-prononcé; la gueule n'a qu'une ouverture médiocre; les incisives (seules dents qu'on puisse voir) sont médiocrement fortes, tronquées en biseau; les supérieures n'ont point de sillon sur leur face antérieure, et les inférieures ne sont que légèrement subulées; la couleur des premières est d'un blanc jaunâtre. Les yeux moyens, un peu plus rapprochés de la base des oreilles que du bout du museau, ont la cornée assez bombée, l'iris de couleur brune, la pupille en fente longitudinale dans le jour, et ronde le soir; les paupières sont bien formées, et la supérieure est garnie de cils très-fins, assez longs et bien rangés. Les oreilles ont à peu près en longueur le tiers de celle de la tête; leur forme est en général celle de l'oreille des Rats; le bord postérieur offre une échancrure peu profonde; leur surface est presque nue et noirâtre. Les moustaches sont nombreuses, très-longues et fort mobiles. Le cou est court. Le corps est beaucoup plus épais postérieurement qu'antérieurement; le dos est fort arqué au-dessous de la région des épaules. La queue, dont la longueur n'excède pas la moitié de celle du corps et de la tête ensemble, est droite, conique, très-forte et musculeuse, couverte de cent cinquante anneaux écailleux, entre lesquels sortent des poils rudes, assez rares. Les membres sont très-robustes, et même plus, proportion gardée, que ceux des Marmottes, les postérieurs surtout. La main est formée de quatre doigts bien séparés, armés d'ongles forts et arqués, et d'un rudiment de pouce pourvu d'un ongle tronqué, comme celui de beau-

coup de Rongeurs : le doigt le plus long est le médius, et les autres décroissent dans l'ordre suivant; l'annulaire, l'index, l'auriculaire et le pouce. Les pieds de derrière ont cinq doigts de même forme que ceux des mains, mais plus longs et pourvus d'ongles plus robustes; le doigt médius est le plus long; les deux doigts qui viennent ensuite, l'un à droite et l'autre à gauche, sont de bien peu plus courts, et à peu près égaux entre eux; le doigt externe est intermédiaire pour la longueur entre ceux-ci et l'interne, qui est le plus petit de tous. La paume et la plante sont nues et couvertes d'une peau noire, épaisse et chagrinée comme l'écorce d'une Truffe; la première a trois cals ou tubercules principaux à la base des doigts, et deux autres vers le pli du poignet; la seconde très-longue, très-large surtout antérieurement, a quatre tubercules à la base des doigts, un pli transversal au-dessous, et le talon bien marqué et un peu relevé. Les mamelons très-petits et grisâtres sont au nombre de quatre, deux pectoraux et deux abdominaux : ils sont situés tout-à-fait sur les côtés du corps. L'anus placé vers la base de la queue, forme une saillie très-apparente; l'orifice en est circulaire, rebordé et marqué finement de stries convergentes. Le fourreau de la verge, situé à un pouce en avant de l'anus, est conique, pointu et dirigé en arrière; les testicules sont cachés sous la peau, près de sa base, et peu apparens même au toucher. Les poils qui couvrent ces Animaux sont généralement rudes; ceux du dessus de la tête sont dirigés en arrière, et forment une sorte de huppe vers l'occiput; ceux des parties supérieures et latérales du corps sont longs et de deux sortes : les intérieurs sont plus fins que les extérieurs, et de couleur grise; les derniers étant la plupart bruns avec un anneau plus ou moins large, jaunâtre vers l'extrémité, et ayant leur petite pointe noire, il résulte de leur ensemble une teinte générale brune-verdâtre, dont la partie jaunâtre est distribuée par piquetures, à peu près comme dans le pelage de l'Agouti. Les poils de la croupe sont plus durs que les autres, couchés sur le corps, et passent au brun-roux. Les poils du ventre et de la poitrine assez fins, peu fournis, sont d'un gris-brun sale assez uniforme. Le bas-ventre est presque nu. Le bout du museau et la partie où naissent les moustaches; les mains et les pieds sont noirs. Les poils de la base de la queue sont roux, et ceux du dernier tiers de cette partie bruns.

Les deux individus que possède Desmarest présentent quelques différences sous le rapport des couleurs du pelage. Celui qui paraît le moins âgé a des teintes généralement plus obscures. L'autre, au contraire, dont le corps est plus effilé, a beaucoup de poils gris-blanchâtres sur la tête, et de grands poils blancs sur la face supérieure des mains et des pieds, dont la peau est d'ailleurs noire comme dans le premier.

Les dimensions principales de ces Animaux sont celles-ci : longueur, depuis le bout du nez jusqu'à l'origine de la queue, un pied trois lignes; de la tête, trois pouces trois lignes; de la queue, six pouces; de la main, depuis le poignet jusqu'au bout des ongles, un pouce six lignes; du pied, depuis le talon jusqu'au bout des ongles, deux pouces onze lignes; sa largeur, un pouce.

Desmarest, en formant pour ces Animaux le nom générique de *Capromys* de deux mots grecs dont l'un signifie Sanglier et l'autre Rat, a voulu indiquer un certain rapport d'aspect que leurs poils grossiers, leurs couleurs générales, la manière dont ils courent, etc., leur donnent avec les Sangliers. A cause de leur démarche, la désignation d'*Actomys* leur aurait bien mieux convenu, mais elle est déjà employée depuis long-temps pour désigner la Marmotte.

Dans l'état de nature, les Capromys vivent dans les bois et grimpent aux arbres avec facilité. Ceux que Desmarest a observés lui paraissent avoir un degré d'intelligence

égal à celui des Rats et des Écureuils. Ils sont très-curieux et joueurs, quoique d'âge différent. Lorsqu'ils sont libres, ils se dressent comme des Kanguroos sur les plantes des pieds et sur la queue, et se poussent mutuellement en se tenant par les épaules à l'aide de leurs pieds de devant pendant des heures entières, mais sans chercher à se faire de mal. Ils paraissent n'avoir pas l'ouïe aussi fine que les Lapins; leur vue est bonne, mais ils semblent plus éveillés le soir que durant le jour; leurs narines sont toujours en mouvement, et ils les emploient fréquemment pour reconnaître les objets nouveaux pour eux; leur voix est un petit cri aigu comme celui des Rats, et ils s'en servent pour s'appeler. Ils manifestent leur contentement par un petit grognement très-bas, et le font entendre surtout lorsqu'on les caresse, ou lorsqu'ils s'étendent au soleil, ou bien lorsqu'ils trouvent quelque aliment qui leur convient. Leur nourriture consiste uniquement en substances végétales, et ils en prennent de toutes sortes; ils aiment beaucoup la Chicorée, les Choux, les Plantes aromatiques, les Raisins, les Pommes, le Thé bouilli, etc., et prennent avec plaisir du pain trempé dans de l'anisette de Bordeaux ou de Kirchwaser. Quand ils trouvent des écorces fraîches, ils les rongent avec une espèce de sensualité, etc. Ils peuvent se passer de boire. Lorsqu'ils marchent lentement, leurs pieds de derrière posent à terre presque en entier, et leur allure embarrassée est tout-à-fait celle de l'Ours; lorsqu'ils courent, ils vont au galop comme les Sangliers et font beaucoup de bruit avec leurs pieds. Dans le repos, ils se tiennent ordinairement accroupis, avec le dos arqué, et laissent pendre les pieds de devant, mais quelquefois ils se relèvent tout-à-fait perpendiculairement. Il leur prend subitement de temps à autre l'envie de sauter, et dans ce mouvement ils se trouvent souvent avoir changé de direction de la tête à la queue. Enfin, ils prennent ordinairement leur nourriture avec les deux mains, comme la plupart des Rongeurs, mais aussi très-souvent, ce qui est remarquable, ils la saisissent avec une seule. L'urine de ces Animaux, qui est comme laiteuse, tache en rouge le linge blanc; leurs crottes sont noires et oblongues.

Lorsque l'un des Capromys que possède Desmarest mourra, ce savant se propose, dans un second Mémoire, de faire connaître les principaux traits de son organisation intérieure, et nous a promis la communication de son squelette que nous ferons figurer. (B.)

* CAPRON. POIS. Espèce de Baliste du golfe de Gênes, peut-être le *B. Capriscus*. (B.)

CAPRON. BOT. PHAN. pour Caperon. *V.* ce mot. (B.)

CAPROS. POIS. Genre formé par Lacépède pour le *Zeus Aper*, L. Vulgairement nommé Sanglier dans la Méditerranée. Cuvier ne l'a conservé que comme un sous-genre de Dorée. *V.* ce mot. (B.)

CAP-ROUGE. OIS. Syn. de Chardonneret à face rouge. *V.* GROS-BEC. (DR..Z.)

* CAPRYGONA. MAM. *V.* COBAIE.

CAPSA. OIS. (Shaw.) *Fringilla Capsa*, Gmel.; Dattier ou Moineau des dattes, Buffon. Oiseau d'Afrique qu'une description assez peu exacte fait néanmoins soupçonner être un Gros-Bec. (DR..Z.)

* CAPSALE. *Capsala*. CRUST. *V.* OZOLE. (B.)

CAPSE. *Capsa*. MOLL. Genre établi par Lamarck aux dépens du genre Vénus de Linné, dans la seconde division des Nymphacées tellinaires, famille des Nymphacées, section des Ténuipèdes dans l'ordre des Conchifères Dimyaires. Ses caractères consistent dans leurs coquilles un peu inéquilatérales, ayant leur ligament sur le côté, court, comme dans les Tellines et les Donaces. Elles manquent de dent latérale; elles se rapprochent des Psammobies et de certaines Tellines par les dents de leur charnière, mais elles ne sont point bâillantes sur

les côtés, et n'ont pas le pli des Tellines. L'Animal des Capses paraît être pareil à ceux que Poli appelle Callistodermes. Les deux espèces que Lamarck comprend dans son genre Capse, sont le *Capsa lævigata*, *Donax*, Gmelin, figurée dans Chemnitz, T. XXV, fig. 249, et le *Capsa-brasiliensis*, *Donax* de l'Encyclopédie, Coq. pl. 261, f. 10. Dans la première édition des An. sans vert., Lamarck avait formé son genre Capsa de la *Venus defforata* L., figurée dans l'Encyclopédie à la planche 251, fig. 3, 4. Il la nommait *Capsa rugosa*, et c'est sur cette indication que le genre dont il est question a été adopté par quelques naturalistes. (B.)

CAPSE. *Capsus*. INS. Genre de l'ordre des Hémiptères, section des Hétéroptères, établi par Fabricius, et rangé par Latreille (Règn. Anim. de Cuv., p. 391) dans la grande famille des Géocorises ou Punaises terrestres, avec ces caractères : gaîne du suçoir à quatre articles distincts; labre étroit, allongé et strié en dessus; antennes de quatre articles dont les deux derniers, beaucoup plus menus que les suivans, capillaires; corps ovoïde ou arrondi. Les quatre divisions de la gaîne du suçoir visibles, et l'amincissement brusque des deux derniers articles des antennes, sont des caractères suffisans pour distinguer les Capses de tous les autres genres de la famille. Celui des Miris en est très-voisin, et n'en diffère réellement que parce que les antennes sont insensiblement sétacées, et le corps plus long et moins large.

Plusieurs espèces appartenant à ce genre se rencontrent en France et aux environs de Paris. Tel est le Capse spissicorne, *C. spissicornis* de Fabricius, ou le Miris spissicorne de quelques auteurs. Il se trouve sur les Rosiers; tel est encore le Capse gothique, *C. gothicus* de Fabricius, figuré par Wolff (*Cimic.*, tab. IV, fig. 53.) (AUD.)

* CAPSELLE. *Capsella*. BOT. PHAN. Genre de la Famille des Crucifères,

Tétradynamie siliculeuse, L., établi par De Candolle. La forme particulière et caractéristique du fruit de la Plante, connue vulgairement sous le nom de Bourse-à-Pasteur, l'avait fait considérer comme un genre à part par Tournefort. Néanmoins Linné n'avait pas jugé à propos de le séparer du Thlaspi. Reprenant de nouveau l'examen des Crucifères, les auteurs modernes ont adopté l'opinion de Tournefort, et la plupart ont donné au genre le nom qui lui avait été imposé par Cæsalpin. Les caractères du *Capsella* ont été ainsi fixés par De Candolle : calice égal; pétales entiers; étamines sans appendices; silicule triangulaire, déprimée, dont les valves en forme de carène ne sont pas ailées; cloison membraneuse presque linéaire, séparant la silicule en deux loges polyspermes : cotylédons accumbans.

Ce genre est extrêmement voisin des Thlaspis et Hutchinsies, desquels il ne diffère que par une modification dans la forme du fruit. Une seule espèce le constitue : c'est le *Capsella Bursa Pastoris*, Plante excessivement abondante en Europe où elle fleurit pendant presque toute l'année, et maintenant répandue sur la surface du globe entier. Peu de Plantes offrent autant que celle-ci de si nombreuses variétés de grandeur et de structure, tant dans les tiges que dans les feuilles.   (G..N.)

* CAPSICARPELLE. *Capsicarpella*. BOT. CRYPT. (*Céramiaires*.) Les caractères de ce genre que nous établirons aux dépens des nombreuses Céramies de la plupart des auteurs, consistent en des filamens cylindriques sans renflemens aux articulations, que forment des sections transversales, entre lesquelles sont interceptés des entre-nœuds plus longs que larges, marqués par une ou plusieurs macules colorantes. Les Gemmes, nues, opaques, externes et pédicellées, sont solitaires, et d'une forme plus ou moins allongée, soit comme une petite corne, soit comme le fruit d'un Piment. Les organes de

la fructification rappelleraient exactement, s'ils étaient environnés d'une membrane translucide, ceux des *Spongodium*, qui appartiennent cependant à une famille très-distincte de celle dans laquelle se placent naturellement les Capsicarpelles. Le type de ce genre sera la *Capsicarpella elongata*, N., *Ectocarpus siliculosus*, Lyngb. *Tent.*, p. 131, f. 43, f. c seulement, la figure B, que cet auteur donne comme un état de la même Plante, étant une espèce fort différente. La *Capsicarpella elongata* croît dans la mer où elle forme des touffes de trois à six pouces de longueur, d'un vert brunâtre, dont les filamens très-flexibles sont fort entremêlés. On la trouve chargée de Gemmes au printemps.   (B.)

* CAPSIER. MOLL. Nom proposé par Lamarck dans sa première édition des An. sans vert., pour l'Animal du genre *Capsa* qui lui était inconnu. (B.)

CAPSTONE. ICHIN. et POLYP. FOSS. Les Anglais donnent ce nom aux Fossiles des genres Fongite et Clypéastre, l'un appartenant à l'ordre des Polypiers caryophyllaires, et l'autre à l'ordre des Echinodermes pédicellées, famille des Oursins. (LAM..X.)

CAPSULAIRE. *Capsularia*. INTEST. et POLYP. Genre proposé par Zeder pour placer quelques Vers Nématoïdes qui se trouvent sous le péritoine de certains Poissons. Rudolphi ne l'a point adopté, et en a placé les espèces parmi les Filaires et les Ascarides. *V.* ces mots. Cuvier, dans son Tableau élémentaire de l'histoire naturelle des Animaux, a donné ce nom à un genre de Polypiers flexibles qui n'a point été adopté non plus. Il ne le cite point dans son dernier ouvrage.   (LAM..X.)

CAPSULAIRES. MOLL. Espèce du genre Térébratule. *V.* ce mot.   (B.)

* CAPSULAIRES (*Fruits.*) *Fructus capsulares.* BOT. PHAN. Dans le nombre immense de Végétaux connus, le fruit est loin de présenter toujours la même organisation intérieure, ni la

même apparence externe. L'une des différences les plus sensibles est sans contredit la distinction établie entre les fruits, suivant que leur péricarpe est épais, charnu et succulent, ou suivant qu'il est sec et dépourvu de matière charnue. Ces derniers offrent encore entre eux une différence très-marquée qui tient à ce que les uns restent toujours complétement clos, même lorsqu'ils sont parvenus à la dernière période de leur maturité, en un mot, qu'ils sont *indéhiscens;* tandis que les autres s'ouvrent d'une manière quelconque à l'époque où l'embryon renfermé dans leurs graines est devenu apte à reproduire un nouvel être, c'est-à-dire qu'ils sont naturellement *déhiscens.* C'est aux fruits secs et déhiscens que l'on applique généralement le nom de Fruits capsulaires. Cet ordre se compose de plusieurs genres que l'on a distingués par des noms propres. Les principaux sont : 1° le *follicule* qui ne se rencontre que dans les Plantes de la famille des Apocynées ; 2° la *silique* et la *silicule* qui s'observent toujours dans les Plantes crucifères ; 3° la *gousse* ou *légume* qui est propre aux Légumineuses ; 4° la *pyxide* ou boîte à savonette ; 5° l'*élatérie* dont nous trouvons surtout des exemples dans la famille des Euphorbiacées ; 6° et enfin la *capsule. V.* ces différens mots. (A.R.)

CAPSULE. *Capsula.* BOT. PHAN. On donne ce nom à tous les fruits secs qui s'ouvrent naturellement en un certain nombre de pièces nommées valves, ou par des trous qui se forment sur différens points de leur surface. Les Capsules offrent une ou plusieurs loges : de-là les noms de Capsule *uniloculaire, biloculaire, triloculaire, multiloculaire,* etc. Elles peuvent s'ouvrir tantôt par de simples trous comme dans le grand Muflier, le Pavot, etc.; tantôt par des dents qui, d'abord rapprochées et conniventes, s'écartent les unes des autres, et forment une ouverture terminale, par laquelle s'échappent les graines. Cette particularité s'observe dans un

grand nombre de Caryophyllées. Enfin le plus généralement, les Capsules s'ouvrent en un certain nombre de pièces nommées *valves.* Tantôt on ne compte que deux valves; d'autres fois il en existe trois, quatre ou un grand nombre. C'est dans ce sens que sont employés les mots de Capsule *bivalve, trivalve, quadrivalve, multivalve.*

La déhiscence par le moyen des valves peut se faire de différentes manières, relativement à la position relative des valves et des cloisons. De-là on a distingué trois espèces de déhiscence valvaire. 1°. Ou bien cette déhiscence se fait par le milieu des loges, c'est-à-dire entre les cloisons qui répondent alors à la partie moyenne des valves. On dit alors que la Capsule est *loculicide,* comme dans la plupart des Éricinées. 2°. La déhiscence peut avoir lieu vis-à-vis les cloisons qu'elle partage le plus souvent en deux lames. On lui donne alors le nom de déhiscence septicide, ainsi qu'on le remarque dans les Rhodoracées de Jussieu et les Antirrhinées. 3°. Un troisième mode est celui où la déhiscence se fait en face des cloisons qui restent en place au moment où les valves s'en séparent. On nomme les Capsules qui offrent cette déhiscence *septifrages;* par exemple dans les Bignoniacées, la Bruyère commune. *V.* PÉRICARPE. (A. R.)

*CAPUCHINO. POIS. C'est-à-dire Capucin. Espèce de Raie indéterminée sur les côtes méditerranéennes d'Espagne et dans les îles Baléares. (B.)

* CAPUCHON. MOLL. Nom vulgaire et marchand donné à plusieurs Coquilles, telles qu'une Arche et quelques Ptelles de Linné. (B.)

CAPUCHON. BOT. PHAN. On donne quelquefois ce nom aux pétales ou aux sépales qui sont concaves, et dont la forme approche plus ou moins de celle d'un Capuchon, comme par exemple dans certaines espèces d'Aconit. Linck applique également cette dénomination à la partie supérieure des

12*

filets staminaux qui dans les Asclé-
piades recouvrent le pistil. (A.R.)

CAPUCHON NOIR. ois. Espèce
du genre Gobe-Mouche, *Muscicapa
cucullata*, L. De la Nouvelle-Hollande. *V.* Gobe-Mouche. (DR..Z.)

CAPUCIN. mam. Nom vulgaire
d'une espèce de Singe, *Simia Capucina*, L. On a appelé Capucin de
l'Orénoque, le *Pithecia chiropote* de
Geoffroy, et Capucin du Roi Sinu ,
le *Simia seniculus*. (A. D..NS.)

CAPUCIN. moll. Nom vulgaire de
Conus Monachus, Gmel. Espèce du
genre Cone. Ce nom a été d'abord employé par Rumph (*Mus.* t. 33, f. c).
(B.)

CAPUCIN. ins. Dénomination tri-
viale, appliquée à certains Insectes qui
ont sur la tête un prolongement en
forme de capuchon ; le plus grand
nombre appartient au genre Bostri-
che. *V.* ce mot. Elle a été aussi donnée à un Papillon, par Walch.
(AUD.)

CAPUCINE. *Tropœolum.* bot.
phan. Ce genre placé à la suite des
Géraniées présente les caractères suivans : un calice coloré et divisé profondément en cinq lobes, dont le supérieur se prolonge à sa base en un
éperon creux; cinq pétales qui paraissent attachés au calice, alternes
avec ses divisions; les deux supérieurs
sessiles au-dessus de l'orifice intérieur
de la cavité de l'éperon qui les sépare
de la base de l'ovaire; les trois autres
onguiculés et touchant cette base ;
huit étamines dont les filets libres,
mais rapprochés, portent des anthères oblongues,dressées et biloculaires,
et s'insèrent à un disque hypogynique; un ovaire libre, sessile, trigone,
à trois loges, contenant chacune un
ovule renversé, surmonté d'un style
marqué dans sa longueur de trois
stries, et terminé par trois stigmates.
En mûrissant, il se divise en trois
akènes dont la face extérieure est sillonnée ; et dont l'intérieure s'applique contre la base du style persistant. L'embryon dépourvu de péris-

perme, et dont les cotylédons étroite-
ment unis cachent la radicule supérieurement dirigée, paraît au premier
coup-d'œil former une masse unique.
Mais l'existence de deux cotylédons a
été démontrée par les observations de
plusieurs botanistes, surtout par celles
d'Auguste de Saint-Hilaire, qui a suivi les changemens successifs de l'embryon, depuis sa première apparition
dans l'ovule jusqu'à la fin de la germination. Il a vu les cotylédons, d'a-
bord très-petits, laisser presqu'à nu la
gemmule et la radicule, puis les recouvrir par leur développement progressif, et enfin leur fermer le passage. Il ajoute ce fait remarquable,
que dans cet embryon la radicule se
comporte comme dans un embryon
réellement monocotylédoné; qu'elle
pousse devant elle une gaîne, la
perce en s'entourant d'un bourrelet ;
que bientôt il en sort de même quatre
radicelles, velues sur toute leur surface, excepté à leur extrémité; en un
mot cet embryon paraît endorhize.
(*V.* Annales du Muséum, 18, page
461, tab. 24.)

On a décrit onze espèces de Capu-
cines, la plupart originaires du Pérou.
Leurs fleurs sont solitaires sur de
longs pédoncules axillaires, au lieu
d'être opposées aux feuilles comme
dans les Géraniées. L'absence de stipules est un autre caractère qui semble encore les écarter de cette famille, mais qui devient moins important, si l'on réfléchit que deux stipules se remarquent à la base des feuilles primordiales de la grande Capucine, *Tropœolum majus*, L. Cette espèce, maintenant si répandue dans
nos jardins, présente des feuilles peltées, arrondies et entières; et des tiges
grimpantes. Il en existe une variété à
fleurs doubles fort estimées des curieux. Les tiges des autres espèces sont
également grimpantes ou couchées ;
leurs feuilles lobées de plus en plus
profondément finissent par être digitées dans le *T. pentaphyllum.* Le *T.
bipetalum* est remarquable par l'avortement de trois de ses pétales. *V.* Lamarck. *Ill.* tab. 277. On cultive assez

fréquemment dans le midi de l'Espagne, sous le nom vulgaire de *Pajaritos* (petits Oiseaux), le *Tropœolum peregrinum*, L., remarquable par ses fleurs jaunes, à pétales frangés et ressemblant à des Serins. des Canaries en miniature. (A.D.J.)

CAPULAGA. BOT. PHAN. Syn. malais de Cardamome. (B.)

CAPULI. BOT. PHAN. Nom de pays du *Physalis pubescens*, espèce du genre Physalis dont le fruit, selon Feuillée, sert au Pérou à faire des conserves assez agréables. (B.)

CAPULUS. MOLL. (Denis Montfort.) *V.* CABOCHON.

CAPURA - CATARI. BOT. PHAN. Syn. indou de *Kœmpferia Galanga*, L. (B.)

CAPURE. *Capura.* BOT. PHAN. On trouve dans le *Mantissa* de Linné un genre qu'il nomme ainsi, et dont il décrit une espèce, le *Capura purpurata*. Cet Arbre de l'Inde a été retrouvé dans la Nouvelle-Hollande par R. Brown, suivant lequel il est le même que le *Daphne indica* de Linné, qui ne diffère pas lui-même du *D. fœtida*, Linn. Suppl. *V.* DAPHNÉ. (A. D. J.)

* **CAPUS.** BOT. PHAN. Variété de Choux en tête , particulièrement le Chou-Pomme dans quelques parties de la France. *V.* CAPPUCIO. (B.).

CAPUSA - CATARI. BOT. PHAN. Pour Capura-Catari. *V.* ce mot. (B.)

CAPUSILAN-KITSJIL. BOT. PHAN. Nom donné à Java à un Asclépiade indéterminé dont le suc laiteux n'est pas malfaisant, et dont les feuilles se mangent à la manière des Brèdes. (B.)

CAPUSSA. OIS. Syn. vulgaire de la Huppe , *Hupupa Epops*, L. *V.* HUPPE. (DR..Z.)

CAPUSSI. BOT. PHAN. Syn. indou de *Gossypium arboreum*, Arbuste du genre Cotonnier. *V.* ce mot. (B.)

***CAPUT CHILLYNOCTURNUM.** OIS. (Hernandez.) Syn. du Jacana, *Parra Jacana*, L. *V.* JACANA. (DR..Z.)

CAPUT MORTUUM. MIN. Nom

emprunté du latin, long-temps employé dans l'enfance de la chimie pour désigner le résidu de toute opération qui restait fixe par l'action du feu, après la distillation. On croyait que ces prétendus *Caput mortuum* étaient des parties inutiles, une matière inerte qui ne jouait aucun rôle dans la nature. On sait aujourd'hui que ces résidus de la distillation des matières organiques sont des substances importantes, telles que des phosphates de Chaux et de Magnésie dont la présence est indispensable dans l'organisation. (B.)

CAPUT MORTUUM. MAM. *V.* TÊTE-DE-MORT.

CAPU-UPEBA. BOT. PHAN. (Pison.) Syn. d'*Andropogon bicorne*, Graminée grimpante du Brésil. (B.)

CAPYBARA. MAM. Donné comme spécifique au Cabiai. *V.* ce mot. (B.)

CAQUANTOTOTL. OIS. (Hernandez.) Syn. du Jaseur, *Ampelis Garrulus*, L. *V.* JASEUR. (DR..Z.)

CAQUEDRIE. OIS. Syn. vulgaire du Proyer, *Emberiza milliaria*, L. *V.* BRUANT. (DR..Z.)

CAQUENLIT. BOT. PHAN. L'un des noms vulgaires du *Mercurialis annua*, L., Plante à qui l'on attribue une vertu laxative. *V.* MERCURIALE. (R.)

CAQUEPIRE SAUVAGE. BOT. PHAN. Syn. de *Gardenia thunbergia* au cap de Bonne-Espérance. Ce nom de pays, latinisé, a été adopté par Gmelin (*Syst. Nat.* T. 11) qui avait appelé *Caquepiria* un genre pour lequel le nom de Gardenia a prévalu. (B.)

CAQUETEUSE. OIS. (Levaillant.) Espèce du genre Bec-Fin , *Sylvia Babœcula*, Vieill. Ois. d'Afrique. *V.* SYLVIE. (DR..Z.)

CAQUILLE ET **CAQUILLIER.** BOT. PHAN. Même chose que Cakile. *V.* ce mot. (B.)

CARA. BOT. PHAN. Dans Marcgraaff et Pison , c'est une Liane grimpante du Brésil qui appartient évidemment au genre *Dioscorea*, et qui est l'*alata* de Lamarck. Dans Rumph, c'est une autre Liane des Indes-Orientales qui appartient à la famille des Apocynées. Ce nom ne peut donc convenir à un Liseron africain, et ne désigne certainement nulle part le *Convolvulus Batatas*, L. (B.)

CARA-ANGOLAM. BOT. PHAN. Pour Kara-Angolam ou Karangolam. *V.* ces mots. (B.)

CARABA. BOT. PHAN. (Stedman.) Huile qu'on retire à la Guiane de la noix d'Acajou. (B.)

CARABACCIUM. BOT. PHAN. Bois aromatique de l'Inde, qu'on ne peut reconnaître sur le peu qui en a été dit par Valmont de Bomare. (B.)

CARABE. *Carabus.* INS. Linné a le premier appliqué ce nom à un grand genre de l'ordre des Coléoptères et de la section des Pentamères, qui depuis a été converti en famille ou en tribu. *V.* CARABIQUES. Cependant la dénomination de Carabe a été conservée à plusieurs espèces du grand genre primitif de Linné, et dans ces derniers temps, Latreille, Bonelli et Clairville en ont de beaucoup restreint le nombre, en limitant singulièrement l'étendue des caractères génériques. Si on consulte les ouvrages des savans précités et ceux de Weber, Fabricius, Olivier, Duméril, Lamarck et Dejean, on verra qu'en général chacun d'eux y circonscrit le genre Carabe à sa manière. Les bornes assignées à ce Dictionnaire ne nous permettant d'entrer dans aucune discussion, nous nous contenterons d'exposer le sens que lui accorde Latreille dont nous avons d'ailleurs adopté jusqu'ici la méthode. Ses Carabes proprement dits appartiennent (Règ. Anim. de Cuv.) à la sixième division de la tribu des Carabiques; ils font partie (Hist. nat. des Coléoptères d'Europe) de la section des Carabiques abdominaux, et sont rangés (*Genera Crust. et Insect.*) dans la sous-famille des Carabiques métalliques. Leurs caractères sont : élytres terminées en pointe ou sans troncatu-

re à leur extrémité; point d'échancrure au côté interne des jambes antérieures; languette très-courte, ne dépassant guère l'origine de ses palpes, et dont le bord supérieur s'élève en pointe; dernier article des palpes extérieurs sensiblement plus large que le précédent, presque en forme de triangle ou de cône renversé et comprimé; labre bilobé ou fortement échancré; second article des antennes aussi long au moins que la moitié du suivant; yeux saillans; abdomen ovale; ailes nulles ou rudimentaires.

Les Carabes diffèrent des Pambores, des Cychres et des Scaphinotes par l'absence des dents aux mandibules. Ils partagent ce caractère avec les genres Tefflus et Procère, mais ils s'en distinguent, parce que les tarses antérieurs sont toujours dilatés dans les mâles; ils s'éloignent encore des Leistus, des Nebries, des Omophrons, des Bléthises, des Pélophiles, des Élaphres, des Notiophiles et des Procrustes par leur labre bilobé à son bord antérieur; enfin, quoique très-voisins du genre Calosome, on ne les confondra cependant pas avec lui, parce que, d'une part, la dernière pièce des palpes extérieurs est sensiblement plus large que la précédente, et que, de l'autre, le second article des antennes a pour le moins une longueur égale à la moitié du suivant. Les Carabes ont un corps allongé, tantôt doré ou bronzé, tantôt cuivreux, violet ou noir en dessus; la tête, toujours plus étroite que le corselet et en général plus étendue d'avant en arrière que transversalement, est portée presque horizontalement; elle présente deux antennes filiformes situées au devant des yeux et composées d'articles plus étroits à leur base qu'à leur sommet : le premier et le second offrent un développement particulier que nous avons fait connaître; les yeux sont globuleux, et on remarque en arrière d'eux l'occiput développé en manière de col; la bouche est composée d'une lèvre supérieure fortement excavée, de mandibules cornées, fortes, pointues, le plus souvent sans dentelures bien prononcées, et croisées dans l'état de repos ; de mâchoires également cornées, ciliées à leur bord interne, terminées en pointe et donnant insertion par leur côté externe à deux paires de palpes, dont l'une antérieure est composée de deux pièces, et dont l'autre, moyenne ou extérieure, est conique et formée de quatre articles ; enfin d'une lèvre inférieure très-consistante, courte, supportant de chaque côté un palpe de trois articles, dont le dernier est en forme de hache ou de cuiller. Le prothorax, plus étroit que l'abdomen, est rebordé, plus ou moins en forme de cœur et presque toujours échancré en arrière ; sa partie supérieure est plus étendue que l'inférieure et recouvre postérieurement l'écusson du mésothorax qui, naturellement peu développé, ne laisse plus voir que son sommet. Les élytres sont rebordées, et leur surface externe est garnie de stries, de sillons ou de points élevés. Il n'existe pas d'ailes au métathorax ; mais on aperçoit leurs rudimens. Les pates sont longues et assez fortes ; les postérieures se font remarquer par le trochanter de leurs cuisses devenu très-saillant, et les antérieures présentent leurs tarses dilatés dans les mâles avec les quatre premiers articles spongieux à la face inférieure.

Les Carabes sont des Insectes très-voraces, se nourrissant de Chenilles, de larves et d'Insectes parfaits, s'entredévorant même quelquefois, et poursuivant leur proie avec opiniâtreté. En général ils fuient la lumière, et restent cachés pendant le jour sous des pierres, sous la mousse ou dans des troncs d'Arbres. On les rencontre assez communément dans les champs, dans les bois et dans les jardins. Quelques espèces sont propres aux montagnes élevées, et ne se trouvent qu'à une certaine hauteur ; ils sont d'autant plus nombreux qu'on pénètre davantage dans les pays du Nord. Dans les contrées chaudes, au contraire, ils sont très-rares, et finissent par disparaître à mesure qu'en allant du nord au sud, on se rappro-

che des tropiques. Leur larve n'a pas encore été observée.

Le corps de l'Insecte parfait exhale une odeur pénétrante et nauséabonde ; lorsqu'on les saisit, ils font sortir par l'anus et par la bouche un liquide noirâtre et très-odorant. Les Carabes, désignés par Geoffroy sous le nom de Buprestes, paraissent avoir été connus des anciens qui les regardaient comme un poison pour les Animaux ruminans, et leur attribuaient des effets analogues à ceux que produisent les Cantharides.

Le genre Carabe est très-nombreux en espèces ; les unes ont les élytres convexes, tels sont :

Le CARABE DORÉ, *Car. auratus*, L., qu'on nomme vulgairement *Jardinier* et *Vinaigrier*, ou le Bupreste doré et sillonné à larges bandes de Geoffroy (Hist. des Ins. T. 1, p. 142, n° 2). Il a été figuré par Panzer (*Faun. Ins. Germ.*, fasc. 81, fig. 4) et par Olivier (Coléopt., T. III, n° 35, pl. 5 et 11, fig. 51). On le trouve très-communément dans les champs aux environs de Paris ; mais au midi de l'Europe, on ne le rencontre plus que dans les montagnes. Il était employé autrefois dans l'art vétérinaire.

Le CARABE JARDINIER, *Car. hortensis*, Fabr., figuré par Panzer (*loc. cit.*, fasc. 5, fig. 11), et assez commun en France et aux environs de Paris. Les Carabes *purpurescens*, *catenulatus*, *scabrosus*, *cancellatus*, *arvensis*, *granulatus*, *violaceus*, *marginalis*, *glabratus*, *convexus*, *sylvestris*, etc., de Fabricius, appartiennent également à cette division.

Les autres espèces ont les élytres à peine bombées et même planes ; elles terminent le genre et conduisent naturellement aux Nébries : telles sont le Carabe déprimé, *Car. depressus* de Bonelli ; le Carabe de Creutzer, *Car. Creutzeri* de Fabricius, figuré par Panzer (*loc. cit.*, fasc. 119, fig. 1) et les Carabes *cœruleus*, *Linnœi* et *angustatus* de ce dernier entomologiste.

Nous pourrions augmenter considérablement cette liste déjà nombreuse : le général Dejean, qui assigne au genre Carabe des limites encore plus restreintes que celles fixées par Bonelli, en mentionne (Cat. des Coléopt., p. 5) quatre-vingt-trois espèces. Et nous savons que, depuis la publication du Catalogue de sa collection, le nombre s'en est beaucoup accru. (AUD.)

* CARABIENS. INS. Famille de l'ordre des Coléoptères, section des Pentamères, établie par Lamarck (Hist. nat. des Anim. sans vert.), synonyme de Carnassiers. *V*. ce mot. (AUD.)

CARABIN. BOT. PHAN. L'un des noms vulgaires du Sarrasin, *Polygorum Fagopyrum*. *V*. RENOUÉE. (B.)

CARABINS. POIS. Nom vulgaire de Poissons noirs et blancs qu'on dit être la nourriture habituelle des pauvres habitans des côtes de Guinée, et qu'on ne saurait déterminer. (B.)

CARABIQUES. *Carabici*. INS. Famille de l'ordre des Coléoptères et de la section des Pentamères, établie par Latreille (Gen. Crust. et Ins. et Considér. génér.), et convertie ensuite (Règ. Anim. de Cuv.) en une tribu dont les caractères sont : mâchoires terminées simplement en pointe ou en crochet sans articulation ; languette saillante au-delà de l'échancrure du menton, ses palpes ne paraissant ordinairement composés que de trois articles : celui de la base, toujours très-court, adossé à cette languette, immobile et servant simplement de support à l'article suivant qui, par son dégagement, devient alors le premier. Cette tribu comprend quelques-unes des Cicindèles de Linné, et son genre Carabe tout entier qui a subi depuis lui bien des changemens, et a été subdivisé en un très-grand nombre de genres. Geoffroy, Fabricius, Weber, Paykull, Illiger, Panzer, et surtout Latreille, Bonelli et Clairville, ont principalement contribué par de fort bons travaux à faciliter l'étude de ce groupe important. Ne pouvant exposer ici le tableau de leurs recherches, nous renvoyons à leurs ouvrages, et nous

nous bornons à la méthode vraiment naturelle de Latreille, en adoptant les modifications légères qu'il vient d'y apporter dans la première livraison de son Histoire naturelle des Insectes Coléoptères, publiée avec le général Dejean.

Les Carabiques que Geoffroy avait désignés sous le nom de *Buprestes* ont, dans la plupart des cas, la tête plus étroite que le prothorax, ou tout au plus de sa largeur ; les mandibules sont en général point ou très-peu dentelées ; les mâchoires se terminent en une pointe, le plus souvent arquée au côté interne, et constituant un crochet sans articulation ; la languette forme une saillie hors de*l'échancrure du menton ; le métathorax n'offre quelquefois que des rudimens d'ailes : le plus grand nombre répand une odeur fétide, et laisse échapper par la bouche, en même temps que par l'anus, un liquide âcre et caustique, qui, dans quelques-uns, s'échappe avec bruit, sous forme de fumée blanchâtre. Ils se distinguent essentiellement de la tribu des Cicindélètes par les caractères tirés des mâchoires et de la languette.

Les Carabiques sont presque tous des Insectes carnassiers à leur état parfait et à celui de larve. Ils sont agiles à la course, font rarement usage de leurs ailes, et se cachent pendant le jour, surtout au moment de la plus grande chaleur, sous les pierres, la mousse, les écorces d'Arbres, ou bien dans la terre. On les rencontre très-communément dans le nord de l'Europe et aussi dans les régions septentrionales de l'Asie et de l'Amérique.

Un anatomiste très-distingué, et dont nous nous estimons heureux d'avoir occasion de signaler la supériorité, Léon Dufour, médecin à Saint-Sever, département des Landes, a fait connaître dans un Mémoire manuscrit offert dernièrement à l'Académie des Sciences, l'organisation interne des Coléoptères, et en particulier celle des Carabiques. Notre savant ami ayant invité Latreille à nous confier son travail, nous croyons prévenir le vœu des entomologistes en en donnant ici l'extrait. Quoique l'auteur ait examiné un grand nombre de Carabiques, le Carabe doré (*Carabus auratus*, L.), qui est le type de cette tribu, forme la base de son travail, et c'est de lui qu'il entend parler toutes les fois qu'à l'occasion de quelques modifications anatomiques, il n'en signale pas un autre. Léon Dufour étudie successivement et dans autant de chapitres distincts, les organes de la digestion, les organes de la génération, les organes des sécrétions excrémentitielles, les organes de la respiration, le système nerveux, et le tissu adipeux splanchnique. Nous parcourrons rapidement chacune de ces divisions pour ce qui concerne la nombreuse tribu des Carabiques.

I. Les organes de la digestion comprennent le *tube alimentaire* et les *vaisseaux biliaires*. 1°. Le tube alimentaire a tout au plus deux fois la longueur du corps de l'Insecte, et offre souvent moins d'étendue; on peut y distinguer l'*œsophage*, le *premier estomac* ou *jabot*, le *second estomac* ou *gésier*, le *troisième estomac* ou *estomac papillaire*, et l'*intestin* proprement dit qui se divise en *grêle* et en *gros*. — § I. L'œsophage est un tube court, cylindroïde, musculo-membraneux, traversant le prothorax et présentant ordinairement des rugosités, par la contraction de sa tunique musculeuse. — § II. Le premier estomac ou le jabot est constant dans les Carabiques et se trouve logé en grande partie dans la poitrine du métathorax, il semble n'être qu'un renflement de l'œsophage, et sa texture est essentiellement musculeuse. Sa forme et son volume varient beaucoup selon le degré de plénitude; dans l'état de distension, surtout quand il est uniformément gonflé par l'air, c'est un ballon elliptique parcouru par huit stries longitudinales séparées par des intervalles assez larges, plus ou moins convexes, qui lui donnent une certaine ressemblance avec un Melon à côtes. Il contient souvent un liquide

brun fétide et âcre, analogue à celui que les Carabiques vomissent lorsqu'on les inquiète.—§ III. Le second estomac ou le gésier, tantôt sphérique et tantôt oblong, est dans tous les Carabiques lisse et glabre au dehors, brusquement distinct par un étranglement et du jabot qui le précède et de l'estomac papillaire qui le suit. Il a une consistance presque cartilagineuse, et par la pression il annonce de l'élasticité : sa configuration est peu variable. Ses parois internes sont armées d'un appareil admirable de trituration qui rappelle celui de l'estomac des Crustacés. — § IV. Le troisième estomac ou l'estomac papillaire varie dans quelques genres par sa forme et son volume ; en général, il est conoïde, tantôt presque droit, tantôt assez allongé pour faire ou une circonvolution sur lui-même comme dans les Scarites et quelques Harpales, ou une anse et même une simple courbure comme dans la Carabe et la Nébrie des sables. Il se termine postérieurement par un bourrelet plus ou moins prononcé autour duquel s'insèrent les vaisseaux hépatiques ; sa texture est délicate, molle, expansible, et il se déchire facilement. Dans tous ces Carabiques il est hérissé de nombreuses papilles qui lui forment extérieurement une sorte de villosité et qui sont en général d'autant moins longues qu'elles se rapprochent davantage de l'intestin, en sorte que souvent, comme dans le Carabe, l'estomac papillaire est simplement chagriné à sa terminaison. Observées au microscope, les papilles se présentent sous la forme de boules conoïdes semblables à des doigts de gants, et s'abouchant dans la cavité gastrique; elles sont le plus souvent renflées à leur base, et leur extrémité est droite ou flexueuse suivant les genres. Au travers de leurs parois pellucides, on aperçoit des atômes d'un brun verdâtre qui paraissent analogues à ceux qu'offrent les vaisseaux biliaires. Des trachées d'une ténuité excessive forment un enchevêtrement à la base de ces papilles, et le plus souvent une bordure à chacune d'elles. — § v. L'intestin prend brusquement son origine après le bourrelet; sa longueur présente quelques légères variations suivant les genres. Sa portion grêle est filiforme dans tous les Carabiques, parfaitement glabre à l'extérieur et plus ou moins remplie d'un liquide excrémentitiel. Cet intestin grêle s'abouche à un cœcum qui est un renflement ovoïde ou oblong, semblable au jabot par sa grandeur, sa configuration et sa texture. Comme ce dernier, il est variable pour sa forme suivant son degré de plénitude et parcouru longitudinalement par huit bandelettes musculaires; ses parois présentent intérieurement des plis, des anfractuosités, en un mot, des valvules destinées au séjour du résidu excrémentitiel. Le rectum est fort court et diffère du cœcum dont il est la continuation, parce que sa panicule charnue n'est point boursouflée. — La texture du tube alimentaire des Carabiques offre, ainsi que dans les Insectes en général, trois tuniques distinctes : l'une externe paraît membraneuse, l'autre intermédiaire est musculeuse, la troisième ou l'interne est muqueuse ; celle-ci adhère faiblement à la seconde.

Voyons maintenant quelles sont les fonctions que Léon Dufour assigne aux organes principaux que nous avons fait connaître. Après avoir, à l'aide de leurs griffes, de leurs mandibules, de leurs mâchoires, divisé, déchiré, broyé la matière alimentaire, celle-ci, parvenue dans le jabot, y est soumise, à raison de la texture éminemment musculeuse et contractile de cette première poche gastrique, à une action compressive qui en dissocie les élémens et la réduit en une pulpe liquide. L'organisation intérieure du gésier offre en miniature l'image de certaines machines destinées à broyer et à moudre, et ce sont effectivement là les fonctions de cet organe ; converties en une pâte fine et bien élaborée, les parties nutritives passent à travers la valvule py-

lorique dans l'estomac papillaire. Léon Dufour ne partageant pas l'opinion de Cuvier sur les fonctions des villosités ou papilles, les considère comme des valvules bursiformes dans lesquelles les sucs alimentaires éprouvent, par le concours simultané de leur séjour, du mélange de la bile et de l'action vitale, une élaboration qui les rend propres à être absorbés pour la nutrition, et il trouve qu'elles ont une grande analogie de structure et de fonction avec celles bien moins nombreuses, mais infiniment plus vastes qui entourent le gésier des Orthoptères, et que quelques anatomistes ont considérées comme des estomacs.

2°. Les vaisseaux biliaires ou hépatiques sont, dans les Carabiques, au nombre de deux seulement et non de quatre, ainsi qu'on le croyait généralement. En effet, les quatre insertions isolées qui existent autour de l'organe digestif ne sont pas les extrémités opposées de quatre autres bouts flottans comme dans les Orthoptères, les Névroptères, etc.; mais bien les extrémités de deux arcs singulièrement repliés. Ces vaisseaux sont filiformes, simples, grêles, quatre ou cinq fois plus longs que tout le corps de l'Insecte. Ils embrassent de leurs fragiles entortillemens le tube digestif, et en particulier le troisième estomac entre les papilles duquel ils rampent et adhèrent par d'imperceptibles trachées; leur couleur varie dans la même espèce depuis le jaune pâle jusqu'au violet et au brun-foncé. Ils s'implantent, avons-nous dit, par quatre insertions à l'organe digestif autour du bourrelet qui termine en arrière l'estomac papillaire. Observés au microscope, ils paraissent d'une texture homogène et semblent essentiellement constitués par une membrane pellucide d'une extrême ténuité; cette membrane, lorsqu'elle n'est pas très-distendue, offre des plicatures transversales, des espèces de valvules, disposition qui donne à ces vaisseaux un aspect celluleux ou variqueux. A travers leur tunique on aperçoit des atômes biliaires jaunes ou bruns qui occupent l'intérieur, et qui les font paraître pointillés.

II. Les organes de la génération sont distingués en organes générateurs mâles, et en organes générateurs femelles. 1°. Les organes générateurs mâles se divisent naturellement en ceux qui préparent, qui conservent le fluide spermatique, et en ceux qui excrétent, qui émettent ce fluide par la voie de la copulation.

§ I. Les organes préparateurs et conservateurs du sperme sont les *testicules* et les *vésicules séminales*. — *a*. Les testicules consistent en deux corps égaux entre eux, assez gros et d'une certaine mollesse, sphéroïdes dans les Carabes, conoïdes ou pyriformes dans le Scarite, le Brachine, les Chlænies ; oblongs dans les Sphodres. Ordinairement séparés l'un de l'autre, ils sont quelquefois très-rapprochés, contigus par leur base ou même confondus en un seul et même corps, comme cela paraît avoir lieu dans le Harpale ruficorne. Chacun des testicules est essentiellement formé par les replis agglomérés d'un seul vaisseau spermatique qui a six ou huit fois la longueur de tout le corps de l'Insecte ; il est revêtu d'une sorte d'enduit membraniforme qui tient lieu de *tunique vaginale*, et varie pour son épaisseur. L'extrémité libre du vaisseau spermatique forme, hors de l'enveloppe testiculaire, un appendice flottant, filiforme. Du côté opposé à cet appendice, le vaisseau perce sa tunique vaginale, et se continue en un *canal déférent*, qui, après divers replis, s'insère dans la vésicule correspondante. Avant cette insertion, il offre un petit peloton, un véritable *épididyme* que l'on croirait inextricable, mais qu'avec de la patience on parvient à dévider ; cet épididyme, dont l'existence est constante, varie singulièrement pour la forme. — *b*. Les vésicules séminales ou spermatiques sont au nombre de deux ; chacune d'elles est constituée par une bourse filiforme, blanche, un peu plus longue que l'abdomen, souvent d'une roideur presque élastique suivant son degré de plénitude, flottante par un bout, diversement coudée ou fléchie, et remplie d'un sperme plus blanc, plus compacte, mieux élaboré que celui du testicule. Après avoir reçu le canal déférent qui leur correspond, les vésicules se réunissent pour former le *conduit spermatique commun* ou *éjaculateur ;* celui-ci, bien plus court que chacune d'elles, et souvent plus mince, traverse, avant de s'enfoncer dans l'armure de la verge, une masse musculeuse compacte et comme calleuse dans son centre.

§ II. Les organes mâles qui excrétent le sperme sont des parties ou bien accessoires, ou bien essentielles. Les premières sont comprises sous le nom d'*armure de la verge*, et les secondes constituent *la verge* proprement dite. —*a*. L'armure de la verge offre une forme et une grandeur très-variables selon les genres et les espèces ; en général, c'est un étui allongé, brun, d'une consistance cornée et percée à son extrémité d'une ouverture qui donne issue à la verge. Sa base est munie de muscles où se fixent diverses pièces cornées. Léon Dufour ne donne pas le détail de ces parties que nous avons étudiées d'une manière toute spéciale dans la généralité des Insectes, et auxquelles nous avons assigné des noms qui se correspondent. —*b*. La verge difficile à mettre en évidence est un corps filiforme qui égale en longueur le tiers de tout l'Insecte, et qui a une contexture élastique. Elle paraît terminée par deux petits mamelons constituant une sorte de gland.

2°. Les organes générateurs femelles offrent à considérer les organes *préparateurs* ou *ovaires*, les organes *éducateurs*, les organes *copulateurs* et les produits de la génération ou les *œufs*.

§ I. Les organes préparateurs ou ovaires, au nombre de deux parfaitement semblables, renferment les germes ou les produits de la fécondation. On peut y distinguer les *tubes ovigères* et le *calice de l'ovaire*. — *a*. Les tubes ovigères forment pour chaque ovaire un faisceau pyramidal couché le long des côtes de la cavité abdominale au-dessous du paquet intestinal. Ce faisceau se compose de tubes plus ou moins nombreux suivant les genres, enveloppés d'une membrane commune diaphane d'une finesse imperceptible qui sert de trame, de soutien à des ramuscules trachéens d'une grande ténuité. Les tubes ovigères, parfaitement séparés les uns des autres dans le sac qui les renferme, sont des boyaux conoïdes qui antérieurement se terminent d'une manière insensible en un filet capillaire. Ils sont essentiellement formés par une membrane pellucide, et offrent d'espace en espace des étranglemens placés à la file les uns des autres, d'autant plus rapprochés et d'autant moins sensibles qu'ils sont plus antérieurs. Les étranglemens interceptent vers la base des tubes des réceptacles oblongs, destinés à loger les œufs. Les gaines tubuleuses des ovaires varient de sept à douze; leurs sommets effilés convergent entre eux à la base de l'abdomen, pour former par leur réunion, leur soudure, un ligament propre à chaque ovaire. Ce ligament, après avoir traversé la poitrine, pénètre dans le prothorax, s'y unit avec celui du côté opposé, et il en résulte un *ligament suspenseur des ovaires* qui se fixe entre les masses musculaires destinées aux mouvemens des pates antérieures. L'anse que détermine le concours des deux ligamens propres des tubes ovigères embrasse le jabot; ces tubes s'abouchent par leurs bases dans le calice de l'ovaire. — *b.* Le calice de l'ovaire est un réceptacle destiné au séjour momentané des œufs à terme, et qui n'est, à dire vrai, que la base du sac où sont renfermés les tubes ovigères; sa texture paraît musculo-membraneuse. Dilaté à sa partie antérieure, il dégénère en arrière en un tube court, sorte d'oviducte particulier à chaque ovaire. Léon Dufour n'a pu se convaincre si le point d'insertion des tubes ovigères a lieu sur une paroi en forme de diaphragme qui ferme en devant le calice de l'o-

vaire; mais tout porte à croire que ce diaphragme existe.

§ II. Les organes éducateurs sont destinés, ainsi que l'indique leur nom, à conduire les œufs hors de l'Insecte; ils se composent d'un *oviducte* et de la *glande sébacée* de ce dernier canal. — *a.* L'oviducte est un conduit musculo-membraneux, formé par la réunion des deux tubes courts qui terminent en arrière les calices des ovaires. Il reçoit dans son trajet l'insertion de la glande sébacée, et s'engage ensuite dans l'organe copulateur pour se continuer avec le vagin. Tantôt il est droit, et tantôt il est courbé ou fléchi; d'autres fois il est renflé vers son milieu. — *b.* L'organe auquel l'auteur assigne la dénomination de glande sébacée est constant non-seulement dans les Carabiques, mais encore dans tous les Insectes; il est très-grand dans le Carabe. On y reconnaît un *vaisseau sécréteur* qui est un simple tube filiforme et borgne, implanté au bout inférieur d'un *réservoir* inséré près de l'origine de l'oviducte, et se présentant sous la forme d'un corps ovalaire, compliqué dans son intérieur par un organe particulier, ressemblant à une valve conchoïde, striée et adhérente par un seul point à la paroi interne de ce réservoir. Léon Dufour n'ose encore se prononcer sur la structure et les fonctions de ce petit corps. Cependant il pense que le vaisseau sécréteur est une véritable glande déroulée, puisant par imbibition les matériaux de la sécrétion, et les transmettant au réservoir qui les retient, et dans lequel ils sont peut-être élaborés. Il croit aussi que le fluide sécrété est destiné à lubréfier l'oviductus et les œufs, lors de leur passage, ou bien à fournir à ces derniers une sorte de vernis qui les met à l'abri des influences extérieures.

§ III. Les organes copulateurs femelles présentent à considérer les *crochets vulvaires*, la *vulve* et le *vagin.* Tous les Carabiques femelles ont à l'abdomen un demi-segment dorsal de plus que dans les mâles. Cette plaque supplémentaire recouvre dans l'état de repos les crochets vulvaires qui sont des appendices palpiformes, de texture coriace, mobiles, se mettant à découvert dans les mouvemens variés qui précèdent ou accompagnent l'acte de la copulation, et paraissant favoriser l'entrée de la verge dans la vulve. Celle-ci est placée entre les crochets; le vagin n'est qu'une continuation de l'oviductus.

§ IV. Les œufs des Carabiques sont oblongs, cylindroïdes, blancs ou à peine jaunâtres. Il est rare qu'on en trouve dans un même ovaire plus de six ou sept. Parvenus à un degré de développement complet, ils sont remplis d'une pulpe homogène; leur enveloppe est diaphane, et le microscope y dénote une texture réticulaire.

III. Les organes des sécrétions excrémentitielles forment un des traits les plus caractéristiques, les plus constans de la famille des Coléoptères carnassiers, et notamment de la tribu des Carabiques. Ils constituent un appareil double et commun aux deux sexes, qui se compose d'un organe *préparateur*, d'un *réservoir* et d'un *conduit excréteur*.

§ I. L'organe préparateur est formé par des *vésicules sécrétoires* et par un ou plusieurs *canaux déférens*.— a. Les vésicules sécrétoires constituent essentiellement la glande, ou l'organe destiné à la secrétion de l'humeur excrémentitielle. Elles sont réunies en une ou plusieurs grappes enfoncées dans le tissu adipeux de la partie postérieure de la cavité abdominale. La figure, le nombre et la disposition de ces vésicules varient singulièrement dans les différens genres. Chez tous, le Brachine excepté, elles sont portées par un pédicule propre, bien distinct. — b. Les canaux déférens, au nombre de trois, et de chaque côté dans le Brachine, sont réduits à un seul dans tous les autres Carabiques. Ils forment la tige des grappes ou arbuscules glandulaires. Leur grosseur est celle d'un cheveu, et leur longueur est va-

riable suivant les genres. Ils aboutissent chacun au réservoir correspondant.

La texture organique de ces canaux ne varie point; ils sont composés de deux membranes constituant deux tubes dont l'un externe ou enveloppant est d'un tissu contractile, et dont l'autre interne ou inclus est finement strié en travers, et ressemble fort à une trachée.

§ II. Le réservoir est une bourse en général ovoïde, pyriforme ou oblongue, blanchâtre, d'une consistance comme celluleuse et élastique, d'une texture musculo-membraneuse; la grosse extrémité qui est antérieure est libre et généralement arrondie; en arrière le réservoir présente une forme assez variée; il paraît composé d'une tunique épaisse, charnue, contractile, et d'une bourse interne, membraneuse, pellucide, semblable pour son organisation au tube inclus du canal déférent.

§ III. Le conduit excréteur, dans tous les Carabiques que l'auteur a eu occasion d'observer, est tout simplement un conduit filiforme qui sert de col ou de pédicule au réservoir. Il a la texture organique de ce dernier. Il s'engage au-dessous du rectum et va s'ouvrir aux côtés de l'anus. Sa forme et sa structure sont bien différentes dans le Brachine. En effet, le réservoir ne dégénère pas postérieurement en un col; mais près l'insertion des trois canaux déférens, il s'abouche immédiatement dans un corps sphérique creux placé sous le dernier anneau dorsal de l'abdomen. Cette sorte de petite bombe contiguë à celle du côté opposé, offre en arrière un tube membraneux, excessivement court, qui s'ouvre tout près de l'anus par une valvule formée de quatre pièces conniventes, d'une extrême petitesse. Léon Dufour pense que c'est dans le corps sphérique qui suit le réservoir que se forme la vapeur expulsée par le Brachine.

IV. Les organes de la respiration se composent, dans les Carabiques comme dans les autres Insectes, de *stigmates* et de *trachées*.

§ I. Les stigmates sont, dans le Carabe doré, espèce que l'auteur a principalement étudiée sous ce rapport, au nombre de neuf paires disposées le long des côtes du corps. Il n'en a découvert qu'une au thorax, les huit autres sont situées sur l'abdomen. — *a.* Les stigmates thoraciques sont en arrière de l'articulation de la première paire de pates sur la peau fibreuse et tenace qui joint le prothorax au mésothorax ; placés obliquement à l'axe du corps, ils ont une conformation extérieure différente de celle des stigmates abdominaux. — *b.* Les stigmates abdominaux correspondent aux huit premiers anneaux du ventre. Ce sont de petits boutons saillans, durs, cornés, formés de deux valves ou panneaux dont l'entr'ouverture est creuse et béante. Ces ostéoles pneumatiques, soit du thorax, soit de l'abdomen, offrent entre les deux valves qui les constituent, une scissure des plus étroites, une fente presque imperceptible pour l'inhalation de l'air ; le pourtour de cette scissure est garni d'un duvet excessivement fin.

§ II. Les trachées n'offrent point des renflemens utriculaires dans la famille des Carabiques ; ces Coléoptères n'ont que des trachées tubulaires ou élastiques, c'est-à-dire en forme de tubes divisés et subdivisés à la manière des vaisseaux sanguins. Leurs ramifications nacrées vont s'étaler en élégantes broderies sur tous les viscères, sur toutes les surfaces. Elles débutent à chaque stigmate par un tronc gros et court, divisé dès son origine et s'abouchant à une trachée latérale d'où partent d'innombrables branches. Les trachées tubulaires se composent de trois tuniques dont l'intermédiaire, d'un blanc argentin, est formé d'un fil élastique roulé en spirale ; l'externe, apparente seulement dans les gros troncs, est une membrane d'une ténuité fugace ; l'interne est extrêmement fine, et ne se détache que très-difficilement de la tunique intermédiaire.

V. Le système nerveux consiste, dans les Carabiques comme dans tous les Insectes, en un cerveau et un cordon nerveux renflé d'espace en espace en ganglions d'où partent des nerfs. Il n'a offert dans le Carabe aucune disposition extraordinaire. Il est seulement à remarquer que les nerfs optiques qui naissent du cerveau sont comprimés et remarquables par leur grosseur. Léon Dufour a parfaitement distingué le névrilemme qui enveloppe le cordon nerveux sans en excepter les ganglions, et n'est cependant pas visible au cerveau. Les ganglions du prolongement rachidien sont au nombre de huit, variables pour leur grosseur, leur distance respective et les régions du corps qu'ils occupent.

VI. Le tissu adipeux splanchnique sur lequel Léon Dufour a le premier fixé l'attention, et qu'il avait précédemment classé parmi les dépendances de l'appareil digestif en le désignant sous le nom d'*épiploon*, consiste, dans la tribu des Carabiques, en lambeaux graisseux, déchiquetés, blanchâtres, comme pulpeux, dont l'abondance varie suivant les espèces et suivant quelques circonstances individuelles. Soutenus par une trame de ramifications trachéennes d'une extrême ténuité, ces lambeaux flottent au milieu des viscères, et sont d'autant plus multipliés qu'ils s'approchent davantage de la partie postérieure de la cavité abdominale. Le tissu splanchnique est plus abondant et plus fourni de graisse dans les Carabiques Aptères, et en général dans tous les Insectes privés d'ailes, que dans ceux qui ont ces appendices développés. Souvent, et cela a surtout été observé en automne, il contient des corps sphéroïdes blancs, bien isolés, en nombre variable de douze à cent. Ces corps sont des espèces de bourses remplies d'une pulpe homogène très-blanche et offrant quelquefois un col tubuleux, dont l'extrémité affilée se perd ou prend naissance dans le tissu graisseux où elles plongent. L'auteur se demande si elles sont le résultat d'une altération pathologique analogue à celle des loupes enkystées, ou bien si elles ne seraient pas plutôt des réservoirs de graisse pour les temps de disette?

Ici se terminent les recherches de Léon Dufour pour ce qui concerne les Carabiques. Son travail étant inédit et ne pouvant comme de coutume renvoyer à aucune source, nous nous sommes vus entraînés dans quelques détails qu'on ne trouvera cependant pas inutiles, puisqu'ils étaient indispensables à l'intelligence du sujet. Rappelons-nous d'ailleurs que l'anatomie des Insectes a été traitée d'une manière si accessoire dans la plupart des ouvrages, qu'il est bon d'insister sur les travaux de cette nature qui peuvent servir de modèle, et certes les observations de notre ami doivent, à cause de leur exactitude, être placées dans ce nombre. Nous nous croyons en droit de porter ce jugement, parce qu'ayant aussi étudié plusieurs Carabiques et les mêmes espèces qu'il a décrites, nous nous sommes toujours rencontrés ensemble sur tous les points que nous avions l'un et l'autre complétement observés.

Les larves des Carabiques sont assez différentes, suivant les genres; mais, en général, elles ont un corps allongé, presque cylindrique, formé de douze anneaux; la tête offre deux antennes courtes et une bouche composée de deux fortes mandibules, de deux mâchoires portant chacune une division externe en forme de palpe, et d'une languette sur laquelle sont aussi fixés deux palpes moins allongés que ceux des mâchoires: le premier anneau, ou celui qui correspond au prothorax, est recouvert supérieurement d'une pièce écailleuse carrée, ne débordant pas le corps. Les autres anneaux sont mous. Le huitième est dépourvu de mamelons, et le dernier présente deux appendices coniques dont la forme et la consistance varient suivant les genres.

Ces genres, très-nombreux, très-difficiles à grouper dans un ordre naturel, ont été rangés par Latreille (Hist. des Coléoptères d'Europe) dans cinq sections, de la manière suivante:

Ire SECTION. — LES ÉTUIS TRONQUÉS, *Truncatipennes.* Palpes extérieurs non terminés en alène ou subulés; côté interne des deux jambes antérieures fortement échancré; extrémité postérieure des élytres tronquée.

Dans cette section le corps est oblong; la tête et le prothorax sont ordinairement plus étroits que l'abdomen; le prothorax a presque la forme d'un cœur: il est tronqué postérieurement, étroit, allongé, ou presque cylindrique. Les tarses sont le plus souvent semblables dans les deux sexes; enfin le bout des élytres est simplement sinué dans quelques-uns.

Crochets des tarses simples ou point dentelés en dessous.

† Point de paraglosses sur les côtés de la languette: cette partie, tantôt entièrement cornée, tantôt cornée au milieu, avec les bords latéraux membraneux, et s'avançant au-delà du bord supérieur dans quelques-uns. —Ici le pénultième article des tarses est constamment entier ou point bilobé; la tête, rétrécie immédiatement après les yeux, a toujours une forme triangulaire, et ne tient dans aucun cas au prothorax par un col en forme de petit nœud. Le prothorax n'est jamais long et étroit.

Genres. ANTHIE, GRAPHIPTÈRE, HELLUO, APTINE, BRACHINE.

†† Un paraglosse de chaque côté de la languette. —On trouve maintenant le pénultième article de tous les tarses, ou du moins celui des deux tarses antérieurs, très-distinctement bilobé dans plusieurs. Tantôt, ce qui a lieu dans le plus grand nombre, la tête tient au prothorax par un col en forme de petit nœud; souvent alors elle est ovalaire, et se prolonge en se rétrécissant derrière les yeux; tantôt elle est triangulaire et sans col, en forme de petit nœud; mais, dans ce cas, le prothorax est long et étroit, et le pénultième article des tarses est bilobé

1. Dernier article des palpes extérieurs en forme de triangle ou de cône renversé et comprimé.

Genres Galérite, Drypte, Zuphie, Polistique.

ii. Dernier article des palpes extérieurs ovoïde. (Tête constamment allongée, et rétrécie en arrière des yeux jusqu'au cou.)
Genres Cordiste (Calophœna, Klüg), Casnonie (Ophionea , Klüg), Odacanthe.

Crochets des tarses dentelés en dessous.

Les paraglosses sont peu ou point distincts, ainsi que dans les Brachines et autres genres analogues.

Genres Agre, Cyminde, Plochione, Lebie, Lamprie, Dromie, Demetrias.

IIe section. — Les Bipartis, *Bipartiti.* Palpes extérieurs non terminés en manière d'alène. Côté intérieur des deux jambes antérieures ordinairement fortement échancré. Elytres entières ou légèrement sinuées à leur extrémité postérieure. Tarses, le plus souvent courts, semblables ou sans différences sensibles dans les deux sexes : leur dessous dépourvu de brosse et simplement garni de poils ou de cils ordinaires.

Les Insectes de cette section sont fouisseurs, terricoles et peu ou point carnassiers, à ce qu'il paraît. Ils ont les antennes souvent coudées ; l'abdomen pédiculé, le prothorax grand, lunulé dans plusieurs; carré ou presque globuleux dans les autres ; les jambes antérieures sont palmées ou digitées dans un grand nombre.

Menton recouvrant presque tout le dessous de la tête jusqu'au labre, immobile , souvent sans suture à sa base.

Genres Encelade, Siagone.

Menton laissant à découvert une grande partie de la bouche et les côtés inférieurs de la tête , mobile, toujours distingué par une suture.

† Jambes antérieures palmées ou digitées.

Genres Carène, Scarite, Pasimaque, Clivine, Dischirie.

†† Jambes antérieures simples ou de forme ordinaire.

1. Antennes grenues ou presque grenues. Prothorax presque carré.

Genres Ozène, Morion.

ii. Antennes à articles allongés, presque cylindriques. Prothorax presque lunulé ou cordiforme.

Genres Ariste (Ditome, Bon.), Apotome.

IIIe section.—Les Thoraciques, *Thoracici.* Palpes extérieurs non terminés en manière d'alène. Côté interne des deux jambes antérieures fortement échancré. Elytres entières ou légèrement sinuées à leur extrémité postérieure. Les premiers articles des quatre ou deux tarses antérieurs des mâles sensiblement plus larges, garnis en dessous de papilles ou de poils, soit disposés en séries , soit en brosse serrée et sans vide.

Les quatre tarses antérieurs des mâles dilatés.

† Dernier article des palpes maxillaires extérieurs au moins, ovoïde , tronqué ou obtus. Milieu du bord supérieur du menton à dent simple ou nulle. — Les Insectes de cette sous-division ont les palpes maxillaires internes très-pointus; les paraglosses proportionnellement plus larges que dans les Carabiques suivans ; les mandibules courtes ; les pieds antérieurs au moins, robustes et à jambes très-épineuses. Ils sont pourvus d'ailes et composent le genre Harpale de Bonelli.

Genres Acinope, Harpale, Ophone, Sténolophe, Masorée.

†† Dernier article des palpes maxillaires extérieurs au moins, conique , très-pointu et formant avec le précédent un corps ovalaire , allongé et très-acéré au bout. Milieu du bord supérieur du menton ayant une dent bifide.

Ici les tarses intermédiaires sont en général moins sensiblement dilatés que dans les précédens. Le dessus de la tête est souvent élevé près du bord interne des yeux ; enfin une portion des élytres est lisse, et l'autre est striée dans plusieurs. Ces Insectes très-petits, presque tous de couleur roussâtre, avoisinent ceux de la dernière division ou les Subulipalpes.

Genres Tréchus, Blémus.

Les deux tarses antérieurs des mâles uniquement dilatés.

† Extrémité supérieure de la languette atteignant ou dépassant toujours celle de l'article radical de ses palpes. Point d'étranglement ou de dépression brusque à la partie postérieure et supérieure de la tête immédiatement derrière les yeux.

1. Mandibules toujours terminées en pointe. Bord antérieur de la tête servant d'attache au labre plan, droit, point élevé ni arqué en manière de ceintre. Une ou deux dents dans l'échancrure du menton, au milieu de son bord supérieur. (Labre rarement bilobé ou très-échancré.)

Les genres des subdivisions suivantes jusqu'à celle ††, opposée à la précédente, composent le genre Féronie (Règ. Anim. de Cuv.). Le milieu du bord supérieur du menton offre toujours une dent qui est ordinairement bifide.

A. Pieds, ou du moins les quatre premiers, le plus souvent robustes ; articles dilatés des tarses antérieurs des mâles en forme de cœur ou de triangle renversé, ne formant point de palette carrée ou orbiculaire (toujours garnis en dessous de poils ou de papilles disposés sur deux à quatre lignes divergentes).

* Crochets des tarses simples ou sans dentelures.

a. Pieds robustes : les quatre cuisses antérieures au moins ovalaires et renflées. Corselet aussi large que l'abdomen, mesurés l'un et l'autre dans leur plus grand diamètre transversal. Longueur du troisième article des antennes double au plus de celles du précédent.

1. Mandibules courtes ou moyennes, dépassant le labre de la moitié au plus de leur longueur. (Bord postérieur du corselet s'appliquant ordinairement contre la base des élytres, ou en étant très-rapproché.)

(†)Corps du plus grand nombre ailé, ovale ou ovale-oblong, convexe ou arqué en dessus, avec la tête inclinée. Dernier article des palpes extérieurs ovoïde ou presque ovalaire. Antennes non grenues ; la plupart des articles toujours presque cylindriques, les derniers un peu plus épais.

Genres Zabre, Pelor, Pangus, Amare, Pogone, Tétragonodère, Poecile, Argutor.

Ils ont tous les mandibules courtes.

(††) Corps ordinairement aptère et droit. Dernier article des palpes extérieurs plutôt cylindrique ou obconique qu'ovoïde ou ovalaire. Antennes grenues ou presque grenues, paraissant, vues de profil, comme noueuses et plus grêles au bout : la plupart des articles presque en forme de toupie ou de poire, dans les espèces où ces organes sont allongés.

Les coupes dont se compose cette division passent, par nuances presque insensibles, de l'une à l'autre, et ne semblent devoir former qu'un seul genre renfermant des Insectes qui habitent particulièrement les lieux ombragés et les montagnes, et dont les mandibules sont généralement plus fortes que celles des précédens, la gauche étant un peu plus grande.

Genres Abax, Ptérostique, Platysme, Cophose, Omasée, Stérope, Molops, Percus.

2. Mandibules très-fortes, notablement avancées au-delà du labre. (Abdomen pédiculé.)

Genres Céphalote (*Broscus*, Panz.), Stomis.

b. Pieds faibles, à cuisses oblongues. Corselet dans toute son étendue, plus étroit que l'abdomen. Longueur du troisième article des antennes triple ou presque triple de celle du précédent. (Les antennes menues et linéaires.)

Genre SPHODRE.

** Crochets des tarses dentelés en dessous.

Genres LÆMOSTHÈNE , CALATHE , TAPHRIE (*Synuchus*, Gyll.).

B. Pieds ordinaires grêles; articles dilatés des tarses antérieurs des mâles , le premier au plus excepté, presque carrés ou orbiculaires , et composant ensemble une sorte de palette, garnis inférieurement dans plusieurs d'une brosse serrée et sans vide. Corselet souvent plus étroit dans toute sa longueur que l'abdomen.

Dans les uns , les poils ou papilles du dessous des articles dilatés des tarses antérieurs des mâles sont disposés par séries longitudinales , ne formant point de brosse serrée et sans vide ; les palpes extérieurs sont toujours filiformes , avec le dernier article ordinairement presque ovalaire. Le corselet est toujours orbiculaire ou en forme de cône tronqué.

Genres DOLIQUE, PLATINE, ANCOMÈNE, AGONE.

Dans les autres , le dessous des articles dilatés des tarses antérieurs des mâles est garni d'une brosse très-serrée et sans vide.

Genres CALLISTE , EPOMIS, DINODE, CHLÆNIE, OODE.

II. Mandibules le plus souvent très-obtuses , ou tronquées et échancrées à leur extrémité. Bord antérieur de la tête servant de base au labre élevé, et arqué en manière de ceintre. Point de dents au milieu du bord supérieur du menton ou dans son échancrure. (Labre toujours fortement échancré ou bilobé.)

Ici les articles dilatés des tarses antérieurs des mâles forment réellement une sorte de palette.

Tantôt les mandibules sont terminées en pointe.

Genre RÉMBE.

Tantôt, elles sont très-obtuses et échancrées ou tronquées obliquement à leur extrémité.

Genres DICÆLE, LICINE, BADISTER.

†† Languette de plusieurs très-courte et n'atteignant pas l'extrémité supérieure du premier article de ses palpes : un étranglement ou une dépression brusque à la partie postérieure et supérieure de la tête , immédiatement derrière les yeux.

Genres PATROBE, MICROCÉPHALE, PÉLÉCIE , PANAGÉE, LORICÈRE.

IVᵉ SECTION. —LES ABDOMINAUX, *Abdominales.* Palpes extérieurs non subulés ou en alène. Point d'échancrure au côté interne des jambes antérieures, ou cette échancrure ne formant , lorsqu'elle existe, qu'un canal oblique, linéaire, n'avançant point sur la face antérieure de la jambe. Elytres entières ou simplement sinuées à leur extrémité postérieure. Dernier article des palpes extérieurs ordinairement dilaté , soit en forme de triangle ou de hache , soit en forme de cône renversé et plus ou moins oblong. (Yeux saillans. Abdomen très-grand relativement au prothorax.)

Côté interne des mandibules entièrement ou presque entièrement denté dans toute sa longueur. (Labre toujours très-bilobé. Dernier article des palpes extérieurs toujours très-grand ; celui des labiaux en forme de hache ou de cuiller.)

Genres PAMBORE, CYCHRUS , SCAPHINOTE.

Mandibules sans dents notables, ou dentées seulement vers leur base.

† Tous les tarses semblables dans les deux sexes.

Genres TEFFLUS , PROCÈRE.

†† Tarses antérieurs dilatés dans les mâles.

I. Bord antérieur du labre à trois ou deux lobes.

Genres PROCRUSTE , CARABE , CALOSOME.

II. Labre entier.

A. Dernier article des palpes formant un cône renversé. Antennes grêles et allongées.

Genres LEISTUS, NEBRIE, OMOPHRON.

B. Dernier article des palpes extérieurs presque cylindrique ou ovalaire. Antennes assez épaisses et courtes.

Genres BLETHISE, PÉLOPHILE, ELAPHRE, NOTIOPHILE.

Ve SECTION. — Les SUBULIPALPES, *Subulipalpi*. Palpes extérieurs subulés ; l'avant-dernier article grand, renflé, turbiné ou en forme de toupie; le dernier très-petit, aciculaire.

Les Insectes de cette section se rapprochent un peu, par le *facies*, des Cicindélètes; ils ont le côté interne des deux jambes antérieures échancré; les élytres entières ou simplement sinuées à leur extrémité postérieure; les yeux saillans, et le milieu du bord supérieur de la languette pointu; on les rencontre sur les bords des eaux ou dans les lieux humides.

Genres TACHYE, LOPHE, LEJA, PERYPHE, BEMBIDION, NOTACHE, TACHYS.

Latreille (Règ. Anim. de Cuv.) réunit ces différens genres établis sur des caractères peu importans, à celui de BEMBIDION.

V., pour les caractères qui leur sont propres, chacun des genres mentionnés dans ce tableau. (AUD.)

CARABOU ou KARABOU. BOT. PHAN. Syn. brame de Karibepou. *V*. ce mot. (B.)

CARACA. BOT. PHAN. Nom de pays qui, dans Rumph, désigne une espèce de Dolic, *Dolichos bulbosus*, L. (B.)

CARACAL. MAM. Espèce du genre Chat. *V*. ce mot. (B.)

CARACALLA. BOT. PHAN. Nom trivial, devenu scientifique, d'une espèce de Haricot, vulgairement nommée Caracole. (B.)

* CARACAN. BOT. PHAN. (Knox.)

Même chose que Kurrakkan. *V*. ce mot. (B.)

CARA-CANIRAM. BOT. PHAN. Syn. de *Justicia paniculata*. Espèce de Carmantine qui, à la côte de Malabar, passe pour spécifique contre la morsure de certains Serpens venimeux. (B.)

CARACARA. *Polyborus*. OIS. Genre établi par Vieillot dans son ordre des Accipitres, famille des Vautouriens, et dans lequel il plaça des espèces rangées par Cuvier à la suite des Aigles pêcheurs, et qui font partie de la septième section des Faucons de Temminck. Le nom de Caracara est emprunté des Brésiliens qui, au rapport de Marcgraaff, désignaient ainsi un Oiseau de la taille d'un Milan et qui est grand ennemi des Poules. On trouve aussi Caracara employé comme synonyme d'Agami. (B.)

CARACARAY. OIS. Syn. de Caracara au Paraguay. *V*. FAUCON. (DR..Z.)

CARACCA. OIS. Espèce du genre Faucon, *Falco cristatus*, Lath. La Grande-Harpie selon Cuvier. (DR..Z.)

CARACHER. *Carachera*. BOT. PHAN. Forskalh avait donné ce nom arabe au genre qu'il avait formé pour une Plante que Vahl a reconnue être une espèce du genre Lantana qu'il appelle *Viburnoïdes*. (B.)

CARACHUPA. MAM. (Frezier.) Nom vulgaire au Pérou d'un Animal qu'on reconnaît être une espèce de Sarigue. (B.)

CARACK-NASSI. BOT. PHAN. (Burmann.) Syn. de *Pergularia glabra* à Java. *V*. PERGULAIRE. (B.)

CARACO ou CHARACO. MAM. Espèce du genre Rat. *V*. ce mot. (B.)

* CARACOL. MOLL. Nom vulgaire et générique sous lequel on désigne les Limaçons en espagnol. (B.)

CARACOL-SOLDADO. CRUST. C'est-à-dire *Soldat Limaçon*. L'un des noms vulgaires espagnols de Bernard-l'Ermite. *V*. PAGURE. (B.)

CAR

CARACOLI ou CARACOLY. MIN. Alliage métallique peu connu en Europe, et que forment, selon certains voyageurs, les sauvages de l'Amérique avec le Cuivre, l'Argent et l'Or dont il a la couleur, ou avec de l'Argent et de l'Etain. (LUC.)

CARACOLLE. MOLL. Pour Carocolle. *V.* ce mot. (B.)

CARACOLLE. BOT. PHAN. Nom vulgaire d'un Haricot, *Phaseolus Caracalla*, L., remarquable par ses fleurs contournées en Limaçon et d'une odeur suave. (B.)

CARACOLY. MIN. *V.* CARACOLI.

CARACURA. OIS. (Ruysch.) Oiseau du Brésil dont la description est encore trop douteuse pour assigner à cette espèce une place dans la méthode. (DR..Z.)

CARAF. BOT. PHAN. Syn. arabe d'Arroche. *V.* ce mot. (B.)

CARAFUL. BOT. PHAN. *V.* CALATUR.

CARAGAN. *Caragana*. BOT. PHAN. Les Arbres et Arbrisseaux qui composent le genre *Robinia* de Linné se séparent naturellement en deux sections. Dans la première, on observe un calice entier ou découpé en cinq lobes peu profonds, un stigmate antérieurement velu, des gousses comprimées ainsi que les graines, et des feuilles ailées, terminées par une impaire. Dans la seconde, le calice est à cinq dents, la gousse cylindrique, les graines sont globuleuses, et le pétiole, au lieu de porter une foliole impaire à son extrémité, se prolonge en pointe ou en épine. Cette section forme le genre *Caragana* de Lamarck, auquel se rapporte le *Robinia Caragana*, L., qui lui a donné son nom, Arbrisseau de Sibérie, à pédoncules uniflores fasciculés, ainsi que ses feuilles composées de cinq paires de folioles environ.—Le *R. Calodendron*, originaire du même pays, à pédoncules triflores, à feuilles composées de deux ou trois paires de folioles argentées. — Les *R. jubata, tragacanthoides, Altagana, spinosa, frutescens,*

pygmœa, qui croissent également en Sibérie et ont été décrites et figurées par Pallas (*Nov. Act. petrop.*, t. 6, 7, 42, 43, 44 et 45). — Le *R. marticinensis* dont la gousse très-étroite se termine par un style en forme de vrille (*V.* Lamarck, *Illustr.* t. 606, fig. 2). — Le *R. florida* à grandes fleurs couleur de pourpre et fasciculées (*V.* Valh, *Symb.* t. 70), et le *R. polyantha*, espèce très-voisine, toutes deux originaires d'Amérique. — Le *R. Chamlagu* dont les feuilles n'ont que deux paires de folioles glabres, dont le pétiole et les stipules sont épineux, les fleurs grandes et jaunes, portées sur des pédoncules simples, et le *R. flava* à tige inerme, à feuilles composées de huit paires de folioles, à fleurs blanches, à racines jaunes amères. Le premier habite la Chine, le second la Cochinchine. *V.* Lamk. *Illustr.* t. 607. (A. D. J.)

CARAGATE. BOT. PHAN. Nom vulgaire du genre *Tillandsia*. *V.* TILLANDSIE. (A. R.)

CARAGNE. MAM. Pour Caragne. *V.* ce mot. (B.)

CARAGNE. *Caranna*. BOT. PHAN. Vulgairement *Gomme-Caragne*. Substance gommo-résineuse qui provient d'un Arbre indéterminé du Mexique, et qu'on employait autrefois dans la médecine où l'on n'en fait plus usage. (B.)

*CARAGUATA et CARAGUATE. BOT. PHAN. Même chose que Caragate. *V.* ce mot et TILLANDSIE. (B.)

CARAGUE. MAM. (Laët.) Syn. de Sarigue. *V.* DIDELPHE. (B.)

CARAH. OIS. Nom d'une espèce peu connue de Faucon au Bengale. (DU..Z.)

CARAHSI. BOT. PHAN. Syn. indou de Galedupa. *V.* ce mot. (B.)

CARAICHE ou CAREICHE. BOT. PHAN. Syn. de Carex. *V.* LAICHE. (B.)

* CARAI-CODI. BOT. PHAN. Espèce de Bryone indéterminée de la côte de Coromandel. (B.)

CARAINAL. ois. Syn. maltais du Guêpier commun, *Merops Apiaster*, L. *V.* Guêpier. (DR..Z.)

CARAIPÉ. *Caraipa.* bot. phan. Ce genre, établi par Aublet dans les Plantes de la Guiane, nous paraît fort difficile à bien classer dans une des familles naturelles de Plantes déjà connues. Voici les caractères qui le distinguent : ses fleurs constituent des grappes rameuses, axillaires ou terminales ; leur calice est petit, à cinq divisions très-profondes ; la corolle se compose de cinq pétales réguliers étalés, beaucoup plus grands que le calice, insérés au-dessous du pistil ; les étamines sont en très-grand nombre ; leurs filamens sont grêles, capillaires, hypogynes ; leurs anthères sont biloculaires ; le pistil est libre et se compose d'un ovaire globuleux à trois angles obtus, à trois loges contenant chacune un seul ovule ; le style est allongé et se termine par un stigmate trilobé. Le fruit est une capsule presque pyramidale à trois angles se terminant en pointe à son sommet ; elle est à trois loges qui s'ouvrent en trois valves, dont les bords sont appliqués sur les cloisons qui forment une sorte de colonne à trois angles et comme à trois ailes.

Ce genre se compose d'un petit nombre d'Arbres d'une taille médiocre, dont les feuilles sont alternes, entières, portées sur de courts pétioles ; il a quelques rapports avec le genre *Vateria.* (A. R.)

CARAK. ois. Syn. de Troglodyte, *Motacilla Troglodytes*, L. dans le nord de l'Europe. *V.* Sylvie. (DR..Z.)

*CARAKIDIA. pois. Syn. de *Sciæna Umbra* chez les Grecs modernes. *V.* Sclæne. (B.)

CARAK-NASSI-FOELA-AROS. bot. phan. Nom malais du *Rondeletia asiatica. V.* Rondeletie. (B.)

ɟ CARALINE. bot. phan. Nom de pays du *Ranunculus glacialis.* Espèce de Renoncule qui croît au bord des glaciers. (B.)

CARALOU. bot. phan. Pour Calalou. *V.* ce mot. (B.)

CARA-MANDYN. bot. phan. Syn. de *Melastoma aspera* à Madagascar, appelé Caduc-duc à Java. (B.)

CARAMARO ou **CARAMARRO.** bot. phan. Même chose que Camaron en quelques cantons du Portugal. (B.)

CARAMASSON. pois. L'un des noms vulgaires du *Cottus Scorpio* vers l'embouchure de la Seine. *V.* Cotte. (B.)

CARAMBA. bot. phan. Pour Carambu. *V.* ce mot. (B.)

CARAMBASSE. bot. phan. Bosc dit que c'est une espèce de Millet. (B.)

CARAMBOLE. bot. phan. Fruit de l'*Averrhoa Carambola. V.* Carambolier. (B.)

CARAMBOLIER. *Averrhoa.* bot. phan. Genre placé par Jussieu à la suite des Térébinthacées, mais qui appartient aux Rhamnées, suivant Correa. Son calice est profondément découpé en cinq parties, avec lesquelles alternent cinq pétales plus longs, comme onguiculés et dont le limbe se réfléchit après la floraison ; les filets sont réunis inférieurement en un anneau, cinq extérieurs plus courts, cinq intérieurs alternant avec les premiers et allongés, tous inférieurement élargis ; l'anthère, fixée à leur sommet par le milieu de son dos, est ainsi oscillante et introrse ; elle a deux loges qui s'ouvrent par une suture longitudinale ; l'ovaire libre est à cinq côtes séparées par autant d'enfoncemens, surmonté de cinq styles et de cinq stigmates, et présente intérieurement cinq loges, dont chacune contient autant de graines pendantes à son angle intérieur ; le fruit, à la base duquel persiste le calice, est une baie allongée, marquée de cinq angles saillans, qui correspondent à autant de loges tapissées par une membrane propre. On trouve dans chacune de deux à cinq graines, dont l'embryon, dressé au milieu d'un périsperme charnu, offre une radicule courte et des cotylédons comprimés. (*V*. Ann. du Mus., T. VIII, p. 72 , t. 55.)

On connaît deux espèces de ce genre. Ce sont des Arbustes de l'Inde dont les feuilles sont composées de folioles alternes, les fleurs disposées en panicules à l'aisselle de ces feuilles, à l'extrémité des rameaux ou sur le tronc même, les fruits contenant une pulpe acide. Dans le Bilimbi, *Averrhoa Bilimbi*, L., les dix filets portent des anthères, les angles du fruit sont arrondis. Dans l'*Averrhoa Carambola*, L., qui a donné au genre son nom français, les cinq filets extérieurs sont stériles; le fruit plus grand a des angles aigus, et les graines sont à demi enveloppées dans un arille charnu (Cavanilles , Disser. tab. 219 et 220 , et Lamk. *Illust.* tab. 585). La Plante décrite par Linné sous le nom d'*Averrhoa acida* a été rapportée au genre Cicca. *V*. ce mot. (A. D. J.)

CARAMBU. BOT. PHAN. (Rhéede, *Malab*. T. 11, tab. 49.) L'une des Plantes à laquelle les Indous appliquent le nom de Bula-Vanga , et qui paraît être le *Jussiœa caryophylloïdes* , Lamk. (B.)

CARAMILLO. BOT. PHAN. L'un des noms espagnols du *Salsola Kali*, L. *V*. SOUDE. (B.)

* CARAMOT ET CARAMOTE. CRUST. Noms vulgaires cités par Rondelet (*de Piscibus, lib*. 18, p. 547 et 549) et sous lesquels on désignait de son temps deux Crustacés marins assez différens. Le premier de ces noms semble appartenir à l'espèce du genre Alphée que Risso (Hist. des Crust. de Nice, p. 90) nomme *A. Caramote*; l'autre est rapportée par Latreille (Règne Anim. de Cuv., T. 5, p. 36) au genre Pénée. (AUD.)

CARAMUJO. MOLL. Syn. espagnol de Nérite. *V*. ce mot. (F.)

CARANA ET CARAPSOT. BOT. PHAN. La Canneberge chez les Tartares Ostiacks. (B.)

CARANA-IBA. BOT. PHAN. (Marcgraaff.) Palmier indéterminé du Brésil, qui paraît appartenir au genre Corypha. (B.)

CARA-NASCI. BOT. PHAN. Nom qui paraît devoir être générique à Amboine , où, avec l'épithète de grand , il désigne le *Ruellia antipoda*; avec celle de petit, le *Capraria Crustacea*; avec celle d'Arbre à feuilles étroites, l'*Oldenlandia repens*. (B.)

CARANCHO ou CARANCRO. OIS. Syn. du Caracara dans l'Amérique méridionale. *V*. FAUCON. On prétend que le second de ces noms s'applique encore au Vautour Urubu, ainsi qu'au Catharte Aura. On l'a quelquefois écrit Carancros. (DR..Z.)

*CARANDAS. BOT. PHAN. (Garcias, C. Bauhin et Rumph.) Syn. de Calac. *V*. ce mot et CARISSA. C'est le nom propre de l'espèce qui sert de type à ce genre. (B.)

CARANDIER. *Caranda*. BOT. PHAN. Le fruit que Gaertner a décrit et figuré sous le nom de *Caranda pedunculata* (T. 11, p. 7, t. 83) appartient à un Palmier, originaire de Ceylan, dont on ne connaît point encore la fleur, ni les organes de la végétation. Gaertner le décrit comme étant formé par un, deux, ou trois ovaires pédonculés, partant du fond d'un calice coriace, ovoïdes , terminés en pointe, composés d'un péricarpe mince , lisse , uni avec le tégument propre de la graine. Celle-ci est en grande partie composée d'un endosperme cartilagineux, de même forme que le fruit, creusée à son centre d'une petite cavité oblongue et contenant l'embryon dans une petite fossette latérale. Cet embryon est conique, sa radicule est tournée du côté extérieur. (A. R.)

CARANGA. BOT. PHAN. (Vahl.) pour Curanga. *V*. ce mot. (B.)

* CARANGOLAM. BOT. PHAN. *V*. CARA ANGOLAM.

CARANG-RÈDE. POLYP. Ce nom malais désigne, selon Desmarest , le Millepore, vulgairement appelé Manchettes de Neptune. (LAM..X.)

CARANGUE. POIS. Espèce du sous-genre Caranx. *V.* ce mot. (B.)

*. CARANGUEIRO. CRUST. Même chose que Cangrejo. *V.* ce mot. (B.)

*CARANNA. BOT. PHAN. Même chose que Caragne. *V.* ce mot. (B.)

CARA-NOSI. BOT. PHAN. Syn. malabare de *Vitex trifolia. V.* VITEX. (B.)

CARANOTSCHI. BOT. PHAN. Syn. malais de *Justicia Gendarussa*, espèce de Carmantine. (B.)

* CARANTO. OIS. Syn. italien du Verdier, *Loxia Chloris*, L. *V.* GROS-BEC. (DR..Z.)

CARANX. POIS. Genre indiqué d'abord par Commerson., formé par Lacépède aux dépens des Scombres de Linné, et que Cuvier n'adopte que comme sous-genre parmi ces mêmes Scombres. *V.* ce mot. (B.)

CARANXOMORE. *Caranxomorus.* POIS. Genre formé par Lacépède en démembrement des Scombres, mais qui n'a pas été adopté par Cuvier. Les espèces dont il était composé peuvent être réparties dans plusieurs autres, tels que Coryphène, Centronote et Cichle : ce qui prouve qu'il était peu naturel. *V.* tous ces mots. (B.)

CARANZIA. BOT. PHAN. Syn. italien de *Momordica Balsamina*, L. *V.* MOMORDIQUE. (B.)

CARAPA. BOT. PHAN. Genre placé à la suite de la famille des Méliacées, dont il se rapproche en effet par plusieurs caractères, quoiqu'il s'en éloigne par plusieurs autres. Il a été établi par Aublet, d'après un Arbre de la Guiane, puis reproduit par Kœnig et en même temps mieux caractérisé dans la description d'un Arbre des Moluques qu'il appelle *Xylocarpus*, le même que Rumph nommait *Granatum* (*Hort. Amb.* T. III. t. 61.) Son calice est à quatre lobes coriaces, ainsi que les pétales qui sont en même nombre, étalés et attachés sous l'ovaire. Intérieurement et vers le même point s'insère un tube qui présente supérieurement huit découpures échan-

crées, contre lesquelles sont appliquées au dedans huit anthères. L'ovaire libre est surmonté d'un style épais que termine un stigmate tronqué, large, percé dans son milieu, et entouré d'un rebord sillonné. Le fruit est grand et globuleux. Son péricarpe ligneux à l'intérieur, coriace extérieurement et marqué de quatre ou cinq sillons, se sépare en autant de valves, et renferme une loge unique, peut-être par suite d'avortement, dans laquelle plusieurs noyaux de forme anguleuse, de consistance subéro-ligneuse se touchent par leurs facettes en se groupant diversement. Ils contiennent une graine dépourvue de périsperme.

Les deux espèces dont nous avons déjà parlé sont des Arbres à feuilles alternes et pinnées sans impaire, à fleurs disposées en grappes axillaires, polygames par avortement. Dans celui des Moluques, les feuilles n'ont en général que trois paires de folioles ovales-aiguës ; les fruits sont gros comme la tête d'un enfant nouveau-né. Ils sont plus petits, les folioles sont lancéolées et beaucoup plus nombreuses dans l'Arbre de la Guiane, dont l'amande fournit, à l'aide de la chaleur ou de la pression, une huile épaisse et amère, employée à divers usages domestiques et précieuse par la propriété qu'elle a d'écarter les Insectes. *V.* Lamk, *Illustr.* t. 301, et Aublet, Suppl. t. 387. (A.D.J.)

L'écorce de Carapa est employée avec succès par les Indiens comme fébrifuge. Elle est d'un brun jaunâtre, recouverte d'un épiderme gris et rugueux. Sa saveur fortement amère se rapproche de celle du Quinquina gris. L'examen chimique de cette écorce, fait par Robinet, a encore démontré la plus grande analogie entre elle et le Quinquina. Ce chimiste y reconnut la présence : 1° d'une matière alcaline qui a beaucoup de ressemblance avec la Quinine ; 2° d'un acide de la nature du Kinique ; 3° d'une matière rouge soluble ; 4° d'une matière rouge, insoluble, analogue au rouge-cinchonique de Pelletier ; 5°

, d'une matière grasse verte ; 6o d'un sel à base calcaire qui pourrait bien être un Kinate. Le Carapa fournit assez abondamment une huile ou graisse végétale, dont la très-grande amertume est due, selon Boullay, à la présence de la même matière alcaline que l'on trouve dans l'écorce des *Cinchona.* (DR..Z.)

CARAPACE. *Testa.* REPT. CHEL. Partie supérieure de l'enveloppe des Tortues, le plus souvent osseuse et disposée en voûte résistante. *V.* CHÉLONIENS. (B.)

CARAPAT ET KARAPAT. BOT. PHAN. Syn. de Ricin , d'où vient qu'on donne quelquefois ces noms à l'huile qu'on retire des graines des Plantes de ce genre. (B.)

CARAPATINE. POIS. FOSS. *V.* GLOSSOPÈTRE.

CARAPE. *Carapus.* POIS. Sousgenre de Gymnote. *V.* ce mot. (B.)

* CARAPÉ. OIS. (Azara.) Syn. du Tinamou nain, *Tinamus nanus*, Temm. *V.* TINAMOU. (DR..Z.)

CARAPICHE. *Carapichea.* BOT. PHAN. Le genre Carapichea d'Aublet fait partie de la famille naturelle des Rubiacées et de la Pentandrie Monogynie, L. Une seule espèce le compose , c'est le *Carapichea guianensis* (Aubl.,Guian. 1. p. 168. t. 64). Arbrisseau à feuilles opposées, très-grandes, entières, ovales, allongées, acuminées à leur sommet, ayant une grande stipule entre chaque paire de feuilles. Les fleurs sont petites , réunies en tête sur une sorte de réceptacle. Chaque capitule qui est axillaire et pédonculé est environné à sa base par un involucre formé ordinairement de quatre folioles disposées en croix, et dont les deux plus extérieures sont plus longues. Les fleurs ont chacune une corolle courte, monopétale, régulière, infundibuliforme, à cinq divisions, et cinq étamines saillantes. Aublet leur donne pour fruit une capsule anguleuse à deux loges monospermes , s'ouvrant en deux valves. Nous avons, au contraire, trouvé sur des échantil-

lons recueillis à la Guiane par feu mon père, que le fruit est un petit Nuculaire contenant deux noyaux cartilagineux, marqués d'un sillon longitudinal sur leur face interne qui est plane.

Ces différens caractères rappellent, comme il est facile de le voir, le genre *Cephœlis* de Swartz ou *Tapogomœa* d'Aublet. Il n'en diffère que par les étamines saillantes, ce qui ne peut constituer un caractère générique. Le *Schradera ligularis* décrit et figuré par Rudge, t. 45, nous paraît être la même Plante que le *Carapichea* d'Aublet. (A.R.)

CARA-PICOR. BOT. PHAN. Même chose que Caa-Pomanga. *V.* ce mot. (B.)

* CARAPO. POIS. Et non *Carappo.* Espèce de Gymnote du sous-genre Carape. *V.* GYMNOTE. (B.)

* CARAPOPEBA. REPT. SAUR. (Marcgraaff.) Petit Lézard indéterminé du Brésil qu'on dit venimeux, brun, avec des taches blanches sur la queue, ayant cinq doigts aux pieds de devant et quatre à ceux de derrière. (B.)

CARAPOUCHA. BOT. PHAN. (Feuillée.) Syn. de *Bromus catharticus*, Graminée du Pérou , dont la graine , même en décoction, cause le vertige et le délire. (B.)

CARAPPO. POIS. *V.* CARAPO.

CARAPU. BOT. PHAN. Syn. de *Smilax indica*, que les Indous appellent Kari-Vitandi. (B.)

CARA-PULLI. BOT. PHAN. Syn. indou de *Jussiœa villosa*, qui est le Cattu Carambu de la côte de Malabar. (B.)

CARAPULLO. BOT. PHAN. (Frezier.) Même chose que Carapoucha. *V.* ce mot. (B.)

CARARA. OIS. Syn. d'Anhinga, *Plotus Anhinga*, L. dans l'Amérique méridionale. *V.* ANHINGA. (DR..Z.)

CARARA. BOT. PHAN. La Plante désignée sous ce nom en Toscane , d'après Cœsalpin, ne paraît pas être le Cresson alénois ou la Passerage, comme on l'a pensé; mais le *Cochlearia Coronopus*, devenu le genre Coronopus de De Candolle, auquel Medicus, qui l'avait aussi formé, avait donné le nom de Carara. (B.)

CARA-RAYADA. MAM. C'est-à-dire *face rayée*. Nom donné par les Espagnols de l'Amérique méridionale au Sapajou, appelé par Humboldt *Simia trivirgata*. (B.)

CARARU. BOT. PHAN. (Pison.) Nom brasilien, d'où peut-être Calalou, de l'*Amaranthus viridis*, qu'on mange en guise d'Épinards. (B.)

CARASCA. BOT. PHAN. Nom espagnol du *Quercus coccifera*, d'où le nom de Carascal qui est quelquefois donné à des espaces de terrains déserts que couvrent les buissons formés par cette petite espèce de Chêne. (B.)

CARA-SCHULI ET CARASCULLI. BOT. PHAN. Syn. de *Barreliera buxifolia*, à la côte de Malabar. V. BARRELIÈRE. (B.)

CARASSIN. POIS. Espèce de Cyprin du sous-genre Carpe, *Cyprinus Carassius*. V. CYPRIN. On appelle aussi CARASSIN DE MER le *Labrus rupestris* qui est un Crénilabre de Cuvier. V. ce mot. (B.)

CARASSUDO. BOT. PHAN. L'un des noms vulgaires du *Centaurea collina*, L. dans le midi de la France. (B.)

CARATAS ET CARATHAS. BOT. PHAN. V. KARATAS.

CARATÉ. BOT., PHAN. Pour Carati. V. ce mot. (A. R.)

CARATHILLUT. BOT. PHAN. (Surian.) Syn. caraïbe de *Malpighia coccifera*. V. MALPIGHIE. (B.)

CARATI. BOT. PHAN. Nom indou d'une espèce du genre Momordique, *Momordica Charanthia*, L. (B.)

CARAU. OIS. (Azara.) Espèce du genre Courlan, décrite par Vieillot, sous le nom de Courliri-Carau. V. COURLAN. (DR..Z.)

*CARAUNA. POIS. (Marcgraaff.) On

ne peut reconnaître à quel genre appartient ce Poisson dont la chair, quoique molle, a une saveur agréable. Il se pêche entre les rochers. (B.)

*CARAUZA ET CARAUZIA. BOT. PHAN. La Momordique commune en quelques parties de l'Italie. (B.)

CARAVALA. BOT. PHAN. (Sloane.) Plante parasite de la Jamaïque, qui paraît être une Tillandsie. (B.)

CARAVATA-MIRI. BOT. PHAN. Orchidée de la Guiane, rapportée au genre Sérapias par Aublet. (B.)

CARAVATTI. BOT. PHAN. Et non *Caravati*. Nom indou d'une espèce de Figuier, *Ficus Ampelos*. (B.)

*CARAVEA. BOT. PHAN. Syn. espagnol de Carvi. V. ce mot. (B.)

CARAVEELA. BOT. PHAN. V. CAPA-VEELA.

*CARAVELLE. MOLL. L'un des noms vulgaires du *Physalis pelagica*, Lamk., qui était le *Medusa Caravella* de Gmelin. (B.)

CARAWAY. BOT. PHAN. Syn. anglais de Carvi. V. ce mot. (B.)

CARAXERON. BOT. PHAN. (Sébast. Vaillant.) Syn. de Gomphrenie. V. ce mot. (B.)

CARAYA. MAM. (Azara.) Nom qu'on donne, au Paraguay, à l'Ouarine de Buffon, *Simia Beelzebuth*, L. (B.)

CARBALLO. BOT. PHAN. L'un des noms espagnols du Chêne Roure. (B.)

*CARBASSUS. BOT. PHAN. Nom d'une espèce de Lin qui, chez les anciens, servait pour les plus beaux tissus. Cependant on l'employait aussi pour les voiles de navire. Le nom de Carbé qu'on attribue au Chanvre dans le midi de la France, ne paraît être que la corruption de Carbassus. (B.)

CARBÉ. BOT. PHAN. V. CARBASSUS.

CARBENGA. BOT. PHAN. Syn. de

Zérumbet, espèce du genre Amome, dans l'île de Ternate. (B.)

CARBENI. BOT. PHAN. Pour Karbeni. *V.* ce mot. (B.)

CARBO. OIS. Ce nom spécifique, employé par Linné, pour désigner le Cormoran, est devenu générique pour les auteurs qui ont extrait cet Oiseau du genre Pélican. *V.* ce mot et CORMORAN. (B.)

* CARBO. POIS. Nom vulgaire du *Sciœna Umbra* dans les environs de Venise. (B.)

CARBONAJO. POIS. C'est-à-dire *Charbonnier*, même chose que Colin, espèce du genre Gade. *V.* ce mot. (B.)

CARBONAJO. BOT. CRYPT. Ce nom désigne, dans Michéli, divers Champignons, soit Bolets, soit Agarics, de couleur brune ou noire, dont plusieurs sont mangeables, mais qui presque tous sont fort mal déterminés. (B.)

CARBONAL ou CARBOUILLE. BOT. PHAN. Syn. de Carie du Froment dans les dialectes méridionaux. (B.)

CARBONATÉ. MIN. Résultat de la combinaison de l'Acide carbonique avec les bases salifiables. Les Carbonates sont les composés salins que la nature offre en tous lieux le plus abondamment, et leur examen particulier fait une partie essentielle de la minéralogie.

Bournon a donné le nom de CARBONATE DE CHAUX DUR à une variété d'Arragonite. *V.* CHAUX, BARYTE, STRONTIANE, MAGNÉSIE, SOUDE CARBONATÉE, NICKEL, PLOMB, CUIVRE et FER CARBONATÉS. (DR..Z.)

CARBONE. MIN. Substance regardée jusqu'à ce jour comme élémentaire, et que les chimistes ne sont point encore parvenus à obtenir dans un état de pureté absolue; elle forme l'un des corps le plus abondamment répandus dans les trois règnes de la nature, et son état soupçonné le plus voisin de la pureté est le vitreux, constituant le Diamant. Il est alors solide, d'une dureté extrême, inodore, insoluble, inaltérable au feu de fourneau le plus ardent. Cet état naturel du Carbone n'est pas celui que l'on entend le plus communément lorsque l'on parle de ce corps; on est convenu, dans le langage chimique, de considérer le Carbone dans l'état où il se trouve après la plupart des opérations, c'est-à-dire sous forme irrégulière, poreuse, de couleur noire. Le Carbone, dans les matières végétales et animales dont il est la base principale, se trouve combiné avec beaucoup de corps auxquels il adhère plus ou moins fortement; uni à l'oxygène, il entre dans la composition des terrains calcaires et de tous les Carbonates terreux et métalliques; il forme presqu'à lui seul tous ces vastes dépôts souterrains connus sous le nom de couches de Houille, les mines de Bitume, etc. Le Carbone a une extrême tendance pour l'Oxygène, et il l'enlève à presque tous les corps qui en contiennent, pour se convertir en Oxyde de Carbone ou en Acide carbonique, selon que l'Oxygène est en quantité plus ou moins suffisante pour saturer le Carbone; il s'unit aussi avec quelques substances combustibles et donne naissance à des composés particuliers, les Carbures. (DR..Z.)

CARBONNÉ. OIS. Syn. piémontais du Mouchet, *Motacilla modularis*, L. *V.* ACCENTEUR. (DR..Z.)

CARBONNIER. OIS. Syn. vulgaire du Gobe-Mouche gris, *Muscicapa Grisola*, L. *V.* GOBE-MOUCHE. (DR..Z.)

* CARBOU. MAM. Syn. d'Arni à Sumatra. *V.* BOEUF. (B.)

CARBOUILLE. BOT. PHAN. *V.* CARBONAL.

CARBURES. MIN. Combinaisons du Carbone avec les substances combustibles et les Oxydes métalliques. Le Graphite est probablement une combinaison naturelle du Carbone avec le Fer. (DR..Z.)

CARC, CARCADDEN ET KER-

KODON. mam. Syn. persans de Rhinocéros. (b.)

ÇARÇA. bot. phan. Qu'on prononce *Zarza*. Syn. espagnol de Ronce. (a. r.)

CARCABI. ois. Syn. piémontais de l'Engoulevent ordinaire, *Caprimulgus europœus*, L. *V*. Engoulevent, L. (dr..z.)

CARCADET et CARCAILLOT. ois. Syn. vulgaire de la Caille, *Tetrao Coturnix*, L. *V*. Perdrix. (dr..z.)

CARCAJOU. mam. Et non *Carcajon*. Nom par lequel on désigne un Animal de l'Amérique septentrionale, qu'on dit être carnassier et habiter des tanières. Lahontan, qui le mentionna le premier, le comparait au Blaireau. Une peau bourrée qui parvint à Buffon comme celle d'un Carcajou, fit soupçonner l'identité des deux Animaux; cependant on supposait que celui du Nouveau-Monde appartenait au genre Glouton. Le nom de Carcajou appliqué au Cougouar, espèce du genre Chat, par d'autres voyageurs et par Charlevoix entre autres, acheva d'augmenter la confusion qui régnait dans l'histoire du Carcajou. Enfin Frédéric Cuvier ayant reçu du Canada, sous ce nom, un véritable Blaireau, il ne reste plus de doutes à cet égard, et le Carcajou n'est qu'un Blaireau du nouveau Continent, et peut-être une variété peu distincte dans l'espèce du Blaireau commun. (b.)

CARCAND et CHARTIS. mam. Syn. arabes de Rhinocéros. *V*. ce mot. (b.)

CARCAPULI. bot. phan. Ce nom désigne, dans l'Inde, un Arbre qui produit de la Gomme gutte et qui paraît être le Cambogie. *V*. ce mot. (b.)

* CARCARIA. pois. On donne en Sardaigne ce nom à une espèce de Squale qu'on croit être le Requin, appelé scientifiquement Carcharias. (b.)

CARCARIODONTES. pois. foss.

C'est-à-dire *dents de Requins*. Syn. de Glossopètres. (b.)

* CARCÉRULAIRES (fruits). bot. phan. Dans sa Nomenclature carpologique, Mirbel appelle ainsi le premier ordre des fruits gymnocarpiens, c'est-à-dire des fruits qui sont libres et non enveloppés, et en quelque sorte masqués par des organes étrangers. Cet ordre renferme tous les fruits gymnocarpiens, qui ne s'ouvrent point naturellement à l'époque de leur maturité et qui le plus souvent sont secs. Mirbel y place des fruits à une et à plusieurs loges, contenant une ou plusieurs graines; tantôt ils proviennent d'un ovaire libre, tantôt ils succèdent à un ovaire adhérent. Trois genres principaux composent cet ordre, et Mirbel leur donne les noms de Cypsèle, de Cérion et de Carcérule. Le premier de ces genres avait été nommé Akène par le professeur Richard, et ce nom a été généralement adopté par tous les botanistes. Le Cérion de Mirbel est la Cariopse du professeur Richard. *V*. Akène et Cariopse. (a. r.)

CARCÉRULE. *Carcerula*. bot. phan. C'est, ainsi que nous venons de le dire dans l'article précédent, un genre de fruits indéhiscens établi par Mirbel, et qui nous paraît réunir des fruits d'une organisation trop différente pour pouvoir demeurer dans un même genre et avoir une dénomination commune. En effet, Mirbel appelle Carcérule tous les fruits indéhiscens qui ne sont ni une Cypsèle, ni un Cérion. Ainsi on trouve dans ce genre de véritables Akènes, comme le fruit des Polygonées et des Chénopodées; des Samares, tels que les fruits de l'Orme, du Frêne, du *Combretum*, et enfin le fruit du Grenadier auquel Desvaux a donné le nom de *Balauste*. *V*. Fruit. (a. r.)

CARCHARHIN. *Carcharinhus*. pois. Blainville a établi ce genre dans la famille des Sélaciens. Il rentre en entier dans le sous-genre formé par Cuvier sous le nom de Requins. *V*. Squale. (b.)

CARCHARIAS. zool. Nom spécifique appliqué au Requin, Poisson de la famille des Squales, étendu à divers Insectes, tels qu'une Saperde et une Dorthésie. Le sous-genre des Requins a été traité à ce mot dans le Dictionnaire de Levrault. (b.)

* CARCHEDOINE. *Carchedonius.* min. (Pline.) Probablement une variété du Silex Agathe. Cette pierre venait d'Afrique, du pays des Nasamones; elle se trouvait aussi aux environs de Thèbes en Egypte. On en faisait des vases à boire. (b.)

* CARCHICHEC. bot. phan. Nom turc d'une variété de la Primevère ordinaire qui croît aux environs de Constantinople, et dont Cornuti a donné une figure. (b.)

CARCHOFA. bot. phan. D'où Carchofle, Carchouflier, Carchouffzier, Carciofi, Carcuffi, etc. Noms par lesquels les Provençaux et les Languedociens désignent l'Artichaut et même diverses autres Cinarocéphales, telles que le *Carduus crispus*, L., etc. (b.)

CARCHOFELA. bot. phan. C'est-à-dire petit Artichaut. Syn. provençal de Joubarbe des toits. (b.)

CARCIN. *Carcinus.* crust. Genre de l'ordre des Décapodes et de la famille des Brachyures, fondé par Leach (*Linn. Trans. Societ.*, T XI) aux dépens des Crabes proprement dits, et ayant même pour type le Crabe vulgaire de nos côtes, *Cancer Mœnas* des auteurs. Ce nouveau genre, fondé sur des caractères très-peu importans, ne nous paraît pas devoir être distingué de celui des Crabes. *V.* ce mot. (aud.)

↗ CARCINETHRON. bot. phan. (Pline.) Probablement le *Polygonum aviculare*, espèce de Renouée. *V.* ce mot. (b.)

* CARCINITE. *Carcinites.* crust. Dénomination appliquée anciennement à des espèces et des genres très-différens de Crustacés décapodes de la famille des Brachyures à l'état fossile. (aud.)

CARCINITRON. bot. phan. (Dioscoride.) Probablement le Sceau de Salomon. *V.* ce mot. (b.)

CARCINOIDES ou CANCRIFORMES. *Carcinoides.* crust. Famille de l'ordre des Décapodes instituée par Duméril, et qui correspond à celle que Latreille a désignée sous le nom de Cancérides, dans ses Considérations générales sur l'ordre naturel des Crustacés. Les genres qui la composaient sont rangés maintenant (Règne Anim. de Cuv. T. 3, p. 11) dans la grande famille des Brachyures. *V.* ce mot. (aud.)

CARCINOPODE. *Carcinopodium.* crust. Dénomination assignée aux pates des Crustacés, à l'état fossile. (aud.)

CARCIOFFUS, CARCIOFI, CARCIOFOLO, etc. bot. phan. Syn. italiens d'Artichaut, espèce du genre Cinara. *V.* ce mot. (b.)

* CARCOUADE. pois. On ne sait rien de ce Poisson, sinon qu'il se trouve en Guinée au pays d'Issini selon La Chesnaye-des-Bois. (b.)

CARCUM. bot. phan. Syn. hébreu de Safran. Caruma, en arabe, a la même signification, d'où est venu probablement Curcuma des Indiens. Amomée dont la racine de couleur safranée s'emploie dans la teinture. (b.)

CARDAIRO. pois. Syn. de *Raya Fullonica*, L., sur la côte de Nice. *V.* Raie. (b.)

CARDALINE. ois. Syn. provençal du Chardonneret, *Fringilla Carduelis*, L. *V.* Gros-Bec. (dr..z.)

CARDAMANTICA. bot. phan. (Dioscoride.) Syn. présumé de Passerage. (b.)

CARDAMINDUM. bot. phan. Syn. de Capucine. *V.* ce mot. (b.)

CARDAMINE. *Cardamine.* bot. phan. Ce genre de la famille des Crucifères et de la Tétradynamie siliqueuse, L. forme un groupe d'espèces tellement naturel, que tous les auteurs se sont accordés pour l'adopter tel qu'il fut proposé par Tournefort et Linné. Seulement R. Brown et De Candolle en ont distrait, l'un le *C. nivalis* de Pallas, dont il a formé le nouveau genre *Macropodium*, l'autre le *C. græca*, L., qui est aussi un genre nouveau sous le nom de *Pteroneurum*. Les Cardamines sont comprises dans la tribu des Arabidées ou Pleurorhizées siliqueuses que De Candolle a établie dans sa nouvelle distribution des Crucifères (*Syst. Veg. univ.* T. II). Cet auteur donne pour caractères au genre Cardamine : un calice fermé ou fort peu ouvert, égal à sa base; des pétales onguiculés à limbe entier; des étamines libres, sans appendices; des siliques sessiles, linéaires, comprimées, à valves sans nervures et s'ouvrant élastiquement; des semences ovées, sans bordures, unisériées, et portées sur des cordons ombilicaux très-grêles, enfin des cotylédons accombans. — La plupart des Cardamines sont des Plantes herbacées, glabres, dont les fleurs sont blanches ou roses, et les feuilles pétiolées, tantôt simples et indivises, tantôt lobées ou pinnées; mais souvent sur les mêmes individus on observe ces deux formes fondamentales. C'est ce qui rend très-artificielle la distribution que De Candolle a faite des espèces de ce genre; il a, en effet, coordonné d'après la forme des feuilles les cinquante-cinq Cardamines qu'il a décrites. En déduisant de ce nombre onze espèces trop peu connues, il en reste quarante-quatre bien caractérisées, qui habitent en grande partie l'hémisphère boréal. Cependant on doit remarquer que ce genre est plus répandu sur la surface du globe que les autres Crucifères, car on en trouve au Japon, au cap de Bonne-Espérance, à l'Ile-de-France, aux Terres australes, dans l'Amérique méridionale, etc. Aucune espèce de ce genre ne mérite de fixer l'attention sous le rapport de l'utilité ou de l'agrément; elles participent à un faible degré aux propriétés générales

des Crucifères, et leurs fleurs sans odeur, sans éclat, ne peuvent être comparées aux Giroflées, Lunaires et autres Plantes de la même famille. Il n'y a qu'une seule espèce qui pourrait être estimée à cet égard, c'est le *Card. pratensis*, L.; mais son abondance dans les prés d'Europe empêchera toujours de la rechercher.   (G..N.)

* **CARDAMINUM**. BOT. PHAN. Première section établie par De Candolle (*Syst. Veg.*, 2, p. 188) dans son genre Nasturtium, et qui ne comprend que le Cresson ordinaire. Mœnch en a fait un nom générique pour la même Plante.   (B.)

CARDAMOME. BOT. PHAN. Du mot indien *Cardamon*, passé chez les Grecs, et de-là dans la langue botanique. Espèce du genre Amome, *Amomum Cardamomum*, L. On a aussi donné quelquefois ce nom à l'*Amomum racemosum*. L'un et l'autre produisent une graine aromatique autrefois employée dans la pharmacie, mais qui ne l'est guère plus que dans les ragoûts asiatiques, la poudre de Caris, etc. Les anciens ouvrages et le compilateur Bomare distinguaient le grand, le petit, le moyen Cardamome, le commun, le proprement dit, etc. mais il est difficile de reconnaître à quelles espèces ou variétés se rapportent positivement ces dénominations vicieuses.   (B.)

CARDAMON. BOT. PHAN. Ce nom qui dans Dioscoride et chez d'anciens botanistes désignait le Cresson alénois, *Lepidium sativum*, L., a été adopté par De Candolle (*Syst. Veg.*, 2, p. 553) pour désigner la quatrième section qu'il a établie dans le genre Lepidium, dans laquelle ne se trouvent que deux espèces.   (B.)

CARDAO. BOT. PHAN. L'un des noms donnés par les Européens du Brésil au *Cactus Tuna*, L. *V.* NOPAL.   (B.)

* **CARDARIA**. BOT. PHAN. Genre établi par Desvaux (Journ. de bot. 3,

p. 163) aux dépens des Lepidium de Linné, et que De Candolle n'a point adopté. Ce dernier (*Syst. Veget.* , 2 . p. 528) l'a conservé seulement avec le même nom , comme une simple section du même genre, qui se trouve la première et contient cinq espèces. (B.)

CARDARINO , CARDELINE , CARDELLO, CARDELLINO. ois. Syn. romain de Chardonneret, *Fringilla Carduelis* , L. *V*. Gros-Bec.
(DR..Z.)

CARDASSE. bot. phan. Même chose que Cardao. *V*. ce mot. (B.)

CARDEL et CHARDEL. bot. phan. (Camerarius.) Le Sénevé en Mauritanie. (Daléchamp.) La Moutarde chez les Arabes. (G..N.)

CARDELA et CERRERA. bot. crypt. Nom vulgaire d'une espèce d'Agaric dans quelques cantons d'Italie. (AD.B.)

CARDELINE. ois. *V*. Cardarino.

CARDELLO , CARDENIO; CARVELINO. ois. Syn. vulgaires de Chardonneret, *Fringilla Carduelis*, L. *V*. Gros-Bec. (DR..Z.)

CARDELO. bot. phan. Syn. de Laitron , *Sonchus*, en provençal. (B.)

* CARDEN. bot. phan. (Rauwolf.) Sortes de gousses venues d'Egypte, qu'on vend sur les marchés d'Alep ,et qui paraissent être le fruit de quelque Mimeuse ou de quelque Casse. (B.)

* CARDENCHA. bot. phan. Syn. espagnol de *Dipsacus fullonum*, L. *V*. Cardère. (B.)

CARDENIO. ois. *V*. Cardello.

* CARDEOLI. bot. crypt. D'anciens botanistes ont donné ce nom à une espèce de Champignon qui n'est peut-être que l'*Agaricus Eryngii*, ou le *Prunulus* de Scopoli. (AB. B.)

CARDÈRE. *Dipsacus*, L. bot. phan. Genre de la sa famille des Dipsacées et de la Tétrandrie Monogynie,

L., reconnaissable aux caractères suivans : fleurs réunies en tête, le plus souvent coniques, ceintes à leur base d'un involucre polyphylle, et séparées par des paillettes longues et épineuses ; chaque petite fleur a un double calice entier sur les bords et persistant ; sa corolle est tubuleuse, à quatre lobes pointus et un peu inégaux ; ses étamines , au nombre de quatre , sont saillantes , et son ovaire, qui est adhérent , porte un style surmonté d'un stigmate simple. Les Cardères sont de grandes herbes ayant le port des Chardons. Leurs tiges sont anguleuses et leurs feuilles opposées. Elles se rapprochent infiniment des Scabieuses par les caractères , mais elles en diffèrent absolument par l'aspect. On n'en connaît que quatre espèces , qui croissent toutes naturellement en France. La plus commune , le *Dipsacus sylvestris* , se rencontre dans les lieux incultes , le long des grandes routes , où l'eau du ciel est retenue dans les aisselles de ses feuilles. *V*. Abreuvoir. L'une de ces espèces surtout est digne de fixer l'attention sous le rapport de ses usages dans les manufactures d'étoffes de laine. C'est celle qu'on nomme improprement le Chardon à foulon, *D. fullonum* , L. , que l'on cultive abondamment en Normandie, en Picardie, aux environs d'Aix-la-Chapelle, etc., pour peigner et polir les draps. Ses involucres réfléchis vers le sol , et surtout ses paillettes florales arquées, la distinguent suffisamment de la précédente, avec laquelle Linné et Lamarck l'avaient réunie. (G..N.)

CARDERINA. bot. phan. (Cœsalpin.) Syn. de Seneçon. (B.)

CARDES. bot. phan. Nom que l'on donne dans le jardinage , et plus particulièrement dans la cuisine, aux côtes des feuilles dont on fait des plats fort estimés. Ainsi l'on nomme simplement Cardes les côtes d'une espèce du genre Cinara , et Cardes poirées celles du *Beta Cicla*. *V*. Bette.
(B.)

CARDÈTO. BOT. PHAN. Syn. italien de Seneçon vulgaire. (B.)

CARDI. OIS. L'un des noms vulgaires du Chardonneret dans quelques parties des Pyrénées. (B.)

* CARDI. BOT. PHAN. Même chose que Cardao. *V.* ce mot. (B.)

CARDIACA. BOT. PHAN. Espèce du genre Léonure, *Leonurus*, L., vulgairement nommée Agripaume. Tournefort en avait fait un genre qu'Adanson n'a pas manqué d'adopter, et que Mœnch a prétendu rétablir. (B.)

*CARDIACÉS. MOLL. Quatrième famille des Acéphalés testacés dans la Méthode de Cuvier (Règ. Anim. T. II, p. 476), à laquelle il donne pour caractère d'avoir le manteau ouvert par-devant, et avec deux ouvertures séparées, l'une pour les excrémens, l'autre pour la respiration, lesquelles se prolongent souvent en tubes, tantôt unis, tantôt distincts; ils ont tous un muscle transverse à chaque extrémité, et un pied qui dans le plus grand nombre sert à ramper.
Dans notre classification des Lamellibranches (*Tabl. Syst. des An. Moll.*), cette famille est devenue un ordre divisé en sept familles, savoir: les Camacés, Lamk.; les Bucardes, les Cyclades; les Nymphacées, Lamk.; les Vénus, les Lithophages, Lamk.; les Mactracés, Lamk. *V.* ces mots.
Dans le Système de Lamarck (An. sans vert. T. VI, 1re part. p. 1), les Cardiacés forment aussi une famille à laquelle il donne les caractères suivans: dents cardinales irrégulières, soit dans leur forme, soit dans leur situation, et en général accompagnées d'une ou deux dents latérales. Il y place les genres Bucarde, Isocarde, Cardite, Cypricarde et Hiatelle, dont les trois derniers n'appartiennent point à notre ordre des Cardiacés. (F.)

CARDIAQUE. BOT. PHAN. Nom francisé du *Leonurus Cardiaca*, L. *V.* CARDIACA. (B.)

CARDILAGNO. POIS. Syn. de Bé-casse, espèce du genre Centrisque, à Marseille. (B.)

CARDILAGO. POIS. Syn. de Mole, espèce du genre Tétrodon, à Marseille, et peut-être aussi double emploi de Cardilagno. (B.)

CARDILLO. BOT. PHAN. C'est-à-dire *petit Chardon*. Ce nom est donné vulgairement en Espagne, ou dans les anciennes colonies espagnoles, à diverses Cinarocéphales des champs, telles que des Carlines, des Laitrons des Carthames, des Kraméries, etc. (B.)

CARDINA. OIS. Syn. catalan de Chardonneret. (B.)

CARDINAL. ZOOL. Ce nom, comme celui de Capucin, de Moine et autres figuratifs, dérivés de quelque ressemblance de formes, de couleurs ou d'habitudes, a été donné à divers Animaux d'ordres fort différens. — Voici l'indication des véritables noms qui conviennent à ces divers Cardinaux du règne animal:

CARDINAL D'AMÉRIQUE. Syn. de Tangara Rouge-Cap, *Tanagra Gularis*, L. *V.* TANGARA.

CARDINAL DU CANADA. Syn. de Tangara rouge et noir, *Tanagra rubra*, L. *V.* TANGARA.

CARDINAL DU CAP. Syn. de Gros-Bec Orix, *Fringilla Orix*. *V.* GROS-BEC.

CARDINAL CARLSONIEN. Syn. de Bouvreuil carlsonien, *Pyrrhula Carlsonii*. *V.* BOUVREUIL.

CARDINAL A COLLIER. Variété d'âge du Tangara rouge et noir, *Tanagra rubra*. *V.* TANGARA.

CARDINAL COMMANDEUR, Syn. de Troupiale Commandeur, *Icterus phœniceus*. *V.* TROUPIALE.

CARDINAL DOMINICAIN HUPPÉ. Syn. de Paroare huppé, *Fringilla cucullata*. *V.* GROS-BEC.

CARDINAL HUPPÉ. Espèce du genre Gros-Bec, *Fringilla Cardinalis*. *V.* GROS-BEC.

CARDINAL DU MEXIQUE. Syn. de Tangara rouge et noir, *Tanagra rubra*. *V.* TANGARA.

CARDINAL NOIR ET ROUGE HUPPÉ. Syn. de Tisserin Malimbe, *Ploceus cristatus. V.* TISSERIN.

CARDINAL POURPRÉ. Syn. de Tangara pourpré, *Tanagra jacapa*, L. *V.* TANGARA.

CARDINAL DE SIBÉRIE. *V.* BEC-CROISÉ.

CARDINAL TACHETÉ. Variété d'âge de Tangara rouge et noir, *Tanagra rubra. V.* TANGARA.

CARDINAL DE VIRGINIE. Variété d'âge de Tangara rouge, *Tanagra æstiva. V.* TANGARA.

CARDINAL DU VOLGA. Syn. de Bouvreuil érythrin, *Pyrrhula erythrina. V.* BOUVREUIL. (DR..Z.)

Parmi les Poissons, c'est une espèce du genre Spare; parmi les Mollusques, une espèce du genre Cône; enfin, parmi les Insectes, un Papillon du genre Argyne. *V.* ces mots. (B.)

CARDINALE. *Pyrochroa.* INS. Dénomination que Geoffroy a imposée (Hist. des Ins. T. I, p. 338) à un nouveau genre de l'ordre des Coléoptères, section des Hétéromères, et qu'on a depuis convertie en celle de Pyrochre. *V.* ce mot. (AUD.)

* CARDINALE. MOLL. Nom d'amateur d'une espèce de Mitre, *Mitra Cardinalis*, Lamk; *Voluta Cardinalis*, Gmelin. (B.)

CARDINALE. BOT. PHAN. Espèce du genre Lobélie, *V.* ce mot, et variété de Pêche. (B.)

CARDINALES. MOLL. *V.* DENTS.

CARDINE. POIS. Variété ou peut-être espèce de Sole des côtes de la France septentrionale, particulièrement du département de l'Orne. *V.* PLEURONECTE. (B.)

CARDIOLITES. MOLL. FOSS. On a quelquefois donné ce nom aux Bucardes fossiles. (B.)

CARDIOSPERME. *Cardiospermum.* BOT. PHAN. C'est un genre de la famille naturelle des Sapindacées et de l'Octandrie Trigynie, L. Ses caractères consistent en un calice té-

trasépale, irrégulier, coloré et persistant, dont les deux sépales extérieurs sont plus courts. Sa corolle se compose de quatre pétales inégaux, onguiculés, munis d'une lame pétaloïde sur leur face interne. Les étamines, au nombre de huit, sont insérées au stipe qui supporte l'ovaire. On trouve entre elles et les pétales deux glandes quelquefois allongées et filamentiformes, d'autres fois courtes et arrondies. L'ovaire, qui est un peu stipité, offre trois loges dans chacune desquelles existe une seule graine. Le style est court et se termine par trois stigmates.

Le fruit est une capsule vésiculeuse, renflée, trilobée, à parois minces et à trois loges monospermes, et s'ouvrant par le milieu des cloisons en trois valves. Les graines sont blanches, globuleuses, recouvertes en partie par un arille cordiforme. Les Cardiospermes sont des Plantes herbacées, volubiles et grimpantes, à feuilles alternes, biternées ou décomposées. Les fleurs forment des espèces de grappes rameuses et pédonculées, accompagnées à leur base de deux vrilles souvent rameuses.

Linné n'a connu que deux espèces de ce genre, savoir : le *Cardiosp. Corindum*, qui est annuel et croît dans l'Inde, et le *Cardiosp. Halicacabum*, également annuel, dont les graines servent à faire des colliers et des chapelets. Sa racine, administrée en décoction, est spécialement recommandée dans les maladies de la vessie; elle est, dans les Antilles, rangée au nombre des médicamens lithontriptiques. Willdenow en a ajouté une troisième, originaire de Guinée, et qu'il nomme *Cardiosp. hirsutum.* Swartz en décrit deux autres sous les noms de *Cardiosp. grandiflorum* et de *Cardiosp. moniliferum*, qui croissent à la Jamaïque. Enfin, on en trouve six espèces nouvelles dans les *Nova Genera* de Humboldt, dont une, *Cardiospermum elegans* est figurée, avec beaucoup de détails, planche 439 de ce magnifique ouvrage rédigé par notre collaborateur Kunth. (A. R.)

CARDIOSPERMON. BOT. PHAN. Syn. de Souci des jardins, dans quelques anciens ouvrages de Botanique.   (B.)

CARDISPERMUM. BOT. PHAN. (Trant.) Syn. de *Calendula hybrida*, L. Espèce du genre Souci.   (B.)

CARDISSA. MOLL. Dénomination générique empruntée à Klein par Megerle de Mulhfeld (*Syst. des Schalt.*) pour les Coquilles bivalves, auxquelles Cuvier a donné le nom d'Hémicardes, aussi emprunté à Klein. En effet, ce dernier auteur (*Ostrac.*) appelle *Hemicardia* le premier genre de sa classe des *Diconcha cordiformis*, et le divise en deux sections : la première, sous le nom de *Cardissa simplex*, renferme les Hémicardes de Cuvier; la seconde, sous celui de *Cardissa duplex*, comprend le *Cardium unedo* et les espèces analogues. Le genre Cardissa de Megerle a été appelé *Bucardium* par Ocken, et il a transporté le nom de Cardissa aux Coquilles appelées Vénéricardes par Lamarck. *V.* BUCARDE, HÉMICARDE et VÉNÉRICARDE.   (F.)

CARDITE. *Cardita.* MOLL. Genre de Lamellibranche de la famille du même nom et de l'ordre des Mytillacées, *V.* ce mot, institué par Bruguière aux dépens des Cames de Linné, et restreint par Lamarck qui en a séparé les Isocardes et les Cypricardes, ainsi que par Daudin qui en a retiré les Hyatelles. Ce genre ainsi limité ne renferme plus que des Coquilles fort analogues par leurs caractères génériques. Il a cependant été de nouveau subdivisé par Megerle eu deux genres qui répondent aux deux sections adoptées par Lamarck : le premier, Cardite, a pour type la *Cardita sulcata* de Bruguière (*Chama antiquata*, L.); le second, sous le nom de Glans, a pour type la *Cardita calyculata* (*Chama*, L.). Ce dernier genre n'a point été adopté. Adanson a placé les Cardites qu'il connaissait parmi ses Jambonneaux et ses Cames. Ocken en a fait son genre Arcinelle. *V.* ce mot. Enfin Poli les a confondues

avec les Anodontes et les Mulettes sous un nom commun, appelant leur Animal *Linnæa* et leur Coquille *Linnæoderma*. L'analogie des Animaux qui a guidé Poli et qu'admet Cuvier (Règn. An. T. II, p. 473), est une preuve de plus du peu de fondement des méthodes artificielles et de la nécessité où l'on est, lorsqu'on les suit, de rompre tous les rapports naturels, car Lamarck a dû, d'après les analogies des Coquilles, placer les Cardites dans la famille des Cardiacées, plus près des Bucardes que des Vénéricardes qui font partie, dans son système, d'une autre famille, quoique leur Animal ne diffère pas sans doute de celui des Cardites, et qu'on ne puisse en séparer leurs Coquilles. En suivant au contraire les analogies des Animaux, nous avons réuni dans une seule famille de l'ordre des Mytillacées, les Cardites, les Vénéricardes et les Cypricardes, tandis que les Bucardes font partie de l'ordre des Cardiacées.

Les Animaux des Cardites offrent cependant des différences qui, quoique légères, suffisent, dans les Lamellibranches, pour séparer les Cardites des Anodontes et des Mulettes, telles que la brièveté, la forme du pied, les sillons dont il est pourvu; la forme et la brièveté des syphons, etc. Poli a décrit et figuré les Animaux des *Cardita sulcata* et *calyculata.* C'est donc à tort que le Dictionnaire des Sciences médicales dit l'Animal de ce genre inconnu. Quelques espèces s'attachent, à ce qu'il paraît, aux corps marins par un byssus. Les Cardites sont toutes marines, elles ont un aspect particulier qui les fait aisément reconnaître. Selon toutes les apparences, on devra réunir les trois genres Cardite, Vénéricarde et Cypricarde.

La coquille des Cardites est libre, régulière, équivalve, inéquilatérale, ovale, subcordiforme, transverse ou longitudinale. Charnière à dents inégales : l'une courte, droite, située sous les crochets; l'autre oblique, marginale, se prolongeant sous le corselet, Lamk.

Voyez pour les espèces de ce genre

parmi lesquelles il n'en existe aucune de très-remarquable, Lamarck (An. sans vert., seconde édition) et Poli, et pour les espèces fossiles, outre les ouvrages de Lamarck, ceux de Brocchi et de Sowerby, ainsi que le Dict. des Sc. nat., au mot Cardite. (F.)

CARDITES. MOLL. On a donné ce nom aux Cœurs, ainsi qu'aux Bucardes fossiles. (F.)

CARDLIN ou CARLIN. OIS. Syn. piémontais du Chardonneret, *Fringilla Carduelis*, L. *V.* GROS-BEC. (DR..Z.)

CARDO. BOT. PHAN. Syn. espagnol de Chardon. Ce nom est étendu à beaucoup de Plantes épineuses avec diverses épithètes. (B.)

CARDON. BOT. PHAN. Nom vulgaire d'une espèce d'Artichaut, *Cinara Carduncellus*. *V.* CINARA. Ce nom a été étendu à d'autres Plantes; au rapport de l'Écluse, il désignait une espèce de Pitte ou Agave au Mexique. Le *Pourretia* de la Flore du Pérou, divers Cactes de l'Amérique méridionale, et l'*Euphorbia canariensis* à Ténériffe, selon Clavijo, sont ainsi appelés par les Espagnols. On appelle encore *Cardon cabezudo*, le Mélocacte, et *Cardon lechal* ou *lechar*, le Scolyme d'Espagne. (B.)

CARDONCELLE. *Carduncellus*. BOT. PHAN. Genre de la famille des Synanthérées, tribu des Cinarocéphales, Syngénésie Polygamie égale, L. Adanson fut le premier qui le sépara de celui des Carthames de Linné; Gaertner le fit connaître ensuite sous le nouveau nom d'*Onobroma*, et De Candolle, en lui restituant le nom de Cardoncelle, a fixé de la manière suivante les caractères qui lui sont propres : involucre composé de folioles épineuses et imbriquées; fleurons hermaphrodites; filets des étamines hérissés dans leur partie libre; réceptacle garni de paillettes divisées en lanières soyeuses; akènes couronnés d'une aigrette formée de poils simples, roides et inégaux. Les deux espèces dont ce genre se compose,

étaient, comme nous l'avons dit, des Carthames de Linné. De même que les Plantes de ce dernier genre, ce sont des Herbes épineuses, le plus souvent acaules, ou quelquefois munies d'une tige courte qui porte des feuilles pinnatifides, dont les lobes sont étroits, incisés sur les côtés et terminés par des épines aiguës. Elles habitent toutes les deux la France : l'une d'elles est le Cardoncelle de Montpellier, *C. Monspeliensium*, qui croît dans les endroits arides et montagneux des départemens méridionaux; l'autre le Cardoncelle doux, *C. mitissimus*, que tous les auteurs des Flores parisiennes admettent comme indigène des environs de la capitale, mais qui y est très-rare, si toutefois il s'y trouve. Selon H. Cassini, le genre Cardoncelle a des rapports avec l'*Atractylis* et doit être placé, comme ce dernier, dans la tribu des Carlinées. (G..N.)

CARDONCELLO. BOT. PHAN. L'un des noms italiens du Seneçon vulgaire. (B.)

CARDONNERET, CARDONNETTE. OIS. Syn. vulgaire du Chardonneret, *Fringilla Carduelis*, L. *V.* GROS-BEC. (DR..Z.)

CARDONNETTE ou CHARDONNETTE. BOT. PHAN. Nom vulgaire du *Cinara Carduncellus*, à l'état sauvage. (B.)

CARDOPAT. *Cardopatium*. BOT. PHAN. (Juss.) Famille des Synanthérées, tribu des Cinarocéphales, Syngénésie Polygamie égale, L. Quoique Willdenow eût déjà considéré le *Carthamus corymbosus*, L. comme le type d'un genre distinct auquel il avait imposé le nom de *Brotera*, cependant ce n'est pas à lui que nous emprunterons les caractères du genre en question, tant parce que, dans son ouvrage, ils sont exposés avec inexactitude, que parce que le nom de *Brotera* ne saurait être admis pour ce genre, puisque Cavanilles l'avait donné antérieurement à une Malvacée. Jussieu, dans une note insérée à la fin d'un de ses Mémoires sur les caractères généraux des familles

(Annales du Muséum, 6, p. 324), exprime ainsi les signes distinctifs du Cardopat : involucre composé de plusieurs rangs d'écailles dont les intérieures sont aiguës et simples, les autres épineuses et plus ou moins ramifiées ; six à huit fleurons portés sur un réceptacle chargé de paillettes étroites et fasciculées ; akènes couverts de poils soyeux qui se prolongent en aigrette. Ces caractères combinés suffisent pour le différencier, soit de l'*Atractylis* auquel Vaillant avait rapporté cette Plante, soit de l'Echinope et du Carthame auxquels elle avait été tour à tour associée par Linné. Le Cardopat en corymbe est abondant dans le Levant où il a été rencontré plusieurs fois par Belon. Nous l'avons reçu de D'Urville qui l'a souvent trouvé dans les îles de Samos et de Lesbos. *V.* Mém. de la Soc. Linnéenne de Paris, première année. De Jussieu lui a donné le nom de *Cardopatium*, et non pas *Cardopatum*, comme l'écrit Persoon, parce que celui de *Chamæleon*, sous lequel il a été long-temps désigné, appartient déjà à un Animal très-connu, et parce que la dénomination qu'il a proposée était autrefois celle de la Carline à courte tige, *Carlina subacaulis*, L.   (G..N.)

CARDOUILA. BOT. PHAN. Syn. languedocien de *Carlina acaulis*, L. *V.* CARLINE.   (B.)

CARDOUNIÉRO. POIS. (Risso.) Nom vulgaire, sur la côte de Nice, d'un Holocentre et d'un Scorpène.   (B.)

CARDOUSSÈS BOT. PHAN. Syn. languedocien de Scolyme d'Espagne.   (B.)

* CARDUACÉES. *Carduaceæ.* BOT. PHAN. On donne ce nom à une des grandes tribus de la vaste famille des Synanthérées, qui correspond presque exactement aux Cinarocéphales de Jussieu et aux Flosculeuses de Vaillant et de Tournefort. Elle renferme les genres qui ont la corolle tubuleuse, évasée supérieurement, et le plus souvent à cinq lobes égaux ou inégaux. Les étamines ont leurs filamens libres et articulés avec le tube anthérifique : ces filamens sont quelquefois velus ; le style est long et grêle, il se renfle un peu dans sa partie supérieure, où il est garni d'une touffe circulaire de poils. Le stigmate est formé de deux lanières étroites, dont la face interne est plane et glabre, dont l'externe est convexe et ordinairement chargée de poils ; les glandules stigmatiques existent surtout sur les bords de ces deux lanières. Le fruit est un akène ovoïde, lisse, glabre, à quatre côtes peu marquées ; il s'attache au réceptacle ou immédiatement par sa base, ou par un point latéral, ce que l'on observe constamment dans la section des Centauriées. L'aigrette est tantôt sessile, composée de poils simples ou plumeux ; plus rarement elle est stipitée ; le réceptacle est tantôt plane, tantôt un peu concave ; il est toujours chargé d'une grande quantité de soies ou de petites écailles qui sont toujours en plus grand nombre que les fleurs, ou enfin creusé d'alvéoles ; l'involucre se compose d'écailles imbriquées, souvent épineuses à leur sommet.

Kunth, dans le quatrième volume des *Nova Genera* de Humboldt, a divisé sa tribu des Carduacées en six sections, qu'il nomme Onoséridées, Barnadésiées, Carduacées vraies, Échinopsidées, Vernoniacées et Astérées. On voit, par l'énumération de ces six sections, que cet auteur donne aux Carduacées une très grande extension. Cassini, au contraire, ne place dans cette tribu qu'un moins grand nombre de genres, qu'il divise en deux sections sous les noms de *Carduacées-Prototypes* et de *Carduacées-centauriées*. Les genres qu'il rapporte à cette première section sont les suivans : *Alfredia*, Cass. ; *Arctium*, Juss. ; *Carduncellus*, Adans. ; *Carduus*, Gaertner ; *Carthamus*, Gaertner ; *Cestrinus*, Cass. ; *Cinara*, Juss. ; *Cirsium*, Tournef. ; *Galactites*, Mœnch ; *Lappa*, Juss. ; *Leuzea*, De Cand. ; *Onopordon*, Lin. ; *Ptilostemon*, Cas-

14*

sini ; *Rhaponticum*, Lamk. ; *Ser-ratula*, De Cand. ; *Silybum*, Gaertn.; *Stemmacantha*, Cassini. *V*. CENTAU-RIÉES. (A. R.)

CARDUELE. BOT. CRYPT. (Micheli.) Agarics comparés à des Mousserons et qui croissent sur les tiges des Chardons. Peut-être la même chose que Cardeoli. *V*. ce mot. (B.)

CARDUELINO , CARDUELLO. OIS. Syn. italiens du Chardonneret, *Fringilla Carduelis*, L. *V*. GROS-BEC. (DR..Z.)

CARDULOVIQUE. *Cardulovica*. BOT. PHAN. Syn. de Salmie selon Bosc. (B.)

CARDUMENI. BOT. PHAN. *V*. CA-CALOA.

CARE. BOT. PHAN. Syn. de *Webera tetrandra*, Willdenow , et de *Gmelina cordata*, Burmann , à la côte de Coromandel. (B.)

CARE-BOEUF. BOT. PHAN. Même chose qu'Arrête-Bœuf. (B.)

CAREICHE. BOT. PHAN. *V*. CA-RAICHE.

* CAREILLADA ou CARELIA-DO. BOT. PHAN. Syn. languedociens de Jusquiame. (B.)

CARE - KANDEL. BOT. PHAN. (Rhéede , *Malab*. T. v , t. 15.) Arbrisseau indéterminé de la famille des Myrtes. (B.)

CARELET ou CARRELET. POIS. Espèce du genre Pleuronecte. *V*. ce mot. (B.)

CARELIA. BOT. PHAN. Nom renouvelé de Pontédera par Adanson , pour désigner un genre qu'il avait formé de l'*Ageratum conyzoides*, L. aux dépens d'Agérate. *V*. ce mot. (B.)

CARELIADO. BOT. PHAN. *V*. CA-REILLADA.

CARELLI. BOT. PHAN. Pour Caretti. *V*. ce mot. (G..N.)

CARELLONA-CONDI. BOT. PHAN. L'un des noms vulgaires du *Convolvulus Pes-Capræ* dans l'Inde. *V*. LISERON. (B.)

CARELOE-VEGON ou CARELU-VEGON. BOT. PHAN. Nom malabare d'une espèce d'Aristoloche , *Aristolochia indica*, L. (B.)

CAR-ELU. BOT. PHAN. Espèce du genre Sésame indéterminée, malgré qu'elle soit figurée dans l'*Hortus Malabaricus* , T. 9 , t. 55. (B.)

CARELU-VEGON. BOT. PHAN. *V*. CARELOE-VEGON.

CAREMOTTI. BOT. PHAN. Syn. malabare de Bengeiri ou Bengiri. *V*. BÊN. (B.)

CARENDANG ou TEUDANG. BOT. PHAN. Syn. de Calac à Java. *V*. CALAC et CARISSA. (B.)

CARÈNE. POIS. Espèce du genre Silure. *V*. ce mot. On a quelquefois donné ce nom à diverses Glossopètres ou autres dents fossiles dont la forme en carène rappelait celle d'une cosse de Pois. (B.)

* CARÈNE. *Carenum*. INS. Genre de l'ordre des Coléoptères , section des Pentamères, fondé par Bonelli (Obs. entomol., seconde partie) aux dépens du genre Scarite , et offrant , suivant lui, pour caractères : mâchoires droites , obtuses, sans crochet terminal ; langue arrondie à son sommet, et prolongée à peine au-delà de l'évasement des paraglosses , terminée par deux soies ; palpes maxillaires extérieurs à dernier article renflé et une fois plus long que le précédent ; les labiaux à dernier article grand et triangulaire. Le genre Carène, qui appartient à la famille des Carnassiers , tribu des Carabiques (Règn. Anim. de Cuvier) , de l'analogie avec les Encelades , les Siagones , les Ozènes, les Morions, les Aristes et les Apotomes. Il ressemble surtout beaucoup aux Scarites , aux Pasimaques, aux Clivines et aux Dischiries. Comme eux il est rangé dans la section des Bipartis fondée par Latreille (Hist. des Coléopt. d'Europe, prem. livraison , p. 78) , et se distingue de tous les autres genres par un grand nombre de caractères. *V*. CARABI-

QUES. Son menton mobile, toujours distingué à la base par une suture et laissant à découvert une grande partie de la bouche et les côtés inférieurs de la tête, l'éloigne des genres Encelade et Siagone. Il diffère des Ozènes, des Morions, des Aristes et des Apotomes par les jambes antérieures digitées. Enfin il se distingue, d'une part, des Scarites et des Pasimaques par les palpes extérieurs dilatés à leur extrémité, et, de l'autre, des genres Clivine et Dischirie par un labre crustacé et denté, et par les mandibules au moins aussi longues que la tête. Le *Carenum Cyaneum*, *Scarites Cyaneus* de Fabricius et d'Olivier, est, jusqu'à présent, la seule espèce connue. Il est originaire de la Nouvelle-Hollande.

(AUD.)

CARÈNE. *Carina*. BOT. PHAN. On nomme ainsi les deux pétales inférieurs d'une fleur papilionacée. Ces deux pétales sont ordinairement rapprochés l'un contre l'autre et soudés par leur bord inférieur, de manière à offrir quelque ressemblance avec la carène d'un vaisseau. Ce nom s'applique également à l'angle formé sur les différens organes planes des Végétaux, par la direction différente des deux côtés. (A. R.)

CARÉNÉ. *Carinatus*. BOT. PHAN. Ce nom s'applique à tous les organes qui offrent une crète longitudinale, ce qui leur donne quelque ressemblance avec la carène d'une nacelle. (A. R.)

CARENÉE. REPT. OPH. Espèce indienne du genre Couleuvre, *Coluber carinatus*, L. (B.)

CARET. REPT. CHEL. Espèce de Tortue du genre Chélone. *V.* ce mot. (B.)

CARET. BOT. PHAN. L'un des syn. vulgaires de Carex. *V.* LAICHE. (B.)

CARETELA. BOT. PHAN. Syn. indou de *Corypha umbraculifera*, L. *V.* CORYPHA. (B.)

CARETTA-TSJORI-VALLI. BOT. PHAN. (Rhéede.) Espèce du genre Cisse, *Cissus trilobata*, Lour. (B.)

CARETTI. BOT. PHAN. Syn. de *Guillandina Bonducella* à la côte de Malabar. *V.* GUILLANDINA. (B.)

* CAREUM. BOT. PHAN. (Pline.) Syn. de Carvi. *V.* ce mot. (B.)

CAREX. BOT. PHAN. *V.* LAICHE.

CAREYA. BOT. PHAN. Roxburg a décrit et figuré sous le nom de *Careya herbacea* (*Pl. Corom.* 3, p. 13, t. 217) une petite Plante herbacée originaire de l'Inde, qui fait partie de la Monadelphie Polyandrie. Ses fleurs sont hermaphrodites, pédonculées, composées d'un calice à quatre divisions profondes; d'une corolle tétrapétale et d'un grand nombre d'étamines monadelphes, dont les extérieures ont les anthères avortées; le fruit est une baie globuleuse et polysperme. (A. R.)

* CAREZZA. BOT. PHAN. (Seguier.) Syn. de Carex dans les environs de Vérone. *V.* LAICHE. (B.)

CARFÆ. BOT. PHAN. Syn. arabe de Tamarix. *V.* ce mot. (B.)

CARGILLIA. BOT. PHAN. Genre de la famille des Ebénacées établi par R. Brown. Ses fleurs polygames ont un calice partagé jusqu'à sa moitié en quatre parties, et une corolle dont le limbe se divise en quatre lobes. Dans les mâles, huit étamines, dont les filets sont réunis deux à deux, s'insèrent à la base de la corolle, et entourent le rudiment du pistil. Dans les femelles, on trouve des étamines stériles en plus petit nombre, et un ovaire à quatre loges dispermes, qui devient une baie globuleuse environnée à sa base par le calice appliqué contre elle en forme de cupule. R. Brown a rencontré dans la Nouvelle-Hollande deux espèces de ce genre: l'un qu'il appelle *Cargillia laxa*, et dont le style se divise en trois ou quatre parties; l'autre, qu'il nomme C. *australis*, et dont le style est indivis. Ce sont des Arbrisseaux à feuilles allongées. (A. D. J.)

CARGOOS. OIS. (Charleton.) Syn. de Grèbe huppé, *Colymbus cristatus*, L. *V.* GRÈBE. (DR..Z.)

CARHU. mam. Syn. finlandais d'Ours. (b.)

CARHUMFET. bot. phan. Syn. arabe de Géroflier. (b.)

CARHUN-KAMMEN. bot. phan. Syn. finlandais d'*Heracleum Sphondylium*, L. *V.* Berce. (b.)

* **CARIA ou KARIA.** ins. Nom vulgaire d'une espèce de Thermite fort redoutable, peut-être le *Thermes destructor*, L. à l'Île-de-France où cet Insecte est fort commun. Il forme sur les troncs d'Arbres, dans les forêts, des amas considérables de tan agglutiné dans lesquels sont pratiquées ses sinueuses habitations. Les magasins des ports et les charpentes des maisons ne sont pas à l'abri de ses ravages. (b.)

* **CARIA.** bot. phan. La Noix dans Pline, selon Adanson. (b.)

CARIACOU ou CARIACU. mam. Espèce du genre Cerf. *V.* ce mot. (a. d..ns.)

CARIAMA. ois. *Dicholophus*, Illig., *Microdactylus*, Geoff., *Lophorhynchus*, Vieill. Genre de l'ordre des Alectorides. Caractères : bec plus long que la tête, gros, arrondi ou voûté, déprimé à sa base qui est garnie de plumes assez longues, à barbes désunies, comprimé à la pointe qui est crochue, fendu jusque sous les yeux ; fosse nasale grande ; narines placées au milieu du bec, petites, en partie couvertes d'une membrane ; pieds longs, grêles ; quatre doigts, trois devant, gros, très-courts, unis à la base par une membrane ; un derrière, articulé sur le tarse, ne posant point à terre ; ongles courts et forts ; ailes médiocres ; la première rémige la plus courte, les cinquième, sixième et septième les plus longues.

Ce genre, établi par Brisson, ne présente encore qu'une seule espèce qui avait été placée par Linné et Latham dans le genre Kamichi ; elle est assez rare et paraît habiter de préférence les lisières humides des vastes forêts, peu éloignées des savannes, où abondent les Reptiles et gros Insectes dont elle fait sa nourriture. Les Cariamas se rassemblent ordinairement par petites troupes de cinq à six, et semblent, par l'inquiétude qu'ils manifestent constamment autour d'eux, veiller mutuellement à leur conservation. Malgré ces démonstrations d'une grande défiance et d'un caractère sauvage, les naturels du Paraguay et du Brésil, seules provinces de l'Amérique méridionale où l'on ait encore vu ces Oiseaux, sont parvenus à les soumettre à la domesticité et en obtiennent une ressource agréable dans la délicatesse de leur chair. D'Azara, à qui l'on est redevable du peu de faits connus relativement aux mœurs des Cariamas, se tait sur tout ce qui concerne leur reproduction ; il dit seulement qu'il a vu une femelle déposer deux œufs sur le sol sans faire de nid. Ces Oiseaux vont eux-mêmes dans les champs à la recherche de leur nourriture, et reviennent sans guides à la demeure où ils ont été élevés. Les Guaranis ou habitans du Paraguay les nomment Saria.

Cariama, *Lophorhynchus saurophagus*, Vieill., *Palamedea cristata*, L., Lath., Nouv. Dict. d'hist. nat., 2ᵉ édit., pl. b. 11, fig. 3 ; Ann. du Mus., T. xiii, p. 362. — Tête blanche ; plumes à la base du bec se relevant en aigrette et formant une sorte de panache ; face et cou d'un brun pâle ; un trait blanc au-dessus de l'œil ; les plumes du cou longues, effilées et à barbes désunies, redescendent en arrière ; ailes d'un gris cendré, ondulées de roux ; rémiges noires avec des lignes transversales noires piquetées de blanc ; rectrices intermédiaires brunes, les autres traversées d'une bande noire et blanche à l'extrémité. Partie nue des jambes et tarses orangés ; bec rouge. Longueur, trente pouces. (dr..z.)

CARIANA. ois. Pour Cariama. *V.* ce mot. (dr..z.)

* **CARIANGAY.** bot. phan. Même chose qu'Ababangay. *V.* ce mot. (b.)

CARIA-POETI. (Burmann.) Syn.

de Myrte chez les Indous. Peut-être la même chose que Caju-Puti. *V.* ce mot. (B.)

CARIAROU. bot. phan. (Surian.) Syn. des *Convolvulus umbellatus*, *brasiliensis* et *repens.* Barrère applique ce nom à une quatrième espèce de Liseron. *V.* ce mot. (B.)

CARIBLANCO. mam. Nom de pays du *Simia kypoleuca* de Humboldt. *V.* Sapajou. (A. D.. ns.)

CARIBOU, CARIBOUX ou CARIBU. mam. Noms du Renne en Amérique. *V.* Cerf. ✳ (B.)

CARICA. bot. phan. Nom grec des Figues sèches et d'une variété de Figuier de Carie, devenu spécifique pour le Figuier ordinaire, et générique pour désigner le Papayer. *V.* ce mot et Figuier. (B.)

CARI-CAPUSI. bot. phan. Syn. malais d'*Hibiscus tiliaceus.* *V.* Ketmie. (B.)

✳ CARICARA. ois. Syn. vulgaire de l'Ortolan de Roseaux, *Emberiza schœniclus*, L. *V.* Bruant. C'est aussi le nom qu'au Brésil on donne à la Frégate, *Pelecanus Aquilus*, L. *V.* Frégate. (DR.. Z.)

CARICOIDE. Guettard figure et décrit sous ce nom des Polypiers fossiles que nous classons dans la division des Sarcoïdes. Ils sont sphériques avec un trou rond plus ou moins profond à leur partie supérieure. Des oryctographes les ont regardés comme des Madrépores, d'autres comme des Figues pétrifiées ou fossiles. (LAM.. X.)

CARICTÈRE. bot. phan. Pour Carictéria. *V.* ce mot. (B.)

CARICTERIA. bot. phan. (Scopoli.) Syn. d'Antichorus. *V.* ce mot. (B.)

✳ CARIDE. *Caris.* ins. Genre de l'ordre des Coléoptères, section des Pentamères, famille des Carnassiers, tribu des Cicindelètes, établi par Gotthelf Fischer (*Gener. Insect.*, vol. 1, p. 99), et ayant, selon lui, pour caractères : antennes filiformes, à article de la base très-gros, obconique, le troisième droit; chaperon très-grand; mandibules terminées par un crochet très-fort; mâchoires aussi longues que les mandibules, intérieurement ciliées; palpes inégaux, à quatre articles dont le dernier long et obconique, les maxillaires plus courts, les labiaux plus longs, avec les deux articles de la base gros et courts, tous garnis de soies longues et roides; menton à deux épines, la ligule épineuse. Fischer place dans ce genre la *Collyris formicaria* de Fabricius (*Syst. Eleuth.*). Il y rapporte aussi, mais avec doute, la *Cicindela aptera* d'Olivier. Klug, dans son *Specimen* de l'Entomologie du Brésil, a formé, sous le nom de *Ctenostoma*, une coupe qui répond exactement au genre Caride de Fischer. Nous reviendrons sur celui-ci au mot Ctenostome. (AUD.)

CARIE. zool. et bot. Maladie des organes animaux dont on a étendu le nom à deux maladies des Arbres, qui pénètrent leur tronc. Ce qu'on appelle vulgairement Carie du Froment est un Végétal particulier dont De Candolle a fait son *Uredo Caries. V.* Uredo. (B.)

CARIEIRO. bot. phan. Syn. languedocien de Rue commune, *Ruta graveolens*, L. *V.* Rue. (B.)

CARIGOUE, CARIGUE ou CARIGUYA. mam. Dont la première lettre se prononce comme un S. Nom de pays du Sarigue. (B.)

CARIGUEIBEJU. mam. (Marcgraaff.) Et non *Cariqueibeju.* Même chose que le Taïra de Buffon. *V.* ce mot. (A. D.. NS.)

CARIL. bot. phan. Pour Karil. *V.* ce mot.

CARILHA. bot. phan. Pour Carilla. *V.* ce mot.

CARILLA. bot. phan. Nom d'une espèce de Vitex, peut-être le *trifoliata*, dans les colonies portugaises de la côte de Malabar. (B.)

✳ CARILLON. bot. phan. L'un des noms vulgaires du *Campanula medium. V.* Campanule. (B.)

CARILLONNEUR. ois. Espèce du genre Merle, *Turdus tintinnabulatus,* L. *V.* MERLE. (DR..Z.)

CARIM-CURINI. BOT. PHAN. Syn. malais de *Justicia Ecbolium,* L. Espèce du genre Carmantine. (B.)

CARIM-GOLA. BOT. PHAN. (Rhéede.) Syn. de *Pontederia vaginalis,* espèce de Pontéderie de la côte de Malabar. (B.)

CARI-MOULLI. BOT. PHAN. Syn. de *Solanum ferox* à la côte de Coromandel. (B.)

CARIM-PANA. BOT. PHAN. Syn. malais de *Borassus flabelliformis.* (B.)

CARIM-TUMBA. BOT. PHAN. Syn. malabare de *Cacotumba* des Indous, qui est le *Nepeta malabarica,* L., espèce du genre Cataire. (B.)

CARINAIRE. *Carinaria.* MOLL. Genre formé par Lamarck, dans sa première édition des Animaux sans vertèbres, et qui, adopté par tous les naturalistes, a été conservé dans la seconde édition de cet excellent ouvrage. On l'y trouve rangé dans l'ordre des Hétéropodes. Ses caractères consistent dans un corps allongé, gélatineux, transparent, terminé postérieurement en queue, et muni d'une ou plusieurs nageoires inégales. Le cœur et les branchies saillans hors du corps, réunis vers la queue et renfermés dans une coquille; tête distincte; deux tentacules; deux yeux; une trompe contractile. Coquille univalve, conique, aplatie sur les côtés, uniloculaire, très-mince, hyaline, à sommet contourné en spirale, et à dos muni quelquefois d'une carène dentée, ayant l'ouverture oblongue et entière.

Nous avons, le premier, dans notre Voyage en quatre îles des mers d'Afrique, fait connaître l'Animal d'une espèce de Carinaire: plus tard, dit le savant Lamarck, Péron et Lesueur ont parlé de l'Animal du même genre: ainsi il n'est pas exact d'attribuer, avec le Dictionnaire de Levrault, la connaissance de l'Animal du genre Carinaire à Péron et Lesueur qui n'en parlèrent que long-temps après que

nous l'avions fait connaître par une description et par une figure dont nous garantissons la rigoureuse exactitude. Quoi qu'il en soit, habitués à nous voir ravir ou contester des découvertes que nous avons faites avant qui que ce soit, et que nous avons toujours communiquées, sans réserve et dans l'intérêt de la science, à plus d'une personne qui s'en est donné le mérite, nous mentionnerons les espèces connues du singulier genre qui nous occupe.

CARINAIRE VITRÉE, *Carinaria vitrea,* Lamk., An. s. vert., t. 7, p. 673; *Patella cristata,* L.; *Argonauta vitrea,* Gmel., *Syst. Nat.,* t. 1, p. 3368. Cette Coquille est sans contredit la plus rare de toutes celles qui existent dans les collections; on n'en connaît que deux ou trois individus en Europe, dont le prix est porté jusqu'à trois mille francs. Celui du Muséum d'histoire naturelle de Paris est le plus beau et le mieux conservé. La Carinaire vitrée est extrêmement mince et légère, transparente, conformée en bonnet conique, mais aplatie sur les côtés; sillonnée transversalement et bordée, dans toute sa convexité, par une carène simple et dentée; elle acquiert presque trois pouces de long sur à peu près deux de large. Elle a été trouvée dans les mers de l'archipel de l'Inde, vers Amboine. Son Animal n'a pas été observé.

CARINAIRE FRAGILE, *Carinaria fragilis,* N. Itin., t. 1, p. 143, pl. 6, f. 4; Lamk., *ibid.,* t. 7, p. 674. Nous avons trouvé cette espèce dans l'Océan, fort loin des côtes, nageant à sa surface; sa transparence était extrême; sa tête dure, teinte en violet; son corps allongé, terminé en une queue relevée, qui était entourée d'une sorte de nageoire pointue, enveloppée d'une tunique lâche et comme hérissée d'aspérités. Les branchies, toujours agitées et rougeâtres, étaient contenues dans la Coquille; celle-ci, d'un peu moins d'un pouce, est extrêmement transparente et se casse aisément. Elle diffère de la précédente, non-seulement par son volume, mais en ce qu'elle n'est pas carénée, et qu'elle a de petites stries longitudinales disposées du sommet à la circonférence, ce qui est le contraire de la précédente. On a représenté dans l'Encyclopédie (Coq. T. 464, f. 7), sous le nom que nous avons imposé à notre Animal, une figure qui, par les rapports qu'elle offre avec ce que nous avons vu, nous prouve qu'elle doit être exacte, mais en même temps qu'elle n'appartient pas à la Carinaire que nous avons observée; cette figure appartient à quelque espèce nouvelle. En effet, sa coquille offre une carène longitudinale bien distincte, outre des stries circulaires comme dans la première espèce; une queue non relevée dont la nageoire caudale ne fait pas le tour; une nageoire dorsale ou ventrale, comme on voudra la considérer, bien moins longue que celle de l'Animal que nous avons observé, et qui agitait continuellement la sienne avec une sorte de grâce. Nous proposerions de la nommer Carinaire de Lamarck. Nous avons trouvé la Carinaire fragile dans les hautes mers Atlantiques intertropicales, et nageant à la surface des eaux en un jour où elles étaient calmes et couvertes de Mollusques.

CARINAIRE GONDOLE, *Carinaria Cymbium*, Lamk., *ibid. Sup.*, p. 674; *Argonauta Cymbium*, Gmel., *Syst. Nat.*, p. 3368. Cette espèce microscopique habite la Méditerranée. (B.)

CARINARIUS. MOLL. (Denis Montfort.) Pour *Carinaria*. *V.* CARINAIRE. (B.)

CARINDE. OIS. (Thevet.) Syn. de l'Ara bleu, *Psittacus Ararauna*, L. *V.* ARA. (DR..Z.)

CARINJOTI. BOT. PHAN. *V.* LOKANDI.

CARINTA-KALI. BOT. PHAN. Syn. malabare de *Psychotria herbacea*, L. (B.)

CARINTI. Nom indou qui désigne indifféremment l'*Uvaria zeylanica* et une espèce indéterminée de Momordique. (B.)

CARIOCATACTES. OIS. Pour Caryocatactes. *V.* ce mot.

*CARIOPSE. *Cariopsis*. BOT. PHAN. On appelle ainsi, d'après le professeur Richard, un genre de fruits secs et indéhiscens, qui sont monospermes, ont le péricarpe très-mince, intimement uni et confondu avec le tégument propre de la graine, dont on ne peut le distinguer à l'époque de la maturité de la graine. Ce fruit est propre à toutes les Plantes de la vaste famille des Graminées, tels que le Blé, l'Orge, le Maïs, etc. Sa forme est très-sujette à varier, mais la structure reste toujours la même. La Cariopse est le même fruit que Mirbel a plus récemment appelé Cérion. Elle se distingue de l'Akène par l'union de son péricarpe avec sa graine, tandis que dans l'Akène, le péricarpe est tout-à-fait distinct du tégument propre de la graine. (A. R.)

* CARIOSSO. BOT. PHAN. Syn. d'Ady. *V.* ce mot. (B.)

CARIOTÆ. BOT. PHAN. *V.* CARYOTA.

* CARIPA. BOT. PHAN. Nom de pays du Pirigara d'Aublet; *Gustavia* de Linné fils. *V.* ces mots. (B.)

CARIPE. POIS. Espèce indienne du genre Pristipome. *V.* ce mot. (B.)

CARIPIRA. OIS. Même chose que Caricara. *V.* ce mot. (B.)

CARIQUEIBEIU. MAM. *V.* CARIGUEIBEIU.

CARIS. MAM. (Thevet.) Probablement l'Agouti. (A. D..NS.)

CARIS. *Caris*. ARACHN. Genre de l'ordre des Trachéennes, famille des Holètres, tribu des Acarides, fondé par Latreille, et ayant, suivant lui, pour caractères : six pieds; palpes et suçoir apparens; corps très-plat, revêtu d'une peau écailleuse. On ne connaît qu'une espèce appartenant à ce genre; elle a été trouvée par Latreille sur le corps d'une Chauve-Souris, et porte le nom de Caris de la Chauve-Souris, *Caris Vespertilionis*. Sa plus grande longueur ne dépasse guère deux lignes. (AUD.)

CARISSA. BOT. PHAN. Genre placé à la fin des Apocinées par Jussieu, dans les Jasminées par Correa, vulgairement nommé *Calao* par quelques botanistes français, et Calac dans les dictionnaires précédens. Son calice court est à cinq découpures plus ou moins profondes ; sa corolle beaucoup plus longue, tubuleuse, un peu élargie supérieurement, à limbe quinquéfide ; cinq étamines s'insèrent au tube qu'elles ne dépassent pas. Le style simple est terminé par un stigmate simple aussi ou légèrement bifide. Le fruit est une baie séparée en deux loges par une cloison épaissie à son milieu et sur laquelle s'insèrent une ou plusieurs graines comprimées, dont le hile est central, l'embryon à radicule supérieure, logé dans un périsperme charnu. — Ce genre renferme des Arbrisseaux à fleurs disposées en panicules ou en corymbes, à feuilles opposées sur des rameaux ordinairement dichotomes. Ils sont dépourvus d'épines dans deux espèces décrites par Vahl, les *Carissa inermis* et *mitis*, Vahl, *Symb.* tab. 59, tous deux originaires de l'Inde, à feuilles ovales, cordées, mucronées dans la première, lancéolées dans la seconde. Cinq autres espèces présentent des épines ; elles sont opposées au-dessus et en sens contraire des feuilles lancéolées dans le *C. spinarum;* ces feuilles sont plus grandes et ovales dans le *C. carandas*, lancéolées et étroites dans le *C. salicina;* elles sont veinées dans les trois Arbrisseaux précédens qui habitent les Indes-Orientales, et dépourvues de veines dans un autre originaire de l'Arabie-Heureuse, le *C. Edulis*, qui est l'*Antura* de Forskalh. Enfin, on a réuni à ce genre celui que Linné appelait *Arduina*, dont les loges sont monospermes, les épines bifides à leur sommet, et qui croît au cap de Bonne-Espérance. *V.* Lamk., *Illust.* t. 118. (A. D. J.)

CARIVE. BOT. PHAN. L'un des vieux noms du Piment selon Pomet. *V.* ce mot. (B.)

CARI-VILLANDI. BOT. PHAN. Syn. de *Smilax indica* à la côte de Malabar. (B.)

CARJU. MAM. Syn. finlandais de Verrat. *V.* PORC. (A. D..NS.)

*CARLET. POIS. (Gesner.) Pour Carrelet. Espèce du genre Pleuronecte. *V.* ce mot. (B.)

CARLIN. MAM. Syn. de Doguin, race de Chien. *V.* ce mot. (A. D..NS.)

*CARLIN. OIS. Même chose que Cardarino et Cardello. *V.* ces mots.

CARLINE. *Carlina.*T.L.BOT.PHAN. Synanthérées, Cinarocéphales, Juss.; Syngénésie Polygamie égale, L. Ce genre est ainsi caractérisé : involucre composé de deux sortes de folioles ; les extérieures épineuses et découpées, de forme et de couleur analogues à celles des feuilles ; les intérieures beaucoup plus longues, luisantes, blanches ou colorées, le plus souvent lancéolées, aiguës, ressemblant aux folioles qui forment les rayons des *Elychrysum* et d'autres Corymbifères ; fleurons hermaphrodites ; paillettes membraneuses sur le réceptacle ; akènes couronnés d'une aigrette plumeuse et hérissés de poils roux qui forment une sorte d'aigrette extérieure. Le nombre des espèces de Carlines est peu considérable ; on n'en a décrit que quinze environ qui sont toutes indigènes des pays montueux de l'Europe, de l'Afrique septentrionale et de la Russie d'Asie ; car les *C. Atractyloïdes*, L. et *C. Gorterioïdes*, Lamk., qui habitent le cap de Bonne-Espérance, appartiennent au genre *Stœbea* de Thunberg. Ce sont des Plantes vivaces, herbacées, pour la plupart à très-courte tige et à feuilles pinnatifides et épineuses. Dans les montagnes de l'Europe méridionale, on rencontre souvent la Carline à tige courte, *C. subacaulis*, L., remarquable par les énormes dimensions de ses fleurs, dont les folioles intérieures de l'involucre sont d'un beau blanc satiné. Les paysans mangent, en guise d'Artichaut, son réceptacle, ainsi que celui de la Carline à feuilles d'Acanthe, *C. acanthifolia*, All. *Fl. ped.* On fait dériver le nom de Carline de celui de Charlemagne, auquel on prétend qu'un ange la montra au passage des Pyrénées, après le désastre de Roncevaux où les preux de ce prince furent taillés en pièces. L'ange la lui donna comme un remède souverain qui devait tout guérir. Il est probable que la Carline de Charlemagne n'est pas celle des botanistes, ou bien qu'elle a beaucoup perdu de ses vertus vulnéraires.(G..N.)

* **CARLINÉES.** *Carlineæ.* BOT. PHAN. Cassini, dans sa distribution des Synanthérées en tribus, en a établi, sous ce nom, une qui est bien peu distincte des véritables Carduacées, ainsi qu'il l'avoue lui-même en disant que, de tous les caractères qui distinguent cette tribu des Centauriées et des Carduacées, le seul qui soit exempt d'exceptions consiste dans la glabréité parfaite des filets des étamines. Nous doutons qu'un semblable caractère puisse servir à l'établissement d'une tribu naturelle. Voici l'énumération des genres qu'il range parmi les Carlinées : *Atractylis*, L.; *Cardopatium*, Juss.; *Carlina*, Tournef.; *Carlowizia*, Mœnch.; *Chardinia*, Desf.; *Chuquiraga*, Juss.; *Cirsellium*, Gaertn.; *Dicoma*, Cass.; *Saussurea*, D. C.; *Stæhlina*, L.; *Stæbea*, Thunb.; *Turpinia*, Boup.; *Heranthemum*, Gaertner.   (A. R.)

CARLO. OIS. (Knox.) Syn. présumé du Cormoran, *Pelecanus Carbo*, L. *V.* CORMORAN.   (DR..Z.)

* **CARLOTTE.** OIS. (Willughbi.) Syn. du Courlis de terre, *Charadrius Ædicnemus*, L. *V.* ÆDICNÈME.   (DR..Z.)

CARLOWITZIE. BOT. PHAN. Pour Carlowizie. *V.* ce mot.   (A. R.)

CARLOWIZIE. *Carlowizia.* BOT. PHAN. Mœnch a établi, sous ce nom, un genre dans la famille des Carduacées, tribu des Carlinées de Cassini, Syngénésie Polygamie égale, pour le *Carthamus salicifolius* de Linné fils,

Arbrisseau originaire de l'île de Madère. Sa tige, haute de trois à quatre pieds, est ornée de feuilles alternes, lancéolées, étroites, dentées et épineuses sur les bords, blanchâtres et cotonneuses à leur face inférieure. Les rameaux se terminent par un capitule solitaire, flosculeux, dont l'involucre semble double; l'extérieur est formé d'une rangée circulaire de grandes bractées étalées, analogues aux feuilles; l'intérieur se compose d'écailles imbriquées, épineuses à leur sommet. Le réceptacle, qui est plane, présente un grand nombre d'alvéoles formées par la soudure des soies dont il est garni. Tous les fleurons sont réguliers, hermaphrodites et fertiles. Le fruit est velu, couronné par une aigrette légèrement plumeuse. Necker avait donné à ce genre le nom d'*Athamus;* mais le nom de Carlowizia a été adopté par De Candolle et Cassini.   (A. R.)

* **CARLSFOGEL** ou **CARLS-VOGEL.** OIS. Syn. de la Gorge-Bleue, *Motacilla Suecica*, L. en Suède. *V.* BEC-FIN.   (DR..Z.)

CARLUDOVIQUE. *Carludovicia.* BOT. PHAN. Genre de Plantes établi par Ruiz et Pavon dans la Flore du Chili et du Pérou, et que l'on désigne plus généralement aujourd'hui sous le nom de Ludovie, *Ludovia. V.* ce mot.   (A. R.)

CARLWM. MAM. L'Hermine selon Desmarest, dans quelques cantons de l'Angleterre. *V.* MARTE. (A. D..NS.)

CARMANTINE. BOT. PHAN. Nom donné par plusieurs botanistes français au genre que Linné avait scientifiquement désigné sous celui de Justicia. *V.* ce mot.   (B.)

CARMAS. BOT. PHAN. (Daléchamp.) Syn. arabe d'Yeuse, *Quercus Ilex*, L. *V.* CHÊNE.   (B.)

CARMIN. INS. Nom imposé par Geoffroy (Hist. des Ins., T. II, p. 146) à une espèce de Lépidoptère, qui est le *Bombyx Jacobeæ* de Fabricius;

elle fait maintenant partie du genre Callimorphe. *V*. ce mot. (AUD.)

* On nomme aussi CARMIN une matière colorante d'un pourpre très-éclatant, que l'on obtient de la Cochenille, par sa décoction dans l'Eau de rivière chargée d'un peu de Soude. Vers la fin de l'ébullition , on verse un peu de dissolution de Sulfate d'Alumine: on filtre et on laisse se déposer le Carmin que l'on recueille par la décantation et que l'on fait sécher à l'ombre. Le Carmin est une des couleurs les plus recherchées pour sa vivacité, et celle qui a servi à faire de curieuses expériences sur la divisibilité de la matière. *V*. ce mot et NOPAL. (DR..Z.)

*CARMON. POIS. (Lachênaye-des-Bois.) Poisson peu connu des rivières de la Côte-d'Or en Afrique, dont la chair est grasse et bonne à manger. (B.)

CARMONE. *Carmona*. BOT. PHAN. Genre établi par Cavanilles, d'après un Arbrisseau des îles Mariannes (*Icon*. 438), et rapporté à la famille des Borraginées. Son calice est quinquéparti ; sa corolle quinquélobée au-dessus d'un tube court, à la base duquel s'insèrent cinq étamines alternes aux lobes ; le style est partagé en deux jusque vers sa base, et terminé par deux stigmates ; le fruit est une drupe pisiforme, contenant un noyau à six loges monospermes. Les feuilles du *Carmona heterophylla*, dont la surface est rude et parsemée de points blanchâtres surmontés d'une soie, sont les unes alternes, les autres fasciculées au-dessus d'un tubercule ; ses fleurs sont en grappes axillaires. Outre l'espèce précédente, on doit rapporter à ce genre le *Cordia retusa* de Vahl (*Symb*. 2. 42) qui croît dans les Indes-Orientales. (A. D. J.)

CARMONEA. BOT. PHAN. (Persoon.) Syn. de *Carmona*. *V*. CARMONE. (A. D. J.)

CARNABADIUM. BOT. PHAN. (C. Bauhin.) L'un des noms anciens du Cumin. (B.)

CARNABIOOU ou CORNOBIOOU. BOT. PHAN. Noms vulgaires du *Lathyrus Aphaca*, L. en Languedoc. *V*. GESSE. (B.)

CARNASSIERS. MAM. Nom d'un ordre de Mammifères, encore plus caractérisé par la figure de ses organes digestifs que par son genre de vie qui n'est pas exclusivement ni nécessairement carnivore, comme le nom le pourrait faire croire.

Les attributs généraux de la forme d'organisation des Carnassiers sont : 1°. le raccourcissement de l'intestin ; 2° la grandeur et l'acuité des dents canines, et la figure tranchante ou hérissée de pointes des dents molaires ; 5° la brièveté des mâchoires et surtout de l'inférieure, dont l'articulation condyloïdienne, serrée en charnière transversale, ne permet que des mouvemens angulaires dans le sens vertical ; 4° la double convexité de l'arcade zygomatique du temporal et la dépression du pariétal vers l'axe de la tête, pour donner assez d'espace à l'insertion des muscles temporo-maxillaires, dont le volume croît avec la carnivorité. Car, vu le raccourcissement des maxillaires et l'application de la force entre la résistance et le point d'appui, l'énergie musculaire est tout entière employée au serrement des mâchoires qui se croisent comme des branches de ciseaux.

Nous ne mettons pas les ongles parmi les caractères de la carnivorité ; car leur force et leur grandeur sont supérieures chez la plupart des Edentés, dont l'organisation est précisément inverse de celle des Carnassiers, surtout sous le rapport de la figure des mâchoires, des dents, etc. Or, d'après la loi de Cuvier sur les co-existences, une forme des principaux organes digestifs en nécessite certaines autres, et en exclut d'également déterminées : l'on voit donc quelles diversités de structure dans l'ensemble de l'Animal entraînent l'absence de l'une ou de toutes les sortes de dents. Il n'y a qu'un genre de Carnassiers où la figure particulière des ongles et des phalanges unguinales devienne un caractère autant physiologique que zoologique. *V*. Chat.

Le degré de chacun de ces quatre caractères anatomiques et leur combinaison plus ou moins complète déterminent le degré de carnivorité, lequel répond à celui de la férocité. Il ne faut pas néanmoins attacher à ce mot de férocité l'idée d'une nécessité de meurtre fatale et irrésistible. L'instinct du meurtre naît du sentiment de la faim. On en supprime les effets en en prevenant le besoin d'une manière continue ; car la nécessité du meurtre tenant à celle des provisions, si l'approvisionnement attend et devance la faim, l'instinct meurtrier n'a plus de cause et cesse de se produire ; et comme à son tour l'habitude d'un état en perpétue la disposition, surtout quand l'influence persévère, l'exemption constante de la faim, l'expérience soutenue des bons traitemens qui dissipent la défiance, la reconnaissance des soins reçus, enfin le goût du repos qui appelle tous les Animaux, finissent par apprivoiser les plus féroces des Carnassiers, autant que nos Animaux domestiques. Tout ce qu'on a dit de l'indomptable férocité des Tigres, des Hyènes, est imaginaire. Les dents molaires à surfaces hérissées de pointes ou bien tranchantes sur leur longueur, déterminent parmi les Carnassiers la division en Carnassiers ordinaires et en Insectivores.

Parmi les Carnassiers ordinaires, il en est où la figure des molaires ne présente qu'un tranchant obtus et incomplet sur une surface tuberculeuse: ceux-là ont un régime qui, selon la nécessité, est animal ou végétal. Tels sont les Ours, Blaireaux, etc.

Les sens les plus développés des Carnassiers, sont en général l'ouïe et l'odorat, puis la vue. Le goût paraît ne l'être guère, surtout dans les Chats, dont la langue est hérissée de pointes. Les moustaches de la plupart sont leurs seuls organes de toucher. Les nerfs, qui viennent se terminer dans le bulbe de ces poils, ont une prédominence de volume remarquable dans les Chats, les Phoques, etc.

Il y a des Carnassiers, dont les membres sont organisés pour voler, *V*. Cheiroptères ; d'autres pour nager et plonger, *V*. Loutres, Phoques, etc. ; d'autres enfin pour fouir et vivre sous terre, *V*. Taupe, Scalope, etc. : cette diversité de sphères d'existence ne se retrouve pas chez les Pachydermes et les Ruminans.

La distribution géographique des Carnassiers montre qu'il n'y a aucun rapport entre la carnivorité et le climat. Les diverses espèces des genres les plus carnivores se trouvent depuis l'équateur jusqu'aux Pôles. La chaleur ou le froid n'influent donc pas plus sur le tempérament à l'égard de l'appétit nutritif qu'à l'égard de l'ardeur de l'amour.   (A. D..ns.)

Cuvier (Règne Animal, T. I), qui a fait de l'ordre des Carnassiers le troisième de sa Méthode, les divise en quatre familles, dans lesquelles sont répartis quinze genres, savoir: 1re Famille. Cheiroptères, Chauve-Souris et Galéopithèques. 2e Famille. Insectivores, Hérisson, Musaraigne, Tenrec et Taupe. 3e Section. Carnivores, Ours, Martes, Chiens, Civettes, Hyènes, Chats, Phoques et Morses. 4e Section. Marsupiaux, Didelphes. *V*. tous ces mots.   (B.)

CARNASSIERS. *Adephagi*. ins.

Première famille de la section des Pentamères, ordre des Coléoptères (Règn. Anim. de Cuv.), adoptée, soit comme famille, soit comme tribu, par le plus grand nombre des entomologistes. Duméril en fait une famille désignée sous le nom de Carnassiers ou de Créophages. Latreille (*Gener. Crust. et Ins.* et Consid. génér.) l'érige en tribu qu'il nomme Entomophages. Ses caractères essentiels sont : deux palpes à chaque mâchoire ou six en tout; portion supérieure des mâchoires écailleuse, crochue ou onguiculée à son extrémité. Les Insectes de cette famille naturelle sont essentiellement mangeurs de chair. Ils font la chasse aux autres

Insectes, et semblent accorder la préférence à une proie vivante. Leurs antennes sont simples et presque toujours filiformes ou sétacées ; les mandibules sont fortes ; les mâchoires ont leur côté interne garni de cils ou de petites épines; le menton est grand, corné, presque demi-circulaire, profondément échancré, et ayant fort souvent une petite dent au milieu du bord supérieur ; il reçoit dans le fond de l'échancrure une languette cornée ou coriace dont l'extrémité supérieure paraît dans le plus grand nombre bifide, ce qui est dû à deux prolongemens ou paraglosses, membraneux, petits, étroits, allant en pointe. Les deux pieds antérieurs, insérés sur les côtés d'un sternum étroit et portés sur une grande rotule, offrent des tarses souvent dilatés dans les mâles ; les deux pates postérieures ont un fort trochanter; la rotule des hanches du métathorax est, dans la plupart, grande, fixe, et se confond même avec la poitrine par sa soudure avec le bord postérieur du sternum et avec les flancs. Les élytres, toujours très-consistantes, recouvrent en totalité ou en partie l'abdomen ; les ailes membraneuses manquent dans plusieurs ; lorsqu'elles existent, on remarque deux cellules ou aréoles arrondies près de leur coude.

Les Insectes Carnassiers ont toujours, suivant Cuvier (Règn. Anim. T. III, p. 176), un premier estomac court et charnu, un second allongé, comme velu à l'extérieur à cause des nombreux vaisseaux dont il est garni; un intestin court et grêle ; des vaisseaux hépatiques, au nombre de quatre, s'insérant près du pylore. Léon Dufour a beaucoup ajouté à la connaissance anatomique de ces parties. V. les tribus désignées sous les noms de Cicindelètes, Carabiques et Hydrocanthares.

Les larves sont tout aussi voraces que les Insectes parfaits; plusieurs restent sédentaires dans leurs retraites et y attendent leur proie. D'autres, plus agiles, la recherchent activement. On remarque d'ailleurs entre elles de très-grandes différences suivant les genres. En général leur corps est allongé, cylindrique, composé de douze anneaux, non compris la tête : celle-ci, grande et de consistance cornée, supporte deux antennes coniques et très-courtes, et deux yeux lisses, composés de petits grains au nombre de six de chaque côté ; la bouche est pourvue de fortes mandibules recourbées à leur sommet, de deux mâchoires supportant chacune un palpe, et d'une sorte de lèvre ou languette munie aussi de deux petits appendices palpiformes ; le segment qui suit la tête est recouvert d'une plaque solide, et le dernier se termine souvent par des prolongemens. Les pates, au nombre de six, sont insérées par paires au premier, au second et au troisième anneau du corps.

Cette famille peut être partagée en deux sections, les Carnassiers terrestres et les Carnassiers aquatiques.

Les CARNASSIERS TERRESTRES ont des pieds uniquement propres à la course, rapprochés jusqu'à égale distance les uns des autres à leur origine ; les hanches postérieures sont écartées entre elles jusque près de leur naissance avec la rotule beaucoup moins étendue que dans les Carnassiers aquatiques, et très-distincte de la poitrine du métathorax. Le corps est ordinairement oblong, avec les yeux saillans et les mandibules très-découvertes; les mâchoires sont encore droites au-delà de la naissance des palpes, et ne sont arquées qu'à leur sommet ; le diamètre transversal du prothorax ne surpasse jamais de beaucoup le diamètre longitudinal. D'après Cuvier (loc. cit.), leur intestin se termine par un cloaque élargi, muni de deux petits sacs qui séparent une humeur âcre. V. encore les recherches de Léon Dufour au mot CARABIQUES.

Ils se divisent en deux tribus, celle des Cicindelètes et celle des Carabiques. V. ces mots.

Les CARNASSIERS AQUATIQUES ont

des pieds propres à la course et à la natation; les quatre derniers sont comprimés, ciliés ou en forme de lame; les hanches postérieures ont leur rotule très-étendue, confondue avec la poitrine de l'anneau thoracique qui les supporte; le corps est toujours ovale avec les yeux peu saillans; les mandibules sont presque entièrement recouvertes, et le crochet qui termine les mâchoires est arqué dès sa base; le diamètre transversal du prothorax l'emporte toujours sur le diamètre opposé.

Ils constituent une seule tribu désignée sous le nom d'Hydrocanthares. *V*. ce mot. (AUD.)

CARNAUBA. bot. phan. Palmier du Brésil peu connu, qui donne de la cire, et pourrait bien être le Céroxyle d'Humboldt et Boupland. *V*. CÉROXYLE. (b.)

CARNAVATEPY. bot. phan. Bois de Surinam employé dans la construction. L'Arbre qui le produit n'est pas connu. (b.)

* CARNÉ. bot. crypt. Grand et petit. Nom barbare donné par Paulet à deux Agarics couleur de chair, de sa division des Mamelons carnés? (b.)

* CARNELLA. bot. crypt. L'un des noms du *Peziza auricula* en Italie. *V*. PEZIZE. (b.)

* CARNERO. mam. Nom du Mouton chez les Espagnols qui étendirent quelquefois sa signification jusqu'au Lama, dans l'Amérique méridionale. (b.)

CARNILLET. bot. phan. Nom vulgaire du *Cucubalus Behen*, L. *V*. CUCUBALE. (b.)

CARNIVORES. zool. Épithète de tout Animal qui se nourrit principalement de chair. Il y a des Carnivores dans toutes les classes du Règne Animal, excepté peut-être les Radiaires. Dans les Vertébrés, les Mollusques, les Crustacés et les Insectes, la condition d'organisation la plus générale qui nécessite la carnivorité, c'est la brièveté relative de l'intestin et la prédominance co-existante du foie et des glandes accessoires, qui fournissent les humeurs dissolvantes de la chair. Dans toutes les espèces carnivores de Vertébrés, les dents plus ou moins pointues et tranchantes, et parmi les Oiseaux, les becs crochus, ne servent pas à une mastication réelle, mais au meurtre et au déchirement de la proie, dont les lambeaux ou même la masse entière, selon le volume, arrivent tout d'une pièce dans l'estomac. Nous avons trouvé souvent jusqu'à trois Goujons entiers, dont le poli des écailles n'était pas encore altéré, dans l'estomac d'une Lotte ou d'un Brochet. Il est bien évident que, dans ce cas, la digestion est la fonction d'un seul facteur, savoir, la dissolution chimique de ces Poissons par l'estomac qui, comme celui de tous les Carnivores vertébrés, est entièrement membraneux.

Chez les Insectes, la carnivorité n'existe quelquefois que pendant un seul des états amenés par les métamorphoses, et selon que cet état est secondaire ou définitif, l'intestin subit des allongemens ou des raccourcissemens consécutifs, correspondans.

Cuvier (Règne Anim. T.I) restreint le nom de Carnivores à la troisième famille de l'ordre des Carnassiers. Cette famille est encore divisée en trois tribus: celle des Plantigrades où se rangent les Ours, les Ratons, les Caotis, le Kinkajous, les Blaireaux et les Gloutons; celle des Digitigrades qui contient les Martes, les Mouffettes, les Loutres, les Chiens, les Civettes les Hyènes et les Chats; celle des Amphibies qui sont les Phoques et le Morse. *V*. tous ces mots. (b.)

* CARNUB. bot. phan. L'un des noms orientaux du Caroubier. *V*. ce mot. (b.)

CARNUMI. moll. Syn. d'Ascidie rustique sur quelques côtes d'Italie. (f.)

CARO. bot. phan. Nom indou de l'Arbre qui produit la Noix vomique, *Strychnos Nux-vomica*, L., et syn. italien de Carvi. *V*. ces mots. (b.)

* CAROBA. bot. phan. Même

CAR

chose qu'Algarova et Carobe. *V.* ces mots. ✱ (B.)

CAROBARIA. BOT. PHAN. Syn. de *Cercis siliquastrum*, L. *V.* GAINIER. (B.)

CAROBE, CAROBO, CAROBOLE, CARRUBIA. BOT. PHAN. Syn. de Caroubier et de Caroube dans divers cantons d'Espagne et d'Italie. (B.)

* CAROBIN. BOT. PHAN. L'un des noms italiens du Carvi. *V.* ce mot. (B.)

* CAROBO. BOT. PHAN. *V.* CAROBE.

* CAROBOLA. BOT. PHAN. Même chose que Carobaria. *V.* ce mot. (B.)

* CAROBOLE. BOT. PHAN. *V.* CAROBE.

CAROCHUPA. MAM. Syn. de Sarigue. (A.D..NS.)

CAROCOLLE. *Carocollus.* MOLL. Genre de Coquille univalve, formé par Denis Montfort et adopté par Lamarck (An. s. vert. éd. 2, T. VI. part 2, p. 94) aux dépens du grand genre Hélice de Linné, devenu, à peu près, cette famille des Colimacées qui, dans la seconde section de l'ordre des Trachélipodes, contient de nombreuses espèces dont beaucoup se trouvent dans nos climats. Les caractères du genre Carocolle sont : coquille orbiculaire, plus ou moins convexe et conoïde en dessus ; à pourtours anguleux et tranchans ; ouverture plus large que longue, contiguë à l'axe de la coquille ; à bord droit subanguleux, souvent denté en dessous. Lamarck convient que ce genre n'est pas aussi tranché que beaucoup d'autres, mais qu'il devient nécessaire pour établir une division de plus parmi des Coquilles qui se ressemblent, et dont le nombre très-considérable causerait une certaine confusion, si l'on n'y établissait des coupes. Les *Helix albella*, *elegans* et *Lapicida*, L. du midi de la France, la Coquille qu'on nomme vulgairement le Labyrinthe, et la Lampe antique, *Helix albilabris*, L., des Antilles, sont les principales espèces du genre qui nous occupe. *V.* HÉLICE. Le genre *Caprinus*, de Montfort doit y demeurer confondu. (B.)

CAROLI. OIS. Syn. milanais du Courlis, *Scolopax arcuata*, L. *V.* COURLIS. (DR..Z.)

CAROLIN ou CAROLINE. POIS. *Trigla Carolina* et *Argentina Carolina*, espèces des genres Trigle et Argentine. *V.* ces mots. (B.)

CAROLINE. INS. Nom donné par Geoffroy (Hist. des Ins. t. 2. p. 228) à une espèce de Libellule, *Libellula forcipata*, L., qui a été rangée par Fabricius dans le genre Æshne. *V.* ce mot. (AUD.)

CAROLINÉE. *Carolinea.* BOT. PHAN. (Linné fils.) Syn. de Pachira. *V.* ce mot.

*CARO-MOELLI. BOT. PHAN. *V.* COUROU-MOELLI.

CARONCULE. ZOOL. Excroissance charnue et membraneuse, plus ou moins colorée, qui, dans les Oiseaux, entoure ordinairement la base du bec et s'étend plus ou moins au-delà de cet organe. Vieillot a donné le nom de Caronculés à des Oiseaux de sa tribu des Anisodactyles portant une Caroncule à la tête ou à la mandibule inférieure, et qu'il a réunis en famille dans l'ordre des Oiseaux sylvains. Il est dans d'autres Animaux des parties qui portent aussi le nom de Caroncules. Dans la femelle de l'Homme, celles qui sont particulièrement indiquées sous le nom de myrtiformes (en feuilles de myrte) sont les débris d'une membrane dont plusieurs anatomistes ont contesté l'existence. *V.* GÉNÉRATION (organes de la). (B.)

CARONCULE. BOT. PHAN. On a donné ce nom à un petit corps charnu, de forme et de grandeur variables, situé au contour du hile de certaines graines, comme dans le Ricin, le Cheirostemon, la Fève, etc. Ce corps ne nous paraît pas distinct de l'Arille. *V.* ce mot. (A. R.)

CARONCULÉ. OIS. (Sonnini.) Syn.

de *Sturnus carunculatus*, Lath. *V.*
Philédon.　　　　　　(DR..z.)
CARONCULÉS. ois. *V.* Caron-
cule.
CARONDI. ois. Syn. de Perro-
quet dans l'Inde.　　　(DR..z.)
CARO-NERVALON ou CARO-
NER-VOLOÉ. bot. phan. Chez les
Indous, même chose qu'Appel. *V.* ce
mot.　　　　　　　　　(B.)
CARONOSI. bot. phan. Nom vul-
gaire de pays d'une Gratiole de
l'Inde.　　　　　　　　(B.)
CAROPI. bot. phan. (Camelli.)
Même chose, à ce que l'on croit, que
la Plante mentionnée par Dioscoride,
sous le nom d'Amomum.　　(B.)
* CARO-PICOS. bot. phan. Même
chose que Caa-Pomanga. *V.* ce mot.
　　　　　　　　　　　(B.)
* CAROS. bot. phan. Vieux nom
du Carvi. *V.* ce mot.　　(B.)
CAROSA. moll. (Bonnani.) Syn.
napolitain de *Murex trunculus*, Coquille qui appartient au genre Pourpre.　　　　　　　　　(B.)
CAROTIDE. zool. *V.* Carotidien.
* CAROTIDES ou CAROTTIDES.
bot. phan. (Dioscoride.) Syn. de Dat-
te. *V.* ce mot.　　　　　(B.)
* CAROTIDIEN. mam. Canal du
crâne, par lequel l'artère Carotide in-
terne pénètre vers le cerveau, accom-
pagné du nerf grand sympathique.
Il est beaucoup plus court dans ceux
des Mammifères qui en sont munis
que dans l'Homme et les Singes.
Les Rongeurs, l'Hippopotame et les
Oiseaux ne présentent pas ce canal.
　　　　　　　　　　　(P. D.)
* CAROTOGO-MONOCENERI.
bot. phan. (Aublet.) Syn. de *Besle-
ria coccinea* à la Guiane.　(B.)
* CAROTTA. bot. phan. (Gouan.)
Syn. de Panais dans les environs de
Montpellier.　　　　　　(B.)
CAROTTE. moll. Espèce du genre
Cône.　　　　　　　　(B.)
CAROTTE. *Daucus*. bot. phan.
Ombellifères, Juss. Pentandrie Di-
gynie, L. En adoptant ce genre
établi par Tournefort, Linné y avait
introduit des Plantes qui ne concor-

TOME III.

daient pas avec lui par un des caractères principaux; c'est pourquoi Lamarck, dans l'Encyclopédie, a réuni
au genre Ammi les Daucus à fruits
lisses de Linné, et réciproquement il
a placé dans les Daucus les Ammis de
Linné, dont les fruits sont hérissés.
Sprengel, qui a fait un travail récent
sur les Ombellifères (*in Rœmer* et
Schultes, *Syst. Veget.*, v. 6), paraît
s'être conformé à cette idée; bien plus,
il a beaucoup éloigné les deux genres
en question, car il place les Daucus
dans sa tribu des Caucalinées, tandis
que le genre Ammi est le type des
Amminées. Sans nous arrêter à examiner la justesse de la distribution de
notre genre d'Ombellifères par Sprengel, nous allons exposer les caractères
qu'il lui a assignés, en ajoutant ceux
que l'on y observe constamment, et
qui servent à mieux le faire connaître : collerette générale, pinnatifide,
chacune des folioles profondément découpée; fleurs de la circonférence
plus grandes que les autres, par suite
de l'avortement des organes sexuels ;
fleurs du centre aussi avortées, mais
non grossies et le plus souvent colorées; cinq pétales pliés en cœur et
cinq étamines alternes à anthères simples; akène ovale, hérissée de poils ou
de piquans assez roides. Les pédoncules des fleurs extérieures s'allongent après la floraison, tandis que
ceux du centre restent les mêmes, ce
qui donne à l'Ombelle générale une
forme serrée et arrondie. En fixant ainsi les caractères du genre Daucus, nous
n'adoptons pas le genre *Platysper-
mum* d'Hoffmann, formé seulement
du *D. muricatus*, L.—On connaît une
quinzaine de Carottes qui habitent
presque toutes le bassin de la Méditerranée, et particulièrement les côtes
d'Afrique. Elles sont aromatiques,
comme la plupart des Ombellifères ;
mais quelques espèces contiennent le
principe odorant en telle quantité
qu'on l'extrait par incision, sous forme
de gomme-résine ; tel est le *D. gum-
mifer*, Lamk. Une des racines potagères les plus saines et les plus agréables,
est celle du *D. Carotta*, L. Cette Plan-

15

-te, à l'état sauvage, est tres-commune en France; cultivée, elle donne des racines coniques d'une grosseur considérable, qui sont alors tellement riches en sucre, qu'on a proposé de l'en extraire, à l'instar du sucre de Betterave.

(G..N.)

CAROTTIDES. BOT. PHAN. *V.* CAROTIDES.

CAROTTOLE. BOT. PHAN. Syn. italien de Betterave. *V.* BETTE.

(A. R..)

CAROUBE. BOT. PHAN Le fruit du Caroubier. *V.* ce mot. (G..N.)

CAROUBIER ou CAROUGE. *Ceratonia*. BOT. PHAN. Une seule espèce, *Ceratonia siliqua*, L. constitue ce genre de la famille des Légumineuses et de la Diœcie Hexandrie, L. C'est un Arbre assez intéressant, tant sous le rapport de la singulière structure de ses organes reproducteurs, que parce qu'il est indigène du midi de l'Europe, pour mériter ici une courte description : ses rameaux, qui s'élèvent jusqu'à dix mètres, sont disposés en tête arrondie comme ceux du Pommier. Ils portent des feuilles ailées sans impaires, persistantes, composées de six à dix folioles dures, presque rondes, entières, luisantes en dessus, et un peu pâles en dessous. Les fleurs naissent sur de petites branches axillaires où elles y sont presque sessiles, et forment une grappe simple. Elles ont un calice rouge, très-petit, à cinq divisions inégales, devant lesquelles les étamines, au nombre de cinq à sept, sont insérées ; les filets de celles-ci sont distincts et saillans hors de la fleur qui est entièrement dépourvue de corolle. Dans la plupart des fleurs, l'ovaire avorte, ce qui a fait placer ce genre dans la Diœcie du système sexuel. Lorsqu'il n'y a point d'avortement, un disque charnu staminifère entoure l'ovaire auquel succède une gousse longue, comprimée, coriace et indéhiscente, renfermant des semences dures et lisses, nichées dans une matière pulpeuse. L'aspect de cet Arbre est très-analogue à celui des Pistachiers et de certaines Térébinthacées ; il s'éloigne un peu des Légumineuses ordinaires par la structure de sa fleur, mais l'organisation de son fruit le rapproche beaucoup de quelques Légumineuses exotiques, et notamment du Tamarinier. En Espagne et en Provence ses gousses pulpeuses et douceâtres servent d'aliment aux bestiaux, et quelquefois même aux pauvres dans les temps de disette. Son bois, connu vulgairement sous le nom de Carouge, est employé avec avantage dans les arts à cause de sa dureté.

(G..N.)

* CAROUBIER DE LA GUIANE. BOT. PHAN. (Stedman.) Même chose que Caouroubali. *V.* ce mot.

(B.)

CAROUCHA. INS. Syn. espagnol de Carabe. *V.* ce mot. (AUD.)

* CAROU-COUACA. BOT. PHAN. (Surian.) Syn. de *Clusia rosea*. *V.* CLUSIE.

CAROUGE. OIS. Genre établi par Lacépède qui le premier a effectué cette séparation déjà indiquée par Brisson dans le genre Troupiale. Il a depuis été adopté par Vieillot et Cuvier. Le seul caractère qui distingue les deux genres consiste dans la courbure du bec, et comme la limite de cette courbure est quelquefois si peu tranchée qu'il en résulte de grandes incertitudes, il est plus avantageux pour les méthodistes de laisser les Carouges réunis aux Troupiales. *V.* ce mot. (DR..Z.)

CAROUGE. BOT. PHAN. *V.* CAROUBIER.

CAROUGE-A-MIEL. BOT. PHAN. Syn. de *Gleditsia triacanthos* dans l'Amérique du nord. *V.* GLEDITSIA.

(B.)

* CAROULA. REPT. OPHID. (Lachesnaye-des-Bois.) Petit Serpent de deux pieds de longueur, fort venimeux, et qui se cache dans les toits à Ceylan. On ne peut le déterminer sur de telles indications. (B.)

* CAROUMBOU. BOT. PHAN. (Commerson.) Syn. de Canne à sucre en quelques parties de la côte de Malabar. (B.)

CAROU-MOELLI. BOT. PHAN. pour Courou-Mœlli. *V.* ce mot.

* CAROU-NETCHOULI. BOT. PHAN. Et non *Notchouli.* Syn. de *Justicia Gandarussa,* belle espèce de Carmantine à la côte de Coromandel. (B.)

CAROUSSE. POIS. (Sonnini.) Nom vulgaire dans la Méditerranée du *Perca Labrax ,* espèce du genre Perche. *V.* ce mot. (B.)

CAROXILE ET CAROXILON. BOT. PHAN. Pour *Caroxylum. V.* ce mot. (A. D. J.)

CAROXYLUM. BOT. PHAN. Thunberg nommait ainsi un Arbre du cap de Bonne-Espérance dont la tige atteint la taille d'un homme à peu près, et est presque entièrement dépourvue de feuilles. On l'a réuni au genre Soude, sous le nom de *Salsola aphylla. V.* SOUDE. * (A. D. J.)

CARPADÈLE. BOT. PHAN. Desvaux donne ce nom aux fruits des Ombellifères. *V.* ce mot. (B.)

CARPÆ. BOT. PHAN. De *Carpinus* latin. Bosc donne ce nom comme syn. de Charme en espagnol et en portugais. (B.)

CARPAIS. ARACHN. Latreille (Précis des caractères génériques des Insectes) avait désigné sous ce nom un genre d'Arachnides trachéennes comprenant plusieurs petits Animaux parasites, et qu'il a depuis remplacé par celui de Gamase. *V.* ce mot. (AUD.)

* CARPANTHE. *Carpanthus.* BOT. CRYPT. (*Hydropterides* ou *Rhizospermes.*) Raffinesque propose l'établissement de ce genre, pour une Plante voisine des Salvinies, qui croît aux bords des ruisseaux de Pensylvanie et de New-Jersey, serait le type. Cette Cryptogame, qu'il nomme Carpanthe axillaire, a pour caractères : une capsule solitaire, globuleuse, axillaire, uniloculaire, s'ouvrant à la maturité en quatre demi-valves obtuses, et contenant quatre graines lenticulaires. Ses feuilles sont opposées, sessiles, oblongues, et ayant leurs nervures peu saillantes. Raffinesque, prenant son genre nouveau pour type d'une famille, propose de substituer le nom de Carpanthées à ceux par lesquels on a désigné les

fausses Fougères Rhizospermes. *V.* RHIZOSPERMES. (B.)

CARPAS. BOT. PHAN. (Cœsalpin.) Même chose que Capas. *V.* ce mot. (B.)

* CARPASIUM ou CARPASUM. BOT. PHAN. Plante indéterminée mentionnée par les anciens et par leurs commentateurs comme fort véné-. neuse, et qu'on a quelquefois confondue avec le Carpesium. *V.* ce mot. (B.)

CARPATA. BOT. PHAN. (Lémery.) Espèce de Jatropha. (Adanson.) Syn. de Ricin. *V.* ces mots. (B.)

CARPATHOS ou CARPATON. BOT. PHAN. (Dioscoride.) Syn. de *Lonicera Periclymenum,* L. *V.* CHÈVREFEUILLE. (B.)

CARPE. ZOOL. *V.* Os.

CARPE. POIS. Espèce à peu près la plus connue du genre Cyprin. *V.* ce mot. On a donné ce nom avec diverses épithètes à d'autres espèces du même genre ou de genre différent ; ainsi l'on a appelé :

CARPE DE BUGGENHAGEN, une espèce d'Able. *V.* ce mot.

CARPE A CUIR, le *Cyprinus Rex-Cyprinorum.*

CARPE DORÉE, le Cyprin doré de la Chine.

CARPE DE MER, la Vieille, *Labrus Vetula ,* L.

CARPE A MIROIR, le *Cyprinus Rex-Cyprinorum.*

CARPE DU NIL, un Labéon.

CARPE PIQUANTE, le Pigo, Cyprin des lacs d'Italie.

CARPE ROUGEATRE, le *Leuciscus rutilus ,* espèce d'Able.

CARPE SPÉCULAIRE ou REINE DES CARPES, le *Cyprinus Rex-Cyprinorum.*

D'anciens voyageurs appellent Carpes, des Poissons d'eau douce trouvés dans des régions lointaines , et qui peuvent bien être des Cyprins , mais qui ne sont probablement pas la même chose que nos Carpes. (B.)

CARPE DE TERRE. MAM. L'un des noms vicieux du Pangolin , dans quelques vieilles relations. (B.)

CARPEAU. POIS. Ce nom qui désignait originairement une petite Carpe

15*

jeune, est devenu celui d'une variété accidentelle de ce Poisson qu'on trouve dans le Rhône et dans la Saône, et qui ayant, dans sa jeunesse, éprouvé une castration naturelle, offre aux friands un mets fort délicat. On a encore appelé Carpeau, en Amérique, le *Salmo Cyprinoides*, L., espèce de Curimate de Cuvier. (B.)

* CARPENTERO. ois. *V.* CARPINTERO.

CARPESIUM. bot. phan. Corymbifères, Juss.; tribu des Inulées de Cassini; Syngenesie Polygamie superflue, L. L'involucre est composé de folioles imbriquées, les extérieures foliacées et appendiculées, les intermédiaires acuminées, réfléchies au sommet, les intérieures membraneuses, blanchâtres, obtuses, crénelées. Le réceptacle est nu. Il ne porte que des fleurons quinquefides et hermaphrodites dans le centre, rétrécis, quinquedentés et femelles dans le rayon, tous fertiles. Les akènes sont surmontés d'un pedicelle sans aigrette. — On connaît deux espèces de ce genre : ce sont des Plantes herbacées à feuilles alternes et dentées, à fleurs solitaires, terminales dans le *Carpesium cernuum* qui croît dans le midi de la France, axillaires dans le *C. abrotanoides*, indigène de la Chine. *V.* Gaert. tab. 164, et Lamarck, *Illustr.* tab. 696. (A.D.J.)

Les anciens donnaient ce nom de CARPESIUM au *Valeriana dioica* selon Matthiole, au *Valeriana Phu* selon C. Bauhin, et même au Piment. Dans Galien, il désigne les fruits d'un Myrte. (B.)

CARPET. pois. Espèce du genre Baliste imparfaitement observée, qu'on dit être de la forme d'une Carpe et se trouver dans le fleuve de Sénégal. (B.)

* CARPETTE. pois. L'un des noms vulgaires que portent les jeunes Carpes. (B.)

CARPHA. bot. phan. Genre de la famille des Cypéracées, établi par Banks et Solander sur une Plante de la Terre-de-Feu, et publié avec les caractères suivans, par R. Brown,

dans son Prodrome de la Flore de la Nouvelle-Hollande : épiet uniflore, à écailles presque distiques, les inférieures vides ; soies hypogynes égales aux 5-6 écailles florifères, plumeuses ou capillaires; style subulé, non articulé avec l'ovaire ; 3 ou 2 stigmates. Noix prismatique terminée en pointe à cause de la persistance du style. — R. Brown partage ce genre en deux sections : la première comprend, outre la Plante de Banks et Solander, deux espèces de la Nouvelle-Hollande, elle est caractérisée par son épiet distique, sa noix a trois angles bien prononcés et ses soies plumeuses. Dans la deuxième section, composée aussi de trois espèces originaires de la Nouvelle-Hollande, on trouve les épiets subulés, le style bifide et la noix cylindracée. Sans le doute qui paraît exister dans l'esprit de R. Brown sur l'existence de ces derniers caractères, il y a tout lieu de croire que la seconde section aurait formé un genre particulier. Les *Carpha* tiennent le milieu entre les genres *Rhynchospora* et *Chœtospora*, dont elles ont entièrement l'aspect. (G..N.)

CARPHALE. *Carphalea.* bot. phan. Genre de la famille des Rubiacées. Il a pour caractères : un calice turbiné, à quatre divisions oblongues, spatulées, scarieuses; une corolle dont le tube est long et filiforme, la gorge élargie, intérieurement velue, le limbe découpé en quatre lobes étroits; quatre anthères presque sessiles et oblongues insérées vers la gorge.; un seul stigmate ; une capsule couronnée par les lobes du calice persistant, à deux loges polyspermes, s'ouvrant en dedans en deux valves, auxquelles est opposée la cloison médiane qui se sépare elle-même en deux. On en connaît une seule espèce, le *Carphalea corymbosa*, Arbrisseau de Madagascar, à feuilles opposées dont la forme rappelle celle des feuilles d'Hyssope, à fleurs disposées en corymbes terminaux. *V.* Lamk., *Illustr.* tab. 59. Ne pourrait-on pas réunir à ce genre la Plante figurée par Cavanilles (*Icon.*, 572, fig. 1), sous le nom d'*Ægynetia longiflora ?*   (A. D. J.)

*CARPHEOTUM. BOT. PHAN. (Pline.) Encens très-pur et très-blanc qui coulait pendant l'été de l'écorce d'un Arbre inconnu. Celui qu'on recueillait en hiver se nommait Dathiatum.   (B.)

* CARPHOS. BOT. PHAN. (Pline.) Syn. de *Trigonella Fœnumgræcum*, L. Espèce du genre Trigonelle. *V.* ce mot.   (B.)

CARPIGNA. BOT. PHAN. La Plante désignée sous ce nom par Cœsalpin serait la Clandestine, espèce du genre Lathræe selon le Dictionnaire de Déterville, et l'Arachide suivant celui de Levrault.   (B.)

* CARPILLON. POIS. L'un des noms vulgaires de la jeune Carpe. (B.)

CARPINELLA ET CARPINO-NERO. BOT. PHAN. Syn. italiens de *Carpinus Ostrya*, L. *V.* CHARME. (B.)

CARPINTERO. OIS. Et non *Carpentero*. Syn. de la plupart des Pics qui ont l'habitude d'entailler et de percer le bois avec leur bec; l'un d'eux désigne particulièrement le Pic noir à bec blanc, *Picus principalis*, L. *V.* PIC.   (DR..Z.)

CARPION. *Carpio.* POIS. Espèce du genre Saumon. *V.* ce mot. (B.)

CARPOBALSAME. *Carpobalsamum.* BOT. PHAN. C'est un fruit et non un Arbre; on le trouve encore dans quelques pharmacies; il paraît être celui d'un Arbre du genre Amyris. *V.* ce mot au supplément. (B.)

CARPOBLEPTA. BOT. PHAN. (*Hydrophytes.*) Stackhouse, dans la nouvelle édition de sa Néréïde Britannique, propose ce genre pour le *Fucus tuberculatus* de Linné. Il constitue la onzième section de notre genre Fucus, et n'a pas été adopté par les naturalistes.   (LAM..X.)

CARPOBOLE. *Carpobolus.* BOT. CRYPT. (*Lycoperdacées.*) Ce genre, créé par Micheli qui l'a parfaitement figuré tab. 101 de ses *Nova Genera Plantarum*, a été ensuite réuni par Linné aux Lycoperdons, dont il diffère cependant beaucoup. Depuis, Tode l'a rétabli comme genre sous le nom de *Sphœrobolus.* Quoique ce dernier nom ait été adopté par la plupart des botanistes, nous croyons, comme Willdenow, devoir conserver le nom le plus ancien. Ce genre présente un péridium double, globuleux; l'extérieur coriace se divise en six ou huit dents assez profondes; l'intérieur membraneux forme une sphère lisse qui est lancée au dehors à la maturité; il est rempli de sporules très-serrées sans mélange de filamens, et ne se rompt qu'après être séparé du reste de la Plante.

La seule espèce qu'on connaisse de ce genre est un petit Champignon qui dépasse rarement la grosseur d'un grain de Millet et qui est d'un jaune terreux. Il croît sur les morceaux de bois pourris en automne.   (AD. B.)

CARPODET. *Carpodetus.* BOT. PHAN. Genre placé à la suite de la famille des Rhamnées. Il a été établi par Forster, d'après un Arbre de la Nouvelle-Zélande, dont les tiges et les rameaux sont parsemés de tubercules, les feuilles alternes, les fleurs disposées en grappes solitaires ou géminées, axillaires et terminales. Leur calice turbiné se termine par cinq dents caduques; cinq pétales alternes s'y insèrent, ainsi que cinq étamines courtes. L'ovaire à demi adhérent se termine par un seul style et un stigmate en tête. Il devient une baie sèche et sphérique, autour de laquelle le calice forme une sorte de bourrelet après la chute de ses dents. Elle est partagée en cinq loges, dans lesquelles fait saillie un placenta central auquel plusieurs graines sont attachées. *V.* Lamk. *Ill.* tab. 143.   (A.D.J.)

CARPODONTE. *Carpodontos.* BOT. PHAN. Genre établi par Labillardière, et que Jussieu et Choisy placent dans la famille des Hypéricinées. C'est un grand et bel Arbre qui porte des feuilles elliptiques, oblongues, obtuses, glutineuses et luisantes en dessus, d'un gris cendré à leur face inférieure, dépourvues de points translucides. Leurs fleurs qui sont axillaires et solitaires ont leurs pédoncules accompagnés à leur base de deux écailles. Le calice est étalé, formé de quatre sépales frangés sur les bords. La corolle se compose de quatre pétales jaunes, obtus, entiers, plus longs que le calice. Les étamines qui sont fort nombreuses sont réunies par leur base. L'ovaire est allongé et surmonté de cinq à neuf styles, et devient une capsule à autant de loges, et s'ouvrant en autant de valves qu'il y a de styles sur l'ovaire. Les graines sont planes et membraneuses. La seule espèce de ce genre, *Carpodontos lucida*, a été figurée par Labillardière, dans son Voyage à la recherche de la Peyrouse, t. 18. Elle croît abondamment à l'île de Van-Diémen. (A.R.)

CARPOLEPIDE. *Carpolepis*. BOT. CRYPT. (*Hépatiques*.) Genre séparé des Jungermannes par Palisot de Beauvois. Il n'est pas adopté. *V.* JUNGERMANNE. (AD. B.)

CARPOLITHES. BOT. FOSS. On a désigné, depuis long-temps, sous ce nom, les fruits qui se trouvent à l'état fossile dans diverses couches de la terre. Dans notre classification artificielle des Végétaux fossiles, nous avons adopté ce nom pour tous les fruits fossiles qu'on ne peut rapporter à aucun genre connu, et leur nombre est très-considérable. Quelques-uns offrant au contraire des caractères qui permettent de les ranger avec certitude dans des genres encore existans, nous avons cru devoir les décrire sous ces noms génériques; c'est ainsi que dans les terrains tertiaires ou de sédimens supérieurs, on a trouvé des fruits qui appartiennent sans aucun doute aux genres Pin, Noyer, Charagne, Cocos, etc. *V.* ces mots. Mais on doit observer que ces Fossiles diffèrent toujours spécifiquement des espèces actuellement existantes, auxquelles nous avons pu les comparer. C'est ce que nous avons

cherché à établir dans le Mémoire cité ci-dessus en décrivant ces espèces. (Mémoire du Muséum d'Hist. Nat. T. VIII.)

Quant aux fruits fossiles de genres indéterminés, leur nombre est très-considérable, surtout dans les terrains assez nouveaux. La formation qui paraît en renfermer le plus est celle des Lignites de l'argile plastique. Ainsi les argiles de l'île de Scheppey que les géologues rapportent à cette formation, contiennent une immense quantité de graines et de fruits transformés en pyrites. Parkinson en a figuré un assez grand nombre, mais c'est peu de chose en comparaison de ce que les collections d'Angleterre en renferment.

On en a également trouvé dans les Lignites de Meissner et de plusieurs autres parties de l'Allemagne; ils sont indiqués dans l'ouvrage de Schlotheim (*Petrefacten kunde*).

Dans les formations plus anciennes, ils deviennent, à ce qu'il paraît, beaucoup plus rares; ainsi nous ne savons pas qu'on en ait trouvé dans la Craie, le Calcaire du Jura et le Calcaire Alpin; enfin ils reparaissent, quoiqu'en petit nombre, dans les terrains houillers, mais souvent mal conservés, et en général les Carpolithes de ces terrains, même ceux qui sont en bon état, paraissent assez différens des fruits des Végétaux actuellement existans; ainsi nous ne savons pas qu'on y ait jamais trouvé, comme dans les Lignites, ni fruits de Palmiers, ni fruits de Bambous, etc., ce qui vient à l'appui de l'opinion que nous avons émise que les tiges qu'on a cru appartenir à des Plantes de ces familles sont, en général, des tiges de Plantes cryptogames arborescentes. La présence de quelques espèces de graines prouve cependant évidemment l'existence des Végétaux phanérogames; mais auxquels des genres de Plantes fossiles du terrain houillier ces graines appartenaient-elles? c'est ce que nous ne pouvons encore établir.

Quant aux terrains d'Anthracites, nous ne croyons pas qu'on y ait encore observé de fruits fossiles ; mais les Végétaux y étant moins nombreux et les terrains étant peu exploités , on ne peut jusqu'à présent rien affirmer sur ce sujet. *V*. VÉGÉTAUX FOSSILES. (AD. B.)

CARPOLYZE. *Carpolyza*. BOT. PHAN. (Salisbury.) *V*. STRUMAIRE.

* CARPOPHORE. *Carpophorus*. BOT. PHAN. (Linck.) Même chose que ce que feu Richard nommait Basigynde. *V*. ce mot. (B.)

* CARPOPHYLLON. BOT. PHAN. (Pline.) Probablement un Fragon, le *Ruscus Hypophyllum* ou *Hypoglossum*, L., mais non certainement le *Convallaria polygonatum*, comme on l'a supposé. (B.)

* CARPOU-INDOU. BOT. PHAN. Acacie indéterminée de la côte de Coromandel. (G..N.)

* CARPUS. BOT. PHAN. C'est la Pastèque chez les Turcs, selon Kolbe, qui aura mal transcrit le mot Copous, par lequel ce fruit est réellement désigné à Constantinople et dans la Troade , d'après Belon. *V*. COPOUS. (B.)

CARQUEJA ET CARQUEIXA. BOT. PHAN. Noms espagnol et portugais du *Genista tridentata*, L., qu'on prononce, selon les provinces, *Carguesca, Carguecsa* et *Carquesia*. *V*. GENET. (B.)

* CARRA. BOT. PHAN. (L'Écluse.) Nom vulgaire du *Mercurialis tomentosa* aux environs de Grenade en Andalousie. *V*. MERCURIALE. (B.)

* CARRANCHO. OIS. C'est au Paraguay la même chose que ce que Marcgraaff appelait Caracara. *V*. ce mot. (B.)

CARRAPATEIRO. BOT. PHAN. Syn. portugais de Ricin. *V*. ce mot. (B.)

CARRAPATO. ARACHN. Nom portugais qui paraît convenir à l'*Acarus reduvius* de Linné. (B.)

CARRASCA, CARRASCO ET CARRASCOSA. BOT. PHAN. Noms es-

pagnols et portugais des *Quercus coccifera* et *Ilex*, L., qui ont fait donner celui de *Carrascal* à certains espaces déserts que couvrent les buissons formés par ces Arbres. (B.)

CARREAU. *Fulgur*. MOLL. Genre formé par Denis Montfort aux dépens des rochers , et dont le type serait le *Murex perversus*. *V*. ROCHER. (B.)

CARREAUX. OIS. Syn. vulgaire de l'Hirondelle de rivage, *Hirundo riparia*, L. *V*. HIRONDELLE. (DR..Z.)

CARRELÉE. REPT. CHEL. (Latreille.) L'espèce de Tortue que Daudin nomme Aréole. *V*. ce mot. (B.)

CARRELET. POIS. *V*. CARELET.

* CARRET. REPT. CHEL. Pour Caret. *V*. ce mot. (B.)

CARRETILLAS. BOT. PHAN. Syn. espagnol de *Medicago orbicularis*, L. Espèce du genre Luzerne. (B.)

* CARRICHTERA. BOT. PHAN. (Adanson. *Fam. Plant.* II, p. 421.) Syn. de Vella. *V*. ce mot et CARRICHTÈRE du Supplément de ce Dictionnaire. (B.)

CARRICO. BOT. PHAN. Nom générique par lequel les Portugais désignent la plupart des Graminées et Cypéroïdes grandes et dures , qui croissent dans les marécages , telles que certaines Laiches et Roseaux. (B.)

CARRICTER. BOT. PHAN. Pour Carrichtera. *V*. ce mot. (B.)

CARRIÈRES. Lieux d'où l'on extrait de la terre des masses pierreuses qui sont ordinairement employées dans les constructions; on nomme également Carrières les excavations qui résultent de cette extraction. Les Carrières s'exploitent ou à ciel ouvert ou par galerie. Le premier cas a lieu lorsque, dans une plaine, les matériaux inutiles qui recouvrent la pierre employée sont peu abondans, ou bien lorsque celles-ci, entrant dans la composition d'une colline ou d'une montagne, peuvent être attaquées latéralement en flanc , sans produire l'éboulement de parties supérieures. L'exploitation par galerie se fait lorsque les bancs que l'on veut extraire sont recouverts par des couches plus ou moins solides et épaisses qui ne pourraient être enlevées sans de grands frais. Ces galeries sont en général horizontales, et elles communiquent avec l'extérieur, suivant la forme générale et superficielle du sol dans lequel elles sont pratiquées, soit immédiatement, soit par des puits verticaux plus ou moins profonds. Les Granits, les Schistes, les différentes espèces de Calcaires, les Gypses ou Pierres à Plâtre, donnent lieu à des ouvertures de Carrières. On pourrait en dire autant des Lignites, des Houilles, des Sels gemmes, de différens minerais de Fer, dont les exploitations sont comprises plus généralement sous le nom de Mines, *V.* ce mot; ce qui indique la difficulté que l'on rencontre à donner dans tous les cas un sens bien précis à ces deux expressions Carrières et Mines. Ces dernières comprennent plutôt les travaux entrepris pour les recherches et l'extraction des Métaux et substances minérales qui sont disséminés irrégulièrement dans des masses pierreuses que l'on traverse. Une grande partie de la ville de Paris, au midi de la Seine, est établie sur des Carrières spacieuses qui se prolongent sous la plaine de Mont-Rouge, et qui sont creusées dans le Calcaire grossier. Elles communiquent par des puits avec l'extérieur à Montmartre. La Pierre à plâtre est généralement exploitée à ciel ouvert, tandis qu'à Treil, par exemple, la même substance donne lieu à des excavations souterraines qui ont plusieurs centaines de pieds de profondeur, mais qui, pénétrant dans le sein d'une colline, viennent s'ouvrir sur sa pente. Les Carrières de Maëstricht, dont l'exploitation remonte à une haute antiquité, sont célèbres par leur étendue, par les fossiles qui en ont été extraits et par l'élégante description qu'en a donnée Bory de St.-Vincent; ces Carrières paraissent être dans la Craie inférieure; leur ouverture a également lieu sur les escarpemens latéraux du plateau de Saint-Pierre. (O. P.)

* CARRION-CROW. OIS. Syn. anglais de la Corneille noire, *Corvus Corone*, L. *V.* CORBEAU. On donne aussi ce nom dans les Antilles à l'Urubu, *Vultur Urubu*, L. *V.* VAUTOUR. (DR..Z.)

* CARRIOU-CROWN. OIS. Syn. vulgaire du Catharte Aura, *Vultur Aura*, L., à la Caroline. *V.* CATHARTE. (DR..Z.)

CARRIZAL. BOT. PHAN. L'un des noms espagnols du Roseau. (B.)

* CARRIZO. BOT. PHAN. Même chose en espagnol que Carrico en portugais. *V.* CARRICO. (B.)

* CARRUBIA. BOT. PHAN. *V.* CAROUBE.

* CARSAAMI. BOT. PHAN. (Rauwolf.) Syn. de *Calla orientalis*, et nom d'un Gouet indéterminé dont la feuille est lancéolée. (B.)

CARTAZONON. MAM. (Ælien.) Animal fabuleux qui aurait la figure d'un Ane et une seule corne au front, probablement la Licorne. (B.)

CARTE GÉOGRAPHIQUE BRUNE et CARTE GÉOGRAPHIQUE FAUVE. INS. Noms sous lesquels Engramelle a désigné deux espèces distinctes de Lépidoptères. La première est le *Papilio levana* de Linné, et la seconde le *Papilio prorsa* du même auteur. L'une et l'autre font aujourd'hui partie du genre Vanesse. *V.* ce mot. (AUD.)

CARTE GÉOGRAPHIQUE. MOLL. Nom vulgaire et marchand d'une Porcelaine, *Cyprea Mappa*, L. *V.* PORCELAINE. (B.)

* CARTÉSIA. BOT. PHAN. (H. Cassini. Bull. Soc. phil. décembre 1816.) Probablement la même chose que le Stokesia de L'Héritier. *V.* ce mot. (B.)

CARTHAME. *Carthamus.* BOT. PHAN. Genre de la famille des Synanthérées, section des Carduacées (H. Cassini), et de la Syngénésie Polygamie égale de Linné. Une seule espèce composait originairement ce genre établi par Tournefort; mais Linné y réunit plusieurs autres Plantes qui sont devenues les types de différens genres proposés par Adanson, Necker, Gaërtner, de Jussieu et De Candolle. Ainsi les genres *Atractylis* et *Carduncellus* étaient des Carthames de Linné. Les *Carduncellus* sont les Plantes qui se rapprochent le plus des Carthames; ils n'en diffèrent en effet que par la présence d'une Aigrette simple, leurs étamines hérissées et leurs corolles bleues; ces faibles caractères ont suffi pour l'admission du genre *Carduncellus* proposé par Adanson, et ensuite par De Candolle. Celui-ci a ainsi caractérisé les Carthames : un involucre bossu à sa base, et imbriqué de folioles qui se terminent par une petite épine ; tous les fleurons hermaphrodites ; réceptacle paléacé ; akènes sans aigrette. Mais en l'adoptant ainsi réformé, ce genre ne renfermerait plus, comme dans l'origine, qu'une seule espèce, c'est-à-dire le Carthame des teinturiers, *Carthamus tinctorius*, L. Cette Plante, connue vulgairement sous le nom de *Safran bâtard*, croît spontanément en Orient, et même dans le midi de l'Europe où on la cultive à cause de ses fleurs qui ont une belle couleur orangée. Deux principes immédiats composent cette couleur : l'un jaune, très-soluble dans l'eau, et qui altère les qualités de l'autre principe rouge, lequel ne se dissout ni dans l'eau ni dans l'alcohol, mais seulement est soluble dans les alcalis dont il est précipité par les acides. Cette couleur a bien peu de fixité; néanmoins comme elle peut se nuancer à l'infini, et que ses nuances, surtout le rose, sont fort éclatantes, les teinturiers en font un grand usage pour donner aux tissus de soie et de coton toutes les couleurs depuis le rose couleur de chair jusqu'au rouge cerise. Un autre usage assez important de ce dernier principe du Carthame, c'est le rouge pour la toilette des dames. On prépare celui-ci en broyant la couleur desséchée avec du talc exactement réduit en poudre. Enfin les graines du *Carthamus tinctorius* sont violemment purgatives pour l'espèce humaine,

tandis que pour les Perroquets elles sont un aliment sain : aussi les nomme-t-on Graines de Perroquets.

(G..N.)

CARTHAMOIDES. BOT. PHAN. (Vaillant.) Syn. de *Carthamus mitissimus*, L. dont Adanson avait fait son genre Cardoncelle. *V*. ce mot. (B.)

* **CARTHEGON.** BOT. PHAN. (Pline.) La graine du Buis. *V*. ce mot. (B.)

CARTILAGE. ZOOL. Le plus élastique de tous les tissus et d'une consistance intermédiaire, mais dans des degrés très-différens au tissu fibreux et au tissu osseux, avec lesquels il est ordinairement continu ou au moins contigu.

Lorsque le Cartilage est isolé, comme par exemple au thiroïde et au cricoïde de l'Homme, du Singe, etc., aussi bien que dans le cas de sa continuité avec le système osseux, sa consistance et sa structure passent progressivement, avec l'âge, à une véritable ossification. Réciproquement, dans les premiers temps de l'ostéogénie chez tous les Vertébrés, où le squelette est complètement osseux, tous les os sont primitivement des Cartilages, et les Cartilages proprement dits, qui subsistent pendant une ou plusieurs des périodes ultérieures, finissent toujours eux-mêmes par s'ossifier, soit séparément du squelette, soit en se continuant à quelqu'une de ses parties. Tels sont entre autres les Cartilages qui arcboutent les côtes sur le sternum. Comme nous l'avons fait observer dans notre article ANATOMIE, le progrès et les périodes de l'ostéogénie ne sont pas uniformes pour toutes les classes de Vertébrés. Chez les Oiseaux, où le squelette est avec tant de promptitude complètement ossifié, il n'existe réellement pas de Cartilage. Réciproquement, dans un ordre entier de Poissons (les Chondroptérygiens ou Cartilagineux), le squelette conserve toute la vie l'état primitif, et les sels calcaires et terreux dont la déposition, dans les mailles des Cartilages, en ont fait des os, sont, ou bien incorporés à d'autres tissus, ou bien rejetés par des organes sécrétoires. Cette dernière combinaison a lieu dans les Lamproies par des élaborations des reins et de la peau, qui semblent si complètes que même les dents (comme nous croyons l'avoir observé les premiers) n'y sont autre chose que des lames cartilagineuses relevées en sommités de distance en distance, et s'emboîtant de dehors en dedans. Dans le Mémoire sur l'anatomie de la Lamproie, que nous avons lu à l'Institut en commun avec Magendie, et imprimé au deuxième volume de son Journal de physiologie, nous avons démontré quel était le développement de l'appareil urinaire de la Lamproie, que Everard Home (Trans. Philos. de 1815) avait pris pour des testicules. La première combinaison est réalisée dans les Esturgeons, où il se forme une cuirasse à la tête, et sur le corps des rangées d'écussons presque inattaquables à la scie; et chez les Raies et les Squales, dans les boucles des premières et les dents des seconds. Dans ces deux grands genres de Poissons, une membrane, fibreuse partout ailleurs, la sclérotique, est aussi devenue une calotte cartilagineuse : dans les Cycloptères et les Tétraodons, où la peau présente aussi des endurcissemens ou des écussons calcaires, le squelette reste également plus ou moins cartilagineux, en même temps que les glandes urinaires acquièrent un développement extrême de volume et d'action : au moins avons-nous vu, dans ces deux genres de Poissons, cet état réciproque du volume des reins et du défaut de solidification du squelette. Le Cartilage considéré, soit dans les divers états de développement d'un même Animal, soit dans la série des Animaux vertébrés, n'est donc réellement qu'un état primitif du système osseux. Aussi arrive-t-il quelquefois, par maladie, que réciproquement les os redeviennent Cartilages par l'absorption des sels qui les solidifient, et le transport, soit sur d'autres tissus, soit à

des glandes sécrétoires, de ces sels eux-mêmes ou de leurs matériaux élémentaires. C'est ce qui arrive dans le rachitisme, et une sorte de ramollissement des os, dont la femme Suficot a offert un exemple devenu vulgaire par sa singularité.

D'après ce mécanisme de la transformation du Cartilage en os et de l'os en Cartilage, on voit que ces deux tissus sont identiques, et que là où il n'y a pas de squelette il n'y a pas lieu à l'existence du Cartilage (*V.* pour cette réciprocité des tissus où se déposent à l'état concret des combinaisons salines, le § VII de notre article ANATOMIE). Nous ne connaissons, hors des Animaux vertébrés, que les Mollusques bivalves qui offrent une sorte de tissu cartilagineux dans le ligament articulaire de la charnière des valves.

Pour les organes spécialement cartilagineux, tels que les diverses parties de larynx, de la trachée artère, les bourrelets et les rondelles des diverses articulations du squelette dans les Vertébrés, etc., et le jeu et l'utilité mécanique de ces parties, *V.* LARYNX, OS, SQUELETTE, TRACHÉE ARTÈRE, etc. (A.D..NS.)

CARTILAGINEUX. POIS. *V.* CHONDROPTÉRYGIENS.

* CARTOFLE ou CARTOUFLE. BOT. PHAN. On donne ce nom, dans plusieurs parties de l'Allemagne et de la Belgique, à la Pomme-de-terre. Il paraît qu'il fut originairement appliqué à l'*Helianthus tuberosus*, L. Vulgairement Topinamboux. (B.)

CARTON. BOT. PHAN. C'était indifféremment chez les anciens le Carvi et l'Oignon. (B.)

CARTONÈME. *Cartonema*. BOT. PHAN. Le genre que R. Brown a établi sous ce nom, dans son Prodrome, fait partie de la famille naturelle des Commelinées et se distingue surtout par les caractères suivans : son calice est à six divisions un peu inégales et disposées sur deux rangs ; trois extérieures sont vertes et calicinales ; trois intérieures plus petites sont colorées et pétaloïdes ; toutes sont persistantes. Les six étamines, qui persistent aussi, sont égales entre elles ; leurs filets sont glabres , et leurs anthères allongées et attachées par leur base. L'ovaire est surmonté d'un style simple que termine un stigmate barbu. Le fruit est une capsule à trois loges, s'ouvrant en trois valves septifères ; chaque loge contient deux graines.

Ce genre ne se compose encore que d'une seule espèce, *Cartonema spicatum*, Brown, *loc. cit.* C'est une Plante vivace couverte de poils lâches. Sa racine, qui est fibreuse, se termine inférieurement par un renflement charnu. Sa tige, qui est presque simple, porte des feuilles linéaires allongées , amplexicaules. Les fleurs sont sessiles et jaunes ; elles forment un épi multiflore au sommet de la tige.

(A. R.)

* CARTONNIÈRES. ins. Nom que l'on applique vulgairement en Amérique à certaines Guêpes qui ont le singulier instinct de composer, avec des débris de Végétaux , une matière analogue au carton, avec laquelle elles façonnent leurs nids. Ces Insectes appartiennent au genre Poliste. *V.* ce mot. (AUD.)

* CARTOPOGON. bot. phan. (Palisot de Beauvois.) *V.* ARISTIDE. (B.)

CARUA. bot. phan. Écrit à tort *Carva.* (Théophraste.) Syn. de Noix. (B.)

* CARUAROU. bot. phan. *V.* CARIAROU.

* CARUB, CHARNUBI ET CHARNI. bot. phan. Syn. égyptien de Caroubier. *V.* ce mot. (B.)

* CARUCUOCA. mam. Souris du Brésil , qu'on ne connaît que par la simple citation qu'en a faite Marcgraaff. (B.)

CARUDE. pois. Nom vulgaire de *Labrus rupestris. V.* CRÉNILABRE. (B.)

CARUDSE. pois. Espèce du genre Spare dans Lacépède. (B.)

CARUIRI. mam. L'un des noms de

pays du *Simia melanocephala* de Humboldt. *V.* SAPAJOU. (B.)

* CARUM. bot. phan. Syn. de Carvi. *V.* ce mot. (B.)

* CARUMFEL. bot. phan. Vieux nom du Girofle chez les Orientaux. (B.)

CARUTZ. pois. (Gesner.) Probablement la même chose que Carude. *V.* ce mot. (B.)

CARVA. bot. phan. Syn. malabare de *Laurus Cassia, V.* LAURIER, et de *Justicia Gangetica*, espèce de Carmantine. (B.)

CARVALHINHA. bot. phan. Syn. portugais de *Teucrium Chamœdrys* , L. *V.* GERMANDRÉE. (B.)

CARVÉ. bot. phan. L'un des noms du Chanvre , dans quelques cantons de la France méridionale. (B.)

CARVÉLINO. ois. *V.* CARDENIO.

CARVI. *Carum* , L. bot. phan. Ombellifères , Juss. ; Pentandrie Digynie , L.—Lamarck (Encycl. méth.) et De Candolle (Fl. fr.) ont supprimé ce genre établi par Tournefort, Linné et Jussieu , et l'ont réuni aux Sésélis. Malgré la faible différence qui existe, en effet, entre ces deux genres, plusieurs auteurs récens ont néanmoins continué de les distinguer ; C. Sprengel a ajouté quelques caractères à ceux donnés par ses devanciers, et l'a placé dans sa tribu des Pimpinellées. On ne connaît qu'une seule espèce de Carvi , car le *Carum simplex*, Willd. est le *Seseli annuum*, L. C'est le Carvi ordinaire, *Carum Carvi*, L. Il se distingue des Sésélis par sa collerette générale à une ou deux folioles linéaires, tandis qu'elle est nulle dans ceux-ci , par son fruit ovale oblong, strié , à trois côtes dorsales , obtuses d'après Sprengel. Au reste, le calice est entier , et les pétales cordés et infléchis comme dans les Sésélis. La Plante est herbacée , ayant le port et surtout les feuilles de ces derniers, quoique présentant moins de rigidité dans l'ensemble de ses parties. Elle habite les pays montueux de toute l'Europe où on recueille ses semences, qui, contenant une assez grande quantité d'huile volatile, sont très-carminatives et stomachiques. (G..N.)

CARVIFEUILLE. *Carvifolium.* BOT. PHAN. Genre formé par Villars, dans sa Flore du Dauphiné, pour le *Selinum Carvifolium*, L. Il n'a pas été adopté. *V.* SÉLIN. (B.)

CARVITES. BOT. PHAN. (Dioscoride.) Probablement un Euphorbe. (B.)

CARVUM. BOT. PHAN. Pour Carvi. *V.* ce mot. (B.)

CARYA. BOT. PHAN. (Pline.) Même chose que Carua, *V.* ce mot, dont probablement l'orthographe est préférable. (G..N.)

CARYBDÉE. *Carybdea.* ACAL. Genre de l'ordre des Acalèphes libres, établi par Péron et Lesueur dans la première section de leurs Méduses gastriques, classé par Lamarck parmi ses Radiaires médusaires, et regardé par Cuvier comme un Rhizostome. Les Carybdées ont un corps orbiculaire, convexe ou conoïde en dessus, concave en dessous, sans pédoncule, ni bras, ni tentacules, mais ayant des lobes divers à son bord. On distingue facilement les Carybdées des Phorcynées par les appendices ou les lobes particuliers et divers qui bornent leur limbe. Et quoique les unes et les autres n'aient ni pédoncule, ni bras, ni tentacules, la forme générale des Carybdées est déjà plus composée que celle des Phorcynées, et semble annoncer le voisinage des Équorées. On n'en connaît encore que deux espèces.

CARYBDÉE PÉRYPHYLLE, *Carybdea periphylla,* Péron. et Les., Ann. du Mus., t. 14, p. 332, n. 11; Lamk., An. sans vert., t. 2, p. 496, n. 1. Elle offre une ombelle subconique avec le rebord découpé en seize folioles triangulaires et pétiolées, dont huit sont réunies par paires. L'estomac est très-large à son bord, très-aigu à son sommet. Cette Méduse, toujours petite, habite l'océan Atlantique équatorial.

CARYBDÉE MARSUPIALE, *Carybdea marsupialis,* Péron et Lesueur, Ann., t. 14, p. 333, n. 12; *Medusa marsupialis,* Gmel., *Syst. Nat.*, p. 3154, n. 8. Son ombelle est semi-ovale, cruméniforme, à rebord entier et garni de quatre tentacules très-gros et très-courts. Elle est plus petite que la précédente, et se trouve assez communément dans la Méditerranée. (LAM..X.)

* **CARYE.** *Carya.* BOT. PHAN. Nuttal, dans son *Genera*, propose de former sous ce nom un genre nouveau pour plusieurs espèces de Noyers de l'Amérique septentrionale. Les caractères qui distinguent ce genre des véritables Noyers sont, pour les fleurs mâles, un calice formé d'écailles tripartites; des étamines dont le nombre ne s'élève pas au-delà de quatre ou de six. Pour les fleurs femelles, on n'y observe pas de style; le stigmate est sessile et quadrilobé, et le fruit s'ouvre en quatre valves et non en deux.

Cet auteur rapporte à ce genre nouveau cinq espèces, savoir : *Carya olivæformis* (*Juglans olivæformis*, Mich.), *Carya sulcata* (*Jugl. sulcata*), *Carya alba* (*Jugl. alba*), *Carya tomentosa* (*Jugl. tomentosa*), et enfin une espèce nouvelle qu'il nomme *Carya microcarpa*. *V.* JUGLANDÉES et NOYER. Le nom de *Carya* est emprunté de celui que portait la Noix chez les anciens. (A. R.)

CARYGUEYA. MAM. L'un des noms de pays, syn. de Didelphe. (A. D..NS.)

CARYOCAR. BOT. PHAN. *V.* PEKEA

CARYOCATACTES. OIS. C'est-à-dire Casse-Noix. Nom donné à plusieurs Oiseaux, particulièrement à la Sitelle, au Calao des Moluques, et devenu générique dans Cuvier pour désigner le Casse-Noix. *V.* ce mot. (DR..Z.)

CARYOLOBE. *Caryolobis.* BOT. PHAN. Gaertner, sur l'examen d'un fruit appelé *Bérélie* par les habitans de Ceylan, a établi ce genre qui paraît appartenir à la famille des Raisiniers, mais qui ne peut être définitivement adopté que lorsque le Végétal d'où provient la Bérélie sera connu. Ce fruit est recouvert d'un brou. (B.)

* CARYON. BOT. PHAN. (Daléchamp.) La Noix chez les Grecs, et généralement les fruits qui, comme elle, sont renfermés dans une coque ligneuse. (B.)

* CARYOO - GADDÉES. BOT. PHAN. (Marsden.) Arbre indéterminé de Sumatra, qui a, dit-on, le parfum et les vertus du Sassafras. (B.)

* CARYOPHYLLÆUS. INTEST. V. GÉROFLÉ.

* CARYOPHYLLAIRES. Cariophyllaria. POLYP. Ordre de la section des Polypiers lamellifères, que nous avons établi dans la division des Polypiers entièrement pierreux et non flexibles ; tous ceux qui le composent ont des cellules étoilées et terminales, cylindriques, turbinées ou épatées, parallèles ou non parallèles ; simples ou rameuses, isolées ou en groupes, jamais à parois communes. Tels sont les caractères de l'ordre des Caryophyllaires, Polypiers faciles à distinguer des autres Lamellifères avec lesquels on les a confondus. Cet ordre est composé des genres Caryophyllie, Turbinolopse, Turbinalie, Cyclalite et Fongie ; il diffère des Mandrinées, des Astraires et des Madréporées par la forme des cellules étoilées, par celle des lames, par celle du Polypier en général et par quelques autres caractères moins essentiels.

Plusieurs Caryophyllaires semblent libres, c'est-à-dire que l'on n'aperçoit ni empatement ni aucune partie qui ait adhéré à une masse solide quelconque : cette apparence est-elle réelle et peut-il exister des Polypiers madréporiques sans adhérence? nous ne le pensons pas. En effet, si ces Polypiers existaient, ils jouiraient de la faculté locomotive, ils pourraient se fixer ou se mouvoir à leur choix; mais agités par les plus petits mouvemens, exposés aux ballottemens des vagues et des courans, jouets des flots, ils rouleraient sur le fond de la mer et seraient jetés sur le rivage avant qu'ils eussent pu acquérir une partie de leur grandeur. Les Polypes pourraient-ils vivre, se nourrir, se développer au milieu de ce mouvement continuel, eux que la plus petite cause fait rentrer dans leurs cellules étoilées? Si quelques-uns de ces Polypiers jouissent de la faculté locomotive, ne faut-il pas les séparer des autres Caryophyllaires? Doit-on les considérer comme des Mollusques à coquille interne ? Leur organisation s'oppose à un rapprochement aussi intime. Quel est donc le moyen que la nature emploie pour fixer les Turbinolées, les Cyclalites, les Fongies que Lamarck regarde comme libres? Cette question est moins difficile à résoudre qu'on ne le pense ; considérons d'abord les Caryophyllaires, il en existe de simples à étoiles de trois à quatre centimètres de diamètre, et dont le pédicule a au plus un à deux millimètres de largeur. Elles ne diffèrent presque point de quelques Turbinolées que nous possédons. Elles ont un pédicelle bien marqué, donc les Turbinolées ne sont pas libres; il en est à peu près de même des Cyclalites et des Fongies; au centre organique et géométrique de la partie inférieure de ces Polypiers, l'on observe un point d'une forme particulière, environné de concentriques. Rien ne nous dit que le Polypier serait interne, si l'on peut se servir de cette expression en parlant de ces êtres. Au reste, que les Caryophyllaires s'attachent de cette manière ou d'une autre, nous ne pourrons jamais considérer comme des Animaux libres des êtres dépourvus de tout organe pour résister à un mouvement qui leur serait imprimé, ou pour se transporter d'un lieu dans un autre.

Les Caryophyllaires varient beaucoup dans leur forme ainsi que dans leur grandeur; les Polypes qui les construisent en sont inconnus, et l'on ne sait que le peu que nous en a appris Lesueur dans les deux ou trois descriptions qu'il nous donne; elles sont trop peu étendues pour être d'aucune utilité pour la science.

Les Caryophyllaires vivans se trouvent dans les mers des trois parties du monde : en Europe on ne commence à les trouver que vers le 48 ° de latitude; plus au nord elles n'existent pas. Les Caryophyllaires fossiles se rencontrent dans tous le pays où il existe des productions marines antédiluviennes. (LAM..X.)

CARYOPHYLLASTER. BOT. PHAN. (Rumph.) Et non *Caryophyllarter*. Syn. de Dodonée visqueuse et d'Anthérure. *V*. ces mots. (B.)

CARYOPHYLLATA. BOT. PHAN. Vieux nom de la Benoîte, adopté par Tournefort, remplacé dans Linné par celui de *Geum* qui a été généralement adopté, contre le sentiment de Lamarck. (B.)

CARYOPHYLLÉES. *Caryophylleæ*. BOT. PHAN. On donne ce nom à une famille naturelle de Plantes dicotylédones polypétales, dont les étamines sont hypogynes, c'est-à-dire insérées sous l'ovaire. Les Caryophyllées sont en général des Plantes herbacées, rarement sous-frutescentes à leur base. Leur tige est cylindrique, souvent noueuse et comme articulée, portant des feuilles opposées et connées par leur base qui offre quelquefois une expansion membraneuse stipuliforme, ou bien elles sont verticillées. Leurs fleurs, généralement hermaphrodites blanches ou rougeâtres, sont ou terminales au sommet des ramifications de la tige, ou placées à l'aisselle des feuilles. Elles offrent un calice ordinairement persistant, tantôt tubuleux et à quatre ou cinq divisions plus ou moins profondes, tantôt étalé et formé de quatre ou cinq sépales caducs.

La corolle se compose de cinq pétales égaux entre eux, généralement onguiculés à leur base; ayant les on-

glets longs, dressés et renfermés dans l'intérieur du tube, lorsque le calice est tubuleux; étant au contraire étalés, lorsque le calice est pentasépale. Quelquefois les pétales manquent absolument par suite d'avortement. Le nombre des étamines est en général égal ou double de celui des pétales. Dans les genres à calice tubuleux et à pétales longuement onguiculés, tantôt les étamines sont au nombre de cinq, tantôt au nombre de dix; dans ce dernier cas, cinq des filets sont alternes avec les pétales, et cinq leur sont opposés et se soudent inférieurement avec les onglets. Tous sont insérés à une espèce de podogyne ou support particulier qui élève l'ovaire. Celui-ci présente tantôt une seule loge, tantôt deux, trois ou cinq loges. Dans le premier cas, les ovules qui sont nombreux sont attachés à une sorte de columelle ou trophosperme axillaire, soudé avec la base et le sommet de sa loge, mais qui devient libre par sa partie supérieure, à l'époque de la maturité du fruit. Dans les autres cas, les ovules sont insérés à l'angle interne de chaque loge. On trouve sur le sommet de l'ovaire deux, trois ou cinq styles subulés, glanduleux et stigmatifères sur leur face interne.

Le fruit est une capsule (c'est une baie dans le seul genre Cucubale) tantôt à une seule loge, tantôt à deux, trois ou cinq loges qui contiennent un grand nombre de graines. Cette capsule s'ouvre, soit par le moyen de valves, soit simplement par des dents placées à leur sommet, qui, d'abord rapprochées et contiguës, s'écartent les unes des autres, et forment ainsi une ouverture au sommet de la capsule.

Les graines sont tantôt planes et membraneuses, tantôt arrondies. Elles contiennent un embryon recourbé et comme roulé autour d'un endosperme farineux.

Plusieurs genres, d'abord placés par l'illustre auteur du *Genera Plantarum*, dans la famille des Caryophyllées, en ont été successivement retirés, soit pour former des familles nouvelles, soit pour être incorporés dans d'autres ordres naturels. Ainsi les genres *Polycarpon*, *Loeflingia*, *Minuartia*, *Queria*, réunis à quelques autres genres tirés de la famille des Amaranthacées, constituent la nouvelle famille des Paronychiées qui se distingue surtout des Caryophyllées par son insertion manifestement périgynique. Les genres Lin, Frankenie et Lechea forment aujourd'hui un ordre distinct sous le nom de LINACÉES.

Les genres qui appartiennent véritablement à la famille des Caryophyllées sont encore assez nombreux. On peut les diviser en deux sections fort naturelles, savoir : les DIANTHÉES et les ALSINÉES, suivant que leur calice est tubuleux, et suivant qu'il est étalé. Nous allons énumérer les genres principaux de chacune de ces deux sections.

† DIANTHÉES.

Gypsophila, L. *Saponaria*, L. *Dianthus*, L. *Hedone*, Loureiro. *Lychnis*, Tournef. *Agrostemma*, Desfontaines. *Githago*, Desfontaines. *Silene*, De Candolle. *Otites*, Richard. *Cucubalus*, De Candolle. *Drypis*, L. *Velezia*, L.

†† ALSINÉES.

Ortegia, Loefl. *Holosteum*, L. *Stipulicida*, Richard dans Michx. *Mollugo*, L. *Pharnaceum*, L. *Buffonia*, L. *Sagina*, L. *Torena*, Adanson. *Alsine*, L. *Mœrhingia*, L. *Spergula*, L. *Cerastium*, L. *Cherleria*, Haller. *Arenaria*, L. *Hymenogonum*, Juss. *Stellaria*, L. *Spergulastrum*, Richard dans Michx, ou *Micropetalum* de Persoon. (A. R.)

CARYOPHYLLES. POLYP. FOSS. Même chose que Caryophyllites et Caryophylloïdes. *V.* ces mots.
(LAM..X.)

CARYOPHYLLIE. *Caryophyllia*. POLYP. Genre de l'ordre des Caryophyllaires auquel il sert de type; il appartient aux Lamellifères dans la division des Polypiers entièrement pierreux. Lamarck l'a établi aux dépens des Madrépores de Linné et lui

donne pour caractères d'être un Polypier pierreux, fixé, simple ou rameux, à tiges et rameaux subturbinés, striés longitudinalement et terminés chacun par une cellule lamellée en étoile. Les Caryophyllies forment un genre bien circonscrit dans ses caractères, quoiqu'il se rapproche beaucoup des Turbinalies ainsi que des Turbinolopses; mais les caractères qui les séparent sont assez distincts pour empêcher de les confondre. Ces Polypiers s'élèvent en tiges simples ou rameuses, forment des touffes plus ou moins épaisses, ou bien ils ne présentent qu'une seule cellule isolée, portée sur un tronc qui varie depuis la forme cylindrique jusqu'à celle d'un cône renversé à sommet aigu; quelquefois plusieurs cellules sont réunies par leur base; leur nombre n'est jamais considérable. Quelle que soit la forme du Polypier, il se termine toujours par une cellule, ce qui lui donne une apparence tronquée; il en est de même de ses divisions. Les tiges de plusieurs Caryophyllies sont fasciculées, rapprochées, et comme agglomérées en faisceaux; rarement elles sont parallèles et simples; toutes les fois qu'elles sont un peu longues, elles se ramifient, et les rameaux se mêlent et se croisent dans tous les sens. La surface de ces Polypiers est striée longitudinalement. Leur base est toujours adhérente par un empatement plus ou moins étendu.

Les Polypes sont encore peu connus. Donati est le premier qui en fasse mention; il dit qu'ils ont une bouche polygonale entourée d'appendices qui se terminent en pince de Crâbe, et à l'orifice, un corps à huit rayons oscillatoires que Donati nomme leur tête. La bouche polygonale paraît n'être que l'ouverture terminale d'un fourreau membraneux, bordée d'appendices rayonnans et en pince. Quant au corps à huit rayons oscillatoires, aperçu à l'orifice de cette ouverture, Lamarck pense que c'est celui même du Polype; les rayons sont sans tentacules.

Cette description nous semble entièrement idéale et sans vraisemblance. Un Animal ainsi organisé ne se rapporte à aucun Polype connu, et diffère complétement de ceux que Lesueur a observés en Amérique, et dont nous donnons la description aux articles des Caryophyllies solitaire et Arbuste.

La grandeur des Caryophyllies varie depuis quelques millimètres jusqu'à celle de plusieurs mètres. Ces Polypiers se trouvent dans toutes les mers tempérées et chaudes; sur nos côtes, elles commencent à paraître au large et par trente brasses de profondeur au moins; elles sont plus communes à mesure que l'on se rapproche des pays chauds. À l'état fossile, elles sont répandues dans presque toutes les formations marines, principalement dans les secondaires où elles forment quelquefois des masses énormes.

Lamarck les a divisées en deux sections : la première renferme les Caryophyllies à tiges simples, soit solitaires, soit fasciculées; la deuxième les Caryophyllies à tiges divisées ou rameuses. Les auteurs du Dictionnaire des Sciences naturelles en ont proposé trois : la première renferme les espèces à Polypier simple; la deuxième, les espèces dont les Polypiers sont réunis et forment une sorte de croûte; la troisième, les espèces dont les cellules sont divisées ou rameuses. Nous citerons parmi les principales espèces du genre les :

CARYOPHYLLIE SOLITAIRE, *Caryophyllia solitaria*, Lesueur (Mém. du Mus. T. VI, p. 275, pl. 15, fig. 1, A, B, c). Ce Polypier est cylindrique, court, tronqué, empaté à sa base, légèrement strié au sommet, et terminé par une étoile formée par quinze à seize lames principales placées entre de plus petites, les unes et les autres denticulées. — L'Animal de cette Caryophyllie offre vingt-deux tentacules courts, obtus, d'une couleur diaphane, et parsemés de petites taches d'un blanc mat. Onze de ces tentacules sont dirigés en haut, les autres obliquement. Les premiers sont terminés à leur sommet par une tache

annulaire rousse, avec un point blanc au centre. L'ouverture linéaire centrale est marquée de lignes noirâtres de chaque côté. Quand l'Animal sort de son Polypier, on observe au-dessous de la base des tentacules les piliers ou lamelles gélatineuses qui correspondent et s'emboîtent entre les rayons denticulés de l'étoile du Polypier : l'Animal est d'une couleur rousse diaphane, et rentre en entier dans le fond de son étoile. Le Polypier est roussâtre à sa partie supérieure : il devient grisâtre en séchant. Il habite les plages de la Guadeloupe; petit et isolé au milieu des productions marines de tout genre, il avait échappé aux recherches des naturalistes.

CARYOPHYLLIE GOBELET, *Caryophyllia Cyathus*, Sol. et Ellis. p. 150, n° 3, t. 28, fig. 7. Lamk., An. sans vert., T. II, p. 226, n° 1. Lamx., Genr. Polyp., p. 48, t. 28, fig. 7. Cette espèce, assez commune dans toute la Méditerranée, a été regardée par quelques auteurs comme la Caryophyllaire rameuse dans son premier âge.

CARYOPHYLLIE TRONQUÉE, *Caryophyllia truncata*, Lamx., Genre Polyp., p. 85, t. 78, fig. 5. Caryophyllie fossile, simple, cylindrique, terminée par une étoile plane, à surface fortement striée, principalement dans sa partie supérieure avec des bourrelets transversaux anneliformes, assez nombreux et parallèles; elle se trouve dans le calcaire à Polypiers des environs de Caen. Elle y est rare.

CARYOPHYLLIE ARBUSTE, *Caryophyllia Arbuscula*, Lesueur. Mém. du Mus. T. VI, p. 275, pl. 15, fig. 2, A, B, C, D. La tige principale est presque droite, cylindrique, striée ainsi que les rameaux irrégulièrement disposés et contournés en divers sens. — L'étoile est composée de trente à trente-deux lames alternativement grandes et petites, toutes denticulées, se prolongeant à l'extérieur en grandes et petites stries, en grandes et petites dentelures. — L'Animal est discoïde, actiniforme, à bords garnis de trente à trente-deux tentacules coniques, aussi longs que le diamètre de l'étoile. Ils sont roux et verts avec une tache blanche à leur extrémité, et couverts de petits tubercules ou suçoirs analogues à ceux des Actinies. — Quand l'Animal se développe et sort de sa cavité astroïde, il élève son disque en cône tronqué, terminé par une ouverture ronde sans lèvres renversées. Il tient ses tentacules étendus, dirigés les uns en bas, les autres en haut; dessous se voient les lamelles gélatineuses qui embrassent celles de l'étoile de ce Polypier. Ce dernier habite les côtes de l'île Saint-Thomas, sa grosseur égale celle d'une plume d'Oie, il se plaît dans les endroits sablonneux.

CARYOPHYLLIE ARBORESCENTE, *Caryophyllia arborea*, Lamarck. An. sans vert., T. II, p. 228, n° 11; Lamx., Genre Polyp., p. 50, t. 52, fig. 3-8, et t. 58; *Madrepora ramea*, Gmel. *Syst. Nat.*, p. 3777, n° 93. C'est la plus grande Caryophyllie de toutes celles que l'on connaît; elle s'élève, suivant quelques auteurs, à un mètre et demi et même au-delà (cinq à six pieds), avec des tiges et des branches de la grosseur du bras. Les étoiles sont composées de lamelles irrégulières, très-flexueuses, presque rameuses, couvertes d'aspérités, et se confondant dans un axe celluleux. — L'Animal paraît jaune, taché de rouge. Ce Polypier est commun dans la Méditerranée; Schaw l'indique en Afrique, Linné en Norwège, Pallas en Portugal et aux îles de Jersey. Il n'est pas rare sur les côtes du Finistère. La même espèce peut-elle se trouver dans des localités si différentes? — Solander, dans Ellis, dit que les figures 3-8, t. 52, sont copiées sur la pl. 4, p. 105, vol. 47, des Transactions Philosophiques. Ces figures ont été prises d'abord dans l'Histoire de la mer Adriatique de Donati. Elles représentent un Animal si singulier et tellement compliqué dans son organisation, que nous sommes tentés de le regarder comme un effet de l'imagination de l'auteur. D'après Impérati, Marsilli et Schaw, l'Animal de

la Caryophyllie arborescente est gélatineux, de couleur jaune, avec des taches rouges et la bouche environnée de filamens.

CARYOPHYLLIE FLEXUEUSE, *Caryophyllia flexuosa*, Lamk., Anim. sans vert., T. II, p. 227, n° 7. Lamx., genre Polyp., p. 49, t. 53, fig. 1. *Madrepora flexuosa*, Gmel. *Syst. Nat.* p. 3770, n° 68. Ce Madrépore se présente en masse arrondie couverte de cylindres nombreux, courts, très-flexueux et comme coudés, terminés par des étoiles concaves, à limbe un peu arrondi, et dont la grosseur égale celle d'une plume de Cygne. — Solander dans Ellis, ainsi que Pallas, ont réuni les *Madrepora flexuosa* et *cespitosa* de Linné; cependant les premiers n'ont donné aucune explication de leur pl. 52 qui représente si parfaitement le *Caryophyllia flexuosa*; Gmelin, Bosc et Lamarck les ont séparés avec raison à cause des caractères qui distinguent ces deux espèces; cependant, Gmelin, dans sa phrase descriptive, dit : *Stellis convexis;* la figure les représente concaves. Linné l'indique dans la mer Baltique, Lamarck dans l'océan Indien, mais avec un point de doute; nous l'avons reçu de la Méditerranée. Peut-on regarder ces différences et ces localités si éloignées comme trop peu essentielles pour que l'on doive s'y arrêter, d'autant que Linné, Pallas et Lamarck gardent le silence sur la forme des étoiles, et que Gmelin est sujet à commettre des erreurs?

CARYOPHYLLIE MUSICALE, *Caryophyllia musicalis*, Lamarck. Anim. sans vert., T. II, p. 227, n° 6; *Madrepora musicalis*, Gmel., *Syst. Nat.* p. 3769, n° 62; Esper, *Zooph.* 1, t. 30, fig. 2. Espèce assez rare formant une masse composée de cylindres de la grosseur environ d'une plume de Cygne, rapprochés presque parallèlement, néanmoins distincts, et terminés par des étoiles planes à six lamelles, rarement neuf ou douze réunies au centre et placées entre des lamelles plus courtes. Cette espèce, souvent d'une grandeur considérable habite l'océan Indien. On la trouve fossile sur les côtes d'Irlande, d'après Borlase et Lamarck; Guettard l'indique dans les carrières de Malesme, département de la Côte-d'Or. Ces Fossiles sont-ils bien de la même espèce que la Caryophyllie musicale?

CARYOPHYLLIE FASCICULÉE, *Caryophyllia fasciculata*, vulgairement l'OEillet, Lamk., Anim. sans vert., T. II, p. 226, n° 4; Lamx., Genre Polyp., 48, t. 3o, fig. 1-2; *Madrepora fascicularis*, Gmel.; *Syst. Nat.*, p. 3770, n° 69. Cette Caryophyllie, commune dans les collections, offre une croûte pierreuse couverte de nombreux cylindres en cône allongé, terminés par des étoiles concaves à lamelles entières, beaucoup plus saillantes d'un côté que de l'autre, alternativement plus petites. Elle habite l'océan Indien, et se trouve, dit-on, fossile en Europe. — Parmi les nombreux synonymes que Gmelin cite pour cette espèce, il a oublié celui d'Ellis et Solander.

Il existe encore un grand nombre d'espèces de ce genre, dont la plupart ne sont pas décrites, mais que le cadre que nous nous sommes tracé ne permet point de rapporter ici. (LAM..X.)

CARYOPHYLLITES ET CARYOPHYLLOIDES. POLYP. FOSS. Les Caryophyllies fossiles portent ces noms dans plusieurs ouvrages. Bosc dit qu'on les trouve en général avec les Ammonites dans les terrains argileux de seconde formation. Le terrain à polypiers des environs de Caen, et le banc bleu que l'on regarde avec raison comme un Calcaire grossier, en renferment de bien caractérisés. De Gerville nous en a envoyé du département de la Manche; Bonnemaison, de celui du Finistère; Loyrette, des environs de Tours. Nous pourrions citer beaucoup d'autres localités qui prouvent que les Caryophylloïdes ou Caryophyllites se trouvent dans presque tous les terrains où il existe des Fossiles marins. (LAM..X.)

CARYOPHYLLODENDRON. BOT. PHAN. (Sébastien Vaillant.) Syn. de Giroflier. *V*. ce mot. (B.)

CARYOPHYLLOIDES. POLYP. FOSS. *V*. CARYOPHYLLITES.

CARYOPON. BOT. PHAN. Nom grec de la Muscade, mais qui dans Pline désigne un Arbuste de Syrie qui donne un suc laiteux, et qu'on appelait aussi Cinnamon. (B.)

*CARYOPOS. BOT. PHAN. Chez les anciens, c'était un Arbrisseau odorant qui croissait en Syrie, et qui pourrait bien être la même chose que Caryopon ou l'*Amyris opobalsamum.V*.AMYRIS dans le Supplément. (B.)

CARYOPSE. BOT. PHAN. Même chose que Cariopse. (A. R.)

CARYOTA. BOT. PHAN. (Dioscoride.) Syn. de Dattier. *V*. ce mot et CARYOTE. (B.)

CARYOTE. *Caryota*. BOT. PHAN. Ce nom, donné au Dattier par Pline et Dioscoride, a été transporté par Linné à un autre genre de la famille des Palmiers, distingué par les caractères suivans: les spadices fasciculés, environnés à leur base de plusieurs spathes imbriquées, qui les cachaient avant la floraison, portent des fleurs mâles et femelles. Leur calice est à six divisions profondes, dont trois intérieures, et renferme dans les mâles beaucoup d'étamines, dans les femelles un ovaire libre surmonté d'un style et d'un stigmate. Le fruit est une baie sphérique rouge, uniloculaire, et contenant deux graines aplaties intérieurement, extérieurement convexes, formées en dedans d'un périsperme veiné, sur le côté duquel est pratiquée une petite cavité qui loge l'embryon. Dans le *Caryota urens*, l'espèce la plus anciennement connue, originaire de l'Inde, et qui doit son nom à la pulpe âcre de ses baies, les folioles des feuilles pinnées sont en coin, obliquement tronquées, et comme frangées à leur sommet. Elles sont inermes, ainsi que la tige, tandis que ces mêmes parties sont épineuses dans une seconde espèce, le

C. horrida qui habite la province de Caraccas. *V.* Gaertner, t. 7, et Lamk. *Illust.* t. 897.   (A.D.J.)

* CASA. BOT. PHAN. Plante légumineuse, indéterminée, que cultivent les Nègres des bords du Zaïre, et qui passe pour purgative.   (B.)

* CASAD Y DDRYCCIN. OIS. Ce mot, donné dans le Dictionnaire de Levrault comme le nom espagnol de la Litorne, ne nous paraît appartenir à aucune langue.   (DR..Z.)

CASAILO. BOT. PHAN. Même chose que Bentèque. *V.* ce mot.   (B.)

CASARCA ou KASARKA. OIS. Espèce du genre Canard, *Anas rutila*, Pallas. *V.* CANARD.   (DR..Z.)

CASCA. BOT. PHAN. (L'Écluse.) Syn. portugais d'Alaterne, *Rhamnus Alaternus*. *V.* NERPRUN.   (B.)

CASCADE. GÉOL. *V.* CATARACTE.

* CASCALHO. GÉOL. Nom espagnol d'un terrain de transport composé de Quartz roulé et d'un sablon rougeâtre ferrugineux. C'est dans ce terrain que se trouvent d'ordinaire les Diamans. *V.* ce mot.   (B.)

* CASCALITRA. BOT. PHAN. (Belon.) Plante indéterminée qu'on présume être le *Caucalis* des anciens, qui elle-même est fort peu connu. On la mange en salade dans l'Asie-Mineure.   (B.)

* CASCALL. BOT. PHAN. (Dodoens.) Syn. espagnol de Pavot somnifère.   (B.)

CASCARA. BOT. PHAN. Espèce de Quina qui est l'écorce du *Cinchona grandifolia* de Ruiz et Pavon. *V.* QUINA. Cascara signifie proprement écorce en espagnol, d'où Cascarille, petite écorce.   (B.)

CASCARILLE. *Cascarilla*. BOT. PHAN. Espèce du genre Croton. On vend chez les droguistes et dans les pharmacies une écorce rougeâtre, un peu épaisse, par petits morceaux, assez aromatique, et qui répand une odeur de musc fort agréable lors-

qu'on la brûle. On s'en sert pour aromatiser le tabac à fumer; il en entre beaucoup dans les pastilles qu'on brûle dans les appartemens. Cette écorce provient-elle du *Croton Cascarilla* ou d'un Laurier? Ce point n'est pas suffisamment éclairci. Adanson indique le *Clutia* de Linné comme synonyme de Cascarille.   (B.)

CASCARRA. POIS. Syn. portugais de Requin.   (B.)

CASCASCH. BOT. PHAN. (Rauwolf.) Syn. de Pavot somnifère dans le Levant.   (B.)

CASCAVELLE. BOT. PHAN. L'un des noms que portent à l'Ile-de-France les graines de l'*Abrus precatorius*, L.   (B.)

CASCHAS. BOT. PHAN. Pour Casca *V.* ce mot.   (B.)

CASCHELOTTE. MAM. L'un des noms vulgaires du Cachalot macrocéphale. *V.* CACHALOT.   (B.)

CASCHIVE. POIS. (Hasselquitz.) Nom arabe d'une espèce de Mormyre du Nil. *V.* MORMYRE.   (B.)

CASCHON. BOT. PHAN. (Sibylle de Merian.) Syn. de *Cassuvium* à Surinam. *V.* ACAJOU.   (B.)

CASCOCLYTRE. *Cascoclytrum*. BOT. PHAN. (Desvaux,) Même chose que Calothèque. *V.* ce mot.   (B.)

CASÉARIE. *Casearia*, Jacq. BOT. PHAN. Rhéede (*Hort. Malab.*, p. 4, t. 49) a le premier figuré un Arbre de l'Inde, présentant des caractères particuliers, et lui a donné le nom d'*Anavinga* que Lamarck (Encyc. méth.) a adopté, en y joignant la description d'une seconde espèce. Dans les *Nova Genera* de Forster, on voit aussi la description et la figure d'un nouveau genre qu'il appelle *Melistaurum* et qui semble identique avec l'Anavinga de Rhéede. Mais, malgré l'antériorité de ces noms, on leur a préféré celui de *Casearia*, proposé par Jacquin, parce que cet auteur est réellement le premier qui ait exposé les véritables caractères du genre. Les voici : calice à cinq divisions profondes; corolle

16*

nulle; huit à dix étamines insérées sur la base des sépales, et entre chacune desquelles on observe un petit appendice cilié ou hérissé, appelé *Squamule* par les uns, et *Nectaire* par les autres, mais qui n'est autre chose qu'une étamine dégénérée. Style unique et stigmate capité. Baie capsulaire, globuleuse ou ovée, marquée de trois sillons, uniloculaire et polysperme. Graines attachées sur les valves ou parois du fruit. Plusieurs espèces de Caséaries ont été publiées par Jacquin dans ses Plantes d'Amérique; en y joignant l'*Iroucana guianensis* d'Aublet (*Pl. Guian.*, t. 127) et quelques *Samyda* de Linné, qui leur sont évidemment congénères, le genre *Casearia* forme un groupe d'espèces assez nombreux que doit encore augmenter la publication des Plantes de l'Amérique méridionale par Kunth. Ce sont des Arbres ou Arbrisseaux à feuilles alternes, à fleurs disposées en petites touffes le plus souvent axillaires, et qui sont tous indigènes de l'Amérique équinoxiale, à l'exception des deux espèces décrites par Rhéede et Lamarck. Dans l'*Enchiridion* de Persoon le genre *Casearia* se trouve divisé en deux sections : la première renferme les espèces qui n'ont que huit étamines, et dans la seconde sont comprises celles qui en ont dix, ce qui rend très-incertaine la place que le groupe entier des Caséaries doit occuper dans le système sexuel de Linné. Placé, par Jussieu, dans les genres non rapportés à leur famille naturelle, il en a été retiré par Ventenat qui, avec le *Samyda*, l'*Aquilaria*, etc., en a constitué la nouvelle famille des Samydées. *V.* ce mot. (G..N.)

* CASEARIUS. ois. (Klein.) Syn. de Casoar. *V.* ce mot. (DR..Z.)

* CASEDEL. bot. phan. (Burmann.) Syn. de *Cordia Myxa* à Java. *V.* Sebestier. (b.)

* CASERO. ois. Syn. indien du Guêpier-Fournier, *Merops rufus*, L. *V.* Guêpier. (DR..Z.)

CASET. ins. Nom que donnent les pêcheurs à des larves, particulièrement à celles des Phryganes qu'ils emploient pour amorcer leurs ligues, après avoir tiré ces larves de leur étui. (b.)

* CASEUM ou MATIÈRE CASÉEUSE. zool. *V.* Lait.

CASHIVE. pois. Pour Caschive. *V.* ce mot. (b.)

CASIA POETICA. bot. phan. (L'Écluse.) Syn. d'*Osyris alba*, L. *V.* Osyride. (b.)

* CASIFOS. ois. Syn. du Merle noir, *Turdus Merula*, L. *V.* Merle. (DR..Z.)

CASIMIRE. *Casimira.* bot. phan. (Scopoli.) Syn. de Mélicoque. *V.* ce mot. (b.)

CASKET. moll. Les Coquilles du genre Casque sont désignées sous ce nom par les Anglais. (f.)

CASMINAR ou CASSUMUNIAR. bot. phan. Racine des Indes-Orientales qu'on croit être celle d'un Amome, et à laquelle on attribue diverses propriétés médicinales. Burmann, dont on n'a pas adopté l'opinion, croyait que ce nom désignait le Gingembre. (b.)

CASOAR. *Casuarius.* ois. Genre de l'ordre des Coureurs. Caractères : bec droit, court, à dos caréné, comprimé, arrondi vers la pointe, portant un casque osseux, arrondi, obtus, qui s'élève de sa base et s'étend sur le sommet de la tête; bords des mandibules un peu élargis à la base, l'inférieure molle, flexible, anguleuse vers le bout; fosse nasale très-longue, prolongée jusque près de la pointe du bec, vers la partie latérale de laquelle sont placées les narines rondes et ouvertes en devant; pieds longs, robustes, musculeux; trois doigts devant, aucun derrière, tous dirigés en avant, inégaux; l'interne court, armé d'un ongle long et fort; ceux des autres courts; ailes impropres au vol; cinq baguettes rondes, pointues, sans barbe, tenant lieu de rémiges; point de rectrices.

Ce genre ne se compose encore que d'une seule espèce propre aux Indes et à la partie la plus orientale de l'ancien continent; elle y est rare, et même presque tous les individus que l'on y voit ne sont entretenus à l'état de domesticité que comme objets de luxe et de curiosité, car la stupidité habituelle de ces Bipèdes monstrueux, leur grognement glapissant et leur chair dure, noire et peu agréable, n'ont rien qui dédommage des soins et des frais qu'occasionent leur éducation et leur entretien. Les Casoars libres se nourrissent de fruits, de racines tendres, et quelquefois des jeunes et petits Animaux qu'ils rencontrent. Dans les basse-cours et les ménageries on leur donne, outre des fruits, du pain dont ils consomment environ quatre livres par jour. Ils avalent les fruits sans les diviser, et il paraît que cela est dû à la conformation de leur langue très-courte et dentelée, qui de même ne leur permet pas de faire usage des graines un peu grosses. Ils sont fort habiles à la course, à peine peut-on les atteindre avec le meilleur cheval; ils se défendent des Chiens en les frappant vigoureusement avec le pied. Au temps des amours que l'on assure être de courte durée, les deux sexes se recherchent, mais bientôt le mâle abandonne à sa compagne tous les soins de l'incubation qui n'est de rigueur que pendant la nuit, car dans la journée, les trois œufs grisâtres, pointillés de vert, résultant de la ponte, sont laissés exposés à l'action vivifiante du soleil, simplement recouverts d'un peu de sable dans le trou où ils ont été déposés. Dans la captivité, l'incubation dure vingt-huit jours. Le premier Casoar qui parut en Europe y fut apporté par les Hollandais en 1597.

Casoar, Buff. pl. enl. 313. Willugbby, pl. 25. *Struthio Casuarius*, L., *Casuarius galeatus*, Vieill. Tête presque nue, revêtue d'une peau bleuâtre, parsemée de quelques poils; elle est surmontée d'un casque conique, brun par-devant et jaune dans tout le reste, formé par le renflement des os du crâne; gorge enveloppée de membranes caronculeuses rouges et violettes qui pendent en avant; corps couvert de plumes, d'un noir bleuâtre, qui sont d'une nature particulière et assez semblables à de gros poils effilés; les pennes de l'aile, ou de ce qui la représente consistent en cinq tuyaux creux, dégarnis de barbes et rouges à leur extrémité; tectrices anales, pendantes et remplaçant la queue; bec et pieds noirâtres; ongles noirs en dehors, blancs en dedans. Longueur totale, un peu plus de cinq pieds. Le jeune n'a point de casque, et son plumage est d'un roux-clair, mêlé de grisâtre.

L'Oiseau qu'on a désigné sous le nom de Casoar sans casque ou de la Nouvelle-Hollande, appartient à un autre genre auquel Vieillot a imposé le nom de Dromaïus. *V.* ce mot.

On a aussi appelé le Nandou Casoar a bec d'Autruche ou d'Amérique. *V.* Nandou.   (dr..z.)

CASOLANA. bot. phan. Variété de Pomme d'Api de l'Italie.   (b.)

CASOURI. bot. phan. Syn. indou d'*Elate sylvestris*, L. *V.* Élaté. (b.)

CASPIE. *Caspia.* bot. phan. (Scopoli.) *V.* Vismia.

* CASPIENNE. rept. chel. Espèce du genre Émyde. *V.* ce mot.   (b.)

CASQUE. *Galea.* ois. On a désigné par ce terme le tubercule calleux qui dans certains Oiseaux, tels que le Casoar et les Calaos, occupe le sommet de la tête.   (b.)

CASQUE. *Cassis.* moll. Genre fort naturel, indiqué par les premiers naturalistes qui s'occupèrent des Coquilles, et que Linné avait réuni au genre Buccin. Lamarck l'en a séparé et lui a donné pour caractères : coquille bombée; ouverture longitudinale, étroite, terminée à sa base par un canal court, brusquement recourbé vers le dos de la Coquille; columelle plissée, ridée transversalement; bord presque toujours droit et denté. Les Casques diffèrent principalement des Buccins par la forme de leur ouverture et les dentures que présente celle-ci sur le bord droit; par l'aplatissement de leur bord gauche ou columellaire qui fait une saillie ordinairement considérable et en forme de grosse lèvre sur le côté; par le canal qui termine leur base et qui est brusquement replié vers le dos de la Coquille. Ils ont en général la spire peu élevée. Plusieurs deviennent fort grands et acquièrent une épaisseur considérable, vivent dans les hautes mers et s'y enfoncent dans le sable sur lequel ils semblent se plaire.

L'Animal des Casques n'a pas été observé par les naturalistes. Il paraît devoir être fort voisin de celui des vrais Buccins. Lamarck mentionne vingt-six espèces de Casques parmi lesquelles on doit remarquer les suivantes :

Le CASQUE FER A REPASSER, *Cassis cornuta*, Lamk. ; An. sans vert., VII, p. 219; *Buccinium cornutum*, L. Favanne, Conch., II, t. 33, f. 348, 349; *Cassidea cornuta*, Brug., Encyclop., n° 17. L'une des plus grandes Coquilles connues, atteignant à plus de dix pouces de longueur. On l'appelle quelquefois la Tête de Cochon.

Le CASQUE DE RONDELET, *Cassis tuberosa*, Lamk., *loc. cit.*, p. 220, Encyc., Moll., pl. 406 et 407; *Buccinum tuberosum*, L.; *Cassidea tuberosa*, Brug., Encyc., n° 18. Coquille assez commune dans les collections, de grande taille, huit pouces environ de longueur, remarquable par l'aplatissement de la spire; originaire des Antilles et assez commune dans les collections.

Le FLAMBÉ, *Cassis flammea*, Lamk., *loc. cit.* 220, Encyc., Moll., pl. 406, fig, 3, a, b; *Buccinum flammeum*, L.; *Cassidea*, n° 13, Brug. Coquille de cinq pouces de longueur

environ, assez commune dans les collections; elle vient des Antilles.

Le BEZOAR, *Cassis glauca*, Lamk., *loc. cit.* 221; *Buccinum glaucum*, L., Favanne, Conch., 2, t. 32, f. 342, 343; *Cassidea*, n° 3, Brug. Sa longueur n'est que de 3 à 4 pouces; il est originaire des Moluques.

Le CASQUE PAVÉ, *Cassis areola*, Lamk., *loc. cit.* 222, Encyc., Moll., pl. 407, f. 5 ; *Buccinum areola*, L.; *Cassidea*, n° 8, Brug. L'une des plus jolies espèces du genre par les séries de taches en forme de croissant épais qui décorent sa robe. Il vient des Moluques et des Grandes-Indes.

Les autres espèces de ce genre sont : les *Cassis madagascariensis*, *fasciata*, *crumena*, *psicaria*, *Zebra*, vulgairement le Zèbre, *decussata*, le Treillissé, *abreviata*, *rufa*, *pennata*, *testiculus*, *pyrum*, *zeylanica*, *sulcosa*, *granulosa*, *Saburon*, *canaliculata*, *semigranosa*, *Vibex*, vulgairement le Baudrier, *herinaceus*, le Hérisson et *harpiformis*. Les treize dernières espèces ont leur spire sans bourrelet.   (B.)

CASQUE. INS. Quelques auteurs ont employé ce mot comme traduction du nom *Galea*, dont s'est servi Fabricius pour désigner une partie de la bouche des Orthoptères, et qu'il croyait leur être propre. On traduit généralement ce nom par l'expression de Galète. *V.* ce mot.   (AUD.)

CASQUE. BOT. PHAN. Lèvre supérieure des corolles bilabiées, quand elle est voûtée et concave inférieurement, en forme de casque. Les divisions supérieures du périanthe des Orchidées portent aussi ce nom. L'Aconit a sa fleur en casque.   (B.)

CASQUE MILITAIRE. BOT. PHAN. L'un des noms vulgaires de l'*Orchis militaris*, L. *V.* ORCHIDE.   (B.)

CASQUE NOIR. OIS. Syn. de Merle à tête noire, *Turdus atricapillus*, L., du Cap. *V.* MERLE.   (DR..Z.)

CASQUÉ. POIS. Espèce de Pimélode et de Coryphène. *V.* ce mot.   (B.)

CASQUES. MAM. Labat désigne sous ce nom des Chiens apportés

d'Europe aux Antilles, où ils étaient devenus sauvages, couraient les bois en meute et causaient beaucoup de tort aux troupeaux. (B.)

CASQUILLON. MOLL. *V.* ARCU-LAIRE BLANC et NASSE.

CASSAB. BOT. PHAN. L'un des noms arabes du *Calamus aromaticus*. *V.* ce mot. (B.)

CASSAB EL BAMIRA. BOT. PHAN. Syn. arabe de Bambou. (B.)

* CASSAB ET DARRIB ou DAR-RIRA. BOT. PHAN. (Prosper Alpin.) On présume que cet Arbuste d'Égypte, méconnaissable sur ce qu'on en a dit, peut être une Salicaire, malgré qu'on l'ait comparé au Calamus. (B.)

CASSA-LASOU. OIS. Syn. piémontais de la Mésange à longue queue, *Parus caudatus*, L. *V.* MÉSANGE. (DR..Z.)

* CASSAMBA. BOT. PHAN. Une espèce ou variété de Coco dans Rumph. (B.)

* CASSAN. BOT. PHAN. Syn. de *Memecylon ramiflorum* à la côte de Coromandel. *V.* MEMECYLE. (B.)

CASSANO. BOT. INS. Syn. de Noix de galle en Languedoc. (AUD.)

CASSARD ou CASSAIRE. OIS. L'un des vieux noms de la Buse commune, *Falco Buteo*, L., parce que cet Oiseau vit de chasse. *V.* FAUCON. (DR..Z.)

CASSASSOUT. OIS. Syn. du Grèbe huppé, *Colymbus cristatus*, L. *V.* GRÈBE. (DR..Z.)

* CASSAUN. POIS. (Gesner.) Syn. portugais de Rochier, espèce de Squale. (B.)

CASSAVE. BOT. PHAN. Sorte de pain ou de gâteau formé de la farine qui résulte par la rapure des racines du *Jatropha Manihot*, L., après qu'on en a extrait le suc réputé vénéneux. Cet aliment a passé des Indes dans toutes les colonies où l'on emploie des esclaves, et sert de nourriture presque fondamentale à ceux-ci. Ce suc vénéneux du Manioc s'appelle *Bobiou* à Cayenne, lorsqu'il est épais-

si; le même suc devient fort enivrant par la fermentation, et prend le nom de *Cachiri*. La Cassave est assez saine; les Créoles la mangent avec plaisir, quoiqu'elle soit très-fade. Sa couleur est d'un blanc jaunâtre; sa consistance sèche et grenue. On la prépare en galettes. (B.)

CASSE. *Cassia*. BOT. PHAN. Genre extrêmement nombreux en espèces : il fait partie de la famille des Légumineuses et de la Décandrie Monogynie, L. On le reconnaît à son calice à cinq divisions très-profondes et comme pentasépale, à sa corolle formée de cinq pétales étalés et presque réguliers, à ses dix étamines libres et fort inégales. Les trois inférieures ont leurs filets longs et déclinés; les trois supérieures ont leurs anthères presque sessiles; ces anthères s'ouvrent ordinairement par deux trous ou deux petites fentes à leur partie supérieure. Le fruit, qui est une gousse, offre les formes les plus variées et quelquefois tellement différentes, qu'il paraîtrait impossible que deux espèces, telles que la Casse en bâton (*Cassia fistula*, L.) et la Casse à feuilles aiguës (*C. acutifolia*) appartiennent au même genre, si l'on ne retrouvait une structure absolument semblable dans leurs fleurs. Nous ferons connaître les principales variétés de forme et de structure que présente le fruit des Casses, en exposant les caractères des diverses sections naturelles que l'on a établies dans ce genre pour faciliter la recherche des espèces.

Mais un caractère commun à toutes les espèces et propre à distinguer nettement le genre Casse, c'est que l'intérieur de sa gousse est partagé en un nombre plus ou moins considérable de loges monospermes par des cloisons ou diaphragmes transversaux.

A l'exemple de Gaspard Bauhin, la plupart des botanistes avaient divisé le genre Casse en deux sections qu'ils regardaient comme deux genres : ces deux genres portent les noms de *Cassia* et de *Senna*. Les *Cassia* renferment toutes les espèces dont le fruit est ligneux, indéhiscent et souvent pulpeux à son intérieur. Dans le genre *Senna* au contraire, le fruit est mince, sec et membraneux. Persoon et Willdenow ont adopté cette division en changeant seulement les noms. Ils appellent *Cassia* les espèces de *Senna* de Tournefort, et les *Cassia* du même auteur forment le genre *Catharthocarpus* de Persoon ou *Bactyrilobium* de Willdenow. Cette division paraît au premier coup-d'œil fort naturelle, surtout lorsque l'on compare ensemble les fruits du *Cassia acutifolia* et ceux du *Cassia fistula*. Mais elle devient d'une application très-difficile si l'on veut classer un grand nombre d'espèces. On en trouve plusieurs en effet qui servent en quelque sorte de passage et d'intermédiaire entre ces deux formes.

Le travail le plus complet et le plus récent que nous possédions sur le genre Casse est celui que le docteur Colladon de Genève a publié à Montpellier, en 1816, sous le titre d'Histoire naturelle et médicale des Casses. Dans cet ouvrage, ce genre est partagé en huit sections naturelles, auxquelles il donne les noms et attribue les caractères suivans :

1°. FISTULA. Le Calice est à cinq lobes obtus; les graines sont placées horizontalement au milieu d'une pulpe douceâtre; la gousse est cylindrique ou un peu comprimée, ligneuse, et les anthères s'ouvrent à leur sommet par deux fentes. Cette section, dans laquelle M. Colladon place six espèces, contient entre autres les *Cassia fistula*, L., et *Cassia brasiliana*. Toutes sont des Arbres élevés, portant de grandes fleurs. Elle correspond au genre *Catharthocarpus* de Persoon ou *Bactyrilobium* de Willdenow.

2°. CHAMŒFISTULA. Les espèces de cette section se distinguent de la précédente par leur fruit dont les parois sont membraneuses, et dont les anthères s'ouvrent par deux trous. Six espèces entrent également dans cette

section : telles sont les *Cassia corymbosa* de Lamarck, *C. floribunda*, Cav. *C. lœvigata*, Willd., etc.

3°. HERPETICA. Cette troisième section est facile à reconnaître à ses fruits ailés de chaque côté, renfermant des graines placées horizontalement dans la pulpe, et à ses bractées très-grandes. Nous n'y trouvons que le *Cassia alata*, L. qui porte aux Antilles le nom d'herbe aux dartres, et le *C. bracteata*, L. fils.

4°. SENNA. Les Sénés se distinguent facilement à leurs fruits comprimés, minces, membraneux, surtout sur leurs bords qui forment deux ailes saillantes, dépourvues de pulpe, contenant des graines placées verticalement, obcordiformes. M. Colladon ne place ici que le *Cassia Senna* de Linné, que l'on a divisé en deux ou trois espèces sur lesquelles nous reviendrons dans un instant.

5°. CHAMŒSENNA. Cette section la plus nombreuse en espèces, puisqu'elle en renferme environ une soixantaine, a pour fruit une gousse membraneuse plus ou moins plane, n'ayant pas les bords prolongés en ailes.

6°. BASCOPHYLLUM. Une seule espèce compose cette sixième section, dont les caractères consistent surtout dans ses dix étamines égales entre elles, c'est le *Cassia Cytisoïdes*, Colladon, l. c. T, XIV, qui est originaire du Brésil.

7°. ABSUS. Les Absus se distinguent des six sections précédentes par leur calice dont les segmens sont lancéolés et aigus, par leurs pédicelles munis de deux petites bractées, et par leurs anthères s'ouvrant par deux fentes, et marquées de chaque côté d'une rangée de poils. Le *Cassia Absus* de Linné et le *C. hispida* de Colladon composent cette petite section.

8°. CHAMŒCRISTA. Cette dernière section diffère surtout de la précédente par ses anthères glabres qui s'ouvrent par le moyen de deux trous.

Telles sont les huit sections que le

docteur Colladon a cru devoir établir pour ranger toutes les espèces du genre Casse, qui se montent à cent vingt-cinq dans son travail. De ces espèces, soixante-treize sont indigènes des parties continentale et insulaire de l'Amérique, entre ou près les tropiques ; savoir le Mexique, le Brésil, la Guiane et les Antilles ; quinze sont indigènes de la zône tempérée américaine; une du cap de Bonne-Espérance, deux de l'île de Madère ; huit d'Égypte ou d'Arabie ; dix-sept des Grandes-Indes ; trois de la Chine et du Japon ; deux que l'on dit communes aux deux Indes ; enfin quatre dont la patrie est douteuse.

Nous allons donner quelques détails sur plusieurs des espèces les plus intéressantes de ce genre.

Le CANÉFICIER, *Cassia fistula*, L., *Cathartocarpus fistula*, Pers., est un grand Arbre qui, pour le port, ressemble beaucoup à notre Noyer, et peut comme lui s'élever à une hauteur très-grande. Ses feuilles sont imparipinnées et offrent aussi beaucoup de ressemblance avec celles du Noyer ou du Frêne. Les fleurs sont grandes, jaunes, et forment des grappes lâches, axillaires et pendantes. Ses fruits sont des gousses cylindriques, ligneuses, longues de deux pieds et plus, d'un brun noirâtre, lisses extérieurement, offrant un grand nombre de loges séparées par des cloisons transversales, et contenant chacune une seule graine nichée dans une pulpe rougeâtre, douce et purgative. Ces fruits portent dans le commerce le nom de Casse en bâton. On pense assez généralement que le Canéficier est originaire d'Afrique. On le trouve dans l'Inde, l'Amérique méridionale et les jardins de l'Égypte. La pulpe renfermée dans ses fruits est un purgatif très-doux, à la dose de deux à trois onces.

On appelle SÉNÉ dans le commerce les feuilles et les fruits de trois espèces du genre *Cassia*, dont deux avaient été déjà distinguées par les auteurs anciens, mais que Linné a cru devoir réunir comme deux variétés d'une même espèce à laquelle il a donné le nom de *Cassia Senna*. Cependant les différences que ces Plantes présentent dans la forme de leurs folioles, celle de leurs fruits, leur patrie, etc., ont engagé les modernes à les considérer de nouveau comme des espèces distinctes. L'une d'elles, qui a les folioles très-obtuses, les gousses arquées, et qui formait la variété *α* de Linné, a été désignée par Colladon sous le nom de *Cassia obovata*. C'est une Plante annuelle qui croît en Égypte. Elle fournit la variété de Séné connue sous les noms de Séné d'Italie, Séné d'Alep, Séné de Tripoli.

L'autre espèce est celle que le professeur Delile a nommée *Cassia acutifolia*. Elle se distingue surtout de la précédente par ses folioles lancéolées, aiguës, et par ses fruits ou follicules plus larges et non arquées. Elle est originaire d'Égypte et fournit le Séné de la Palte qui est la sorte la plus estimée dans le commerce. Tous les auteurs s'accordent à considérer le *Cassia acutifolia* de Delile comme la même Plante que le *Cassia lanceolata* de Forskalh, qui cependant en est tout-à-fait différent. La première espèce, ainsi que l'a indiqué le professeur Delile, est commune en Égypte; ses pétioles sont absolument dépourvus de glandes. Au contraire l'espèce décrite par Forskalh est originaire des déserts de l'Arabie, et porte une glande à la base de ses pétioles. Or dans le Séné de la Palte on ne trouve jamais de folioles portant une glande à la base de leur pétiole. Il suit de-là que l'opinion de Delile nous paraît très-fondée, et que l'on doit considérer comme deux espèces distinctes le *Cassia acutifolia* de ce savant et le *Cassia lanceolata* de Forskalh.

Nous nous sommes assurés que le Séné, connu dans le commerce sous les noms de *Séné moka* ou de *Séné de la pique*, était produit par le *Cassia lanceolata* de Forskalh. *V.* à ce sujet la seconde partie de notre Botanique médicale.

Tout le monde sait que le Séné est

un médicament purgatif fort en usage dans la pratique de la médecine. Lassaigne et Chevallier ont reconnu que les propriétés médicales du Séné étaient dues à un principe immédiat nouveau, que ces jeunes chimistes ont nommé Cathartine.

On cultive dans les jardins et les serres plusieurs espèces de Casses, entre autres la Casse de Maryland, *Cassia marylandica*, L., dont la racine est vivace et les tiges herbacées ; elle passe l'hiver en pleine terre dans nos jardins. On voit encore assez souvent fleurir dans les serres les *Cassia biflora*, *Cassia grandiflora* et plusieurs autres espèces. (A. R.)

CASSE. BOT. PHAN. Vieux nom gaulois du Chêne, *Quercus Robur*, L., conservé dans les dialectes gascons où CASSENAT signifie un jeune Roure. (B.)

CASSE-ALAIGNE ET CASSENIA. OIS. Syn. vulgaire du Casse-Noix, *Corvus Caryocatactes*, L. *V.* CASSE-NOIX. (DR..Z.)

CASSE AROMATIQUE ET CASSE GIROFLÉE. BOT. PHAN. Vieux noms de la Cannelle. *V.* ce mot. (B.)

CASSE BAH. OIS. Syn. américain du Lagopède, *Tetrao Lagopus*, L. *V.* TÉTRAS. (DR..Z.)

*CASSE BURGOT. POIS. (La Chesnaye-des-Bois.) Espèce de Poisson des lacs de la Louisiane, dont on sait seulement que la chair, bonne à manger, a quelque rapport par la consistance avec celle de la Raie. (B.)

CASSE EN BOIS ET CASSE ODORANTE. *Cassia lignea* et *odorata*. BOT. PHAN. Vieux noms du *Laurus Cassia*, L. *V.* LAURIER. (B.)

CASSE-LUNETTE. BOT. PHAN. Même chose que Brise-Lunette. *V.* ce mot. (B.)

CASSE-MOTTE. OIS. Même chose que Brise-Motte. *V.* ce mot. (B.)

* CASSENAT. BOT. PHAN. *V.* CASSE. Syn. de Chêne. (B.)

CASSE-NOISETTE. OIS. Nom vulgaire de la Sitelle Torchepot, *Sitta*

europæa, L. *V.* SITELLE. Il est aussi synonyme de *Pipra Manacus*, L. au Brésil. *V.* MANAKIN. (DR..Z.)

CASSE-NOIX. *Nucifraga*. OIS. Genre de l'ordre des Omnivores. Caractères : bec épais, long, droit, convexe en dessus, comprimé par les côtés, effilé à la pointe ; mandibule supérieure arrondie, sans arête saillante, plus longue que l'inférieure ; narines placées à la base du bec, petites, ouvertes, cachées par des poils dirigés en avant ; quatre doigts aux pieds ; trois devant et un derrière : l'extérieur soudé à sa base ; celui du milieu moins long que le tarse. Ailes acuminées : les première et sixième rémiges égales : les deuxième et troisième plus courtes que la quatrième qui est la plus longue. — Une seule espèce compose le genre dont il est question, et on la retrouve dans toutes les régions septentrionales des deux hémisphères, où elle se répand lorsque la disette la force à quitter les montagnes qui sont l'habitation favorite qu'elle a choisie. Il paraît que les Casse-Noix ne se décident à ces voyages que lorsqu'ils sont réduits aux dernières extrémités, car alors on les trouve tellement affaiblis d'inanition, qu'il leur reste à peine la force de voler : aussi prendrait-on à la main tout ce qui forme les bandes émigrantes ; ils se jettent en affamés sur tout ce qu'ils rencontrent : Noix, Noisettes, baies, graines, pignons, Insectes, bourgeons, tout sert à apaiser leur voracité ; souvent même ils frappent du bec l'écorce des Arbres, à la manière des Pics, afin de découvrir les larves qu'elle recèle, et causent par-là des dommages considérables dans les forêts. Leur nourriture la plus ordinaire consiste dans les amandes ou pignons renfermés dans les cônes de Pins, qu'ils épluchent avec beaucoup d'adresse. Un peu de duvet qu'apportent les deux époux dans le trou d'un vieux tronc d'Arbre devient bientôt le nid où la femelle pond de très-bonne heure cinq ou six œufs d'un gris fauve, parsemés de quelques taches plus claires; les deux sexes participent à l'incubation, et il en résulte des petits peu différens, quant au plumage, de leurs parens.

On ne connaît encore qu'une espèce de Casse-Noix, *Nucifraga Caryocatactes*, Briss. ; *Corvus Caryocatactes*, L., Buff., pl. enl. 5o. Tout son plumage est d'un noir tirant sur le brun, parsemé, à l'exception du sommet de la tête, de taches blanches; les taches ou mouchetures sont plus larges et plus irrégulières sur les parties inférieures: ses rectrices sont terminées par une large bande blanche; le bec et les pieds sont grisâtres; l'iris est brun. Longueur, treize pouces. Les femelles ont le brun d'une teinte plus claire qui même se rapproche du roussâtre. On trouve quelquefois des variétés blanches ou nuancées de beaucoup plus de blanc.

On appelle improprement Casse-Noix le Gros-Bec ordinaire dans toute la Champagne. (DR..Z.)

CASSENOLES. BOT. INS. L'un des noms vulgaires de la Noix de galle dans les contrées méditerranéennes de la France. *V.* GALLE. (B.)

CASSE-NOYAUX ou CASSE-ROGNONS. OIS. Syn. vulgaire du Gros-Bec, *Loxia Coccothraustes*, L. *V.* GROS-BEC. (DR..Z.)

CASSE-PIERRE. BOT. PHAN. Nom vulgaire donné en diverses provinces de la France, à la Pariétaire, à divers Saxifrages et même au *Crithmum maritimum*, parce que ces Plantes croissent dans les murs ou sur les rochers. (B.)

* CASSE-POT. BOT. PHAN. Mot traduit de l'espagnol *Quebra-Olla*, et qui désigne au Pérou le *Cestrum venenatum*, dont le bois éclate quand on le brûle, et brise les poteries qu'on expose au feu. (B.)

CASSE-ROGNON. OIS. *V.* CASSE-NOYAUX. (B.)

CASSERON. MOLL. *V.* CALMAR.

* CASSI ou CASSIS. BOT. PHAN.

Par corruption de Cassie. *V.* ce mot. Nom vulgaire par lequel on désigne le *Mimosa Farnesiana*, L. à l'Ile-de-France. (B.)

CASSIA. BOT. PHAN. Espèce de Laurier, et nom scientifique de Casse. *V.* ces mots. (B.)

CASSIALA. BOT. PHAN. (Dioscoride.) Syn. d'Hyssope selon Adanson. (B.)

* CASSIBORI. BOT. PHAN. Syn. indou d'Asjagan ou Asjogam. *V.* ces mots. (B.)

CASSICAN. OIS. *Barita*, Cuv. *Cracticus*, Vieill. Genre de l'ordre des Omnivores. Caractères : bec assez long, dur, droit, convexe en dessus, échancré et fléchi à la pointe; point de fosse nasale; narines latérales un peu distinctes de la base du bec, fendues longitudinalement dans la masse cornée et à moitié fermées par elle; pieds robustes; quatre doigts : trois devant; les latéraux inégaux, l'externe réuni jusqu'à la première articulation, l'interne divisé, l'intermédiaire moins long que le tarse, le quatrième doigt long et fort; ailes ou médiocres ou longues; les quatre premières rémiges étagées, et la sixième la plus longue, ou les trois premières étagées et la quatrième la plus longue.

Le genre Cassican, établi par Cuvier et Vieillot sous des noms génériques latins différens, se compose de plusieurs espèces que précédemment les ornithologistes avaient disséminées parmi les Corbeaux, les Mainates, les Rolliers ou les Oiseaux de Paradis. Presque tous ces Oiseaux, dont les mœurs ont encore jusqu'ici échappé à l'œil observateur des naturalistes qui ont visité les côtes de la Nouvelle-Guinée, ont été rapportés de cette terre équatoriale; les autres sont indigènes à la Nouvelle-Hollande.

CASSICAN CHALYBÉ, *Paradisca viridis*, L.; *Paradisca Chalybea*, Lath., Buff., pl. enlum. 634, Ois. Paradis, pl. 23. Tout le plumage d'un vert d'acier bronzé, irisé; tête et cou d'une nuance plus claire; front et base du bec d'un noir velouté. Longueur, douze pouces. De la Nouvelle-Guinée.

CASSICAN FLUTEUR, *Coracias Tibicen*, Lath. Nuque, tectrices alaires et caudales, quelques rémiges et la base des rectrices d'un beau blanc, le reste du plumage noir; bec noir à la base, bleu à l'extrémité. Longueur, dix-sept pouces. On assure que le chant de cette espèce imite le son de la flûte, et qu'il se nourrit de petits Oiseaux. De la Nouvelle-Galles du sud.

CASSICAN KARROCK, *Corvus cyanoleucus*, Lath. Milieu de la tête, nuque, bas du cou, partie du dos, des ailes et extrémité de la queue d'un bleu foncé; bas des jambes brunâtre; le reste du plumage blanc. Longueur, quinze pouces. De la Nouvelle-Galles du sud.

CASSICAN NOIR, *Corvus tropicus*, Lath. Plumage d'un noir irisé avec des taches d'un blanc sale à l'extrémité des tectrices alaires inférieures et caudales inférieures. Longueur, onze pouces. Des îles Sandwich.

CASSICAN NOIR ET BLANC, *Corvus melatroleucus*, Lath. Gorge, milieu des grandes tectrices alaires, tectrices anales et caudales inférieures, milieu des rectrices latérales blancs, le reste du plumage noir. Longueur, dix-huit pouces. De la Nouvelle-Galles du sud. Cette espèce est soupçonnée n'être qu'une variété de sexe du Cassican Flûteur.

CASSICAN A QUEUE ÉTAGÉE, *Cracticus cuneicaudus*, Vieill. Tête; cou et corps d'un noir bleuâtre; rémiges et rectrices noirâtres, terminées de blanc; tectrices caudales inférieures blanches. Longueur, dix-huit pouces. De la Nouvelle-Hollande.

CASSICAN RÉVEILLEUR, *Coracias Strepera*, Lath.; *Gracula Strepera*, Schaw. Le plumage noir, à l'exception des six premières rémiges, de la barbe extérieure des rectrices latérales et des tectrices caudales inférieures qui sont blanches. Longueur, dix-huit pouces. De l'île de Norfolk.

Le nom de cet Oiseau lui vient du bruit qu'il ne cesse de faire pendant la nuit.

CASSICAN VARIÉ, *Coracias varia*, Lath., Buff., pl. enl. 628. Tête, partie de la poitrine, dos, rémiges et rectrices d'un beau noir; le reste du plumage blanc. Longueur, treize pouces. De la Nouvelle-Guinée. (DR..Z.)

CASSIDA. BOT. PHAN. Vieux nom qui, chez d'anciens botanistes, désignait la *Scutellaria galericulata*, L., et plusieurs autres Labiées *V.* SCUTELLAIRE. (B.)

CASSIDAIRE. *Cassidaria*. MOLL. Genre formé aux dépens des Buccins de Linné, par Lamarck, dans la famille des Purpurifères, le même que Denis Montfort désignait sous le nom de *Morio* et qu'on trouve indiqué sous celui d'Heaume dans quelques ouvrages d'histoire naturelle. Ses caractères sont : coquille ovoïde ou ovale oblongue; ouverture longitudinale étroite, terminée à sa base par un canal courbé ascendant; bord droit muni d'un bourrelet ou d'un repli; bord gauche appliqué sur la columelle, le plus souvent rude, granuleux, tuberculeux ou ridé. Les Cassidaires sont en général moins bombées que les Casques, et le canal plus ou moins court, qui termine inférieurement leur ouverture, n'est pas replié brusquement vers le dos. La spire est courte, conoïde, composée de tours convexes, et ne présentant point de bourrelet persistant. Ce genre se place naturellement entre les Harpes et les Casques. On en connaît sept espèces dont deux au moins habitent la Méditerranée; les autres appartiennent toutes aux mers des pays chauds. Bruguière les comprenait parmi ses Cassidées. Les espèces de Cassidaires sont *Cassidaria echinophora*, *Thyrrena*, *cingulata*, *striata*, *Oniscus*, *cancellata* et *carinata*. (B.)

CASSIDE. *Cassida*. INS. Genre de l'ordre des Coléoptères, section des Tétramères établi par Linné, et rangé par Latreille (Règn. Anim. de Cuvier) dans la famille des Cycliques. Ses caractères sont : antennes très-éloignées de la bouche, avancées, droites, grossissant à peine vers le bout, et insérées à la partie supérieure de la tête, très-rapprochées à leur base ; tête cachée sous le prothorax ; celui-ci demi-circulaire en dessus ; corps presque orbiculaire ou presque carré, aplati en dessous, et plus ou moins débordé par les élytres.

Le nom de *Cassida* qui signifie Casque, et les dénominations vulgaires de Tortues, Scarabées Tortues, imposés à ces Insectes, indiquent un des traits les plus caractéristiques de leur organisation. En effet, le corselet d'une part, et les élytres de l'autre, constituent une sorte de bouclier convexe, en général ovalaire, quelquefois triangulaire, qui recouvre, protège et déborde le corps de tous côtés. Celui-ci est beaucoup plus étroit que les parties qui l'enchâssent. Sa forme est allongée ; la tête est petite, déprimée et cachée en totalité ou presque entièrement sous le prothorax. Elle supporte des antennes presque filiformes, très-rapprochées à leur origine ; une bouche composée de deux lèvres, dont l'inférieure est allongée et entière ; de deux mandibules larges, tranchantes, tridentées, de deux mâchoires simples et de quatre palpes dont les antérieurs sont en massue et les postérieurs filiformes ; les pates, couchées parallèlement à la surface inférieure du corps, sont courtes ; leur longueur ne dépasse pas ordinairement la circonférence du corselet et des élytres. Les Cassides qui avoisinent les Boucliers et les Coccinelles pour la forme générale du corps, en diffèrent essentiellement par les articles de leurs tarses au nombre de quatre ; leur corselet, leurs élytres et leurs antennes empêchent de les confondre avec les Erotyles ; enfin elles se distinguent des Imatidies par le bord antérieur de leur prothorax non échancré et recouvrant la tête. Cette dernière différence est de peu de valeur, et plusieurs entomologistes, La-

treille en particulier (*loc. cit.*), réunissent le genre Imatidie de Fabricius, composé d'espèces exotiques, à celui des Cassides. Dans plusieurs espèces indigènes les élytres et le prothorax sont de couleur verte, et présentent en outre de belles couleurs argentées ou dorées qui disparaissent par la mort de l'Insecte, mais que l'on peut rendre apparente en le plongeant quelque temps dans l'eau chaude. Les Cassides se nourrissent toutes de Végétaux, et se rencontrent vers le mois de juillet sur les Artichauts, les Chardons, et sur plusieurs Plantes verticillées. La femelle dépose sur les feuilles dont elle se nourrit des œufs oblongs qu'elle range les uns auprès des autres, de manière à former de petites plaques que Réaumur a trouvées quelquefois couvertes d'excrémens, sans doute dans le but de protéger la larve à l'instant de sa naissance. Ces larves, qui toutes sont herbivores, ont une organisation remarquable et des habitudes fort singulières. Goedard, Roesel, Degéer (Mém. de l'Acad. des Sc., Ins., T. 5), et Réaumur (Mém. Ins. T. iii, p. 253), les ont décrites et figurées avec beaucoup de soin. Nous emprunterons à ces observateurs les détails dans lesquels nous allons entrer. Le corps de ces larves est aplati, assez large transversalement, et garni sur les côtés de seize épines branchues situées horizontalement de chaque côté de la moitié postérieure du corps et supérieurement. On observe à la base des épines sept petits tuyaux cylindriques tronqués au bout, et placés chacun sur un anneau distinct. Ils paraissent être des ouvertures stigmatiques. On remarque à la partie antérieure une tête petite, de consistance cornée, munie de dents, et offrant plusieurs petits tubercules au nombre de quatre de chaque côté à la partie supérieure, et de trois seulement à celle d'en bas. Ceux-ci ont été regardés par Degéer comme de véritables yeux. Six pates écailleuses, coniques et terminées par un crochet de couleur brune, supportent le corps qui est terminé postérieurement par une espèce de fourchette à deux branches, dans l'intervalle desquelles existe l'ouverture anale. Chaque branche ou fourchon est un filet de consistance écailleuse, conique, terminé en pointe assez aiguë, parallèle à celui du côté opposé, dirigé en haut et en avant, garni au côté externe depuis son origine, et seulement dans une portion de son étendue, d'épines fort courtes. L'anus est situé à l'extrémité d'un mamelon plus ou moins recourbé, et que la larve élève à son gré. La disposition de ces diverses parties est telle que, lorsque l'anus jette des excrémens, les fourchons qui sont inclinés du côté de la tête les reçoivent successivement, et deviennent, en quelque sorte, la charpente ou la bâtisse d'un toit de matière excrémentitielle, lequel recouvre tout le corps sans appuyer sur lui. Le plus souvent ce toit est immédiatement au-dessus du corps ; il le touche sans le charger : quelquefois il est un peu élevé ; dans d'autres temps la larve lui fait prendre différentes inclinaisons, et le tient même perpendiculaire au corps. Enfin la masse d'ordure peut être entièrement renversée en arrière et se traîner après le corps qui dans ce cas est à découvert ; mais la larve ne s'aventure ainsi que lorsqu'elle se croit hors de tout danger, et au moindre bruit elle ramène sur elle son toit protecteur. Ces différentes positions sont nécessairement dépendantes de celles de la fourchette qui est très-mobile. Quoique les excrémens desséchés ou encore mous fassent la plus grande partie de cette couverture, la dépouille de l'Insecte aide à la fortifier et lui sert quelquefois de base. C'est à la suite de plusieurs dépouilles complètes, c'est-à-dire dans lesquelles toutes les parties, les fourchons mêmes, revêtent une nouvelle peau, que la larve se dispose à se métamorphoser en nymphe. Ce changement a lieu sur la feuille même où elle a vécu, et sans qu'elle construise aucune enveloppe. Il s'opère de la manière suivante : l'époque de la transformation étant

arrivée, la larve abaisse sa queue, et la porte étendue en arrière du corps et sur le même plan. S'étant ensuite débarrassée entièrement de sa peau et de la couverture que les fourchons supportent, elle fixe contre quelque feuille la face inférieure des deux anneaux qui suivent la dernière paire de pates. Ainsi collée, elle a toujours l'aspect d'une larve ; mais après deux ou trois jours elle quitte sa peau, et ne paraît plus que sous la forme de nymphe ; cette peau, par l'adhérence qu'elle conserve avec la feuille de la plante, devient très-importante. En effet la nymphe reste fixée à sa dépouille au moyen de deux filets déliés et courts, engagés dans l'enveloppe bifide, qui, dans le précédent état, constituait la fourchette. La nymphe, plus courte que la larve, est large, aplatie, de forme ovale, ornée dans son contour d'appendices à plusieurs pointes semblables à des espèces de feuillages. Elle a un ample corselet terminé en arc de cercle chargé de pareilles pointes, et recouvrant la tête qui est assez visible. On distingue aussi à la partie inférieure les pates et les segmens de l'abdomen. Supérieurement on remarque de chaque côté quatre stigmates qui ont la forme de petits tuyaux élevés et pointus. Cette nymphe, dans laquelle Goedard a cru voir une figure humaine surmontée d'une couronne impériale, et que Geoffroy a comparée avec plus de raison à une sorte d'écusson d'armoirie couronné, présente en effet une forme si extraordinaire, qu'on la prendrait à peine pour un Animal. Cependant au bout de douze à quinze jours, il se fait une rupture à la partie antérieure de la peau du dos, et on en voit sortir l'Insecte qui lui-même a une forme peu ordinaire.

Le genre Casside est très-nombreux en espèces. Le général Dejean en mentionne cent trois dans le Catalogue de sa Collection (pag. 115) : la plupart sont étrangères à l'Europe. Parmi celles que l'on rencontre le plus communément en France et aux environs de Paris , nous citerons : la Casside Équestre , *Cassida Equestris* de Fabricius, figurée par Ollivier (Col. T. v. pl. 1, f. 3) ; elle peut être considérée comme le type du genre. On ne la trouve que dans les lieux aquatiques sur la Menthe. Elle est voisine de l'espèce suivante , et n'en diffère que par le lieu où elle se rencontre et parce qu'elle est plus grande.

La Casside verte , *Cassida viridis* , L. figurée par Ollivier (*loc. cit.* , pl. 2, fig. 29). *V*. pour les autres espèces Ollivier (*loc. cit.*) , Fabricius (*Syst. Eleuther.*), Schonherr (*Syn. Insect.* II, pag. 209).　　　　　　(AUD.)

CASSIDEA. MOLL. Nom sous lequel Bruguière désignait le genre auquel Lamarck a définitivement imposé ceux de Cassis et de Cassidaire. *V*. ce mot et CASQUE.　　　　(B.)

CASSIDES. MOLL. (Dict. de Déterville.) *V*. CASSIDEA.

* CASSIDITES. ÉCHIN. FOSS. On a quelquefois donné ce nom aux Cassidules fossiles.　　　　　　(LAM..X.)

CASSIDULE. *Cassidulus*. ÉCHIN. Genre de l'ordre des Pédicellés établi par Lamarck dans sa section des Echinides, et adopté par Cuvier. Ses caractères sont : corps irrégulier, elliptique, ovale ou subcordiforme, convexe ou renflé, garni de très-petites épines ; cinq ambulacres bornés et en étoiles ; bouche subcentrale ; anus au-dessus du bord.

Les Cassidules seraient des Clypéastres , si elles n'avaient l'anus évidemment au-dessus du bord, et parlà véritablement dorsal. Ceux des Spatangues qui ont l'anus dans le bord, pourraient être considérés comme ayant l'anus au-dessus du bord. Cependant ce serait à tort, car, dans ces Spatangues, l'anus est situé dans le haut d'une facette marginale, mais n'est pas réellement au-dessus du bord. — C'est avec les Nucléolites que les Cassidules ont le plus de rapports , et peut-être devrait-on les réunir en un seul genre. Elles n'en diffèrent effectivement que par les am-

bulacres , lesquels sont bornés dans les Cassidules, tandis que dans les Nucléolites ils ne le sont pas. Mais sur les individus fossiles, il n'est pas toujours aisé de déterminer ce caractère des Ambulacres. — L'on ne connaît encore qu'un petit nombre d'espèces de Cassidules , presque toutes fossiles. Nous citerons entre elles :

CASSIDULE SCUTELLE , *Cassidulus Scutella* , Lamk. , An. s. vert. , T. III. p. 35 , n° 1 ; Knorr , vol. II , t. E , III. Grande et belle espèce de Cassidule ayant la forme d'un Clypéastre, et dont les ambulacres, au nombre de cinq , sont striés transversalement sur les côtés. Elle est elliptique , convexe , et longue d'environ neuf centimètres sur huit centimètres de largeur. (Trois pouces et demi sur trois pouces.) Elle a été trouvée dans le Véronais , ce qui lui a fait donner le nom de *Cassidulus Veronensis* , par De France, dans le Dictionnaire des Sciences naturelles.

CASSIDULE DE RICHARD , *Cassidulus Richardi*, Encycl. Vers. pl. 143 , fig. 8 , 9 , 10. Cette espèce est ovale, plate en dessous, assez bombée en dessus, un peu échancrée à son bord postérieur ; la bouche est un peu plus en arrière qu'en avant. L'étoile est composée de cinq ambulacres , les deux postérieurs beaucoup plus longs que les trois antérieurs ; leur point de réunion est placé au tiers de la longueur et marqué par quatre petits trous formant un carré. La longueur de cet Oursin dépasse rarement trois centimètres , environ un pouce. Péron et Lesueur ont rapporté cette Cassidule de la baie des Chiens Marins dans la Nouvelle-Hollande ; elle a été trouvée long-temps avant dans l'océan des Antilles près de Spanistown, par le célèbre botaniste Richard à qui nous l'avons consacrée pour remplacer les deux noms de Cassidule australe et de Caraïbes que lui avait donnés Lamarck dans deux de ses ouvrages , d'autant qu'il est douteux que la Cassidule de Péron soit la même que celle de Richard.

La Cassidule Pierre de Crabe , fossile de la montagne de Maëstricht, *Echinus lapis Cancri*, Encycl. méth. pl. 143., fig. 6–7 ; la Cassidule aplatie fossile de Grignon, Lamk. Anim. sans vert. T. ii, p. 85, n° 4 ; la Cassidule lenticulée fossile des environs de Gisors, De France, Dict. 7, p. 227, n° 3, sont encore trois espèces de ce genre auxquelles on en pourrait ajouter plusieurs autres que renferment les collections, et qui, cependant, ne sont pas décrites. (LAM..X.)

CASSIE. BOT. PHAN. Syn. de *Mimosa Farnesiana* sur les côtes de la Méditerranée où ce petit Arbre fleurit en pleine terre, du *Robinia Pseudo-Acacia* dans quelques livres, et du *Mimosa guianensis* d'Aublet, à la Guiane. (B.)

CASSIER. BOT. PHAN. L'un des synonymes de Canneficier. *V.* ce mot et CASSE. (B.)

CASSINA. BOT. PHAN. (C. Bauhin.) Synonyme présumé d'*Ilex vomitoria*, espèce américaine du genre Houx. *V.* ce mot et APALACHINE. (B.)

CASSINE. BOT. PHAN. Genre de la famille des Rhamnées, dont les caractères sont : un calice très-petit, quinqueparti ; cinq pétales étalés, élargis à la base et légèrement soudés entre eux ; cinq étamines alternes avec les pétales ; trois stigmates sessiles ; une baie à trois loges monospermes. On en a décrit huit espèces environ, dont plusieurs sont rejetées dans d'autres genres voisins par différens botanistes. Ce sont des Arbustes ou des Arbrisseaux à feuilles opposées ou alternes, et dont les fleurs sont portées sur des pédoncules axillaires, simples ou divisés. Ils habitent l'Afrique, et la plupart le cap de Bonne-Espérance. Les *Cassine capensis* et *Maurocenia* ont des feuilles opposées, dentées le premier, entières et sessiles dans le second. Elles sont alternes et entières, arrondies dans le *Cassine concava*; oblongues, ovales dans le *C. lœvigata*, ovales, lancéolées dans le *C. oleifolia*. *V.* Lamarck, *Illustr.* tab. 130. Ventenat, sous le

nom de *C. xylocarpa*, en a décrit et figuré (Choix de Plantes, t. 23) une espèce originaire des Antilles qui, de son propre aveu, semble se rapprocher du genre Elæodendron. *V.* ce mot. (A. D. J.)

CASSINE. BOT. CRYPT. L'un des noms vulgaires du *Merulius Cantharellus* dans le midi de la France, où l'on a cru remarquer que ce Champignon croît de préférence autour des souches pourries du Chêne appelé Casse. (B.)

CASSINIE. *Cassinia.* BOT. PHAN. Ce genre de la famille des Synanthérées et de la Syngénésie Polygamie séparée, a d'abord été proposé par Robert Brown dans la seconde édition du Jardin de Kew (vol. 3, p. 184). Il en a donné un caractère fort abrégé, et y a rapporté une seule espèce qu'il a nommée *Cassinia aurea*. Plus tard, dans son beau Mémoire sur les Composées, publié en 1817, dans le 12ᵉ volume des Transactions de la Société Linnéenne de Londres, il a exposé de complète les caractères génériques du *Cassinia*, et y a rapporté dix espèces. Ce sont toutes des Plantes herbacées ou frutescentes, originaires de la Nouvelle-Hollande. Plusieurs des espèces que Brown y rapporte avaient été précédemment décrites sous le nom de *Calea; telles sont entre autres les Calea aculeata*, Labill. Nouv.-Holl. 2, p. 41, t. 185, et *Calea spectabilis*, *id.* p. 42, t. 186.

Toutes les espèces de Cassinies ont les feuilles alternes, ordinairement étroites et à bords rabattus. Leurs fleurs forment des corymbes ou des panicules terminales. Leur involucre est blanc ou d'un jaune doré. Il se compose d'écailles imbriquées, scarieuses, tantôt conniventes, tantôt plus ou moins étalées. Le réceptacle porte un petit nombre de fleurs qui sont séparées par des paillettes semblables à celles qui constituent l'involucre. Les fleurs sont toutes flosculeuses et hermaphrodites : quelques-unes des plus extérieures sont femelles, plus étroites. Les anthères qui sont renfermées dans l'intérieur des corolles, se terminent chacune à leur base par deux petits prolongemens filiformes. Le style porte deux stigmates, dont le sommet tronqué est couvert d'un bouquet de poils glanduleux. Les fruits sont couronnés par une aigrette sessile, persistante, formée de poils simples.   (A. R.)

CASSIOPÉE. Cassiopea. ACAL. Genre de Méduse de l'ordre des Acalèphes libres, établi par Péron et Lesueur, adopté par Cuvier et Lamarck. Ce dernier a réuni aux Cassiopées les Ocyroés de Péron, dont Cuvier ne parle point, et les a placées dans la seconde division de ses Radiaires Médusaires. Les Cassiopées ont un corps orbiculaire, transparent, muni en dessous de quatre, huit ou dix bras très-composés, arborescens, polychotomes, branchioporés et cotylifères, qui lui sont attachés par un ou plusieurs pédoncules gros et courts, entre lesquels sont des ouvertures que l'on regarde comme des bouches. Cuvier et Blainville disent que ces Animaux ont plusieurs bouches et plusieurs pédoncules, tandis que Péron et Lesueur, et d'après eux Lamarck, prétendent que ces Animaux manquent de pédoncules et de tentacules. N'ayant jamais vu ces Animaux vivans, nous ne pouvons dire de quel côté se trouve la vérité. Les Cassiopées sont plus ou moins convexes; le nombre de leurs bouches paraît être en rapport avec celui de leurs bras. La grandeur de ces Animaux est quelquefois très-considérable; il en existe dans les mers chaudes et tempérées des deux Mondes. Quoique les espèces paraissent assez nombreuses, il en est peu qui soient connues. Les principales sont:

CASSIOPÉE LINÉOLÉE, Cassiopea lineolata. Lamk. An. sans vert. t. 2, p. 511, n° 1. Ocyroé linéolée, Pér. et Les. An. t. 14, p. 553, n° 81. Elle présente une ombrelle hémisphérique à rebord légèrement festonné. Vingt lignes intérieures très-fines partent du centre de l'ombrelle, et vont, en di-

vergeant, se terminer à son pourtour. Cette Cassiopée offre une couleur hyalino-bleuâtre, une grandeur de cinq centimètres environ, et se trouve sur les côtes de la terre de Witt.

CASSIOPÉE BORLASE, Cassiopea Borlasea. Pér. et Les. An. t. 14, p. 553, n° 81. Medusa octopus, Gmel. Syst. Nat. p. 3157, n° 27. C'est la plus grande Cassiopée de celles que l'on connaît, son ombrelle est orbiculaire, aplatie, lisse, festonnée à son rebord. Elle a huit bouches sémi-lunaires, huit bras perfoliés dans leur longueur, trièdres à leur pointe. A leur centre se trouvent vingt-quatre cotyles polymorphes, réunis en une sorte de houpe; sa couleur est hyalino-verdâtre avec le rebord bleu; sa grandeur, de soixante-dix centimètres (vingt-quatre à vingt-six pouces). Elle habite la Manche et les côtes de Cornouailles.

CASSIOPÉE FRONDESCENTE, Cassiopea frondosa. Lamk. An. sans vert. T. 11, p. 512, no 5. Medusa frondosa, Gmel. Syst. Nat. p. 3157, no 26. Encycl. méth. pl. 92, fig. 1. L'ombrelle de cette Méduse est orbiculaire, aplatie, lisse, marquée de taches polymorphes, d'un blanc opaque, avec dix échancrures profondes à son pourtour. Elle a dix bouches et dix bras parsemés de cotyles blancs, aplatis et pédicellés. Grandeur six à sept centimètres (deux pouces à deux pouces et demi). Elle habite la mer des Antilles.

La Cassiopée dienphile de Péron et Lesueur, la Cass. Forskaël des mêmes naturalistes, ainsi que la Méduse andromède de Gmelin, Encycl. méth. pl. 91, appartiennent à ce genre.   (LAM..X.)

CASSIPOURIER. Cassipourea. BOT. PHAN. Genre de la famille des Salicariées, établi par Aublet et duquel Schreber et Swartz ont changé le nom pour celui de Legnotis. Scopoli l'appelle Tita. Son calice turbiné se termine par quatre ou cinq dents. A son sommet s'insèrent autant de pétales onguiculés, dont le bord est découpé en lanières fines comme les barbes d'une plume, et seize ou vingt étamines, rarement plus. L'ovaire est libre, surmonté d'un seul style et d'un seul stigmate; la capsule triloculaire, à la base de laquelle persiste le calice, se sépare élastiquement en trois valves, quelquefois en quatre, et, dans ce cas, on compte aussi quatre loges. Elles contiennent chacune une seule graine. Ce genre renferme deux espèces d'Arbrisseaux, à feuilles opposées et munies de stipules, à fleurs ramassées en paquets, axillaires et environnées de deux bractées. Les feuilles sont ovales, et les fleurs presque sessiles dans le *Cassipourea guianensis;* les premières sont elliptiques et les secondes pédonculées dans le *C. pedunculata,* J., *Legnotis elliptica,* Swartz, qui habite la Jamaïque.

(A. D. J.)

CASSIQUE. ois. Cuvier a établi ce genre qu'il a sous-divisé en Cassiques proprement dits, en Troupiales, en Carouges et en Pits-pit. Vieillot a également formé un genre Cassique qu'il a composé de huit à neuf espèces, dont la plupart sont détachées des Loriots de Latham. Enfin, Temminck a fait des Cassiques une division de son genre Troupiale. *V.* ce mot. Le genre Cacique de Duméril n'est que la même chose avec une autre orthographe. *V.* Cacique. (DR..Z.)

CASSIRI ou COSSIRY. bot. phan. Même chose que Cachiri. *V.* Cassave.

(B.)

CASSIS. moll. (Lamarck.) *V.* Casque.

CASSIS. bot. phan. *Ribes nigrum,* L. Espèce à fruits noirs du genre Groseiller. *V.* ce mot. (B.)

CASSITA. ois. Syn. latin du Cochevis, *Alauda cristata,* L. *V.* Alouette. (DR..Z.)

CASSITE. bot. phan. Du Dictionnaire de Déterville, pour Cassythe. *V.* ce mot. (A. D. J.)

CASSOMBA et CASSOOMBO. bot. phan. Nom générique employé dans l'Inde pour désigner des Végé-

taux qui fournissent une matière colorante employée dans la teinture, ou pour se peindre le corps; on y ajoute ensuite quelque épithète distinctive, ainsi l'on appelle:

Cassomba ou Cassoombo proprement dit, le *Carthamus tinctorius,* L. *V.* Carthame.

Cassomba-Kting, le *Bixa* à Java. *V.* Rocou.

Cassombo-Calappa ou Calappa-Cassumbo, une variété rougeâtre de Cocos.

Les enveloppes des fruits du *Sterculia Balanghas* sont le Cassomba des îles Ceram et Banda. *V.* Sterculier.

(B.)

CASSONADE. bot. phan. *V.* Sucre.

CASSOOMBO-KLING. bot. phan. Même chose que Cassomba-Kting à Sumatra. *V.* Cassomba. (B.)

* CASSOORWAN. pois. Petit Poisson probablement fabuleux, puisque La Chesnaye-des-Bois qui le mentionne lui attribue deux prunelles dans chaque œil, de sorte qu'en nageant, il pourrait voir ce qui se passe au-dessus et au-dessous de lui. On le dit de la taille d'un Anchois et fort bon à manger. (B.)

* CASSOOUDA. bot. crypt. (Gouan.) Syn. languedocien d'*Equisetum fluviatile,* L. *V.* Prêle. (B.)

CASSOWARE ou CASSOWARY. ois. Syn. anglais du Casoar, *Struthio Casuarius,* L. *V.* Casoar. (DR..Z.)

CASSUMMIAR. bot. phan. *V.* Casminar.

CASSUPE. *Cassupa.* bot. phan. Genre de la famille des Rubiacées, établi d'après un Arbre de l'Amérique méridionale qu'Humboldt et Bonpland ont fait connaître (Pl. équin., p. 42, tab. 12). Son calice est globuleux, terminé par un bord entier et membraneux; sa corolle, beaucoup plus longue, tubuleuse, garnie au dehors, sur sa moitié supérieure, de tubercules glanduleux, et en dedans, vers sa gorge, de houppes de poils qui s'insèrent à la naissance des six lobes dans lesquels le limbe se partage ; six anthères presque sessiles, oblongues et saillantes, s'insèrent entre eux. L'ovaire sphérique et adhérent au calice se termine par un style simple, et celui-ci par un stigmate bifide. Le fruit est une baie de même forme, couronné par le calice, séparé en deux loges par une cloison médiane, qui porte deux placentas saillans dans les logés et chargés de graines. Les fleurs, munies chacune d'une courte bractée, forment des panicules terminales. Les feuilles, longues de deux pieds, obovales et coriaces, sont portées sur un pétiole épais à sa base et séparé par deux stipules aigus du pétiole opposé.   (A. D. J.)

CASSUTA ou CASSUTHA. BOT. PHAN. (Théophraste.) Syn. de Cuscute, *V.* ce mot, dont Linné a tiré le nom du genre Cassytha. *V.* CASSYTHE.   (B.)

CASSUVIUM. BOT. PHAN. *V.* ACAJOU.

CASSYTHE. *Cassytha.* BOT. PHAN. Ce genre avait été établi d'après une Plante des Indes, composée de filets longs et rameux qui rappellent ceux de la Cuscute, et s'entrelacent avec les branches des Plantes voisines sur lesquelles vit en parasite la Cassythe. On n'y remarque que quelques petites écailles placées à la naissance des rameaux et des épis terminaux de fleurs. Celles-ci présentent un calice dont le tube est très-court, et le limbe à six divisions, trois extérieures très-petites, trois intérieures alternes et plus grandes. Douze étamines insérées au calice sont disposées sur deux rangées concentriques, les six extérieures fertiles ; des six intérieures, trois également fertiles et chargées de deux glandes à leur base, et trois autres stériles ; ce sont celles qui répondent aux divisions intérieures du calice. L'émission du pollen se fait par une valvule de la base à la pointe de l'anthère. L'ovaire libre est surmonté d'un style court et épais et d'un stigmate obtus. Il devient

une capsule globuleuse, entourée, excepté à son sommet, par le calice qui persiste et prend de l'accroissement avec une consistance charnue. Elle renferme une graine unique dont l'embryon, dépourvu de périsperme, se compose de deux cotylédons, convexes d'un côté, planes de l'autre, contenant entre eux, vers leur sommet, une radicule dirigée supérieurement et une plumule bilobée.

Gaertner avait pris cette plumule pour les cotylédons, et ceux-ci pour un périsperme ; erreur qui avait long-temps abusé les botanistes sur la véritable place de ce genre. R. Brown l'a assignée avec raison parmi les Laurinées, dont il se rapproche en effet par l'ensemble de ses caractères, quoique par son port il présente une sorte d'anomalie. Des anciennes espèces décrites, il n'en a conservé qu'une seule, le *Cassytha filiformis* de Linné ; mais en même temps, il l'a enrichi de quatre espèces nouvelles observées à la Nouvelle-Hollande. *V.* Lamk., *Illust.*, t. 525.   (A. D. J.)

CASTA. BOT. PHAN. La Pivoine chez les Romains.   (B.)

* CASTAGNA ET CASTAGNE. BOT. PHAN. La Châtaigne dans les dialectes méridionaux, d'où le fruit de l'Hippocastane a été appelé *Castagne Cavalline* en italien.   (B.)

CASTAGNEAU (PETIT). POIS. (Rondelet.) Nom vulgaire du *Sparus Chromis*, L., type du genre Chromis. *V.* ce mot. On l'appelle aussi Castagnole en Ligurie et en Toscane.   (B.)

CASTAGNEUX. OIS. Espèce du genre Grèbe, *Colymbus minor*, L. *V.* GRÈBE.   (DR..Z.)

* CASTAGNIÉ. BOT. PHAN. Syn. de Châtaignier, dans les dialectes gascons, du latin *Castanea*, d'où *Castagna*, *Castagne*, *Castania*, la Châtaigne, et *Castanar*, ainsi que *Castanheiro*, l'Arbre qui porte ce fruit, en espagnol et en portugais.   (B.)

CASTAGNIONI. BOT. PHAN. Syn.

17*

d'Hippocastane dans les États vénitiens. (B.)

CASTAGNOLE. *Brama.* POIS.
Genre établi par Schneider aux dépens des Spares de Linné, et adopté
par Cuvier (Règ. An. T. II, p. 340),
qui le place dans la première tribu de
la famille des Squammipennes, parmi
ses Acanthoptérygiens. Il rentre aussi
dans les Leipomes de Duméril. Les Cas-
tagnoles, dit Cuvier, se font remarquer
au premier coup-d'œil par un front
descendant verticalement, comme si
le museau avait été repoussé et tronqué, ce qui tient à la brièveté des intermaxillaires et à l'extrême hauteur
de la crête verticale ; la bouche fermée se dirige vers le haut. Des nageoires dorsales et anales très-écail-
leuses commençant chacune par
une pointe saillante, règnent en s'a-
baissant vers la queue, et n'ont qu'un
petit nombre de rayons épineux cachés dans leurs bords antérieurs. Le
corps est assez haut verticalement, la
tête couverte d'écailles jusque sur les
maxillaires ; les dents en crochets, et
une de leurs rangées externes plus
forte ; l'estomac est court, l'intestin
peu ample, et les cécums au nombre de cinq seulement. L'espèce
qui sert de type à ce genre est la Castagnole proprement dite, *Brama Raii,*
Schneid., p. 99, *Sparus Raii*, Bloch.
t. 273. Spare Castagnole, Lac. Pois.
t. 4, p. 111. Brême denté, Encycl.
Pois. pl. 50, f. 192. Très-beau et brillant Poisson, presque aussi haut que
long, qui parvient à la taille d'un
mètre et au poids de dix livres, dont
la chair est fort délicate et qui habite
les profondeurs de la Méditerranée.
B. 5, P. 20, V, 1-5, C. 22.

Schneider place encore dans le genre dont il est question sous le nom de
Brama Parœ, un beau Poisson des
profondeurs des mers de l'Amérique,
qui a sa tête d'un rouge foncé, avec
le ventre rose, la queue orangée, dont
la nageoire est pourpre et couverte
d'écailles, l'anale, les pectorales et
l'extrémité de la dorsale d'un beau
noir. (B.)

CASTAGNOLO. POIS. Même chose
que Castagnole et que Chromis sur la
côte de Nice. *V.* ces mots. (B.)

CASTAL. BOT. PHAN. Syn. arabe de
Châtaigne. (B.)

*CASTALIE. *Castalia.* ANNEL. Savigny, (Syst. des Annelides, p. 46)
propose sous ce nom l'établissement
d'un genre dans la famille des Néréï-
des, lequel aurait pour type le *Nereis
rosea* d'Othon Fabricius (*Faun.
Groenl.* n° 284). Cette espèce offre
une conformation semblable au *Nereis cœca* d'Othon Fabricius (*loc. cit.
n° 287) et au *Nereis viridis* et *maculata* de Müller (*Von Wurm*, p. 156
et 162, t. 10 et 11) et d'Othon Fabricius (*loc. cit.* n°s 279 et 281); mais
les cirres tentaculaires, tous les cirres
supérieurs et les styles postérieurs
sont grêles et fort longs ; il y a deux
rames réunies pour chaque pied. Savigny, n'ayant pas examiné lui-même
cette espèce, ne propose qu'avec
doute ce nouveau genre. *V.* NÉRÉI-
DES. (AUD.)

CASTALIE. *Castalia.* BOT. PHAN.
Salisbury a établi sous ce nom un
genre qui ne paraît pas devoir être
conservé et dont le Nénuphar rouge
figuré dans le *Botanical magazine* serait le type. (B.)

* CASTANITE. MIN. (Aldrovande.) Pierre dont on n'indique pas la
nature et dont la forme est celle d'une
Châtaigne. (LUC.)

* CASTANITES. BOT. PHAN. Tubérosités ligneuses qui croissent sur les
racines des Châtaigniers. On en retrouve sur celles du Chêne et de
l'Orme. (B.)

CASTANNUELLA. BOT. Ce nom
est donné comme synonyme espagnol
de *Buphtalmum spinosum*, L. *V.*
BUPHTALME. Il pourrait désigner plutôt le Terre-noix, *Bunium Bulbocastanum*, L. (B.)

*CASTANVELAM. BOT. CRYPT. Ce
mot, probablement mal écrit et qui
doit être *Castanuela* (petite Châtaigne), désigne, dans un recueil de
voyages, une espèce de Truffe du

Mexique dont on engraisse les bestiaux. (B.)

CASTAR ou **CAFTAAR.** MAM. Syn. persans d'Hyène. *V.* ce mot. (B.)

CASTEL. BOT. PHAN. Du Dictionnaire de Déterville, pour Castèle. *V.* ce mot. (A. D. J.)

* **CASTELA.** BOT. PHAN. Nom que porte aux Moluques la Patate, *Convolvulus Batatas* L.; on le regarde comme la preuve que cette Plante y a été introduite par les Espagnols ou Castillans. (B.)

CASTÈLE. *Castela.* BOT. PHAN. Genre établi par Turpin, (Ann. du Mus., 7, p. 78, tab. 5), qui le rapporte à la famille des Simaroubées. Ses caractères sont : un calice à quatre dents; quatre pétales plus longs que le calice, alternes avec ces dents, et huit étamines à filets courts, à authères ovales et dressées, qui s'insèrent les uns et les autres à un bourrelet glanduleux qui entoure la base de l'ovaire; celui-ci est formé de quatre lobes, quelquefois de cinq, disposés autour d'un disque tétragone, plus court qu'eux, et que surmonte un style simple et droit, terminé par un stigmate en tête et légèrement quadrilobé. Chaque lobe de l'ovaire devient une drupe ovale contenant sous l'enveloppe osseuse que le cordon ombilical parcourt de la base au sommet, une graine unique pourvue d'un périsperme charnu au centre duquel est un grand embryon ovale, à deux cotylédons foliacés, à radicule supérieure, courte et conique. Ce genre renferme deux Arbrisseaux des Antilles, à feuilles alternes et petites, à rameaux garnis d'épines terminales ou axillaires, à fleurs solitaires, géminées ou ternées à l'aisselle des feuilles. Dans l'un d'eux, le *Castela depressa*, la tige se divise dès sa base en rameaux couchés, et les feuilles sont sessiles; dans l'autre, le *C. erecta*, la tige est dressée, les feuilles sont courtement pétiolées. Ce genre a été dédié à Castel, auteur du poëme des Plantes. Cavanilles antérieurement en avait établi un qu'il nommait *Castelia*, en l'honneur d'un dessinateur du même nom; mais il a été détruit et réuni au Priva d'Adanson. *V.* ce mot. (A. D. J.)

CASTÉLIE. *Castelia.* BOT. PHAN. (Cavanilles.) *V.* CASTÈLE et PRIVA.

CASTIGLIONE. *Castiglionia.* BOT. PHAN. Ruiz et Pavon, dans leur Flore du Pérou, ont décrit, sous le nom de *Castiglionia lobata*, le *Jatropha Curcas* de Linné. Si l'on conserve ce genre, il devra comprendre toutes les espèces de Jatropha qui, comme celle-ci, présentent un double calice. *V.* MÉDICINIER. (A. D. J.)

CASTILÈJE. *Castileja.* BOT. PHAN. *V.* CASTILÉE.

CASTILLE. *Castilla.* BOT. PHAN. *V.* PEREBÉE.

CASTILÉE. *Castileja.* BOT. PHAN. Mutis et Linné fils ont appelé ainsi un genre de Plantes de la famille des Pédiculaires et de la Didynamie Angiospermie. Il se compose d'environ huit à neuf espèces, qui sont herbacées ou sous-frutescentes, portant des feuilles alternes, entières ou trifides; des bractées colorées; des fleurs axillaires et solitaires, ou formant des épis terminaux.

Leur calice tubuleux et comprimé, est fendu d'un côté. Leur corolle, qui est blanche ou verdâtre, est également tubuleuse et comprimée, à deux lèvres; la supérieure est étroite canaliculée; l'inférieure est très-courte et dentée. Les étamines, au nombre de quatre, sont didynames, placées sous la lèvre supérieure de la corolle, qu'elles dépassent rarement. Le style est terminé par un stigmate simple et capitulé. La capsule est ovoïde, comprimée, biloculaire, s'ouvrant en deux valves et contenant des graines enveloppées chacune dans une sorte de tissu membraneux et réticulé.

Toutes les espèces de ce genre sont originaires du continent de l'Amérique méridionale. Linné fils, dans son Supplément, en a d'abord décrit deux espèces d'après Mutis, qui les lui avait envoyées de la Nouvelle-Grenade. Ces deux espèces sont : 1° *Castilleja fissifolia*, L., Suppl. 293, et *Castilleja integrifolia*, L., Suppl. 293. Ventenat en a plus récemment fait connaître une troisième espèce qu'il nomme *Castilleja coronopifolia*, et qu'il figure dans son Choix de Plantes, t. 59. Cette espèce est, ainsi que les deux précédentes, originaire de la Nouvelle-Grenade. Enfin Kunth, dans les *Nova Genera et Species* de Humboldt, en a décrit cinq espèces nouvelles auxquelles il donne les noms de *Castilleja lithospermoides*; il la figure pl. 164; *Castilleja nubigena*, pl. 165; *Castilleja scorzoneræfolia*, pl. 165; *Castilleja ioluccensis* et *Castilleja moranensis*.

Quant à l'espèce décrite par Pursh, sous le nom de *Castilleja sessiliflora*, Nuttal en fait un genre distinct, sous le nom d'*Euchroma*. *V*. EUCHROME.

(A. R.)

CASTINE. MIN. Carbonate de Chaux que l'on mêle au Minerai de Fer, dans les hauts fourneaux, pour lui servir de fondant. La Castine, en entrant en fusion, absorbe l'Argille qui faisait partie du Minerai et la transforme en laitier. (DR..Z.)

*CASTNIE. *Castnia*. INS. Genre de l'ordre des Lépidoptères, famille des Crépusculaires, établi par Fabricius (*Syst. Gloss.*), et ayant pour caractère essentiel : antennes terminées en une massue allongée, sans dentelures ou stries en dessous. Il se rapproche par là des Lépidoptères diurnes et s'éloigne au contraire des Sphinx proprement dits. Ses palpes ont trois articles distincts et sont écartés entre eux. Les Insectes compris dans ce genre sont tous exotiques, et appartiennent à l'Amérique méridionale, tels sont, entre autres, les Papillons *Cyparissias* et *Licas* de Fabricius (*Entom. Syst.*, t. 3, *a*, p. 59, 45). (AUD.)

*CASTOERI. BOT. PHAN. C'est à Java l'*Hibiscus suratensis*, et chez les Malais, l'*Hibiscus Abelmoschus. V*. KETMIE. (B.)

*CASTOERI-MOGARI. BOT. PHAN. Syn. indou de *Mogorium undulatum. V*. MOGORI. (B.)

CASTOR. *Castor*. MAM. Genre de Rongeurs à clavicules complètes, caractérisé par l'aplatissement transversal de sa queue couverte d'écailles imbriquées comme dans les Poissons; par la palmure parfaite de ses pieds de derrière où l'ongle du second doigt interne est double; par quatre molaires partout, formées d'un seul ruban d'émail enroulé sur lui-même en circonvolutions, dessinant trois échancrures sur le côté externe, et une seule sur le côté interne pour les dents d'en haut et l'inverse pour celles d'en bas. Comme dans les Campagnols, le péroné, et surtout le tibia, arqués en sens contraire, se regardent par leurs concavités; ils accroissent ainsi l'aire des insertions des muscles, et portent la force d'impulsion des membres postérieurs; mais le péroné ne se soude pas au tiers inférieur du tibia, il descend jusqu'à l'astragale. Il y a quinze paires de côtes et quatre vertèbres lombaires. Le canal osseux de l'oreille se relève obliquement de plus de quarante degrés. Il y a une troisième paupière transparente, qui préserve l'œil du contact de l'eau, quand le Castor y travaille au fond. Le cerveau manque de circonvolution; ce défaut d'accroissement des surfaces cérébrales, signalé d'abord par Perrault (Acad. des Sc. 1666), ensuite par Sarrazin (*ibid.*, 1704), et depuis par Daubenton, a été représenté par Tiedmann (tab. 5, f. 5 et 6 *Icones cerebri Simïar. et Quorumdam mammal. varior. Heidelberg.*, 1821). Le cervelet est au contraire profondément feuilleté dans ses trois lobes; cette absence de circonvolution cérébrale coïncide bien avec la stupidité observée par Buffon et F. Cuvier dans cet Animal. Nous avons établi le premier, dans un Mémoire couronné à l'Institut, ce rapport entre le degré de l'intelligence et l'étendue des surfaces du cerveau. (Voir le Mém. cité et l'extrait inséré au Journal de Physiologie par Magendie, octobre 1822.) La queue est surtout remarquable dans le squelette par la largeur et la projection latérale de ses apophyses transverses. Son mécanisme dans la nage, analogue à celui de la queue des Cétacés, y nécessitait des os en V, développés en proportion. Ses muscles dont les tendons glissent dans des gaines fibreuses, ont leur point fixe aux apophyses transverses du sacrum. Un double matelas de graisse dense, analogue à celle des Marsouins, et entrelacée d'expansions aponévrotiques, affermit les tendons et leurs coulisses. Le dessus de la queue est recouvert d'écailles convexes, et le dessous d'écailles concaves. Les plus grandes ont trois lignes et demie en travers et deux de largeur dans leur découvrement.

Le muscle peaucier a presque un pouce d'épaisseur sur le dos pour mieux brider les muscles qui meuvent la queue et les membres postérieurs sur le bassin. En outre, ses digitations postérieures envoient aux apophyses de la queue et aux tendons de tirage des aponévroses qui y appliquent un supplément de force. Les digitations antérieures du peaucier se portent de la naissance du scapulum, à la tubérosité humérale, au coude et à l'avant-bras.

La queue se meut tout d'une pièce verticalement et latéralement. Ce dernier mouvement peut se combiner avec une courte révolution qui en incline le plan quand l'Animal vire de bord ou traverse un courant.

Tout le dessous du ventre est doublé d'une couche de graisse de huit ou dix lignes d'épaisseur, qui s'amincit vers les flancs et disparaît sur le dos.

L'œsophage est tapissé intérieurement d'une membrane blanche, de consistance crémeuse, analogue à celle que Sarrasin a observée en hiver dans l'estomac de l'Ondatra, V. CAMPAGNOL, et tout aussi peu adhérente. Nous en avons observé une disposée de même dans l'estomac de plusieurs Poissons, les Muges entre autres. L'estomac est si mince qu'il se déchire pour peu qu'on le gonfle. A droite de l'œsophage, la membrane musculeuse est écartée de la muqueuse par une agglomération d'une centaine de vésicules creuses à parois glandulaires, constituant une glande de sept ou huit lignes d'épaisseur et de trois pouces de diamètre. Leurs canaux excréteurs s'ouvrent dans l'estomac par quinze trous rangés sur trois lignes, d'après Daubenton; par douze, rangés sur quatre, suivant Sarrasin. Cette glande existe à la même place dans l'Ondatras. D'après ce que l'on sait de la digestion dans les Ruminans qui se nourrissent de tiges herbacées, le mécanisme n'en semblait-il pas devoir en être renforcé chez le Castor dont la nourriture est exclusivement ligneuse? Au premier coup-d'œil on croit à une inharmonie entre le but et les moyens; car des morceaux de bois en échappant à la mastication, sembleraient nécessiter un supplément de forces comprimantes dans les parois de l'estomac qui paraît n'avoir au contraire que juste ce qu'il lui faut de résistance pour contenir les alimens. Mais Cuvier a fait voir que des deux facteurs de la fonction digestive combinés dans toutes les proportions, un seul peut suffire en arrivant à un accroissement convenable. Ici l'action dissolvante seule transforme les alimens. Aussi des appareils sécrétoires, surnuméraires, se sont-ils développés dans l'estomac.

Dans les deux sexes, un seul sphincter ferme l'entrée de l'anus et des conduits génito-urinaires (V. les p. 39 et 40, t. 8 de Buff.). Le prépuce s'allonge en fourreau étendu depuis le sphincter commun jusque sous le pubis. La partie moyenne de ce fourreau communique de chaque côté en avant du gland avec deux grandes poches de trois pouces de long sur un de large. En dehors s'ouvrent deux grosses glandes de deux pouces de long. Leurs petits conduits excréteurs sont préservés d'engorgement par des poils d'un demi-pouce de long, inséré à l'origine de chacun d'eux, et dont l'extrémité est libre et se rencontre dans un bassinet, communiquant au fourreau. Les poches préputiales contiennent une humeur fétide dont les femmes sauvages graissent leurs cheveux. C'est le *Castoreum*.

La situation de l'orifice du sphincter commun, le volume et l'inflexibilité de la queue, nécessitent l'accouplement ventre à ventre. La femelle qui a quatre mamelles, deux sur la poitrine placées comme chez la femme, et deux au bas du col, porte pendant quatre mois quatre petits.

V. pour plus de détails Sarrasin, Acad. des Sc., an. 1704, d'où nous avons extrait ce qui précède.

L'espèce unique de ce genre est commune au nord des deux continens: la latitude la plus méridionale où elle se rencontre est trente degrés en Amérique, à cause de la déclinaison des lignes isothermes.

Le Castor, *Castor Fiber*, Linn. Buff. t. 8, pl. 36, Schreb. pl. 175. Geoff. et F. Cuv. Mamm. lithog. liv. 6, pl. 79, f. 1. Long. de trois à quatre pieds sur douze ou quinze pouces de large à la poitrine et aux hanches; d'un brun roux, uniforme dans le Canada, d'un beau noir plus au nord où il est quelquefois tout blanc, et passant au fauve et au même jaune paille vers l'Ohio et les Illinois. Comme tous les Rongeurs aquatiques, il a deux sortes de poils; le long qui diminue de longueur vers la tête et la queue, paraît creux sur son axe, et déterminé par sa couleur celle de l'Animal; le court ou duvet d'un gris cendré a un pouce de long.

L'intelligence de cet Animal paraît absorbée dans son talent pour construire; sous tous les autres rapports, Buffon qui l'a vu apprivoisé, l'a trouvé inférieur au Chien. Indifférent à tout, hors la liberté, insouciant de plaire ou de nuire, la nécessité de se défendre le tirait à peine de son apathie. L'expérience ne lui apprenait rien, et ne lui faisait rien oublier; il avait l'air stupide.

Buffon écrivit éloquemment sur les

travaux et sur la discipline des Castors; nous ne gâterons pas ses tableaux en les découpant, et comme ses ouvrages sont dans toutes les mains, nous y renverrons pour l'histoire de l'Animal qui n'a dû nous occuper que dans les rapports négligés par notre Pline moderne.

Dans les solitudes de l'Amérique, surtout dans la Haute-Louisiane, il y a des Castors dont le chasseur n'approcha jamais, et qui cependant vivent épars, tout au plus en famille, dans l'ignorance ou la paresse de construire; appartiennent-ils à quelque espèce différente, quoiqu'il n'y ait aucun signe visible de cette diversité dans leur structure? ou bien quelque influence locale a-t-elle modifié leurs mœurs ? Nous rappelons que les Ondatras ne construisent pas non plus dans les latitudes basses. L'exercice ou l'inaction de leurs talens dépend-il du besoin qu'ils ont de ses résultats? L'Homme seul obéirait-il à cette loi? En Norwège, on a trouvé des communes de Castors. On n'en a jamais vu ni en France ni en Allemagne. On l'attribuait au défaut de sécurité; mais les Castors de la Louisiane, dans des solitudes qui jamais n'avaient été troublées, ne savent ou ne veulent faire que des terriers dont le boyau a jusqu'à mille pieds de long. Pallas dit que ceux des bords de la Léna et du Genisei sont également terriers, même lorsqu'ils sont rassemblés en communauté; mais que plus souvent ils restent solitaires. Les Castors d'Europe ne diffèrent du reste en rien d'essentiel de ceux d'Amérique.

F. Cuvier a observé au Jardin des Plantes deux Castors, l'un des bords du Danube, l'autre de ceux du Gardon en Dauphiné. Il les a vus entasser pêle-mêle dans un coin de leur loge les divers objets qu'on leur donnait; ne pas se servir de leur queue comme d'une truelle, mais déplacer leurs matériaux, soit en les projetant en arrière avec les pieds, soit en les transportant à la bouche ou à la main, avec laquelle ils saisissent jusqu'aux plus petites choses. Ces deux Animaux vivaient paisiblement ensemble, mais travaillaient seuls ; leur propreté était extrême. Ils mangeaient assis dans l'eau, dormaient presque tout le jour, ou ne veillaient que pour se lisser le poil avec les pates, et nettoyer leur cabane de la moindre parcelle d'ordure (Dict. des Sc. nat., t. 7). Depuis (6ᵉ livraison des Mammif., lithographiés), il a observé une telle absence de toutes facultés dans un jeune Castor du Canada, qui, malgré toutes les facilités mises à sa disposition, ne manifesta aucun penchant pour construire ni aucun goût pour l'eau, que l'on doit croire que cet individu était dans un véritable idiotisme. Il dit aussi avoir réuni quelquefois d'autres Castors du Canada, pris jeunes, et qui avaient été séparément élevés ; au lieu de s'accorder pour rester tranquilles ou travailler de concert, ils se battaient avec une fureur toujours renaissante ; mais ce que l'on sait de l'altération du naturel des Animaux par l'esclavage empêche de rien conclure de ces faits sur les causes de l'état social ou solitaire des Castors libres, et encore davantage sur les causes qui déterminent des sociétés de Castors à bâtir, tandis que d'autres sociétés vivent dans des galeries souterraines.

Fischer (Mém. des Nat. de Moscou) décrit une tête de Castor d'un quart plus grande que celle de l'espèce vivante. Cuvier observe qu'autrefois le Castor habitait sur les rives de l'Euxin, où il se nommait *Canis ponticus* ; que le terrain d'Azof est un dépôt d'alluvions ; qu'on n'est pas sûr de connaître les plus grandes variétés du Castor Fiber, et que comme la figure est toute pareille, il n'y a pas de raison d'y voir un fossile.

On en trouve aussi dans les tourbières de la vallée de la Somme. On a donné le nom de CASTOR DE MER à une espèce de Loutre. *V.* ce mot. (A. D..NS.)

CASTOR. ois. (Aldrovande.) Syn. du Harle, *Mergus Merganser*, L. *V.* HARLE. (DR..Z.)

CASTOR. ins. (Esper.) Espèce de Lépidoptère du genre Satyre. (B.)

CASTOR. zool? bot? (*Arthrodiées.*) Espèce de notre genre Tindaridée. *V.* ce mot. (B.)

CASTOR. bot. phan. Dans Dioscoride, c'est le Safran, selon Adanson. On nomme ainsi à Saint-Domingue une Liane indéterminée. (B.)

CASTOREA. bot. phan. Genre dédié par Plumier à Castor Durante, et que Linné, selon les règles de sa nomenclature, a changé pour celui de *Duranta. V.* DURANTE. (B.)

CASTOREUM. mam. L'un des matériaux immédiats des Animaux, qui se trouve contenu dans deux poches préputiales du Castor. Sa consistance naturellement mielleuse est susceptible d'acquérir plus de solidité. Son odeur est forte, particulière ; sa saveur âcre, amère et désagréable. Le Castoreum est employé en médecine comme un puissant anti-spasmodique. Le plus estimé vient de la Tartarie. (DR..Z.)

* CASTORIS. pois. Élien et Oppien qui ont mentionné ce Poisson probablement fabuleux, disent qu'il fait entendre, entre les rochers qu'il habite, d'épouvantables hurlemens. (B.)

CASTRACARA. bot. phan. Syn. de *Galega officinalis* en italien. (B.)

CASTRANGULA. bot. phan. Syn. de Scrophulaire aquatique en Italie. (B.)

CASTRICA. ois. Syn. italien de la Pie-Grièche grise, *Lanius excubitor*, L. *V.* PIE-GRIÈCHE. (DR..Z.)

* CASTURI. mam. Les Malais donnent ce nom, selon Rumph, à l'Animal qui produit le Musc. *V.* MUSC. (B.)

* CASTURI - CAMALLA. bot. phan. Nom indou d'une espèce de Nénuphar. *V.* ce mot. (B.)

CASUARINE ou FILAO. *Casuarina.* bot. phan. Ce genre se

compose de Végétaux d'un port tout-à-fait singulier. Ils ressemblent à de grandes Prêles arborescentes, dont les rameaux sont allongés, grêles, cannelés, dressés ou pendans, offrant de distance en distance de petites gaines courtes et dentées qui tiennent lieu de feuilles. Leurs fleurs sont dioïques. Les mâles forment des espèces d'épis allongés au sommet des jeunes ramifications de la tige, ou à l'aisselle des gaines. Chaque épi se compose d'un certain nombre de verticilles superposés, qui chacun sont formés par six ou douze étamines, naissant de l'aisselle d'une gaine analogue à celles que l'on aperçoit sur les ramifications de la tige. Cette gaine présente autant de dents qu'elle renferme d'étamines, et chaque étamine doit être considérée comme une fleur monandre. Les filets staminaux sont un peu saillans au-dessus des gaines, et portent une anthère vacillante, cordiforme et à deux loges.

Les fleurs femelles forment de petits cônes écailleux, un peu pédicellés, naissant également des gaines de la tige. A la base de chaque écaille, on trouve une fleur femelle sessile; elle est flanquée de quatre écailles beaucoup plus petites que la précédente et situées deux à deux de chaque côté de l'ovaire. Celui-ci est très-comprimé latéralement à une seule loge, dans laquelle est un seul ovule dressé. Le style est très-court et un peu comprimé; il se termine par deux stigmates très-longs, planes, étroits et presque linéaires. Les écailles persistent et prennent de l'accroissement, en sorte que le fruit est un petit cône ovoïde ou globuleux. Entre chacune des écailles qui souvent s'entregreffent toutes ensemble par leur base, on voit saillir deux des écailles qui accompagnent chaque fleur; elles sont plus longues que les précédentes. D'abord, immédiatement appliquées l'une contre l'autre, elles s'écartent supérieurement pour laisser sortir le fruit. Celui-ci est un petit akène allongé, comprimé, mince et membraneux dans sa partie supérieure.

Ce genre offre une très-grande analogie de structure avec les genres *Comptonia* et *Myrica*, et fait partie de la famille des Myricées. Il avait été placé d'abord par Jussieu, parmi les Conifères, dont il rappelle la structure sous plus d'un rapport, mais dont il s'éloigne surtout par l'organisation de ses fleurs mâles et celle de sa graine.

On compte environ huit à neuf espèces de ce genre que l'on désigne communément sous le nom de Filaos. Presque toutes sont originaires de la Nouvelle-Hollande et des îles australes d'Afrique. Leur bois est très-dur et très-compact; les Sauvages s'en servent pour fabriquer des armes et des ustensiles de ménage. Il est agréablement veiné de rouge.

Parmi les espèces que l'on cultive en Europe, nous distinguerons : le Casuarina à feuilles de Prêle, ou Filao de l'Inde, *Casuarina equisetifolia*, L. figuré par Lamarck. *Ill.* t. 746, f. 2. Il peut s'élever à une trentaine de pieds, et croît communément dans l'Inde et aux îles de France et de Madagascar. Ses rameaux qui sont longs, grêles et striés, forment une cime épaisse; ses fruits constituent un petit cône globuleux. On le cultive dans l'orangerie; il demande une terre légère.

Ventenat, dans le Jardin de Cels, en a figuré une autre espèce originaire de la Nouvelle-Hollande, et qu'il a nommée *Casuarina distyla* (Jard.Cels. t. 64). On cultive aussi quelquefois les *Casuarina torulosa* et *Casuarina stricta* d'Aiton, qui toutes deux croissent naturellement sur les côtes de la Nouvelle-Hollande. Labillardière en a figuré une belle espèce sous le nom de *Casuarina quadrivalvis*, dans sa Flore de la Nouvelle-Hollande, t. 218.

(A.R.)

CASUARINÉES. BOT. PHAN. La famille désignée sous ce nom par Mirbel est la même que celle à laquelle le professeur Richard avait antérieurement donné le nom de Myricées. *V.* ce mot. (A.R.)

CASUARIO, CASUARIUS ET CA-

SUEL. ois. Syn. de Casoar. *V.* ce mot. (B.)

CASUS. bot. phan. Syn. arabe de Ciste ladanifère. *V.* Ciste. (B.)

CAT. pois. Selon Risso la Chimère arctique à Nice, et selon Bosc un petit Squale à Marseille. (B.)

* CATA. ois. Syn. turc de *Tetrao alchata*, L. *V.* Ganga. (DR..Z.)

*CATABATES. bot. crypt. C'est-à-dire produit du tonnerre. (Sterbeeck.) Syn. de Truffes. (B.)

CATABROSE. *Catabrosa.* bot. phan. Genre de la famille des Graminées et de la Triandrie Digynie, qui a été formé par Palisot-Beauvois dans son Agrostographie pour l'*Aira aquatica*, L., et le *Poa verticillata* de Poiret, et dans lequel on doit également placer l'*Aira minuta*, L., et l'*Aira humilis* de Marsch. Bieberstein. Il a beaucoup de rapports avec le genre *Glyceria* de Brown, dont il diffère par sa Lépicène biflore, à deux valves inégales, et plus courtes que la glume. Celle-ci est formée de deux paillettes tronquées et erosées à leur sommet. Le fruit n'est pas enveloppé dans la glume. (A.R.)

CATACLYSME. geol. *V.* Déluge.

CATACOUA. ois. *V.* Cacatoua.

CATACRA ou CATRACA. ois. (Feuillée.) Syn. de Motmot, *Momotus brasiliensis*. *V.* Motmot. (DR..Z.)

CATAF et CARAF. bot. phan. Syn. arabes de Bonnedame. *V.* ce mot et Arroche. (B.)

CATAFUSIS. bot. phan. (Dioscoride.) Syn. de *Plantago Psyllium*, L. *V.* Plantain. (B.)

* CATAGAUNA. bot. phan. (Lemery.) Vieux nom de la Gomme gutte. (B.)

CATAIRE. bot. phan. Même chose que Chataire. *V.* ce mot. (B.)

CATAIRON. bot. phan. Ce nom, dans Dioscoride, désigne un Iris. *V.* ce mot. (B.)

CATALEPTIQUE. bot. phan.

Nom vulgaire du *Dracocephalum virginianum*, L. *V.* Dracocéphale. (B.)

CATALPA. bot. phan. Famille des Bignoniacées, Didynamie Angiospermie, L. Ce genre, séparé par Jussieu des *Bignonia*, a pour caractères : un calice à deux divisions profondes ; une corolle campanulée, dont le tube est renflé et le limbe à quatre lobes inégaux ; deux étamines fertiles et trois filets stériles ; le stigmate formé de deux lamelles, la capsule en forme de silique, à deux valves séparées par une cloison qui leur est opposée. Les semences sont membraneuses et comme aigrettées à la base ainsi qu'au sommet. Il n'y a que peu de différences entre les genres *Catalpa* et *Bignonia* ; deux étamines fertiles, la cloison opposée aux valves du fruit dans le premier ; quatre étamines fertiles, la cloison parallèle aux valves dans le second, voilà les différences les plus essentielles ; mais les Catalpa ont en outre un port qui les distingue suffisamment. On cultive en Europe les deux espèces connues sous les noms de *Catalpa arborea*, Duham., et *C. longissima*, Juss. La première est un Arbre de huit à dix mètres de hauteur, à branches étalées, et couvert de feuilles cordiformes, entières, molles et pointues ; ses fleurs, d'un beau blanc marqué de ponctuations pourprées et disposées en corymbes terminaux, forment un superbe coup-d'œil. Cet Arbre, originaire de la Caroline, passe maintenant l'hiver en pleine terre, dans l'Europe tempérée ; mais il faut avoir eu soin de le préserver du froid dans sa jeunesse. L'autre espèce ne peut être conservée que dans une serre chaude tannée. (G..N.)

* CATALUFA. pois. (Parra.) Syn. présumé de l'*Anthias macrophtalmus* de Bloc, qui est un Priachanthe. *V.* ce mot. (B.)

* CATAMBALAN. bot. phan. Variété de l'espèce peu connue de Spondias appelée dans l'Inde Ambalam. *V.* ce mot. (B.)

* CATAMBOCHIO. BOT. PHAN. Syn. de Sorgho, *Holcus Sorghum*, L., à Corcyre. (B.)

CATANANCHE. BOT. PHAN. Nom scientifique de Cupidone. *V.* ce mot. (G..N.)

Le nom de Catananche avait antérieurement été donné par Camerarius au *Scorpiurus sulcata*, espèce de Chenillère, par Césalpin aux Balsamines, par Imperati au Plantain de Crète, et par Dodoens au *Lathyrus Nissolia*. (B.)

CATANCUSA. BOT. PHAN. (Dioscoride.) Une Borraginée qu'il est difficile de reconnaître. (B.)

CATANGELOS. BOT. PHAN. (Dioscoride.) Probablement le *Ruscus Hypoglossum*, L., espèce du genre Fragon. (B.)

* CATAPÉTALES. BOT. PHAN. Terme par lequel Link désigne les corolles des Malvacées. (B.)

CATAPHRACTE. POIS. Genre formé par Lacépède, aux dépens des Silures de Linné, et conservé comme sous-genre seulement par Cuvier. *V.* CALLICHTE et SILURE. (B.)

CATAPHRACTUS. MAM. Syn. de Tatous. *V.* ce mot. (B.)

CATAPPA. BOT.PHAN. Syn. de *Terminalia Catappa* dont Gaërtner avait fait le nom d'un genre qui n'a pas été adopté. Loureiro a rapporté mal à propos ce nom comme synonyme de son *Juglans Catappa*, Arbre peu connu par la description imparfaite qu'il en a donnée, et qui n'est certainement pas un Terminalia. Le *Catappa do mato* des Portugais de l'Inde est le *Quisqualis indica* de Linné. (B.)

CATAPYSXIS. BOT. PHAN. Syn. d'Æthuse, *V.* ce mot. (B.)

CATAPUCE. BOT. PHAN. Syn. d'Épurge, *Euphorbia Lathyris*, L. *V.* EUPHORBE. (B.)

CATARACTES. GÉOL. Chutes brusquement interjetées dans le cours des fleuves, qui en empêchent la navigation, et qui ne sont que des cascades considérables. Les plus antiquement célèbres de ces Cataractes sont celles du Nil, dont on avait long-temps exagéré l'élévation, et qui ne sont guère que de simples rapides, tels qu'on en voit dans beaucoup d'autres rivières. Les plus majestueuses sont celles de Niagara, que Buffon, emporté par son génie poétique, et malgré ce qu'en avait dit Charlevoix, qu'il avait sous les yeux, se plut à nous peindre vingt fois plus considérables qu'elles ne sont en effet; mais tels sont les grands tableaux de la nature qu'il n'est pas nécessaire de les exagérer pour qu'ils produisent une impression profonde dans l'esprit. Les Cataractes ou saut de Niagara, situées entre les lacs Erié et Ontario, ont de cent quarante à cent cinquante pieds d'élévation, et près de trois cents pas de largeur. On sent qu'une masse d'eau telle que celle du fleuve Saint-Laurent, qui se précipite d'une telle hauteur, doit produire un effet imposant auquel des sous graves et confus, des jeux de lumière variés, des vapeurs et des flots d'écume éblouissante emportés par les vents, doivent ajouter un singulier intérêt. Le Gange a aussi ses cataractes; mais ce sont surtout les fleuves d'Afrique et de l'Amérique méridionale qui en sont remplis. Il paraît que ces continens sont formés de plateaux superposés, comme de vastes degrés, qui dans l'un d'eux s'élèvent vers l'Éthiopie centrale, et dans l'autre vers le faîte des Andes. A chaque degré se rencontre une cataracte, et le Zaïre particulièrement en offre plusieurs. Ces cataractes ont dû être beaucoup plus nombreuses dans l'origine. La plupart des cols de montagnes, vulgairement appelés ports, en présentent des traces. Elles doivent disparaître à la longue par le frottement des eaux qui s'y précipitent et qui, dans le tumulte de leur chute, usent nécessairement le fond du canal dans lequel elles roulent avec fracas.

Dans les anciennes traditions qui perpétuèrent chez nos ayeux l'idée d'un cataclysme universel, l'on trouve que les Cataractes du ciel furent ouvertes. L'on imaginait alors des cieux de cristal au-dessus desquels étaient contenues les eaux supérieures destinées à servir le courroux du dieu de bonté, qui voulut noyer toutes les créatures vivantes pour punir les fautes des enfans des hommes; et les Cataractes du ciel étaient les issues par lesquelles ces eaux vengeresses pouvaient se précipiter sur notre malheureuse planète. Aujourd'hui les cieux de cristal et leurs cataractes ont disparu avec leurs eaux supérieures devant nos découvertes en physique; ne serait-il pas à souhaiter, dans l'intérêt même de la religion, que des livres sacrés, où tant d'erreurs ont été accumulées pour les accommoder à l'ancienne grossièreté de nos pères, fussent portés, dans toutes les choses positives, au point de hauteur où atteignent les lumières du siècle? On trouverait moins d'incrédules. (B.)

CATARRACTE, et non *Cataracte*. ois. Espèce du genre Stercoraire, *Larus Cataractes*, L. *V.* STERCORAIRE.   (DR..Z.)

CATARAS. MAM. Syn. languedocien de Matou, gros Chat mâle.
(A. D..NS.)
CATARRHACTÈS. ois. (Brisson.) Syn. de Gorfou dont Cuvier a fait le type d'un sous-genre dans le genre Manchot. *V.* ce mot.   (DR..Z.)

CATARRHININS. MAM. Geoffroy Saint-Hilaire (Ann. Mus. T. XIX) a formé sous ce nom une grande famille où les Singes de l'ancien continent viennent se grouper en onze genres. Les caractères de cette famille consistent dans la cloison étroite des narines qui sont ouvertes au-dessous du nez, dont les os sont soudés avant la chute des dents de lait; cinq dents molaires à chaque mâchoire; l'axe de vision parallèle au plan des os maxillaires. La plupart sont munis d'abajoues.

† *Point de queue*. Les Troglodites, les Orangs et les Pongos.

†† *Une queue non prenante*. Les Pygatriches, les Nasiques, les Colobes, les Guenons, les Cercocèles ou Macaques, les Magots, les Babouins

à os maxillaires arrondis, et les Babouins à os maxillaires renflés. *V.* tous ces mots, SINGES, SAPAJOUS et QUADRUMANES.   (B.)

CATARSIS. BOT. PHAN. (Dioscoride.) Syn. présumé de Gypsophylle. *V.* ce mot.   (B.)

CATARTHOCARPUS. BOT. PHAN.(Jacquin.) Fruits qui probablement sont ceux de deux espèces du genre Casse. *V.* ce mot et CATHARTOCARPUS.   (B.)

* CATATOL ou CATOTOL. ois. (Desmarest.) Syn. du Manakin à tête blanche, *Pipra Leucocapilla*. *V.* MANAKIN.   (DR..Z.)

* CATATUMPHULI. BOT. CRYPT. (Boccone.) Synonyme sicilien d'*Endacinus* de Rafinesque. *V.* ce mot. (B.)

CAT-BIRD. ois. C'est-à-dire *Oiseau Chat*. On donne ce nom dans l'Amérique septentrionale à une sorte de Grive encore indéterminée, dont le ramage ressemble au miaulement. (B.)

CATCAN. BOT. PHAN. Syn. de *Dolichos trilobus*, L. à la Cochinchine.   (B.)

* CATCHÉ ET CATÉ. BOT. PHAN. Syn. de Cachou dans l'Inde.   (B.)

CATCHFLY. BOT. PHAN. Syn. anglais de Silène; ce nom s'étend au *Lychnis viscaria*, L.   (B,)

CATCHWEED. BOT. PHAN. Syn. anglais de *Galium aparine*, L. espèce du genre Gaillet. *V.* ce mot.   (B.)

* CATÉ. BOT. PHAN. *V.* CATCHÉ.

CATECHOMENION. BOT. PHAN. Pour Cathecomenion. *V.* ce mot.

* CATECHU. BOT. PHAN. (Adanson.) Pour Cathecu. *V.* ce mot. (B.)

* CATECOMER. BOT. PHAN.(Linscot.) Nom de l'Aloès chez les anciens habitans des Canaries.   (B.)

CATELLI-VEGON. BOT. PHAN. Syn. d'*Aristolochia indica*, à la côte de Malabar.   (B.)

* CATENAIRE. *Catenaria* POLYP. Genre de la division des Polypiers flexibles, appartenant aux Cellariées,

figuré par Savigny, dans le grand ouvrage sur l'Égypte; il ne diffère en rien du genre *Eucratea*, adopté par les naturalistes, et que nous avions proposé dès 1810. *V*. EUCRATÉE.
(LAM..X.)

* CATÉNAIRE. *Catenaria*. BOT. CRYPT. (*Hydrophytes*.) Genre établi par Roussel, dans sa Flore du Calvados. Il lui donne pour caractères: filets articulés, rameux; articulations ovoïdes, noduleuses, rhomboïdales ou comprimées, et le compose de huit espèces appartenant à différens genres, les uns articulés, les autres sans articulations; malgré les caractères génériques, indiqués par l'auteur, il n'est pas adopté. (LAM..X.)

CATÉNIPORE. *Catenipora*. POLYP. ross. Genre de l'ordre des Tubiporées dans la division des Polypiers entièrement pierreux et tubulés, établi par Lamarck, et placé par lui dans la section des Polypiers foraminés. Cuvier a adopté ce genre qui a pour caractères d'offrir une masse pierreuse, composée de tubes parallèles, insérés dans l'épaisseur de lames verticales, anastomosées en réseau. Ces Polypiers ont été regardés comme des Millepores par Linné, et comme des Tubipores par Gmelin. Lamarck en a fait avec raison un genre particulier auquel il a donné le nom de Caténipore, à cause de la situation des tubes polypeux; mais nous doutons que ces Fossiles appartiennent à l'ordre de ses Polypiers foraminés, ainsi qu'à notre ordre des Tubulés. Nous serons tentés de les regarder, d'après leur description, plutôt comme des Actinaires de la division des Polypiers sarcoïdes, parce que leur surface inférieure n'a aucune ressemblance avec la supérieure; que cette dernière paraît poreuse, et que les lames saillantes renfermant les tubes ont plus de rapports avec des lames osculées qu'avec des cellules polypifères. Au reste, pour décider cette question, il faudrait avoir les objets en nature et en plusieurs états. L'on n'a trouvé les Caténipores que dans l'état fossile, et

l'on n'en connaît que deux espèces. Defrance en indique une troisième aux environs de Caen. Nous croyons qu'il a pris l'*Eunomia radiata*, *V*. ce mot, pour un Caténipore.

CATÉNIPORE ESCHAROIDE, *Catenipora Escharoides*. Lamk. An. sans vert, T. II, p. 207, n. 1. —*Tubipora catenulata*, Gmel. Syst. Nat. p. 3753, n. 2.—Fossile des bords de la mer Baltique, offrant une masse composée de lames droites et saillantes, anastomosées en réseau irrégulier, avec des tubes sur le tranchant des lames.—Nous croyons que la fig. 4 de la table F, IX de Knorr, doit former une espèce distincte que l'on pourrait nommer *Cat. tubulosa*, à cause de la grandeur de ses tubes.

CATÉNIPORE AXILLAIRE, *Catenipora axillaris*, Lamk. An. sans vert. T. II, p. 207, n. 2. Ce Fossile se trouve avec le précédent; est-il bien du même genre? Gmelin, que nous n'avons pas cru devoir citer, donne à cette espèce le nom de *Tubipora serpens*. Il en a singulièrement embrouillé la synonymie, et l'a confondue avec le *Tubipora transversa* de Lamarck qui en diffère beaucoup. (LAM..X.)

CATÉNULAIRE. REPT. OPH. (Daudin.) Espèce indienne du genre Couleuvre. (B.)

CATERETE. *Cateretes*. INS. Genre de l'ordre des Coléoptères établi par Illiger et Herbst, et auquel se rapportent le *Dermestes urticæ*, le *Spheridium pulicarium* et le *Dermestes pedicularius* de Fabricius. Latreille a fait de cette dernière espèce son genre CERQUE, et quant aux deux premières, elles appartiennent au genre PROTEINE. *V*. ces mots. (AUD.)

CATERPILLAR. BOT. PHAN. Syn. anglais de *Scorpiurus*, L., dans le Dictionnaire de Déterville. *V*. CHENILLÈRE. (B.)

* CATERPILLERS ou CULILU. BOT. PHAN. (Sloane.) Syn. de d'*Amaranthus viridis*, L. à la Jamaïque. (B.)

CATESBÉE. *Catesbœa*. BOT. PHAN.

Genre de la famille des Rubiacées, caractérisé par un calice très-petit, à quatre dents ; une corolle en entonnoir très-allongé, dont le tube est étroit, le limbe dilaté et quadrilobé ; quatre étamines insérées au bas du tube, dont les anthères longues sont saillantes au dehors ; un seul stigmate ; une baie de la forme et de la grosseur d'une Prune ou plus petite, couronnée par le calice persistant, présentant intérieurement un *placenta* sphérique, bordé d'une cloison verticale qui la sépare en deux loges, dans chacune desquelles sont plusieurs graines. Les deux espèces connues de ce genre sont des Arbrisseaux dont les rameaux sont armés d'épines opposées au-dessus des aisselles des feuilles qui sont petites, et les fleurs axillaires et solitaires. Le tube de la corolle est très-long, et la baie ovale dans le *Catesbœa spinosa*, originaire des Lucayes ; le tube tétragone est raccourci, la baie arrondie dans le *C. parviflora*, qui croît à la Jamaïque.   (A. D. J.)

* CATESBY. POIS. (Lacépède.) Espèce du genre Spare, qui était le *Perca Melanura* de Linné, et d'un Scare, *V*. SCARE et SPARE.   (B.)

CATEVALA. BOT. PHAN. Même Chose que Cada-Naku. *V*. ce mot.   (B.)

CAT-FISH. POIS. Syn. anglais de *Squalus stellaris*, L.   (B.)

* CATHA. OIS. Syn. chaldéen du Pélican, *Pelecanus Onocrotalus*. L. *V*. PÉLICAN.   (DR..Z.)

CATHA. BOT. PHAN. (Forskahl.) Syn. arabe de Célastre comestible. *V*. CÉLASTRE.   (B.)

CATHALORA. BOT. PHAN. (Burmann.) Syn. de *Cytisus Cajan*, L. à Ceylan. *V*. CAJAN.   (B.)

CATHARACTES. OIS. Pour Catarracte. *V*. ce mot.   (DR..Z.)

CATHARINÉE. *Catharinea*. BOT. CRYPT. (*Mousses*.) Genre séparé par Ehrhardt des Polytrics, et auquel beaucoup d'auteurs le réunissent encore. Le nom de *Catharinea* a été changé successivement en *Oligotrichum, Atrichium, Callibryum ;* mais si on conserve le genre, il devra porter le nom de *Catharinea* qui lui a été donné en premier. — Il ne diffère des Polytrics que par sa coiffe, qui, au lieu d'être couverte de poils longs, épais et soyeux, ne présente que quelques poils épars ; du reste il présente absolument la même structure dans la capsule et le péristome. Aussi Hooker et Schwægrichen ne séparent pas ces deux genres. L'espèce la plus commune de ce genre et qui lui sert de type est le *Catharinea undulata* ou *Polytrichum undulatum*, qui est très-abondant dans les bois sablonneux. On doit aussi y rapporter le *Polytrichum Hercynicum*, et quelques autres espèces moins connues. *V*. POLYTRICHUM.   (AD. B.)

CATHARISTA. OIS. Syn. de Gallinacée. *V*. ce mot.   (DR..Z.)

* CATHARSIS. BOT. PHAN. Syn. de Gypsophile. *V*. ce mot.

CATHARTE. *Cathartes*. OIS. Genre de l'ordre des Rapaces. Caractères : bec assez long, délié, comprimé, courbé seulement vers la pointe ; cire nue, dépassant la moitié du bec ; mandibule supérieure renflée vers l'extrémité ; tête oblongue, nue, ainsi que la partie supérieure du cou ; narines placées au milieu du bec, près de l'arête de la mandibule supérieure, larges, fendues longitudinalement, percées de part en part, quelquefois surmontées par des appendices charnus ; pieds à tarse nu, plus ou moins grêles, avec le doigt du milieu long et uni vers la base au doigt externe ; ailes légèrement acuminées, la première rémige assez courte, la deuxième moins longue que la troisième qui est la plus longue.

Les Cathartes ont été confondues par Linné avec les Vautours ; c'est le savant Illiger qui, dans son Prodrome des Mammaires et des Oiseaux, en a indiqué la séparation ; Vieillot l'a effectuée en partie, en créant les genres Gallinazes et Zopilotes, qui ne paraissent point offrir des limites assez tranchées pour outrepasser celles qu'a posées l'ornithologiste de Berlin. Cuvier, dans sa belle distribution du Règne Animal, a adopté la sous-division d'Illiger, mais il l'a restreinte à quelques espèces sous le titre de Pérénoptères, et en a laissé plusieurs parmi les Vautours proprement dits, en les distinguant seulement comme Vautours de l'Amérique méridionale, que Duméril surnomme Sarcorampfes. Quoi qu'il en soit, les mœurs des Cathartes sont les mêmes que celles des Vautours; on les trouve toujours rassemblés par troupes plus ou moins nombreuses; attirés de très-loin par l'odeur de la chair palpitante aussi bien que par les émanations de la putréfaction; guidés par un odorat d'une incroyable finesse, ils arrivent en tournoyant du plus haut des airs, sur une charogne ou sur quelques-uns de ses débris; ils les avalent souvent sans prendre le soin de diviser ou de délayer les os que, chez eux, l'abondance du suc gastrique parvient facilement à triturer ou à dissoudre. La voracité avec laquelle ils se jettent sur toutes les immondices a valu à plusieurs d'entre eux la vénération des sauvages qui, trop paresseux pour débarrasser leurs retraites des déchets des Animaux qui composent leur nourriture, et même des cadavres dont ils ne soignent pas la sépulture, se contentent de laisser accès de leurs habitations aux Carthaes, bien certains qu'à leur retour ils les trouveront entièrement nettoyées. Lorsque ces Rapaces sont pressés par la faim, ils attaquent et tuent les Animaux vivans qu'ils dévorent ensuite; on a même vu les grandes espèces se jeter sur des Taureaux auxquels ils arrachent d'abord les yeux et la langue; mais cette excessive audace n'est que le résultat de la nécessité, car une extrême lâcheté est l'apanage de ces Oiseaux; elle les porte souvent à compromettre leur existence par l'approche des hommes, et Humboldt, ainsi que ses

compagnons de voyage, sont arrivés jusqu'à deux toises d'une troupe de Condors avant qu'ils aient songé à s'enfuir. La nidification et l'incubation des Cathartes sont encore peu connues; tout ce qui est relatif à cette importante fonction de la nature s'opérant dans des antres isolés, dans des crevasses de rochers inaccessibles, hors des regards et de la portée des Hommes.

CATHARTE ALIMOCHE, *Vultur Percnopterus*, L., *Vultur leucocephalus*, Lath., *Vultur Stercorarius*, Lap., *Neophron Percnopterus*, Sav. Vautour de Norwége ou Vautour blanc, Buff. pl. enl. 429. Vautour ourigourap, Levaill. Ois. d'Afrique, pl. 14. Rachamach ou Poule de Pharaon, Bruce, Voy. pl. 33. Plumage blanc à l'exception des rémiges qui sont noires; tête et devant du cou nus, avec la peau d'un jaune rougeâtre; occiput garni de plumes longues et effilées; bec et cire orangés, le premier noir vers la pointe; iris jaune; pieds jaunâtres; ongles noires; queue étagée. Longueur, vingt-six pouces. Les jeunes, d'un an, ont tout le plumage d'un brun foncé, varié de taches brunâtres avec les grandes rémiges noires; la partie nue de la tête couverte d'un duvet rare, gris; l'iris brun; la cire et les pieds cendrés; c'est alors le Vautour de Malte, Buff. pl. enl. 427, *Vultur fuscus*, Gmel. Dans un âge plus avancé, le plumage est mêlé de plus ou moins de plumes blanches, la cire prend une teinte orangée et les pieds pâlissent. D'Europe et d'Afrique.

CATHARTE AURA, *Vultur Aura*, L., Buff. pl. enl. 187. Parties supérieures d'un noir irisé, avec les plumes bordées des brun; tectrices alaires, rémiges secondaires et rectrices latérales presque entièrement brunes en dessus et grisâtres en dessous; colerette et parties inférieures noires irisées de bleu; tête et cou nus, rouges, avec quelques poils noirs sur la peau qui a des rides jaunes vers le derrière du cou; tour de l'œil et ligne qui le surmonte jaunes; queue étagée ; bec blanchâtre ; pieds rougeâtres avec les ongles noirs. Longueur, vingt-sept pouces. Des régions tempérées de l'Amérique.

CATHARTE DE LA CALIFORNIE, *Vultur Californianus*, Lath, Shaw. *Nat. Miscel.* Val. 9, pl. 301. Zopilote de la Californie, Vieill. Parties supérieures noires, avec l'extrémité des rémiges secondaires blanchâtres, et les tectrices alaires brunâtres ; tête et cou dénués de plumes, avec la peau lisse et d'un rouge obscur ; un trait noir sur le front et deux autres sur la nuque ; collerette composée de plumes étroites et noires ; parties inférieures couvertes de plumes, ou plutôt d'un duvet lâche ; queue égale ; bec brun ; pieds noirs. Longueur, trente-quatre pouces.

CATHARTE CONDOR, *Vultur Gryphus*, L., Temm. pl. color. 133. Parties supérieures d'un noir tirant sur le grisâtre ; tête et cou dégarnis de plumes ; une crête cartilagineuse, oblongue, mince, ridée sur le sommet de la tête ; des barbillons derrière l'œil sur la peau qui, en cet endroit, est plissée et rugueuse ; une membrane lâche, tumescible, descendant sur la gorge ; peau du cou ridée ; un collier blanc, couvert de duvet, dans lequel l'Oiseau retire ordinairement la tête à l'aide des plis de la peau du cou ; tectrices alaires et rémiges secondaires blanches intérieurement, ce qui forme sur l'aile une grande plaque de cette couleur ; rectrices noirâtres étagées ; bec et pieds noirâtres ; ongles noirs, longs et peu crochus. La femelle n'a point de crête cartilagineuse ; elle a les rides de la peau moins profondes, les tectrices et les rémiges entièrement cendrées. Les jeunes, dans les premiers mois, ont au lieu de plumes un duvet blanchâtre, fin et frisé ; jusqu'à deux ans, le plumage est entièrement noir : ce n'est même qu'à cet âge que les femelles prennent leur collier. Longueur, trois pieds. Le Condor habite les sommités les plus escarpées, voisines des neiges perpétuelles de la chaîne des Andes au Pérou. On a exagéré sa

grosseur et sa voracité ; on a dit qu'il enlevait les Bœufs comme un Aigle enlève un Lapin ; en un mot, on en a fait un animal fabuleux confondu avec le prétendu Roch de Madagascar.

CATHARTE PAPE, *Vultur Papa*, L. Zopilote Papa, Vieill., Buff. pl. enl. 428. Parties supérieures blanches, tirant quelquefois sur le rougeâtre ; une membrane rouge entourant la base du bec, du milieu de laquelle s'élève une crête charnue, orangée, dont l'extrémité est garnie de beaucoup de verrues ; une couronne de peau nue et rouge sur le sommet de la tête ; une bande circulaire de poils noirs et courts sur l'occiput, entre les yeux ; cou nu, élégamment coloré et garni de grosses rides duveteuses, qui vont se joindre à une bande charnue, orangée, sur le derrière du cou ; collerette blanchâtre, formée de plumes dirigées les unes en avant, les autres en arrière, et au milieu de laquelle l'Oiseau cache la tête ; grandes tectrices alaires, rémiges et rectrices noires ; un trait de cette couleur sur le dos ; bec et pieds noirs ; iris blanc. Longueur, trente pouces. Les jeunes ont la crête très-petite, noire, ainsi que la peau de la tête et du cou ; la mandibule supérieure est d'un noir rougeâtre ; l'inférieure orangée, tachetée de noir ; l'iris est noirâtre, les pieds verdâtres ; tout le plumage est d'un bleuâtre foncé, à l'exception du ventre et des côtés du croupion. A l'âge de deux ans, la peau nue se colore en violet et en orangé ; la crête encore noire se partage en trois protubérances ; le plumage est noirâtre avec des taches blanches aux parties inférieures. A trois ans, c'est un mélange du plumage précédent avec celui de l'adulte. De l'Amérique méridionale.

CATHARTE A QUEUE BLANCHE, *Vultur sacra*, Bar. Parties supérieures blanches, à l'exception du poignet et de quelques rangées de tectrices qui sont d'un brun noirâtre ; peau de la tête et du cou tachetée de rouge vif, avec des rides jaunes et une couronne rouge ; partie postérieure du cou garnie de poils noirs; collerette blanche, ainsi que les parties inférieures et les rectrices, qui sont en outre mouchetées de brun; bec brun; pieds blancs; iris jaune. Longueur, vingt-huit pouces. Des régions tempérées de l'Amérique. Latham le regarde comme une variété du Catharte Papa.

CATHARTE URUBU, *Catharista Urubu*, Vieill. Parties supérieures d'un noir irisé; peau nue de la tête et du cou rouge, parsemée de mamelons verruqueux et de poils noirs; dessous des rémiges primaires jaunes; rectrices égales; bec blanc, avec la cire bleuâtre; iris roux; pieds d'un noir rougeâtre. Longueur vingt-deux pouces. Des régions tempérées de l'Amérique. Ce Catharte, dont Vieillot a fait une espèce, est considéré par Latham comme une variété de l'Aura.

CATHARTE VAUTOURIN, *Cathartes Vulturinus*, Tem. pl. color. 31. Tout le plumage noir bordé de brun; collerette composée de plumes étroites, dirigées en tout sens, et d'un brun tirant sur le cendré; tête et cou dénués de plumes; peau de ces organes d'un rouge de chair garni de grosses rides éloignées et de quelques poils courts et noirâtres; bec jaunâtre, gros, presque droit, avec une gibbosité sur la carène; iris jaune; pieds noirs; ailes pliées dépassant d'un tiers la longueur de la queue. Longueur, trente-quatre pouces. De la Nouvelle-Californie.   (DR..Z.)

CATHARTOCARPUS. BOT. PHAN. Genre formé par Necker aux dépens du genre Casse, dont le *Cassia fistula* serait le type, et qu'adopta Persoon. Il renferme en outre les *Cassia Baccillus*, L. *Brasiliana*, Lamk., et *Javanicus*, Vahl. Ce genre ne paraît pas être assez distinct pour devoir être conservé. *V*. CASSE.   (B.)

* CATHECOMENION. BOT. PHAN. Syn. d'Æthuse. *V*. ce mot.   (B.)

* CATHECU. BOT. PHAN. Espèce du genre Arec. *V*. ce mot. (B.)

* CATHERINA ou CATHERI-

NILLA. OIS. Syn. mexicain de l'Aourou-Couraou, *Psittacus æstivus*, et du Cric à tête bleue, *Psittacus autumnalis*, L. *V*. AIURU-CUBAU et PERROQUET.   (DR..Z.)

* CATHERINE. BOT. PHAN. (Dodoens qui cite à tort Ruell.) Vieux nom français de *Rubus Cæsius*, L. *V*. RONCE.   (B.)

CATHERINETTE. BOT. PHAN. Syn. d'Épurge dans quelques cantons de la France septentrionale. *V*. EUPHORBE.   (B.)

CATHET ou CATHÈTE. *Cathetus*. BOT. PHAN. Loureiro décrit sous le nom de *Cathetus fasciculata* un arbrisseau de la Cochinchine, à fleurs dioïques, solitaires à l'aisselle des feuilles, lesquelles sont petites, ovales, entières, glabres et fasciculées. Dans les mâles, on observe un calice de six sépales, dont trois extérieurs plus petits, six glandes intérieurement, et un filet unique qui porte à son sommet trois anthères biloculaires. Dans les femelles, le calice est semblable; l'ovaire se termine par un style épais, à trois stigmates bifides et réfléchis; le fruit est une capsule comprimée, marquée de six sillons et à trois loges, dont chacune renferme deux graines intérieurement anguleuses, extérieurement convexes. Ce genre paraît devoir être rapproché des *Phyllanthus*, dont il ne diffère que par ses feuilles fasciculées.   (A.D.J.)

CATHOBLEPS. BOT. PHAN. (Barrelier.) Syn. de *Trifolium subterraneum*, L. Espèce du genre Trèfle.   (B.)

* CATHORAY. BOT. PHAN. (Camelli.) Syn. de Sesban aux Philippines. *V*. SESBAN.   (B.)

CATHSUM. BOT. PHAN. (Daléchamp.) Nom arabe, synonyme d'Abrotone ou Abrotonon. *V*. ces mots.   (B.)

* CAT-HUANT, CAQUIN, CAUANT. OIS. Noms vulgaires de plusieurs espèces de Chouettes.   (DR..Z.)

CATIANG. BOT. PHAN. D'où peut-être *Cajan*. *V*. ce mot. Nom par lequel les Malais désignent collectivement plusieurs espèces de Légumineuses, et adopté par Linné comme spécifique pour un Dolic. (B.)

*CATILANG. BOT. PHAN. (Rumph.) Nom donné à Java à un Arbrisseau qui paraît être le *Gonus amarissimus* de Loureiro. *V*. GONUS. (B.)

* CATILARIA. BOT. CRYPT. (*Lichens*.) Division établie par Acharius dans son genre Lécidéa. *V*. ce mot. (B.)

CATI-MARUS. BOT. PHAN. (Rumph.) *Amb*. 3, pl. 113.) Syn. de *Kleinhofia hospita*, L. *V*. KLEINHOFIE. (B.)

CATIMBAN. *Catimbium*. BOT. PHAN. *V*. GLOBBA.

CATIMURON. BOT. PHAN. Nom des Ronces dans quelques cantons de la France septentrionale. (B.)

CATINGUE. *Catinga*. BOT. PHAN. Aublet a décrit sous ce nom un genre de la famille des Myrtinées et de l'Icosandrie Monogynie, L., qui a beaucoup de rapports avec les genres *Butonica* et *Barringtonia*. Il y place deux espèces dont il n'a pu décrire que les fruits. L'une, *Catinga moschata*, Aubl. 1, p. 511, t. 203, f. 1, est un grand Arbre dont les rameaux sont pendans, les feuilles opposées ou rarement alternes, ovales, oblongues, acuminées, entières, marquées de petits points transparens, quand on les examine entre l'œil et la lumière. Ses fruits présentent la forme et la grosseur d'une Orange ; leur écorce est épaisse. On doit les considérer comme des baies lisses, pointillées et parsemées de vésicules pleines d'une huile essentielle, dont l'odeur est forte et musquée. Cette écorce, dit Aublet, renferme une coque mince, dure et cassante, qui contient une amande compacte, roussâtre et parsemée intérieurement de veines rougeâtres. Les Garipons donnent à ce fruit le nom d'*Iva-Catinga*.

La seconde espèce se distingue par son fruit plus allongé, terminé en pointe à son sommet où l'on aperçoit les quatre divisions du calice. Aublet la nomme *Catinga aromatica*. Ce genre, nous le répétons, ne saurait être éloigné du genre *Barringtonia*. (A.R.)

* CATIPPING. BOT. PHAN. (Burmann.) Syn. de *Cassia Tagera*, espèce du genre Casse à Ceylan. (B.)

* CATITINA. BOT. PHAN. (Surian.) Syn. d'*Ornitrophe occidentalis*, Willd. aux Antilles. (B.)

CATJANG. BOT. PHAN. Nom générique donné à Ceylan à des Plantes qui portent un fruit plus ou moins analogue à des gousses. Ainsi l'on nomme :

CATJANG-BALI (Rumph), le Cajan. *V*. ce mot.

* CATJANG-GATTAL (Burmann), le *Dolichos pruriens*, L. *V*. DOLIC.

* CATJANG-TAUDOC (Burmann), une espèce de Casse, *Cassia torta*. (B.)

CATMARIN. OIS. Espèce du genre Plongeon, *Colymbus septentrionalis*, L. Des mers arctiques des deux Mondes. *V*. PLONGEON. (DR..Z.)

CAT-MINT. BOT. PHAN. C'est-à-dire *Menthe de Chats*. Syn. anglais de *Nepeta Cataria*. *V*. CHATAIRE. (B.)

CATMON. BOT. PHAN. *V*. CADMON.

CATO. POIS. C'est-à-dire *Chat*. Syn. de Roussette, espèce de Squale, sur les côtes de la Méditerranée. (B.)

CATOBLEPAS. MAM. (Pline et Ælien.) Syn. de Gnou, espèce du genre Antilope. *V*. ce mot. (B.)

* CATOCARPUM. BOT. PHAN. Première section formée par De Candolle (*Syst. Veget*. 2, p. 629) dans le genre Diplotaxis. *V*. ce mot. (B.)

CATOCLESIE. BOT. PHAN. Desvaux donne ce nom aux fruits des Chénopodées. *V*. FRUIT. (A. R.)

CATODON. MAM. Linné donnait originairement ce nom aux Cachalots qu'il réunit par la suite aux Baleinées ; ces Animaux en ont été de nouveau séparés. *V*. CACHALOT. (B.)

* CATOLE. BOT. PHAN. Nom des fruits accrochans de l'*Arctium Lappa*

dans le midi de la France. *V.* BAR-DANE. (B.)

CATONIE. *Catonia.* BOT. PHAN. Browne, dans son Histoire de la Jamaïque, décrit sous ce nom un Arbrisseau à feuilles opposées, qui a un calice quadrifide, quatre étamines, un ovaire adhérent, globuleux, un style et un stigmate, et pour fruit une baie succulente à quatre graines dont une ou deux avortent souvent, et couronnée par le calice persistant. Ces caractères sont trop incomplets pour assigner la place de ce genre. — Sous ce même nom générique de *Catonia*, Mœnch a détaché deux espèces du genre Epervière, les *Hieracium Blattarioïdes* et *amplexicaule*, dont l'involucre est composé de deux rangs de folioles non imbriquées, et l'aigrette persistante. *V.* ÉPERVIÈRE. (A. D. J.)

* CATOPES. POIS. Duméril, dans sa Zoologie analytique, propose ce nom pour désigner les nageoires appelées ventrales par les ichtyologistes. Il les avait d'abord nommées Catopodes. (B.)

* CATOPHTALMITE. MIN. (Fischer.) Syn. d'Œil-de-Chat ou Silex chatoyant. *V.* SILEX. (LUC.)

* CATOPODES. POIS. (Duméril.) *V.* CATOPES.

CATOPS. *Catops.* INS. Genre de l'ordre des Coléoptères établi par Paykull (*Fauna suecica*, T. I, p. 542), et synonyme de celui désigné par Latreille sous le nom de Cholève. *V.* ce mot. (AUD.)

CATO-SIMIUS VOLANS. MAM. (Petiver.) Syn. de *Lemur volitans*, L. *V.* GALÉOPITHÈQUE. (A. D..NS.)

* CATOSTOME. POIS. (Forster.) Espèce du genre Cyprin. *V.* ce mot. (B.)

CATOTOL. OIS. *V.* CATATOL.

CATOU et CATU. BOT. PHAN. Pour ces mots et pour tous leurs dérivés que l'on trouve dans les Dictionnaires précédens, tels que *Catou-adamboe*, *Catou-*

alou, *Catou-banda*, etc., etc., *V.* KATOU ou KATU. (B.)

CATRACA. OIS. *V.* CATABRA.

* CATREUS. OIS. Les anciens donnaient ce nom à un Oiseau merveilleux qui joignait, selon eux, la voix du Rossignol à la taille et à l'éclat du Paon. S'il existe, il n'est plus connu. (B.)

CATRICA. OIS. Syn. finlandais de la Lavandière, *Motacilla alba*, L. *V.* BERGERONNETTE. (DR..Z.)

CATRICONDA. BOT. PHAN. Syn. de Larme de Job. *V.* COÏX. (B.)

CATSJIL-KELENGU. BOT. PHAN. Syn. malabare de *Dioscorea alata*.(B.)

CATSJOPIRI. BOT. PHAN. Syn. de *Gardenia florida* à Amboine. (B.)

CATSJULA-KALENGU. BOT. PHAN. Syn. de *Kaempferia Galanga*, L. (B.)

CATTA. MAM. Espèce du genre Maki. *V.* ce mot. (A. D..NS.)

* CATTA-CACHÉRÉE. BOT. PHAN. Espèce de Ketmie indéterminée à la côte de Coromandel. (B.)

CATTA-GAUMA. BOT. PHAN. Un des vieux noms de la Gomme gute. (B.)

* CATTAI-ILLANDAI BOT. PHAN. (Commerson.) Espèce de Jujubier à la côte de Coromandel. (B.)

CATTAM. CRUST. Ce nom, dans les Moluques, paraît désigner collectivement les Crustacés; ainsi l'on appelle :

CATTAM ANDJIN, le *Cancer cursor*, L.

CATTAM CAJU, une espèce de Portune, figurée par Rumphius (t. 6).

CATTAM CALAPPA, CATTAM MULANA et CATTAM CANARG, le *Pagurus Latrof.*

CATTAM PANGEL, le *Cancer volans*, L.

CATTAM SALISSA, le *Cancer maculatus*, L. (AUD.)

* CATTAMMON. bot. phan. Syn. d'*Eugenia Jambos* chez les Macassars. *V.* Jambose. (b.)

* CATTATI. bot. phan. *V.* Caddati.

CATTATUS. crust. Syn. de *Pagurus Latrof.* (aud.)

* CATTÉ-CARELLÉ. bot. phan. Euphorbe indéterminée de la côte de Coromandel. (b.)

* CATTE-COULLOU. bot. phan. Nom de pays d'une espèce de Casse, *Cassia chamæcrista* à la côte de Coromandel. (b.)

CATTELLI-PALLA ou POLLA. bot. phan. Syn. de *Pancratium zeylanicum.* (b.)

* CATTEON - DEREGUE. bot. phan. Syn. de *Cissus angulata* à la côte de Coromandel. (b.)

CATTEROLLES. mam. On appelle quelquefois ainsi les terriers des Lapins. (a. d..ns.)

* CATTI-CATTI. bot. phan. Syn. de *Guillandina* génériquement dans la langue malaise et passé dans toute l'Inde. (b.)

CATTICHES. mam. On appelle quelquefois ainsi les terriers des Loutres. (a. d..ns.)

CATTI-CORONDE. bot. Arbre épineux de Ceylan, qui donne une écorce assez aromatique pour avoir été quelquefois appelée Cannelle. (b.)

CATTI MARUS. bot. phan. Même chose que Cati-Marus. *V.* ce mot. (b.)

* CATTON-CATCHÉRÉE. bot. phan. Même chose que Catta-Cachérée. *V.* ce mot. (b.)

* CATTON - PAGUERAI. bot. phan. (Commerson.) Une Momordique indéterminée de la côte de Coromandel. (b.)

* CATTON-VARY. bot. phan. (Commerson.) Syn. de Loranthe longiflore à la côte de Coromandel. (b.)

* CATTON-WALAY. bot. phan. *V.* Catu-Wagghei.

* CATTO - ROCHIERO. pois. Même chose que Chat Rochier. *V.* ce mot. (b.).

CATTU. bot. phan. Mot qui, précédant un grand nombre de noms de Plantes, dans la langue du Malabar, paraît désigner quelque qualité commune à ces Plantes, ainsi l'on appelle :

Cattu Carambu, la même chose que Cara-Pulli. *V.* ce mot.

Cattu Gasturi, l'Abel-Mosch.

Cattu Kelengu, le *Convolvulus malabaricus*, L.

* Cattu-Mulago, un Poivre indéterminé de la côte de Malabar.

Cattu-Picinna, et non *Cattu piccinia*, probablement une Momordique indéterminée du Malabar.

Cattu-Schiragam, le *Conyza anthelmentica*.

Cattu-Tagera, un Indigotier sauvage, *Indigofera hirsuta*, L.

Cattu-Tirpali, le Poivre long, *Piper longum*.

*Cattu-Tirtava, l'*Ocymum gratissimum*.

Cattu-Tsieru-Nageram, un Limonier fort acide.

*Cattu Tsjandi, le *Dolichos rotundifolius* de Walh.

Cattu-Valli, le *Menispermum orbiculatum*, L.

Ce mot Cattu est quelquefois écrit Kattu. (b.)

CATTUS. bot. phan. (Théophraste.) Syn. de Carde, particulièrement sous le rapport de l'office où l'on emploie les côtes des feuilles des Cardes comme aliment. (b.)

CATU. bot. phan. On écrit quelquefois *Katu* ce mot qui, de même que Cattu ou Kattu, entre dans la composition d'un grand nombre de noms de Plantes à la côte de Malabar, et qui probablement désigne quelqu'une des qualités de ces Végétaux; ainsi l'on appelle :

Catu Alu ou Katou Allou, le *Ficus citrifolia*, Willd.

Catu-Bala, le *Canna indica*, L. *V.* Balisier.

Catu-Balaeren, l'*Hibiscus viti-folius*, L. espèce du genre Ketmie.

* Catu Baramareca, le Cattu-Tsjandi. *V.* ce mot et Canavali.

Catu-Capel, une Sansevière dont Loureiro a formé son genre Liriope.

Catu-Catsjil, le *Dioscorea bulbi-fera*, L.

Catu-Curba, le *Lavandula carno-sa*, L.

Catu-Kalengu, le *Dioscorea acu-leata*, L. *V.* Dioscorée.

* Catu-Karohiti, le *Barreliera Prionitis*. *V.* Barrelière.

* Catu-Lama. Même chose que *Vallia-Pira-Pitica*. *V.* ce mot.

Catu-Mulla, un Jasmin indéterminé, voisin de l'*Azoricum*, L.

* Catu-Narégam, l'*Alangium*. *V.* ce mot.

Catu-Nuren-Kelengu, espèce ou variété de Dioscorée, voisine du *Dioscorea aculeata*.

* Catu-Paelu ou Paeru, un petit Dolic imparfaitement connu, peut-être le *Dolichos rotundifolius* de Vahl.

Catu-Pal-Valli, le *Periploca dubia* de Burmann.

Catu-Pee-Tjanga-Phsporam, le *Ruellia Antipoda*, L.

Catu Pinaca. Syn. d'Adambea. *V.* Adambé.

Catu-Pitsjegam-Mulla, le *Mogorium triflorum*, Lamk. *V.* Mogori.

Catu-Tækka, un Arbre de la Triandrie Monogynie, L., imparfaitement connu, rapporté à la famille des Chèvrefeuilles par Adanson, et qui appartient peut-être au genre Grewia.

Catu-Tsjandi, pour Cattu-Tsjandi. *V.* ce mot.

Catu-Tsjetti-Pu, l'*Artemisia indica* de Willdenow.

Catu-Tjiragam-Mulla, le *Mogorium multiflorum*, et non le Sambac qui est le *Kudda-Mulla*.

Catu-Tritava, l'*Ocymum gratissimum*. *V.* Basilic.

Catu-Uren, le *Sida cordifolia*, L.

* Catu-Wagghei, le *Mimosa lebbec*, L. Espèce du genre Acacie. *V.* ce mot. (b.)

CATULIO-VITSNA-ELEANDI. bot. phan. Syn. de *Ruellia erecta* à la côte de Malabar. (b.)

CATULLI-PELA ou CATULLI-POLA. bot. phan. Syn. de *Pancratium zeylanicum*, L. (b.)

CATURE. *Caturus*. bot. phan. C'est-à-dire *Queue-de-Chat*. Genre de la famille des Euphorbiacées, voisin des Acalyphes, établi d'après une espèce qui a été séparée de ce genre, et qui doit peut-être y rentrer. Il n'en diffère, en effet, que par ses fleurs dioïques, dont les mâles n'ont que trois étamines. Mais ces fleurs mâles ont-elles été bien observées? Leur petitesse a-t-elle permis de compter scrupuleusement ces étamines? D'ailleurs on en trouve huit dans des échantillons de l'Herbier du Muséum d'Histoire naturelle qui paraissent bien apparteuir au *Caturus spiciflorus*, étant entièrement semblables aux branches de fleurs femelles plus communes dans les Herbiers. C'est un Arbuste de Java, à feuilles alternes, ovales, aiguës, dentelées et munies de stipules. Les fleurs forment à leurs aisselles de longs épis que les styles laciniés hérissent et ont fait comparer à la queue du Chat, comparaison d'où l'on a tiré le nom du genre. (a. d. j.)

* CATUSA. bot. phan. Syn. portugais de Béenel. *V.* ce mot. (b.)

* CATZOTL ou XICAMA. bot. phan. Noms mexicains d'une petite Plante légumineuse, dont les racines tuberculeuses se mangent comme celles du *Bunium Bulbocastanum* ou du *Cyperus œsculentus*, etc.; elle paraît être voisine des Trigonelles. (b.)

CAUANT, CA-HUANT. ois. Syn. de Chouette et Moyen-Duc en Picardie. Quelquefois aussi Caouin. *V.* ce mot. (dr..z.)

* CAUBET. mam. *V.* Bourret.

CAUCAFON. bot. phan. Nom donné par Dodoens et Lobel comme syn. d'*Allium magicum*, L. *V.* Ail. (b.)

* CAUCALIA. bot. phan. (Dioscoride.) Syn. de Cacalia. *V.* ce mot. (b.)

CAUCALIDE. *Caucalis*. BOT. PHAN. Ombellifères, Juss.; Pentandrie Digynie, L. Une bien faible différence caractéristique sépare du genre Carotte, *Daucus*, L.; les Caucalides qui, d'ailleurs, forment un groupe d'espèces dont le port est assez particulier; cette différence consiste dans l'absence presque complète de la collerette générale et dans la simplicité des involucelles ou collerettes partielles. Leurs fruits ou akènes ont, dans l'un et l'autre genre, à peu près la même forme et sont hérissés sur leurs angles de soies ou d'aspérités piquantes. C. Sprengel a fait de ce genre le type de sa tribu des Caucalinées (*in Rœmer et Schult.*, *Syst. Veget.* T. VI, p. 4o). Il en a de nouveau séparé le genre *Torilis* de Gaertner, que De Candolle (Fl. fr.) y avait réuni. En adoptant cette restriction, on ne connaîtrait qu'environ quinze espèces de Caucalides qui habitent toutes le bassin de la Méditerranée, excepté une que l'on trouve au Japon. Aucune ne jouit de propriétés remarquables; aucune non plus ne peut être regardée comme Plante d'ornement. Ce sont seulement des Herbes à feuilles finement et joliment découpées. Les fleurs extérieures de la Caucalide à grandes fleurs ont leurs pétales latéraux naturellement fort allongés par suite de l'avortement des organes sexuels, ce qui donne à l'ombelle une apparence radiée.

Le nom de Caucalide a été donné par les anciens à plusieurs autres Végétaux, tels que la Sanicle, des Cerfeuils, un Amyris, etc. (G..N.)

CAUCANTHE. *Caucanthus*. BOT. PHAN. Forskahl (*Fl. Ægypt. et Arab.* p. 91) a décrit sous ce nom un Arbrisseau des montagnes de l'Arabie, qui présente les caractères suivans : calice campanulé, très-court, à cinq divisions; corolle à cinq pétales six fois plus grands que le calice, ovales et concaves, entiers sur un des bords et crenelés ou ciliés sur l'autre; dix étamines; ovaire simple, libre et velu; trois styles terminés par des stigmates tronqués. Les fleurs blanches et terminales sont disposées en corymbe. Les feuilles orbiculaires, pétiolées, glabres et entières, sont opposées et réunies au sommet des rameaux, lesquels sont eux-mêmes opposés et couverts d'un épiderme farineux d'un gris violet. Comme le fruit est inconnu, quoique, d'après des renseignemens, on le croie ovale et de la grosseur d'un œuf de Pigeon, il n'est pas facile de bien déterminer les affinités du *Caucanthus* de Forskahl; on pense néanmoins, d'après les caractères exposés plus haut, que c'est un *Malpighia*. Les Arabes, selon Forsk. (*loc. cit.*), lui donnent les noms de KAKA ou KAUKA. (G..N.)

* CAUCHUC. BOT. PHAN. Même chose que Caoutchouc. *V.* ce mot. (B.)

*CAUCHUM. BOT. PHAN. (Avicenne.) Syn. de *Chelidonium majus*. *V.* CHÉLIDOINE.

CAUCON. BOT. PHAN. (Pline.) Selon les uns, la Cuscute; selon d'autres, la Prêle qui en est si différente, et enfin l'Éphédra. *V.* ces mots. (B.)

* CAU-COWDA. OIS. (Knox.) Syn. présumé du Coulavan, *Oriolus chinensis*, L. *V.* LORIOT. (DR..Z.)

* CAUDALE. ZOOL. Nageoire qui termine la queue dans la presque totalité des Poissons; elle ne manque guère que dans les genres Aptérichthe, Thrichiure, Carape, Gymnote, Ophisure, etc. Elle est verticale sans exception, si ce n'est dans une variété monstrueuse du Cyprin doré de la Chine. Quelquefois unie à la dorsale, comme dans les Vogmares et l'Anguille, elle fournit d'assez bons caractères et varie par la forme qui est entière, fourchue en croissant, et même trilobée. — La Caudale des Cétacés est horizontale, ce qui avait fait nommer ces Animaux les Plagiures. — Celle des Batraciens n'existe ordinairement que dans le premier état de l'Animal; cependant elle per-

siste autour de la queue de quelques Urodèles du genre Triton. (B.)

CAUDEC. ois. Espèce du genre Gobe-Mouche, *Muscicapa Caudex*, L. *V.* Gobe-Mouche. (DR..Z.)

CAUDEX. bot. phan. Quoique ce mot latin se traduise en français par celui de Souche, nous ne croyons pas devoir renvoyer à cet article pour en exprimer la signification. Il a été en effet tellement francisé qu'on emploie indifféremment les mots *Caudex* ou *Souche*, pour désigner le tronc des Arbres, ou bien la partie principale des Plantes qui porte les branches; du moins c'était ainsi que Ruellius et Tournefort entendaient exprimer le mot Caudex. Linné avait encore étendu son acception en l'appliquant aux fausses racines des Iridées et des Fougères qui ne sont en réalité que des tiges souterraines et horizontales, auxquelles on a donné le nom de Rhizomes. *V.* ce mot. Dans ce dernier cas, Linné disait que le Caudex était descendant. (*C. descendens.*) La signification du mot Caudex laisse donc beaucoup de vague, puisqu'on l'applique à des organes non limités, et qu'on ne peut l'employer que d'une manière générale pour remplacer celui de tronc qui vaut beaucoup mieux; si ce terme technique doit être conservé, nous pensons qu'on doit adopter l'idée de Link, qui le fait servir à désigner la base vivace des tiges annuelles, laquelle prend l'apparence d'une Racine, après la mort de la partie supérieure. On y aperçoit toujours les débris des feuilles radicales, ordinairement rapprochées en rosette, des années précédentes, et l'on pourrait même reconnaître, par leur moyen, l'âge de ces Plantes herbacées. La plupart des Gentianes, Androsaces, Saxifrages et autres Végétaux des montagnes, sont dans ce cas. (G..N.)

CAUDIMANES. mam. C'est-à-dire *dont la queue sert de main.* Désignation générique sous laquelle on a compris la plupart des Singes du Nouveau-Monde, les Kinkajous, les Sari-

gues, les Phalangers, etc., Animaux dont la queue est prenante. *V.* tous ces mots. (B.)

CAUDIVOLVULUS. mam. Syn. de Kinkajou. *V.* ce mot. (A.D..NS.)

CAUE, CAUETTE, CAUVETTE, CAVETTE, CHUE. ois. Syn. piémontais du Choucas, *Corvus monedula*, L. *V.* Corbeau. Ces noms s'appliquent quelquefois vulgairement, en diverses provinces de la France, à plusieurs espèces de Chouettes. (DR..Z.)

*CAUGEK. ois. Syn. de *Sterna cantiaca*, L. (DR..Z.)

CAUL et CAWEL. bot. phan. Syn. anglais de Chou. (G..N.)

CAULAC et COULAC. pois. Pour Colac. *V.* ce mot. (B.)

CAULERPE. *Caulerpa.* bot. crypt. (*Hydrophytes.*) Genre de l'ordre des Ulvacées, dans la classe des Hydrophytes inarticulées, que nous avons établie depuis long-temps, et que les naturalistes ont adoptée. Toutes les espèces offrent une tige cylindrique, horizontale, rampante, rameuse et souvent stolonifère. La fructification est inconnue.—Ces êtres appartiennent-ils aux Végétaux ou aux Animaux? La question nous semble plus indécise que jamais; il faut cependant les laisser parmi les Hydrophytes, en attendant qu'un observateur attentif aille les étudier sur le lieu même de leur croissance, et fasse connaître le rang qu'ils doivent occuper. L'organisation des Caulerpes diffère de celle des Plantes marines, et offre quelques rapports avec celle de certains Polypiers. On n'y découvre, à l'aide du microscope, ni fibres, ni réseau; on trouve un épiderme et un tissu cellulaire à cellules si petites qu'il nous a été impossible de déterminer leur forme. Cette organisation cellulaire et la couleur constamment verte nous ont engagés à placer les Caulerpes parmi les Plantes appartenant à l'ordre des Ulvacées. Nous n'avons pas encore reconnu les moyens de reproduction ou la fructification de ces êtres singuliers. Quelquefois les feuilles de la Caulerpe prolifère sont en partie couvertes de petits points opaques, épars et très-rapprochés; ces feuilles n'ont alors ni le brillant, ni la demi-transparence des autres; leur couleur est un vert d'herbe terreux. Si ces points granuleux sont des corpuscules reproductifs, leur situation, leur couleur et l'organisation de la Plante, placent définitivement les Caulerpes dans l'ordre que nous leur assignons provisoirement. Les racines sont entièrement chevelues comme celles de plusieurs Polypiers flexibles. Aucune Thalassiophyte n'en offre de semblables. La tige est toujours cylindrique, horizontale, simple ou rameuse. De distance en distance s'élèvent des feuilles ou des rameaux de couleur verte brillante et comme vernissée, variant dans leur forme; elles sont planes, comprimées ou cylindriques, éparses, alternes, opposées ou verticillées. La couleur change peu par la dessiccation ou par l'action qu'exercent sur elles les fluides atmosphériques. Les Caulerpes, originaires des latitudes équatoriales ou tempérées, paraissent vivre plus d'une année. — Les espèces principales de ce genre sont : 1. CAULERPE PROLIFÈRE, *Caulerpa prolifera*, Lamx. Journ. de Bot., t. 2, p. 142; *Fucus Ophioglossum*, Turn., *Hist. Fucor.*, tab. 58. Espèce remarquable par la grandeur de ses feuilles, nombreuses sur les tiges; elles sont planes, lancéolées ou très-allongées, rétrécies dans leur partie inférieure en un pédoncule court et cylindrique, obtuses au sommet, rarement rameuses, souvent prolifères, et parsemées ordinairement ou de points opaques et granuleux, ou de quelques taches ocellées, éparses, d'un fauve brillant et doré. Cette Caulerpe est commune dans toute la Méditerranée. D'Urville, lieutenant de vaisseau, l'a trouvée en grande quantité en face du marais de Lerne.

2. CAULERPE PELTÉE, *Caulerpa peltata*, Lamx., Journ. de Bot. T. II, p. 145, tab. 3, fig. 2, a, b. Sur des tiges rampantes s'élèvent d'autres

tiges droites cylindriques et un peu rameuses, couvertes de feuilles nombreuses, presque semblables à celles de la Capucine par la forme, mais non par la grandeur, car elles ont à peine une ligne de diamètre à une ligne et demie. Elle se trouve sur les côtes occidentales de l'Afrique.

Ce genre étant peu connu, nous croyons devoir mentionner les espèces publiées par les auteurs qui nous paraissent y devoir rentrer : — 3. *Caulerpa myriophylla*, Lamx., Journ. de Bot., *Fucus sertularioïdes*, Gmel., *Syst. Nat.*, diffère du *Fucus taxifolius* de Turner. Ce dernier a confondu deux espèces. Habite les Antilles. — 4. *Caulerpa taxifolia*, N., *Fucus taxifolius*, Turn., tab. 54. *Exclus. Synon.* Vahl., Gmel. et Kœnig. Habite la Nouvelle-Hollande. — 5. *Caulerpa pennata*, Lamx., Journ. de Bot. *Fucus taxifolius*, Vahl. Nous l'avons reçue de ce célèbre botaniste. Habite les Antilles. — 6. *Caulerpa pinnata*, N., *Fucus pinnatus*, Turn., tab. 53. Habite la mer des Indes. — 7. *Caulerpa scapelliformis*, N., *Fucus scapelliformis*, Turn., tab. 174. Habite la côte méridionale de la Nouvelle-Hollande. — 8. *Caulerpa obtusa*, Lamx. Journ. de Bot. Habite les Antilles. Le *Fucus Lamourouxii*, Turn., tab. 229, quoique originaire de la mer Rouge, ne peut être considéré que comme une variété très-grande de la Caulerpe obtuse. — 9. *Caulerpa clavifer*, N., *Fucus clavifer*, Turn., tab. 57. Habite la mer Rouge. — 10. *Caulerpa chemnitzia*, Lamx., Journ. de Botan.; *Fucus chemnitzia*, Turn., tab 200. Habite les Indes-Orientales. Turner a tort de regarder la Caulerpe peltée comme une variété de celle-ci. — 11. *Caulerpa uvifera*, *Fucus uvifer*, Turn., tab. 230. Habite la mer Rouge. — 12. *Caulerpa ericifolia*, N., *Fucus ericifolius*, Turn., tab. 56. Habite aux îles de Bermudes. — 13. *Caulerpa Selago*, N., *Fucus Selago*, Turn., tab. 55. Habite dans la mer Rouge. — 14. *Caulerpa hypnoïdes*, Lamx., Journ. de Bot. Habite dans la mer des Antilles. — 15.

Caulerpa cactoïdes, N., *Fucus cactoïdes*, Turn., tab. 171. Habite sur la côte australe de la Nouvelle-Hollande. —16. *Caulerpa sedoïdes*, N., *Fucus sedoides*, tab. 172. Habite les mers australes. — 17. *Caulerpa Turneri*, N., *Fucus hypnoïdes*, Turn., tab. 173. Habite les mers Australes.—18. *Caulerpa flexibilis*, Lamx. Gen. *Thalass.* —19. *Caulerpa laurifolia*, Bory, ined. Belle espèce mentionnée comme une Ulve dans le traité de la Vigne de Clémente, et que notre confrère a recueilli dans la baie de Cadix, durant le siége de cette ville. La forme et la couleur des feuilles de Laurier donnent une idée exacte de cette belle Hydrophyte, dont les proportions sont seulement plus longues, atteignant jusqu'à cinq pouces; elles sont aussi plus longuement pétiolées.

Il existe dans les collections un grand nombre de Caulerpes encore à décrire. (LAM..X.).

* CAULESCENT. *Caulescens.* BOT. C'est-à-dire *qui a une tige.* On nomme, par opposition, ACAULES, les Végétaux dépourvus de tiges. (B.)

CAULET. BOT. PHAN, *V.* CAOU.

* CAULINAIRE. BOT. On donne ce nom à tout organe des Plantes qui naît sur la tige. Les racines sont Caulinaires dans les Vaquois et la Vanille. La Cuscute, le Papayer, le Jaquier à feuilles entières, le Cacao, etc., ont leurs fleurs Caulinaires. Certains Lycopodes ont leurs capsules ainsi disposées. (B.)

CAULINIE. *Caulinia.* BOT. PHAN. Dans la deuxième édition de la Flore française, De Candolle a ▋e premier, séparé du *Zostera* de Linné la Plante dont il a formé le type de ce nouveau genre, et qu'il a dédiée à Caulini, botaniste napolitain, auteur d'une dissertation sur les Zostères. Les caractères qu'il en a donnés étant seulement empruntés à ce dernier, et R. Brown ayant repris l'examen des Caulinies (*Prodr. Fl. Nov.-Holl.*), nous donnerons ici de préférence l'extrait des caractères attribués au genre *Cau-*

linia par le savant anglais : fleurs hermaphrodites sans périanthe; trois étamines à filets dilatés, persistans et portant les anthères à la base; ovaire monosperme se changeant en une baie contenant la graine adnée à une de ses parois; il n'y a point d'albumen; la radicule de l'embryon en germination est très-grande et inférieure, et la plumule est nue; un seul cotylédon. Ce genre, qui a beaucoup d'affinité avec les Zostères, a été néanmoins rapporté à la famille des Joncées par De Candolle, quoiqu'il ait laissé les Zostères dans les Aroïdées. R. Brown a fait de ces deux genres un groupe de Plantes voisines des Aroïdées; outre l'espèce qui croît au fond des mers d'Europe (*Caulinia oceanica*, D.C.), il en a décrit quatre autres qu'il ne rapporte à ce genre que d'une manière douteuse, puisqu'il n'en a pas vu la fructification.

Kœnig (*Ann. Bot.*, 2, p. 96) et Willdenow (*Sp. Pl.* IV, p. 947) avaient aussi, chacun de leur côté, la Caulinie océanique du genre Zostera, et en avaient fait, l'un le *Posidonia Caulini*, et l'autre le *Kernera oceanica*. Ce dernier (dans les Actes de Berlin pour 1798, p. 88, t. 1, f. 2) avait aussi appliqué le nom de *Caulinia fragilis* au *Najas minor*, qui fait partie du genre *Fluvialis* de Persoon (Syn. 2, p. 530). (G..N.)

* CAULODES. BOT. PHAN. (Pline.) Syn. de Chou vert. (B.)

CAULOPHYLLE. *Caulophyllum.* Michx. BOT. PHAN. Le caractère d'avoir une capsule peu renflée et destructible pendant sa maturation, de présenter par conséquent les graines nues (dans toute l'acception du mot), et soutenues par une sorte de pédicelle, paraît d'abord assez important pour l'adoption de ce genre établi par feu Richard père (*in Michx. Flor. bor. Amer.*). Cependant, d'après les remarques de R. Brown, qui a donné une figure du *Caulophyllum thalictroides*, Michx., en fruit, et qui a parfaitement exposé l'histoire du phénomène de déhiscence dont nous venons de parler (*Transact. of the Linn. Societ.*, vol. XII, p. 147), et, d'après l'opinion de De Candolle, auquel nous devons un travail récent sur les Berbéridées (D. C., *Syst. Veg.*, 2, p. 23), ce genre ne peut former qu'une section des *Leontice*, L. *V.* ce mot. L'autre espèce est le *Leontice altaïca*, Pall., qui porte, ainsi que la précédente, une feuille caulinaire, unique, à pétiole divisé à sa base en trois parties, et qui a de si grands rapports avec le *Leontice Leontopetalum*, L., qu'on ne peut les séparer génériquement. (G..N.)

CAUMOUN. BOT. PHAN. (Préfontaine.) Même chose que Comon d'Aublet. *V.* ce mot. (B.)

CAU-NAM-AM. BOT. PHAN. Nom de pays d'un Nepenthe de la Cochinchine, *Phyllamphora mirabilis* de Loureiro. (B.)

CAUNANGOLI. OIS. *V.* CANNANGOLI.

CAUNGA. BOT. PHAN. (Rhéede, *Hort. Mal.*) *V.* AREC.

* CAUQUE. *Caucus.* POIS. (Molina.) Cyprin indéterminé des rivières du Chili, qui atteint jusqu'à 18 pouces de longueur, et qui paraît appartenir au genre Able. (B.)

CAUQUOTRÉPO. BOT. PHAN. (Garidel.) Syn. provençal de Chaussetrape. *V.* ce mot. (B.)

CAURALE. *Eurypyga.* OIS. *Helias*, Vieill. Genre de la seconde famille de l'ordre des Gralles. Caractères : bec plus long que la tête, droit, dur, comprimé, pointu ; mandibule supérieure profondément sillonnée aux deux tiers sur les côtés, fléchie, échancrée vers le bout ; narines placées à la base du bec, linéaires, allongées ; pieds longs, grêles ; trois doigts devant, l'externe réuni par une membrane, l'interne divisé, l'intermédiaire moins long que le tarse, et tous garnis d'un bord membraneux ; le quatrième derrière, posant à terre ; ailes amples, la troisième rémige la plus longue ; queue longue, large et égale. —On ne connaît jusqu'ici dans ce genre qu'une seule espèce ; elle a été rangée par Latham parmi les Bécasses, et par Gmelin parmi les Hérons et les Grues où récemment Cuvier lui a conservé une place. Les mœurs et les habitudes du Caurale ont encore été assez peu étudiées, quoique cet Oiseau ne soit pas très-rare sur les bords des rivières et au milieu des savannes humides de la Guiane où il se tient solitaire ; son caractère défiant et sauvage n'a pas permis de le suivre dans ses amours, ni dans aucun des soins que tous les êtres en général apportent à leur reproduction. On sait seulement qu'il se nourrit indistinctement de tous les Vers, de Mollusques et de larves qu'il trouve dans les terrains fangeux ; que son cri ordinaire est une espèce de sifflement plaintif qu'il prolonge lentement. L'élégance de son plumage lui a valu des naturels le surnom de petit Paon des Roses, Paon des Palétuviers, quoiqu'il ne fasse point la roue comme l'Oiseau consacré à l'épouse du maître des dieux. Buffon lui a imposé le nom de Caurale par contraction de Râle à queue. La seule espèce connue est le *Scolopax Helias*, Lath. *Ardea Helias*, Gmel. *Helias phalenoides*, Vieill. Buff. pl. enl. 780. Cet Oiseau a la tête d'un beau noir coupé par des lignes blanches, dont deux semblent entourer l'œil ; le cou d'un brun fauve, marqué de bandes transversales, ondulées, noires ; les parties supérieures composées de teintes brunes, rousses, fauves, blanchâtres, et forment des taches et des ondulations d'un effet très-agréable, surtout sur les ailes et la queue ; les parties inférieures d'un ton plus clair ; la mandibule supérieure noire, l'inférieure d'un gris blanchâtre. Sa longueur est de quinze pouces. (DR..Z.)

CAURE. BOT. PHAN. Le Noisetier sauvage dans quelques parties de la France septentrionale. (B.)

CAURIS. MOLL. Nom vulgaire du *Cyprea moneta*, L. *V.* CYPRÉE. (B.)

CAU-RUNG. BOT. PHAN. Syn. d'Arec à la Cochinchine. (B.)

CAUS, CAHUS ou CHAUAN. ois. Syn. vulgaires de plusieurs espèces de Chouettes. (DR..Z.)

CAUSEA. BOT. PHAN. Genre fondé par Scopoli, mais qui paraît devoir rentrer dans celui que les botanistes nomment *Hirtella*. *V*. HIRTELLE. (B.)

CAUSSE. MIN. Syn. de Marne dans quelques parties des Cévennes. (LUC.)

* CAUSSIDOS. BOT. PHAN. *V*. CAOUSSIDA.

CAUSTIS. BOT. PHAN. (R. Brown.) Des épiets le plus souvent uniflores, à écailles fasciculées et pour la plupart vides; l'absence de toutes soies ou petites écailles hypogynes; trois à cinq étamines; un style dilaté inférieurement, et portant trois ou quatre stigmates; enfin une noix ventrue et couronnée par la base bulbiforme du style : tels sont les caractères de ce genre de la famille des Cypéracées, formé par R. Brown sur trois Plantes qu'il a trouvées dans la Nouvelle-Hollande. Elles y croissent parmi les bruyères; leur aspect est roide; leur chaume, dépourvu de feuilles, se divise au sommet en plusieurs petits rameaux subulés et disposés en panicules. Les graines sont entières, sphacélées et terminées par une pointe de même couleur. Ces caractères, ainsi que l'opacité et la blancheur de la noix, rapprochent les Caustis du genre *Scleria*, Berg., dont elles diffèrent surtout par l'hermaphroditisme de leurs fleurs. (G..N.)

CAUTA. BOT. PHAN. Pour Cota. *V*. ce mot.

CAU-TICH. BOT. CRYPT. Syn. cochinchinois de Barometa *V*. ce mot. (B.)

CAUTSCHOA. BOT. PHAN. Syn. chinois de *Cassia alata*, espèce du genre Casse, qui passe pour un spécifique contre les dartres. (B.)

CAUVETTE ou CAVETTE. ois. Même chose que Canette. *V*. ce mot.

* CAVA. BOT. CRYPT. *Herba cava* d'Imperato. p. 651. Plante marine, qu'il est difficile de reconnaître, mais

qui pourrait être l'*Ulva lanceolata*. *V*. ULVE. (LAM..X.)

CAVAGGIRO. POIS. Syn. génois de *Cepola Tænia*. *V*. CÉPOLE. (B.)

CAVALA-LALÉ. BOT. PHAN. Selon L'Écluse, une variété de Tulipe tardive, originaire de Macédoine. (B.)

CAVALAM. BOT. PHAN. Syn. de *Sterculia Balanghas*, à la côte de Malabar. *V*. STERCULIER. (B.)

CAVALA-PULLU. BOT. PHAN. Pour Kanara-Pulu. *V*. ce mot. (B.)

CAVALE. MAM. Syn. de Jument. *V*. ce mot. (A.D..NS.)

* CAVALÉ. BOT. PHAN. Syn. de *Galega purpurea*, à la côte de Coromandel. (B.)

CAVAL-FIUMATICO. POIS. L'un des noms italiens de l'Hippocampe, *Syngnathus Hippocampus*, selon Desmarest. (B.)

CAVALIERO. INS. On donne dans les États de Venise ce nom au Ver-à-soie. (AUD.)

CAVALINES. MAM. En vieux français on appelait Bêtes cavalines ou Bêtes chevalines les Animaux du genre Cheval réduits à la domesticité, pris collectivement. (A.D..NS.)

* CAVALLA. MAM. Qu'on prononce *Caballa*. Nom espagnol de la Jument. (A.D..NS.)

* CAVALLA. POIS. C'est-à-dire *Jument*. Syn. de *Scomber pneumatophorus*, Delaroche, aux îles Baléares. *V*. SCOMBRE. (B.)

CAVALLETTA. INS. L'un des noms italiens des Sauterelles. (AUD.)

CAVALLETTA DI MARE. CRUST. C'est-à-dire *Sauterelle de mer*. L'un des noms italiens du Homard. (AUD.)

CAVALLETTO ou CAVALLO DE MAR. POIS. Syn. d'Hippocampe sur diverses côtes de la Méditerranée. *V*. SYNGNATHE. (B.)

CAVALLINHA. BOT. CRYPT. Syn. portugais de Prêle, qui répond à Queue de Cheval. (B.)

* CAVALLO. MAM. Qu'on prononce *Caballo.* Nom espagnol du Cheval. (A.D..NS.)

CAVALLO DE MAR. POIS. *V.* CAVALLETTO.

CAVALLOCHIO. INS. Même chose que Calabrone. *V.* ce mot. (B.)

*CAVALLOS. POIS. (Lachênaye des Bois.) Poisson des côtes d'Afrique, dont la chair est fort estimée, probablement un petit Scombre. (B.)

CAVALUCO. POIS. (Risso.) Syn. de *Scomber Colias,* sur la côte de Nice. *V.* SCOMBRE. (B.)

CAVAM-PULLU. BOT. PHAN. Graminée indéterminée de l'Inde, mentionnée par Rhéede dans son *Hortus Malabaricus,* T. XII, pl. 69. (B.)

* CAVANDELY. BOT. PHAN. C'est chez les Indous la même chose que le Cacapalam des Malabares. *V.* ce mot. (B.)

*CAVANG. BOT. PHAN. (Ray.) Palmier indéterminé de l'Inde. (B.)

CAVANILLA. BOT. PHAN. Thunberg a nommé ainsi dans ses Dissertations un Arbrisseau du cap de Bonne-Espérance, à tige glabre, cendrée, grimpante au moyen de rameaux flexueux et effilés, à feuilles alternes, à fleurs dioïques. Les mâles présentent un calice petit, quadriparti, persistant, extérieurement hispide, et quatre courtes étamines. Le calice des femelles également hispide se termine par quatre divisions, et fait corps avec l'ovaire que surmonte un style radié et persistant. Le fruit est une noix pisiforme, extérieurement rugueuse et marquée de deux angles, qui renferme une seule graine. Ces caractères, insuffisans pour fixer la place que doit occuper ce genre dans les familles naturelles, permettent à peine de l'indiquer auprès des Éléagnées. Il a été consacré au botaniste espagnol Cavanilles, auteur estimé d'une Dissertation sur les Plantes de la Monadelphie de Linné, d'un bel ouvrage connu sous le titre d'*Icones,* et contenant les descriptions et les figures d'un grand nombre de Végétaux nouveaux ou mal connus à cette époque, d'une histoire fort estimée du royaume de Valence, et de plusieurs autres Traités. Deux autres genres avaient également reçu son nom : l'un d'eux, le *Cavanillea* de Lamarck, a été réuni à l'*Embryopteris;* l'autre, le *Cavanillesia* de Ruiz et Pavon, est le *Pourretia* de Willdenow. *V.* ces mots. (A.D.J.)

CAVANILLEA. BOT. PHAN. (Lamarck.) *V.* EMBRYOPTERIS.

CAVANILLESIA. BOT. PHAN. (Ruiz et Pavon.) *V.* POURRETIA.

CAVAO ET CAVAOU. POIS. C'est-à-dire *Chevaux.* Nom générique, synonyme de Syngnathe, sur la côte de Nice. (B.)

CAVARA-PULLU ou PULLI. BOT. PHAN. Syn. présumé de *Cynosurus indicus,* L. *V.* ELEUSINE. (B.)

* CAVE. BOT. PHAN. Même chose que Cahua. *V.* ce mot. (B.)

CAVE - CANDEL. BOT. PHAN. (Rhéede.) Syn. de *Rhizophora cylindrica,* L. *V.* MANGLIER. (B.)

* CAVEKINE. BOT. PHAN. Nom donné dans l'Inde à un Végétal de la famille des Myrtées, qu'on croit être un Métrosidéros. (B.)

CAVENIA. BOT. PHAN. Espèce de Mimeuse du Chili. (B.)

CAVEQUI. BOT. PHAN. Pour Cavekine ou pour Kavekin. *V.* ces mots. (B.)

CAVERNES. GÉOL. *V.* TERRAIN, VOLCANS, et le Supplément de notre Dictionnaire. (B.)

CAVERNEUX. POIS. *Blennius cavernosus,* Schneid. Espèce du genre Blennie. *V.* ce mot. (B.)

CAVERON. BOT. PHAN. Syn. de Prunellier, *Prunus spinosus,* L. dans quelques cantons littoraux de la France septentrionale. *V.* PRUNIER. (B.)

CAVETAN-PILOU. BOT. PHAN. Espèce de Paspale indéterminée à la côte de Coromandel. (B.)

CAVETTE. ois. *V.* Cauvette.

CAVIA. mam. Nom générique brasilien, qui répond à Cabiai et à Cobaye, *V.* ces mots; d'où *Cavia Cobaya* de Pison, qui désigne le Cochon d'Inde. (A.D..NS.)

† CAVIAIRE et CAVIAL. pois. Vieux noms du Caviar que connaissaient les Provençaux dans le 15e siècle. (B.)

CAVIAR. pois. Préparation particulière qui se fait sur les rives de la mer Caspienne et de la mer Noire, et en plusieurs parties de l'Europe orientale, avec les œufs d'Esturgeon, dont ces Poissons donnent une telle quantité, qu'on a vu leurs ovaires équivaloir au tiers du poids de leur masse totale. On la sert sur les meilleures tables. On en compose en Russie avec les œufs de presque tous les Cyprins. (B.)

CAVICORNES. mam. Nom donné par Illiger à la famille qu'il établit parmi les Ruminans pour placer les genres Chèvre et Antilope. *V.* ces mots. (B.)

CAVILLONE. pois. (Rondelet.) Espèce du genre Trigle. *V.* ce mot. (B.)

CAVINIE. *Cavinium.* bot. phan. Genre établi par Du Petit-Thouars dans la famille des Éricinées, voisin des Airelles auxquelles il doit peut-être se réunir. Son calice est campanulé, quinquedenté; sa corolle de même forme, divisée profondément en cinq lobes roulés en dehors; ses étamines, au nombre de dix, s'insèrent au calice; leurs anthères oblongues et fixées par le dos à des filets de la longueur de la corolle, s'ouvrent au sommet; son ovaire adhérent et que surmonte un style unique, devient une baie couronnée par le calice, à cinq loges qui contiennent un grand nombre de graines, insérées à des placentas centraux, et présentant un embryon dressé au centre d'un périsperme. Le *Cavinium madagascariense* est un Arbrisseau dont la tige est droite, les feuilles ovales et alternes, les pédoncules munis de deux

bractées axillaires, se divisant en grappes, et chargés de fleurs à corolle verte. (A. D. J.)

CAVINION. bot. phan. Pour Cavinie. *V.* ce mot. (A.R.)

* CAVOLI. bot. phan. Cœsalpin dit qu'on nomme ainsi le Chou en Italie, d'où *Cavoli capucci* qui est le Chou-cabus ou capus, et *Cavalifiori*, Chou-fleur. (B.)

CAVOLINE. *Cavolina.* moll. *V.* Ælodie et Styale.

CAVOLO. bot. phan. L'un des noms italiens du Chou, d'où *Cavolo Rapa*, le Chou Rave. (A.R.)

* CAVOUEI. pois. Syn. de Rouget, *Mullus barbatus*, L. dans le golfe de Gênes. (B.)

CAVRITTA. bot. phan. Nom donné par les Portugais au *Capraria biflora*, *V.* Capraire, parce que cette Plante est recherchée des Chèvres. Il ne faut pas confondre Cavritta avec Cabritta qui est un Erétia. (B.)

CAWELTE. ois. Syn. picard de Choucas. (DR..Z.)

* CAWERIRKY. ois. (Stedman.) Espèce indéterminée de Canard sauvage de Surinam, dont le plumage est fort beau et la chair fort délicate. (B.)

CAWK. min. *V.* Kevel.

CAXABU. bot. phan. Nom brasilien d'un Cacte d'espèce indéterminée. (B.)

CAXCAXTOTOTL. ois. Syn. mexicain du Cacastol de Buffon, *Sturnus mexicanus*, L. *V.* Étourneau. (DR..Z.)

*CAXIS. pois. Espèce douteuse du genre Spare, dont la chair passe pour vénéneuse. (B.)

CAY. mam. Même chose que Caï *V.* ce mot et Caa. mam. (B.)

CAY. bot. phan. Mot qui dans les langues de racine chinoise signifie Plante. Il entre dans la composition d'une grande quantité de noms végétaux chez les Cochinchinois. Ainsi l'on nomme :

.Cay ba, le *Ficus auriculata.*

Cay bac thoi, le *Sinapis brassicata,* L.

Cay bai, l'*Euphoria Litchi*, Commers., et le *Pimelea nigra*, Lour.

Cay baong baong, l'*Adianthum scandens*, Lour.

Cay bap, le *Zea Mais,* L.

Cay bau, le *Cucurbita lagenaria,* L.

Caybay oui,le *Nymphanthus squamifolia*, Lamk.

Cay ben, le *Sinapis pekinensis*, Lour.

Cay binch ba, le Pommier, *Pyrus Malus,* L.

Cay bo-bo, le *Coix lacryma.*

Cay boi boi, l'*Heliotropium indicum,* L.

Cay bo de, le *Ficus religiosa,* L.

Cay bon hon, le *Sapindus Saponaria.*

Cay boung, le *Basella nigra,* L., et le Cotonnier, *Gossypium herbaceum,* L.

Cay boung nat, le Myrobolan emblic.

Cay boung vaug, l'*Opa Metrosideros,* Lour.

Cay boung van tlai, le *Cratœgus indica,* Lour.

Cay bua, l'*Oxicarpus cochinchinensis,* Lour.

Cay bu cho, le *Ficus politoria*, Lour.

Cay buoi, la Pamplimousse, *Citrus decumana,* L.

Cay buong, l'*Erythrina corallodendron,* L.

Cay buong chiala, l'*Hibiscus esculentus,* L.

Cay cam, l'Oranger.

Cay ca na, le *Pimelea alba,* Lour.

Cay canh, le Citronnier.

Cay caphé, le Cafeyer, *Coffea arabica,* L.

Cay che baong, le *Teucrium Thea,* Lour.

Cay cho de, le *Phyllanthus Niruri,* L.

Cay chua, l'*Hibiscus suratensis.*

Cay co co, l'*Heliotrirum tetrandrum,* L.

Cay cu, le Senevé de l'Inde, *Sinapis chinensis,* Lour.

Cay cua, le *Ficus benjamina.*

Cay chuoi nuoc, le *Crinum asiaticum,* L.

Cay dai bi, le *Baccharis sativa,* Lour.

Cay dan phung, l'*Arachis asiatica,* Lour.

Cay dao, le *Teucrium odorum,* L.

Cay dao annam, l'*Eugenia jambos,* L.

Cay dao nhen, le Pêcher.

Cay dea, le *Rhizophora gymnorhiza,* L.

Cay deanh nam, le *Gardenia grandiflora,* Lour.

Cay deanh tam, le *Gardenia florida,* L.

Cay dfanso, le *Camellia drupifera.*

Cay dean son, le *Dryandra* de Thunberg.

Cay dean truong, le *Pistacia oleosa,* Lour.

Cay dean ray, le *Pimelea oleosa.*

Cay dee gai, le Châtaignier ordinaire qui a été retrouvé au Japon, en Chine et en Cochinchine.

Cay denong leo, l'*Ipomœa quamoclit.*

Cay deo ban, l'Aloexyle de Loureiro.

Cay deo niet, *Daphne cannabina,* Lour.

Cay dieo hoang, le *Rumex crispus,* L.

Cay dua, le Cocotier.

Cay dua nuoc, le *Nipa fruticans,* Thunb.

Cay du du, le *Carica papaya.*

Cay cay, le *Diospyros sebata.*

Cay du du deall, le *Ricinus communis,* L

Cay duac, l'Areng de Labillardière.

*Cay-duoi-chon, l'*Adianthum capillus Veneris,* L.

Cay duong, le Cyprès retrouvé en Chine.

Cay en chi, le *Strychnos Nux vomica,* L.

Cay oai, l'*Urtica nivea,* L.

Cay gon, le *Bombax pentandrum.*

Cay gung, l'*Amomum Zinziber,* L.

CAY HACHDEO, le Noyer commun.

CAY HANG, l'Oignon.

CAY HANNG, le *Diospyros kaki.*

CAY HE, l'*Allium angulosum*, L.

CAY HO DIEP, l'*Hedysarum vespertilio*, L.

CAY HOP, l'*Arundo multiplex*, Lour.

CAY HUONG LAN, le *Dianella ensifolia.*

CAY JUA, le *Pandanus odoratissima.*

CAY KHE, l'*Averrhoa carambola*, L., et le *Panicum italicum*, qui croît dans l'Inde.

CAY KHOAI CA, l'*Aristolochia indica*, L.

CAY-KIM-LUON, l'*Acrostichum lanceolatum*, L.

CAY LA LIP, un *Corypha*, selon Loureiro.

CAY LANO CHO, le *Ficus septica.*

CAY LE TAN, le Pommier ordinaire.

CAY LIEO LA HE, le *Salix babylonica*, L.

CAY LIM VANG, même chose que *Baryxylum.*

CAY LOT, le *Cactus Ficus indica*, L.

CAY MACH MAOC, l'*Holcus saccharatus*, L.

CAY MAT HANG, le *Cacalia sonchifolia.*

CAY MANG TANG, le *Laurus cubeba.*

CAY-MAONG-CLAN, l'*Asplenium bulbosum*, Lour.

CAY ME, le Sesame et le Tamarin.

CAY MIT, l'*Artocarpus jaca*, Lamarck.

CAY MIT MOI, une autre espèce de Jacquier qui est le *Polyphema* de Loureiro.

CAY MOCUA, le *Terminalia catalpa*, L.

CAY MO HO, l'*Arundo mitis* de Loureiro, espèce de Bambou.

CAY MOC HOA DO, le *Nerium antidysentericum*, L.

CAY MOC HOU DO, le *Nerium divaricatum*, Lour.

CAY MOI, le Prunier ordinaire.

CAY MOI BOUNG VANG, l'*Elœocarpus integerrima*, L.

CAY MON, l'*Arum œsculentum*, L.

CAY MUN, le *Calophyllum inophyllum*, L.

CAY MUN et CAY MOUC, l'*Ebenoxylum verum* de Loureiro, qui paraît être un Diospyros.

CAY MUONG TAY NHUOM, le *Lawsonia inermis*, L.

CAY MUOP SAC, le *Cerbera salutaris.*

CAY NEN, l'Échalotte.

CAY NHUM, le *Polypodium arboreum*, L.

CAY NGAOUG, le *Ficus politoria*, Lour.

CAY NGAT, l'*Hexanthus umbellatus*, Lour.

CAY NGAY, le *Ficus maculata.*

CAY NGE BA, le *Morinda umbellata.*

CAY NHA DAM, l'*Aloe vulgaris*, L.

CAY NHO TAN, la Vigne.

CAY NHOU, l'*Euphorbia longan.*

CAY OI, le Goyavier.

CAY OT, le *Capsicum frutescens.*

CAY PHAT DAN, le *Dracœna ferrea.*

CAY QUE, le Cannelier.

CAY QUONG, l'*Aralia chinensis*, L.

CAY RACH, le *Bosea cannabina*, Lour.

CAY-RANG-LA, l'*Asplenium scolopendrium*, L., selon Loureiro.

CAY-RAONG, le *Fucus uvarius.*

CAY REVEL, le *Mimosa horrida.*

CAY RIENG, le Galanga.

CAY RO TAN, le Chou ordinaire.

CAY ROU MATÉE, une Stramoine indéterminée.

CAY RUM, le *Carthamus tinctorius*, L.

CAY SANH, le *Ficus indica.*

CAY SAO, le *Tectona grandis*, L.

CAY SEN, le Nélumbo.

CAY SON, le *Rhus vernix*, L.

CAY SUNG, le *Ficus sycomorus*, L.

CAY SUONG, le *Fagara piperita*, L.

CAY TAM LANG, l'*Eugenia acutangula*, L.

CAY TAM PHOUNG, le *Cardiospermum halicacabum*, L.

CAY TAM THAT, le *Cacalia bulbosa*, Lour.

CAY TANH YEN, le Citronnier.

CAY THACH LUU, le Grenadier.

*CAY THI, le *Diospyros Ebenum*, L.

*CAY THI TRANT, le *Diospyros decandra*.

CAY THO, le *Corypha rotundifolia*, Lamk.

CAY THUONG, le *Pinus sylvestris*, selon Loureiro.

CAY THUONG TAU, le Sapin, *Pinus Abies*, L.

CAY THUY TUNG, l'*Artemisia aquatica* de Loureiro.

CAY TLAM, le *Melaleuca leucadendrum*, L.

CAY TLAN, le Betel.

CAY TOI, l'Ail.

CAY TRAM NA, le *Polyosus bipinnata*, Lour.

CAY TURC, l'*Arundo piscatoria*, Lour.

CAY TU BI, le *Baccharis Dioscoridis*, L.

*CAY UT AXA, un *Zantoxylum*, peut-être le *Clava Herculis*, L.

CAY VANG DEE, le *Laurus Sassafras*, L.

CAY VANG NHUA, le *Cambogia guita*, L.

CAY VANG TÔ MOUC, le *Cœsalpinia Sapan*, L.

CAY XOAI et CAN XU, le *Mangifera indica*.

CAY XUONG RAONG, l'*Euphorbia antiquorum*, L.   (B.)

*CAYAN. BOT. PHAN. *V*. BOIS DE CAYAN.

CAYAO. OIS. Syn. de Calao. (B.)

*CAYAUNAMATA. BOT. PHAN. Syn. malabare de *Datura Tatula*, L. *V*. STRAMOINE.

CAYEU. MOLL. On donne vulgairement ce nom à la Moule comestible dans quelques parties des côtes de France.   (B.)

CAYEU. BOT. PHAN. Pour CAIEU. *V*. OIGNON.

CAY-GOUAZOU. MAM. (Azara.) Syn. de *Simia Capucina* au Paraguay, L. *V*. SAÏ.   (A.D..NS.)

CAYMAN, REPT. SAUR. Pour Caïman. *V*. ce mot.   (B.)

CAYMAN. POIS. Nom vulgaire de l'*Esox osseus*, L. *V*. LÉPISOSTÉE. (B.)

TOME III.

CAYMIRI. MAM. *V*. ÇAÏMIRI.

*CAY-MONI. BOT. PHAN Même chose que Caju-Mouni, écrit par erreur Caju-Moni dans ce Dictionnaire. *V*. ce mot.   (B.)

CAYO. OIS. Syn. espagnol du Geai, *Corvus Glandarius*, L. *V*. CORBEAU.   (DR..Z.)

CAYOLIZAN. BOT. PHAN. Et non *Cayolisan* (Hernandez.) Arbrisseau peu connu du Mexique, qui paraît appartenir au genre Lantana.   (B.)

*CAYOO-GADDÉES. BOT. PHAN. (Marsden.) Arbre odorant peu connu de Sumatra.   (B.)

*CAYOO-TRÉE. BOT. PHAN. (Marsden.) Indiqué aussi sous le nom de *Bois de Fer*. Arbre peu connu de Sumatra.   (B.)

CAYOPOLLIN. MAM. Espèce du genre Didelphe. *V*. ce mot.   (B.)

CAYOU. MAM. Nom de pays d'un Singe qu'on a cru être le Coaïta, l'Alouate et le Saï.   (A.D..NS.)

*CAYOUAOUTI. BOT. PHAN. (Surian.) Syn. caraïbe de *Loranthus americanus*, L.   (B.)

CAYOU-OUASSOU. MAM. Nom de pays qui paraît signifier la même chose que Cay-Gouazou. *V*. ce mot. (B.)

*CAYOUTI. BOT. PHAN. (Surian.) Syn. caraïbe de *Mimosa pudica*, L.   (B.)

CAYTAYA. MAM. (Marcgraaff.) Nom de pays d'un Singe qu'Azara croit être l'Albinos du Saï.   (B.)

*CAZABI. BOT. PHAN. (L'Écluse.) Même chose que Cassave. *V*. ce mot.   (B.)

*CAZE. BOT. PHAN. *V*. CAJU.

CAZON. POIS. Syn. espagnol de Milandre. *V* ce mot.   (B.)

CAZOU. MAM. Animal peu connu des côtes d'Afrique qu'on a comparé au Blaireau, dont la queue est un fétiche pour les peuples de ces contrées, qui font la chasse au Cazou pour la lui ravir.   (B.)

* CAZOU. BOT. (Proyart.) Fruit de la grosseur d'un Melon, qui renferme de quinze à vingt noyaux farineux et fort bons à manger, que quelques voyageurs ont comparé au Cacaoyer, mais qui nous paraît provenir d'une espèce de Jacquier. Il croît sur les côtes d'Afrique au nord du Zaïre. *V*. aussi CAJU. (B.)

CAZZOLA ET CAZZUOLA. REPT. BATR. Syn. italiens de Têtard. *V*. ce mot et BATRACIENS. (B.)

* CCANTU. BOT. PHAN. Nom de pays de la Plante dont Jussieu a formé le genre Cantua. *V*. ce mot. (B.)

* CCURHUR. BOT. PHAN. Nom péruvien des Plantes du genre Vallea. *V*. ce mot. (B.)

CÉANOTHE. *Ceanothus*. BOT. PHAN. On appelle ainsi un genre de Plantes de la famille naturelle des Rhamnées et de la Pentandrie Monogynie, composé d'environ vingt à vingt-quatre espèces qui, pour la plus grande partie, sont des Arbrisseaux ou de jolis Arbustes, dont plusieurs sont cultivés dans nos jardins. Leurs feuilles sont alternes, entières, pétiolées, accompagnées à leur base de deux petites stipules caduques. Leurs fleurs, qui sont en général petites, forment des espèces de grappes terminales ou axillaires. Leur calice est monosépale, turbiné à sa base, ayant son limbe à cinq divisions dressées. La corolle est formée de cinq pétales longuement onguiculés, creusés en forme de cuiller; les cinq étamines sont opposées aux pétales; leurs anthères sont subcordiformes et à deux loges. Le fond du calice est garni d'un bourrelet ou disque glanduleux et circulaire, à cinq angles, en dehors duquel sont insérés les pétales et les étamines. L'ovaire est globuleux, à trois loges renfermant chacune un seul ovule. Le style est trifide à son sommet, et chacune de ses trois divisions se termine par un petit stigmate simple et glanduleux. Le fruit est une capsule globuleuse, légèrement

charnue en dehors, formée de trois coques membraneuses et monospermes, qui se séparent les unes des autres à l'époque de la maturité. Les graines sont lisses, ovoïdes, un peu comprimées.

Plusieurs espèces de ce genre sont cultivées dans nos jardins; nous citerons plus particulièrement les suivantes :

Le CÉANOTHE D'AMÉRIQUE, *Ceanothus americana*, L. Originaire de l'Amérique septentrionale. Ce joli petit Arbuste résiste en pleine terre à nos hivers. Ses tiges sont hautes de deux à trois pieds, dressées, cylindriques, rameuses, surtout à leur partie supérieure. Ses feuilles sont alternes, pétiolées, ovales, acuminées, finement dentées en scie et légèrement pubescentes. Ses fleurs sont fort petites, blanches, et forment des espèces de petites grappes à la partie supérieure des ramifications de la tige. On le cultive dans les plate-bandes de terreau de bruyère. Il se multiplie de graines et de marcottes, et porte le nom vulgaire de Thé de Jersey.

Le CÉANOTHE D'AFRIQUE, *Ceanothus africana*, L. Il est plus grand que le précédent et peut acquérir une hauteur de dix à douze pieds. Ses rameaux sont droits, d'un rouge brun; ses feuilles sont persistantes, lancéolées, lisses et dentées; ses fleurs sont petites, blanches, également en grappes terminales ou axillaires. Il demande une terre franche et légère, et doit être rentré dans l'orangerie.

Le CÉANOTHE DISCOLOR, *Ceanothus discolor*, Ventenat, Jard. Malmais., T. 58, est originaire de la Nouvelle-Hollande, et se fait surtout remarquer par la diversité de coloration de ses feuilles, qui sont d'un vert clair en dessus, blanches et tomenteuses en dessous.

Labillardière en a figuré deux autres espèces de la Nouvelle-Hollande sous les noms de *Ceanothus spatulata*, t. 84, et *C. globulosa*, t. 85. Nous soupçonnons que ces espèces de la Nouvelle-Hollande doivent former un genre distinct, ou du moins que leur structure est fort différente de celle du *Ceanothus americana*, L. (A. R.)

Les anciens donnaient le nom de *Ceanothus* à des Plantes qui n'ont aucun rapport avec celles dont il vient d'être question ; Théophraste l'appliquait au *Serratula arvensis*, L. , et Gesner aux Groseillers. (B.)

CEASTER-ÆSC. bot. phan. Syn. anglais d'*Helleborus fœtidus*. *V*. HELLÉBORE. (B.)

*CEBA. bot. phan. Du latin *Cepa*. Syn. languedocien d'Oignon. (B.)

CEBADA. bot. phan. Syn. espagnol d'Orge. (B.)

CEBADILLE. bot. phan. Même chose que Cévadille. *V*. ce mot. (B.)

CEBAL. mam. (Charleton.) Syn. de Zibeline. *V*. MARTE. (B.)

* CÉBAR. bot. phan. (Daléchamp.) Syn. arabe d'*Aloe vera*, espèce du genre Aloès. (B.)

CEBATHE. *Cebatha*. bot. phan. (Forskalh.) *V*. COCCULUS et KÉBATH.

CEBELLINA. mam. Syn. espagnol de Zibeline , selon Desmarest. *V*. MARTE. (A. D. NS.)

CEBIPIRA. bot. phan.(Marcgraaff.) Grand Arbre indéterminé du Brésil , dont le bois est d'une grande utilité dans le charronnage, mais qu'il est impossible de rapporter à aucun genre connu , d'après ce qu'on en sait. (B.)

CEBLEPYRIS. ois. (Cuvier.) Syn. d'Echenilleur. *V*. ce mot. (B.)

CEBO. bot. phan. Même chose que Céba. *V*. ce mot. (B.)

CEBOLETTA. bot. phan. Selon le Dictionnaire de Déterville, c'est l'un des noms que les Espagnols ont donnés dans le Nouveau-Monde à l'Orchidée qui produit la Vanille. (B.)

CEBOLINHA. bot. phan. Syn. portugais de Ciboule. (B.)

CEBOLLA. bot. phan. Syn. espagnol d'Oignon, d'où l'on a appelé :

CEBOLLA ALBARRANA, la Scille maritime dont certains cantons sont couverts jusque dans l'intérieur de l'Espagne.

CEBOLLA DE CULEBRA , ou DE GLOBARIA , l'Asphodèle , fort commune dans toute la Péninsule. (B.)

CEBOLLETA. bot. phan. C'est-à-dire *petit Oignon*. Espèce américaine du genre Epidendrum que Swartz a placée dans son genre Orchidium. *Ceboletta* du Dictionnaire de Déterville en pourrait bien être un double emploi. (B.)

CEBOLLINA. bot. phan. Syn. espagnol d'*Ixia Bulbocodium*. *V*. IXIA. (B.)

CEBOLLINO. bot. phan. Syn. espagnol de Ciboule. (B.)

* CEBRIO. ois. Il paraît que cet Oiseau , mentionné par Aristophane, était chez les anciens le même que celui que nous appelons aujourd'hui la Demoiselle de Numidie, *Ardea Virgo*, L. (B.)

CÉBRION. *Cebrio*. ins. Genre de l'ordre des Coléoptères, section des Pentamères , établi par Olivier et adopté aujourd'hui par tous les entomologistes. Linné (*Syst. Nat.* Gmel. T. 1 , pars 4 , p. 1713 , n° 94) l'avait confondu avec les Gribouris, et Fabricius (*Mant. Ins.* T. 1, p. 84, n° 1) ne l'avait d'abord pas distingué des Cistèles. Rossi (*Fauna Etrusca*, édit. Hellwig. T. 1 , p. 107 , n° 256) le réunit également à ce dernier genre, en faisant observer , à l'occasion de l'espèce qu'il y rapporte, qu'on doit sans doute faire de cette espèce un nouveau genre voisin des Taupins. En effet les Cébrions appartiennent (Règn. An. de Cuv.) à la famille des Elatérides dans laquelle ils constituent une tribu sous le nom de Cébionites. Latreille les avait antérieurement placés (Considér. gén., p. 170) dans la famille des Malacodermes. Les caractères du genre propre sont : tête entièrement saillante et de la largeur du bord antérieur du prothorax; antennes variables suivant les sexes , longues, filiformes, un peu en scie dans les mâles , très-courtes et en massue dans les femelles ; yeux proéminens ; labre très-petit ; mandibules étroites , très-arquées et terminées en une pointe entière ou sans échancrure; palpes saillans , filiformes , avec le dernier article presque cylindrique, un peu aminci à sa base; prothorax ayant ses angles postérieurs et latéraux prolongés en forme de pointes ou d'épines , son sternum ne s'enfonçant point dans une cavité de l'arrière poitrine ; pieds longs ; articles des tarses entiers, sans pelottes à leur face inférieure. — Les Cébrions, confondus d'abord avec les Cistèles , diffèrent essentiellement de ce genre par leurs tarses composés de cinq articles ; ils se distinguent des Taupins par leurs palpes filiformes , leurs mandibules et le sternum du prothorax.

Ce genre , très-remarquable par son organisation , n'est pas moins singulier par la différence énorme qui existe dans la forme et le *facies* des individus de chaque sexe. Cette différence explique comment il est arrivé que, dans l'espèce la plus commune, la femelle a été décrite comme tout-à-fait distincte du mâle, et que Latreille, bien connu par sa circonspection et la sévérité de ses principes , s'est cru autorisé à en faire un nouveau genre sous le nom d'Hammonie. L'observation des mœurs , qui elle seule peut dévoiler de si excusables erreurs , nous a appris que ces différences, spécifiques pour les uns et génériques pour les autres , étaient simplement caractéristiques pour les différens sexes. Guérin , peintre naturaliste de la plus grande espérance , ayant rencontré aux environs de Toulon l'espèce qui sert de type au genre , le Cébrion géant, *C. gigas* de Fabricius , ou le Cébrion longicorne d'Olivier (Col. T. ii, n° 30 *bis.* p. 51, pl. 1 , fig. 1, *a, b, c*, et *Elater.* pl. 1, f. 1, *a, b, c*), a saisi cette occasion pour faire sur cet Insecte quelques remarques fort intéressantes. Il a trouvé dans un champ, au mois de septembre 1812, et pendant une assez forte pluie d'orage, un très - grand nombre de mâles qui volaient à la manière des Hannetons, en allant de temps en temps

se heurter contre les corps qu'ils rencontraient. L'année suivante, à la même époque , dans le même lieu et dans les mêmes circonstances atmosphériques , il vit quatre ou cinq Cébrions mâles posés à terre, et les ayant observés avec attention , il remarqua que l'un d'eux était accouplé avec un individu , qui, ayant son corps caché dans un trou de deux lignes et demie à trois lignes de diamètre , ne laissait sortir que l'extrémité postérieure de son abdomen. Il saisit ce couple, et ne fut pas peu surpris de reconnaître dans l'individu femelle le Cébrion brévicorne, *Cebr. brevicornis* d'Olivier, ou le *Tenebrio dubius* de Rossi (*loc. cit.* p. 283 , n° 583, et tab. 1 , fig. 2). Ce fait important , communiqué par l'auteur à quelques entomologistes , est , à ce qu'il paraît , connu depuis assez long-temps en Allemagne ; mais nous ne le croyons encore consigné dans aucun ouvrage. Les autres espèces de Cébrions appartiennent aux contrées méridionales de l'Europe, au nord de l'Afrique et au nord de l'Amérique. Palisot - de - Beauvois a représenté (Ins. d'Afrique et d'Amérique, T. 1, p. 9, tab. 1, fig. 2, *a-d*) le *Cebrio bicolor*, décrit par Fabricius (*Syst. Eleuth.* T. 2 , p. 14 , n° 3), et rapporté de la Caroline par Bosc. Dejean (Catal. des Coléopt. p. 55) en mentionne cinq espèces , parmi lesquelles on remarque les Cébrions *testaceus* et *ustulatus* qu'il a découverts en Espagne. (AUD.)

CÉBRIONATES. INS. Pour Cébrionites. *V.* ce mot. (AUD.)

CÉBRIONITES. INS. Tribu de l'ordre des Coléoptères, section des Pentamères, famille des Serricornes , ainsi nommée du genre Cébrion d'Olivier, et instituée par Latreille (Règn. An. de Cuv. T. 3, p. 233) qui lui assigne les caractères suivans : l'avant-sternum est de grandeur et de forme ordinaires, et son extrémité antérieure ne se prolonge pas au-dessous de la tête; les mandibules sont terminées en pointe simple ou entière, ainsi que dans la tribu des Lampyrides; mais les palpes sont de la même grosseur., ou plus grêles à leur extrémité. Le corps est arrondi et bombé dans les uns , ovale ou oblong, mais arqué en dessus, et incliné par-devant dans les autres ; il est le plus souvent mou et flexible. Le prothorax est transversal, plus large à sa base, avec les angles latéraux de celle-ci aigus ou même prolongés dans plusieurs en forme d'épine. Les antennes sont ordinairement plus longues que la tête et le corselet. Leurs habitudes sont peu connues. Beaucoup se tiennent sur les Plantes dans les lieux humides ou aquatiques. — Les uns ont la tête entièrement saillante et de la largeur du bord antérieur du prothorax , avec les mandibules étroites , très-arquées et fort crochues, presque en forme de croissant. Les antennes sont tantôt en panache ou en scie, tantôt un peu dentées dans les mâles, et quelquefois très-différentes dans les femelles qui les ont courtes et en massue. Les angles postérieurs et latéraux du prothorax sont prolongés en forme de pointe ou d'épine ; le corps est ferme, ovale et oblong ; les mandibules sont toujours saillantes. On range dans cette division les genres Cébrion et Rhipicère. — Les autres ont la tête enfoncée jusqu'aux yeux dans le prothorax , et les mandibules presque triangulaires et légèrement arquées à leur extrémité. Les antennes sont presque toujours simples ; les angles postérieurs et latéraux du prothorax ne se prolongent point ou presque point en arrière. Le corps est ordinairement mou ou flexible, ovale ou arrondi ; les mandibules sont rarement saillantes. Ici se placent les genres Dascille, Elode et Scirte. *V.* ces mots. (AUD.)

CEBULA. BOT. PHAN. Syn. polonais d'Oignon. (B.)

CEBUS. MAM. (Erxleben.) *V.* SAPAJOU.

CÉCALYPHE. *Cecalyphum.* BOT. CRYPT. (*Mousses.*) Genre séparé, par Palisot-de-Beauvois , des *Dicranum* dont il ne diffère , d'après cet auteur,

que par la présence d'un périchetium , qui manque , selon lui , dans les vrais *Dicranum.* Il rapporte à ce genre les *Dicranum scoparium , sciuroïdes , undulatum, spurium , strumiferum,* etc. , et quelques espèces exotiques observées en Amérique par lui-même ou qui lui ont été communiquées par Bory Saint-Vincent qui les avait recueillies à l'Île-de-France. *V.* DICRANUM. (AD. B.)

* CÉCÉ. MOLL. (Gaimard.) Nom d'une espèce d'Arche aux îles Marianes. (B.).

* CECELLA ou CICIQUA. REPT. OPH. Syn. italiens de *Lacerta Chalcides* , L. , espèce du genre Seps. *V.* ce mot. (B.)

* CECETO. OIS. (Fernandez.) Oiseau de proie du Mexique , encore peu connu, mais qui paraît offrir beaucoup de ressemblance avec la Cresserelle , *Falco Tinnunculus* , L. (DR..Z.)

* CÉCHÈNE. *Cechenus.* INS. Genre de l'ordre des Coléoptères, section des Pentamères , famille des Carnassiers , tribu des Carabiques , établi par Gottelf Fischer (Entomogr. de la Russie, T. I, p. 110) aux dépens des Carabes proprement dits. Les caractères assignés à ce nouveau genre sont : antennes de la longueur de la tête et du prothorax pris ensemble ; de onze articles, dont le premier, long et gros , presque cylindrique , le second plus court que le troisième , les autres presque de la même longueur : lèvre supérieure bifide ou profondément échancrée : mandibules prolongées , triangulaires , peu pointues et peu courbées , ciliées au côté interne , dentées à la base, et offrant à leur face externe une excavation triangulaire ; mâchoires allongées , très-peu courbées , avec un crochet court, très-pointu, des cils courts au côté interne et des palpes à articles presque égaux , avec le dernier obconique, comprimé et creux ; les maxillaires extérieurs guère plus longs que les labiaux, réfléchis et placés dans un canal creusé dans la base des mâchoires; les maxillaires internes à article intermédiaire très-gros vers son extrémité, avec le dernier plus faible et moins courbé que dans les Carabes; lèvre inférieure distante du menton et insérée au renflement de sa base, munie de palpes labiaux dont le pénultième article est profondément échancré, et reçoit presque en totalité le dernier ; menton large et gros, à ailes triangulaires avec une dent moyenne, grosse et recourbée en dehors.

Les Céchènes ont le corps déprimé, la tête grosse et proéminente, deux fois plus grande que le prothorax; les mâchoires offrent à leur côté interne des cils très-courts sous le crochet et s'allongeant vers la base; le prothorax est court et presque conique; les élytres sont réunies; il n'existe pas d'ailes au métathorax, et l'abdomen est ovoïde. Ce genre a une très-grande analogie avec celui des Carabes, et n'en diffère que par sa forme générale, quelques parties de la bouche, et principalement à cause de la lèvre inférieure très-élevée et séparée du menton. Ce caractère se trouve exprimé par le nom de Céchène, extrait d'un mot grec qui signifie *bâillant.* L'espèce qui sert de type à ce nouveau genre est le Carabe de Bober, *Car. Boberi* d'Adams (Mém. de la Soc. impér. des naturalistes de Moscou , T. v, p. 290, n° 12). Fischer (*loc. cit.* Tab. x, fig. 30) le représente avec soin. Il est noir; le prothorax et les élytres sont d'un noir verdâtre bordé de pourpre. Ces dernières sont crenelées, avec deux stries interrompues par des points. Il a été trouvé, mais rarement, sous des pierres dans le pays des Ossètes au nord du Caucase. Fischer rapporte au genre Céchène le *Car. Creutzeri* de Ziegler et le *Car. irregularis* de Fabricius. Ces deux espèces ont la lèvre supérieure plutôt profondément échancrée, que bifide. Ce genre peut être réuni à celui des Carabes.   (AUD.)

CECI. BOT. PHAN. Syn. italien de *Cicer Arietinum. V.* POIS-CHICHE. (B.)

CÉCIDOMYIE. *Cecidomyia.* INS. Genre de l'ordre des Diptères établi par Meigen (Description systém. des Diptères d'Europe, T. i, p. 93), et adopté par Latreille, qui l'ayant d'abord placé dans la famille des Tipulaires (*Genér. Crust. et Ins.* T. iv, p. 252), l'a rangé plus tard (Règn. An. de Cuv.) dans celle des Némocères, en le réunissant aux Cératopogons. Meigen (*loc. cit.*) leur assigne pour caractères : antennes étendues, moniliformes, à articles nombreux et distans les uns des autres; point d'yeux lisses; ailes inclinées, pointues, à trois nervures; premier article des tarses très-court. Latreille les caractérise de la manière suivante : antennes filiformes, grenues, composées d'environ vingt-quatre articles dans les mâles, de douze dans les femelles, simplement pileuses; bouche faiblement avancée; palpes courbés; point de petits yeux lisses; yeux ordinaires, allongés et rapprochés postérieurement; ailes couchées sur le corps et n'ayant que des nervures longitudinales au nombre de trois.

Les Cécidomyies sont de petits Insectes fort semblables aux Tipules avec lesquelles on les a long-temps confondues. Elles ont le corps assez allongé et muni, dans les femelles, d'un oviducte rétractile, sorte de tarière qui leur sert à percer plusieurs Plantes pour la plupart légumineuses, afin d'y déposer les œufs. Ces Plantes acquièrent dans l'endroit de leur blessure un accroissement extraordinaire, et l'espèce de gale qui en résulte contient dans son intérieur la larve qui ne sort de sa retraite qu'à l'état d'Insecte parfait. Ces excroissances monstrueuses ont des formes très-variables et se rencontrent le plus souvent sur les Pins, les Genevriers, le Lotier, la Vesce, le Genêt commun, etc. Le genre Cécidomyie est très-nombreux en espèces. Meigen en décrit dix-sept. Nous ne parlerons ici que de quelques-unes qu'on a eu occasion d'observer; parmi elles une des plus remarquables est la Cécidomyie du Geneyrier, *Cec. juniperina* ou le *Chironomus juniperi-*

nus de Fabricius. Degéer (Mem. Ins. T. VI, p. 404) a transcrit avec détail l'histoire curieuse de ses métamorphoses. On voit très-souvent à l'extrémité des jeunes pousses du Genevrier des excroissances résultant de la piqûre d'une femelle de Cécidomyie, et qu'on prendrait au premier abord pour des fleurs situées au sommet des branches. Si on les examine avec soin, on remarque qu'elles sont toujours composées extérieurement de trois grandes feuilles, larges au milieu, réunies entre elles dans presque toute leur étendue, et libres seulement à leur extrémité où elles se terminent en pointe, à la manière des Tulipes. Lorsqu'on poursuit cet examen, on trouve dans leur intérieur un corps pointu, conique, à côtés triangulaires, et formé lui-même par la réunion de trois petites feuilles appliquées si exactement les unes aux autres sur leurs bords, qu'elles constituent un étui ou une sorte de boîte parfaitement close. Si on réfléchit sur la formation de ces gales, il est assez facile de la concevoir. L'Insecte, pressé de pondre, fait choix des bourgeons qui terminent les branches du Genevrier, les pique et y introduit un œuf d'où naît bientôt une petite larve, laquelle se nourrit de l'intérieur de chaque bouton, et ne s'arrête qu'aux enveloppes dont nous avons parlé. Celles-ci, par leur nombre et leur position, représentent de véritables feuilles, seulement très-developpées par la destruction de l'intérieur du bourgeon et la quantité de sucs nourriciers qui n'arrive plus qu'à elles seules. On trouve de ces bourgeons monstrueux dans toutes les saisons de l'année; mais ce n'est que depuis le mois de septembre jusqu'au mois de mai de l'année suivante qu'ils renferment l'Insecte d'abord à l'état de larve, et ensuite à celui de nymphe. La larve, qui n'est longue que d'une ligne, est d'une couleur d'orange très-vive, et n'a point de pates. Son corps, luisant et divisé en douze anneaux, est moins gros à la partie antérieure que postérieurement. La tête est arrondie et présente

une petite éminence en forme de pointe, regardée par Degéer comme la bouche ou le suçoir. Cette larve se meut très-peu en hiver, et est placée verticalement la tête en haut dans la gale. Vers le mois de mai ou de juin, elle a subi sa métamorphose en nymphe. Celle-ci est jaune comme la larve, ovale, et porte en avant de la tête deux petites éminences coniques que Degéer croit être des organes respiratoires. Toutes les parties essentielles de l'Insecte parfait paraissent au-dessous de l'enveloppe; les ailes sont courtes; mais les pates, appliquées contre la face inférieure du ventre, sont longues et s'avancent jusque près de l'anus. L'Insecte parfait ne tarde pas à éclore; il sort de sa première demeure, en écartant les feuilles de l'enveloppe interne qui étaient exactement unies, et en laissant sa dépouille de nymphe engagée dans leur embouchure pointue.

D'autres espèces vivent sur des Plantes différentes, et donnent lieu à des excroissances de genres très-variés.

La CÉCIDOMYIE DU SAULE, *C. Salicis*, qui a été décrite par Degéer (*loc. cit.*, p. 412), dépose ses œufs sur certaines espèces de Saules; les larves qui en naissent sont d'un jaune rougeâtre, et les gales ressemblent tantôt à des roses doubles, mais vertes comme les feuilles de l'Arbrisseau, tantôt à des tubérosités irrégulières, de figures très-variées, formées par les branches mêmes qui dans certains endroits ont crû démesurément.

La CÉCIDOMYIE DU PIN, *C. Pini*, ou la Tipule brune noirâtre, à longues antennes, velues, à nœuds, à col rouge, et à pates argentées, etc., de Degéer (*loc. cit.*, p. 417), vit sur le Pin, à l'état de larve, dans une coque de soie blanche, enveloppée de résine et collée aux feuilles.

La CÉCIDOMYIE DU LOTIER, *C. Loti*, ou la Tipule noire, à longues antennes, à nœuds, etc., de Degéer (*loc. cit.*, p. 420), lorsqu'elle est à son premier état, habite le Lotier, *Lotus corniculata*, L. Les larves vivent en société dans l'intérieur même des fleurs qui alors n'ouvrent jamais leurs pétales, et ressemblent à des vessies pointues au sommet. A l'époque de leur métamorphose en nymphes, elles sortent de ces fleurs, s'enfoncent en terre et ne tardent pas à paraître sous la forme d'Insecte ailé.

Latreille présume avec raison que le Scathopse du Buis, décrit et représenté par Geoffroy (Hist. des Ins. T. II , p. 545, pl. 18, fig. 5), appartient au genre Cécidomyie, et peut-être à la *Cecidomyia lutea* de Meigen. La larve, de couleur jaune, perce le dessous des feuilles du Buis et se loge dedans, ce qui produit plusieurs grosseurs larges sur leur revers. L'Insecte parfait les perce pour en sortir, et il laisse dans l'ouverture pratiquée la dépouille de la nymphe.

Bosc a le premier fait connaître la CÉCIDOMYIE DU GENÊT, *C. Genistæ*, espèce souvent très-commune sur le Genêt, *Spartium Scoparium*, L., et qui nuit beaucoup à sa fructification. Vers le commencement d'avril, la femelle dépose ses œufs à la base de chaque bouton à fleur du Genêt. La larve qui en sort entre dans le bouton par le pédoncule, et se nourrit de la sève qui s'extravase dans la cavité au milieu de laquelle elle est placée. Par cette seule opération, la fleur est altérée au point de ne plus présenter qu'un corps ovale de deux lignes de diamètre, d'un vert aussi foncé que l'écorce, où on ne trouve plus ni apparence de calice, ni apparence de pétales. Cette larve se transforme en nymphe vers les premiers jours de mai, et devient Insecte parfait sept ou huit jours après. — Bosc a aussi observé (Bulletin des Sc. de la Soc. Phil., 1817, p. 133), une autre espèce de Cécidomyie (*Cec. Poæ*), qui dépose ses œufs sur le chaume du *Paturin trivial* et l'empêche de fructifier. La larve fait naître une gale chevelue, à filamens contournés, dans l'intérieur de laquelle elle vit. Enfin le même savant a décrit (Annales d'Agric., première série, T. LXX), sous le nom de Cécidomyie destructive, *C. destructor*, une espèce très-nuisible au Blé, connue dans l'Amérique septentrionale sous le nom d'*Hessian fly*, parce qu'on a cru, ce qui ne saurait être, qu'elle a été importée de la Hesse dans ce pays avec les Blés destinés à la nourriture de l'armée anglaise, lors de la guerre de l'Indépendance. La femelle de cette espèce dépose ses œufs avant l'hiver à l'insertion des feuilles du Froment, qui, à cette époque de l'année, sont toutes très-voisines du collet des racines. La larve qui en naît mange le Chaume, en descendant vers les racines, et le fait périr. C'est en juin de l'année suivante, que cette larve acquiert sa dernière forme. (AUD.)

CÉCILE. INS. Espèce de Libellule du genre Æshne, décrite par Geoffroy (Hist. des Ins., T. II, p. 229) qui pense qu'elle pourrait bien n'être qu'une variété de la Caroline (*Æshna forcipata*, Fabr.). *V.* ÆSHNE. (AUD.)

CECILIA. REPT. OPH. Syn. espagnol d'*Anguis fragilis*, L. *V.* ORVET. (B.)

CÉCILIE. POIS. Ce genre institué par Lacépède pour le Poisson appelé aussi Branderienne, et qui est l'Aptérichthe de Duméril, n'a cependant pas été conservé par Cuvier. *V.* MURÈNE. (B.)

CÉCILIE. REPT. OPH. *V.* COECILIE.

CECILIOIDE. MOLL. Genre établi par Férussac, dont l'*Helix octona*, L., était le type, et dont les caractères consistaient dans l'absence du point oculaire à l'extrémité des tentacules. Ce savant a reconnu depuis que ce genre était le même que le Polyphème de Montfort, ou l'Aiguillette, *Buccinum acicula*, L. *V.* AIGUILLETTE et COCHLICOPE. (B.)

CÉCROPIE. *Cecropia.* BOT. PHAN. Ce genre, de la famille naturelle des Urticées et de la Diœcie Diandrie, L., a de très-grands rapports avec le genre *Artocarpus* ou Arbre à pain. Il se distingue surtout par les caractères suivans : ses fleurs sont dioïques ; les mâles sont disposées en épis amentiformes, cylindriques, longs de deux à trois pouces, digités au sommet d'un pédoncule commun. Chaque fleur, qui est extrêmement petite, se compose d'un calice turbiné, anguleux, tronqué à son sommet qui est percé de deux trous. Les étamines, au nombre de deux, sont saillantes à travers ces deux trous; leurs anthères sont allongées et biloculaires. Les fleurs femelles offrent la même disposition; leur calice est subcampanulé et bidenté à son sommet. Leur ovaire est uniloculaire et monosperme, surmonté d'un stigmate sessile et persistant. On trouve deux étamines stériles. Le fruit est un petit akène ovoïde, allongé, lisse, enveloppé dans le calice.

Ce genre se compose aujourd'hui de trois espèces autrefois confondues en une seule, et que Willdenow a le premier bien distinguées. Ce sont des Arbres assez élevés, dont la tige est noueuse et creuse intérieurement, où elle est séparée de distance en distance par des cloisons transversales; de là le nom de *Bois-Trompette* sous lequel on connaît généralement ces Arbres dans nos colonies.

La Cécropie peltée, *Cecropia peltata*, Willd., est l'espèce la plus commune. Elle croît en abondance dans les forêts des Antilles et du continent de l'Amérique méridionale. Son tronc s'élève quelquefois jusqu'à la hauteur de 5o pieds sans se ramifier; il est cylindrique et fistuleux. Ses feuilles sont très-grandes, cordiformes, peltées, c'est-à-dire que leur pétiole s'insère vers le milieu de leur face inférieure et non sur leur bord; elles sont partagées en sept ou neuf lobes courts, très-obtus, et souvent acuminés. Leur face supérieure est d'un vert foncé et très-rude au toucher; l'inférieure est couverte d'un duvet blanc et cotonneux.

Les épis de fleurs mâles sont groupés au nombre de quatre à huit au sommet d'un pédoncule commun, et environnés d'une spathe monophylle coriace, qui se détache et tombe de bonne heure. Cette espèce est figurée par Jacquin, Obs. 2, t. 45, f. 4, et dans les Illustrat. de Lamarck, tab. 8oo. Sloane la mentionne sous le nom

d'*Yaruma Oviedi*; Brown, Jam. iii, sous celui de *Coriotapalus ramis excavatis*.

La seconde espèce est le *Cecropia palmata*; Willdenow la distingue à ses feuilles digitées, à neuf lobes allongés, très-obtus, glabres en dessus et blancs et cotonneux à leur face inférieure. Elle croît au Brésil. C'est cette espèce qui a été désignée sous le nom d'*Ambayba* par Marcgraaff et Pison.

Enfin Willdenow nomme *Cecropia concolor* la troisième espèce qui diffère surtout des deux autres par ses feuilles vertes des deux côtés, et non blanches à leur face inférieure. Elle est originaire du Brésil.   (A. R.)

CÉCROPS. *Cecrops*. crust. Genre de l'ordre des Branchiopodes fondé par Leach (Encycl. Brit., suppl. 1.), et adopté par Latreille (Règn. Anim. de Cuvier) qui le range dans la section des Pœcilopes à la suite des Argules. Leach (Dict. des Sc. natur., T. xiv, p. 534) place ce genre dans la première race de la famille des Caligidées, et lui assigne pour caractères: têt coriace séparé en deux; la portion antérieure en forme de cœur renversé, profondément et largement échancrée derrière; antennes à deux articles, terminées par un seul poil; abdomen aussi large que le têt; deux articles à la paire de pates antérieures qui sont armées d'un ongle fort et recourbé; trois articles à la seconde paire, plus minces, et dont le dernier est bifide; la troisième paire plus forte, n'ayant qu'un seul article et un ongle très-fort; les quatrième et cinquième paires bifides; les hanches et les cuisses des sixième et septième paires très-dilatées, lamelliformes et réunies par paires; bec inséré derrière les pates antérieures, ayant de chaque côté de sa base un appendice ovale. Latreille (*loc. cit.*) donne pour caractères aux Cécrops d'avoir le corps sans appendices postérieurs, ovale, recouvert par quatre pièces échancrées à leur bord postérieur, et dont la seconde est plus petite. Ils ont, dit-il , deux antennes très-petites , trois paires de pieds-mâchoires, dont ceux de la première et de la troisième paires crochus , et plusieurs paires de pieds-nageoires. Les deux derniers sont fort larges , membraneux, et recouvrent les œufs dans la femelle. Ils constituent deux sortes de poches ovales contiguës , d'une substance coriace , surpassant l'abdomen en longueur.

Ce genre, dont l'organisation est fort singulière, se distingue très-aisément des Limules , des Caliges et des Argules, avec lesquels il a cependant quelque analogie. On n'en connaît jusqu'à présent qu'une seule espèce , le Cécrops de Latreille , *Cec. Latreillii* de Leach , qui a donné une bonne figure de chaque sexe (Encycl. Brit. suppl. 1, pl. 22, fig. 1 – 5). Latreille dit que cette espèce vit sur les branchies du Turbot. (AUD.)

CEDACILLO. BOT. PHAN. Syn. espagnol de *Briza media*, L. *V*. BRIZE. (B.)

* CEDAR-TREE. BOT. PHAN. Syn. anglais de Cedrela. *V*. ce mot. (B.)

CEDELC ET CEDELEAC. BOT. PHAN. Syn. anglais de *Mercurialis perennis*, L. *V*. MERCURIALE. (B.)

CEDER-BASTARD. BOT. PHAN. Syn. anglais de *Guazuma ulmifolia*. (B.)

*CEDERELATE. BOT. PHAN.(Pline.) Arbre dont les anciens tiraient la résine Cedria , que les uns croient provenir du Cèdre du Liban , et d'autres du *Juniperus phœnicea*, L. *V*. CEDRIA , GENEVRIER et CÈDRE (B.)

CEDERFICHTE. BOT. PHAN. Syn. de *Pinus Cembra*, L. en Allemagne. *V*. PIN. (B.)

* CEDNON. BOT. CRYPT. Syn. de Truffe chez les Grecs. (B.)

CEDOIS. BOT. PHAN. (Dioscoride.) Syn. de Cuscute. (B.)

CEDO-NULLI. MOLL. Espèce du genre Cône, la plus rare et la plus belle des collections. *V* CÔNE. On

donne aussi le même nom à une espèce de Came. (B.)

CEDOSTRIS. BOT. PHAN. (Dioscoride.) On présume que ce nom convient à la Bryone commune. (B.)

CEDRANCELIA. BOT. PHAN. Syn. italien de *Melissa officinalis*, L. *V*. MÉLISSE. (B.)

CEDRANGOLA. BOT. PHAN. Syn. italien d'*Hedysarum Onobrychis*. *V*. SAINFOIN. (B.)

CÉDRAT. BOT. PHAN. Variété de Citron. On appelle quelquefois Cédratier l'Arbre qui la porte. (B.)

CÉDRATELLO. BOT. PHAN. Syn. italien de Cédrat. *V*. ce mot. (B.)

CÉDRATIER. BOT. PHAN. *V*. CÉDRAT et CITRONNIER.

CÈDRE. *Cedrus*. BOT. PHAN. Ce nom a été , aux différentes époques de la botanique, appliqué à des Végétaux fort différens les uns des autres. Ainsi les anciens botanistes , tels que Lobel, Belon et Tournefort , appelaient Cèdres les espèces de Genevrier qui ont les feuilles petites et imbriquées , telles que les *Juniperus Lycia*, *Juniperus Phœnicea* , *Juniperus Sabina*,etc., tandis qu'ils reléguaient le Cèdre du Liban, qui a le premier porté le nom de *Cedrus* et qui seul doit le retenir, parmi les espèces de Mélèze (*Larix*, L.). Linné a adopté cette dernière manière de voir de Tournefort , en laissant le Cèdre du Liban dans le groupe des Mélèzes , qu'il place parmi les Sapins ; mais il a , avec juste raison , réuni aux Genevriers les Cèdres de Tournefort , qui en effet n'en sont pas différens. Jussieu et Lamarck ont également réuni en un seul genre les Sapins (*Abies*, Tournef.) et les Mélèzes (*Larix*, Tournef.), dans lequel ils placent le Cèdre du Liban.

Cependant nous croyons que le genre Cèdre doit être rétabli ; tout en convenant qu'il offre les plus grands rapports avec les Mélèzes , qui doivent être génériquement distingués des Sapins. Voici les caractères du genre Cèdre, *Cedrus* :

Les fleurs sont monoïques, formant des chatons. Les chatons mâles sont ovoïdes allongés. Chaque fleur se compose d'une seule étamine obovoïde allongée, marquée d'un sillon profond, et se terminant supérieurement par une lame dressée et ciliée. —Les chatons femelles terminent les jeunes rameaux au sommet desquels ils sont solitaires. Ils semblent ovoïdes, oblongs, presque cylindriques, formés d'écailles imbriquées, très-obtuses, qui offrent à leur base externe une seconde écaille beaucoup plus petite. A la partie inférieure de la face interne de chaque écaille, on trouve deux fleurs renversées, intimement confondues avec l'écaille par leur partie supérieure. Leur calice forme un petit tube recourbé en dehors, proéminent et irrégulièrement denticulé à son ouverture. On observe dans son fond un ovaire tout-à-fait libre. Les cônes sont ovoïdes, arrondis, dressés, et terminent les jeunes ramifications de la tige. A la base de chaque écaille existent deux fruits qui se terminent supérieurement et latéralement par une aile longue et membraneuse qui part d'un seul côté. La graine contenue dans ces fruits a son tégument mince, recouvrant un endosperme blanc et charnu, dans lequel on trouve un embryon allongé, cylindrique, offrant de neuf à douze cotylédons.

LE CÈDRE DU LIBAN, *Cedrus Libani*, N., *Pinus Cedrus*, L., *Abies Cedrus*, Lamk., la seule espèce de ce genre, est un des Arbres les plus grands et les plus majestueux de tout le règne végétal. Son tronc, qui s'élève à plus de cent pieds, en offre quelquefois vingt-quatre et même trente de circonférence, mesuré à sa base. Il se divise en une multitude de branches dont les ramifications s'étendent horizontalement. Celles du centre sont dressées et presque verticales : les plus extérieures sont étendues et horizontales. Les feuilles sont courtes, subulées, éparses

sur les jeunes rameaux, ordinairement redressées, solitaires, persistantes. Les cônes qui succèdent aux chatons de fleurs femelles sont ovoïdes, imbriqués, de la grosseur des deux poings. Il faut deux années pour que leurs graines parviennent à leur état parfait de maturité. Ce bel Arbre, qui couvrait jadis les pentes du mont Liban, est aujourd'hui devenu fort rare sur cette montagne. Labillardière, qui a parcouru ces contrées vers la fin du siècle dernier, rapporte que les Cèdres y sont clair-semés, et qu'il en existe au plus une centaine. Le bois du Cèdre jouissait autrefois d'une très-grande réputation; il passait pour incorruptible. Le fameux temple bâti à Jérusalem par Salomon était construit avec du bois de Cèdre. Cependant ce bois est blanchâtre, d'un grain peu serré, très-semblable à celui du Pin et du Sapin, dont il est difficile de le distinguer. Aussi les modernes sont-ils loin d'avoir l'estime que les anciens professaient pour le bois du Cèdre. Cet Arbre n'a pas pour seule patrie le mont Liban ; Pallas dit en avoir vu des forêts entières sur les monts Urals, dans les environs de la mer Caspienne. Belon en a rencontré également dans différentes parties de l'Asie-Mineure. Aujourd'hui le Cèdre du Liban semble être originaire d'Europe, tant il s'est facilement naturalisé dans notre climat. Il est cultivé dans les parcs et les grands jardins, où il acquiert parfois d'énormes dimensions. L'un des plus beaux est sans contredit celui qui existe au labyrinthe du Jardin des Plantes. Il a été apporté en 1734 d'Angleterre par le célèbre Bernard de Jussieu. Aujourd'hui il forme un vaste dôme de verdure, et comme sa flèche a été autrefois détruite par accident, ses branches se sont d'autant plus étalées latéralement.

Beaucoup d'auteurs ont écrit que les Cèdres du Liban tournaient tous leur flèche ou le sommet de leur branche centrale vers le nord. Nous pouvons assurer que ce phénomène est loin d'être constant, et que sept individus

CED

que nous avons observés plantés dans le même jardin et dans une exposition en tout semblable, dirigeaient leur sommet ou flèche de sept côtés différens. La multiplication et la culture de cet Arbre sont extrêmement faciles. Les graines bien mûres doivent être semées au printemps dans des terrines pleines de sable de bruyère, et placées dans des couches modérément chaudes. On doit également les semer aussitôt qu'on les sort d'entre les écailles du cône qui les contenait. L'année suivante on repique les jeunes plants dans des pots, et on les laisse ainsi pendant trois ou quatre ans avant de les planter. Cet Arbre est très-fréquemment employé pour orner nos parcs et nos jardins; il réussit également bien dans les terrains secs et les terrains humides. Cependant il paraît qu'une terre meuble et substantielle est encore celle dans laquelle il croît avec le plus de vigueur et de rapidité.

Comme tous les Arbres de la famille des Conifères, le Cèdre fournit beaucoup de matière résineuse. Lorsque l'on entaille l'écorce des branches ou des jeunes pieds, il s'en écoule une grande quantité de Térébenthine qui jouit absolument des mêmes propriétés que celle que l'on extrait du Mélèze ou du Sapin. (A. R.)

Le nom de CÈDRE a été improprement étendu à beaucoup d'autres Conifères, et même à des Arbres de familles très-différentes. Ainsi l'on a appelé :

CÈDRE-ACAJOU, le *Cedrela odorata*, L. *V.* CÉDRÈLE.

CÈDRE DES BERMUDES, le *Juniperus bermudiana*, L. *V.* GENEVRIER.

CÈDRE BLANC, le *Cupressus thuyoïdes*, L. *V.* CYPRÈS.

CÈDRE DE BUSACO, le *Cupressus pendula*, L. *V.* CYPRÈS.

CÈDRE D'ESPAGNE, le *Juniperus thurifera*, L. *V.* GENEVRIER.

CÈDRE DE GOA, la même chose que le Cèdre de Busaco. *V.* ce mot.

CÈDRE DE LA JAMAÏQUE, le *Guazuma ulmifolia*. *V.* GUAZUMA.

CÈDRE DE LYCIE, le *Juniperus Lycia*, L. *V.* GENEVRIER.

CÈDRE-MAHAGONI, le *Swieenia Mahagoni*, L. *V.* SWIEENIE.

CÈDRE ROUGE, le *Juniperus virginiana*, L., et l'*Icica altissima*. *V.* GENEVRIER et ICIQUIER. (B.)

CÈDRE DE VIRGINIE, le *Juniperus virginiana*, L. *V.* GENEVRIER. (B.)

CÉDRÈLE. *Cedrela.* BOT. PHAN. Genre placé par Jussieu à la suite des Méliacées, et dont R. Brown a fait le type d'une nouvelle famille qui en emprunte son nom. Ses caractères sont : un calice très-petit, quinquedenté; cinq pétales obtus, rapprochés par leur base élargie; cinq étamines à filets courts et libres, à anthères oblongues; un style simple, terminé par un stigmate en tête; un ovaire élevé sur un support épais, auquel s'insèrent supérieurement les étamines, inférieurement la corolle. Il devient une capsule ovoïde et ligneuse, qui s'ouvre de la base au sommet en cinq valves. Sur les lignes où ces valves se joignent par leurs bords, s'appliquent autant de cloisons, prolongemens d'un placenta central et ligneux inférieurement épais, et qui présente ainsi cinq angles rentrans, beaucoup plus profonds vers le sommet de la loge, où s'insèrent les graines imbriquées sur un double rang. Elles sont comprimées, ailées inférieurement, et munies d'un périsperme charnu et mince qui loge un embryon de même grandeur, à cotylédons foliacés et elliptiques, à radicule courte et supérieure. *V.* Gaertner, tab. 95. — La seule espèce connue de ce genre est le *Cedrela odorata*, grand et bel Arbre de l'Amérique-Méridionale, où son bois est employé en charpente et en menuiserie, et connu à la Martinique sous le nom d'*Acajou à planches*. Ses feuilles sont alternes et pinnées; ses fleurs disposées en panicules lâches. De ses diverses parties s'exhale une odeur forte et alliacée. *V.* Lamk., *Illust.*, tab. 157. (A. D. J.)

CÉDRELÉES. BOT. PHAN. C'est une famille séparée des Méliacées par R. Brown, à cause de la struc-

.ture de ses fruits et de ses semences ailées. *V*. Cédrèle   (A. D. J.)

CEDRIA. bot. phan. Résine que les anciens recueillaient d'un Arbre dont elle coulait naturellement, Arbre que les uns croient être le Cèdre, et d'autres un Genevrier, *Juniperus phœnicea*. Elle servait dans l'embaumement. Le Cédrium était, selon Daléchamp, la même substance, mais obtenue par incision. (B.)

* CÉDRIDES. bot. phan. L'un des noms vulgaires de l'Oxycèdre. *V*. Genevrier. (B.)

CÉDRIN. ois. Syn. provençal du Serin, *Fringilla Serinus*, L. *V*. Gros-Bec. (DR..Z.)

CÉDRINO. bot. phan. Nom italien d'une petite variété de Cédrat. *V*. ce mot. (B.)

CEDRINOLO, CETRINOLO et CETRINUOLO. bot. phan. Syn. italiens de Concombre. *V*. ces mots. (B.)

CÉDRIUM. bot. phan. (Daléchamp.) *V*. Cédria.

CEDRO. bot. phan. Syn. espagnol de Cèdre et de Cédrèle. *V*. ces mots. (B.)

*CEDROELEON. bot. phan. (Daléchamp.) Huile que les anciens tiraient du fruit de l'Arbre d'où provenait le Cédria. *V*. ce mot. (B.)

* CEDRO-MACHO. bot. phan. C'est-à-dire *Cèdre mâle*. Syn. espagnol du Huertea de la Flore Péruvienne. *V*. ce mot. (B.)

CEDROMELA. bot. phan. (Théophraste.) Variété de Citron. (B.)

CEDRONE ou GALLO-CEDRONE. ois. Syn. italien du Coq de Bruyère, *Tetrao Urogallus*, L. *V*. Tétras. (DR..Z.)

CEDRONELLA. bot. phan. Syn. de Mélisse, de Dracocéphale thyrsiflore et de Dracocéphale des Canaries. Mœnch a donné ce nom à un genre qu'il a formé de cette dernière Plante, mais qui n'est pas adopté. (B.)

CEDROS. bot. phan. (Théophras-

te.) Syn. de Cèdre du Liban. *V*. Cèdre. (B.)

* CEDROSTIS. bot. phan. (Dioscoride.) Syn. de Bryone. *V*. ce mot. (B.)

CEDROT et SÉDROUS. bot. phan. Syn. de Cédrat à Nice. (B.)

CEDROTA. bot. phan. (Schreber.) *V*. Anibe.

* CEDRULA. bot. phan. (Gesner.) Syn. d'Oxycèdre. *V*. Genevrier. (B.)

CEFAGLIONE, CEFALIO et CEFILIO. bot. phan. Syn. de *Chamœrops humilis*, L. *V*. Chamerope. (B.)

CÉFALO. pois. Et non *Cephalo*. Nom vulgaire et collectif de Muges sur les côtes italiennes de la Méditerranée. (B.)

CEGDDU. pois. Syn. gallois de Merlus, espèce du genre Gade. *V*. ce mot. (B.)

CEGUDA. bot. phan. L'un des noms espagnols de *Conium maculatum*, L. (B.)

CEHOILOTL. ois. Syn. présumé du Pigeon du Mexique, *Columba mexicana*, Gmel. *V*. Pigeon. (DR..Z.)

* CEI. zool. (Gaimard.) Syn. de Membre viril aux îles Carolines. (B.)

CEIBA. bot. phan. (Oviédo.) Syn. de Bombax. *V*. Fromager. (B.)

*CEINBROT. bot. phan. *V*. Cembra.

CEINTURE. pois. Nom substitué dans le Dictionnaire de Levrault, sans qu'on en justifie la raison, à celui de Trichiure, pour désigner un genre dont la queue pointue et comme terminée en crin est fort bien exprimée par une désignation qui nous paraît devoir être conservée. *V*. Trichiure. Le nom de Ceinture d'argent a été vulgairement appliqué au *Trichiurus Lepturus*, et de Ceinture à une espèce du genre Labre. *V*. ce mot. (B.)

CEINTURE DE PRÊTRE. ois.

Syn. vulgaire d'une variété de l'A-
louette Hausse-Col, *Alauda flava*.
V. Alouette. (dr..z.)

CEIRCH. bot. phan. L'un des
noms de l'Avoine dans quelques cantons de l'Angleterre. (b.)

* CEIX. ois. Cuvier, d'après Lacépède, a séparé des Martins-Pê-
cheurs les *Alcedo Tridactyla* et *Tri-
buchys* pour en former un sous-genre
auquel il a appliqué le nom mythologique de ¤Ceix. *V*. Martin-
Pêcheur. (dr..z.)

* CEIXUPEIRA. pois (Rai.) Poisson des mers du Brésil dont on ne dit
rien autre chose, sinon que sa chair
est bonne à manger. (b.)

* CEIXUPURA. pois. (Ruysch.)
Probablement la même chose que
Ceixupeira. Ce Poisson atteint jus-
qu'à neuf et dix pieds, et pourrait
bien appartenir au genre Centronote.
V. ce mot. (b.)

CELA. ois. (Ælien.) Syn. du Pélican blanc, *Pelecanus Onocrotalus*,
L. *V*. Pélican. Le mot *Cela* est encore le nom spécifique imposé par Linné à la Mésange noire. (dr..z.)

CELACHNÉE. *Cœlachne.* bot. phan.
Et non *Celacnée*. Brown a établi ce genre nouveau dans la famille des Graminées pour une petite Plante de la Nouvelle-Hollande, à laquelle il assigne
les caractères suivans : sa lépicène qui
est biflore se compose de deux valves
renflées, égales et obtuses. Les deux
fleurs sont mutiques, l'inférieure est
hermaphrodite, la supérieure femelle, pédicellée et plus petite. Toutes
deux ont une glume bivalve dont la
valve externe est ventrue. L'ovaire
est flanqué de deux petites paléoles.
Les étamines sont au nombre de trois ;
les deux styles sont chacun terminés
par un stigmate plumeux. Le fruit est
très-allongé terminé en pointe à ses
deux extrémités, cylindrique et nu.
Cette petite Plante, que Brown nomme *Cœlachne pulchella*, a le port
d'une *Briza* extrêmement petite. Son
chaume est glabre et rameux, ses
feuilles sont planes, dépourvues de

ligule, et ses fleurs excessivement petites forment une panicule étroite.
(a. r.)

CÉLADON. Nom donné par Geof-
froy (Hist. des Ins., T. ii, p. 157) à
une espèce de Phalène dont les ailes
sont d'un vert d'eau pâle avec une
large bande transversale un peu plus
foncée sur chacune. Sa Chenille a
été observée par Réaumur (Mém.,
T. i, p. 560) qui la désigne sous le
nom de Chenille à forme de Poisson.
V. Phalène. (aud.)

* CELAN. pois. L'un des noms
donnés par les pêcheurs anglais au
Hareng. *V*. Clupée. (b.)

CELANDINE. bot. phan. Syn anglais de *Chelidonium majus* et de Ficaire. *V*. ce mot et Chélidoine. (b.)

CÉLASTRE. *Celastrus.* bot. phan.
Ce genre, placé par Jussieu dans la
famille des Rhamnées, est devenu
pour Rob. Brown le type d'un nouvel ordre naturel qu'il nomme Célastrinées. Nous examinerons cette opinion lorsque nous aurons fait connaître les caractères du genre Célastre. Les fleurs sont hermaphrodites ;
leur calice est très-petit et à cinq divisions persistantes ; la corolle se
compose de cinq pétales étalés, ayant
leur base élargie ; les cinq étamines
alternent avec les pétales ; l'ovaire est
environné à sa base par un disque
glanduleux, jaunâtre, à dix lobes, en
dehors duquel sont insérés les pétales et les étamines ; le style est court,
simple, terminé à son sommet par
un stigmate trilobé ; cet ovaire, coupé
transversalement, présente trois loges dans chacune desquelles on trouve deux ovules dressés. Le fruit est
une capsule globuleuse à trois loges
séparées par des cloisons membraneuses et incomplètes ; chaque loge contient deux graines (l'une d'elles avorte
quelquefois) ; cette capsule, dont les
parois sont minces, s'ouvre en trois
valves, qui chacune entraîne la cloison sur le milieu de leur face interne. Les graines sont enveloppées dans
un arille rouge et charnu, qui tantôt

les recouvre en totalité, tantôt en partie seulement; chacune d'elles se compose d'un tégument propre, épais et membraneux, d'un endosperme blanc et cartilagineux, renfermant un embryon dressé, plane, ayant la radicule cylindrique et les cotylédons planes. Ce genre a les plus grands rapports avec le Fusain, *Evonymus*, dont il diffère seulement par son stigmate profondément trilobé, par sa capsule qui n'est jamais qu'à trois et quelquefois qu'à deux loges. Il a aussi beaucoup d'affinité avec le genre *Cassine*, mais s'en distingue par son fruit capsulaire et ses graines munies d'un arille charnu. On compte aujourd'hui plus de quarante espèces de Célastres, qui toutes sont des Arbustes ou des Arbrisseaux portant des feuilles alternes et simples, des fleurs petites, formant des grappes axillaires. Les espèces, dont le style est très-court et à peine visible, forment le genre *Sonneratia* de Commerson, qui doit demeurer réuni au Célastre, ainsi que le genre *Senacia* du même auteur, dont le style est très-long et le fruit s'ouvre en deux valves seulement.

Ces Arbrisseaux se rencontrent également dans le nouveau et l'ancien Continent. Le pays qui en voit naître le plus grand nombre est le cap de Bonne-Espérance. Le Chili et le Pérou en offrent aussi plusieurs. Quelques-uns sont cultivés dans nos jardins. On y remarque surtout :

Le Célastre de Virginie, *Celastrus bullatus*, qui a ses tiges sarmenteuses; ses feuilles arrondies, ses fleurs blanches formant des épis lâches et terminaux, auxquelles succèdent des fruits d'un rouge éclatant.

Le Célastre grimpant, *Celastrus scandens*, également originaire de l'Amérique septentrionale, et dont la tige sarmenteuse s'enroule autour des Arbres voisins avec une telle force, que fort souvent elle les fait périr. De-là le nom vulgaire de *Bourreau des Arbres* donné à cet Arbrisseau.

Le Célastre luisant ou petit Cerisier des Hottentots, *Celastrus lucidus*, L., vient du Cap, et se fait distinguer par ses feuilles ovales, coriaces, luisantes, armées à leur sommet d'un aiguillon crochu, par ses fleurs blanches et ses fruits rouges assez semblables à des Cerises.

Dans son *Sertum anglicum*, t. 10, L'Héritier en a figuré une jolie espèce sous le nom de *Celastrus cassinoïdes*. Elle est originaire de l'île de Madère. (A. R.)

CÉLASTRINÉES. *Celastrineæ*, BOT. PHAN. Dans ses Remarques générales sur la végétation des Terres australes, l'excellent observateur Robert Brown a proposé l'établissement de cette nouvelle famille naturelle pour la plus grande partie des genres des deux premières sections de la famille des Rhamnées de Jussieu, et dont le genre Célastre deviendrait le type. Selon Brown, en effet, les véritables Rhamnées ont toujours l'ovaire plus ou moins adhérent avec le calice; l'estivation est valvaire, c'est-à-dire qu'avant l'épanouissement de la fleur, les pétales sont simplement contigus par leurs bords, sans se recouvrir latéralement; les étamines, en nombre égal aux pétales, leur sont opposées et reçues dans une fossette formée par leur face intérieure. L'ovaire est à une ou trois loges contenant chacune un seul ovule dressé; tandis qu'au contraire, dans la famille des Célastrinées, l'ovaire est toujours libre, jamais adhérent; l'estivation est imbriquée; les étamines alternent avec les pétales, l'ovaire est à trois ou cinq loges, contenant chacune deux ovules. Le fruit offre de trois à cinq loges; et les graines sont souvent enveloppées dans un arille charnu qui les recouvre en totalité ou en partie. A cette famille, Brown rapporte, ainsi que nous l'avons dit, la plupart des genres formant les deux premières sections de la famille des Rhamnées, tels que *Evonymus*, *Polycardia*, *Celastrus*, *Cassine*, etc.

Malgré les caractères exposés par R. Brown, nous balançons à admettre la séparation qu'il propose des deux premières sections des Rhamnées pour en former un ordre à part. En effet, les genres qui composent ses Célastrinées nous paraissent avoir trop de rapports avec les vraies Rhamnées pour devoir les en séparer, et nous pensons que la nouvelle famille proposée par Brown doit être plutôt considérée comme une simple section des vraies Rhamnées, que comme un ordre distinct et séparé; car un des caractères annoncés par cet auteur pour distinguer les Célastrinées des Rhamnées, est loin d'être constant. Nous voulons parler de l'ovaire qui, selon lui, serait toujours plus ou moins adhérent dans les véritables Rhamnées, tandis qu'il serait libre dans sa nouvelle famille. Il est vrai que dans la première, plusieurs genres, tels par exemple que le *Phylica*, ont l'ovaire manifestement adhérent; mais aussi les vrais *Rhamnus*, tels que *Rhamnus catharticus*, *infectorius*, *minutiflorus*, *frangula*, etc., ont l'ovaire tout-à-fait libre et nullement adhérent avec le calice.

Cependant nous sommes loin de nier que les caractères tirés de l'estivation *valvaire* dans les Rhamnées, imbriquée dans les Célastrinées, les étamines opposées aux pétales dans les premières, alternes dans les secondes, ne soient pas d'une haute importance. Mais suffisent-ils pour établir la distinction entre deux familles, qui offrent du reste une si grande ressemblance? (A. R.)

CELASTROS. BOT. PHAN. (Théophraste.) D'où *Celastrus*, synonyme présumé de Nerprun. *V*. ce mot. (B.)

CELÉOS. OIS. (Adrov.) Syn. de Coureur. *V*. ce mot. (DR..Z.)

CÉLERI. BOT. PHAN. *Apium graveolens*, espèce du genre Ache. *V*. ce mot. (B.)

CÉLÉRIGRADES. MAM. (Blainville.) Syn. de Rongeurs dont nous ne voyons pas la nécessité de changer le nom, d'autant plus qu'il sert de ces Animaux dont l'allure est fort lente. (A. D..NS.)

CÉLÉRIGRADES. *Celeripedes*.

INS. Latreille (Hist. nat. des Insectes, T. VII, p. 213) a désigné sous ce nom la première division de la famille des Carabiques comprenant toutes les espèces dont les antennes sont composées d'articles, en général, cylindriques ou en cône renversé, et dont la première paire de jambes n'est point palmée ou ne présente point de denteure au côté externe. La seconde division offre des caractères opposés à ceux-ci, et a reçu le nom de FOSSOYEURS. Latreille a depuis divisé autrement la famille des Carabiques. *V*. ce mot. (AUD.)

CÉLERIN. *V*. CALLIQUE. Et peutêtre Syn. de *Cyprinus Agone*, de Scopoli. *V*. AGON et CLUPÉE. (B.)

CELERY - LEAVED CROWFOOT. BOT. PHAN. Syn. anglais de *Ranunculus sceleratus*, L. Espèce du genre Renoncule. (B.)

CÉLESTIN. MIN. pour Célestine. *V*. ce mot. (LUC.)

CÉLESTINE. MIN. (Werner.) Syn. de Strontiane sulfatée. *V*. STRONTIANE. (LUC.)

CELI ou KELI. BOT. PHAN. L'un des noms indous du Bananier. *V*. ce mot. (B.)

CELIBE. MOLL. Genre obscur de la famille des Nautilacées, établi et figuré par Denis Montfort pour un corps marin presque microscopique, rond, cloisonné, muni d'une petite ouverture, et dont les individus se rangent mutuellement dans une disposition sériale, les uns à la suite des autres. Cette Coquille singulière, si c'en est une, habite l'Adriatique. (B.)

CELIDONIA. BOT. PHAN. Syn. de Chélidoine dans la plupart des langues méridionales dérivées du latin. (B.)

CÉLINE. BOT. PHAN. Syn. de Mélisse. (B.)

CELL ou KELL. BOT. PHAN. Une espèce de Grewia au Sénégal. (B.)

CELLAIRE. *Cellaria*. POLYP. Genre de l'ordre des Cellariées auquel il sert de type dans la division des Polypiers flexibles cellulifères, classé par Lamarck dans la troisième division de ses Polypiers vaginiformes, et nommé Salicorniaire par Cuvier. Les Cellaires sont des Polypiers phythoïdes, articulés, cartilagineux, cylindriques et rameux, à cellules éparses sur toute leur surface.

Parmi les genres publiés par les auteurs modernes, il n'en existe peut-être point qui renferme des espèces aussi disparates que celui auquel on a donné le nom de Cellaire ou de Cellulaire : il semble avoir été formé de tous les Polypiers que l'on ne pouvait classer avec les Flustres ou avec les Sertulaires. Aussi nous sommes-nous vus forcés, dès 1810, de le diviser en plusieurs genres peu nombreux en espèces, mais qui le deviendront davantage lorsqu'on s'occupera avec un peu de soin de l'étude de ces petits Animaux. J'ai conservé le nom de Cellaire au groupe dont les Polypiers avaient pour type le *Cellaria Salicornia*, un des plus remarquables et des plus anciennement connus.

Linné avait réuni les Cellaires aux Sertulaires, et en avait fait une section de ce dernier genre. Pallas le rétablit sous le nom de *Cellularia*, employé par Bruguière et Cuvier. Solander, dans Ellis, ne fit aucune mention de Pallas qui l'avait précédé ; et assigna de nouveaux caractères à ces Polypiers qu'il appela *Cellariæ*. Cette dernière dénomination a prévalu ; elle a été adoptée par Bosc et par Lamarck. Pallas avait partagé les Cellaires en deux sections que Lamarck avait conservées après avoir changé quelques mots à leur définition. La première section compose le genre *Cellaria* tel que nous le proposons : nous avons divisé la seconde en Crisies, Cabérées, etc., genres faciles à reconnaître par les caractères qu'ils présentent. Les Cellaires sont toujours articulées, cylindriques, dichotomes ou rameuses, couvertes de cellules éparses, à large ouverture polygone. Leur substance est presque entièrement calcaire, ce qui les rend très-fragiles et peu flexibles. Leur couleur, au sortir de la mer, varie; nous en avons vu d'un rouge vif et foncé, et d'autres

d'un jaune plus ou moins brillant. Dans les collections il y en a de blanches et de jaunâtres. Elles ne dépassent jamais un décimètre de hauteur (environ quatre pouces).

CELLAIRE SALICOR , *Cellaria Salicornia*, Brug. , Encycl. méthod. p. 443 , n. 1 ; Lamarck, Anim. sans vert. , T. II , pag. 135 , n. 1. ; *Tubularia fistulosa*, Gmel. , *Syst. Nat.*, T. I , pag. 5831 , n. 3. Cette espèce est toujours dichotome, avec des articulations cylindriques ou fusiformes, couvertes de cellules rhomboïdales plus ou moins arrondies. Elle offre un nombre considérable de variétés dont la forme et les autres caractères restent toujours les mêmes dans chaque localité; ce qui nous porte à croire que l'on formera peut-être par la suite des espèces distinctes, des variétés particulières à la Méditerranée, aux différentes parties de l'océan Atlantique , aux côtes de l'Amérique , de la mer des Indes , etc.

CELLAIRE VELUE , *Cellaria hirsuta*, Lamx. , Hist. Polyp. , p. 126 , n. 234 , pl. 2 , fig. 4 , *a B*. Espèce remarquable par les poils longs et nombreux dont elle est couverte depuis la base jusqu'aux extrémités. Ces poils longs et articulés sont plus entiers et plus touffus dans la partie supérieure du Polypier ; les articulations dépouillées ont quelques rapports avec celles de la Cellaire Salicor. La Cellaire velue est originaire de la mer des Indes.

CELLAIRE OVALE , *Cellaria ovata*, *Sp. Nov.* Petite espèce très-singulière par la forme de ses articulations : elles sont ovales ou pyriformes , composées de dix cellules en forme de parallélogramme. Dans l'état de vie la couleur de ce Polypier est d'un vert brillant, et celle des Polypes est rougeâtre ; il habite les côtes des îles Kouriles.

CELLAIRE CIERGE , Lamx. , Gen. Polyp., p. 6, tab. 5, fig. b c B c D E. C: salicornoïde, Lamx. , Hist. Polyp. , p. 127, n. 236, et C. filiforme , *id*. , p 128, n. 238, appartiennent à ce genre qui deviendra plus nombreux lorsqu'on aura appris à bien distinguer les espèces et les variétés. Pour y parvenir il faudra observer les Polypes et l'influence des lieux sur ces élégantes Phytoïdes.

(LAM..X.)

CELLANTHUS. MOLL. *V.* CELLULIE.

* CELLARIÉES. *Cellarieæ.*

POLYP. Les Cellariées forment le troisième ordre des Polypiers cellulifères dans la division des Flexibles ou non entièrement pierreux. Ce sont des Polypiers phytoïdes, presque toujours articulés, à rameaux planes, comprimés ou cylindriques, à cellules communiquant souvent entre elles par leur extrémité inférieure, ayant leur ouverture en général sur une seule face ; à bord rarement nu, ordinairement avec un ou plusieurs appendices sétacés sur le côté externe; point de tige distincte. Cet ordre est fort distinct, encore que les naturalistes en eussent répandu les espèces, les Flustres, les Sertulaires, les Tubulaires, etc.; ils appartiennent à la section des Celluifères non irritables. On ne peut les confondre avec les Celléporées à cellules isolées, avec les Flustrées à cellules sans communication entre elles, ni avec les Sertulariées à tige distincte, fistuleuse, et à laquelle viennent aboutir toutes les cellules. Les Polypes sont isolés dans les Celléporées, ainsi que leurs cellules; ces loges animées ont des parois et une base communes dans les Flustrées, mais les habitans ne communiquent point entre eux. Dans les Sertulariées, tous les Polypes aboutissent au tronc gélatineux qui remplit leur tige fistuleuse; dans les Cellariées, ils s'essaient à prendre ce dernier caractère : en effet, lorsque ces Polypiers offrent des cellules réunies ensemble, chacune se prolonge en forme de tube jusqu'au point articulaire; on le prouve en coupant transversalement une articulation : elle est composée d'autant de tubes qu'il y a de cellules dans la partie supérieure de l'articulation; ces tubes se terminent en pointe, de-là

vient la forme atténuée des articulations à leur base. Beaucoup de genres ont ces articulations composées d'une seule cellule sans que les Polypes communiquent de l'une à l'autre; enfin le dernier genre, nommé *Ætea*, a des cellules isolées sur une sorte de tige, il semble lier assez naturellement les Cellariées aux Sertulariées, comme les Electres lient les Flustrées aux Cellariées. D'après ces observations, nous croyons devoir considérer ces dernières comme formant un ordre bien distinct, et dont les caractères sont faciles à reconnaître dans tous les genres qui le composent.

Les Cellariées varient beaucoup dans leur forme; il en est que l'on pourrait comparer à une Flustre articulée (Cellaires). D'autres ont l'ouverture des cellules sur une seule face (Cabérée, Canda), mais ces cellules sont encore nombreuses; peu à peu ce nombre diminue (Crisie, Loricaire), et bientôt c'est une seule cellule placée et articulée sur une autre cellule (Eucratée); nous disons articulée, car dans tous les genres, il y a modification de substance au point articulaire. Les couleurs des Cellariées ne sont pas moins variées qu'elles le sont dans les autres Polypiers; desséchées, elles sont presque toujours d'un blanc jaunâtre semblable à la corne; il y en a quelques-unes d'un blanc éclatant, d'un brun foncé, et d'autres vertes, rouges, jaunes, etc.; elles sont isolées ou mêlées ensemble d'une manière plus ou moins agréable. Leur grandeur n'est jamais considérable, elle dépasse rarement un décimètre (environ 4 pouces); quelques-unes sont presque microscopiques. Elles se trouvent dans toutes les mers, en quantité d'autant plus grande que l'on se rapproche davantage des régions équatoriales. Des espèces analogues, mais non semblables, se trouvent dans les deux hémisphères à peu près aux mêmes latitudes. Le nombre des espèces est peu considérable relativement à celui des genres; tout nous porte à croire que ce nombre augmentera lorsque les naturalistes voyageurs s'occuperont de la recherche de ces jolis Polypiers. Il en existe de fossiles très-difficiles à décrire à cause de leur état.

L'ordre des Cellariées est composé des genres Cellaire, Gabérée, Canda, Acamarchis, Crisie, Menippée, Loricaire, Eucratée, Alecto, Lafœe, Hippothoé, Aétée. *V*. tous ces mots.

(LAM..X.)

CELLENDER ou CELLENDRE. BOT. PHAN. L'un des noms anglais de la Coriandre. *V*. ce mot.   (B.)

CELLÉPORE. *Cellepora*. POLYP. Genre type de l'ordre des Celléporées dans la division des Polypiers flexibles Cellulifères, adopté par les naturalistes, classé par Lamarck, parmi ses Polypiers à réseau, et par Cuvier parmi les Polypes à cellules. Il offre les caractères suivans : Polypier à expansions crustacées, très-fragiles, formées par la réunion d'un grand nombre de cellules urcéolées, ventrues, parallèles, inclinées ou verticales sur le plan auquel elles adhèrent, à une ou plusieurs ouvertures étroites, inégales, régulières ou irrégulières, placées au sommet ou sur les côtés des cellules; Polype isolé.

Fabricius, dans sa Faune de Groënland, a le premier établi le genre *Cellepora*. Gmelin, dans le *Systema Naturæ*, adopta les caractères de Fabricius. Ils sont si vagues qu'on peut les appliquer à des Polypiers de genres très-différens. Lamarck a cherché à rectifier ces caractères; nous les avons modifiés dans notre Histoire générale des Polypiers flexibles, ainsi que dans notreTableau méthodique des genres. Blainville y a fait quelques changemens dans le Dictionnaire des Sciences naturelles. Des observations nouvelles nous ayant mis à portée de mieux apprécier les différences que nous présentent ces petits Animaux, nous avons encore changé leur caractère générique.Nous ne doutons point que ce groupe n'éprouve encore de nouvelles définitions, et ne soit divisé en plusiurs genres, lorsque les espèces seront mieux connues. Blainville les

partage déjà en trois sections, d'après la forme du Polypier: 1° le Polypier subphytoïde ; 2° les Polypiers agglomérés en masse plus ou moins considérable ; 3° ceux dont les cellules sont incrustantes ; nous ne croyons pas les devoir adopter. Le caractère essentiel qui distingue les Cellépores des Tubulipores se trouve dans la forme des cellules polypeuses et dans celle de leur ouverture.Les cellules des Tubulipores ressemblent à des espèces de cornets à grande ouverture. Celles des Cellépores sont de plusieurs sortes, mais toujours renflées. Les unes n'ont qu'une seule ouverture au sommet de la cellule ; elle est unique et régulière, entière et sans appendice saillant, ou bien avec deux tubercules opposés plus ou moins allongés. Quelquefois cette ouverture est latérale ; alors elle est irrégulière et accompagnée en général d'un ou de plusieurs petits trous dont nous ignorons la destination, et que l'on retrouve dans quelques Flustres, mais peu sensibles. Il est quelques espèces dont les cellules à parois très-épaisses présentent sur leur bord plusieurs ouvertures qui se prolongent plus ou moins dans leur substance. Le bord, dans les différens Cellépores, est entier ou armé d'une à seize dents qui varient ordinairement dans leur longueur. Les différences lient, par un si grand nombre d'intermédiaires, les Cellépores aux Flustrées, aux Millepores et aux Escharées, que Pallas, Solander et Bruguière ont cru devoir supprimer ce genre et en placer les espèces dans les trois derniers groupes.; Moll les a réunis sous le nom d'*Eschara*.

Le Cellépores sont peu remarquables par leurs formes et par leurs couleurs; ils échappent souvent à l'œil de l'observateur, qui les regarde comme de simples dépôts calcaires, à cause de leur petitesse ou de leur aspect à demi-transparent. Exposés à l'action des Acides, ils s'y dissolvent presque en entier, tant est petite la quantité de matière animale qui entre dans leur composition ; ce caractère,

20*

réuni à celui de leur *facies*, les rapproche beaucoup des Polypiers entièrement solides et pierreux.

Les Polypes des Cellépores ne sont pas encore assez connus pour que nous puissions en donner une description exacte ; il en existe peu d'aussi difficiles à observer à cause de la rapidité de leurs mouvemens. Ces Polypiers se trouvent ordinairement en plaques plus ou moins étendues sur toutes les productions marines solides ou végétales ; ils existent dans toutes les mers et à toutes les profondeurs ; on en voit même de fossiles sur des Mollusques testacés ou des Madrépores des terrains de formation marine postérieurs à la Craie ; cependant le nombre des espèces connues est encore peu considérable ; il le deviendra davantage lorsque les naturalistes porteront leur attention sur ces êtres microscopiques : alors on pourra multiplier les genres et prendre pour caractères ceux que l'ouverture des cellules nous offre, et qui doivent être subordonnés à la forme de l'Animal.

Cellépore labiée, *Cellepora labiata*, Lamx., Genre Polyp., p. 2, t. 64, fig. 6-9. Les cellules de cette espèce forment de petites roses ou des verticilles sur quelques Sertulariées de l'Australasie ; elles sont placées de manière à rayonner ou à s'imbriquer, suivant le corps auquel elles adhèrent ; elles sont ovales, avec une grande ouverture latérale à deux lèvres, la supérieure en voûte, l'inférieure plus courte et redressée. Les cellules ont à peine un millimètre de grandeur, environ une demi-ligne.

Cellépore mégastome, *Cellepora megastoma*, Desm. et Lesueur, Bull. philom, 1814, t. 2, fig. 5, K, L. — Espèce fossile encroûtante, à expansions irrégulières peu développées ; les cellules sont très-distinctes, ovoïdes, avec l'ouverture presque centrale et très-grande. Elle se trouve sur les corps fossiles de la Craie des environs de Paris.

Cellépore spongite, *Cellepora spongites*, Gmelin, *Syst. Nat.*, Polyp. 3791, n° 2. — Lamx., Genre Po-

lyp., p. 2. t. 41, fig. 3. — Polypier à base encroûtante, couverte d'expansions tubuleuses turbinées, irrégulières, diversement divisées et coalescentes ; les cellules sont sériales, un peu ventrues, à ouverture orbiculaire. La couleur de cette espèce est blanc-jaunâtre dans l'état de dessiccation ; sa grandeur varie de quatre à vingt centimètres (un à huit pouces). Elle se trouve dans la Méditerranée et en Amérique suivant Pallas, au Groënland suivant Gmelin, et sa variété plus petite est moins épaisse dans la mer des Indes suivant Lamarck. Nous ne pouvons juger ce Polypier que par les descriptions et les figures, et nous doutons beaucoup qu'il appartienne à ce genre et même à l'ordre des Celléporées.

Cellépore transparente, *Cellepora hyalina*, Linné. — Gmelin, *Syst. Nat.* p. 3792, n° 6. — Caval. Polyp. Mar. 3. p. 242, t. 9, fig. 8-9. Elle forme de petites croûtes blanches, transparentes, brillantes sur les Floridées des mers d'Europe ainsi que sur d'autres productions marines : les cellules sont ovales et allongées, diaphanes, à ouverture simple un peu oblique et régulière. On ne peut les bien observer qu'avec le secours d'une forte loupe.

Lamarck a décrit sous les noms de *Cellepora incrassata*, *Oliva*, *aculeata*, *Endivia* et *cristata*, des Polypiers qui nous paraissent si différens de notre genre Cellepora que nous n'avons cru devoir les y insérer que comme espèces très-douteuses, ainsi que celles qu'ont décrites les auteurs sous les noms divers de Cellépore rameuse, — brillante, — sillonnée, — ovoïde, — percée, de Mangneville, — globuleuse, — pouce, — ailée, — rouge, — caliciforme, — radiée, — ciliée, — à seize dents, — bipointue, — vulgaire, — bouche arrondie, — Pallasienne, — Bornienne, — et Ottomullerienne. — Nous possédons encore un grand nombre de Cellépores non décrites. (LAM..X.)

* CELLÉPORÉES. *Celleporeæ.* POLYP. Ordre de Polypiers dans la

division des Flexibles cellulifères, établi dans notre Exposition méthodique des genres de Zoophytes. Ce sont des Polypiers membrano-calcaires, encroûtans, à cellules sans communication entre elles, et libres ou ne se touchant que par leur partie inférieure, à parois non communes, ramassées, fasciculées, verticillées, sériales ou confuses; ouverture des cellules au sommet ou sur le côté; Polypes isolés. — Nous dirons peu de chose des Celléporées, ordre qui n'est encore composé que des deux genres *Tubulipora* et *Cellepora;* nous l'avions réuni aux Flustrées dans notre Histoire générale des Polypiers flexibles; des observations nouvelles nous ont décidé à les séparer. Dans ces deux genres s'observe ce caractère essentiel d'avoir des cellules isolées ou à parois non communes; sans membrane encroûtante : dans le premier, les cellules semblent ne pas avoir de base étendue, elles se placent à côté les unes des autres sans que l'on puisse apercevoir le corps qui les réunit. Dans le second, cette base existe, et alors les cellules y sont placées presque perpendiculairement en tas et en ordre, ou bien elles sont couchées, accolées les unes aux autres, et quelquefois comme imbriquées; dans tous les cas, elles n'ont jamais de parois communes à deux cellules, ni des ovaires; c'est ce qui les distingue éminemment des Flustrées avec qui elles ont les plus grands rapports. Il est encore bon de remarquer que les Celléporées n'offrent jamais, comme certaines Flustres, une membrane couverte de cellules séparées par un intervalle quelconque. Dans les premières, les cellules sont ou isolées et droites, ou accolées et plus ou moins couchées sur le plan qui les supporte; il n'y a point d'intermédiaire. Ces petits Zoophytes ont une substance beaucoup plus solide que les autres Polypiers de la même division; il en existe même que l'on pourrait presque regarder comme entièrement pierreux à cause de leur dureté même dans l'eau, où ils sont beaucoup plus flexi-

bles que dans l'air. Lorsqu'ils sont desséchés, ils deviennent roides et très-fragiles. Ce caractère réuni à leur aspect les rapproche des Escharées dont ils diffèrent sous beaucoup de rapports. — Les Celléporées sont en général microscopiques; leur couleur n'offre des nuances ni brillantes ni variées; elles se trouvent dans toutes les mers, et adhèrent aux rochers, aux Plantes, aux Polypiers, aux Crustacés et aux Mollusques testacés; nous en avons même vu sur des écailles de Tortues. Les mêmes espèces se développent indifféremment sur tous ces corps, sans que l'on puisse observer aucune modification dans leurs caractères.

Le nombre des espèces connues est peu considérable relativement à celles qui existent même dans les collections; on pourrait facilement le quadrupler; mais alors le genre Cellépore deviendrait trop nombreux. Il faudrait le diviser en plusieurs, et ce travail minutieux, très-intéressant sans doute pour les naturalistes, n'avancerait peut-être pas beaucoup nos connaissances générales en histoire naturelle.   (LAM..X.)

CELLULAIRE. *Cellularia.* POLYP. Bruguière et Bosc ont donné ce nom au genre Cellaire, d'après Pallas. Il n'a pas été adopté par les naturalistes modernes, qui ont préféré la dénomination de Cellaire, beaucoup plus courte que la première.   (LAM..X.)

* CELLULAIRE. *Cellularia.* BOT. CRYPT. Bulliard se proposait de former sous ce nom un genre où il eût renfermé les Agarics coriaces dont les feuillets s'anastomosent, tels que l'*Agaricus labyrinthiformis.* Ce genre a été établi depuis par Persoon, sous le nom de *Dædalea. V.* ce mot.   (AD. B.)

*'CELLULAIRES. BOT. CRYPT. Se fondant sur l'observation que, dans toutes les Acotylédones, il y a absence de vaisseaux, De Candolle (Théorie élém. de la Botanique) propose d'établir sous ce nom la division des Plantes dont les caractères, tirés de l'anatomie végétale et de l'organisation

de la graine, se trouvent ainsi concordans; et par opposition, il a nommé Vasculaires les Endogènes et Exogènes, c'est-à-dire les Plantes qui, munies de vaisseaux, diffèrent entre elles par l'organisation de leur tige et qui correspondent, les premières aux Monocotylédones, et les secondes aux Dicotylédones de Jussieu.   (G..N.)

CELLULE. *Cellula, Alveolus, Favus, Favulus, Favicella*, etc., etc. INS. On désigne sous ce nom chaque petite loge de forme parfaitement régulière que construisent les Abeilles, afin d'y déposer leur miel ou pour y élever leurs larves. Réunies, les Cellules constituent ce qu'on nomme vulgairement Gâteaux. Plusieurs autres Hyménoptères, les Guêpes en particulier, bâtissent aussi, mais, en général, avec moins d'art, des cavités analogues. *V*. ABEILLE, GUÊPE, BOURDON. On nomme aussi Cellules des espaces membraneux qu'on remarque aux ailes, et qui sont circonscrits par des nervures. *V*. AILES.   (AUD.)

CELLULES. BOT. ZOOL. Petites cavités fermées de toutes parts, dont la coupe est presque toujours hexagonale, et formant le tissu cellulaire par leur juxta-position; elles sont produites par le dédoublement des membranes. *V*. TISSU CELLULAIRE. (G..N.)

CELLULES. POLYP. L'on donne le nom de Cellules à toutes les parties creuses qui servent d'habitation aux Polypes. Une Cellule ne renferme jamais qu'un seul Polype, mais comme cette partie varie prodigieusement, il est impossible de la considérer en général; il faut l'étudier dans chaque division, dans chaque ordre, afin d'en avoir une idée aussi exacte que nos connaissances peuvent le permettre. Il sera facile alors de se convaincre que la Cellule est liée au Polype, sous tous les rapports, autant au moins que le Mollusque testacé à sa coquille, et que son étude présente le plus grand intérêt. Les Cellules, dans la première division qui comprend les Polypiers flexibles ou non entièrement pierreux, varient plus que dans les deux autres. Elles fournissent les caractères des ordres et des genres dans la section entière des Polypiers à Cellules non irritables; leur développement offre un mode particulier que l'on ne retrouve point dans les autres groupes. C'est d'abord un point globuleux qui augmente peu à peu, suivant la forme que doit avoir la Cellule; bientôt elle se dessine et de suite elle s'ouvre pour donner passage au petit Polype qui parvient rapidement à toute sa croissance; à la première époque, la Cellule entière est tapissée intérieurement d'une membrane analogue au manteau des Mollusques; elle se dessèche aussitôt que le Polype cesse de croître, et ce dernier n'adhère plus alors au bord de la Cellule, mais plus ou moins profondément, suivant les genres, et toujours au moyen d'une membrane particulière formant une sorte de sac qui renferme des organes essentiels à la vie. — L'existence des Cellules et des Polypes qui les habitent est regardée comme douteuse dans la plupart des Polypiers calcifères, *V*. ce mot, que plusieurs naturalistes considèrent encore comme des Plantes. Cependant les Cellules sont très-apparentes dans les Acétabulaires et les Cymopolies; ainsi point de doute pour ces genres. Mais, dit-on, les Corallines sont de véritables Plantes, et non des productions animales, puisque personne n'a jamais pu en voir les Polypes. D'après ce principe, les Millepores seraient également des Végétaux. On les classe néanmoins parmi les Millepores, et comme les Cellules des Cymopolies ont été parfaitement décrites par Ellis, que ces Polypiers ne peuvent se séparer des Corallines, il s'ensuit que ces derniers sont de véritables Polypiers à Cellules invisibles, que l'Animal ferme à volonté, peut-être par une opercule qui se confond avec les parties environnantes. Nous passons sous silence les autres preuves de l'animalité des Corallines. Les Cellules des Corticifères diffèrent de celles dont nous venons de parler; ici les parties solides sont intérieures, les parties molles sont externes, et c'est dans leur substance que l'Animal établit sa Cellule. Elle n'est point apparente dans les Spongiées, peut-être même n'en existe-t-il point, et toute l'écorce gélatineuse qui recouvre le tissu est une masse animée qui exerce des fonctions vitales par tous les points de sa surface. — Les Antipathes se rapprochent beaucoup des Eponges par la nature de leur écorce; déjà l'on y voit des Cellules et des Polypes, très-simples, il est vrai, cependant faciles à observer. L'écorce prend une consistance terreuse dans les autres Gorgoniées ainsi que dans les Isidées; elle est remplie de Cellules qui pénètrent presque jusqu'à l'axe. Le Polype a une sorte de manteau attaché au-dessous des tentacules, au moyen duquel il sort et rentre dans sa petite habitation. Souvent ce manteau est si court, que l'Animal est toujours en dehors. La Cellule est tapissée d'une autre membrane qui se prolonge jusqu'à l'axe, elle l'enveloppe et semble mettre en communication tous les Animaux de ces ruches marines. C'est peut-être cette membrane qui sécréte et nourrit l'écorce par une de ses surfaces, et qui augmente les couches de l'axe par l'autre surface. — Les Cellules sont très-apparentes dans la division des Polypiers non flexibles et pierreux, et ne varient presque point, si ce n'est dans leur forme. Elles ressemblent à des trous, dans la section des Polypiers foraminés; ces trous augmentent de grandeur, se divisent en nombreuses vallées, représentent des étoiles, etc., et sont toujours garnis de lames intérieures dans les Polypiers lamellifères. Enfin, dans les Tubulés, les Cellules ressemblent à des tuyaux réunis et accolés d'une manière plus ou moins parallèle.

Dans la troisième et dernière division, celle des Polypiers sarcoïdes, les Cellules, distinctes dans les Alcyonées, ont les plus grands rapports avec celles des Gorgones; dans les Polyclinées, le Polypier semble vouloir disparaître, tandis que le sac membraneux prend plus de développement et se confond avec la Cellule. Enfin, dans les Actinaires, le dernier ordre des Polypes à Polypiers, il n'y a plus de Cellules; le sac membraneux devient beaucoup plus épais, ne recouvre que la partie inférieure du corps dans quelques genres, et disparaît dans quelques autres qui se lient aux Actinies par de nombreux intermédiaires. Ainsi la Cellule qui sert de demeure au Polype offre, comme tous les autres organes des Animaux, un commencement, une apogée, une fin. (LAM..X.)

CELLULIE. *Cellanthus.* MOLL. Genre formé par Denis Montfort, sur une petite coquille cloisonnée trouvée dans le golfe du Mexique, et que Fichtel avait figurée sous le nom de *Nautilus craticulatus.* V. NAUTILACÉES. (B.)

CELMISIE. *Celmisia.* BOT. PHAN. Cassini appelle ainsi un nouveau genre de Synanthérées corymbifères, qu'il place dans sa tribu des Adénostylées, et auquel il donne pour caractères : des fleurs radiées, ayant les fleurons hermaphrodites et fertiles; les demi-fleurons de la circonférence ligulés et femelles; le réceptacle est plane et nu; l'involucre est formé d'écailles foliacées, inégales et imbriquées; l'ovaire est stipité, cylindrique, velu, terminé par une aigrette sessile et plumeuse.

La CELMISIE A FEUILLES RONDES, *Celmisia rotundifolia,* Cass., est une Plante herbacée dont on ignore la patrie. Sa tige tomenteuse, haute d'un pied, porte des feuilles alternes, entières, coriaces, velues et blanchâtres en dessous; sa tige est terminée par un seul capitule de fleurs.

Ce genre a le port d'une espèce d'Arnique. (A. R.)

CÉLONITE. *Celonites.* INS. Genre de l'ordre des Hyménoptères, section des Porte-aiguillons, famille des Diploptères, établi par Latreille aux dépens du genre *Masaris,* avec lequel il le réunit (Règn. Anim. de Cuvier), et qui n'en diffère réellement que fort peu. Jurine (Class. des Hymén, p. 182) ne les distinguant pas des Masaris, et ayant pris les caractères de ce genre sur la seule espèce que Latreille rapporte à ses Célonites, nous les transcrirons ici tels à peu près qu'il nous les a donnés : antennes courtes, en massue solide, ovoïde et très-arrondie au bout, composées de douze articles dans les femelles et de treize dans les mâles ; yeux profondément échancrés ; mandibules bifides ; ailes offrant une cellule radiale, arrondie à son extrémité, et deux cellules cubitales presque égales, la seconde recevant les deux nervures récurrentes. Les Célonites se distinguent de tous les Hyménoptères par la forme de leurs antennes, qui ont cependant beaucoup d'analogie avec celles des Tenthrèdes ; mais leurs yeux échancrés, leurs ailes pliées et leur ventre pétiolé empêcheront toujours de les confondre avec ce dernier genre. Elles ressemblent tellement aux Masaris par les parties de la bouche et les ailes, qu'on ne trouve de différence sensible que dans une longueur moindre de leurs antennes et de leur abdomen. La Célonite apiforme, *Cel. apiformis* ou le *Masaris apiformis* de Fabricius, est la seule espèce connue. Rossi l'a désignée sous le nom de *Chrysis dubia*, et Olivier l'a nommée *Cimbex vespiformis*. Jurine (*loc. cit.*, pl. 10, fig. 17) en donne une fort bonne figure. Cet Insecte assez rare se rencontre en Italie et dans les départemens les plus méridionaux de la France. Les femelles sont armées d'un aiguillon caché et piquant ; les mâles présentent à l'extrémité postérieure de leur abdomen trois dents dont l'intermédiaire est échancrée. Chabrier a fait la remarque qu'ils contractent leur corps comme les Chrysis, et qu'ils se tiennent accrochés aux Plantes avec les ailes pendantes et repliées sur les côtés. Rossi (*Fauna etrusca*, edit. *Illiger.* T. II, p. 125) a donné une observation analogue. (AUD.)

CELOSIE. *Celosia.* BOT. PHAN. Genre de la famille des Amaran-

thacées, dont on cultive quelques espèces dans les parterres, où elles sont connues sous le nom vulgaire de Passe-Velours, et caractérisé par un calice de cinq sépales, muni extérieurement de deux ou trois bractées écailleuses, et cinq étamines dont les filets sont soudés, à leur base, en un tube qui entoure l'ovaire surmonté d'un style bi ou trifide à son sommet. Le fruit est une pyxide polysperme. On en a décrit vingt espèces environ, toutes exotiques et dont la moitié au moins habite les Indes-Orientales. Leur tige est herbacée ou sous-frutescente ; leurs feuilles sont alternes et dépourvues de stipules ; leurs fleurs disposées en épis ou en panicules plus ou moins denses. *V.* Lamk., *Illust.*, tab. 168, et Gaertner, tab. 128. (A. D. J.)

CELSIE. *Celsia.* L. BOT. PHAN. Famille des Solanées, Didynamie Angiospermie, L. Ce genre est un de ceux qui lient ensemble deux familles, en présentant les caractères principaux de l'une et de l'autre. Voisin des Scrophularinées par ses étamines didynames, il se rapproche encore davantage des Solanées par ses autres caractères. Il a, en effet, les filets des étamines barbus et la corolle rotacée comme dans le genre Molène, qui appartient évidemment à cette dernière famille, laquelle, d'ailleurs, ne paraît différer de l'autre que par la régularité des parties de la fructification. Voici les caractères que présente le genre Celsie : un calice à cinq divisions profondes ; une corolle rotacée à cinq lobes inégaux ; quatre étamines didynames dont les filets sont velus ; un seul stigmate et une capsule bivalve. Les espèces de Celsies sont en petit nombre, car à peine en connaît-on une dixaine, lesquelles sont des Plantes herbacées à feuilles simples ou pinnées et à fleurs munies de bractées et disposées en épis terminaux. Elles habitent les côtes de Barbarie, les îles de l'Archipel grec et les contrées orientales. Quelques Celsies (*C. orientalis, C. arcturus, C. cretica*), sont cultivées comme Plantes d'ornement; mais comme elles exigent l'orangerie, et que d'ailleurs elles sont inférieures en aspect à nos Molènes, ces fleurs ne sont ni recherchées ni répandues dans les jardins. (G..N.)

CELTIS. BOT. PHAN. Pline désignait par ce nom l'Arbre appelé *Lotos* par les Grecs. Plumier l'a donné depuis au genre connu sous le nom de *Badula*. Dans l'opinion où étaient certains botanistes que le Micocoulier était ce Lotos des anciens, Linné lui a réservé le nom générique de Celtis. *V*. MICOCOULIER. (B.)

CELYN. BOT. PHAN. Syn. gallois d'*Ilex aquifolium*, L. *V*. HOUX. (B.)

CÉMAS. MAM. *V*. KÉMAS.

CEMBRA, CEMBRO ET CEMBROT. BOT. PHAN. Noms vulgaires d'une espèce de Pin, *Pinus Cembra*.(B.)

CEMBUL. BOT. PHAN. Nom arabe d'une Graminée que les uns croient être le Nard, et d'autres une Cretelle. *V*. ces mots. (B.)

CEMELEG ou CEMELES. BOT. PHAN. (Ruell.) L'un des noms anciens de l'*Helleborus niger*, L. *V*. HELLÉBORE. (B.)

* CÉMENT. MIN. On nomme ainsi la matière dont on enveloppe les substances dont on veut altérer la nature à l'aide d'une élévation de température qui n'atteint point le degré de fusion. Le Cément, qui varie selon les besoins, qui est ou pâteux ou pulvérulent, se place dans un creuset, et on y plonge le corps à cémenter; on arrange ensuite cet appareil dans le fourneau. C'est par la cémentation que le fer est converti en acier de qualité supérieure. (DR..Z.)

* CÉMENTATION. MIN. Opération qui amène un changement particulier dans les corps chimiques. *V*. CÉMENT. (DR..Z.)

* CEMMOR. POIS. Pour Kemmor. *V*. ce mot.

* CEMONE. *Cemonus*. INS. Genre de l'ordre des Hyménoptères, section des Porte-aiguillons, fondé par Jurine (Class. des Hyménopt. p. 213), et désigné par Latreille sous le nom de PEMPHRÉDON. *V*. ce mot. (AUD.)

CEMOS ET CEMUR. BOT. PHAN.

La Plante désignée par les Grecs et par Pline sous ces noms, laquelle a été rapportée au *Filago Leontopodium*, L., et au Lierre, Végétaux cependant bien différens. (B.)

* CEMPOAL-XOCHILT. BOT. PHAN. (Hernandez.) Syn. de *Tagetes erecta*, vulgairement OEillet d'Inde. *V*. TAGÈTE. (B.)

CEMUM. BOT. PHAN. Même chose que Camium et Camum. *V*. ces mots. (B.)

* CENANAM ou CENANTHI. BOT. PHAN. Noms mexicains qu'on rapporte indifféremment à une Apocinée qui peut être une Asclépiade, et au Camara, espèce du genre Lantana. *V*. ce mot. (B.)

CENARRHENES. BOT. PHAN. Genre de la famille des Protéacées, établi par Labillardière (*Nov.-Holl*. Pl. 1, p. 36, tab. 50) d'après un Arbre observé près du cap de Van-Diemen. Ses tiges sont glabres; ses feuilles alternes, planes, dentées en scie, luisantes; ses fleurs, munies chacune d'une bractée et disposées en épis simples et axillaires. Leur calice se compose de quatre sépales réguliers, caducs, rétrécis et courbés en dedans à leur sommet; quatre étamines insérées à leur base leur sont opposées, et alternent avec quatre petites glandes pédicellées, hypogynes, que Labillardière considère comme des étamines avortées. L'ovaire est libre et sessile, le style court, le stigmate est simple; le fruit une drupe charnue, ovoïde, petite, contenant une noix de même forme et monosperme. L'embryon est dressé et dépourvu de périsperme. — Une Plante de Madagascar, que Du Petit-Thouars nomme *Potameia*, paraît congénère de celle-ci dont elle ne diffère que par son calice urcéolé et ses cinq glandes arrondies. (A.D.J.)

CENAU. BOT. PHAN. Syn. de *Cordia Sebestana* à Banda. *V*. SEBESTIER. (B.)

CENCERRO. OIS. Syn. espagnol du Coracias huppé ou Sonneur, *Corvus eremita*, Lath. *V*. CORBEAU. (DR..Z.)

CENCHRAMIDEA. BOT. PHAN. (Plukenet.) Et non *Cenchramidia.* Syn. du *Clusia rosea* et du *Guazuma ulmifolia. V.* CLUSIE et GUAZUMA.

* CENCHRAMIDES. BOT. PHAN. Nom grec des graines du Figuier que l'on comparait, pour leur figure, à celles du Millet. (B.)

CENCHRAMIDIA. BOT. PHAN. *V.* CENCHRAMIDEA.

CENCHRAMIS. BOT. PHAN. Pour Cenchramides. *V.* ce mot.

* CENCHRAMUS. OIS. Nom tiré du mot Cynchramos qui, chez les Grecs, désignait l'Ortolan, pour un genre qu'a formé Moerhing dans sa Méthode, et qui répond au Meleagris de Linné. *V.* PINTADE. (DR..Z.)

CENCHRE. *Cenchrus.* L. BOT. PHAN. Vulgairement Râcle. Genre de la famille des Graminées et de la Triandrie Monogynie, fondé par Linné pour un assez grand nombre de Plantes que plusieurs botanistes ont successivement retirées du cadre où ce célèbre naturaliste les avait groupées, afin d'en constituer presqu'autant de genres particuliers. Ainsi, Desfontaines (*Fl. atlantica,* 2, p. 385) a formé son genre *Echinaria* avec le *C. capitatus;* le *Dactylotenium* de Willdenow a eu pour type le *C. Ægyptius,* L.; les *C. ciliaris,* L. et *C. orientalis,* Willd. ont fourni de suffisans caractères pour l'admission du genre *Pennisetum* (Rich. *in Persoon Synops. Plant.* 1, p. 72). Palisot-Beauvois, dans son Agrostographie, a proposé aussi divers changemens, résultats de ses propres observations et de l'adoption des genres établis par Retz, Persoon, Desvaux, etc. Il a limité le genre Cenchre à un petit nombre de Plantes, à la tête desquelles il place le *C. echinatus,* L., et il lui a donné les caractères suivans : épi composé; chaque épi est muni d'un involucre le plus souvent double, dont l'extérieur est formé de soies roides et épineuses, et l'intérieur composé de plusieurs écailles lancéolées et soudés à leur base; lépicène à deux valves inégales renfermant deux fleurs, l'une mâle et l'autre femelle, contenues chacune dans deux glumes lancéolées ; ovaire émarginé; style partagé jusqu'à l'ovaire en deux branches qui portent des stigmates plumeux.

Ces caractères se retrouvent dans le *Pennisetum,* à l'exception du style qui, dans ce dernier genre, est seulement divisé au sommet; l'involucre intérieur de celui-ci offre en outre la singulière organisation d'être composé de fortes soies plumeuses. Les affinités de ces deux genres sont donc tellement marquées qu'il est impossible de les séparer dans toute disposition naturelle des Graminées. Aucune espèce de *Cenchrus* n'est remarquable par ses usages et son utilité. (G..N.)

* CENCHRIAS. REPT. OPH. Serpent décrit dans Séba, et qu'il est difficile de reconnaître, malgré la figure qui en a été donnée, au milieu du grand nombre d'espèces qui lui ressemblent et dont la vélocité a été fort célébrée. Il ne paraît pas, à le voir, être dangereux. (B.)

* CENCHRIS. OIS. (Aristote.) Syn. de la Cresserelle, *Falco Tinnunculus,* L. *V.* FAUCON. (DR..Z.)

CENCHRIS. REPT. OPH. Les anciens donnaient ce nom à un Serpent dont ils citaient comme merveilleuses la force et la vélocité. Linné l'appliqua mal à propos à un Boa du Nouveau-Monde, que les Grecs et les Romains n'avaient pu connaître, et qui est l'Aboma. Daudin, sur des observations inexactes, forma sous ce nom un genre auquel il donnait pour caractères, outre ceux du genre Boa dont il était voisin, des crochets venimeux que Beauvois prétendit avoir examinés, et qui cependant, d'après Cuvier, n'existent pas dans l'Animal innocent connu dans l'Amérique septentrionale, sous le nom vulgaire de Mokeson. Daudin y rapportait le Kog-Nose de Catesby. Il paraît que ce prétendu Cenchris n'est que le *Boa contortrix* de Linné, devenu le Scytale à grouin de Latreille. Ni Duméril, ni Cuvier, ni Oppel n'ont adopté le genre Cenchris que, sur l'autorité de tels savans, nous croyons devoir rejeter. (B.)

* CENCHRITE et CENCHRON. MIN. (Plinc.) Noms que les anciens donnaient au très-petit Diamant qui n'était pas plus gros qu'un grain de Millet. (LUC.)

CENCHRITES. MOLL. FOSS. Pétrifications qui paraissent être la même chose que ce qu'on a aussi nommé Borélies. *V.* ce mot. et MÉLONITE. (B.)

* CENCHROME. *Cenchroma.* INS. Genre de l'ordre des Coléoptères, section des Tétramères, établi par Germar et adopté par Dejean (Catal. des Coléopt., p. 95), qui en possède cinq espèces toutes exotiques. Ce genre fait partie de la famille des Rhinchophores, et est une des innombrables divisions établies dans le grand genre Charanson de Linné. (AUD.)

CENCHRON et CENCHROS. BOT. PHAN. Nom grec du Millet, *Panicum Miliaceum* de Linné, dont ce botaniste a tiré celui qu'il imposa à l'un de ses genres de Graminées, vulgairement appelé Râcle. *V.* CENCHRE. (B.)

CENCHRON. MIN. *V.* CENCHRITE.

* CENCHRUS. REPT. OPH. Espèce de Couleuvre d'Asie dans Lacépède. Les anciens naturalistes appliquaient ce nom à quelque autre Serpent qu'on ne peut reconnaître sur ce qu'ils disent de sa peau parsemée de grains pareils à ceux du Millet et de son ardeur au combat que l'on comparait à celle du Lion. (B.)

CENCO. REPT. OPH. Espèce du genre Bongarc. *V.* ce mot. (B.)

* CENCOALT et CENCOATOLT. REPT. OPH. Même chose que Cenco. *V.* BONGARE. (B.)

CENCONTATOTLI. OIS. Syn. mexicain du Moqueur, *Turdus rufus*, L. *V.* MERLE. (DR..Z.)

CENCRIS. REPT. OPH. Pour Cenchris. *V.* ce mot. (B.)

CENDICI-VALLI. BOT. PHAN. Liseron de la côte de Malabar, peu connu, encore qu'il ait été figuré par Rhéede. (B.)

* CENDOR. BOT. PHAN. Syn. d'*Illecebrum sanguinolentum* à Java. (B.)

* CENDRÉ. INS. Nom sous leque

Engramelle a désigné une espèce de Papillon qui est le *Sphinx Vespertilio* de Fabricius. (AUD.)

* CENDRÉ. POIS. Nom spécifique d'un Baliste, d'un Labre et de quelques autres Poissons. (B.)

CENDRÉE DE TOURNAY. MIN. La Chaux que l'on prépare aux environs de Tournay avec la pierre calcaire fétide, produit un ciment très-solide dont on augmente encore la dureté à l'aide d'un mélange de cendres. Cette sorte de combinaison est connue sous le nom de Cendrée, comme les cendres volcaniques le sont sous celui de Pouzzolane. (DR..Z.)

CENDRES. MIN. et GÉOL. Résidu de la combustion libre des matières des trois règnes, qui admettent dans leur composition le Carbone non combiné. Ces Cendres en général sont composées de Silice, d'Alumine, de Chaux, de Magnésie, de sous-Carbonates de Potasse et de Soude, d'Oxides de Fer et de Manganèse, etc. Celles qui contiennent du sous-Carbonate de Potasse, servent à l'extraction de cette matière saline, à la formation des lessives pour le blanchissage du linge, etc. Lorsqu'elles sont épuisées de matières solubles, on les répand comme engrais sur les terres.

Le nom de Cendres a été étendu à diverses substances tirées indifféremment du règne minéral ou végétal, et dont quelques-unes sont d'usage dans les arts. L'on a appelé:

CENDRES BLEUES, une couleur d'une très-belle nuance que l'on obtient en précipitant la dissolution nitrique de Cuivre par la Chaux, en lavant le précipité et en le broyant avec de la Chaux jusqu'à ce que l'on ait la teinte convenable. Cette couleur, qui est fort employée dans la peinture des papiers pour tapisseries, a l'inconvénient de passer en vert par le contact de l'Oxigène de l'air.

* CENDRES GRAVELÉES, le résidu de la combustion du marc de Raisin et de la lie de Vin desséchés. Ce résidu contient beaucoup plus de sous-Carbonate de Potasse que les Cendres ordinaires, et en outre un peu de Chlorure de Potassium et de Sulfate de Potasse.

CENDRES DU LEVANT, la Soude que l'on obtient de la combustion et de l'incinération de la Kakile, *Bunias Kakile*, L., et qu'emploient les teinturiers.   (DR..Z.)

* CENDRES ROUGES, le résidu terreux et rougeâtre de la combustion du Lignite terreux et qu'on emploie comme engrais dans le Soissonnais.

CENDRES DE VOLCANS, des parcelles de matières volcaniques réduites souvent à la plus grande ténuité, qui, la plupart du temps, s'élèvent des cratères en éruption soutenues par des torrens d'épaisse fumée, et qui retombent en pluie souvent à de grandes distances, quand l'agent qui les tenait en suspension vient à les abandonner : ainsi l'on a vu de ces Cendres volcaniques vomics par l'Ethna, arriver jusqu'à Malte ; celles du Vésuve parvenir en Grèce, et de pareilles éjections des monts ignivomes des Canaries passer d'une île à l'autre. Les pluies de Cendres volcaniques ont souvent été si considérables, qu'elles ont déposé, sur le sol où elles tombaient, des couches de plus d'un pied d'épaisseur sur plusieurs lieues d'étendue. Nous avons été à portée d'observer de ces prétendues cendres, et nous avons rendu compte de la manière dont elles se forment dans notre Voyage aux quatre îles des mers d'Afrique, en parlant des cratères que dans l'île de Mascareigne on appelle les *Formicaleo*. Il s'y mêle quelquefois du sable dont l'origine est fort différente, comme on le verra quand il sera question des Volcans. *V.* ce mot et l'OUZZOLANE.   (B.)

CENDRIÈRE. GÉOL. Syn. de Tourbe dans certains départemens de la France.   (B.)

CENDRIETTE. BOT. PHAN. (Lamarck.) Syn de Cinéraire. *V.* ce mot.   (B.)

CENDRILLARD. OIS. Nom donné à la femelle du Coua à tête rousse,

Coccyzus ruficapillus, Vieill. *V.* COUA.   (DR..Z.)

CENDRILLE. OIS. Syn vulgaire de la Mésange bleue, *Parus cœruleus*, L., de la Mésange charbonnière, *Parus major*, L., de la Sitelle, *Sitta europœa*, L., et de l'Alouette du Cap, *Alauda cinerea*, Gmel. (DR..Z.)

CÉNIE. *Cenia.* BOT. PHAN. Corymbifères, Juss. Tribu des Anthémidées de Cassini, Syngénésie Polygamie superflue, L. L'involucre est formé de huit folioles disposées sur un seul rang ; le réceptacle convexe et nu. Il porte au centre des fleurons quadrifides et hermaphrodites, à la circonférence environ vingt demi-fleurons courts et femelles. Les akènes sont comprimés et dépourvus d'aigrette. Ce genre est formé d'une espèce jusqu'à présent unique. C'est une petite Plante herbacée du cap de Bonne-Espérance, à feuilles bipinnatifides et à fleurs solitaires, au sommet de longs pédoncules terminaux, renflés et creux au sommet. Linné la nommait *Cotula turbinata;* Willdenow la réunit au *Lidbekia*, et Lamarck au *Lanasia*. *V. Illustr.* tab. 701, fig. 1.   (A.D.J.)

* CENJORIES. BOT. PHAN. (Garcias.) Nom donné par les Portugais de l'Inde aux plus petites variétés de Bananes.   (B.)

CÉNOBION. *Cœnobium.* BOT. PHAN. Mirbel désigne sous ce nom un genre de fruits assez bien caractérisé, composant à lui seul l'ordre des Cénobionaires. Il est formé de plusieurs parties distinctes dans le fruit parfaitement mûr et portées sur un réceptacle commun, mais réunies et n'ayant qu'un style dans l'ovaire avant la maturité du fruit. Quelques exemples éclairciront cette définition. Dans toutes les Labiées le fruit se compose de quatre petites coques monospermes, indéhiscentes, réunies par leur base sur un réceptacle commun. Dans la Bourrache, la Buglosse, la Vipérine et toutes les véritables Borraginées, le fruit offre absolument la même structure. Examinez le fruit des *Quassia*, il est composé de cinq coques distinctes , mais portées sur un réceptacle commun ; il en est de même dans les genres *Gomphia*, *Ochna* , etc. Ces différens genres nous offrent des exemple de Cénobions.

Si on étudie ces fruits avant leur maturité , on verra que les diverses parties qui les composent étaient d'abord réunies et faisaient corps ensemble pour former un seul pistil. Mais cette union n'était jamais complète , c'est-à-dire que les loges n'étaient pas soudées par tout leur côté interne. Ainsi par exemple dans le *Quassia amara* et le *Simarouba*, les cinq loges dont se compose l'ovaire et qui forment autant de côtes très-saillantes sont libres par tout leur côté interne, et seulement soudées par leur sommet, d'où naît un style commun pour les cinq loges. A l'époque de la maturité , le style se détache , et alors chaque loge s'écartant et se déjetant en dehors , le fruit se trouve formé de cinq parties distinctes , qui semblent n'avoir entre elles aucune connexion. Dans les Labiées et les Borraginées au contraire ; il semble que l'axe central, sur lequel appuient les quatre loges , se soit affaissé , et le style semble naître du réceptacle, ce qui n'a jamais lieu. A la chute du style, les quatre loges paraissent aussi n'avoir entre elles aucune communication. De Candolle a désigné ce genre de fruits sous le nom de *fruits gynobasiques*.

(A. R.)

+CÉNOBIONAIRES(FRUITS). BOT. PHAN. C'est ainsi que Mirbel appelle le cinquième ordre dans sa classification carpologique, lequel ne comprend que le genre Cénobion. *V.* ce mot.

(A. R.)

+CENOBIONNIENNE. BOT. PHAN. *V.* DIÉRÉSILE.

CENOBRION. BOT. PHAN. Dict. de Déterville, pour Cénobion. *V.* ce mot.

(A. R.)

CENOGASTRE. *Cenogaster.* INS. Genre de l'ordre des Diptères , fondé par Duméril , et qui ne paraît pas différer de celui établi anciennement par Geoffroy (Hist. des Ins. T. 2, p. 540),

sous le nom de Volucelle. *V.* ce mot.

(AUD.)

CENOIRA. BOT. PHAN. L'un des noms de la Carotte en Portugal selon Leman.

(B.)

CENOMICE. BOT. CRYPT. Double emploi de Cenomyce dans le Dictionnaire de Déterville.

(AD. B.)

CÉNOMIE. INS. *V.* CŒNOMYIE.

CENOMYCE. BOT. CRYPT.(*Lichens.*) Ce genre, établi par Acharius dans la Lichenographie universelle , comprend les trois genres *Cladonia*, *Scyphophorus* et *Helopodium* de De Candolle. Ce n'est en effet que par le port que ces trois genres diffèrent, et on trouve même, au milieu des nombreuses variétés que présentent plusieurs des espèces qu'ils renferment , des passages tellement marqués, qu'il nous paraît impossible de les séparer. Nous adopterons donc l'opinion de Dufour qui , dans une excellente Monographie de ce genre qu'il a publiée dans les Annales générales des sciences physiques, T. VIII, a conservé le genre d'Acharius en en séparant seulement la première section, sous le nom de *Pycnothelia*.

Les Cenomyces présentent un thallus ou fronde composé de folioles étalées , quelquefois nul, duquel s'élèvent des tiges simples ou rameuses, cylindriques , fistuleuses , terminées ou par des rameaux divisés en une sorte de panicule, ou par une partie évasée en entonnoir, et portant sur son bord les apothécies ; ces apothécies, placées à l'extrémité des rameaux ou sur le bord des entonnoirs, sont arrondies en tête, sans rebord , de couleur brune ou rouge. Les espèces de ce genre, au nombre d'environ cinquante , croissent presque toutes sur la terre ou sur les bois pourris. Elles varient extrêmement pour la forme ; presque toutes sont d'un jaune verdâtre , et quelques-unes ont les apothécies d'un beau rouge.

Le genre *Scyphophorus*, de De Candolle , renferme les espèces dont la tige , presque simple , s'évase à son sommet en entonnoir. L'espèce la plus commune, le Scyphophore en entonnoir, *Scyphophorus pyxidatus*, est extrêmement fréquente sur tous les vieux murs couverts de mousses, au pied des arbres, et présente beaucoup de variétés. Vaillant en a figuré plusieurs dans la planche 21 du *Botanicon parisiense*. Une autre espèce fort jolie est le Scyphophore écarlate, *Scyphophorus coccineus*, D. C., ou *Cenomyce coccifera*, Ach. Elle croît dans les bruyères où elle se fait remarquer par la belle couleur rouge de ses tubercules fructifères.

Le genre *Capitularia* de Flörke est le même que le *Scyphophorus* de De Candolle.

Le genre *Helopodium* de ce dernier auteur est intermédiaire entre les Scyphophores et les Cladonies. La fronde est presque nulle, la tige ne se divise que près du sommet en rameaux courts qui portent des apothécies globuleuses.

Le genre *Cladonia* a un port très-différent des deux précédens; sa tige est en général très-rameuse, et se divise en une infinité de petits rameaux qui portent à leur sommet les apothécies. L'espèce la plus remarquable de ce genre est la *Cladonia rangiferina*, *Cenomyce rangiferina*, Ach. Elle est très-commune dans toutes les bruyères, mais surtout dans le nord de l'Europe. Il paraît que c'est le Lichen qui, en Laponie, fait la principale nourriture des Rennes pendant l'hiver; ce qui lui a fait donner le nom de Lichen des Rennes. En France les Cerfs en mangent aussi quelquefois dans les grands froids, quand ils ne trouvent pas d'autre nourriture; il paraît que cet aliment les engraisse beaucoup.

Le *Cenomyce pyxidata* a été employé par quelques médecins, à ce qu'on dit, avec succès, dans les toux convulsives des enfans; il paraît avoir les mêmes propriétés que le Lichen d'Islande, *Cetraria islandica*, Ach. (AD. B.)

CÉNORAMPHES. OIS (Duméril.) Famille d'Oiseaux grimpans de la Zoologie analytique; elle renferme tous les genres dont les espèces ont le bec gros à la base et souvent dentelé sur le bord des mandibules, mais qui, étant vide, est extrêmement léger. (DR..Z.)

* CENORIES. BOT. PHAN. (L'Ecluse.) Même chose que Cenjories. *V.* ce mot. (B.)

* CENOT. POIS. (De Laroche.) Syn. du Labre à trois taches à l'île d'Ivice. (B.)

* CENOTÉA. BOT. CRYPT. Dans ses premiers ouvrages, Acharius donna ce nom à une des divisions qu'il établissait dans son genre *Parmelia*, et qu'il n'a pas conservée. *V.* PARMÉLIE.

* CENOTZQUI. OIS. *V.* CECETO.

CENTAURÉE. *Centaurea*. BOT. PHAN. Le genre auquel Linné a donné ce nom, et qui fait partie de la famille des Carduacées et de la Syngénésie Polygamie frustranée, se compose d'un très-grand nombre d'espèces, assez différentes les unes des autres, qu'il a groupées en plusieurs sections, auxquelles il a donné des noms particuliers. Les différences offertes par les espèces réunies dans chacune de ces sections, n'avaient point échappé aux auteurs anciens, et particulièrement à Tournefort et à Vaillant, qui avaient également établi plusieurs groupes pour ces Plantes, avant le réformateur suédois. Linné crut devoir ne former qu'un seul genre des divisions proposées par Tournefort, sous les noms de *Centaurium*, *Jacea* et *Cyanus*, et de celles auxquelles Vaillant avait donné les noms de *Calcitrapa*, *Calcitrapoïdes*, *Rhaponticum*, *Rhaponticoïdes*, *Jacea*, *Amberboi*, *Cyanus* et *Crocodilium*. Voici le caractère commun par lequel il embrassait cette multitude d'espèces : toutes les Centaurées de Linné ont le réceptacle garni de soies nombreuses; l'aigrette simple ou nulle; les fleurons de la circonférence neutres, souvent beaucoup plus grands, infundibuliformes et irréguliers. Mais dans le caractère abrégé qu'il trace de ce genre, Linné ne fait pas mention de la forme de l'involucre, d'après lequel il a cependant établi un grand nombre d'autres genres dans la famille des Synanthérées. Il est vrai qu'il lui eût été impossible de caractériser cet organe d'une manière précise dans son genre Centaurée, tant est grande la diversité de formes et de structure qu'il offre dans le grand nombre des espèces qui le composent. Ce sont ces différences de l'involucre, jointes à quelques autres dans les organes floraux, qui ont engagé l'auteur des familles naturelles à rétablir comme genres les sections formées par Linné. Voici ces genres et leurs caractères distinctifs :

Jussieu divise en sept genres les Centaurées de Linné. Ces genres sont :

1°. CROCODILIUM. Vaillant et Jussieu appellent ainsi les espèces de Centaurées, qui ont les écailles de l'involucre terminées par une épine simple. Telles sont : *Centaurea Crocodilium*, *Cent. salmantica*, *Cent. peregrina*, *Cent. muricata*, L., etc., etc.

2°. CALCITRAPA, Vaill., Juss. Les Chausse-Trapes se distinguent par les écailles de leur involucre terminées par une épine pinnée latéralement ou simplement ciliée sur ses bords. Jussieu place dans ce genre les *Centaurea Calcitrapa*, *Cent. solstitialis*, *Cent. melitensis*, *Cent. collina*, L., etc.

3°. SERIDIA, Juss. Dans ce genre, l'épine qui termine les écailles involucrales est palmée. Telles sont les *Centaurea Isnardi*, *Cent. aspera*, *Cent. sonchifolia*, *Cent. seridis*, L., etc. Linné donnait à cette section le nom de *Stœbe*.

4°. JACEA, Juss. Ce genre renferme un grand nombre d'espèces. Il se distingue par ses écailles sèches, scarieuses et ciliées sur les bords. Jussieu place dans cette section les *Centaurea nigra*, *Cent. scabiosa*, *Cent. phrygia*, *Cent. paniculata*, L., etc.

5°. CYANUS., Juss. Ce genre ne diffère guère du précédent que par ses fleurons externes, qui sont beaucoup plus grands, infundibuliformes et irréguliers, ainsi qu'on l'observe dans les *Centaurea Cyanus*, *Cent. montana*,

Cent. pullata et *Cent. uniflora* de Linné.

6°. RHAPONTICUM, Vaill., Juss. Dans ce genre, les écailles sont minces, sèches, scarieuses et entières sur les bords : telles sont les *Centaurea Jacea*, *Cent. orientalis*, *Cent. rhapontica*, *Cent. glastifolia*, L., etc.

7°. Enfin il appelle CENTAUREA les espèces qui sont pourvues d'écailles simples, ni scarieuses, ni ciliées, ni épineuses. Il rapporte à ce genre les *Centaurea Centaurium*, *Cent. moschata*, *Cent crupina*, *Cent. alpina*, L., etc.

Tels sont les sept genres établis par Jussieu. Quelques auteurs en ont plus récemment créé d'autres. Ainsi Mœnch a fait du *Centaurea Galactites* le genre Galactites ; De Candolle a avec juste raison retiré du genre Centaurea la *Centaurea conifera*, pour en former son genre Leuzea ; Persoon a fait un genre Crupina avec les *Centaurea Crupina*, *Cent. Lippii*, etc. ; et enfin Henri Cassini a également établi plusieurs groupes génériques parmi les Centaurées.

Il est fort difficile de décider si ces différens genres doivent demeurer séparés ou être simplement considérés comme des sections naturelles d'un seul et même genre. Si nous en exceptons le genre Leuzea de De Candolle, qui diffère essentiellement des Centaurées par un grand nombre de caractères importans, et le genre Galactites de Mœnch, nous ne sommes pas éloignés de considérer les différens genres comme de simples sections.

De Candolle est le premier qui ait observé que, dans toutes les véritables espèces de Centaurées, le point d'attache du fruit sur le réceptacle est toujours latéral. Ayant remarqué le même caractère dans quelques autres genres, qui en sont très-rapprochés, il s'en est servi pour en former une section particulière dans la famille des Carduacées, et lui a donné le nom de Centaurées. Mais comme cette obliquité du point d'attache du fruit sur le réceptacle existe aussi dans plusieurs autres genres de Carduacées vraies, ainsi que l'a remarqué H. Cassini, ce caractère ne peut être employé à établir une section distincte. Les autres caractères que ce dernier botaniste a signalés dans les Centauriées, tels que l'obliquité du tube qui termine les étamines, la régularité des incisions de la corolle, ne nous paraissent pas non plus d'une assez grande valeur pour former le diagnostic d'une tribu naturelle. Nous pensons donc qu'il n'est guère possible de séparer les Centauriées des Carduacées.

Parmi les espèces de Centaurées qui méritent de fixer notre attention, on peut distinguer les suivantes :

La CENTAURÉE BLEUET, ou vulgairement Barbeau, Aubifoin, Bleuet, etc., *Centaurea Cyanus*, L. Elle est annuelle et croît en abondance dans les moissons aux environs de Paris. Sa tige dressée, tomenteuse, blanchâtre et rameuse, porte des feuilles linéaires, entières, tandis que les radicales sont pinnatifides. Ses fleurs sont généralement bleues; elles sont quelquefois blanches, roses ou ponceau. Leurs fleurons extérieurs sont neutres, très-grands, évasés et infundibuliformes, recourbés et dentés. On cultive quelquefois cette espèce dans les jardins. L'eau distillée de ses fleurs est vulgairement employée en collyre contre les maladies des yeux, mais ne possède pas de propriétés plus marquées que l'eau distillée simple.

La GRANDE CENTAURÉE, *Centaurea Centaurium*, L., originaire des Alpes. Cette Plante offre une tige rameuse de trois à quatre pieds d'élévation, terminée par un grand nombre de capitules globuleux de fleurs purpurines. Ses feuilles sont pinnatifides et divisées jusqu'à leur nervure médiane en lobes allongés, aigus, étroits, légèrement denticulés. Les écailles de l'involucre sont allongées, entières et glabres.

La CENTAURÉE MUSQUÉE, *Centaurea moschata*, L. Elle croît spontanément dans le Levant et se cultive dans les jardins où elle est annuelle. Sa tige est simple inférieurement, ra-

meuse dans sa partie supérieure, haute d'un pied à un pied et demi. Ses feuilles sont pinnatifides. Ses fleurs, qui répandent une odeur musquée, sont blanches ou un peu purpurines.

La CENTAURÉE DES MONTAGNES, *Centaurea montana*, L., qui vient dans les montagnes subalpines, est vivace et offre beaucoup de ressemblance avec le Bleuet qui croît si abondamment dans nos moissons; mais il en diffère par sa racine vivace, sa tige simple, ses feuilles beaucoup plus larges et ses fleurs plus grandes. On le cultive quelquefois dans les parterres.

Le nom de CENTAURÉE a été improprement étendu à d'autres Plantes auxquelles il ne saurait convenir, ainsi l'on a appelé :

CENTAURÉE BLEUE, le *Scutellaria galericulata*. *V.* SCUTELLAIRE.

CENTAURÉE JAUNE, la *Chlora perfoliata*. *V.* CHLORE.

PETITE CENTAURÉE, une jolie Plante qui fait partie de la famille des Gentianées, et qui a fort souvent changé de nom. Tournefort l'appelait *Centaurium minus*, Linné *Gentiana Centaurium*, Lamarck *Chironia Centaurium*, et comme elle n'appartient réellement ni au genre Gentiana, ni au genre Chironia, le professeur Richard en a fait son genre *Erythræa*. *V.* ERYTHRÉE. (A. R.)

CENTAURÉES. BOT. PHAN. (De Candolle.) Syn de Centauriées. *V.* ce mot. (A. R.)

CENTAURELLE. *Centaurella*. BOT. PHAN. (Michaux.) *V.* BARTONIA. (B.)

CENTAURIÉES. *Centauriæ*. BOT. PHAN. C'est, ainsi que nous l'avons dit précédemment, une section ou tribu de la famille des Carduacées, qui a été établie par De Candolle et adoptée ensuite par Cassini, mais qui ne nous paraît pas devoir être distinguée. Voici les genres que ce dernier y rapporte : *Calcitrapa*, Vaillant; *Centaurium*, De Candolle; *Chryseis*, Cassini; *Cnicus*, Vaillant; *Crocodilium*, Vaillant; *Crupina*, Persoon; *Cyanopsis*, Cassini; *Cyanus*, De Candolle; *Goniocau-*

Ion, Cassini; *Kentrophyllum*, Necker; *Volutaria*, Cassini. (A. R.)

CENTAURION ET KENTAURIS. bot. phan. Le premier de ces noms dans Hippocrate, le second dans Théophraste, désignent la petite Centaurée, *Gentiana Centaurium*, L. *V.* Erythrée. (b.)

CENTAURIUM. bot. phan. (Persoon.) Syn. de Bartonia. (Mœnch.) Syn. d'Érythrée. *V.* ces mots. (b.)

* CENTÉES. mam. Pour Centètes. *V.* ce mot. (b.)

* CENTEIO. bot. phan. *V.* Centeno.

CENTELLE. *Centella.* bot. phan. Ce genre, établi par Linné dans la famille des Ombellifères, a été réuni avec juste raison aux Hydrocotyles. *V.* ce mot. (A. R.)

CENTENILLE. *Centunculus.* bot. phan. Genre de la famille des Primulacées, qui a pour caractères : un calice quadrifide; une corolle en roue à quatre lobes; quatre étamines; un stigmate simple; pour fruit une pyxide globuleuse. Quelquefois le nombre des lobes du calice et de la corolle, ainsi que des étamines, est porté à cinq; et dans ce cas ce genre ne diffère nullement de l'*Anagallis*. On en rencontre une espèce aux environs de Paris, la Centenille naine, *Centunculus minimus*, L., herbe rameuse qui ne s'élève pas au-dessus d'un à deux pouces, et présente de petites feuilles ovales et glabres, inférieurement opposées, alternes supérieurement, et des fleurs axillaires et sessiles. *V.* Lamk. *Illustr.* tab. 85, et Gaertner, tab. 50. Deux autres espèces croissent dans l'Amérique méridionale. (A. D. J.)

CENTENO. bot. phan. Syn. espagnol de Seigle, le *Centeio* des Portugais. (b.)

CENTÉRIA. bot. phan. (Théophraste.) Syn. d'*Hypericum Androsæmum*, L. *V.* Millepertuis. (b.)

CENTÈTES. mam. (Illiger.) Syn. de Tanrec. *V.* ce mot. (b.)

CENTIA. bot. phan. Du Dict. de Déterville pour Kentia. (b.)

CENTINODE. bot. phan. Syn. de *Polygonum aviculare*. *V.* Renouée. (b.)

CENTIPÈDE. *Centipeda.* bot. phan. (Loureiro.) Syn. de Grangea. *V.* ce mot. (b.)

* CENTLINAM. bot. phan. Même chose que Cenanam. *V.* ce mot. (b.)

CENTONE. bot. phan. (Cœsalpin.) Syn. de *Stellaria nemorum*, L., et de Centenille. *V.* ce mot et Stellaire. On donne quelquefois ce nom en Italie à la Morgeline. (b.)

CENTONICE. bot. phan. Syn. italien d'*Alsine media*, L. *V.* Morgeline. (b.)

CENTOPEA. crust. Syn. portugais de Cloporte. *V.* ce mot. (b.)

CENTOTHÈQUE. *Centotheca.* bot. phan. Ce genre, proposé par Desvaux pour le *Cenchrus Lappaceus* de Linné, et adopté par Palisot-de-Beauvois dans son Agrostographie, page 69, pl. 14, fig. 7, nous paraît bien peu distinct du genre *Poa*. Ses fleurs forment une panicule dont les rameaux sont allongés, grêles et divariqués. Ses épillets contiennent deux ou trois fleurs. La lépicène se compose de deux valves inégales plus courtes que les fleurs mutiques. La fleur inférieure est sessile et hermaphrodite : les deux valves de sa lépicène sont inégales, mutiques, glabres, striées. Ses étamines sont au nombre de trois; ses deux stigmates sont plumeux. Les deux fleurs supérieures sont pédicellées, rarement hermaphrodites. Leur valve externe est striée, et présente un grand nombre de petites pointes réunies vers leurs bords. Ce caractère nous paraît être le seul qui distingue ce genre des véritables Poa. (A. R.)

CENTRANODON. pois. *V.* Silure. (b.)

CENTRANTHE. *Centranthus.* bot. phan. Genre établi par De Candolle aux dépens des Valérianes de Linné, dont l'une des plus belles Plantes de France forme le type. Ses caractères consistent dans un calice très-petit, à limbe à peine sensible, roulé en dedans; corolle monopétale, tubulée, prolongée en éperon à sa base; cinq lobes inégaux au limbe; une seule étamine, etc. La *Valeriana rubra*, L. est donc devenue le *Centranthus ruber*. Cette Plante, d'un aspect glauque, croît, sur les vieux murs et sur les rochers, de panicules serrées, où elle est chargée de fleurs d'une charmante couleur purpurine. On l'a introduite dans nos jardins où elle varie et donne des panicules blanches. Le *Centranthus angustifolius* est moins commun; ses feuilles sont plus étroites; il croît dans les montagnes; nous l'avons rencontré près des neiges éternelles, sur les rochers des hauts sommets du royaume de Grenade, en Andalousie. Necker avait déjà indiqué ce genre, en écrivant son nom par la lettre K. (B.)

CENTRANTHÈRE. *Centranthera.* BOT. PHAN. Genre de la famille des Personnées. Son calice, fendu d'un côté, présente de l'autre cinq divisions; sa corolle est en entonnoir; le limbe a cinq lobes étalés, inégaux; ses quatre étamines didynames, non saillantes, ont des anthères bilobées, éperonnées à leur base; le stigmate est lancéolé; la capsule a deux loges et deux valves dont les bords sont d'abord appliqués contre la cloison médiane qui devient libre plus tard et qui porte les placentas; les graines petites et réticulées présentent un embryon cylindrique dans un périsperme mince. — R. Brown, auteur de ce genre, en annonce une espèce originaire de l'Inde, et en décrit une première de la Nouvelle-Hollande, le *Centranthera hispida*, herbe dressée, hérissée de poils, à feuilles opposées, entières, étroites; à fleurs pourpres, munies d'une triple bractée, et alternes sur des épis terminaux. (A. D. J.)

CENTRAPALUS. BOT. PHAN. Henri Cassini a nommé ainsi un genre nouveau de la famille des Synanthérées, qu'il place dans sa section des Vernoniées. Il lui donne pour caractères : des capitules dont l'involucre, plus court que les fleurs, se compose d'écailles imbriquées, dont les intérieures sont plus longues et plus larges; toutes sont terminées à leur sommet par un appendice foliacé, étroit et épineux à son sommet. Le réceptacle est plane, nu, creusé de petites alvéoles. L'ovaire est cylindracé, tout couvert de poils apprimés. Toutes les fleurs sont hermaphrodites, à peu près égales; la corolle est parsemée de glandes; son limbe est partagé en cinq divisions linéaires, inégales et très-longues; l'aigrette est double et sessile; l'extérieure est très-courte, l'intérieure est plumeuse.

Ce genre, très-voisin de l'*Ascaricida* du même auteur, en diffère surtout par les appendices foliacés qui terminent les écailles de l'involucre. Il se compose d'une seule espèce, *Centrapalus Galamensis*, Cassini. C'est une Plante annuelle, originaire de Galam, en Afrique, ayant une tige dressée, épaisse, cylindrique, pubescente, rameuse, portant des feuilles alternes, sessiles, lancéolées, grossièrement dentées en scie, pubescentes, parsemées inférieurement de points glanduleux. Ses fleurs sont rougeâtres et solitaires au sommet des ramifications de la tige. (A. R.)

CENTRATHÈRE. *Centratherum.* BOT. PHAN. Ce genre de la famille des Carduacées et de la Syngénésie Polygamie égale, appartient à la tribu des Vernoniées de Cassini qui en est l'auteur. Il se compose d'une seule espèce, *Centratherum punctatum*, Cass., laquelle est une Plante herbacée, recueillie, dans l'isthme de Panama, par Joseph de Jussieu. Sa tige est grêle, cylindrique, haute d'environ deux pieds, rameuse. Ses feuilles sont pétiolées, alternes, ovales, aiguës, parsemées de petites vésicules translucides, comme dans les Orangers et les Millepertuis. Les capitules, solitaires au sommet des rameaux, sont formés de fleurs hermaphrodites régulières. L'involucre est double : l'extérieur plus grand se compose de folioles inégales, irrégulières et étalées; l'intérieur est globuleux, ses écailles sont imbriquées, coriaces, pubescentes, scarieuses sur les bords ovales, et parsemées de glandes, terminées à leur sommet par une pointe épineuse. Le réceptacle est nu et plane. Les corolles sont glanduleuses, à tube long et grêle; leur limbe est à cinq divisions linéaires étroites. Le fruit est cylindracé, strié et anguleux, couronné d'une aigrette très-courte et plumeuse.   (A. R.)

CENTRINA. POIS. Aldrovande donnait ce nom à la Chimère arctique. Il est celui du Humantin, espèce de Squale, *V.* ce mot, devenu type d'un sous-genre de Cuvier.   (B.)

CENTRINE. POIS. Syn. d'Aiguillat, espèce de Squale chez les anciens, et donné comme nom français du sous-genre Centrina, dans le Dictionnaire de Levrault. *V.* SQUALE. (B.)

CENTRIS. *Centris.* INS. Genre de l'ordre des Hyménoptères, section des Porte-aiguillons, fondé par Fabricius (*Syst. Piez.* p. 554), et rangé par Latreille (*Gener. Crust. et Ins.* T. IV, p. 177) dans la famille des Apiaires. Il appartient aujourd'hui (Règne Anim. de Cuv.) à la famille des Mellifères, et prend place dans la tribu des Apiaires. Ce genre, tel que l'a établi Fabricius, est nombreux en espèces. Klüg en a extrait ses Acanthopes et ses Epicharis, fort peu éloignés l'un de l'autre et peu différens aussi des Centris. On peut cependant donner à ces derniers les caractères suivans : mandibules quadridentées; palpes maxillaires de quatre articles; palpes labiaux sétiformes; troisième article inséré obliquement sur le côté extérieur du précédent et près de son extrémité. Les Centris qui sont compris dans le genre Lasie de Jurine (Class. des Hym., p. 235), ressemblent beaucoup aux Anthophores, et s'en distinguent toutefois par leurs mandibules quadridentées et par leurs palpes maxillaires composés seulement de quatre articles. Ils diffèrent des Epicharis par

la présence des palpes qui dans ceux-ci ont disparu. Fabricius (*loc. cit.*) en décrit trente-six espèces; toutes celles que Latreille rapporte à ce genre appartiennent à l'Amérique méridionale, et sont désignées sous les noms d'*Hemorrhoïdalis, versicolor, crassipes, clavipes, flavicornis,* etc. (AUD.)

CENTRISQUE. *Centriscus.* POIS. Dernier genre de la Méthode ichtyologique de Cuvier et de la septième famille de l'ordre des Achanthoptérygiens. Linné le classait parmi ses Branchiostèges, et Duméril parmi ses Aphyostomes. Les caractères du genre Centrisque sont, outre ceux qui lui sont communs avec les autres Becsen-flûte, un corps ovale oblong, comprimé par les côtés et tranchant en dessous; des ouïes seulement de deux ou trois rayons grêles; une première dorsale épineuse, et de petites ventrales en arrière des pectorales; la bouche extrêmement petite, fendue obliquement; l'intestin sans cœcum, replié trois ou quatre fois, et la vessie natatoire considérable.

Les Centrisques se divisent en deux sous-genres.

† CENTRISQUE PROPREMENT DIT, Solénostome de Klein et de Duméril. A dorsale antérieure, située fort en arrière, ayant sa première épine longue et forte, supportée par un appareil qui tient à l'épaule et à la tête.

La BÉCASSE DE MER, *Centriscus Scolopax,* L., Encycl. Pois. pl. 21, fig. 69; Bloch. t. 123, fig. 1. Poisson d'une forme particulière, et qu'on a quelquefois comparé à un soufflet; il habite la Méditerranée, et on le trouve assez communément dans les collections. Sa chair est estimée.

†† AMPHISILE, Centrisque, Duméril. Dos cuirassé de larges pièces écaillées dont l'épine antérieure de la première dorsale semble être une continuation. Les Poissons de ce sous-genre ont même quelquefois d'autres pièces écailleuses sur diverses parties du corps, et une figure toute particulière.

Le CUIRASSÉ, *Centriscus scutatus,*

21*

L., Bloch., pl. 123, fig. 2; Encycl. Pois. pl. 21, f. 68. L'épine de la première dorsale est tellement rejetée en arrière dans cette espèce, qu'elle repousse vers la queue la seconde dorsale et l'anale qui lui correspond; elle est fort allongée et s'étend beaucoup au-delà du niveau de la queue. Son dos est d'un brun doré brillant; les côtes sont argentées et jaunes, le ventre est rouge avec des raies transversales blanches, et les nageoires sont jaunes. Il est lent dans ses allures, n'excède pas sept pouces de longueur, et se trouve dans la mer Rouge et dans celle de l'Inde.

L'ARMÉ, *Centriscus velitaris*, Pall., Spic. VIII, IV, 8; le Sumpit, Encyc. Pois., pl. 86, f. 557. Son corps est argenté, oblong et lancéolé; la nageoire anale longue; l'ouverture des branchies très-grande; le dos couvert, seulement dans sa moitié antérieure, d'une cuirasse terminée par une épine dorsale dentée en arrière. Ce Poisson habite les mers d'Amboine. (B.)

* CENTRODONTE. POIS. *V*. BOGUE.

CENTROGASTÈRE. *Centrogaster*. POIS. Genre de l'ordre des Thoraciques de Linné, et de la famille des Scombéroïdes de Cuvier qui ne l'a point conservé dans son Règne Animal, et que Lacépède n'a pas reproduit. Ses caractères consistent dans la compression de la tête dépourvue d'épines, dans les membranes branchiostèges munies de sept rayons, dans la dépression du corps, et dans les quatre aiguillons de ses ventrales qui ont en outre six rayons articulés. Gmelin en mentionne quatre espèces dont deux, les *Centrogaster fucescens* et *argenteus*, sont des mers du Japon, et les deux autres, le *Centrogaster Equula*, la petite Jument de l'Encyclopédie, Cæsio Poulain de Lacépède, III, p. 90, et le *Centrogaster rhumbœus*, le Tabak de l'Encyclopédie, Centropode rhomboïdal de Lacépède, III, p. 504, sont de la mer Rouge. Le *Centrogaster Equula* est devenu le type d'un sous-genre formé par Cuvier parmi les Dorées. *V*. ce mot. (B.)

CENTROLEPSIS. BOT. PHAN. Genre formé par Labillardière (*Nov.- Holl.*, t. 2, p. 1, pl. 1) pour une petite Plante de la famille des Joncées, et de la Monandrie Monogynie, L. Les caractères de ce genre sont : spathe multiflore; calice et corolle nuls; balles centrales simples; capsule triloculaire à loges monospermes. La seule espèce connue est le *Centrolepsis fascicularis*, très-petite Plante à feuilles comme celles des Graminées, fasciculées, un peu dentées par leur bord, et de moitié moins longues que les petites hampes florales. Elle croît au cap Van-Diemen. Ce genre est fort voisin de ceux que R. Brown a établis sous les noms d'Alepyrum, d'Aphelia et de Devauxia. *V*. ces mots. (B.)

CENTROLOPHE. POIS. *V*. CORYPHÈNE.

* CENTROMYRINI. BOT. PHAN. (Théophraste.) Syn. de *Ruscus aculeatus*, L. *V*. FRAGON. (B.)

* CENTRONIES. *Centroniæ*. ACAL. et ÉCHIN. Pallas a proposé de réunir sous ce nom les Animaux appartenant aux Echinodermes et aux Acalèphes; il en faisait une classe particulière distincte de celles des Intestinaux, des Polypes et des Infusoires, auxquelles il consacrait le nom général de Zoophytes. (LAM..X.)

CENTRONOTE. *Centronotus*. POIS. Ce genre, formé par Lacépède, n'a été adopté par Cuvier que comme sous-genre parmi les Gastérostées. *V*. ÉPINOCHE. Dans Schneider, ce nom est synonyme de GUNNELLE, sous-genre de Blennies. *V*. ce mot. (B.)

CENTROPHYLLE. BOT. PHAN. Parmi les nombreux genres que Necker a formés aux dépens de ceux Linné établis par Linné, on trouve, sous le nom de *Kentrophyllum* (Necker, *Elementa botanica*, pl. 1, p. 86), les caractères d'un groupe de Plantes qu'il indique comme étant composé avec quelques Carthames de Linné. Il est dit, dans le Dictionnaire de Déterville, que ce genre a été rétabli par De Candolle, qui lui a donné le nom de Centrophylle et qui y a fait entrer le *Carthamus lanatus*, L., commun sur le bord des rou-

tes , et le *Carthamus Creticus*. Cependant nous ne trouvons ce genre ni dans la Flore Française, ni dans le beau Mémoire sur les Cinarocéphales , inséré par De Candolle dans les Annales du Muséum , ni dans l'Encyclopédie, ni dans le Dictionnaire de Levrault.
(G..N.)

CENTROPODE. *Centropodus.* POIS. Genre formé par Lacépède, dont le *Centrogaster rhumbœus* serait le type. *V.* CENTROGASTÈRE. (B.)

CENTROPOME. *Centropomus.* POIS. Genre formé par Lacépède, qui n'a été conservé par Cuvier que comme sous-genre parmi les Perches. *V.* ce mot. (B.)

CENTROPUS. OIS. (Illiger.) Syn. de Toucan. *V.* ce mot. (DR..Z.)

* CENTROSPERME. *Centrospermum*. BOT. PHAN. Le genre que Kunth a décrit sous ce nom dans le quatrième volume des *Nova Genera* de Humboldt , nous semble avoir les plus grands rapports avec le genre *Xanthium*, et appartenir comme lui à l'ordre des Xanthiacées , ainsi qu'il sera facile de le voir, quand nous aurons exposé ses caractères , d'après l'excellent ouvrage de Kunth. Chaque capitule se compose d'un involucre formé de cinq folioles égales , membraneuses, elliptiques, concaves et aiguës. Le réceptacle est plane, et porte des écailles cunéiformes , obtuses , tronquées , scarieuses et diaphanes. Les capitules sont monoïques, c'est-à-dire qu'ils sont formés de fleurs mâles et de fleurs femelles, réunies dans un même involucre; les mâles sont au centre, et au nombre de dix environ ; on compte à peu près huit fleurons femelles à la circonférence. Les premières , c'est-à-dire les fleurs mâles, ont une corolle à peu près infundibuliforme dont le tube est court et grêle , et le limbe à cinq divisions ovales, aiguës, dépourvues de nervures. Les cinq étamines ont leurs anthères linéaires et soudées, offrant un petit appendice obtus à leur partie supérieure. L'ovaire est linéaire et stérile. Le style est terminé par un stigmate simple et en forme de massue.

Dans les fleurs femelles la corolle est évasée, courte, roulée en cornet, fendue d'un côté, et offrant trois dents supérieurement. L'ovaire est court, et totalement enveloppé dans une sorte de bractée capsuliforme , ouverte à son sommet et hérissée de petits piquans recourbés. Le style est court, glabre, terminé par un stigmate à deux divisions recourbées et saillantes. Les fruits sont enveloppés dans la bractée dont nous avons parlé, et qui semble former une véritable capsule oblongue , comprimée , latéralement hérissée dans tous les sens de petits piquans recourbés. L'akène qu'elle renferme est linéaire, oblong, un peu comprimé latéralement. Son péricarpe est mince. La graine est dressée. Il n'existe pas d'aigrette.

La seule espèce qui compose ce genre , *Centrospermum xanthioïdes* , Kunth, *in Humb. Nov. Gen.* 4, pag. 271, t. 597, est une Plante herbacée qui croît dans la Nouvelle-Andalousie, et dont la tige rameuse et couchée porte des feuilles opposées, pétiolées, ovales, aiguës , dentées, et des capitules solitaires au sommet des ramifications de la tige.

Ce genre offre beaucoup d'affinité avec les genres *Melampodium* , *Unxia* et *Xanthium*. Il se distingue du premier par son réceptacle plane, et la forme de la corolle dans les fleurs femelles ; du second par ses fleurs externes qui sont femelles, tandis que , dans l'*Unxia*, elles sont hermaphrodites; par son réceptacle garni d'écailles , etc.; du *Xanthium* par ses capitules monoïques , tandis que, dans le *Xanthium*, les fleurs mâles et les fleurs femelles forment des capitules distincts, et que , dans ce dernier , les écailles capsulaires enveloppent constamment deux fleurs femelles. (A. R.)

CENTROTE. *Centrotus*. INS. Genre de l'ordre des Hémiptères, fondé par Fabricius (*Syst. Rhyng.*, p. 16) aux dépens des Membraces , et qui ne paraît s'en distinguer que par une légère différence de la lèvre. Latreille et la plupart des entomologistes réunissent ce genre mal caractérisé, et cependant très-nombreux en espèces, au genre Membrace. *V.* ce mot. (AUD.)

CENTULUM. BOT. PHAN. Syn. d'*Athanasia maritima*. *V.* ATHANASIE. (B.)

CENTUNCULUS. BOT. PHAN. Nom scientifique de la Centenille. *V.* ce mot. Il désigne, dans Pline, un Ceraiste, et selon les temps et les auteurs, un Gnaphalium, un Filago, une Véronique, une Anemone, une Stellaire, ou plusieurs autres Végétaux. (B.)

CENTURZYA-MNIEYZA. BOT. PHAN. Syn. polonais de petite Centaurée selon le Dictionnaire de Déterville. *V.* ERYTHRÉE. (B.)

CENURE. *Cœnurus*. INTEST. Genre de Vers Intestinaux de l'ordre des Vésiculaires, établi par Rudolphi, et adopté par les naturalistes, pour des Animaux à corps allongé presque cylindrique, ridé, se terminant par une vésicule commune à plusieurs Vers semblables; tête munie de quatre suçoirs et d'une trompe armée de crochets. Il ne renferme qu'une seule espèce regardée comme un Ténia par beaucoup d'auteurs; Zeder en avait fait le genre Polycéphale. Cet Animal habite le cerveau des Moutons affectés de tournis, et peut-être le cerveau des Bœufs attaqués de la même maladie. (LAM..X.)

CEO, CRAW ou CRAWE. OIS. Syn. anglais de la Corneille mantelée, *Corvus Cornix*, L. *V.* CORBEAU. (DR..Z.)

*CEOAN. OIS. (Hernandez.) Oiseau du Mexique que l'on soupçonne être le Moqueur, *Turdus rufus*, L. *V.* MERLE. (DR..Z.)

CEODE. *Ceodes*. BOT. PHAN. Genre établi par Forster, mais décrit trop incomplètement pour qu'on puisse assigner sa place dans une famille, ou même dans le Système de Linné, puisque, l'auteur n'ayant observé de fleurs ni hermaphrodites ni femelles, il reste incertain s'il appartient à la Diœcie ou à la Polygamie. Il lui donne les caractères suivans : calice nul; une corolle monopétale dont le limbe est à cinq divisions; dix étamines dont les filets, légèrement soudés à leur base, sont de deux en deux opposés à ces divisions et plus courts qu'elles, et portent des anthères arrondies. Forster ajoute que le style simple se termine par un stigmate dilaté. Il ne les a vus sans doute qu'à l'état rudimentaire, et quant à l'ovaire, on ignore, s'il est libre ou adhérent, le nombre des loges, des graines, et la nature du fruit. C'est un Arbuste dont les rameaux sont dichotomes, présentant des articulations vers lesquelles on remarque les vestiges de quatre feuilles caduques, qu'on peut encore trouver près du sommet. Les feuilles sont grandes; les pédoncules terminaux au nombre de quatre à six, disposés en ombelles, portent quelques fleurs d'une odeur agréable. (A. D. J.)

CEOLA. BOT. PHAN. Syn. d'Oignon à Venise selon Leman. (B.)

CEOPHONE. MOLL. (Dictionnaire de Déterville.) Pour Géophone. *V.* ce mot. (F.)

CEP, CEPE ET CEPS. BOT. CRYPT. Syn. de *Boletus edulis*. *V.* BOLET. (B.)

CEPA ou CÆPA. BOT. PHAN. Nom scientifique de l'Oignon. *V.* AIL. (B.)

CEPA-CABALLO. BOT. PHAN. Syn. de *Carduus Carduncellus* en Espagne, selon le Dictionnaire de Déterville. (B.)

CEPÆA ou CÉPÉE. BOT. PHAN. Espèce du genre Orpin. *V.* ce mot. (B.)

CEPE. BOT. CRYPT. *V.* CEP.

* CEPES PINAUX. BOT. CRYPT. Famille de Champignons établie par le docteur Paulet, et qui, non plus que ce nom, ne saurait être adoptée par les botanistes. (B.)

CEPHÆLIDE. *Cephœlis*. BOT. PHAN. Genre de la famille naturelle des Rubiacées et de la Pentandrie Monogynie. Swartz, auteur de ce genre, dans sa Flore des Indes occidentales, y a réuni le genre *Tapogomea* d'Aublet, ou *Callicocca* de Schreiber et de Brotero. Voici les caractères qui distinguent ce genre :

Ses fleurs sont disposées en capitules placés, tantôt à l'aisselle des feuilles supérieures, tantôt à l'extrémité de la tige : chaque capitule se compose d'un réceptacle plus ou moins convexe, et chargé de folioles membraneuses qui accompagnent les fleurs ; d'un involucre formé d'une ou de plusieurs folioles régulières, très-grandes et persistantes. Les fleurs sont en général plus courtes que l'involucre ; elles offrent un ovaire infère à deux loges monospermes, couronné par les cinq dents calicinales ; une corolle monopétale, régulière, infundibuliforme et à cinq divisions égales réfléchies et aiguës ; cinq étamines incluses attachées à la partie supérieure du tube de la corolle, ayant les filets courts, et les anthères linéaires et allongées. Le style se termine supérieurement par un stigmate glanduleux et profondément bifide.

Le fruit est un nuculaine ovoïde, ombiliqué à son sommet, contenant deux petits nucules, planes du côté interne, et convexes du côté externe.

Les espèces de ce genre sont toutes de très-petits Arbustes rampans, portant des feuilles opposées et entières avec des stipules intermédiaires. Elles diffèrent des Psychotries par leurs fleurs réunies en capitules et environnées d'un involucre.

L'espèce la plus intéressante de ce genre est la CÉPHAÉLIDE IPÉCACUANHA, *Cephælis Ipecacuanha*, Rich., Diss. t. 1. Ce petit Arbuste, originaire du Brésil, a été décrit pour la première fois par le professeur Brotero sous le nom de *Callicocca Ipecacuanha*. Nous en avons donné une description détaillée et une figure exacte dans notre Dissertation sur les espèces d'Ipécacuanha du commerce. Dans son *Synopsis Plantarum*, Persoon la confond à tort avec le *Psychotria emetica* de Linné fils, qui est une Plante du Pérou.

Le *Cephælis Ipecacuanha* fournit la racine que l'on connaît dans le commerce sous le nom d'Ipécacuanha brun et que nous avons nommé IPÉCACUANHA ANNELÉ, dénomination qui le caractérise infiniment mieux que sa couleur fort sujette à changer. C'est un petit Arbuste herbacé dont la tige est horizontale et souterraine dans sa partie inférieure, dressée et aérienne dans sa partie supérieure. De la partie souterraine naissent des racines qui sont fibreuses ou représentent des espèces de tubercules allongés, marquées d'impressions annulaires très-rapprochées, presque ligneuses ; elles sont irrégulièrement rameuses, recouvertes d'un épiderme brun, sous lequel se trouve un parenchyme blanc, presque charnu dans l'état frais, et dont le centre est occupé par un axe ligneux et filiforme. La tige est haute d'environ un pied, simple, obscurément quadrangulaire, légèrement pubescente ; elle porte cinq ou six paires de feuilles opposées, entières, courtement pétiolées, ovales, acuminées, rétrécies à leur base. Les stipules sont assez grandes, opposées, pubescentes, découpées profondément en cinq ou six lanières étroites. Les fleurs sont petites, blanches, et forment un seul capitule terminal environné d'un involucre composé de quatre folioles cordiformes. Cette Plante, qui fleurit de novembre à mars, et dont les fruits sont mûrs en mai, croît dans les lieux ombragés et humides des provinces de Fernambuco, Bahia, Rio-Janeiro, Mariana, etc. Ce sont ses racines qui fournissent le meilleur Ipécacuanha du commerce. *V.* IPÉCACUANHA.

Les autres espèces de ce genre habitent presque toutes les diverses parties de l'Amérique. Quelques-unes cependant croissent en Afrique. (A. R.)

CÉPHALACANTE. POIS. Genre établi par Lacépède, et conservé seulement comme sous-genre par Cuvier parmi les Trigles. *V.* ce mot. (B.)

CÉPHALANTHE. *Cephalanthus.* BOT. PHAN. Genre de la famille des Rubiacées et de la Tétrandrie Monogynie, L., ainsi nommé parce que ses fleurs sont réunies sur un réceptacle commun, et forment une tête globuleuse. Le réceptacle est chargé de poils. Chaque fleur offre un calice anguleux, ayant son limbe évasé et à quatre lobes obtus. La corolle est tubuleuse, grêle; son tube est filiforme, et son limbe également évasé offre quatre lobes. Les étamines, au nombre de quatre, sont en général incluses; leurs anthères sont cordiformes. Le style est très-long et saillant au-dessus de la corolle qu'il dépasse de beaucoup. Il se termine par un stigmate en massue, légèrement bilobé.

Le fruit est une capsule pyriforme et un peu anguleuse, couronnée par les quatre lobes du calice. Elle présente quatre loges monospermes qui peuvent se séparer en autant de coques distinctes. Deux des loges avortent quelquefois, en sorte que le fruit est didyme.

Ce genre se compose d'environ une huitaine d'espèces qui toutes sont des Arbustes à feuilles opposées, entières, ayant leurs fleurs disposées en capitules globuleux, portées sur des pédoncules terminaux. Il a les plus grands rapports avec le genre *Nauclea*, qui en diffère par une cinquième partie ajoutée à tous les organes, et par son fruit formé de deux coques polyspermes.

Parmi les espèces de Céphalanthes, on cultive quelquefois dans les jardins le CÉPHALANTHE OCCIDENTAL, *Cephalanthus occidentalis*, L., Lamk. *Illust.* t. 59, Arbrisseau originaire de l'Amérique septentrionale, qui peut acquérir une hauteur de huit à dix pieds. Ses feuilles opposées sont pétiolées, ovales, acuminées, entières, glabres. Ses fleurs forment plusieurs capitules pédicellés, réunis au nombre de cinq à sept à la partie supérieure des jeunes rameaux.

Dans le second volume des Plantes équinoxiales, De Humboldt et Bonpland en ont figuré (t. 98) une jolie espèce à feuilles étroites, lancéolées, entières, et qu'ils nomment *Cephalanthus salicifolius*. Elle est originaire du Mexique. (A. R.)

CÉPHALANTHE. *Cephalanthium.* BOT. PHAN. Le professeur Richard appelait ainsi le mode d'inflorescence des Synanthérées, que Mirbel a nommé *Calathide*, et Ehrart *Anthodium*, mais qui dans le fond n'est qu'une modification du Capitule. *V.* CAPITULE. (B.)

* CÉPHALANTHÈRE. *Cephalanthera.* BOT. PHAN. Le professeur Richard, dans son travail sur les Orchidées d'Europe, a nommé ainsi un genre nouveau qu'il a séparé des *Epipactis* de Swartz, et qui en diffère spécialement par son ovaire sessile et non pédicellé; son calice dont les sépales sont dressés et connivens, et non étalés; son labelle qui embrasse les organes sexuels; son anthère manifestement terminale, et son pollen composé de grains simples et non quadrilobés, comme dans les vrais *Epipactis*.

Ce genre se compose de plusieurs espèces. On compte particulièrement au nombre de celles qui croissent en France, le *Cephalanthera pallens* ou *Epipactis pallens* de Swartz; le *Cephalanthera ensifolia* ou *Epipactis ensifolia* de Willdenow; le *Cephalanthera rubra* ou *Epipactis rubra* du même auteur. *V.* ÉPIPACTIS. (A. R.)

CÉPHALE. POIS. Du Dictionnaire de Déterville, pour Cephalus. *V.* ce mot. Espèce de Cyprin et de Muge. (B.)

CÉPHALE. INS. Nom donné par Geoffroy (Hist. des Ins. T. II, p. 53) à une espèce de Papillon de jour désignée par Linné sous le nom d'*Ascanius*, et qui appartient maintenant au genre Satyre. *V.* ce mot. (AUD.)

CÉPHALÉIE. *Cephaleia.* INS. Genre de l'ordre des Hyménoptères, section des Térébrans, famille des Porte-scie, tribu des Tenthredines, établi par Jurine (Classif. des Hymén., p. 65), et ayant, suivant lui, pour caractères: deux cellules radiales, la première demi-circulaire; quatre cellules cubitales presque égales, la deuxième et la troisième recevant les

deux nervures récurrentes ; la quatrième incomplète, n'atteignant pas tout-
à-fait l'extrémité de l'aile ; mandibules
très-grandes, bidentées. Antennes filiformes, en général de plus de vingt
articles. Ce genre, ainsi caractérisé,
répond aux Pamphilies de Latreille ;
mais il existe une espèce que Jurine a
réunie aux Céphaléies, et qui, très-semblable aux Insectes de ce genre par
son *habitus* et la forme des ailes, en
diffère cependant par ses antennes en
scie. Latreille a créé pour cette espèce
le genre Mégalodonte. *V.* PAMPHILIE
et MÉGALODONTE.   (AUD.)

* CÉPHALÉMYIE. *Cephalemyia.*
INS. Genre de l'ordre des Diptères, famille des Athéricères, fondé par Latreille (Dict. d'Hist. nat. T. XXIII, p.
275) aux dépens du genre Taon, et
ayant pour caractères essentiels : ailes
écartées ; les deux nervures longitudinales qui viennent immédiatement
après celle de la côte, fermées près du
limbe postérieur par une nervure
transverse ; cuillerons grands, recouvrant les balanciers ; milieu de la face
antérieure de la tête ayant deux lignes
enfoncées, descendant des fossettes des
antennes, rapprochées vers leur milieu et divergentes en bas. — Les Céphalémyies ont la tête grosse et arrondie antérieurement, chargée ainsi
que le thorax de petits grains donnant naissance à des soies ; la nervure de la côte des ailes est même
ponctuée. On ne remarque ni trompe
ni palpes ; il n'existe pas de cavité
buccale distincte, mais on voit deux
tubercules très-petits, en forme de
points, indiquant les vestiges des palpes. Leurs larves, dont la bouche est
armée de deux crochets, vivent dans
la tête de certains Animaux mammifères herbivores. — Les Céphalémyies
s'éloignent des Cutérèbes, des Céphénémyies, des Œdémagènes et des
Hypodermes par l'absence de la trompe et des palpes ; ils partagent ce caractère avec les OEstres, et en diffèrent
cependant par leurs ailes, l'étendue
de leurs cuillerons, et les impressions
qui existent sur la tête.

Latreille décrit une espèce propre à ce genre, le Céphalémyie du
Mouton, *Ceph. Ovis* ou l'*Œstrus Ovis*
de Linné, de Fabricius et d'Olivier. Vallisneri, et ensuite Réaumur (Mém. Insect. T. IV, pl. 35,
fig. 8-25), ont fait connaître la larve de
cette espèce qui vit dans les sinus
maxillaires et frontaux des Moutons,
et sort par les narines lorsqu'elle est
arrivée à l'époque de sa transformation
en nymphe. Cette larve est conoïde,
composée de onze anneaux ; la partie
antérieure ou le sommet du cône, ou
si l'on veut la tête, est armée de deux
forts crochets dont la base, élevée au-
dessus des chairs, représente une grosse et courte corne ; la bouche est ouverte entre les deux crochets, et au-
dessus on remarque deux appendices
charnus. A la partie postérieure ou à la
base du cône que cette larve figure,
on voit deux plaques circulaires brunes, posées à côté l'une de l'autre : ce
sont les deux stigmates postérieurs ;
au-dessous, on distingue l'anus ordinairement caché dans les replis des
tégumens. Examinées sous le ventre et
avec une bonne loupe, ces larves présentent un fait assez remarquable : la
partie charnue qui est entre deux anneaux, est remplie de petites épines
rougeâtres dirigées toutes en arrière ;
on conçoit que ces épines ont des
usages analogues à ceux des pates ;
car les larves logées dans les sinus
ethmoïdaux des Moutons, ont sans
doute besoin plus d'une fois de changer de place. Lorsque cela arrive, elles
doivent faire sentir aux Animaux qui
les nourrissent des douleurs vives qui
sont très-probablement la cause à laquelle il faut attribuer ces espèces
d'accès de vertige ou de frénésie, auxquels ils sont sujets. C'est sans doute
alors qu'on les voit bondir et aller
heurter leur tête à diverses reprises
contre les corps les plus durs. Quand
la larve est sur le point de se métamorphoser en nymphe, elle abandonne sa première demeure, se laisse
tomber à terre, s'enfonce dans son
intérieur, et n'en sort plus qu'au bout
de quarante jours à l'état d'Insecte

parfait. Alors les deux sexes ne tardent pas à s'unir, et la femelle, guidée par cet instinct si varié dans les Insectes et qui surprend toujours, va déposer ses œufs à l'entrée des narines des Moutons.

(AUD.)

* CÉPHALÉS. MOLL. Nom que donne Lamarck aux Mollusques munis d'une tête, par opposition à celui d'Acéphale qui désigne ceux qui en sont privés. *V.* ACÉPHALES. MOLL. (B.)

* CÉPHALINUS. POIS. *V.* BLAPSIA.

CÉPHALO. POIS. *V.* CÉFALO.

CÉPHALOCLE. *Cephaloculus.* CRUST. Nom sous lequel Lamarck (An. sans vert. p. 170, et Syst. des An. sans vert. T. v, p. 130) a désigné le genre *Polyphemus* de Müller, qui a pour type le *Monoculus pediculus* de Linné et de Fabricius. Lamarck nomme cette espèce le Céphalocle des étangs, *Cephal. stagnorum. V.* POLYPHÈME.

(AUD.)

CÉPHALOCULE. CRUST. (Du Dict. des Sc. nat. T. VII, p. 404). Pour Céphalocle. *V.* ce mot. (AUD.)

CÉPHALODE. *Cephalodium.* BOT. CRYPT. (*Lichens.*) Nom donné aux apothécies des Lichens qui sont renflées, bombées, sans bordure ni bourrelet, et qui prennent naissance sur un *Podetium.* Le genre *Stereocaulon* offre dans sa fructification un exemple d'apothécies céphalodes. (AD. B.)

* CÉPHALODIENS. *Cephaloïdei.* BOT. CRYPT. (*Lichens.*) Nom donné par Acharius à un des ordres de la classe des *Cœnothalami,* caractérisé ainsi : apothécies presque globuleuses, insérées à l'extrémité des rameaux de la fronde ou sur des pédicelles propres ou éparses et sessiles sur la fronde, formées en partie par la substance de cette fronde, mais sans aucun rebord qui les entoure.

Cet ordre se divise en deux sections: la première comprend les genres dont la membrane fructifère est placée à l'extérieur autour d'un tubercule de la fronde ; ce sont les *Cenomyce, Bæomyces, Isidium, Stereocaulon.*

La seconde, qui nous paraîtrait mieux placée dans l'ordre des Phymatoïdes, ne renferme que deux genres, les *Sphærophores* et les *Rhizomorphes.* Ils sont caractérisés par leurs apothécies entièrement enveloppées par la fronde qui se rompt pour laisser échapper les sporules. Ces deux genres, et surtout le dernier, sont-ils bien placés parmi les Lichens ? *V.* RHIZOMORPHA. (AD. B.)

* CÉPHALOIDES. BOT. PHAN. Syn. de Capitées. *V.* ce mot. (B.)

* CÉPHALOMA. BOT. PHAN. (Necker.) Syn. de Moldavique de Tournefort. *V.* ce mot et DRACOCÉPHALE. (B.)

* CÉPHALONOPLOS. BOT. PHAN. (Necker.) Syn. de Saussurea. *V.* ce mot. (B.)

* CÉPHALOPHOLIS. POIS. Genre établi par Schneider aux dépens des Bodians, et dont un Poisson, qui ne paraît être que le *Bodianus guttatus,* était la seule espèce. Rentrant exactement dans sa première section du genre Bodian, Cuvier n'a point adopté ce genre. (B.)

CÉPHALOPHORES. *Cephalophoræ.* MOLL. (Blainville.) Syn. de Céphalopodes et de Céphalés. *V.* ces mots. (B.)

CÉPHALOPHORE. *Cephalophora.* BOT. PHAN. Corymbifères, Juss.; tribu des Hélianthées de Cassini; Syngénésie Polygamie égale, L. — L'involucre est formé d'un double rang de folioles égales et réfléchies. Le réceptacle, convexe et creusé de fossettes régulières, porte des fleurons quinquedentés, hermaphrodites. Les akènes sont surmontés de sept à huit arêtes paléacées. — Le *Cephalophora glauca,* Cav. (*Icon.* 599), est une Plante herbacée du Chili, à feuilles alternes, glauques, inférieurement ovales, supérieurement linéaires, à fleurs solitaires, portées sur le sommet renflé des pédoncules, et globuleuses: d'où l'on a fait dériver le nom du genre. (A. D. J.)

CÉPHALOPODES. MOLL. Cuvier, considérant les tentacules dont certains Mollusques sont munis autour de la tête, et par l'usage qu'en font la plupart pour marcher, comme des espèces de pieds, employa le premier ce nom pour désigner les Animaux que Linné avait confondus dans son grand genre Sepia, en y ajoutant les Coquilles et les Fossiles qu'on suppose avoir appartenu à des Animaux pareils. Duméril (Zool. anal. p. 156) a suivi cet exemple, et les Céphalopodes devinrent pour ces savans le premier ordre de la classe des Mollusques. Lamarck, ayant adopté le même nom pour désigner les mêmes êtres, n'a fait qu'intervertir le rang qu'on doit leur assigner, et les Céphalopodes sont devenus pour lui l'ordre quatrième de la même classe. Il les caractérise ainsi : manteau en forme de sac, contenant la partie inférieure du corps; tête saillante hors du sac, couronnée par des bras non articulés, garnis de ventouses, et qui environnent la bouche; des yeux sessiles; deux mandibules cornées à la bouche; trois cœurs; les sexes séparés.

Les Céphalopodes sont des êtres dont l'organisation est déjà fort compliquée; aussi présentent-ils des rapports plus marqués avec les Vertébrés qu'aucun autre Mollusque. Dans un Mémoire lu récemment à la Société d'histoire naturelle de Paris, Latreille a cherché à établir les rapports qui lient ces Mollusques avec les Poissons. Plusieurs espèces sont fort connues et ont été très-bien observées, mais il en est qui ne l'ont pas été suffisamment, ou même qui, ne l'ayant pas été du tout, sont en quelque sorte encore problématiques, et ce n'est guère que par analogie qu'on a pu rapporter, par exemple, dans le même ordre les Calmars, les Camérines et les Bélemnites. Quoi qu'il en soit, ceux des Céphalopodes qui nous sont connus, sont munis, autour d'une tête extérieure, de bras vigoureux que leur usage dans la locomotion ne devait pas faire nommer improprement des pieds. Ces bras pareils ou de diverse nature, munis ou privés de ventouses, enlacent et pressent tout ce que le Céphalopode veut attirer à lui; deux gros yeux, auxquels des replis de la peau amincie font comme des paupières, indiquent une vision très-développée. L'oreille n'est qu'une petite cavité creusée, de chaque côté, près du cerveau, sans canaux semi-circulaires et sans conduit extérieur, où se trouve suspendu un sac membraneux, qui contient une petite pierre. Le cerveau est renfermé dans une cavité de la tête; deux gros ganglions qui le composent donnent des nerfs optiques innombrables. La respiration se fait par un appareil fort compliqué, au moyen de deux branchies placées dans le sac, de chaque côté, en forme de feuilles de Fougère des plus divisées et des plus élégantes. La grande veine cave, arrivée entre les branchies, se partage en deux, et s'ouvre dans deux ventricules charnus, situés chacun à la base de la branchie de son côté pour y pousser le sang; les deux veines branchiales se rendent dans un troisième ventricule placé vers le fond du sac, et qui porte le sang dans toutes les parties du corps par diverses artères. L'eau, entrant dans le sac, peut même pénétrer dans deux cavités du péritoine que les veines caves traversent en se rendant aux branchies, et peut agir sur le sang veineux par le moyen d'appareils glanduleux attachés à ces veines. Les Céphalopodes nagent la tête en arrière, et marchent la tête en bas dans toutes les directions; entre la base des bras se trouve la bouche que constituent deux fortes mâchoires formées d'une véritable corne, et que leur singulière conformation a fait comparer au bec du Perroquet. Un entonnoir charnu, placé à l'ouverture du sac devant le col, sert d'issue aux excrétions. Entre les deux mâchoires existe une langue hérissée de pointes également cornées; l'œsophage se renfle en jabot, et se rend dans un véritable gésier charnu, aussi fort que celui des Oiseaux, auquel succède un troisième estomac membraneux, disposé en spirale. Le foie, qui est très-grand, y verse la bile par deux conduits; l'intestin est simple et peu prolongé; il s'ouvre dans l'entonnoir par le rectum. Les Céphalopodes ont une excrétion particulière, d'un noir très-foncé ; ils la rejettent tout-à-coup dans le danger pour teindre l'eau de la mer et se cacher dans les ténèbres qu'ils ont l'art de produire en vidant le sac où cette encre est en réserve. Les sexes sont séparés ; l'ovaire des femelles est dans le fond du sac ; les œufs y prennent la forme de grappes. Les organes génitoires des mâles consistent en un testicule qui, par un canal différent, aboutit à une verge charnue et située à la gauche de l'anus ; une prostate et une vessie y aboutissent encore. La fécondation se fait probablement, comme dans les Poissons, par arrosement. Ces Animaux paraissent avoir une certaine intelligence et du courage. Montfort les dit monogames.

Cuvier (Règn. Anim. T. II, p. 359 et suiv.), conduit par l'analogie qui existe entre certains Fossiles et les coquilles de quelques Céphalopodes, a compris dans cet ordre beaucoup de débris dont les Animaux n'existent plus ; il a réparti tout ce qu'il rapporte à l'ordre qui nous occupe dans les sept genres suivans, dont plusieurs contiennent divers sous – genres : 1. les Seiches, 2. les Nautiles, 3. les Bélemnites, 4. les Hippurites, 5. les Ammonites, 6. les Camérines, 7. les Argonautes. *V*. tous ces mots. On pourrait considérer tous ces genres comme autant de familles.

Lamarck (An. sans vert. T. VII, p. 580 et suiv.) remarque que si les races diverses qui appartiennent à cette coupe d'Animaux sont extrêmement nombreuses, ce que l'on juge par les corps particuliers, pareillement nombreux et divers, que l'on recueille et que l'on est autorisé à attribuer à ces Mollusques, il faut convenir que nous connaissons encore bien peu de ces êtres, en sorte que les caractères que nous assignons à leur ordre entier ne conviennent peut-être qu'à une partie de ceux qu'il embrasse. Si l'on en excepte la famille des Sépiaires et la Spirule dont les Animaux sont maintenant bien connus, il paraît qu'il nous sera difficile de nous procurer la connais-

sance de ceux des autres familles de Céphalopodes, parce que la plupart n'habitent que les grandes profondeurs de la mer, et se trouvent par-là hors de la portée de nos observations. Or cette portion de Céphalopodes, dont l'existence nous est attestée par les coquilles multiloculaires et la plupart fossiles que nos collections renferment, n'est assurément pas la moins nombreuse en races diverses. Ce savant professeur partage l'ordre des Céphalopodes en trois divisions qui renferment :

1. Les POLYTHALAMES, Testacés immergés, ayant une coquille multiloculaire, subintérieure. Les Orthocérées, les Lituolées, les Cristacées, les Sphérulées, les Radiolées, les Nautilacées et les Ammonées. *V*. tous ces mots.

2. Les MONOTHALAMES, Testacés navigateurs, coquille uniloculaire, tout-à-fait extérieure. Les Argonautes. *V*. ce mot.

3. Les SÉPIAIRES, point de coquilles, un corps solide, crétacé ou corné, contenu dans l'intérieur de la plupart d'entre eux. Les Poulpes, les Calmarets, les Calmars et les Seiches, *V*. ces mots, sont les genres dont se compose cette famille, qui est la dernière des Céphalopodes.

Tous les Céphalopodes connus vivent dans la mer ; les uns nagent vaguement, tandis que d'autres se traînent près du rivage ; la plupart de ces derniers se retirent dans les sinuosités des rocs, où Denis Montfort prétend avoir observé leurs mœurs en leur livrant bataille. Ils sont carnassiers, vivent de Crabes et autres Animaux marins, dont quelques-uns brisent aisément les enveloppes à l'aide de leur puissant bec. A leur tour, ils deviennent la proie de quelques ennemis : les Marsouins recherchent surtout la partie charnue de leur tête ; d'où vient qu'on trouve si souvent en mer les corps abandonnés par eux, et qu'ils n'ont pas mangés par répugnance pour l'encre et pour la partie crétacée que renferme le sac. Les coquilles multiloculaires de ceux des Céphalopodes qui en possèdent, sont si remarquables par la diversité de leur forme, qu'il semble que tous les modes qu'il est possible d'imaginer aient été employés par la nature.   (B.)

CÉPHALOPTÈRE. ois. Genre établi par Geoffroy-Saint-Hilaire (Annales du Muséum, T. xiii), pour y placer une espèce d'Oiseau du Brésil, dont Cuvier a fait un sous-genre de ses Moucherolles. Vieillot et Temminck l'ont confondu parmi leurs Coracines. *V.* ce mot.   (B.)

CÉPHALOPTÈRE. *Cephaloptera.* pois. Genre formé aux dépens des Raies, par Duméril, et qui répond aux Dicerobates de Blainville. Cuvier l'a adopté comme sous-genre. *V.* RAIE.   (B.)

CÉPHALOS. pois. Syn. grec de Muge. *V.* ce mot.   (B.)

CÉPHALOSTOME. *Cephalostoma. ARACHN.* Leach, dans le tableau de sa Classification (*Linn. Soc. Trans.* T. xi), désigne ainsi, dans la classe des Arachnides, une sous-classe qui correspond à la seconde famille de l'ordre des Trachéennes, nommée par Latreille (Règn. An. de Cuv.) Pycnogonides. *V.* ce mot.   (AUD.)

CÉPHALOTE. *Cephalotes.* MAM. (Geoffroy-de-Saint-Hilaire.) *V.* CHEIROPTÈRES.

CÉPHALOTE. *Cephalotes.* INS. Genre de l'ordre des Coléoptères, section des Pentamères, famille des Carnassiers, tribu des Carabiques, fondé par Bonelli et désigné par Panzer (*Index entomol.,* p. 62) sous le nom de Brosque. Ses caractères sont : antennes de la longueur du corselet, troisième article plus long que le suivant; labre transversal carré et entier; mandibules très-fortes notablement avancées au-delà du labre, unidentées au milieu du bord interne; langue très-courte; palpes maxillaires antérieurs de quatre articles, le dernier cylindrique de la longueur du précédent; palpes maxillaires postérieurs de deux articles, le premier long et en massue, le second court et

cylindrique; lèvre transversale concave, trifide; les deux divisions latérales grandes et arrondies, celle du milieu très-courte et aiguë. Les Céphalotes se distinguent des Zabres, des Amares, des Pœciles, des Abax, des Molops, des Percus, etc., etc., par leurs mandibules très-fortes et s'avançant beaucoup au-delà du labre. Ils partagent ce caractère avec le genre Stomis, dont ils diffèrent cependant par le premier article des antennes moins longs que les deux suivans réunis, et par l'intégrité du labre. Ils ont quelque analogie avec les Scarites, par un étranglement qui existe vers le milieu du corps, ce qui a fait dire qu'ils avaient l'abdomen pédiculé; l'observation démontre que cet étranglement n'a pas lieu à la jonction de l'abdomen avec le thorax, mais bien à l'endroit où le prothorax emboîte le métathorax. Quoi qu'il en soit, ces Insectes s'éloignent des Scarites par des différences sensibles entre les tarses antérieurs dans les différens sexes. Ils font partie de la division des Thoraciques, et les Scarites appartiennent à celles des Bipartis. *V.* CARABIQUES. Les Céphalotes ont, comme l'indique leur nom, la tête grosse proportionnellement au corps, leur prothorax est cordiforme; ils sont pourvus d'ailes membraneuses.

Ce genre est peu nombreux en espèces; celle qui lui sert de type se rencontre communément en France. Pendant long-temps elle a été confondue avec les Carabes sous la dénomination spécifique de Céphalote. Bonelli lui donne le nom de Céphalote commune, *Cephal. vulgaris;* on la trouve figurée dans Panzer (*Faun. Germ. fasc.* 83, fig. 1) et dans Olivier (Entomol. T. iii, n° 36, t. 1, fig. 9) : ce dernier l'avait placée parmi les Scarites.

Ce nom de Céphalote a subi le sort de quelques autres noms trop significatifs; chacun s'est cru en droit de l'employer toutes les fois que le caractère qu'il exprime est venu à se présenter dans une ou plusieurs espèces. Latreille(Hist. génér. des Ins., T. III) l'a d'abord appliqué à un genre voisin des Fourmis, nommé maintenant Crypto-cère, et plus tard, le même auteur (*Gener. Crust. et Ins.*, T. I, p. 20) s'en est servi pour désigner l'ordre sixième des Entomostracés, comprenant les genres Polyphème, Zoë, Branchiopode. Bonelli l'a enfin consacré à un genre de la tribu des Carabiques, qui a pour type le *Carabus Cephalotes* de Linné, et dont il vient d'être question. Cet emploi triple et fort différent du mot Céphalote devrait le faire bannir du langage entomologique, et il serait convenable de n'en plus faire usage que pour les dénominations spécifiques; cependant le sens que lui accorde Bonelli a prévalu, et on doit espérer qu'à l'avenir personne ne s'avisera de le changer. (AUD.)

CÉPHALOTE. *Cephalotus.* BOT. PHAN. Ce genre singulier est propre à la Nouvelle-Hollande. Il a été observé d'abord par Labillardière et plus récemment par Robert Brown, qui en a donné une description détaillée et une fort belle figure au trait dans ses *General Remarcks.* Voici les caractères de ce genre: son calice est coloré à six divisions profondes, ayant l'estivation valvaire; la corolle manque; les étamines, au nombre de douze, sont insérées à la base des divisions calicinales; leurs filets sont courts; leurs anthères biloculaires, didymes, glanduleuses à leur partie supérieure et externe; les pistils, au nombre de six, sont groupés au centre de la fleur; leur ovaire est uniloculaire et contient un seul ovule dressé; chaque ovaire porte un style terminal.

Une seule espèce compose ce genre, qui appartient par beaucoup de caractères à la famille des Rosacées et à la Dodécandrie Hexagynie. C'est le *Cephalotus follicularis*, Labill. *Nov.-Holl.* 2, p. 7, t. 145. Brown, *Gen. Remks.* 68, t. 4. Cette Plante singulière ressemble par son port à un *Nepenthes*, dont elle n'offre nullement les caractères intérieurs. Sa tige est une sorte de souche souterraine, perpendiculaire, courte, donnant naissance à une touffe de feuilles pétiolées, qui semblent toutes radicales et qui sont de deux sortes. Les unes sont elliptiques, planes, très-entières, glabres et un peu coriaces, sans nervures et vert. Les autres, que Brown nomme *Ascidia*, sont entremêlées avec les précédentes; elles sont creuses et ont à peu près la forme du labelle des Cypripedium ou de la lèvre inférieure des Calcéolaires; leur ouverture, qui est supérieure à son rebord épais et relevé de côtes, se trouve surmontée d'une sorte d'opercule qui s'élève ou s'abaisse suivant l'état hygrométrique de l'atmosphère. Leur cavité est presque toujours remplie d'une liqueur limpide et douceâtre, qui est à la fois le résultat d'une sécrétion végétale et de l'eau de la pluie. Du centre de cet assemblage de feuilles s'élève une hampe très-simple, droite, haute d'un pied et plus, velue, qui se termine par un épi de fleurs long de deux pouces, et composé d'un grand nombre de petites ramifications fort courtes; à la base de chaque division existe une bractée linéaire caduque; les fleurs sont petites et blanchâtres; le calice est régulier, velu extérieurement; les étamines sont plus courtes que ses divisions.

N'ayant pu observer le fruit mûr, il est difficile d'assigner d'une manière positive la place que ce genre remarquable doit occuper dans la série des ordres naturels. (A. R.)

CÉPHALOTES. POIS. Dix-huitième famille formée par Duméril (*Zool. Anal.*), dans la classe des Poissons. Les Animaux qui la composent ont de commun l'épaisseur de leur corps qui est cependant comprimé, et la grosseur de leur tête qui leur a valu le nom qu'ils portent. Ils n'ont jamais de rayons isolés aux nageoires pectorales. Ces Poissons vivent dans la vase des profondeurs de la mer, et y attendent leur proie. Les genres compris dans cette famille sont les suivans :

Aspidophoroïde, Aspidophore, Lépidolèpre, Scorpène, Synancée, Ptéroïs, Gobiésoce et Cotte. *V*. ces mots. (B.)

CÉPHALOTES. BOT. PHAN. Espèce du genre Thym. *V*. ce mot et CÉPHALOTOS. (B.)

* CEPHALOTOS. BOT. PHAN. Adanson (*Fam. Plant.*, t. 2, p. 189) a formé, sous ce nom, un genre dans la première section de la famille des Labiées, d'une espèce de Thym, le *Thymus Cephalotes*, L.; il n'a point été adopté par les botanistes ses successeurs. *V*. THYM. (B.)

* CEPHALOTRICHUM. BOT. CRYPT. (*Mucédinées.*) Genre établi par Link (*Natur. Forsc. Magaz.*, 1809, p. 20, fig. 54) et qui est très-voisin des genres *Isaria*, *Coremium* et *Ceratium*. Il est composé d'une base filamenteuse, formant un pédicelle qui soutient un capitule arrondi, composé de filamens et de sporules entremêlés. Link en a décrit deux espèces : l'une qu'il nomme *Cephalotrichum nigrescens*, et qu'il a figurée tab. 1, fig. 54, croît sur les troncs d'Arbres coupés. Elle a une ligne de haut; l'autre est le *Periconia stemonitis* de Persoon. On la trouve au printemps sur les tiges d'herbes mortes. Albertini et Schweinitz en ont décrit une troisième sous le nom de *Cephalotrichum flavovirens*. (AD. B.)

* CÉPHALOTRICS. *Cephalotrichi.* BOT. CRYPT. (*Mucédinées.*) Nom donné par Nées à une section particulière de la famille des Mucédinées, dans laquelle il place les genres *Ceratium*, *Isaria*, *Coremium* et *Cephalotrichum*. *V*. ces mots et MUCÉDINÉES. (AD. B.)

CÉPHALOXE. *Cephaloxys.* BOT. PHAN. Une espèce de Jonc originaire de la Caroline, le *Juncus repens* de Michaux, a été distinguée, décrite et figurée par Desvaux (Journal de Botanique, 1, p. 521, tab. 11), sous le nom de *Cephaloxys flabellata*. Elle diffère des autres Joncs en ce que les trois divisions internes de son calice sont presque doubles en longueur des trois extérieures, que le nombre de

ses étamines est trois au lieu d'être six; que sa capsule est pyramidale, et que ses trois cloisons, au lieu de se détacher avec les valves au moment de la déhiscence, restent fixées à une columelle centrale persistante. Le chaume est rampant; les feuilles planes et glabres, disposées, aux nodosités, en fascicules épais et courts; les fleurs, munies chacune de deux bractées, forment des capitules aigus à leur sommet. (A. D. J.)

* CEPHALOXYS. BOT. CRYPT. (*Mousses.*) Nom par lequel Palisot-Beauvois avait proposé de remplacer celui de *Barthramia*. *V*. BARTHRAMIA. (AD. B.)

CEPHALUS. POIS. Schaw a formé sous ce nom un genre dont la Mole était le type, et qui a été adopté sous le nom de ce Poisson par Cuvier. *V*. MOLE. (B.)

CÉPHÉE. *Cephea.* ACAL. Genre de l'ordre des Acalèphes libres, établi par Péron et Lesueur, adopté par Lamarck et placé par lui dans la seconde division de ses Méduaires. Il y réunit les Rhizostomes de Péron. Cuvier applique ce nom à une grande section du genre Méduse, dont les Céphées forment le premier groupe. — Les Animaux de ce genre ont le corps orbiculaire, transparent, ayant en dessous un pédoncule et des bras, mais sans tentacules au pourtour de l'ombrelle; le disque inférieur est garni de quatre bouches ou davantage. Parmi les Acalèphes à plusieurs bouches, les Céphées sont les premiers qui soient munis d'un pédoncule en dessous; il est court et fort épais dans plusieurs espèces, et ce sont les divisions de son extrémité qui constituent les bras de ces Animaux. Ces bras sont au nombre de huit, tantôt très-composés, polychotomes et entremêlés de cirrhes, comme dans les Céphées de Péron, et tantôt simplement bilobés, comme dans ses Rhizostomes que nous réunissons aux Céphées, d'après Lamarck. Ces derniers se distinguent des Orythées et des Dianées, parce qu'ils ont plusieurs bouches, jamais plus de huit, jamais moins de quatre. Ils diffèrent des Cyanées par le défaut de tentacules au pourtour de leur ombrelle.

Les Céphées, originaires presque toutes des mers chaudes et tempérées, varient de grandeur et de couleur. Il y en a encore peu de connues.

CÉPHÉE CYCLOPHORE, *Cephea cyclophora*, Pér. et Les. Ann. T. xiv, p. 560, n. 96. Encycl. Méth. pl. 92, fig. 3. — *Medusa Cephea*, Gmel. *Syst. Nat.* p. 3158. — Son ombrelle est tuberculeuse, brun-roussâtre, marquée de huit rayons pâles, à rebord festonné, avec huit petits lobes bifides et huit bras d'un brun hyalin et cotylifères. Elle habite la mer Rouge.

CÉPHÉE POLYCHROME, *Cephea polychroma*, Pér. et Les. Ann. T. xiv, p. 561, n. 97. *Medusa tuberculata*, Gmel. *Syst. Nat.* p. 3155. L'ombrelle de cette Méduse est orbiculaire, légèrement bombée à son centre, à rebord marqué de huit échancrures, à chacune desquelles on observe un petit grain fauve. Elle a huit bras arborescens parsemés de cotyles campaniformes, entremêlées de villosités et de quelques cirrhes; elle habite les côtes de Naples.

CÉPHÉE RHIZOSTOME, *Cephea Rhizostoma*, Lamarck, Anim. sans vert. T. II, p. 517, n. 6. *Rhizostoma Cuvieri*, Pér. et Les. Ann. T. xiv, p. 562, n. 101. Cette Méduse, nommée vulgairement Gelée de mer, offre une ombrelle sans étoile ni croix distincte, d'un diamètre presque égal à la hauteur totale de l'individu. Les lobes des bras sont très-volumineux, deux fois et demi plus longs que la pointe qui les termine; sa couleur est généralement d'un bleu foncé avec un rebord pourpre. Cet Animal se trouve sur les côtes de France et d'Angleterre, ainsi que dans la Manche.

Les auteurs rapportent à ce genre les Céphée ocellé, Pér. et Les. *Medusa ocellata*, Moed.—Céph. brunâtre, Pér. et Les. De l'Australasie. — Céph. rhizostomoïde, Pér. et Les. Encycl. Méth.

pl. 92, fig. 4. *Med. octostyla*, Gmel. — Céph. d'Aldrovande, *Rhizostoma Aldrovandi*, Pér. et Les. Des côtes de Nice. — Céph. Couronne, *Rhizostoma Forskaelii*, Pér. et Les. *Medusa Corona*, Gmel. De la mer Rouge.

(LAM..X.)

CEPHELIS. BOT. PHAN. (Dict. de Déterville.) Pour Cephælis. *V.* ce mot.

(A. R.)

* CÉPHEN. INS. Ce nom grec, employé par Aristote (Hist. des Anim. liv. v, chap. 21 et 22) pour désigner les Abeilles mâles, a généralement été traduit par le mot latin *Fucus*, en français Frelon. *V.* ABEILLE.

(AUD.)

* CÉPHÉNÉMYIE. *Cephenemyia*. INS. Genre de l'ordre des Diptères, famille des Athéricères, fondé par Latreille (Dict. d'Hist. nat. T. xxiii, p. 271), et ayant pour caractères propres : soie des antennes simple; une trompe sortant d'une cavité inférieure, très-petite et arrondie; deux palpes situés immédiatement au-dessus de la trompe, réunis à leur base, de deux articles, dont le second ou dernier, beaucoup plus grand, globuleux; un sillon profond et longitudinal s'étendant depuis les fossettes des antennes jusqu'à l'origine des palpes, près desquels il s'élargit triangulairement; dernier article des antennes le plus grand de tous, presque globuleux

Les Céphénémyies ont le corps très-velu, l'abdomen court, large, presque globuleux; les ailes écartées. Les deux nervures longitudinales, qui viennent immédiatement après celles du bord extérieur, sont fermées par une autre nervure transverse, près du limbe postérieur; les cuillerons, toujours grands, recouvrent les balanciers. Ces Insectes se distinguent essentiellement des OEstres et des Céphalémyics par leur trompe et leurs palpes saillans; il existe aussi des différences sensibles dans leur premier âge. Les larves des Céphénémyics vivent sous la peau de certains Mammifères herbivores, et n'ont pas de crochets écailleux à la bouche. Celles des OEstres et des Céphalémyies habitent l'intérieur de la tête, de l'estomac ou des intestins; leur bouche est munie de deux crochets écailleux. Les Céphénémyies ressemblent aux Cutérèbes, aux OEdémagènes, aux Hypodermes sous divers rapports, et s'en éloignent cependant par la soie de leurs antennes, simple, par les palpes saillans, etc. Latreille décrit une seule espèce propre à ce genre, la Céphénémyie Trompe, *Ceph. Trompe*, qui n'est autre chose que l'*Œstrus Trompe* de Fabricius et d'Olivier. Coquebert (*Illust. Icon. Ins.* Tab. 23), et Clark (*The bots of horses*, 2ᵉ édit., tab. 1) l'ont représentée avec assez de soin. Ce dernier iconographe l'a désignée sous le nom d'*Œstrus stimulator*; elle a été trouvée en Laponie, et porte dans le pays le nom vulgaire de *Trompe*. Sa larve vit sur les Rennes.   (AUD.)

CEPHUS. MAM. Espèce de Singe, qui n'est peut-être pas le Cepus des anciens.   (A.D..NS.)

CEPHUS. OIS. Nom qui fut successivement appliqué par Mœring et Pallas aux Plongeons et aux Guillemots. Cuvier l'a adopté pour un de ses sous-genres de Plongeons.   (DR..Z.)

CÉPHUS. *Cephus*. INS. Genre de l'ordre des Hyménoptères, section des Térébrans, établi par Fabricius et Latreille. Celui-ci l'avait d'abord placé (Considér. génér. p. 296) dans la famille des Tenthrédines, et plus tard (Règn. Anim. de Cuv.), il l'a rangé dans celle des Porte-scies, tribu des Tenthrédines, avec ces caractères: labre caché ou peu apparent; mandibules guère plus longues que larges, tridentées à leur extrémité; un cou allongé; antennes insérées près du front, simples, grossissant vers le bout, composées d'une vingtaine d'articles; tarière de la femelle saillante; corps long, étroit, avec l'abdomen comprimé.

Ce genre que Linné ne distinguait pas des *Sirex* a reçu de Jurine (Class. des Hymén. p. 70) le nom de *Tra-*

chelus. Cet observateur exact lui assigne pour caractères d'avoir les mandibules tridentées avec la dent du milieu petite et les antennes composées de vingt-deux articles, grossissant un peu à leur extrémité. Il existe deux cellules radiales; la première est petite, presque carrée; la deuxième est très-grande; les cellules cubitales sont égales entre elles et au nombre de quatre; la deuxième et la troisième reçoivent dès leur naissance les deux nervures récurrentes; la quatrième atteint l'extrémité de l'aile. Les Céphus sont des Insectes petits et effilés; leur prothorax est rétréci et prolongé en devant; leurs jambes sont armées d'épines comme dans les Céphaléies; et leur abdomen est aplati latéralement et assez mou; il est pourvu d'une tarière courte, qui en excède de peu la longueur, et on remarque en outre, à droite et à gauche du dernier anneau abdominal, une petite pointe roide dont on ignore l'usage. Ce genre diffère de celui des Céphaléies par la largeur des mandibules, la longueur du prothorax et la tarière faisant saillie au-delà de l'anus; il s'éloigne des Xiphydries par l'insertion des antennes; enfin il se distingue des Urocères et des Sirex par la présence d'épines aux jambes.

Les larves de ces Insectes sont peu connues; elles habitent sans doute l'intérieur des Plantes.

Jurine avait d'abord donné au genre dont il est question le nom d'Astate, *Astatus*, qui fut adopté par Panzer et le docteur Klüg. Depuis, Latreille a fait usage de cette dernière dénomination pour l'appliquer à un genre d'Hyménoptères de la section des Porte-aiguillons. *V.* ASTATE.

Le genre Céphus a pour type le Céphus Pygmée, *Ceph. Pygmœus* de Fabricius, ou l'*Astatus Pygmœus* de Klüg. On le trouve communément au printemps sur plusieurs Végétaux et principalement sur le Blé. Latreille nomme Céphus abdominal, *Ceph. abdominalis*, une espèce dont le corps est noir avec l'abdomen entièrement roussâtre, et qui fait beaucoup de tort à quelques arbres fruitiers, en rongeant leurs boutons à fleur.—Jurine (*loc. cit.* pl. 7, genre 9) représente une espèce qu'il nomme *Hæmorroidalis*, et qui est la même que l'*Astatus analis* de Klüg. *V.* la Monographie des Sirex et autres genres analogues de ce dernier auteur (Mém. des Curieux de la nature de Berlin). (AUD.)

CÉPILLON. BOT. CRYPT. (*Champignons.*) Nom d'un petit Bolet dans Paulet, qui rapporte cette espèce à la famille des *Cèpes pinaux.* De tels noms doivent être proscrits de la science. (B.)

* CÉPITE. MIN. On a quelquefois donné ce nom à une variété de Silex-Agate, formée de couches concentriques qui offrent quelque ressemblance avec la tranche d'un Oignon. (LUC.)

CEPOLE. *Cepola.* POIS. *V.* RUBAN.

CEPOLE. *Cepolis.* MOLL. Le *Cyzolum Nicolsianum* de Montfort (t. 2, p. 151) est une Coquille terrestre qu'il a indiquée comme devant former le type d'un genre dont il trouve les caractères dans la columelle calleuse et munie d'une forte dent. Müller, Gmelin, Dillwyn, Favane, Nicolson, Lamarck et Férussac lui ont conservé le nom d'Hélice enfoncée, *Helix hupa.* *V.* HÉLICE et HÉLICODONTE. (F.)

CEPPA. OIS. Syn. suisse du Bruant Fou, *Emberiza Cia,* L. *V.* BRUANT. (DR..Z.)

CEPPATELLO. BOT. CRYPT. Syn. italien de *Boletus bovinus,* L. espèce du genre Bolet. (B.)

CEPPHUS. OIS. (Turner.) Syn. de la Mouette rieuse, *Larus ridibundus,* L. *V.* MAUVE. (DR..Z.)

CEPS. BOT. CRYPT. *V.* CEP.

CEPULA. BOT. PHAN. L'un des noms de la Ciboule, espèce d'Ail. *V.* ce mot. (A.R.)

* CEPURICA. BOT. PHAN. Syn. grec de Plantes potagères. (B.)

* CEPUS ET CEPOS. MAM. L'Animal vaguement désigné chez les anciens par ces noms, paraît devoir être une grosse espèce de Singe. Les Cepus que Pompée donna en spectacle aux Romains venaient d'Éthiopie. (B.)

CER. BOT. PHAN. Syn. esclavon de *Quercus Cerris.* *V.* CHÊNE. (B.)

CERACHATES. MIN. (Pline.) Pierre couleur de cire, qui paraît être une variété de Quartz-Agate, (LUC.)

CERAIA ou CÉRAJA. BOT. PHAN. Genre de la famille des Orchidées, établi par Loureiro (Coch., p. 514) qui lui assigne les caractères suivans : corolle dont le pétale intérieur se prolonge à sa base, en tube subulé, dilaté à sa partie supérieure, à cinq divisions, renfermant un appendice à plusieurs découpures; une anthère operculée à une seule loge. Cette Plante parasite, voisine des Angrecs, croît sur les vieux troncs d'arbres, et sur les rochers dans les forêts. (B.)

CÉRAISTE. *Cerastium.* BOT. PHAN. L. Ce genre, qui appartient à la famille des Caryophyllées, tribu des Alsinées (où le calice est polyphylle), et à la Décandrie Pentagynie, L., avait été constitué par Tournefort sous le nom de Myosotis. Linné ayant donné cette dénomination à un genre de Borraginées, lui substitua celle de *Cerastium,* qui a été ensuite unanimement adoptée. Il lui assigna pour caractères : un calice à cinq sépales; une corolle composée de cinq pétales bifides; dix étamines; cinq styles; capsule uniloculaire, cylindrique ou globuleuse, et s'ouvrant par son sommet couronné de dix dents. Nous ajouterons que dans les espèces où la capsule est cylindrique (et c'est le plus grand nombre des cas), elle est toujours arquée après la maturation, et que dans celles où on l'a dit arrondie, c'est qu'on n'a probablement observé que l'ovaire, ou bien que les espèces appartiennent à d'autres genres.

La plupart des Céraistes sont indigènes de l'Europe. Quoiqu'on n'en connaisse qu'un nombre assez peu considérable (20-30), leur étude présente beaucoup de difficultés, parce qu'il est peu de genres dont les espèces se nuancent par leurs caractères autant les unes dans les autres. Elles ont été partagées en deux groupes : dans le premier, les pétales sont égaux au calice ou plus courts que lui; quelques espèces de ce groupe n'offrent que cinq étamines, et même, on ne peut y voir, selon De Candolle, les cinq filets stériles que Linné dit avoir observés sur le *Cerastium semi-decandrum*. Le second groupe a les pétales plus longs que le calice; les Plantes qui le composent sont remarquables par la multitude et l'éclatante blancheur de leurs fleurs. Le Céraiste des champs (*Cerastium arvense*, L.) couvre au printemps les bords des chemins de presque toute la France. On cultive le Céraiste cotonneux (*Cerastium tomentosum*, L.) dont les fleurs d'un blanc lacté, et le reste de la Plante couvert d'un coton argenté, font le plus bel effet, surtout quand on en tapisse les rochers des parcs et des jardins pittoresques disposés à l'anglaise. (G..N.)

CERAITIS. BOT. PHAN. (Dioscoride.) Syn. du Fenu-grec. *V.* TRIGONELLE. (B.)

CERAJA. BOT. PHAN. *V.* CERAIA.

CERALUS. OIS. (Aristote.) Syn. présumé de la Rousserole, *Turdus arundinaceus*, L. *V.* SYLVIE. (DR..Z.)

CÉRAMBYCE. INS. Traduction du mot *Cerambyx*. Grand genre de l'ordre des Coléoptères, fondé par Linné, et désigné en français sous le nom de CAPRICORNE. *V.* ce mot et l'article LONGICORNES. (AUD.)

CÉRAMBYCINS ou CÉRAMBYCIENS. *Cerambycini*. INS. Grande famille de l'ordre des Coléoptères, section des Tétramères, établie par Latreille (*Gener. Crust. et Ins.* T. III, p. 54, et Considér. génér., p. 153) qui lui assignait pour caractères propres : lèvre fortement évasée à son extrémité, en forme de cœur; corps toujours allongé; antennes longues insérées dans une échancrure des yeux ou ailleurs, mais corselet alors rétréci en avant. Cette famille comprenait les genres Spondyle, Prione, Lamie, Capricorne, Callidie, Necydale et Lepture; elle correspond maintenant (Règne Anim. de Cuv.) à la famille des Longicornes. *V.* ce mot. (AUD.)

CERAMBYX. INS. *V.* CÉRAMBYCE, CAPRICORNE et LONGICORNES. (AUD.)

CERAM-CORONET. MOLL. *V.* CYMBE.

*CÉRAMIAIRES. BOT. CRYPT. Famille que nous avons cru devoir établir dans la confusion des Végétaux hydrophytes, jusqu'ici réunis presque arbitrairement par les botanistes sous les noms de Conferves et de Ceramium. Le genre immense qui porte ce dernier nom dans plusieurs auteurs, renfermait une grande partie des Végétaux qui rentrent dans notre famille de Céramiaires, mais ne peut en être considéré ni comme le type, ni comme le cadre, puisqu'on y avait jeté, comme au hasard, des Végétaux de familles fort éloignées, et qui n'ont de commun que de croître à peu près tous dans l'eau. Les caractères des Céramiaires sont faciles à saisir; ils consistent dans des filamens essentiellement articulés, produisant extérieurement des capsules ou gemmes parfaitement distinctes. Une pareille définition bien claire et précise en exclut plusieurs Fucacées, Confervées, Arthrodiées et Ulvacées que Roth et De Candolle avaient introduits dans leur genre Ceramium.

Cette famille se compose de Végétaux aquatiques plus souvent marins que d'eau douce, capillaires, généralement d'un port élégant et de couleur agréable, soit brunâtre, soit rouge, soit purpurine, soit verte. Elle est fort nombreuse en espèces, se divise très-naturellement en genres dont la quantité devra sans doute être fort augmentée par la suite, et dont les suivans sont ceux sur lesquels nous avons des données certaines.

† CÉRAMIAIRES HOMOGÉNÉOCARPES produisant de véritables capsules homogènes, monocarpes ou polycarpes.

α. Capsules nues; filamens cylindriques, composés d'articulations non sensiblement renflées.

A. *Filamens simples.*

1. DESMARETELLE, *Desmaretella*;

22*

N. *Oscillatoriæ spec.* Lyngb. Les Céramiaires de ce genre offrent au premier coup-d'œil une apparence qui
justifie quelques algologues de l'erreur où ils sont tombés en les prenant
pour des Oscillatoires. Leur absolue
immobilité, l'une de leurs extrémités
qui est fixe, et leur fructification, pros-
crivent tout rapprochement entre des
êtres qui n'appartiennent probablement pas au même règne.

B. *Filamens rameux.*

* Parcourus par des linéamens en-
tre-croisés de matière colorante.

2. HUTCHINSIE, *Hutchinsia*, Agardh.
Capsules légèrement pédonculées, en
forme d'ampoule, s'ouvrant à leur
extrémité pour laisser échapper les semences.

3. GRATELUPELLE, *Gratelupella*,
N. Capsules parfaitement sessiles et
groupées vers l'extrémité des rameaux.

4. BRONGNIARTELLE, *Brongniar-
tella*, N. Gemmes ovoïdes, opaques,
qui, dans la maturité, donnent aux
rameaux fructifères l'aspect des gousses de certaines Légumineuses articulées. Ce genre déjà décrit dans notre
Dictionnaire est mitoyen entre la famille des Confervées et celle des
Céramiaires.

** Entrenœuds marqués par plusieurs macules colorantes, longitudinales et parallèles.

5. DELISELLE, *Delisella*, N. *Spha-
cellariæ spec.* Lyngb. Capsules ovoïdes, subpédicellées, revêtues d'une
enveloppe transparente qui les fait
paraître comme annelées. Deux macules dans chaque article.

6. DICARPELLE, *Dicarpella*, N. *Hut-
chinsiæ spec.* Lyngb. Fructification
ambiguë, présentant, comme dans les
Brongniartelles, des gemmes intérieures, et comme dans les Hutchinsies, extérieurement des capsules
ampullaires. Celles-ci sont sessiles. Ce
genre forme encore un passage avec
la division suivante, parce que ses articles présentent en outre dans certains états une macule obronde et
centrale au milieu des macules linéaires longitudinales, qui sont au
nombre de trois à cinq.

7. CALLITHAMNIE, *Callithamnion*,
Lyngb. Capsules ovales, polyspermes,
sessiles, axillaires. Les articulations
des rameaux n'offrant qu'une macule,
ce genre forme un passage à la division suivante.

*** Matière colorante, groupée
en macules arrondies au milieu de
l'entrenœud.

8. ECTOCARPE, *Ectocarpus*, Lyngb.
Capsules subsessiles, solitaires, non
revêtues d'une membrane qui les fasse
paraître annelées comme dans les
Deliselles.

9. CAPSICARPELLE, *Capsicarpella*,
N. Capsule pédiculée, solitaire, oblongue, acuminée, en forme de petite
corne, ou plutôt semblable au fruit
du Piment long. Ce genre déjà décrit
dans notre Dictionnaire a été formé
aux dépens du précédent.

10. AUDOUINELLE, *Auduinella*. Ce
genre ayant été omis à sa place alphabétique, nous le décrivons ici. Dédié
au jeune et savant Audouin, auquel ce
Dictionnaire doit de si beaux articles,
ce genre élégant offre pour caractères :
des filamens cylindriques, sans renflement aux articulations, et produisant des gemmes extérieures, nues,
ovales, oblongues, opaques et sti-
pitées. On peut le diviser en deux
sections : la première contiendra les
espèces où les gemmes sont solitaires,
la seconde celles où ces mêmes organes sont réunis en certain nombre
sur un même pédicule. Les Audoui-
nelles ont de grands rapports avec les
Ectocarpes de Lyngbye, dont elles faisaient partie, mais en diffèrent, parce
que leurs gemmes ne sont ni sessiles
ni sphériques. Les espèces les plus
remarquables de ce genre sont : 1°
Auduinella funiformis, N. *Conferva
tomentosa* des auteurs, *Ectocarpus
tomentosus*, Lyngb. *Tent.*, p. 132,
t. 44. A. Cette espèce marine a sa
fructification solitaire et en forme
d'Olive; elle détermine sur les Fucus
de petites houppes de couleur brune
foncée, qui deviennent d'un roux brillant, préparées sur le papier où la
Plante adhère. 2° *Auduinella cha-
lybœa*, N. *Ceramium chalybœum*,

Ag. Syn. 69. *Ectocarpus chalybæus*, Lyngb. *loc. cit.* p. 133, t. 44, fort jolie Hydrophyte d'eau douce que nous découvrîmes, en l'an VII de la république, dans les fontaines pures et contre des roues de moulins aux environs de Fougères, petite ville de l'Armorique. Depuis elle a été retrouvée dans des endroits pareils, sur la *Conferva glomerata*, dans les îles du Danemark par le savant Lynghye, et une fois aux environs de Vire par notre ami Delise. Sa couleur est d'un vert d'airain tirant sur le noir, et les houppes hémisphériques ou globuleuses que forment ses petits filamens soyeux et resplendissans par la dessiccation, adhérant au papier, y paraissent avoir de deux à six lignes de diamètre. 3° *Auduinella miniata*, N. Cette espèce, répandue dans tous les herbiers sous le nom de *Conferva Hermanni* de Draparnaud, croît sur les Fontinales et sur les Lémanées dans les eaux courantes; plus petite que la précédente, elle s'en distingue au premier aspect par sa teinte vineuse.

11. CÉRAMIE, *Ceramium*, N. Capsules solitaires, comme annelées ainsi que dans les Deliselles, la matière colorante remplissant l'intérieur de l'article, autour duquel demeure une marge transparente qui ferait croire à l'existence d'un tube intérieur.

β. Capsules nues, filamens moins cylindriques, étant formés d'articles sensiblement amincis par leur base.

12. BULBOCHÆTE, *Bulbochæte*, Agardh. Ce genre, déjà décrit dans ce Dictionnaire, est caractérisé par une calyptre cilifère disposée à côté du point d'insertion des articles.

γ. Capsules involucrées; filamens noueux composés d'articulations renflées.

13. BORYNE, *Boryna*, Grateloup. Les caractères de ce genre déjà décrit dans notre Dictionnaire, sont les mêmes que ceux de la section où jusqu'ici il se trouve seul.

†† CÉRAMIAIRES GLOMÉROCARPES. Fructification composée de glomérules pressés, nus et extérieurs.

14. BOTRYTELLE, *Botrytella*, N. *Ectospermæ spec.* Lyngb. Ce n'est que provisoirement que nous plaçons ce genre parmi les Céramiaires et par un rapprochement purement artificiel. Il est difficile de concevoir qu'une même famille présente autant de diversités dans les organes reproductifs ; ceux des Botrytelles les rapportent près des Batrachospermes, et les feront peut-être placer dans la famille des Chaodinées, quand elles auront été examinées de nouveau. (B.)

CÉRAMIANTHÈME. *Ceramianthemum.* BOT. CRYPT. (*Hydrophytes.*) Donati a établi ce genre dans son Histoire de la mer Adriatique pour le *Gigartina confervoïdes* de la Méditerranée, dont il a donné une bonne figure et une description très-exacte. Adanson a adopté ce genre et lui donne pour caractères: «Plante droite, » rameuse, charnue; capsule sphéri- » que, s'ouvrant au sommet par un » trou cylindrique, et contenant une » graine fixée à un placenta central.» Donati ainsi qu'Adanson ont appelé *capsule* le conceptacle ou tubercule, et *graine* la capsule qui renferme les semences.

Le *Fuco capillare*, etc., d'Imperato, p. 648, est une variété du *Gigartina confervoïdes;* mais il ne sert point à la teinture, comme le dit ce naturaliste, qui l'a cru peut-être une variété de son *Alga Fuco*, p. 649, et de son *Fuco verrucoso*, p. 650; ces deux dernières Plantes appartiennent aux Lichens.

(LAM..X.)

CÉRAMIE. *Ceramia.* INS. Genre de l'ordre des Hyménoptères, section des Porte-aiguillons, placé par Latreille (Règn. Anim. de Cuv.) dans la famille des Diploptères. Il a pour caractère essentiel d'avoir toujours les ailes étendues et les palpes maxillaires très-petits, terminés en alène de cinq articles, dont le dernier à peine visible. Les Céramies se distinguent de tous les autres genres de la famille à laquelle elles appartiennent par plusieurs particularités très-remarquables. Leurs ailes supérieures ne sont

pas plissées comme dans les Guêpes,
mais toujours étendues,ce qui est une
anomalie fort curieuse. Ces mêmes
parties ne présentent que deux cellules cubitales, dont la seconde reçoit
les deux nervures récurrentes : caractères qu'elles partagent uniquement
avec les Célonites et les Masaris. Leur
tête est grosse, ce qui les rapproche
des Cerceris; mais elles en diffèrent
par les antennes.Outre la singularité
que présentent les ailes, on trouve
quelques autres caractères dans les
parties de la bouche, qui empêchent
de les confondre avec les Guêpes;
enfin elles ont une petite échancrure
aux yeux et un abdomen ovale plus
épais à la base.

Ce genre très-distinct a été établi
à la même époque par Latreille et
Klüg. Le premier lui a donné le nom
que nous avons adopté, et le second
celui de *Gnatho*. L'espèce que Latreille a eu occasion d'étudier est la
Céramie de Fonscolombe, *C. Fonsco-
lombii*, découverte aux environs d'Aix
par Hippolyte Boyer de Fonscolombe.
Elle ressemble au premier aspect au
Polistes gallica, et atteint presque sa
taille. La femelle bâtit un nid semblable à celui de la *Vespa muraria* de
Linné. — Klüg (Mém. des Curieux
de la nature de Berlin) a nommé *Gnatho Lichtensteinii* l'espèce qu'il a décrite; à en juger par la figure qu'il
en donne, son port est celui d'un Phi-
lante. — Elle est exotique.

Dejean et Léon Dufour ont rencontré en Espagne une Céramie plus petite que celle trouvée à Aix; elle se
rapproche beaucoup des Célonites.
(AUD.)

CÉRAMIE. *Ceramium*. BOT. CRYPT.
(*Céramiaires*.) Ce nom fut d'abord
imposé par Roth à un genre fort nombreux en espèces incohérentes, quand
cet auteur commença à sentir la nécessité de former des genres distincts
dans l'immensité des Conferves lin-
néennes. Adopté par De Candolle sans
examen, cet estimable auteur confon-
dit, sous ce même nom, dans la Flore
Française,jusqu'à des Ulvacées et à des

Fucacées. Le genre *Ceramium* n'avait
pas été plus heureusement circonscrit
par Stackhouse. Depuis, Agardh et
Lyngbye avaient considérablement
restreint le genre dont il est question;
mais ces habiles algologues n'avaient
pas toujours été fidèles aux caractères
qu'ils avaient eux-mêmes tracés, et
leur genre *Ceramium* ne coïncidant
pas exactement avec celui que depuis
long-temps nous avions restreint dans
des limites rigoureuses, nous établirons ici le genre Céramie, d'après nos
propres observations et l'antériorité
de nos recherches hydrophytologi-
ques. Les caractères de ce genre consistent dans des filamens cylindriques,
non renflés à leurs entrenœuds comme dans les Borynes, articulés par sections, qui sont marquées intérieurement d'une seule macule de matière
colorante, disposée de manière qu'on
croirait à l'existence d'un tube intérieur. La fructification consiste dans
des capsules externes, solitaires, nues,
opaques,environnées d'une enveloppe
vésiculeuse transparente qui les fait paraître comme ceintes d'un anneau
translucide.Les Céramies sont avec les
Borynes les plus élégantes des Plantes
en miniature, dont l'Océan embellit
nos herbiers. Ordinairement coloriées
en pourpre ou en violet, dessinées en
arbustes, adhérentes au papier, et faciles à préparer, le cryptogamiste les
recherche. La plupart sont marines. Entre dix à douze espèces de
l'eau salée qui nous sont connues,
nous citerons les *Ceramium Arbuscula*,
N. *Callithamnion*, Lyngb. *Tent. hydr.*
p. 122, pl. 38. Les figures 1 et 2 seulement. *Hutchinsia*, Agard. — *Ceramium coccinea*, N.*Hutchinsia*, Agard.
Conferva, Dillw. *Brit.* tab, 36. — *Ceramium fruticulosum*, N. *Callithamnion*, Lyngb. *loc. cit.* p. 125, t. 38.
— *Ceramium corymbosum*, N. *Callithamnion*, Lyngb. *loc cit.* p. 125, t.
38. — *Ceramium roseum* , N. *Callithamnion*, Lyngb. p. 125, t. 39.—*Ceramium corallinum*, N. *Conferva* co-
rallina , L. et des auteurs. — *Ceramium repens* , N. *Callithamnion* ,
Lyngb. *loc. cit.* p. 128. t. 40.—Parmi

les espèces d'eau douce, nous citerons: —*Ceramium confervoides*, N. *Conferva fracta*, Roth, *Cat. bot.* 3, p. 230. *Flor. Dan.* t. 946. Cette dernière espèce est extrêmement commune dans les bassins, les étangs et les marais de l'Europe ; elle y forme des masses vertes, dont l'organisation rappelle celle des Conferves, mais dont la fructification, fort bien représentée par Lyngbye, tab. 52, D. 2, est totalement différente. — Parmi les espéces terrestres, on doit remarquer le *Ceramium aureum*, N. et d'Agardh. Syn. p. 68. *Byssus aurea*, L. et des auteurs. Cette charmante espèce, si différente de ses congénères par l'habitation, en est très-voisine par la conformation. Elle forme, sur les rochers des régions tempérées et même froides, de petits coussinets qui ressemblent à des fragmens de velours, couleur d'Orange; elle devient cendrée ou verdâtre par la dessiccation.

Le *Callithamnion repens* de Lyngbye nous paraît appartenir à ce genre où nous ne le plaçons pas encore définitivement, parce que la singularité de son port nous fait présumer qu'on lui trouvera, par la suite, quelque caractère suffisant pour en former un genre particulier. (B.)

CÉRAMION. BOT. CRYPT. Du Dictionnaire de Déterville, pour Kéramion. *V.* ce mot. Dans le même ouvrage, ce mot est encore un double emploi de Céramie. *V.* ces mots.

(LAM..X.)

CÉRAMOPSE. *Ceramopsis.* BOT. CRYPT. (*Céramiaires?*) Genre formé par Palisot-Beauvois dans sa tribu des Fucées, section des Scutoïdes, et qu'il est difficile de reconnaître sur le peu qu'en dit cet auteur. (B.)

CÉRANTHE. *Ceranthus.* BOT. PHAN. (Schreber.) *V.* CHIONANTHE.

CÉRANTHERA. BOT. PHAN. Genre de la famille des Méliacées. Son calice est à cinq divisions égales, avec lesquelles alternent cinq pétales de longueur double; ils s'insèrent à la base d'un tube urcéolé, qui présente supérieurement cinq petites dentelures, et dans leurs intervalles cinq appendices ovales beaucoup plus longs, à chacun desquels répond une anthère oblongue, biloculaire, introrse, surmontée de deux petites pointes; l'ovaire entouré par le tube est libre, terminé par un style et un stigmate simples. Beauvois, qui a établi ce genre dans sa Flore d'Oware et de Bénin, n'a pas observé l'intérieur de l'ovaire et la capsule. Il en décrit et figure, tab. 65 et 66, deux espèces très-rapprochées. Ce sont des Arbrissaux à feuilles alternes et simples, à fleurs petites, disposées en panicules. terminales. (A. D. J.)

CÉRAPHRON. *Ceraphron.* INS. Genre de l'ordre des Hyménoptères, section des Porte-tarières, fondé par Jurine (Classif. des Hyménopt. p. 303), qui lui assigne pour caractères : antennes tantôt moniliformes, formées de treize articles, le premier long, arqué et aminci à sa base; tantôt brisées, moniliformes et en scie, composées de dix et de douze articles, le premier très-long et cylindrique; mandibules courtes, larges, légèrement bidentées; une cellule radiale, ovale, incomplète; point de cellule cubitale. — Latreille (Règn. Anim. de Cuv. T. III, additions, p. 659) adopte le genre Céraphron; mais il le restreint de beaucoup en créant à ses dépens les genres Serlion et Téléade; il est placé dans la famille des Pupivores, tribu des Oxyures, et a pour caractères : antennes des femelles filiformes, renflées à leur extrémité, insérées près de la bouche, de dix articles, dont le premier très-long; mandibules dentées ; abdomen elliptique, déprimé et à pédicule très-petit.

Les Céraphrons s'éloignent des Hélores, des Bétyles, des Dryunes, des Antéons, des Proctotrupes, des Cinètes, des Diapries, par l'insertion des antennes auprès de la bouche et non au milieu de la face de la tête où immédiatement sous le front. Ils se distinguent surtout des cinq premiers genres qui viennent d'être cités, ainsi que des Omales, par l'absence totale des cellules brachiales; enfin leur cellule radiale, incomplète, empêchera encore de les confondre avec les Diapries et avec les Platigastres qui n'ont aucune nervure aux ailes. — Les Insectes de ce genre sont excessivement petits; on les rencontre dans les prairies; plusieurs ne présentent pas d'ailes, ou paraissent les avoir perdues. — Latreille rapporte à ce genre le Céraphron sillonné, *Cer. sulcatus* de Jurine (*loc. cit.* pl. 14, suppl.). (AUD.)

CÉRAPTÈRE. *Cerapterus.* INS. Swederus a institué sous ce nom un genre de l'ordre des Coléoptères, section des Tétramères, famille des Xylophages, lequel a les antennes perfoliées dès leur naissance, et de dix articles. Donovan (*Gen. Illust. of entomol.* tab. 3) a rapporté à ce genre une espèce sous le nom de Caraptère de Macleay, *Cer. Macleayi.* Elle est de couleur brune, et avoisine les Pausses par la forme de son corps. (AUD.)

CÉRAS. OIS. Syn. piémontais de la Draine, *Turdus viscivorus*, L. *V.* MERLE. (DR..Z.)

CÉRASCOMION. BOT. PHAN. (Dioscoride.) Syn. présumé d'*Œnanthe fistulosa*, L. *V.* OENANTHE. (B.)

CÉRASIOLA. BOT. PHAN. (Cœsalpin.) Syn. de *Tamnus communis. V.* TAMNE. (B.)

CÉRASITES. GÉOL. Nom donné quelquefois à des pétrifications qu'on ne caractérise que par leur ressemblance avec des Cerises qui seraient fossiles. (LUC.)

* CÉRASO-MACHO. BOT. PHAN. C'est-à-dire *Cerisier mâle.* Syn. espagnol en Amérique de *Trichilia triflora*, L. (B.)

CÉRASOS. BOT. PHAN (Théophraste.) Syn. de Cerisier. (B.)

CÉRASTE. REPT. OPH. Vulgairement Serpent cornu, ou Couleuvre cornue. Espèce de Vipère du sous-genre Elaps. *V.* VIPÈRE. (B.)

CÉRASTE DE SIAM. REPT. OPH.

(Séba.) Variété du Python Tigre de Daudin. *V.* PYTHON. (B.)

CÉRASTES. *Cerastoderma.* MOLL. Nom proposé par Poli pour l'Animal des Bucardes. *V.* ce mot, 2ᵉ vol. p. 549, 1ʳᵉ colonne. (B.)

* CÉRASTIN. REPT. OPH. Espèce du genre Acantophis. *V.* ce mot. (B.)

CÉRASTIUM. BOT. PHAN. *V.* CÉRAISTE.

CÉRATIA. BOT. PHAN. (Théophraste.) Ce nom prouve quelle est l'incertitude qui règne dans la détermination des Plantes que mentionnèrent les anciens. Adanson le rapporte au Caroubier, Ray au Gainier, l'Écluse au Baguenaudier, Columelle à la Dentaire ennéaphylle, et Bauhin à l'*Erythrina corallodendrum*. Il est synonyme d'*Hymenœa Courbaril* dans Plukenet. Persoon a fait une section du genre *Swertia*, sous le nom de *Ceratia*, qui répond au genre Halenia. *V.* ce mot et SWERTIA. (B.)

CÉRATIE. *Ceration.* BOT. PHAN. (Du Dict. de Déterville.) Pour Cératia de Persoon. *V.* CÉRATIA. (B.)

CÉRATINE. *Ceratina.* INS. Genre de l'ordre des Hyménoptères, section des Porte-aiguillons, établi par Latreille (*Gener. Crust. et Ins.*, T. IV, p. 160) qui, l'ayant d'abord placé dans la famille des Apiaires, l'a rangé ensuite (Règn. anim. de Cuv.) dans celle des Mellifères, en lui assignant pour caractères: mâchoires et lèvres longues en forme de trompe et coudées; languette filiforme; premier article des derniers tarses non dilaté à l'angle extérieur de son extrémité; labre carré, presque aussi long que large, perpendiculaire; mandibules tridentées; palpes maxillaires de six articles; tige des antennes presque en massue cylindrique; corps oblong presque ras, avec l'abdomen ovale. Le genre Cératine, que Fabricius a confondu avec les Prosopes et les Mégilles, et que Duméril ne distingue pas des Hylées, a été adopté par Jurine et la plupart des entomologistes. Malgré ses nombreux rapports avec les Xylocopes, les Osmies et les Megachiles, il présente cependant plusieurs particularités remarquables. Les mandibules sont légèrement sillonnées, et présentent trois dents, dont l'intermédiaire est la plus longue ; les antennes sont brisées, composées de douze anneaux dans les femelles, et de treize dans les mâles, un peu en massue avec le premier article long, légèrement conique, implanté par son sommet dans une fossette oblongue apparente, fortement excavée proportionnellement à la tête de l'Animal, en sorte que l'épistome paraît se lever en carène émoussée ; les ailes antérieures ont une cellule radiale grande, allongée, et trois cellules cubitales, dont la seconde petite, presque carrée, plus étroite dans sa partie antérieure, reçoit la première nervure récurrente, et dont la troisième plus grande, resserrée antérieurement, reçoit la seconde nervure, et est éloignée du bout de l'aile. Le corps est allongé et généralement glabre. Les pates sont velues.

Ces Insectes diffèrent essentiellement des Osmies, des Megachiles, des Xylocopes, et de la plupart des autres genres de la famille des Mellifères, par leur labre carré, par leurs palpes maxillaires de six articles, et par les cellules de leurs ailes. — Le petit nombre d'espèces, appartenant à ce genre, se rencontrent plus particulièrement dans le midi de la France, en Italie, etc. On peut considérer comme type du genre la Cératine albilabre, *Cer. albilabris* ou le *Prosopis albilabris* de Fabricius (*Syst. Piezat*, p. 293). Cette espèce est d'un noir brillant ; les deux sexes ont une tache blanche sur le museau ; celle du mâle est plus grande et presque triangulaire. On la trouve dans le midi de la France. Jurine (Classif. des Hyménopt., pl. 14, suppl.) en a donné une fort bonne figure. Cette espèce doit être distinguée de la suivante, la Cératine calleuse, *Cer. callosa*, que plusieurs auteurs ont confondue avec la Cératine albilabre ; elle est bronzée ou bleuâtre, luisante, pointillée ; des poils grisâtres garnissent ses pates. On remarque sur le museau du mâle une tache blanche et oblongue ; le dernier anneau abdominal est tronqué et faiblement bidenté. On la trouve fort rarement dans les environs de Paris. Maximilien Spinola (Ann. du Mus. d'Hist. nat., T. x, p. 256) a donné des détails fort curieux sur les mœurs de cette espèce, qu'il a désignée aussi sous le nom d'Albilabre. Il l'a rencontrée, principalement à la fin du mois de mai et au commencement de juin, dans la partie la plus basse de la chaîne ligurienne de l'Apennin. La Cératine femelle attaque les branches de Ronce ou d'Églantier tronquées accidentellement ; elle creuse, avec ses mandibules, la moelle mise à nu, et laisse le bois et l'écorce constamment intacts, en sorte qu'on ne la voit jamais pénétrer latéralement, parce qu'elle serait alors obligée d'attaquer une substance qui résisterait à ses mandibules. Son nid est un tuyau cylindrique, presque droit, d'une ligne et demie de diamètre et d'un pied de profondeur ; il contient ordinairement huit à neuf loges parfaitement cylindriques, et quelquefois jusqu'à douze ; ces loges sont séparées par une cloison formée de la moelle même de l'Arbuste, que l'Insecte a d'abord pulvérisée, et à laquelle il a ensuite donné une solidité artificielle, en la comprimant avec ses pates et en y versant une liqueur gluante qu'il a recueillie avec sa trompe dans le nectaire des fleurs. Chaque loge a environ cinq lignes de longueur ; elle renferme une petite Cératine et un gros morceau de pâtée miélleuse. Dans les loges plus extérieures, le petit Animal est plus avancé, en sorte que souvent celui qui habite la première, en partant de l'ouverture, est parvenu à son état parfait, tandis que la larve qui occupe la dernière est encore renfermée dans l'œuf. Cette extrême différence donne à l'observateur le moyen de voir, d'un coup-d'œil, l'Insecte dans tous ses différens états. — L'œuf de la Cératine calleuse est oblong, blanc, assez transparent pour qu'on voie, dit Spinola, le fœtus nager dans l'albumine. Il paraît avoir un tubercule à chaque extrémité, et il est déposé au fond de la loge dans un creux que la Cératine mère a exprès ménagé dans sa pâtée. — Sa larve est blanche, apode, et paraît semblable à celle des Abeilles ; sa tête est toujours tournée vers l'ouverture du nid ; elle attaque la pâtée par sa partie inférieure, se métamorphose en nymphe avant d'avoir consommé toutes ses provisions, et ne rend aucun excrément. — La nymphe n'est point renfermée dans une coque, et demeure appuyée contre le reste de sa pâtée jusqu'à sa dernière métamorphose. Tout son corps est blanc, hors les yeux qui sont noirs ; la tête est des parties du corps, celle qui reçoit la première la couleur de l'Insecte parfait, et l'abdomen la dernière. Aussitôt après s'être transformée, la Cératine attaque, avec ses mandibules, la cloison qui la retient prisonnière, et cet organe, dont le principal usage est de gratter et de creuser, lui ouvre la route qu'elle s'empresse de suivre. Arrivée à la porte du nid, elle s'y repose, et rend en abondance les excrémens accumulés dans son abdomen depuis sa naissance. Pendant cette opération, elle étend ses ailes, remue ses pates, et les prépare aux grands mouvemens auxquels elle les destine. Au moindre bruit, elle se réfugie dans son ancienne loge ; mais elle en sort l'instant d'après, toujours pressée d'achever l'évacuation de son méconium. Dès qu'elle a satisfait à ce premier besoin, elle prend l'essor et abandonne son ancienne demeure pour n'y rentrer jamais.

On a vu dans ce qui précède que la Cératine confectionne une pâtée mielleuse qui doit servir de nourriture à la larve ; mais on a pu remarquer dans les caractères génériques qui ont été donnés que ces Insectes ont le corps glabre, et que de plus ils ont les jambes simples, c'est-à-dire qu'ils sont privés des instrumens ordinaires pour recueillir la poussière des étamines. Il était donc curieux de découvrir par

quel autre moyen avait lieu la récolte. L'honneur de cette découverte appartient tout entier à Spinola ayant pris un jour une femelle, elle lui parut avoir quatre antennes. Les deux véritables étaient courbées et presque collées contre la bouche. Deux corps jaunâtres s'élevaient à leur place ; ils étaient fixés dans les fosses du front, derrière l'insertion même des antennes. Quelques efforts légers ne purent les détacher, mais lorsqu'on traversa le corps de l'Insecte avec une épingle, il déposa de lui-même ces deux corps parasites, sans que son front conservât la moindre trace de leur présence. Les ayant alors examinés à la loupe, notre observateur reconnut qu'ils n'étaient autre chose que deux étamines d'une fleur des prés vulgairement nommée Pissenlit ; on ne put alors douter que la nature n'eût accordé à cet Insecte les fosses du front pour remplacer les soies du ventre et suppléer à ce qui lui manque dans l'organisation des pates. Cet usage des fossettes du front est un des traits les plus curieux de leur histoire, et tellement en rapport avec leur économie que les mâles, qui ne participent nullement à la récolte, n'en présentent aucune trace, et ont le devant de leur tête parfaitement uni. Le Pissenlit n'est pas la seule fleur que ces Insectes mettent à contribution ; Spinola a reconnu sur un individu les étamines de la Scabieuse, et sur un autre celles de la Ronce. Aux observations curieuses que nous avons empruntées à son intéressant Mémoire, nous ajouterons les détails non moins curieux qu'il nous a transmis sur les femelles occupées à faire leur provision. Profitant de la faculté de creuser accordée à ses mandibules, l'Insecte qui a choisi une fleur y enfonce sa tête, au-dessous du plan sur lequel les étamines sont implantées ; puis écartant les mandibules, il soulève ces étamines, et les détache de manière qu'elles conservent leur position perpendiculaire ; alors il glisse sa tête en avant jusqu'à ce qu'une des étamines se fixe dans une fosse du front qui paraît humectée et gluante; quelquefois il est assez heureux pour remplir les deux fosses à la fois. Cela fait, il part; la tête ornée d'un double panache, et conservant le plus parfait équilibre, il court de nouveau à son laboratoire. Il restait un fait à éclaircir : comment ces étamines sont-elles changées en pâtées? L'observation tentée de bien des manières ne put rien apprendre à cet égard. Spinola suppose que la Cératine secoue les étamines pour en faire sortir le pollen, et qu'elles dégorgent sur celui-ci une liqueur mielleuse; ce n'est là qu'une hypothèse ingénieuse à laquelle il serait facile d'en substituer beaucoup d'autres.

Les Cératines ont quelques ennemis, parmi lesquels nous citerons le *Trypoxylon figulus* et la *Formica tuberum*, que Spinola a eu occasion d'observer. (AUD.)

CÉRATIOLE. *Ceratiola*. BOT. PHAN. Genre établi par Michaux, d'après un Arbrisseau de la Floride, qui présente le port des Bruyères, et se place à la suite de cette famille à côté de la Camarine. Ses feuilles linéaires, disposées par verticilles de quatre, ont à leur aisselle des petits boutons sessiles, squammules renfermant la fleur dont le sexe est différent sur les différens pieds. Ces boutons sont formés de huit squammules imbriquées, qui tiennent lieu de calice et de corolle, et contiennent dans les mâles deux étamines dont les filets planes et dressés font saillie en dehors, et portent des appendices à leur sommet, où l'on voit deux anthères biloculaires fendues à leurs deux extrémités. Dans les femelles, elles enveloppent un ovaire libre dont le style court la dépasse un peu, et dont le stigmate est découpé en plusieurs lanières étalées, rayonnantes et souvent géminées. Le fruit est une petite baie ovoïde, couverte par les squammules, et renfermant deux osselets dont chacun contient une graine de même forme. (A.D.J.)

CÉRATION. BOT. PHAN. (Dioscoride.) Syn. présumé de Caroubier, ce qui confirmerait l'opinion d'Adanson sur la signification de Ceratia. *V.* ce mot. (B.)

CERATITIS. BOT. PHAN. (Dioscoride.) Syn. de *Chelidonium Glaucium. V.* CHÉLIDOINE. (B.)

* CERATIUM. BOT. CRYPT. (*Mucédinées.*) Genre établi par Albertini et Schweinitz, et qui a pour type l'*Isaria mucida* de Persoon, déjà assez bien figuré par Micheli, *Nova Genera*, tab. 92, fig. 2. Il est voisin des genres *Isaria, Coremium*, etc. Il est composé de filamens entrecroisés qui forment une membrane rameuse, pliée, d'abord gélatineuse, devenant ensuite sèche et hérissée de filamens qui portent des sporules solitaires.

Il diffère de l'Isaria par sa forme membraneuse et parce qu'il est d'abord à l'état gélatineux. On en connaît quatre espèces qui croissent sur le bois mort. Trois ont été figurées par Albertini et Schweinitz (*Conspectus Fungorum Lusatiæ*, tab. 2, fig. 6 et 7, tab. 12, fig. 9). Link en a indiqué une quatrième. (AD. B.)

CÉRATOCARPE. *Ceratocarpus.* L. BOT. PHAN. Genre de la famille des Chénopodées et de la Monœcie Monandrie, L., très-imparfaitement décrit par Tournefort sous le nom de *Ceratoïdes*, et que Linné a séparé des Plantes auxquelles on l'avait mal à propos associé, en lui donnant le nom qu'il porte aujourd'hui. Il se compose d'une seule espèce : le Cératocarpe des sables, *Ceratocarpus arenarius*, L., petite Plante herbacée, dont la tige se divise en une infinité de ramuscules dichotomes, verdâtres et couvertes d'un léger duvet. Ses feuilles sont linéaires, subulées et munies d'une seule nervure médiane; celles qui se trouvent à chaque bifurcation sont opposées ou verticillées; les autres sont alternes sur les ramuscules. Elles renferment dans leurs aisselles les fleurs qui sont unisexuelles. Les mâles ont un périgone simple à deux divisions, du fond duquel s'élève une étamine à filet très-allongé. L'ovaire des fleurs femelles est adné au périgone, et porte

CER

deux styles. Après la fécondation , le périgone s'accroît, recouvre entièrement l'ovaire, et donne au fruit la forme d'un triangle dont la base est terminée à ses deux angles par deux prolongemens cornus; de-là le nom générique. Le Cératocarpe des sables est commun dans les steppes de l'Ukraine et de la Tartarie, d'où je l'ai reçu du docteur Fischer. (G..N.)

CÉRATOCÉPHALE. *Ceratocephalus.* BOT. PHAN. Mœnch et Persoon avaient établi ce genre sur une seule espèce de Renoncule qui, tant à cause de son port que d'après une organisation qu'ils avaient cru lui être propre, devait nécessairement cesser de faire partie du genre *Ranunculus.* A. Saint-Hilaire (Ann. du Muséum d'Hist. Nat. v. 19, p. 463), examinant avec plus d'attention les caractères du Cératocéphale, prouva qu'ils avaient été très-mal exprimés par les auteurs cités; que, par exemple, les deux prétendues semences, décrites comme adnées à un bec acinaciforme, ne sont autre chose que des renflemens analogues aux tubercules qui se trouvent sur les ovaires de plusieurs Renoncules; que le nombre des étamines, loin d'être constamment de cinq à huit, l'était plus souvent de neuf à onze ; enfin il termine la partie de son intéressant Mémoire relative à la distinction du genre Cératocéphale, en concluant pour la négative. Il indique ensuite une particularité de la racine de cette Plante , qui, quoique exorrhise par sa racine principale, émet un verticille de cinq radicelles secondaires coléorhizées. Telle était l'incertitude ou plutôt la défaveur qui pesait sur le genre en question , lorsque dans son savant Système naturel des Végétaux, De Candolle, comparant entre eux tous les genres des Renonculacées, reconnut que les signes distinctifs du *Ceratocephalus falcatus*, Pers. *Ceratocephala spicata*, Mœnch., *Ranunculus falcatus*, L., étaient suffisans pour le séparer des Renoncules. L'existence d'une seconde espèce trouvée en Russie vint ensuite confirmer son opinion, de sorte qu'il caractérisa de la manière

suivante le genre Cératocéphale : calice à cinq sépales persistans , mais non prolongés inférieurement sur la tige, comme dans le *Myosurus*; pétales onguiculés; étamines en nombre indéfini, toujours moins de quinze ; carpelles nombreux disposés en épi court, offrant chacun deux renflemens à la base, et se terminant par un style persistant en forme de corne six fois plus long que la graine. Cette graine est tétragone, et son embryon est orthotrope.

Ce genre , intermédiaire entre le *Ranunculus* et le *Myosurus*, se compose, comme nous l'avons dit, de deux espèces, dont l'une, *C. falcatus,* D. C. , est fréquente parmi les moissons dans toute la région méditerranéenne de l'Europe et de l'Asie. L'autre espèce , *Ceratocephalus orthoceras,* D. C., est aussi très-commune en Sibérie et dans les champs incultes de la Taurie ; c'est , de même que la première, une petite Plante herbacée, dont les feuilles radicales sont découpées en lobes linéaires, et qui est recouverte d'un duvet blanc. Elle ne paraît en différer que par la longueur et le redressement des cornes de son péricarpe. Le *Ceratocephalus orthoceras* est figuré (tab. 23, 1er volume) dans le magnifique ouvrage que publie si généreusement le baron Benjamin De Lessert, sous le titre d'*Icones selectæ*, etc. (G..N.)

CERATOCEPHALOIDES. BOT. PHAN. (Sébastien Vaillant.) Syn. de Verbésine ailée. (B.)

CERATOCEPHALUS. BOT. PHAN. (Sébastien Vaillant.) Autre genre de Corymbifères, qui n'a pas été adopté, et dont les espèces étaient des Verbésines, des Bidens, des Alcmelles, etc. (B.)

CERATOCHLOÉ. *Ceratochloa.* BOT. PHAN. C'est-à-dire *Gramen cornu.* Genre formé par Palisot-Beauvois (*Agrost.*, p. 75, pl. 15, fig. 7) aux dépens des Fétuques, et dont le *Festuca unioloïdes* est le type. De Candolle avait déjà soupçonné la nécessité de son établissement. Ses caractères consistent dans l'épillet comprimé et imbriqué; base calicinale de douze à dix-huit fleurs; base florale de deux valves bifides mucronées; la graine est surmontée de trois pointes. (B.)

CERATODON. MAM. (Brisson.) Syn. de Narwhal. *V*. ce mot. (B.)

CERATOIDES. *Ceratoïdes* MOLL. Scheuchzer, en confondant les articulations de la Baculite avec des vertèbres fossiles de Serpent, a commis une faute qu'il est facile de réparer. Il a nommé *Ceratoïtes articulatus* la Baculite vertébrée, *Baculites vertebratus*. *V*. ce mot. (F.)

CERATOIDES. BOT. PHAN. C'était sous ce nom que le genre *Ceratocarpus*, L. avait été désigné antérieurement par Tournefort; mais le peu d'analogie des Plantes avec lesquelles celui-ci l'avait constitué, aurait suffi pour faire changer son nom par Linné, lors même que la terminaison de ce mot se serait accordée avec les principes posés par ce législateur de la botanique. *V*. CÉRATOCARPE. (G..N.)

CERATOLITES. MOLL. FOSS. Nom impropre donné quelquefois à divers Mollusques fossiles, tels que des Orthocératites et des Hippurites qu'on prenait pour des cornes pétrifiées d'Animaux. Il est quelquefois synonyme de Cératoïdes. *V*. ce mot. (B.)

CERATONEMA. BOT. CRYPT. (*Mucédinées*.) Roth avait désigné sous ce nom dans ses *Catalecta* des Plantes qui jusqu'alors avaient la plupart été désignées sous le nom de *Byssus*, mais qui paraissent devoir se rapporter au genre *Rhizomorpha* ou au *Fibrillaria* de Persoon, où enfin au genre auquel ce dernier auteur a conservé le nom de *Ceratonema*. Ce sont des *Byssus* à filamens libres, presque simples, pleins d'une consistance cornée. Il paraît que les sporules sont à la surface de ces filamens. Dittmar a figuré sous le nom d'*Isaria sphæcophila* une espèce qui croît sur les Frelons morts, et que Persoon rapporte au genre *Ceratonema* sous le nom de *C. Crabronis*. Sowerby en a décrit quelques espèces comme des *Rhizomorpha*, avec lesquels ce genre a en effet les plus grands rapports. Mais on

doit convenir que l'un et l'autre de ces genres et quelques autres que Persoon vient d'établir aux dépens des *Rhizomorpha*, sont encore très-peu connus sous le point de vue de leur organisation. *V*. RHIZOMORPHE. (AD. B.)

CERATONIA. BOT. PHAN. *V*. CAROUBIER.

CÉRATOPÉTALE. *Ceratopetalum*. BOT. PHAN. Smith est l'auteur de ce genre qui se compose seulement d'un Arbre gommifère de la Nouvelle-Hollande (*Ceratopetalum gummiferum*), dont les caractères sont: calice persistant, à cinq divisions, et portant les étamines; cinq pétales pinnatifides, c'est-à-dire divisés en plusieurs segmens ayant l'apparence de cornes; dix étamines munies d'appendices calcariformes; capsule biloculaire, couverte par le calice. Les feuilles de cet Arbre sont verticillées et ternées; ses fleurs, disposées en panicules terminales, sont de couleur jaune. Il est figuré dans les Plantes de la Nouvelle-Hollande, publiées par Smith, vol. 1, p. 9, tab. 3. (G..N.)

* CERATOPHORA. BOT. CRYPT. (*Champignons*.) Humboldt avait décrit sous ce nom, comme un genre particulier (*Floræ fribergensis Specimen*, p. 112), une Plante qui a depuis été reconnue pour un Bolet ou plutôt pour un Polypore qui n'était pas parvenu à son état parfait, ou que le lieu dans lequel il croissait avait rendu monstrueux. Hoffmann l'a décrit sous le nom de *Boletus ceratophora*, et Persoon l'a rapporté, comme une simple variété, au *Boletus odoratus*. Cette Plante croît dans l'intérieur des mines de Freyberg, à une assez grande profondeur sur les bois de construction. *V*. POLYPORE. (AD. B.)

CERATOPHYLAX. BOT. PHAN. Syn. grec de Pédiculaire. *V*. ce mot. (B.)

CÉRATOPHYLLE. *Ceratophyllum*. BOT. PHAN. Ce genre placé par Jussieu auprès du *Chara*, par De Candolle, à la suite des Salicariées, présente les caractères suivans: ses fleurs monoïques ont un calice à plusieurs divisions, qui renferme dans les mâles des étamines en nombre double de ces divisions, c'est-à-dire de douze à quatorze; dans les femelles, un ovaire comprimé, surmonté d'un stigmate oblique. Le fruit est une noix ovale, pointue, contenant une seule graine renversée. Suivant l'observation de L.-C. Richard, sa radicule est tournée en sens contraire du hile, c'est-à-dire inférieure, et ses cotylédons sont constamment au nombre de quatre, dont deux opposés beaucoup plus petits. On connaît deux espèces de ce genre qui toutes deux font partie de la Flore de Paris, et sont des Plantes qui vivent tout-à-fait ou presque entièrement sous l'eau. Leurs fleurs sont sessiles à l'aisselle de feuilles linéaires et verticillées. Dans l'une, le *Ceratophyllum demersum*, ces feuilles sont bordées de petites dentelures épineuses, et le fruit muni de trois cornes, l'une au sommet, les deux autres à la base. Dans le *C. submersum*, il n'y a ni dentelures aux feuilles, ni cornes aux fruits. *V.* Lamk. *Illust.* tab. 775. (A. D. J.)

CÉRATOPHYTES. POLYP. Les anciens naturalistes donnaient ce nom employé par Ellis, aux Gorgones, aux Antipathes, aux Pennatules, aux Corallines, aux Flustres, aux Cellaires, aux Sertulaires, ainsi qu'aux Cellépores. Cuvier, dans la distribution du Règne Animal, réunit sous le nom de *Ceratophytes* les Antipathes et les Gorgones; il en fait la première tribu de la troisième famille des Polypes à Polypiers. Nous n'avons pas cru devoir adopter ce nom dans la méthode que nous avons proposée pour la classification des Polypiers. (LAM..X.)

CÉRATOPOGON. *Ceratopogon.* INS. Genre de l'ordre des Diptères, famille des Némocères (Règn. An. de Cuv.), fondé par Meigen (Descrip. syst. des Dipt. d'Europe. T. I, p. 68), aux dépens des Chironomes de Fabricius, et avec quelques Tipules et même quelques Cousins de Linné. Les caractères sont : yeux allongés très-rapprochés ou contigus postérieurement; point de petits yeux lisses; antennes filiformes, de treize ar-

ticles, dont les huit inférieurs globuleux, et les autres ovales; un faisceau de poils vers la base de celles du mâle; bouche formant un petit museau allant en pointe; palpes courbés en dedans, de quatre articles inégaux; ailes couchées sur le corps ou légèrement inclinées, n'ayant que des nervures longitudinales.—Les larves des Insectes de ce genre vivent dans des espèces de gales végétales; elles sont toutes fort petites et très-nombreuses; Meigen en décrit quarante-cinq espèces, parmi lesquelles nous citerons: le Cératopogon commun, *Cer. communis*, ou le *Chironomus communis* de Fabricius; le Cératopogon barbicorne, *Cer. barbicornis*, ou la *Tipula* et le *Chironomus barbicornis* de Fabricius; le Cératopogon pulicaire, *Cer. pulicaris*, ou le *Culex pulicaris* de Fabricius et de Linné, qui est la même espèce que le *Culicoïdes punctata* de Latreille (*Gener. Crust. et Ins.* T. IV, p. 252), ou bien encore le Cousin à trois taches sur les ailes, de Geoffroy (Hist des Ins. T. II, p. 579); enfin le Cératopogon Morio, *Cer. Morio* ou le *Culex Morio* de Linné et de Fabricius. (AUD.)

* CÉRATOPTÉRIS. BOT. CRYPT. (*Fougères.*) Nous avons décrit sous ce nom, dans le Bulletin de la Société Philomatique de novembre 1821, un nouveau genre de Fougère ayant pour type le *Pteris Thalictroides* de Swartz. Cette distinction a été confirmée par les observations d'un des botanistes les plus habiles; car nous avons trouvé depuis la publication de cette notice, dans l'Herbier de feu Richard, une troisième espèce de ce genre qu'il avait séparé, comme genre nouveau, sous le nom de *Cryptogenis*. Cette Plante diffère en effet considérablement des autres espèces de Ptéris par la forme de ses capsules, et nous paraît devoir être rangée dans la tribu des Gleichénées, quoiqu'elle n'offre pas exactement la même structure que les Gleichenia. Ce genre est caractérisé ainsi : « capsules globuleu- » ses, sessiles, entourées à moitié par » un anneau élastique, plat, large,

» demi-circulaire, s'ouvrant par une
» fente transversale ; capsules insérées
» sur un seul rang sous le bord replié
» de la fronde. »

Les Plantes qui composent ce genre
ont une fronde molle, presque transparente, à nervures réticulées ; elle
est plusieurs fois pinnatifide, à lobes
toujours beaucoup plus étroits dans
les individus fertiles que dans les
frondes stériles ; dans les frondes fertiles, les pinnules sont divisées presque
comme les bois d'un Cerf ; leurs lobes
sont linéaires ou sétacés ; leurs bords,
repliés en dessous, s'étendent jusqu'à
la nervure moyenne ; les capsules,
recouvertes par cette fronde, sont globuleuses, sessiles, espacées ; elles
s'ouvrent par une fente latérale, parallèle à la fronde, et sont entourées
par un anneau élastique, large, plat
et strié, qui n'embrasse que la moitié
de la capsule opposée à la fente. Cette
capsule paraît formée de deux membranes : une extérieure, jaune et solide ; l'autre intérieure, très-mince et
blanche. Les graines, au lieu d'être
très-fines et très-nombreuses, comme dans la plupart des Fougères,
sont globuleuses, très-faciles à distinguer à la loupe, et en petit nombre
dans chaque capsule.

On voit combien ces Plantes s'éloignent par ces caractères, non-seulement des Ptéris, mais aussi de toutes
les Polypodiacées dont les capsules
sont toujours portées sur un pédicelle
et entourées entièrement par un anneau élastique, étroit et saillant. Elles
ne diffèrent au contraire des Gleichenia qu'en ce que leur anneau élastique
n'embrasse qu'à moitié la capsule.

Nous connaissons trois espèces de
ce genre ; toutes trois croissent dans
les lieux marécageux ou même dans
l'eau ; elles habitent les régions équinoxiales. Ces espèces étant nouvelles
ou peu connues, nous allons rapporter leurs caractères.

1. CERATOPTERIS THALICTROIDES,
Acrostichum siliquosum et *Thalictroides*, Linn. *Spec.* ; *Pteris Thalictroides*, Swartz, Willd.

Cette Plante atteint environ un
pied ; sa fronde est pinnée à pinnules
bipinnatifides, dont les segmens, souvent fourchus, sont sétacés ou linéaires dans la Plante fertile, plus larges,
presque ovales et moins profondément divisés dans la fronde stérile.
Elle croît dans les eaux tranquilles
et dans les rivières de l'Inde, de Ceylan, d'Amboine, de Java, etc. Les
habitans, suivant Rumphius qui en a
donné une assez bonne description
(*Herbar. Amboinense*, VI, p. 176, tab.
74, fig. 1), mangent les feuilles de
cette Plante cuites dans l'eau, comme
nous faisons usage des Epinards.

2. CERATOPTERIS GAUDICHAUDII.
Cette espèce ne dépasse pas cinq ou
six pouces ; les frondes sont réunies
en touffes, elles sont bipinnatifides, à
lobes linéaires, sétacés dans les frondes stériles, plus étroits et plus longs
dans les frondes fertiles. Elle a été
recueillie, par Gaudichaud, dans les
lieux humides et marécageux des îles
Marianes.

3. CERATOPTERIS RICHARDII,
Cryptogenis ferulacea, Rich. Mss.
Cette Fougère remarquable atteint
deux à trois pieds. Sa tige est profondément striée, nue dans sa moitié inférieure. Ses frondes sont décomposées
quatre fois, pinnatifides ; les dernières divisions, dans les frondes stériles, sont lancéolées, aiguës ; dans les
frondes fertiles, elles sont linéaires,
très-longues. Du reste, la structure
de cette espèce est la même que celle
des deux autres ; elle n'est même
peut-être qu'une variété de la première, dont elle diffère surtout par sa
taille et par les lobes de sa fronde stérile plus aigus. Elle croît dans les lieux
humides de la Guiane où elle a été
découverte par L.-C. Richard. (AD. B.)

CERATOSANTHES. BOT. PHAN.
Genre de la famille des Cucurbitacées, voisin du *Trichosanthes*, auquel
il a été réuni par plusieurs auteurs.
Il en diffère en ce que les lobes de son
calice intérieur ou de sa corolle sont
munis à leur extrémité, non pas de
cils, mais de deux appendices roulés
en dedans, et que son fruit est à quatre loges et non pas à trois. Sa racine

tubéreuse est très-considérable; ses feuilles sont palmées; ses pédoncules allongés portent deux ou plusieurs fleurs, *V*. PLUMIER. *Plant. Amer.* tab. 24, et TRICHOSANTHES. (A. D. J.)

CÉRATOSPERME. BOT. Pour Ceratospermum. *V*. ces mots. (AD.B.)

CERATOSPERMUM. BOT. PHAN. ·(Persoon.) Syn. d'*Eurotia V*. ce mot et AXYGRIS. (B.)

CERATOSPERMUM. BOT. CRYPT. (*Hypoxylons.*) Genre établi par Micheli, et dont Fries a changé le nom en *Ceratostoma* qui est en effet beaucoup plus exact. *V*. ce mot. (AD. B.)

CÉRATOSTÈME. *Ceratostema.* BOT. PHAN. Ce genre, placé à la tête des *Campanulacées*, établit le passage de cette famille aux Éricinées. Il présente les caractères suivans : calice turbiné, à cinq grandes découpures ; corolle de consistance coriace, dont le tube cylindrique se termine par cinq divisions dressées; dix étamines insérées au calice, dont les filets sont courts, les anthères longues, dressées, atténuées et bifurquées au sommet ; stigmate simple; fruit qui paraît capsulaire, couronné par les divisions du calice, légèrement tomenteux, marqué de cinq renflemens et à cinq loges polyspermes. Ce genre a été établi d'après un Arbrisseau du Pérou, à feuilles coriaces et sessiles, à fleurs grandes, munies de bractées à la base de leurs pédicelles, et disposées en panicules lâches et terminales.

Le CHUPALON, autre Plante du Pérou, et connue seulement d'après un dessin envoyé par La Condamine en Europe, paraît se rapprocher de la précédente. Son calice est à cinq dents, ainsi que sa corolle tubuleuse, sur laquelle s'insèrent dix filets courts, portant des anthères longues, dressées et fendues de la base au sommet. L'ovaire à demi-adhérent est surmonté d'un long style terminé par un stigmate quinquefide, et devient une baie pomiforme à cinq loges polyspermes. C'est un sous-Arbrisseau à feuilles alternes, à fleurs nombreuses,

axillaires et terminales, d'un rouge brillant, environnées de grandes bractées de la même couleur. (A. D. J.)

* CERATOSTOMA. BOT. CRYPT. (*Hypoxylons.*) Genre séparé des *Sphæria* par Fries, et que Micheli avait déjà indiqué sous le nom de *Ceratospermum*. Il renferme toutes les espèces de Sphéries, dont l'orifice du peridium se prolonge en forme de tube. Fries rapporte à ce genre une quarantaine d'espèces, parmi lesquelles nous citerons le *Sphæria rostrata*, Tode, *Fung. Meckl.* t. 10, fig. 79; le *Sphæria cirrhosa* de Persoon; le *Sphæria Gnomon* de Tode, etc. *V*. SPHÆRIA. (AD. B.)

CERAULOTOS. POLYP. Genre proposé par Donati, p. 22, dans son Histoire de la mer Adriatique, pour des productions marines. Leur caractère est d'avoir des capsules alternes aux côtés de la tige et des branches; chaque capsule contient une graine en forme de cœur. Cette description nous porte à croire que Donati a décrit quelque Sertulariée du genre Sertulaire, tel que nous l'avons défini. Il aura pris les cellules pour des capsules, et le Polype contracté pour une graine. (LAM..X.)

CERAUNIA. BOT. PHAN. (Pline.) Syn. présumé de Caroubier. (B.)

CERAUNIAS ET CERONITE. MIN. Nom donné par les anciens à des Pierres qu'on croyait tombées avec la foudre. Comme ces Cerauniaс n'ont jamais été exactement décrites, on a plus tard regardé comme telles une grande quantité de Pierres de diverses natures et de diverses formes, telles que des Pyrites, des Bélemnites, des Astéries et des Jades ou autres substances dures, taillées en hache, en forme de corne, etc. Il paraît que la plupart de ces Pierres furent l'ouvrage de l'art et les premiers instrumens d'agriculture qu'employèrent les hommes primitifs avant l'invention des métaux, qui fut la seconde époque de la civilisation. (B.)

CERAUNIUM. BOT. CRYPT. Pline dit que c'est un Champignon qui croît en Thrace sous terre. C'était

probablement une espèce de Truffe.
(B.)

* CERBÈRE. REPT. OPH. (Daudin.)
Espèce du genre Couleuvre. *V.* ce
mot.
(B.)

CERBÈRE. *Cerbera*, L. BOT.
PHAN. Genre placé par Jussieu dans
la famille des Apocynées, et appartenant à la Pentandrie Monogynie de
Linné. Il est ainsi caractérisé : calice
ouvert, à cinq divisions profondes ;
corolle infundibuliforme, dont le tube, plus long que le calice, a son
orifice resserré et présentant cinq angles et cinq dents ; le limbe est très-
grand, oblique, à cinq parties disposées en étoile. Anthères conniventes,
opposées aux dents de la corolle. Un
seul style supportant un stigmate bilobé ; fruit drupacé, très-gros, ayant
un sillon et deux points latéraux,
renfermant une noix osseuse à quatre
valves et à deux loges, dont chacune
contient une graine. C'est ainsi que
Jussieu exprime les caractères du
fruit des *Cerbera* ; Gaertner en a donné d'autres, mais comme ses descriptions et les figures qu'il a publiées se
rapportent à des Plantes de l'Inde, qui
pourraient bien différer génériquement de notre genre, nous ne les ex-
posons pas ici. Malgré les grands rapports que ce genre présente avec d'autres de la famille des Apocynées, il est
difficile de le laisser au milieu de ces
Plantes, si l'on réfléchit que la plupart d'entre elles ont les feuilles constamment opposées ; en effet ce genre
ainsi que les *Amsonia* et les *Plumiera*
sont les seuls de cette famille où les
feuilles soient toutes alternes ; une pareille anomalie en indique d'autres
dans les caractères de la fructification
qui, lorsqu'ils seront plus étudiés,
éloigneront peut-être le *Cerbera* de la
place qu'il occupe maintenant. Les
botanistes antérieurs à Linné, tels
C. Bauhin, Rai, Plumier et Tournefort, avaient connu ce genre, et ils le
désignaient sous le nom d'*Ahouai*,
que l'une des espèces porte au Brésil. Linné en décrivit trois espèces
auxquelles Lamarck (Encyc. méth.),
Cavanilles, Forster, Willdenow et

Kunth, ajoutèrent depuis quelques
autres, dont les unes sont données
comme douteuses, et d'autres ne sont
peut-être que des variétés.

La plus remarquable et la plus anciennement connue est le *Cerbera
Ahouai*, L., Arbre du Brésil, de la
grandeur d'un Poirier, dont les feuilles sont coriaces, très-grandes, ovales, lancéolées et éparses vers le sommet des branches. Ses fleurs terminales ont le tube de la corolle cylindrique et long de trois centimètres à peu
près, avec les découpures du limbe
moitié moins longues. On trouve dans
les Antilles, à Cayenne, sur les côtes de Cumana et de la république de
Colombie, le *Cerbera Thevetia*, L.,
Arbrisseau élégant dont les feuilles
sont linéaires, vertes et luisantes sur
leur face supérieure. Des trois nouvelles espèces publiées et décrites avec
beaucoup de soin par Kunth, aucune
n'est figurée dans son bel ouvrage.
Selon sa propre observation, il est
très-probable que son *Cerbera Theve-
tioïdes* est le même que le *C. Peruviana*
de Persoon qui donne en outre, d'a-
près Jacquin, des caractères suffisans
pour le distinguer du *C. Thevetia*.

Le fruit d'une des espèces indigènes
des Indes-Orientales (*Cerb. Manghas*,
L.), a été décrit et figuré très-exacte-
ment par Gaertner (vol. 2 ; p. 192, t.
125 et 124.) Il a décrit aussi et figuré
(t. 124) une autre espèce qui porte
dans l'Inde le nom d'*Odollam*,
sous lequel Rumph et Burmann l'ont
fait connaître. Nous l'avons observé
dans les immenses collections botaniques du baron Benjamin De Lessert,
où l'on voit aussi une grande quantité
de noix du *Cerbera Ahouai*, enfilées
au moyen d'un réseau de fils artiste-
ment travaillé par les habitans de
l'Amérique méridionale. Ces noix vides sont ainsi attachées pour en former une espèce de ceinture, ornement
qui plaît beaucoup à ces peuples, à
cause du bruit éclatant qu'elles produisent en se choquant les unes les autres.

Willdenow et Persoon ont mal à
propos rapporté au genre *Cerbera*,
l'*Ochrosia maculata*, Jacq., Arbre de

l'île Mascareigne, dont les caractères génériques ont été exprimés par Jussieu dans son immortel *Genera*, p. 145. *V.* Ochrosia.   (o..n.)

* CERBERI-VALLI. bot. phan. Syn. indou de *Cissus coruga*. *V.* Cissus.   (b.)

CERCAIRE. *Cercaria.* inf. Second genre de notre famille des Cercariées, établi par Müller qui comprenait parmi ses espèces des êtres que n'unissait aucun rapport naturel. Cependant les caractères imposés par ce savant étaient fort précis, et en les conservant rigoureusement, le genre Cercaire, tel que nous le rétablissons ici, est l'un des meilleurs de toute la classe des Infusoires. Lamarck, qui a fort judicieusement senti que plusieurs des Cercaires de l'auteur danois devaient être séparés des autres, a ainsi caractérisé le genre qui nous occupe : corps très-petit, transparent, diversiforme, muni d'une queue particulière très-simple. Les Cercaires vivent dans les eaux douces, dans les infusions et dans l'eau de mer. Elles ne présentent aucune apparence d'organes autre que leur queue. A cette queue près, leur simplicité est presque aussi complète que celle des Monades.

Müller qui paraît n'avoir jamais observé d'Animalcules spermatiques, fut frappé de la ressemblance que présentait l'une de ses Cercaires avec ces êtres dont plusieurs de ses devanciers avaient donné des figures plus ou moins exactes ; mais il ne prononça pas l'identité. En effet, si les Animacules du sperme ressemblent aux Cercaires, ils ne sont pas les mêmes ; leur corps est membraneux et très-comprimé ; celui des Cercaires, au contraire, est rond ou cylindrique ; les uns sont aplatis comme un battoir ou une raquette, les autres sont épais comme de petites massues. Néanmoins la forme générale, la taille, la manière de nager et les habitudes ne permettent pas d'éloigner ces Animaux dont l'*habitat* est cependant si différent.

Parmi le grand nombre de Cercaires qui nous sont connus, nous citerons :

1. *Cercaria Cometa*, N., la Comète, Gleichen. *Animalc.* pl. 17, d. iii, *b.*, qui se trouve dans les infusions d'orge où elle s'agite comme le balancier d'une pendule, dont elle a d'ailleurs la forme. 2. *Cercaria opaca* (*V.* planches de ce Dict. Infusoires), N., Gleichn. *Animalc.* pl. 19 et 20, g. iii (a), f. iii (b), toute noire, faite absolument comme une grosse épingle, dont la queue ne serait pas plus longue que trois fois la tête ; elle se trouve dans les infusions de pois. — 3. *C. Mougeotii*, N. (*V.* planches de ce Dict. Infusoires), opaque, corps punctiforme, queue flexueuse, à peine visisible. Nous l'avons découverte dans de l'eau où notre savant et infatigable correspondant Mougeot nous avait envoyé des Oscillaires ; elle y nageait indifféremment la tête ou la queue en avant. 4. *Cercaria lacrhyma*, N. (*V.* planches de ce Dict. Infusoires), la Larme, Gleichen. *Animalc.* pl. 17, b. 1, *b*, *c*, opaque, et parfaitement de la forme des larmes funéraires ; elle se trouve dans les infusions d'orge et d'avoine. — 5. *C. caryophyllata*, N. Cette espèce, qui a été trouvée dans les infusions de chenevis, a tout-à-fait la forme d'un clou de girofle qui serait fort aigu par son extrémité inférieure, et qui n'aurait pas de dents calicinales. — 6. Le Têtard, *Cercaria Gyrinus*, Müll. Inf. 119, t. 18, f. 1. Encyc. *Vers.* pl. 24, pl. 8, f. 1, Gmel. *Syst. Nat.* 1, pars vi-3892. Lamk. An. s. v. 1, p. 445. (*V.* planches de ce Dict. Infusoires). Cette espèce a été trouvée, mais rarement, dans les infusions animales : ce qui la fit comparer par Müller aux Animalcules spermatiques, et qui a sans doute induit en erreur Bosc. Ce savant, dans le Dictionnaire de Déterville, dit qu'on a trouvé des Cercaires Têtards dans le sperme humain corrompu. Le *Cercaria Gyrinus* ne s'est jamais trouvé dans le sperme humain, soit vivant, soit frais, soit corrompu. Cette substance est remplie presque en totalité d'Animaux qui ne sont pas des Cercaires, *V.* Zoospermes, qui s'y conservent long-temps après l'extraction, tant qu'il n'y a

pas de putréfaction, meurent aussitôt que le sperme se décompose , et n'y reparaissent plus.— 7. La Bosse, *Cercaria gibba*, Müll. Inf. t. 18, f. 2, *Encyc. Vers.* p. 24, pl. 8, f. 2, Lamk. An. s. v. 1, p. 445, a été trouvée dans des infusions de Jungermannes; elle est aussi en forme de cône très-pellucide , avec un petit tubercule ou mamelon antérieur.—8. *Cercaria pyrula*, N. (*V.* planches de ce Dict. Infusoires), la Flamme, Gleichen. *Anim.* pl. 21, f. 11, *b.* On dirait une Poire verte longue, avec sa petite queue ; elle a été trouvée dans une infusion de chenevis.

On voit que nous ne conservons pas dans le genre Cercaire beaucoup d'espèces qu'y avait placées son fondateur ; nous imiterons Lamarck qui en avait déjà extrait les Furcocerques, excellent genre que nous conserverons , et qui non-seulement n'appartient pas au genre Cercaire, mais qui ne fait pas même partie de la famille des Cercariées , puisque ces Furcocerques ont deux queues. *V.* FURCOCERQUE et CERCARIÉES. (B.)

* CERCARIÉES. INF. Nous proposerons l'établissement de cette nouvelle famille dans le second ordre de la classe des Infusoires, c'est-à-dire dans celui qui se compose d'espèces simplement appendiculées. Ces espèces présentent dans leur queue une sorte d'organe de locomotion qui peut être déjà considérée comme un premier rudiment de membres ; mais nous n'y avons jamais distingué avec les plus fortes lentilles dont nous ayons pu nous servir, ni cils , ni cirrhes, ni appareil natatoire qui facilitât le mouvement, ou pût faire soupçonner l'existence de quelque système d'organes ou d'appareil propre à la respiration ou à la digestion.

Le caractère commun à toutes nos Cercariées est d'avoir un corps globuleux ou discoïde , parfaitement distinct d'une queue inarticulée, simple et postérieure.

Le genre Cercaire, établi par Müller dans son excellente Histoire des Infusoires, est le noyau de cette famille que l'augmentation de nos connaissances nous met dans la nécessité d'établir pour éviter la confusion qui résulterait nécessairement de la réunion d'un trop grand nombre d'espèces dans un seul groupe ; espèces d'ailleurs disparates, puisqu'entre la plupart, il existe des différences extrêmement considérables, soit pour les proportions, soit pour les lieux qu'elles habitent, soit pour les formes , soit enfin pour les habitudes.

C'est dans cette famille des Cercariées, du reste fort naturelle, que se placent ces Animalcules spermatiques, dont la découverte a donné lieu à tant de dissertations. Les uns soutenaient leur existence , les autres en niaient la possibilité. On a peine à concevoir comment dans un point de fait, dans une chose aussi facile à vérifier que l'existence ou la non-existence d'êtres qui nous entourent et viennent avec nous, on puisse raisonnablement établir une controverse. Il n'était question, pour éclaircir la matière, que de le vouloir, et certes si les écrivains qui ont nié l'existence des Animalcules spermatiques , eussent pris un microscope et les organes mâles du premier des Mammifères venu, au lieu de disserter longuement, le différend eût été bien vite terminé , et nous aurions des volumes de moins et des faits de plus. Quoi qu'il en soit, rien n'est mieux avéré aujourd'hui que l'existence des Animalcules spermatiques, et ces êtres singuliers viennent se ranger naturellement dans la famille que nous établissons ici.

Les Cercariées sont assez avancées dans l'échelle de l'organisation, puisque deux parties bien distinctes s'y remarquent : l'une, la tête ou le corps, se présente toujours en avant en évitant les obstacles qui se peuvent trouver dans sa route, va, vient, se retourne, s'arrête comme en tâtonnant, et reprend ou quitte, après avoir paru y réfléchir, la direction qu'elle tenait d'abord ; l'autre, qui est la queue, détermine l'impulsion, à l'aide des mouvemens de fluctuation ou de balancement qu'elle se donne, et qu'elle imprime à la partie antérieure. Dans les Animaux de la famille des Cercariées où l'on voit en outre les espèces se compliquer de plus en plus, celles du dernier genre sont déjà très-composées; un orifice buccal, et peut-être des points ocelliformes s'y font déjà soupçonner.

Six genres composent la famille des Cercariées, et seront soigneusement décrits à chacun de leurs articles respectifs.

1. TRIPOS, *Tripos*, N. Corps non contractile, plat, antérieurement tronqué, aminci postérieurement et terminé en queue droite, continue; un appendice recourbé en arrière de chaque côté du corps.

2. CERCAIRE, *Cercaria*, Müll. Corps non contractile, cylindrique, antérieurement obtus, aminci postérieurement où il se termine en queue flexueuse, égale à la longueur du corps ou plus longue.

3. ZOOSPERME, *Zoosperma*. Corps non contractile, ovoïde, très-comprimé, avec une queue sétiforme, aussi longue ou beaucoup plus longue, implantée à la partie postérieure qui est peu ou point amincie. Ce genre dont nous possédons un très-grand nombre d'espèces, se compose d'Animaux spermatiques.

4. VIRGULINE, *Virgulina*, N. Corps très-plat, obrond, un peu et tout-à-coup aminci dans sa partie postérieure que termine une très-petite queue fléchie en virgule sur un côté, et qui n'égale pas en longueur le quart de la longueur du corps.

5. TURBINILLE, *Turbinilla*, N. Corps subpyriforme, obtus aux deux extrémités; l'antérieur plus large, avec un sillon longitudinal en carène sur l'un des côtés; queue droite, sétiforme, implantée, plus courte que le corps.

6. HISTRIONELLE, *Histrionella*. Corps ovale, oblong, contractile, polymorphe, aminci antérieurement, avec des rudimens d'yeux ou d'or-

gane buccal, et la queue implantée.

La reproduction des Animaux de cette famille est encore un mystère pour les naturalistes; cependant elle semble s'opérer par boutures et par sections; il paraît que la partie antérieure du corps se détache; du moins les figures que nous donnons de la Cercaire opaque, du Zoosperme du Chien et de la Turbinelle Toupie, semblent indiquer cette façon de se multiplier. (B.)

CERCEDULA. *Cercevolo*. OIS. Syn. italien de la Sarcelle d'été, *Anas Querquedula*, L. *V.* CANARD. (DR..Z.)

CERCELI. BOT. PHAN. Variété de Limon en Italie. *V.* CITRONNIER. (B.)

CERCELLE ET CERCERELLE. OIS. Syn. vulgaires de la Sarcelle d'été, *Anas Querquedula*, L. *V.* CANARD. (DR..Z.)

* CERCERA. BOT. PHAN. (Dioscoride.) Syn. d'*Asarum europæum*, L. *V.* AZARET. (B.)

CERCERAPHRON. BOT. PHAN. (Dioscoride.) Syn. présumé de Mouron rouge, *Anagallis phœnicæa*. *V.* MOURON. (B.)

CERCERELLE ET CERCRELLE. OIS. Syn. vulgaires de Cresserelle, *Falco Tinnunculus*, L. *V.* FAUCON et CERCELLE. (DR..Z.)

CERCERIS. *Cerceris*. INS. Genre que Latreille a établi dans l'ordre des Hyménoptères, section des Porte-aiguillons, et qu'il a placé d'abord (*Gener. Crust. et Ins.* T. IV, p. 93) dans la famille des Crabronites, et ensuite (*Règn. An. de Cuv.*) dans celle des Fouisseurs. Les Cerceris démembrés du genre Philanthe qui, avant Fabricius, n'était pas distingué des Guêpes, peuvent être reconnus aux caractères suivans : antennes grossissant insensiblement vers leur extrémité, insérées au milieu de la face de la tête, très-rapprochées à leur base; mandibules ayant une saillie dentiforme au côté interne; yeux sans échancrure; seconde cellule cubitale des ailes supérieures pétiolée. Les

Cerceris s'éloignent des Mellines, des Crabrons et des Alysons par l'insertion de leurs antennes plus grosses vers le bout. Leur chaperon est aussi très-différent; il paraît trilobé, et le lobe du milieu remonte jusque sous l'origine des antennes. Ces caractères leur sont communs avec les Philanthes dont ils diffèrent cependant par les antennes très-rapprochées à la base et grossissant d'une manière insensible, ainsi que par les mandibules dentées. Les Cerceris ont en outre la tête plus épaisse et le corps proportionnellement plus long; les anneaux de leur abdomen sont étranglés à leur point de jonction et chagrinés à leur surface saillante; celui qui paraît suivre immédiatement le thorax, et qui n'est cependant que le second, a la forme d'un nœud ou d'une poire. Les deux sexes se distinguent l'un de l'autre par quelques particularités. Jurine, qui dans son ouvrage sur les Hyménoptères (Classif. des Hymén., p. 200), donne le nom de Philanthe à des Cerceris de Latreille, a fait quelques remarques sur ces différences. Les mâles ont au bas de leurs joues un large faisceau de poils, en guise de moustaches, d'un beau jaune doré; en général ils sont plus petits que les femelles; les bandes ou points jaunes qu'on observe à l'abdomen, varient quelquefois dans les deux sexes. La même variation s'observe dans les taches jaunes de derrière les yeux et dans celles de la partie postérieure du thorax et de l'anneau rétréci du ventre, qui appartiennent presque exclusivement aux femelles; celles-ci ont quelquefois aux antennes une espèce de nez ou de corne plus ou moins saillante et plus ou moins découpée, formée par le soulèvement du chaperon dont la base est renflée.

Ces Insectes ont des mœurs très-remarquables; les femelles se creusent des trous dans le sable; elles y établissent leur demeure, y placent leurs œufs et y déposent, pour nourrir leurs larves, différens Insectes. Latreille (Ann. du Mus. T. xiv), Bosc (Ann. de l'Agriculture française, T.

53, p. 370), et Walckenaer (Mém. pour servir à l'hist. nat. des Abeilles solitaires, p. 37), ont fait sur ces Insectes des observations très-curieuses et que nous rapporterons à chaque espèce en particulier. Celle qui sert de type au genre porte le nom de Cerceris orné, *Cerceris ornatus*: c'est le *Philanthus ornatus* femelle de Fabricius. Panzer (*Faun. Ins. Germ.*, *Fasc.* 63, tab. 10) figure aussi, sous ce nom, la femelle; mais il nomme *Philanthus semicinctus* l'individu mâle, et le représente (*loc. cit.*, *Fasc.* 47, tab. 24). Walckenaer a remarqué que les Cerceris ornés creusent leurs trous, dans les allées ou les chemins battus, au milieu des habitations des Halictes perceurs; on les trouve occupés à ce travail depuis le mois de juin jusqu'au commencement de septembre. L'entrée des trous est entourée d'un rempart intérieur de sable bien poli et aggluiné avec un mortier blanchâtre. Ils ont environ cinq pouces de longueur, et leur direction est telle qu'ils représentent une sorte d'S penché, dont le milieu ou le ventre est une ligne droite. La femelle dépose dans chacune de ces galeries ses œufs, et place ensuite la nourriture nécessaire pour la larve qui en naîtra. Cette nourriture consiste principalement en Halictes perceurs (*Halictus terebrator*), ou bien, lorsque ceux-ci ont disparu, en petits Insectes du même genre, verts et cuivrés. C'est entre onze heures et quatre heures, lorsque le temps est pur et chaud, que les Cerceris ornés se livrent avec plus d'ardeur à la chasse; ils voltigent çà et là au-dessus des demeures des Halictes, et lorsqu'ils se préparent à entrer dans leurs trous, ils fondent sur l'un d'eux, le saisissent par le dos et l'enlèvent. Ils volent un instant avec lui, se posent à terre, s'accolent ensuite contre quelque petite pierre ou quelque motte de terre, et retournent leur proie de manière à ce qu'elle soit couchée sur le dos; ils marchent sur son ventre en se dirigeant en avant, et lui enfoncent leur aiguillon immédiatement au-dessous de la tête. La blessure

CER

n'est pas mortelle, l'Halicte y survit; mais elle demeure sans forces. Le vainqueur prend ensuite la volée vers son trou, y introduit sa proie et lorsqu'il en a amassé une quantité suffisante, il le rétrécit et finit par le boucher entièrement. La larve se trouve à quatre pouces de profondeur, dans un nid de forme ronde ou globuleuse. Elle a quatorze anneaux en comptant la tête et un petit tubercule qui termine la partie postérieure. Lorsqu'elle a pris tout son accroissement, elle est blanche, allongée, transparente, avec une raie longitudinale, noire dans son milieu. Sa tête, qu'elle allonge et remue sans cesse en tous sens, offre divers enfoncemens à sa partie inférieure, et sur le devant, en bas, proche le chaperon, deux petits tubercules oculiformes, noirs. L'extrémité arrondie du chaperon ou épistome est séparée en deux par une raie blanche, transversale, profonde. Les mâchoires sont cylindriques et reçues entre le chaperon et la lèvre inférieure; celle-ci est allongée, cylindrique, très-renflée, et dépasse les mâchoires. On ne remarque aucun vestige d'antennes; le dernier anneau de la larve, ou sa partie postérieure, est terminé par un petit cône pointu. L'accroissement étant achevé, le Cerceris orné se dispose à passer à l'état de nymphe, il se file une coque recouverte extérieurement par les débris cornés des Halictes qui ont été dévorés vivans par la larve. Au-dedans de cette première enveloppe, on voit la véritable coque; elle est ovoïde et formée d'une pellicule mince d'un blanc roux; un de ses bouts est pourvu d'une petite houppe de soie noire qui sert à fixer la coque en terre, et empêche l'Insecte de l'emporter avec lui lorsqu'il passe à l'état parfait.

D'autres espèces de Cerceris ont des habitudes analogues; mais ils nourrissent leurs larves avec d'autres espèces d'Insectes, qu'ils ont bien soin de ne pas faire périr, mais qu'ils blessent seulement assez grièvement pour leur ôter la possibilité de résister ou de fuir. Latreille nous a donné

des détails intéressans sur la plus grande espèce de notre climat, le Cerceris à oreille, *Cerc. aurita*, qui paraît être le même que le *Philanthus lœtus* de Fabricius. Cette espèce nourrit sa postérité avec des Charansons destructeurs, tels que le *Lixus Ascanii* et d'autres de la famille des Rhinchophores. Sous ce rapport, elle rend de grands services à l'agriculture; il en est de même des deux espèces décrites par Bosc, sous les noms déjà donnés de *Cerceris quinquefasciata* et de *Cerceris quadrifasciata*. Elles se saisissent, pour en nourrir leurs larves, du Charanson oblong et du Charanson gris, qui sont au nombre des plus dangereux ennemis des Arbres fruitiers et des pépinières. Ces Insectes font, dans un sable fin et solide, des trous de deux décimètres environ de profondeur, d'abord perpendiculaires, et ensuite obliques à la surface du sol. C'est dans ces trous que la femelle apporte successivement une vingtaine de Charansons qu'elle sépare les uns des aupar une petite épaisseur de sable, en déposant un œuf sur chacun d'eux. Après huit mois de séjour dans la terre, sous la forme d'œuf, de larve et de nymphe, l'Insecte parfait en sort pour s'occuper de la propagation de son espèce; alors il vit de petits Diptères. Vers le mois de juillet la ponte est finie, et on n'en rencontre plus aucun dans les lieux qui, quelque temps auparavant, en étaient peuplés.

L'observation apprendra sans doute que chaque espèce de Cerceris nourrit sa larve avec des Insectes différens.

(AUD.)

CERCETA. ois. Syn. espagnol de la Sarcelle d'été, *Anas Querquedula*, L. *V.* CANARD. (DR..Z.)

* CERCEVO et CERCEVOLO. ois. Noms italiens de la Sarcelle commune. *V.* CANARD. (B.)

CERCIFI ou CERCIFIS. BOT. PHAN. *V.* SALSIFIS.

CERCIO. ois. (Belon.) Espèce indéterminée d'Etourneau des Indes, très-babillarde et qui apprend à parler. (B.)

CERCIS. BOT. PHAN. *V.* GAINIER. Ce nom désigne, selon Bauhin, le Tremble dans Théophraste. (B.)

CERCLE A BARRIQUE. BOT. PHAN. Nom d'une Bauhinie indéterminée aux Antilles, dont les rameaux sont effectivement utilisés pour la fabrication des cercles. (B.)

CERCOCÈBE. MAM. (Geoffroy de Saint-Hilaire.) *V.* GUENON et MACAQUE.

CERCODÉE. *Cercodea.* BOT. PHAN. Ce genre a été séparé des Onagraires, pour devenir le type d'une nouvelle famille, celle des Cercodianées. Ses caractères sont : un calice urcéolé, présentant sur sa surface quatre angles ou quatre ailes, et supérieurement quatre divisions courtes; quatre pétales insérées à son sommet, ainsi que huit étamines dont les anthères sont allongées et presque sessiles ; un ovaire adhérent, surmonté de quatre styles et de quatre stigmates, renfermant quatre loges, dont chacune offre un ovule renversé; il lui succède une baie sèche, tétragone (ce qui a fait nommer ce genre par Linné fils *Tetragonia*), couronnée par les lobes connivens du calice qui persiste, à quatre loges monospermes. Ce genre n'était formé d'abord que d'une seule espèce, le *Cercodea erecta*, sous-Arbrisseau à tiges droites, à feuilles opposées et dentées, à fleurs disposées en verticilles axillaires. Forster en a ajouté une seconde à tiges couchées, à feuilles entières, à fleurs solitaires, le *C. prostrata*, à laquelle il donnait le nom générique d'*Haloragis*, nom qu'a adopté Labillardière en faisant connaître deux nouveaux Arbustes de ce genre (*Nov.-Holl.* tab. 128 et 129). L'un est l'*H. racemosa*, dont les feuilles sont oblongues, lancéolées, les fleurs en grappes, l'ovaire surmonté de quatre styles filiformes et renfermant quatre loges et quatre ovules, dont trois sont avortés dans le fruit; l'autre l'*H. digyna*, dont les feuilles sont alternes, les styles au nombre de deux seulement; le fruit, une drupe contenant une noix biloculaire et disperme, peut-il être considéré comme véritablement congénère des précédens? Ils sont originaires de la Nouvelle-Hollande. *V.* Lamk. *Illust.* tab. 319, et Gaert. tab. 52. (A. D. J.)

CERCODIANÉES ET CERCODIENNES. BOT. PHAN. *V.* HYGRO-BIÉES.

CERCOLEPTES. MAM. (Illiger.) Syn. de Kinkajou. *V.* ce mot. (B.)

CERCOPE. *Cercopis.* INS. Genre de l'ordre des Hémiptères, famille des Cicadaires, fondé par Fabricius, et ayant pour caractères, suivant Latreille : antennes fort courtes insérées, à peu près dans le milieu de la ligne qui sépare transversalement les yeux, presque immédiatement sous le bord supérieur du museau, de trois articles, le premier fort court, le second cylindrique et le plus long, le dernier plus court et un peu plus menu, conique, terminé par une soie courte et de la même grosseur à sa base; corselet n'étant dilaté sensiblement dans aucun sens. — Les Cercopes s'éloignent des Cigales par le nombre des articles de leurs antennes; ils se rapprochent au contraire, sous ce rapport, des Fulgores, des Ætalions, des Ledres, des Membraces et des Tettigones; mais ils diffèrent de chacun de ces genres par l'insertion de leurs antennes, ou seulement par l'égal développement de leur prothorax. Ils sont petits et ont le corps court; leur tête, presque confondue avec le corselet, présente antérieurement un front saillant, très-convexe, dont la face supérieure qui est plane supporte deux petits yeux lisses, voisins l'un de l'autre, et qui offre entre lui et chaque œil à réseaux un enfoncement longitudinal; au-dessous du front, la tête forme un museau aplati supérieurement et avancé un peu en pointe au milieu. Leur prothorax est convexe et échancré postérieurement pour recevoir l'écusson du mésothorax; les élytres dépassent l'abdomen; les pates postérieures sont plus longues que les autres, en général fort épineuses et propres au saut.

Ce genre est assez nombreux en espèces; celle qui lui sert de type porte le nom de Cercope sanguinolente, *Cerc. sanguinolenta* de Fabricius. C'est la Cigale à taches rouges de Geoffroy (Hist. des Ins. T. 1, p. 418, et pl. *8*, fig. 5). Elle est remarquable par ses élytres noires avec deux taches et une bande flexueuse d'un rouge très-vif; on la rencontre assez rarement aux environs de Paris, dans les forêts de Saint-Germain-en-Laye et de Fontainebleau.

La Cercope écumeuse, *Cerc. spumaria* ou la *Cicada spumaria* de Linné, est la même espèce que la Cigale Bedaude de Geoffroy (*loc. cit.* p. 416). Swammerdam, Roesel, Degéer, etc., ont observé les métamorphoses de cette espèce. La larve dont le corps est fort mou présente un phénomène curieux dans les moyens qui lui ont été accordés pour sa conservation; elle sécrète par l'anus et par différens pores de sa peau une matière écumeuse d'un blanc jaunâtre ou verdâtre qui la cache en entier aux yeux de ses ennemis, et la protège contre la chaleur et l'action du soleil. Ce liquide mousseux est très-commun sur les Plantes, particulièrement sur les Luzernes qui servent de nourriture à l'Insecte dans les différens états de sa vie. On désigne vulgairement ces productions singulières sous les noms de *Crachat de Coucou* ou *de Grenouille* et d'*écume printanière*. — Des habitudes semblables appartiennent à beaucoup d'autres espèces, et peut-être bien à toutes. La Cercope écumeuse est très-commune aux environs de Paris. Elle est brune avec deux taches blanches sur les élytres près de leur bord extérieur. (AUD.)

CERCOPITHÈQUE. MAM. Les Grecs donnaient ce nom aux Singes pourvus de grandes queues. Il est appliqué maintenant aux Guenons. *V.* ce mot. (B.)

CERCRELLE. OIS. *V.* CERCERELLE.

* CERCYON. *Cercyon.* INS. Genre de l'ordre des Coléoptères, section des Pentamères, famille des Palpicornes, créé par Leach (*Zool. Misc.* T. III, p. 95) aux dépens des Sphéridies de Fabricius. Ce genre, fondé sur des caractères très-peu importans, paraît composé de plusieurs espèces. L'auteur se borne à citer les deux suivantes : le *Cercyon unipunctatum* et le *Cercyon melanocephalum*. L'un et l'autre se trouvent aux environs de Paris, et ont été décrits par les auteurs comme faisant partie du genre Sphéridie. *V.* ce mot. (AUD.)

*CERCYRUS. POIS? MOLL? On ne sait si ce nom, cité dans plusieurs auteurs de l'antiquité, pour désigner un Animal marin qui se retire dans les Rochers, convient à un Poisson ou bien à une Coquille du genre Patelle. (B.)

* CERDA. MAM. Syn. espagnol de Truie, femelle du Porc. *V.* ce mot. (A. D.. NS.)

CERDA. BOT. PHAN. (Dioscoride.) Syn. présumé de Gypsophile. (B.)

CERDANE. *Cerdana.* BOT. PHAN. Sous ce nouveau nom de genre, les auteurs de la Flore du Pérou et du Chili ont décrit un Arbre très-élevé, qu'ils ont découvert dans les forêts de Pozuzo et de Munna au Pérou, et auquel ils ont donné le nom spécifique d'*alliodora*, c'est-à-dire qui a une odeur d'Ail, parce qu'en effet son écorce ainsi que ses feuilles, dont l'odeur, lorsqu'on les a récemment enlevées de l'Arbre, n'est que vaguement fétide, acquièrent ensuite un goût d'Ail très-prononcé. Les mêmes auteurs disent aussi que ses feuilles sont le plus souvent dévorées par de très-petites Fourmis. Leur principe odorant est probablement l'appât qui attire ces Insectes, car nous ignorons la saveur et les autres qualités physiques des feuilles. Le *Cerdana alliodora* est placé dans

la Pentandrie Monogynie de Linné. Il
a un calice tubuleux marqué de dix
stries. Le limbe de sa corolle infundibuliforme est divisé en cinq parties.
Un disque ou nectaire cyathiforme
entoure l'ovaire, qui est terminé par
un stigmate bifide. Ses feuilles sont
oblongues et ovées, et ses fleurs disposées en panicules. Il est figuré dans
la Flore du Pérou et du Chili, t. 184.
(G..N.)

CERDO. MAM. Syn. espagnol de
Cochon. *V.* Porc. (A. D..NS.)

CERDON. BOT. PHAN. (Ruellius.)
Même chose que Cerda, BOT. PHAN.
V. ce mot. (B.)

* CÉRÉBRALE (MATIÈRE). ZOOL.
Substance pulpeuse, blanche et grisâtre contenue dans la boîte osseuse du
cerveau, et qui donne naissance à la
moelle épinière et à tous les nerfs.
Elle est insoluble dans l'Eau et dans
l'Alcohol, et se réduit difficilement en
charbon par l'action du feu; elle est
composée d'Eau, d'une matière grasse
blanche, d'une matière grasse rouge,
d'Osmazôme, d'Albumine, de Phos-
phore uni aux matières grasses, de
Soufre et de Phosphates de Potasse,
de Chaux et de Magnésie. *V.* CÉRÉ-
BRO-SPINAL. (DR..Z.)

CÉRÉBRISTES ou CÉRÉBRITES.
POLYP. Espèces fossiles du genre
Méandrine, *Madrepora*, L., sem-
blables par la forme au cerveau de
l'Homme ou de quelque Mammifère.
(LAM..X.)

CERÉBRO-SPINAL (*Organe ou
système*). ZOOL. L'ensemble du grand
appareil d'organes médullaires ou nerveux, formant l'axe de tous les Animaux vertébrés, et constamment enfer-
mé dans l'étui osseux de la colonne
vertébrale et du crâne. Ce système
comprend donc la continuité des parties nervo-médullaires étendues de
l'extrémité antérieure de l'encéphale à
l'extrémité postérieure de la moelle
épinière.—Ainsi déterminé, le système
Cérébro-spinal n'existe réellement
que dans les Animaux vertébrés. Cette
détermination exclut les équivoques
où tombent la plupart des anatomistes en appelant cerveau dans les

Mollusques, et moelle épinière dans
les Annelides et les Insectes, des parties
dont la structure et la composition mo-
léculaire n'ont aucune analogie prouvée ni peut-être même probable avec
le système Cérébro-spinal des Vertébrés, où il reste similaire sous ces
deux rapports.

Vu dans son ensemble, l'organe ou
système Cérébro-spinal se compose
de deux faisceaux médullaires sécré-
tés collatéralement à l'axe dans l'intervalle de deux tubes concentriques
formés par une membrane vasculaire,
à réseaux très-fins, appelée pie-
mère. Il ne se dépose pas de matière
médullaire dans le calibre du tube
intérieur, dont la cavité s'oblitère ou
se dilate entre des points déterminés de
la longueur pour les diverses classes et
pour les différens âges des mêmes
espèces dans chaque classe.

La pie-mère, formée par les plus fines de toutes les terminaisons artérielles et de toutes les origines veineuses,
exhale par la face externe de son tube
intérieur, et par la face interne de
son tube extérieur, des couches médullaires successivement concentriques pour le premier tube, et excentri-
ques pour l'autre. Par les dernières
couches de la déposition concentrique du tube intérieur, le calibre de
celui-ci finit nécessairement par s'o-
blitérer dans tous les points où les
tubes n'offrent pas de dilatations. Là,
où les deux tubes se dilatent en renflemens, et où correspondent toujours des lobes ou tubercules médullaires, le calibre du tube intérieur
persistant développe des cavités ou
ventricules dont l'amplitude est proportionnelle au volume des lobes correspondans. Suivant les classes et
même les genres dans chaque classe,
il se développe de ces cavités et de
ces renflemens ou lobes sur presque
tous les points de la longueur de l'axe
Cérébro-spinal.

Serres a surtout bien démontré le
mécanisme de cette formation dans
les embryons d'un grand nombre
d'Oiseaux et de Mammifères. L'évidence en est permanente chez les

Poissons où (comme nous l'avons montré, art. ANATOMIE) l'état fœtal, perpétué par la respiration branchiale dans un milieu liquide, laisse aussi toujours distincts les élémens du système osseux ailleurs réunis deux à deux, trois à trois, etc.

Les deux faisceaux médullaires se réunissent plutôt du côté de la face abdominale que de la face dorsale. Cette réunion s'opère de trois manières différentes suivant les divers points de la longueur de l'axe. Tantôt ils adhèrent l'un contre l'autre par simple contiguité, c'est le cas de la face dorsale de la moelle, par exemple, chez tous les Vertébrés; tantôt ils communiquent par des fibres transversales continues à chaque faisceau, c'est le cas des commissures; tantôt enfin ils se pénètrent réciproquement par un entrecroisement de fibres, c'est le cas des pyramides dans les Mammifères et quelques Oiseaux. Ces trois modes de communication sont combinés dans des positions variables, suivant les classes, les genres et même les espèces.

Chaque faisceau médullaire latéral est lui-même formé de deux cordons, l'un supérieur ou dorsal, l'autre inférieur ou abdominal. Leur séparation est marquée extérieurement par une rainure, le long de laquelle s'insère le ligament dentelé. Chacun de ces cordons jouit, comme on le verra, de propriétés bien distinctes et correspondantes à celles des racines nerveuses juxta-posées sur toute sa longueur.

Le développement des lobes ainsi que des cavités ou ventricules du tube central de la pie-mère sur les divers points de la longueur du système Cérébro-spinal, dépend, pour tous les lobes, excepté pour les hémisphères du cerveau et du cervelet, de la juxta-position de troncs nerveux, ayant un excès relatif de volume. Nous avons le premier établi ce rapport (Rech. anat. et physiol. sur le syst. nerv. des Poissons). Il peut donc se développer de ces lobes et ventricules sur toute la longueur du système; en effet il y en a constamment à l'insertion des paires de nerfs, qui vont aux membres postérieurs chez les Oiseaux marcheurs, des membres antérieurs chez les Oiseaux grands voiliers, au milieu du dos dans l'espace correspondant aux nerfs de la membrane huméro-fémorale des Chauves-Souris; enfin à l'insertion des trois premières paires cervicales distribuées aux doigts des Trigles, etc. (V. nos Recherches citées.)

L'organe Cérébro-spinal ne se compose pas d'un nombre uniforme de parties dans tous les cas de son existence. Voici l'énumération de celles qui le constituent au complet: 1° la moelle épinière; 2° le cervelet composé lui-même de trois parties qui peuvent manquer à la fois ou séparément; 3° les tubercules quadri-jumeaux ou lobes optiques; 4° les lobes ou hémisphères du cerveau, et 5° les lobes olfactifs. De ces cinq parties deux ne manquent jamais: ce sont la moelle et les lobes optiques, encore ces derniers manquent-ils peut-être dans certains Reptiles et Mammifères aveugles. (Proteus anguinus, cœcilia et spalax.) Nous avons prouvé (Rech. anat. et phys.) que le cervelet manque entièrement chez les Batraciens; ses lobes latéraux manquent dans les Poissons et les Oiseaux. Nous avons démontré aussi (loc. cit.) l'absence des lobes du cerveau dans les Raies et les Squales, des lobes olfactifs dans plusieurs Poissons osseux; enfin les lobes du cerveau, suivant les classes et selon les genres, chez les Mammifères, sont formés d'un nombre fort inégal de parties.

L'éventualité du défaut de ces parties dans les divers Vertébrés répond à l'ordre général de leur formation; la moelle épinière est la première formée dans toutes les classes. Creuse sur toute sa longueur pendant les premières époques de l'existence fœtale, elle est solide après la naissance, excepté chez les Poissons, et hors les cas d'hydropisie de son canal, maladie assez commune dans les fœtus de Mammifères où on l'appelle spina *bifida* à cause de l'écartement coïncidant des lames des vertèbres correspondantes. Son calibre est uniforme sur toute sa longueur dans les embryons de toutes les classes, avant le développement des membres. Avec l'apparition des membres coïncide celle des renflemens correspondans de la moelle, phénomène remarquable surtout chez les Têtards des Batraciens, lors de la métamorphose, laquelle d'ailleurs à cet égard est commune aux embryons de toutes les classes. Il suit de-là que les Animaux qui n'ont qu'une paire de membres n'ont que le renflement correspondant. Nous ferons observer que ces renflemens correspondans aux membres sont d'autant plus volumineux, qu'il existe dans ces membres plus de nerfs excitateurs ou conducteurs de la sensibilité. Aussi jamais ces renflemens n'approchent-ils, pour le volume proportionnel, de ceux qui correspondent à des nerfs uniquement conducteurs de la sensibilité. Tels sont par exemple les lobes correspondans aux nerfs des doigts des Trigles (*V.* nos Rech. anat. et phys.).

Hors ce cas d'insertion des nerfs excitateurs spéciaux de la sensibilité, jamais non plus la moelle épinière n'est renflée à l'origine de chaque nerf spinal, comme Gall l'avait imaginé. Ainsi, dans les Vertébrés, son calibre est uniforme sur toute sa longueur, si ce n'est les faibles renflemens correspondans aux membres et dont le volume décroît des Oiseaux aux Mammifères, et surtout aux Reptiles. Il n'y a pas de renflemens correspondans aux nageoires des Poissons. La longueur de la moelle épinière ne dépend pas de celle du canal vertébral. Nous avons montré, dans nos Recherches citées, qu'elle pouvait être de quinze à trente fois moins longue que ce canal. Deux genres de Poissons sont dans ce cas.

Serres a découvert dans le développement progressif de la moelle épinière un mouvement dont l'étendue et le terme varient suivant les genres, et nécessitent les formes essentielles de ces types.

Chez tous les embryons, quel'espèce ait ou non une queue, la moelle épinière se prolonge dans l'intérieur d'une véritable queue composée au moins de sept vertèbres, comme il arrive dans l'Homme, et ce prolongement subsiste jusqu'au troisième mois. A cette époque, la moelle s'élève dans le canal vertébral, où son extrémité auparavant coccygienne remonte jusqu'à la seconde vertèbre lombaire, où elle se fixe à la naissance. Si l'ascension de la moelle épinière ne se fait pas, ou si elle est incomplète, le fœtus humain naît avec une queue.— C'est donc en partie du degré d'ascension de la moelle dans le canal vertébral que dépend la moindre longueur de queue persistante, parce qu'une partie des vertèbres dont la cavité s'oblitère, disparaît par absorption. Néanmoins comme dans des espèces où la queue se compose d'une trentaine de vertèbres, elles sont presque toutes solides, il s'ensuit que la cause de leur persistance, quand elles ne servent plus à emboîter la moelle, est indépendante de l'ascension de celle-ci.

Chez les Mammifères, les deux faisceaux de la moelle épinière s'entrecroisent à son extrémité antérieure par des fibres dont le nombre décroît des Quadrumanes aux Rongeurs. Chez les seuls Oiseaux de proie, d'après Cuvier, on ne voit qu'un ou deux faisceaux de fibres s'entrecroiser. Cet entrecroisement, qui forme les pyramides, n'existe ni chez les Reptiles ni chez les Poissons.

En arrière du cervelet, chez un certain nombre de Poissons, la moelle se renfle en lobes disposés par paires transversales, dont le nombre et le volume dépendent du nombre et du volume des nerfs excitateurs de sensibilité qui s'y insèrent. Il en résulte autant de vrais lobes encéphaliques, surnuméraires, quelquefois plus développés que les autres; tels sont surtout les lobes correspondans aux nerfs électro-moteurs de la Torpille. Les vertèbres correspondantes, devenues alors partie intégrante du crâne, ont une amplitude convenable. (*V.* nos Rech.)

La formation des tubercules quadri-jumeaux ou lobes optiques précède toujours celle du cervelet qui leur est pourtant postérieur en position. La diverse configuration de ces tubercules dans les Mammifères dépend de la place du sillon qui divise chaque tubercule en travers, et qui ne se trace qu'au dernier tiers de la vie fœtale. Auparavant il n'y a, comme dans les trois autres classes, qu'une seule paire de tubercules creusés de ventricules communiquant avec la cavité générale de l'axe Cérébro-spinal. L'oblitération de la cavité des lobes optiques coïncide avec la formation de leur sillon transverse.

Serres a découvert que, dans toutes les classes, les tubercules quadri-jumeaux ou lobes optiques sont développés en raison directe du volume des nerfs optiques et des yeux; mais son idée que les Poissons ont les tubercules quadri-jumeaux les plus volumineux, les nerfs optiques et les yeux les plus développés, est beaucoup trop générale. Nous avons fait voir (Rech. anat. et phys.) que, dans un grand nombre de leurs espèces, l'organe de la vue est fort restreint, qu'il est même quelquefois tout-à-fait rudimentaire; que par conséquent tous les Poissons ne l'emportent pas nécessairement sur les Mammifères, à plus forte raison sur les Oiseaux et les Reptiles, pour le développement de l'appareil optique. Serres a découvert le rapport constant de grandeur entre les lobes optiques et les os interpariétaux.

Nous avons découvert, dans la cavité des lobes optiques de plusieurs genres de Poissons, des accroissemens de surface proportionnés aux multiplications de surface correspondantes de la rétine et du nerf optique par leur plissement.

Le cervelet ne se forme, dit Serres, qu'après les tubercules quadri-jumeaux, sans exception pour aucune classe. De ses trois lobes deux sont latéraux, et n'existent que chez les Mammifères où ils flanquent la moelle en

arrière des lobes optiques, et sont en proportion constante de volume avec la protubérance annulaire qui est leur commissure; ils naissent de la moelle par les corps vestiformes. L'autre est médian, et naît des lobes optiques, ce qui est surtout évident chez plusieurs genres de Poissons osseux où ses origines proéminent dans la cavité de ces lobes : comme il n'y a pas de lobes latéraux, ainsi que Gall l'a déjà observé, dans les Oiseaux, les Reptiles et les Poissons, il ne peut y avoir chez eux de protubérance annulaire qui, dans les Mammifères, augmente de volume avec ces lobes en remontant des Rongeurs à l'Homme par les Ruminans, les Carnassiers et les Quadrumanes.

Voici la composition de la protubérance annulaire. Les fibres d'un hémisphère latéral du cervelet se continuent sous la moelle épinière avec les fibres de l'hémispère opposé, par couches qui alternent avec les plans de fibres dirigées obliquement des pyramides aux couches optiques.

Tous les lobes du cervelet sont solides dans les Vertébrés, excepté les Raies et les Squales, où de larges ventricules y développent des circonvolutions pareilles à celles des Mammifères.

Le cervelet manque entièrement dans les Batraciens.

Comme Tiedmann l'a observé (*Icon. cerebr. Simiar.*), le nombre des lames ou scissures du cervelet diminue dans les Mammifères, de l'Homme aux Rongeurs. Malacarne avait déjà observé dans l'espèce humaine que le nombre de ces lames est plus de moitié moindre chez la plupart des idiots, que chez les individus de bon sens où il va jusqu'à 780.

Les hémisphères ou lobes du cerveau existent dans tous les Vertébrés, excepté les Raies et les Squales. Ils sont solides dans les Poissons et les Reptiles; creux dans les Mammifères et aussi dans les Oiseaux, malgré l'assertion de Serres, et comme l'avait déjà observé Rolando. (*Saggio sopra la vera struttura del cervello*

CER

dell' Uomo è degli Animali, etc.; Sassari, 1809, p. 12.)

Dans les Mammifères, les lobes du cerveau résultent du développement d'une membrane dont les fibres ont trois origines : 1° les pyramides ; 2° les couches optiques ; 3° les corps striés.

Les corps striés manquent dans les trois autres classes, et suivant Serres, les couches optiques chez les Poissons : comme il reconnaît l'existence des couches optiques dans les Oiseaux et les Reptiles, et comme il n'y a pas une fibre cérébrale qui ne vienne des trois origines précitées ; comme il n'y a pas de pyramides ni de corps striés chez les Poissons, n'est-ce pas plutôt que chez eux le cerveau est réduit à la seule couche optique qui forme l'élément essentiel du cerveau? d'autant mieux que dans les trois premières classes le cerveau suit ses développemens. Les hémisphères du cerveau ne sont sillonnés de circonvolutions que dans les Mammifères. Tiedmann (*Icon. cerebr. Simiar.*) a représenté la diminution progressive de ce mécanisme multiplicateur des surfaces, depuis l'Homme jusqu'aux Rongeurs; mécanisme que nous avons le premier démontré être l'élément principal de l'accroissement et du perfectionnement de l'intelligence (*V.* nos Recherch. anat. et phys., et notre Mémoire spécial sur cet objet, inséré au Jour. compl. du Dict. des Sc. médic., sept. 1822).

La corne d'Ammon n'existe que chez les Mammifères. Elle décroît progressivement des Rongeurs aux Ruminans, de ceux-ci aux Carnassiers, et enfin aux Quadrumanes; le petit pied d'Hippocampe n'existe que dans l'Homme où il manque même quelquefois. (Serres.)

Le corps calleux, commissure des lobes cérébraux, suit leur proportion de grandeur. Cette commissure n'existe que dans les Mammifères de même que la protubérance. La voûte à trois piliers suit la proportion des cornes d'Ammon; les hémisphères du cerveau et du cervelet suivent entre eux les mêmes proportions.

CER 365

Dans tous les Mammifères où les hémisphères du cerveau sont plissés extérieurement, il n'existe pas chez l'adulte de surfaces intérieures correspondantes aux courbures des circonvolutions extérieures. La masse de chaque lobe forme un noyau solide au-delà du ventricule latéral dont l'arachnoïde limite l'amplitude le long du corps frangé : ce noyau blanc et solide est connu sous le nom de centre ovale de *Vieussens*, à cause de la figure de ses coupes transversales. Nous avons fait voir(Deuxième Mém. sur le Syst. nerv., Journ. de Phys., fév. 1821)que ce noyau ou centre de Vieussens résulte de l'adhérence des surfaces intérieures concaves de la membrane plissée des hémisphères, par suite de l'oblitération de la pie-mère intérieure, qui, après avoir déposé concentriquement les couches fibreuses blanches, finit par se rétracter sur elle-même pour former les toiles et plexus choroïdes. De sorte que, dans l'état fœtal de tous les Mammifères, les deux surfaces de la membrane plissée des hémisphères, comme nous l'avons vérifié depuis, sont parfaitement libres, et qu'une concavité de la surface intérieure répond exactement à une convexité de la surface extérieure et réciproquement. Cet état de liberté des surfaces intérieures de la membrane cérébrale, et la propagation de la pie-mère intérieure jusqu'au sommet concave de ses circonvolutions persiste quelquefois par maladie, comme nous l'avons montré dans l'Homme (Journ. de Phys., fév. 1821) ; cette persistance prouve l'exactitude du procédé de Gall pour déplisser le cerveau, et explique la nature de ce qu'il appelle nevrilemme muqueux d'agglutination des surfaces intérieures que le premier il a découvertes et restituées ; ce nevrilemme n'est, comme nous l'avons montré, que le résidu de la pie-mère, qui, en redevenant quelquefois perméable au sang, peut rétablir, par places plus ou moins grandes, la liberté primitive des surfaces intérieures. Ces altérations mécaniques du cerveau, inconnues jusqu'à nous, sont évidemment la cause de plusieurs maladies mentales, que des observateurs superficiels déclarent, au grand préjudice de l'humanité, n'avoir pas de rapports avec l'organisation matérielle du cerveau, parce qu'ils n'ont pas su reconnaître ces rapports. (*V.* sur ces allégations, déjà réfutées par Scipion Pinel quant à un autre ordre de causes, le Dict. des Sc. médic.)

Dans l'état fœtal, il en est du cervelet comme du cerveau, pour l'état de liberté et de non-adhérence des surfaces intérieures.

Enfin la dernière et la plus antérieure des paires de lobes encéphaliques, est celle des olfactifs.

Développés au *maximum* dans les Raies et les Squales qui manquent de cerveau, ils y sont extérieurement sillonnés de circonvolutions également saillantes dans des ventricules qui communiquent avec la grande cavité commune de l'axe Cérébro-spinal. Ces cavités des lobes olfactifs existent dans tous les cas de leur grand développement chez les Ruminans, les Carnassiers, etc. Dans plusieurs Poissons et Reptiles, sans être pourtant creux, ils égalent le volume du cerveau. Ils sont très-rudimentaires dans les Oiseaux, même les Vautours, comme Perrault le remarquait déjà (Acad. des Sc. 1666).

Les lobes olfactifs manquent entièrement chez les Tétrodons parmi les Poissons.—Serres dit que la glande pinéale existe dans les quatre classes des Vertébrés. Nous ne l'avons vu que dans les Mammifères et les Oiseaux; mais nous avons vu que la glande pituitaire, dont il ne parle pas, leur est générale et existe à son *maximum* dans les Poissons, les Squales surtout.

Tous ces lobes étant, au moins primitivement, creusés de cavités communiquant avec celle qui forme l'axe du système Cérébro-spinal, et comme le tube intérieur de la pie-mère tapisse toutes ces cavités, ainsi que le tube extérieur en tapisse tous les contours, comme en même temps, sur toute sa longueur, les parois du système Cérébro-spinal sont composées de deux cou-

ches superposées, l'une grise et pulpeuse, l'autre blanche et fibreuse, l'on voit que chaque couche est formée par le tube auquel sa face libre est contiguë; mais chaque tube de pie-mère ne dépose pas la même matière sur toute la longueur.

La pie-mère extérieure dépose de la matière grise sur les lobes olfactifs, cérébraux, cérébelleux et sur la surface antérieure des tubercules quadri-jumeaux chez les Ruminans, et de la matière blanche sur les lobes optiques et toute la longueur de la moelle. La pie-mère intérieure dépose de la matière blanche dans les lobes olfactifs, cérébraux et cérébelleux, et de la matière grise dans les tubercules quadri-jumeaux et toute la longueur de la moelle épinière, chez les Mammifères et les Oiseaux

Gall a, le premier, bien reconnu et décrit la structure fibreuse de l'ensemble du système Cérébro-spinal, ainsi que la formation du cerveau par le plissement sur elle-même d'une vaste membrane composée de fibres provenant des pyramides, des couches optiques et des corps striés. Il a bien démontré aussi la composition de la protubérance annulaire par des plans alternatifs de fibres à direction à peu près perpendiculaires, les unes transversales, formant en plusieurs étages la grande commissure des hémisphères du cervelet; les autres, étendues des pyramides aux couches optiques, pour s'épanouir ensuite dans les circonvolutions du cerveau. Dans le même temps, Rolando démontra aussi la structure fibreuse du système Cérébro-spinal, mais tout en continuant d'ignorer la disposition en membrane, des fibres cérébrales, et la possibilité de déplisser cette membrane en rompant les adhérences de sa face interne. (*Mem. sulle cause della vita negl' esseri organizati, Firenze,* 1807). En 1809, dans l'ouvrage cité plus haut, p. 85 et 86, il a démontré, entre autres argumens, par l'extrême disproportion des matières grise et jaune à la matière blanche, et même leur presque nullité chez les Reptiles et les Poissons, que ni l'une ni l'autre de ces deux matières n'est l'origine ou la matrice des fibres blanches, ainsi que le prétendent Gall et Spurzheim, pour avoir trop restreint leurs observations à l'Homme et aux premiers ordres de Mammifères. D'ailleurs dans le fœtus la matière blanche se forme avant la grise.

Ce qu'il y a de plus nouveau dans les travaux de Serres, c'est la détermination des tubercules quadri–jumeaux dans les quatre classes de Vertébrés, et l'ordre successif ainsi que le mécanisme de formation des diverses parties du système Cérébro-spinal.

Ce qu'on sait des fonctions des diverses parties du système Cérébro-spinal, on le doit moins à l'expérience qu'à des déductions tirées de l'anatomie comparée et de l'anatomie pathologique. Par exemple, les fonctions des lobes optiques et olfactifs sont évidentes d'après le rapport constant de développement en volume, et surtout en surface, de ces lobes avec les nerfs et les appareils mécaniques des sens correspondans. Néanmoins Rolando en 1809, et en 1822 Flourens qui a recommencé les expériences du professeur de Turin, ont expérimentalement démontré plusieurs correspondances d'action entre les lobes optiques et l'œil.

Les lobes ou hémisphères du cerveau sont évidemment aussi l'organe de la grande pluralité des facultés intellectuelles ; car l'étendue de ses surfaces varie en proportion du nombre et de la perfection de ces facultés. Sœmmering le premier, Ebell, Vicq-d'Azir, Gall et Tiedmann avaient cru que cette variation dépendait du volume. Mais comme, d'après des observations antérieures de Buffon et de Daubenton, des Sapajous ont le cerveau à proportion plus grand que celui de l'Homme, sans pourtant surpasser leurs congénères en intelligence, il est clair que le volume seul n'est pas une condition de supériorité. Or les Sapajous en question n'ont pas de plis à leur cerveau : de manière que la surface de cet organe y est représentée par celle de l'intérieur du crâne qu'elle excède d'autant plus ailleurs que les plis sont plus nombreux et plus profonds ; et, comme il y a dans les Mammifères un rapport constant entre la diminution des surfaces cérébrales et la dégradation intellectuelle, tandis qu'il n'en existe pas entre les degrés de cette dégradation et les variations de volume, il est clair que ce dernier terme doit être remplacé dans le rapport par l'étendue des surfaces, ainsi que nous l'avons démontré le premier (Rech. anat. et phys., et aussi Mém. spécial sur ce sujet au Journ. comp. du Dict. des Sc. méd. ; sept., 1822).

Flourens a attribué au cervelet d'être le modérateur et, pour ainsi dire, le balancier des mouvemens d'ensemble de la locomotion ; mais comme le cervelet manque entièrement chez les Batraciens dont les mouvemens n'en sont pas moins bien ordonnés, il est clair que cette fonction n'est pas l'attribut exclusif de cet organe, puisqu'elle s'exerce bien sans lui.

Rolando (*Sopra la vera Struttura, etc.*, p. 44 à 49), en détruisant le cervelet sur des Vertébrés des quatre classes, a anéanti la locomotion (il n'a pas expérimenté de Batraciens, mais seulement des Tortues et des Lézards). Puis il observe (p. 62 et 63) que le cervelet de l'Homme, des Mammifères et des Oiseaux, représentant une pile de lames formées d'élémens hétérogènes, savoir de substance blanche, jaune et cendrée, est évidemment un électromoteur semblable à la pile de Volta ; qu'il est la source unique d'un fluide excitateur des mouvemens. Mais dabord le cervelet de tous les Poissons osseux, et probablement des Reptiles, est une masse homogène de matière blanche sans lames ni scissure ; ce n'est donc plus une pile, ni un électro-moteur, et ensuite, comme nous l'avons déjà dit, les Batraciens manquent de cervelet ; et puis, pour l'Homme et les Mammifères, la force de locomotion devrait être en proportion du nombre et de l'étendue des lames ; or cela n'est pas : et c'est dans les Saumons, qui surmontent le poids et la vitesse de chutes d'eau de plusieurs toises de hauteur, qu'existe peut-être la plus grande énergie musculaire. Or, leur cervelet ne diffère pas de celui des autres Poissons osseux.

Gall a attribué au cervelet, dans l'Homme et les Mammifères voisins, d'être l'organe de l'amour pour la femelle; mais comme il n'existe, pour ainsi dire, que des lobes latéraux au cervelet de l'Homme, et comme le lobe médian n'en forme pas la cinquantième partie, il est clair que ces facultés résideraient dans ces lobes latéraux: or ces lobes manquent aux Oiseaux où les facultés en question existent au plus haut degré. Ces facultés n'y résident donc pas, au moins en général.

D'après les dernières expériences de Magendie, la part d'influence le mieux démontrée qu'ait le cervelet dans la production des mouvemens, c'est d'être nécessaire à l'intégrité des mouvemens en avant. Il a expérimenté (Journ. de Physiol. t. 5, p. 153 et suivantes) que toute blessure un peu grave du cervelet rend toute progression en avant impossible, et développe le plus souvent au contraire un ensemble de mouvemens qui se rapportent à l'action de reculer.

Flourens a cru que les lobes optiques ou tubercules quadri-jumeaux n'étaient que conducteurs de la vision, laquelle ne se transformerait en perception que dans le cerveau même, parce qu'il produisait la cécité de l'œil opposé au lobe cérébral qu'il enlevait. Mais comme, dans les Mammifères, une partie et quelquefois même la pluralité des fibres du nerf optique vient du cerveau même, et qu'en conséquence, la destruction du cerveau supprime un aboutissant du nerf optique, il est clair que cette expérience n'est pas concluante relativement aux Oiseaux et aux Poissons où le nerf optique n'aboutit qu'aux lobes optiques uniquement. D'ailleurs le cerveau manque à des Poissons qui ont un appareil optique. Le cerveau n'est donc pas le siège nécessaire de la vision. — Rolando (op. cit.) attribue

enfin au cerveau d'être, en outre des facultés sensitives et intellectuelles, le siége de la force régulatrice et dirigeante de l'action du cervelet sur les mouvemens, force régulatrice qui ne peut rien sur ceux-ci sans le cervelet.

C'est dans les Poissons que la glande pituitaire est le plus développée, et comme, en général, elle l'est en raison des lobes olfactifs, ses fonctions y répondent peut-être aussi.

D'après l'expression donnée par Cuvier à d'autres résultats des expériences de Flourens, « la faculté de recevoir et de propager d'une part l'irritation ou l'excitation des mouvemens, et d'autre part la douleur, cesse au point de jonction de la moelle allongée avec les lobes optiques; c'est à cet endroit au moins que doivent arriver les sensations pour être perçues; c'est de-là que doivent partir les ordres de la volonté; et la continuité de l'organe nerveux, depuis cet endroit jusqu'aux parties, est nécessaire à l'exécution des mouvemens spontanés, à la perception des impressions soit intérieures soit extérieures. » D'où il suit que la section faite à ce point anéantirait et les perceptions et les mouvemens réguliers. Mais après la décapitation qui passe bien au-dessous de ce point, un Oiseau vole et court encore; et une Tortue conserve, outre la locomotion, des volontés évidentes. Les résultats de Flourens ne sont donc pas applicables à ces classes. Il résulte de ces rapprochemens que, dans les Vertébrés ovipares, les facultés de vouloir et de se mouvoir ne résident pas séparément dans des organes distincts, mais sont confondues ou du moins existent simultanément sur toute la longueur de l'axe Cérébro-spinal. De ce que la moelle épinière n'offre pas dans son organisation un double mécanisme qui réponde à la transmission des sensations, et à l'excitation des mouvemens; de ce que chacune de ces actions peut être séparément détruite dans les paralysies, Rolando (p. 67 et suiv.) conclut que la première de ces actions est due à un mouvement ou oscillation réelle des fibres nerveuses vers le cerveau, tandis que l'autre est due à une émission du fluide du cervelet; que ces deux actions se continuent dans les nerfs; et que c'est à leur différence de nature qu'est due la possibilité du croisement de leur direction; il donne pour preuve de cette double action, l'expérience d'Arnemann, sur la transmission de l'irritation des mouvemens à travers les cicatrices des nerfs, lesquelles interceptent les sensations, quoique le contraire arrive pourtant quelquefois: il a reconnu aussi que les ganglions n'isolaient pas la sensibilité, mais l'irritation motrice.

Mais les mouvemens mêmes n'ont peut-être pas leur cause immédiate dans la moelle épinière, au moins à toutes les époques de la vie; car on a observé des mouvemens d'une force ordinaire dans des fœtus humains sans système Cérébro-spinal. Nous avons (Recherches anatomiques et phys.) déduit ce fait de l'observation curieuse, due à Lallemand de Montpellier, d'un anencéphale sans axe Cérébro-spinal, qui pourtant avait continué de se mouvoir jusqu'à l'avant-veille de l'accouchement. Comme d'ailleurs il est prouvé par l'expérience de Magendie sur les effets de la section des racines supérieures et inférieures des nerfs spinaux, que celles-ci conduisent le mouvement, et les autres la sensibilité; comme nous avons aussi prouvé d'ailleurs que la conductibilité des nerfs inférieurs, pour le mouvement, tient à leur petit calibre et à leur défaut de ganglions, et la conductibilité des nerfs supérieurs, pour le sentiment, tient à leur excès de volume et à leur renflement en ganglions, il s'ensuit que la moelle épinière n'a probablement que la propriété générale de propager l'excitation des mouvemens du cerveau vers les nerfs où la motilité réside, et les sensations vers l'encéphale où elles sont perçues; que, dans certains Reptiles seulement, la moelle épinière participe à la faculté de produire elle-mê-

me et la volonté percevante et l'excitation des mouvemens.

La volonté et l'excitation des mouvemens d'une part, et les sensations de l'autre, sont-elles transmises par tout le calibre de la moelle épinière, ou bien la surface de la moitié supérieure de cet axe, répondant aux racines supérieures des nerfs, transmet-elle uniquement les sensations, et la surface de la moitié inférieure uniquement les irritations du mouvement? L'alignement sur chacune de ces moitiés longitudinales de la moelle, d'un seul des deux ordres de racines nerveuses, induisait à le croire. L'observation toute récente de Magendie, Journ. de Physiol. t. 5, p. 153, que la face inférieure de la moelle est moins sensible aux piqûres et irritations que ne l'est la face supérieure ou dorsale, tandis que l'introduction d'un stylet dans tout l'axe de la moelle n'altère ni la sensibilité, ni les mouvemens de l'Animal; une autre observation citée par lui de la persistance jusqu'à la mort, de l'activité morale, du libre mouvement des membres inférieurs et de la sensibilité des supérieurs paralysés du mouvement, persistance coïncidante avec la destruction de presque tout le calibre de tout le second tiers de la moelle, puisqu'il n'en subsistait dans cet intervalle qu'une lame mince, à peine large de deux lignes, prouvent que ces transmissions ont réellement lieu par les surfaces seulement, comme nous l'avons établi le premier en 1821.

D'après tous ces faits, les facultés de propager les sensations et les irritations sont partagées entre les deux faces de l'axe Cérébro-spinal sur toute sa longueur. D'après le système de Flourens, leur siége serait partagé en avant et en arrière d'un point pris sur la longueur de cet axe. D'après Rolando, les sensations et les irritations motrices se croiseraient sur autant de lignes qu'il y aurait de fibres dans la moelle épinière, sans se faire obstacle, puisque par l'émission descendante du fluide du cervelet s'irradieraient les irritations, et par l'oscillation ascendante des fibres médullaires se transmettraient les sensations.

Cette séparation des deux grandes fonctions nerveuses dans chacun des deux demi-cylindres dorsal et abdominal de la moelle, demi-cylindres qui correspondent à des nerfs de propriété spéciale, coïncide bien avec ce qu'on sait des paralysies isolées du sentiment et du mouvement. D'après nos observations personnelles d'anatomie pathologique sur le système Cérébrospinal, la cause de ces paralysies isolées nous semble tenir à la position antérieure ou postérieure du point d'épanchement ou de fluxion du sang. Enfin un dernier fait important, c'est que l'irritation artificielle de la moelle ne transmet l'excitation des mouvemens que dans un seul sens, toujours d'avant en arrière.

La spécialité de figure et de développement d'une partie de l'axe Cérébro-spinal, y donnant lieu à des fonctions spéciales, et le nombre de ces parties diminuant dans des combinaisons variables, à mesure qu'on s'éloigne de l'Homme, où il n'y en a que deux au *maximum* de développement, savoir: les hémisphères du cerveau et ceux du cervelet, il s'ensuit que l'intelligence ou le moral des Animaux varie et suivant le nombre complet de ces parties, et suivant leur degré de développement et de perfection individuels.

La Traduction de l'Anatomie du cerveau de Tiedmann paraissant au moment où nous corrigeons cette feuille (mai 1823), nous renvoyons, pour ses droits de priorité dans plusieurs des découvertes ici attribuées à Serres, à nos Rech. anat. et physiol., où nous avons développé toutes les parties du sujet que nous venons d'analyser. (A.D..NS.)

*CÉREIBA ET CEREIBUNA. BOT. PHAN. (Pison.) Arbres indéterminés du Brésil et qui paraissent être deux Manguiers. (B.)

CÉREJEIRA. BOT. PHAN. Syn. portugais de Cerisier, d'où *Cerejeira brava* pour Cornouiller. *V.* ces mots. (B.)

CÉRÉOLITE. MIN. (De Drée.)

Substance peu connue, qui tire son nom de sa ressemblance avec de la Cire dont elle a l'aspect et la mollesse. Sa couleur est le gris verdâtre; elle vient de Lisbonne, de Provence, de Corse et du Dauphiné, où on la trouve dans des laves. On l'a mal à propos prise pour une Stéatite. *V.* ce mot. (LUC.)

CÉRÉOPSE. *Cereopsis.* OIS. Genre de l'ordre des Palmipèdes. Caractères: bec très-court, fort, presque aussi élevé à sa base que long, couvert d'une cire qui se prolonge vers la pointe qui est voûtée et tronquée; mandibule inférieure évasée vers l'extrémité; narines très-grandes, percées vers le milieu du bec, entièrement ouvertes; quatre doigts en avant, palmés, garnis de membranes profondément découpées; l'intermédiaire moins long que le tarse sur la partie postérieure duquel est articulé en arrière le quatrième doigt; ongles très-forts et gros; tectrices alaires presque aussi longues que les rémiges dont la première est un peu plus courte que les autres; un éperon obtus au pli de l'aile; queue composée de seize rectrices.

L'unique espèce qui compose ce genre est l'une des plus rares qui existent dans les collections. Puissent les relations qui commencent à s'établir avec la Nouvelle-Hollande, nous mettre bientôt à même d'obtenir des observations sûres et exactes concernant les mœurs et les habitudes de ce nouveau Palmipède!

CÉRÉOPSE, *Cereopsis Novœ-Hollandiœ*, Lath. Synops. pl. 158. Une peau ridée, jaune, qui partant de la base du bec, s'étend au-delà des yeux; la plus grande partie du plumage d'un gris cendré, plus foncé supérieurement; tectrices alaires noirâtres; les grandes rémiges et rectrices d'un brun obscur vers l'extrémité; la partie nue de la jambe et les tarses d'un jaune orangé; une plaque triangulaire au-devant du pied, les doigts et les ongles noirs. Longueur du bec, quinze lignes; hauteur, neuf. La grosseur de l'Oiseau est celle d'une petite Oie. (DR..Z.)

CÉRÉOXILE. BOT. PHAN. *V.* CÉ-
ROXILE.

CÉRÉRITE ET CÉRÉRIUM. MIN.
(Klaproth.) *V.* CÉRITE et CÉRIUM.

*CÉRES. POIS. Nom grec d'un Pois-
son indéterminé.   (B.)

+ CÉRESÉ. BOT. PHAN. (Nicolson.)
Syn. caraïbe de *Bignonia Unguis-
Cati,* espèce du genre Bignone. (B.)

CÉRÉSIE. *Ceresia.* BOT. PHAN.
Persoon, dans son *Synopsis Plantarum,* ayant formé ce genre de Graminée avec le *Paspalum membranaceum,*
L., la plupart des botanistes ne trou-
vèrent pas que les caractères fussent
suffisans pour son adoption. Néanmoins Flügge et Palisot-Beauvois (Essai d'une nouvelle Agrostographie, p.
9), après beaucoup d'hésitation, confir-
mèrent l'opinion de Persoon. Ce dernier fixa de la manière suivante les
caractères du genre *Ceresia* : axe en
épi composé ; plusieurs épiets alternes
soutenus par une membrane très-large, carenée et munie de trois nervures; fleurs unilatérales, ayant les valves de la lépicène (*Glumes,*Pal.-Beauv.)
dures, coriaces et couvertes d'un duvet fort épais, tandis que les glumes
(*Paillettes,* Palis.-Beauv.) sont molles
et membraneuses; style bipartite;
stigmates plumeux. L'existence et la
largeur de la membrane qui donne
un aspect si particulier à la *Ceresia
elegans,* Pers., unique espèce du genre,
n'aurait certainement pas suffi pour
séparer cette Plante des Paspales ;
mais dans ce dernier genre, les parties de la lépicène sont molles et les
glumes ou paillettes très-dures, ce
qui est précisément le contraire du
caractère tracé plus haut pour la Cérésie. Il n'y a donc point d'inconvénient à distinguer ce genre du *Paspalum,* en attendant que par les découvertes des voyageurs, on ait ajouté
d'autres espèces à la *Ceresia elegans,*
qui est originaire du Pérou. Elle est
figurée dans les Illustrations de Lamarck, p. 177, t. 43.

Le nom de *Ceresia* ayant été imposé à une Graminée, et son auteur
n'en ayant pas expliqué l'étymologie, il était naturel de croire qu'il
avait eu l'intention de dédier ce nouveau genre à Cérès, déesse des Moissons ; aussi un de nos plus célèbres
réformateurs de la botanique (De Candolle, Théorie élém. de la Botanique,
p. 261) blâme-t-il Persoon d'avoir
choisi précisément une Graminée inutile pour faire une allusion à la pro-
tectrice des Céréales. Cependant le
reproche n'est peut-être pas bien fondé; car, selon Palisot-Beauvois, le *Paspalum membranaceum* a reçu le nom
de *Ceresia* en l'honneur de Céré, di-
recteur du Jardin botanique à l'Ile-
de-France. Si cela est ainsi, il faut
convenir que Persoon ne s'est pas
astreint à l'usage qui veut que, dans
la construction des mots, on suive
l'orthographe des noms servant de
base à l'étymologie.   (G..N.)

CERETTA. BOT. PHAN. (Cœsalpin.)
Syn. italien de *Serratula tinctoria,* L.
V. SARRETTE.   (B.)

CEREUS. BOT. PHAN. *V.* CIERGE.

CEREZA. BOT. PHAN. Syn. espagnol de Cerise, d'où sont dérivés plusieurs noms d'Arbres et d'Arbustes
étrangers dont les fruits ont quelques
rapports avec ceux du Cerisier. (B.,

CERF. *Cervus.* MAM. Genre de
Ruminans caractérisé par des cornes
solides entièrement osseuses, sans
étui corné comme celles des Bœufs, des
Chèvres, etc. Il n'y a pas de liaison
entre la chute et la production de ces
cornes appelées bois, et les phases correspondantes de la végétation, ainsi
que l'a dit Buffon qui prétendit même
ramener à une même loi ces deux ordres de phénomènes. Car d'abord,
pour les espèces d'un même climat,
les phases de la révolution frontale
peuvent différer de quatre à cinq mois,
et ensuite si l'influence de la qualité
ligneuse des alimens déterminait ces
productions, il n'y aurait pas de raison d'exclusion pour les femelles, qui
toutes sont dépourvues de cornes,
excepté dans l'espèce du Renne,
laquelle précisément ne se nourrit pas
de pousses ligneuses.

Une relation mieux constatée a été
observée entre les périodes de la révo-

24*

lution frontale et celles de l'activité de la génération. Geoffroy (Mém. de la Soc. d'Hist. nat. de Paris, an 7) a le premier considéré cette question physiologiquement, et comme pouvant jeter quelque jour sur la formation des os. Il a d'ailleurs démontré que le tissu du bois des Cerfs était continu et identique avec celui de l'os frontal; que la distinction entre le tissu réticulaire et le tissu compacte n'impliquait pas une différence de nature, mais un degré d'ossification; que ce degré varie d'une espèce à l'autre, ce qui explique l'état tout-à-fait compacte du bois de l'Elan, la prédominance de la partie réticulaire dans le bois du Cerf, et de la partie compacte dans le bois du Daim, du Chevreuil et du Renne. *V.*, pour la description et la formation de ces cornes, le mot Bois.

L'influence de la fluxion des fluides vers les testicules, pendant le rut, sur la chute des cornes, est si évidente, que dans les climats où l'amour n'a pas de crise limitée et violente, les cornes persistent plus d'une année; de même la castration les perpétue en éteignant les causes de la contre-fluxion : l'on conçoit donc comment la castration faite pendant la mue n'empêche pas la reproduction des bois chez les Rennes, ainsi qu'il arrive, dit-on, aux autres espèces, où d'ailleurs l'expérience n'a peut-être pas été convenablement faite. La considération de cette fluxion sur les organes de la génération explique aussi l'absence de bois chez les femelles. Pour elles, la fluxion artérielle sur ces organes est permanente. Leur rut, aussi long que celui des mâles, est perpétué par la gestation et l'allaitement, et comme le rut recommence presque aussitôt que l'allaitement finit, il y a impossibilité de l'établissement durable d'une fluxion vers la tête. Il nous paraît que c'est à cette alternative de fluxions, dont les époques sont assez distantes, que tient la périodicité des bois des mâles; l'existence de ceux des femelles de Rennes ne dément pas les effets que nous attribuons à la durée de la fluxion utérine; puisque leurs bois sont

plus petits que ceux des mâles. Quant au mécanisme même de la production et de la chute des cornes, il ne nous paraît pas différer de la formation du cal et de la nécrose Le tissu celluleux du cal est plein de vaisseaux comme le refait des Cerfs; la rupture de tous les deux cause une hémorragie ou un épanchement. À mesure que la matière calcaire se dépose, le calibre des vaisseaux s'efface : ainsi les artères des os, si développées dans l'enfance, finissent par s'effacer chez le vieillard. On ne peut pas non plus attribuer aux suites du refoulement intérieur de la circulation par le froid, l'endurcissement et la chute du bois : car le Chevreuil refait le sien au milieu de l'hiver, et la mue des Cerfs retarde précisément lorsque le froid se prolonge. Le Chevreuil, le seul de nos Cerfs septentrionaux qui vive marié à une seule femelle, et dont l'amour est plutôt un tendre attachement qu'une jouissance ardemment lascive, a le bois disproportionné à sa taille, comme les espèces des pays chauds dont le rut est également tranquille et sans époque fixe; il perd son bois en automne, après le rut, comme l'Elan. C'est deux mois avant le solstice de leur été ou à l'époque même de ce solstice, que les Cerfs de l'Amérique du sud perdent leur bois dont la chute n'a pas de périodes annuelles; car Azara a vu le même jour trois mâles Guazou Poucou dont deux avaient le bois vieux et mûr, et le troisième à demi-croissance : il y a au plus, dit-il, le tiers des mâles qui refasse sa tête dans l'année. La figure des bois est le meilleur caractère de chaque espèce. Elle varie dans la même espèce avec l'âge. Chez tous les Cerfs jusqu'à deux ans, le bois n'a qu'une seule perche ou dague. Plus tard, le nombre, l'origine et la direction des andouillers marquent les âges et les espèces. On observe, il est vrai, des irrégularités très - fréquentes, d'une perche à l'autre sur le même bois. Néanmoins ces irrégularités, n'affectant jamais les deux perches ensemble, ne peuvent faire confondre une espèce avec une autre. Car, suivant la remarque de Cuvier, la figure est, pour ainsi dire, plus essentielle que la matière aux corps vivans, et dans une même classe, à plus forte raison dans le même genre, un Animal ne diffère réellement d'un autre que par la forme et non par la matière des organes dont la composition reste similaire.

Les Cerfs offrent, plus fréquemment que la plupart des autres genres, ces altérations de tempérament connues sous les noms d'Albinisme et de Mélanisme. Et ce qu'il y a de plus remarquable, c'est que le tempérament d'Albinos est plus fréquent dans les espèces des climats équatoriaux que dans celles des climats froids. Près de l'équateur, dans les Llanos de l'Apure, Humboldt (Tab. de la Nat., T. 1) a vu des variétés entièrement blanches de Cerfs, qu'il rapporte au *Cervus mexicanus*. Azara en dit autant de deux des espèces du Paraguay; la couleur noire ou le tempérament mélanoïde est permanent dans une variété, si ce n'est pas une espèce de Daim originaire de la Scandinavie et décrite par Frédéric Cuvier. L'intensité de la lumière et de la chaleur ne sont donc que des causes fort secondaires de la couleur des Animaux. Buffon n'avait pas plus raison d'attribuer la dégénération blanche à la domesticité; car aucun Cerf des Llanos n'a certes jamais été domestique.

On a dit que l'existence des cornes exclut celle des dents canines. Cette exclusion ne doit s'entendre que des incisives supérieures, car il y a presque autant d'espèces de Cerfs pourvues de canines, qu'il y en a qui en manquent.

Le pelage des Cerfs est formé d'une seule sorte de poils, excepté dans le Renne où les poils soyeux sont enchevêtrés à leur base par une bourre laineuse. Perrault a figuré (Pl. de l'Elan, Mém. pour servir à l'Hist. des Animaux, in-f°) la section et le profil de ce poil étranglé à son insertion par une large gorge faite comme la poignée d'une lance. Le poil n'est pas creux, comme on l'a dit; mais rempli d'une substance pulpeuse plus transparente que la gaîne, ce qui avait produit l'erreur. C'est au rétrécissement de leur pédicule que tient leur facilité à se détacher.

Buffon a beaucoup embrouillé l'histoire des Cerfs. Il confond en une seule espèce d'abord le Cerf d'Europe, celui du Canada et l'Hippelaphe, et puis le Chevreuil, le Cerf de Virginie et le Cujuacu-Apara de Marcgraaff, qui est le Guazou Poucou d'Azara. Or, il confond ce dernier avec le Mazame de Hernandez, lequel est une Antilope. Il donne pour patrie à son Cerf-Cochon, qui n'est qu'un Axis ordinaire, la pointe australe de l'Afrique, continent dépourvu de Cerfs, excepté sur les pentes de l'Atlas où ils ont sans doute été transportés. Enfin il va jusqu'à supposer unité primitive entre la Chèvre et le Chevreuil, dont les cornes ne seraient solides que parce qu'il vit de bois? Il a distingué toutefois le Daim d'avec l'Axis et le Cerf-Munt-Jac, ce qui fait en tout sept espèces établies par lui. Ne connaissant bien que les espèces d'Europe, il croyait tous les Cerfs originaires du nord de l'ancien Continent, et cette prévention a causé ses erreurs.

Les espèces, plus semblables entre elles dans ce genre que dans aucun autre des Ruminans, restent chacune aussi invariablement fidèles à leur type primitif qu'à leur site natal. Et comme les types les plus ressemblans ont leurs patries fort distantes, leur diversité d'origine est évidente. Deux espèces sont communes au nord des deux Continens, cinq appartiennent à l'Amérique nord, quatre à l'Amérique au sud de l'équateur, quatre à l'Europe et au continent d'Asie, quatorze à l'Inde, à l'Indo-Chine et aux archipels du sud-est de l'Asie.

Quelques espèces de Cerfs habitent les forêts marécageuses, d'autres les parties boisées du littoral des fleuves et de la mer; le plus grand nombre les forêts de haute futaie, sans s'élever bien haut sur les pentes des montagnes, excepté le Renne et une espèce encore indéterminée que Humboldt (Tab. de la Nat. T. 1) dit être souvent blanche, ne différer par aucun caractère spécifique du *Cerv. Elaphus*, et se trouver jusqu'à deux mille toises sur les pentes des Andes, où le *Cerv. mexicanus* ne s'élève pas au-dessus de sept à huit cents toises. Mais quel que soit le site de chaque espèce, elle y est immuablement fixée par son instinct, comme nous avons déjà eu sujet de l'observer en parlant de la plupart des genres de Mammifères.

À l'exemple de F. Cuvier (Dict. des Sc. nat.), nous distribuons les Cerfs d'après leur répartition géographique.

I. *Cerfs communs aux deux Continens.*

1. L'ELAN, *Cervus Alces*, L. *Elk* des Germains, *Loss* des Slaves, *Moos-Deer* des Anglo-Américains, Schreber, 246 C le mâle, et 246 D la femelle. Pennant. *Arctiq. Zool.* T. 1, pl. 8. Le plus grand de tous les Cerfs, caractérisé par le renflement et la projection de ses naseaux longuement fendus, la grandeur de ses oreilles, la brièveté de son col et la hauteur disproportionnée de ses membres, surtout des antérieurs qu'il est obligé, pour paître, d'écarter ou de fléchir; enfin, par la projection presque horizontale de ses bois en palmes triangulaires, dentelés sur leur bord externe d'un nombre d'andouillers qui répond à l'âge. Ce bois n'est, la première année, qu'une courte dague, dont la longueur n'est que de cinq pouces la seconde année, un peu plus longue et fourchue la troisième; à quatre ans la fourche s'aplatit; à cinq ans c'est une lame triangulaire dont la grandeur et le nombre des andouillers va jusqu'à quatorze pour chaque palme. Ces bois pèsent jusqu'à soixante livres dans l'Élan d'Amérique. Un tel poids tient plus encore à la densité de leur tissu entièrement compacte qu'à leur étendue; elles tombent à la fin de l'automne, après le rut qui dure de septembre en octobre, et repoussent au printemps. La femelle met bas, de la fin d'avril à la fin de mai, un ou deux petits, rarement trois. Gilibert (*Obs. phytol. Zool.*) a gardé pendant une semaine deux faons, mâle et femelle, nés de la même

mère, pris le premier mai. Ils étaient blancs sous le ventre, la poitrine et à la face interne des membres. Tout le dessus du corps et la face externe des membres étaient fauves, semés de quelques poils blancs. À la fin de la première année, le faon n'a plus de blanc. La couleur générale est le châtain qui se fonce avec l'âge, et noircit dans les vieux où il reste semé d'un peu de fauve. Cette mutation de couleur par l'âge explique les deux variétés admises par Warden (Tableau des États-Unis, t. 5), qui donne huit ou neuf pieds au garot, à la variété noire, c'est-à-dire au vieux Elan, et la taille du Cheval à la variété grisâtre. Sa tête est beaucoup plus longue que son col. Allamand en a vu une qui avait deux pieds trois pouces du museau aux oreilles. Nous reviendrons sur cette proportion en parlant de l'Elan fossile. Sa lèvre supérieure, d'une grandeur moyenne entre celle du Cheval et la trompe du Tapir, reçoit, de quatre paires de muscles fixés sur le bord nasal des maxillaires presque autant prolongés que dans le Tapir, une mobilité aussi variée que rapide. C'est avec cette lèvre qu'il tond l'herbe, les feuilles et les bourgeons des Arbres. Les muscles de son col ont une masse double de ceux du Cheval pour maintenir l'équilibre de la tête : la difficulté de paître à terre lui fait préférer les forêts où il broute les feuilles, les bourgeons et l'écorce des Arbres. Dans l'été il se préserve des Taons, en restant plongé nuit et jour dans des marécages d'où il ne sort que la tête. Dans cette attitude il broute l'herbe sous l'eau, en soufflant avec grand bruit par les narines.

L'Élan est le Machlis de Pline, qui le caractérise par ses lèvres bombées et l'inflexibilité prétendue de ses jambes, accréditée par tous les anciens auteurs et la plupart des modernes. Erasme Stella, au seizième siècle, avait pourtant déjà réfuté cette erreur, en observant que les pieds de devant forment sa principale défense contre les bêtes féroces et les chasseurs. On reconnaît d'ailleurs dans le mot Machlis, comme dans celui d'Alces, le nom Elk défiguré par la latinisation. C'est la Scandinavie que Pline assigne pour patrie au Machlis et à l'Alces. Quoi qu'on en ait dit, l'Elan ne s'est jamais trouvé en France; Albert-le-Grand ne prolonge pas sa patrie plus à l'ouest que la Prusse. La forêt Hercynie, où César l'indique, s'étendait jusqu'aux monts Ourals : à plus forte raison, vu la nature des sites marécageux qu'il habite dans les forêts du nord des deux Continens, n'a-t-il jamais pu vivre sur les Pyrénées. Nous dirons tout à l'heure la cause de cette erreur. Le mâle est plus grand que la femelle. Sa chair est plus compacte que dans tous les autres Cerfs. Son foie est presque toujours malade. La graisse abdominale est dure comme dans tous les Ruminans. Mais celle d'entre les muscles et de dessous la peau est molle et fluide comme de la moelle. L'Elan ne court pas ; sa fuite est un trot accéléré d'une vitesse de trente milles par traite. Sa marche est accompagnée d'un craquement fort extraordinaire, attribué par Gilibert au peu de synovie de ses articulations, qu'affermissent pourtant des ligamens extrêmement forts et serrés. Il a pour ennemis plus redoutables l'Ours et le Glouton qui le guettent du haut des Arbres, se jettent et se cramponnent sur son col. En vain l'Elan se roule par terre, se heurte contre les Arbres pour écraser l'ennemi immobile dans l'enceinte de ses cornes. Il meurt épuisé de sang et de fatigues. — L'Elan s'apprivoise aisément. Les sauvages du nord-ouest de l'Amérique l'attèlent à leurs traîneaux, comme on le faisait autrefois en Suède.

2. Le RENNE, *Cervus Tarandus*, Caribou au Canada, *Reen* en Laponie, d'où Regner, Rainger, Reinssthier et Rangier dans les écrivains du moyen âge. Buff. § 3, pl. 18 *bis*. Geoff. et F. Cuv. Mam. 31 liv. Encycl. pl. 58, f. 3 et 4. Bien représenté dans le manuscrit, n° 7098 de la Bibliothèque royale, bel exemplaire de ses Déduits de la chasse, donné par Gaston de Foix lui-même à Philippe de France, duc de Bourgogne. — Sans mufle comme l'Elan ; bois divisé en plusieurs branches grêles et pointues dans les jeunes, et s'élargissant avec l'âge en trois palmes dentelées dont l'inférieure se projette de la meule vers le museau, l'autre en dehors naissant au-dessous du milieu de la perche, et la troisième terminale. Néanmoins c'est de tous les Cerfs celui dont les bois montrent la plus grande diversité pour la direction, le nombre et la position des andouillers. On peut en prendre une idée sur la pl. 4 du T. iv des Ossem. Fossil. de Cuvier, nouv. édit., et s'expliquer ainsi combien il était difficile, avant d'en posséder une aussi grande collection que celle du Muséum, de fixer le caractère général du bois de cette espèce. Voilà pourquoi, sur l'inspection de quelques-uns de ces bois séparés de l'Animal, on en avait établi quelques espèces imaginaires, entre autres le Cerf couronné ; car on ne pouvait guère prévoir que presque aucun individu n'a les bois absolument semblables à ceux du même sexe et du même âge. Il n'y a de caractère commun à toute l'espèce, dit Cuvier, que celui d'être comprimé et lisse dans toutes ses parties, excepté dans la très-courte portion qui tient immédiatement à la meule. C'est en suivant toutes ces transitions d'une figure à l'autre que Cuvier est parvenu à ramener à l'unité avec le Renne le *Cervus coronatus*. La femelle porte un bois plus petit, fait déjà connu de César qui cite cette espèce parmi les Animaux de la forêt Hercynie. Et en effet l'on trouve une grande quantité de bois de Renne dans les éboulemens sableux des rives de l'Olenia, ruisseau qui se jette dans le Volga, à une quarantaine de werstes au-dessus de Sarepta. Mais Pallas observe que les steppes à l'est du Volga étaient autrefois couvertes de forêts; et des troupes nombreuses de Rennes sauvages parcourent encore aujourd'hui les forêts de Sapins étendues des bords de l'Oufa, sous le 55e degré, à ceux de la Kama. Ils s'appro-

chent même davantage du sud, sur les sommets boisés du prolongement des monts Ourals qui s'avancent entre le Don et le Volga jusqu'au quarante-sixième degré. Ils parviennent ainsi au pied du Caucase, sur les bords de la Kouma, où il ne se passe pas d'hiver que les Kalmoucks n'en tuent, sous une latitude plus méridionale de presque deux degrés qu'Astracan. Leurs cornes y sont seulement plus petites qu'au nord. Il est douteux que dans le centre de l'Asie on les trouve plus au sud. Le passage de Marc-Paul d'où on avait conclu ce fait sur une note marginale de Ramusio, *lib.* 3, *cap.* 43 (Collection de Ramusio, t. 2), ne concerne au contraire que la race ou l'espèce de Chien encore employée à tirer aujourd'hui les traîneaux dans le nord-est de l'Asie. Cette inégale distance polaire des limites de la patrie du Renne, selon les méridiens, s'explique par les lois mêmes de la distribution de la chaleur sur le globe, lois établies par Humboldt (Mémoires d'Arcueil, t. 3). Car on sait que les climats physiques ne sont pas parallèles à l'équateur, et que les lignes isothermes s'éloignent du pôle dans l'intérieur des continens pour se relever vers leurs bords.—Cuvier vient de lire à l'Institut une note où il résout, pour l'Elan et le Renne, la contradiction apparente de ces lois avec les récits de Gaston-Phœbus, duc de Foix, auteur, dans le milieu du quatorzième siècle, d'un traité de vénerie remarquable par l'exactitude des descriptions. On n'avait pas encore réfléchi que le duc Gaston n'était pas toujours resté dans son pays de Foix, et qu'après deux ans de prison au Châtelet, il était allé, en 1357, se croiser en Prusse avec les chevaliers teutoniques; que de-là il passa en Suède; qu'un passionné chasseur qui entretenait seize cents Chiens devait porter partout avec lui le goût d'un exercice où il voyait d'ailleurs un préservatif contre le diable et un moyen de salut; et que ce ne fut qu'après son retour du Nord qu'il écrivit son livre. Enfin les inductions sur le véritable

pays du Rangier sont une assertion positive dans le manuscrit que nous avons cité plus haut. Le malentendu était venu de ce que dans les éditions imprimées, faites sur des manuscrits inexacts, les mots de Nourvègue et Xuedène, écrits très-distinctement sur le beau manuscrit n° 7098, étaient devenus Maurienne et Pueudève. Trois autres manuscrits de la Bibliothèque royale, n°s 7457, 7455, 7097, donnent aussi ces deux mêmes noms très-bien écrits : voici la phrase telle qu'elle est sur les deux derniers : « J'en ai vu en Nourvègue et Xuedène, et en a oultre-mer ; mais en romain pays en ai peu vu. » On avait donc supposé, d'après les éditions imprimées, qu'il existait, au quatorzième siècle, des Rennes dans les Alpes et les Pyrénées. Grâce à la sagacité de Cuvier, la seule exception qui parût déroger à la plus importante loi de la géographie zoologique n'existe plus.

Le Renne sauvage est grand comme le Cerf, mais plus trapu. Ses jambes sont plus courtes et ses pieds beaucoup plus gros. Le faon n'a point de livrée. Il est brun dessus, roux dessous; son poil est moutonné. L'adulte est brun foncé en hiver, et en été d'un gris qui va en blanchissant jusqu'au solstice. Il a toujours une manchette blanche au-dessus du sabot.

Les bois du mâle tombent après le rut, en novembre ou décembre; la femelle qui a conçu ne les perd qu'en accouchant, au mois de mai; sinon ils tombent en même temps qu'aux mâles. Ils lui repoussent plus vite qu'à ceux-ci qui sont huit mois à les refaire. La castration n'empêche pas la refaite, seulement la chute est retardée d'une année. Le Renne ne s'accouple pas avec la Daine et la Biche. La portée de la femelle est de deux petits. Le Renne offre, entre autres particularités anatomiques, une paupière nictitante qui peut voiler toute la cornée en se prolongeant jusqu'au petit angle de l'œil; la trachée-artère est fort large. D'après Camper la glotte se prolonge par une fente ouverte entre l'hyoïde et le thyroïde dans une poche analogue, pour le mécanisme, au tambour de l'hyoïde des Alouates ; cette poche, qui s'enfle quand l'Animal crie et renforce sa voix, est soutenue par deux muscles rubanés d'un demi-pouce de large, fixés à la base de l'hyoïde, et qui s'épanouissent sur sa tunique extérieure comme les crémasters sur la tunique vaginale des testicules.

Comme l'Elan, le Renne se défend avec ses pieds de devant, et fait entendre un claquement en courant. Les Rennes sauvages et domestiques changent de site avec les saisons. En hiver ils descendent dans les plaines et les vallées ; l'été, ils se réfugient sur les montagnes où les individus sauvages gagnent les étages les plus élevés, pour mieux se dérober aux Taons et aux OEstres. Schreber, pl. 248 E, fig. a et b, a représenté celle des espèces de chacun de ces Insectes qui s'attache davantage au Renne. Il est bien remarquable que chaque espèce d'Animal a pour ainsi dire son Insecte parasite. L'OEstre effraie tant les Rennes que l'apparition d'un seul dans l'air rend furieux un troupeau de plus de mille. Comme c'est alors la saison de la mue, ces Insectes peuvent déposer leurs œufs sur la peau, où les larves se logent et multiplient à l'infini des foyers de suppuration sans cesse renaissans.

Le Renne se trouve au Spitzberg. Les champs de glace lui ouvrent l'accès de toutes les îles de l'océan Polaire, comme ils ont dû lui ouvrir la route de l'Amérique, si plutôt il n'est pas aborigène des deux Continens. En Amérique, il se trouve jusqu'au 45e degré.—Tout le monde sait que l'existence des peuples hyperboréens est liée à celle du Renne, enchaîné lui-même par son tempérament sous le climat du Pôle. Nous ne dirons donc pas ici l'harmonie des admirables rapports de cet enchaînement de la nature avec la société.

II. *Cerfs propres à l'Amérique.*

3. CERF DU CANADA, *Cervus canadensis*, Lin., Perrault, Mémoires in-folio, p. 129 ; Schreber, 246 a ; Encycl., pl. 58, f. 2 ; *Stag* ou *Reddeer* de Warden. Perches peu divergentes, pas plus de sept à huit andouillers. Deux andouillers à la partie antérieure dirigés en avant ; il n'y a pas d'empaumure terminale comme dans le Cerf d'Europe, mais une simple fourche à deux pointes, des canines et un mufle. Cette espèce, dont la distinction d'avec la suivante n'est pas encore bien établie, pourrait devoir à l'âge des sujets observés, à l'influence du pays, la couleur rouge qui l'a fait nommer Reddeer ou demi-rouge par les Anglais ; sa queue est longue de sept à huit pouces. Clark et Lewis disent en avoir vu, dans les montagnes rocheuses, dont la queue aurait dix-sept pouces. Cette longueur de la queue et le défaut de taches jaunes autour de la queue sont les seuls caractères positifs qui le distinguent du Wapiti. La femelle met bas en mai un, deux ou trois petits.

Selon Hearne, c'est le plus stupide de tous les Cerfs : son cri bruyant et prolongé diffère peu du braiment de l'Ane. Ils se tiennent en grandes troupes ; leur peau, plus épaisse que celle de l'Elan, est avec celle des Chamois la seule des Ruminans qui ne perde pas sa souplesse et son moelleux après avoir été mouillée. Il se trouve dans tout le nord de l'Amérique, jusque près de l'océan Polaire.

4. CERF WAPITI. Elan des Américains, dont Warden le sépare malgré plusieurs conformités, telles que la brièveté de la queue qui n'a que deux ou trois pouces, la couleur brune du poil, la direction parallèle au front du premier andouiller, arqué en bas et nommé par les chasseurs corne de combat ; trois ou quatre palmes de haut plus que le précédent, l'existence d'une brosse de poils fauves autour d'une cicatrice cornée et saillante située en haut et en dehors du canon de derrière. Figuré pour la première fois dans la vingtième livraison des Mammifères de Geoffroy et de F. Cuvier, d'après un individu vivant de la Ménagerie, haut de quatre pieds, joignant aux caractères précédens un

cercle de poils blanchâtres autour de l'œil, poils très-longs derrière la tête et sous le col où ils forment une sorte de fanon; un espace triangulaire nu autour du larmier et une tache d'un blanc fauve autour de la queue : devient furieux pendant le rut qui a lieu en automne. Je l'ai vu alors courir après les femmes, comme Camper le dit des Rennes; on lui a donné deux Biches d'Europe avec lesquelles il s'est familiarisé sans les vouloir couvrir; preuve péremptoire de diversité spécifique. Le Wapiti vit en famille, marié à une seule femelle qui met bas deux petits au mois de juillet. Elle porterait donc un ou deux mois de plus que la Biche du Canada ou femelle du Reddeer. Les Wapitis, pris jeunes, s'apprivoisent aisément; les Indiens les dressent à tirer le traîneau. Pour indiquer un grand âge, les Indiens disent vieux comme un Wapiti. Il n'a que deux palmes de moins que l'Elan, quand il a pris toute sa croissance : il ne s'avance pas autant vers le nord que le précédent; on ne le trouve plus aujourd'hui dans l'est, mais vers les montagnes escarpées et sur les bords de la Colombia.

C'est le *Cervus strongyloceros* de Schreber, pl. 247, F, où le cercle blanc autour des yeux, la tache du derrière et la brièveté de la queue, ainsi que la cicatrice des talons, sont bien indiqués. Il a figuré une corne sous ce nom, pl. 247, G.

5. CERF DE VIRGINIE OU DE LA LOUISIANE, *Fallow-Deer* des Anglo-Américains, *Cervus virginianus*, Gmel. figuré 2e livrais. des Mammifères de Geoffroy et de F. Cuvier. Ses bois, déjà figurés pl. 11, f. 2 des Quadrupèdes de Pennant, sont caractérisés par la courbure de leurs perches, convexes en dehors et si inclinées en avant, que leur pointe répond à la commissure des lèvres : les andouillers naissent de la convexité de l'arc. Il est grand comme un Daim ; couleur cannelle fauve en été, d'un gris très-agréable en hiver. Tout le dessous du corps et la face interne des membres blancs; queue longue de dix pouces, supérieurement fauve, ayant l'extrémité noire en dessous. En hiver une bourre grise molletonne entre les poils soyeux, qui ne sont ni secs ni cassans, et qui s'allongent en même temps sur le col; il n'a pas de crochets : le bois se découvre en septembre et tombe en février : la femelle porte neuf mois, le rut dure de novembre en décembre. Les petits ont une livrée de taches blanches sur un fond fauve brun, et un bouquet noir au milieu du poignet. Le premier bois qui met un an à croître, tombe à vingt mois; ils sont aussi avides de caresses que de friandises; mais leur délicatesse est extrême, ils ne toucheraient pas à ce que l'on aurait mordu ou trop manié. Il a un petit mufle; le museau est plus effilé et la physionomie plus douce et plus spirituelle que dans aucun autre Cerf. Il habite l'Amérique, depuis la latitude de l'Ohio, entre l'État de Vermont et le Mississipi, jusqu'au nord de l'Orénoque; ce ne peut être le Daim rouge des Anglais que Hearne a vu jusqu'auprès de l'océan Polaire. Il a trois pieds au garot, et est plus petit dans le territoire du Missouri qu'en Virginie.

6. CERF DU MEXIQUE, *Cervus mexicanus* de Pennant. Espèce douteuse. Buff., pl. 37, cornes, fig. 1 et 2. Pennant, Quadr. T. I, pl. 11, f. 3. Bois dirigés comme ceux du précédent, ayant de plus à la face antérieure du bas du merrain un andouiller vertical et hérissé de fortes dents qui se retrouvent aussi sur le merrain; pas de canines. Cuvier pense que ces grosses perlures qui recouvrent le bois et la base des andouillers et l'andouiller vertical lui-même, peuvent être un effet de l'âge, et que le *C. mexicanus* n'est probablement que le *C. virginianus* dans sa vieillesse. Une autre conformité qui est aussi caractéristique, c'est qu'on leur attribue la même patrie; par cette seule raison, il nous semble distinct du Guazou Poucou d'Azara, avec lequel F. Cuvier le croit identique. L'identité que lui croit Cuvier avec le *C. virgi-*

nianus est une forte présomption pour notre opinion. Quoi qu'il en soit, Humboldt en a vu beaucoup de tout blancs dans les Llanos de l'Apure.

7. CERF — MULET, *Mule-Deer*, *Cervus auritus*, Warden, Tab. des États-Unis, T. v. Lewis et Clarck ont ainsi nommé, à cause de ses longues oreilles, une espèce qu'ils ont découverte à l'ouest des montagnes rocheuses. Le seul bon caractère qu'ils lui assignent, c'est la nudité de sa longue queue, terminée par une touffe de poils noirs qui l'a fait aussi nommer *Cerf à queue noire*. Le seul renseignement, un peu positif, qu'ils ajoutent, c'est sa marche bondissante. Umfreville a décrit sous le nom de *Cerf sautant* une espèce des environs de la baie d'Hudson, qui se rapproche, selon Warden, du Cerf-Mulet, par sa queue d'un pied de long, quoiqu'il y en ait une variété à queue courte. S'il est vrai que le rut du Cerf sautant vienne en novembre, et que la femelle mette bas en mai, il y aurait une différence de deux mois entre la durée de la gestation de cette espèce et de celle du *Cervus virginianus*; il y aurait aussi une différence de trois mois entre la défaite du *Cervus virginianus* et celle du Cerf sautant qui perd en mai son bon bois long de deux pieds.

Il résulte de tout cela que le Cerf-Mulet et le Cerf sautant diffèrent certainement du *Cervus virginianus*, mais ces deux premiers sont-ils d'espèce unique ou de deux espèces différentes? Leur situation géographique est une donnée en faveur de la diversité.

8. Le GUAZOU POUCOU, Cerf des esters ou lagunes des rivages, soit maritimes, soit fluviales. *Cervus palustris*, F. Cuvier. Mufle gros et noir comme celui du Bœuf; deux éminences de six lignes de hauteur, enveloppées de peau, supportent des bois qui conservent dix-huit lignes de diamètre pendant quatre pouces, et là, se divisent en deux branches, fournissant chacune deux andouillers; de ceux de la branche postérieure, tous deux aigus et très-forts, celui de derrière

est le plus court; les deux andouillers de devant sont presque égaux. Azara n'a vu qu'un seul bois à cinq andouillers; un cercle blanc, traversé en avant par un larmier de dix-sept lignes de longueur, contourne l'œil et prolonge vers la commissure une ligne blanche qui entoure les deux mâchoires, excepté le dessous de la lèvre inférieure qui est noire. Sur le bas du chanfrein, un triangle noir prolonge ses deux angles inférieurs au-dessus des yeux vers un autre triangle noir qui couvre le front; un rang de cils noirs à la paupière supérieure seulement, et une bande noire le long de la poitrine; chez les femelles et les jeunes mâles, le chanfrein et la poitrine sont de la couleur du corps, qui est d'un rouge bai, blanchissant sous la poitrine, et au dedans des fesses. Le bas des canons et le dessous de la queue sont noirs; les petits n'ont pas de livrée.

Le Guazou Poucou, inférieur à notre Cerf, ne quitte pas les esters ou langues de terre basses formées, près des rivages, soit maritimes, soit fluviatiles, par la retraite des eaux ou par leurs alluvions. Azara attribue la supériorité de taille de cette espèce sur les trois suivantes, à la nature de ces sites qu'habitent également les plus belles peuplades du Paraguay. Cuvier croit que c'est la Biche de Barallon de Laborde, le Quautlamazame de Hernandez.

9. Le GUAZOUTI, *Cervus campestris*, F. Cuvier. Son bois, fig. 46, 47 et 48, pl. 3, T. 4. Oss. Foss. N. édit. Espèce plus petite que la précédente. Bois portés sur une éminence frontale d'un pouce de long, hérissée de tubercules, plus aigus que dans le *Cervus mexicanus*: meules saillantes en une large collerette finement dentelée; perche d'un pouce de diamètre, haute de dix pouces, donnant à deux pouces et demi de la meule un andouiller antérieur recourbé en haut, et bifurquée, deux pouces plus haut, en deux andouillers dont l'antérieur est parallèle au postérieur, et l'autre recourbé en arrière; tous trois sont

dans le même plan, mais leurs pointes s'inclinent un peu en dedans. Geoffroy Saint-Hilaire a donné au Muséum d'anatomie un crâne qui appartient évidemment à cette espèce. Sur un autre crâne sans doute plus vieux, le merrain est en prisme triangulaire, et au lieu d'une simple bifurcation, émet de son bord postérieur cinq andouillers ascendans. L'andouiller antérieur ordinaire porte trois pointes. *V.* la figure 48, citée. Il n'y a pas de canines sur ce crâne; la fosse osseuse des larmiers y est aussi développée que sur aucun Cerf, ce qui répond à la grandeur des larmiers dilatables et contractiles qu'Azara lui donne comme au précédent; l'oreille est plus aiguë et plus droite que dans les trois autres; un seul rang de cils comme au précédent; tout le dessous du corps et l'intérieur de l'oreille, le tour de l'œil et le derrière des fesses sont blancs; tout le reste du corps bai-rougeâtre, mais la base des poils est brun-plombé; le poil est plus long sous le corps que dessus, où il est au contraire plus court que dans le précédent. Le faon, plus rouge que l'adulte, a pour livrée un double chapelet de taches blanches moins éclatantes que dans les deux espèces suivantes, mais qui se prolongent jusqu'à l'oreille sur un seul rang depuis l'épaule. C'est le plus vif de tous les Cerfs du Paraguay; il répand une odeur infecte en fuyant, habite en troupes nombreuses les grandes plaines du Paraguay, et les Pampas jusque dans la Patagonie.

10. GUAZOUPITA, *Cervus rufus*, F. Cuv.; Cerf des grands bois de Cayenne; son crâne, fig. 44, pl. 5, et ses dagues, fig. 41 à 42, pl. 5, t. 4, des Ossem. Foss. de Cuv. Cette espèce a un mufle; des crochets cylindriques déjà apparens dans le faon et usés de bonne heure jusque près de la gencive; des dagues de trois pouces au plus, courbées en avant, et dont la concavité offre une surface plane usée par frottement, et des larmiers de trois lignes de long; tout le corps roux doré vif, excepté le dessous du corps

et de la queue, le tour des cornes qui est blanc, et les genoux qui ont une jarretière noire. La livrée des petits est un chapelet de taches blanches qui décrit sur les flancs une ellipse allongée et aplatie à ses pôles. Cette espèce, qui est nocturne, ne sort jamais avant le crépuscule pour fourrager au bord des bois dans les cultures des Indiens, dites *Chacaras.* Elle vit solitaire. Il y a dix femelles pour un mâle.

C'est la Biche rousse de Delaborde; le *Moschus delicatulus* de Schaw, Schreber, pl. 245, B, est le faon de cette espèce ou de la suivante. Temminck en a donné l'original à Cuvier.

11. GUAZOUBIRA, *Cervus nemorivagus*, F. Cuv.; son crâne, fig. 50, pl. 5, t. 4 des Ossem. Foss., nouv. édit.; pas de canines; dagues droites usées aussi sur leur face antérieure; oreilles hautes de quatre pouces, plus rondes à leur extrémité que dans les trois autres Guazous; chanfrein un peu convexe; larmier insensible; les plis de l'intérieur de l'oreille et son contour, ainsi que le dessous de la queue blancs; face interne de la jambe de devant, à partir du coude au sabot, ventre et fesses d'un blanc tirant sur cannelle; le dos et le cou d'un brun ardoisé; l'extérieur des fesses, le dessus de la queue et l'intervalle du sabot sont cannelle. Le faon a une livrée de deux rangées de taches blanches, se formant en ovale sur les cuisses et les épaules; la rangée supérieure est distante d'un pouce de l'épine comme dans les deux précédens. Il y a une disproportion de cinq pouces entre la hauteur au garot qui est de vingt-six pouces, et celle à la croupe qui est de trente-un. Cette espèce ne quitte les bois, comme la précédente, qu'à la fin de septembre et au mois d'octobre, où elle est tourmentée par les faons; tout le blanc de la livrée disparaît à six mois, comme dans les deux précédentes.

Ces quatre espèces sont toutes susceptibles de domesticité. Leur familiarité dans les maisons est même importune. Leur délicatesse est aussi difficile pour les alimens que celle du *Cerv. virginianus.* Elles aiment à lécher les mains et la figure souvent pendant un quart-d'heure. D'ailleurs, elles ne sont pas susceptibles d'affection personnelle.

III. *Cerfs de l'ancien Continent.*

12. Le CERF COMMUN, *Cervus Elaphus*, L., *Elaphus* des Grecs anciens; *Laphi* des Grecs modernes, Buff., t. 6. Mamm. lith. de Geoff. et Cuv., livraison 14; Encycl. pl. 57, fig. 5 et 4. Deux ou trois andouillers saillans en avant de la base de la corne, les andouillers terminaux partant d'un même centre; pelage fauve-brun en été, une ligne noirâtre sur l'épaule, et de chaque côté une rangée de petites taches fauve pâle, en hiver d'un gris-brun uniforme : la queue, le derrière de la croupe et les fesses en tout temps fauve pâle comme dans le Wapiti; des crochets dans les deux sexes; livrée de petites taches blanches sur un fond brun-fauve dans les jeunes faons où la tache du derrière est déjà marquée. L'âge fonçant les couleurs et allongeant les poils du col dans les Cerfs comme dans la plupart des Mammifères, on a pris ces effets de l'âge pour une variété et même pour une différence spécifique, et les vieux Cerfs des Ardennes et de la Forêt-Noire, Brand-Hirsch en allemand, ont été confondus avec l'Hippelaphe auquel Aristote assigne cependant avec raison, comme on va voir, l'Arachosie dans l'Inde pour patrie.

Les Cerfs perdent leur Bois au printemps, les vieux plus tôt de deux mois que les jeunes, et le refont en août; le rut vient en septembre; il commence pour les jeunes trois semaines ou un mois plus tard que pour les vieux, et comme il dure près d'un mois, on en trouve en rut jusqu'à la fin de novembre; la mue avance donc ou retarde comme le rut. La Biche porte huit mois et quelques jours, et ne met bas ordinairement qu'un faon vers la fin de mai. L'amour est une fureur dans le Cerf; il maltraite et tue quelquefois les Biches qu'il délaisse l'une après l'autre quand il en a joui. Sa longévité est une fiction des anciens, car il ne vit guère plus de vingt ans. Il est de toutes les contrées tempérées et boréales de l'ancien Continent; en Afrique, il n'habite probablement que l'Atlas et ses vallées. Le Cerf avait beaucoup multiplié à l'Ile-de-France, où il fut transporté par les Portugais.

Cuvier (Oss. Foss., nouv. édit. t. 4) énumère les endroits où on a trouvé des restes fossiles de cette espèce dans des couches formées d'alluvions récentes. Ce qu'il y a de remarquable, c'est que la plus grande quantité en a été trouvée en Angleterre, où le Cerf n'est plus indigène depuis l'état actuel de nos continens. On vient d'en trouver différens débris dans la caverne de Kirkdale, pêle-mêle avec des os de Rhinocéros, d'Eléphans, d'Hippopotames et surtout d'Hyènes. Il y en a aussi en Allemagne, dans les mêmes cavernes qui contiennent tant d'ossemens d'Ours; enfin les os de Cerf paraissent communs dans tous les dépôts d'os d'Eléphans et de Rhinocéros : on en a trouvé aussi en Italie. Dans les premiers pieds de profondeur de la tourbe et du sable de la vallée de la Somme, on trouve les bois de Cerf par centaines. Il en existe même jusqu'aux environs de Pétersbourg (*Nov. Act. Petrop.*, t. 15). Ceux des tourbes de France n'ont offert à Cuvier aucune différence d'avec ceux de nos Cerfs du même nombre de cors. Nous avons déjà vu que la supériorité de grandeur n'est pas un caractère; mais il reste à faire une comparaison aussi exacte des bois trouvés enterrés avec des os de Rhinocéros et d'Eléphans, et des bois trouvés dans des cavernes avec des ossemens de Carnassiers. Ces derniers sont constamment plus gros que ceux des tourbes; et, par leur gissement, ils appartiennent à une époque plus ancienne.

13. Le DAIM, *Cervus Dama*, *Platyceros* des Grecs; *Platogni* des Grecs modernes, Mammif. lithogr. de Geoff. et Cuv., variété fauve, liv.

11e; var. noire, liv. 12; var. blanche, Encycl. pl. 59, fig. 1. Bois aplati en haut; son bord externe est dentelé, et rond en bas avec un ou deux andouillers dirigés en avant; distinct de l'Axis pendant la mue par la blancheur des fesses, lesquelles sont fauves dans ce dernier; la queue, qui descend jusqu'au jarret, n'a que deux couleurs, blanche dessus, noire dessous, tandis que la queue de l'Axis a trois couleurs; le fauve de dessus y est séparé du blanc de dessous par une ligne noire. Enfin, dit Cuvier (Ménagerie du Muséum), l'Axis ne change pas de couleur comme le Daim qui devient brun très-foncé en hiver sans aucune tache; mais le beau blanc et les trois bandes noires de son derrière le distinguent en tout temps; la ligne brune de l'échine est mouchetée sur sa largeur dans le Daim, et bordée seulement de taches blanches dans l'Axis.

La mue et le rut sont de quinze jours plus tardifs que chez le Cerf. Le Daim se voit rarement dans les mêmes cantons que le Cerf, n'habite pas comme lui les grandes forêts, et préfère les bois coupés de champs et de collines. Il vit moins que le Cerf dans la zône boréale de notre continent; nombreux en Angleterre, où il est indigène. Il l'est également depuis la Pologne jusqu'en Perse et en Abyssinie. Dans la variété noire, qui paraît indigène de Norwège, la tache du derrière est nuancée d'une teinte plus foncée, et les petits naissent sans livrée. La variété blanche est domestique. Ces deux variétés et le Cerf n'ont été transportées en Angleterre qu'au commencement du dix-huitième siècle.

Cuvier (Oss. Foss., nouv. édit.) a décrit et figuré, pl. 6, f. 19, t. 4, un bois qui surpasse de plus d'un tiers en grandeur celui du Daim ordinaire; le merrain en est aplati vers le milieu de l'intervalle des deux andouillers inférieurs, partie ordinairement ronde dans les plus vieux Daims; la meule y est en connexion immédiate avec le frontal, sans l'intermédiaire d'aucune éminence ni pédicule. Néanmoins comme un grand nombre de bois de Daims lui ont offert entre eux des différences qui, pour n'être pas les mêmes que celles précitées, sont réellement aussi fortes, il ne croit pas qu'on puisse établir une espèce nouvelle d'après celles-ci. La grandeur seule pourrait le motiver. Mais les Fossiles d'Aurochs et d'Urus, identiques avec les espèces actuelles, montrent aussi la même supériorité de taille. Ce bois a été trouvé dans les sables qui couvrent le penchant des collines à droite de la Somme, près d'Abbeville. Un autre bois sur une portion de crâne trouvée en Allemagne, est représenté pl. 7, f. 11.

14. Le CHEVREUIL, Cervus Capreolus, L.; Dorcas des anciens; Zarchodia des Grecs modernes; Caprea de Pline, Buff., t. 6, pl. 32 et 33. Mammifères lithog. de Geoff. et Cuv., livraison 29; Encycl. pl 59, fig. 5. Sans larmiers, presque sans queue, poil gris fauve. Il y en a de roux et de bruns, mais la tache blanche du derrière ne manque jamais; leur bois court, droit, fourchu en haut avec un andouiller en avant de la tige, tombe à la fin de l'automne et se refait en hiver : aussi le rut ne dure que la première quinzaine de novembre. Mais l'amour n'est pas une fièvre ardente de volupté dans le Chevreuil comme dans la plupart des autres Cerfs; c'est un attachement tendre et durable. Le mâle et la femelle vivent époux constans. A l'approche du rut, ils éloignent leurs petits qui les rejoignent après, et qui eux-mêmes se marient toujours ensemble. La Chevrette porte cinq mois et demi, et met bas en avril deux faons qui restent en tout huit ou neuf mois avec leurs parens. Indigènes en Écosse et dans la zône moyenne de l'Europe, leur site favori est dans les pointes de bois environnés de terres labourables sur les collines et les premiers étages des montagnes. Ils périrent presque tous en Bourgogne dans l'hiver de 1709. Ils sont partout assez rares. On dit qu'il se trouve aussi dans la zône tempérée de l'Asie.

On trouve de vrais bois de Chevreuil dans les tourbières et dans les sables d'alluvions. Le plus remarquable est décrit par Cuvier (Oss. Foss. nouv. édit. t. 4, p. 106). Il n'a trouvé dans aucun bois de Chevreuil le petit andouiller de la base de celui-ci, ni vu le troisième andouiller égaler le deuxième en hauteur. Néanmoins, dit-il, tout cela peut n'être pas spécifique.

15. L'AHU, *Cervus Pygargus*, Pallas; Schreber, 253; Encycl., pl. 57, fig. 1. Semblable au nôtre, dit Cuvier, mais à bois plus hérissés à leur base, à poils plus longs, presque de la taille du Daim; des steppes à l'est du Volga.

D'après un extrait de la *Fauna rossica* de Pallas, dit Cuvier, Oss. Foss. t. 4, p. 48, Pallas lui-même ne regardait plus son Pygarque que comme une variété du Chevreuil.

16. L'AXIS, *Cervus Axis*, L., Buff. t. 11, pl. 38 et 39; Encycl., pl. 59, fig. 3. Bois ronds, devenant très-grands avec l'âge, mais ne portant jamais qu'un andouiller à la base, et la pointe fourchue. Aux autres caractères cités à l'article DAIM, j'ajoute que le dessous de la mâchoire de la gorge et du cou sont d'un blanc pur dans l'Axis, et du même gris-brun pâle que le bas du devant du col dans les deux sexes du Daim. L'Axis n'a pas de crochets ni de larmiers.

Les petits naissent marqués comme les adultes. Il n'y a pas de temps fixe pour le rut; le mâle ne maltraite pas ses Biches. Son cri est un petit aboiement, houi, houi, houi. Originaire du Bengale, où Pline a indiqué son existence, l'Axis a été introduit en Angleterre avant le Cerf, au commencement du dix-huitième siècle.

17. CERF DE MALACA. La Biche figurée, Mamm. lith. de Geoff. et F. Cuvier, livraison 10e. Larmiers grands; mufle glanduleux; deux sinus cutanés au-dessus des yeux comme au front du Munt-Jac, et derrière les cornes du Chamois; queue d'un brun noir, plus large à l'extrémité qu'à la base, aplatie et de

la longueur de l'oreille; même taille et même physionomie que la Biche; pelage brun noirâtre, presque noir à l'échine et au col, avec du fauve aux cuisses; poils durs et gros. Cet Animal est plus sociable qu'aucun autre Cerf. De la presqu'île de Malaca.

18. HIPPELAPHE, *Hippelaphus*, Cuv. *Rusa* ou *Rousso-Itam* des Malais, Mamm. lith.; liv. 39, et son bois, Oss. Foss. t. 4, pl. 5, fig. 31 à 34. Canines dans les deux sexes; un seul andouiller plus recourbé en arrière que dans l'Axis; perches divergentes, presque horizontalement sur une longueur de huit à dix pouces d'abord; puis se relevant presque rectilignement et si obliquement en dehors, que l'envergure est bien de deux pieds et demi à trois pieds. Chaque perche est fourchue; la pointe postérieure est deux ou trois fois plus longue que l'antérieure; c'est le contraire chez l'Axis: la queue, terminée par une touffe de longs poils bruns et roides comme dans plusieurs Antilopes, est trois fois longue comme l'oreille dont l'intérieur est très-velu et d'une fauve blanc; tête plus courte et plus ramassée que dans la suivante. Ce Cerf, dit Cuvier (T. 4, Oss, Foss., p. 40), est à peu près de la taille du nôtre; son poil est plus rude et plus dur; et dès la jeunesse, celui du dessus du cou, des joues et de la gorge, plus long et plus hérissé, lui forme une sorte de barbe et même de crinière qu'il relève comme le Sanglier; pelage d'un gris brun en hiver; dessous de la poitrine noirâtre, ainsi que les flancs. L'Animal ouvre et ferme à volonté ses larmiers, qui sont très-grands. D'après Duvaucel, il atteint la taille du Cheval. Il en existe un aujourd'hui à la Ménagerie; il vient du Bengale, mais il habite aussi une partie de l'archipel Indien. Diard l'a découvert à Sumatra; c'est, d'après Cuvier (*loc. cit.*), le même que le grand Axis de Pennant. Selon le même naturaliste, la Biche de Malaca, quoiqu'elle n'ait ni barbe, ni crinière, pourrait bien être aussi sa femelle; l'Hippelaphe habiterait donc les deux presqu'îles de l'Inde, et son ar-

chipel ; car, dit toujours Cuvier, Pennant conjecture que c'est l'espèce vue par Loten dans les îles de Ceylan et de Bornéo, et à laquelle on attribue la taille du Cheval. Les Hollandais la nomment Elan ; les Malais de Java, Mejangan - Banjoe, ou Cerf d'eau, parce qu'elle se tient dans les lieux marécageux.

Les Cerfs vus à la Chine et au Japon sont-ils des Hippelaphes ou des Élaphes d'Europe? Il serait bien extraordinaire que le bois (Oss. Foss., t. 4, pl. 5, fig. 55), rapporté de la côte nord-ouest d'Amérique par Lewis et Clarke, fût celui d'un Hippelaphe, et qu'alors le Cerf-Mulet fût le même Animal. Cette idée ne serait pas encore démontrée si les Cerfs du Japon étaient des Hippelaphes : car puisque réellement, comme le dit Cuvier, p. 47, les bois des Chevreuils d'Europe ne sont guère que la représentation en petit de ceux des Cerfs des Marianes et des Moluques, bien que ce soient là trois espèces distinctes, pourquoi la ressemblance du bois figuré nº 35 avec ceux de l'Hippelaphe impliquerait-elle nécessairement identité d'espèces?

Le Cerf noir de Blainville (Bull. des Sc. ; 1816), décrit d'après un dessin vu à Londres, n'est très-probablement que l'Hippelaphe de Cuvier.

19. HIPPELAPHE D'ARISTOTE, Cervus Aristotelis, Cuv. (Oss. Foss. p. 503; son bois pl. 39, f. 10). Cal-Orunn des Indous, plus grand que le précédent, à larmiers encore plus grands et plus profonds sur le crâne : le bois est surtout différent, et rappellerait plus que tout autre celui du C. Marianus. L'andouiller de la base s'élève à plus de moitié de la hauteur du merrain, tandis que l'andouiller supérieur, très-petit, est tout près de la pointe à laquelle il est postérieur. Même pelage que l'Hippelaphe pour la longueur et la couleur ; seulement la queue est brune et non pas noire. Commun dans le Napaul et vers l'Indus. La description que fait Aristote de son Hippelaphe, lib. 2, cap. 5, Hist. anim., convient très-bien à cette es-

pèce dont le pays coïncide justement avec l'ancienne Arachosie.

20. CERF VALLICH, Cervus Wallichii, Cuv. (Oss. Foss. T. 4, p. 50, 4). Ses bois, ronds comme ceux du Cerf d'Europe, s'écartent dès la base de manière à dépasser beaucoup les côtés de la tête. A cette base sont deux andouillers dirigés en avant, et même l'inférieur descend vers le front ; un autre andouiller est aux deux tiers de la hauteur et un peu en avant ; il n'égale pas le sommet des bois. Pelage gris brun foncé ; la queue très-courte et un large disque sur la croupe sont d'un blanc pur ; il y a du blanc sous la mâchoire, et une tache noire sous l'angle des lèvres. Vit aussi dans le Napaul.

21. CERF DUVAUCEL, Cervus Duvaucelii, Cuv. (ibid., p. 505, et son bois, pl. 39, fig. 6, 7 et 8), à merrain dirigé d'abord un peu en arrière et de côté, et recourbé en avant par sa partie supérieure, de sorte qu'il est concave en avant, comme dans le Cervus virginian.; mais la courbure en est moins forte. Un seul andouiller sort de la base dirigé en avant. Des deux ou trois andouillers terminaux du merrain, l'inférieur, qui est ordinairement le plus grand, se bifurque ou se trifurque, suivant l'âge, en sorte qu'on peut compter de cinq à sept cors à chaque perche, les quatre ou six cors supérieurs formant une sorte d'empaumure. Quelquefois il y a un petit tubercule dans l'aisselle du maître andouiller. Du continent de l'Inde.

22. CERF LESCHENAULT, Cervus Leschenaultii, Cuv. (ibid., p. 508 ; son bois pl. 39, fig. 9). Ce bois, aussi grand que celui du Cervus Aristotelis, moindre et pourtant aussi tuberculeux que celui du plus vieux Elaphe, donne de sa base un andouiller médiocre, et sa pointe se partage en deux cors presque égaux, faisant chacun le quart de la longueur totale. De la côte de Coromandel.

23. CERF DES MARIANES, Cervus marianus, Quoy et Gaimard, Voyage de Freycinet, partie zoolog. Pas de

canines; bois plus gros au-dessous de l'andouiller où il est comprimé latéralement, que dans toutes les autres espèces, excepté l'Élan; l'andouiller inférieur, aussi grand que dans l'Hippelaphe, mais plus gros à proportion que dans toutes les autres espèces, est presque droit et vertical. Dans l'aisselle de cet andouiller sont deux ou trois excroissances remarquables : la perche fourchue enhaut a sa pointe postérieure deux fois plus petite que l'antérieure, ce qui est le contraire de l'Hippelaphe; tout le bois sillonné de rides profondes jusque près des pointes. Cette espèce, importée des Philippines aux Marianes, d'après une tradition insulaire, y a tellement multiplié, au rapport de Quoy et Gaimard, que Guam, sur quarante lieues de tour, en renferme plus de mille. Son poil est noirâtre et rude. Le faon est fauve et n'a pas de taches à quelque âge qu'on l'observe. Les femelles doivent mettre bas vers la fin de mars, car dans les premiers jours d'avril on apporta beaucoup de faons pour la consommation de l'*Uranie*. Ils ont vu avec quelle vitesse et quelle force extraordinaire nage cet Animal, n'ayant de l'eau que jusqu'au poitrail. Lancé par les chasseurs, il se précipite alors dans les brisans, même dans ceux qui déferlent avec le plus de fureur.

Il existe au Muséum un jeune Cerf des Philippines à poil brun-noirâtre, à dagues enveloppées, donné par Dussumier. C'est sans doute la même espèce : du moins la tradition suivant laquelle le *Cervus marianus* aurait été importé des Philippines aux Marianes induit à le croire; ou bien il y aurait deux espèces aux Philippines?

24. CERF-CHEVAL, *Cervus equinus*, Cuv. (Oss. Foss., deux. édit. T. 4, pl. 5, f. 37 et 38 représentant son bois, et 5o sa dague).

Grand comme un Cheval; l'andouiller supérieur est aussi plus petit, et dirigé en arrière comme dans le Cerf des Marianes. Le bois est d'un brun rougeâtre très-foncé; les deux sexes ont des canines. Le caractère particulier de la tête osseuse est d'avoir le front plus plane que dans aucune autre espèce, et le chanfrein rectiligne. Rafles (13e vol. des Mém. de la Soc. Linn.) lui donne un pelage brun grisâtre plus obscur sur le ventre, tirant sur le ferrugineux aux parties postérieures et à la queue; l'intérieur des membres blanchâtres; museau noir, menton blanc. S'il ne disait pas que l'andouiller postérieur et supérieur est le plus petit, on croirait cette espèce identique avec l'Hippelaphe. Découvert à Sumatra par Diard et Duvaucel.

25. CERF DE PÉRON, *Cervus Peronii*, Cuv. (Oss. Foss., deux. édit., t. 4; bois, f. 41, pl. 5). Andouiller postérieur presqu'égal à la pointe du merrain qui est d'un brun pâle; des canines; l'angle postérieur de l'orbite relevé d'une façon particulière. C'est peut-être le moyen Axis de Pennant. Espèce de Timor.

26. CERF-COCHON, *Cervus porcinus*, Pennant (*Hist. of Quadrup.*, pl. 19). Semblable à l'Hippelaphe pour la figure et la couleur du corps et des cornes; mais sa taille, comme l'observe Cuvier (*loc. cit.*), de trois pieds six pouces anglais de long, sur deux pieds deux pouces de hauteur au garot, se trouve beaucoup trop petite pour qu'on puisse le croire de la même espèce; d'un autre côté cette disproportion est trop grande pour être attribuée à ce que l'Animal avait été élevé dans la ménagerie de lord Clive. Il venait du Bengale. Duvaucel vient de prouver la justesse de l'idée de Cuvier. Le Cerf-Cochon vit en grand nombre sur le continent de l'Inde, mais on ne le voit pas dans les îles. Il s'apprivoise si aisément, qu'il est presque devenu domestique au Bengale ou on l'engraisse pour le manger, comme l'Axis avec lequel il refuse de s'accoupler.

Cuvier (p. 39) pense que le Cerf-Cochon de Buffon n'est qu'un Axis ordinaire; Schreber l'a confondu à tort avec celui de Pennant.

27. CERF MUNT-JAC, *Cervus Munt-Jac*, Buff., Sup. 7, pl. 26; Encyc., pl. 6o, f. 1. Son crâne, Oss. Foss. t. 4, pl. 5, fig. 48. Remarquable parmi tous les Cerfs par la longueur de ses canines

tranchantes en arrière et un peu divergentes, et son bois porté sur un long pédicule enveloppé, qui commence par un relèvement demi-cylindrique du frontal sur le bord même de l'échancrure nasale de cet os. Les bois n'ont donc pas une origine commune à deux pouces du museau, comme on l'a dit. La peau entre les proéminences frontales est plissée, élastique et onctueuse, à cause d'un tissu glanduleux sous-jacent. Un andouiller à la base de la perche, qui se recourbe en dedans et en arrière. Ses poils blancs à la base, bruns à la pointe, lui donnent une teinte grisâtre. Queue longue de trois pouces, blanche dessous. On le nomme Chevreuil des Indes, quoiqu'il ait des larmiers. Vit en famille à Java et à Ceylan.

Cuvier, Oss. Foss. t. 4, p.5o, nouv. édit, dit qu'on doit regarder le *Cervus moschatus* de Blainville, Bul. des Sc. 1816, comme identique avec le Munt-Jac; car cette espèce est établie sur une tête de Daguet Munt-Jac, qui n'avait pas encore changé toutes ses premières molaires, mais dont les canines étaient déjà très-longues. Le bois de ce Daguet, qui manque d'andouiller à sa base, et dont les couronnes ne sont pas encore marquées, a trompé Blainville. Ce même bois, qui a fait illusion à Blainville, est représenté pl. 3, f. 49, t. 4, Oss. Foss.

28. CERF A BOIS RECOURBÉ, *Cervus hamatus*. Blainville, *ibid.*, établit cette espèce sur un bois vu au collège de chirurgie de Londres. Ce bois a quatre ou cinq pouces de hauteur; il est triangulaire à la base, inférieurement hérissé de tubercules, pourvu d'un très-petit andouiller, comprimé et déjeté en dehors; la pointe est recourbée en crochets en arrière et un peu en dehors.

29. Le *Cervus subcornutus*, du même, ne différerait du Munt-Jac que par l'absence de canines.

IV. Cerfs fossiles.

30. ELAN D'IRLANDE, Cuvier, Ossemens Foss. 2e édit., t. 4. Squelette entier et têtes, pl. 7 et 8. Pennant, Qua-

drup., t. 1, pl. 11, fig. 3. Bois assez semblable à celui de l'Élan par son aplatissement en une large lame à projection presque horizontale; il en diffère par l'existence de dentelures sur le bord postérieur de la lame, par l'excès de grandeur proportionnel de ses andouillers dont le nombre ne dépasse pas huit ou dix pour chaque palme, tandis que l'Elan adulte en a quatorze; par la projection d'un andouiller préfrontal de la base cylindrique de la palme, tout contre la meule; andouiller souvent dilaté ou même fourchu; enfin, par l'élargissement progressif de la palme qui se rétrécit au contraire en haut dans l'Élan. Ces caractères bien tranchés ne peuvent laisser confondre les bois du fossile avec ceux de l'Élan vivant, car pour le crâne, ce fossile est un Cerf ordinaire, c'est-à-dire que les os du nez articulés sur toute la longueur du bord nasal du maxillaire, et avec le sommet de l'inter-maxillaire, parviennent jusqu'au-dessus du trou incisif. Cette espèce n'avait donc pas le museau renflé de l'Élan. Les bois varient pour le nombre, et aussi pour la direction des andouillers, comme chez tous les autres Cerfs; mais Cuvier n'a pas connaissance de crânes qui en fussent dépourvus. Et comme le nombre en est aujourd'hui considérable, il est à croire que dans cette espèce, comme chez les Rennes, les deux sexes avaient des bois; tous deux manquaient de canines. Malgré l'énorme envergure de ses cornes qui mesurent jusqu'à dix pieds, les plus grandes têtes du fossile sont plus courtes que des têtes ordinaires d'Elan. La tête des plus grands Élans, ceux d'environ sept pieds, a soixante-dix centimètres ou deux pieds de longueur. Le plus grand bois fossile dont on ait des mesures exactes, celui de Dromore, appartient à une tête qui n'a que 0m, 59; mais la tête du fossile à proportion de la longueur est plus large que celle de l'Elan. Ces deux dimensions sont dans le fossile comme 1 : 2 1/2; dans l'Elan comme 1 : 3. Et comme la hauteur de la taille ne suit pas la grandeur des cornes ou des bois, mais la grandeur des crânes, comme en outre dans les Cerfs ainsi que dans les Bœufs, la grandeur des têtes ne suit pas celle des cornes, on voit combien il faut diminuer la taille de treize et quatorze pieds qu'on avait d'abord attribuée à l'Elan fossile. Ces conclusions de Cuvier ont été vérifiées par la découverte d'un squelette entier trouvé dans l'île de Man, à dix-huit pieds de profondeur, dans une marnière remplie de coquilles d'eau douce. On voit que l'Animal avait les proportions du Cerf plutôt que celles de l'Elan ; ses os sont moins élancés que dans ce dernier, plus gros à proportion de leur longueur. La hauteur même de l'Animal a été exagérée d'ailleurs par la manière dont on a monté le squelette.

Cette espèce était si nombreuse en Irlande qu'on en a trouvé trois têtes dans un seul acre carré, et Molyneux assure qu'à sa connaissance, en moins de vingt ans, on en a trouvé trente, toutes par hasard. Ils ont dû être contemporains des Eléphans fossiles, car on les trouve dans les mêmes gissemens. On en a aussi trouvé en Angleterre, en France, dans le Rhin près de Worms, et dans plusieurs cantons de la Lombardie, près du Pô et sur les bords du Lambro. Pourquoi, dit Cuvier, devient-il plus rare à mesure qu'on avance vers l'orient et le nord, où les Eléphans, au contraire, deviennent plus nombreux ? pourquoi, comme les anciens Celtes, était-il ainsi relégué vers les extrémités occidentales de l'Europe, et n'a-t-il pas encore été découvert en Sibérie ? Ces questions ne sont-elles pas résolues, si l'on démontre d'une part la pluralité des centres de création, et d'autre part la permanence du cantonnement des espèces autant circonscrites dans leur patrie respective par les barrières de leur instinct, que par des obstacles physiques ? A l'âge de la terre, où vivaient les Fossiles en question, rien ne prouve que ces lois aient différé de ce qu'elles sont aujourd'hui. (*V.* notre Mém. sur la distribution géographique des Animaux vertébrés, et notre article Géo-graphie zool. dans ce Diction.)

31. Daim de Scanie, Retzius, Mém. de l'Acad. de Stockholm, 1802. Bois plus grand que celui du Daim ordinaire ; ne porte qu'un seul andouiller placé à quatre pouces et demi au-dessus de la meule et dirigé en avant ; la petitesse et la simplicité de cet andouiller distinguent cet Animal du Renne. L'empaumure, en partie plate, est moins large à proportion qu'au Daim ; elle paraît avoir eu quatre andouillers. Trouvé dans une tourbière en Scanie.

32. Renne d'Étampes, bois, pl. 6, fig. 10 à 17, et portions de crânes, pl. 7, fig. 5, 6, 7, t. 4, Oss. Foss. nouvelle édition. Perche dont le plus grand diamètre n'a pas dix lignes ; meule presque ronde quoique la tige s'aplatisse promptement ; on a trouvé dans les sables d'Étampes, au milieu desquels se forment les grès, deux sortes de ces bois : dans l'une, à un pouce au moins de la meule, deux andouillers saillent du merrain qui se dirige en arrière ; dans l'autre, c'est à deux ou trois pouces de la meule qu'un andouiller unique saille en avant, et le merrain, pas plus gros que lui, se porte en arrière pour se diviser encore.

Les ossemens, trouvés pêle-mêle avec les fragmens de bois auxquels ils se rapportent pour la grandeur, annoncent l'état adulte. Cet Animal n'était donc pas identique avec le Renne vivant, et il est probable que, par sa partie supérieure encore inconnue, son bois en différait aussi. Sa taille était celle du Chevreuil. On vient de trouver à Breugues, département du Lot, dans une caverne, avec des os de chevaux et de Rhinocéros, plusieurs débris de cette espèce, entre autres quatre portions de têtes pourvues de parties de bois. Cuvier les a comparés avec des crânes de Rennes, sans y trouver de différences appréciables. Mais les bois montent plus directement que ceux des Rennes de même âge, et la place du maître-andouiller est toujours à une certaine hauteur, tandis qu'au Renne il part de la meule. Néanmoins, d'autres parties de squelette conviennent très-bien à leurs analogues dans le Renne; le canon du Renne se distingue exclusivement par la largeur et la profondeur du canal où glissent les tendons fléchisseurs des doigts; ce caractère se retrouve dans les canons fossiles de Breugues; leur grandeur est d'ailleurs la même. Ces ressemblances balancent assez les différences pour que Cuvier (nouv. édit.) refuse de se prononcer sur l'identité ou la diversité de cette espèce et du Renne.

33. CHEVREUIL DE MONTABUZARD, Ossem. Foss., nouv. édit., t. 4, pl. 8, fig. 3 et 4, portions de bois, et fig. 5 et 6, portions de mâchoires et dents. Dans le calcaire d'eau douce de Montabuzard, avec des os de deux espèces de Lophiodon et d'une de Mastodonte, ont été trouvées des portions d'un bois bifurqué comme ceux du Chevreuil, du Cerf de Timor, etc., et des portions de mâchoires dont les dents diffèrent de celles du Chevreuil, d'abord par des pointes plus grosses à la face externe et en avant de chaque demi-cylindre, et puis par un collet qui entoure leur base du côté interne, et dont la pointe saille plus entre les demi-cylindres que dans le Cerf de Timor. Enfin, comme dans les seuls Chevrotains, les deux premières molaires sont simples et trilobées, avec un collet ou plutôt un tubercule à la base interne de la seconde seulement, tandis que tous les Cerfs connus ont à leurs trois molaires antérieures trois croissans simples placés l'un en dedans de l'autre. Ce petit Cerf n'est donc pas un Chevreuil, et diffère même de tous les Cerfs connus par un caractère presque générique.

V. *Cerfs des brèches osseuses des bords de la Méditerranée.* Cuvier, Oss. Foss. t. 4, chap. 4, nouvelle édition.

34. Espèce de la taille du Daim. Débris trouvés à Gibraltar, à Cette et à Antibes. Deux dernières molaires inférieures, pl. 13, fig. 1 et 3. Tête inférieure de fémur, fig. 2.

55 et 56. Deux espèces de Nice dont les molaires, entourées à leur base interne de collets saillans, ressemblent à ceux des Cerfs de l'Archipel des Indes. L'une de ces espèces, dont la figure 5 de la planche 15 représente une seconde ou arrière-molaire inférieure, était de la taille de l'Elan; l'autre égalait au moins le Cerf ordinaire : fragment de mâchoire inférieure avec les deux dernières molaires de lait et deux premières arrières-molaires, *ibid.* f. 4; deux dernières molaires de remplacement, f. 3.

57. Une espèce de Nice, grande comme un Chevreuil, mais ayant les mêmes caractères que les deux précédens. Arrière-molaire inférieure, pl. 15, fig. 15.

Ces trois dernières espèces ne sont comparables qu'aux Cerfs de l'Inde et de ses Archipels, et n'existent plus dans nos climats. Les fragmens de la première sont trop incomplets pour prononcer sur sa diversité ou son identité avec nos espèces actuelles d'Europe. Et comme on trouve dans ces brèches avec les trois Cerfs étrangers à l'Europe, des restes de Tigres et de Panthères des pays chauds, et de Lagomys des pays froids, c'est un rapprochement tout pareil à celui des terrains meubles. Ces espèces inconnues reculent donc l'âge des brèches bien au-delà de l'époque où on les croyait formées, et portent à les regarder au moins comme contemporaines des couches qui renferment les os d'Eléphans, de Rhinocéros et d'Hippopotames.

Cet article était déjà imprimé quand le T. iv des Ossemens Fossiles a paru. Nous n'avons pu intercaler toutes les corrections ou additions qu'aurait nécessitées cette importante publication. Ce volume nous fournit aussi l'indication de la figure du crâne de l'Urus, souche sauvage de tous les Bœufs domestiques, figure que nous avions seulement citée, T. II, p. 370 de ce Dictionnaire, en juillet 1822, l'ayant alors vu dessiner par Huet, pour le quatrième volume de la deuxième édition des Fossiles. Le crâne de l'Urus est figuré, T. IV, pl. 11, fig. 1 à 4.   (A.D..NS.)

On trouve dans plusieurs ouvrages et dans diverses relations de voyages, le mot CERF employé avec quelque épithète pour désigner des Animaux qui appartiennent à ce genre ou qui n'y sauraient entrer; ainsi :

CERF D'AFRIQUE A POIL ROUGE (Séba), répond à quelque espèce d'Antilope.

CERF DES ARDENNES, à une simple variété du Cerf commun, *Cervus Elaphus.*

CERF DE CORSE, à une autre variété.

CERF DU BENGALE, à l'Axis.

CERF DU CAP, au Caama, espèce d'Antilope.

CERF DU GANGE, encore à l'Axis.

CERF A QUEUE NOIRE, au Cerf-Mulet.

CERF (petit), au Chevrotain.

CERF SAUTANT (Unfreville), au Cerf-Mulet.

CERF (très-petit) DE GUINÉE (Séba), au même Animal.   (B.)

CERFEUIL. *Chærophyllum*, Lamk. BOT. PHAN. Famille des Ombellifères, Pentandrie Digynie, L. Ce genre et celui des *Scandix* ont été réunis en un seul par Lamarck, vu la nullité des caractères essentiels. Cependant la plupart des auteurs ont rétabli, postérieurement à l'Encyclopédie Méthodique, le genre *Scandix* de Linné, en le restreignant aux *S. Pecten* et *S. australis*, L., et à quelques espèces exotiques, telles que les *Scandix chilensis*, Mol.; *grandiflora*, Willd., et *pinnatifida*, Venten., qui ont un port tout particulier, des akènes cylindriques extrêmement allongés et étroits, et un prolongement au-dessus de la graine au moins trois fois plus long qu'elle. Ces caractères, il faut l'avouer, sont très-légers; mais dans une famille aussi naturelle que celle des Ombellifères, où les genres ne sont que des groupes qui se fondent les uns dans les autres, ils ne laissent pas que d'avoir une certaine valeur. Nous ne pensons pas de même pour la séparation du genre *Anthriscus* de celui des *Chærophyllum*; ce n'est tout au plus qu'une section de ce dernier genre. Dans un Mémoire sur les caractères généraux de la famille des Ombellifères (Ann. du Muséum, T. XVI, p. 175), A.-L. de Jussieu, adoptant, avec De Candolle, la séparation des *Scandix*, n'admet pas aussi le genre *Myrrhis* que Gaertner avait formé en associant au *Scandix odorata*, les *Chærophyllum aureum*, L., *Temulum*, L., et *Sison canadense*, L. Il le regarde comme une sous-division naturelle des *Chærophyllum*, qu'il est impossible de tronquer, comme Persoon l'a fait en restreignant le genre Myrrhis au *Scandix odorata*, sans une comparaison ultérieure et plus soignée des fruits de toutes les espèces de Myrrhis. Néanmoins C. Sprengel (*in Rœmer et Schultes Syst. Veget.* V. 6) a adopté toutes ces divisions, et les a réunies en une tribu qu'il a désignée sous le nom de Scandicinées.

Le genre Cerfeuil (*Chærophyllum*) doit donc être ainsi caractérisé : calice entier; pétales ouverts, échancrés, inégaux; akènes oblongs, lisses ou striés, glabres ou hérissés de poils courts. Il est composé de Plantes herbacées dont les feuilles sont très-découpées, et les ombelles dépourvues de collerette générale.

Parmi les espèces, la plus utile à connaître et sans contredit le Cerfeuil cultivé, *Chærophyllum sativum*, Lamk., *Scandix Cerefolium*, L. Cette Plante que l'on cultive dans les jardins potagers de toute l'Europe, a de petites fleurs blanches dont les plus extérieures sont irrégulières; ses feuilles sont glabres et composées de folioles très-incisées et bordées de découpures obtuses. Elles exhalent une odeur pénétrante qui les fait employer comme assaisonnement; mais comme cette odeur est due à la présence d'une huile très-volatile, il ne convient pas de les faire bouillir long-temps lorsqu'on les met dans le bouillon. On en retire aussi une eau distillée, usitée en médecine comme diurétique et emménagogue. Quelques autres espèces du même genre jouissent de propriétés semblables, et même plus énergiquement; nous citerons entre autres les *C. odoratum* et *aureum*, dont les fruits répandent une odeur forte lorsqu'on les froisse entre les mains. Le reste des *Chœrophyllum* se compose d'une quinzaine d'espèces qui habitent les régions tempérées des diverses parties du monde, et qui n'offrent rien de bien remarquable.   (G..N.)

* CERFUL. BOT. PHAN. Syn. languedocien de Cerfeuil.   (B.)

CERF-VOLANT. INS. Nom vulgaire du *Lucanus Cervus*, L. Le plus gros des Coléoptères qu'on trouve en France, et qui dans le midi acquiert une taille plus considérable que dans le nord; sa figure extraordinaire attire une attention qui lui devient funeste, et l'on en voit de piqués contre les parois des appartemens dans presque toutes les maisons de campagne.   (R.)

CERGUACOS. BOT. PHAN. Syn. espagnol de *Cistus salviæfolius*, L. *V.* CISTE.   (B.)

CERIA-CUSPIA. BOT. PHAN. Syn. de *Sempervivum tectorum*, L. *V.* JOUBARBE.   (B.)

CÉRIE. *Ceria.* INS. Genre fondé par Fabricius dans l'ordre des Diptères, et placé par Latreille (Règn. Anim. de Cuv.) dans la famille des Athéricères, division des Syrphes. Ses caractères sont : antennes sensiblement plus longues que la tête, réunies à leur base, et terminées en une massue ovale, formée de deux articles, dont le dernier porte à son extrémité un stylet articulé à sa naissance ; extrémité antérieure de la tête garnie d'une proéminence petite ; ailes écartées ; abdomen allongé et presque cylindrique. — Les Céries se distinguent des Paragues et des Psares par la longueur de leurs antennes et l'écartement de leurs ailes ; elles partagent ces caractères avec les Chrysotoxes et les Callicères ; mais elles diffèrent du premier de ces genres par le stylet terminal des antennes, et du second par la massue ovale formée par les deux

derniers articles des antennes. Ces Insectes, qui ressemblent beaucoup au premier aspect à des Guêpes, habitent les bois. On les rencontre sur les fleurs, et fort souvent aussi sur les troncs des arbres. Leurs larves ne sont pas connues ; on croit cependant qu'elles vivent dans les ulcères des Ormes.

L'espèce servant de type au genre est la Cérie clavicorne, *C. clavicornis* de Fabricius, figurée par Coquebert (*Illust. Insect.* Dec. 3, t. 23, f. 8). Elle a été rapportée de Barbarie par Desfontaines. — On trouve en France une espèce fort semblable, et cependant distincte. Latreille la nomme Cérie vespiforme, *C. vespiformis.* Il existe encore quelques doutes sur une autre espèce figurée par Schellenberg (*Dipt.* t. 23 fig. 2), et qu'on trouve en France, ainsi qu'en Allemagne. *V.* Latreille (*Genera Crust. et Insect.* T. IV, p. 328), et Duméril (Dict. des Sc. Natur. T. VII, p. 493).

Le nom de CÉRIE, dont s'est servi Fabricius, avait été appliqué antérieurement par Scopoli (*Fauna Carn.* p. 351), à un genre d'Insectes Diptères, qui correspond à celui désigné par Geoffroy (Hist. des Ins., t. 2, p. 544) sous le nom de SCATOPSE. *V.* ce mot.   (AUD.)

CERIESCO ou SERIESCO. BOT. PHAN. Variété de Limon cultivée abondamment en Italie.   (B.)

CERIGNON ET CERIGON. MAM. Syn. de Sarigue. *V.* ce mot. (A. D..NS.)

CERILIGION. MAM. Syn. de Hérisson.   (A.D..NS.)

CERIN. OIS. (Cotgrave.) Syn. du Serin, *Fringilla Serinus*, L. *V.* GROSBEC.   (DR..Z.)

CERIN. MIN. (Hisinger.) *V.* ALLANITE.

* CERINE. BOT. PHAN. Matière grasse qui a beaucoup d'analogie avec la Cire, et qui se trouve dans le tissu cellulaire du Liége ; sa découverte est due à Chevreul.   (DR..Z.)

CERINTA. BOT. PHAN. L'un des noms du *Pinus picea*, L., dans quelques parties des Alpes.   (B.)

CERINTHE. BOT. PHAN. Ce genre

de la famille des Borraginées et de la Pentandrie Monogynie, L., est connu vulgairement sous le nom de Mélinet. Il a pour caractères essentiels : une corolle tubuleuse, ventrue, terminée par cinq petites divisions, à gorge dénuée d'appendices ; cinq étamines à anthères dressées et un peu saillantes ; un seul stigmate ; deux coques ou capsules osseuses, biloculaires et dispermes, c'est-à-dire ayant une graine dans chaque loge. C'est le seul genre européen de Borraginées où le fruit soit ainsi organisé. Le calice formé de cinq sépales soudés par leur base, très-allongés, est persistant de même que dans toutes les autres Borraginées ; mais, dans ce genre, il recouvre la corolle de manière à ne laisser voir que le sommet de celle-ci, ce qui, joint à la couleur jaunâtre de cette corolle, ne donne pas un aspect agréable aux fleurs de Cerinthe. Aussi ne cultive-t-on que dans les jardins de Botanique les deux espèces anciennement connues.

Le *Cerinthe major*, L., est indigène de Sibérie et des contrées alpines de la France, de la Suisse et de l'Italie. Roth et De Candolle ont élevé au rang d'espèces les deux variétés indiquées par Linné. Le *Cerinthe aspera* dont les feuilles d'un vert bleuâtre sont parsemées de petites aspérités blanches, cornées et se prolongeant en poils longs et rudes, croît dans les champs des départemens méridionaux de la France ; l'autre espèce, le *Cerinthe glabra*, dont les feuilles, ni ciliées, ni velues, sont à peine garnies de quelques taches blanches, écailleuses et semblables à des fragmens d'émail de faïence, habite les Alpes et le Jura. Le Cerinthe à petites fleurs, *Cerinthe minor*, L., qui se distingue des précédens par la profondeur des divisions de la corolle et par ses feuilles ni ciliées ni hérissées, se cultive très-facilement. Il est originaire du Piémont et de l'Autriche. (G..N.)

CERINTHOIDES. BOT. PHAN. (Boerhaave.) *V.* MERTENSIA. (B.)

CERIOMYCE. BOT. CRYPT. Nom donné par Battara aux Champignons.

désignés depuis sous le nom de Bolets. *V.* ces mots. (AD. B.)

CÉRION. BOT. PHAN. (Mirbel.) *V.* CARYOPSE. Dans le Dict. de Déterville, ce mot est employé pour Cerium de Loureiro. *V.* ce mot. (B.)

CERIQUE. CRUST. Nom vulgaire américain de Crustacés qui paraissent appartenir aux genres Portune et Ocypode. (B.)

CERIROSTRES. OIS. Désignation commune des Oiseaux qui ont le bec muni d'une membrane à sa base. (DR..Z.)

*CERIS. POIS. Poisson des mers de Chypre, qu'il est impossible de reconnaître d'après ce qu'ont dit de ses propriétés antidyssenteriques les anciens auteurs qui en ont fait mention. (B.)

CERISCUS. BOT. PHAN. Gaertner a figuré sous ce nom le fruit qu'il a reconnu, dans son texte, être celui du *Gardenia spinosa*, L. (B.)

CERISE. BOT. PHAN. Fruit du Cerisier. *V.* ce mot. On a étendu ce nom à plusieurs autres fruits qui offrent plus ou moins de ressemblance avec la Cerise, ainsi l'on a appelé :

*CERISE A CAPITAINE, à Saint-Domingue, les fruits du *Malpighia urens*.

CERISE DE JUIF, celui du *Physalis Alkekengi*.

CERISE D'OURS, dans les Alpes, celui de l'*Arbutus Uva Ursi*, etc. (B.)

CERISETTE. BOT. PHAN. L'un des noms vulgaires du *Solanum Pseudocapsicum*, L. *V.* MORELLE. (B.)

CERISIER. *Cerasus*, JUSS. BOT. PHAN. Famille des Rosacées, tribu des Drupacées, Icosandrie Monogynie, L. Si l'on se refuse à admettre la validité du genre Abricotier, nous croyons que les mêmes raisons peuvent être alléguées à l'égard du Cerisier. Cependant comme les Cerisiers forment, dans le genre Prunier, un groupe d'espèces faciles à distinguer, non pas tant par les caractères botaniques, mais mieux par la forme et les propriétés de leurs fruits, tellement que le vulgaire lui-même ne s'y trompe jamais, il nous paraît convenable de tracer à part leur histoire.

A.-L. de Jussieu (*Genera Plant.*, p.

540) rétablit le genre *Cerasus* de Tournefort, en y joignant le *Lauro-Cerasus* du même auteur, lesquels avaient été supprimés par Linné et rapportés à son genre *Prunus*. Dans l'Encyclopédie, Lamarck et Poiret se rangèrent à l'opinion de Linné, quoique le premier eût déjà considéré l'Abricotier comme un genre distinct, et en ce cas, pour être conséquent, il aurait fallu aussi adopter le genre Cerisier. C'est sans doute pour ce motif que, plus tard, Lamarck et De Candolle (Fl. franç., 2ᵉ édit.) séparèrent de nouveau les Cerisiers des Pruniers. Ils leur donnèrent, d'après Tournefort et Jussieu, les caractères suivans : un calice caduc, campanulé et à cinq lobes; cinq pétales; 20-30 étamines périgynes; un style et un stigmate. Le fruit est un drupe arrondi, marqué d'un petit sillon, parfaitement glabre et non couvert de poussière glauque. Le noyau est aussi lisse, rond, légèrement anguleux d'un côté, et renfermant une ou deux graines. On voit donc que la principale différence entre les deux genres précités consiste dans la superficie du fruit, lisse dans l'un et couvert de poussière glauque dans l'autre, ainsi que dans les noyaux dont tout le monde connaît la structure. Les Cerisiers sont des Arbres ou des Arbrisseaux à feuilles stipulées et glanduleuses à leur base dans quelques espèces, toujours vertes et persistantes dans le *C. Lauro-Cerasus*. Cette espèce offre encore une inflorescence différente de celle des autres Cerisiers; les fleurs sont en grappes et axillaires, tandis que dans ceux-ci elles naissent avant les feuilles, par petites touffes, de bourgeons épars sur les branches, et sont portées sur de longs pédoncules; celles du *C. Padus* et de plusieurs Cerisiers américains sont disposées en épis. Ces légères différences ont semblé suffisantes à Haller et à Mœnch pour reconstituer les genres *Lauro-Cerasus* et *Padus*.

Les espèces de Cerisiers, au nombre d'une trentaine, habitent les climats tempérés de l'hémisphère boréal. Thunberg en a fait connaître six qui croissent ou sont cultivées au Japon; celles de l'Amérique septentrionale ont été rapportées et décrites par Michaux; enfin l'Europe en nourrit plus de quinze qui croissent presque toutes en France.

Les plus dignes de fixer notre attention sont les *C. caproniana, C. juliana* et *C. duracina*, qui n'étaient, selon Duhamel et Lamarck, que des variétés du *Prunus-Cerasus*, L. De Candolle (Fl. fr., 2ᵉ édit.), en adoptant le genre *Cerasus*, les a élevées au rang d'espèces, et les a suffisamment caractérisées. La première a reçu le nom français de Cerisier Griottier; ses fruits, appelés Cerises à Paris et Griottes dans plusieurs départemens, sont plus fondans, plus acides, et leur peau se sépare plus facilement de la chair que ceux du *C.* Guignier (*C. juliana*). Indépendamment des différences qu'offrent les fruits de ces deux Arbres, les fleurs du *C.* Guignier sont plus grandes et plus ouvertes que celles de l'autre; ses feuilles sont aussi plus pendantes. Ce n'est pas ici le lieu de faire connaître les nombreuses variétés que Duhamel a distinguées dans ces deux Cerisiers; il convient, à cet égard, de consulter son Traité des Arbres fruitiers, édit. in-8°, vol. 1, p. 252. Le Cerisier Bigarreautier (*C. duracina*) se rapproche davantage, par l'ensemble de ses parties, de ceux que nous venons de décrire, que du *C.* Merisier (*C. avium*), quoique la plupart des auteurs en aient fait une variété de celui-ci. On connaît trop ses fruits (Bigarreaux) pour nous arrêter à une description. Les plus anciennes forêts de la France et de l'Allemagne renferment beaucoup de ces Arbres à l'état sauvage; ce sont eux qui ont été les types de tous les Cerisiers de nos vergers, si modifiés ensuite par la greffe, la taille et autres opérations de la culture. C'est donc, suivant l'abbé Rozier, une erreur d'attribuer à Lucullus la translation en Italie de l'espèce; car, dans ce cas-là, pourquoi celle-ci se rencontrerait-elle dans la nature sauvage plutôt que l'Abricotier et le Pêcher, qui ont été incontestablement importés ? Si, à ces réflexions, nous ajoutons qu'on en a trouvé des troncs parfaitement reconnaissables dans les tourbières du département des Landes et des environs de Dax, on conviendra qu'il est plus probable que le général romain n'a rapporté de Cérasonte qu'une simple variété de Cerisier, mais une variété remarquable par l'excellence de ses fruits : circonstance qui explique assez la célébrité que ce fait, plus que tous les autres, a acquise à Lucullus dans les annales de la gastronomie.

Non-seulement plusieurs Cerisiers fournissent à l'Homme des fruits aussi sains qu'agréables, qui ornent les Arbres de nos climats dans une saison où l'air embrasé nous fait rechercher avec empressement tout ce qui rafraîchit, mais encore quelques espèces donnent des Cerises dont la fermentation et la distillation sont un objet de commerce assez considérable pour certaines contrées. Dans plusieurs cantons de la Suisse et dans le Chablais, partie de la Savoie qui avoisine le lac Léman, on distille en grand les drupes du C. avium, D. C., pour en obtenir une Eau-de-vie que l'on connaît dans le commerce sous le nom de Kirschen-Wasser.

Après les fruits, le bois des Cerisiers en est la partie la plus importante relativement aux usages économiques. C'est un des bois indigènes les plus propres à la fabrication des meubles, tant à cause de son tissu fin et serré, quoique très-peu dur, que parce qu'il est ondulé de belles veines qui se dessinent sur ses surfaces longitudinales. Enfin, les feuilles du Laurier-Cerise (C. Lauro-Cerasus) contiennent une Huile volatile particulière et de l'Acide hydrocyanique qui leur donnent des propriétés médicales très-énergiques. Au reste cet Acide se rencontre aussi tout formé dans les noyaux de toutes les Drupacées, et c'est lui qui communique aux liqueurs de table cette saveur que l'on désigne vulgairement sous le nom de goût de noyau.

La beauté des fleurs de Cerisiers, l'élégance avec laquelle elles sont dispo-sées sur les tiges, et surtout leur blancheur éclatante quelquefois nuancée de pourpre, en font cultiver plusieurs espèces comme Arbres d'ornement. Ces fleurs sont susceptibles de doubler; leurs étamines, comme celles de la Rose, se changent toutes en pétales; il arrive même, dans le Merisier (C. avium), qu'en outre de cette dernière transformation, l'ovaire est métamorphosé en feuilles qui, placées au centre de la fleur, produisent un effet charmant par le contraste de leur couleur verte avec le blanc lacté des pétales. (G..N.)

L'on a étendu improprement le nom de Cerisier à plusieurs Arbres, dont la plupart n'appartiennent point à ce genre. Ainsi l'on a appelé :

CERISIER, aux Antilles, le *Malpighia punicifolia*, L.

CERISIER A COTES, à Cayenne, l'*Eugenia uniflora*, L.

CERISIER CAPITAINE, aux Antilles, le *Malpighia urens*, L.

CERISIER DE CEYLAN, l'*Hugonia mistax*.

CERISIER DE LA CHINE, l'*Euphoria Litchi*.

CERISIER DE LA JAMAÏQUE, le *Malpighia glabra*, L.

CERISIER DES HOTTENTOTS, le *Cassine concava* ou le *Celastrus lucidus*.

CERISIER DE SAINT-DOMINGUE, probablement la même chose que le Cerisier Capitaine, ou peut-être le *Malpighia punicifolia*.

CERISIER DE TREBISONDE ou CURMASI, le *Cerasus Lauro-Cerasus*.

* CERISIER DOUX ou DU MEXIQUE, même chose que *Capolin*. *V*. ce mot.
(B.)

* CERISIN. OIS. Syn. vulgaire du Serin, *Fringilla Serinus*, L., et du Tarin, *Fringilla Spinus*, L. *V*. GROS-BEC. (DR..Z.)

CÉRITE. MIN. On a donné ce nom à un Minéral de Suède, qui contient de l'Oxide de Cerium combiné avec la Silice et l'Oxide de fer. *V*. CERIUM. (G..N.)

CERITE. MOLL. Pour Cérithe. *V*. ce mot. (B.)

CERITERO. BOT PHAN. Syn. languedocien de Guigne, espèce de Cerise. (B.)

CÉRITHE. *Cerithium.* MOLL. Ce genre, aujourd'hui l'un des plus nombreux en espèces vivantes et fossiles parmi les Mollusques marins, n'avait pas été déterminé par Linné. Bruguière, conchyliologiste auquel nous devons tant d'heureuses réformes dans les genres de Linné, circonscrivit et assigna à celui-ci des caractères qu'Adanson n'avait, pour ainsi dire, qu'indiqués, et quoique très-naturel, il était resté confondu avec les Murex, les Trombes et d'autres Coquillages non moins hétérogènes dans leurs caractères. Lamarck, que les savans français placent avec tant de raison à la tête des conchyliologistes et auquel ils se plaisent à donner, pour tant d'excellens travaux, le nom glorieux de *Linné français*, a adopté sans restriction le genre Cérithe d'Adanson, réformé par Bruguière. Un mot grec latinisé, *Cerithium*, fut employé par Fabius Columna (*Aquatil. et Terrest. Obs.* p. 57) pour désigner une Coquille appartenant au genre Cérithe. Ce fut ce qui détermina Adanson à donner ce nom à son quatrième genre des Mollusques operculés. L'observation géologique conduisit ensuite le savant auteur de la Géologie des environs de Paris, à proposer un démembrement de quelques espèces du genre Cérithe pour en former le genre Potamide. Étonné en effet de rencontrer dans des terrains d'eau douce des Coquilles dont les Animaux ne paraissent avoir pu y vivre, et conduit par quelques observations antérieures qui constataient l'existence de certaines Cérithes dans les eaux douces, il chercha à apprécier les caractères distinctifs de deux genres si voisins, et il l'établit autant par la clarté et la solidité des principes géologiques, que sur des caractères constamment faciles à saisir. Ce sont les espèces qui vivent à l'embouchure des fleuves, dans les marais salans et même tout-à-fait dans les eaux douces, qui ont servi de type au nouveau genre; l'auteur y a joint les espèces fossiles qu'il a rencontrées

dans les terrains parisiens (*V.* Brongn. Ann. du Mus. T. XV, p. 367. *V.* aussi POTAMIDE). Le genre de Brongniart bien établi, la famille des Cérithes se trouve convenablement et naturellement limitée par les caractères suivans que lui a assignés Lamarck : « Coquille turriculée : ouverture » oblongue, oblique, terminée à la » base par un canal court, tronqué » ou recourbé, jamais échancré; une » gouttière à l'extrémité supérieure du » bord droit. » L'Animal rampe sur un petit disque orbiculaire, qui est son pied; ce pied se termine par un muscle qui porte un petit opercule orbiculaire, corné et transparent. La tête est cylindrique, munie de deux tentacules renflés à leur base; les yeux y sont placés au sommet de ces renflemens sur leur côté extérieur. L'ouverture des Cérithes est oblongue, oblique, quelquefois presque quadrangulaire; la forme de la lèvre droite qui s'avance quelquefois beaucoup entre le canal de la base et l'échancrure plus ou moins prononcée qui se voit à l'angle supérieur, rapproche presque toutes les espèces d'un genre voisin, la Clavatule, qui devient intermédiaire entre les Cérithes et les Pleurotomes. Nous pouvons dire maintenant que toutes les Cérithes, sans exception, vivent dans la mer.

Bruguière, pour faciliter l'étude de ce genre nombreux, l'avait divisé en trois groupes, distingués par la forme du canal plus ou moins recourbé, plus ou moins court. On sent que dans un genre où les espèces fossiles seules surpassent cent, et où le nombre des espèces vivantes s'accroît chaque jour, il est impossible, dans un si grand nombre de nuances, de fixer des coupes sur des caractères si peu sensibles : aussi en proposerons-nous de plus faciles et de plus certains, qui ne reposeront absolument que sur des caractères très-évidens.

Ces coupes deviennent d'autant plus intéressantes, qu'elles s'appliquent plus particulièrement à l'étude des Coquilles fossiles, qui elles-mêmes méritent de plus en plus d'attirer toute notre attention, puisque c'est par leur moyen seulement que l'on pourra acquérir des connaissances positives sur les théories des grands changemens qui ont successivement parcouru toutes les régions de notre globe.

Nous rangerons dans une première série toutes les Coquilles de ce genre qui ont un ou plusieurs plis à la columelle, et dans une seconde toutes celles qui sont dépourvues de plis. Nous partagerons ensuite chacune de ces divisions en deux sous-ordres de la manière suivante :

Parmi les Cérithes dont la columelle a un ou plusieurs plis, les unes ont sur la spire une ou plusieurs varices persistantes, les autres n'en ont pas. Celles qui n'ont pas de plis à la columelle subiront la même division. Dans le grand nombre des espèces vivantes et fossiles que nous présente ce genre, il nous sera facile de trouver de bons exemples, qui serviront de types, autour desquels viendront se grouper chacune des quatre sous-divisions que nous venons de proposer.

† *Coquilles qui ont des plis et point de varices.*

CÉRITHE GÉANTE, *Cerithium gigantum*, superbe espèce que Lamarck nous a fait connaître à l'état frais et nous a dit être l'analogue parfait de notre plus grande et plus curieuse espèce fossile des environs de Paris. N'ayant pu voir cette Cérithe unique parce qu'elle est dans la collection de Lamarck, que son infirmité malheureuse empêche de montrer, nous ne pouvons mieux faire, pour la bien déterminer, que reproduire ce que Lamarck nous en a appris (An. sans vert. T. VII, p. 65). Il la caractérise par la phrase suivante : « *C. testâ turritâ,* » *maximâ, subsesquipedali, ponderosissimâ, cinereo-fuscescente, anfractibus infrà secturas tuberculis magnis seriatim coronatis, columellâ subbiplicatâ.* » Elle fut apportée des mers de la Nouvelle-Hollande par un certain Mathews Tristram, qui l'avait eue en jetant une sonde de nouvelle invention; il l'avait d'abord portée en Angleterre, mais comme la spire était cassée

à son extrémité, on n'en voulut pas, et Denis Montfort en fit l'acquisition en décembre 1810. Par suite, ce dernier la céda à Lamarck, qui a pu juger facilement de la parfaite analogie qui existe entre la Coquille fraîche de la Nouvelle-Hollande et le même fossile des environs de Paris. Cette Coquille unique a un pied deux lignes de longueur.

CÉRITHE BRUNE, *Cerithium Vertagus* de Bruguière, Dict. encycl., n° 2, *Murex vertagus*, Gmel., p. 3560, n° 133, *Strombus caudatus albus* de Rumph. *Moll.*, pl. 30, fig. K, etc. Cette espèce, connue depuis longtemps, a été figurée par beaucoup de conchyliologistes et dans l'Encyclopédie (pl. 443, f. 2, a, b). Elle se trouve dans l'océan des Grandes-Indes et des Moluques. Elle acquiert quelquefois trois pouces six lignes de longueur. La bouche est très-allongée, oblique; la lèvre gauche bien marquée, bossue vers le milieu. La base du canal est entourée d'un petit bourrelet. Quelques individus manquent de ce bourrelet, quelques-uns ont aussi sur la spire plus de deux stries transversales.

CÉRITHE TÉLESCOPE, *Cerithium Telescopium*, Lamk. An. sans vert. T. 7, p. 67, n° 4, Bruguière, Dict. encycl. n° 17; *Trochus Telescopium*, Gmel., page 3585, n° 112; *Buccinum Telescopium* d'Argenville, Conch., tab. 11, fig. B; *Dolium marinum*, Rumph. *Moll.*, pl. 21, n° 12. On la trouve dans la mer des Indes-Orientales. Cette espèce est très-remarquable par la forme de sa bouche quadrangulaire, par la columelle qui ressemble à une colonne torse, tant est gros le pli qui la charge dans son milieu; le raccourcissement du canal qui n'est presque plus qu'une échancrure oblique, l'est aussi par sa forme conique et sa large base, ce qui est cause que Linné et beaucoup d'autres l'ont placée parmi les Trochus; mais outre le canal de la base, cette Coquille présente aussi l'échancrure supérieure de la lèvre, ce qui, en la rapprochant du genre Potamide de Brongniart, doit la placer invariablement dans le genre Cérithe.

Tous les tours de spire sont marqués de quatre à cinq sillons qui s'élargissent, s'aplatissent et se confondent à mesure que l'on observe la coquille plus près de la base. Quoique Lamarck ne donne que deux pouces dix lignes de longueur à cette Coquille, elle peut cependant acquérir un plus grand volume, puisque Linné lui a donné quatre pouces, et nous avons un individu de la même longueur sous les yeux ; ce sont même les individus les plus recherchés qui ont ces proportions.

†† *Coquilles qui ont des plis et des varices.*

CÉRITHE CUILLER, *Cerithium palustre*, Lamk., Brug. Dict. encycl. n° 10, *Strombus palustris*, Gmel., p. 5521, n° 58, Rumph., tab. 30, fig. 9, Séba, *Mus.* T. 3, tab. 50, fig. 13, 14, 17, 18, 19. Cette espèce habite la mer des Indes et les marais salans qui la bordent. Elle atteint jusqu'à quatre pouces huit lignes de longueur ; elle est alors pesante et offre toujours un bourrelet variqueux sur le dernier tour de spire, et souvent plusieurs autres sont répandus irrégulièrement sur le reste de la spire. La columelle présente un pli peu élevé, que l'on voit très-prononcé dans l'intérieur des coquilles qui ont été sciées.

La CÉRITHE OBÉLISQUE, *Cerithium Obeliscus*, que l'on nomme vulgairement le *Clocher chinois*, est une espèce des mieux caractérisées par ses varices et le gros pli qui se remarque sur sa columelle : aussi la citerons-nous comme le meilleur exemple de cette seconde sous-division. Lister (*Synops.* tab. 1018, fig. 80) et Petiver (*Garophyl.*, tab. 152, fig. 4) en ont fait un Buccin. D'Argenville l'a nommée *le vrai Clocher chinois* (Conchyl., p. 276, pl. 14, fig. F). Bruguière (Dict. encycl., n° 1) l'a nommée Cérithe Obélisque, nom que Lamarck lui a laissé. Il serait bien figuré dans l'Encyclopédie (pl. 443, fig. 4, a, b), si on avait mieux exprimé les bourrelets variqueux qui se retrouvent sur presque tous les tours de spire.

Les plus grands individus de cette espèce n'ont pas plus de deux pouces et demi de longueur, et alors ils ont quatorze tours de spire, dont chacun présente quatre côtes granuleuses régulièrement écartées, dans l'intervalle desquelles on remarque des stries très-fines. De ces côtes granuleuses, la supérieure est la plus grosse, on peut même dire qu'elle est tuberculeuse. Des trois autres, les deux supérieures sont les plus grosses, la dernière n'est ordinairement composée que de granulations très-fines. Quant à la disposition des bourrelets variqueux, voici ce qu'en dit Bruguière lui-même : « Cette Coquille offre encore une convexité » blanchâtre qui occupe la face gau- » che du second tour du côté de l'ou- » verture, laquelle est répétée au » moins une fois sur chacun des tours » de la spire ; ces convexités indiquent » les accroissemens successifs, puis- » qu'elles dépendent du renflement » de la lèvre droite, comme les vari- » ces des Murex et les bourrelets de » la spire, dans les Casques, dépen- » dent de la forme de cette partie de » leur coquille. » Nous nous bornerons, pour cette série, aux deux exemples que nous venons de donner ; il est facile de réunir près d'eux toutes les Coquilles qui offrent les mêmes caractères.

††† *Coquilles sans plis à la columelle et sans varices.*

Une seule espèce vivante parmi beaucoup d'autres, et trois espèces fossiles serviront de type à cette troisième sous-division.

CÉRITHE EBÈNE, *Cerithium ebenicum.* C'est Bruguière qui a le premier donné le nom de Cérithe Ebène à cette Coquille que Linné ne connaissait pas et dont il ne fait mention nulle part. Bruguière lui-même ne l'ayant jamais vue, avait été obligé d'en faire la description, d'après des figures et des indications plus ou moins exactes. Cette Coquille est très-bien figurée dans l'Encyclopédie, pl. 442, f. 1, a, b. Elle est une des plus belles et des plus rares du genre, et se fait surtout remarquer par la bouche dont la blancheur tranche avec le reste de la coquille qui est d'un brun presque noir. La bouche est évasée, rétrécie aux deux extrémités; le canal de la base est assez large, non courbé en arrière, plutôt versant en avant; la lèvre droite a une épaisse teinte de brun vers son bord; l'échancrure supérieure de la lèvre droite est large et peu profonde; la longueur de la coquille est le plus ordinairement de trois pouces deux lignes, elle peut cependant aller jusqu'à trois pouces et demi.

Les espèces fossiles que nous allons citer sont choisies parmi celles que l'on trouve en si grande quantité aux environs de Paris, et qui ont été déterminées par Lamarck dans les Annales du Muséum, vol. 5, p. 270 et suivantes.

CÉRITHE à RAMPE, *Cerithium spiratum*, Favanne. Conchyl. pl. 66, fig. o, 6. Cette Coquille, sans la bouche entière, existe aujourd'hui, en très-bon état de conservation, dans la collection de Roissy et dans la nôtre. *Cerithium spiratum*, Lamarck, Ann. du Mus., vol. 3, p. 270 et suiv. n° 39, et An. sans vert. T. VII, p. 85, n° 39. Il est rare de la rencontrer entière. C'est une de celles dont le milieu ventru, et les extrémités atténuées, prennent la forme d'une ellipse très-allongée. Tous les tours de spire sont détachés par un canal à rampe qui règne à la partie supérieure, qui est couronné d'un sillon assez gros, et qui disparaît vers le milieu du troisième tour. La bouche est ovale, arrondie, rétrécie aux deux extrémités; l'angle supérieur est tout-à-fait détaché de la coquille; comme dans la *Nularia Costaria*, le canal de la base est presque droit, un peu recourbé en dessus et chargé à sa base de quatre à cinq bourrelets.

CÉRITHE NUE, *Cerithium nudum* Lamk. Ann. du Mus. vol. 3, n° 58, et An. sans vert. T. VII, p. 88, n. 57. Cette Cérithe que l'on ne connaît qu'à l'état fossile se trouve à Parme

et à Liancourt, près Chaumont. Sa longueur est ordinairement de deux pouces deux lignes; elle a beaucoup de rapports avec la Cérithe striée de Bruguière (Encycl. n. 4) qui ne paraît en être qu'une belle variété. Il arrive, quoique rarement, de trouver cette espèce avec des traces de son ancienne coloration; nous en possédons deux individus qui varient un peu à cet égard. Les taches sont petites, linéaires, interrompues, resserrées entre deux des fines stries transversales, et affectant le plus ordinairement une disposition à former des zig-zags; tel est un des individus dont il vient d'être fait mention. L'autre, avec la même disposition primitive, n'offre à sa surface que des flammules qui, partant de la base du canal, se répandent ensuite en ondulations jaunâtres sur toute la spire.

CÉRITHE A DENTS DE SCIE, *Cerithium serratum*, Bruguière, Dict. Encycl. n. 15. Lamk., *loc. cit.*, et Animaux sans vert. T. VII, p. 78, n. 3. Il y a quelques individus sur lesquels la côte inférieure ou la rangée inférieure de petits tubercules manque entièrement. La bouche de la Coquille est oblongue, ovalaire; sa lèvre droite, munie à l'intérieur de quatre sillons qui correspondent aux rangées tuberculeuses du dernier tour, est peu échancrée à la partie supérieure; son angle supérieur est arrondi et se confond avec la lèvre gauche qui est reployée sur la base du canal. Le canal, un peu contourné à gauche et en arrière, est assez allongé. Sur le dernier tour de spire et en niveau de l'angle supérieur de la bouche, on voit deux côtes tuberculifères, semblables à celle inférieure de la spire. L'Animal, en augmentant sa coquille, laisse ordinairement en dehors, près de la suture, une de ces côtes, de manière que sur chaque tour, il est facile de l'apercevoir. Si au contraire la bouche couvre les deux côtes du dernier tour, elles ont été toutes deux cachées dans la suture, ce qui explique facilement la légère anomalie dont il vient d'être question plus haut. Cette Coquille acquiert jusqu'à trois pouces et demi de longueur.

†††† *Coquilles qui n'ont point de plis à la columelle et qui ont des varices.*

Les espèces qui composent cette sous-division sont toutes caractérisées par un ou plusieurs bourrelets variqueux; quelques espèces en ont deux sur chaque tour de spire; ils sont alors disposés comme ceux des Rouelles; d'autres les ont épars irrégulièrement; d'autres enfin n'en n'ont jamais qu'un gros vers le côté gauche de la coquille, et en opposition avec son ouverture.

CÉRITHE INTERROMPUE, *Cerithium interruptum*, Lamk. Ann. du Mus. vol. 3, p. 270, n. 1, et vol. 7, pl. 13, fig. 6, A, B, Anim. sans vert., T. VII, p. 77, n. 1. La bouche est arrondie, la lèvre droite très-saillante, l'échancrure supérieure large et peu profonde; le canal de la base est très-court, peu profond; la lèvre gauche est courte, épaisse; elle laisse voir le plus souvent un petit ombilic. Les tours de spire, au nombre de quinze à dix-huit, sont arrondis, chargés de stries transverses dont les deux du milieu sont les plus grosses; ces stries sont traversées par des côtes longitudinales qui rendent toute la Coquille treillissée grossièrement. Chaque tour est muni d'un bourrelet variqueux. Les plus grands individus ont deux pouces trois lignes de longueur. On la trouve abondamment fossile aux environs de Grignon.

Parmi les espèces vivantes, nous citerons les suivantes:

CÉRITHE MURE que nous indiquons ici, qui n'est pas celle de Bruguière, mais celle de Lamarck (An. sans vert. T. 7, p. 73, n° 29). Ce conchyliologiste a donné le nom de Cérithe tuberculée, *Cerithium tuberculatum*, au *Cerithium Morus* de Bruguière (*loc. cit.* n° 28). Celle-ci mérite mieux le nom de *Mûre* que la précédente (*Cerithium tuberculatum*), parce qu'elle a l'aspect du fruit qui porte ce nom, et que ses tours ne sont point couronnés. Ses ondulations sont nombreuses, serrées et reposent

sur un fond d'un gris rougeâtre, un peu violet Lamk., *loc. cit.*).

CÉRITHE GRANULEUSE, *Cerithium granulatum*, dernier exemple que nous donnerons de cette quatrième sous-division. Gmelin (p. 3561, n° 138) l'a nommée *Murex cingulatus*, et la dit de Tranquebar. Rumph (Mus., p. 6 et pl. 30, fig. L) la désigne sous le nom de *Strombus caudatus granulatus*. Bruguière (Dict. encycl., p. 476, n° 6) en fait, avec juste raison, une Cérithe qu'il nomme *granuleuse*. Elle est bien figurée dans l'Encycl., pl. 442, fig. 4. Lamarck (An. sans vert. T. 7, p. 69, n° 9) lui a conservé le nom donné par Bruguière, et l'a caractérisée de la manière suivante: *C. testâ turritâ, transverse striatâ, rufo-fuscente; anfractibus medio trifariàm granulatis; interdùm varicibus brevibus sparsis.* Cette Coquille, qui a quelquefois jusqu'à deux pouces et demi de longueur, nous vient de l'océan Indien. On la nomme vulgairement la *Chenille granuleuse.* (D..H.)

CÉRITHIER. MOLL. L'Animal des Cérithes. *V.* ce mot. (B.)

CÉRITIER. MOLL. Pour Cérithier. *V.* ce mot. (B.)

* CÉRITIS. MIN. Pline emploie ce nom pour désigner une Gemme qu'il dit être couleur de Cire, et qui était peut-être la même chose que Cérachate. *V.* ce mot. (LUC.)

CÉRIUM. BOT. PHAN. Genre établi par Loureiro dans sa Flore de la Cochinchine, et qui se place à la suite des Solanées. Il lui assigne pour caractères : un calice à cinq divisions aiguës, persistant; une corolle campanulée, partagée en cinq lobes arrondis, ainsi que les intervalles qui les séparent; cinq étamines à anthères oblongues et incombantes; un style; un stigmate un peu épais; une baie petite et globuleuse, présentant vers son contour un seul rang circulaire de loges monospermes, ce qui indique sans doute, pour interpréter le langage de Loureiro, deux loges et un placenta central et charnu faisant saillie au milieu d'elles, de manière à ne laisser qu'un seul rang de graines entre lui et l'endocarpe. Le *Cerium spicatum* est une herbe annuelle, à feuilles alternes, multinervées, à fleurs disposées en longs épis terminaux, sessiles et accompagnées de bractées filiformes. (A. D. J.)

CERIUM. MIN. La découverte de ce Métal est le premier fruit des travaux du célèbre Berzelius qui, de concert avec Hisinger, la fit en analysant la Cérite, Minéral dont nous allons voir la composition. Ses expériences furent répétées, confirmées et étendues par Vauquelin et Klaproth (Ann. du Muséum, T. V, p. 405, et Ann. de Chimie, T. LIV, p. 28). Entre autres propriétés, le Cerium possède celle d'être presque infusible, quoiqu'à la vérité on parvienne à en sublimer de petites portions. Il est très-cassant, lamelleux et blanc-grisâtre. On ignore sa pesanteur spécifique, ainsi que son mode d'action sur le gaz oxigène et l'air, soit secs, soit humides. Thénard pense que, dans le premier cas, cette action est nulle; à une température rouge, au contraire, il s'oxide et devient blanc.

Le Cerium n'existe pas dans la nature à l'état de pureté. La mine de Cuivre de Bastnaès à Riddarhyta en Suède en contient sous forme d'oxide combiné avec la Silice et l'Oxide de fer, et c'est à ce composé qu'on a donné le nom de Cérite. Au Groënland, cette mine est en outre accompagnée de Chaux et d'Alumine. On annonce que le Cerium a encore été trouvé en Suède à l'état d'Oxide combiné avec l'Acide fluorique. Ce Métal s'extrait en traitant l'Oxide par le Charbon à une très-haute température. Il est sans usages. (G..N.)

CERIX. MOLL. Ce mot, dans Pline et plusieurs anciens naturalistes, désigne des coquilles univalves, qu'il est difficile de déterminer d'après ce qu'en disent ces auteurs, et qui paraissent être des Pourpres ou des Murex. (B.)

CERIZIN. OIS. Pour Cerisin. V. ce mot. (DR..Z.)

CERLAC. OIS. Syn. piémontais de la Rousseline. V. PIPIT. (DR..Z.)

CERMACEK. OIS. Syn. bohémien du Rossignol de muraille, *Motacilla phœnicurus*, L. V. SYLVIE. (DR..Z.)

* CERMAS. BOT. PHAN. (Daléchamp.) V. BARBÈS. (B.)

CERMATIDES. Cermatides. INS. Famille de l'ordre des Myriapodes, établie par le docteur Leach (*Trans. Linn. Societ.* T. XI), et comprenant le genre Cermatie d'Illiger. (AUD.)

CERMATIE. *Cermatia.* INS. Genre de l'ordre des Myriapodes, famille des Chilopodes (Règn. Anim. de Cuv.), établi par Illiger, et adopté par Leach (*Trans. Linn. Societ.* T. XI). Il correspond à celui que Lamarck avait fondé sous le nom de SCUTIGÈRE. V. ce mot. (AUD.)

CERMOLO. BOT. PHAN. Syn. de *Pinus Cembra*, L. dans le Tyrol. V. PIN. (B.)

CERNA-BANIKLA. BOT. PHAN. Syn. bohémien de Sanicle V. ce mot. (B.)

* CERNICALO. OIS. Syn. espagnol de la Cresserelle, *Falco Tinnunculus*, L. V. FAUCON. (DR..Z.)

* CERNUA. POIS. Nom donné par quelques anciens auteurs comme celui d'une petite Perche dont la chair est fort estimée en Angleterre. (B.)

CERNY-KOREN. BOT. PHAN. Syn. bohémien de Consoude. V. ce mot. (B.)

*CERO. POIS. Lachénaye-des-Bois mentionne sous ce nom un Poisson dont il ne dit rien, si ce n'est qu'il est commun à Antibes. (B.)

CEROCHETE. *Cerochetus.* INS. Genre de l'ordre des Diptères établi par Duméril, et qui, suivant Latreille, est composé des espèces de la famille des Athéricères qui présentent les caractères suivans: antennes à poil latéral, simple; leur article intermédiaire plus court que le dernier; tête sessile; abdomen ovale; antennes et palettes cachées dans un creux; cueilleron simple. (AUD.)

CEROCOME. *Cerocoma.* INS. Genre de l'ordre des Coléoptères, section des Hétéromères, établi par Geoffroy (Histoire des Ins. T. 1, p. 357), et adopté par tous les entomologistes.

Latreille l'a d'abord placé (Considér. génér. p. 213) dans la famille des Cantharidies, qu'il a depuis réunie à celle des Trachelides (Règn. Anim. de Cuv.). Ses caractères sont : antennes de neuf articles, dont le dernier très-grand, dilatés, inégaux, irréguliers dans les mâles, moniliformes et arrondis dans les femelles ; lèvre supérieure très-courte ; mandibules petites, cornées à leur sommet, membraneuses à leur base ; mâchoires allongées, cylindriques ou peu velues à leur naissance ; lèvre inférieure avancée, membraneuse et bifide ; quatre palpes presque égaux, les antérieurs quadriarticulés, ayant le second et le troisième articles renflés, presque vésiculeux dans les mâles ; les postérieurs filiformes, triarticulés à articles cylindriques. — Les Cérocomes ont beaucoup de ressemblance avec les Cantharides, les Mylabres, les OEnas, etc. Leur tête est inclinée, leur prothorax sans rebord ; les élytres sont coriaces et cependant très-flexibles ; les crochets des tarses sont profondément bifides. Malgré ces divers points de ressemblance, elles doivent en être distinguées à cause de leurs antennes de neuf articles fort irréguliers dans les mâles, et en massue très-sensible dans les femelles. Du reste, la forme et les couleurs très-brillantes et souvent métalliques de tout le corps, principalement des élytres, leur donnent, avec certaines Cantharides, un air de parenté qu'on ne saurait méconnaître. Ces Insectes se rencontrent pendant l'été sur les fleurs dans lesquelles ils enfoncent leur tête ; ils volent avec une grande agilité. On ne sait encore rien sur leur larve. On trouve aux environs de Paris une espèce qui sert de type au genre ; Fabricius le nomme Cérocome de Schæffer, *Cer. Schœfferi*, en l'honneur de Schæffer qui a donné une bonne figure de l'Insecte parfait mâle et femelle, et qui a représenté avec assez de soin les antennes des deux sexes (*Elementa Entomol.* tab. 57). Cette Cérocome est aussi la même qui a été bien décrite et assez mal figurée par

Geoffroy (*loc. cit.* tab. 6, fig. 9).—On connaît quelques espèces propres au genre qui nous occupe : telle est entre autres la Cérocome de Schreber, *Cer. Schreberi*, figurée par Olivier (*Entomol.* T. III, n. 48, pl. 1, fig. 2, A, B). La femelle a été décrite par Fabricius, comme une espèce distincte sous le nom de *Cer. Vahlii*. On la trouve en Espagne. (AUD.)

CEROFOGLIO. BOT. PHAN. Syn. italien de Cerfeuil. *V.* ce mot. (B.)

CERONIA. BOT. PHAN. (Théophraste.) Syn. de Caroubier. *V.* ce mot. (B.)

CÉROPALE. *Ceropales.* INS. Genre de l'ordre des Hyménoptères, section des Porte-aiguillons, établi par Latreille aux dépens du genre Pompile, et ayant suivant lui pour caractères : palpes maxillaires beaucoup plus longs que les labiaux ; l'article terminal de ceux-ci et les trois derniers de ceux-là peu différens en longueur des précédens ; labre entièrement découvert ; antennes presque droites ou simplement un peu arquées et à articles très-serrés dans les deux sexes. Ce genre, placé d'abord (Considér. génér. p. 317) dans la famille des Pompiliens, a été réuni ensuite (Règn. Anim. de Cuv.) à celui des Pompiles, qui appartient à la grande famille des Fouisseurs ; en effet, les Céropales ne diffèrent de ces derniers que par leurs antennes presque droites et par leur labre entièrement découvert ; leur abdomen est aussi plus court, et a la forme d'un ovale allongé, recourbé un peu sur lui-même ; l'extrémité de l'aiguillon se montre à l'extérieur. Il existe aux ailes supérieures une cellule radiale, allongée, et quatre cellules cubitales ; la deuxième reçoit la première nervure récurrente ; la troisième est resserrée dans la partie antérieure, et reçoit la seconde nervure ; enfin la quatrième, qui est faiblement tracée, atteint le bout de l'aile. Les Céropales se rencontrent sur les fleurs. Les espèces les mieux connues sont : le Céropale tacheté, *Cer. maculata* de Latreille, figuré par Panzer, et qui sert de type au genre ; le Céropale bigarré, *Cer. variegata,* Fabr. Il se trouve aux environs de Paris. Jurine (*loc. cit.*) rapporte à ce genre le *Cer. histrio* de Fabricius. Ce dernier auteur (*Syst. Piezatorum*) a décrit comme appartenant au genre Céropale plusieurs espèces qui s'en éloignent beaucoup.   (AUD.)

CÉROPÈGE. *Ceropegia.* BOT. PHAN. Genre de la famille des Asclépiadées de R. Brown, section de celle des Apocinées de Jussieu. Le calice est petit, quinquedenté ; la corolle ventrue à sa base, tubuleuse au-dessus, terminée par cinq dentelures ou cinq lanières conniventes. Le tube staminifère reste caché dans la corolle ; il présente extérieurement cinq lobes courts, puis cinq divisions allongées et indivises, opposées à ces lobes sur une rangée intérieure. Les anthères sont simples à leur sommet, les masses polliniques dressées ; le stigmate est plane ; les follicules cylindriques et lisses. Ce genre renferme des Plantes herbacées à racines tubéreuses, à tiges glabres et grimpantes, à pédoncules naissant entre les pétioles des feuilles opposées et se divisant en ombelles formées de peu de fleurs. Roxburgh (Coromand., tab. 7, 8, 9, 10) en a décrit et figuré quatre espèces, dont les diverses parties fournissent, suivant lui ; un aliment dans les Indes-Orientales, leur patrie. Une autre plus anciennement connue, le *Ceropegia Candelabrum* de Linné, en est également originaire. Le *C. biflora* du même auteur est de Ceylan. Loureiro en cite deux espèces dans sa Flore de la Cochinchine, et Pursh une dernière dans l'Amérique septentrionale. — On en comptait encore deux, les *C. sagittata* et *tenuifolia,* qui, présentant quelques différences d'organisation, ont été placées par R. Brown dans un nouveau genre qu'il nomme *Microloma. V.* ce mot.   (A. D. J.)

CÉROPHORE. *Cerophora.* BOT. CRYPT. (*Champignons.*) Genre formé par Raffinesque, lequel présente des caractères opposés à ceux du genre

Hydnum, c'est-à-dire que les pointes qui sont inférieures au chapeau dans ce dernier sont en dessus dans le genre Cérophore. Ce botaniste en cite deux espèces qui croissent dans l'Amérique septentrionale. Ces Plantes doivent être soumises à un nouvel examen. (B.)

CÉROPHORES. MAM. Nom collectif imposé par Blainville aux Ruminans à cornes creuses et persistantes, dont il forme les cinq genres Antilope, Chèvre, Brebis, Bœuf et Ovibos. *V.* ces mots.   (B.)

CÉROPHYTE. *Cerophytum.* INS. Genre de l'ordre des Coléoptères, section des Pentamères, fondé par Latreille, et qui paraît établir le passage des Melasis aux Taupins. Il appartient (Règn. Anim. de Cuv.) à la famille des Serricornes, et à la tribu des Buprestides qu'il termine. Ses caractères sont : dernier article des palpes notablement plus gros que le précédent, presque globuleux ; mâchoires bilobées ; antennes branchues d'un côté dans les mâles, en scie dans les femelles ; pénultième article des tarses bifide. Les Cérophytes se rapprochent des Melasis par leurs palpes, mais ils en diffèrent par tous les autres caractères ; la forme du corps leur donne beaucoup de ressemblance avec les Taupins. Ce genre est encore peu connu ; l'espèce qui lui sert de type porte le nom de *Cerophytum elateroides*; elle est la même que le *Melasis elateroides* de Latreille (Hist. Natur. des Crust. et des Ins.). On l'a trouvée aux environs de Paris, sur le tronc d'un vieux Chêne, et en Allemagne. Dejean (Catal. des Coléopt. p. 54) mentionne deux autres espèces : le *Cer. flavescens,* Dej., et le *Cer. piceum,* Pal.-de-Beauv.; la première paraît nouvelle ; elle vient de Syrie. Quant à la seconde, elle est originaire de l'Amérique du nord, et a été décrite par Palisot-de-Beauvois (Insect. d'Afr. et d'Amér. VII, 1). Latreille pense qu'elle doit constituer un genre nouveau, d'après les formes assez différentes des organes de la bouche.
          (AUD.)

CÉROPLATE. *Ceroplatus.* ins. Genre de l'ordre des Diptères, établi par Bosc (Actes de la Soc. d'hist. nat. de Paris. Fasc. 1, p. 42, tab. 7, fig. 3), et adopté par Fabricius , Duméril et Latreille. Ce dernier entomologiste le place dans la grande famille des Némocères (Règn. An. de Cuv.), qui correspond à celle des Tipulaires (*Gener. Crust. et Ins.* et Consid. génér.), et lui assigne pour caractères : antennes très-comprimées, plus larges au milieu, de quatorze articles, extrémité atteignant au moins la moitié de la longueur du corselet ; trompe très-courte, palpes d'un seul article. Les Céroplates ont le port des Tipules ; mais ils se distinguent de ce genre et de tous ceux de l'ordre des Diptères par leurs antennes en fuseau comprimé ou en forme de rape. Les espèces qui le composent sont peu connues , et c'est à leur rareté qu'il faut attribuer l'examen assez superficiel qu'on a fait des caractères génériques. Nous avons dit à la page 17 du tome II de ce Dictionnaire, que Latreille considérait avec quelque doute, comme synonyme du genre Asindule, celui des Platyures de Meigen ; nous croyons maintenant pouvoir assurer que ce dernier correspond au genre Céroplate, dont les caractères doivent être modifiés d'après une observation plus scrupuleuse et qu'on devra peut-être remplacer par ceux que Meigen (Descript. syst. des Dipt. d'Europe. T. 1, p. 231) donne au genre Platyure, et qui sont les suivans : antennes étendues, comprimées, de seize articles rapprochés, les deux premiers distincts par leur forme et leur volume; yeux à réseaux arrondis ; trois yeux lisses, rapprochés, inégaux, placés en triangle sur le front ; jambes sans épines sur le côté ; abdomen déprimé postérieurement. Meigen en décrit vingt espèces.—Ce genre, caractérisé très-différemment par Bosc et Fabricius , ne comprenait, dans ce dernier auteur (*Syst. antl.*, p. 15), que trois espèces. Parmi elles, la plus remarquable est le Céroplate tipuloïde, *Cer. tipuloïdes*, décrit et représenté par Bosc (*loc. cit.*), et figuré par Coquebert (*Illustr. Icon. Ins.* Dec. 3, tab. 27, fig. 1 , fem.). L'auteur du genre avait d'abord cru cette espèce totalement inconnue aux naturalistes ; mais il a reconnu plus tard qu'une de ses antennes avait été figurée par Réaumur (Mém. Ins. T. IV, pl. 9, fig. 10), qui ne la donnait que comme exemple de forme singulière, et disait seulement à son sujet qu'elle appartenait à une Tipule dont la larve vivait sur quelques Agarics du Chêne. Cependant il est de fait que Réaumur (T. V, p. 23, et pl. 4, fig. 11-18) a non-seulement connu le Céroplate tipuloïde, mais qu'il a décrit et figuré avec beaucoup de soin sa larve que Bosc n'a pas eu occasion d'observer. Cette larve a été trouvée, aux mois de juillet et d'août, dans le bois de Boulogne, sur un Bolet des Chênes. Elle ne pénètre point dans la substance de la Plante, et se tient au-dessous de son chapiteau. Son corps est allongé, arrondi et composé d'un grand nombre d'anneaux ; il n'existe aucune trace de pates ; la tête est petite, de figure constante et comme écailleuse. Ces larves rampent sur le Bolet, mais leur corps n'est jamais appliqué immédiatement sur lui; lorsqu'elles veulent se fixer quelque part, elles font sortir une liqueur gluante de leur bouche et l'appliquent contre un des points de l'endroit qu'elles se proposent d'enduire ; retirant ensuite leur tête en arrière, elles filent cette liqueur gluante, non en fil, mais en ruban ; elles couchent ensuite et appliquent ce ruban sur la place qu'elles veulent couvrir; en continuant ainsi de faire sortir , à diverses reprises, de la liqueur gluante, en la filant en lames minces, en étendant ces lames , et en se tournant et retournant de différens côtés, elles parviennent à se faire une espèce de lit bien lisse, beaucoup plus large et plus long que le volume de leur corps ne le demande. Quand la larve veut rester long-temps dans la place qu'elle s'est préparée, elle choisit un endroit où le Champignon présente des inégalités un peu considérables ; étant posée dans l'enfoncement, elle se fait une tente d'une matière semblable à celle de son lit, et cela en tirant des lames de figure irrégulière d'une élévation à l'autre : ainsi elle forme un toit transparent, mais capable de la dérober aux impressions de l'air et surtout à la sécheresse qui la ferait immédiatement périr. Cette larve singulière veut que le chemin qu'elle parcourt soit tapissé comme le lieu où elle se repose. Quand elle se prépare à aller en avant, elle fait sortir de sa bouche une goutte de liqueur qu'elle applique sur le premier endroit où elle doit passer ; élevant ensuite sa tête, elle forme un ruban irrégulier de vernis, qu'elle étend et colle en avant. C'est en répétant cette manœuvre singulière qu'elle se met en marche, de sorte qu'elle ne passe que sur des endroits bien lisses et bien doux. Réaumur n'a jamais trouvé plus de huit à dix individus sur les plus grands Bolets. Ceux-ci étaient sains, humides et même très-abreuvés d'eau : de sorte que ces larves, à son avis, se nourrissent de l'eau que le Bolet leur fournit. Quand les larves se disposent à se métamorphoser, elles se construisent une coque et emploient à la composer la même liqueur visqueuse dont est enduit le chemin où elles veulent passer, sans donner cependant à son extérieur le luisant qu'elles donnent à ces chemins. En effet les dehors de la coque sont raboteux, pleins de petites cavités de forme irrégulière. Cette coque est conoïde : la larve qui en commence une, dispose des filamens gluans autour de l'espace dans lequel elle veut se renfermer ; ces filamens forment un réseau à très-grandes mailles irrégulières qui est la charpente de la coque, et dont les vides doivent être ensuite remplis par des espèces de plaques de même matière que les filamens. La coque ayant acquis une solidité convenable, la larve ne tarde pas à se métamorphoser et se défait de sa peau pour devenir une nymphe. Au bout de douze à quinze jours au plus, l'Insecte parfait sort de cette demeure provisoire.

Les habitudes du Céroplate tipuloïde offrent plusieurs points de ressemblance, à leur état de larve, avec une espèce exotique que Bosc a décrite sous le nom de Céroplate charbonné, *Cer. carbonarius*, et qu'il a trouvée dans la Caroline. La larve de cette espèce, dit cet auteur, est vermiforme, blanche, glutineuse, avec la tête noire, des anneaux prononcés et des pates en mamelons. Elle se nourrit aux dépens de la substance intérieure d'un Bolet fort voisin de l'*unicolor* de Bulliard. Cette larve, qui vit en familles quelquefois assez nombreuses, se trouve dans le mois de juin, et parvient, lorsqu'elle a acquis toute sa grandeur, c'est-à-dire vers la fin du mois d'août, à deux pouces et demi de longueur, sur trois lignes de diamètre. Dans tous les temps de sa croissance, mais surtout dans les derniers mois, ces larves filent en commun un réseau lâche, d'un blanc brillant, et entre les mailles duquel elles se sauvent et se cachent lorsqu'elles sont inquiétées, de même que la chenille de la Teigne du Fusain. Elles sont si minces et si délicates, qu'il est presque impossible de les prendre avec les doigts sans les écraser. La sécheresse les fait bientôt périr. A l'époque de leur transformation, elles se filent les unes près des autres une coque un peu plus serrée que le réseau ; mais cependant assez lâche pour laisser voir la nymphe. L'Insecte parfait sort de cette coque au bout d'une quinzaine de jours. Cette espèce est figurée dans la deuxième édit. du Dict. d'hist. nat. (pl. B, 21, fig. 4). On peut encore rapporter à ce genre le Céroplate noir, *Cer. atratus* de Fabricius ou le *Platyura atrata* de Meigen, et peut-être toutes les espèces décrites par ce dernier auteur, en adoptant pour le genre Céroplate les caractères qu'il donne à son genre Platyure.   (AUD.)

CÉROSTOME. *Cerostoma.* INS. Genre de l'ordre des Lépidoptères, famille des Nocturnes, tribu des Tinéites, institué par Latreille et réuni ensuite au genre Alucite (*V.* ce mot).

26*

Il comprenait une seule espèce, le Cérostome à dos marqué, *Cerostoma dorsatum* ou l'*Ypsolophus dorsatus* de Fabricius. Ce petit Lépidoptère est commun, pendant l'été, aux environs de Paris; on le trouve le long des bois sur les Arbres. (AUD.)

CÉROXYLE. *Ceroxylon*. BOT. PHAN. C'est aux célèbres voyageurs Humboldt et Bonpland que l'on doit la connaissance du beau Palmier auquel ils ont donné le nom de Ceroxylon, parce qu'il possède la singulière propriété de donner de la cire. Ils l'ont trouvé sur la montagne de Quindiu, partie la plus élevée des Andes., où la vallée de la Madeleine est séparée de celle de la rivière de Cauca. Il est assez extraordinaire que cet Arbre soit limité à un pays dont la circonscription n'est que de quinze à vingt lieues; pendant trois ans que ces savans ont parcouru dans tous les sens la Cordilière des Andes, ils n'en ont pas aperçu ailleurs un seul pied, et il est impossible que, s'il y en eût existé, il eût échappé à leurs recherches; car son port, son utilité et surtout sa taille gigantesque, font que cet Arbre est un des plus remarquables. De tous les Palmiers d'Amérique, c'est en effet le plus élevé; sa cime atteint souvent la hauteur de cinquante-huit mètres, et il porte des feuilles de six à huit mètres de longueur. Les plus grands Arbres, même ceux qui appartiennent à d'autres familles, sont loin de pouvoir lui être comparés, à l'exception de ces énormes *Eucalyptus* de la Nouvelle-Hollande que Labillardière cite dans son Voyage à la recherche de La Peyrouse, et qu'il dit parvenir jusqu'à la hauteur de cinquante mètres.

L'élévation au-dessus de la mer du sol où croît le Céroxyle, et la basse température de l'atmosphère dans laquelle il végète avec vigueur, sont des circonstances aussi très-étonnantes. On ne l'observe pas dans le fond des vallées; ce n'est même qu'à la hauteur de mille sept cent cinquante mètres, égale à celle du Cani-

gou du Puy-de-Dôme et du passage du Mont-Cenis, qu'il commence à se montrer. Sa limite supérieure est la hauteur de deux mille huit cent vingt-cinq mètres, c'est-à-dire presque mille neuf cent cinquante mètres plus haut que n'atteignent ordinairement les autres Palmiers, et huit cents mètres seulement de moins que la limite inférieure des neiges perpétuelles dans les climats tropiques. S'il paraît fuir les grandes chaleurs des régions moins élevées, si, par conséquent, il n'a besoin pour vivre que d'une température dont le terme moyen est de dix-neuf à vingt degrés du thermomètre centigrade, ne pourrait-on pas concevoir l'espérance de le voir s'acclimater dans le midi de l'Europe, sur les côtes de l'Andalousie, par exemple, au versant des chaînes de montagnes près de Grenade, ainsi que dans une vallée de la Ligurie non loin de Nice, où le thermomètre ne descend pas souvent à zéro et où les Dattiers croissent abondamment? Ce serait un des plus riches présens que l'Amérique méridionale pourrait faire à notre Europe, car sa substance même, aussi bien que ses produits, est très-précieuse. La longueur extraordinaire de son tronc le rendrait infiniment avantageux pour la construction et les canaux d'irrigation.

La cire forme une couche de cinq à six millimètres d'épaisseur dans les anneaux résultans de la chute des feuilles. D'après l'analyse de Vauquelin, insérée dans les Annales du Muséum, c'est un mélange de deux tiers d'une résine jaune et d'un tiers de cire pure, qui cependant est plus cassante que celle des Abeilles. Les habitans des Andes, après avoir fondu la substance brute avec un tiers de cire, en font des cierges et des bougies d'un usage agréable et varié. Le fruit du Céroxyle est un drupe violet dont le brou acquiert une saveur sucrée, que recherchent avidement les Écureuils et les Oiseaux.

Tous les détails dans lesquels nous venons d'entrer sur l'histoire naturelle et les usages économiques de ce

Palmier sont extraits d'un beau Mémoire lu par Bonpland à l'Institut le 14 brumaire an XIII, et qui est imprimé dans le premier volume de ses Plantes équinoxiales. Les principaux caractères qu'il assigne au *Ceroxylon* sont : une spathe monophylle renfermant des régimes de fleurs femelles simplement, ou de fleurs mâles avec des fleurs hermaphrodites sur le même pied. Dans ce dernier cas, les fleurs hermaphrodites ont, de même que les mâles, douze étamines, mais leur ovaire avorte constamment. Celui des fleurs femelles, surmonté de trois styles, se change en un drupe uniloculaire et renfermant une seule amande. Ces caractères suffisent pour le distinguer des autres Palmiers. L'*Iriartea* de Ruiz et Pavon (*Prodr. Flor. Peruv. et Chil.*, p. 149 et t. 52) s'en rapproche le plus ; mais dans celui-ci les fleurs sont monoïques, la spathe est divisée et le stigmate est unique ou réduit à un point fort petit sur le sommet de l'ovaire.

La description du *Ceroxylon andicola* est accompagnée de deux superbes planches dont les dessins ont été exécutés sur les lieux par Humboldt, et refaits sur de plus grandes dimensions à Paris, par Turpin. La première représente l'Arbre en entier pour donner une idée de son port, et une portion du tronc qui fait voir les anneaux cérifères et les cicatrices produites par la chute des feuilles. Dans la seconde, on voit un régime de fleurs mâles et hermaphrodites avec tous les détails de leur fructification. (G..N.)

CERPA ou KERPA. BOT. PHAN. Syn. malabare du *Saccharum spontaneum. V.* SUCRE. (B.)

CERQUA. BOT. PHAN. Syn. napolitain de Chêne. (B.)

CERQUE. *Cercus.* INS. Genre de l'ordre des Coléoptères, section des Pentamères, placé très-mal à propos avec les Dermestes, dont il a été retiré par Latreille, et correspondant en partie au genre Caterète d'Illiger et d'Herbst. Il appartient (Règn. Anim. de Cuv.) à la famille des Clavicornes, et est réuni aux Nitidules, avec lesquelles il a beaucoup d'analogie. Ses caractères propres sont : troisième article des antennes et le suivant peu différens en longueur ; massue obconique et perfoliée ; prothorax arrondi, un peu rebordé, non échancré antérieurement ; élytres plus courtes que l'abdomen. Ces Insectes très-petits ont le corps ovale ou oblong et légèrement rebordé ; la tête est petite, et rentre en partie dans le corselet ; les deux premiers articles des antennes du mâle sont comprimés et grands. Les mâchoires présentent un seul lobe ; les palpes sont presque égaux et filiformes ; l'écusson est arrondi, assez grand ; les pates ont une longueur moyenne ; les trois premiers articles des tarses sont courts, larges ou dilatés, garnis de brosses en dessous ; le quatrième est très-petit. Les Cerques ne diffèrent guère des Nitidules que par le troisième article des antennes, égalant la longueur de celui qui suit ; ils sont aussi très-voisins des Bytures, et ne s'en distinguent réellement que par la forme de la massue des antennes, et le prothorax sans angles et arrondi. Ces Insectes se rencontrent sur les fleurs ; leurs larves sont inconnues. L'espèce la moins rare aux environs de Paris a été nommée par Fabricius, Cerque péticulaire, *Cer. pedicularius;* elle est figurée dans Panzer (*Faun. Ins. Germ. fasc.* 7, n. 5). On rencontre quelquefois dans les mêmes lieux le *Cercus urticæ* du même auteur. Dejean en a découvert plusieurs autres, dans nos environs ; l'Autriche et la Dalmatie fournissent aussi quelques espèces distinctes. (AUD.)

CERQUINHO. BOT. PHAN. Syn. de *Quercus Robur*, L., en Portugal, selon Leman. *V.* CHÊNE. (B.)

CERRAJA. BOT. PHAN. Syn. espagnol de Laitron commun. (B.)

CERREICHEL. BOT. PHAN. Syn. allemand de *Quercus austriaca*, Willd. *V.* CHÊNE. (B.)

* CERRENA. BOT. CRYPT. Nom

CER

vulgaire d'un Champignon que l'on mange aux environs de Florence. (B.)

CERRERA. BOT. CRYPT. *V.* CERDELA.

* CERRES. BOT. PHAN. Vieux nom français de la Gesse. *V.* ce mot. (B.)

* CERRETTA. BOT. PHAN. (Matthiole.) Vieux nom toscan de la Lysimaque vulgaire (Cœsalpin.). Syn. de *Serratula tinctoria. V.* SARRIETTE. (B.)

CERRIS. BOT. PHAN. Espèce de Chêne. *V.* ce mot. (B.)

CERRO. BOT. PHAN.(Séguier.) L'un des synonymes italiens de Chêne. (B.)

CERRO-LUGHERO. BOT. PHAN. (Matthiole.) Syn. d'Afense ou Chêne vert. (B.)

CERRUS. BOT. PHAN. (L'Ecluse.) Même chose que Cerris. (B.)

* CERTALLE. -*Certallum.* INS. Genre de l'ordre des Coléoptères, section des Tétramères, établi par Megerle, et adopté par Dejean (Catal. des Coléopt. p. 111) qui en mentionne une seule espèce, le *Certallum ruficolle*; elle est la même que le *Callidium ruficolle* de Fabricius. *V.* CALLIDIE. (AUD.)

CERTHIA ET CERTHIUS. OIS. (Aristote.) Syn. de Grimpereau. *V.* ce mot. (DR.-Z.)

* CERUA, KERUA ET KHROUA. BOT. PHAN. Syn. arabes du Ricin commun. (B.)

CERUANA. BOT. PHAN. Wahl ayant décrit comme un *Buphtalmum* une Plante que Forskahl avait constituée en un genre distinct que Jussieu avait adopté dans son *Genera Plantarum*, la plupart des botanistes s'en étaient rapportés à l'opinion du savant Danois, lorsque H. Cassini, reprenant de nouveau son analyse, reconnut qu'il pouvait être séparé des Buphtalmum avec les caractères suivans : calathide discoïde à fleurons hermaphrodites et à fleurs de la circonférence femelles; involucre composé d'écailles ovales presque unisériées et accompagnées de deux bractées; réceptacle garni d'écailles; akène couronné d'aigrette simple. La Plante qui fait le type de ce genre

habite l'Égypte et n'a rien de remarquable. (G..N.)

* CERUCHIS. BOT. PHAN. Syn. de *Spilanthus*, selon Mirbel. (B.)

CÉRUMEN. ZOOL. Matière grasse d'un jaune rouge, d'une consistance de Miel, amère, âcre, aromatique, sécrétée par les glandes du méat auditif. Exposée au feu, elle se liquéfie d'abord, donne ensuite de l'eau, de l'Ammoniaque, de l'Acide carbonique et de l'Huile empyreumatique; il reste du Charbon contenant des Phosphates de Chaux et de Soude. Vauquelin a obtenu du Cérumen un mucilage albumineux, un principe colorant jaune, de l'Huile, de la Soude et du Phosphate de Chaux. L'usage du Cérumen paraît être d'arrêter les Insectes ou autres corps étrangers qui pourraient s'introduire dans les oreilles; sa trop grande abondance peut causer une surdité accidentelle. (B.)

CÉRURE. *Cerura.* INS. Genre de l'ordre des Lépidoptères établi par Schrank aux dépens du genre Bombyce, et qui renferme les Papillons dont les chenilles ont quatorze pates et une queue fourchue, tels que les Bombyces *Vinula, furcula, fagi* de Fabricius, et *Erminea* d'Esper. Nous avons considéré ce genre comme une simple division dans celui des Bombyces. *V.* ce mot. Gotteif-Fischer (Entomogr. de la Russie, T. 1, p. 65, tab. 3, fig. 3), décrit et représente sous le nom de *Cerura bifida*, une espèce très-voisine de la *C. furcula.* Elle se trouve dans le gouvernement de Moscou. Sa chenille vit sur les Bouleaux. (AUD.)

CÉRUSE. MIN. *V.* BLANC DE CÉRUSE. On a appelé *Céruse d'Antimoine* l'Oxide blanc de ce métal. CÉRUSE NATIVE. *V.* PLOMB CARBONATÉ PULVÉRULENT. (DR..Z.)

CERVANA. BOT. PHAN. Du Dictionnaire de Déterville, pour Ceruana. *V.* ce mot. (B.)

CERVANTÉSIE. *Cervantesia.* BOT. PHAN. Ruiz et Pavon, auteurs de la Flore du Pérou et du Chili, ayant établi ce genre dans le *Gener. Plant. Flor. Peruv.*, qu'ils avaient publié antérieurement, Cavanilles donna aussi de son côté la description générique et spécifique d'une Cervantésie qu'il dit être la même Plante que la *Cervantesia tomentosa* de Ruiz et Pavon. Cependant, à en juger d'après les caractères assignés par Cavanilles à sa *Cervantesia bicolor*, il paraîtrait que non-seulement celle-ci diffère de la précédente comme espèce, mais qu'elle appartiendrait à un genre différent. Les auteurs de la Flore du Pérou (vol. 5, p. 19, obs. 1 et 2,) s'attachent à démontrer cette dernière assertion, peut-être à dessein de faire remarquer l'erreur de Cavanilles, qui, selon eux, est au point de décrire assez inexactement une Plante, de manière qu'on ne puisse la reconnaître. Ils insistent beaucoup sur ce que Cavanilles a parlé d'une corolle monopétale ayant une membrane arrondie interposée entre elle et le fruit, d'un stigmate émarginé, et d'un embryon filiforme de la longueur de l'albumen, comme caractères essentiels du genre *Cervantesia*. En exposant plus bas ceux que Ruiz et Pavon lui attribuent, on appréciera les différences qu'ils cherchent à établir pour leur Plante. Ils donnent ensuite plusieurs observations sur les erreurs vraies ou prétendues de Cavanilles tant dans la description que dans la figure publiée par celui-ci (*Icones*. 5, p. 49, t. 475). Nous ne les suivrons pas dans cette discussion qui nous semble un peu trop passionnée pour des hommes dont le seul but ne devrait être que la recherche et l'exposition simple et fidèle de ce qui existe; il nous suffira de rapporter leur description de la *Cervantesia tomentosa*: c'est un Arbre de trois mètres environ de hauteur, dont le tronc est droit, rond, lisse et de la grosseur du bras. Ses rameaux épars, flexibles, couverts d'un duvet laineux et de couleur de rouille, portent des feuilles oblongues, linéaires, très-entières et roulées sur leurs bords; les plus jeunes sont éparses et laineuses des

deux côtés, tandis que les plus anciennes sont glabres et même d'un vert sombre luisant sur une de leurs surfaces. Les fleurs sont disposées en grappes terminales et axillaires, portées sur des pétioles légèrement sillonnés et flexueux, et se composent d'un calice campanulé à cinq divisions ovales, aiguës, et prenant de l'accroissement après la fécondation. Cinq écailles ovales soudées à leur base, et alternes avec les divisions du calice, peu visibles dans la fleur, mais très-marquées autour du fruit, semblent à Ruiz et Pavon un assemblage d'organes auxquels le nom de corolle ne convient pas. Cinq étamines, dont les filets sont planes, élargis vers leur base, et les anthères didymes. Ovaire de forme ovale, n'adhérant au calice que par la moitié, et portant un stigmate sessile, simple et obtus. Le fruit se compose d'un péricarpe qui n'est autre chose que l'enveloppe de l'ovaire soudée avec le calice, dont les divisions sont restées libres par leur partie supérieure, et d'une noix ovée, lisse, renfermant une amande de même forme, au sommet de laquelle on voit un petit embryon pointu et dirigé obliquement.

La table 241 de la Flore du Pérou représente un rameau en fleur et en fruit de la *Cerv. tomentosa* avec tous les détails de la fructification. Cet Arbre a été trouvé par Ruiz et Pavon dans les lieux chauds et escarpés des provinces de Tarma et de Canta au Pérou; il y est en fleurs depuis juillet jusqu'en octobre.   (G..N.)

CERVARIA. BOT. PHAN. Nom spécifique d'une Ombellifère placée par Linné dans son genre *Athamantha*, et par De Candolle dans les *Selinum*. C. Bauhin donne ce nom au *Trachelium cœruleum*.   (G..N.)

CERVEAU. ZOOL. Le nom de Cerveau, restreint à son acception absolue, ne désigne que la seconde paire des lobes de l'encéphale, appelés aussi hémisphères cérébraux. On a étendu ce nom à la totalité de l'encéphale à l'exclusion de la moelle épinière. Mais comme cette séparation de la moelle épinière d'avec l'encéphale n'est pas justifiée par la connaissance de la structure et des fonctions de ces deux parties, et comme leur connexion intime, sous ces deux rapports, en fait réellement un seul et même système que nous appelons cérébrospinal, on doit les étudier dans l'ordre de leurs connexions, qui est aussi celui de leurs formations. Pour l'anatomie et les propriétés du Cerveau, *V.* le mot CÉRÉBRO-SPINAL. (A. D..NS.)

CERVEAU DE MER ou DE NEPTUNE. POLYP. Quelques Polypiers de la division des Polypiers solides et pierreux portent ce nom. Ils appartiennent en général à l'ordre des Méandrinées. (LAM..X.)

CERVELET. ZOOL. L'un des appareils des lobes encéphaliques. Il est situé en arrière des lobes optiques dans toutes les classes; mais ses relations postérieures varient d'un genre à l'autre chez les Poissons. Gall en a fait l'organe intellectuel de l'amour; Flourens, le balancier, le modérateur des mouvemens d'ensemble de la locomotion; Rolando, la source unique d'où émane la cause des mouvemens. *V.*, pour la description du Cervelet et l'appréciation des attributions qu'on lui a données, CÉRÉBRO-SPINAL. (A. D..NS.)

CERVELET. BOT. CRYPT. Selon Micheli, nom italien d'un Champignon qu'il est impossible de déterminer. (B.)

CERVIANA. BOT. PHAN. Espèce du genre Pharnace. *V.* ce mot. (B.)

CERVICAIRE. BOT. PHAN. Nom vulgaire donné à plusieurs Plantes qu'on croit faire la pâture de prédilection des Cerfs, telles que deux ou trois Campanules et le Trachelium bleu. (B.)

CERVICAPRE. *Cervicapra.* MAM. Espèce d'Antilope. *V.* ce mot. Blainville a étendu la signification de ce nom scientifique à tout un sousgenre. (A. D..NS.)

CERVICINE. *Cervicina.* BOT. PHAN. Genre de la famille des Campanulacées et de la Triandrie Monogynie de Linné, fondé par le professeur Delille sur une Plante d'Egypte, et auquel il donne pour caractères: calice adhérent à l'ovaire à trois, quatre ou cinq dents; corolle tubuleuse, insérée sur la base du calice; deux à trois étamines dont les filets élargis à leur base sont plus courts que la corolle, avec les anthères linéaires et incluses; style de la longueur des étamines, surmonté de deux ou trois stigmates oblongs et capités; capsule couronnée par les dents agrandies et inégales du calice, s'ouvrant à son sommet en deux ou trois valves qui chacune portent une cloison dans leur milieu; graines nombreuses, lisses, très-petites. Ce genre, de l'aveu même de l'auteur, ne paraît différer que bien légèrement du genre Campanule. Il ne s'en distingue, en effet, que par le nombre des parties de la fleur, lesquelles, d'ailleurs, sont sujettes à varier de deux à trois, et qui peutêtre augmenteraient dans un terrain moins aride que celui des environs du village de Qora'yn où Delille trouva la *Cervicina campanuloïdes* en fleur au mois de février. Elle est décrite p. 6, et figurée pl. 5, fig. 2, de la partie botanique du grand ouvrage sur l'Egypte. C'est une Plante herbacée qui a le port de plusieurs petites Campanules dont l'organisation des organes de la reproduction n'a pas été encore bien observée, et qui pourront peut-être par la suite lui être réunies sous le même nom générique. (G..N.)

CERVICOBRANCHES. MOLL. Blainville donne ce nom à un ordre de Mollusques, dans lequel il fait entrer les genres Parmaphore, Fissurelle, Emarginule, Navicelle ou Ceptaire, et Patelle. (B.)

CERVIO ET CERVIA. MAM. Nom du Cerf et de la Biche dans plusieurs dialectes méridionaux de l'Europe. (B.)

CERVIOCELLUM. BOT. PHAN. Syn. de Panais. (B.)

CERVULE. *Cervulus.* MAM. Nom proposé par Blainville pour les espèces de Cerfs dont le pédoncule du bois est plus long que le bois lui-même. (B.)

CERWENKA. OIS. Syn. bohémien du Rouge-Gorge, *Motacilla Rubecula,* L. *V.* SYLVIE. (DR..Z.)

CERWOBILNY. INS. Syn. bohémien de Calandre. *V.* ce mot. (B.)

CÉRYLE. OIS. (Aristote.) Syn. présumé du Martin-Pêcheur, *Alcedo Ispida,* L. *V.* MARTIN-PÊCHEUR. (DR..Z.)

CÉRYLON. *Cerylon.* INS. Genre de l'ordre des Coléoptères, section des Tétramères, établi par Latreille, et placé par cet auteur (Considér. génér. p. 226, et Règn. Anim. de Cuv.) dans la famille des Xylophages avec ces caractères : antennes terminées en massue solide presque globuleuse ; corps étroit et allongé ; prothorax déprimé, beaucoup plus long que la tête, presque carré. Ces Insectes ressemblent beaucoup aux Bostriches propres, aux Psoas, aux Némosomes et aux Cis ; mais ils se distinguent essentiellement de chacun de ces genres par la massue solide et non perfoliée de leurs antennes. Le genre Cérylon, fondé aux dépens des Lyctes de Fabricius et des Ips d'Olivier, a pour type le Cérylon Escarbot, *Cer. histeroides* ou le *Lyctus histeroides* de Fabricius, de Paykull et de Panzer. Ce dernier en a donné une figure (*Faun. Ins. Germ. fasc.* v, fig. 16). On doit rapporter aussi avec certitude au genre Cérylon l'Ips Tarière, *Ips. terebrans* d'Olivier. Ces espèces se trouvent en France sous les écorces des arbres. Dejean (Cat. des Coléopt. p. 102) en mentionne deux autres, auxquelles il assigne les noms de *ferrugineum* et de *loricatum.* Elles sont originaires d'Espagne. (AUD.)

* CÉRYOMICE. BOT. CRYPT. (Battara.) Syn. de Bolet. *V.* ce mot. (B.)

* CERZIA. OIS. Syn. italien de Grimpereau. (DR..Z.)

CESALO. POIS. Syn. italien de *Mugil Cephalus,* L. *V.* MUGE. (B.)

* CESANO. OIS. Syn. italien du Cygne, *Anas Cycnus,* L. *V.* CANARD. (DR..Z.)

* CESEFOS. OIS. Syn. du Merle, *Turdus Merula,* L. *V.* MERLE. (DR..Z.)

CESERON. BOT. PHAN. L'un des noms vulgaires du *Cicer arietinum. V.* POIS-CHICHE. (B.)

CÉSIE. Pour Cœsie. *V.* ce mot.

* CESILA. OIS. Syn. italien d'Hirondelle. *V.* ce mot. (DR..Z.)

CESION. POIS. *V.* CÆSION et CÆSIO. (B.)

CESNEK. BOT. PHAN. Syn. bohémien d'Ail ordinaire. (B.)

* CESON. OIS. Syn. italien du Cravant, *Anas Bernicla,* L. *V.* CANARD. (DR..Z.)

* CESONE. OIS. Syn. italien de Canard sauvage, *Anas Boschas,* L. *V.* CANARD. (DR..Z.)

* CESSEN. BOT. PHAN. Syn. d'Ail dans plusieurs dialectes du Nord. (B.)

CESTE. *Cestum.* ACAL. Genre de l'ordre des Acalèphes libres, proposé par Lesueur, et adopté par les naturalistes. Cuvier l'a placé parmi ses Acalèphes libres, et Lamarck parmi ses Radiaires mollasses. — Lesueur lui donne pour caractères : corps libre entièrement gélatineux, très-allongé et comprimé ; quatre côtes transversales et supérieures, ciliées dans toute leur longueur ; bouche supérieure, située à égale distance des extrémités. De tous les Vers marins connus, les Béroës sont ceux qui se rapprochent le plus de celui-ci par leur état de liberté au milieu des eaux, par l'existence d'une seule ouverture servant à la fois de bouche et d'anus, et qui est située à la partie supérieure de l'Animal, ainsi que par la présence de longues séries de cils mobiles très-déliés. En effet, si l'on retranche les deux prolongemens latéraux qui sont de chaque côté de

CES

la bouche du Ceste, et si, sur les angles formés par les plans que produirait cette section, on rapporte les cils des prolongemens soustraits, on aura, à peu de chose près, un Béroë à quatre côtes ciliées, avec une bouche terminale. De même, si l'on prend un Béroë, et qu'on le suppose tiré latéralement par deux points opposés, sans lui faire perdre de sa hauteur, on reproduira un Animal fort semblable au Ceste. A travers la substance même du Ceste, on aperçoit le sac stomacal placé au-dessous de l'ouverture de la bouche, et qui se détache par sa couleur plus foncée que celle du reste du corps; ce sac présente sur deux de ses côtés, ceux qui correspondent aux deux faces de l'Animal, une sorte de lanière qui est appliquée sur les parois. Ces lanières, situées vers le milieu de la hauteur totale du Ceste, sont contiguës chacune à une autre partie mince et allongée qui prend naissance au bord inférieur, et qui est légèrement échancrée à l'extrémité par laquelle elle se joint à sa lanière.

CESTE DE VÉNUS, *Cestum Veneris*, Lesueur, Nouv. Bull. philom., juin 1815, pl. 5, fig. 1; Lamk. Anim. sans vert., T. ii, pag. 465, n° 1. On ne connaît encore que cette seule espèce du genre singulier dont il est question; elle est d'un blanc laiteux d'hydrophane avec de légers reflets bleus; sa longueur dépasse un mètre et demi sur une hauteur de huit centimètres, et un centimètre seulement d'épaisseur. — Péron et Lesueur n'en ont trouvé qu'un seul individu dans la mer de Nice. Risso en a vu une grande quantité dans le port de Ville-Franche. Les pêcheurs leur ont donné le nom de Sabres-de-mer. (LAM..X.)

CESTEUS. POIS. (Klein.) Espèce du sous-genre des Pasteurs dans le genre Scombre. *V*. ce mot. (B.)

CESTINHA ET CESTILLA. MOLL. Noms portugais et espagnol d'une espèce de Pétoncle. (B.)

CESTOIDES. *Cestoïdea.* INTEST. Quatrième ordre des Entozoaires de la Méthode de Rudolphi, renfermant les Vers qui ont un corps allongé, déprimé, mou, continu ou articulé; une tête le plus souvent munie de deux ou quatre fossettes ou suçoirs, très-rarement labiée. Tous les Animaux de cet ordre sont androgynes. L'ordre des Cestoïdes renferme les genres Géroflé, Scobex, Gymnorhynque, Tétrarhynque, Ligule, Triœnophore, Botriocéphale et Lœnis; il correspond à la section des Vers planulaires de Lamarck, et à l'ordre des Planaires de Cuvier.

(LAM..X.)

* CESTRACION. POIS. (Cuvier.) Sous-genre de Squales. *V*. ce mot.

(B.)

CESTRAU. BOT. PHAN. Pour Cestreau. *V*. ce mot.

CESTRE. *Cestrum.* ACAL. Du Dictionnaire de Levrault, pour Ceste.

(LAM..X.)

CESTREAU. *Cestrum*, L. BOT. PHAN. Ce genre, qui appartient à la famille des Solanées et à la Pentandrie Monogynie L., a pour caractères: un calice urcéolé à cinq petites dents; une corolle infundibuliforme dont le tube très-allongé s'évase en un limbe à cinq divisions ouvertes et plissées sur leurs bords. Les étamines insérées sur la partie moyenne de la corolle ne font pas saillie hors de celle-ci; leurs filets sont nus à la base, mais quelquefois munis de petits appendices; le stigmate est obtus; le fruit est une baie ovale, noire, peu succulente et réellement biloculaire, ainsi que l'a décrite Jussieu (*Gener. Plant.*, p. 126). Linné et Gaertner, au contraire, donnaient pour caractères au *Cestrum*, une baie uniloculaire. Il résulte des caractères que nous venons d'exposer, que ce genre a de la ressemblance avec les Lyciets; mais, indépendamment des différences qu'offrent les organes de la fructification dans ces deux genres, il y en a de plus notables encore dans ceux de la végétation. Les Lyciets, en effet, sont des Arbrisseaux épineux et à tiges flexueuses, tandis que les Cestreaux ont des tiges plus arborescentes et jamais épineuses; leurs feuilles, d'un vert sombre, exhalent, dans certaines espèces, une odeur insupportable, odeur qui dénote des qualités vénéneuses si communes dans les Solanées. Tels sont ceux que l'on cultive dans les serres des jardins d'Europe, et, entre autres, les *Cestrum parqui*, *Cestrum nocturnum* et *Cestrum vespertinum*. L'inflorescence de ces Plantes est assez agréable; leurs fleurs, dont la forme rappelle celle des Jasmins, d'où le nom de *Jasminoïdes*, imposé au genre par Tournefort; leurs fleurs, dis-je, naissent dans les aisselles des feuilles et sont disposées en masses sur de longs pédoncules communs.

On avait déjà décrit plus de vingt espèces de *Cestrum*, lorsque Kunth en a fait encore connaître neuf nouvelles, rapportées par Humboldt et Bonpland de l'Amérique équinoxiale. Une seule, *Cestrum roseum*, Kth., est figurée, tab. 197, dans son excellent et magnifique ouvrage. (G..N.)

CESTRON. BOT. PHAN. (Dioscoride.) Syn. de Bétoine. *V.* ce mot. (B.)

CESTRORHIN. *Cestrorhinus.* POIS. Sous-genre établi par Blainville parmi les Squales. *V.* ce mot. (B.)

CÉSULIE. BOT. PHAN. Même chose que Cœsulie. *V.* ce mot. (B.)

CÉTACÉS. MAM. Huitième et dernière tribu de l'ordre des Mammifères dans la Méthode de Cuvier. Les Animaux qui la composent sont dépourvus de membres postérieurs, et leur bassin est même réduit à trois osselets rudimentaires, sans articulation avec la colonne vertébrale. L'un de ces osselets, impair et symétrique, représente les deux pubis sur la ligne médiane. Les deux autres, filiformes, représentent les iléons, et s'articulent sur l'osi mpair qui leur sert d'arc-boutant. La colonne vertébrale se prolonge postérieurement dans des proportions de longueur et de volume qui dépassent la mesure observée chez les Quadrupèdes.

Il en résulte que le tronc et la queue sont confondus dans un seul et même cône dont la pointe se termine par une nageoire horizontalement bilobée. Cette absence totale de membres postérieurs et cette projection en arrière de la colonne vertébrale qui fait que la partie moyenne correspond à l'extrémité postérieure des autres Mammifères, nécessitent l'habitation des Cétacés dans un milieu liquide, d'où ils ne peuvent sortir à la manière des Phocacés ou Amphibies à qui leurs membres de derrière, tout avortés qu'ils sont, permettent encore de ramper sur les plages assez loin des eaux.

Ce défaut absolu de membres postérieurs et cet avortement du bassin peuvent bien expliquer l'énorme développement de la queue des Cétacés, d'après le principe du balancement des organes exposé au mot *Anatomie*; mais l'énorme grandeur des os de la face chez les Baleines et les Cachalots tient évidemment à une autre cause; car les Lamantins et les Dugongs ont toutes les parties de la tête dans les mêmes proportions que la plupart des Mammifères, quadrupèdes, dont quelques-uns même les surpassent à cet égard. Or, la queue des Lamantins et des Dugongs est dans la même proportion que celle des Baleines. On ne connaît donc pas encore la cause de ces répartitions d'inégal accroissement, dont les effets, malgré la diversité des plans où ils se réalisent, sont toujours en parfaite harmonie avec la destination et les habitudes de chaque espèce de Cétacés.

Car, cet avortement des membres postérieurs et du bassin, la contraction, sous forme de rame, des membres antérieurs, aplatis sur leur largeur, et dont les nombreuses phalanges sont disposées en longues baguettes inflexibles et enveloppées d'un fourreau de peau; enfin la longue pyramide de vertèbres caudales, revêtue d'énormes muscles et terminée par deux larges ailerons horizontaux, font, mécaniquement parlant, un Poisson de tout Cétacé.

A ces considérations, il faut ajouter que l'amincissement, jusqu'à la presque disparution du corps des vertèbres cervicales, en raccourcissant le col, rapproche la tête du centre de gravité, dout l'équilibre est maintenu par les nageoires.

Toutes ces conditions mécaniques, aussi complétement réalisées dans les Cétacés proprement dits que dans les Poissons, ne le sont qu'à des degrés moindres dans les Dugongs et Lamantins, dont l'habitation est plutôt littorale que pélagienne, et dont la tête et surtout le col devaient conserver séparément de la mobilité, pour paître les Algues et les Fucus des rivages et des bas-fonds.

Chez les Baleines, Cachalots, Dauphins, etc., il n'existe que de légers mouvemens de flexion de la tête par le glissement des condyles occipitaux sur l'atlas.

Dans les Dugongs et Lamantins, le mouvement s'exerce de l'atlas sur l'axis, ce qui lui donne plus d'amplitude: chez eux la tête pour les proportions de grandeur ne diffère pas de celle des Mammifères terrestres. La dentition du Lamantin ne diffère pas tant que celle des Quadrumanes, quant aux molaires, que celle de tous les autres ordres de Mammifères. Les molaires du Dugong ressemblent à celles de l'Oryctérope; celles des Stellers aux plaques de l'Ornythorinque. Les Dauphins et Cachalots ont des dents coniques dont les racines ressemblent assez bien à celles des incisives de lait chez l'Homme; ces dents coniques ne servent qu'à saisir la proie, et non à la broyer ou diviser. Les Narvhals ont la bouche tout-à-fait édentée, car leurs défenses sont toutes extérieures, comme celles de l'Eléphant; enfin les Baleines ont, au lieu de dents, une production cornée que nous décrirons au mot FANON.

C'est dans les Baleines et Cachalots que les proportions de la tête atteignent leur plus grande amplitude. Sans rien perdre sur la masse, elle s'allonge du quart au tiers de la longueur totale de l'Animal. Cet excès de développement n'affecte que les os de la face et des mâchoires. Le crâne, relativement fort petit, est comprimé d'avant en arrière, mais fort étendu en travers pour donner une base suffisante à l'énorme face dont l'amplitude sert à supporter inférieurement les fanons dans les Baleines, et supérieurement l'adipocyre dans les Cachalots.

Dans les Dauphins où les dimensions de la face, par rapport à la tête, n'ont rien [d'excessif, le crâne est en proportion avec la taille de l'Animal, et dans quelques espèces même, cette proportion est la moitié de ce qu'elle est chez l'Homme; mais les Lamantins et les Dugongs, moins dégradés que les Dauphins du type des Quadrupèdes, ne sont guère supérieurs, pour la grandeur proportionnelle de la boîte cérébrale, aux Cachalots et aux Baleines où le plus grand diamètre de cette cavité est moindre que la soixante-dixième partie de la longueur de l'Animal.

Le développement des os des mâchoires porte, à la supérieure principalement, sur le maxillaire. Les intermaxillaires ne font partie du contour du museau que par une pointe fort aiguë, excepté chez les Dugongs où ils portent de véritables défenses analogues à celles de l'Éléphant; car les défenses des Narvhals sont de vraies canines dont l'alvéole est creusé sur le maxillaire. Dans les Poissons auxquels on a tant comparé les Cétacés, le maxillaire, au contraire, toujours rudimentaire, est débordé et circonscrit par un arc plus ou moins grand de l'intermaxillaire.

Dans tous les Cétacés, les sens paraissent généralement obtus, et bien que l'odorat existe dans les Baleines, comme nous l'avons directement prouvé après Hunter et Albert, dont les observations avaient été depuis révoquées en doute (V. BALEINE), nous pouvons assurer avec la même certitude qu'il manque aux Dauphins et aux Cachalots chez qui le corps de l'ethmoïde est tout-à-fait imperforé, malgré ce qu'en disent des observateurs peu exacts.

Dans les Baleines, Cachalots et Dauphins, la projection latérale des frontaux, et partant la plus grande distance des yeux à l'encéphale, en outre le petit diamètre des canaux optiques et des globes oculaires, dont la sclérotique a d'ailleurs une épaisseur au moins égale au quart de son diamètre, sont autant de conditions restrictives de l'énergie optique. (*V.* nos Recherches anat. et phys. sur le syst. nerv.)

La caisse auditive, par son développement, n'implique pas plus d'activité pour l'audition.

Dans tous les Cétacés, la fixité de la langue et sa structure presque toute graisseuse annoncent la grossièreté du goût, sens qui manque probablement tout-à-fait aux Baleines, Cachalots et Dauphins, lesquels avalent leur proie sans mastication préalable. Les Lamantins, Dugongs et Stellers ont seuls une mastication; mais la langue du Lamantin n'en est pas moins immobile et toute adipeuse, d'après Humboldt (Relat. Hist. t. 2).

La peau des Cétacés offre deux modifications remarquables, savoir, l'état du corps muqueux et celui de la face interne du derme. Steller dit que l'épiderme de la Baleine ressemble à celui du Cétacé qui porte son nom. Or, Scoresby dit que l'épiderme de la Baleine est épais comme du parchemin, qu'il se fendille et se détache par plaques; que le réseau muqueux a trois quarts de pouces d'épaisseur chez l'adulte, et presque deux pouces chez les jeunes (suckers), et que les fibres qui le composent sont perpendiculaires à la peau. Cette épaisseur et cette structure à fibres perpendiculaires du corps muqueux sont les mêmes dans le tissu appelé épiderme par Steller. Nous avons examiné la peau du Marsouin, et nous avons trouvé l'épiderme mince, une seconde couche épaisse, et enfin le derme qui comme dans la Baleine se confond par sa face interne avec la couche adipeuse. La structure de l'épiderme n'est donc pas autre dans les Cétacés que dans le reste des Vertébrés, comme on vient de l'imprimer récemment.

Le toucher paraît très-délicat à l'extrémité de l'espèce de trompe que forme la lèvre supérieure du Lamantin, à en juger d'après la finesse de la peau qui la recouvre, et la grandeur des trous sous-orbitaires, constamment en rapport, excepté chez les Rongeurs, avec le volume des nerfs qu'ils transmettent. Le boutoir du Dugong est un organe analogue. Dans tous les autres Cétacés, le toucher est certainement le plus grossier des sens. Il n'y a que les Lamantins dont les doigts soient pourvus de fort petits ongles. Tous les autres Cétacés en manquent absolument. Tous les Cétacés, même les Baleines, ont aussi au pourtour des lèvres une petite barbe composée de poils courts, rares et roides.

La couleur générale de la peau des Cétacés, constamment nue, est au moins sur le dos d'un noir ardoisé passant au bleu; l'épiderme est imprégné d'une couche huileuse, transsudée par le lard sous-cutané, dont l'épaisseur est si considérable qu'elle amortit une grande partie des coups qu'on leur porte. La couche adipeuse a jusqu'à vingt pouces dans les Baleines.

L'imperfection des sens des Cétacés et le peu de développement relatif de leur encéphale, excepté chez quelques Dauphins, met donc évidemment sous le rapport intellectuel les Cétacés au-dessous des autres Mammifères. Leur physionomie stupide justifie bien l'assignation de ce dernier rang. Il est peu de Poissons qui ne soient supérieurs aux Cétacés pour la perfection d'un ou plusieurs sens.

Dans les Lamantins et Dugongs seulement, l'avant-bras se meut sur l'humérus angulairement, et de plus, dans les Lamantins, le poignet se meut sur l'avant-bras, et les phalanges des doigts sont aussi susceptibles de flexion. Dans tous les autres Cétacés, il n'y a au bras, dont la rigidité jusqu'au bout des phalanges forme une véritable rame, d'autre mobilité que celle de l'articulation huméro-scapulaire. Nous avons déjà dit que cette rame servait plutôt à équilibrer l'Animal et à le faire virer de bord, qu'à sa progression dont la queue est le véritable et unique moteur. Dans son mouvement d'élévation, la nageoire pectorale des Cétacés, au moins chez les Baleines, d'après Scoresby, ne dépasse pas le plan de l'horizon.

L'amplitude des poumons assez bien représentée par celle de la cavité pectorale, ou, ce qui revient au même, par le nombre des côtes, ne paraît pas, comme on l'aurait pu croire, mesurer le temps pendant lequel les Cétacés peuvent se passer de respirer. Il y a onze à douze côtes dans les Dauphins, douze à quinze dans les Baleines, quatorze dans les Cachalots, seize dans les Lamantins, dont le poumon, d'après Humboldt, occupe le tiers de la longueur de l'Animal, et sur un individu de neuf pieds, déploie plus de mille pouces cubes, et enfin dix-huit dans les Dugongs. Dans tous, le sternum fort petit ne donne insertion qu'à trois ou quatre côtes au plus. Or, le Lamantin est obligé de venir respirer bien plus souvent que la Baleine qui peut rester plus de vingt minutes sous l'eau.

Les Cétacés étant obligés de venir respirer dans l'atmosphère à la surface des eaux, la rigidité de leur colonne cervicale a nécessité une situation particulière des ouvertures de la respiration; car les narines, comme dans les autres Mammifères, eussent été percées sur la bouche à l'extrémité de l'axe du corps, l'Animal, pour respirer, eût dû prendre une situation verticale dans l'eau, déplacer avec effort son centre de gravité, et faire sur sa longueur un quart de conversion. Cette manœuvre, en rompant sa ligne de direction dans la fuite de l'ennemi ou dans la poursuite de la proie, eût singulièrement ralenti tous ses mouvemens.

L'orifice respiratoire est donc placé au point le plus culminant de la tête,

de manière que le Cétacé nageant contre la surface, l'ouverture de l'évent se trouve hors de l'eau. La distance de l'orifice de l'évent à l'extrémité du museau varie d'un genre à l'autre; mais dans tous, les arrière-narines ont une construction uniforme par le redressement presque vertical du sphénoïde et de l'ethmoïde, et la presque disparution des os du nez. Le larynx s'élève jusque dans ces arrière-narines, et, comme un isthme, divise le gosier en deux larges passages latéraux.

Nous avons déjà dit aux articles Baleine et Cachalot que la projection de l'eau par les évens ne correspondait pas aux temps de la respiration, mais à ceux de la déglutition. En effet, l'orifice de l'évent devant, pour la respiration, surmonter la surface de l'eau, le Cétacé ne peut alors en avaler, puisque d'ailleurs il n'a pas besoin d'ouvrir la bouche; mais comme, dans tous les cas, sa bouche est submergée ainsi qu'aux Poissons, il faut bien qu'elle se remplisse chaque fois qu'elle s'ouvre pour les alimens. Il fallait donc au Cétacé, pour le débarrasser de cette eau, un mécanisme particulier, correspondant, quant à l'effet, aux ouvertures branchiales des Poissons chez qui la compression des opercules imprime à l'eau avalée une vitesse capable de surmonter la résistance du milieu liquide où se meut l'Animal.

Chez les Cétacés, l'issue de l'eau avalée étant ouverte par les narines, c'est près de cette issue que le mécanisme de compression pour l'expulsion du liquide devait être situé. Cuvier (Anat. comp.) a, le premier, bien décrit ce double appareil, vers lequel l'eau est dirigée par la contraction des muscles orbiculaires du pharynx, muscles dont la force, suffisante pour faire parcourir à l'eau le vide des arrière-narines, eût été impuissante pour vaincre la résistance du milieu ambiant, quand l'Animal avale sa proie et se débarrasse de l'eau avalée bien au-dessous de la surface. Cet appareil de compression consiste en deux poches à cavité réductible par la contraction de leurs parois musculaires, et munies inférieurement de soupapes pour empêcher le reflux de l'eau vers la gorge.

L'ordre des Cétacés offre la même gradation de structures harmoniques pour le régime alimentaire que celle que l'on observe dans la classe même des Mammifères. Les uns sont herbivores, et leurs organes digestifs rappellent le plan des Ruminans; ce sont les Lamantins, Dugongs et Stellers. D'autres sont carnivores, les Cachalots et Dauphins; d'autres enfin semblent omnivores, ce sont les Baleines, les Narvhals qui se nourrissent également de Poissons, de Mollusques et de Plantes marines.

L'aplatissement horizontal de la nageoire caudale des Cétacés, nécessitant les mouvemens dans un plan vertical, a entraîné un développement extrême des os en forme de V dont Cuvier a démontré l'usage dans les Animaux où la queue doit frapper le plan sur lequel se meut l'Animal, tels sont entre autres les Gerboises et Kanguroos. Ces os multiplient la puissance des muscles en les éloignant du centre de mouvement et agrandissant leur angle d'insertion. Aussi la queue des Cétacés est-elle leur principal moteur. Il résulte du plan vertical de ses mouvemens que la ligne de projection des Cétacés n'est pas droite à l'horizon comme celle des Poissons, mais ondulée par des courbes alternativement convexes et concaves vers la surface de l'eau, de sorte que quand le Cétacé nage en l'affleurant, il paraît et disparaît alternativement par intervalles inégaux, suivant la vitesse et la force des coups de sa queue. Cette progression ressemble un peu à celles des Pleuronectes. Il en résulte que, pour virer de bord, ses nageoires pectorales lui sont bien plus utiles qu'au Poisson, qui se retourne en frappant davantage avec sa queue du côté opposé à la direction qu'il veut prendre. Néanmoins il paraît que les Cétacés peuvent incliner, d'une certaine obliquité à l'horizon, les ailerons de la nageoire caudale, et l'employer ainsi aux mouvemens latéraux. Quand les Cétacés plongent, la tête, élevée d'abord au-dessus de la surface, se replie; puis le dos s'arrondit comme un segment de sphère, et enfin la queue se montre verticale. L'Animal descend ainsi perpendiculairement. Sa vitesse est telle que Scoresby a vu une Baleine harponnée dont le crâne s'était brisé en touchant le fond, après avoir filé huit cents brasses perpendiculaires en quelques minutes.

Les divers genres et encore moins les diverses espèces de Cétacés ne sont pas orbicoles, comme on le suppose d'après la facilité présumée de parcourir toutes les zônes de l'Océan, lesquelles sont bien loin cependant d'avoir une température uniforme. Mais, comme nous l'avons montré dans notre Mémoire sur la distribution géographique des Vertébrés moins les Oiseaux, la cause des cantonnemens des espèces dans des régions limitées non-seulement entre des parallèles, mais aussi entre des méridiens, ne tient pas seulement à la température; elle dépend surtout de la préférence exclusive pour telle nourriture qui ne se trouve que dans telle région, et enfin d'une prédilection instinctive des individus pour le site natal qui en général paraît aussi celui de la création de l'espèce.

Toutes les espèces de Cétacés ne sont pas non plus pélagiennes. Deux Dauphins sont uniquement fluviatiles, savoir: celui du Gange et celui encore indéterminé que Humboldt a rencontré dans les forêts inondées du Cassiquiare et de l'Orénoque. L'une des espèces de Lamantins habite une grande partie du cours des fleuves de la Colombie, et l'autre l'embouchure des fleuves d'Afrique. Le genre Dugong habite les bas-fonds des détroits de l'archipel Asiatique, depuis Malacca jusqu'à la Nouvelle-Hollande; les Stellers, les îles et les rivages voisins du détroit de Behring. Enfin les diverses espèces de Dauphins, de Baleines et de Cachalots occupent des parages limités par certains parallèles et certains méridiens, en dehors desquels on ne les rencontre que rarement.

On n'a aucune raison de croire que leur distribution géographique diffère aujourd'hui de ce qu'elle fut autrefois. On avait été, à cet égard, induit en erreur par l'inexactitude de langage des écrivains du moyen âge et de l'antiquité. Κητη chez les Grecs, *Cetus* chez les Romains et les écrivains latins du moyen âge, *Hwal*, *Whal* chez les auteurs germaniques et scandinaves, étaient des noms très-généraux appliqués, à toutes ces époques et chez tous ces peuples, à tous les grands Animaux marins indistinctement. On en peut juger, quant aux Grecs, par un long passage d'Oppien, qui (liv. 5) décrit, dans l'appareil de la pêche d'un *Cetus* ou Κητη, un énorme hameçon amorcé d'un foie de bœuf, et fixé par un chaîne de fer. Or, il est bien certain qu'aucun Cétacé ne mord à l'hameçon : c'est donc d'un Requin qu'il est question dans ce passage. Quintus, de Smyrne, peint Hésione prête à être dévorée par une Baleine. Or, jamais un Cétacé, pas même de Cachalots ni de Dauphins, pourtant carnivores, n'a attaqué un nageur. De même dans les Saggas norwégiennes, dans le Périple d'Other (*Script. rer. dan. med. œv.*, t. 2), les grands Phoques, les Morses, les grands Squales sont désignés par le nom de *Whal*, et de *Balœna* chez leurs traducteurs. Si les Basques avaient pêché régulièrement la Baleine franche dans leur Golfe, et si dans les actes qui en témoignent, comme dans la plupart des Chartes des monastères de ce temps-là, qui avaient établi à leurs profits une dîme sur la pêche des Marsouins, il eût été réellement question de la Baleine franche, les arts en auraient employé plus communément l'huile et les fanons. Or, en 1202, les fanons de Baleine étaient si rares, que le seul comte de Boulogne, dans l'armée qui combattit Philippe-Auguste à Bouvines, avait un panache de fanons de Baleine effilés. Voici comment

Guillaume-l'Armorique décrit l'armure du comte de Boulogne :

...... Qui nulli Marte secundus
Bolonides pugnæ insistit, cui fraxinus ingens
Nunc implet dextram
..... Gemina è sublimi vertice fulgens
Cornua conus agit, superasque educit in auras
E costis assumpta nigris quas faucis in antro
Branchia Balænæ Britici colit incola ponti.
Ut qui magnus erat magnæ super addita moli
Majorem fecerat phantastica pompa videri.

(*Philippid. lib. XI.*)

Cette particularité de l'armure du comte de Boulogne, parmi les généraux de ce temps-là, est encore mentionnée (liv. IX, vers 510 à 520) lorsqu'au siége de Gand, le comte de Boulogne, sur le point d'être pris, fut obligé de jeter son casque qui eût trahi sa fuite et qu'après le combat, Philippe et toute son armée reconnurent sur le champ de bataille, à ses grands panaches de Baleine. Enfin, par l'ordonnance même de Louis-le-Hutin, qui, en 1315, imposa sept sous sur chacune des cent Baleines transportées à Paris par la Seine, il est évident qu'il n'est question sous ce nom que de Marsouins; car aujourd'hui même, comment transporterait-on cent Baleines à Paris ? Les pêches faites par les Basques dans le golfe de Gascogne ne concernent donc que les petites Baleines qui fréquentent encore aujourd'hui ces parages à la suite des bancs de Poissons; seulement il paraît que leur nombre a diminué per l'effet même de la chasse, comme il arrive à tous les Animaux que poursuit notre avide industrie.

Il faut donc lire, avec les principes de critique établis ci-dessus, tous les écrits où il est question de Baleines, de Cetus et de Wahl. Tous les faits bien connus de la Zoologie l'attestent : les lois de la nature sont restées immuables depuis la dernière époque de la création.

On ne saurait mieux faire, pour la classification générale des Cétacés, que d'adopter celle qu'établit Cuvier dans le premier volume de son Règne Animal. Il constitue ainsi cette tribu :

† Cétacés herbivores. Cette section contient les genres Lamantin, *Manatus*, Lac.; Dugong, *Halicore*, Illig.; et Steller, *Rytina*, Illig.

†† Cétacés proprement dits. Cette section se compose de deux divisions :

α *A petite tête.*

Dauphin, *Delphinus*, L.; Narvhal, *Monodon*, L.; et Anarnak, *Anarnacus*, Lacép.; et *Hyperoodon*, Lacép.

β *A grosse tête.*

Cachalot, *Physeter*; Baleine, *Balæna*. *V.* tous ces mots.

Nous profiterons de l'occasion qui nous est présentée dans cet article, pour rectifier quelques inexactitudes qui se sont glissées dans notre article Baleine, T. ii, p. 165. Nous avons compté, parmi les Baleines fossiles, l'espèce de Cétacés pour laquelle nous proposons le nom de Macrocéphale. D'après le caractère que nous avons déduit de la direction de l'évent pour la distinction des Cétacés, l'axe presque vertical de celui de l'espèce en question, l'exclut au contraire du genre Baleine. D'après l'ensemble de sa forme, c'est plutôt un Hyperoodon, *V.* ce mot, quoique Camper lui-même rapporte cette tête à un autre genre.

On avait en outre oublié les quatre Baleinoptères décrites sur des peintures japonaises par Lacépède (Mém. cité dans les Mém. du Muséum, t. 4); les voici :

14. Baleinoptère mouchetée, *Bal. punctata*, Lacép. (Mém. du Muséum, t. 4). Cinq ou six bosses placées longitudinalement sur le museau; nageoire dorsale petite; tête, corps et nageoires pectorales noirs et mouchetés de blanc.

15. Baleinoptère noire, *Bal. nigra*, Lacép. *ibid.* Quatre bosses longitudinalement situées sur le museau ou le front; mâchoire supérieure étroite, dont le contour se relève au-devant de l'œil presque ver-

ticalement; couleur générale noire; nageoires et mâchoires bordées de blanc.

16. Baleinoptère bleuatre, *Bal. cærulescens*, Lacép. *ibid.* Mâchoire supérieure étroite, dont le contour se relève au-devant de l'œil presque verticalement; plus de douze sillons inclinés de chaque côté de la mâchoire inférieure; nageoire dorsale petite, et plus rapprochée de la caudale que l'anus; couleur générale d'un gris bleuâtre.

17. Baleinoptère tachetée, *Bal. maculata*, Lacép. *ibid.* Mâchoire inférieure plus avancée que la supérieure; extrémités des mâchoires arrondies; évens un peu en arrière des yeux qui sont près de la commissure; nageoire dorsale presque autant distante des pectorales que de la caudale; couleur générale noirâtre; quelques taches très-blanches, presque rondes, inégales et placées irrégulièrement sur les côtés de l'Animal.

Dans ces quatre Baleinoptères, la longueur de la tête serait presque le quart de la longueur totale. (A. D..NS.)

CÉTÉRACH. bot. crypt. (*Fougères.*) Le Cétérach des pharmacies, rapporté d'abord par Linné au genre *Asplenium*, a été rangé par Swartz dans le genre *Grammitis*, et regardé ensuite par Willdenow comme le type d'un genre nouveau auquel il a conservé le nom de *Ceterach*. Quoique son port et l'ensemble de ses caractères le distinguent facilement des *Grammitis*, il est difficile de fixer les caractères qui l'en séparent. Willdenow donne pour caractères au genre *Ceterach*: groupes de capsules linéaires, transversaux, sans tégument; les Grammitis n'en diffèrent donc que par leurs groupes de capsules obliques ou épars. On doit, croyons-nous, par cette raison, faire entrer de plus dans le caractère du genre *Ceterach*, comme De Candolle l'a fait, la présence d'écailles scarieuses qui environnent et recouvrent presqu'entièrement les capsules, sans qu'on puisse pourtant assimiler ces écailles à un vrai tégument. Toutes les

27

Plantes de ce genre ont une fronde épaisse, coriace, d'un vert foncé; les nervures sont à peine visibles; la face inférieure des frondes et quelquefois le pétiole sont couverts d'écailles scarieuses, blanchâtres ou rousses, qui leur donnent un aspect très-particulier.

L'espèce commune, *Ceterach officinarum*, *Asplenium Ceterach*, L., croît sur les murs et les rochers dans toute l'Europe méridionale, en Allemagne, en Suisse, et jusqu'aux environs de Paris. Sa fronde a quatre, rarement cinq pouces de haut; elle est pinnatifide, à lobes alternes, confluens par la base et arrondis au sommet: une variété est obscurément dentée; sa face inférieure est couverte d'écailles entières sur leur bord. Cette Plante, quoiqu'inscrite dans toutes les Pharmacopées, est très-peu employée; elle paraît participer aux propriétés adoucissantes de la plupart des Fougères, mais à un moindre degré que les Capillaires de Canada ou même de Montpellier, dont elle n'a pas le parfum, et qui sont des Fougères du genre Adianthe. *V.* ce mot.

Outre cette espèce, on connaît encore quelques Plantes qui se rapportent à ce genre. Une des plus remarquables, est celle que Bory de Saint-Vincent décrivit et figura dans ses Essais sur les îles Fortunées, sous le nom d'*Asplenium latifolium*, que Cavanilles mentionna sous le nom d'*Asplenium aureum*, et qui est le *Ceterach canariensis* de Willdenow. Sa fronde est beaucoup plus grande que celle du Cétérach ordinaire, mais la Plante a la même forme, et la face inférieure de sa fronde est couverte d'écailles rousses et brillantes.

Le *Ceterach Marantæ* de De Candolle, *Acrostichum Marantæ* de Linné, quoique ne présentant pas exactement la même disposition des capsules, a tellement l'aspect des Cétérachs, qu'il est difficile de l'en séparer. R. Brown le range cependant dans son genre *Notholœna*.

Le *Ceterach alpinum* de la Flore française est un genre bien distinct,

décrit sous le nom de *Woodsia* par R. Brown. *V.* ces mots. (AD. B.)

CÉTHOSIE. *Cethosia.* INS. Genre de l'ordre des Lépidoptères, section ou famille des Diurnes, établi par Latreille, et se distinguant de celui des Nymphales auquel il ressemble beaucoup par les caractères suivans: palpes inférieurs sensiblement écartés entre eux; crochets des tarses simples ou sans division. Ces Lépidoptères sont intermédiaires entre les Argynnes et les Danaïdes. Ils sont tous exotiques. Les espèces les plus remarquables sont: la Céthosie Cydippe, *Ceth. Cydippe* ou le *Papilio Cydippe* des auteurs; la Céthosie Didon, *Ceth. Dido* ou le *Papilio Dido* de Linné, Fabricius, etc. *V.*, pour les autres espèces, les ouvrages de Latreille et l'Encyclopédie Méthodique (T. IX, p. 242), dans laquelle on en décrit seize. (AUD.)

CETI. BOT. PHAN. (Dioscoride.) Syn. de *Conyza squarrosa*, L. *V.* CONYSE. (B.)

CÉTINE. MAM. Matière particulière blanche, cristalline, qui se précipite par refroidissement de la dissolution alcoholique du blanc de Baleine. C'est aux travaux de Chevreul que la chimie est redevable de la connaissance de cette matière. (DR..Z.)

CÉTOCINE. Cetocis. MOLL. Quoique Denis de Montfort, en établissant ses nouveaux genres, ait averti qu'il ne le faisait qu'avec beaucoup d'attention, et que ce n'était qu'après avoir cherché à appliquer aux caractères génériques déjà établis, ceux de l'espèce présente, on peut cependant lui demander comment il a vu la Bélemnite dont il a fait le genre Cétocine, et comment, en la comparant avec les espèces de Bélemnites, il a pu l'en séparer seulement sur ce faible caractère de quelques stries rayonnantes au sommet? On sent combien il est essentiel de rectifier de pareilles erreurs qui tendraient bien plutôt à embrouiller la science qu'à l'éclairer. *V.* BÉLEMNITE. (D. H.)

CÉTOINE. *Cetonia.* INS. Genre de l'ordre des Coléoptères, section des Pentamères, établi par Fabricius aux dépens des Scarabées de Linné, et placé (Règn. Anim. de Cuv.) dans la famille des Lamellicornes, tribu des Scarabéides. Latreille assigne pour caractères à ce genre : antennes de dix articles, dont les trois derniers composent une massue à trois feuilles, et plicatile ; labre membraneux, caché sous le chaperon ; mandibules en forme d'écailles membraneuses ; lobe terminal des mâchoires simplement coriace et soyeux ; dernier article des palpes un peu plus gros que les précédens, ovalaire ; menton presque aussi long que large, ses bords latéraux recouvrant les deux premiers articles de ses palpes ; corps ovale, déprimé ; corselet en trapèze ; pièces axillaires et antérieures de l'arrière-poitrine saillantes entre les angles postérieurs du corselet et la base des étuis. Les Cétoines s'éloignent sous plusieurs rapports des Hannetons, des Géotrupes, des Oryctes, etc. Elles ressemblent beaucoup au genre Trichie, et ne s'en distinguent guère que par l'existence d'une pièce écailleuse triangulaire entre les angles postérieurs du corselet et la base des élytres. Ce caractère leur est commun avec les Goliaths et les Cremastocheies ; les premiers en diffèrent essentiellement par la consistance des mâchoires, et les seconds par leur menton excavé en devant. Les Cétoines ont généralement le corps ovale et déprimé à la partie supérieure ; la tête petite et prolongée en un chaperon plus long que large, les yeux globuleux ; les antennes courtes de dix articles dont le premier est assez gros et presqu'aussi long que les six qui suivent réunis ; le huitième, le neuvième et le dixième forment une massue ovale et oblongue ; le prothorax est étendu, trapézoïdal, convexe dans tous les sens et surtout de devant en arrière ; cette étendue n'a lieu qu'à la partie supérieure, car inférieurement il est très-étroit ; le mésothorax supporte un écusson triangulaire plus ou moins visible ; cet anneau du thorax est remarquable par une pièce surnuméraire située entre le corselet et les élytres, et qu'on croirait au premier coup-d'œil faire partie de ces dernières. Les entomologistes ont employé avec avantage, dans les caractères du genre Cétoine, cette particularité commune à toutes les espèces ; mais ils n'ont pu, faute de connaissances exactes sur le thorax, déterminer la nature de cette pièce. Le travail que nous avons entrepris sur le système solide des Animaux articulés, nous a fait voir qu'elle n'était autre chose que l'épimère développée outre mesure et devenue, à cause de cela, saillante à la partie supérieure, tandis que dans tout autre Insecte elle occupe les flancs, et se trouve cachée par la base des élytres et les angles postérieurs du corselet. Les élytres sont presque carrées, aussi longues ou seulement un peu plus courtes que l'abdomen, sinueuses et même échancrées sur leur bord externe. La poitrine du mésothorax se confond postérieurement avec celle du métathorax, principalement sur la ligne moyenne où il existe une saillie sternale plus ou moins prolongée en bas et en avant. Les pieds sont assez courts, avec les cuisses petites, à l'exception des dernières qui sont longues et larges. Les jambes offrent des dentelures très-prononcées. Notre savant ami Dufour a observé que dans la Cétoine dorée, l'estomac diffère peu de celui du Hanneton ; il est cependant moins long, et sa tunique externe est couverte de petites papilles superficielles en forme de points. Un intestin excessivement court le suit, et présente aussitôt un renflement allongé qui n'est point caverneux comme celui du Hanneton, et a tous les caractères du cœcum des autres Insectes. L'appareil biliaire est analogue à celui des Carabiques, mais plus long et plus délié. Suivant le même anatomiste, les organes gé-

27*

nérateurs mâles se composent essentiellement d'une paire de testicules et de deux masses, composées chacune de douze utricules agglomérés, du centre desquels partent autant de conduits propres qui aboutissent successivement à un canal déférent. On remarque aussi des vésicules spermatiques tubuleuses, et toutes ces parties débouchent par des orifices distincts à l'origine du conduit éjaculateur. Marcel de Serres (Mém. du Mus. d'hist. nat. T. IV) a fait quelques observations sur l'appareil respiratoire du genre que nous traitons. On sait que l'abdomen des Cétoines est occupé en grande partie par des poches pneumatiques très–irrégulières, petites et excessivement nombreuses. Ces poches pneumatiques ou trachées vésiculaires sont aussi très–multipliées partout ailleurs; il n'est pas jusqu'aux muscles les plus déliés qui n'en présentent, ceux de la bouche en sont pénétrés; elles forment autour des yeux composés une série circulaire de petits sacs dont la communication a lieu au moyen de trachées tubulaires. Les muscles du thorax en sont également couverts. Dans l'abdomen, elles se multiplient encore davantage en entourant le tube intestinal et les organes reproducteurs d'un réseau inextricable. Cependant toutes ces trachées vésiculaires partent d'un grand nombre de troncs principaux qui fournissent des branches transversales fort nombreuses, lesquels en se développant paraissent former les sacs pneumatiques. Quant aux troncs des trachées pulmonaires, ils s'étendent d'une extrémité du corps à l'autre, accompagnent toujours le vaisseau dorsal et lui fournissent d'assez nombreuses ramifications; par leurs branches externes ils communiquent avec les trachées artérielles et avec les poches pneumatiques; les troncs des trachées artérielles sont au contraire fixés sur les côtes inférieures du corps, et leurs branches s'étendent dans les pates. Ces trachées sont en communication avec les poches pneumatiques au moyen de leurs branches internes, tandis qu'elles se rendent directement aux stigmates par six branches transversales.

Les Cétoines se rencontrent le plus souvent sur les cimes du Sureau et sur la plupart des Ombellifères; on les trouve aussi sur la Rose, la Pivoine, etc.; elles ne nuisent en aucune manière à ces Plantes, et paraissent se nourrir de la liqueur miellée répandue dans le fond de la corolle. Leur couleur vive, et le plus souvent métallique, contraste agréablement avec les teintes douces et variées des fleurs qu'elles habitent; leurs larves, très–semblables à celles des Hannetons, ne sont pas à beaucoup près aussi voraces et aussi nuisibles; elles se trouvent dans la terre ou dans le terreau humide; à l'approche du froid, elles s'enfoncent à la profondeur de deux ou trois pieds, se pratiquent une loge, passent ainsi l'hiver et ne quittent cette demeure qu'au retour du printemps. Lorsque la larve a pris tout son accroissement, c'est-à-dire au bout de trois à quatre ans, elle construit, avec toutes les matières divisées qu'elle rencontre, une coque ovale, mince et très–solide, se métamorphose en nymphe dans son intérieur, et se change enfin en Insecte parfait. Ces observations ont principalement été faites sur la Cétoine dorée.

Ce genre est très-nombreux en espèces élégantes; parmi elles nous remarquerons la Cétoine dorée, *Cet. aurata* de Fabricius, ou l'Émeraudine de Geoffroy (Hist. des Ins. T. 1, p. 73, n. 5). Elle sert de type au genre et se rencontre très-communément dans toute l'Europe. La Cétoine stictique, *Cet. stictica* de Fabricius, ou le Drap-Mortuaire de Geoffroy (*loc. cit.* p. 79, n. 14), qui est la même que le *Scarabæus funestus* de Scopoli (*Ent. Carn.* n. 7), et le *Scarabæus funerarius* de Fourcroy (*Ent. Paris.* vol. 1, p. 8, n. 14). Elle se trouve sur plusieurs fleurs, principalement sur celles du Chardon. *V.*, pour les autres espèces, Olivier (*Entomol.* et *Encycl.*)

Méthod., première division des Cétoines), Fabricius (*System. eleuth.* p. 155), Latreille (*Genera Crust. et Ins.* vol. II, p. 126), Dejean (Catal. des Coléopt., p. 61), Knoch (*Neve Beytrage zur insectenkunde*, p. 93), Kirby (*Linn. Societ. Trans.* T. XII), etc., etc.   (AUD.)

CÉTORHIN. *Cetorhinus.* POIS. Sous-genre formé par Blainville, dans les Squales. *V.* ce mot.   (B.)

CETRACCA, CETRACH ET CITRACCA. BOT. CRYPT. Syn. divers de Cétérach. *V.* ce mot. Noms d'origine arabe.   (B.)

CÉTRAIRE. *Cetraria.* BOT. CRYPT. (*Lichens.*) Ce genre de Lichen, établi par Acharius dans sa Lichenographie universelle, diffère à peine des *Borrera* du même auteur; il présente une fronde membraneuse, cartilagineuse, très-rameuse, laciniée, généralement lisse; ses apothécies sont en forme de scutelles, insérées obliquement sur le bord de la fronde; leur disque est formé d'une substance distincte du reste de la fronde, et entouré par un rebord formé par cette fronde. On voit que ce genre ne diffère des *Borrera* que par l'insertion oblique et marginale des scutelles. Ce caractère nous paraît bien peu important pour séparer ces deux genres; tous deux faisaient partie du genre *Physcia* de De Candolle, et peut-être devrait-on en effet les réunir.

On connaît environ douze espèces de ce genre; elles croissent la plupart sur les Arbres ou sur la terre; plusieurs sont propres aux pays froids ou aux montagnes les plus élevées. Parmi ces espèces, la plus intéressante est celle connue sous le nom de Lichen ou Mousse d'Islande, *Lichen islandicus*, L., *Cetraria islandica*, Ach. A cause de ses usages nombreux tant comme médicament que comme formant la base de la nourriture de quelques peuples du Nord, elle mérite de fixer notre attention. Cette Plante croît abondamment en Islande, en Laponie, et dans tous les lieux élevés de l'Europe, dans les monta-

gnes de l'Ecosse, dans les Alpes; Bory l'a trouvée dans les Asturies; mais c'est surtout dans le premier de ces pays qu'elle forme un objet important de consommation. Elle pousse sur la terre ou sur les rochers; sa fronde est assez rameuse, plane ou recourbée en gouttière, assez crépue et laciniée sur ses bords; sa couleur est d'un brun marron; elle n'a aucune odeur. Il est assez rare, surtout dans la partie tempérée de l'Europe, de la trouver en fructification. Les habitans de l'Islande choisissent pour en faire la récolte un temps humide: ils se transportent alors en grand nombre, avec des chevaux, dans les lieux où ce Lichen croît abondamment. Ils ne retournent dans les mêmes lieux qu'au bout de trois ans, cet espace de temps étant nécessaire au développement parfait de cette Plante. La récolte ne peut se faire que par un temps humide, sans quoi le Lichen se briserait très-facilement et se réduirait en poussière. Ils en remplissent des sacs, et le conservent ainsi. Pour s'en servir, ils le réduisent en poudre et le laissent dans l'eau pendant vingt-quatre heures pour lui enlever, au moins en partie, son amertume; on le fait bouillir ensuite avec du petit lait, et on en forme une gelée qu'on mange, soit avec du lait, soit avec du fromage; quelquefois aussi on prépare avec cette farine des espèces de galettes dures et cassantes qui le rendent plus facile à digérer; on peut aussi en faire un vrai pain en y mêlant un peu de farine et de levain; mais il conserve toujours une légère amertume et une couleur noire qu'a pas la bouillie faite avec le lait. Cette substance est nutritive et très-saine. Deux mesures d'une pareille farine sont à peu près aussi nourrissantes qu'une de farine de froment. Scopoli rapporte qu'en Carniole on fait paître les bestiaux qu'on veut engraisser dans les lieux où cette Plante croît abondamment, et qu'il ne faut que quelques semaines pour les rendre très-forts et très-gras. Quelques auteurs ont regardé ce Lichen comme ayant une action légèrement purgative qui devrait s'opposer à ce qu'on l'employât comme aliment; mais il paraît qu'il ne jouit de cette propriété que lorsqu'on ne lui a pas enlevé son amertume par l'immersion dans l'eau froide pendant quelque temps, ou dans l'eau bouillante pendant peu de momens seulement. On peut détruire complétement ce goût amer en employant le procédé indiqué par Berzelius, qui consiste à ajouter à l'eau, dans laquelle on le fait macérer, 32 grammes d'un sous-carbonate alcalin pour 500 grammes de Lichen en poudre. Comme médicament, on emploie la gelée qu'on en retire, soit prise dans du lait ou dans de l'eau, pour redonner des forces aux convalescens; on l'a beaucoup recommandé dans les diverses affections pulmonaires, même dans la phthisie, et il paraît que si ce remède n'est que palliatif, comme presque tous ceux qu'on emploie contre cette terrible maladie, du moins il en calme un peu les symptômes; il agit en même temps comme mucilagineux et adoucissant, et même amer et légèrement tonique. Il paraît composé principalement d'une matière gommeuse ou mucilagineuse, soluble dans l'eau, analogue à la gélatine, suivant Berzelius, d'une petite quantité de matière résineuse, et d'une matière amère analogue au tannin. En le faisant bouillir dans une chaudière de fer, il donne à la laine une couleur jaune foncée. (AD. B.)*

CETRIUOLO. BOT. PHAN. *V.* CEDRIUOLO.

CETROS BOT. PHAN. Syn. grec de *Daphne Gnidium. V.* DAPHNÉ. (B.)

CEUILLER. OIS. Syn. vulgaire du Savacou, *Cancroma cochlearia*, L. Ce nom est aussi donné quelquefois à la Spatule blanche, *Platulea Leucorodia*, L., dans les anciens auteurs. *V.* SAVACOU et SPATULE. (DR..Z.)

CÉVADA ET **SÉVADA.** BOT. PHAN. Qui se prononce *Cébada.* Syn. espagnol et portugais d'Orge. *V.* ce mot. (B.)

CEVADILLE. BOT. PHAN. Graines employées pour faire périr les Pous, et qui sont celles d'un Vératre, d'un Melanthium, mais plus particulièrement de la Stafisaigre, espèce de Dauphinelle. *V.* ces mots. (B.)

CEVAL-CHICHILTIC. BOT. PHAN. Syn. de *Vitis indica*, L. *V.* VIGNE. (B.)

CEVETTONE, INS. Syn. italien de Libellule. *V.* ce mot. (B.)

CEYLANITE. MIN. (De Lamétherie.) *V.* SPINELLE.

CEYNAS. BOT. PHAN. L'un des syn. indiens de Bombax. *V.* FROMAGER. (B.)

CEYX. OIS. (Lacépède.) *V.* MARTIN-PÊCHEUR.

CEYX. *Ceyx.* INS. Genre de l'ordre des Diptères fondé par Duméril, qui le place dans sa famille des Latélasètes ou Chétoloxes, et lui assigne pour caractères : tête arrondie, portée sur un col; antennes plus courtes que la tête et à soie simple; corps cylindrique, allongé; pates fort longues. Les Ceyx sont de petits Insectes qui, quoique très-différens des Mouches, avaient cependant été confondus avec elles. Latreille n'adopte pas le genre Ceyx; mais il le subdivise en ceux de Calobate et de Micropèze. *V.* ces mots. (AUD.)

CEZERO. OIS. Syn. languedocien de la Grive, *Turdus musicus*, L. *V.* MERLE. (DR..Z.)

CEZES ET **CEZEROUS.** BOT. PHAN. Syn. languedociens de Pois-Chiche. *V.* CHICHE. (B.)

CHA. BOT. PHAN. Nom du Thé chez les Chinois qui le nomment aussi Ché. C'est l'Epicia chez les Tartares des bords de l'Oby qui appellent également cet Arbre Chade et Chady. (B.)

CHAA. BOT. PHAN. Les Chinois donnent ce nom ou celui de Tcha au Thé-Bou; les Arabes l'appliquent à l'Inule odorante qu'ils appellent aussi Munis, Neschasch et Gien ; cultivée dans l'Yemen, à cause du parfum qu'elle exhale. (B.)

CHABAL. MAM. Nom patois du Cheval dans quelques cantons méridionaux de la France. (A. D..NS.)

* **CHABANES.** BOT. CRYPT. Nom vulgaire d'un Champignon nommé Peuplière brune par Paulet. (B.)

CHABASI ET **CHUBÈZE.** BOT. PHAN. Syn. arabe du *Malva rotundifolia*, L. *V*. MAUVE. (B.)

CHABASIE. MIN. *Schabazit* de Werner; variété du Würfelzeolith de Reuss. Ce Minéral ne s'est encore rencontré dans la nature que sous la forme de cristaux transparens ou blanchâtres, qui sont des rhomboïdes obtus de 93° 48', ou simples ou modifiés sur leurs bords supérieurs en même temps que sur leurs angles latéraux. La Chabasie raye légèrement le verre et fond aisément au chalumeau en une masse blanchâtre et spongieuse. Sa pesanteur spécifique est d'environ 217. Vauquelin a trouvé par l'analyse de celle de Feroë, sur cent parties, 43,33 de Silice, 22,66 d'Alumine, 5,34 de Chaux, 9,34 de Soude mêlée de Potasse, 21,00 d'Eau; perte, 0,33. La variété primitive existe à Feroë dans la Wacke, où des cristaux de Stilbite lui sont ordinairement associés. La variété secondaire que Haüy a nommée *Trirhomboïdale*, parce qu'elle offre la réunion de trois rhomboïdes, a été observée à Fassa, et à Oberstein, dans le Xérasite, ou le Grünstein amygdaloïde de transition des Allemands. On a trouvé aussi de la Chabasie dans le Basalte. Ce Minéral est sans aucun usage. Chabazion, dans le poëme d'Orphée sur les Pierres, désigne une substance maintenant inconnue. (G. DEL.)

* **CHABAZIZI.** BOT. PHAN. Syn. de *Cyperus esculentus* à Malte et en Sicile, selon Rumph. *V*. SOUCHET. (B.)

CHABIN. MAM. (Sonnini.) Nom d'un Métis dont l'existence n'est pas suffisamment constatée et qu'on dit provenir, dans les îles de l'Amérique, de l'union du Bouc et de la Brebis. Il aurait les formes de la mère et le poil du père. (B.)

* **CHABOISEAU** OU **CHABIS-SEAU.** POIS. Syn. de Scorpion. Espèce du genre Cotte. *V*. ce mot. (B.)

* **CHABOK.** BOT. PHAN. Syn. kalmouck de Courge. (B.)

CHABOT. POIS. Syn. de *Cottus Gobio*, L. Le Poisson que Bonnaterre a nommé Chabot de l'Inde est le *Cottus macropterygius* de Schneider, devenu le type du genre Aspido-phoroïde. *V*. ce mot et COTTE. (B.)

CHABRÆA. BOT. PHAN. (Adanson.) Syn. de Péplide. *V*. ce mot. (B.)

CHABRÉE. *Chabræa.* BOT. PHAN. Genre de la famille des Synanthérées et de la Syngénésie égale de Linné, établi sous ce nom par le professeur De Candolle, en même temps que Willdenow et Lagasca le distinguaient, par d'autres dénominations, du *Perdicium* dont ils l'avaient démembré. Ces trois auteurs s'étant accordés, à l'insu les uns des autres, dans la formation de ce genre, il ne peut y avoir de doute pour sa validité; mais doit-on préférer le nom proposé par De Candolle à ceux de *Rhinactina* et de *Lasiorrhiza* donnés par Willdenow et Lagasca? L'antériorité de ces derniers ne nous étant pas démontrée, nous décrirons ce genre sous celui de *Chabræa*, parce qu'il est ainsi désigné dans un ouvrage spécial sur le groupe des Synanthérées, auquel De Candolle donne le nom de *Labiatiflores*, ouvrage qu'il a lu d'ailleurs à la première classe de l'Institut, dès l'année 1808; tandis que le Mémoire de Lagasca lui est postérieur, du moins dans sa publication, de trois années.

Le *Chabræa* présente les caractères suivans: capitule de fleurs nombreuses, hermaphrodites, dont les corolles ont cette forme particulière qui les a fait nommer Labiatiflores par De Candolle; involucre composé de folioles disposées sur plusieurs rangs, et à peu près égales entre elles. Ovaire cylindroïde surmonté d'une longue aigrette composée de petites écailles aristées.

Corolle dont le limbe est divisé en deux lèvres ; l'extérieure, étalée, colorée et tridentée au sommet, est notablement plus grande dans les fleurs de la couronne que dans celle du disque ; l'intérieure petite, sans couleur, subulée et roulée à sa base, quelquefois partagée en deux lanières cirrhiformes. Telle est l'organisation de ce genre, dont la connaissance est due aux botanistes que nous avons cités, et la rectification des caractères à H. Cassini qui le place dans sa tribu des Nassauviées.

A la Chabrée pourpre, *Chabrœa purpurea*, D. C., Plante herbacée du détroit de Magellan, couverte de poils longs et blanchâtres, dont les feuilles sont alternes, pinnatifides, et les fleurs rouges, Lagasca ajoute le *Perdicium brasiliense*, que De Candolle sépare, au contraire, des Chabrées, et réunit avec le *Perdicium radiale* pour en former le genre *Trixis*.

Le genre *Chabrœa* a été dédié à la mémoire de Dominique Chabrey, magistrat de la république de Genève et l'un des botanistes les plus estimables du dix-septième siècle. C'est à lui qu'on doit un ouvrage intitulé *Sciagraphia*, accompagné d'une grande quantité de figures assez médiocres. Adanson avait déjà donné le nom de *Chabrœa* au genre *Peplis* de Linné ; comme celui-ci a prévalu, le professeur De Candolle a imposé de nouveau le nom de son compatriote à la Plante qu'il avait d'abord désignée sous celui de *Bertolonia*, mais qu'il a cru devoir changer, probablement parce que cette dénomination servait déjà à la désignation d'un autre genre : c'est aussi pour un semblable motif que Michaux, qui avait appelé *Chabrœa* une Plante nouvelle de l'Amérique, lui a substitué le nom de *Pleea*, *V.* ce mot. (G..N.)

* CHABROTÈRE. POIS. Espèce de Trigle du sous-genre Malarmat. *V.* TRIGLE. (B.)

CHABUISSEAU. POIS. Qu'il ne faut pas confondre avec Chaboiseau. Syn. de Chevanne, espèce d'Able. *V.*

ce mot. On donne aussi ce nom, à La Rochelle, à un petit Poisson encore indéterminé, remarquable par la belle ligne bleue qui règne sur les deux côtés du corps. (B.)

CHACAL. MAM. Espèce du genre Chien. On appelle Chacal gris, un autre Animal du même genre, *Canis mesomelas*. *V.* CHIEN. (B.)

CHACAMEL. OIS. Espèce mexicaine que Sonnini (édit. de Buff., t. 38, p. 69 et suiv.) regarde comme le petit Aigle d'Amérique de Buffon ; mais que Latham a rangée avec plus de vraisemblance, d'après la description de Hernandez, parmi les Hoccos (*Crax*) sous le nom spécifique de *Vociferans*. *V.* HOCCO. (DR..Z.)

* CHACAN-GUARICA. BOT. PHAN. (Hernandez.) Syn. mexicain de *Bixa Orellana*. *V.* ROCOU. (B.)

* CHACANI, CHECANI, TSJE-KANI. BOT. PHAN. Syn. malabare d'*Areca Cathecu*. *V.* AREC. (B.)

CHACARILLE, CHACRELLE, CHACRIL ET CHACRILLA. BOT. PHAN. Même chose que Cascarille, *V.* ce mot.

* CHACAYE. BOT. PHAN. On trouve sous ce nom, dans l'Herbier de Dombey, un Arbrisseau du Pérou encore indéterminé et qui paraît être un Nerprun, ou du moins appartenir à la famille à laquelle ce genre sert de type. (B.)

CHA-CHA OU CLA-CLA. OIS. Syn. vulgaire de la Litorne, *Turdus pilaris*, L. *V.* MERLE. (DR..Z.)

* CHACHACOMA OU CHACHAS. BOT. PHAN. Syn. péruvien de *Stereoxylum resinosum* de la Flore du Pérou. *V.* STÉRÉOXYLE. (B.)

CHACHALACAMETL. OIS. C'est-à-dire en mexicain *Oiseau criard*. Buffon en a fait, par abréviation, CHACAMEL. *V.* ce mot. (DR..Z.)

* CHACHALTSCHA. POIS. (Tilésius.) Ce mot désigne, dans la langue du pays, une espèce de Gastérostée des côtes septentrionales de l'Asie. (B.)

CHACHANATOTOTL ou CHA-CHA-VOTOTOLT. ois. (Hernandez.) Espèce que l'on présume appartenir au genre Gros-Bec ; elle est petite, variée en dessus de noir, de cendré et de bleu ; jaune en dessous avec les pieds bruns. (DR..Z.)

* CHACHAS. BOT. PHAN. *V*. CHA-CHACOMA. (B.)

* CHACHAUL. BOT. PHAN. Nom péruvien d'une espèce du genre Calcéolaire, *Calceolaria serrata*, Lamk. ; elle est employée comme vulnéraire au Chili. (B.)

CHACHA-VOTOTOLT. *V*. CHA-CHANATOTOTL.

CHACONE. REPT. SAUR. Nom de pays d'une petite espèce de Jecko de Siam. (B.)

* CHACRELAS. MAM. *V*. HOMME.

CHACRELLE, CHACRIL. BOT. PHAN. *V*. CHACARILLE.

CHACURU. ois. Espèce du genre Tamatia, *Bucco Chacuru*, Vieill. *V*. TAMATIA. (DR..Z.)

* CHADA. ois. (Gaimard.) Syn. d'OEuf de Poule aux îles Marianes. (B.)

* CHADA. BOT. PHAN. L'un des noms arabes du *Geranium arabicum* de Forskahl. (B.)

* CHADÆIR ou CHADÆJR. ois. Syn. égyptien du Guêpier vert, *Merops viridis*, Gmel. ; *Merops ægyptius*, Forskahl. *V*. GUÊPIER. (DR..Z.)

CHADAR. BOT. PHAN. Nom indifféremment donné par les Arabes au *Mesua glabra*, ou bien à une espèce de Grewia dont Forskahl avait formé un genre sous le nom de Chadara.(B.)

CHADARA. ois. Syn. du *Corvus cyaneus*, Pall., en Daourie. *V*. COR-BEAU. (DR..Z.)

CHADARE. *Chadara*. BOT. PHAN. Pour Chadar. *V*. ce mot. (B.)

CHADASCH. BOT. PHAN. Espèce qu'on présume appartenir au genre Amyris, et qui n'est connue que par la simple indication qu'en a donnée Forskahl. (B.)

CHADDÆIR ou CHADDÆJR. ois. *V*. CHADÆIR. (B.)

CHADDER ou CHADDIR. BOT. PHAN. (Forskahl.) Syn. arabe de *Boerhaavia diandra et erecta*. *V*. BOERHAAVIA. (B.)

CHADE. BOT. PHAN. *V*. CHA.

CHADEC. BOT. PHAN. Nom qu'on donne, à la Barbade, à une espèce de Citronnier dont le fruit est fort grand. (B.)

CHADET. MOLL.(Adanson.)Syn. de *Cerithium eburneum*, Brug., et nom du *Murex chinensis* de Gmelin, qui est une autre espèce du genre Cérithe, désignée par Adanson sous le nom de Goumier. (D. H.)

* CHADRI. POIS. Syn. arabe du *Scarus niger* de Forskahl. *V*. SCARE. (B.)

CHADSURA. BOT. PHAN. Syn. mongole de *Pinus Picea*, L. (B.)

CHADY. BOT. PHAN. *V*. CHA.

* CHÆLANTHUS. BOT. PHAN. Ce mot, dans le Dictionnaire de Levrault, est ainsi écrit au lieu de *Chœtanthus*, nom d'un genre de la famille des Restiacées établi par R. Brown. *V*. CHÆTANTHE. (G..N.)

CHÆLLE. BOT. PHAN. (Forskahl.) Syn. arabe d'*Ammi majus*, L. *V*. AM-MI. (B.)

CHÆNANTOPHORES. *Chœnantophoræ*. BOT. PHAN. C'est ainsi que Lagasca désigne un groupe de Plantes de la famille des Synanthérées, qu'il considère comme parfaitement intermédiaire entre les Chicoracées et les Corymbifères de Jussieu, et qui se distingue essentiellement par la forme de sa corolle ; celle-ci présente un limbe divisé supérieurement en deux lèvres dont l'extérieure est plus grande. Ce groupe, ou cet ordre naturel, est partagé en trois sections : dans la première, se trouvent les genres dont les capitules ne sont pas radiés ; elle se sous-divise elle-même en deux parties, qui comprennent : 1° les genres à réceptacle nu, tels que *Perezia, Leucheria, Lasiorrhiza*, Lag., ou *Cha-*

CHÆ

bræa, D. C., *Dolichlasium*, *Proustia*, *Panargyrus*, *Pamphalea*, *Caloptilium* et *Nassauvia*; 2° les genres à réceptacle garni d'appendices, qui sont les *Triptilion*, *Trixis*, *Martrasia*, *Jungia* et *Polyachurus*. La seconde section se compose des Chænantophores à capitules radiés; elle comprend les genres *Mutisia*, *Chœtanthera*, *Aphyllocaulon*, *Perdicium*, *Chaptalia* et *Diacantha*. Enfin Lagasca place dans la troisième section les Chænantophores anomales, c'est-à-dire les genres *Bacasia*, *Barnadesia*, *Onoseris* et *Denekia*.

On doit remarquer que le rapprochement de ces genres avait aussi été fait par le professeur De Candolle, dans un Mémoire lu à l'Institut en janvier 1808, mais imprimé seulement en 1813. Il avait donné le nom de Labiatiflores à ce groupe qui forme, selon lui, une tribu naturelle dans les Synanthérées. Comme Lagasca assure avoir terminé son Mémoire dès 1805, et par conséquent n'avoir pas eu connaissance des travaux de De Candolle, la similitude de leurs résultats devrait être une preuve en faveur de l'établissement de cette nouvelle tribu. Néanmoins, plusieurs botanistes ne l'ont pas adoptée, parce que ses rapports naturels ne leur ont pas semblé assez positivement établis. H. Cassini ne partage pas l'avis de ces derniers; il déclare que le groupe des Chænantophores lui paraît très-naturel. Seulement il juge convenable de le partager en deux tribus, fondées sur la structure du style et du stigmate. C'est à ces tribus qu'il a donné les noms de Mutisiées et de Nassauviées. *V*. ces mots. (G.-N.)

* CHÆNOCARPUS. BOT. PHAN. Sous-genre établi par Necker parmi les Spermacoces, caractérisé par l'unité de graine dans le fruit, unité qui provient d'un avortement. (B.)

*CHÆNORAMPHE. OIS. Vulgairement Bec-Ouvert, *Anastomus*, Illiger. Genre de la seconde famille de l'ordre des Grales. Caractères : bec gros,

très-comprimé, entr'ouvert dans le milieu; arête supérieure distincte, déprimée vers le front; mandibule supérieure à peu près droite, renflée vers le bout, sillonnée à la base, échancrée à la pointe; mandibule inférieure très-comprimée, convexe en dessous vers le milieu de sa longueur; pointe à bords fléchis en dedans, réunis en lames; narines latérales longitudinalement fendues; pieds longs, grêles; les trois doigts extérieurs réunis par une courte membrane découpée; pouce articulé intérieurement, de niveau avec les autres doigts.

Quoique plusieurs ornithologistes aient placé deux espèces dans le genre Bec-Ouvert ou Anastome, il est maintenant bien reconnu qu'il n'en existe qu'une seule, et que l'on a pris pour espèces différentes, le même individu dans deux âges différens. Cet Oiseau, dont les mœurs se rapprochent assez de celles du Héron, paraît avoir beaucoup moins que ce dernier le goût des voyages, car jusqu'ici on ne l'a rencontré que dans un espace assez resserré de l'Inde sur la côte de Coromandel. Moins triste et moins craintif cependant que notre Héron, le Bec-Ouvert se tient, comme lui, sur les bords des eaux douces où il guette également les petits Poissons qu'il préfère aux Reptiles aquatiques; mais ces chasses ont un air animé que l'on ne trouve pas dans le Héron. Il place aussi son nid sur les Arbres élevés, mais l'on ne sait rien concernant sa ponte et tout ce qui s'ensuit.

Le genre Bec-Ouvert a été nommé scientifiquement Chænoramphe parce que ce mot exprime la position respective des deux mandibules.

CHÆNORAMPHE ou BEC-OUVERT DE L'INDE, *Anastomus indicus*, *Ardea coromandeliana*, Lath.; *Anastomus albus*, Vieill. Parties supérieures noires; les inférieures blanches; occiput garni de plumes blanches un peu plus longues que les autres, et susceptibles de se relever en espèce de huppe; gorge dégarnie de plumes; une bande noire descendant de chaque côté du cou sur la gorge; rémiges et rectrices noires; bec et pieds d'un jaune roussâtre. Longueur, treize pouces. — Les jeunes ont les ailes noires et tout le reste de la robe gris-cendré, avec quelques traits longitudinaux noirâtres sur la tête et le cou. C'est alors : *Ardea pondicariana*, Lath., *Anastomus cinereus*, Vieill., le Bec-Ouvert de l'Ondichéry, Buff., pl. enl. 932. (DR..Z.)

CHÆREFOLIUM. BOT. PHAN. Nom donné au Cerfeuil par les anciens botanistes. (B.)

CHÆRMAN. POIS. Syn. arabe d'*Esox Bellone*, L. *V.* ÉSOCE. (B.)

CHÆROPHYLLOS. BOT. PHAN. Syn. grec de Cerfeuil, devenu le nom spécifique de plusieurs Plantes et notamment d'une espèce de Renoncule que l'on rencontre dans les environs de Paris, de Lyon, et dans plusieurs autres contrées de la France. (G..N.)

* CHÆROPOTAME. MAM. FOSS. Cuv. (Ossem. Foss., nouv. édit. T. III, p. 260). Avec les ossemens de Paléotherium et d'Anoplotherium se trouvent, dans les carrières à Plâtre, ceux de deux autres genres de Pachydermes : l'un a reçu récemment de Cuvier le nom d'Adapis, l'autre celui de Chæropotame.

L'existence de ce dernier avait été d'abord démontrée par un fragment de mâchoire, fig. n° 3, A, pl. 51, t. 3, où les troisième et quatrième molaires, fig. 3, B, et 3, c, ressemblent aux correspondantes du Babiroussa; mais la figure conique de la première molaire exclut la famille des Cochons, et le seul Pécari a la canine aussi petite : or le Pécari est beaucoup plus petit que le Fossile en question.

Peu avant la publication du T. III de sa nouvelle édition, Cuvier a reçu une base incomplète de crâne et de face, pl. 68, fig. 1, et profil, fig. 2, laquelle montre évidemment un Pachyderme d'après les tubercules des molaires, et à forme plane de ses sur-

faces glénoïdes : la comparaison oculaire montre que ce n'est ni un Paléotherium, ni un Anoplotherium, ni l'analogue d'aucun genre connu. La couronne des trois arrière-molaires supérieures offre quatre pointes ou tubercules principaux en forme de cônes mousses : entre les deux antérieurs est un cinquième plus petit, et entre les deux postérieurs, un sixième encore plus petit. Au milieu des quatre grands, est une petite proéminence irrégulière et légèrement bifurquée; enfin, toute la dent est entourée d'un collet qui s'élève lui-même en tubercules à l'angle antérieur externe et vers le milieu du bord externe; assez analogues pour la forme générale à celles du Babiroussa et du Pécari, elles sont plus larges à proportion et ont un collet bien marqué qui manque chez ces deux sous-genres. D'ailleurs, les molaires de devant sont très-différentes. Enfin, la différence de grandeur est un troisième caractère. — L'arc zygomatique est aussi plus excentrique que dans aucun Cochon connu; l'échancrure postérieure du palais avance jusque vis-à-vis le bord postérieur de la pénultième molaire, en sorte qu'elle est bien plus profonde que dans les sous-genres précités.— Il en résulte que cet Animal de nos plâtrières constitue un genre de Pachydermes plus voisin encore du grand genre des Cochons que les Anoploterium, et à plus forte raison que les Paléotherium.

Cuvier soupçonne le sous-genre des Dichobunes, *V.* ce mot, d'avoir été fort voisin de ce nouveau genre, et de faire même le passage entre les Anoploterium et lui.

Le troisième volume de Cuvier n'ayant paru qu'après le premier volume de notre Dictionnaire, et le genre Adapis étant contemporain des Chæropotames, et associé dans les mêmes gissemens, nous allons caractériser ici cet autre type de Pachydermes.

ADAPIS, Cuv., *ibid.* Des mêmes gissemens, et par conséquent de la même époque que le précédent ; d'une forme générale assez semblable à celle du Hérisson , mais d'un tiers plus grande. Quatre incisives seulement à chaque mâchoire ; deux de chaque côté, tranchantes et un peu obliques comme celles de l'Anoplotherium, suivies en bas et en haut d'une canine conique plus grosse et un peu plus saillante que les autres dents; la supérieure en cône droit, l'inférieure ayant son cône oblique en avant : il paraît qu'il y avait sept molaires, dont on en voit six représentées pl. 51 , fig, 4 , A, et fig. 4 , B.—Les deux premières molaires de la mâchoire inférieure sont pointues et tranchantes. Cette espèce forme donc un autre type qui semble servir de liaison entre les Pachydermes et les Insectivores.

Par les mêmes motifs que nous venons d'expliquer, nous ajoutons ici le genre ANTHRACOTHERIUM (Cuv. Oss. Foss., nouv. édit., T. III, p. 396.)

Au pied de la grande crête de l'Apennin, près de Cadibona, à quelques milles de Savone, dans un banc de Charbon de terre de quatre à cinq pieds d'épaisseur, lequel est interposé entre deux bancs de Psammites ou Grès micacés, formation qui paraît s'étendre à de grandes distances du côté de Ceva et d'Acqui, gissent les débris de deux espèces, constituant le genre Anthracotherium avec une troisième découverte dans le département de Lot-et-Garonne parmi des os de Crocodile, etc. Ces Lignites, d'après Brongniart, sont de la formation des collines tertiaires du pied de l'Apennin , postérieures ou tout au plus contemporaines de nos Gypses.

Comme dans la plupart des Pachydermes, il y a trois arrière-molaires, les inférieures ont bien de grands rapports avec celles des Xiphodons et des Dichobunes, sous-genres d'Anoplotherium ; mais leurs pyramides sont plus anguleuses, et un peu différemment liées ensemble ; les supérieures ressemblent aussi à celles des Chœropotames, mais elles diffèrent par la courbure de leurs faces.

1re espèce. Ossem. Foss. 2e édi-

tion, T. III, pag. 398 et suiv. , et T. IV, pag. 600. La branche maxillaire inférieure était fort épaisse en proportion de sa hauteur, et sous ce rapport, comme par les tubercules de ses dents, se rapprocherait des Mastodontes. Elles ne sont qu'un peu plus petites que celles du Mastodonte à dents étroites, elles ont aussi moins de pointes.—La dernière molaire d'en bas, longue de 0m,07, et large de 0,03, a sa couronne hérissée de deux paires de pointes coniques , et d'une dernière pointe mousse et seulement un peu bifide : ces pointes sont obtuses ; la face externe de celles qui regardent en dehors est un peu plus bombée que la face interne de celles qui leur sont opposées ; mais les faces qui se regardent sont anguleuses à cause d'une arête saillante, irrégulière et quelquefois bifurquée. La pénultième molaire n'a que quatre pointes. Longueur, 0m,042 ; largeur, 0, 028.

Les molaires supérieures à couronne carrée plus large que longue , projettent quatre pyramides. Les deux internes , convexes du côté du palais, sont anguleuses du côté des externes, lesquelles sont quadrangulaires et à angles mousses. Toutes quatre ont les pointes obtuses ; le bord interne de la base de la dent est saillant, et forme lui-même deux petites pyramides, alternant avec les deux grandes externes de la couronne : à l'angle postérieur en est encore une septième plus petite que les autres ; enfin , il y en a une huitième entre l'interne et l'externe de devant, et moins saillante que celles qu'elle intercepte.

D'après un morceau de mâchoire inférieure, pl. 80, fig. 7 , qui montre deux alvéoles simples derrière une canine, Cuvier pense que ces deux alvéoles sont la place de dents coniques ou molaires antérieures trouvées séparément , et il lui semble probable qu'il n'y avait qu'une troisième ou peut-être une quatrième molaire entre ces deux alvéoles et la première des trois arrière-molaires précédemment décrites. La canine antérieure aux deux molaires coniques , ressemble bien un peu aux incisives inférieures de certains Phalangers, ou aux correspondantes que l'on nomme canines dans les Chameaux; mais elle ressemble davantage à la canine inférieure du Tapir. Cette espèce est des houillères de Cadibona.

2ᵉ espèce. Ossem. Foss. T. III, pag. 403. Etablie sur une dernière molaire tout-à-fait semblable à la correspondante du grand Anthracotherium, si ce n'est que son dernier tubercule est plus profondément bifurqué, et que ses deux lobes ne sont pas entièrement à côté l'un de l'autre. Elle a moitié moins de longueur que dans la première espèce, et est plus étroite à proportion.

5ᵉ espèce établie, T. III, p. 404, sur un fragment de mâchoire, pl. 80, fig. 5, trouvé avec des os de Tortue, Trionix, et de Crocodile, et des morceaux de Palmiers, entre Gontaut et Verteuil, département de Lot-et-Garonne. Il y a les trois arrière-molaires; leurs formes sont extrêmement semblables à celles de la grande mâchoire inférieure de Cadibona, mais leur grandeur est moindre encore que dans la petite; la dernière molaire est longue de 0ᵐ,02, et large de 0,01; l'antépénultième, longue de 0,01, est large de 0,007.

Enfin, il en existait une 4ᵉ espèce dont les dents ont les trois cinquièmes des dimensions linéaires de celles du grand Anthracotherium de Cadibona; c'était donc la seconde en grandeur. Les restes d'alvéoles incisives de la mâchoire inférieure dont Cuvier a eu un fragment, étaient trop mal conservés pour qu'il ait pu décider si le nombre des incisives était de quatre ou de six. Cette mâchoire, représentée pl. 36, fig. 5, T. IV, des Ossem. Foss. de Cuv., nouv. édit., et dont les dents teintes en noir sont très-brillantes, a été déterrée près de Bœchelbrunn, non loin de la houille.

Ainsi donc, comme le dit Cuvier, les lacunes par lesquelles est interrompue, chez les Pachydermes vivans, la série des formes dont la combinaison constitue le type commun de cette grande famille, sont complétées par les genres nombreux de la zoologie souterraine. Au temps de la vie de ces Animaux, la famille des Pachydermes était donc plus nombreuse qu'aujourd'hui, soit par les espèces de ses genres perdus, soit par les espèces perdues de ses genres encore existans. (A. D..NS.)

CHÆTANTHE. *Chœtanthus.* BOT. PHAN. Et non *Chœlanthus.* Genre de la famille des Restiacées, auquel R. Brown qui l'a constitué (*Prod. Flor. Nov.-Holl.*, p. 251), donne les caractères suivans : fleurs dioïques réunies en faisceaux; les mâles sont inconnues; les femelles se composent d'un périanthe à six divisions glumacées, dont les trois plus intérieures sont extrêmement courtes et sétacées. Style unique, stigmate indivis; ovaire et fruit monospermes, entourés du périanthe qui s'agrandit légèrement. On n'en connaît encore qu'une seule espèce, le *Chœtanthus Leptocarpoides*, que Brown a trouvée sur les côtes méridionales de la Nouvelle-Hollande. (G..N.)

CHÆTANTHÈRE. *Chœtanthera.* BOT. PHAN. Genre de la famille des Synanthérées et de la Syngénésie superflue de Linné, établi par Ruiz et Pavon, dans la Flore du Pérou et du Chili, pour deux Plantes de ce dernier pays auxquelles ils ont donné les noms de *Chœtanthera ciliata* et *Ch. serrata.* Le professeur De Candolle y a depuis ajouté le *Perdicium chilense*, Willd., et seulement indiqué le *Perdicium lactucoides*, Vahl, comme appartenant à ce genre. H. Cassini après avoir vérifié cette assertion, quant à la première de ces Plantes, a cru reconnaître à l'égard de la seconde qu'elle n'appartenait pas à la même tribu. Regardant comme type du genre la *Chœtanthera ciliata*, R. et Pav., c'est d'après l'analyse de sa fleur qu'il trace les caractères suivans : calathide radiée à fleurs en lèvres (*Labiatiflores*); celles du centre presque régulières et hermaphrodites, celles de la circonférence, à deux lèvres ou languettes, femelles et ayant un involucre particulier formé de bractées en forme de feuilles. Involucre général composé d'écailles imbriquées et largement linéaires, dont les extérieures sont surmontées d'un appendice bractéiforme. Réceptacle parfaitement nu. Ovaire cylindracé hérissé de papilles charnues; aigrette composé de petites écailles disposées comme les barbes d'une plume; filets des étamines larges et soudés à leur base seulement, munis à leur partie supérieure d'appendices très-longs, linéaires et azurés, et à leur base d'autres appendices filiformes plumeux ou barbus, d'où le nom générique de *Chœtanthera*. La forme de la corolle des fleurs extérieures a fait placer ce genre par De Candolle dans ses Labiatiflores, et par Lagasca dans ses Chœnanthophores. *V.* ces mots. Elle est, en effet, divisée en deux lèvres également longues dont l'extérieure est tridentée au sommet, et l'intérieure plus étroite, entière ou bidentée.

La *Chœtanthera ciliata* est une Plante herbacée, haute de deux à trois décimètres, dont la tige cylindrique et pubescente porte des feuilles alternes, lancéolées et luisantes. Les capitules sont jaunes et solitaires au sommet des rameaux. Elle croît dans les champs et les collines du Chili. L'autre espèce (*Chœt. serrata*, R. et Pav.) habite près de la Conception au Chili; elle paraîtrait appartenir à un autre genre, à moins que la Plante examinée par Cassini dans l'herbier du professeur Desfontaines ne fût la même que celle de Ruiz et Pavon, ce qui est probable. Les deux espèces que de Humboldt et Bonpland ont décrites et figurées dans leurs Plantes équinoxiales sous les noms de *Chœtanthera pungens*, (H. et B., *Plant. œq.* T. II, p. 146, t. 127) et *Chœtanthera multiflora* (H. et B., *loc. cit.*, p. 168, t. 135), ont été séparées du genre *Chœtanthera* par Kunth, qui en a constitué le nouveau genre *Homanthis*, dont le caractère distinctif principal est d'avoir tous ses fleurons égaux et hermaphrodites. *V.* HOMANTHIS.

(G..N.)

CHÆTARIA. BOT. PHAN. (Palisot-Beauvois.) *V.* ARISTIDE.

CHÆTIA. ANNEL. (Hill.) Syn. de *Gordius* ou Dragonneau. *V.* ce mot.

(B.)

CHÆTOCARPUS. BOT. PHAN. Ce mot avait été substitué par Schreber, à celui de *Pouteria* donné par Aublet à un genre de Plantes de la Guiane. Mais ce genre ayant été réuni avec raison par Swartz à son *Labatia* que de Jussieu place dans la famille des Ebénacées, l'un et l'autre de ces premiers noms doivent cesser d'etre admis.

(G..N.)

CHÆTOCHILE. *Chœtochilus.* BOT. PHAN. Sous le nom de *Chœtochilus latériflorus*, Vahl a désigné un Arbrisseau du Brésil, dont les rameaux alternes portent des feuilles alternes, pétiolées, glabres et ovales, et des fleurs solitaires, axillaires ou opposées aux feuilles. Cette Plante appartient à la famille des Scrophulariées et à la Diandrie Monogynie de Linné. La structure des organes de la reproduction ne présente d'autre différence d'avec celles des *Schwenkia* de Linné, que l'absence des cinq dents glanduleuses qui se trouvent au sommet de la corolle de ces dernières Plantes. Aussi Kunth (*in Humb. et Bonpl. Nov. Gen. et Sp. Pl. œquin*, 3, p. 374) ne fait point de difficulté de réunir le genre de Wahl aux *Schwenkia*, et c'est sous cette dénomination générique qu'il décrit et figure les nouvelles espèces rapportées de l'Amérique méridionale par de Humboldt et Bonpland. *V.* SCHWENKIA.

(G..N.)

CHÆTOCRATER. BOT. PHAN. Il y a lieu de croire que le genre dont le caractère seulement est exposé dans le Prodrome de la Flore du Pérou et du Chili, est le même que l'*Anavinga* de Lamarck ou le *Casearia* de Jacquin. C'est du moins ce que semblent indiquer son style simple à trois stigmates, et ses étamines peu nombreuses entre lesquelles se trouvent des appendices écailleux, le tout réuni à la base en une sorte d'anneau. (G..N.)

* CHÆTONIUM. BOT. CRYPT. (*Hypoxylons.*) Ce genre décrit par Kunze (*Mycol. Heft.* 1, p. 15) paraît se rapprocher des *Sphéries*. Il est caractérisé ainsi : péridium presque globuleux, membraneux, couvert de poils opaques, s'ouvrant ensuite vers son sommet; sporules translucides entourées d'une matière gélatineuse. Kunze n'en a décrit qu'une espèce sous le nom de *Chætonium globosum.* Elle croît sur les feuilles et les rameaux de diverses Plantes. Le genre *Aytonia* de Forster, que nous avons déjà indiqué comme voisin des Sphéries, paraîtrait se rapporter à ce genre. *V.* AYTONIA.

(AD. B.)

* CHÆTOPHORA. BOT. CRYPT. (*Mousses.*) Bridel a décrit sous ce nom un nouveau genre de Mousses, dans lequel il ne place que le *Leskea cristata* de Hedwig. Ce genre a les plus grands rapports avec le *Hookeria* de Smith auquel nous croyons qu'on doit le réunir; la seule différence consiste dans la coiffe qui est hérissée de poils. Cette espèce est en outre remarquable par la soie qui porte la capsule qui est également hérissée de poils; ce qu'on n'a observé dans aucune autre Mousse. Hornschuch en a décrit depuis une seconde espèce sous le nom de *Chætophora incurva* (*Horæ berolinenses,* tab. XIII); cette dernière a la soie glabre. Elle habite le Chili; la première est des îles de la mer du sud. Le nom de Chætophora, déjà consacré à une Chaodinée, ne saurait être adopté, même lorsqu'on voudrait conserver ce genre. *V.* HOOKERIA.

(AD. B.)

* CHÆTOPHORE. *Chætophora.* BOT. CRYPT. (*Chaodinées.*) Ce genre a été formé, ainsi que celui auquel on a imposé le nom de Linckia, aux dépens des Rivulaires de Roth, dont le nom impropre ne pouvait être adopté, puisque plusieurs Chætophores et Linckies sont des Plantes marines. Vaucher, et d'après lui De Candolle, les comprenaient parmi les Batrachospermes. Lyngbye les caractérise ainsi:

masse gélatineuse, allongée ou globuleuse, contenant des filamens allongés, divergens, rameux, articulés. Ces filamens sont intérieurement marqués de séries bien distinctes de globules de matière colorante ressemblant à un collier de perles. Des appendices ciliformes, inorganisés, très-fins, les terminent. Les Chætophores sont en général des Plantes élégantes par leur port et leur couleur d'un beau vert brillant, et comme verni par l'effet de l'enduit muqueux. Les plus remarquables sont :

α *Espèces d'eau douce.*

1° *Chætophora Cornu-Damœ,* N. *Rivularia Cornu-Damœ* et *endiviæfolia,* Roth, cat. 3, p. 532 et 534. *Batrachospermum fasciculatum,* De Cand. Flor. Fr. 2, p. 58. Vauch. Conf. t. 13, f. 1-2, *Chætophora endiviæfolia,* Agard., syn. 42, Lyngb. *Tent.* p. 191, t. 65, c. Espèce des plus élégantes, dont les rameaux élargis vers leurs extrémités rappellent assez exactement la forme des empaumures des cornes d'Élan; très-muqueuse au tact, fuyant sous le doigt qui la veut saisir, de la plus belle couleur verte transparente; elle acquiert quelquefois jusqu'à deux pouces et demi de long, et croît dans les fontaines des environs de Paris sur les morceaux de bois qui s'y trouvent plongés. — 2° *Chætophora riccioïdes,* N. *Riccia fluitans,* Flor. Dan. t. 275. *Chætophora elongata,* Lyngbye, *Tent.* 192 : plus grêle, plus longue, plus déliée, plus foncée et plus rare que la précédente. Il est difficile de concevoir l'erreur qui s'est glissée dans la Flore danoise. — 3° *Chætophora elegans,* Lyngb. *loc. cit.* t. 65, D. *Rivularia pisiformis,* Roth. cat. 3, p. 538. *Batrachospermum intricatum,* Vauch. Conf. t. 12, f. 2-3. De Cand. Flor. Fr. 2, p. 58 : globuleuse, de la grosseur d'un grain de Mil jusqu'à celle d'une Noisette, d'un vert brillant, couvrant quelquefois les Myriophylles et autres Plantes des marais. — 4° *Chætophora hematites,* N. *Batrachospermum hematites,* De Cand. Sur les Hautes-Pyrénées dans les torrens où Ramond l'a découverte.

β Espèces marines.

5°. *Chœtophora pellita*, Lyngbye, *Tent.* p. 193, t. 66, B. — 6° *Chœtophora zostericola*, N. *Linckia Zosteræ*, Lyngbye. *loc. cit.* p. 194, t. 66, c. — Les *Linckia ceramicola* et *punctiformis* du même auteur doivent être, comme le *Zostericola*, extraits du genre *Linckia*, et rapportés ici. (B.)

CHÆTOSPORE. *Chœtospora.* BOT. PHAN. R. Brown (*Prodr. Flor. Nov.-Holland.* p. 232) a séparé ce genre de celui des *Schœnus* à cause des soies hypogynes qui manquent dans ce dernier. Il l'a ainsi caractérisé : épillet distique (quelquefois entièrement imbriqué), composé d'un petit nombre de fleurs dont les écailles extérieures sont les plus petites et vides ; style caduc ; soies hypogynes plus courtes que les écailles du périanthe.

Les quinze espèces qui forment ce genre, toutes indigènes de la partie méridionale et du port Jackson de la Nouvelle-Hollande, sont réparties en quatre sections. La première comprend les Chœtospores dont les épillets distiques ont des écailles sans nervures ; dans la seconde, les Chœtospores ont des épillets imbriqués et aussi des écailles sans nervures ; la troisième est caractérisée par ses épillets distiques et ses écailles munies de nervures à la base ; enfin, les deux espèces qui composent la quatrième section ne sont rapportées qu'avec doute au genre *Chœtospora*. Ces Plantes, qui diffèrent si peu des *Schœnus* par leurs caractères, en ont aussi le *faciès*. C'est sous le nom de *Schœnus lanatus*, que Labillardière en a décrit et figuré une espèce (*Flor. Nov.-Holl.* 1, p. 19, t. 20). (G..N.)

CHÆTURE. *Chœturus.* BOT. PHAN. Dans le Journal de botanique de Schrader (1799, 4 st. p. 313), Link a ainsi nommé et décrit un nouveau genre de Graminée, qu'il a constitué avec le *Polypogon subspicatus* de Willdenow, et qui diffère du genre Polypogon de Desfontaines, en ce que la valvule inférieure seulement de la lépicène se prolonge en une longue soie ; que sa glume, au lieu d'être coriace, est membraneuse et diaphane, et que ses valves ne sont pas dentées de la même manière que celles des Polypogons. Palisot-Beauvois, qui a adopté ce genre, le caractérise ainsi, à quelques changemens près que nous nous sommes permis d'introduire d'après l'inspection des échantillons examinés par cet auteur : fleurs en panicule tellement composée et à pédicelles si courts, que leur assemblage a la forme d'un épi ; valve inférieure de la lépicène (*Glume*, Palisot-Beauvois) terminée par une longue soie ; valve inférieure de la glume (*Paillettes*, Palis.-Beauv.) trifide, la supérieure bifide ; écailles glabres ; style bipartite ; stigmates velus ; caryopse non sillonné. A cette énumération de caractères, Palisot-Beauvois n'ajoute rien relativement au port de la Plante que détermine ordinairement l'inflorescence dans les Graminées ; d'ailleurs la figure qu'il en donne est bornée au dessin d'une seule fleur ouverte. Un genre formé sur une seule Plante et présentant des caractères qui ne semblent que des modifications de ceux du Polypogon, nous avait paru assez douteux pour mériter une vérification. Nous avons donc eu recours à l'examen du Chœturus dans l'Herbier de Beauvois, que possède actuellement Benj. De Lessert, et nous y avons effectivement reconnu l'existence des caractères assignés par ses auteurs ; de plus, l'écartement, ou, pour mieux dire, le peu de densité des épillets, nous a semblé distinguer au premier coup-d'œil ce genre de celui dont on l'a extrait. Dans les ouvrages généraux les plus récens, on n'en cite qu'une seule espèce, c'est-à-dire le *Chœturus fasciculatus*, Link, Plante que les uns, tels que Brotero et Hornemann, ont confondue avec les *Agrostis*, d'autres ont placée dans les *Alopecurus*, et d'autres enfin parmi les *Polypogon*. Nous avons dit que c'était le *P. subspicatus* de Willdenow, nom spécifique changé par Persoon en celui de *fasciculatus*. Outre cette espèce, nous en avons trouvé une autre dans l'Herbier de Palisot-Beauvois, qui nous paraît suffisamment distincte par la divergence presque horizontale de ses épillets, et par sa taille généralement plus grêle que celle du *Ch. fasciculatus*. Elle a été cultivée au jardin de Montpellier d'où le professeur De Candolle l'a envoyée à Palisot-Beauvois sous le nom de *Chæturus divaricatus*. (G..N.)

*CHAFATH. BOT. PHAN. Pour Charath. *V.* ce mot. (B.)

*CHAFELURES. INS. Même chose que Champeleuses. *V.* ce mot. (B.)

CHAFFINCH ou CHAFFING. OIS. Syn. anglais de Pinson, *Fringilla Cœlebs. V.* GROS-BEC. (DR..Z.)

CHAFI ET ALCHELB. BOT. PHAN. Syn. arabe d'*Orchis ustulata*, L. *V.* ORCHIS. (B.)

CHAFOIN. MAM. Ce vieux nom du Furet ou de la Fouine, encore employé dans quelques parties du midi de la France, pour désigner ces Animaux, a été mentionné dans l'Histoire générale des Voyages, comme celui d'un Quadrupède qu'on suppose être le Conepate. (B.)

*CHAFUR. BOT. PHAN. (Forskahl.) Syn. arabe d'*Avena fatua. V.* AVOINE. (B.)

* CHAGARET. BOT. PHAN. Ce mot en arabe signifie Herbe; ainsi l'on appelle sur les côtes de la mer Rouge et dans les déserts de l'Egypte :

CHAGARET EL ARNEB, l'herbe du Lièvre, l'*Arnebia* de Forskahl, qui n'est qu'un Grémil.

CHAGARET EL GEMEL, l'herbe du Chameau, l'*Avena Forskahlii* de Vahl.

CHAGARET ÉL NADEB, le *Lichen parietinus*, L., qui est une Parmélie. (B.)

*CHAGARI. BOT. PHAN. *V.* SACCHARUM.

CHAGAS. BOT. PHAN. Syn. portugais de *Tropæolum minus. V.* CAPUCINE. (B.)

CHAGNI. MAM. Syn. burate de Cochon. (A. D..NS.)

CHAGNOT. POIS. Même chose que Cagnot. *V.* ce mot. (B.)

CHAGNUIRA. BOT. PHAN. Même chose que Chagas, selon le Dict. de Déterville. *V.* CHAGAS. (B.)

CHAHA. OIS. Syn. indien du Râle des Philippines, *Rallus philippinensis*, Lath. *V.* GALLINULE. (DR..Z.)

CHAHRAMAN. OIS. Syn. égyptien du Tadorne, *Anas Tadorna*, L., *V.* CANARD. (DR..Z.)

CHA-HUANT ou CHAT-HUANT. OIS. Syn. vulgaire de diverses espèces de Chouettes. *V.* ce mot. (DR..Z.)

* CHAHUIGON. BOT. PHAN. (Surian.) Syn. de *Pharus latifolius*, à Surinam. *V.* PHARE. (B.)

CHAHYN. OIS. Syn. arabe du Faucon, *Falco communis*, L. *V.* FAUCON. (DR..Z.)

* CHAIA, CHAJA ou CHAJALI. OIS. Espèce du genre Chavaria. *V.* ce mot. (DR..Z.)

CHAIAR-XAMBAR. BOT. PHAN. (Prosper Alpin.) L'un des noms arabes de la Casse des boutiques, *Cassia fistula. V.* CANNEFICIER et CASSE. Forskahl l'écrit Chyar-Scharabar. (B.)

CHAIAVER. BOT. PHAN. Syn. indien d'*Hedyotis*, selon le Dict. de Déterville, et d'*Oldenlandia*, d'après celui de Levrault. (A. R.)

CHAILASSU. BOT. PHAN. L'un des noms tartares et mongols du Sapin, *Pinus Abies*, L. (B.)

CHAILLERIE. BOT. PHAN. L'un des noms vulgaires de l'*Anthemis Cotula*, L., espèce fort commune dans les champs, du genre Camomille. (B.)

CHAILLETIE. *Chailletia*. BOT. PHAN. Genre formé par De Candolle et rapporté à la section de la famille des Amentacées, où les fleurs sont hermaphrodites, ainsi qu'à la Pentandrie Digynie de Linné. Ses caractères sont les suivans : calice monophylle, libre, persistant, divisé profondément en cinq lanières oblongues, blanchâtres et cotonneuses en dehors, glabres et colorées en dedans; cinq autres lanières bidentées à leur sommet, d'une longueur égale à celles du calice et naissant entre celles-ci, peuvent être prises au premier aspect ou pour des pétales ou pour des appendices nectariformes; cinq étamines alternes avec ces appendices, moitié moins longs qu'elles, naissant sur la base du calice, et ayant chacune une anthère arrondie biloculaire ; ovaire velu portant deux styles courts et un peu en tête à leurs extrémités; fruit drupacé dont le brou presqu'entièrement sec recouvre un noyau divisé intérieurement en deux loges, dont une avorte quelquefois ; graines solitaires et pendantes dans chaque loge, ovales, dépourvues de périsperme, munies seulement d'un embryon à radicule droite supérieure et de deux cotylédons épais.

Les caractères que nous venons d'exposer ont été tracés d'après l'analyse des fleurs d'un Arbuste indigène de Cayenne, que De Candolle a nommé *Chailletia*, en l'honneur du capitaine Chaillet de Neufchâtel, l'un des botanistes qui ont le plus enrichi la Flore française, et surtout la partie cryptogamique, tant par leurs observations que par leurs découvertes. Il lui a donné le nom spécifique de *pedunculata*, pour le distinguer du *C. sessiliflora*, autre espèce de Cayenne dont il n'a pu aussi bien observer la structure des fleurs, à cause de leur extrême exiguité, mais qui lui ont paru avoir avec celle de l'autre espèce la plus grande analogie. Dans ces Plantes, la position des fleurs est très-remarquable; le pédoncule commun est inséré sur le sommet du pétiole : cependant, comme dans quelques échantillons, on en trouve d'axillaires, De Candolle pense que, dans le plus grand nombre des cas, il y a une soudure intime du pédoncule avec le pétiole, d'une manière analogue à celle que l'on observe dans les *Ruscus*.

Il était très-difficile de déterminer les affinités naturelles du *Chailletia*. La présence d'une seconde enveloppe placée à l'intérieur, pouvait le faire placer parmi les Plantes dicotylédo-nes polypétales ; mais ces prétendus pétales ne sont que des écailles analogues à celles que l'on trouve dans les fleurs des Laurinées; ils sont d'ailleurs trop exactement placés sur le même rang que les étamines pour que leur assemblage soit considéré comme une corolle. Parmi les Dicotylédones à périgone simple, il n'y aurait que deux familles, celle des Laurinées et celle des Amentacées, auxquelles il conviendrait de rapporter ce genre : quant à la première, ses affinités avec le Chailletia sont contredites par la présence de deux stipules à la base des feuilles de ce dernier genre, par le nombre des étamines, quinaire dans celui-ci, toujours ternaire ou multiple de trois dans les Laurinées, et par la différente structure des anthères et des ovaires. Le rapprochement le plus naturel serait, selon De Candolle, celui de cette Plante avec les Amentacées hermaphrodites, et surtout avec le *Celtis* qui lui ressemble par la position des étamines devant les lobes du calice, par le nombre de ses étamines, de ses styles et des parties de son fruit. L'inflorescence des Chailleties n'est pas un obstacle à leur comparaison avec les *Celtis*, puisqu'il en existe plusieurs espèces, et notamment le *Celtis orientalis*, où les pédoncules sont aussi multiflores. On trouve dans le dix-septième volume des Annales du Muséum la description de ce genre, ainsi que la figure du *Chailletia pedunculata*, avec l'analyse de ses organes reproducteurs.

(G..N.)

* CHAINES DE MONTAGNES. GÉOL. Disposition particulière des grandes hauteurs du globe, qui fait que la plupart d'entre elles se trouvent subordonnées à la suite les unes des autres et anastomosées ou ramifiées, de façon à paraître couvrir d'un long enchaînement une partie de sa surface. On a voulu voir dans ces chaînes la charpente de la terre, et en les liant beaucoup plus qu'elles ne le sont réellement, on les a

confondues dans quelques cartes toutes en une seule, sans tenir compte des mers qui les séparent, et par-dessous lesquelles ont les faisait passer. On commence aujourd'hui à revenir de cet étrange système, particulièrement depuis que ne dessinant plus, au hasard et selon des probabilités, des montagnes sur les cartes, on commence à n'en placer qu'où il en existe réellement. Il suffit d'avoir voyagé dans beaucoup de montagnes, pour distinguer combien leur enchaînement exact est une chose hypothétique. Les moindres ruisseaux déterminent leur séparation, et ces masses qui nous paraissent tellement imposantes que nous y cherchons le squelette planétaire, ne sont que très-peu considérables dans l'ensemble de la formation générale. *V*. MONTAGNES.   (B.)

CHAINUK. MAM. Syn. kalmouck de Yak, *Bos grunniensis*. *V*. BOEUF. (B.)

* CHAIOTE. BOT. PHAN. Pour Chayote. *V*. ce mot.

* CHAIR. ZOOL. *V*. TISSU MUSCULAIRE.

* CHAIR DE BAVIÈRE. BOT. CRYPT. *V*. FLEISCHSCHWAMM.

CHAIR FOSSILE. MIN. Même chose que Cuir fossile. *V*. ASBESTE TRESSÉ.   (LUC.)

* CHAISARAN. BOT. PHAN. (Forskahl.) Syn. arabe de *Centaurea Lippii*, L. Delille l'écrit Khysaran. (B.)

CHAITURE. *Chaiturus*. BOT. PHAN. Genre établi par Mœnch aux dépens du *Leonurus* de Linné, pour les espèces dont les étamines et l'ovaire sont glabres; il n'a pas été adopté. *V*. LÉONURE.   (B.)

CHAJA ou CHAJALI. OIS. *V*. CHAÏA.

CHAJA. BOT. PHAN. Syn. chez les Kalmoucks du Concombre cultivé. *V*. CONCOMBRE.   (B.)

* CHAKAL. POIS. (Tilésius.) Syn. kamtschadale de *Gasterosteus Cataphractus*. *V*. GASTÉROSTÉE. (B.)

CHA-KHOUW ou CHA-KHOW. MAM. Syn. hottentot de Lamantin. *V*. ce mot.   (B.)

CHALA. OIS. Syn. tartare du Balbuzard, *Falco Haliaetos*, L. *V*. AIGLE.   (DR..Z.)

* CHALA. BOT. PHAN. Feuillée mentionne et figure sous ce nom, p. 16, t. 5, une petite Plante du Chili, à fleurs en cloche, et dont on ne peut pas déterminer le genre. Sa décoction passe pour odontalgique.   (B.)

*CHALADRIOS ET CHALADRIUS. OIS. Noms qui, chez les anciens, désignaient probablement le Pluvier à collier, et dont le dernier est devenu la désignation scientifique du genre.   (B.)

* CHALADROIS. OIS. (La Chênaye-des-Bois.) Par corruption de *Chaladrios*. Probablement le Pluvier à collier.   (B.)

* CHALAF. BOT. PHAN. *V*. CALAF.

* CHALAG. POIS. (Gaimard.) Nom de pays d'une petite espèce d'Holocentre aux îles Marianes.   (B.)

* CHALAZE. ZOOL. OIS. Membrane qui enveloppe le jaune de l'œuf, et qui est attachée, par les ligamens gélatineux de ses deux extrémités, aux pôles correspondans. Elle est formée de deux lames ou tuniques, dont l'externe ou l'enveloppe est traversée par une sorte de cordon ombilical qui transporte au fœtus la substance albumineuse destinée à sa nourriture. *V*. OEUF.   (B.)

CHALAZE. *Chalaza*. BOT. PHAN. La graine reçoit sa nourriture du péricarpe, par le moyen d'un faisceau de vaisseaux qui porte le nom de trophosperme ou de podosperme. À l'endroit où ces vaisseaux pénètrent dans la graine, la lame externe de l'épisperme ou tégument propre, offre une petite cicatrice qu'on appelle *hile* ou ombilic externe. Ces vaisseaux s'épanouissent, en général, immédiatement après leur entrée dans le tégument propre où ils se distribuent. Mais parfois ils marchent quelque temps réunis en un.

cordon saillant qui se terminant par une sorte de passement, souvent d'une couleur différente, communique avec l'intérieur de la graine. C'est à cette partie que Gaertner a donné le nom de *Chalaze* ou d'*Ombilic interne*. Les Plantes de la famille des Orangers sont celles où cet organe est le plus visible. On nomme *Vasiducte* ou *Raphé* la ligne saillante formée par le faisceau de vaisseaux qui rampent entre les deux lames du tégument propre. *V.* GRAINE. (A. R.)

CHALBANE. BOT. PHAN. (Dioscoride.) Syn. de Galbanum, selon Adanson. (B.)

* CHALCALA. BOT. PHAN. (Daléchamp.) Syn. de *Cachrys Libanotis*, L. *V.* CACHRYDE. (B.)

* CHALCANTHE. *Chalcanthum.* MIN. Selon Pline, c'était un Sel dont les cristaux étaient bleus et transparens comme du verre; on l'obtenait, dit-il, par l'évaporation, en laissant plonger des cordes dans les eaux de certaines sources d'Espagne qui en étaient saturées. Ce Sel était fort astringent, et l'on s'en servait pour frotter la gueule des Lions et des Ours destinés aux combats du Cirque, afin qu'ils ne pussent pas mordre. Ce Chalcanthe, dont on dit que le meilleur venait de Chypre, devait être simplement du Cuivre sulfaté, dont aucune source ne donne en Espagne de telles quantités, mais que l'on fabrique en grande quantité sur les rives du Rio Tinto dont les eaux sont cuivreuses. Il est probable que pour donner du merveilleux à cette substance, on lui attribuait une origine qu'elle n'avait pas. (B.)

CHALCANTHEMON ET CALCANTHON. BOT. PHAN. (Dioscoride.) Syn. de Chrysanthème Leucanthème, Plante si commune dans tous nos prés. (B.)

CHALCAS. BOT. PHAN. Genre de la famille des Hespéridées et de la Décandrie Monogynie de Linné, établi par ce naturaliste pour une Plante des Indes-Orientales, décrite et figurée par Rumph sous le nom de *Camuneng* ou *Camunium* : c'est le *Chalcas paniculata*, L., dont l'organisation offre tant d'analogie avec celle du *Murraya*, qu'on a proposé de la réunir en une seule espèce. Sonnerat en fait mention dans ses Voyages, et la désigne sous le nom de *Marsana buxifolia*.

Le *Chalcas paniculata*, L. ou *Murraya exotica*, Pers., est décrit et figuré dans Rumph (*Herb. Amboin.* 5, p. 29, t. 18), sous le nom de *Camunium japonense*. *V.*, pour ses caractères, le mot MURRAYA. Rumph et son commentateur J. Burmann appellent aussi *Camuneng*, nom malais qu'ils ont latinisé en *Camunium*, trois autres Arbrisseaux de l'Inde, remarquables par leurs usages et l'élégance de leur port. Un de ces Arbustes, qu'ils nomment *C. javanense*, jouit, chez les Macassars, de propriétés médicinales empiriques et par conséquent fort douteuses; son bois est si agréablement marqué de veines jaunes, blanches et rouges, qu'il est réservé exclusivement pour la confection des palanquins royaux. Le *Camunium sinense*, petit Arbrisseau indigène de la Chine, d'où il s'est répandu dans presque tout l'archipel Indien, plaît infiniment aux habitans de ces îles, par son feuillage disposé en cime très-épaisse et toujours couverte de feuilles ainsi que de petits boutons orangés qui se dessèchent sur la Plante, sans devenir ni fleurs ni fruits. D'après la courte description des organes floraux et la figure incomplète d'une de ces Plantes données par Rumph, on ne saurait déterminer avec certitude de la famille naturelle à laquelle elles doivent appartenir. Elles sont bien certainement d'un genre différent que le *Chalcas* ou *Murraya*, mais elles pourraient peut-être appartenir, comme lui, à la famille des Aurantiacées; peut-être aussi la troisième espèce appartient-elle aux Térébinthacées.

Dans le siècle où vivait Dioscoride, le mot de Chalcas était un de ceux que l'on employait pour désigner le

Chrysanthemum Leucanthemum, L.
(G..N.)

CHALCEIOS. BOT. PHAN. (Théo-
phraste.) Syn. de *Poterium spinosum* ,
L. , selon L'Ecluse , et d'*Echinops
Sphœrocephalus*, selon Daléchamp.(B.)

* CHALCETUM. BOT. PHAN. (Pline.) Syn. de *Valeriana Locusta* , L.
V. VALÉRIANELLE. (B.)

CHALCHITE ou CHALCITE.
MIN. La substance ainsi nommée chez
les anciens, et notamment dans Pline,
dut être un Minerai de Cuivre qu'on ne
peut rapporter exactement à rien de
connu. (LUC.)

CHALCIDE. *Chalcides*. REPT. SAUR.
Genre confondu par Linné dans ses
Lézards, parmi lesquels cependant il
formait une division, la onzième dans
Gmelin (*Syst. Nat.*, XIII, t. 3, p. 1070).
La reptation sur le ventre, qui , selon ce naturaliste, caractérise cette
section , assigne aussi la place des
Chalcides entre les Lézards et les
Serpens. Laurenti, et après lui Brongniart et Daudin, ont senti la nécessité d'une séparation plus tranchée;
leur exemple a été suivi par Duméril,
Cuvier et Oppel. Le premier (Zool.
anal. , p. 82) place le genre Chalcide
à la fin de sa famille des Téréticau-
des de l'ordre des Sauriens ; le second, en restreignant encore plus le
genre qui nous occupe , le rapporte
(Règn. An. T. 2, 56) presqu'à la fin de
la sixième famille dite des Sincoïdiens , qui termine l'ordre des Sauriens , après lequel vient celui des
Ophidiens. Ces Sincoïdiens, à l'aide
des Seps, des Hystéropes, des Chalcides
et des Chirotes, forment en effet un
point de jonction entre ces deux ordres
qu'il est difficile de distinguer par des
caractères d'une bien grande valeur ;
car les Orvets ne sont guère que des
Sincoïdiens sans pates, ou , si l'on
veut, les Sincoïdiens sont des Orvets
munis de rudimens d'organes loco-
moteurs. Les caractères du genre
Chalcide consistent dans l'excessif allongement du corps, dans la brièveté
et l'éloignement des pieds ; ils ont la
physionomie de petits Serpens ; mais
leurs écailles, au lieu d'être disposées

ainsi que des tuiles, sont rectangulai-
res, et forment, comme celles de la
queue des Lézards, des bandes transverses qui n'empiètent pas les unes
sur les autres. C'est surtout avec les
Amphisbènes que cette disposition
des écailles leur donne de la ressemblance. Le tympan existe encore chez
eux. — Les Chalcides sont de petits
Animaux innocens dont on connaît
plusieurs espèces distinguées par le
nombre de leurs doigts. Ces espèces
sont :

Le MONODACTYLE; *Chalcides Mono-
dactylus*, Daud. , Cuv. ; *Chalchis pennata*, Lour. , Ampli. , p. 64, n. 115;
Lacerta anguina, Gmel. , *loc. cit.*, p.
1079; *Vermis serpentiformis*, etc. Séb.
2, tab. 68, f. 7, 8. Ce petit Animal, originaire du cap de Bonne-Espérance ,
a le corps déprimé et long, la queue
très-acuminée, et encore deux fois
plus longue. Les petites écailles sont
verticillées. Les pieds, fort petits,
n'ont qu'un seul doigt , et se terminent en aleine.

Le TRIDACTYLE , *Chalcides Tridac-
tylus* ; le Chalcide, Lacép. Quadr. ov.,
p. 443, tab. 32. Encyc. Rept. , pl. 12.
Cet Animal, décrit pour la première
fois par Lacépède, n'a que trois doigts
aux pieds ; on aurait donc tort d'y
rapporter comme synonyme le *Chalc.
pentadactylus* de Latreille, qui en a
cinq. Les pates de ce Chalcide ont à
peine une ligne de longueur; sa couleur est bronzée. On ignore sa patrie
qu'on suppose être les pays chauds.

Le TÉTRADACTYLE, *Chalcides Tetra-
dactylus*, Lacép. Ann. Mus. T. 11, p.
354. Les pieds de cette espèce sont si
courts qu'ils ne peuvent servir ; et l'un
des doigts seulement est assez long
pour être bien distinct. Il règne de chaque côté du corps un sillon qui s'étend
de l'angle des mâchoires aux pates de
derrière. La longueur totale de l'Animal
est d'environ dix pouces. Nous avons
trouvé plusieurs fois, dans les environs
de Séville et dans la ville même, des
individus appartenant au genre Chalcide, que nous avions soigneusement
conservés dans la liqueur; mais le fla-
con qui les contenait ayant été brisé et

écrasé , nous n'avons pu vérifier si l'espèce d'Andalousie ne serait pas celle-ci, comme nous le soupçonnons, Lacépède en ignorait la patrie.

Les Chalcides sont des Animaux innocens et timides, fragiles comme les Orvets, vivant d'Insectes, se cachant dans les pierres et dans les fentes des rocs ou des vieux murs; ils sont vivipares à la façon des Vipères, et ne sont pas venimeux. (B.)

CHALCIDE. INS. *V.* CHALCIS, (AUD.)

CHALCIDIES. *Chalcidiæ.* INS. *V.* CHALCIDITES. (AUD.)

*CHALCIDIENS. REPT. SAUR. Oppel forme sous ce nom, dans l'ordre des Sauriens, une petite famille qui se rapporte exactement à celle des Sincoïdiens de Cuvier, en en défalquant le genre Sincque, et en y ajoutant les Ophisaures. *V.* ces mots. (B.)

CHALCIDITES. *Chalcidites.* INS. Tribu établie par Latreille (Règn. An. de Cuv.) dans l'ordre des Hyménoptères, section des Térébrans, famille de Pupivores, et composant en grande partie (*Genera Crust. et Ins.* T. IV, p. 21) la famille des Cynipsères. Ses caractères sont : ailes postérieures sans nervures; antennes des deux sexes, ou du moins celles des femelles, plus grosses vers leur extrémité, de douze articles distincts au plus, dont le premier long et formant un coude avec la tige; palpes toujours très-courts; tarière logée , soit entièrement, soit à sa base, dans une coulisse antérieure et longitudinale du dessous de l'abdomen ; pates postérieures ordinairement propres pour sauter.

Les Chalcidites, confondues par Geoffroy avec les Cynips de Linné, sont de petits Insectes ornés de couleurs métalliques brillantes, doués de la faculté de sauter, et fort semblables, quant à leurs mœurs et la disposition de leur tarière, aux Ichneumons ; les femelles déposent leurs œufs, tantôt dans le corps des larves ou des chrysalides , tantôt dans l'intérieur des œufs des autres Insectes; et d'autres fois dans les gales, lorsqu'elles renferment encore leurs habitans. Ces

Insectes ont par conséquent dans leur premier état des habitudes toutes carnassières , et ils ne sortent des excroissances végétales qu'après s'être nourris aux dépens des Insectes qui les produisent et qui y sont à l'état de larve. Réaumur, Degéer et Latreille ont mis ce fait hors de doute. Les larves des Chalcidites ont une forme conique et allongée ; leur tête est écailleuse ; le corps est blanc, sans pates. Latreille ne pense pas qu'elles construisent une coque pour se métamorphoser en nymphe; il croit qu'elles subissent cette transformation dans l'intérieur des larves aux dépens desquelles elles ont vécu , ou peut-être au-dehors en se fixant sur quelques Plantes voisines.

Maximilien Spinola (Ann. du Mus. d'hist, nat.) a donné un très-bon Mémoire sur les genres de cette tribu qu'il considère comme une famille à laquelle il impose le nom de *Diplolépaire*, tout en faisant observer que celui de *Chalcidie* serait plus convenable. Latreille divise la tribu des Chalcidites de la manière suivante :

I. Pieds postérieurs à cuisses très-grandes, de forme lenticulaire et à jambes arquées (antennes de onze à douze articles distincts dans la plupart.) Genres : LEUCOSPIS , CHALCIS , CHIROCÈRE.

II. Pieds postérieurs à cuisses simples ou renflées et oblongues , et à jambes droites (antennes n'ayant au plus que dix articles distincts).

† Antennes de neuf à dix articles.

A. Antennes insérées près du milieu de la face antérieure de la tête. Genres ; EURYTOME, PERILAMPE, ENCYRTE , MISOCAMPE (auparavant *Cynips*), PTÉROMALE , CLÉONYME.

B. Antennes insérées très-près de la bouche. Genre : SPALANGIE.

†† Antennes de sept articles au plus. Genre: EULOPHE.

La plupart de ces genres appartiennent , dans Linné, à la division des Ichneumons désignés sous le nom de *Minuti*. Degéer ne les en distingue pas non plus , mais il les place à la fin de ce genre nombreux, et les divise en trois petites familles. Jurine les comprend presque tous dans son genre Chalcis. *V.* tous les mots qui précèdent. (AUD.)

* CHALCIS. zool. Les anciens naturalistes ont désigné sous ce nom des Animaux d'ordre fort différent, et qu'on ne saurait aujourd'hui reconnaître : dans Aristote, c'est, d'après Belon, le Faucon de nuit ou Oiseau Saint-Martin, qui est le *Falco cyaneus*, et un Poisson que le même auteur prend pour la Sardine, et Gesner pour le Célerin ; dans Pline, c'est un Serpent venimeux. (B.)

CHALCIS. *Chalcis.* ins. Genre de l'ordre des Hyménoptères, section des Térébrans, établi par Fabricius, et rangé par Latreille (Règn. Anim. de Cuv.) dans la famille des Pupivores, tribu des Chalcidites. Il a pour caractères : antennes de onze à douze articles distincts ; pieds postérieurs à cuisses très-grosses, de forme lenticulaire, comprimées, dentelées et marquées d'un sillon au bord inférieur ; jambes des mêmes pieds fortes, arquées et reçues en partie dans la rainure de ces cuisses ; ailes toujours étendues ; pédicule de l'abdomen découvert ; tarière droite et inférieure.

Les Chalcis se distinguent de tous les genres de la tribu par le nombre des articles des antennes et par le développement des cuisses du métathorax. Ils partagent ces caractères avec les Leucospis, mais en diffèrent cependant sous divers rapports. Une de leurs mandibules a jusqu'à trois dentelures. Leur languette ne présente qu'une légère échancrure ; les ailes antérieures sont étendues et non doublées. Elles n'offrent que des nervures rares et non terminées. Il n'existe par conséquent aucune cellule : l'abdomen est ovoïde ou conique, pointu au bout avec la tarière cachée ou extérieure, mais jamais recourbée sur le dos. Du reste les Chalcis et les Leucospis ont des antennes courtes, brisées, insérées vers le milieu de la face de la tête en massues allongées, cylindroïdes et grêles, formées par le

troisième article et les suivans. Leurs palpes sont courts ; les maxillaires ont quatre articles et les labiaux seulement trois. Les petits Insectes dont il est ici question brillent ordinairement de couleurs métalliques très-vives ; leurs mœurs ne sont pas bien connues. On sait cependant que plusieurs d'entre eux fréquentent dans l'état parfait les Plantes qui croissent sur le bord des eaux stagnantes. Les femelles qu'on a eu occasion d'observer dans nos environs déposent leurs œufs dans les larves ou les nymphes de certains Diptères aquatiques. D'autres espèces exotiques les placent dans les nymphes de certaines Phalènes ou dans les nids des Guêpes cartonnières. Ces larves sont par conséquent carnassières et parasites. Tous les Chalcis connus peuvent être classés dans les deux divisions suivantes :

† *Abdomen porté sur un long pédicule.*

Les antennes étant proportionnellement plus longues que dans les autres Chalcis, Spinola les a réunis sous le nom générique de Smière ; tels sont :

Le Chalcis sispes, *Ch. sispes* de Fabricius, figuré par Panzer (*Faun. Ins. Germ. fasc.* 77, tab. 11), qui est le même que la Guêpe déginguendée de Geoffroy (Hist. des Ins. T. 11, p. 380, n° 16). Il se trouve dans les lieux aquatiques. On croit que sa larve vit aux dépens de celle de Stratyomes.

Le Chalcis clavipède, *Ch. clavipes* de Fabricius, est très-commun sur les bords de nos marais.

†† *Abdomen porté sur un pédicule court.*

Les antennes ont moins de longueur.

Le Chalcis nain, *Ch. minuta* de Fabricius, représenté par Panzer (*loc. cit. fasc.* 32, tab. 6), ou la Guêpe noire, à cuisses postérieures fort grosses, de Geoffroy (*loc. cit.* p. 280, n° 15). Très-commun aux environs de Paris.

Le Chalcis cornigère, *Ch. cornigera* de Jurine (Class. des Hymén. pl. 13, fig. 47), que Spinola a retrouvé aux environs de Gênes.

Parmi les espèces exotiques, on doit remarquer le Chalcis pyramidal , *Ch. pyramidea* de Fabricius ou le *Ch. producta* d'Olivier. Il place ses œufs dans les nids des Guêpes cartonnières, et Réaumur qui y a trouvé l'Insecte parfait l'a décrit, Mém. sur les Insectes, T. VI, pl. 20, fig. 2, et pl. 21, fig. 3, comme la femelle de cette espèce ; enfin on doit remarquer le Chalcis à jarretière, *Ch. annulata* de Fabricius , qui dépose ses œufs dans le corps des chrysalides de certaines Phalènes. (AUD.)

+ CHALCITE. OIS. Espèce du genre Coucou, *Cuculus Chalcitis*, Illig. Temm. pl. color. 102. *V.* COUCOU. (DR..Z.)

CHALCITIS. BOT. PHAN. Même chose que Calcanthemon. *V.* ce mot. (B.)

* CHALCOICHTYOLITHE. POIS. FOSS. Ardoises cuivreuses empreintes de squelettes de Poissons. (LUC.)

* CHALCOIDE. POIS. Espèce du genre Able. *V.* ce mot. (B.)

* CHALCOLITHE. MIN. Werner donna d'abord, mais improprement, ce nom à l'Urane oxidé, parce qu'il le supposait contenir du Cuivre.(LUC.)

*CHALCOPHONE. On nommait ainsi, selon Boëtius de Boot, une pierre noire qui, lorsqu'elle était frappée , résonnait comme l'Airain. Comme plusieurs pierres , telles que des Basaltes dures et compactes, des Petrosilex et un Silex corné rougeâtre, partagent ces propriétés, il est difficile de déterminer laquelle de ces pierres les anciens avaient en vue ; néanmoins, on croit plutôt que leur Chalcophone doit se rapporter à nos Basaltes. (G..N.)

CHALE. POIS. Syn. de Poisson dans le langage des Samoïèdes. (B.)

* CHALE. BOT. PHAN. L'un des noms de l'*Elæagnus angustifolius* dans le Levant. (B.)

CHALEB. BOT. PHAN. Syn. syrien de Saule. (B.)

CHALEF. *Elæagnus*. BOT. PHAN.

Ce genre forme le type de la famille des Eléagnées ou Chalefs de Jussieu. Il se distingue par ses fleurs hermaphrodites, munies d'une seule enveloppe florale ou d'un calice monosépale, tubuleux inférieurement où il est appliqué sur l'ovaire sans y adhérer, très-évasé et campaniforme dans sa partie supérieure qui offre quatre ou cinq divisions égales et réfléchies. Les étamines sont au nombre de quatre ou de cinq, presque sessiles, attachées vers la partie supérieure du calice. Au-dessus du tube du calice, on trouve intérieurement une proéminence circulaire qui est formée par le disque périgyne dont l'intérieur du tube est tapissé.

L'ovaire est à une seule loge et contient un seul ovule dressé. Le style est court et se termine par un long stigmate subulé, glanduleux d'un seul côté. Le fruit se compose du tube du calice qui est épaissi et charnu, et dont le limbe s'est détaché circulairement, renfermant une sorte de petit noyau ou d'akène ovoïde allongé, quelquefois strié.

La graine contient dans l'intérieur d'un endosperme très-mince un embryon dressé, ayant la radicule courte et conique, et les deux cotylédons assez épais.

Ce genre est composé d'environ une douzaine d'espèces, qui sont pour la plupart des Arbres ou des Arbrisseaux à feuilles simples souvent recouvertes, ainsi que les jeunes ramifications de la tige, d'écailles micacées, sèches, blanchâtres, qui donnent un aspect tout particulier aux espèces de ce genre. Leurs fleurs sont, en général, hermaphrodites et placées à l'aisselle des feuilles supérieures.

L'une des espèces les plus intéressantes de ce genre et la seule qu'on cultive dans nos jardins, est le Chalef à feuilles étroites, *Elæagnus angustifolius*, L., vulgairement appelé *Olivier de Bohéme* à cause de son aspect terne et blanchâtre qui rappelle celui de l'Olivier. Cet Arbre, qui peut acquérir une hauteur de quinze à vingt pieds, est originaire des contrées méridionales de l'Europe. Il croît aussi en abondance dans le Levant, la Perse, etc. Ses feuilles sont lancéolées, aiguës, très-analogues pour la figure à celles de l'Olivier commun, mais plus blanches et moins fermes. Ses fleurs sont jaunâtres, répandant une odeur assez agréable. Elles sont en général réunies, au nombre de trois, à l'aisselle des feuilles supérieures. Celle du milieu est un peu plus longue, et la seule qui soit parfaitement hermaphrodite et fertile; les deux latérales sont stériles par l'imperfection de leur ovaire qui est rudimentaire. Le fruit est ovoïde, couvert d'écailles sèches et micacées. Il est légèrement charnu et contient dans son intérieur un noyau strié.

On cultive fréquemment cet Arbre dans les parcs et jardins d'agrément, où son feuillage argenté contraste d'une manière très-pittoresque avec la couleur verte plus ou moins intense des autres Arbres. Ses fleurs, lorsqu'elles sont épanouies, exhalent une odeur forte assez agréable, surtout lorsqu'elle est peu intense. Olivier dit qu'en Perse et dans différentes parties du Levant, on mange la chair de ses fruits. (A. R.)

CHALEU. MAM. Syn. burate de Loutre. *V.* ce mot. (A.D..NS.)

CHALEUR. Effet produit sur les corps par le principe désigné sous le nom de Calorique. C'est à l'article TEMPÉRATURE, dont l'influence est si considérable sur les productions végétales et animales qui couvrent le globe, qu'il sera parlé plus amplement de la Chaleur. (B.)

* CHALFI. BOT. PHAN. Syn. arabe de *Cynosurus durus*, L. (B.)

* CHALGUA. POIS. Même chose qu'Achagual. Nom de pays du Callorhynque éléphantin. *V.* CALLORHYNQUE. (B.)

* CHALIF. BOT. PHAN. (Daléchamp.) Syn. de Saule ordinaire. (B.)

CHALKAS ET CHALKITIS. BOT. PHAN. Même chose que Chalcas et Chalcitis. *V.* ces mots. (B.)

CHALL. BOT. PHAN. L'un des noms

du Bouleau chez certaines hordes tartares. (B.)

CHALLYRITON. BOT. PHAN. Ce nom qu'on trouve dans les prophètes y désigne une petite Plante qu'on a rapportée au *Gypsophila repens. V.* GYPSOPHILE. (B.)

* CHALOK. POIS. Nom donné en Barbarie à un Cyprin indéterminé. (B.)

CHALOTTE. BOT. PHAN. L'un des synonymes d'Échalotte en diverses langues de l'Europe. (B.)

CHALOUPE CANNELÉE. MOLL. Nom vulgaire et marchand donné quelquefois à l'Argonaute Argo, et non à un *Argonauta sulcata* que nous ne trouvons pas exister dans Lamarck, comme on le dit dans le Dict. de Levrault. (F.)

* CHALUC. POIS. *V.* VERGADELLE.

* CHALUNGAN. BOT. PHAN. Véritable nom arabe du *Maranta Galanga*, duquel sont dérivés, par corruption, *Chanlungjan, Chawalungan, Calungia*, etc., et autres mots qui désignent la même Plante dans la même langue. (B.)

CHALUNG-UBUSSU. BOT. PHAN. Nom mongol du Poivre ordinaire, *Piper nigrum*, L. (B.)

CHALY. MAM. Syn. de Castor dans quelques dialectes asiatiques. (B.)

CHALYBÉ. OIS. Espèce du genre Cassican, *V.* ce mot, et de Héron, *Ardea cœrulea*, Lath. *V.* HÉRON. (DR..Z.)

* CHAM. BOT. PHAN. *V.* BOIS-DE-CHAM.

CHAMA. MAM. Pline désigne sous ce nom le Lynx, espèce du genre Chat, *V.* ce mot, et dit qu'il parut, pour la première fois, à Rome, dans les jeux du grand Pompée. (A.D..NS.)

CHAMÆ. BOT. Ce mot grec, adopté par les Latins pour désigner plus particulièrement des Plantes basses, est entré dans la composition d'un grand nombre de noms employés par les anciens naturalistes pour désigner soit des Végétaux, soit même des Animaux que l'on comparait avec d'autres Animaux ou Végétaux, mais dont on voulait faire en même temps sentir la petitesse. La plupart de ces noms ont été rejetés de la science, et n'y sont plus employés que comme synonymes. Quelques autres demeurent consacrés. Nous donnerons d'abord la liste des premiers; les seconds seront ensuite traités séparément.

* CHAMÆACTE, syn. d'Yèble. *V.* SUREAU.

* CHAMÆBALANOS (Dioscoride.). Probablement une espèce d'Euphorbe succulent.

* CHAMÆBALANUS (Rumph.) Syn. d'*Arachis asiatica*, Lour. *V.* ARACHIDE. Ce nom est emprunté des anciens qui le donnaient au *Lathyrus tuberosus*. *V.* GESSE.

* CHAMÆBATOS (Théophraste.) Syn. de *Rubus cœsius*. Des commentateurs ont cru y reconnaître une variété du Framboisier, *Rubus Idœus*. On l'a même appliqué à un Fraisier.

CHAMÆBUXUS, espèce du genre Polygale.

* CHAMÆCALAMUS. On ne sait à quelle espèce de Roseau rampant convient ce nom.

CHAMÆCERASUS. (Jacquin.) Espèce du genre Cerisier.

CHAMÆCHRYSOCOME (Barellier.) Et non CRYSOCOME. Syn. de *Stœhelina dubia*, L. *V.* STÆHÉLINE.

CHAMÆCISSOS (Dioscoride.) Syn. de *Glechoma hederacea*, L., que Fuchs nomme *Chamœcissus*. *V.* GLÉCOME.

CHAMÆCISTUS, syn. de *Cistus Helianthemum*, L. Ce nom est aussi celui d'un Azalea et d'un Rosage. On l'a également appliqué à un Talinum. *V.* ces mots.

CHAMÆCLEMA. Quelques botanistes antérieurs à Linné ou ses contemporains ont donné ce nom au Glécome. *V.* ce mot.

CHAMÆCRISTA, espèce de Casse. Ce

nom a aussi été donné à une section de ce genre, par Colladon, auteur d'une Monographie des Casses.

CHAMÆCYPARISSUS, espèce du genre Santoline. *V.* ce mot.

CHAMÆDAPHNE (Dioscoride.) Syn. de *Daphne Laureola*, L. (Columelle.) Syn. de *Ruscus aculeatus* (Lobel.) Syn. de *Daphne Mezereum*, L. Les botanistes modernes ont appliqué ce nom au Kalmia, à l'Andromède caliculée et à la Mitchelle rampante. *V.* ces mots.

CHAMÆDAPHNOÏDES (Prosper Alpin.) Syn. de *Daphne olœoïdes*, L.

CHAMÆDRIFOLIA (Plukenet.) Syn. de *Neurada procumbens*, L. *V.* NEURADE.

CHAMÆDROPS, pour CHAMÆDRYS.

CHAMÆDRYOS (Dioscoride.) Probablement le *Teucrium Chamœdrys*, L. *V.* GERMANDRÉE.

CHAMÆDRYS, espèce du genre Germandrée, dont quelques botanistes modernes avaient formé un genre adopté comme sous-genre par Persoon. Ce nom est encore celui d'une Véronique et d'un Rhinanthe dans les anciens. Il a aussi désigné le *Dryas octopetala* et un Bartsia. *V.* ces mots.

CHAMÆFICUS (Lobel.) Le Figuier nain, variété du Figuier ordinaire.

* CHAMÆFILIX, syn. d'*Asplenium marinum*, L. *V.* ASPLÉNIE.

* CHAMÆFISTULA. *V.* CASSE.

* CHAMÆGEIRON ou CHAMÆGYRON. Syn. de Tussilage. *V.* ce mot.

CHAMÆGENISTA, syn. de *Genista sagittalis*, *tridentata* et *pilosa*. *V.* GENÊT.

CHAMÆIRIS, syn. d'*Iris biflora*, *lutescens* et *pumila*. *V.* IRIS.

CHAMÆITEA (Camerarius.) Syn. de *Salix retusa*. *V.* SAULE.

CHAMÆJASME, nom d'espèces des genres Houstone, Androsace et Stellère. *V.* ces mots.

CHAMÆLARIX, syn. d'*Aspalathus chenopoda*, L. Espèce du genre Aspalat.

CHAMÆLEA (Dioscoride.) Syn. de *Cneorum tricoccum*. Ce nom a dépuis été donné par des botanistes à des Plantes appartenant aux genres *Clutia*, *Scopolia*, *Phylica*, *Tragia*, etc. *V*. ces mots.

CHAMÆLEAGNUS, syn. de *Myrica-Gale*. *V*. MYRICA.

CHAMÆLÉON. C'est-à-dire *Petit Lion*. Ce premier nom du Saurien que nous appelons Caméléon, et que porte également une Mouche armée du genre Stratyome, fut employé par Hippocrate et Dioscoride pour désigner une Plante épineuse qu'on ne pouvait toucher sans se blesser. Les commentateurs et les botanistes avant Linné, ont cru y reconnaître les *Cirsium acaule* et *Acarna*, le *Carlina subacaulis*, l'*Atractylis gummifera*, le *Leuzea conifera*, le *Cardopatium* et les *Echinops*. *V*. ces mots. On appelait plus particulièrement CHAMÆLÉON BLANC le *Carlina acaulis*, qui est l'espèce que nous avons dit avoir été révélée à Charlemagne par un ange venu tout exprès du paradis dans la vallée de Roncevaux, afin de donner à ce prince une leçon de botanique. *V*. CARLINE. Belon a désigné sous le nom de CHAMÆLÉON NOIR le *Carthamus corymbosus*, L., qui est le *Cardopatium*. *V*. CARDOPAT.

CHAMÆLEUCE, syn. de *Caltha palustris* et de *Tussilago Petasites*. *V*. CALTHE et TUSSILAGE.

CHAMÆLINUM (Sébastien Vaillant.) Syn. de *Linum Radiola* (Lobel.) Syn. de *Linum catharticum*, L. *V*. RADIOLE et LIN.

* CHAMÆLYCUM ou CHAMÆLUCON, syn. de *Veronica Chamædrys*.

CHAMÆMELON. Linné a justement proscrit de la botanique ce mot que Tournefort avait voulu y conserver, et qui, donné par les anciens auteurs à diverses Corymbifères et particulièrement à l'*Anthemis nobilis*, causait une grande confusion. *V*. CAMOMILLE.

CHAMÆMESPILUS, espèce du genre Néflier, et synonyme de *Mespilus Cotoneaster*. *V*. NÉFLIER.

CHAMÆMOLY, espèce du genre Ail. *V*. ce mot.

CHAMÆMORUS, espèce du genre Ronce. *V*. ce mot.

CHAMÆMYRSINE (Pline.) Syn. de *Ruscus aculeatus* (Matthiole.) Syn. de *Vaccinium Myrtillus* (Daléchamp.) Syn. de *Polygala montana*. *V*. FRAGON, AIRELLE et POLYGALE.

CHAMÆMYRTE, syn. de *Ruscus aculeatus*. *V*. FRAGON.

CHAMÆNÉRION, syn. d'*Epilobium angustifolium*, L. *V*. EPILOBE.

CHAMÆPERICLYMENUM (L'Écluse.) Syn. de *Cornus suecica*, espèce du genre Cornouiller. *V*. ce mot.

CHAMÆPEUCE, espèce du genre Stœbéline. *V*. ce mot.

CHAMÆPITYS, pour CHAMÆPYTIS. *V*. ce mot.

* CHAMÆPLATANUS, et non CHAMPÆLATANUS, syn. de *Viburnum Opulus*, L. *V*. VIORNE.

CHAMÆPLION ou CHAMÆPLIUM (Dodœns.) Syn. d'*Erysinum officinale*. *V*. VÉLAR.

* CHAMÆPYDIA. Belon et L'Écluse désignent sous ce nom un Euphorbe à racines tubéreuses qui paraît être l'Apios des anciens. *V*. APIOS.

CHAMÆPYTIS (Plukenet.) Syn. d'*Erica Plukenetii*. Ce nom est aussi celui d'une Germandrée dont Willdenow avait composé un genre grossi de quelques Bugles. *V*. BUGLE, BRUYÈRE et GERMANDRÉE.

* CHAMÆPYXOS, même chose que Chamæbuxus. *V*. ce mot.

* CHAMÆRHITOS, syn. de *Gypsophila Struthium* et de *Saponaria officinalis*, L.

* CHAMÆRHODODENDROS (Tournefort.) Espèces d'Azalea et de Rosages. *V*. ces mots.

CHAMÆRIPHE, syn. de *Chamærops humilis*. *V*. CHAMÉROPE. On trouve sous le même nom, dans L'Écluse, des Polypiers dont l'un est cité par Pallas comme synonyme de son *Gorgona Palma*, encore que la figure en soit entièrement méconnaissable.

* CHAMÆRRHYTON pour CHAMÆRHITOS. *V*. ce mot.

CHAMÆRUBUS, syn. de *Rubus saxatilis* et *Chamæmorus*. *V*. RONCE.

* CHAMÆRUM, syn. de Chanvre. *V*. ce mot.

* CHAMÆSÆNA. *V*. CASSE.

* CHAMÆSAURA (Schneider.) Syn. de *Scirpus setaceus*, L. *V*. SCIRPE.

CHAMÆSICE, espèce du genre *Euphorbia*. *V*. EUPHORBIA. C'est aussi la même chose que *Chamæcistus*. *V*. ce mot.

CHAMÆSPARTIUM, même chose que CHAMÆGENISTA. *V*. ce mot.

CHAMÆZETON (Pline.) Syn. d'*Athanasia maritima*, L. *V*. DIOTIS. (B.)

CHAMÆDORÉE. *Chamædorea.* BOT. PHAN. Famille des Palmiers, Diœcie Hexandrie de Linné. Willdenow, dans les Actes de l'académie de Berlin, a établi ce genre aux dépens des *Borassus*, dont il était la seconde espèce. C'est en effet le *Borassus pinnatifrons* décrit et figuré par Jacquin (*Hort. Schœnbr.* II, p. 65, t. 247 et 248), qui forme le type de ce nouveau genre, dont la différence d'avec le *Borassus* de Linné n'existe que dans l'organisation des fleurs femelles. L'auteur du *Chamædorea* l'a ainsi caractérisé : Arbre dioïque ; fleurs mâles, ayant le calice et la corolle tripartites, six étamines et un style rudimentaire plus long que les étamines; fleurs femelles munies aussi d'un calice et d'une corolle tripartites, de trois écailles situées entre les pétales et l'ovaire, regardées comme des nectaires par Willdenow ; d'un ovaire surmonté de trois styles, et devenant un fruit drupacé, succulent, monosperme.

La Chamædorée grêle (*Chamædorea gracilis*, Willd. ; *Borassus pinnatifrons*, Jacq.) est un Palmier indigène des forêts ombragées et montueuses de Caraccas, ayant un tronc qui s'élève verticalement à dix pieds de haut. Son feuillage est composé de frondes pinnées et un peu alternes, longues de deux pieds, marquées de nervures formant des plicatures, oblongues, atténuées à la base et acuminées au sommet; dans la partie inférieure du tronc, plusieurs spathes entourent des spadices plus longs qu'elles, divisés en rameaux dressés et divariqués dans les Palmiers femelles, penchés dans les mâles. La drupe, de couleur rouge, a la grosseur d'un pois. (G..N.)

CHAMÆLIRION. *Chamœlirium.* BOT. PHAN. Ce genre, dont les caractères sont trop brièvement exprimés pour que l'on puisse déterminer avec certitude à laquelle des deux familles de Monocotylédones, les Liliacées ou les Colchicacées, il appartient, a été proposé par Willdenow pour l'*Helonias nana* de Jacquin. Il l'a placé dans l'Hexandrie Monogynie de Linné, et l'a caractérisé ainsi : périanthe à six divisions ; six étamines dont trois alternativement plus grandes ; stigmate sessile, et capsule triloculaire polysperme. (G..N.)

CHAMÆRAPHIS. BOT. PHAN. Genre de la famille des Graminées que l'on placerait dans la Triandrie Trigynie, L., s'il était certain qu'on pût le conserver; car aux yeux mêmes de son auteur, il se rapproche tellement du genre Panicum et surtout de la septième section qu'il y a établie, qu'on ne peut leur trouver d'autre différence que le nombre de leurs styles. R. Brown a préféré cependant établir ce genre sur une seule espèce, que de le réunir à la septième section des Panicum, ou de distraire celle-ci pour en constituer le Chamæraphis. C'est pourtant ce qu'on n'a pas hésité de faire, sans réfléchir peut-être que les affinités existent avec le genre entier des Panicum, quoique plus marquées à la vérité avec la dernière section, et que celle-ci n'offre pas dans tous les points une identité de caractères avec le Chamæraphis plus parfaite qu'avec le Panicum. Voici l'exposé de ces caractères : lépicène biflore, à deux valves dont l'extérieure est très-courte ; la petite fleur extérieure mâle ayant sa valve extérieure d'une texture semblable à celle de la valvule intérieure de la lépicène ; fleur intérieure plus courte, ayant ses valves de consistance sèche et comme chartacée; deux petites écailles hypogynes ; trois étamines ;

trois styles ; stigmates plumeux ; caryopse enveloppée par la glume cartilagineuse.

Le *Chamœraphis hordeacea*, R. Brown, espèce unique de ce genre, est une Graminée vivace du littoral de la Nouvelle-Hollande entre le Tropique et l'Équateur ; ses feuilles sont distiques, linéaires, à ligule arrondie. L'épi, qui ressemble à celui de l'Orge, est composé de fleurs imbriquées, distiques et parallèles sur un axe flexueux, et munies à leur sommet d'une très-longue barbe.   (G..N.)

CHAMÆROPE. *Chamœrops*, L. BOT. PHAN. Genre de la famille des Palmiers et de l'Hexandrie Trigynie de Linné. Au nombre des caractères qui lui sont assignés par A.-L. de Jussieu (*Genera Plantar.*, p. 59), on voit que ses fleurs sont hermaphrodites ou mâles sur des pieds distincts. Ce dernier cas n'ayant lieu que par avortement, et étant purement accidentel, on ne devrait pas placer cet arbre dans la Polygamie, lors même qu'on admettrait encore cette classe du système sexuel. Nous n'examinerons donc que les fleurs hermaphrodites dont voici le caractère : spathe monophylle comprimée, renfermant un spadice rameux ; périgone formé de trois écailles coriaces, dressées, arrondies et un peu aiguës au sommet ; six étamines plus longues que celles-ci, dont les filets sont réunis à la partie inférieure en un urcéole qui porte six prolongemens courts, anthérifères ; chaque anthère est cordiforme, introrse et biloculaire ; trois ovaires enveloppés par l'urcéole staminal, surmontés de trois styles et de trois stigmates situés vers l'angle interne et supérieur sous forme de petites oreillettes pointues, offrant des sillons glanduleux qui descendent jusqu'à la partie inférieure de l'angle interne de l'ovaire. Celui-ci, d'abord au nombre de trois parties, est souvent réduit par avortement à une seule qui simule un segment d'ovoïde, dont les deux faces internes sont planes et la face interne convexe. Cette portion d'ovaire est alors uni-

loculaire et uniovulée. Les feuilles du Chamœrope sont profondément palmées ou digitées, portées sur un pétiole épineux ; leur disposition, semblable à celle d'un éventail, ainsi que dans beaucoup d'autres Palmiers, a fait donner au *Chamœrops* le nom de Palmier-Éventail.

Ce genre a d'autant plus d'intérêt pour nous Européens, que l'espèce dont on en a fait le type, est le seul Palmier indigène de notre partie du globe. Le *Chamœrops humilis*, L., est excessivement commun sur les côtes de la Sicile. On le trouve aussi près de Nice et en Ligurie, où l'on se sert de ses feuilles pour faire des balais. Desfontaines (*Fl. Atlant.*, 2, p., 436) l'a vu croître en grande quantité dans toute l'Afrique septentrionale, où, de même qu'en Sicile et en France, il prend peu de développement en hauteur. C'est peut-être la même variété que Cavanilles a décrite sous le nom de *Phœnix humilis* (*Icon.* II, t. 115), et dont parle notre ami Bory de Saint-Vincent dans son nouvel ouvrage sur l'Espagne, lorsqu'en divisant la Péninsule en deux régions, il nous apprend que la plus grande est comme le domaine du Chamœrope, qui envahit les champs cultivés de toute l'Andalousie et du pays de Murcie. Ce même savant nous a assuré qu'il n'y était jamais caulescent, et qu'on y mange ses bourgeons. Cette Plante est cultivée dans presque tous les jardins botaniques de l'Europe ; parmi ceux du Jardin des Plantes de Paris, il y en a deux pieds célèbres par leur stature gigantesque, et qui sont un objet de curiosité pour les étrangers. Les autres espèces de Chamœropes sont peu connues, et peut-être, si on en excepte les deux espèces de l'Amérique du nord décrites dans la Flore de Michaux par feu le professeur Richard, et celle du Mexique, publiée par Kunth sous le nom de *C. Mocini*, appartiennent-elles à des genres distincts.   (G..N.)

* CHAMÆSTEPHANUM. BOT.

PHAN. Willdenow a proposé ce genre dans les Mémoires de la Société des nat. de Berlin (1807, p. 140); mais sa description est d'une telle brièveté qu'il est impossible, même à ceux qui se sont occupés exclusivement de la famille à laquelle ce genre se rapporte, de déterminer sa place dans l'arrangement méthodique des genres de la famille. Tout ce qu'on sait, c'est qu'il appartient aux Synanthérées, Corymbifères de Jussieu, et à la Syngénésie Polygamie superflue de Linné, et que par conséquent la calathide est formée de fleurs hermaphrodites au centre et de fleurs femelles à la circonférence. Du reste son auteur lui a donné le caractère suivant : involucre composé de cinq folioles ; aigrette formée de paillettes, et réceptacle nu.

(G..N.)

* CHAMÆTRÆA. MOLL. (Klein.) V. CAME et TRIDACNE.

CHAMAGROSTIDE. *Chamagrostis.* BOT. PHAN. Une petite Graminée, d'un aspect très-agréable et facile à distinguer, qui croît abondamment dans les lieux sablonneux de presque toute l'Europe, a néanmoins été assez peu étudiée pour que Linné l'ait confondue avec son genre Agrostis, et que des botanistes plus modernes lui aient imposé quatre noms différens. En effet, Adanson qui, le premier, la sépara des Agrostis, l'appela *Mibora*, dénomination qui long-temps après fut changée par Smith en celle de *Knappia*, adoptée par les agrostographes Kœler et Gaudin. Hope ensuite, dans la Flore germanique de Sturm, en donna une figure, et la décrivit sous le nouveau nom générique de *Sturmia*, et ce mot est passé dans les ouvrages généraux de Persoon et de Willdenow. Ces trois dénominations ne méritant aucune préférence l'une sur l'autre (excepté celle que l'on aurait dû accorder à la priorité, et en ce cas il aurait fallu adopter, avec Palisot-Beauvois, le nom de *Mibora*), De Candolle, Wiber et Roth ont appelé cette Plante *Chamagrostis*, en lui assignant pour caractères : fleurs disposées en épis et dirigées du même

côté, comme dans le genre Nardus où Guettard avait encore introduit cette Plante. Lépicène uniflore à deux valves oblongues, tronquées et presque frangées ; glume très-petite, laciniée et soyeuse, entourant l'ovaire et présentant la forme d'un godet; deux stigmates velus; caryopse terminée en pointe et n'ayant point de sillon, selon Palisot-Beauvois.

La Chamagrostis exiguë, *Chamagrostis minima*, D. C., unique espèce du genre, a des feuilles courtes, filiformes, qui naissent de la racine et qui forment des touffes d'un gazon serré et fort élégant. Elle fleurit au premier printemps sur les collines sablonneuses de presque toute la France, et notamment dans les environs de Paris, aux bois de Boulogne et de Romainville. Nous ajouterons cependant comme observation de géographie botanique, que cette Plante est une de celles qui sont exclues de la région alpine, et qui, en France par exemple, ont pour limites une ligne placée en-deçà du Jura.

(G..N.)

CHAMAIACTE. BOT. PHAN. Pour Chamæacte. V. ce mot. Il en est de même de Chamaibatos, Chamaicistus, Chamaidris, Chamaigyron, Chamailucon, Chamaimelon, Chamaimyrtos et Chamaiphon, précédemment mentionnés à l'article CHAMÆ. V. ce mot.

(B.)

CHAMAIZELON. BOT. PHAN. (Dioscoride.) Probablement une variété du *Phœnix Dactylifera*, L. V. DATTIER.

(B.)

* CHAMALIUM. BOT. PHAN. Premier nom donné par Jussieu au genre qu'il a depuis appelé *Cardopatium*. V. CARDOPAT.

(B.)

CHAMAMILLE. *Chamamilla.* BOT. PHAN. On a donné ce nom à la Matricaire et à la Camomille. V. ces mots.

(B.)

CHAMANA. BOT. PHAN. Syn. péruvien de Jujubier.

(B.)

* CHAMAR. BOT. PHAN. (Delille.) Nom arabe des graines de l'*Anethum graveolens*, L. V. ANETH et CHEBET.

(B.)

CHA

CHAMARA. MAM. Syn. d'Yak. *V.*
BŒUF. (B.)

CHAMARAIS. BOT. PHAN. Arbre
de l'Inde dont le fruit aigrelet se
mange cru ou confit, et qu'il est impossible de reconnaître sur le peu
qu'en ont dit nos prédécesseurs. (B.)

* CHAMARE. BOT. PHAN. (Burmann.) Ombellifère du pays des Hottentots, jusqu'ici indéterminable. (B.)

* CHAMARIPHE. POLYP. Même
chose que le Chamæriphe de L'Ecluse
rapporté par Pallas à son *Gorgona
palmata.* (LAM..X.)

CHAMARIS. OIS. Syn. espagnol
de la Mésange bleue, *Parus cœruleus,*
L. *V.* MÉSANGE. (DR..Z.)

CHAMARIZ. OIS. Syn. portugais
du Pinson, *Fringilla Cœlebs*, L. *V.*
GROS-BEC. (DR..Z.)

CHAMAROCH. BOT. PHAN. *V.*
CAMAROCH.

CHAMARRAS. BOT. PHAN. Syn.
de *Teucrium Scordium. V.* GERMAN-
DRÉE. (B.)

* CHAMBASAL. BOT. PHAN.
Même chose que Champada chez les
Portugais de l'Inde. *V.* ce mot. (B.)

CHAM-BIA-TLON. Syn. cochinchinois du Restiaria de Loureiro. *V.*
ce mot. (B.)

CHAMBREULE. BOT. PHAN. L'un
des noms vulgaires du *Galeopsis La-
danum*, L. *V.* GALÉOPSIDE. (B.)

CHAMBRIE ET CARBE. BOT.
PHAN. Vieux noms du Chanvre. (B.)

CHAM-CHAN. BOT. PHAN. Syn.
chinois du *Dichroa febrifuga* de Loureiro. *V.* DICHROA. (B.)

CHAMEAU. *Camelus*, L. Genre
de Ruminans sans cornes, « ayant
toujours, dit Cuvier, non-seulement
des canines aux deux mâchoires,
mais encore deux dents pointues (de
chaque côté) implantées dans l'os incisif; les incisives inférieures au
nombre de six, et les molaires de vingt
ou de dix-huit seulement, attributs
qu'ils possèdent seuls parmi les Ruminans, ainsi que d'avoir le cuboïde
et le scaphoïde du tarse séparés. Au
lieu de ce grand sabot aplati au côté
interne, et qui enveloppant, dans les
autres Ruminans, toute la partie inférieure de chaque doigt, détermine
la figure du pied fourchu ordinaire,
ils n'ont qu'un petit ongle adhérent
seulement à la dernière phalange, et
de forme symétrique comme les sabots des Pachydermes. » Tous ont la
lèvre supérieure renflée, fendue et
très-mobile, le cou très-long, les orbites saillans, et une conformation semblable des organes génitaux dans
toutes les espèces qui sont obligées de
prendre, pour s'accoupler, une pos-
ture particulière. La femelle se couche
ventre à terre pour recevoir le mâle, à
qui cette attitude paraît si indispensable, que Matthiole (*Epist.*) a vu le
premier Llama conduit en Europe, en
1558, obliger des chèvres à se pros-
terner ainsi sous lui. Tous ces Animaux urinent en arrière par un jet
extrêmement petit, et qui dure près
d'un quart-d'heure. Ce mécanisme
tient à la ténuité de la verge, plus
mince à proportion que dans les Cochons, et à une profonde échancrure
du gland qui se prolonge au-devant du
méat urinaire en forme de crosse ou
de crochet à concavité postérieure.
Cette courbure est maintenue par un
frein qui tire en bas l'extrémité du
gland, et qui vient de l'urètre dont
l'extrémité se trouve à cinq lignes de
distance de celle du gland dans le
Chameau (voir Buff., T. XI, pl. 20).
Le jet de l'urine, réfléchi par la concavité du crochet que forme le dessous du gland en avant de l'orifice de
l'urètre, est poussé d'avant en arrière entre les jambes postérieures.
Mais le mécanisme de la verge, dans
l'accouplement, reste le même que
chez les autres Animaux, quoi qu'on
en ait pu dire, en concluant faussement, pour cet acte, de la direction du
jet d'urine. Cette supposition a été, il
y a un siècle, réfutée par Olearius.
Mais l'exemple de la prosternation de
la femelle du Llama dans l'accouplement est une preuve que les Chameaux ne se prosternent pas pour le
même acte, par suite de l'habitude
qu'ils ont de le faire quand on les char-

ge. C'est pourtant ce que dit Buffon, dont les raisonnemens exagèrent trop, en général, l'influence de la domesticité sur les formes et les habitudes des Animaux. La difficulté de cet acte provient de l'extrême petitesse de la vulve chez la femelle, et sa durée que Cuvier a vue d'un quart-d'heure pour les Llamas tient sans doute à un mécanisme analogue à celui qui la prolonge aussi dans les Chiens ; car Messerschmidt (Anat. du Cham. Bactr. Comm. Petrop. , T. x) dit que les corps caverneux sont d'une structure si spongieuse , qu'ils se gonflent énormément en les insufflant doucement, l'air pénétrant même dans le tissu de l'urètre. Or, on sait que par l'insufflation des artères caverneuses, on donne à la verge l'amplitude qui lui appartenait dans l'érection. Ce développement du corps caverneux expliquerait aussi la lubricité de ces Animaux. Matthiole (loc. cit.) a vu le Llama s'abandonner à des voluptés solitaires , et l'on sait avec quelle fureur les Chameaux se livrent à leurs transports amoureux. Il n'est pas nécessaire de dire que les accouplemens multipliés du Llama avec des Chèvres furent sans résultat.— Il est remarquable que le clitoris des femelles est pointu et recourbé en bas comme le gland des mâles ; son prépuce, prolongé jusqu'au bord de la vulve, n'a pas plus de trois lignes de diamètre; mais sa cavité n'a pas moins d'un pouce quatre lignes de profondeur dans l'espèce du Dromadaire,où l'orifice de l'urètre est distant de trois pouces du bord de la vulve. Cuvier s'est assuré que la conformation de la vulve est semblable dans la femelle du Llama. La seule différence qui distingue, sous le rapport du rut, les espèces américaines de celles d'Asie , c'est qu'alors elles n'exhalent ni odeur, ni humeur , ce qui arrive par simple suintement , et non par quelque repli glanduleux , à la nuque de ces dernières. Tous ces Animaux dorment les jambes fléchies sous le ventre,le poitrail contre terre.On a attribué au frottement que subissent alors

les poignets , les genoux et le poitrail, les callosités nues et épaisses de ces parties. Il nous semble plus probable que ces callosités sont indépendantes de cette cause; car elles ne se forment pas chez toutes les espèces, quoique toutes aient également l'habitude de dormir agenouillées.

Un caractère ostéologique fort important de ce genre, puisqu'il n'existe que pour lui à l'exclusion de tous les autres Mammifères, c'est que le bord condyloïdien du maxillaire inférieur offre une profonde échancrure à concavité supérieure, située, dans les quatre espèces dont les squelettes existent au Muséum d'anatomie , à la même distance proportionnelle du condyle. En outre, dans toutes les espèces, le cuboïde est toujours séparé du scaphoïde, comme dans les Chevaux (F. Cuv., Ossem. Foss., T. iii). Cette double particularité, décisive pour l'unité de genre, d'après la belle loi de Cuvier sur la corrélation des formes, n'a sans doute pas été remarquée par les zoologistes qui ont séparé les Llamas des Chameaux. La seule différence anatomique de ces deux sections, c'est la semelle qui joint les doigts du Chameau, et une seconde canine de plus à la mâchoire inférieure de cet Animal ; mais une canine surnuméraire n'a pas une valeur plus caractéristique chez les Chameaux que chez les Cerfs, où il y a des espèces , les unes pourvues , les autres dépourvues de canines. L'absence de bosse chez les espèces américaines n'est pas non plus un caractère, puisque, dans les Chameaux proprement dits , leur nombre est variable , et qu'on sait que la bosse des Zébus ne change rien au fond de leur organisation comme Bœufs. Les différences , sous le rapport d'exhalations d'humeurs ou d'odeurs propres au rut , ne sont pas non plus caractéristiques, puisque, dans d'autres genres, les Bœufs, par exemple , il y a des espèces pourvues d'odeurs étrangères aux autres. C'est donc par une appréciation irréprochable d'un ensemble plus que suffisant de convenances organiques que

Cuvier a établi, et que nous maintenons ici le genre *Camelus*.

Toutes les espèces de ce genre supportent la faim et la soif avec une patience qui tiendrait du prodige si l'on ignorait la structure de leur estomac, capable de conserver ou même de produire continuellement de l'eau, suivant l'idée neuve et ingénieuse de Cuvier. Un aperçu de la structure de cet organe justifiera la hardiesse de cette idée. Les Chameaux ont l'estomac multiple comme les autres Ruminans, avec une cinquième poche qui leur est propre. D'après Daubenton (Buff., T. XI, pl. 15 et 16), cette poche, qu'à cause de son usage il appelle réservoir de l'eau, ne sert que de passage aux alimens, de la panse au bonnet : elle offre à tout son pourtour quatorze auges transversales à son axe, dont les plus grandes, profondes d'un pouce, longues de quatre, et larges d'un demi, sont divisées en un grand nombre d'augets par des cloisons transversales, ayant elles-mêmes d'autres intersections longitudinales. La plupart de ces augets sont sous-divisés en godets plus petits par des valvules. Dès que les parois intérieures de cet estomac sont comprimées excentriquement, comme il arrive lorsque les alimens le traversent, toutes les cloisons et valvules rapprochent leurs bords libres, et ferment les augets. Il en résulte que le passage des alimens n'absorbe pas l'eau qu'ils contiennent, ce qui arrive dans la panse où il existe aussi des auges dont le mécanisme, moins compliqué, permet l'imbibition des alimens par l'eau qu'elles contiennent ou qu'elles exhalent. Sur un individu mort depuis dix jours, Daubenton a trouvé dans ce réservoir environ trois pintes d'eau assez claire, presque insipide et encore potable. Elle coulait comme d'une source quand on comprimait extérieurement les boursouflures du réservoir, et, dès que la compression cessait, elle rentrait dans les augets où elle disparaissait. Cette observation explique la longueur du temps pendant lequel les Chameaux supportent la soif, et la dernière ressource à laquelle recourent les Arabes quand ils éventrent leurs Chameaux pour se procurer de l'eau. Comme les parois de ces cavités sont évidemment glanduleuses, et comme le véhicule de plusieurs liquides animaux est de l'eau pure, il n'est donc pas invraisemblable que cette eau soit le produit d'une sécrétion. — Quoi qu'il en soit de l'origine de cette eau accumulée dans ce réservoir, il est évident qu'en le comprimant par l'action des muscles abdominaux, l'Animal peut faire refluer le liquide dans la panse pour l'imbibition des alimens, ou même jusqu'à la bouche pour se désaltérer pendant la rumination.

Ce qui autorise l'idée de Cuvier sur l'exhalation de cette eau, c'est qu'il a vu les Llamas se passer de boire quand ils pouvaient paître l'herbe verte ; et dans les étages supérieurs des Andes où ils habitent, ces Animaux sont, le plus souvent, hors de la portée d'aucune lagune. Réduits à l'état de domesticité, dans les marches à travers les solitudes des Andes on ne leur donne non plus jamais à boire. Or, à en juger d'après le père Feuillée (Obs., T. III, in-4°), ce qu'il dit du troisième estomac du Llama offre la répétition de la structure du réservoir décrit dans le Chameau par Daubenton. Ce troisième estomac est rempli de feuillets ou lames représentant autant de croissans attachés par leur convexité à la surface interne du ventricule ; ces lames, disposées à peu près comme les cloisons d'une tête de Pavot, sont au nombre de trente-six grandes et médiocres, les premières ayant près de deux pouces de largeur, les autres seize lignes. Les petites forment intersection entre les grandes, par intervalles égaux ; enfin il y en a d'autres encore plus petites placées dans l'entre-deux des secondes. Nous ajoutons que les deux premiers estomacs du Llama sont, d'après Feuillée, comme la panse du Chameau, habituellement fermés par le rapprochement de deux grosses lèvres ou bourrelets sur lesquelles l'eau passe sans y pénétrer, en se rendant dans le troisième estomac. Ces lèvres ou bourrelets ne s'ouvrent que pour les alimens solides. — Les détails anatomiques dans lesquels nous venons d'entrer sont indispensables à qui veut saisir la cause de ces admirables relations, par lesquelles les mœurs, les habitudes et les sites des Animaux sont nécessairement enchaînés avec l'ordre général de la nature et même avec nos besoins.

La présence de deux incisives de chaque côté, à la mâchoire supérieure, est un exemple de ce balancement que nous avons démontré (*V*. ANATOMIE et ARMES) entre le développement réciproque de plusieurs productions osseuses et épidermiques. Les Chevrotains offrent la coïncidence d'un énorme accroissement de la canine supérieure avec le défaut de cornes ; leur absence coïncide ici avec le développement de dents surnuméraires relativement au type des Ruminans. Une autre conformité mentionnée par Molina entre les Chameaux et les Llamas, c'est d'avoir en réserve, sous la peau, un excès de matière nutritive dans une épaisse couche de graisse, dont la résorption, comme celle de la bosse dans les Chameaux, compense la disette d'alimens. Car les bosses des Chameaux ne sont autre chose qu'une sorte de loupe naturelle d'un tissu cellulaire dense, à intersections fibreuses, rempli d'une graisse concrète ou suif qui est plus compacte à la bosse de derrière dans le Chameau Bactrien, d'après Messerschmidt (*loc. cit.*).

La répartition géographique des deux groupes de ce genre entre les deux continens, et les sites opposés qu'ils affectent dans chaque continent, répugnent évidemment à l'idée d'unité de lieu pour la création de ces diverses espèces. Chacune est évidemment aborigène des sites qu'elle occupe à l'état sauvage ; et nous avons prouvé par l'exposition de quelques particularités anatomiques que leur organisation est exclusivement assortie à l'aridité de ces lieux. L'absence aux pieds des Llamas, de la semelle qui fixe l'un à l'autre les doigts des Chameaux, coïncide justement avec leur destination à vivre, les premiers dans les montagnes, et les seconds dans les plaines sablonneuses, de telle sorte que l'habitation des rochers est mécaniquement aussi impossible pour les Chameaux que celle des plaines brûlantes paraît l'être physiologiquement pour les Llamas.

La conformité du naturel de toutes ces espèces est une autre preuve de leurs convenances d'organisation. Très-supérieurs aux autres Ruminans pour l'intelligence, ils égalent au moins le Bœuf pour la patience et la résignation. Néanmoins on aurait tort d'attribuer à l'éducation aucune de leurs qualités, lesquelles ne sont que des nécessités de l'organisation; elles sont innées chez eux. Il n'y a surtout aucune raison de supposer que leur faculté de supporter la soif, vient de l'habitude qu'on leur en impose. L'habitude ne crée pas les facultés; elle ne peut qu'en développer ou en restreindre l'exercice. Pour que l'habitude créât une faculté, il faudrait qu'elle en créât l'organe.

La grandeur de leur œil toujours frappé par la splendeur d'une lumière tropicale que renforce la réverbération des sables pour les Chameaux, et des neiges perpétuelles pour les Llamas, annonce une vue énergique. Leur odorat aussi est excellent. Les Chameaux sentent l'eau de plus d'une demi-lieue. On n'a aucun indice sur l'activité de leur ouïe. Tous sont très-friands de sel, mais se contentent des Plantes grossières qu'ils rencontrent dans leurs déserts. Chaque espèce dans chaque groupe est plus séparée des autres, de même que les Chevaux entre eux, par le tempérament et les habitudes, que par des particularités de configuration. Le squelette du Chameau Bactrien ne nous a paru en rien différer de celui du Dromadaire, et cependant l'un supporte sur les bords du Baïkal des hivers de 15 ou 20°-0, et ne descend pas plus bas que le 35° parallèle, tandis que le Dromadaire, originaire d'Arabie, habite aujourd'hui depuis la Perse jusqu'au Sénégal. De même, dans les Andes, les diverses espèces du groupe des Llamas stationnent sur des étages différens, et se retrouvent ou disparaissent dans la longueur des Cordilières, suivant que les étages de ces montagnes se soutiennent ou s'abaissent. Ainsi le Llama, dont le site est bien inférieur à la limite des neiges perpétuelles, se trouve depuis le Chili jusqu'à la Nouvelle-Grenade, sans néanmoins s'étendre vers l'Isthme, à cause du trop grand abaissement de la Cordilière. Il est fort remarquable qu'il n'ait jamais existé au Mexique; car, d'après l'observation de Cuvier, le prétendu nom Aztèque, sous lequel il y est indiqué par Hernandez, est anglais. Il arrive néanmoins que d'autres Mammifères alpins de l'ancien continent, qui ne descendent non plus jamais dans les plaines, se retrouvent à de très-grands intervalles, quoique la ligne des sommets soit interrompue; tels sont les Bouquetins. Mais excepté deux ou trois espèces de Mammifères qui lui sont communes avec l'Amérique boréale, l'Amérique sud ne partage aucun autre de ses Animaux avec le reste du monde.

Iᵉʳ GROUPE. — CHAMEAUX PROPREMENT DITS.

Les Chameaux sont caractérisés par une ou deux protubérances d'une graisse compacte, contenue dans un tissu fibro-celluleux; par une petite molaire tranchante dans l'intervalle de la canine à la première molaire ordinaire, à la mâchoire inférieure, et par une semelle cornée, indépendante des ongles, laquelle fixe les deux doigts de chaque pied immobiles l'un à côté de l'autre.

Buffon n'avait vu dans les deux espèces de ce groupe que deux races distinctes et subsistantes de temps immémorial, attendu que toutes deux se mêlent et produisent ensemble, que les produits de cette race croisée ont plus de vigueur, et forment une race

secondaire qui se multiplie pareillement, et qui se mêle aussi avec les races premières. Il résulte seulement de ces faits, comme nous avons eu et nous aurons encore occasion de le répéter, que l'engendrement des races métis fécondes n'est pas une preuve d'identité entre les espèces productrices; bien plus, l'identité de figure dans le squelette, ce qui a lieu entre les deux espèces de Chameaux, n'est pas non plus une preuve de cette unité, puisque, ainsi que l'a prouvé Cuvier (Oss. Foss. t. 5), les Chevaux contemporains des Eléphans fossiles ne différaient en rien des nôtres pour le squelette, de même aussi que toutes les espèces actuelles de ce genre se ressemblent absolument sous le même rapport.

1. Le CHAMEAU, *Camelus Bactrianus*, L. Fig. Ménag. du Mus. in-folio, et Buff. t. 11, pl. 22, caractérisé par ses deux bosses, l'une au garrot, l'autre sur la croupe, et par une taille en général supérieure à celle du Dromadaire, taille qui serait même encore plus haute, suivant Pallas, dans les individus sauvages que l'on ne trouve plus aujourd'hui que dans le désert de Shamo vers les frontières de la Chine. Ceux qui ont vécu à la Ménagerie, et qu'a décrits Cuvier (*loc. cit.*) avaient à peu près sept pieds au garrot; de longs poils crépus d'un brun-marron foncé garnissaient les bosses et le dessus du cou, formaient d'épaisses manchettes aux jambes de devant, et tombaient en large fanon tout le long du dessous du cou. Le poil sur le reste du corps était épais, mais court, et la queue descendait jusqu'à mi-jambe. Elle leur sert pendant le rut à s'arroser de leur urine qu'ils reçoivent dessus à cette époque seulement. Ce jet d'urine très-mince, comme nous l'avons déjà dit, dure environ un quart-d'heure. Ils entraient en rut à la fin de l'automne. Cet état s'annonçait par une odeur insupportable, des sueurs qui duraient quinze jours, et auxquelles succédait le suintement de la nuque. Le rut est pour eux, comme pour les Cerfs, un temps de jeûne, et com-

me il dure près de quatre mois , ils maigrissent beaucoup, et la peau de leurs bosses fondues retombe flasque sur elle-même. Pendant ce temps ils ne montraient pas à la bouche cette vessie qu'on voit alors aux Dromadaires. Leurs excrémens moulés ordinairement, comme ceux de l'Ane, n'étaient pas alors plus gros que des Noisettes. Après le rut vient la mue qui est deux mois à se faire, et à laquelle , pendant deux autres mois , succède une alopécie complète avec efflorescence farineuse , dont la couleur se prononce fortement sur le noir de la peau. Ce phénomène physiologique ne se répète pas dans le Dromadaire, comme on va le voir. Le pelage n'a entièrement reparu qu'en juin.

Cette espèce appelée Bhelbud par les Russes, Vuelblud par les Esclavons, Thauwah par les Tatares de Tobolsk , Bughur par les Persans , Ibil par les Arabes, paraît avoir pour patrie toute la grande zône moyenne de l'Asie au nord du Taurus et de l'Himalaya. Chez les Bourats et les Tanguts , sur les bords du lac Baïkal, elle se nourrit en hiver de sommités de Bouleaux et autres Arbustes. Nonobstant la semelle plate de son pied, elle marche d'aplomb dans la boue et les marécages : aussi , malgré les chaleurs du climat, réussissait-elle bien dans les maremmes de Toscane où Léopold en avait introduit quelques individus qui , en peu d'années , se multiplièrent jusqu'à deux cents. Le nombre s'en fût encore accru, vu leur utilité double de celle du Cheval pour la charge et la vitesse, si , par une spéculation mesquine, Léopold et son ministre Salviati ne les eussent vendus près de mille francs par tête. On en a essayé aussi, mais sans succès, l'introduction aux Antilles.—Le Chameau Bactrien était déjà bien distingué du suivant par Aristote; mais il paraît, par la différence des noms arabes de ces deux espèces , et par l'homonymie du nom du Dromadaire en arabe et en hébreu, que les Juifs ne connurent que celui-ci. Le premier paraît n'avoir été amené dans l'Asie-

Mineure et en Syrie, qu'à l'époque des premières invasions des Tartares et des Turkmans. Néanmoins nous avons prouvé par plusieurs passages de Diodore de Sicile, lib. 2, que les Arabes possédaient, dès une haute antiquité, le Chameau à deux bosses , appelé Dytiles par les Grecs. Diodore l'indique surtout dans la partie de l'Arabie qui répond à l'Yemen. Resterait à savoir s'il y avait été introduit ou s'il y était indigène (V. tom. 9 des Mémoires du Muséum , notre Mémoire sur la patrie du Chameau et l'époque de son introduction en Afrique, Mémoire lu à l'Institut, Acad. des inscriptions et belles-lettres, le 28 juin 1825). Nous sommes sans information sur l'existence actuelle de cette espèce en Arabie.—On ne connaît pas plusieurs variétés de cette espèce , sans doute à cause de l'uniformité de climat de la zône qu'elle habite.

2. DROMADAIRE , Camelus arabicus d'Aristote , ou Dromas des Grecs , Djemal des Arabes , Gamal des Hébreux, radical qui se retrouve dans toutes les langues européennes, Schetur des Persans, fig. Ménag. du Mus. Mammif. lithog., livraison 13, variété brune, et 28, variété blanche ; Buff. 11. pl. 9. N'a qu'une seule bosse au milieu du dos, et des formes moins massives que le précédent. On n'en connaît pas le type primitif ou sauvage, mais seulement plusieurs variétés dont deux sont figurées et décrites par F. Cuvier (loc. cit.). Ces variétés ne diffèrent que par la taille et la couleur des poils.

La variété brune ou du Caucase, plus forte et plus trapue que les autres, s'en distingue par sa couleur toutà-fait semblable à celle du Chameau. Il a aussi une grande barbe sous la gorge, un large fanon sous le cou, une petite crinière dessus, de longs poils aux jambes de devant, à la bosse, au sommet de la tête et à la queue.

La variété blanche, originaire d'Afrique, d'abord presque blanche, excepté sur la bosse, avant d'être adulte, devient ensuite d'un gris roussâtre. La tête, la bosse, les jambes de devant et le cou en dessus et en dessous, couverts de poils longs et crépus. Le rut venait en février, durait deux mois, faisait peu maigrir, et était suivi d'une mue pareille à celle des Chevaux.

Une troisième venue d'Égypte, de six pieds de haut, à proportions plus légères que les deux autres, était uniformément à poils gris et courts, entrait en rut en mai, et alors faisait sortir de la bouche en soufflant une sorte de vésicule rougeâtre, et urinait sur sa queue pour s'en arroser à la manière du Chameau.

Nous ignorons si ces trois variétés, qui peut-être doivent se réduire à deux, la brune et la grise, correspondent aux grands et petits Dromadaires d'Arabie et d'Égypte. La grande variété, consacrée aux fardeaux, peut faire dix lieues par jour avec une charge de mille à douze cents pesant; la petite variété ou Chameau coureur, en fait jusqu'à trente en plaine, et toutes deux soutiennent ces marches huit ou dix jours de suite sans autre aliment que les herbes du désert qu'elles broutent en passant. Si le voyage doit se prolonger au-delà, il leur faut de l'Orge, des Fèves, des Dattes, ou quelques onces d'une pâte faite de fleur de farine. Le Chameau Bactrien ne supporte pas d'aussi longs jeûnes que le Dromadaire. Comme il n'est indiqué par aucun historien dans les armées carthaginoises, où il n'eût pas manqué de servir au moins comme bête de charge, s'il eût existé alors en Afrique, il nous a paru probable qu'il n'avait été introduit à l'ouest du Nil que lors des conquêtes des Arabes. Aujourd'hui, le Dromadaire est répandu par toute l'Afrique au nord du Sénégal et du Niger, où il est aussi commun qu'en Arabie.

La question de l'existence ou de l'absence du Chameau en Afrique, à l'époque de toutes les prospérités de ce pays, se rattachant à l'histoire de la société civile et à la théorie des moyens d'établissement et de perfectionnement, méritait donc une solution spéciale. Nous nous en sommes occupés dans notre Mémoire précité. Nous y avons démontré que dès la plus haute antiquité, le Chameau à une bosse ne cessa d'être employé au service domestique ou militaire des peuples asiatiques; que depuis Hérodote, tous les écrivains grecs ou latins dans leurs récits sur l'Afrique, à l'occasion des guerres ou des voyages dont ils font l'histoire, des descriptions géographiques ou physiques qu'ils en donnent, des raretés et singularités naturelles qu'ils lui attribuent, enfin des énumérations qu'ils font de ses Animaux, ne nomment pas une seule fois le Chameau, lors même que la mention de cet Animal devenait une nécessité de leur sujet, s'il eût existé alors sur ce continent : qu'au contraire tous en parlent même incidemment, et à plus forte raison dans le cas de nécessité du sujet, lorsqu'il s'agit, sous les rapports précités, de l'Asie ou de l'Arabie; que jusqu'au troisième siècle de l'ère chrétienne, il n'exista pas de Chameaux à l'ouest du Nil; qu'ils ne passèrent l'isthme de Suez que lors des premières invasions des Sarrasins, peuples qui dès le milieu du quatrième siècle, d'après Ammien Marcellin, erraient déjà avec leurs Chameaux sur les déserts qui s'étendent de l'Assyrie jusqu'aux cataractes du Nil et aux confins des Blemmyes; que l'apparition des Chameaux à l'ouest du Nil eut lieu, pour la première fois, lors de la révolte des Vandales et des Maures après le départ de Bélisaire pour aller reconquérir l'Italie; que c'est dans l'intervalle des deux siècles précédens que les Chameaux se sont propagés et multipliés dans le Sahara, à mesure que les tribus arabes s'y débordaient; que la rapidité de leur multiplication n'a rien d'étonnant en la comparant à celle des Bœufs et des Chevaux redevenus sauvages dans les Pampas de Buénos-Ayres, et les Llanos de l'Apure; qu'en conséquence le Chameau-Dromadaire n'est pas originaire d'Afrique, mais seulement de l'Arabie, où il existait encore à l'état sauvage au temps d'Artémidore, cité par Diodore et Strabon. Or cette absence du Chameau en Afrique à une époque où elle était si peuplée de Lions, que ses rois et ses proconsuls en faisaient des envois de plusieurs centaines à la fois pour le Cirque de Rome, est un double écueil pour la philosophie des causes finales; car le grand nombre des Lions (*V*. notre article CHAT) dans un pays si peuplé était un grand obstacle de plus et à la culture des terres et aux communications des peuples, et l'absence du Chameau y faisait une grande ressource de moins.

II° GROUPE. —LES LLAMAS.

Les Chameaux rangés dans ce sous-genre pour le nom duquel nous adopterons l'orthographe originaire, ont les deux doigts séparés et manquent de loupes; il n'y a pas non plus de molaire pointue entre la canine et la première molaire ordinaire : ils ont de plus l'oreille longue, la queue courte et des proportions plus légères que les Chameaux; la mobilité séparée de leurs doigts leur donne la facilité de gravir sur les rochers avec la même agilité que les Chèvres. Molina (*Storia Nat. del Chili*) en a décrit cinq espèces après Buffon qui antérieurement (Supplément, t. 6, p. 210 et suiv.) en avait définitivement reconnu trois : le Llama, l'Alpaca et la Vigogne. Depuis, tous les zoologistes étaient convenus de n'admettre que les deux seules espèces qui avaient vécu à Alfort, savoir : la Vigogne et le Llama; et adoptant les premières déterminations de Buffon (vol. XIII), on réduisait, comme il suit, la synonymie des espèces. Le Llama, à l'état sauvage, se nommait Guanaque en péruvien, et la Vigogne dans le même Etat s'appelait Paco : enfin, en 1808, l'arrivée à Cadix d'un troupeau de Vigognes, de Llamas et d'Alpacas, justifia les dernières déterminations de Buffon, et l'exactitude des renseignemens qu'il avait reçus. Don Francisco de Theran, in-

tendant de San-Lucar de Barraméda, où il avait établi un célèbre jardin d'acclimatement, y reçut ces Animaux précieux pour lesquels la protection de Venegas, gouverneur de Cadix, devint nécessaire, parce qu'en haine du prince de la Paix, qui les avait fait venir pour l'impératrice Joséphine, quelques Exaltados les voulaient d'abord jeter à la mer. Plus tard les armées françaises ayant pénétré en Andalousie, notre célèbre collaborateur Bory de Saint-Vincent mit ce qui restait du troupeau sous la sauve-garde de son général, le maréchal Soult, protecteur éclairé des sciences et des arts. Il étudia leurs habitudes avec soin, et en avait fait de beaux dessins qui ont été perdus à la bataille de Vittoria. Mais il a rapporté des échantillons de leur toison qu'il a remis aux membres de l'Académie des Sciences chargés de faire un rapport sur le travail de don Francisco de Theran, concernant ces Animaux. Celui-ci nous ayant communiqué son Mémoire, nous allons en extraire quelques détails. — Comme l'abbé Beliardy l'avait conseillé, les trente-six individus embarqués à Buénos-Ayres y étaient venus de Lima et de la Conception par petites journées de trois à quatre lieues. Dans la traversée on les nourrit de Pommes de terre, d'épis de Maïs, de Foin et de Son; quand il n'y eut plus de Pommes de terre, ils devinrent si constipés qu'il fallut leur donner des lavemens. Vingt-cinq moururent en route; deux autres dans la relâche à Cadix : le vaisseau s'était battu avec un corsaire anglais ; neuf seulement entrèrent à San-Lucar : une femelle de Llamas pleine d'un Alpaca, deux Vigognes femelles, dont l'une pleine d'un Alpaca, trois Alpa-Vigognes femelles, ou métis de Vigogne et d'Alpaca, et trois Alpacas mâles. Comme aujourd'hui l'existence de l'espèce de l'Alpaca est démontrée par celui que possède la Ménagerie, il résulte de ces faits que la Vigogne est aussi susceptible de domesticité que le Llama; que l'Alpaca se croise avec les deux autres espèces, et très-probablement ces dernières entre elles ; qu'en conséquence, comme nous l'avons déjà conclu du croisement des Chameaux, la fécondité des races métis ne prouve rien pour l'unité des espèces croisées. Francisco de Theran établit encore que la laine des Alpacas est meilleure sous la zône équatoriale ; que celle de la Vigogne est la même depuis 52° sud, jusqu'à 4° nord ; que la laine des Alpa-Vigognes, ainsi que celle de la Vigogne, l'emporte par sa longueur, et est six fois plus abondante ; que l'Alpaca est surtout nombreux dans la province de Guanca-Velica ; que la supériorité, pour la finesse et le poids, de la toison des Alpa-Vigognes, donnerait un très-grand profit à en multiplier la race. Enfin, il confirme l'existence d'une quatrième espèce, le Guanaque, plus grande que les autres, et qui s'accouple avec chacune des trois ; il ajoute que la laine de leurs métis est très-connue ; qu'on en a apprivoisé et employé aux transports comme les Llamas. — Tous ces Animaux ont l'habitude de faire en commun leurs excrémens au même endroit, ce qui les trahit dans les montagnes.

Ces renseignemens authentiques confirmant l'existence de deux des espèces que l'on ne croyait que nominales, et les informations de Theran sur les régions habitées par chacune des quatre espèces coïncidant avec ce qu'en dit Molina, nous allons décrire, d'après cet auteur, les cinq espèces de ce groupe.

3. Le LLAMA, *Camelus Llama.* Buff. Suppl. VI, pl. 27, Mam. lithog., 31ᵉ livraison ; Encycl. pl. 45, fig. 1, copiée du Voy. de Frezier, et Ménag. du Mus. — Deux individus, mâle et femelle, vivaient en bonne santé depuis six mois à la Malmaison quand Cuvier les a décrits (*loc. cit.*). Ils étaient venus de Santa-Fé de Bogota par Saint-Domingue, où ils séjournèrent plusieurs semaines. Leur physionomie caractérisée par la proéminence de la lèvre supérieure au-delà des narines, la rondeur de l'œil saillant et vif, entouré de cils longs et serrés qui en adoucissent gracieusement le regard ; l'oreille, moitié moins longue que la tête, est très-mobile, tantôt droite, ou bien inclinée, tantôt en avant et tantôt en arrière ; le cou très-comprimé latéralement en paraît encore plus long ; quand l'Animal le fléchit, la nuque devient concave comme dans le Chameau ; la coupe faible semble échancrée sous la queue que l'Animal tient relevée en queue de Coq ; apparence qu'elle doit à de longs poils lisses et soyeux, lesquels n'ont pas moins de trois pouces de long aux flancs, au dos et sur le cou où ils forment une petite crinière. La couleur générale est brun-foncé tirant sur le noir avec un reflet roussâtre ; mais, en domesticité, la couleur varie d'un individu à l'autre, et même d'une place à l'autre sur le même individu ; le dos est droit avec une très-légère saillie au garrot ; ils paraissent originaires des chaînes équatoriales de la Cordilière des Andes, Grégoire de Bolivar dit que de son temps ils étaient si nombreux qu'on en mangeait quatre millions par an, et qu'il y en avait trois cent mille employés aux mines du Potosi. Aujourd'hui que les Mulets les ont remplacés plus avantageusement pour les transports, on n'élève plus de Llamas dans la Nouvelle-Grenade que pour la boucherie. La femelle porte cinq à six mois.

Ainsi que les autres Llamas, il n'a de callosités ni au sternum, ni sur les membres, quoiqu'il s'accroupisse à la manière des Chameaux.

4. L'ALPACA, *Camelus Alpaca*, Mam. lithog., 33ᵉ liv. à physionomie caractérisée par une espèce de bandeau de poils roides et soyeux, qui, du front, rabattent sur la face ; diffère du Llama, comme le dit Beliardy, t. VI du Supplément de Buffon, en ce qu'il est plus bas sur jambes et beaucoup plus large de corps. Nous ajoutons que sa toison est de longueur uniforme depuis la nuque jusqu'à la queue, aux poignets et aux talons. Il est d'un brun-marron reflété de noir ; le dessous de la gorge et du ventre est

presque blanc, ainsi que le dedans des cuisses; toute la face jusqu'à la ligne qui, des oreilles, descend à l'angle maxillaire, n'est couverte que d'un poil ras, très-lisse, lequel en dessine nettement les formes ; en arrière de cette ligne les poils tombent de chaque côté du corps en longues mèches qui cachent les proportions du corps et même la moitié supérieure des jambes de devant ; il en résulte une apparence lourde et épaisse qui n'est qu'illusoire : aussi l'Alpaca est-il vif et léger. F. Cuvier dit que la face interne des cuisses et tout le ventre sont absolument nus. La toison presque toute composée de poils laineux qui ont jusqu'à un pied de largeur, n'a guère moins de finesse et d'élasticité que celle des Chèvres cachemiriennes.

L'individu qui vit au Jardin des Plantes a autant de timidité que de douceur ; il est sensible aux caresses de son gardien, et assez docile pour se laisser conduire en laisse ; il donne des ruades comme les autres Ruminans ; il galoppe pour courir, allure différente de celle des Chameaux, dont la course se compose d'une sorte de trot, qui balance tout le corps d'un côté à l'autre à la fois.

5. La VIGOGNE, *Camelus Viconnia.* Buff., Suppl,, t. 6, pl. 28 ; Encycl. pl. 43, fig. 5. Grande comme une Brebis, dit Cuvier ; couverte d'une laine fauve, d'une finesse et d'une douceur admirables, pendante en longues soies sous la poitrine ; l'œil plus grand qu'au Llama, surmonté d'un front plus large et bombé, en même temps que le museau, s'effilant davantage, lui donne encore une physionomie plus fine ; le dos est droit comme dans les deux précédentes. Celle que décrivit Buffon vécut quatorze mois à Alfort, après en avoir passé autant en Angleterre. Cependant elle n'était pas, à beaucoup près, aussi privée que le Llama ; elle ne donnait pas comme lui de marques d'attachement à ses gardiens ; elle cherchait à mordre pour peu qu'on la contrariât, et crachait sur tous ceux qui l'approchaient. Ce naturel sauvage ne

s'efface dans les Vigognes et elles ne s'apprivoisent qu'en les prenant toutes petites, et leur faisant teter des femelles d'Alpacas. Elle ne but jamais, jusqu'à la mort, ni d'eau ni d'aucun autre liquide. Comme cette espèce n'est pas encore domestique, on voit que cette exemption du besoin de boire n'est pas, au moins pour elle, l'effet d'une habitude ; et comme la structure de son troisième estomac ressemble beaucoup à ce qui existe dans le Chameau, c'est évidemment à cette organisation que tous ces Animaux doivent d'avoir toujours la bouche humectée et prête à cracher ; non pourtant que ces fluides proviennent principalement de leurs glandes salivaires, mais plutôt de leur estomac, suivant Cuvier. — Cette espèce habite l'étage des neiges perpétuelles dans la longueur totale de la chaîne des Andes. Toutes celles qu'on a voulu élever dans les plaines, au Pérou et au Chili, ont été attaquées d'une sorte de gale à laquelle elles succombèrent bientôt. Pour les prendre, on observe les endroits où elles déposent leurs crottes ; alors on tend, en travers des passages par où elles pourraient gagner les hauteurs, des cordes où l'on attache des chiffons de toutes couleurs. C'est là une barrière suffisante pour arrêter une troupe de deux ou trois cents Vigognes. Leur timidité est telle qu'elles n'osent pas se retourner, et on les prend ainsi par les pieds de derrière. De cette manière on en tue encore aujourd'hui au Chili et au Pérou plus de quatre-vingt mille par an, et cependant l'espèce ne paraît pas diminuer. Comme c'est pour leur laine seulement qu'on fait ces massacres, il serait moins cruel et plus politique de les tondre, puisque la peur les livre immobiles. S'il se trouve un Alpaca dans ces battues, il franchit la barrière de chiffons, et, à son exemple, toutes les Vigognes aussi.

6. Le GUANAQUE. Cette espèce, indiquée seulement par la plupart des voyageurs qui ont abordé aux terres Magellaniques, ne paraît exister que

dans la Cordilière en-dehors du tropique austral. D'après Molina, seul auteur qui le décrive, le Guanaque se distingue des autres Llamas par sa taille qui approche de celle du Cheval, et par son dos voûté. Son poil est fauve sur le dos, blanchâtre sous le ventre, la tête ronde, le museau pointu et noir, les oreilles droites, la queue courte et droite comme au Cerf : il ne se tient pas constamment comme la Vigogne dans les étages neigeux; après l'été il descend dans les vallons par troupes de cent à deux cents : quand on les poursuit, leur fuite est rompue par des haltes, comme pour narguer le chasseur, et ils relancent avec plus de vitesse qu'auparavant. Le mot Guanac est péruvien : le nom chilien est Luan. Cette diversité de termes dans la langue de deux peuples qui connaissent parfaitement les Guanaques, les Llamas, les Vigognes et les Alpacas, est un moyen de détermination qui n'est pas à négliger en zoologie. Les Guanaques paraissent originaires du prolongement austral des Andes; il n'est donc pas étonnant qu'ils soient encore si peu connus. Wood Rogers dit avoir vu des troupes de sept à huit cents Guanaques près des côtes du détroit de Magellan.

7. Le HUÈQUE, appelé *Chili-Hueque* par les Araucanos qui le distinguent du Mouton d'Europe par cette épithète de Chili, lui ressemble, comme l'indique l'identité de nom (Huèque signifie Mouton), par la tête, les oreilles ovales et flasques, et la bosse du chanfrein. Ses yeux sont grands et noirs, ses lèvres grosses et pendantes. Les anciens Chiliens l'employaient comme bête de somme, ils le conduisaient en lui passant une corde dans l'oreille. (A. D..NS.)

CHAMEAU. MOLL. Nom vulgaire et marchand du *Strombus Lucifer*, Gmel. *V.* STROMBE. (B.)

* CHAMEAU JAUNE. *Camelus luteus*. POIS. Espèce de Poisson décrit et figuré par Ruysch dans la collection des Poissons d'Amboine, mais qu'il est impossible de déterminer.

Les habitans du pays se servent de ses aiguillons pour armer leurs flèches. (B.)

CHAMEAU LÉOPARD ou MOUCHETÉ. MAM. Syn. de Girafe. *V.* ce mot. (B.)

CHAMEAU MARIN. POIS. Espèce du genre Ostrasion. *V.* ce mot. (B.)

CHAMEAU DU PÉROU. MAM. L'un des noms vulgaires du Llama, espèce du genre Chameau. *V.* ce mot. (B.)

CHAMEAU DE RIVIÈRE. OIS. Syn. égyptien de Pélican blanc, *Pelecanus Onocrotalus*, L. *V.* PÉLICAN. (DR..Z.)

CHAMEJASME. BOT. PHAN. Pour Chamæjasme. *V.* ce mot. (B.)

CHAMEK ou CHAMECK. MAM. Syn. d'*Attele pentadactyle* de Geoffroy. *V.* SAPAJOUS. (B.)

CHAMEL. POIS. (Hasselquitz.) Syn. d'*Echeneis Naucrates* à Alexandrie en Égypte. *V.* ÉCHENÉÏDE. (B.)

CHAMELAIA. BOT. PHAN. Pour Chamælea. *V.* ce mot.

* CHAMELAU. MOLL. (Klein.) *V.* VÉNUS.

CHAMÉLÉAGNUS. BOT. PHAN. Pour Chamæleagnus. *V.* ce mot. (B.)

CHAMELEIA ou CHAMELÆA. MOLL. (Rondelet.) *V.* CAME.

CHAMELEUCE. BOT. PHAN. Syn. de *Caltha palustris* et de *Mentha Calamintha* dans Dioscoride selon Adanson. (B.)

CHAMELMA. OIS. Syn. arabe du Pélican blanc, *Pelecanus Onocrotalus*, L. *V.* PÉLICAN. (DR..Z.)

* CHAMILLE. BOT. PHAN. *V.* CAMOMILLE.

CHAMIRE. *Chamira*, Thunb. BOT. PHAN. Genre de la famille des Crucifères et de la Tétradynamie siliqueuse de Linné. Thunberg l'a

CHA

séparé des Héliophiles avec lesquelles il avait été confondu par Linné fils, et il lui a donné pour caractère différentiel, de présenter deux folioles de son calice, prolongées en forme d'éperon. Ce genre se distingue en outre par un port particulier; mais selon De Candolle, ses affinités sont douteuses à cause de l'incertitude où l'on est sur la forme et la disposition de ses cotylédons; or, on sait que l'auteur du *Systema Naturæ Vegetabilium* attache une grande importance à la connaissance de leur structure, puisque c'est d'après elle qu'il a groupé les genres de Crucifères. Il a ainsi exprimé les caractères du *Chamira :* calice dressé, ayant deux de ses sépales prolongés inférieurement en éperon; pétales onguiculés; étamines sans petites dents, les latérales ayant à leur base externe de petites glandes; silique brièvement pédicellée, à valves planes, terminée par un bec subulé; semences peu nombreuses, comprimées. De Candolle place ce genre dans la tribu des Diplécolobées, c'est-à-dire parmi les Crucifères dont les cotylédons sont pliés deux fois transversalement, quoiqu'il ne sache pas la manière dont ceux du Chamira sont arrangés. Mais l'analogie de cette Plante avec les Héliophiles qui constituent la majeure partie des Diplécolobées, est une bonne raison pour croire que c'est bien là sa place. Le *Chamira cornuta*, espèce encore unique, a été décrite par Linné fils (*Suppl.* p. 298) sous le nom d'*Heliophila circœoïdes*. C'est une Plante herbacée, à feuilles pétiolées, cordées et dentées; ses fleurs sont blanches et disposées en grappes peu serrées. Elle croît au cap de Bonne-Espérance, dans les fissures des rochers. (G..N.)

* CHAMISSOA. bot. phan. Ce nouveau genre de la famille des Amaranthacées et de la Pentandrie Monogynie de Linné, a été dédié par Kunth au naturaliste Adelbert de Chamisso, de l'expédition du capitaine Kotzebüe. Voici les carac-

tères assignés à ce genre par son célèbre auteur : fleurs hermaphrodites; calice à cinq divisions profondes inégales; cinq étamines dont les filets sont réunis à leur base et forment un urcéole plus court que l'ovaire; anthères biloculaires; style unique portant deux stigmates; capsule monosperme, fendue transversalement. Swartz, dans sa Flore de l'Inde occidentale, avait confondu ce genre avec l'*Achyranthes*. Kunth ayant trouvé l'*Achyr. altissima* de cet auteur, parmi les Plantes rapportées de l'Amérique méridionale par Humboldt et Bonpland, en a fait le type du genre, et il en a donné une figure (*Nova Genera et Species Plant. æquinoct.*, t. 125). Il y a ajouté une nouvelle espèce à tige herbacée, qui croît sur les rives ombragées de la rivière de la Madeleine, et à laquelle il a donné le nom de *Chamissoa macrocarpa*. (G..N.)

CHAMITE. moll. fos. Même chose que Camite. *V.* ce mot. (b.)

CHAMITIS. bot. phan. Sous ce nom Gaertner a réuni, d'après Joseph Banks, les deux genres *Bolax* de Commerson et *Azorella* de Lamarck, qui font partie de la famille des Ombellifères et doivent demeurer séparés. *V.* Azorella et Bolax. (A. R.)

* CHAMKA et CHAMQUE. bot. phan. Syn. de Giroflier chez diverses peuplades de Java. (b.)

CHAMLAGU. bot. phan. Espèce du genre Robinier. *V.* ce mot. (b.)

CHAM LON LA. bot. phan. Syn. de *Spilanthus tinctorius* ; Lour. *V.* Spilanthe. (b.)

CHAMMA. mam. Syn. hottentot de Lion. *V.* Chat. (b.)

CHAMME. bot. phan. L'un des noms tartares du *Pinus Larix*, L. *V.* Mélèze. (b.)

CHAM NHO LA. bot. phan. Syn.

cochinchinois d'*Indigofera tinctoria*, L. *V.* INDIGOTIER. (B.)

CHAMOBYORETA. BOT. PHAN. Syn. de *Calendula officinalis* chez les Grecs modernes. *V.* SOUCI. (B.)

CHAMOCHILADI ou CHAMOCI-LADI. OIS. Syn. de l'Alouette des champs, *Alauda arvensis*; L., en Grèce. *V.* ALOUETTE. (DR..Z.)

* CHAMOIL. ZOOL. (Gaimard.) Syn. de Queue aux îles Carolines. (B.)

CHAMOIS. MAM. Espèce d'Antilope. *V.* ce mot. On a appelé Chamois du Cap l'Orix, autre espèce du même genre, et Chamois de la Jamaïque un Animal que, dans cette île, l'on regarde comme une dégénération du nôtre, mais qui pourrait bien être une espèce nouvelle. (B.)

CHAMOLETTA. BOT. PHAN. L'un des noms vulgaires de l'*Iris persica*, L. *V.* IRIS. (B.)

CHAMOR. MAM. Syn. hébreu d'Ane, espèce du genre Cheval. *V.* ce mot. (B.)

* CHAMORCHIS. BOT. PHAN. Ce genre a été établi par le professeur Richard, dans son Mémoire sur les Orchidées d'Europe, pour l'*Ophrys alpina*, L. Il diffère des véritables Ophrys par son labelle indivis et surtout ses rétinacles ou glandes qui terminent inférieurement les masses polliniqnes, nues et non contenues dans une petite poche. Voici quels sont les autres caractères de ce genre: les cinq divisions de son calice sont presque égales, rapprochées en forme de casque; le labelle est dépourvu d'éperon, tout-à-fait indivis et pendant; le gynostème est dressé; l'anthère est antérieure et les rétinacles sont nus.

Une seule espèce compose ce genre; c'est le *Chamorchis alpina*, Richard, ou *Ophrys alpina* de Linné, petite Plante alpine dont la tige offre à sa partie inférieure deux tubercules globuleux et entiers; ses feuilles sont linéaires étroites. Ses fleurs forment à la partie supérieure de la tige, qui est haute de trois à quatre pouces, un épi. Elles sont presque sessiles, très-petites et verdâtres; leur ovaire est tordu et récliné dans sa partie supérieure.

Ce genre tient le milieu entre le *Gymnadenia* et l'*Herminium*. Il ne se distingue du premier que par son labelle entier et dépourvu d'éperon. (A. R.)

* CHAMPA. BOT. PHAN. Nom de pays. Syn. d'Aldea. *V.* ce mot. (B.)

CRAMPAC. BOT. PHAN. Espèce du genre Michelia. *V.* ce mot. (B.)

CHAMPADA, CHAMPADAHA ou TSJUMPADAHA. BOT. PHAN. Syn. malais d'*Artocarpus integrifolius*. *V.* JACQUIER. (B.)

CHAMPANELLE. MAM. On trouve ce mot dans l'ancienne Encyclopédie pour Champanzée. *V.* ce mot. (B.)

CHAMPANZÉE. MAM. Syn. de *Simia Troglodites*, non-seulement chez les Anglais, mais chez les naturels de certaines parties de l'Afrique, d'où les anciens voyageurs ont pris ce mot. (B.)

* CHAMPE. BOT. PHAN. Même chose que Champa. *V.* ce mot. (B.)

* CHAMPEDEN. BOT. PHAN. Chez les Malais, même chose que Coy-Mit-Moi. *V.* ce mot. (B.)

* CHAMPELEUSES ET CHAMPE-LURES. INS. Noms vulgaires des grosses Chenilles à la campagne. (B.)

CHAMPIA. *Champia*. BOT. CRYPT. (*Hydrophytes*.) Ce genre, établi d'abord par Thunberg sous le nom de *Mertensia*, a été successivement adopté par Desvaux et par Lamouroux qui ont dû changer sa dénomination consacrée dans les Fougères, et ont substitué celle qui est maintenant adoptée en l'honneur du voyageur Deschamps. Une seule espèce forme le genre Champie, l'*Ulva lumbricalis*, L., *Mertensia lumbricalis*, Thunb. (Dans le nouv. Journ. de Schrad., T. II, t. 1, f. 16). Ses caractères consistent dans l'existence de capsules nombreuses, presque ovoïdes, situées dans des papilles qui s'élèvent de la surface des rameaux. Le Champia, qui semble former un passage entre les Ulvacées et les Confervées, est un genre qui doit être examiné de nouveau sur l'état frais, et d'après les données que les plus fortes lentilles du microscope peuvent fournir. Lamouroux le place à la fin de l'ordre des Floridées. (B.)

CHAMPIGNONS. *Fungi*. BOT. CRYPT. Les botanistes ont désigné jusqu'à présent sous le nom de Champignons une des familles les plus étendues de la cryptogamie, renfermant une infinité de Végétaux de formes si différentes, qu'il est très-difficile d'en fixer les limites par des caractères précis et positifs. On peut seulement les distinguer des deux familles de Cryptogames les plus voisines, les *Lichens* et les *Algues*, par l'absence complète de toute espèce de fronde ou de croûte portant les organes de la fructification. Les sporules, dans toutes les Plantes de cette famille, sont ou répandues sur toute la surface du Champignon, ou enveloppées par la partie charnue de ce Champignon, ou entremêlées avec les fibres qui le composent, ou enfin elles forment à elles seules toute la Plante. Ces différences considérables nous ont engagés à considérer ce vaste groupe de Cryptogames comme composé de cinq familles distinctes dont les caractères sont alors assez faciles à exprimer. Nous nous sommes décidés à regarder ces divisions comme des familles plutôt que comme de simples sections d'une même famille : 1° à cause de la difficulté de caractériser d'une manière précise cette grande famille ; 2° parce que les différences considérables qui existent dans les caractères et le port entre les Plantes qui composent ces divers ordres sont plus grandes,

pour plusieurs d'entre eux, que celles qui les séparent des autres familles de Cryptogames ; 3° pour mettre plus d'uniformité dans le mode de division des Végétaux cryptogames, car si on ne sépare pas les Champignons en plusieurs ordres, il faut réunir aussi en un seul les Mousses et les Hépatiques, les Fougères, les Lycopodiacées, les Marsiléacées et les Équisetacées.

Nous diviserons donc l'ancien ordre des Champignons tel que Linné l'avait établi, et tel que la plupart des botanistes modernes l'ont conservé, en cinq familles, savoir :

Les CHAMPIGNONS, les LYCOPERDACÉES, les HYPOXYLONS, les MUCÉDINÉES et les URÉDINÉES. Cette division coïncide presque avec celle qu'a adopté Fries dans son *Systema mycologicum*. Ainsi la famille à laquelle nous réservons le nom de Champignons renferme presque tous ses *Hyménomycètes* ; les Lycoperdacées et les Hypoxylons réunis forment ses *Gastéromycètes* ; les Mucédinées sont ses *Hyphomycètes*, et les Urédinées correspondent à ses *Coniomycètes*. Nous n'avons pas conservé les noms que Fries et la plupart des mycologistes allemands avaient donnés à ces divisions, parce qu'ils ne sont pas d'accord avec le mode général de nomenclature des familles naturelles, et qu'il était presque impossible de les traduire en français.

Nous allons exposer ici comparativement les caractères de ces cinq familles, et nous étudierons ensuite particulièrement la famille des Champignons proprement dits.

1°. CHAMPIGNONS, *Fungi*. Plantes charnues ou subéreuses, dont les sporules sont renfermées dans de petites capsules membraneuses (*thecæ*), qui, par leur réunion, forment une membrane (*hymenium*), diversement repliée, laquelle couvre toute la surface, ou une partie seulement de la surface du Champignon.

2°. LYCOPERDACÉES, *Lycoperdaceæ*. Sporules distinctes, c'est-à-dire non renfermées dans des capsules particulières (*thecæ*), enveloppées dans un peridium charnu ou membraneux , d'abord fermé de toutes parts , s'ouvrant ensuite, et laissant échapper les sporules sous forme de poussière.

3°. HYPOXYLONS, *Hypoxyla*. Sporules contenues dans des capsules propres qui sont renfermées dans un conceptacle ou peridium dur et ligneux, s'ouvrant plus ou moins régulièrement, et donnant issue à une gelée mêlée de sporules.

4°. MUCÉDINÉES , *Mucedineæ* , sporules nues , portées sur des filamens diversement ramifiés et entrecroisés.

5°. URÉDINÉES, *Uredineæ*. Sporules renfermées dans des capsules libres , ou éparses à la surface d'une base filamenteuse ou pulvérulente.

Nous ferons connaître avec plus de détail à l'article de chacune de ces familles leur organisation , leur manière de se développer et les genres qui s'y rapportent : pour le moment nous ne nous occuperons que de la famille des Champignons proprement dits , telle que nous l'avons caractérisée plus haut.

De la classification des Champignons proprement dits, FUNGI.

Nous venons de voir que le principal caractère de cette famille consiste à avoir ses graines ou sporules placées à la surface d'une membrane qui recouvre une partie du Champignon , et dont les modifications de position ou de forme servent à établir les sections et les genres de cette famille. On peut ainsi diviser les Champignons en cinq tribus , d'après leur forme générale et la disposition de la membrane séminifère ou *hymenium*.

* FUNGINÉES (*Fungi pileati*.) Champignons présentant presque toujours un chapeau bien distinct ; membrane séminifère ne couvrant que sa face inférieure.

Le chapeau est de forme hémisphérique, porté sur un pédicule central

dans un grand nombre d'espèces ; dans d'autres il est demi-circulaire et attaché par un de ses côtés ou par toute sa surface stérile sur les corps qui les portent. La membrane séminifère présente des formes très-variées ; elle n'est lisse que dans un petit nombre de genres.

Genres : *Boletus*, Fries ; *Fistulina*, Bulliard ; *Cladoporus*, Persoon ; *Polyporus* , Fries ; *Dædalea* , Pers. ; *Amanita*, Pers. ; *Agaricus* , Pers. ; *Cantharellus*, Pers. ; *Schizophyllum*, Fries ; *Merulius*, Pers. ; *Thelephora* , Pers. ; *Coniophora* , De Cand. ; *Merisma*, Pers. ; *Phlebia*, Fries ; *Sistotrema* , Pers. ; *Hydnum*, Pers. ; *Hericium* , Pers.

** CLAVARIÉES (*Fungi clavati*.) Champignons ne présentant pas de chapeau distinct , mais ayant la forme d'une massue, ou étant irrégulièrement rameux ; membrane séminifère couvrant presque toute la surface du Champignon ou seulement ses extrémités.

Genres : *Sparassis*, Fries ; *Clavaria* , Fries ; *Geoglossum*, Pers. ; *Pistillaria*, Fries ; *Crinula*, Fries ; *Typhula*, Fries ; *Phacorrhiza* , Pers. ; *Mitrula*, Fries.

*** PEZIZÉES (*Fungi cupulati*.) Chapeau plus ou moins distinct, en forme d'ombrelle ou de cupule ; membrane séminifère ne couvrant que la face supérieure.

Genres : *Leotia*, Pers. ; *Verpa*, Pers. ; *Morchella* (Morille) , Pers. ; *Helvella*, Pers. ; *Spatularia*, Pers. ; *Rhizina* Pers. ; *Helotium* , Pers. ; *Ascobolus*, Pers. ; *Stictis*, Pers.; *Solenia*, Pers. ; *Cyphella*, Fries ; *Ditiola*, Fries ; *Tympanis*, Tode ; *Cenangium*, Fries ; *Triblidium* , Rebentisch ; *Bulgaria*, Fries ; *Patellaria*, Fries ; *Peziza*, Pers.

**** TREMELLINÉES (*Fungi tremellini*.) Sporules libres , non renfermées dans des capsules particulières , sortant de dessous la surface du Champignon ; Plantes de consistance gélatineuse et de formes irrégulières.

Genres : *Tremella* , Pers. ; *Auricularia*, Link ; *Exidia*, Fries ; *Mœ-*

matelia, Fries; *Dacrymices*, Nées; *Agyrium*, Fries; *Hymenella*, Fries; *Mycoderma?* Pers.

Bory de Saint-Vincent pense que le genre *Tremella*, dont les sporules ne sont renfermées dans aucune capsule particulière, doit être extrait de l'ordre des Champignons pour entrer dans la famille des Chaodinées. Le même naturaliste croit que l'organisation des Collema, genre de Lichens, a le plus grand rapport avec celles des Nostochs et des Tremelles.

***** CLATHROÏDÉES (*Lytothecii*, Pers.) Sporules réunies en une membrane épaisse, gélatineuse, étendue à la surface d'une partie du Champignon ou renfermées dans son intérieur.

Genres . *Battarea*, Pers.; *Dendromyces*, Libosch.; *Ædycia*, Raff.; *Hymenophallus*, Nées; *Phallus*, Pers.; *Laternea*, Turp.; *Clathrus*, Pers.

Ces Champignons forment un passage bien marqué entre cette famille et celle des Lycoperdacées; plusieurs auteurs les ont même placés parmi les Angiocarpes; mais nous suivons ici l'exemple de Persoon, qui, sous le nom de *Lytothecii*, les place entre ces deux familles. La nature charnue et non fibreuse de ces Plantes, la manière dont leur membrane fructifère se résout en une sorte de gelée, leur fétidité, tous ces caractères les rapprochent plus des vrais Champignons que des Lycoperdacées.

Nous aurions pu augmenter encore le nombre des genres que nous venons d'indiquer dans chacune de ces tribus, en énumérant plusieurs groupes qu'on a séparés récemment des Pezizes, des Clavaires, des Tremelles et de quelques autres genres également nombreux. Mais comme on peut ne regarder ces groupes que comme de simples sous-genres, nous préférons, pour ne pas trop étendre cet article, les indiquer en traitant du genre dont ils ont été démembrés. Nous n'avons pas non plus rapporté dans cette liste les noms donnés par Paulet à divers groupes de Champignons. Ces noms, sortant de toutes les règles admises en botanique, ne nous paraissent pas susceptibles d'être adoptés.

Fries, Nées et quelques autres auteurs ajoutent aux genres que nous venons d'indiquer une autre tribu renfermant les genres *Sclerotium*, *Erysiphe*, *Tuber*, etc.; mais nous croyons qu'il est plus naturel de les placer, comme Link et Persoon l'ont fait, à la suite des Lycoperdacées.

De leur organisation, de leur mode de développement et de reproduction.

Les Champignons présentent une organisation très-différente suivant les divers genres : leur texture est réellement fongueuse ou spongieuse, formée d'un tissu cellulaire mou, assez lâche et régulier dans un grand nombre d'espèces, surtout parmi les Agarics, les Bolets, les Hydnes, etc. Il est composé de fibres ou de filamens allongés, cassans, entrecroisés, dans beaucoup d'Agarics. Dans la plupart des Polypores, des Hydnes, dans quelques Agarics, ce tissu est subéreux ou de l'aspect du Liége, quelquefois il est même presque ligneux. Au contraire les Tremelles et quelques autres genres ont une consistance gélatineuse analogue à celle de quelques Algues, telles que le Nostoch.

Dans les Champignons les plus complets, c'est-à-dire dans ceux qui présentent le plus grand nombre d'organes différens, tels que les Amanites, on distingue les parties suivantes :

1°. Une racine filamenteuse très-différente., par son organisation, de celle des Plantes phanérogames; et qui ne paraît pas pourtant destinée uniquement à les fixer, comme les fibrilles des Lichens ou les crampons des Algues. Dans quelques Champignons qui croissent sur le bois, on ne voit réellement aucune fibre pénétrer dans le tissu du bois, et ils paraissent simplement appliqués contre les Arbres.

2°. La volva ou bourse (*volva*). C'est une enveloppe en forme de sac ou de bourse qui contient tout le Champignon avant son développement complet ; elle est d'abord fermée de toutes parts ; elle se rompt ensuite au sommet et laisse sortir le pédicule et le chapeau, qui quelquefois en entraînent une partie ; il n'en reste alors que des débris à la base du pédicule, et on dit que la volva est incomplète. Cet organe n'existe que dans un petit nombre de genres parmi les vrais Champignons, dans les *Amanites*, dans le genre *Phacorrhiza* de Persoon, dans les *Phallus*, les *Clathrus*, etc. On le retrouve ensuite dans quelques genres de la famille des Lycoperdacées, tels que les *Geastrum*, etc.

3°. Le pédicule ou stipe, *stipes*. Il sert de support au chapeau ; il est tantôt central et tantôt placé sur le côté, quelquefois il manque entièrement. Dans beaucoup de genres, tels que les Mérules, les Clavaires, les Pezizes, etc., il est très-difficile de fixer où il s'arrête et où commence le chapeau.

Il porte dans quelques genres, vers sa partie supérieure, un *anneau* ou *collier* qui est produit par les débris du tégument ou voile qui enveloppait le chapeau dans sa jeunesse.

Le pédicule est presque toujours plein ; il est creux cependant dans les Amanites et dans quelques Agarics.

4°. Le tégument ou voile, *velum*, *cortina*. On donne ce nom à une membrane qui, partant du sommet du pédicule ou quelquefois de sa base, enveloppe tout le chapeau, ou ne couvre que sa face inférieure, et s'insère à sa circonférence. On le désigne plus particulièrement sous le nom de *cortina* lorsqu'il est filamenteux, mince presque comme une toile d'araignée, et qu'il se détruit promptement en ne laissant que quelques filamens sur le pédicule. Cet organe n'existe que dans un petit nombre de genres, les Amanites, les Agarics et

les Bolets, encore ne l'observe-t-on que dans quelques espèces.

5°. Le chapeau, *pileus*. On nomme ainsi une partie plus ou moins élargie, étendue horizontalement, de forme souvent presque hémisphérique ou en ombrelle, quelquefois demi-circulaire, qui porte à sa face inférieure ou à sa face supérieure la membrane séminifère. Ce chapeau, parfaitement distinct dans la plupart des genres de la première et de la troisième tribu, ne présente plus qu'une masse irrégulière dans ceux de la seconde et de la quatrième tribu où presque toute la surface du Champignon est couverte par la membrane séminifère.

6°. La membrane séminifère, *hymenium*, *membrana thecigera*. Cette membrane est formée par la réunion d'une infinité de petites capsules membraneuses auxquelles on a donné le nom de *theca* ou d'*ascus*. Elle recouvre tout le Champignon ou une partie seulement de sa surface. Elle est lisse, unie, et suit régulièrement la surface du Champignon dans tous les genres des trois dernières tribus. Dans la première elle se replie de manière à former des tubes, des lamelles, des veines ou des pointes qui couvrent une partie du chapeau. Dans la cinquième tribu sa nature est très-différente : elle forme une couche épaisse, sèche, un peu charnue avant le développement complet du Champignon, d'une couleur ordinairement très-tranchée et foncée ; elle est composée d'une masse de petites vésicules réunies sans ordre, renfermant les sporules, et qui finissent par se changer en une gelée gluante et fétide.

7°. Les capsules, *theca*, *ascus*, sont des sortes de petits sacs membraneux, visibles seulement au microscope, de forme cylindrique, contenant les sporules. Tantôt ces capsules restent fixées au Champignon, et s'ouvrent au sommet pour laisser sortir les sporules ; tantôt ce sont elles-mêmes qui se détachent, et il est probable que, dans ce cas, les sporules ne sortent que par la destruction des parois de ces capsules. Dans les genres des trois premières sections, ces capsules allongées cylindroïdes sont rangées régulièrement et insérées perpendiculairement à la surface de la membrane fructifère, comme les soies du velours; dans la quatrième elles n'existent pas, les sporules sont à nu; dans la dernière, elles sont d'une forme irrégulière, et réunies en masse et sans ordre.

8°. Les sporules, *sporulæ*. On a donné ce nom, ainsi que ceux de *Spores*, *Sporidies*, *Séminules*, *Gongyles*, etc., aux graines presque impalpables qui servent à la reproduction des Plantes cryptogames. Dans la plupart des Champignons, ces sporules sont contenues dans des capsules ou *thecæ*; un des caractères cependant des Tremellinées, c'est de présenter des sporules libres sous la membrane qui couvre leur surface. Aussi quelques auteurs, tels que Link, Nées, etc., avaient rangé ces genres parmi les Lycoperdacées, mais l'ensemble de leurs caractères et leur mode de dissémination nous paraissent les rapprocher des vrais Champignons plus que des Lycoperdacées entre lesquelles ils établissent un passage naturel. Dans les genres pourvus de capsules, les sporules sont disposées en une ou plusieurs séries longitudinales dans ces capsules, et leur nombre paraît même constant dans plusieurs genres; ainsi Hedwig, qui a figuré avec beaucoup de soin les capsules d'un grand nombre de Pezizes, y a toujours reconnu huit sporules disposées en une seule série, ce qui l'avait déterminé à donner à ce genre le nom d'*Octospora*. La couleur de ces sporules varie suivant les espèces, et paraît donner d'assez bons caractères pour les distinguer. Fries a prêté une attention particulière à ce caractère auquel il a donné peut-être trop d'importance en le prenant pour base des principales divisions du genre Agaric. *V.* ce mot.

Ce que nous venons de dire suffit pour donner une idée assez exacte de la structure des Champignons, en observant toutefois que plusieurs des organes que nous avons indiqués, tels que la *volva*, le *pédicule*, le *tégument*, manquent entièrement dans beaucoup de genres, et que dans d'autres, le chapeau lui-même devient si irrégulier, qu'il n'a plus l'apparence que d'une masse charnue recouverte par la membrane séminifère qui est le caractère essentiel de cette famille.

Quant aux organes reproducteurs de ces Végétaux, quelques botanistes ont voulu y reconnaître des parties analogues aux pistils et aux étamines; mais il faut convenir que malgré tous les efforts que ces auteurs ont faits pour soutenir leurs divers systèmes, aucun n'est fondé sur des faits bien observés et assez nombreux pour être susceptibles d'être généralisés; ils ont donc tous été rejetés : aussi l'opinion de l'existence des sexes dans ces Plantes paraît-elle généralement abandonnée, et il est extrêmement probable que les Champignons, ainsi que les autres familles que nous en avons séparées, et les Lichens et les Algues, sont réellement agames ou privés d'organes fécondateurs. Leur reproduction paraît due seulement à des corpuscules placés sur une partie de leur surface, et qui, mis dans des circonstances convenables, s'allongent irrégulièrement pour donner naissance à un nouveau Champignon. Ainsi, sans reconnaître dans les Champignons de véritables graines organisées comme celles des Plantes phanérogames, et dont le développement soit déterminé par la fécondation, on doit admettre dans ces Végétaux l'existence de corpuscules reproductifs, toujours similaires, disposés de la même manière, indépendans de la substance du Champignon qui les porte, et renfermés dans des capsules spéciales, en quoi ils diffèrent essentiellement des bulbilles ou bourgeons que portent quelques Plantes phanérogames, et auxquels on les a comparés.

Le développement des Champignons est encore assez peu connu : il paraît, d'après les nouvelles observations d'Ehrenberg, que les sporules, placées dans des circonstances propres à leur accroissement, commencent par émettre un ou deux filamens qui s'étendent et s'entrecroisent avec ceux provenus des sporules voisines, et forment ainsi une base filamenteuse de laquelle s'élève le Champignon lui-même. En effet, on observe souvent ces plaques de filamens blancs dans les lieux où croissent les Champignons, et on sait que c'est de ces plaques que s'élèvent habituellement les Agarics, les Bolets, etc. Il paraît que, dans d'autres cas, cette base filamenteuse se forme sous terre, et n'a pas alors été observée.

Ce que les cultivateurs ont nommé *blanc de Champignon* n'est pas autre chose que cette masse de filamens entrecroisés qui doit donner naissance à de nouveaux Champignons, et sert ainsi à leur multiplication. Ce mode de développement, fort extraordinaire s'il a été observé bien exactement, puisqu'il supposerait qu'un même Champignon provient de plusieurs sporules, a fait penser à Ehrenberg que les Champignons étaient formés par la réunion de plusieurs Plantes soudées, et représentaient ainsi dans le règne végétal ce que sont les Polypiers dans le règne animal. Cette opinion que Linné avait déjà avancée nous paraît plus ingénieuse que susceptible d'un examen rigoureux. Quoi qu'il en soit, le Champignon, ainsi à l'état filamenteux, se développe quelquefois avec une extrême rapidité : on voit des Agarics prendre tout leur accroissement en peu d'heures, répandre leurs graines, et terminer ainsi leur vie en moins de vingt-quatre heures

Mais pour jouir d'une telle rapidité dans leur développement, il faut que les Champignons croissent dans les endroits humides et sombres. C'est aussi ce qu'on observe généralement. La chaleur, lorsqu'elle se joint à ces deux circonstances, accélère encore leur croissance : aussi rien n'est si prompt que le développement des Champignons qui poussent dans les serres chaudes ou dans les appartemens humides.

La période moyenne de la vie de ces Végétaux est de huit à dix jours. Quelques espèces seulement vivent une ou même plusieurs années ; on n'observe cette longue existence que parmi les Champignons durs et ligneux.

L'habitation la plus générale des Champignons est dans les bois sombres et humides, au pied des vieux Arbres ou sur les troncs mêmes de ces Arbres. D'autres croissent sur le bois pourri, et beaucoup se développent sur les détritus d'Animaux et de Végétaux et sur le fumier ; mais parmi les vrais Champignons dont nous parlons ici, on n'en a observé aucun qui soit parasite sur les parties vivantes des Végétaux, telles que les feuilles, et très-peu se développent sur les matières en fermentation. La plupart des premiers appartiennent à la famille des Urédinées et des Hypoxylons, et les seconds à celle des Mucédinées.

Sous le point de vue de la distribution géographique de ces Plantes, quoiqu'elles paraissent plus fréquentes dans les pays septentrionaux, cependant on a beaucoup exagéré cette disposition, et, à en juger par l'abondance dont elles sont en Italie, il est probable que si on connaît peu celles des pays chauds, c'est plutôt faute d'observation que par absence réelle de ces Végétaux ; mais on doit remarquer que les mêmes espèces paraissent se représenter, comme on l'observe en général parmi les Cryptogames, sous les latitudes les plus différentes. Ainsi, pour en citer un exemple, l'*Agaricus alneus*, Lin., *Schizophyllum commune* de Fries, a été recueilli depuis la Suède jusque dans les Antilles et dans les îles de la mer du Sud.

De la nature chimique des Champignons et de leurs usages.

La chimie a aussi fait connaître

plusieurs faits intéressans sur la composition de ces Végétaux. C'est surtout à Braconnot que nous devons ce que nous savons à cet égard (*V*. Ann. de chimie, t. 77, 78, 88). Il a reconnu dans la plupart des Champignons une substance particulière nommée *Fungine*, qui fait leur base et qui en forme la partie nutritive; cette matière est insoluble dans l'eau, molle, spongieuse et analogue, sous quelques points de vue, au ligneux; mais elle est légèrement azotée. De quelque Champignon qu'elle provienne, elle est toujours identique, et comme elle n'a aucune propriété vénéneuse, mais formant au contraire la partie nutritive de ces Végétaux, il en résulte qu'on pourrait l'isoler par plusieurs lavages, et rendre ainsi tous les Champignons susceptibles d'être mangés sans danger; à la vérité ils perdraient par-là une grande partie du goût qui les rend agréables; il paraît pourtant que c'est un des moyens qu'emploient les paysans dans les contrées où on fait un grand usage de ce genre d'aliment. Outre cette substance, la plupart des Champignons paraissent contenir diverses matières azotées, telles que de l'Albumine, du Mucus, de la Gélatine, un Sucre particulier et divers Acides, tels que de l'Acide phosphorique, acétique et muriatique, libres ou unis à de la Potasse. Braconnot y a aussi reconnu deux nouveaux Acides végétaux qu'il a nommés Acides fungique et bolétique. Il a trouvé ce dernier dans le Bolet amadouvier. Ces Végétaux renferment encore assez souvent une matière huileuse, de l'Adipocire et quelquefois dans les espèces gélatineuses, telles que le *Peziza nigra*, les Tremelles, etc., une matière gommeuse, analogue à la Bassorine ou Gomme de Bassora.

On voit que, sous plusieurs rapports, cette composition se rapproche beaucoup de celle des substances de nature animale. Aussi, lorsqu'à ces matières il ne se trouve pas joint quelque principe vénéneux, comme cela a lieu dans un grand nombre d'espèces, elles fournissent un aliment sain et assez nutritif qui est d'une grande utilité dans certains pays où ces Végétaux sont très-abondans et où le peuple n'a pas d'autre ressource pendant l'automne et l'hiver.

Les espèces comestibles sont répandues dans un trop grand nombre de genres pour que nous puissions les indiquer ici; mais c'est dans les genres Amanite, Agaric, Bolet, Polypore, Chanterelle, Hydne, Clavaire, Morille, que se trouvent la plupart de ces espèces, ou du moins les plus généralement employées. On mange aussi dans quelques lieux la Fistuline langue-de-Bœuf et le Cladopore ou Polypore rameux; mais leur usage n'est pas très-répandu. Deux espèces sont même devenues un objet de culture: l'une, généralement employée dans presque tous les pays, est l'Agaric comestible; l'autre, dont la culture est beaucoup moins répandue ou n'est plutôt qu'un objet de curiosité, est le Champignon de la *Pietra fungaia* ou *Polyporus tuberaster*; on le mange surtout à Naples.

Il n'y a pas de caractères généraux auxquels on puisse distinguer les mauvais Champignons des bons, et ce n'est que lorsqu'on connaît parfaitement les espèces reconnues bonnes à manger, qu'on doit se permettre de les cueillir soi-même dans les bois; les espèces, même les meilleures, peuvent aussi devenir mal-saines, si on les cueille lorsqu'elles sont déjà avancées; on doit les choisir de préférence lorsqu'elles ne sont pas encore entièrement développées; enfin il est bon de retrancher les feuillets ou les tubes des Agarics et des Bolets, et de laisser la partie charnue, pendant quelques heures, dans de l'eau pure ou mêlée avec un peu de vinaigre; avant de les accommoder, on doit rejeter cette eau. On prétend même qu'en mettant plus de vinaigre et renouvelant cette eau plusieurs fois, on pourrait manger sans danger tous les Champignons; mais c'est une opinion qui n'est pas encore suffisamment prouvée. Il est certain seulement que

les Champignons, même les plus vénéneux, coupés en morceaux et laissés
pendant long-temps dans du vinaigre
ou de l'eau salée, perdent entièrement
leurs propriétés vénéneuses, et que le
liquide dans lequel ils ont été plongés
a acquis ces propriétés.

L'empoisonnement par les Champignons vénéneux est caractérisé en
général par des tranchées violentes,
des douleurs aiguës dans le ventre,
des vomissemens et des déjections al-
vines, enfin des convulsions séparées
par des intervalles d'assoupissemens
et de défaillances : la mort est fréquemment la suite de ces empoison-
nemens. Les meilleurs moyens à employer sont les vomitifs assez actifs,
les purgatifs, et ensuite lorsqu'on présume que tous les Champignons ont
été rejetés, les calmans, tels que l'E-
ther, et si les douleurs continuent, on
applique des compresses émollientes
sur le ventre, et même quelques sang-
sues. Tels sont les principaux moyens
employés contre les accidens que
causent souvent les Champignons. Le
but et l'étendue de ce Dictionnaire ne
nous permettent pas d'entrer dans
plus de détails à ce sujet.

Les Champignons ne sont pas seulement utiles comme alimens ; quelques espèces de Polypores, et particulièrement le Polypore amadouvier,
sont encore employées pour fabriquer
l'Amadou. L'Agaric des pharmaciens
employé dans la chirurgie, ainsi que
l'Agaric de Mélèse, sont aussi des Polypores. *V*. ces mots.   (AD. B.)

CHAMPIGNON DE MALTE. BOT.
PHAN. Nom vulgaire et fort impropre
du Cynomorium. *V*. ce mot.   (B.)

CHAMPIGNON DE MER. ZOOL ?
BOT ? Plusieurs Thalassiophytes, des
Polypiers et d'autres productions marines sont ainsi appelés par les voyageurs et même par les anciens naturalistes, à cause de leur ressemblance
de forme avec les Champignons terrestres.   (LAM..X.)

CHAMPLUM. REPT. SAUR. *V*.
CHAMPSÈS.

CHAMPLURE. BOT. PHAN. Maladie des Arbres produite par un froid
assez léger, tel que zéro, et dans laquelle les articulations sont entièrement désorganisées. Cette expression
qui, dans le principe, était exclusivement réservée pour la Vigne, est appliquée à tous les Végétaux qui éprouvent une rupture dans les articulations de leurs parties.   (A. R.)

CHAMPO. BOT. PHAN. L'un des
noms malabares du *Michelia Cham-
puca*. *V*. MICHELIA.   (B.)

CHAMPSAN. REPT. SAUR. Pour
Champlum et Timsah. *V*. ces mots.
   (B.)

CHAMPSÈS. REPT. SAUR. (Hérodote.) Le Crocodile chez les anciens
Egyptiens, d'où probablement Champlum des Égyptiens modernes. (B.)

* CHAMQUE. BOT. PHAN. *V*.
CHAMKA.

* CHA-MU. BOT. PHAN. Arbre dont
le bois est employé par les Chinois
dans les constructions navales, mais
qui n'est pas connu des botanistes. (B.)

* CHAMYS. BOT. PHAN. Syn. cir-
cassien d'If. *V*. ce mot.   (B.)

CHAN. OIS. Syn. d'Oie en Perse et
en Daourie.   (DR..Z.)

* CHANAS. BOT. PHAN. Espèce du
genre Figuier. *V*. ce mot.   (B.)

* CHANCAF. OIS. Syn. hébreu d'Hirondelle. *V*. ce mot.   (B.)

CHANCE LAGUE ou LAQUE.
BOT. PHAN. *V*. CACHEN-LAQUEN.

CHANCENAPOU ET MANDARA.
BOT. PHAN. Syn. malabares de *Bauhinia tomentosa*. *V*. BAUHINE.   (B.)

CHANCH ou SANCH. BOT. PHAN.
Syn. arabe de Pêcher. *V*. ce mot. (B.)

CHANCHA. MOLL. Syn. indien du
Nautilus Pompilius. *V*. NAUTILE. (B.)

* CHANCHAN. BOT. PHAN. (Gaimard.) Nom que les habitans des îles
Mariannes donnent à une des huit
variétés de l'*Arum esculentum*, qu'ils
appellent *Souni*, et que les insulaires
d'Owhyhée, Nowie et Wahou, connaissent sous le nom de *Tarro* ou
Karro. *V*. GOUET.   (B.)

CHANCHO-NALAC. OIS. Syn.
tartare du Tadorne, *Anas Tadorna*.
V. CANARD.   (DR..Z.)

CHA

* CHANCHUNGA ou QUIXVAL. BOT. PHAN. Arbuste du Pérou qu'on présume être une Budlèje. *V.* ce mot. (B.)

CHANCIE ET CHANCISSURE. BOT. CRYPT. Noms vulgaires synonymes de Moisissure. (B.)

* CHANDANA. BOT. PHAN. Vieux nom portugais de Sandal dans l'Inde. (B.)

CHANDEL. BOT. PHAN. Syn. hébreu de Coloquinte. (B.)

GHANDIROBA. BOT. PHAN. (Marcgraaff.) Pour Nandirobe. *V.* ce mot. (B.)

CHANDRALIA ET CHANDRAS. BOT. PHAN. Syn. de Chondrille. *V.* ce mot. (B.)

CHANFREIN. ZOOL. On nomme ainsi la marque blanche que plusieurs Chevaux portent longitudinalement à la partie antérieure de la tête. Quand cette marque se prolonge jusqu'à l'extrémité de la lèvre supérieure, on dit que l'Animal *boit dans son Chanfrein*, et l'on a observé qu'il est plus ombrageux. On a étendu ce nom aux plumes rudes placées à la base du bec de certains Oiseaux, et qui se dirigent d'arrière en avant. (B.)

CHANGAH. BOT. PHAN. Syn. kalmouck de *Robinia Caragana*, L. *V.* ROBINIER. (B.)

CHANG-CHU. BOT. PHAN. Syn. chinois de Camphrier. *V.* LAURIER. (B.)

CHANGEANT. REPT. SAUR. *Trapelus* (Cuvier). *V.* AGAME.

CHANGEANT. BOT. CRYPT. Syn. d'*Agaricus annularis*, Bul., *caudicinus*, Pers. Espèce du genre Agaric. (B.)

* CHANGIA. BOT. PHAN. Syn. cochinchinois de Canne à Sucre. *V.* SACCHARUM. (B.)

* CHANGIUS. ZOOL. (Gaimard.) Syn. de Cou chez les Chinois de Timor. (B.)

CHANG-KO-TSE-CHU. BOT. PHAN. C'est-à-dire *Arbre au long*

fruit. Syn chinois de *Cassia fistula*, L. *V.* CASSE. (B.)

CHANGOUN ou CHAUGOUN. OIS. Espèce du genre Vautour, *Vultur Changoun*, Daud. *V.* VAUTOUR. (DR..Z.)

CHANH-COI-DO. BOT. PHAN. Syn. cochinchinois d'Hélixanthère. *V.* ce mot. (B.)

CHANH-COI-UON-LA. BOT. PHAN. Syn. cochinchinois de *Pavetta paratisica*, Lour. (B.)

CHANI. POIS. Syn. arabe de *Labrus canus*, L., et nom d'une espèce du genre Muge dont Lacépède a fait son genre Chanos. *V.* ce mot et MUGE. (B.)

CHAN-IDAHN. BOT. PHAN. C'est-à-dire *Manger de roi*. Syn. mogol de *Ribes nigrum*. *V.* GROSEILLER. (B.)

CHANKE. BOT. PHAN. Syn. japonais de Giroflier. *V.* ce mot. (B.)

* CHANLUNJAN. BOT. PHAN. *V.* CHALUNGAN.

* CHANNA. POIS. Genre établi par Schneider, sur un Poisson des Indes d'abord décrit par Gronou, et qui paraît devoir rentrer parmi les Coméphores. *V.* ce mot. (B.)

CHANON. MOLL. (Adanson.) Syn. d'Avicule. *V.* ce mot. (B.)

CHANOS. POIS. Genre formé par Lacépède aux dépens des Muges pour l'espèce que Forskahl avait décrite sous le même nom. Cuvier ne l'a même pas adopté comme sous-genre. *V.* MUGE. (B.)

* CHANSARET-EL-ARUSI. L'un des noms arabes de l'*Astragalus trimestris*, espèce du genre Astragale. *V.* ce mot. (B.)

CHANSIER. BOT. PHAN. Syn. kalmouck de Cornouiller sanguin. *V.* ce mot. (B.)

* CHANSONNET. OIS. Syn. vulgaire de l'Etourneau commun, *Sturnus vulgaris*, L. *V.* ETOURNEAU. (DR..Z.)

CHANT. OIS. *V.* VOIX.

9

CHANTAGEM. bot. phan. Syn. portugais de Plantain. (b.)

CHANTERELLE. ois. On donne vulgairement ce nom aux Appeaux femelles que l'on emploie à la chasse pour attirer les mâles dans les piéges.
(dr..z.)

CHANTERELLE. *Cantharellus.* bot. crypt. (*Champignons.*) Adanson avait le premier distingué comme un genre particulier, sous le nom de *Cantharellus*, la Chanterelle, espèce de Champignon qui avait été placé par Linné parmi les Agarics, et par Persoon parmi les *Merulius.* Fries a rétabli ce genre que la plupart des auteurs modernes n'avaient regardé que comme une section des *Merulius*, et il est en effet bien distinct de ces derniers, lorsqu'on limite le genre *Merulius*, comme Fries l'a fait, à la section des *Serpula* de Persoon, c'est-à-dire à ceux qui forment seulement une membrane appliquée de toute part sur le bois, et dont l'organisation est très-différente.

Dans les Chanterelles, il y a un chapeau bien distinct, charnu ou membraneux, tantôt porté sur un pédicule central, tantôt inséré à un pédicule latéral ou même sessile sur les troncs d'Arbres ou sur divers Végétaux. La partie inférieure de ce chapeau ou la membrane séminifère présente des plis ou veines rayonnantes, dichotomes et quelquefois anastomosées; le pédicule ne présente jamais ni volva ni collier.

Dans les vrais *Merulius*, le chapeau n'existe plus d'une manière distincte; on ne voit qu'une membrane charnue, molle, qui, au lieu de veines régulières et rayonnantes, ne présente que des veines irrégulièrement anastomosées et formant des espèces de pores presque comme dans quelques Polypores.

Le genre Chanterelle se divise en trois sections, auxquelles on a donné les noms de *Mesopus*, de *Gomphus* et de *Pleuropus* ou *Apus.* La première renferme les espèces dont le chapeau est évasé en ombelle ou en entonnoir; la seconde ne contient qu'une espèce

qui ressemble à une Clavaire: elle est en forme de cône renversé, tronqué au sommet; ses côtés seulement sont couverts par la membrane séminifère. Dans la troisième le chapeau est demi-circulaire inséré par le côté sur diverses parties de Végétaux. Toutes les espèces de cette section sont parasites, la plupart sur des Plantes vivantes; plusieurs croissent sur les tiges des grandes espèces de Mousses: tels sont les *Cantharellus Muscigenus*, *Bryophilus*, *Muscorum*, etc.

Parmi les espèces de la première section, nous citerons particulièrement la Chanterelle comestible, *Cantharellus cibarius*, Fries, *Merulius Cantharellus*, Pers., De Cand., Fl. fr., *Agaricus Cantharellus*, Bull., Champ., t. 62, 5o5, fig. 1. C'est un Champignon fort commun dans tous les bois; il est entièrement d'un beau jaune d'or. Le pédicule, le dessus et le dessous du chapeau, sont de la même couleur. Sa chair est également jaune, mais un peu plus pâle. Le pédicule se dilate à son sommet et se continue insensiblement avec le chapeau qui est évasé presqu'en entonnoir, généralement irrégulier et lobé sur ses bords.

Ce Champignon est très-sain; cru, il a un goût un peu poivré, et il est assez indigeste; mais accommodé avec du beurre ou de l'huile, il forme un mets assez agréable et qui est d'une grande ressource pour les paysans, à cause de sa grande abondance et de la facilité avec laquelle on peut le reconnaître; il faut cependant prendre garde de ne pas le confondre avec la fausse Chanterelle, *Cantharellus nigripes*, Pers., *Agaricus Cantharelloïdes* de Bulliard, tab. 5o5, fig. 2, dont le pédicule est noir, beaucoup plus long et plus grêle, et le chapeau d'un jaune sale. Il paraît que cette espèce n'est pas sans danger.

On doit encore remarquer dans ce genre plusieurs espèces qui attirent l'attention par leur forme singulière: ce sont les Chanterelles en forme de trompette, de corne d'abondance, de coupe, etc. (*V.* Bulliard, Champ., tab. 461, 15o, 2o8, 463, fig. 2, où elles portent le nom d'Helvelle). Toutes ces espèces ont un pédicule creux, qui se continue avec la partie évasée du chapeau, ou plutôt un chapeau presque sessile en forme de cornet évasé. Leur couleur varie suivant les espèces : elles sont jaunes, brunes ou noirâtres. *V*. Mérule.   (AD. B.)

CHANTEUR. ois. Espèce du genre Faucon, *Sparvius musicus*, Vieill. ; Levail., Oiseaux d'Afrique, pl. 27. C'est aussi le nom d'une espèce de Sénégali, *Fringilla musica*. *V*. Faucon, division des Autours, et Gros-Bec.   (DR..Z.)

CHANTEURS. ois. Famille établie dans la tribu des Anysodactyles par Vieillot, et qui, dans sa Méthode, renferme les genres Merle, Esclave, Spécothère, Martin, Psaroïde, Gralline, Aguassière, Motteux, Alouette, Pitpit, Hoche-Queue, Mérion, Ægithine, Fauvette, Roitelet et Troglodite. La dénomination de cette famille prouve combien les noms tirés des attributs d'une espèce ou d'un genre deviennent défectueux quand on prétend les généraliser. Nous trouvons bien les Fauvettes et les Alouettes parmi les Chanteurs, mais nous y rencontrons aussi le Martin, le Motteux, le Troglodite, Oiseaux muets ou à peine siffleurs, et nous n'y voyons pas une multitude d'espèces qui font retentir nos campagnes de leurs harmonieux concerts.   (B.)

CHANTRANSIE.*Chantransia.*bot. crypt. (*Conservées*.) Genre établi par De Candolle dans la Flore Française, T. ii, p. 49. Il lui assigne pour caractères : des filamens cloisonnés et rameux, chaque loge renfermant une multitude de graines très-menues, qui sortent de la loge ou germent dans son intérieur, ce qui rend les Chantransies véritablement prolifères; elles habitent les eaux douces.

De tels caractères sont vagues : non-seulement les Végétaux qu'on suppose les posséder ne seraient pas les seuls qui fussent cloisonnés, rameux ou remplis de graines dans leur article; mais outre que l'habitation

dans l'eau douce n'est point un caractère dans les Chantransies de De Candolle, il en est trois espèces au moins, *Chantranzia torulosa, fluviatilis* et *rivularis*, qui sont parfaitement simples. Aucun algologue, après le savant botaniste de Genève, n'a adopté le genre *Chantransia*, et nous ne l'adopterons pas davantage. Il se composait de Plantes incohérentes qui seront réparties dans nos genres Conferve, Lemanée, Vaucherie, et parmi nos Arthrodiées. *V*. tous ces mots. Le nom de Chantransie disparaîtra donc de l'hydrophytologie.   (B.)

CHANTRE. ois. Syn. du Pouillot, *Motacilla Trochylus*, L. *V*. Bec-Fin.
                             (DR..Z.)

CHAN-TSU. bot. phan. Syn. d'*Oxalis sensitiva*. *V*. Oxalide. (B.)

CHANVENON et CHAMERET. bot. phan. Vieux nom du Chanvre. *V*. ce mot.   (B.)

CHANVRE. *Cannabis*. bot. phan. Genre de la famille des Urticées et de la Diœcie Hexandrie de Linné. Il est caractérisé de la manière suivante : Plante dioïque ; les fleurs mâles ont un périgone à cinq parties oblongues et légèrement concaves; cinq étamines dont les filets très-courts portent des anthères oblongues et pendantes ; dans les fleurs femelles, le périgone est entier, pointu, oblong ou conique, fendu latéralement, et contient un ovaire libre surmonté de deux styles subulés velus, et de deux stigmates. A cet ovaire succède une capsule crustacée ou coque bivalve, ovoïde, un peu comprimée, lisse et uniloculaire. La graine solitaire, blanche, huileuse, renferme un embryon courbé en dedans. La Plante est herbacée, à feuilles stipulées, digitées, opposées dans le bas de la tige et alternes au sommet. Les fleurs mâles sont disposées en panicules axillaires et terminales; les femelles naissent sessiles dans les deux aisselles des ramuscules supérieurs.

Ce genre ne se compose que d'une seule espèce, à moins de considérer comme telle le *Cansjava* de Rhéede que nous mentionnerons plus bas; mais cette unique espèce qui, en raison de l'importance d'un de ses usages, est abondamment cultivée dans toute l'Europe, donne néanmoins au genre Chanvre un intérêt que ne doivent pas offrir d'autres où les espèces sont plus nombreuses et même ceux dont la structure est plus singulière.

Le CHANVRE CULTIVÉ, *Cannabis sativa*, L., a une tige droite qui atteint jusqu'à deux mètres de hauteur, quadrangulaire, un peu velue, garnie de feuilles digitées, acuminées, dentées en scie et douées d'une odeur fortement aromatique, lorsqu'on les froisse entre les mains. Dans cette Plante, ainsi que dans presque toutes les Dioïques, les individus mâles ont un aspect différent des femelles ; ils sont aussi d'une stature moins élevée, et comme les idées de force et de supériorité accompagnent toujours celles qui se rattachent au sexe masculin, on a, de temps immémorial et chez tous les peuples, appliqué le nom de mâles aux individus femelles et réciproquement. Cette confusion ne reposait aucunement sur l'idée du sexe des Plantes, comme on pourrait se l'imaginer; car, bien avant qu'on eût constaté, par des observations, la présence de leurs organes reproducteurs, le peuple dans tous les pays avait nommé ainsi d'une façon purement métaphorique les divers individus de Chanvre. Cette Plante a pour patrie la Perse, et probablement tout l'Orient; mais elle est devenue comme spontanée en France et en Italie, autour des villages où on la cultive en grande quantité.

On sème le Chanvre au mois de juin, dans les terrains gras, bien amendés et ameublis par de fréquens labours; ces terrains sont en général tellement fertiles que, dans plusieurs départemens de l'Est, on se sert de l'expression *Terre à Chenevière* pour exprimer le maximum de la bonté du sol. La hauteur des tiges est proportionnelle à la qualité du terrain; les Plantes femelles qui mûrissent plus tard que les mâles, sont principale-

ment cultivées pour la graine connue sous le nom de *Chenevis*, dont on fait une Huile à brûler et qui est la nourriture préférée des Oiseaux à gros bec. On arrache les individus mâles, lorsqu'ils commencent à jaunir; on les fait rouir dans les eaux dormantes ; mais leur odeur forte, après avoir servi comme d'appât pour le Poisson des étangs et des rivières dont le cours est lent, devient pour lui un poison funeste qui le détruit en grande partie. Les pieds femelles sont mis aussi au rouissage quand leur maturité est achevée. Alors on réunit le tout, on en forme de petits faisceaux que l'on dispose verticalement sur les prés ou sous des hangars pour les faire sécher, et les cultivateurs les teillent ensuite, c'est-à-dire en séparent la fibre végétale dont la ténacité est fort considérable. Les usages économiques du Chanvre sont trop vulgaires pour qu'il soit nécessaire de les rappeler ici.

Sonnerat, de retour de ses voyages dans l'Inde, a communiqué à Lamarck des échantillons de la Plante décrite et figurée dans Rhéede (*Hort. Malab.*, 10, p. 119 et 121, t. 60 et 61.) sous les noms de Kalengi-Cansjava et Tsjeru-Cansjava. Ce savant observateur la considère comme une espèce distincte du *Cannabis sativa*, à cause de sa tige moins rameuse, de ses feuilles alternes, à folioles étroites, linéaires, lancéolées et très-acuminées. Il l'a nommée *Cannabis indica*, et il indique le *Cannabis indica* de Rumph (*Amboin.*, 5, p. 208, t. 77) comme une variété de celle-ci à tige plus élevée; néanmoins cette Plante n'est, suivant Persoon, qu'une variété du Chanvre ordinaire. Les Indiens font avec son écorce, le suc de ses feuilles et probablement en y ajoutant de l'eau, une boisson qui les enivre et leur procure une sorte de gaieté, une agitation des sens semblable à celle produite par le Tabac ou tout autre Végétal narcotique.   (G..N.)

On a étendu le nom de Chanvre à diverses Plantes qui n'appartiennent pas au genre *Cannabis*. Ainsi l'on a nommé :

CHANVRE AQUATIQUE, le *Bidens tripartita. V.* BIDENT.

CHANVRE DE CANADA, l'*Apocinum cannabinum,* espèce du genre Apocin.

CHANVRE DE CRÈTE, le *Datisca cannabina. V.* DATISQUE.

CHANVRE DES INDIENS, l'*Agave americana,* qui donne un fil dont on fait des cordages.

CHANVRE PIQUANT, l'*Urtica cannabina,* L. *V.* ORTIE. (B.)

CHANVRIN. BOT. PHAN. Syn. de *Galeopsis Tetrahit,* L. (B.)

CHAOS. *Chaos.* ZOOL? et BOT. CRYPT? C'est par erreur que ce mot a été déjà traité dans ce Dictionnaire, et placé dans la série CAH, puisque l'article entier, ainsi que CHAODINÉES, porte sa véritable orthographe dans les quatre pages qui sont consacrées à l'un et à l'autre. En rétablissant ici cette orthographe, nous ajouterons que Linné, dont la sagacité plongeait dans les secrets de la nature, avant qu'ils lui fussent révélés, avait senti, dans les premières éditions de ses immortels ouvrages, qu'il était des êtres après ceux dont il avait fixé la place systématique, et qui soustraits à ses regards par leur extrême petitesse, se confondaient dans les dernières limites des règnes, comme pour lier ces règnes, ou plutôt pour ne pas permettre qu'on les séparât d'une manière absolument tranchée. Il emprunta du langage mythologique ce mot de Chaos qui désignait au commencement de toutes les traditions historiques le mélange, le désordre et la confusion des élémens. Ce mot obscur était excellent pour indiquer une organisation rudimentaire et vivante qui se cachait à l'œil désarmé, en terminant mystérieusement la classe des Vers, la dernière du *Systema Animalium.* Dans le genre Chaos furent rejetés ces Microscopiques, jusque-là imparfaitement indiqués par les premiers observateurs. Plus tard ce nom de Chaos fut réservé à un Volvoce; enfin il disparut de la nomenclature dès qu'on crut avoir tout connu. Nous l'y avons replacé pour indiquer un genre inorganisé, ou plutôt dans lequel nos fai-

bles moyens ne nous permettent pas de distinguer d'organisation. Ce genre évidemment végétal se colore par l'introduction de globules verts, qui sont la véritable matière verte, *V.* ce mot, ou en roussâtre par l'introduction de navicules qui l'animalisent, et forment comme le point d'où partent deux règnes. *V.* CAHOS pour le complément de cet article. (B.)

* CHA-OUAW. BOT. Syn. chinois de *Camelia Japonica. V.* CAMÉLIE. (B.)

CHAPEAU. *Pileus.* BOT. CRYPT. (*Champignons.*) Nom qu'on a donné à la partie des Champignons étendue horizontalement, qui porte à sa surface inférieure ou supérieure la membrane séminifère. Ce chapeau est hémisphérique et porté par un pédicule central dans beaucoup d'espèces; il est latéral et demi-circulaire, pédiculé ou sessile dans la plupart des Champignons qui croissent sur les troncs d'Arbres. Dans les genres Agaric, Bolet, Polypore, Hydne, Mérule, Théléphore, etc., c'est sa surface inférieure qui porte la membrane séminifère; dans les Helvelles, les Morilles, etc., c'est sa surface supérieure; dans les Clavaires, les Pezizes, etc., cette partie est à peine distincte ou plutôt ne doit plus porter le nom de Chapeau: on la nomme Cupule dans les Pezizes. *V.* CHAMPIGNONS.

On a donné les noms barbares de Chapeaux cannelé, d'argent, petits Chapeaux, et grands Chapeaux, à des Champignons; mais de telles dénominations ne méritent même pas d'être rapportées. (AD. B.)

CHAPEAU-CARNU. ACAL. Syn. vulgaire de Méduse en certains lieux des côtes de France. (B.)

CHAPEAU-D'ÉVÊQUE. BOT. PHAN. Syn. vulgaire d'*Epimedium alpinum. V.* EPIMÈDE. (B.)

CHAPEAU-ROUX. OIS. Espèce du genre Gros-Bec, *Fringilla ruficapilla,* Lath. *V.* GROS-BEC. (DR..Z.)

* CHAPELET. REPT. OPH. Espèce du genre Couleuvre. (B.)

* CHAPELET. pois. Espèce du genre Labre. (B.)

CHAPELET DE SAINTE-HÉLÈNE. bot. phan. Racines préparées de l'*Apayomatsi*, *V*. ce mot, appelé au Mexique *Phatzisiranda*, et que les Français nomment Patenôtre. (B.)

*CHAPELEUSES. ins. Même chose que Champeleuses. *V*. ce mot. (B.)

* CHAPELIÈRE, bot. phan. Syn. de *Tussilago Petasites*. *V*. Tussilage. (B.)

CHAPERON. *Clypeus*. ins. On désigne sous ce nom une partie de la tête des Insectes se continuant avec le front et recouvrant la bouche, et en particulier la lèvre supérieure. Latreille a remplacé ce nom vulgaire par celui d'Épistome. *V*. ce mot.

Quelques auteurs ont appelé Chaperon le corselet de plusieurs Coléoptères, tels que les Boucliers, les Nécrophores, les Cassides, etc. *V*. Corselet et Prothorax. (AUD.)

CHAPON. ois. Jeune Coq auquel on a enlevé les parties essentielles à la génération, afin de donner plus de délicatesse à la chair de l'Oiseau. (DR..Z.)

CHAPON DE PHARAON ou POULE DE PHARAON. ois. Noms imposés au Vautour d'Égypte, *Vultur Percnopterus*, L. *V*. Catharte. (DR..Z.)

CHAPPACH. bot. phan. Syn. tartare de Courge. (B.)

* CHAPPAVUR, bot. phan. Rubiacée indéterminée de Virginie, que C. Bauhin dit être propre à la teinture. (B.)

CHAPPE. ins. Nom vulgaire appliqué à quelques Insectes lépidoptères qui portent des ailes larges et en toit, ce qui leur donne quelque ressemblance avec les vêtemens de ce nom employés dans les cérémonies religieuses du catholicisme. *V*. Pyrale. (AUD.)

* CHAPPO. bot. phan. Marsden désigne sous ce nom une Plante de Sumatra, qu'il compare à une Sauge sauvage, et que, pour plusieurs raisons, nous croyons être une Conyze frutescente que nous avons trouvée à Mascareigne. (B.)

* CHAPRKEUR. bot. phan. Racine propre à la teinture, qu'on dit se trouver en Virginie sans en donner d'autre indication. (B.)

CHAPTALIE. *Chaptalia*. bot. phan. Famille des Synanthérées, section des Labiatiflores de De Candolle, et des Carduacées de Kunth, tribu des Mutisiées de Cassini, Syngénésie Polygamie nécessaire de Linné. C'est à Ventenat que l'on doit la première connaissance de ce genre établi en l'honneur du célèbre académicien, auquel la chimie, l'économie domestique et l'histoire naturelle sont redevables de tant d'importans travaux. Dans la description des Plantes du Jardin de Cels, page et table 61, il décrit et figure sous le nom de *Chaptalia tomentosa* une Plante que Walther (*Flor. Carol.*, p. 204) avait nommée *Perdicium semiflosculare*, et qui diffère du genre *Perdicium* par des caractères très-saillans. L'examen de ce genre ayant été repris de nouveau par De Candolle (Observat. sur les Plantes composées, 3e Mémoire, Ann. du Mus. d'hist. nat., V. xix, p. 59), ce savant a ajouté plusieurs observations particulières sur le Chaptalia, et lui a donné les caractères suivans : involucre imbriqué, formé de folioles inégales ; fleurons extérieurs sur deux rangs, femelles, n'ayant qu'une seule languette externe par avortement de l'interne qui lui correspond ; fleurons intérieurs hermaphrodites, à deux lèvres dont l'externe est oblongue et tridentée, tandis que l'interne est à deux parties linéaires; aigrette poilue, sessile ; réceptacle nu. Le caractère de ce genre, tel que l'a donné Ventenat, diffère de celui que nous venons de tracer, en ce qu'il admet comme uniquement mâles les fleurons du disque.

Le port du *Chaptalia tomentosa*,

type du genre, est celui des *Bellis*, ou plutôt de nos *Arnica*. Ses fleurons ligulés lui donnent aussi un air de parenté avec les Léontodons, et effectivement, ce genre est, suivant De Candolle, un de ceux qui unissent les Corymbifères aux Chicoracées. Persoon, adoptant les idées de Michaux et Willdenow sur la place que doit occuper cette Plante, la range parmi les Tussilages, en y ajoutant six autres espèces. Il en fait à la vérité une section séparée qu'il indique comme pouvant être réunie aux Perdicium, ou bien devoir constituer un genre particulier. Le *Chaptalia tomentosa*, Vent., *Tussilago integrifolia*, Michx., habite la Caroline et la Floride ; les autres espèces, décrites dans Persoon, sont indigènes de l'Amérique méridionale ; ces dernières ont-elles été assez bien observées pour que leur liaison générique avec le Chaptalia de Ventenat soit une chose bien constatée ? Nous ne flotterions pas dans le doute, si nous en possédions des descriptions aussi accomplies que celle donnée par Kunth (*in Humb. et Bonpl. Nov. Gen.*, V. 4, p. et t. 303) pour le *Chaptalia runcinata*, nouvelle espèce qu'il indique comme voisine du *Ch. piloselloïdes* ou *Perdicium piloselloïdes*, Herb. Juss. Mais cette affinité paraîtrait confirmer ce que nous venons de dire sur la séparation probable des Chaptalia de l'Amérique du sud. Kunth n'ayant pas trouvé de fleurons bilabiés parmi les mâles, a signalé cette exception comme infirmant beaucoup le rapprochement naturel des Labiatiflores. L'auteur de ce dernier groupe, qui devait se faire la même objection, lorsqu'il ne trouvait que des fleurs uniligulées dans les fleurs extérieures du *Chapt. tomentosa*, explique une pareille anomalie par l'avortement complet de la lèvre interne, ou par sa soudure avec l'externe, de manière à présenter, dans le premier cas, trois à quatre dents, et cinq dans le second. (G..N.)

* CHAQAYEL. BOT. PHAN. (De-

lille.) Syn. égyptien d'*Eryngium campestre*. *V.* PANICAUT. (B.)

CHAQUEUE. BOT. CRYPT. L'un des noms vulgaires des Prêles. (B.)

CHAR ou CHARRE. POIS. Syn. de *Salmo alpinus*, L. *V.* SAUMON. (B.)

CHAR. MOLL. Genre établi par Gioeni et adopté par Bruguière. Notre illustre et savant ami Draparnaud démontra qu'il n'existait pas, et que le corps qu'on avait désigné sous ce nom, n'était que l'estomac d'une Bulle. *V.* ce mot. (B.)

CHAR DE NEPTUNE. Les marchands d'objets d'histoire naturelle donnent ce nom au Madrépore Palmette de Lamarck ; c'est une variété du *Madr. muricata* de Linné. *V.* MADRÉPORE. (LAM..X.)

CHARA. OIS. Syn. de Corbeau chez les Kalmoucks. (DR..Z.)

CHARA. BOT. Nom latin du genre Charagne ; ce nom paraît chez les anciens avoir désigné le *Crambe tatarica*. *V.* CRAMBE. (B.)

CHARA-BERKOE. BOT. PHAN. Syn. de *Betula daourica*, Pall., espèce sibérienne et canadienne de Bouleau. (B.)

* CHARACÉES. *Characeæ*. BOT. CRYPT. Cette famille, établie par L.-C. Richard, ne renferme jusqu'à présent que le seul genre Chara. Son caractère le plus important est d'avoir des capsules solitaires uniloculaires et monospermes ; elle nous paraît se rapprocher surtout par ces caractères des Marsiléacées dont elle diffère essentiellement par ses capsules non réunies dans des involucres communs, par son port et par la singulière structure des organes qu'on a regardés comme remplissant les fonctions d'étamines, tandis que nous verrons que les Marsiléacées sont les seules Cryptogames parmi lesquelles on trouve des organes qui, quoique d'une forme très-différente de celle des Plantes phanérogames, remplissent cependant évidemment les fonctions d'organes mâles et femelles. Quant au caractère détaillé de la famille des Characées , il est nécessairement le même que celui du genre Chara. *V.* CHARAGNE. (AD. B.)

CHARACH ou CHARAH. ois. Syn. indien de la Pie-Grièche rousse huppée, *Lanius cristatus*, L. , du Bengale. *V.* PIE-GRIÈCHE. (DR..Z.)

CHARACHERA. BOT. PHAN. Dans la Flore d'Egypte et d'Arabie , Forskahl a décrit sous ce nouveau nom de genre, deux Plantes indigènes des montagnes de l'Arabie, qui appartiennent à la Didynamie Angiospermie de Linné, et que Wahl réunit au genre *Lantana*. Cette opinion est d'autant plus admissible que cet auteur, indépendamment de ses grandes connaissances dans la nomenclature botanique, a eu en communication les matériaux de Forskahl dont il était le compatriote. Nous considérons donc ce genre comme identique avec le Lantana , qui fait partie de la famille des Verbénacées. Deux espèces le constituaient ; l'une, appelée *Charachera tetragona* par Forskahl, est un arbrisseau que les Arabes nomment *Trefran* et *Characher*; l'autre est sou *Charachera viburnoides*. Wahl (*Symb.* 1, p. 45) les réunit en une seule à laquelle il donne le nom de *Lantana viburnoides*. *V.* LANTANA. (G..N.)

CHARACHO ou CHARACO. MAM. *V.* CARACO.

CHARACIN. POIS. Sous-genre de Saumon. *V.* ce mot. (B.)

+CHARAD. BOT. PHAN. Syn. arabe de *Valeriana scandens*, Forsk. (B.)

* CHARADA. ois. Syn. chinois de la Pie-Bleue à tête noire, *Corvus cyanus*, Lath. *V.* CORBEAU. (DR..Z.)

CHARADRIUS. ois. L. Syn. latin de Pluvier. *V.* ce mot. (DR..Z.)

CHARAGAI. BOT. PHAN. Syn. kalmouck de *Pinus silvestris*, L. *V.* PIN. (B.)

CHARAGANA. BOT. PHAN. D'où *Caragana*. Nom kalmouck d'une espèce de Robinier. *V.* ce mot. Pallas

dit que c'est le *Robinia ferox* qui porte ce nom chez les Mongols. (B.)

CHARAGNE. *Chara*. BOT. CRYPT. (*Characées*.) Ce genre établi par Vaillant dans les Mémoires de l'Académie des Sciences de Paris, pour 1719, sous le nom de *Chara* ou *Lustre d'eau*, fut d'abord placé par Linné , parmi les Plantes cryptogames, immédiatement après les Lichens. Le même auteur , dans la douzième édition du *Systema Naturæ* , le rangea ensuite parmi les Phanérogames dans la Monœcie Monandrie, et depuis, tous les botanistes qui ont adopté son système lui ont conservé cette place ; plus tard il fut placé par Jussieu dans la famille si hétérogène des Nayades, puis réuni par De Candolle, avec les *Nayas* et *Lemna*, dans la petite famille à laquelle il conserva le même nom. R. Brown le rangea avec ces mêmes genres à la suite des Hydrocharidées ; Leman proposa de le classer parmi les Dicotylédones auprès des Onagraires dans la famille des Élodées ; enfin il est devenu pour Richard le type d'une famille particulière des Characées, famille qui ne renferme jusqu'à présent que le seul genre *Chara*, et que sa structure singulière éloigne de presque toutes les autres Plantes. Récemment quelques auteurs, et particulièrement Martius (*Uber den bau und die nature der Charen*, 1818) et Walroth (*Annus botanicus, Halæ*, 1815), ont voulu placer ce genre à côté des *Ceramium* et des Conferves. Cette opinion ne nous paraît pas admissible ; le tissu vasculaire beaucoup plus solide des *Chara*, l'organisation beaucoup plus compliquée de leurs organes de fructification , enfin leur mode de germination , nous paraissent au contraire devoir les mettre dans le rang le plus élevé parmi les Cryptogames après les Marsiléacées, et immédiatement avant les Nayades, avec lesquelles elles ont plusieurs rapports, mais dont elles diffèrent cependant beaucoup par l'absence de véritables étamines.

Le caractère du genre peut être

tracé ainsi : « capsule uniloculaire, » monosperme ; péricarpe composé » de deux enveloppes, l'externe membraneuse, transparente, très-mince, terminée supérieurement par » cinq dents en rosace ; l'interne dure, sèche, opaque, formée de cinq » valves étroites, contournées en spirale. »

Ce caractère diffère en quelques points de celui qu'on assigne généralement à ce genre, et demande pour cette raison quelques développemens. Nous n'assimilons les dents qui terminent supérieurement cette capsule à aucun des organes des Plantes phanérogames, parce qu'en effet elles ne nous paraissent avoir les caractères ni des stigmates ni d'un calice, noms sous lesquels la plupart des auteurs ont désigné ces parties. Elles diffèrent essentiellement des stigmates, 1° en ce qu'elles ne communiquent nullement avec l'intérieur de l'ovaire, et par conséquent avec l'ovule ; 2° parce qu'elles sont parfaitement continues dans toutes leurs parties, et analogues par leur aspect au tégument membraneux extérieur, qui se détache facilement dans toute son étendue de la capsule proprement dite, et entraîne avec lui ces prétendus stigmates. Ce caractère lui donne quelque analogie avec un calice adhérent, terminé par un limbe à cinq dents ; mais peut-on donner le nom de calice à une partie qui n'environne ni style, ni étamines, et qui diffère à peine du reste de l'épiderme de la Plante ?

Nous avons dit que la capsule est monosperme, tandis que presque tous les auteurs modernes l'indiquent comme polysperme ; Vaillant seul, en établissant ce genre, a dit : « Cet ovaire devient une capsule couronnée, laquelle est solide et monosperme. » Les auteurs qui l'ont copié, et Linné particulièrement, ont adopté son opinion à cet égard ; mais depuis, les auteurs qui ont observé par eux-mêmes les Chara, Schmidel, Hedwig, Walroth, Martius, etc., l'ont tous décrite comme polysperme. Il peut donc paraître étonnant que nous revenions

à la première opinion ; mais nous avons pour cela une autorité d'un grand poids, c'est celle de Vaucher qui, dans un excellent Mémoire sur la structure des Charagnes, inséré parmi ceux de la Société de Physique et d'Histoire naturelle de Genève, T. I, a prouvé de la manière la plus évidente cette opinion que quelques faits analogues nous avaient déjà fait adopter. Lorsqu'on coupe ou qu'on écrase une capsule de Chara fraîche, il est vrai qu'on en voit sortir une infinité de petits grains blancs, inégaux et irréguliers qui remplissent entièrement sa cavité ; mais si chacun de ces grains était des graines, comme la plupart des auteurs l'ont présumé, la capsule ne s'ouvrant pas, comment ces graines en sortiraient-elles ? La germination parfaitement observée par Vaucher vient confirmer cette présomption ; si on laisse dans l'eau des capsules bien mûres de Chara, tombées naturellement en automne, elles passent tout l'hiver sans laisser apercevoir aucun changement ; mais à l'époque des premières chaleurs, vers la fin d'avril, on voit sortir de l'extrémité supérieure, entre les cinq valves, un petit prolongement qui, se développant de plus en plus, donne bientôt naissance à un premier verticille de rameaux, puis à un second ; au-dessous de ces rameaux, la tige se renfle, et il en sort des touffes de petites racines ; la capsule reste très-long-temps adhérente à la base de la tige, même lorsque celle-ci commence à entrer en fructification. On ne voit durant ce développement aucune trace de cotylédons. Ce mode de germination prouve évidemment que la capsule est monosperme, car il n'y a que les fruits monospermes qui puissent germer sans s'être débarrassés d'abord de leur péricarpe. L'analogie entre ce développement et celui de la Pilulaire vient encore à l'appui de cette opinion, et comme elle confirme le rapprochement que nous avons indiqué entre les Characées et les Marsiléacées, nous allons décrire en quelques mots le mode de germination de cette

Plante. Les péricarpes de la Pilulaire, renfermés dans un involucre à quatre valves, présentent comme ceux des *Chara* un double tégument, l'externe membraneux, transparent, très-mince, l'interne dur, sec, jaune, terminé supérieurement par un renflement en forme de bourrelet ou d'anneau qui entoure un orifice fermé par un petit opercule conique. Ce péricarpe est rempli d'un fluide mucilagineux, filant, dans lequel nagent de petits grains sphériques qu'on a pris pour des graines; mais si on laisse ces péricarpes pendant quelques jours dans l'eau, on observe un tubercule verdâtre, qui sort en soulevant l'opercule, et bientôt on aperçoit une feuille linéaire qui, en se développant, paraît percer une gaîne semblable au cotylédon des Plantes monocotylédones. Le péricarpe reste aussi adhérent pendant long-temps à la base de la jeune Plante. On voit l'analogie remarquable qui existe entre la germination de ces deux Plantes; mais le fait le plus singulier est cette apparence de plusieurs graines dans les capsules de la Pilulaire et des *Chara*, tandis qu'il n'y a réellement qu'un seul embryon, qui sort toujours par le même point du péricarpe. Ce liquide épais, semblable à de la gomme filante, et ces points qui nagent dedans, ne sont donc point des graines. Ils paraîtraient plutôt jouer le rôle d'une sorte d'endosperme, tandis que l'embryon unique serait placé au sommet de l'ovaire près du point par lequel il sort lors de son développement.

Les *Chara* sont des Plantes aquatiques, croissant dans les eaux stagnantes des mares et des fossés; leur odeur est extrêmement fétide, et se communique à l'eau des mares qu'elles habitent, et au fond desquelles elles forment des tapis d'un vert blanchâtre. Elles ne s'élèvent jamais jusqu'à la surface, mais elles restent toujours submergées et elles fructifient sous l'eau. Leurs tiges sont rameuses, faibles, flottantes, dures, cassantes, rudes et hérissées de pointes dans les unes, lisses et presque transparentes dans

quelques espèces; elles présentent de distance en distance des rameaux verticillés au nombre de huit à dix. Ces rameaux dans les verticilles supérieurs portent sur leur bord supérieur trois, quatre ou cinq capsules espacées et entourées chacune à leur base de deux ou trois bractées ou petits rameaux avortés que Linné et plusieurs auteurs avaient nommés calice. La longueur de ces bractées par rapport à la capsule, et la forme plus ou moins allongée de celle-ci fournissent de très-bons caractères pour distinguer les espèces. Outre ces capsules, les rameaux portent encore des tubercules sessiles, arrondis, rouges ou orangés, sur les usages desquels il existe encore beaucoup de doute. La plupart des auteurs les ont regardés comme des organes mâles, jouant le rôle d'étamines. Walroth, dans la dissertation que nous avons déjà citée, a combattu cette opinion, et a fait voir combien il existait de différence entre la structure interne de ces tubercules et celle des étamines. Vaucher, qui les a décrits aussi avec beaucoup de soin, les regarde cependant comme des étamines. Ces tubercules sont formés extérieurement d'une membrane réticulée; transparente; intérieurement, au milieu d'un fluide mucilagineux, on observe des filamens blanchâtres, articulés et transparens, et d'autres corps cylindriques fermés à une de leurs extrémités, et paraissant s'ouvrir à l'autre. Ces sortes de tubes sont remplis d'une matière rougeâtre qui donne cette couleur aux tubercules, et qui disparaît assez promptement et long-temps avant la maturation du fruit. Ce fait viendrait assez à l'appui de l'opinion qui regarde ces tubercules comme des organes mâles. Mais comment la fécondation pourrait-elle s'opérer puisqu'on voit ces tubercules s'affaisser sans jamais s'ouvrir à leur surface? La question nous paraît donc encore très-difficile à résoudre, car supposer une fécondation interne par des communications vasculaires, c'est s'éloigner de tout ce que le règne végétal nous a présenté jusqu'à présent.

La rudesse des tiges du *Chara vulgaris* et de quelques autres espèces les a fait employer dans quelques provinces, et particulièrement aux environs de Lyon, de Genève, etc., pour nettoyer la vaisselle et donner une sorte de poli au métal; c'est ce qui les a fait désigner sous le nom d'*Herbe à récurer*.

On connaît environ vingt-cinq espèces de ce genre; mais il est probable que lorsqu'on l'aura mieux observé, surtout dans les autres parties du monde, le nombre en deviendra plus considérable, à moins qu'ainsi qu'on l'a remarqué pour beaucoup de Plantes aquatiques, les mêmes espèces ne se retrouvent dans des régions très-différentes. Cependant les espèces découvertes jusqu'à présent en Amérique, dans l'Inde et à la Nouvelle-Hollande, sont distinctes de celles d'Europe. Ce genre paraît donc répandu sur toutes les parties du globe, et nous pouvons ajouter qu'il semblerait même y avoir existé antérieurement aux dernières révolutions qui ont changé la surface de la terre. En effet, dans les terrains d'eau douce des environs de Paris et d'Orléans, on a trouvé des Fossiles que tout nous engage à regarder comme des capsules de *Chara*; ces Fossiles, d'abord décrits par Lamarck sous le nom de *Gyrogonites*, ont été ensuite reconnus par Leman pour des fruits de *Chara*. L'examen le plus attentif ne nous a pas permis de trouver la moindre différence entre ces Fossiles et les fruits des Charagnes, et nous avons fait voir qu'on pouvait distinguer trois espèces parmi ceux trouvés jusqu'à présent dans nos environs. Nous devons ici répondre à une objection qu'on a faite sur l'analogie de ces Fossiles. Lamarck, en décrivant ce genre, le rangea parmi les Coquilles, et depuis, d'Orbigny fils, dans ses belles Recherches sur les Céphalopodes microscopiques, a retrouvé parmi les sables de Rimini quelques échantillons de petits corps parfaitement semblables aux Gyrogonites; mais il faudrait savoir: 1° si ce sont bien des Coquilles ou si ce ne seraient pas plutôt des fruits de *Chara* entraînés par les ruisseaux dans les lagunes, et dont la membrane externe et la graine auraient été détruites par la putréfaction, comme on le voit souvent dans les mares où croissent les *Chara*; 2° si admettant que ce fussent des Coquilles, cela prouverait que les Gyrogonites des terrains d'eau douce des environs de Paris en fussent également, car un examen très-attentif nous a prouvé qu'il n'existe aucune différence générique entre les fruits de *Chara*, les Gyrogones de Rimini et les Gyrogonites des terrains d'eau douce. Nous devons même dire qu'il existe plus de ressemblance pour la forme générale entre les fruits des *Chara* vivans et les Gyrogones de Rimini, qu'entre l'un ou l'autre de ces deux êtres et les vrais Gyrogonites. Les caractères de ces différens corps ne pouvant nous servir pour établir leur analogie, leur position géologique peut donc seule nous déterminer: or, les Gyrogonites ne se sont jusqu'à présent trouvées que dans les terrains d'eau douce avec des débris d'autres Plantes lacustres et de Coquilles d'eau douce. Parmi ces débris végétaux, on remarque même des tiges striées et présentant des portions de verticilles qui ont la plus grande analogie avec celles des *Chara*; au contraire les Mollusques céphalopodes habitent tous dans la mer. Il nous paraît donc évident, même en supposant que la Gyrogone de Rimini soit une vraie Coquille, qu'on doit regarder les Gyrogonites des terrains d'eau douce comme des fruits de *Chara*, à moins de supposer qu'il existât alors dans les eaux douces des Mollusques céphalopodes, ce dont on n'a, ce nous semble, aucun exemple. (AD. B.)

CHARAI-PANNAI. BOT. PHAN. Syn. d'Amaranthe à la côte de Coromandel. (B.)

CHARAMAIS, CHARAMAI, CHARAMÉI ET CHARAMELA. BOT. PHAN. Syn. indiens de *Cicca disticha* et de Carambolier. *V.* ces mots. (B.)

CHARA-MODON. BOT. PHAN. C'est-à-dire *Arbre noir.* Syn. kalmouck de *Quercus Robur. V.* CHÊNE. (B.)

CHARAMOK. BOT. PHAN. Syn. kalmouck de *Rhamnus Erythroxylum,* espèce du genre Nerprun. *V.* ce mot. (B.)

CHARANÇON. INS. Pour Charanson. *V.* ce mot. (AUD.)

CHARANDA. OIS. Syn. d'Hirondelle chez les Kalmoucks. (DR..Z.)

CHARANSON. MOLL. Nom vulgaire et marchand du Cône pavé de Bruguière. *V.* CÔNE. (D. H.)

CHARANSON. *Curculio.* INS. Genre de l'ordre des Coléoptères, section des Tétramères, famille des Porte-becs ou Rhinchophores, établi avec quelque rigueur par Linné et sous-divisé depuis en un très-grand nombre de genres. Geoffroy, Fabricius, Olivier, Clairville, Latreille, Germar et plusieurs autres entomologistes ont opéré dans ce groupe des changemens fort heureux qui en ont singulièrement facilité l'étude. D'après les derniers travaux de Latreille (Règn. An. de Cuv.) dont nous suivons ici la méthode, on doit réunir au genre Charanson, de même que Fabricius et Olivier le faisaient, toutes les espèces qui ont pour caractères : antennes de onze articles, dont le premier fort long et les trois derniers réunis en une massue, insérées à l'extrémité d'une espèce de trompe toujours courte et épaisse non appliquée contre la poitrine, formée par le prolongement et le rétrécissement du devant de la tête, et offrant de chaque côté une rainure oblique où se loge la partie inférieure de la première pièce des antennes; pénultième article des tarses toujours bilobé. Ainsi caractérisé, ce genre correspond à celui des Brachyrhines dans lequel Latreille (*Gener. Crust. et Ins.*) avait rangé les espèces de Charansons à trompe courte (brévirostres). Celles à trompe longue (longirostres) forment aujourd'hui le genre

Lixe et le genre Rhynchène de Fabricius, auquel on pourrait réunir les Cryptorhynques et les Lipares.

Les Charansons ont en général le corps ovoïde, rétréci en devant avec l'écusson très-petit ou apparent, l'abdomen volumineux, embrassé latéralement par les élytres qui sont convexes, et les pates robustes avec les cuisses en massue; ils se distinguent des Brachycères par leurs tarses bilobés, des Rynchènes par leur trompe courte, des Lixes par leur corps ovoïde, des Ciones, des Rhines et des Calandres par le nombre des articles des antennes, des Orchestes et des Ramphes par leurs pates seulement propres à la marche. Ce sont des Insectes lents, vivant en société nombreuse et faisant un très-grand tort aux Plantes dont ils se nourrissent. Lorsqu'on les saisit, ils rapprochent du corps les pates et les antennes, se laissent tomber et feignent d'être morts. Leur larve n'est pas encore connue. Les espèces assez nombreuses qui appartiennent à ce genre et dont nous ne citerons que les plus remarquables, peuvent être rangées dans les deux divisions suivantes :

I. *Cuisses simples.*

Le CHARANSON IMPÉRIAL, *Curc. imperialis,* L., figuré par Olivier (Entomol. T. v, p. 83, pl. 1, fig. 1). On le trouve à Cayenne et au Brésil en quantité considérable : aussi est-il très-commun dans les collections, et cependant toujours recherché des amateurs à cause de sa couleur d'un vert doré très-brillant.

Le CHARANSON ROYAL, *Curc. regalis,* Fabr., représenté par Olivier (*loc. cit.*, pl. 1, fig. 8). Il est aussi très-remarquable par ses belles couleurs métalliques, et plus petit que le précédent. On le rencontre dans l'Amérique méridionale, principalement au Pérou.

Le CHARANSON VERT, *Curc. viridis,* Fabr., figuré par Olivier (*loc. cit.*, pl. 2, fig. 18, a, b). On le trouve dans le Piémont, en Allemagne et quelquefois aux environs de Paris.

Le CHARANSON DU TAMARISC,

Curc. Tamarisci, L., Fabr., représenté par Olivier (*loc. cit.*, pl. 6, fig. 7, a , b). Cette jolie espèce n'est pas rare à Marseille et à Montpellier.

II. Cuisses dentées.

Le CHARANSON DE LA LIVÈCHE, *Curc. Ligustici*, Fabr., figuré par Olivier (*loc. cit.*, pl. 7, fig. 77). Il est commun aux environs de Paris, et fait de très-grands dégâts au printemps dans les vignes, les plants d'Asperges, etc., en mangeant les premières pousses. On le trouve quelquefois en quantité considérable dans les chemins sablonneux et le long des murs.

Le CHARANSON ARGENTÉ, *Curc. argentatus*, Fabr., Olivier (*loc. cit.*, pl. 5, fig. 56, a, b). Il est au moins aussi commun que le précédent, mais ses dégâts ne nous intéressent pas autant ; il vit principalement sur les Orties.

Nous pourrions augmenter de beaucoup la liste des espèces qu'on devrait ranger dans cette section ; mais n'ayant ici d'autre but que de fournir quelques exemples, nous renvoyons aux ouvrages spéciaux pour l'énumération et la description des espèces. Ceux de Linné, de Clairville, de Fabricius, d'Olivier et de Latreille sont jusqu'ici les meilleurs. Nous ferons seulement remarquer que ces auteurs ne caractérisant pas les Charansons de la même manière, il en résulte que plusieurs espèces qu'ils rapportent à ce genre, appartiennent, dans la méthode que nous avons suivie, à des coupes différentes. Nous allons indiquer ici quelques-unes de ces espèces.

CHARANSON A LOZANGE, DE LA SCROPHULAIRE, DE L'ACORUS et DU BOUILLON-BLANC, etc. *V.* CIONE.

CHARANSON DU BLÉ, DU RIZ, PALMISTE, etc. *V.* CALANDRE.

CHARANSON DE LA CENTAURÉE , DES NOISETTES, etc. *V.* RHYNCHÈNE.

CHARANSON DE L'OSIER, etc. *V.* ORCHESTE.

CHARANSON PARAPLECTIQUE, etc. *V.* LIXE. (AUD.)

CHARANSONITES. *Curculionites.* INS. Famille de l'ordre des Coléoptères, section des Tétramères, ayant pour type les grands genres Charanson de Linné et Attelabe de Fabricius. Cette famille, fondée assez anciennement par Latreille (*Genera Crust. et Ins.* T. II, p. 241), a été désignée depuis (Règn. An. de Cuv.) sous le nom de Rhinchophores, qui comprend, outre la famille des Charansonites, celle des Bruchèles. *V.* RHINCHOPHORES. (AUD.)

CHARANTIA. BOT. PHAN. (Dodœns.) Même chose que Caranza où Caranzia. *V.* ces mots. Linné donne ce nom à une autre espèce de Momordique. *V.* ce mot. (B.)

* CHARAPAT. BOT. CRYPT. L'un des synonymes vulgaires de Charagne. *V.* ce mot. (B.)

* CHARATH ET KESSUTH. BOT. PHAN. Syn: de *Cuscuta Epithymum.* *V.* CUSCUTE. (B.)

CHARA-TOSCHLI. BOT. PHAN. L'un des noms kalmoucks du *Ribes nigrum. V.* GROSEILLER. (B.)

CHARAX. POIS. Ce nom, employé par Oppien, paraît convenir au Cyprin que Linné a nommé *Carassius* ; il a été également donné à un Poisson décrit par Gronou, qui est devenu pour Lacépède le type du genre Characin. *V.* ce mot. (B.)

* CHARBA. BOT. PHAN. (Forskahl.) Même chose que Gara. *V.* ce mot. (B.)

CHARBA ou CHABE. BOT. PHAN. Syn. d'Hellébore chez les Arabes, qui nomment Charboid le *Veratrum album*, et Cherbachem l'*Helleborus niger*, L. Mentzel l'écrit *Cuerbechashed. V.* VÉRATRE et HELLÉBORE. (B.)

CHARBON. BOT. PHAN. (*Urédinées.*) Les agriculteurs connaissent sous ce nom une maladie qui attaque le grain des Céréales, et qui est produite par une espèce de Cryptogame parasite du genre *Uredo*, à laquelle on a donné le nom d'*Uredo Carbo*. Cette espèce forme avec quelques autres, qui croissent également dans les orgaées de la fructification, un sous-genre nommé *Ustilago*, et caractérisé par ses sporidies parfaitement sphériques, entièrement libres et sans pédicelles, et généralement d'une couleur noire. Le Charbon proprement dit est caractérisé par la ténuité de ces sporidies, qui sont plus petites que celles d'aucune autre espèce d'*Uredo*, par la manière dont elles croissent entre les glumes dans le grain qu'elles déforment et changent entièrement en une poussière noire, sans odeur, qui s'échappe facilement. Cette maladie attaque ordinairement tous les grains d'un même épi. Elle vient sur presque toutes les Céréales et sur un grand nombre de Graminées sauvages. Des maladies analogues, mais qui paraissent produites par des espèces différentes d'*Uredo*, attaquent le Maïs, les urcéoles des Carex; d'autres semblables par la forme de leurs globules viennent sur les anthères et sur les autres parties de la fleur de diverses Plantes. Il ne faut pas confondre le Charbon avec la carie, autre maladie du Blé, qui attaque également le grain, aussi produite par une espèce de parasite du même genre que le Charbon, mais qui en diffère beaucoup spécifiquement. *V.* Urédo.   (AD. B.)

CHARBON. MIN. Résultat de la combustion des substances végétales et animales dans des vaisseaux fermés. Le Charbon des Végétaux est noir, solide, fragile, et conserve dans de moindres proportions la forme que les Plantes avaient avant la combustion. Pour l'obtenir en grand, on arrange par étages, autour d'une perche, des branches coupées à égale longueur; il en résulte des espèces de dômes ou des cônes renversés que l'on revêt d'un mélange de cendre et de terre gâchée, en ayant soin de laisser une ouverture en haut de la perche et une autre à la base correspondant à un espace libre que l'on a ménagé dans l'arrangement du bois, afin de porter le feu au centre du fourneau. Dès que le feu est mis à cette masse de combustible,

on l'attire dans toutes les parties au moyen d'ouvertures que l'on pratique sur le revêtement, afin d'établir un courant d'air. La combustion terminée et le Charbon bien refroidi, on enlève la terre, et on recueille le Charbon qui n'a fait que s'affaisser sans se déformer. Les matières dures des Animaux brûlent comme le bois, sans changer de formes; mais les matières molles se boursouflent considérablement et donnent un Charbon spongieux, léger et luisant. Les Charbons, végétal et animal, sont chargés d'un assez grand nombre de principes fixes au feu, et qui constitueraient les cendres, si la combustion avait eu lieu avec le libre accès de l'air. Les usages du Charbon végétal sont très-étendus dans l'économie domestique, dans les arts et dans la peinture; il fait une des bases de la poudre à tirer. On emploie avec beaucoup de succès le Charbon animal à la décoloration et à la clarification des liqueurs visqueuses et sucrées, des Acides, etc.

CHARBON BITUMINEUX, DE PIERRE, DE TERRE, FOSSILE OU MINÉRAL. *V.* HOUILLE.

CHARBON INCOMBUSTIBLE. *V.* ANTHRACITE.   (DR..Z.)

CHARBONNIER (RENARD.) MAM. *V.* CHIEN.

CHARBONNIER. OIS. Syn. vulgaire du Chardonneret, *Fringilla Carduelis*, L., et du Rossignol de muraille, *Motacilla Phœnicurus*, L. *V.* GROS-BEC et SYLVIE. Bougainville, dans son Voyage autour du monde, nomme Charbonnier une grande Hirondelle de mer.   (DR..Z.)

* CHARBONNIER. REPT. SAUR. Espèce d'Anolis. *V.* ce mot. (B.)

CHARBONNIER. POIS. Syn. vulgaire de *Gadus Carbonarius*.*V.* GADE.   (B.)

CHARBONNIER. BOT. CRYPT. Même chose que Carbonajo. *V.* ce mot.   (B.)

CHARBONNIÈRE (GRANDE et PETITE.) OIS. Espèces du genre Mésange, *Parus major* et *Parus ater*, L. *V.* MÉSANGE.   (DR..Z.)

* CHARBOSA. bot. phan. Syn. persan de Pastèque. (b.)

CHARBUSAK. bot. phan. Syn. arménien de Melon. (b.)

CHARCHOR. mam. Syn. kalmouck de Souslik. Espèce du genre Marmotte. *V*. ce mot. (b.)

CHARCHUS. bot. phan. (Mentzel.) Syn. arabe de Plantain. (b.)

CHARCHYR. ois. Syn. égyptien de Sarcelle. *V*. Canard. (dr..z.)

CHARDAL. bot. phan. La graine de Moutarde en arabe, selon Forskahl. (b.)

CHARDEL. bot. phan. *V*. Cardel.

CHARDERAULAT. ois. Syn. piémontais du Chardonneret, *Fringilla Carduelis*, L. *V*. Gros-Bec. (dr..z.)

CHARDINIE. *Chardinia.* bot. phan. Genre de la famille des Synanthérées, établi par le professeur Desfontaines sur le *Xeranthemum orientale*, Willd., et que H. Cassini rapporte à sa tribu des Carlinées. Indépendamment de plusieurs différences caractéristiques, il se distingue encore du *Xeranthemum* en ce que ses filets sont insérés sur la corolle, comme dans la plupart des corolles monopétales, tandis que le *X. annuum*, par exemple, offre la singulière anomalie d'avoir ses filets libres dans presque toute leur longueur. (g..n.)

CHARDON. *Carduus.* bot. phan. Famille des Synanthérées, tribu des Cinarocéphales de Jussieu ou Carduacées de Cassini, Syngénésie égale de Linné. Depuis que l'on a restreint le nom de Chardon à des Plantes de la vaste famille des Synanthérées, on a encore beaucoup varié dans l'exposition des caractères assignés à ce genre de Plantes. Les uns en ont retiré plusieurs espèces pour constituer des genres particuliers; les autres y ont aggloméré des Végétaux disparates quant aux formes des organes de la fécondation, et par conséquent de genres distincts. Ainsi Linné, quoiqu'en ayant séparé le genre Cni-

cus, qui est le même que le *Cirsium* de Tournefort, a placé, dans les *Carduus*, des Plantes appartenant certainement à ce dernier genre. Lamarck (Encyclopédie méthodique) ne reconnaît point de distinction entre les deux genres que nous venons de citer; et Gaertner en a séparé le *Carduus marianus* sous le nom de *Silybum* qu'il avait emprunté à Vaillant. Il a donc été nécessaire aux botanistes, tels que Willdenow et De Candolle, qui ont fait des ouvrages généraux, et ont eu à examiner un grand nombre de Synanthérées, de réformer le genre *Carduus*, en lui donnant les caractères suivans : involucre un peu bossu à sa base et composé d'écailles imbriquées, pointues et épineuses au sommet; tous les fleurons hermaphrodites; réceptacle garni de paillettes soyeuses; akènes ovales, légèrement tétragones, surmontées d'une aigrette, à poils simples, réunis à leur base en un anneau circulaire par où elle se détache facilement. Les fleurs de tous les Chardons sont purpurines ou blanches; leurs feuilles plus ou moins découpées, et souvent cotonneuses, sont toujours munies d'épines qui les font reconnaître très-facilement par le vulgaire, mais aussi qui l'induisent souvent en erreur en lui faisant considérer comme des Chardons plusieurs Plantes qui n'ont aucune autre affinité avec ceux-ci, ainsi que nous le dirons à la fin de cet article.

Willdenow et Persoon, après avoir réuni le plus grand nombre de descriptions d'espèces de *Carduus* éparses dans les divers ouvrages de botanique, en ont fait connaître à peu près quarante; car il ne faut pas y comprendre la seconde section des *Carduus* de Persoon, qui répond au genre *Cnicus* ou Cirse. *V*. ces mots. De ce nombre, le tiers environ habite la France; le reste est indigène des contrées orientales de l'Europe, de l'Asie-Mineure, de l'Egypte et de la Barbarie. Les espèces françaises ne sont que des herbes épineuses, malheureusement trop communes le long des chemins et dans les fossés des champs. Elles ne fournissent rien d'utile soit à la médecine, soit à l'économie domestique; car les propriétés de quelques véritables Chardons usités anciennement en thérapeutique, sont encore fort douteuses. Parmi ceux-ci, on distingue le Chardon Marie (*Carduus marianus*, L.), qui tant pour ce motif que parce que la singularité de son organisation l'a fait séparer des *Carduus* par Vaillant, Gaertner et Mœnch, sous le nom générique de *Silybum*, mérite une description abrégée : une tige épaisse, cannelée et branchue, porte des feuilles fort grandes, sinuées, anguleuses, glabres des deux côtés, épineuses et parsemées de taches blanches; les fleurs purpurines et terminales sont renfermées dans des involucres courts et assez gros, dont les folioles sont ovales et bordées à leur base d'épines simples, terminées par un appendice étalé et épineux au sommet; les poils de l'aigrette sont blancs et ciliés. Cette Plante qui croît assez abondamment dans les lieux incultes porte les noms vulgaires de Chardon argenté, Chardon Notre-Dame et Chardon Marie.

Nous avons dit, et tout le monde sait que les Chardons sont bien éloignés de figurer jamais comme Plantes d'ornement; cependant parmi ces Plantes si tristes et si repoussantes, symbole de l'aridité et de l'horreur, il en est une dont l'aspect agréable attire les regards, et éloigne les idées que réveille en nous le seul nom de Chardon : c'est le Chardon à deux épines (*Carduus diacanthus*, Labill.) que l'on cultive à cause de ses belles fleurs jaunes et de ses feuilles radicales d'un très-beau blanc avec des raies vertes et des épines d'une aussi grande blancheur. Cette Plante, indigène de la Syrie et de la Barbarie, peut végéter chez nous en pleine terre. On la sème au printemps sur couche vieille où elle se resème ensuite d'elle-même, si elle se trouve dans un sol convenable.

Plusieurs espèces de Chardons, par la beauté de leurs fleurs et les formes élégantes de leurs feuilles, mériteraient aussi d'être placées dans les par-

terres : tels sont entre autres les *C. carlinoïdes* et *C. defloratus*, L. La prévention que fait naître le seul nom de Chardon a peut-être plus nui à ces Plantes que les épines dont elles sont armées. (G..N.)

On appelle vulgairement Chardons, des Plantes piquantes qui toutes n'appartiennent pas à ce genre, ainsi le

CHARDON ACANTHE est l'*Onopordum Acanthium*, L.

CHARDON ARGENTÉ, le *Silybum Marianum*, Gaertn., ou *Carduus marianus*, L.

CHARDON-AUX-ANES, non seulement le *Carduus lanuginosus*, mais encore le *nutans* et l'*Onopordum*.

CHARDON BÉNIT le *Centaurea benedicta*.

CHARDON BÉNIT DES ANTILLES l'*Argemone mexicana*.

CHARDON BÉNIT DES PARISIENS le *Carthamus lanatus*.

CHARDON BLEU l'*Eryngium amethystinum*.

CHARDON A BONNETIER le *Dipsacus fullonum*.

CHARDON DU BRÉSIL le *Bromelia Ananas*.

CHARDON DORÉ le *Centaurea solstitialis*.

CHARDON ÉCHINOPE l'*Echinops Sphœrocephalus*.

CHARDON ÉTOILÉ le *Calcitrapa stellata*.

* CHARDON FIER un Atractylide.

CHARDON A FOULON la même chose que le Chardon à bonnetier.

* CHARDON DES INDES le *Cactus Melocactus*.

* CHARDON HÉMORROÏDAL le *Serratula arvensis*, L.

* CHARDON LACTÉ le *Silybum marianum*, Gaertn.

* CHARDON LAITEUX le *Crocodilium Galactites*, Centaurée de Linné.

CHARDON MARIE ou DE NOTRE-DAME le *Silybum marianum*, Gaertn.

CHARDON PÉDANE l'*Onopordum Acanthium*.

CHARDON DES PRÉS le *Cnicus oleraceus*.

CHARDON PRISONNIER l'*Atractylis cancellata*.

CHARDON ROLLAND, par corruption de Chardon roulant, l'*Eryngium campestre* qui, déraciné par les vents, roule dans les champs. Les plaines centrales de l'Espagne sont couvertes en automne des débris de cette Plante mêlés avec ceux du *Phlomis Herba venti*, et l'on en chauffe les fours. (B.)

CHARDON. POIS. Syn. de *Raya fullonica*, espèce de Raie. *V.* ce mot. (B.)

CHARDON (PETIT). MOLL. Syn. de *Murex senticosus*. *V.* ROCHER. (F.)

CHARDON DE MER. ECHIN. Les pêcheurs et les marins donnent ce nom à des Animaux de la famille des Oursins. (LAM..X.)

CHARDONNEAU ou CHARDRIER. OIS. Syn. de Chardonnerer, *Fringilla Carduelis*, L. *V.* GROS-BEC. (DR..Z.)

CHARDONNERET. OIS. Espèce européenne du genre Gros-Bec, *Fringilla Carduelis*, L. *V.* GROS-BEC. (DR..Z.)

CHARDONNERET A FACE ROUGE. OIS. Espèce peu connue que l'on place dans le genre Gros-Bec. *V.* ce mot. (DR..Z.)

CHARDONNETTE. OIS. Syn. vulgaire du Chardonneret, *Fringilla Carduelis*, L. *V.* GROS-BEC. (DR..Z.)

CHARDONNETTE. BOT. PHAN. *V.* CARDONNETTE. C'est plus particulièrement le nom de la fleur de l'Artichaut, qui, recueillie et desséchée, sert pour faire cailler le lait. — On appelle encore Chardonnette gommeuse l'*Atractylis gummifera*. (B.)

* CHARDOUSSE ou CIARDOUSSE. BOT. PHAN. Syn. vulgaire de *Carlina acanthifolia*. (B.)

CHARDRIER. OIS. Syn. de Chardonneret dans quelques cantons méridionaux de la France. (B.)

*CHARE. POIS. Syn. de *Salmo Carpio*. *V.* SAUMON. (B.)

* CHARE-ALHAYN. BOT. PHAN. Syn. arabe de Berce. *V.* ce mot. (B.)

* CHARÉE ou CHARRÉE. INS. D'anciens naturalistes ont désigné sous ce nom les larves des Friganes. *V.* ce mot. Les pêcheurs appliquent en général cette dénomination à toutes sortes de larves. (AUD.)

CHARENSON. INS. Pour Charanson. *V.* ce mot. (AUD.)

CHARFI, CHARFS, CHARSS ET CHERES. BOT. PHAN. Syn. arabes de Persil. *V.* ce mot. (B.)

CHARFUEIL. BOT. PHAN. L'un des noms provençaux du Cerfeuil. (B.)

CHARIBE. MOLL. Du Dictionnaire de Déterville, pour Charibde. *V.* ce mot. (D. H.)

CHARIBDE. *Charybs*. MOLL. Une fissure plus ou moins profonde sur la lèvre droite d'une Coquille non cloisonnée, a suffi à Defrance pour proposer et faire adopter son genre Pleurotomaire que Roissy, avec plus de raison, avait antérieurement proposé sous le nom de Trochotome parce que la Coquille a plus de rapport avec les Trochus qu'elle n'en a avec les Pleurotomes. Ce léger caractère doit suffire aussi pour établir un genre particulier parmi les Coquilles cloisonnées. C'est ce qu'a fait Montfort qui a puisé dans Soldani (Test., t. 29, vol. 143, K, et p. 33) les rudimens ou le type de son vingt-septième genre. Mais nous ne pouvons concevoir dans un Céphalopode l'adhérence de sa coquille sur les corps marins ; cette adhérence et le manque de syphon nous fait penser que ce petit test pourrait bien appartenir à un Animal de la famille des Annelides sédentaires, voisins des Spirorbes ou mieux des Siliquaires qui sont fendues et très-souvent irrégulièrement cloisonnées, surtout vers le commencement spiré de leur tube. (D. H.)

*CHARICA-ELBAHR. BOT. PHAN. Syn. arabe de *Xanthium strumarium*, L. (B.)

CHARIUS. POIS. Syn. russe de *Salmo Thymallus*. *V.* SAUMON. (B.)

CHARJA-BESS. BOT. PHAN. L'un

des noms du *Pinus Abies*, L. en Sibérie. ————(B.)

CHARKUSCH. MAM. L'un des noms buchariens du Lièvre. (B.)

CHARLOCK. BOT. PHAN. Syn. anglais de *Sinapis arvensis. V.* MOUTARDE. (B.)

* CHARLOT. OIS. Syn. provençal de *Scolopax arcuata* et de *Tringla Cinclus. V.* BÉCASSE et BÉCASSEAU. (B.)

CHARME. *Carpinus*, L. BOT. PHAN. Famille des Amentacées de Jussieu, Monœcie Polyandrie de Linné. Ce genre est ainsi caractérisé : fleurs monoïques, disposées en chatons ; chatons mâles cylindroïdes, formés d'écailles imbriquées, concaves, ciliées à leur base, et contenant huit à quatorze étamines dont les anthères sont velues supérieurement, et s'ouvrent obliquement ; chatons femelles composés de grandes écailles foliacées, lancéolées, à trois lobes, velues, renfermant un ovaire dentelé au sommet, surmonté de deux styles et d'autant de stigmates. Cet ovaire a deux loges, dont l'une avorte pendant la maturation ; le fruit n'est plus qu'une capsule osseuse indéhiscente, ou une noix uniloculaire enveloppée par l'écaille qui s'est extraordinairement agrandie. Les Charmes sont des Arbres de l'hémisphère boréal, ne formant qu'un petit nombre d'espèces, qui, à l'exception d'une seule indigène du Canada, appartiennent à l'Europe.

A l'exemple de De Candolle (Fl. fr., 2ᵉ édit., p. 304) et de Persoon, nous croyons qu'il faut séparer le genre *Ostrya* de Micheli des *Carpinus* auxquels Linné l'avait réuni, quoiqu'il diffère de ceux-ci par ses chatons composés, au lieu d'écailles, de follicules membraneuses comprimées, à la base desquelles se trouve une coque uni- ou biloculaire, et qui, selon Scopoli, a en outre les filets des étamines rameux, et les anthères émarginées. Cette séparation avait d'ailleurs été proposée par A.-L. de Jussieu dans le *Genera Plantarum*, p. 409.

Le CHARME COMMUN, *Carpinus Betulus*, L., croît dans les forêts de l'Europe. Son bois dur et compacte est employé avec beaucoup d'avantage pour fabriquer des instrumens de bois, des maillets, des vis à pressoir, etc. Sous ce rapport le charronnage en consomme une grande quantité. C'est aussi un des meilleurs bois à brûler et un de ceux qui fournissent d'excellent charbon. C'est un Arbre d'une hauteur de quinze à vingt mètres, dont l'écorce est unie, grisâtre, parsemée de taches blanches. Ses feuilles sont glabres, ovales, dentées, sillonnées de nervures parallèles et obliques sur une nervure médiane, et plissées régulièrement dans chacune de ces nervures. Les divisions de ses branches étant d'une grande flexibilité, et, de même que les feuilles, extrêmement nombreuses, il est facile de façonner cet arbre par la taille, de manière à lui faire prendre toutes les formes possibles : aussi en forme-t-on des haies et des dômes de verdure, auxquels on donne le nom de Charmilles ; mais cette culture, sans être tout-à-fait abandonnée, n'est plus répandue comme autrefois, parce qu'elle ne convient que dans les promenades, les parcs et les jardins réguliers. (G.-N.)

On appelle Charme noir, dans quelques parties du midi de la France, le Tilleul sauvage. (B.)

CHARMENS ET KERMÈS. Syn. arabe de *Quercus coccifera*, L. *V.* CHÊNE. (B.)

CHARMS. POIS. (Hasselquitz.) Syn. arabe de *Perca œgyptica, V.* PERCHE. (B.)

CHARMUT. POIS. Espèce de Silure. *V.* Ce mot. (B.)

CHARNAIGRE. MAM. Race très-agile de Lévriers. Variété de Chiens. (B.)

CHARNECA. BOT. PHAN. Nom du Pistachier Lentisque dans quelques cantons de l'Espagne. (B.)

CHARNIÈRE. MOLL. *V.* COQUILLE.

* CHARNUBI et CHARUB. bot. phan. Même chose que Carub. *V.* ce mot. (b.)

CHARON. crust. Larve de l'Argule foliacé. *V.* Argule. (b.)

* CHARPÈNE. bot. phan. L'un des noms vulgaires du Charme dans le midi de la France. (b.)

CHARPENTIER. ois. Surnom que l'on donne assez souvent aux Oiseaux qui, comme les Pics, percent et entaillent les Arbres. (dr..z.)

CHARPENTIÈRE ou MENUISIÈRE. ins. Nom vulgaire de l'Abeille qui perce le bois afin d'y déposer ses œufs. *V.* Abeille et Xylocope. (b.)

CHARR. pois. Syn. anglais de Truite. *V.* Saumon. (b.)

CHARRAPOT. bot. phan. Syn. de Charagne. *V.* ce mot. (b.)

CHARRÉE. ins. *V.* Charée.

* CHARSENDAR. bot. phan. *V.* Calvegia.

* CHARSJUF. bot. phan. Syn. arabe d'Artichaut. (b.)

* CHARSS. bot. phan. *V.* Charfi.

CHARTAM, CHARTAN, KARTAN et KARTHAM. bot. phan. Syn. arabes de *Carthamus tinctorius*. *V.* Carthame. (b.)

CHARTIS. mam. *V.* Carcand.

CHARTOLOGOI. ois. Syn. mogol du Canard à ailes en faucilles, *Anas falcaria*, L. *V.* Canard. (dr..z.)

CHARTREUSE. moll. Espèce d'Hélice. *V.* ce mot. (b.)

CHARTREUX. mam. L'une des variétés du Chat domestique. *V.* Chat. (b.)

CHARTREUX. bot. crypt. Syn. d'*Agaricus leucophœus*, Scop. (b.)

CHARU. bot. phan. L'un des noms tartares du *Pinus Larix*. *V.* Mélèze. (b.)

CHARUA. bot. phan. L'un des noms arabes de *Ricinus communis*. *V.* Ricin. (b.)

*CHARUB. bot. phan. (Rauwolf.) L'un des noms arabes du Caroubier. (b.)

* CHARUECA. bot. phan. (Mentzel.) Syn. espagnol de Lentisque. (b.)

* CHARUL. bot. phan. L'un des noms orientaux du Paliurus. *V.* ce mot. (b.)

*CHARUMFEL. bot. phan. Même chose que Carumfel, *V.* ce mot, et nom oriental d'une espèce peu connue de Basilic. *V.* ce mot. (b.)

CHARYBS. moll. *V.* Charibde.

CHAS, CHASS et CHERBAS. bot. phan. Syn. arabes de Laitue. (b.)

CHASAB. bot. phan. (Mentzel.) Syn. arabe d'*Acorus Calamus*. (b.)

CHASÆRET. bot. phan. Même chose que Chas. *V.* ce mot. (b.)

CHASALIA ou CHASSALIA. bot. phan. Arbre ou Arbrisseau de l'Ile de France rapporté et nommé ainsi par Commerson. Ce genre ne semble pas différer du *Pæderia* qui appartient à la famille des Rubiacées. *V.* Pædérie. (g..n.)

CHASCANON. bot. phan. (Dioscoride.) L'*Arctium Lappa*, L., selon les uns; le *Xanthium strumarium*, selon d'autres. (b.)

CHASCHA. bot. phan. Syn. turc de *Quercus Robur*, L. *V.* Chêne. (b.)

CHASEN. bot. phan. L'un des noms tartares du Bouleau. (b.)

* CHASI-ATTRALEB. bot. phan. Syn. d'*Erythronium Dens-Canis*, L. (b.)

* CHASIDA. ois. Syn. hébreu de la Cigogne, *Ardea Ciconia*, L., et de la Huppe, *Upupa Epops*, L. *V.* Cigogne et Huppe. (dr..z.)

CHASIM. bot. phan. Syn. kalmouck de *Leontodon Taraxacum*, L. *V.* Pissenlit. (b.)

*CHASJIR. bot. phan. (Forskahl.) Syn. égyptien d'*Echinops Sphærocephalus*. *V.* Échinope. (b.)

* CHASS. bot. phan. *V.* Chas.

Chass-Asfar est une Laitue verte, et *Chass-Ahmar* une Laitue rouge. (B.)

* CHASSALIA. bot. phan. *V.* Chasalia.

CHASSE. zool. L'art de prendre les Animaux de diverses classes, particulièrement les Mammifères terrestres, tous les Oiseaux, les Reptiles même, et jusqu'aux Insectes. Il n'est pas de notre sujet d'entrer dans le moindre détail sur la Chasse, mais il sera donné au mot Collections quelques instructions sur la manière dont elle doit être faite pour ne pas dégrader les individus destinés à enrichir nos cabinets d'histoire naturelle. (B.)

CHASSE BOSSE. bot. phan. L'un des noms vulgaires du *Lisymachia vulgaris. V.* Lisymache. (B.)

CHASSE-CRAPAUD. ois. Syn. vulgaire de l'Engoulevent, *Caprimulgus europæus*, L. *V.* Engoulevent. (DR..Z.)

CHASSE-FIENTE. ois. (Levaillant.) Syn. de Vautour fauve. *V.* ce mot. (DR..Z.)

CHASSELAS. bot. phan. Variété de Raisin. *V.* Vigne. (B.)

CHASSE-MERDE. ois. Syn. vulgaire du Labbe, *Larus parasiticus*, L. *V.* Stercoraire. (DR..Z.)

CHASSE-PUNAISE. bot. phan. *V.* Cimicaire.

CHASSER. bot. phan. (Forskahl.) Syn. de *Justicia viridis*, espèce de Carmantine. (B.)

CHASSERAGE. bot. phan. *V.* Passerage.

CHASSETON. ois. Syn. piémontais du grand Duc, *Strix Bubo*, L. *V.* Chouette. (DR..Z.)

* CHASSUS. bot. phan. (Daléchamp.) Syn. arabe de *Cistus monspeliensis. V.* Ciste. (B.)

* CHAST. bot. phan. (Rauwolf.) Syn. syrien de *Costus arabicus. V.* Costus. (B.)

CHASTEK. bot. phan. L'un des noms tartares du *Robinia frutescens*, L. *V.* Robinier. (B.)

CHASUTH. bot. phan. (Daléchamp.) L'un des noms arabes de la Cuscute. (B.)

CHAT. *Felis.* mam. Les plus fortement armés de tous les Carnassiers, les Chats forment l'un des genres le mieux déterminés du règne animal. Cuvier (Ossemens Foss. , nouv. édit. T. 4, chap. 5, sur les grands Felis vivans et sur les Felis fossiles , chapitre dont nous extrairons la détermination des espèces) caractérise ainsi le genre des Chats : leur langue et leur verge âpres ; leurs ongles crochus, tranchans, et qu'un mécanisme particulier rend naturellement relevés vers le ciel quand l'Animal ne veut pas s'en servir; le nombre de leurs doigts de cinq devant et de quatre derrière , leur museau court, leurs mâchelières tranchantes , leur naturel féroce , leur appétit pour une proie vivante , sont des caractères constans et bien connus qui ne laissent presque de différences entre leurs espèces que la grandeur, la couleur, la longueur du poil et celle de la queue.

La figure des dents , la solidité de l'articulation des branches maxillaires et leur mobilité sont combinées de manière à donner à leurs mâchoires la plus grande puissance connue. Deux fausses molaires et une carnassière seulement à la mâchoire inférieure, par le peu d'espace qu'elles occupent, raccourcissent leur levier , et rendent presque perpendiculaire l'action des muscles temporo-maxillaires. Et comme ces muscles sont énormes , puisque leur masse occupe les deux tiers de la largeur de la tête, laquelle est fixée d'ailleurs par des muscles cervicaux équivalens , on conçoit avec quel degré de vitesse et de compression les mâchoires se serrent l'une contre l'autre. En bas, les fausses molaires et la carnassière , comprimées de dedans en dehors, s'allongent sur l'axe de la mâchoire ;

leur couronne s'élève sous forme de tranchant angulaire dont chaque bord est encore renforcé par une dentelure. La carnassière seule a, sur la même ligne, deux tranchaus angulaires; en haut, elle n'en a qu'un seul, qui s'encastre entre les deux de l'inférieure. Des deux fausses molaires, la seconde est faite comme celle d'en bas, la première n'est qu'un rudiment, et la tuberculeuse hors de rang, ayant son axe perpendiculaire sur celui des molaires, est tout-à-fait rudimentaire (*V.* leur figure , Oss., Foss., pl. 17, fig. 1 à 4). Quand les mâchoires se rapprochent, tous ces angles tranchans s'engrènent et glissent l'un sur l'autre comme des ciseaux, dont chaque branche serait une scie. La perpendicularité de l'action musculaire est rendue plus efficace par la direction rectiligne du levier que représente la mâchoire, le condyle se trouvant sur la même ligne que les dents. La supérieure de leurs énormes canines coniques rencontre alors par son bord antérieur, qui est angulaire, le bord postérieur et extérieur de la canine d'en bas; en même temps les incisives sont opposées couronne à couronne; et comme les canines sont distantes en arrière des fausses molaires, et que, par leur longueur, elles débordent les incisives de plus de deux fois la hauteur de celle-ci, l'Animal étant ainsi pourvu sur le bord de la gueule de deux pinces à crochets dont la solidité égale la force de compression, et sur les côtés, de deux paires de ciseaux dentelés, il n'est point de proie qu'il ne puisse égorger, briser, déchirer et couper avec une incroyable facilité.

La rétractilité des ongles tient à une construction particulière de la phalange unguéale. Cette phalange est plus courte que haute, et son bord postérieur, profondément échancré, tourne sur la tête plus étendue en haut de la phalange précédente, laquelle est en ce sens creusée d'une gorge pour recevoir le talon correspondant de la phalange unguéale. De cette gorge part un fort ligament élastique ana-

logue au ligament jaune qui borde les lames des vertèbres. L'élasticité de ce ligament tient redressés la phalange et son ongle sans aucun effort musculaire. La flexion seule est active, et les fléchisseurs n'ont qu'à surmonter l'élasticité des ligamens. L'effet de cette rétractilité, outre qu'il conserve les ongles tranchans et acérés, rétrécit le pas de l'Animal, empêche le choc de l'ongle contre le sol, et rend ainsi sa marche plus silencieuse. Cette double précaution de la nature est admirablement en harmonie avec le naturel de ces Animaux. Continuellement en action la nuit ou le jour, la ruse et la patience sont toujours les moyens qu'ils préfèrent ; leur attaque est toujours une surprise : aussi leur oreille est-elle plus développée que dans les autres Mammifères pour entendre clair et de loin. L'œil des espèces nocturnes est aussi bien approprié à la destination de l'Animal. Outre que son volume et celui des lobes optiques sont très-grands, la dilatabilité de l'iris, de plus un miroir réflecteur auquel les moindres rayons de lumière diffuse ne peuvent échapper, les recueille pour les renvoyer sur la rétine. L'éclat de la concavité de leur choroïde (tapis) est tout-à-fait métallique. (*V.*, pour l'effet utile des couleurs de la concavité de la choroïde, notre Mémoire sur le rapport entre l'étendue des surfaces nerveuses de l'œil et l'énergie et la portée de la vue, Journal de Physiol., janvier 1823, et nos Recherches anatom. et phys.) L'odorat, moins actif que chez les Chiens, est pourtant supérieur à celui de beaucoup de Carnassiers. Le goût paraît le plus obtus de leurs sens; le nerf lingual, chez le Lion, ne nous a point paru plus gros que sur un Chien de moyenne taille : nous ne l'avons pu suivre qu'à environ deux ou trois lignes de la surface de la langue. En effet la langue y est plutôt un organe de mouvement; ses pointes cornées, inclinées en arrière et redressables, servent aux Felis à raper les parties molles et juteuses de leur proie. Un toucher très-délicat réside dans leurs moustaches ou plutôt dans leurs bulbes, car les barbes ne font que transmettre l'impression du choc et de la résistance des objets. D'après la loi de coexistence des formes, l'intestin est plus court que dans les autres Carnassiers. La force musculaire est immense. Sur tout le squelette, les points mobiles et les points fixes, où cette force s'applique, se relèvent en tubérosités en pointes ou en crêtes, pour en diminuer la perte. Heureusement la force irrésistible dont pourrait disposer leur férocité naturelle, est laissée inactive par leur timide prudence portée jusqu'à la lâcheté. Tout ce que l'on a dit de la noblesse, de la supériorité de courage du Lion et de quelques autres espèces, est fabuleux. Comme tous ses congénères, les attaques de cet Animal sont des surprises, soit qu'il attende en embuscade, soit qu'il se glisse dans l'ombre ou rampe à la clarté du jour, caché par quelque abri, pour tomber à l'improviste sur une victime long-temps épiée. D'ailleurs ce naturel timide et défiant est un plus grand obstacle que la férocité elle-même à l'apprivoisement. Car, ainsi que nous l'avons déjà dit (*V.* CARNASSIERS), cette férocité n'implique pas une nécessité de tuer, fatale et irrésistible. L'instinct du meurtre n'est que le sentiment de la faim dans des Animaux qui ont l'appétit de la chair et des armes pour égorger. On efface cet instinct en prévenant leur besoin d'une manière continue. Tout ce qu'on a dit de l'indomptable férocité des Tigres est imaginaire : nous avons vu des Jaguars de plus de cinq pieds de long, jouer librement avec leurs gardiens, et Cuvier (*loc. cit.*) a vu successivement trois Tigres aussi doux, aussi apprivoisés qu'aucune espèce puisse le devenir.

Les Felis ne courent pas ; cette impuissance tient moins au défaut d'une force d'impulsion suffisante, soit pour la durée, soit pour l'énergie, qu'à l'extrême flexibilité de leur colonne vertébrale et de leurs membres, incapables de conserver la rigidité nécessaire dans la course. Car les surfaces articulaires de leurs os ont généralement des arcs de courbure plus étendus que dans tous les autres genres de Carnassiers. En revanche leurs bonds sont énormes. Ils se glissent, rampent, grimpent, s'accrochent, se fourrent avec une adresse et une agilité incroyables. Rien de plus sûr que leur coup-d'œil ; mais aussi quand ils manquent leur coup, soit méfiance, soit dépit, ils se retirent ordinairement sans revenir à la charge. Les femelles ont pour leurs petits une tendresse toujours prête à se dévouer, et qui multiplie leur courage et leurs forces. Cette tendresse des mères contraste avec la jalousie qui fait quelquefois des mâles les plus dangereux ennemis de leur propre postérité. Aussi les femelles se cachent pour mettre bas, et pour mieux préserver leur famille, elles la changent souvent de retraite : cet instinct ne se perd même pas en domesticité.

Si l'intelligence des Felis est généralement obtuse, ce fait ne dérive ni de la conscience qu'ils ont de leur force, ni de leur sécurité contre toute attaque qui les dispenserait, comme on l'a dit, de recourir aux ressources de cette intelligence. Leur stupidité et leur carnivorité sont également des nécessités de leur organisation. Le cerveau de toutes les espèces de Chats observés a cela de commun, indépendamment de sa petitesse relative, de ne présenter que deux sillons longitudinaux sur chaque hémisphère ; les lames de leur cervelet sont relativement peu nombreuses. Toutes les urgences du besoin ne pourraient pas plus que les motifs nés éventuellement de l'éducation, exciter en eux des facultés dont ils n'ont pas les organes.

C'est sans doute par une raison semblable qu'aucune espèce ne vit en société. Chaque individu solitaire ne compte que sur lui-même. L'amour ne réunit le mâle et la femelle que le temps de la durée du plaisir. Cette antipathie pour la société, ce penchant à la solitude dérivent encore d'une autre nécessité : ne se nourrissant que de proie vivante, il faut au Felis, comme à l'Homme chasseur, l'exploitation d'un plus grand domaine. Un voisin assez rapproché pour entrer en partage de ce domaine devient un ennemi. Ce sentiment est si indélébile, que quand ils mangent, le Lion ou le Tigre captif, comme le Chat domestique, rugissent ou grondent à l'approche de tout être vivant; tout leur est suspect et leur semble convoiter leur proie.

Les Felis, avec une organisation si identique, que leurs espèces ne diffèrent presque pas plus entre elles que les individus entre eux dans la plupart de nos Animaux domestiques, sembleraient, par l'identité même de leur tempérament, devoir être habitans du même climat. Au contraire, il n'y a pas de genre plus cosmopolite. Toutes les zônes, et dans chaque zône, tous les sites ont leur espèce de Felis. Il y a plus, le Tigre est répandu depuis l'équateur jusqu'au cercle polaire, et conserve aussi bien que l'Homme, en passant par l'échelle de tous les climats, le type primitif de son espèce. Les différens types, comme nous l'avons dit ailleurs, ne sont donc pas des accidens produits par aucune influence adventice. Tout, dans l'organisation, est primitif et inaltérable. Cet instinct de la solitude engendre dans les Felis des habitudes sédentaires; dont le goût est si prédominant que, malgré l'affection qu'il peut avoir pour son maître, le Chat domestique tient encore plus à la maison, qu'il ne quitte jamais pour lui. Transféré dans une nouvelle demeure, l'Animal la quitte pour retourner à l'ancienne. De même, dans toutes les espèces, chaque individu ne sort pas du canton qu'il s'est choisi. Des émigrations n'ont donc pu disperser les individus d'aucune espèce. Et si à grandes distances sur le même continent, et, à plus forte raison, si d'un continent à l'autre se retrouvent des espèces d'une affinité prochaine, chacune ne peut être qu'aborigène.

Frédéric Cuvier vient d'établir dans ce genre une division très-bien fondée, mais dont les motifs n'ont pu être encore déterminés dans toutes les espèces. Les uns ont la pupille ronde dans tous les degrés de la dilatation : ce sont les Felis diurnes. D'autres l'ont rétrécie et allongée verticalement, comme nos Chats, dans une lumière un peu vive : ce sont les Felis nocturnes. Malheureusement, comme on n'a encore observé ce caractère que dans un petit nombre d'espèces, nous ne pourrons pas nous en servir ici pour les diviser.

Les femelles ont quatre mamelles; celle de l'Yaguarondi en aurait six, suivant Azara.

La voix varie beaucoup d'une espèce à l'autre, même parmi les grandes espèces. Le Lion rugit, le Jaguar aboie, la Panthère a un cri qui ressemble au bruit d'une scie, etc.; toutes *feutent*, comme nos Chats, et dans les mêmes occasions; mais avec une force relative à leur taille. Beaucoup d'espèces, même parmi les grandes, expriment aussi leur satisfaction par le *rourou* que tout le monde connaît dans nos Chats domestiques; enfin, depuis la plus grande jusqu'à la plus petite espèce, toutes nous offrent le même ensemble d'attitudes, de mouvemens, de gestes et de manières.

Buffon, prévenu de l'idée que les Animaux américains devaient être plus petits que leurs congénères de l'ancien Continent, et laissé dans cette erreur par le peu de renseignemens dont à la vérité il pouvait disposer, avait extrêmement embrouillé l'histoire des grandes espèces de Felis tachetés. Cette confusion avait été, sans doute, par respect pour lui, si bien maintenue jusqu'à Cuvier et Geoffroy, qui les premiers, après Azara, ont déterminé la plus grande de ces espèces, que c'est seulement depuis cette année 1823, que nous devons au beau travail précité de Cuvier, un tableau complet et fidèle des caractères des nombreuses espèces de ce genre, avec l'indication de leurs patries. D'aujourd'hui seulement, 1823, nous changerons l'ordre de grandeur pour les ranger d'après leur distribution géographique. On va voir que ce genre est presque cosmopolite par la répartition de ses espèces, l'Australasie et l'Océanique étant les seules régions qu'il n'habite pas.

Felis de l'ancien Continent, communs à l'Asie et à l'Afrique.

1. Le Lion, *Felis Leo*, L. Asad, en arabe, Gehad, en persan. Buff., t. 9, pl. 1, Mamm., lith. 9 et 11ᵉ livr., et Crâne Oss. Foss., nouv. édit., t. 4, pl. 55, f. 1 à 4. Fauve, à queue floconneuse au bout ; cou du mâle adulte garni d'une épaisse crinière, sa pupille constamment ronde ; varié pour la taille et les nuances qui paraissent tenir à la nature des sites : tels sont, par exemple, les Lions du Sénégal et ceux de l'Atlas ; mais, malgré tout ce qu'on en a dit, rien ne prouve une multiplicité d'espèces. Ces Lions à crinière crépue, tels qu'on les voit sur les anciens monumens, pourraient sembler avoir formé une espèce particulière. Aristote, *lib.* 9, c. 69, dit que les crépus étaient plus timides ; Élien, *lib.* 17, parle aussi de Lions des Indes noirs et hérissés, que l'on dressait à la chasse ; mais si ces Animaux ont formé des races constantes, elles ne sont plus connues de nos jours. Cependant Olivier, Voyage en Syrie, indique aussi des Lions sans crinière sur les confins de l'Arabie. En outre, le Lion a disparu d'une infinité de lieux qui furent autrefois sa patrie, et là où il subsiste encore, il est devenu extraordinairement rare. Hérodote, *lib.* 7, dit qu'ils étaient nombreux en Macédoine, en Thrace et en Acarnanie ; Aristote, *lib.* 6 et 8, certifie la même chose de son temps. Ceux-ci n'étaient pas d'une espèce différente de ceux d'Asie et d'Afrique, car Aristote n'eût pas manqué de le dire. Autrefois l'Asie était peuplée de Lions, depuis la Syrie jusqu'au Gange et à l'Oxus : ils y sont rares aujourd'hui, excepté dans quelques cantons de l'Arabie et quelques contrées entre l'Indus et la Perse. Il fallait que leur multitude fût innombrable en Afrique, d'où les Romains tiraient ceux qu'ils montraient dans leurs jeux. Sylla, pendant sa préture (Pline, *lib.* 8, *cap.* 16), en fit combattre à la fois cent mâles ; Pompée ensuite six cents, dont trois cent quinze mâles, et César quatre cents : Bocchus, roi de Mauritanie, avait envoyé ceux de Sylla. Aujourd'hui les princes de ce pays croient faire un grand présent quand ils en donnent un ou deux. La même abondance des Lions dans les spectacles de Rome, et conséquemment dans les lieux d'où on les tirait, subsista jusqu'au temps de Marc-Aurèle, qu'ils commencèrent à diminuer, et bien que sous Probus, au milieu du troisième siècle, cent Lions et cent Lionnes, avec une infinité d'autres Animaux, parurent encore à la fois, néanmoins le progrès de leur destruction était assez rapide pour qu'on en défendît la chasse aux particuliers, de crainte que le Cirque n'en manquât. L'abrogation de cette loi, sous Honorius, accéléra leur destruction presque consommée par suite de l'usage des armes à feu, et ils sont aujourd'hui confinés dans les déserts. A l'époque où le nord de l'Afrique contenait ces multitudes de Lions, l'espèce humaine y était aussi nombreuse et florissante qu'en aucun autre pays. L'existence de ces grands Carnivores n'est donc pas aussi destructive de celle de l'Homme que la philosophie des causes finales le suppose, lorsque prenant un accident pour un fait primitif et perpétuel, elle voit, dans le petit nombre actuel des Lions et des Tigres, une garantie donnée par la nature à notre conservation et à celle de la vie animale sur le globe. La vérité est, comme l'ont observé Azara en Amérique et des voyageurs véridiques en Asie et en Afrique, que les grandes espèces de Felis n'attaquent l'Homme que pour se défendre, à moins d'être pressés par la faim, et que, quel que soit le nombre de victimes qu'ils surprennent, ils n'en font pas un carnage inutile et se bornent à prendre le nécessaire. Il résulte même de cette modération du destructeur une sorte de sécurité pour les

victimes, tout comme dans notre espèce sous le despotisme.

La Lionne a quatre mamelles ; elle porte cent huit jours, allaite environ six mois, au bout desquels le rut recommence. Les nouveaux nés, mâle ou femelle, se ressemblent entièrement. La crinière ne pousse qu'à trois ans ; ils conservent, jusqu'à cinq ou six ans qu'ils sont complétement adultes, des traces d'une livrée de petites raies brunes transversales sur les flancs et l'origine de la queue, livrée qu'ils apportent en naissant.

2. PANTHÈRE, Tigre d'Afrique des foureurs, *Pardalis* des Grecs, *Pardus*, *Panthera* ou *Varia* des Romains, Nemr des Arabes, *Felis Pardus* de Lin. Buff. t. 9, pl. 11, et Crâne Oss. Foss. nouv. édit., t. 4, pl. 54, fig. 5 et 6, et Ménag. du Mus. A pupille constamment ronde. Son principal caractère est d'avoir six ou sept taches, non pas en anneau ou en forme d'œil, mais en forme de rose par lignes transversales ; sa queue, plus longue à proportion qu'au Jaguar, n'a de noir que son dernier huitième, et encore le dessous de cette partie est-il blanc ; trois ou quatre anneaux blancs dans la partie noire ; longue de trois pieds trois pouces entre tête et queue ; tête de huit pouces ; queue de deux pieds six pouces ; hauteur au garrot, vingt-deux pouces ; ce qui fait que la queue traîne à terre, tandis que celle du Jaguar y touche à peine. Cuvier, après en avoir vu des peaux par centaine chez les fourreurs, n'en a pas trouvé de plus grandes. Le fond du pelage est lauve jaunâtre ; le ventre et les parties inférieures des cuisses sont blancs avec quelques taches noires, pleines comme toutes celles qui ne sont pas sur les flancs et le dos.

La Panthère qui ne se trouve plus dans l'ouest de l'Asie qu'en Arabie, et aussi en Afrique, était autrefois commune en Syrie et dans l'Asie-Mineure. Elle existe aussi en Perse, dans la Songarie et la Mongolie jusqu'aux monts Altaï (Fischer Zoognos. t. 5). Cicéron, alors proconsul en Cilicie (*Epist. ad Famil.*), était prié par Cœlius, son ami,

de lui en envoyer des troupeaux pour ses jeux. D'après Xénophon, il y en aurait eu aussi en Europe (*Cyneg. cap.* 11), du temps d'Aristote, plus qu'en Asie et en Afrique. Vopiscus dit que Probus en montra dans le Cirque deux cents dont moitié de Lybie et moitié de Syrie.

Le mot *Panthera*, quoique de racine grecque, n'avait pas, comme on va voir, conservé chez les Latins le sens du mot Πανθηρ que les Grecs distinguaient du Pardalis (Xénophon, *Cyneg. cap.* 11, Athen. *lib.* 5, Jul. Pollux, *Onomast. lib.* 15). Cependant les Latins ont quelquefois traduit Πανθηρ par *Panthera*, et dans le Bas-Empire où les mots, comme il est arrivé même quelquefois depuis, tenaient lieu d'idées et de choses, cette homonymie a fait confondre les deux espèces. L'Once de Buff., t. 9, pl. 10, est une variété de la Panthère. L'histoire qu'il en donne n'est qu'une compilation des passages des voyageurs sur toutes les espèces de Chats employés à la chasse. Le *Felis chalibeata* d'Hermann dans Schreb., pl. 101, c., est encore, selon F. Cuvier qui a vu l'original, une jeune Panthère défigurée par le dessinateur qui lui a même donné des taches rouges.

3. GUÉPARD, *Felis jubata*, Schreber. Πανθηρ des Grecs, Fadh des Arabes, Fars des Perses, Joz des Turcs, Schreb. pl. cv, B, sous le nom de *Felis guttata* d'Hermann. Mais la figure cv, qui est en regard du texte, page 592, T. II, forme un contresens avec le texte et avec la figure n°. cv, B, par le raccourcissement des membres et l'allongement de la tête. L'enluminure en est assez bonne. Taille singulièrement élancée, jambes plus hautes, queue plus longue, tête plus petite et surtout plus courte qu'aucun autre Felis ; une ligne noire s'étend en s'élargissant de l'angle interne de l'œil jusqu'à la commissure des lèvres ; une autre plus courte de l'angle postérieur se rend à la tempe (celle-ci n'est pas marquée sur la figure de Schreber) ; pelage d'un beau fauve clair, excepté sur tout

le dessous du corps depuis le menton jusqu'au bout de la queue qui est blanc; de petites taches rondes, pleines, également semées, garnissent toute la partie fauve; celles de la partie blanche sont plus larges et plus lavées. La dernière moitié de la queue est annelée de douze anneaux alternativement blancs et noirs. Le poil des joues, du col et de la nuque, est plus long et plus laineux qu'ailleurs, caractère qui manque aussi à la figure de Schreber; mais elle représente bien les pates à doigts allongés comme ceux des Chiens, à ongles moins crochus et aussi moins rétractiles. Ses mâchelières sont aussi moins tranchantes que dans les autres espèces. Il est long de trois pieds entre tête et queue, haut de deux; sa tête a six pouces de long, et sa queue deux pieds.

Le Guépard habite plusieurs contrées d'Afrique; il se trouve aussi dans le sud de l'Asie et dans les îles de la Sonde. Chaleb, fils de Walid, l'employa le premier pour la chasse, selon Eldemiri (Tradition de Sacy à la suite des Cyneg. d'Opp., par Belin de Balu). Celui qui vient de mourir à la Ménagerie venait du Sénégal, était si familier qu'il était libre dans un parc, jouait et obéissait au commandement, et aimait surtout les Chiens.

Les trois espèces de grands Felis que nous venons de décrire sont communes à l'Afrique et à l'Asie; deux autres le sont encore, le Chaus et le Caracal. Mais comme ils appartiennent à la division des Chats à pinceaux aux oreilles, nous en parlerons avec les Lynx.

Chats propres à l'Europe.

4. CHAT SAUVAGE, *Felis Catus Ferus*, Lin. Kat ou Katta de toutes les langues germaniques, Kos des Polonais, Koschka des Russes, Kotscka des Slaves – Illyriens. Buff., T. VI, f. 1. Gris brun un peu jaunâtre en dessus, gris jaune pâle en dessous. Quatre bandes noirâtres de la nuque s'unissant en une seule plus large qui règne sur le dos; des bandes transverses fort lavées sur les flancs et les cuisses; du blanc autour des lèvres et sous la mâchoire inférieure; museau fauve clair; bout de la queue et deux anneaux qui sont en avant, noirs. Longueur de la tête, quatre pouces et demi, celle du corps dix-sept, et celle de la queue onze. Hauteur au garrot, un pied. Encore commun dans nos grandes forêts. —Il serait inutile de décrire ici les nombreuses races domestiques de cette espèce.

Chats propres à l'Asie.

5. MANUL, *Felis Manul*, Pall. *Act. petrop.*, t. 5. *Pars. prima.* pl. 7. C'est par inadvertance qu'on a dit partout qu'il n'en existait pas de figure; la physionomie bien prononcée de celle qu'a donnée Pallas ôte, sur l'existence de cette espèce distincte, tous les doutes fondés sur ce manque prétendu de figure. —Très-semblable pour le pelage à un Lynx de variété rousse non tachetée; mais la queue aussi longue à proportion que dans le Chat, et touffue comme celle d'un Renard, est marquée de neuf anneaux noirs. Le front et le vertex semés de points noirs. Sur tout le corps le poil a vingt lignes de long; quelques poils rares dépassent la fourrure de huit lignes; le museau est très-court, ce qui répond à une dent mâchelière de moins qu'aux autres *Felis*. C'est l'antérieure qui manque.

Il habite surtout les solitudes les plus nues des steppes rocheuses étendues entre la Sibérie et la Chine. Il est commun aussi dans la Daourie, contrée si hérissée de rocs. On le trouve au sud du 52ᵉ parallèle, depuis le bord oriental de la mer Caspienne jusqu'à l'Océan; il n'entre jamais dans les forêts: aussi n'y en a-t-il pas dans la chaîne boisée de l'Altaï. Il ne chasse que de nuit, poursuit surtout les *Lepus alpinus, daüricus*, et autres Rongeurs. À défaut d'autres retraites, il s'accommode des terriers de Renard et de Marmotte. Les Russes le nomment Stepnaja-Koschka, à cause des sites où il se trouve. Par le climat qu'il habite, ses habitudes, la proportion de sa queue, le Manul diffère donc beaucoup du Lynx, dont il n'a pas non plus les pinceaux aux oreilles. Il ne diffère pas moins du Chat sauvage par la fourrure et surtout par l'absence de la première fausse molaire. Comme le Chat Angora existe aussi à la Chine, et comme les mœurs de ce *Felis* domestique diffèrent autant que sa fourrure de celles du Chat ordinaire, Pallas pense que le Manul en est la souche sauvage.

6. TIGRE ROYAL, *Felis Tigris*, Radja-Utang des Malais, Lau-Hu des Chinois, Paleng des Persans. Lin. Buff. t. 9, pl. 9, Encycl. pl. 92, f. 1. Égal au Lion pour la longueur, le Tigre est plus grêle, plus svelte, et a la tête plus ronde.—D'un fauve vif en dessus, d'un blanc pur en dessous et rayé irrégulièrement de noir en travers; la queue, couverte d'anneaux alternativement fauves et noirs, est noire au bout; les pupilles sont rondes. Sa réputation de férocité paraît tenir à ce qu'il a plus souvent que le Lion, l'occasion d'attaquer l'Homme et les Animaux domestiques, attendu que, dans des pays très-peuplés, il habite surtout le bord des fleuves, près desquels il se met en embuscade parmi les taillis, les bambous et les herbes qui couvrent les rivages. Il est même plus méfiant encore que le Lion. Une compagnie se promenait en canot sur le Gange, près de Calcutta; un Tigre caché sur le rivage avait fait un premier bond pour s'élancer sur les promeneurs; une dame a la présence d'esprit de déployer son parapluie pour s'en couvrir; à cette vue, le Tigre se retire. Nous avons déjà cité la familiarité de ceux qu'observa Cuvier. Les Romains les apprivoisaient pour leurs spectacles. Héliogabale, dans une représentation du triomphe de Bacchus, parut sur un char traîné par deux Tigres; et Marc-Paul (*Ap. Ramusio*) a vu les empereurs tartares s'en servir à la chasse. Gordien III en posséda jusqu'à dix.

La patrie du Tigre n'est pas restreinte à l'Indochine et à son Archipel, comme on l'avait cru jusqu'ici. Cuvier, dit, d'après Spaski, ap. Fischer,

Zoognos. t. 3, qu'il se porte au nord, non-seulement dans le désert qui sépare la Chine de la Sibérie, mais jusqu'entre les rivières d'Ischim et d'Irtisch, et même jusqu'à l'Obi, quoique rarement; mais il n'y a pas d'indice de son existence à aucune époque à l'ouest de l'Indus, de l'Oxus et de la mer Caspienne. On le vit en Europe, pour la première fois, sous Auguste. Claude en montra quatre, auxquels paraît se rapporter la Mosaïque si fidèlement exacte, trouvée dernièrement près de l'arc de Gallien.

7. LÉOPARD, *Felis Leopardus*, Gmel. Mamm. lith. 20ᵉ livraison. C'est, selon Cuvier, le *Felis varia* de Schreb. pl. c, 1, B, dont l'enluminure est trop rouge. Cette figure de Schreber nous semble copiée de la planche 58, supplément, t. 3 de Buff., intitulée Jaguar ou Léopard; mais Buffon donne cette figure pour celle du vrai Jaguar, qu'il continue cependant de méconnaître, malgré la bonne description de Sonnini imprimée en regard. Ce nom de Léopard, qui, dit Cuvier, ne commence d'être usité que dans les auteurs du quatrième siècle, fut imaginé d'après la fable de l'accouplement de la Lionne avec le Pardalis; et peu à peu on l'appliqua au Pardalis même ou Panthère; ce qui a lieu dans la figure de Buff. t. 9, pl. 14. La peau du Léopard est d'un plus beau fauve, à taches un peu plus petites, plus annelées que celles de la Panthère. Tout le dernier tiers de la queue est noir en dessus et aux côtés avec cinq ou six anneaux blancs, caractère tout-à-fait oublié dans la figure de Schreber. Tels sont les traits qui distinguent le Léopard de la Panthère, dont il a d'ailleurs exactement les dimensions. Cette espèce habite les îles de la Sonde. C'est aussi la patrie du Léopard noir ou Panthère noire, *Felis melas* de Péron. Il est plus vraisemblable encore que ce dernier n'est qu'une variété mélangée du Léopard, dit Cuvier, qu'il ne l'est du Jaguar noir par rapport au Jaguar vulgaire, attendu que les taches plus noires du *Fel. melas* ressemblent da-

vantage à celles du Léopard. L'Animal décrit et figuré par F. Cuvier sous le nom de Leopard, livraison 20 des Mammif. lith., est une Panthère. Il dit lui-même que son individu venait du Sénégal.

8. CHAT DE JAVA, *Felis Javanensis*, Horsfield, *Zoologic Research in Java*, in-4°, cah. 1. Longueur de la tête, trois pouces un quart; du corps, seize; de la queue, huit; hauteur au garrot, huit. Assez semblable au Margay et au Chati. Son pelage est d'un gris de Lapin; ses taches sont brunes, plus étroites aux bandes dorsales, plus petites aux flancs, formant des lignes jusque sur le vertex; anneaux de la queue si nuageux qu'on les distingue à peine; racine des poils d'un cendré un peu lilas.

9. CHAT DE SUMATRA, *Felis Sumatrana*, Horsfield, *ib.* cah. 2. Plus fauve et à taches plus noires que le précédent, très-semblable au *Felis Bengalensis* de Schaw et de Pennant.

10. CHAT DIARD, *Felis Diardi*, Cuv. Ossem. Foss., t. 4, p. 437. De la taille de l'Ocelot environ. Fond du pelage gris-jaunâtre; le dos et le cou semés de taches noires formant des bandes longitudinales; d'autres taches descendent de l'épaule en lignes perpendiculaires aux précédentes, sur les cuisses et une partie des flancs; anneaux noirs à centre gris; et sur les jambes, taches noires et pleines; anneaux nuageux sur la queue. Longueur de la tête, six pouces; du corps, deux pieds et demi; de la queue, deux pieds quatre pouces; hauteur au garrot, dix-huit pouces. Il est de Java.

Chats propres à l'Afrique.

11. SERVAL ou CHAT TIGRE DES FOURREURS, *Felis Serval*, Gmel.; Buff., t. 13, pl. 54, Mamm. lithog. C'est le Chat du Cap, de Forster; le Caracal sans pinceau aux oreilles, à raies et taches noires, de Bruce, dans Buff., suppl. t. 3. A.; le

Chat cendré de Guinée de Pennant et de Schaw. Pelage fauve clair, tirant sur le gris et quelquefois sur le jaune; tour des lèvres, gorge, dessous du cou, le haut de l'intérieur des cuisses blanchâtres; mouchetures noires sur le front et les joues; une double ligne de ces mouchetures au pli de la gorge; quatre raies noires le long du cou, dont les extrêmes, interrompues sur l'épaule, reprennent pour finir plus loin; au même point, les intermédiaires s'écartent pour en laisser naître deux autres, terminées au tiers antérieur du dos; taches isolées sur le reste du corps; deux bandes noires à la face interne du bras; queue annelée de noir. Long de vingt-quatre à vingt-six pouces sans la tête qui en a quatre et demi, et la queue huit ou neuf; hauteur, quinze pouces. Ses peaux arrivent par centaines du cap de Bonne-Espérance. D'après la note de Bruce, citée par Buffon, il se trouve aussi en Barbarie. Probablement de toute l'Afrique.

12. CHAT DU CAP, de Péron et Delalande, *Felis undata*, de la Mammalogie. Décrit et figuré par Vosmaer sous le nom de Chat du Japon ou Chat indien : mais l'enluminure est trop bleuâtre, et les taches trop peu marquées. Au moins de la taille du Lynx, mais plus élancé; à pelage d'un cendré foncé, marqué de bandes transverses brunes ou noirâtres, plus lavées sur le tronc qu'aux cuisses et aux jambes de devant; dessous du corps blanc roussâtre. Presque tout le dedans du bras et le derrière du tarse noirs. Convexité de l'oreille roussâtre; tour de l'œil et joues comme dans l'Ocelot; derrière, moitié de la queue à quatre anneaux noirs.

Un autre Chat, un peu plus petit, rapporté aussi par Péron et nommé *Felis obscura* dans la Mammologie, a la même distribution de bandes, mais d'un noir foncé sur un noir un peu roussâtre. Sa queue a sept anneaux,

Chats propres à l'Amérique.

13. OCELOT, *Felis Pardalis*, Chibi-Gouazou d'Azara, T. 1er. Buff., t. 13,

pl. 35 et 36. Caractérisé par cinq bandes obliques d'un fauve plus foncé que celui du fond, bordées de noir ou de brun, étendues sur les flancs et la croupe; une ligne noire du sourcil au vertex; deux autres vont obliquement de l'œil sous l'oreille, d'où part une bande transverse noire interrompue sous le milieu du cou, et suivie de deux autres parallèles; quatre lignes noires sur la nuque, deux sur le côté du cou, trois plus ou moins interrompues le long de l'épine; le dessous du corps et l'intérieur des cuisses sont blanchâtres, semés de taches noires isolées. Long de deux pieds six pouces, entre tête de six, et queue de quinze pouces. Haut de quinze pouces seulement. D'Azara en a observé d'un peu plus grands.

L'Ocelot passe le jour dans des fourrés impénétrables, ne chasse que la nuit, n'entre dans les enclos et les cours que quand elle est obscure et tempêtueuse; vit cantonné avec sa femelle. Même en captivité, il ne se met en mouvement que la nuit. De l'Amérique sud, commun surtout au Paraguay.

14. Ocelot du Mexique. Véritable Tlatco-Ocelot d'Hernandez. Buff. t. 9, pl. 18, et Schreber, pl. c, 11. Sous le nom de Jaguar dans ces deux auteurs. Ses taches, bien que bordées comme celles du précédent, ne forment pas de même des bandes continues, mais sont isolées les unes des autres. Sa queue est plus courte et ses jambes plus hautes. L'original de cette description avait, à l'âge de deux ans seize pouces au garrot et deux pieds cinq pouces de long sans la queue, d'après Daubenton. Il était donc adulte, mais il avait été élevé en domesticité.—Il n'y a pas d'illusion logique plus curieuse que le passage où Buffon (loc. cit.) essaie d'encadrer les attributs et l'histoire du Jaguar dans la petite figure de l'Ocelot mexicain. Nous ne voyons d'authentique dans tout son article que la note de Pagès, médecin au cap Français, qui lui en avait envoyé l'original. Un vaisseau espagnol l'avait apporté de la Grande-Terre (est-ce le Mexique?), où il est, dit-il, très-commun. Il miaulait comme un Chat, et préférait le Poisson à la viande. Or Dampier, t. 3, p. 306, dit aussi que le Chat-Tigre (nom que donne aussi Pagès) est très-commun à la baie de Campèche.

15. Chati, Felis mitis, F. Cuvier, Mamm. lith. 18e livraison, à pupille ronde. Inférieur même au Chat sauvage, il n'a que onze pouces au garrot, la tête de quatre pouces et demi, le corps de dix-huit, la queue de dix; pelage gris-brunâtre, pâlissant sur les flancs, et blanc aux joues et sur le corps; moucheté à la tête comme l'Ocelot; trois séries de taches noires le long du dos. Celles des flancs, des épaules et de la croupe d'un fauve foncé, bordées de noir tout autour, excepté en avant, forment cinq rangs; dix ou onze anneaux noirs à la queue. Le mufle est couleur de chair. Cette espèce, qui est du Brésil, paraît à Cuvier la même que le prince Maximilien de Neuwied a rapportée de cette contrée, et que Schinz (Trad. du Règne Anim.) a nommée Felis Wiedii. La douceur en est extrême; son miaulement est plus grave et moins étendu que celui du Chat.

16. Jaguar de la Nouvelle-Espagne de Buffon, supplément, t. 3, pl. 39. L'original de la description de Buffon pouvait avoir neuf à dix mois; il avait déjà treize ou quatorze pouces de hauteur, et vingt-trois du museau à l'anus. Par la supériorité de sa taille et la brièveté de ses taches, ce n'est ni le Chat, ni l'Ocelot mexicain. L'Ocelot du Paraguay en diffère encore plus par l'excès de longueur de ses taches. L'iris, dit Buffon, est d'un brun-verdâtre; le bord des yeux noirs avec une bande blanche au-dessus et au-dessous; les oreilles noires avec une grande tache blanche sur la convexité comme aux trois espèces précédentes. Il lui fut aussi envoyé du Mexique.

17. Margay, Felis tigrina, Gmel. Buff. t. 13, pl. 37. Coiffé comme les deux précédens. Fauve gris en des-

sus, blanc dessous ; quatre lignes noires entre le vertex et les épaules sont prolongées sur le dos en série de taches. Le centre des taches des flancs qui sont longues et obliques est plus pâle que les bords. Il y en a une verticale sur l'épaule, d'ovales sur la croupe, les bras et les jambes. Pieds gris sans taches ; douze ou quinze anneaux irréguliers à la queue longue de onze pouces. La tête à de trois pouces à trois pouces et demi ; le corps quinze à dix-huit ; le garrot huit pouces. D'après Cuvier, c'est le même que le Chat de la Caroline de Collinson (ap. Buff. Suppl. t. 3), et que le Mbacaraya du Voyage d'Azzara, t. 1, lequel différerait alors spécifiquement du Mbacaraga, synonyme d'Ocelot, dans son Histoire Naturelle du Paraguay. Le Muséum en a aussi reçu de Cayenne.

18. YAGUARONDI, *Felis Yaguarondi*, Lacép., figuré dans l'Atlas du Voyage d'Azzara qui l'a découvert.—Il représente en petit le Couguar par sa forme allongée ; mais sa couleur est brun-noirâtre, piquetée de petits points plus pâles, formés par des bandes alternativement noires et blanches sur chaque poil. Ces bandes ou longs anneaux diversement colorés existent aussi aux moustaches. Haut d'un pied, long de vingt-six pouces du nez à la queue qui en a seize. Il est nocturne, sa pupille est ronde. Il habite, solitaire ou avec sa femelle, les lieux fourrés de buissons, sans s'exposer en plaine. Azzara en a pris un adulte, assez familier pour se laisser toucher vingt-huit jours après.

19. Le CHAT NÈGRE, Azz. Un peu plus grand que notre Chat sauvage et tout noir. Long de vingt-trois pouces, queue de treize.

20. L'EIRA. Long de vingt pouces, la queue de onze. Il est tout rouge excepté la mâchoire inférieure ; il porte de chaque côté du nez une tache blanche. Ces deux espèces sont du Paraguay.

21. Le PAJEROS ou CHAT PAMPA d'Azzara, Quadr. du Parag. t. 1. A fourrure de Lynx, à physionomie plus sauvage que les précédens ; long de vingt-neuf pouces, sans la queue qui

n'a pas plus de dix pouces ; pelage brun-clair en dessus, montrant sous une certaine incidence une raie sur l'échine et d'autres parallèles sur les flancs ; la gorge et tout le dessous du corps blanchâtres avec de larges bandes fauves en travers. L'intérieur des membres est aussi blanchâtre, leur extérieur fauve ; ils sont annelés de zônes obscures. Les moustaches à bandes noires et blanches se terminent par du blanc. — Il habite les Pampas au sud de Buenos-Ayres.

Sous les noms de *Guigna*, fauve et tout couvert de petites taches rondes noires, et de *Calo-Calo*, blanchâtre avec des taches irrégulières noires et fauves, Cuvier soupçonne que Molina (*Stor. Nat. del Chil.*) a parlé du Margay et de l'Ocelot.

22. COUGUAR, *Felis concolor*, Buff. t. 9, pl. 19 : la femelle, sup. t. 3, pl. 40 ; celui de Pensylvanie, pl. 41 ; la prétendue variété noire, pl. 42 ; Puma de Garcillasso, Mitzli des Mexicains, de Hernandez ; Cuguacu-Arana de Marcgraaff, Gouazouara d'Azzara, t. 1. Grand Chat uniformément fauve comme le Lion, mais sans crinière ni flocon au bout de la queue qui est noire ; plus allongé de corps, plus bas sur jambes, à tête proportionnellement plus petite et ronde comme dans les Chats ordinaires ; sa pupille est ronde. Il atteint au-delà de quatre pieds de long, sans la queue qui est de vingt-six pouces.

D'après une comparaison attentive de Couguars de la Pensylvanie avec des individus de Cayenne, Cuvier pense que, depuis le détroit de Magellan jusqu'en Californie et en Pensylvanie, il n'y a qu'une seule espèce de Couguar. La figure citée de Buffon sous le nom de Couguar noir, et rapportée par lui au Tigre noir de Laborde qui ne paraît entendre que le Jaguar noir, ne donne réellement, selon Cuvier, qu'un Couguar ordinaire, à teinte un peu plus brune. Shaw a copié cette figure sous le nom de *Black Tiger* qui est aussi celui de Pennant, et le même que le *Felis discolor* de Schreber, pl. CIV, B, laquelle planche est enluminée pourtant d'un fauve plus vif encore que le vrai Couguar. Le *Felis discolor* est donc imaginaire.

C'est le seul Felis dont il paraisse prouvé qu'il soit féroce sans nécessité. Dans l'occasion, il tue cinquante moutons et plus pour en lécher le sang. Ses mœurs diffèrent encore de celles du Jaguar, en ce qu'il habite plutôt les plaines que les forêts, qu'il est vagabond, s'approche davantage des lieux habités et moins des rivières, et monte aux arbres et en descend d'un seul saut, au lieu que le Jaguar y monte et en descend à la manière de nos Chats. Enfin, après s'être repu, il le couvre d'herbe, de feuilles ou de sable, le reste de sa proie pour y revenir au besoin. Azzara en a possédé un très-bien apprivoisé qui faisait entendre le *rourou* de nos Chats, quand on le grattait.

25. JAGUAR, *Felis Onca*, Lin. Onza des Portug., de Marcgraaff; Tlatlanqui-Ocelotl, Hernand. p. 498; *Tigris Americ.* Bolivar ap. Hernand. Buff., t. 9, pl. 11 et 12, le figure sous les noms de Panthère mâle et femelle.— Le plus grand de tous les Chats après le Tigre, et le plus beau sans comparaison. Le seul dont la robe soit semée de taches ocellées, au nombre de quatre ou cinq par lignes transversales sur chaque flanc. Quelquefois ce sont de simples roses ; elles n'ont jamais une régularité parfaite, et la largeur et la teinte de leur noir varient, comme le fond aussi, pour l'éclat de la couleur fauve. Elles sont constamment pleines sur la tête, les jambes, les cuisses et le dos où elles sont allongées, sur deux rangs en quelque partie, sur un seul dans une autre.

Tout le dessous du corps d'un beau blanc est semé de grandes taches noires, pleines et irrégulières. Le bout de la queue effleure la terre sans y traîner. Le tiers extrême en est noir en dessus, annelé de blanc et de noir en dessous.

Malgré l'opinion du prince de Neuwied, il ne paraît pas qu'il existe d'autre variété que le Jaguar noir ; et comme celui-ci est si rare qu'en quarante ans on n'en prit que deux vers le cours supérieur du Parana, il se pourrait même que cette variété ne fût qu'accidentelle, et non permanente, d'autant mieux qu'Azzara dit qu'on en tua un individu albinos sur le bord du rio Tebiquouari, chez lequel les taches n'étaient tracées que par une certaine opacité du fond. Néanmoins Cuvier dit avoir trouvé la tête osseuse du noir un peu différente.

Le Jaguar est nocturne; il habite les esters et les grandes forêts traversés par les fleuves dont il ne s'éloigne pas plus que le Tigre. Comme lui, il passe les fleuves à la nage, poursuivant ou entraînant sa proie qu'il fait souvent d'un Cheval ou d'un Bœuf ; telle est sa vigueur que si le Cheval ou le Bœuf qu'il a tué est accouplé à un autre, il les traîne tous deux malgré la résistance de celui-ci. Aussi Azzara en a mesuré un de six pieds, du nez à l'origine de la queue, qui avait vingt-deux pouces.

Le Jaguar n'attaque qu'en embuscade ou par une approche faite à l'improviste. Il saute sur le dos de sa victime, lui pose une pate sur la tête, de l'autre lui relève le menton, et lui brise la nuque en un moment. En s'élançant, il pousse un grand cri. De six hommes dévorés par des Jaguars, à la connaissance d'Azzara, deux furent enlevés auprès d'un grand feu de bivouac. Heureusement il ne tue que pour son nécessaire, et n'attaque l'Homme que pour se défendre, à moins qu'il ne soit très-affamé, ou n'ait déjà goûté de sa chair, car alors il la préfère à toute autre. Il ne touche plus au reste de son repas. Il vit cantonné avec sa femelle, pêche le Poisson durant le jour ou au clair de lune, dans les anses peu profondes où il l'attire avec sa bave, et le jette dehors d'un coup de pate. La nuit, quand il chasse, les bois retentissent de ses aboiemens et de cris d'alarmes des Animaux de la forêt, surtout des Singes qu'il poursuit sur les arbres où il les surprend souvent.

Les Jaguars étaient encore si nombreux au Paraguay après l'expulsion des Jésuites, qu'on y en tuait deux mille par an, dit Azzara; vers 1800, leur destruction annuelle n'allait pas à mille. Chassé dans les forêts, il monte sur un arbre où on lui jette le lacet, ou bien on le tue à coups de fusil. Quand on le surprend dans les taillis des rivages, il s'y tapit et n'en sort pas; des chasseurs, une peau de mouton sur le bras gauche, et une lance de cinq pieds à la main, vont l'y attaquer. Le chasseur le frappe au moment où, pour s'élancer, l'Animal se dresse sur ses pieds de derrière. Le Jaguar ne fuit point quand on le couche en joue; il s'élance brusquement: aussi faut-il le tirer dès qu'on l'aperçoit, car son premier mouvement est prompt et sûr. Le Jaguar, qui se trouve au sud jusque sur les bords du détroit de Magellan, ne paraît pas exister au nord, en dehors du tropique du Cancer.

Les LYNX, *petite section de Chats, caractérisée par la longueur de la fourrure, des pinceaux aux oreilles et la brièveté de la queue.*

24. LYNX ORDINAIRE ou LOUP CERVIER, *Felis Lynx*, L., Lo des Suédois, Los des Danois, Rys des Russes, Rys Ostrowidz des Polonais, Sylausin des Tartares, Potzchori des Géorgiens. Buff. t. 9, pl. 21. — Taille presque double de celle du Chat sauvage; dos et membres roux clair, avec des mouchetures brun-noirâtres; tour de l'œil, gorge, dessous du tronc et dedans des jambes blanchâtres; trois lignes de taches noires sur la joue joignent une bande oblique, large et noire, placée sous l'oreille de chaque côté du cou, où les poils plus longs qu'ailleurs forment une sorte de collerette; quatre lignes noires prolongées de la nuque au garrot, et au milieu d'elles, une cinquième interrompue; des bandes mouchetées obliques sur l'épaule, transverses sur les jambes; carpes, tarses et doigts d'un fauve pur, excepté le tarse rayé de brun en arrière; queue fauve avec du blanc en dessous

et mouchetée de noir; le pinceau de poils aux oreilles en fait le chef de file d'une petite famille; d'autres ont les mouchetures et bandes moins foncées; la queue rousse avec le bout noir; tout le dessous du corps blanchâtre; la tête et la queue longues de quatre à cinq pouces; hauteur au garrot, quinze ou dix-sept pouces; longueur entre tête et queue, deux pieds à deux pieds et demi. Fischer, Zoognos, t. 3, en cite une variété blanchâtre. Les Suédois en distinguent trois variétés dans leur pays.

Le Lynx existe encore aujourd'hui dans toutes les montagnes boisées de l'Europe; il est commun dans les forêts du nord de l'Asie et dans le Caucase. Le sujet de la description précitée de Cuvier, fut tué à huit lieues de Lisbonne. Bory de Saint-Vincent a vu assez fréquemment cet Animal dans les montagnes centrales et méridionales de l'Espagne; il y atteint une taille plus considérable qu'ailleurs, et ses couleurs y sont très-vives. C'est dans la Sierra de Gredos que se trouvent les plus beaux.

25. CARACAL ou LYNX DE BARBARIE ET DU LEVANT, *Felis Caracal*, L. Siagoush des Persans, Anak el Ard des Arabes, Buff. t. 9, pl. 24, et Supp. t. 3, pl. 45, laquelle planche représente un individu du Bengale où la longueur de la queue est exagérée, car elle traîne à terre dans cette figure. Or, voici les proportions de l'Animal, données par Cuvier d'après les renseignemens et les dessins de Duvaucel: queue, dix pouces; garrot, seize ou dix-huit pouces; corps, deux pieds; tête, cinq pouces; à pelage uniformément roux-vineux; oreilles noires en dehors, blanches en dedans; queue atteignant les talons; du blanc au-dessus et au-dessous de l'œil, autour des lèvres, tout le long du dessous du corps et en dedans des cuisses; une ligne noire de l'œil aux narines, et une tache noire à la naissance des moustaches. C'est le Lynx des anciens.

Le nom de Caracal est abrégé du turc *kara* (noir) et *kalach* (oreille).

Siagoush a la même signification en persan. Habite depuis la Barbarie jusqu'au Bengale. Cuvier le croit identique avec le Lynx africain d'Aldrovande.

26. CHAUS ou LYNX DES MARAIS, Dikaja Koschka des Russes, Kir Myschak des Tartares, Moes-Gedu des Tcher-Kasses. *Felis Chaus*, Guldenstet, *Nov. Comm. Petrop.*, T. XX ; Lynx botté d'Abyssinie de Bruce, Voyag. Caracal à oreilles blanches de Buff., Supp. t. 5, d'après le même Bruce. —Intermédiaire pour la taille entre le Lynx et le Chat sauvage, et pour la longueur de la queue entre le Caracal et le Lynx, brun-jaunâtre en dessus, plus clair à la poitrine et au ventre, blanchâtre à la gorge; bandes noirâtres au dedans des bras et des cuisses; queue blanchâtre à la pointe avec trois anneaux noirs; oreilles fauves, mais noires au bout, comme aussi le derrière des quatre jambes. Habite le bord des eaux où il guette les Poissons, les Reptiles et les Oiseaux aquatiques, depuis la Barbarie jusqu'aux Indes. Quoique commun sur les bords du Kur et du Terek, ne s'est pas trouvé au nord du Caucase.

27. LYNX DU CANADA, *Felis Canadensis*, Geoff., Buff., Suppl. t. 5, pl. 44, et *ibid.*, t. 7, pl. 52. Lynx du Mississipi. Pelage fauve à pointe blanche, ce qui rend le fond général cendrégrisâtre brunissant sur le dos; la fourrure est quelquefois si longue et touffue, surtout aux pates, qu'il semble d'une grosseur démesurée à sa taille. A peu près de la taille de celui d'Europe. Ceux qui sont moins fourrés ont plus distinctement les lignes des joues, quelques mouchetures aux jambes, et même des taches sur tout le corps; tel était celui de Buffon, figuré pl. 44; dans ce cas, il ne diffère guère de celui d'Europe.

28. CHAT CERVIER DES FOURREURS, *Felis rufa*, Guldenstet, *Nov. Comm. Petropt.* Figuré par Pennant et copié par Schreber, CIX, B. *Pinuum Dasypus*, Nieremberg ; et Ocotochtl de Hernandez. D'après Bechstein, t. 1. pl, 6, fig. 2, les Lynx d'Al-

lemagne auraient quelquefois la queue annelée comme le *Felis rufa* qui a pour principal caractère : quatre anneaux gris et quatre noirs; car il a, dans sa forme, la distribution de taches et la taille du Lynx d'Europe ; seulement ses taches sont plus nombreuses, et le fond du poil est gris de lièvre. Sa peau vient en grande quantité des États-Unis.

Le *Lynx fasciatus* de Rafinesque ressemble à celui du Canada ; son *Lynx montanus* à celui du Mississipi. Ces trois Lynx n'en feraient qu'un selon Cuvier, qui croit aussi que le *Lynx Floridianus* et le *Lynx aureus* du même auteur ne sont que le *Felis rufa*.

Chats fossiles.

Cuvier, Ossem. Foss., nouv. édit., p. 449 à 556, décrit des restes plus ou moins complets de deux espèces fossiles de grands Chats, contemporaines des Hyènes, des Ours et des grands Pachydermes aujourd'hui perdus. Ces restes ont été trouvés dans trois sortes de gissemens : dans les cavernes de Hongrie, d'Allemagne et d'Angleterre, dans les brèches osseuses de Nice, et dans les couches meubles qui renferment des débris de grands Pachydermes.

29. *Felis Spelea*, Cuv. *loc. cit.* Son crâne entier, représenté *ibid*, pl. 36, fig. 6. Cette espèce avait déjà été déterminée par Cuvier sur différens morceaux, et entre autres, d'après une demi-mâchoire observée et dessinée par lui chez Ebel, et dont la longueur du condyle aux incisives est de 0 m, 26. Ses trois mâchelières occupent un espace de 0m, 08, et le diamètre de sa canine est de 0, 034. Cette mâchoire, dont la figure rappelle celle du Jaguar, égale, comme on voit, celle des plus grands Lions ; mais malgré l'identité de ses caractères génériques, rien n'annonçait l'identité d'espèce avec aucun de nos grands Felis. Le *Felis Spelea* se trouve maintenant établi comme espèce par la découverte du crâne précité, qu'a faite Goldfuss à Gaylenreuth (Mém.

de la Soc. des Cur. de la nat. T. x'). Pour la figure, cette tête se rapproche de la Panthère par l'uniformité de sa courbure ; mais en grandeur, elle surpasse celle des plus grands Lions. Sa longueur du bord incisif au bord inférieur du trou occipital est de o^m, 33 ; la distance, dans le plus grand Lion, est de o, 52; du point du front à demi–distance des deux apophyses post-orbitaires du frontal au bord inférieur du trou occipital o, 194; la distance dans le plus grand Lion o, 168; une canine de cette espèce a été trouvée à Paris à vingt pieds de profondeur, avec des os de Chevaux; une fausse molaire et une carnassière supérieure gauche de la même espèce, pl. 15, fig. 7, t. 4, ibid., a été extraite d'un morceau de brèche de Nice. Dans la caverne de Kirkdale, où les débris d'Hyène abondent, où l'on trouve à peine une trace certaine d'Ours, les débris du *Felis Spelea* sont très-rares; à celle de Gaylenreuth, au contraire, les débris d'Ours sont près de cent fois plus nombreux que ceux d'Hyène, dont on n'a pas trouvé plus de quinze crânes en vingt ans, contre trois ou quatre de *Felis;* sur aucune de ces têtes ou de leurs fragmens qui le comportaient, il n'y avait de petite molaire supérieure antérieure. Daubenton n'a pas non plus trouvé cette dent sur le Lynx.

3o. *Felis antiqua*, Cuv., ibid. Établi sur une première petite mâchelière des brèches de Nice, et de la dimension de l'analogue d'une Panthère. (A. D. NS.)

On a donné le nom de Chat, non-seulement à des Animaux de ce genre, mais encore à plusieurs Mammifères très-différens; l'on a appelé :

CHAT BIZAUM, la Civette.

CHAT CERVIER et CHAT CERVIER DU CANADA, les *Felis rufa* et *Canadensis.*

CHAT CIVETTE et de CONSTANTINOPLE, la Civette et la Genette.

CHAT A CRINIÈRE, le Guépard.

CHAT ÉPINEUX, le Coendou.

CHAT GENETTE, la Genette.

CHAT HARRET, le Chat sauvage.

* CHAT-MARIN, un Phoque.

CHAT MUSQUÉ, la Civette.

CHAT DE LA NOUVELLE-ESPAGNE, le Serval.

CHAT A OREILLE NOIRE, le Caracal.

CHAT PARD, le Serval.

CHAT DE PENSA, une race de Chats domestiques.

CHAT DE SYRIE, le Caracal.

CHAT TIGRE, le Serval, le Margay et l'Ocelot.

CHAT VOLANT, un Galéopithèque et le Taguan.

V. tous ces mots. (B.)

CHAT - HUANT. OIS. Dénomination vulgaire qui s'applique à plusieurs espèces de Chouettes. *V.* ce mot. (DR.-Z.)

CHAT - MARIN. POIS. L'un des noms vulgaires de l'Anarhique-Loup, de la Roussette et d'un Pimélode. *V.* ANARHIQUE, SQUALE et SILURE. (B.)

CHAT DE MER. MOLL. et POIS. On a vulgairement donné ce nom à l'*Aplysia depilans*, L., ainsi qu'à des Coquilles hérissées d'épines. C'est surtout au *Murex Tribulus* de Linné, Rocher forte-épine de Lamarck, *Murex crassispina*, et aux espèces voisines qu'il est applicable. *V.* ROCHER et APLYSIE.

On donne aussi ce nom à la Chimère arctique, dont les yeux brillent, dit-on, dans l'obscurité. (B.)

CHAT - OISEAU. OIS. (Catesby.) Syn. du Gobe-Mouche brun de Virginie, Briss., *Muscicapa carolinensis*, L, *V.* GOBE-MOUCHE. (DR.-Z.)

CHAT-ROCHIER. POIS. Espèce de Squale et syn. de Roussette. *V.* SQUALE. (B.)

CHATS-HUANS. *Syrnium.* OIS. Sous-genre établi par Cuvier entre les Oiseaux de proie nocturnes. *V.* CHOUETTE. (DR.-Z.)

CHATA. OIS. Même chose que Cata. *V.* ce mot. (DR.-Z.)

CHATAF, CHATAS et CHAURAF. OIS. Noms génériques hébreux des Hirondelles. (B.)

* CHATAGNE. BOT PHAN. Syn. de Châtaigne, dans quelques parties du

Périgord, du Limousin et de l'Auvergne. (B.)

CHATAIGNE. MAM. Partie calleuse et dénuée de poils du jarret dans le Cheval. (A.D..NS.)

CHATAIGNE. BOT. PHAN. Fruit du Châtaignier. *V*. ce mot. On a étendu le nom de ce fruit à divers Végétaux, ainsi l'on appelle :

CHATAIGNE D'AMÉRIQUE, le *Sloanea dentata*.

CHATAIGNE DE BRÉSIL, les fruits de la Bertholétie. *V*. ce mot.

CHATAIGNE MARINE ou D'EAU, le *Trapa natans*. *V*. MACRE.

CHATAIGNE DE CHEVAL ou MARRON D'INDE, les fruits de l'Hippocastane. *V*. ce mot.

CHATAIGNE DU MALABAR, les graines de l'*Artocarpus integrifolius*. *V*. JACQUIER.

CHATAIGNE DE LA MARTINIQUE. Même chose que Châtaigne d'Amérique.

CHATAIGNE DE MER ou CŒUR DE SAINT-THOMAS, les graines du *Mimosa scandens*.

CHATAIGNE SAUVAGE, au cap de Bonne-Espérance, le *Brabejum stellatum*. *V*. BRABEIUM.

CHATAIGNE DE TERRE, les bulbes du *Bunium Bulbocastanum*. *V*. BUNIUM.

CHATAIGNE DE LA TRINITÉ, le *Carolinea insignis* de Linné fils. *V*. PACHIRA. (B.)

CHATAIGNE A BANDES. MOLL. Nom vulgaire et marchand du *Murex nodosus*, L. *V*. ROCHER. (B.)

CHATAIGNE DE MER. ECHIN. Nom vulgaire des Oursins, principalement sur les côtes de la Normandie, de la Saintonge, etc. (LAM..X.)

CHATAIGNE-NOIRE. INS. Nom vulgaire donné par Geoffroy (Hist. des Ins. T. 1, p. 243) à une espèce de Coléoptère qu'il rangeait parmi les Criocères, et qui appartient au genre Hispe. *V*. ce mot. (AUD.)

CHATAIGNIER. *Castanea*. BOT. PHAN. Famille des Amentacées de Jussieu, Cupuliférées de Richard, Monœcie Polyandrie de Linné. Ce genre a été constitué par Tournefort qui en a fidèlement exprimé les caractères dans ses *Institutiones rei herbariæ*. Linné, cependant, fondit ce genre dans les *Fagus*, ne donnant ainsi aucune valeur à la disposition des fleurs et à la nature de la semence, si différentes d'un genre à l'autre. Le Châtaignier n'a pas été non plus établi, comme genre distinct du Hêtre, dans le *Genera Plantarum* de Jussieu ; mais cet illustre botaniste en a indiqué la séparation, quoiqu'il ne se soit prononcé qu'avec réserve. Depuis la publication de cet important ouvrage, on n'a pas hésité à rétablir le genre de Tournefort, surtout quand, par suite d'une étude plus approfondie des Amentacées, on a élevé leurs subdivisions au rang de familles et multiplié les groupes qui composent celles-ci. Gaertner, dans sa Carpologie (1, p. 181, t. 37), a donné le premier l'exemple; l'examen du fruit lui présentant une différence assez notable, il était naturel qu'il se crût obligé de séparer les deux genres. La plupart des auteurs les plus modernes ont aussi adopté le genre *Castanea*, en combinant d'autres caractères avec ceux donnés par Gaertner. De Candolle (Flore française, 2e édit.) lui assigne les suivans, modifiés d'après les idées les plus récentes que l'on a sur son organisation : Arbre monoïque ou polygame, selon la manière dont on considère les fleurs où sont les pistils. Fleurs mâles disposées en chatons très-longs, cylindriques, composés de fleurs agglomérées le long d'un axe grêle, dont le périgone à six divisions profondes renferme un nombre d'étamines qui varie de cinq à vingt. Fleurs hermaphrodites, ou, si l'on veut, assemblage de femelles et de mâles, distinctes entre elles, mais réunies dans un involucre quadrilobé, hérissé d'épines, dans lequel on observe douze étamines qui, n'existant qu'à l'état rudimentaire, ont fait regarder le tout comme un assemblage de fleurs simplement femelles. Six ovaires surmontés d'autant de styles arqués et cartilagineux, uniloculaires, dispermes, dont cinq avortent ainsi que la plupart des graines. Le fruit est en effet une espèce de Noix uniloculaire qui ne renferme plus que deux à trois de ces graines, couvertes d'un test brun et lisse, et contenant beaucoup de fécule amylacée. Son enveloppe verte, coriace et hérissée d'épines nombreuses et piquantes, n'est autre chose que l'extension de la cupule qui, après la fécondation, finit par recouvrir entièrement les ovaires. Loin de considérer les organes où se trouvent les pistils comme des fleurs simples et hermaphrodites, plusieurs botanistes se fondant sur l'analogie de ce genre avec le Fagus où plusieurs fleurs femelles sont réunies dans un seul involucre, et sur l'observation propre du Castanea, ont vu également dans celui-ci un assemblage de fleurs femelles et aussi de fleurs mâles avortées distinctes, mais enveloppées par un involucre commun. Cette manière de voir qui s'applique aux Euphorbes et à d'autres Plantes supposées hermaphrodites, paraît généralement admise aujourd'hui.

Deux espèces seulement de Châtaigniers sont décrites dans les auteurs. L'une d'elles, remarquable par ses variétés et la grande utilité de ses fruits et de son bois, est très-connue sous le nom de Châtaignier vulgaire, *Castanea vulgaris*, D. C., *Fagus Castanea*, L. Ce grand et bel Arbre a des branches longues et très-étalées; son écorce est lisse et grisâtre, ses feuilles sont oblongues, pointues, glabres et dentées en scie. Les chatons mâles exhalent une odeur spermatique qui se fait sentir de très-loin. Il croît spontanément dans les forêts de presque toute l'Europe et dans l'Amérique septentrionale, depuis New-York jusqu'en Caroline. Il se plaît mieux dans les contrées montueuses, dans celles où cependant la hauteur absolue du sol n'abaisse pas la température du climat. Ainsi en France, le penchant des montagnes et des coteaux dans les anciennes provinces du Languedoc, du Li-

mousin et du Périgord, est le site où les Châtaigniers se trouvent en plus grande abondance.

Le Châtaignier vulgaire offre des variétés qu'on ne saurait élever au rang d'espèces. Telle est celle de l'Amérique du nord dont les feuilles sont beaucoup plus larges; on en voit aussi qui ont les feuilles panachées. La diversité que présentent les fruits connus sous les noms vulgaires de Châtaignes et de Marrons, en a fait distinguer plusieurs variétés de grosseur et de saveur sous des noms patois qui changent selon les pays; c'est pourquoi nous ne chercherons pas à les énumérer ici. Ceux qui veulent avoir plus de détails sur ces nombreuses variétés dont la distinction est subtile ou peu tranchée, doivent consulter les ouvrages d'agriculture et d'économie rurale, tels que la nouvelle édition des Arbres et Arbustes de Duhamel, V. 3, p. 65, le Traité de la Châtaigne de Parmentier, le Journal de Physique (Mém. de Desmarets) pour 1771 et 1772, etc.

Les meilleures Châtaignes de France viennent des environs de Lyon et du département du Var. Ce sont celles que l'on connaît à Paris sous le nom de *Marrons de Lyon*; ces Marrons sont plus gros, plus riches en principe sucré, et ont une saveur et un arôme tout particuliers qui se développent par l'exposition au feu. Les confiseurs les font glacer au sucre après les avoir fait bouillir dans l'eau. Il est probable que le sol influe davantage sur la qualité des Châtaignes que l'exposition ou les soins de la culture; car le Châtaignier n'est pas un de ces Arbres qui se plaisent indifféremment dans toute espèce de terrain; on sait au contraire positivement qu'il ne peut croître ni dans un sol trop calcaire, ni dans les endroits marécageux, ni dans ceux qui n'ont pas beaucoup de fond. Les terres légères et sablonneuses sont celles qui paraissent lui convenir le mieux.

La culture des Châtaigniers demande quelques soins dans le principe :

comme ils ne se multiplient que de graines, on en forme des pépinières dans des emplacemens convenables, abrités des vents par des Arbres et des haies vives, et dont le terrain a été préalablement bien préparé par des labours successifs. Les Châtaignes sont plantées une à une dans des rigoles tracées symétriquement, et placées à la distance d'un décimètre les unes des autres. Deux ans après, on les éloigne à un mètre et demi de distance, et dans un autre lieu de la pépinière où ils doivent rester ainsi pendant quatre ou cinq ans. A cette époque, c'est-à-dire, lorsqu'ils ont atteint deux à trois mètres de hauteur et environ un demi-décimètre de diamètre transversal inférieur, on les met en place dans le terrain que l'on a défriché pour cette culture. Ce n'est pas le tout, il s'agit alors de les greffer ; on choisit à cet effet les meilleures variétés sous le point de vue alimentaire, et on les greffe en flûte sur les jeunes bois. Ce n'est que quatre ou cinq ans après cette opération que le Châtaignier commence à rapporter ; mais son produit augmente progressivement jusqu'à l'âge le plus avancé, ou plutôt jusqu'à ce qu'une cause accidentelle, la carie, par exemple, maladie à laquelle cet Arbre est très-sujet, vienne à le faire périr.

Nous avons parlé de la Châtaigne comme d'un fruit agréable et destiné seulement à satisfaire la sensualité ; mais quel plus grand intérêt ne doit-elle pas nous inspirer si nous faisons attention à son usage comme substance alimentaire du peuple de plusieurs départemens ? Dans les Cévennes, l'ancien Limousin et l'île de Corse, les paysans en font leur nourriture presque exclusive, soit qu'ils les mangent sans autre préparation que la cuisson dans l'eau ou à feu nu, soit qu'ils en préparent une espèce de pain, ainsi que cela se pratique dans la Corse. Les Limousins se servent, depuis un temps immémorial, d'un procédé pour cuire les Châtaignes, qui montre jusqu'à quel point l'Homme, dans ses besoins, peut perfectionner les

choses qui semblent les moins susceptibles de perfectionnement. En faisant cuire les Châtaignes dans plusieurs eaux, et à l'aide de certaines manipulations, ils en enlèvent d'abord les enveloppes dont l'astringence et l'amertume communiquent un mauvais goût à celles que l'on cuit par le procédé ordinaire. Près d'Alais, département du Gard, on est dans l'usage de dessécher les Châtaignes pour les conserver pendant plusieurs années. Cette dessiccation s'opère en les étendant sur de grandes claies et en entretenant dessous un feu convenablement dirigé, d'abord très-doux, puis augmenté par degrés jusqu'à ce que les Châtaignes que l'on retourne souvent aient acquis la dureté qui atteste qu'elles sont totalement sèches. On les place ensuite dans des sacs mouillés, sur lesquels on frappe avec un bâton pour détacher l'écorce des fruits. On les vanne ensuite afin de séparer les débris de cette écorce.

La Châtaigne est un aliment sain, puisqu'il n'est composé chimiquement que de beaucoup d'Amidon, de bien peu de Gluten et d'une certaine quantité de matière sucrée. Cette grande quantité d'Amidon comparée à la petite quantité de Gluten ou de cette matière azotée qui, dans la farine de Blé, enveloppe l'Amidon comme dans un réseau, et lui faisant occuper un plus grand volume, rend le pain de Froment plus facile à digérer, est ici une cause de la pesanteur et de la mauvaise qualité du pain de Châtaigne. Le Sucre y existe en assez grande abondance pour pouvoir en être extrait immédiatement, d'après le procédé de Guerazzi de Florence.

Le bois de Châtaignier a le grain plus fin et plus serré que celui de la plupart de nos Arbres forestiers ; néanmoins, pour le chauffage, il est assez médiocre. Plus riche en Carbone qu'en Hydrogène, il convient mieux pour la fabrication du Charbon, et sous ce rapport, on en consomme autant que de Chêne dans plusieurs pays, et notamment au pied des Pyrénées,

Ses usages, comme bois de charpente, sont très-multipliés. On en a peut-être un peu trop vanté la bonté, et c'est à tort qu'on a prétendu que les charpentes des anciens édifices avaient été construites avec ce bois; il a été reconnu depuis qu'elles étaient faites avec le bois d'une espèce de Chêne. Le tronc du Châtaignier acquiert, par la longévité de cet Arbre, une grosseur énorme. Le Châtaignier du mont Etna, connu sous le nom de *Châtaignier de cent Chevaux*, et qui a, dit-on, cent soixante pieds de circonférence, est cité comme le prototype des dimensions gigantesques du règne végétal. Comme cet Arbre est creux et que sa cavité est fort grande, on a construit dans son intérieur une maisonnette avec un four où l'on fait cuire des fruits souvent aux dépens de l'Arbre lui-même; car pour alimenter le feu de ce four, les Siciliens enlèvent du bois de l'Arbre à coups de hache, opération dont la répétition fréquente doit l'amener inévitablement à son entière destruction. Quoi qu'en aient dit certains observateurs peu attentifs, il est probable que cet Arbre doit son énormité à la soudure naturelle ou greffe par approche de plusieurs jeunes Châtaigniers.

N'oublions pas de mentionner encore un des emplois les plus précieux du bois de Châtaignier. Sa densité et son défaut absolu d'odeur le rendent très-propre à la fabrication des tonneaux; il laisse moins évaporer les principes alcooliques et aromatiques que le Chêne ou toute autre sorte de bois.

Lamarck (Encycl. méth.) a décrit une seconde espèce de Châtaignier sous le nom de *Castanea pumila*, et Michaux a ajouté plusieurs renseignemens sur ce petit Arbre, dans son ouvrage sur les Arbres d'Amérique, T. II, p. 166, pl. 7. On le nomme vulgairement *Chincapin*, et il est cultivé dans quelques jardins botaniques d'Europe. L'exiguité de sa taille semble devoir être attribuée seulement à l'influence du sol, puis-

que, dans certains lieux de la Géorgie et de la Louisiane, il atteint quelquefois jusqu'à dix ou quinze mètres de hauteur. Au surplus c'est une espèce très-voisine de la nôtre par ses caractères, et qui n'en diffère que par une plus faible proportion dans toutes les parties.

(G..N.)

On a encore appelé Châtaignier à la Guiane, le *Pachira aquatica*, et à Saint-Domingue, les *Cupania* et *Sloanea*.

(B.)

CHATAIRE. *Nepeta*, L. BOT. PHAN. Genre de la famille des Labiées et de la Didynamie Gymnospermie de Linné, qui offre pour caractères principaux : un calice cylindrique à cinq dents; une corolle dont le tube est long et recourbé, la gorge évasée, et le limbe à deux lèvres, la supérieure échancrée, l'inférieure divisée en trois lobes; deux de ceux-ci, situés latéralement, sont très-courts et réfléchis; celui du milieu est très-grand, concave et crenelé. Les étamines sont très-rapprochées. De même que dans la plupart des autres Labiées, les fleurs de Chataires sont très-nombreuses, verticillées et disposées en épis ou en panicules terminales. Quelques espèces ont en dessous de chaque verticille des bractées fort larges. L'uniformité de plan ou la symétrie de la famille des Labiées, empêche de reconnaître, dans ce genre, d'autres notes caractéristiques; il est pourtant facile de le distinguer quand on en a vu déjà une ou deux espèces. Le genre Hyssope est celui qui a le plus de ressemblance avec lui; mais le lobe moyen de la lèvre inférieure dans ce dernier, subcordiforme au lieu d'être entier, concave et simplement crenelé comme dans le Nepeta, suffit pour le différencier.

Plus de trente espèces de Chataires se trouvent décrites dans les ouvrages généraux; cependant, si on en sépare les espèces de l'archipel Indien, dont le calice est fermé par des poils pendant la maturation, et qui composent le genre *Saussuria* de Mœnch, leur nombre se trouvera réduit à environ vingt-cinq, et il est probable que plusieurs d'entre elles ne sont que de simples variétés. Leur patrie se trouve ainsi restreinte à l'Europe méridionale, les côtes de Barbarie, la Sibérie et la partie de l'Asie conterminale de l'Europe. On en cultive un assez grand nombre dans les jardins de botanique, où leurs fleurs nombreuses, de couleur tantôt rosée, tantôt améthystée, sont d'un aspect très-gracieux, mais dont l'odeur forte, et souvent très-fétide, détruit tout le charme qu'elles présentent. Cinq espèces croissent spontanément en France. On les rencontre plus spécialement dans les lieux arides ou sablonneux des départemens méridionaux, ou le long des torrens des Alpes et des Pyrénées.

Dans les lieux humides et sur le bord des chemins aux environs de Paris, se trouve la CHATAIRE VULGAIRE, *Nepeta cataria*, L., Plante qui doit ses propriétés excitantes et toniques à la présence d'une grande quantité d'huile volatile répandue dans toutes ses parties. Sa tige, haute de six à dix décimètres, est branchue, pubescente, et légèrement blanchâtre supérieurement. Ses feuilles sont pétiolées, dentées en scie et cordiformes. Enfin, la couleur de ses fleurs est ordinairement purpurine et quelquefois blanche. L'odeur pénétrante de toute la Plante est très-agréable aux Chats qui se roulent dessus et s'en frottent avec délices, comme ils le font sur la Valériane. Cette propriété lui a fait donner le nom vulgaire d'Herbe aux Chats, et celui de *Cataria* imposé au genre par Tournefort. La Chataire figurait autrefois dans la matière médicale, comme une Plante douée de qualités très-énergiques contre l'hystérie, la suppression du flux menstruel, etc. Comme nous avons un nombre immense de Plantes odoriférantes qui partagent avec elle ces propriétés, sans être aussi désagréables, la Chataire est aujourd'hui tombée totalement en désuétude.

(G..N.)

CHATAL. MAM. Syn. barbaresque de Chacal. *V.* CHIEN. (B.)

* CHATALHUIC. BOT. PHAN. (Hernandez.) Nom mexicain d'une Casse encore indéterminée dont les feuilles ont neuf paires de folioles. (B.)

CHATAS. OIS. *V.* CHATAF.

CHATCHUUR. BOT. PHAN. Syn. mogol de *Ribes nigrum. V.* GROSEILLER. (B.)

CHATE. BOT. PHAN. Espèce de Concombre appelée aussi par les Arabes Chatte, Chethète et Quatie. C'est la même chose qu'Abdélavi. *V.* ce mot. Selon Daléchamp, Chate est le synonyme arabe du Pastel. (B.)

CHATELANIA. BOT. PHAN. Ce nom générique a été proposé par Necker (*Elementa botanica*, 1, p. 53) pour le *Crepis barbata*, L. Mais comme le genre *Tolpis* avait déjà été formé avec cette Plante par Adanson, l'antériorité de ce dernier l'aurait fait prévaloir, si les caractères en eussent été convenablement exprimés. L'un et l'autre de ces noms ont disparu pour faire place au *Drepania*, créé et bien caractérisé par A.-L. de Jussieu. Néanmoins Willdenow et Persoon ont encore employé le mot Tolpis pour désigner ce genre. (G..N.)

CHATE PELEUSE, CHATE PELUE ET CHATTE PELEUSE. INS. Même chose que Calandre du Blé. *V.* CALANDRE. (B.)

* CHATETH, CHITISA ET ITICA. BOT. PHAN. (Daléchamp.) Syn. arabes d'*Astragalus Tragacantha*, espèce du genre Astragale. *V.* ce mot. (B.)

CHATI. MAM. Espèce du genre Chat. *V.* ce mot. (A. D..NS.)

CHATIACELLA OU CHATIAKELLE. BOT. PHAN. Syn. de *Bidens nivea*, L. *V.* MELANANTHERA. (B.)

CHATILLON. POIS. L'un des noms vulgaires du Lamprillon. *V.* AMMOCÈTE. (B.)

* CHATINI, CHATINIE ET CHAITINI. BOT. PHAN. (Daléchamp.) Syn. arabe de Guimauve. *V.* ce mot. (B.)

* CHATMEZICH. bot. phan. (Mentzel.) Syn. arabe de Tamarix. (b.)

* CHATMIÆ. bot. phan. (Forskahl.) Syn. arabe d'*Alcea ficifolia*, espèce du genre Guimauve. *V.* ce mot. (b.)

CHATON. *Amentum.* bot. On exprime par ce mot une inflorescence particulière à certains Arbres, où les diverses parties de l'appareil fécondateur sont disposées de manière à ce que leur ensemble offre une ressemblance grossière avec la queue d'un Chat; d'où le nom français. Les fleurs des Saules ont fourni la première idée de cette comparaison, et le mot adopté, il a bien fallu ensuite l'appliquer à des organes qui, ayant une structure semblable, présentent des formes générales absolument différentes. Le Chaton peut être ainsi défini : un assemblage de fleurs sessiles ou légèrement pédonculées, unisexuelles, fixées autour d'un axe central qui tombe de lui-même en se désarticulant de la tige après la floraison ou la maturité. C'est en ceci surtout qu'il diffère de l'épi, assemblage analogue de fleurs disposées sur un axe persistant.

Plusieurs familles de Plantes ont une inflorescence en Chaton, et il est à remarquer qu'elles sont toutes composées de grands Arbres dont le superbe feuillage n'est pas en harmonie avec l'exiguité et l'humilité de leurs fleurs. La belle famille des Conifères possède des Chatons d'une structure toute particulière sur laquelle le professeur Mirbel s'est principalement étendu dans son Traité d'Anatomie Végétale. La connaissance de ces Plantes ne laissera plus rien à désirer lorsque notre savant ami et collaborateur Achille Richard aura publié les excellentes figures et observations faites depuis plus de quinze ans par son illustre père. Mais les fleurs en Chaton sont plus particulièrement l'apanage de la famille des Amentacées de Jussieu, où se rangent la plupart de nos Arbres forestiers. Cependant cette disposition des fleurs

n'est pas un caractère tellement exclusif, qu'on puisse le donner comme propre aux Arbres de la famille des Amentacées. Nous en connaissons plusieurs appartenant à des familles très-éloignées qui ont une semblable inflorescence.

L'expression de Chaton, en latin *Amentum*, se traduit aussi par les termes *Catulus* et *Iulus*. Les anciens se sont servis du mot *Nucamentum*, qui signifie littéralement Chaton du Noyer. (g..n.)

CHATOUILLE. pois. Même chose que Chatillon. *V.* ce mot. (b.)

* CHATOUILLE ou CHATROUILLE. moll. Noms vulgaires du *Sepia octopus* au Havre. *V.* Poulpe. (b.)

CHATOYANTE. rept. oph. Petite espèce européenne du genre Couleuvre. *V.* ce mot. (b.)

CHATOYANTES. min. Les effets de lumière produits dans certaines Pierres, qui, malgré leur transparence, prennent des teintes opaques ou laiteuses, et présentent des reflets variés et brillans, selon le plan dans lequel on les regarde ; ces phénomènes ont fait donner aux Pierres dont nous parlons le nom de Chatoyantes, parce qu'en effet elles simulent le globe de l'œil des Chats. De Lamétherie a voulu se servir de cette propriété pour en caractériser un genre de Pierres dures, où il place le Quartz chatoyant vulgairement nommé OEil-de-Chat, le Feldspath chatoyant appelé aussi Héliolithe et Hécatholithe, et le Feldspath nacré ou l'OEil-de-Poisson.

On désigne encore sous le nom de Chatoyante, en ajoutant l'épithète orientale, le Saphir OEil-de-Chat, une des variétés du Corindon Télésie. *V.* Corindon. (g..n.)

CHATROUILLE. moll. *V.* Chatouille.

* CHATTAI-RENAY. bot. phan. Syn. d'Hedyotis à la côte de Coromandel, et d'un Trianthema. (b.)

CHATTE. mam. Femelle du Chat. *V.* ce mot. (b.)

* CHATTERER. ois. Syn. anglais du Jaseur, *Ampelis Garrula*, L. *V.* JASEUR.
(DR..Z.)

CHATUKAN. pois. Syn. d'*Acci-penser stellatus. V.* ESTURGEON. (B.)

CHATUTE-MÉKÈLE. rept. chel. Syn. kalmouck de Bourbeuse. Espèce d'Emyde. *V.* TORTUE. (B.)

CHATYNG et CHALL. bot. phan. Noms tartares du Bouleau. (B.)

* CHAU. ois. Syn. tartare du Cygne, *Anas Cycnus*, L. *V.* CANARD. (DR..Z.)

CHAUBE. bot. phan. (C. Bauhin.) L'un des noms turcs du Café employé comme boisson. (B.)

* CHAUC ou CHOC. ois. Nom du petit Duc dans les Landes aquitaniques. *V.* HIBOU. (B.)

* CHAUCH. bot. phan. Syn. arabe de Pêcher. (B.)

CHAUCHE-BRANCHE, CHAUCHE-CRAPAOUT. ois. (Salerne.) Syn. de l'Engoulevent, *Caprimulgus europæus*, L. *V.* ENGOULEVENT. (DR..Z.)

CHAUCHE-POULE. ois. Syn. vulgaire de Milan, *Falco Milvus*, L. *V.* FAUCON, division des Milans. (DR..Z.)

* CHAUFOUR. ois. Syn vulgaire de Pouillot, *Motacilla Trochilus*, L. *V.* BEC-FIN. (DR..Z.)

* CHAUGOUIN. ois. *V.* CHANGOUIN.

CHAULIODE. *Choliodus.* pois. (Shaw.) Sous-genre d'Esoce. *V.* ce mot. (B.)

CHAULIODE. *Chauliodes.* ins. Genre de l'ordre des Névroptères, famille des Planipennes, tribu des Hémérobins, établi par Latreille aux dépens du genre Hémérobe de Linné (Précis des caractères génériques des Insectes, p. 102), etayant pour caractères : cinq articles à tous les tarses; ailes presque égales et couchées presque horizontalement; palpes au nombre de quatre, filiformes; segment moyen du thorax plus grand que

le premier, présque carré; trois petits yeux lisses; antennes diminuant de grosseur de la base au sommet, pectinées; mandibules courtes et dentées.

Le caractère tiré des antennes en peigne peut suffire pour éloigner les Chauliodes des Corydales et des Sialis. Latreille (Règn. An. de Cuv.) ne les en distingue pas, et réunit ces trois genres en un seul, celui des Semblides de Fabricius. — L'espèce qui a servi de type au nouveau genre que nous décrivons a été rapportée d'Afrique par le botaniste Palisot de Beauvois qui en a donné une bonne figure (Ins. recueil. en Afriq., prem. livr. Névropt., pl. 1, fig. 2). C'est le Chauliode pectinicorne, *Ch. pectinicornis* de Latreille ou l'*Hemerobius pectinicornis* de Linné, qui est la même espèce que l'Hémérobe à antennes barbues de Degéer (Mém. Ins. T. III, p. 362, et pl. 27, fig. 3) ou le *Semblis pectinicornis* de Fabricius. On le trouve non-seulement en Afrique, mais encore dans l'Amérique, aux Etats-Unis. Latreille connaît une seconde espèce plus petite qui provient des mêmes contrées. (AUD.)

CHAUME. *Culmus.* bot. Ce mot est employé pour désigner la tige des Graminées. C'est en effet un des caractères de cette famille de présenter une organisation uniforme dans la structure de la tige aussi bien que dans l'appareil reproducteur. Elle est cylindrique ou quelquefois légèrement comprimée, le plus souvent fistuleuse, séparée de distance en distance par des nœuds ou des cloisons transversales fort épaisses, en dehors desquelles s'élèvent des feuilles alternes et engaînantes. Le Blé, le Seigle et toutes nos Céréales sont des exemples très-frappans de Chaumes. Dans toutes leurs tiges, nous y trouvons ces cavités intérieures nommées *lacunes* dans les ouvrages d'anatomie végétale, lesquelles proviennent toujours de l'altération du tissu cellulaire et du refoulement des fibres vers l'extérieur comme dans tous les Végétaux endogènes ou monocotylédonés; nous y voyons aussi des no-dosités, espèces d'articulations qui diffèrent de celles des autres Plantes, et notamment de celles des OEillets, en ce que, loin d'être cassantes et sépa-rables, elles sont, au contraire, plus fortes, plus tenaces que les autres parties de sa tige.

Le Chaume du Maïs et de quelques autres Graminées d'une grande taille, n'offre point de lacunes; il est plein, c'est-à-dire formé de tissu cellulaire entremêlé de fibres qui sont d'au-tant plus nombreuses qu'elles se rap-prochent davantage de la circonfé-rence. Quelques Graminées parais-sent ne pas avoir d'articulations; l'*Aira cœrulea*, L., par exemple, a une tige lisse assez longue qui va en s'atténuant de la base au sommet, et où, d'abord, on ne trouve aucuns nœuds; l'absence de ceux-ci n'est qu'apparente, car à la partie in-férieure, près du collet, on observe ces articulations très-rapprochées, souvent réduites à une seule; mais, enfin, leur existence y est certaine. Les nodosités caractérisent donc très-bien les tiges des Graminées, et ce ca-ractère, joint à ceux des cavités in-ternes et de leur cylindricité, qui sont moins constans, font distinguer, au premier coup-d'œil, les Plantes de cette famille d'avec celles de la fa-mille des Cypéracées.

L'analyse chimique a démontré que le Chaume des Graminées, et particu-lièrement leurs nœuds, contiennent une quantité notable de Silice. Com-ment cette substance si insoluble, d'u-ne combinaison si difficile avec la plu-part des corps naturels, comment est-elle transportée dans les organes des Plantes? En répondant que la sève la tient probablement en solution et qu'elle s'accumule successivement dans ces organes, c'est émettre une hypothèse ou seulement définir le problème, mais ce n'est pas le résou-dre. (G..N.)

* CHAUMERET ou CHAUMET. ois. Syn. de Liri ou Bruant de haies, *Emberiza Cirlus*. V. BRUANT* (B.)

* CHAUN ou CHUN. ois. Syn.

kalmouck du Cygne, *Anas Cycnus*, L. V. CANARD. (DR..Z.)

CHAUNA. ois. (Azzara.) V. CHA-VARIA.

* CHAURAF. ois. V. CHATAF.

CHAUS. mam. L'un des noms du Lynx chez les anciens. Il est mainte-nant celui d'une espèce. V. CHAT. (B.)

CHAUSEL. ois. Syn. arabe du Pé-lican, *Pelecanus Onocrotalus*, L. V. PÉLICAN. (DR..Z.)

CHAUSSÉE DES GÉANS. géol. V. BASALTE.

CHAUSSE-TRAPE. moll. Espèce de Coquille du genre Rocher. V. ce mot. (D.H.)

CHAUSSE-TRAPE. bot. phan. Nom vulgaire d'une espèce de Cen-taurée de Linné, qui a servi de type au genre *Calcitrapa* de Jussieu. V. CALCITRAPE. (G..N.)

CHAUVE. ois. Espèce du genre Corbeau plus spécialement connu sous le nom de Choucas chauve, *Cor-vus Calvus*, L. V. CORBEAU. (DR..Z.)

CHAUVE-SOURIS. *Vespertilio*. mam. Nom générique, dans la famille des Cheiroptères, de toutes les nom-breuses espèces où d'une part l'excès de développement du grand repli de la peau qui entoure le corps, et d'autre part l'excès d'allongement de la par-tie métacarpienne et phalangienne des mains, nécessitent la locomotion volante, presque à l'exclusion de la marche à terre. La progression est effectivement rendue très-difficile par l'énorme amplitude des membres an-térieurs et des voiles qu'interceptent leurs digitations. Un autre obs-tacle dont on n'avait pas apprécié la dernière conséquence s'y oppose en-core. Par une demi-rotation qu'ont subie sur leur axe les membres posté-rieurs, leurs faces se sont retournées, et, en posant à terre, le sinus de l'angle de flexion de la jambe sur la cuisse regarde en avant et non en arrière comme chez tous les autres Mammifè-res; d'où il suit que la Plante du pied portant sur le sol, le talon est en avant et les ongles en arrière. Il ré-sulte de l'ensemble de ces combinai-sons, mécaniquement parlant, la transformation réelle de toutes les espèces de Chauve-Souris en véritables Volatiles.

Cette transformation tient à des réciprocités de développemens d'organes justement inverses de celles que nous avons vues, sous le même rapport mécanique, faire réellement du Cétacé un Poisson. Et les effets de ces réciprocités contraires sont ordonnés dans une harmonie admirable avec les inégales densités des milieux où, sous des formes si diverses, et le Cétacé et la Chauve-Souris restent pourtant Mammifères, c'est-à-dire qu'ils reçoivent leur premier accroissement dans l'utérus, qu'ils s'accouplent et qu'ils allaitent leurs petits. Il n'y a eu de métamarphosé en eux que les organes du mouvement. L'excès de résistance d'un milieu liquide a nécessité dans le Cétacé le moins de surface possible dans le sens de la projection et le reculement en arrière de l'organe d'impulsion : d'où suivent l'effilement ou au moins le décroissement conique de la tête et du museau, excepté dans les Cachalots, la disparution de l'une des deux paires de membres, l'atrophie de l'autre et l'extrême développement de la queue. Dans l'atmosphère au contraire, l'effet de la gravité du Volatile, pour être neutralisé, exigeait que les points d'appui fussent infiniment multipliés, relativement au volume de l'Animal, et qu'en même temps leur surface totale appartînt à des plans infiniment minces, double condition nécessaire, et pour que la surface fût la plus grande possible relativement à la masse, et pour que les leviers de ces plans mobiles ne consumassent point, par leur poids, les effets de la puissance motrice. Des membranes très-fines tendues sur des membres pour ainsi dire passés à la filière, et dont les divisions digitales surtout sont presque filiformes, malgré leur longueur, en même temps qu'elles sont divergentes, pouvaient donc par le développement de leurs surfaces, pour ainsi dire sans épaisseur, contrebalancer l'effet de la gravité, et par leurs mouvemens produire la pro-

gression. L'extrême allongement de l'avant-bras réduit au radius, et où l'extrémité humérale du cubitus ne subsiste que pour prévenir jusqu'à la moindre rotation, l'allongement plus excessif encore des quatre doigts externes et de leurs os métacarpiens opposés au raccourcissement de l'humérus, satisfont à ce plan. En même temps, les clavicules agrandies arcboutent plus solidement les grandes voiles, et, conjointement avec l'axe du sternum relevé en forte quille, donnent aux muscles moteurs de ces voiles des insertions plus étendues et des points fixes plus solides. — A la main, le pouce ou doigt interne reste seul dans les proportions ordinaires, et susceptible de mouvemens variés, étant dégagé de la membrane. Il est le seul des doigts de l'aile constamment terminé par un ongle. Dans les *Pteropus*, le second doigt est aussi onguiculé; il a aussi trois phalanges ainsi que le troisième doigt des Glossophages et des Mégadermes où ce doigt n'a pourtant pas d'ongle terminal. L'ongle n'est donc pas lié par une coexistence nécessaire avec la phalange unguéale, de telle sorte qu'elle doive manquer s'il n'existe pas. Cette idée était déjà contredite par l'état du pouce de derrière des Orangs. Nous avons vu en outre avec Breschet, dans des cas de monstruosités humaines par défaut (Agénèses, comme les appelle cet anatomiste), malgré l'absence complète de la main et même du poignet, de petits appendices cutanés terminés par un ongle bien organisé, saillir de la peau qui revêtait les extrémités inférieures du radius et du cubitus. Ce fait prouve sans réplique l'indépendance où est l'ongle, de la phalange unguéale. Réciproquement dans les Chauve-Souris, comme dans les Orangs pour le pouce postérieur, la phalange unguéale est dénuée du moindre rudiment d'ongle. On sait d'ailleurs que les ongles sont une production épidermique.

Avec une telle projection latérale des leviers de leur locomotion, les

Chauve-Souris ont, comme les Oiseaux, des muscles pectoraux dont la masse agit d'autant plus favorablement que le relèvement vertical de la quille du sternum rend presque perpendiculaire l'application de la force motrice. Aussi le vol leur est-il aussi facile qu'aux Oiseaux. Mais dans tout ce mécanisme, il n'y a pourtant rien autre chose qu'un excès d'amplitude du plan commun des Mammifères. Leurs membres postérieurs au contraire sont réellement entraînés hors de ce plan commun. Ils ont subi une demi-révolution sur leur axe de dedans en dehors et d'arrière en avant, mouvement arrêté au milieu de sa courbe chez les paresseux où la plante du pied regarde en dedans. Il en résulte que la plante du pied des Chauve-Souris regarde en avant, et qu'en se fléchissant, les doigts et la jambe se dirigent vers le ventre, en même temps qu'alors la cuisse s'en écarte en arrière.

Ce mécanisme, d'où naît, pour les Chauve-Souris, la nécessité de reposer accrochées par les pieds de derrière la tête en bas, et de marcher les doigts tournés en arrière et le talon en avant, n'avait encore été remarqué par aucun zoologiste. Cuvier, dans son Anatomie comparée, en a pourtant donné l'explication que voici :

Dans les Chauve-Souris, au lieu de regarder en dehors et en bas, comme dans les Quadrupèdes, la cavité cotyloïde regarde en arrière; le péroné y est très-grêle, et comme les fémurs sont tournés en arrière, les jambes se regardent par leur côté périnien. J'ajoute que ce mouvement de révolution du membre postérieur sur son axe s'est fait de dedans en dehors, de manière que le côté interne de l'os est passé en avant. Des deux trochanters, par les raisons que l'on va voir, le grand ou celui d'insertion des fessiers et des rotateurs, est devenu le plus petit, parce que la plupart de ces muscles n'existent pas, et le petit trochanter, par une raison inverse, est devenu le plus grand. En outre, entre les deux tro-

chanters et la tête du fémur est une cavité en forme de quart de sphère pour agrandir les insertions des fléchisseurs. Cette cavité, vu la rétroversion du fémur, appartient à la face antérieure. Or voici la correspondance des muscles : il n'y a pas de carré des lombes, mais le petit psoas très-fort s'insère à une éminence très-élevée, séparée du pubis par une profonde échancrure pour le passage du pectiné qui est long et grêle comme l'obturateur externe. Il n'y a qu'un petit fessier, mais point de pyramidal de jumeaux, d'obturateur interne, ni de carré, c'est-à-dire que la cuisse manque de ces muscles qui la font tourner soit en-dedans soit en-dehors chez l'Homme et les Quadrupèdes. Il n'y a qu'un adducteur qui, du côté interne de l'échancrure pubio-pectinée, se porte au tiers coxal du fémur. L'on voit donc que tous les muscles ne se rapportent uniquement qu'à l'extension, et surtout à la flexion directe. A la jambe il n'y a qu'un fléchisseur en avant, naissant par deux faisceaux ou ventres, entre lesquels passe l'adducteur précité ; l'un de ces faisceaux vient de la partie antérieure de l'iléon, l'autre en partie du pubis et de l'iléon. Leur tendon commun s'insère à la partie supérieure de la face antérieure du tibia.

L'extenseur s'insère à l'extrémité supérieure du fémur, et son tendon s'attache à l'extrémité supérieure de la jambe, bien entendu que la proportion du relief des saillies et des arêtes osseuses, et du volume réciproque des muscles varie suivant les habitudes des genres. Aussi, dans les Phyllostomes, tous ces élémens sont-ils plus prononcés que dans les Chauves-Souris frugivores.

Toute cette dislocation apparente est merveilleusement assortie avec la destination de ces Animaux pour passer les périodes d'inaction accrochées aux voûtes des cavernes. Car au lieu qu'en reposant, leur corps presse de haut en bas sur le plan qui les supporte, elles pressent dessus de bas en haut, en s'y suspendant la tête en bas. L'inutilité, pour cet usage, des membres antérieurs qui seuls y sont naturellement destinés par leurs flexions, nécessitait donc dans les membres postérieurs un mécanisme complet de flexion vers le ventre, mécanisme dont les Paresseux n'offrent qu'un premier degré, parce qu'ils emploient également les pieds de devant à cet usage.

Par cette combinaison de flexions inverses de celles qui dans tous les autres Vertébrés produisent l'impulsion en avant, les Chauve-Souris s'accrochent en repos aux aspérités de la voûte des cavernes. Leur pied de derrière est parfaitement combiné pour cet usage. Chez tous, au moins par son bord interne, il est libre d'adhérence membraneuse. Tous les doigts, au nombre de cinq, égaux et courbés parallèlement, sont terminés par des griffes, faites en quart de cercle, très-comprimées et pointues. L'ensemble de ce pied forme un véritable crochet, de sorte que sans effort musculaire et par le seul effet de la figure arquée de ses doigts et de sa propre gravité, l'Animal reste suspendu sur la plus petite arête. Voici comme Geoffroy St-Hilaire décrit le mécanisme de ces deux sortes de membres, et dans la marche à terre, et dans le repos accroché, et dans le vol.

Pour marcher, on voit la Chauve-Souris d'abord porter en devant et un peu de côté son bout d'aile ou moignon; se cramponner au sol en y enfonçant l'ongle de son pouce, puis, forte de ce point d'appui, rassembler ses jambes postérieures sous le ventre et sortir de cet accroupissement en s'élevant sur son train de derrière, et faisant dans le même temps exécuter à toute sa masse une culbute qui jette son corps en avant; mais comme elle ne se fixe au sol qu'en y employant le pouce d'une des ailes, le saut qu'elle fait a lieu sur une diagonale, et la rejette d'abord du côté par où elle s'était accrochée. Elle emploie pour le pas suivant le pouce de l'aile opposée, et culbutant en sens contraire,

elle finit, malgré ses déviations alternatives, par cheminer droit devant elle. Nous insistons pour faire observer que dans sa marche, la plante du pied et le reste du membre postérieur conserve son état de demi-révolution sur l'axe; ainsi en se posant à terre, le talon est en avant, les ongles en arrière, et le sommet de l'angle formé par la jambe sur la cuisse regarde en haut et en arrière. *V*. pour cette attitude les pl. 1 et 3 du troisième fascicule des *Spicil.-Zool.* de Pallas, et les fig. 5 et 6 de la planche 32 de l'Encycl., copiées sur les planches citées de Pallas. Toutes les autres figures de Chauve-Souris à terre, dans l'Encyclopédie ou ailleurs, représentent à contre-sens l'attitude des membres postérieurs. Cet exercice, continue Geoffroy, finit par fatiguer beaucoup la Chauve-Souris : aussi pour s'y livrer, il faut qu'elle jouisse dans son antre d'une sécurité parfaite, ou qu'elle y soit contrainte par un accident qui l'ait fait tomber sur un plan horizontal. Toute Chauve-Souris qui est dans ce cas s'y soustrait aussitôt, parce qu'il lui est alors presque impossible de s'élever. La vaste surface de ses ailes exige, pour jouer, une haute colonne d'air. Ce n'est que d'un lieu élevé qu'elle peut prendre son vol, condition nécessaire même aux Oiseaux d'une grande envergure. Alors pour éviter le moindre choc, et pour qu'une plus grande épaisseur atmosphérique réagisse sur leurs voiles par son élasticité, les Chauve-Souris se laissent tomber en lâchant prise, ou en se donnant une impulsion oblique si elles sont fixées sur une paroi verticale, et ne déploient leurs ailes qu'après une certaine trajectoire oblique ou perpendiculaire. Une dernière manœuvre leur est particulière; elle est nécessitée par leur suspension la tête en bas et côte à côte à la voûte des cavernes. Pour ne pas se salir en rejetant leurs excrémens, voici ce que Geoffroy leur a vu faire. Une Chauve-Souris, dans ce cas, met d'abord une de ses pates en liberté d'agir, et en profite tout aussitôt pour heurter la voûte, ce qu'elle répète plusieurs fois de suite. Son corps, que ces secousses mettent en mouvement, oscille et balance sur les cinq ongles de l'autre part, lesquels forment transversalement par leur égalité et leur parallélisme une ligne droite comme serait l'axe d'une charnière. Quand la Chauve-Souris est parvenue au plus haut point de la courbe qu'elle décrit, elle étend le bras et cherche sur les côtés un point d'appui pour y accrocher l'ongle qui le termine, celui du pouce de l'extrémité antérieure. C'est le plus souvent le corps d'une Chauve-Souris voisine qu'elle rencontre, d'autres fois un mur sur les flancs, ou bien un autre objet solide. Mais quoi que ce soit, elle s'est mise dans une situation horizontale le ventre en bas, et elle ne risque pas de salir sa robe.

Ces replis de la peau, si démesurément prolongés au-delà du contour de l'Animal, qu'ils forment deux voiles plus étendues, par rapport à son volume réel, que ne le sont les plus grandes ailes des Oiseaux, ont une autre utilité que Cuvier a le premier justement appréciée. Spallanzani avait prouvé par des expériences que la privation de la vue, de l'odorat, et, autant que possible, de l'ouïe, n'ôtait rien de sa justesse et de sa précision au vol de la Chauve-Souris à travers les détroits multipliés de galeries sinueuses et de passages nouveaux pour elle. Ce savant en concluait l'existence, chez ces Animaux, d'un sixième sens, source pour eux de ces indications si exactes, et dont nous ne pouvons nous faire d'idées. Mais la considération de la nudité presque complète de ces replis, de la quantité proportionnelle de nerfs et de vaisseaux qui les parcourent, y a fait reconnaître par Cuvier toutes les conditions d'un organe de toucher au plus haut degré de perfection. Il leur suffit, en effet, pour être avertis de la distance, de la position, peut-être même de la figure et du degré de solidité des objets placés à une certaine portée, de palper l'air qui les en sépare.

Les autres sens ont aussi profité de

cette disposition de la peau à former des replis extérieurs au corps de l'Animal. L'ouïe et l'odorat en ont reçu des conques, quelquefois d'une amplitude énorme, destinées à recueillir et diriger vers le foyer de ces organes une plus grande quantité d'émanations odorantes et sonores. Dans le *Vespertilio auritus*, par exemple, le cornet extérieur de la conque (car son pavillon est double dans la plupart des espèces) égale en longueur l'Animal lui-même. Dans le Mégaderme Lyre, les deux grandes conques auditives, réunies sur la ligne médiane dans la moitié de leur hauteur, interceptent toutes les ondes sonores d'une colonne d'air dont la section n'est pas moindre que celle de l'Animal même. En outre par leur projection très-oblique à l'horizon, elles forment un vrai parachute à la tête, en même temps que le repli inter-fémoral en forme un en arrière où il est tendu sur la queue et sur une baguette osseuse détachée du tarse intérieurement. Et comme on sait, par l'observation des sourds-muets, que les vibrations sonores, transmises par les corps solides, peuvent devenir sensibles pour tous les points de la peau, il est très-probable qu'outre la faculté de connaître l'état statique des corps en comprimant l'air avec leurs voiles, les Chauves-Souris jouissent aussi sur toutes leurs grandes membranes du sentiment des impressions sonores. Quoi qu'il en soit, le renforcement de l'ouïe chez ces Animaux par le rassemblement purement mécanique d'une plus grande quantité d'ondes sonores rendues convergentes vers le canal auditif, est un fait évident.

Le même mécanisme pour les cornets des ouvertures nasales n'est pas moins manifeste, et l'effet en est d'autant plus grand, que le vol de ces Animaux étant très-rapide, toute la colonne d'air circonscrite par le contour du cornet y est nécessairement engouffrée. Or, la structure et le développement intérieur de l'organe de l'ouïe et de celui de l'odorat, pour les nerfs et les replis membraneux, coïncident parfaitement avec ces perfectionnemens extérieurs. La fosse ethmoïdale dont l'amplitude est moulée sur le volume du lobe olfactif est aussi considérable dans les Chauve-Souris que chez aucun autre Mammifère, et c'est chez elles seulement que l'os de la caisse et celui du rocher, dont les développemens restent pourtant constamment réciproques partout ailleurs, sont simultanément développés à l'excès. Cet excès se mesure assez bien sur la grandeur de la conque. Dans cette famille, l'odorat, l'ouïe et le toucher sont donc les sources principales des impressions de l'Animal. Ce qui achève le merveilleux de cette organisation, c'est, comme l'observe Geoffroy, qu'avec ces moyens de se rendre attentives et prêtes à toute espèce de perception, les Chauve-Souris ont en outre la faculté de s'y soustraire, faculté sans doute indispensable, puisqu'autrement elles eussent été accablées sous la perfection de leurs sens. L'oreillon (cornet intérieur de la conque de l'oreille) est placé sur le bord du trou auditif, de manière qu'à volonté il devient une soupape qui en ferme l'entrée. Il suffit pour cela d'une faible inflexion de l'oreille, et même dans quelques individus du froncement et du seul affaissement des cartilages. Les bourrelets des feuilles nasales remplissent le même objet à l'égard des narines.

Cette extrême délicatesse des sens nécessite physiquement leurs habitudes nocturnes, et peut-être leur engourdissement hivernal dans les climats extra-tropicaux. Destinées à vivre d'Insectes, elles ont, dit toujours Geoffroy, pour les atteindre au vol, une facilité qu'on ne leur avait pas remarquée c'est la grandeur de leur bouche, qui en fait, sous ce rapport, de vrais Engoulevens. Cette amplitude de l'ouverture de la bouche est remarquable par sa coïncidence avec la brièveté ou même la nullité de l'intermaxillaire, dont la longueur est ordinairement en proportion avec l'ouverture des lèvres.

Les dents molaires sont hérissées de pointes comme dans les Insectivores, les canines sont très-longues et aiguës : aussi l'estomac est petit, sans étranglement ni complication. L'intestin, d'un calibre uniforme, est court et sans cœcum. Les Chauve-Souris frugivores ont les dents et les intestins analogues à leur régime, les molaires sont à peu près à couronne plate. L'intestin est six fois plus long que le corps, et l'estomac partagé en deux cavités par un étranglement: aussi sont-elles, à un moindre degré que les autres, pourvues des développemens organiques qui constituent le type de cette grande famille. Dans toutes, les os pubis restent écartés pour rendre l'accouchement plus facile, à cause du peu de développement du bassin toujours proportionné aux membres postérieurs. Elles ne portent ordinairement qu'un petit, jamais plus de deux.

Par l'excès de longueur de leurs doigts; le nombre et la situation pectorale de leurs mamelles, excepté chez les Rhinolophes ; la grosseur permanente de la verge, libre et pendante sur les testicules ; la figure de leurs dents, analogues à celles des Singes chez les Roussettes, et à celles des Makis, pour le nombre et la direction, chez les Chauve-Souris proprement dites; par leurs abajoues; enfin, par tous les traits de leur caractère moral, les Chauve-Souris expliquent et justifient la pensée de Linné qui les plaça, à côté des Singes et des Lémuriens, dans l'ordre des Antropomorphes ou Primates, le premier de son système. V. ANTROPOMORPHES. Leur promotion au premier rang de l'organisation n'eût pas tant révolté Buffon, si ce grand écrivain eût mieux connu les rapports naturels de ces êtres avec ceux dont Linné les rapprochait. Car à ne considérer que leur qualité d'Insectivores, elles se rapprochent autant des Makis et Lémuriens que des Carnassiers du même régime. Or, une habitude n'est pas un caractère, et par le nombre général des incisives, celui de six en bas étant propre à deux seulement des vingt-un petits genres qui le constituent, cet ordre se rattache nécessairement aux Quadrumanes et non aux Carnassiers, d'autant mieux que tous les Makis eux-mêmes ont six incisives inférieurement.

Jusqu'à Geoffroy Saint-Hilaire, les Chauve-Souris avaient été classées d'après le seul caractère bien ou mal entendu fourni par le nombre des dents incisives. Le premier il a rectifié les indications fautives établies sur ces organes; il reconnut que la crénelure ordinaire de ces dents, sur leurs bords horizontaux, avait donné lieu à l'erreur de Pallas, qui, dupe des apparences, assignait à la mâchoire inférieure du *Vespertilio pictus*, huit incisives au lieu de six qui y sont réellement. D'autre part, Daubenton n'en avait pas observé en haut au *Vespertilio Ferrum-Equinum*. Or, Geoffroy reconnut que ces incisives sont souvent caduques, inférieurement à cause de la compression de leurs alvéoles par l'excès de grandeur des canines, et supérieurement par la même cause, et aussi, dans plusieurs espèces, par l'obstacle qu'oppose à leur développement et à celui même des os intermaxillaires, l'amplitude extrême des fosses nasales et de leurs entonnoirs. D'où résulte même quelquefois le défaut de ces derniers os, comme nous en avons déjà vu un exemple chez les Bradypes. L'on voit donc que ces états si variés de dégradation de l'inter-maxillaire, jusqu'à sa disparution totale par des causes manifestes et parfaitement mesurables, ôtent à ce caractère du nombre des incisives sa valeur comparative par rapport aux genres plus ou moins voisins. Mais par cela même, l'existence ou l'absence des incisives se rattachant à des diversités secondaires de l'organisation de ce type; si on combine leurs indications avec celles qui résultent des modifications ordinairement correspondantes de l'intestin, des ailes, de la queue et de la membrane inter-fémorale, il en résulte des caractères suffisans pour ordonner les Chauve-Souris dans des

divisions bien tranchées. C'est ce qu'a fait Geoffroy dans les Annales, les Mémoires du Muséum d'Histoire Naturelle, dans la Description de l'Égypte, et, en dernier lieu, dans un travail encore inédit, dont nous donnons le tableau au mot CHEIROPTÈRES.

La grande pluralité des espèces de cet ordre habite entre les Tropiques en dehors desquels elles sont d'autant moins nombreuses qu'on s'en éloigne davantage. Deux genres sont propres à l'Amérique, les Glossophages et les Phyllostomes; tous les autres genres sont représentés dans les deux continens ou dans leurs archipels par des espèces qui ne sont jamais identiques d'un continent à l'autre, et dans le même continent sur deux points un peu distans. Leurs cantonnemens sont très-circonscrits au contraire à cause de leurs habitudes nocturnes.

On n'a fait long-temps que deux divisions parmi les Chauve-Souris d'après l'étendue de leurs organes du vol et la forme de ceux de la digestion, savoir: les Vespertilions et les Roussettes; mais chacun de ces deux groupes exige un grand nombre de subdivisions que Geoffroy a portées à seize pour les Vespertilions, et à cinq pour les Chauve-Souris frugivores. Comme les motifs de ces subdivisions ont pour objet les proportions de développement de tel ou tel organe, nous exposerons ces motifs en décrivant chaque petit genre qui en résulte. Le nom de Chauve-Souris, avec une épithète spécifique, a été donné à un assez grand nombre d'espèces appartenant à des genres différens de cette famille. Voici ces noms avec l'indication des genres où il en sera traité:

CHAUVE-SOURIS BARBASTELLE. *V.* OREILLARDS.

CHAUVE-SOURIS, BEC DE LIÈVRE. *Vespertilio Leporinus. V.* NOCTILION.

CHAUVE-SOURIS CAMPAGNOL VOLANT. *V.* NYCTÈRE.

CHAUVE-SOURIS CÉPHALOTE. *V.* CHEIROPTÈRES.

CHAUVE-SOURIS COMMUNE. *V.* VESPERTILION.

33*

CHAUVE-SOURIS CORNUE ou VAM-
PIRE. *V*. PHYLLOSTOME.

CHAUVE-SOURIS DE LA GUIANE.
V. MOLOSSE.

CHAUVE-SOURIS FER A CHEVAL.
V. RHINOLOPHE.

CHAUVE-SOURIS FER DE LANCE.
V. PHYLLOSTOME.

CHAUVE-SOURIS (GRANDE) FER DE
LANCE DE LA GUIANE. *V*. PHYL-
LOSTOME.

CHAUVE-SOURIS FEUILLE. *V*. MÉ-
GADERME.

CHAUVE-SOURIS KIRIWOULA. *V*.
VESPERTILION.

CHAUVE-SOURIS (GRANDE) SERRO-
TINE DE LA GUIANE. *V*. VESPER-
TILION.

CHAUVE-SOURIS LEROT VOLANT.
V. TAPHIEN.

CHAUVE-SOURIS MARMOTTE VO-
LANTE. *V*. VESPERTILION.

CHAUVE-SOURIS MULOT VOLANT.
V. MOLOSSE.

CHAUVE-SOURIS MUSAREIGNE. *V*.
PHYLLOSTOME.

CHAUVE-SOURIS MUSCARDIN VO-
LANT. *V*. VESPERTILION.

CHAUVE-SOURIS NOCTULE. *V*. VES-
PERTILION.

CHAUVE-SOURIS OREILLARD. *V*.
OREILLARDS.

CHAUVE-SOURIS PIPISTRELLE. *V*.
VESPERTILION.

CHAUVE-SOURIS RAT VOLANT, *V*.
MYOPTÈRES.

CHAUVE-SOURIS SERROTINE. *V*.
VESPERTILION.

CHAUVE-SOURIS DE TERNATE. *V*.
VESPERTILION. (A. D..NS.)

CHAUVE-SOURIS. POIS. On a
quelquefois donné ce nom à diverses
Lophies et à la Mourine, à cause de
la forme générale et de la couleur de
ces Poissons. (B.)

CHAUX. MIN. Cette substance,
une des plus répandues dans la nature, ne s'y rencontre pourtant jamais à l'état de pureté ou même de
liberté. Son avidité pour les Acides et
surtout pour celui qui, sous forme
gazeuze, fait constamment partie de
l'air atmosphérique quoique n'y étant
pas essentiel, doit nécessairement
s'opposer à ce qu'elle conserve ses
propriétés, lors même qu'on supposerait qu'il pût s'en produire dans les
éruptions volcaniques ou par toute
autre cause dont nous ne pouvons
apprécier la nature. Ainsi, ne regardons pas comme Chaux native celle
que d'anciens minéralogistes disent
avoir été trouvée, soit en Afrique, soit
en certaines contrées d'Europe. Les
qualités physiques et les autres propriétés caractéristiques de cette dernière substance, sont d'ailleurs trop
vaguement exprimées par ces auteurs
pour nous convaincre que ce soit de la
Chaux proprement dite qu'ils aient
voulu parler. Mais la Chaux combi-
née avec les Acides et formant des
sels, ou bien constituant des pierres
par son union avec la Silice, l'Alumine et d'autres substances terreuses,
combinaisons que l'on regarde maintenant comme des sels extrêmement
complexes, la Chaux, sous ces états
divers, se trouve très-abondamment
dans les trois règnes.

L'analyse chimique démontre sa
présence dans beaucoup de Végétaux; unie à l'Acide phosphorique,
elle est la base des parties les plus
solides des Animaux, et personne
n'ignore que des chaînes immenses de montagnes sont entièrement
formées de Carbonate de Chaux,
vulgairement nommé *Calcaire*; que
le Sulfate de Chaux, sous le nom
de Gypse ou Plâtre, constitue,
à lui seul, de vastes terrains, etc.
Cette extrême abondance d'une matière inorganique en atteste l'utilité dans l'économie de l'univers; la
plupart des sels calcaires sont d'une
solidité, d'une insolubilité qui les rendent presque inaltérables et donnent
par conséquent beaucoup de fixité aux
corps qui en renferment. Mais si la
Chaux existe en grande quantité dans
les êtres organisés, comment, étant si
peu soluble, ainsi que les sels dont
elle est un des corps constituans, peut-
elle s'y produire? Il est facile de résoudre cette question, en réfléchissant d'abord que l'insolubilité des
sels calcaires les plus communs, tels

que le Carbonate et le Sulfate, n'est que relative : la plupart des eaux naturelles en tiennent en dissolution ; quelques-unes en sont même saturées au point d'obstruer, par leurs dépôts successifs, les canaux par où l'art les fait écouler. En second lieu, on sait qu'il existe un sel à base de Chaux qui est au plus haut degré déliquescent : ce sel, nommé Hydrochlorate de Chaux, trouve à chaque instant, et dans une multitude de circonstances, les conditions nécessaires de sa formation, et c'est probablement en cet état que la Chaux existe le plus souvent dans les Plantes, ou du moins que ce sel y est transporté jusqu'aux organes qui le convertissent en Carbonate, Phosphate, etc.

La Chaux n'est pas un élément des corps organisés ; les Animaux, où nous en trouvons une si grande quantité, la puisent toute dans leurs alimens qui l'ont reçue du règne minéral. On a observé que ceux qui étaient nourris de substances privées complétement de Chaux n'en contenaient pas du tout dans leurs organes ; que ceux qui étaient soumis à un tel régime, après le développement de leurs parties osseuses, devenaient faibles et rachitiques. Les êtres organisés n'ont donc pas de tissu où la Chaux entre comme élément ; elle n'y est reçue qu'accidentellement et comme dans des réseaux pour augmenter leur solidité.

L'histoire détaillée de certains sels de Chaux, étant seule de la compétence de ce Dictionnaire (puisqu'il a pour objet la description exclusive des corps naturels), cette histoire sera exposée plus bas sous le point de vue minéralogique. Néanmoins, pour une plus parfaite intelligence de cet article, et aussi par la raison que ce produit de substances naturelles a des usages extrêmement multipliés, nous allons donner un aperçu succinct sur ses qualités physiques, sa nature ainsi que ses propriétés chimiques, sur son extraction, et quelques-uns de ses nombreux emplois.

La Chaux, considérée jusque vers l'année 1807, comme un corps simple, est, ainsi que nous allons bientôt l'expliquer, un Oxide métallique blanc, caustique, attirant l'humidité et l'Acide carbonique de l'air, d'une pesanteur spécifique, d'après Kirwan, de 2, 30, fusant par l'eau, c'est-à-dire, augmentant de volume et se réduisant en poussière avec un dégagement de calorique qui va quelquefois jusqu'à l'ignition, ne subissant aucune altération par le plus violent feu de forge, et cristallisable en prismes rhomboïdaux.

La cristallisation de la Chaux est une opération des plus délicates. Gay-Lussac a obtenu de la Chaux cristallisée, en plaçant de l'eau de Chaux concentrée à côté d'une capsule d'Acide sulfurique sous le récipient de la machine pneumatique ; mais ces cristaux se changeaient en Carbonate, immédiatement après leur contact avec l'air. Elle s'unit avec la plus grande facilité à la plupart des Acides, et forme des combinaisons dont la nature est variable. Tantôt il en résulte un sel, soit neutre, soit acide, composé de la Chaux même saturée par l'Acide qu'on lui a présenté ; tantôt les élémens des deux corps se dissocient en donnant naissance à de nouveaux composés, où la Chaux a perdu un de ses principes. C'est ainsi que se forment les Chlorure, Iodure, Phosphure et Sulfure de Calcium. Dans son contact avec l'eau, elle entre aussi en combinaison chimique avec ce fluide, le solidifie et se change en un corps du genre de ceux que Proust a nommés Hydrates. Cependant, malgré son aptitude à cette combinaison, la Chaux n'est que peu soluble dans l'eau ; celle-ci en dissout à peu près la quatre centième partie de son poids, et la dissolution, connue sous le nom d'Eau de Chaux, quoique très-faible, a une saveur âcre, urineuse, et même caustique.

Cette saveur, qui est un résultat de la solubilité, ainsi que la tendance à se combiner avec les Acides, avaient fait placer la Chaux sur la ligne de séparation entre les Terres et les Alcalis, lorsqu'on considérait les bases salifiables autres que les Oxides comme des substances simples; c'était, disait-on, une terre subalcaline. Sir Humphry Davy ayant décomposé par la pile voltaïque la Potasse et la Soude, et ayant prouvé que ces prétendus corps simples étaient de véritables Oxides métalliques, on fut, par analogie, autorisé à croire que les autres bases salifiables avaient une composition semblable. Ce qui n'a pas encore été prouvé pour la Silice, l'Alumine, et quelques autres Terres, l'a été pour la Chaux par le docteur Séebeck et par le célèbre Davy, en produisant, au moyen de la pile, un amalgame de Mercure et du métal de la Chaux, et en obtenant celui-ci par une distillation soignée. Le Calcium ainsi préparé est tellement avide d'Oxigène, qu'il l'enlève à presque tous les autres corps et se détruit instantanément par son contact avec l'air atmosphérique : aussi ses propriétés sont-elles presque entièrement inconnues. Ce n'est que d'après la proportion des principes constituans des sels à base de Chaux, qu'on est parvenu à savoir que celle-ci est composée de 100 de Calcium et de 39,86 d'Oxigène.

La Chaux ne se retire en abondance que du Carbonate de Chaux naturel : le plus dense fournit en général la meilleure ; c'est pourquoi on prend de préférence le Calcaire le plus compacte, celui du Jura, par exemple, et on le calcine dans de grands fourneaux auxquels on donne la forme la plus avantageuse pour que toute la pierre à Chaux reçoive une quantité de chaleur suffisante ; car dans le cas où elle contiendrait un peu de Silice, et où la chaleur serait trop forte, elle se *friterait*, c'est-à-dire, que par sa combinaison avec cette terre, elle acquerrerait une qualité vitreuse qui lui donnerait de la défectuosité ; exempte de Silice, une température excessive et prolongée ôterait également à la Chaux quelques-unes de ses propriétés, d'après ce que Berzélius nous a appris du changement de l'état des corps par le calorique. On fait

aussi de la Chaux en calcinant les écailles d'Huîtres qui sont formées de Carbonate et d'un peu de Phosphate de Chaux. Celle que l'on obtient par ce procédé est inférieure à la Chaux de Pierres calcaires, pour la confection des mortiers.

Lorsqu'on veut se procurer de la Chaux à l'état de pureté, on calcine, dans les laboratoires de Chimie, le Marbre blanc (Chaux carbonatée saccharoïde), et on conserve le produit dans des flacons bien bouchés.

Les usages de la Chaux sont trop connus pour que nous voulions les signaler tous ici. Qu'il nous suffise de rappeler que, par son avidité pour l'Acide carbonique ou plutôt à cause de la cohésion de son Carbonate, elle enlève cet Acide à la Potasse et à la Soude, et qu'elle sert ainsi dans les savonneries, les verreries, etc. On lave les Céréales dans l'eau de Chaux pour les préserver du charbon et de la carie. Cette eau est un médicament très-utile tant extérieurement qu'intérieurement. La Chaux enfin est la base des mortiers : mêlée avec du sable, de la brique pilée, des Oxides métalliques, elle forme ces cimens dont l'inaltérabilité augmente progressivement avec le temps. Cette dureté des mortiers n'est pas uniquement le résultat de la conversion de la Chaux en Carbonate; elle vient aussi d'une combinaison intime entre la Silice, les Oxides, l'Eau, la Chaux, en un mot, entre tous les élémens des mortiers. *V.*, pour plus de détails à ce sujet, les intéressans Mémoires sur les Mortiers, par Vicat, insérés dans les Annales de Chimie et de Physique pour 1819 et 1820.

Les anciens chimistes et minéralogistes donnaient le nom de *Chaux métalliques* aux Oxides, parce que la plupart d'entre eux étaient le résultat de l'exposition des Métaux à l'action d'un feu violent, opération qu'ils appelaient calcination. Ils croyaient qu'alors s'opérait le dégagement d'un corps imaginaire qu'ils nommaient Phlogistique, et que leurs Chaux métalliques étaient des corps plus simples que les Métaux. La multitude de faits dont la Chimie s'est enrichie depuis quarante ans, a tellement détruit ces opinions erronées, que nous ne chercherons aucunement à en démontrer la fausseté. (G..N.)

La Chaux est la base d'un genre minéralogique formé de plusieurs substances acidifères, telles que la Chaux carbonatée, l'Arragonite, la Chaux fluatée, la Chaux phosphatée, et quelques autres dont nous allons donner ici la description. Elle entre aussi comme élément essentiel dans la composition d'un grand nombre de Pierres, telles que l'Amphibole, le Pyroxène, le Grenat, l'Épidote, l'Idocrase, etc. *V.* ces mots.

CHAUX ARSÉNIATÉE, Pharmacolithe de Karsten; Arsenikblüthe de Werner; Arséniate de Chaux des chimistes. Cette espèce ne s'est point encore rencontrée dans la nature à l'état de cristaux, mais seulement sous la forme de petits mamelons, ou de filets capillaires, dont la surface est quelquefois colorée par du Cobalt arséniaté d'un rouge de lilas. Elle résulte, suivant Berzélius, de la combinaison d'un atôme d'Arséniate simple de Chaux et de six atômes d'Eau. Cette composition atomistique s'accorde parfaitement avec l'analyse de Klaproth, qui a obtenu de cette substance, sur 100 parties, 50,54 d'Acide arsénique, 25 de Chaux, et 24,46 d'Eau. Sa couleur ordinaire est le blanc de lait; sa pesanteur spécifique est de 2,54. Elle est très-tendre, non soluble dans l'eau, mais soluble, sans effervescence, dans l'Acide nitrique. Elle exhale une odeur d'Ail par le chalumeau. Cette substance qui a son gissement dans les terrains les plus anciens, a été trouvée à Wittichen en Souabe, où elle a pour gangue un Granit à gros grains, renfermant du Gypse et de la Baryte sulfatée; on la rencontre aussi à Andreasberg au Harz, à Riegelsdorf en Thuringe, et à Sainte-Marie-aux-Mines, en France.

CHAUX ANHYDROSULFATÉE. *V.* CHAUX SULFATÉE ANHYDRE.

CHAUX BORATÉE SILICEUSE, Haüy;

Datholit de Werner; Borosilicate de Chaux des chimistes. Ce Minéral se présente sous des formes que l'on peut rapporter à un prisme droit rhomboïdal, dont elles portent l'empreinte. Suivant Haüy, la plus grande incidence des pans de ce prisme serait de 109° 28'; mais, d'après un travail récent de Levy, qui a mesuré, à l'aide du gonyomètre à réflexion, les inclinaisons des faces de plusieurs cristaux bien prononcés, cette incidence ne serait que de 103° 40'. Haussmann avait depuis long-temps indiqué l'angle de 102° 1/2. Cette substance est formée, suivant Berzélius, d'un atôme de Quadriborate de Chaux, d'un atôme de Bisilicate de Chaux et d'un atôme d'Eau, ainsi qu'il résulte de l'analyse suivante de Klaproth : 35,5 de Chaux, 36,5 de Silice, 24 d'Acide borique et 4 d'Eau sur 100. La Datholite raye la Chaux fluatée; sa pesanteur spécifique est de 2,98. Ses fragmens, exposés à la flamme d'une bougie, blanchissent et deviennent friables. Sa poussière se réduit en gelée dans l'Acide nitrique chauffé. Elle a été découverte par Esmark dans la mine de Fer d'Arendal en Norwège, où elle est associée au Talc et à la Chaux carbonatée laminaire. On a trouvé dans le même terrain une concrétion formée de couches concentriques, rougeâtre à l'extérieur, et grise à l'intérieur, à cassure écailleuse et à tissu fibreux, que les minéralogistes rapportent à la même espèce : c'est elle que Léonhard a décrite sous le nom de *Botryolit.* Ce Minéral avait d'abord été décrit par Abilgaard de Copenhague, sous le nom de Zéolithe semi-granulaire; Gahn et Haussmann ont déterminé les premiers sa nature; et, selon Klaproth, sa composition ne diffère de celle du Datholit que par une moindre quantité d'Acide borique, et la présence d'un peu d'Oxide de fer.

On a également rapporté à la même espèce une substance en petits cristaux transparens qui vient du Seisser-Alpe, en Tyrol. Mais Levy pense qu'elle doit en être séparée d'après les caractères cristallographiques, ses formes ne pouvant être dérivées que d'un prisme rhomboïdal à base oblique, et il propose de la nommer *Humboldtite*, dans le cas où il serait nécessaire, après que l'analyse en aura été faite, de lui donner une nouvelle dénomination.

CHAUX CARBONATÉE, Carbonate de Chaux des chimistes; calcaire des géologues; Kalkstein de Werner. Cette espèce est caractérisée par sa forme primitive, qui est un rhomboïde obtus, dans lequel l'incidence de deux faces prises vers un même sommet est de 105° 5', d'après les mesures de Malus et de Wollaston. Huyghens avait également trouvé l'angle de 105°. Haüy, se fondant sur un résultat spécieux d'observation plutôt que sur des mesures directes, a adopté l'angle de 104° 28'. Il avait remarqué que les prismes hexaèdres réguliers que présente le Carbonate de Chaux se clivaient obliquement de manière que les faces naturelles, mises à découvert, étaient à peu près également inclinées aux pans adjacens et aux bases des prismes, et en supposant cette égalité rigoureuse, il avait été conduit au rapport très-simple de $\sqrt{3}$ à $\sqrt{2}$ entre les diagonales, de chaque rhombe de la forme primitive, et par suite à des mesures d'angles, relatives aux formes secondaires, très-sensiblement d'accord avec les résultats de l'observation. Les joints parallèles aux faces du rhomboïde primitif s'obtiennent avec la plus grande facilité, et sont d'une netteté remarquable; quelquefois on aperçoit d'autres joints qui ne se montrent que par accident, et qui sont le plus ordinairement parallèles aux bords supérieurs du rhomboïde : ce sont ces joints qu'Haüy a nommés *surnuméraires*.

La Chaux carbonatée est formée, suivant Berzélius, d'un atôme de Chaux et de deux atômes d'Acide carbonique, et cette composition s'accorde parfaitement avec le résultat suivant d'analyse obtenu par Biot et Thénard : Chaux 56,351, Acide carbonique 42,919, Eau 0,73, total 100.

Pesanteur spécifique des rhomboï-

des transparens, connus sous le nom de *Spath d'Islande*, 2,696. Dureté moyenne entre celle du Gypse et de la Chaux fluatée. Réfraction double à un haut degré, même à travers deux faces parallèles. Électricité très-énergique, développée par le simple contact du doigt, dans les morceaux les plus purs. Éclat ordinairement vitreux. Soluble avec effervescence dans l'Acide nitrique; réductible en Chaux par la calcination.

Les variétés de ce Minéral sont extrêmement nombreuses. Haüy a partagé leur série en trois sous-divisions : les formes déterminables, les formes indéterminables et les formes imitatives.

† *Formes déterminables.*

Aucune espèce minérale n'est plus féconde que la Chaux carbonatée en modifications de formes cristallines. Ces modifications secondaires sont ou des rhomboïdes ou des dodécaèdres à triangles égaux, le plus souvent scalènes, ou enfin des combinaisons de ces deux espèces de formes. Parmi ces dernières se rencontre le prisme hexaèdre régulier, dont les pans peuvent être considérés comme la limite des rhomboïdes qui naissent par décroissement sur les angles inférieurs du noyau, ou sur ses bords inférieurs, et dont les bases au contraire sont la limite des rhomboïdes qui résultent des décroissemens sur l'angle supérieur. Nous nous bornerons à citer ici quelques-unes des formes secondaires les plus simples et les plus communes.

1. CHAUX CARBONATÉE ÉQUIAXE. Rhomboïde très-obtus, dont l'axe est égal à celui du noyau qu'il renferme. Un décroissement par une simple rangée sur les bords supérieurs de ce noyau, lui donne naissance. Est commune au Harz, en Bohême, etc.

2. CH. CARB. INVERSE. Rhomboïde aigu, dont les angles plans sont égaux aux angles saillans du noyau, et réciproquement, dont les angles saillans sont égaux aux angles plans du noyau. Il résulte d'un décroissement par une simple rangée sur les angles latéraux de la forme primitive. On trouve cette variété à Cousons, près de Lyon.

et dans les bancs de calcaire des environs de Paris.

3. CH. CARB. MÉTASTATIQUE. Dodécaèdre à triangles scalènes, sur lequel sont, pour ainsi dire, transportés les angles plans et saillans du noyau. Il résulte d'un décroissement par deux rangées sur les bords inférieurs. La coïncidence des angles de la forme primitive et de ceux du dodécaèdre secondaire n'a lieu rigoureusement que lorsqu'on adopte le rapport de $\sqrt{3}$ à $\sqrt{2}$ pour celui des diagonales du noyau. Cette variété est commune dans les mines du Derbyshire en Angleterre.

4. CH. CARB. PRISMATIQUE. Prisme hexaèdre régulier, dont les pans résultent d'un décroissement par deux rangées sur les angles inférieurs du noyau, et dont les bases naissent d'un décroissement par une simple rangée sur les angles supérieurs. Se trouve dans les mines du Harz, de la Saxe et de la Bohême.

5. CH. CARB. DODÉCAÈDRE. Combinaison des pans de la variété précédente avec les faces de l'équiaxe. Les anciens minéralogistes lui donnaient le nom de Spath calcaire en tête de clou. On la trouve au Derbyshire.

6. CH. CARB. ANALOGIQUE. Combinaison de la variété précédente avec les faces de la métastatique. Elle est remarquable par le grand nombre d'analogies ou de rapports qu'elle offre avec les formes décrites précédemment.

Les variétés de couleurs sont la Chaux carbonatée blanchâtre ou jaunâtre, la rouge de rose, la jaune, la violette et la grisâtre.

†† *Formes indéterminables.*

Les principales variétés qui appartiennent à cette sous-division sont : 1° la CHAUX CARB. PRIMITIVE CONVEXE ou à faces bombées; 2° la LENTICULAIRE, ou le rhomboïde équiaxe arrondi en forme de Lentille; 3° la SPICULAIRE, qui paraît dériver du rhomboïde inverse ou d'un autre encore plus aigu, et qui forme des espèces de bouquets à la surface des concrétions calcaires; 4° la MADRÉPORI-

TE, d'un gris-noirâtre, qui présente comme un faisceau de baguettes serrées les unes comme les autres; 5° l'ACICULAIRE, à aiguilles conjointes ou divergentes; 6° la FIBREUSE d'Angleterre, dont les fibres sont droites et ont un aspect soyeux; 7° la LAMELLAIRE, à laquelle se rapporte le Marbre dit *de Paros;* 8° la SACCHAROÏDE, dont le grain ressemble à celui du Sucre, et qui est le Marbre statuaire des modernes : 9° la GRANULAIRE COQUILLIÈRE, vulgairement nommée *Marbre lumachelle,* qui renferme un grand nombre de Coquilles la plupart brisées; elles ont quelquefois des reflets opalins, comme dans celle qu'on trouve au Bleyberg en Carinthie; 10° la COMPACTE, tantôt massive et dendritique, tantôt schistoïde, et propre à l'art de la lithographie, souvent globuliforme ou *oolitique,* en globules libres ou agglutinés par un ciment calcaire; 11° la GROSSIÈRE, vulgairement *Pierre à bâtir,* à cassure terne ou terreuse, souvent coquillière : les Cérites abondent dans celle des environs de Paris; 12° la CRAYEUSE, nommée communément *Craie,* qui est friable et blanche dans l'état de pureté; 13° enfin la PULVÉRULENTE, qu'on appelait anciennement *Farine fossile,* et qui recouvre assez souvent la surface de la Chaux carbonatée grossière.

††† *Formes imitatives.*

A cette sous-division appartiennent: la CHAUX CARB. PSEUDOMORPHIQUE CONCHILIOÏDE, qui comprend la plupart des Coquilles fossiles, telles que les Térébratules, les Bélemnites, etc. — La FISTULAIRE, appelée vulgairement *Stalactite calcaire,* à texture ordinairement lamelleuse. *V.* au mot STALACTITE, la manière dont ces concrétions tubulées sont produites. — La STRATIFORME, vulgairement *Stalagmite calcaire,* formée de couches qui s'étendent par ondulations, et dont les couleurs varient entre le jaunâtre, le jaune de Miel, le rouge et le brun : c'est cette variété qui fournit l'Albâtre calcaire. — La GÉODIQUE, vulgairement *Géode calcaire,* garnie intérieurement de cristaux qui appartiennent à la variété métastatique. — La CH. CARB. INCRUSTANTE, recouvrant différens corps, tels que des branches ou des feuilles d'Arbres. — Enfin la SÉDIMENTAIRE, ou le Tuf calcaire.

La Chaux carbonatée appartient à toutes les époques de formation. C'est une des substances le plus abondamment répandues dans la nature. A l'état de roche simple, elle forme, dans une multitude d'endroits, de grandes masses indépendantes, ou des bancs d'une épaisseur plus ou moins considérable. Dans les terrains primordiaux, elle présente la texture cristalline des variétés lamellaires et saccharoïdes. Les terrains de sédiment offrent les variétés d'un tissu plus grossier, tels que les Marbres ordinaires, la Craie, la Chaux carbonatée grossière, etc. V., pour la distinction et l'histoire des différentes roches formées par le Carbonate de Chaux, les mots CALCAIRE et GÉOLOGIE.

La même substance existe sous la forme de globules dans plusieurs des roches qu'on nomme Amygdalaires, telles que le Diorite ou Grünstein, le Mandelstein secondaire et la Wacke. Elle fait fonction de principe constituant, ou est à l'état de mélange intime dans diverses roches, telles que la Dolomie, le Gypse grossier et la Marne. Dans d'autres elle se montre sous la forme de veines ou de petites masses. En différens endroits, mais surtout au Harz et dans le Derbyshire, elle s'associe à la formation des filons de Plomb sulfuré, de Zinc sulfuré et autres substances métalliques. Les substances pierreuses qui l'accompagnent le plus ordinairement sont la Chaux fluatée, la Baryte sulfatée et le Quarz.

Les usages de la Chaux carbonatée sont extrêmement nombreux. Le plus important de tous est de servir à la construction des édifices, sous le nom de Pierre à bâtir. On en distingue différentes variétés dépendantes de la contexture et de la solidité de la Pierre. Celle qu'on nomme de liais, dont le grain est plus serré, est em-

ployée pour les chapiteaux, les colonnes et les chambranles. La variété compacte schistoïde est substituée aux planches de cuivre qui servent pour la gravure : c'est la pierre connue vulgairement aujourd'hui sous le nom de Lithographique. Il en existe une carrière en France, près de Châteauroux, département de l'Indre. La Chaux carbonatée grossière, réduite à l'état de Chaux par l'action du feu, sert à la composition du mortier qui contribue à la solidité de nos constructions. Tout le monde connaît l'usage que l'on fait de la même substance, lorsqu'elle est à l'état de Marbre. Le Marbre blanc ou le Marbre statuaire des modernes se tire de la carrière de Carrara, sur la côte de Gênes. Parmi les Marbres colorés, on distingue le Bleu-Turquin, qui est d'un bleu-grisâtre, et le Marbre Cipolin, qui est d'un blanc-grisâtre avec des veines de Talc verdâtre. On emploie le premier pour faire des dessus de tables et des revêtemens de consoles ; le second sert principalement à faire des colonnes. On travaille en Angleterre la variété fibreuse de Chaux carbonatée, pour en faire des bijoux d'une forme arrondie qui facilite le développement des reflets satinés qui semblent se jouer à la surface. On emploie pour l'ameublement la variété concrétionnée dont nous avons parlé sous le nom d'Albâtre.

A la suite des variétés de Chaux carbonatée pure, Haüy a réuni dans un appendice plusieurs substances dans lesquelles le Carbonate de Chaux est plus ou moins intimement pénétré de principes étrangers, et dont nous allons offrir l'énumération et les propriétés essentielles.

1. CHAUX CARBONATÉE BITUMINIFÈRE, vulgairement Marbre noir de Dinant, de Namur, etc. Couleur noire, odeur bitumineuse par l'action du feu ; soluble avec effervescence dans l'Acide nitrique ; au chalumeau elle perd sa couleur et devient blanche.

2. CHAUX CARBONATÉE FERRIFÈRE ; couleur, le gris-noirâtre ou le noir

brunâtre ; pesanteur spécif. , 2,814 ; susceptible de clivage, et donnant le rhomboïde primitif de la Chaux carbonatée ; réductible au chalumeau en un globule noir et attirable ; ses cristaux présentent plusieurs des formes de la Chaux carbonatée ordinaire , telles que la primitive , l'équiaxe, l'inverse, etc. On les trouve engagés dans une Chaux sulfatée , compacte , grise , aux environs de Salzbourg en Bavière , et près de Hall en Tyrol.

3. Chaux carbonatée ferro-manganésifère , Chaux carbonatée brunissante , Braunspath de Werner; soluble lentement dans l'Acide nitrique , noircissant par l'action du feu ; les fragmens, chauffés au chalumeau , agissent sur l'aiguille aimantée ; la plupart des variétés ont un éclat perlé; celles qui sont blanches s'altèrent souvent par leur exposition à l'air, et passent successivement au brun clair et au brun foncé. Cette substance paraît être un mélange de Carbonate de Chaux , de Carbonate de Fer et de Carbonate de Manganèse. On en connaît plusieurs variétés : la primitive en rhomboïdes contournés, la squammiforme en rhomboïdes serrés les uns contre les autres , de manière à imiter un tissu écailleux ; l'incrustante , en petites écailles qui recouvrent des cristaux de Chaux carbonatée pure. On trouve le Spath brunissant près de Schemnitz en Hongrie , à Schneeberg en Saxe , et dans beaucoup d'autres endroits.

4. Chaux carbonatée fétide , Stinckstein, W.; vulgairement Pierre de Porc donnant par le frottement une odeur fétide analogue à celle des Œufs pourris , et qu'elle doit à une certaine quantité d'Hydrogène sulfuré; d'une couleur blanchâtre ou grise; soluble avec une vive effervescence dans l'Acide nitrique ; au chalumeau elle perd son odeur. Elle présente les mêmes modifications de formes que le Carbonate de Chaux ordinaire ; mais on la rencontre plus souvent à l'état laminaire ou terreux.

5. Chaux carbonatée magnési-fère, vulgairement Dolomie, Bitter-

spath , de Wern. Cette substance , qui est une combinaison de Carbonate de Chaux et de Carbonate de Magnésie, est généralement regardée aujourd'hui comme formant une espèce distincte de la Chaux carbonatée , tant par sa composition chimique que par ses caractères cristallographiques , sa forme primitive différant , par la mesure de ses angles, de celle de ce dernier Minéral. Son histoire doit donc être traitée séparément , et nous la renvoyons au mot Dolomie.

6. Chaux carbonatée manganésifère rose , variété du Braunspath des Allemands. Cette substance est un mélange de Carbonate de Chaux et de Carbonate de Manganèse , d'après l'analyse que Klaproth en a faite. Elle est d'un rouge de rose qu'elle doit à la présence du Manganèse. Suivant quelques minéralogistes , les rhomboïdes contournés que l'on regarde comme ses formes cristallines appartiendraient en propre au Carbonate de Manganèse qui existe isolément dans la nature, et présente les mêmes circonstances géologiques. La substance dont il s'agit a été découverte à Nagy-ag en Transylvanie , où elle sert de gangue au Tellure. On en a trouvé aussi une variété laminaire dans la vallée d'Aoste en Piémont.

7. Chaux carbonatée nacrée, Schieferspath et Schaumerde de Werner ; on en distingue deux variétés : la Testacée dite *Spath schisteux* , qui résulte de la superposition d'une multitude de cristaux lamelliformes, qu'on peut rapporter à la variété basée d'Haüy , et la Lamellaire ou l'écume de terre des Allemands. On trouve la première en Saxe et en Norwège , et la seconde en Misnie et en Thuringe, dans les terrains calcaires.

8. Chaux carbonatée quarzifère , vulgairement appelée Grès cristallisé de Fontainebleau ; en cristaux pénétrés abondamment de grains quarzeux, qui ont absolument la même forme et la même structure que le rhomboïde de la Chaux carbonatée inverse. Leur surface exté-

rieure est d'un blanc-grisâtre, et la cassure est écailleuse et brillante sous certains aspects ; ils rayent le verre et étincèlent souvent par le choc du briquet ; leur pesanteur spécifique est de 2,6 ; ils sont solubles en partie avec effervescence dans l'Acide nitrique. Cette substance ne s'est encore trouvée qu'en France, dans les carrières de Grès voisines de Fontainebleau, et aux environs de Nemours. Les cristaux se réunissent en groupes, ou sont engagés solitairement dans le sable. Elle est quelquefois sous la forme d'une concrétion, composée de mamelons disposés en grappe. On a donné à cette variété le nom de Grès en Chou-Fleur.

9. Chaux carbonatée dure de Bournon. V. Arragonite.

10. Chaux fluatée, Fluss, Werner, Spath fluor, Spath fusible et Spath vitreux des anciens minéralogistes. Cette espèce est caractérisée par sa forme primitive, qui est l'octaèdre régulier, et par sa composition chimique, qui résulte de la combinaison d'un atôme de base avec un atôme d'Acide fluorique. Suivant Klaproth, elle contient en poids 67,75 de Chaux et 32,25 d'Acide fluorique sur cent parties. Cette substance se clive avec la plus grande facilité, et l'on retire à volonté de ses fragmens l'octaèdre régulier, le tétraèdre régulier, et le rhomboïde de 60 et 120 degrés, qui est la molécule soustractive à l'aide de laquelle on calcule les lois de décroissemens. Les principaux caractères qui peuvent servir à faire reconnaître cette espèce sont les suivans : son éclat est vitreux ; elle raye la Chaux carbonatée; elle est facilement rayée par une pointe d'acier. Sa pesanteur spécifique varie entre 3,09 et 3,19. Sa poussière, mise dans l'Acide sulfurique légèrement chauffé, donne lieu au dégagement d'une vapeur qui corrode le verre. Si on la projette sur un charbon ardent dans l'obscurité, elle répand une lueur phosphorique bleue ou verdâtre. Au chalumeau, un fragment de la substance que l'on tient avec la pince de platine, se con-

vertit en émail blanc ; mais si l'on met le fragment sur un filet de Sappare, il se fond en un verre incolore.

Les formes régulières du Spath fluor sont assez nombreuses dans la nature. Parmi elles nous citerons : 1° la variété primitive, que l'on trouve au Derbyshire en Angleterre, et en France dans le département du Puy-de-Dôme; 2° la variété cubique, qui est la plus commune, et qui est le résultat d'un décroissement par une rangée de molécules sur les angles de l'octaèdre primitif. On la trouve au Derbyshire, et près de Paris, à Neuilly et dans quelques autres endroits; 3° la cubo-octaèdre, commune au Derbyshire; 4° la dodécaèdre, produite par un décroissement d'une simple rangée de molécules sur tous les bords de l'octaèdre; 5° et l'hexatétraèdre, ou le cube dont chaque face est recouverte d'une pyramide droite, quadrangulaire, très-surbaissée.

Il est peu d'espèces minérales qui présentent des couleurs aussi variées et aussi intenses que la Chaux fluatée. Ses teintes parcourent presque tous les degrés du spectre solaire. Aussi ont-elles été souvent confondues avec celles des pierres gemmes, ce qui a fait donner à cette substance les noms de faux Rubis, faux Saphir, fausse Émeraude, etc.

Parmi les formes indéterminables qu'elle affecte, nous distinguerons les variétés suivantes : la Chaux fluatée testacée, du départ. de Saône-et-Loire; — la Chaux fluatée compacte, dont la cassure est mate, quelquefois écailleuse, et dont la surface présente des teintes de blanchâtre, de violâtre et de gris-bleuâtre. On la trouve près de Stolberg au Harz; — la concrétionnée stratiforme, composée de couches successivement blanches et violettes, qui forment des angles alternativement rentrans et saillans. On la rencontre en Angleterre où on la travaille, pour en faire des vases de différentes formes.

A cette série, se joignent par appendices deux variétés de mélange : la Chaux fluatée quarzifère, du comté de Cornouailles, et la Chaux fluatée *aluminifère*, en cubes isolés, opaques et d'un gris-sale, trouvés près de Boston.

On a donné le nom de *Chlorophane* aux variétés de Chaux fluatée dont les fragmens, mis sur un charbon allumé, répandent une lumière phosphorique d'une couleur verte. Celles qui jouissent de cette propriété au plus haut degré sont la quarzifère, la compacte, et la Chaux fluatée de Nertschink en Sibérie.

La Chaux fluatée appartient aux terrains primitifs, de transition et secondaires. On la trouve en couches interposées dans le Granit et dans le Micaschiste. Elle entre comme ingrédient accidentel dans les roches calcaires de divers pays. On la trouve en cristaux cubiques blanchâtres dans les bancs de Chaux carbonatée grossière, situés à Neuilly près Paris, et qui renferment aussi de petits rhomboïdes inverses de Chaux carbonatée. Mais la plus grande partie de la Chaux fluatée qui existe dans la nature, est associée aux filons métalliques, tels que ceux d'Étain, de Galène, de Cobalt, etc., en Angleterre, en Saxe, en Bohême et en Norwège. Enfin, on la trouve aussi engagée dans les fragmens de roche rejetés intacts par les explosions du Vésuve.

11. CHAUX NITRATÉE, Nitre calcaire; Nitrate de Chaux des chimistes. Cette substance est déliquescente, et fuse lentement sur des charbons allumés, en laissant un résidu qui n'attire plus l'humidité. Sa saveur est amère et désagréable. Elle devient phosphorescente par la calcination. Elle est soluble dans deux fois son poids d'eau froide, et dans moins que son poids d'eau bouillante. On ne l'a trouvée qu'en aiguilles plus ou moins déliées, souvent disposées sous la forme de petites houppes : elle se forme, en même temps que le Salpêtre, sur les parois des vieux murs, et elle est dissoute dans quelques eaux minérales.

12. CHAUX PHOSPHATÉE, Apatit, Spargelstein et Phosphorit, Werner. Cette espèce a pour forme primitive un prisme hexaèdre régulier, dans lequel le côté de la base est à la hauteur dans le rapport de la racine quarrée de 2 à 1. Sa composition résulte de la combinaison d'un atôme de Chaux avec deux atômes d'Acide phosphorique; ce qui s'accorde avec l'analyse suivante de Klaproth, relative à la variété dite *Apatit* : Chaux, 55 p. 100, Acide phosphorique, 45. La pesanteur spécifique de la Chaux phosphatée est de 3, 15. Elle raye très-légèrement le verre. Son éclat est vitreux. La phosphorescence de sa poussière est sensible dans les cristaux terminés par une base qui appartiennent à l'Apatit de Werner; elle est nulle dans ceux qui sont terminés en pointe et qui font partie du Spargelstein des Allemands. Infusible au chalumeau, soluble lentement et sans effervescence dans l'Acide nitrique.

Il existe un assez grand nombre de variétés de formes régulières, parmi lesquelles nous nous bornerons à citer les suivantes : la *Primitive*, en cristaux d'une parfaite régularité; — la *Pyramidée*, ou la variété précédente, dont les bases sont surmontées d'une pyramide à six faces, produite par un décroissement d'une simple rangée sur les bords horizontaux; — l'*Annulaire*, ou la précédente dans laquelle le décroissement n'a pas atteint sa limite, en sorte que les nouvelles facettes sont disposées en anneau à l'entour des bases; — la *Péridodécaèdre*, ou la primitive dont les six bords longitudinaux sont tronqués, ce qui rend le prisme dodécaèdre. On observe dans ces cristaux presque toutes les couleurs du spectre; et il y en a au Saint-Gothard qui sont parfaitement incolores.

Les principales variétés de formes indéterminables sont : la *Lamellaire*; — la *Granulaire*; — la *Grossière* (Phosphorit de W.) dont la surface est blanchâtre, et souvent diversifiée par des zônes colorées. Elle est très-phosphorescente par le feu; et elle constitue plusieurs petites collines dans l'Estramadure; — la *Pulvérulente* nommée vulgairement *Terre de Marmarosch.*

La Chaux phosphatée entre accidentellement dans la composition de plusieurs roches primitives, telles que le Granite, le Micaschiste, etc. Elle s'associe à la formation des filons d'Étain en Bohême et en Saxe, et de Fer oxidulé en Norwège. On la trouve aussi engagée dans des masses que l'on regarde comme le produit du feu, sur les bords du Lac de Laach près du Rhin, et dans le Brisgau.

13. CHAUX SULFATÉE, Gips et Fraueneis de Werner, vulgairement Gypse. Ce Minéral, de la classe des sels dont les cristaux portaient anciennement le nom de Sélénite, a pour forme primitive un prisme droit irrégulier de 113°, 8', dans lequel le rapport des côtés de la base, avec la hauteur, est à peu près celui des nombres 12, 13 et 52. Les lames qui composent les cristaux de Gypse se séparent avec beaucoup plus de facilité dans le sens des bases que dans celui des faces latérales. Cette substance est formée d'un atôme de Bisulfate de Chaux anhydre, et de quatre atômes d'eau, ou en poids, d'après Berzélius, de 32,91 de Chaux, 46,31 d'Acide sulfurique, et de 20,78 d'Eau. Sa pesanteur spécifique est de 2,26 ; elle est tendre et susceptible d'être rayée par l'ongle ; sa réfraction est double, à un degré médiocre ; les grandes faces des lames ont quelquefois l'éclat nacré ; ces lames, exposées sur un charbon ardent, décrépitent, blanchissent et deviennent friables. La Chaux sulfatée est soluble dans environ cinq cents fois son poids d'eau froide.

Parmi les variétés connues de formes régulières, sous lesquelles se présente ce Minéral, nous citerons les suivantes, qui sont les plus simples et les plus communes : 1° la Chaux sulfatée trapézienne, ainsi nommée parce qu'elle présente dans son contour huit trapèzes terminés par deux parallélogrammes qui répondent aux bases de la forme primitive. Souvent les faces latérales s'arrondissent, et la forme tend vers celle d'un corps lenticulaire. On la trouve à Montmar-

tre près Paris ; 2° l'Équivalente, ou la variété précédente augmentée latéralement de quatre autres trapèzes, formant avec les premiers un double anneau ; 3° la Dioctaèdre, ou la variété qui précède à laquelle s'ajoutent deux faces primitives. La Chaux sulfatée est souvent incolore ; mais elle offre aussi des teintes de jaunâtre, de jaune de miel, de grisâtre et de blanchâtre.

Les variétés de formes indéterminables sont : 1° la Chaux sulfatée fibrosoyeuse (*Fasriger Gips* de Werner), dont le tissu imite celui de la plus belle soie ; 2° la Lenticulaire, *Blættriger Gips* et *Fraueneis*, W., qui est la limite des corps qui appartiennent à la variété trapézienne arrondie. Souvent deux lentilles sont accolées l'une à l'autre, de manière qu'elles semblent se pénétrer en partie. Les fragmens que l'on détache de ces réunions de lentilles ressemblent à un coin échancré à sa base. On en faisait autrefois une variété particulière que l'on nommait Gypse cunéiforme ou en fer de lance. On trouve à Montmartre des couches entières composées de ces groupes de lentilles ; 3° la Laminaire incolore ou tachetée de rouge, et quelquefois nacrée ; la Lamellaire blanche, des environs de Cascante en Espagne ; la Granulaire grise de Lunebourg, et la blanche d'Ayrolo ; la Compacte blanche de Volterra en Espagne, nommée vulgairement Albâtre gypseux ; la Niviforme, présentant l'apparence de la neige : on la trouve à Montmartre; enfin la Chaux sulfatée calcarifère, vulgairement Pierre-à-Plâtre, qui est grisâtre ou jaunâtre, à tissu granulaire, et qui donne du plâtre par la calcination.

La Chaux sulfatée, dans ce dernier état, forme des masses considérables, que l'on a rangées dans la classe des terrains de sédiment, dont la formation est la plus récente. C'est ainsi qu'on la trouve à Montmartre où elle renferme un grand nombre de Fossiles intéressans pour l'histoire du globe. *V.* le mot FOSSILE. Elle existe aussi dans les terrains intermédiaires , à Ayrolo , dans la vallée Lévantine , et dans les terrains secondaires en plusieurs endroits. Elle s'associe accidentellement à diverses roches, telles que le Sel Gemme , l'Argile , la Marne , etc. Elle est rarement unie aux filons métalliques. On trouve auprès de Pesey la variété Laminaire adhérente au Plomb sulfuré , et , à Kapnick , en Transylvanie , la même variété accompagne le Plomb, le Zinc et le Fer sulfurés.

Les usages de la Chaux sulfatée sont très-importans. Ceux de la variété Compacte, nommée Albâtre gypseux, sont assez généralement connus. On en fait une multitude de vases de différentes formes et d'objets d'utilité ou d'agrément. L'Albâtre blanc se tire de Florence et de Volaterre en Toscane. La France possède à Lagny , département de Seine-et-Marne , une carrière d'Albâtre coloré que l'on exploite avec avantage. On travaille en Angleterre la variété en fibres soyeuses pour en faire des pendans d'oreilles, qui ressemblent, par leur aspect , à ceux pour lesquels on emploie la variété analogue de Chaux carbonatée; mais ils sont sensiblement plus tendres. Ce que les anciens appelaient *Phengite*, c'est-à-dire corps brillant, paraît avoir été une variété de Chaux sulfatée analogue à l'Albâtre. Le temple de la Fortune Seia , qui était bâti avec cette Pierre, n'avait point de fenêtres, et n'était éclairé que par la lumière douce qui passait à travers les murs. Le plâtre n'est autre chose que le Chaux sulfatée calcarifère , privée de son eau par la calcination. On fait entrer le plâtre dans une composition que l'on nomme *Stuc*, qui en raison de sa dureté, et pouvant recevoir un beau poli, est employée avec succès dans toutes les constructions où il s'agit d'imiter le Marbre. Les murs intérieurs de plusieurs édifices et les colonnes qui les décorent sont revêtus de cette substance artificielle.

CHAUX SULFATÉE ANHYDRE, Anhydrite , Muriacit, W. ; Bardiglione de

Bournon. Comme l'indique son nom, c'est un sulfate de Chaux sans eau , composé de deux atômes d'Acide et d'un atôme de base, ou , en poids , de 41,53 de Chaux, et 58,47 d'Acide sulfurique. Sa forme primitive est un prisme droit rectangulaire, dans lequel le rapport des trois dimensions est à peu près celui des nombres 12, 10 et 9. On l'obtient aisément par le clivage. Ce Minéral raye la Chaux carbonatée; sa réfraction est double à un haut degré. Il ne s'exfolie pas comme le Gypse , lorsqu'on l'a placé sur un charbon ardent. Ses formes régulières sont peu nombreuses ; elles présentent la forme primitive, ou pure, ou légèrement modifiée par de petites facettes.

Les variétés de formes indéterminables sont : 1° la Laminaire, qui appartient au Würfelspath de Werner , et qui est tantôt incolore , tantôt violette ou rouge-brunâtre. On la trouve à Salzbourg en Bavière , à Bex dans le canton de Berne , et à Pesey ; 2° la Lamellaire , Anhydrit de W., blanche , ou grise, ou bleuâtre, qui vient de Pesey , du Tyrol et d'Angleterre ; 3° la Sublamellaire, d'un bleu céleste, nommée vulgairement *Marbre bleu de Würtemberg*, et qui est très-recherchée pour les arts d'ornement ; 4° la Concrétionnée contournée, surnommée *Pierre de tripes* , parce que sa forme a quelque rapport avec celle des intestins. On la trouve à Wieliezka en Pologne ; 5° la Compacte blanche ou gris-brunâtre de Salzbourg. A la suite de ces variétés proprement dites on doit placer par appendice , sous le nom de Chaux sulfatée épigène, des variétés d'un blanc mat, provenant de l'altération de la Chaux anhydro-sulfatée , qui a repris de l'eau de cristallisation, et a passé à l'état de Gypse sans perdre sa structure primitive. On peut réunir dans le même appendice deux variétés provenant du mélange de la même substance avec la Soude muriatée et le Quarz. La première , qu'on nomme Chaux anhydro-sulfatée muriatifère , appartient au Muriacit de Werner. Elle est imprégnée de Sel Gemme , dont la présence se manifeste par la saveur que les morceaux excitent sur la langue. On la trouve à Salzbourg. La seconde est la Chaux anhydro-sulfatée quarzifère, nommée aussi *Pierre de Vulpino*, dont l'aspect est semblable à celui du Marbre salin. Sa pesanteur spécifique est de 2,87. Elle est aisément fusible par l'action du Chalumeau. On en fait en Italie des colonnes, des vases, et même des statues. Elle y est connue sous le nom de *Marbre Bardiglia de Bergame.*

La Chaux anhydro-sulfatée est disposée en couches subordonnées au Sel Gemme dans les salines de Bex en Suisse, et dans celles du Tyrol et de la Basse-Autriche. Dans le Harz, la variété compacte joue le même rôle par rapport à la Chaux sulfatée. La même substance s'associe, en divers endroits, à la formation des filons métalliques, comme à Pesey, où la variété Laminaire violette accompagne le Plomb sulfuré. Dans les glaciers de Gebrulatz, près de Moustiers, le même Minéral se rencontre avec le Gypse et le Soufre à la fois.

(O. DEL.)

CHAUX TUNGSTATÉE. MIN. *V.* SCHÉELIN CALCAIRE.

* CHAVANCELLE. BOT. CRYPT. (*Champignons.*) Syn. de *Boletus soloniensis*, D. C., en Sologne. C'est un Amadouvier dont on fait une grande consommation dans l'Orléanais. Il croît sur les troncs d'Arbres en automne. (B.)

CHAVANT. OIS. Syn. vulgaire de la Hulotte, *Strix Stridula*, L. *V.* CHOUETTE. (DR.-Z.)

CHAVARIA. *Chauna.* OIS. Genre de l'ordre des Alectorides. Caractères : bec plus court que la tête, conico-convexe, un peu voûté, courbé à la pointe, garni à sa base de plumes très-courtes ; lorum nu ; narines oblongues, ouvertes, percées de part en part ; pieds grêles, longs ; trois doigts allongés par devant ; les extérieurs unis à la base par une membrane, nus par derrière, courts, avec l'ongle presque droit ; ailes

longues, armées de deux éperons.

L'établissement de ce genre est assez douteux ; il n'est fondé que sur des caractères rapportés par des voyageurs ; et malgré toute la garantie qu'offre la haute réputation des hommes respectables que l'amour de la science porte à braver tous les dangers pour aller découvrir et étudier les timides habitans de contrées jusqu'alors inaccessibles à l'Homme, il ne serait pas impossible que plus tard, lorsque les objets pourront être soumis à l'observation tranquille du cabinet, on ne reconnût que les espèces que l'on avait jugé pouvoir être le type de genres nouveaux ne dussent rentrer par analogie dans des genres précédemment formés. Tout ce que l'on sait des mœurs de l'une des deux espèces ou variétés dont on a composé le genre Chavaria, est tiré du Voyage de Jacquin ; c'est lui qui nous apprend que cet Oiseau auquel ses qualités ont fait donner le nom de *fidèle*, se fait remarquer par son amabilité, son intelligence et surtout par l'extrême confiance qu'il témoigne envers l'Homme, dont il se rend familièrement le compagnon. Si on l'élève dans la basse-cour, bientôt il en devient le plus actif surveillant, il se charge de la garde et de la conduite de toute la volaille, et si elle vient à être attaquée par un ennemi puissant, le Chavaria la défend avec une force et un courage dont l'agresseur est presque toujours la victime. Mais comment se fait-il qu'un Oiseau aussi précieux et dont la propagation doit intéresser tous les colons et les métayers de la partie méridionale du Nouveau-Monde, ne se trouve encore dans aucune collection européenne, et que tous les faits relatifs à sa reproduction soient encore inconnus ?

L'autre Chavaria a été décrit par d'Azara ; il ne nous présente pas, il est vrai, des phénomènes aussi extraordinaires dans les mœurs ; mais en revanche on sait qu'il habite les marais fangeux du Paraguay où il se nourrit de Plantes aquatiques ; qu'il vit assez retiré, soit solitaire ;

soit accompagné de sa femelle, soit enfin en troupes assez nombreuses ; qu'il place son nid sur les buissons entourés d'eau ; qu'enfin ce nid spacieux, formé de buchettes que préservent la mousse et le duvet, renferme deux œufs que les parens couvent alternativement.

CHAVARIA FIDÈLE, *Pavia Chavaria*, Lath., *Epistalus fidelis*, Vieill. Plumage presque uniforme d'un noir nuancé de gris ; tête garnie d'une huppe composée de douze plumes noires, longues de trois pouces au bas de l'occiput ; une membrane rouge qui de chaque côté entoure l'œil ; cou long, couvert d'un duvet noir, serré ; ailes garnies en pli de deux forts éperons ; rémiges longues, au nombre de ving-huit dont les troisième, quatrième et cinquième dépassent les autres ; queue courte, étagée, composée de quatorze rectrices ; pieds jaunes. La grosseur du Chavaria fidèle est à peu près celle du Coq ; sa longueur de deux pieds sept pouces. Des savannes du pays de Carthagène.

CHAVARIA CHAÏA, *Chauna Chaïa*, Azara. Plumage d'un gris plombé pâle ; plumes de la huppe décomposées, formant une espèce de diadème sur la nuque ; cou long, garni de plumes cotonneuses d'un gris plombé avec un double collier ; le premier brun et dénué de plumes, l'autre emplumé et noir ; tectrices alaires, rémiges et rectrices noirâtres ; haut de la jambe et tarse couleur de Rose ; espace nu des yeux d'un rouge sanguin. Même taille que le précédent dont il n'est vraisemblablement qu'une variété d'âge. Du Paraguay. (DR..Z.)

* CHAVARITA. ois. Syn. chaldéen de la Cigogne, *Ardea Ciconia*, L. *V.* CIGOGNE. (DR..Z.)

CHAVAYER ou CHAYAVER. BOT. PHAN. Syn. d'*Oldenlandia ombellata* dans l'Inde, où la racine de cette Rubiacée est employée, comme notre Garance, dans la teinture. *V.* OLDENLANDE. (B.)

CHAVOCHE. ois. Syn. vulgaire

de la Chevêche, *Strix Ulula*, L. *V.* CHOUETTE. (DR..Z.)

* CHAW. ois. Syn. hollandais du Choucas, *Corvus Monedula*, L. *V.* CORBEAU. (DR..Z.)

* CHAWELUNGAN. BOT. PHAN. *V.* CHALUNGAN.

* CHA-WGA. BOT. PHAN. Bel Arbre de la Chine, absolument indéterminé, mentionné dans quelques Voyages comme cultivé pour l'ornement des jardins. (B.)

CHAW-STICK. BOT. PHAN. Syn. anglais de *Gouania domingensis*. *V.* GOUANE. (B.)

CHAWUSTYN. BOT. PHAN. Syn. kalmouck de *Brassica oleracea*. *V.* CHOUX. (B.)

CHAYA. BOT. PHAN. Rubiacée indéterminée qui, comme le Chavayer, est employé en guise de Garance dans l'Inde. (B.)

CHAYAVER. BOT. PHAN. *V.* CHAVAYER. (B.)

* CHA-YEU. BOT. PHAN. (Duhalde.) Huile que les Chinois tirent du fruit d'un Arbre qui paraît appartenir au genre Thé, et qui croît dans les vallées pierreuses des montagnes. (B.)

CHAYOTE. BOT. PHAN. C'est ainsi que dans l'île de Cuba on désigne le *Sicyos edulis* de Jacquin ou *Sechium edule* de Swartz. Cette Plante offre deux variétés de fruits : l'un gris, lisse et de la grosseur d'un œuf de Poule, l'autre est plus long et couvert de pointes molles. Dans un Mémoire sur les Cucurbitacées, Passiflorées, etc., publié récemment dans les Mémoires du Muséum, Auguste de Saint-Hilaire considère le fruit du *Sechium edule* comme le type de la structure caractéristique des Cucurbitacées. On y trouve en effet une loge unique au sommet de laquelle un seul ovule est suspendu. L'ovaire des autres Cucurbitacées présente de nombreux ovules attachés à un placenta également suspendu. (G..N.)

CHAYOTILO. BOT. PHAN. Syn.

espagnol au Mexique de Calboa. *V.* ce mot. (B.)

* CHAYQUARONA. REPT. OPH. Belle espèce de Couleuvre de Coromandel, et non du Brésil, comme le dit Séba qui l'a figurée. C'est le *Coluber stolatus*, L. *V.* COULEUVRE. (B.)

CHAYQUE. REPT. OPH. (Lacépède.) Syn. de Chayquarona. *V.* ce mot. (B.)

CHAYR. BOT. PHAN. (Delille.) Syn. arabe d'Orge. *V.* ce mot. (B.)

* CHAZA. OIS. Même chose que Chaïa. *V.* ce mot. (DR..Z.)

* CHAZIR. BOT. PHAN. Syn. hébreu de Poireau, espèce du genre Ail. *V.* ce mot. (B.)

* CHÉ OU XÉ. MAM. (Novarette.) Syn. chinois du *Moschus moschiferus*, L. *V.* MUSC. (B.)

CHÉ. BOT. PHAN. *V.* CHA.

CHEB-EL-LEYL. BOT. PHAN. Syn. arabe de Nyctage. *V.* ce mot. (B.)

CHEBET. BOT. PHAN. (Delille.) Syn. arabe d'*Anethum graveolens*. Ses fruits sont nommés Chamar. *V.* ce mot.

On appelle CHEBET-EL-GEBEL, *Fenouil du désert*, le *Bubon tortuosum*, Desf. *V.* ANETH et BUBON. (B.)

* CHEBETIBA. BOT. PHAN. Syn. caraïbe de Cupania. *V.* ce mot. (B.)

* CHÉBULE. BOT. PHAN. L'un des cinq Mirobolans de l'ancienne droguerie. On a cru long-temps que ce fruit provenait de l'Arbre que Delille a nommé Balanite. *V.* ce mot. On sait aujourd'hui qu'il est celui d'un Terminalia. *V.* ce mot. (B.)

* CHECANI. BOT. PHAN. *V.* CHACANI.

* CHECCA-SOCCONCHE. BOT. PHAN. Syn. péruvien de *Gardoquia incana* de la Flore de Ruiz et Pavon. *V.* GARDOQUIA. (B.)

* CHÉCHI. ZOOL. (Gaimard.) Syn. timorien de Queue. (B.)

CHECHISHASHISH. OIS. Syn. du Chevalier grivelé, *Tringa macula-*

ria, L., à la baie d'Hudson. *V.* CHEVALIER. (DR..Z.)

CHECK. BOT. CRYPT. (*Fougères.*) Syn. lapon de *Struthiopteris*. *V.* STRUTHIOPTÈRE. (B.)

CHECQUERED-DAFFODIL. BOT. PHAN. Syn. anglais de *Fritillaria Meleagris*. *V.* FRITILLAIRE. (B.)

CHÉ-DEAU. BOT. PHAN. Nom cochinchinois d'un Arbre qui paraît être une espèce de Hêtre, et dont les fruits produisent une huile qui sert pour l'éclairage. (B.)

CHE-DE-CHUCA. MAM. Syn. de Cachicame. *V.* TATOU. (B.)

* CHEDEK. BOT. PHAN. Vieux nom de la Melongène, *V.* MORELLE; et même chose que Chadec, sorte d'Oranger. *V.* ce mot. (B.)

CHEEK. BOT. CRYPT. (*Fougères.*) L'un des synonymes lapons de Struthiopteris. *V.* ce mot. (B.)

CHÉELA. OIS. Espèce du genre Faucon, *Falco Cheela*, Daud., Lath., *V.* AIGLE. (DR..Z.)

CHEESE-RENNET. BOT. PHAN. Syn. anglais de *Galium verum*. *V.* GAILLET. (B.)

CHEF-CHOUF. BOT. PHAN. (Delille.) Syn. arabe d'*Aristida plumosa*, L. Espèce du genre Aristide. (B.)

CHEFE-ALLIMAR. BOT. PHAN. Syn. arabe de *Momordica elaterium*, L. *V.* MOMORDIQUE. (B.)

CHEFER. INS. Vieux synonyme tudesque de Coléoptère. *V.* ce mot. (B.)

CHÉGUÉI. MOLL. (Gaimard.) Syn. de Porcelaine, *Cypræa*, aux îles Marianes. (B.)

CHEILANTHES. BOT. CRYPT. (*Fougères.*) Ce genre, long-temps confondu avec les Adianthes dont il diffère en effet très-peu, en a été séparé par Swartz. Bernhardi l'avait aussi distingué sous le nom d'*Allosurus*. Il est ainsi caractérisé :

« Capsules réunies en groupes mar-

» ginaux arrondis, insérées sur le
» bord de la fronde et recouvertes par
» un tégument squammiforme nais-
» sant du bord de la fronde et s'ou-
» vrant en dedans. » On voit que le
seul caractère qui distingue ce genre
des Adianthes est l'insertion des capsules au fond du repli qui unit la
fronde au tégument, et non à la face
interne de ce tégument comme on
l'observe dans ces derniers. Le port
de ces deux genres est en outre assez
différent ; les Adianthes sont des Fougères à tiges grêles, flexibles, à feuilles glabres, minces, membraneuses,
très-délicates ; les Cheilanthes ont
généralement des tiges fortes, noires,
roides ; leur fronde est très-divisée, à
pinnules petites, crenelées, recourbées en dessous et souvent velues. La
plupart des Adianthes croissent dans
les lieux humides et ombragés ; les
Cheilanthes au contraire sont plus
fréquentes dans les lieux secs et arides.
Les espèces, au nombre d'une trentaine, se trouvent dans les parties
chaudes du globe ; elles sont plus
abondantes en Afrique, et surtout au
cap de Bonne-Espérance, que la plupart des autres Fougères ; la seule
espèce qui croisse en Europe est le
Cheilanthes odora, confondu long-
temps avec deux autres espèces, le
Cheilanthes fragrans de Linné qui
habite dans les Indes orientales,
et le *Cheilanthes suaveolens* qui se
trouve en Barbarie et que Bory de
Saint-Vincent a retrouvé en Andalousie avec une autre espèce nouvelle.
Ces trois Plantes, qui se ressemblent
beaucoup, répandent une odeur
agréable ; la première habite plusieurs
parties de l'Europe méridionale, et
particulièrement aux environs de
Toulon, de Gênes et en Espagne.
Elle croît en touffes composées de
plusieurs feuilles de trois à quatre
pouces de haut, à pétiole d'un rouge
brun, couvert d'écailles scarieuses,
dépourvu de feuilles dans sa moitié
inférieure ; la fronde est tripinnée à
pinnules arrondies, légèrement crenelées, recourbées en dessous ; le
tégument est blanc, lacinié sur son

bord de forme demi-circulaire, et
recouvre les capsules sans leur donner insertion. (AD. B.)

CHEILINE. *Cheilinus.* POIS. Genre
formé par Lacépède aux dépens des
Labres, et qui n'est conservé que
comme sous-genre par Cuvier. *V.*
LABRE. (B.)

CHEILION. *Cheilio.* POIS. Genre
formé par Commerson sous le nom
de *Chelinus*, retrouvé dans ses précieux manuscrits, et publié par Lacépède (T. IV, pag. 432). Duméril,
qui l'a adopté, l'a placé dans sa famille des Léiopomes, près des Chei-
lodiptères. Il appartient à l'ordre des
Thoraciques de Linné, et à celui des
Acanthoptérygiens de Cuvier, qui ne
l'a ni adopté ni même mentionné. Ses
caractères consistent dans un corps
et une queue très-allongés, le bout du
museau aplati, la tête et les opercules dénués de petites écailles, les opercules sans dentelures ni aiguillons,
mais ciselés ; les lèvres, et surtout
celles de la mâchoire inférieure, très-
pendantes ; les dents très-petites ; la
dorsale basse, très-longue ; les rayons
aiguillonnés ou non articulés à chaque nageoire, aussi mous ou presque
aussi mous que les articulés ; une
seule dorsale ; les thoraciques fort petites. Les Cheilions sont des Poissons
des mers de l'Ile-de-France où on les
vend communément sur les marchés,
mais où leur chair, qui n'est cependant pas mauvaise, est peu estimée.
Il en existe deux espèces : le doré, dont
les couleurs sont très-brillantes, et le
brun, qui au contraire est fort peu
remarquable. (B.)

CHEILOCOCCA. BOT. PHAN. (Salisbury.) Syn. de *Platylobium. V.* ce
mot. (B.)

CHEILODACTYLE. *Cheilodactylus.* POIS. Genre établi par Lacépède
dans l'ordre des Abdominaux, adopté
par Cuvier qui le place parmi les
Acanthoptérygiens, de la famille des
Percoïdes dans la division de ceux qui
ont les dents en velours. Ses caractères
consistent : dans une seule dorsale ;

des rayons libres au-dessus de chaque pectorale; la lèvre supérieure grosse et très-extensible : le corps et la queue très-comprimés; les ventrales en arrière des pectorales. Leurs préopercules n'ont point de dentelures, et toutes leurs dents sont en velours. On ne connaît qu'une espèce de ce genre, le Cheilodactyle fascié, *Cheilodactylus fasciculatus*, Lac. *V*. pl. 1, t. 1; *Cichla macroptera*, Schneid. Ce Poisson dont l'anale est en forme de faulx, a les écailles grandes, des taches foncées sur les nageoires, et sept fascies brunes sur le corps, qui se terminent par cinq sur la queue. Il se trouve dans les mers de la Nouvelle-Hollande. (B.)

CHEILODIPTÈRE. *Cheilodipterus*. POIS. Genre formé par Lacépède parmi les Thoraciques aux dépens des genres Labre et Sciène, dont les diverses espèces, comprises dans l'ordre des Acanthoptérygiens de Cuvier, ont été de nouveau réparties par ce savant dans les genres d'où elles furent extraites, sans qu'il ait mentionné le nom de Cheilodiptère, autrement que comme synonyme. Lacépède attribuait pour caractères, à son genre, deux dorsales; point de dents incisives, ni de molaires; des opercules sans piquans, ni dentelures; les lèvres grosses et avancées. Parmi les espèces qu'il mentionnait, on distinguait l'Heptacanthe qui est un Temnodon, le Chrysoptère, le Rayé, le Maurice, l'Acoupa, le Boops, l'Aigle, le Macrolépidote et le Tacheté, dont il sera question aux articles SCIÈNE et LABRE. *V*. ces mots. (B.)

CHEIMODYNAMIS. BOT. PHAN. (Dioscoride). Syn. de *Polemonium cœruleum*. *V*. POLÉMOINE. (B.)

CHEIR. BOT. PHAN. (Dioscoride.) Syn. de *Dipsacus fullonum*. *V*. CARDÈRE. (B.)

* CHEIRANTHÉES. *Cheirantheœ*. BOT. PHAN. Salisbury (*Prodromus Stirp. Hort. Allerton*, p. 269), ayant partagé en deux tribus la famille des Crucifères, a donné le nom de Cheiranthées, dérivé de *Cheiranthus*, son

principal genre, à celle qui correspond aux Siliqueuses de Linné. L'autre tribu avait reçu de lui la dénomination de Cochlearées, *Cochleareœ*, tirée du genre Cochlearia. Ces deux mots n'ont pas été employés par le professeur De Candolle dans l'ouvrage qu'il a publié récemment sur les Crucifères, quoiqu'il y ait établi un assez grand nombre de tribus. (G..N.)

CHEIRANTHODENDRON. BOT. PHAN. Même chose que Cheirostémon. *V*. ce mot. (B.)

CHEIRANTHOIDES. BOT. PHAN. Nom donné à la première division de la famille des Crucifères. *V*. ce mot. (B.)

CHEIRANTHUS. BOT. PHAN. Nom scientifique du genre Giroflée et espèce de Manulée. *V*. ces mots. (B.)

* CHEIRI ou KEIRI. BOT. PHAN. C'était l'expression employée par les Arabes et les anciens botanistes pour désigner une Crucifère très-connue sous le nom de Giroflée des murs. Linné ayant donné au genre qui la renferme celui de *Cheiranthus*, se servit du mot Cheiri pour désigner spécifiquement la Plante que les Arabes avaient eue en vue. Néanmoins, Adanson et Clairville (*Herb. Valais*. 221) le rétablirent comme nom générique de la Giroflée. Ce changement n'a pas été admis par De Candolle (*Syst. Veget*. vol. 2, p. 178) qui, tout en divisant le genre *Cheiranthus* de Linné, conserve ce dernier nom au groupe où se trouve le Cheiri d'Adanson et de Clairville. (G..N.)

* CHEIROGALEUS. MAM. Geoffroy de Saint-Hilaire a fait graver dans les Annales du Muséum, sous ce nom, un Animal qui paraît annoncer un genre nouveau ou sous-genre de Quadrumane, découvert par Commerson, et retrouvé dans ses dessins. (B.)

CHEIROMYS. MAM. *V*. AYE-AYE.

* CHEIROPSIS. BOT. PHAN. Nom

donné par De Candolle à sa troisième section du genre *Clematis* (*Syst. Veg.*, vol. 1er, p. 162), et à laquelle il assigne les caractères suivans : involucre caliciforme composé de deux bractées réunies ; quatre à six sépales dont l'estivation est induplicative ; corolle nulle ; fruits prolongés en une queue barbue. Indiquée comme genre particulier sous le nom de *Muralta* par Adanson, cette section renferme les *Clematis cirrhosa*, L. ; *Cl. semitriloba*, Lagasc. ; *Cl. balearica*, Rich. ; *Cl. napaulensis*, De Cand., et *Cl. montana*, De Cand. ; espèces dont les trois premières sont indigènes de l'Europe méditerranéenne , et les dernières des montagnes du Napaul. (G..N.)

CHEIROPTÈRES. MAM. Dans le Règne Animal de Cuvier, c'est le nom de la première famille des Carnassiers. Elle est caractérisée par un vaste repli de la peau tendu entre les quatre membres et les doigts de ceux de devant seulement chez les Chauve-Souris, et de plus entre les doigts des membres postérieurs chez les Galéopithèques. Ce repli, quand il est étendu, les soutient en l'air en leur donnant pour appui un excès de surface relativement à leur masse, et même il permet de voler aux espèces où le développement combiné de la main et des muscles pectoraux parvient à un degré suffisant. Ce dernier cas se trouve réalisé dans les nombreuses espèces du grand genre des Chauve-Souris , à l'article desquelles nous avons exposé par quelles réciprocités de plus grand et de moindre développement d'organes, un Mammifère a pu réellement devenir un Volatile. V. CHAUVE-SOURIS.

En général le mécanisme de ce repli plus ou moins vaste de la peau, environnant tout le corps comme d'une voile circulaire, exigeait des clavicules, un sternum et des omoplates qui, par la grandeur et la saillie de leurs arêtes, pussent fournir au développement de muscles assez puissans pour donner aux épaules une solidité et aux bras une force de mouvement suffisantes. Mais ce mécanisme excluait aussi la mobilité de l'avant-bras dans le sens de la rotation , mobilité qui aurait affaibli et le choc de l'aile contre la colonne d'air, et la résistance de l'aile contre l'élasticité de l'air comprimé.

Tous les Cheiroptères ont quatre grandes canines ; mais le nombre et la figure de leurs incisives et de leurs molaires varient. Ces variations de la figure et du nombre de ces deux sortes de dents correspondent constamment à d'autres variations dans le reste des organes. Il en résulte des caractères très-précis qui séparent cette famille en groupes ou genres fort tranchés , dont voici le tableau. Nous le devons au célèbre professeur Geoffroy, collaborateur de ce Dictionnaire, qui l'a dressé , à notre prière, d'après sa dernière classification encore en partie inédite de ces Animaux.

La famille des Cheiroptères se divise comme il suit en deux tribus , dont la première est sous-divisible en deux groupes.

Ire TRIBU.—Ier GROUPE, composé d'espèces réparties dans seize genres , savoir :

1. VAMPIRE , *Vampiris.*
Dents incis. $\frac{4}{4}$; canin. $\frac{2}{2}$; molair. $\frac{5}{6}$
Canines inférieures en angle, se touchant à leur racine.

2. PHYLLOSTOMES, *Phyllostoma.*
—— incis. $\frac{4}{4}$; canin. $\frac{2}{2}$; molair. $\frac{5}{6}$
Canines inférieures parallèles.

3. GLOSSOPHAGES, *Glossophagus.*
—— incis. $\frac{4}{4}$; canin. $\frac{2}{2}$; molair. $\frac{7}{6}$
Canines inférieures parallèles.

4. MORMOPS, *Mormops.*
—— incis. $\frac{4}{4}$; canin. $\frac{2}{2}$; molair. $\frac{6}{6}$
Membrane inférieure très-longue , queue de longueur moyenne.

5. VESPERTILION , *Vespertilio.*
—— incis. $\frac{4}{4}$; canin. $\frac{2}{2}$; molair. $\frac{4}{4}$

6. OREILLARD , *Plecotus.*
—— incis. $\frac{4}{4}$; canin. $\frac{2}{2}$; molair. $\frac{5}{6}$

7. NYCTÈRE , *Nycteris.*
—— incis. $\frac{4}{4}$; canin. $\frac{2}{2}$; molair. $\frac{4}{4}$

8. RHINOPOME , *Rhinopoma.*
—— incis. $\frac{2}{4}$; canin. $\frac{2}{2}$; molair. $\frac{4}{4}$

9. MULOT-VOLANT, *Molossus.*
Dents incis. $\frac{2}{2}$; canin. $\frac{2}{2}$; molair. $\frac{4}{5}$

10. MYOPTÈRE, *Myopterus.*
—— incis. $\frac{2}{2}$; canin. $\frac{2}{2}$; molair. $\frac{4}{5}$

11. TAPHIEN, *Taphozoüs.*
—— incis. $\frac{2}{0}$; canin. $\frac{2}{2}$; molair. 5

12. NOCTILION AU BEC DE LIÈVRE, *Noctilio.*
—— incis. $\frac{4}{2}$; canin. $\frac{2}{2}$; molair. $\frac{4}{4}$

13. NYCTINOME, *Nyctinomus.*
—— incis. $\frac{2}{2}$; canin. $\frac{2}{2}$; molair. $\frac{4}{5}$

14. STENODERME, *Stenoderma.*
—— incis. $\frac{4}{4}$; canin. $\frac{2}{2}$; molair. $\frac{4}{4}$

15. RHINOLOPHE, *Rhinolophus.*
—— incis. $\frac{4}{4}$; canin. $\frac{2}{2}$; molair. $\frac{5}{5}$

16. MEGADERME, *Megaderma.*
—— incis. $\frac{0}{4}$; canin. $\frac{2}{2}$; molair. $\frac{4}{5}$

IIᵉ GROUPE.—Chauves-Souris frugivores connues, jusqu'à ce jour, sous les noms de Roussettes et de Céphalotes.

17. ROUSSETTES, *Pteropus.*
Dents incis. $\frac{4}{4}$; canin. $\frac{2}{2}$; molair. $\frac{5}{6}$

18. CÉPHALOTE, *Cephalotes.*
—— incis. $\frac{2}{2}$; canin. $\frac{2}{8}$; molair. $\frac{4}{6}$

19. CYNOPTÈRES, *Cynoptera.*
—— incis. $\frac{4}{4}$; canin. $\frac{2}{2}$; molair. $\frac{4}{5}$

20. HARPYE, *Harpya.*
—— incis. $\frac{2}{0}$; canin. $\frac{2}{2}$; molair. $\frac{4}{5}$

21. MACROGLOSSE, *Macroglossus.*
—— incis. $\frac{4}{2}$; canin. $\frac{2}{2}$; molair. $\frac{4}{5}$

IIᵉ TRIBU. — Les Galéopithèques ou Chats-Volans.

GALÉOPITHÈQUE, *Galeopithecus.*
—— incis. $\frac{2}{6}$; canin. $\frac{2}{2}$; molair. 1

V. tous ces mots. Nous décrirons les Céphalotes au mot CYNOPTÈRES.

(A. D..NS.)

CHEIROSTEMON. BOT. PHAN. Un bel Arbre d'un feuillage élégant, et chargé dans certaines saisons de fleurs dont la singulière structure devait fixer l'attention, était pourtant resté inconnu des botanistes jusqu'au commencement du siècle présent. On n'en savait que ce que les historiens espagnols et les voyageurs nous en avaient appris; don Francisco Hernandez, dans son Histoire du Mexique, et l'auteur du Théâtre Mexicain, le révérend Père Vétancurt, en ont souvent fait mention sous des noms mexicains qui signifient Arbres à fleurs en main; les Espagnols, habitans du Mexique, lui donnaient aussi le nom d'*Arbol de Manitas*, qui exprime la même chose. Ce qu'ils en ont dit est néanmoins si imparfait, si empreint de cet amour du merveilleux qui caractérise les ouvrages de la plupart des moines voyageurs ou écrivains, qu'on peut facilement excuser l'ignorance des naturalistes concernant cet Arbre. Personne n'en avait donc parlé comme botaniste avant l'année 1795, dans laquelle Don Dionisio Larréatégui lut et imprima au Mexique une Dissertation sur le Cheirostemon. Plusieurs années avant cet opuscule, l'expédition botanique du Mexique, dirigée par Martin Sessé, s'était transportée à Toluca, ville distante de seize lieues à l'ouest de Mexico, pour y étudier cet Arbre dont il n'existe qu'un seul pied, objet de culte et de vénération pour les indigènes de ce pays; les naturalites de cette expédition l'ayant examiné dans le mois de décembre, époque de sa floraison, avaient reconnu que ce bel Arbre devait former un nouveau genre auquel ils avaient donné le nom de *Chiranthodendron.*

Ce nom a été changé en celui de *Cheirostemon* par Humboldt et Bonpland desquels nous avons une description détaillée de ce genre, accompagnée d'une superbe figure représentant une branche chargée de fleurs, ainsi que les détails organiques de la fleur et du fruit (Humb. et Bonp., Plantes équinoxiales, p. 81, t. 24. *V.* aussi la Dissertation de D. Larréatégui, traduite en français par Lescalier, et imprimée à Paris en l'an XIII de la république). Les célèbres voyageurs européens, que nous venons de citer, ont vu, au jardin du Mexique, un *Cheirostemon* provenant de celui de Toluca, chargé de fleurs et de fruits, et c'est alors qu'ils compo-

sèrent une description de ses organes, dont nous allons extraire les
caractères suivans : calice nul, à
moins qu'on ne regarde comme calice trois bractées cotonneuses de
couleur fauve qui se trouvent au
sommet du pédoncule ; corolle (calice selon Bonpland) colorée, épaisse, à cinq divisions intérieurement
nectarifères et bossues extérieurement ; étamines au nombre de cinq,
saillantes hors de la corolle, réunies
dans leur moitié inférieure en un
tube droit, cylindrique, et étalées
dans leur partie supérieure, de manière à simuler une main dont les
doigts seraient légèrement courbés en
dedans, et ayant les anthères situées
au côté externe de cette partie convexe ; ovaire pentagone surmonté
d'un style plus long que le tube des
étamines, et terminé par un stigmate
aigu ; fruit capsulaire ligneux, à
cinq loges, présentant dans sa longueur cinq angles saillans, couvert
d'un duvet roussâtre, s'ouvrant depuis le sommet jusqu'au milieu en
cinq valves auxquelles adhèrent cinq
réceptacles ligneux qui se prolongent
dans l'intérieur et forment les cloisons ; quinze à vingt graines attachées
sur l'angle interne de chaque cloison,
noires, luisantes, munies près de
leur sommet d'une caroncule de couleur rosée très-vive, soutenues par
un funicule allongé.

Le Cheirostemon est un Arbre de
dix mètres de hauteur, à feuilles alternes, cordées, lobées et cotonneuses ; il a le port du Platane, d'où le
nom spécifique de *platanoïdes* que ses
auteurs lui ont donné. On en connaissait seulement quelques pieds cultivés
dans les jardins du Mexique à l'époque
où les célèbres voyageurs auxquels
nous empruntons ces détails visitè-
rent ce pays ; mais le professeur Cer-
vantez a appris à Bonpland qu'un de
ses élèves en avait trouvé des forêts
entières près de la ville de Guatimala.
Le Cheirostemon avait d'abord été
placé dans les Malvacées, lorsque cette famille était trop incomplètement
connue pour être bien circonscrite.

Dans un travail très-récent sur les
genres que l'on y avait fait entrer,
Kunth a établi plusieurs tribus que
l'on pourra peut-être élever au rang de
familles, et c'est dans les Bomba-
cées qu'il place le Cheirostemon conjointement avec le *Bombax*, l'*Adan-
sonia*, l'*Ochroma* et plusieurs genres
qui ont en effet avec lui de très-
grands rapports.   (G..N.)

* CHEISAR ET CHEISARAN. BOT.
PHAN. (Rumph.) Syn. arabe de *Ca-
lamus petræus*, Loureiro. *V.* RO-
TANG.   (B.)

CHEKAO. MIN. Syn. chinois de
Gypse ou Chaux sulfatée.   (LUC.)

* CHEKEN. BOT. PHAN. (Feuillée.)
Espèce indéterminée de Myrte du
Chili.   (B.)

* CHÉLAPA ou CELAPA. BOT.
PHAN. (C. Bauhin.) Probablement le
Convolvulus Jalappa, L. *V.* LISE-
RON.   (B.)

CHELASON ou CHULON. Syn.
tartare de Lynx. *V.* CHAT. (B.)

CHELITIS. MOLL. *V.* CÉLIBE.

CHELIDE. *Chelys.* REPT. CHEL.
(Duméril.) *V.* TORTUE.

CHÉLIDOINE. *Chelidonium.*
BOT. PHAN. Genre de la famille des
Papavéracées de Jussieu et de la Polyandrie Monogynie de Linné, dont
les caractères sont : un calice à deux
sépales glabres et caducs ; quatre pétales disposés en croix ; étamines en
nombre indéfini ; silique à deux valves qui s'ouvrent de la base au sommet, uniloculaire, portant sur ses su-
tures deux placentas qui se réunissent en un stigmate bilobé, mais séparés dans le reste du fruit de manière à simuler une cloison fenêtrée ;
graines remarquables par la crête
glanduleuse, comprimée, que l'on
trouve au-dessus de l'ombilic. Ce
genre, ainsi caractérisé par De Candolle (*Syst. Veget.* T. II, p. 98), ne
comprend plus les *Chelidonium Glaucium*, L., et *Chelid. hybridum*, L., dont
on avait déjà fait les genres *Glaucium*
et *Ræmeria*. L'organisation du fruit
dans ces diverses Plantes, l'existence
d'une crête glanduleuse dans la graine

des Chélidoines, la grandeur relative de leurs fleurs, leur port enfin étaient des motifs qui sollicitaient leur séparation en différens genres. Celui des Chélidoines se trouve ainsi réduit à deux espèces certaines ; car De Candolle (*loc. cit.*) n'admet que comme douteuses le *Chelidonium japonicum* de Thunberg, et le *Chelid. sinense*, variété du *Chelid. majus*, selon Loureiro, mais qui en est une espèce distincte, si l'on s'en rapporte à la description même de cet auteur.

La GRANDE CHÉLIDOINE, vulgairement appelée *Eclaire*, est une Plante extrêmement abondante dans les lieux humides et à l'ombre des vieux murs de toute l'Europe, excepté la Laponie. On la reconnaît facilement à ses feuilles molles très-découpées en segmens arrondis, à ses fleurs disposées en bouquets et à ses pétales entiers. Elle varie spontanément et sans culture sous le rapport de la grandeur et de la multiplicité des pétales; mais ces différences qui ont été communiquées au professeur De Candolle par Fischer de Gorenki, ne paraissent pas suffisantes pour en faire des espèces.

Toutes les parties du *Chelidonium majus*, L., contiennent un suc propre safrané, tellement âcre et corrosif qu'on s'en sert vulgairement pour ronger les verrues. Scopoli (*Flora Carniolica*) ajoute que la décoction de cette Plante est employée par les habitans de la Carniole pour tuer les vers qui naissent sur les ulcères des Chevaux. Personne ne s'élèvera contre ces usages chirurgicaux de la Chélidoine; car étant éminemment corrosive, elle est dans ces cas usitée comme telle; mais son emploi comme médicament interne est des plus blâmables. Des médecins qui ne s'attachaient pas à reconnaître l'effet immédiat des substances actives sur les tissus du canal digestif et les résultats de cet effet, ont dit : la Chélidoine est utile dans la goutte, l'ictère, l'hydropisie, les maladies calculeuses, etc. Il est possible que des malades aient pu résister à l'action violente de cet irritant,

et qu'il y ait eu ensuite une amélioration dans leur santé. Nous croyons néanmoins que quelques exemples allégués par un empirisme aveugle ou mal dirigé ne diminuent point la défiance que doivent nous causer les effets certains d'un véritable Poison. Au lieu de faire un remède de la Chélidoine, on en tirera peut-être un meilleur parti dans ses usages économiques, quoiqu'ils se soient bornés jusqu'à présent à des essais sur la teinture en jaune des cotons.

La CHÉLIDOINE LACINIÉE (*Chel. laciniatum*, D. C.) se distingue de la précédente par les lobes de ses feuilles linéaires et incisés, et par ses pétales découpés. On l'a regardée pendant long-temps comme une variété de la première, malgré que sa distinction spécifique eût été signalée par plusieurs auteurs sous le nom de *Ch. quercifolium*. Elle est cultivée au Jardin des Plantes de Paris, où nous l'avons observée pendant plusieurs années de suite, sans nous apercevoir que la culture l'ait fait changer. On la distingue très-facilement, et au premier coup-d'œil, du *Chelidonium majus*, L., qui se trouve à ses côtés, et qui ne subit non plus aucun changement.

(G..N.)

CHÉLIDOINE ou PIERRE D'HIRONDELLE. MIN. On donne ce nom à de petites Agathes roulées dans les torrens de montagne, et réduites à la forme lenticulaire. On les place entre les paupières et le globe de l'œil pour en chasser les corps étrangers qui s'y glissent parfois. Les anciens croyaient qu'on les trouvait dans les nids d'Hirondelles.

(LUC.)

* CHELIDON. OIS. (Aristote.) Syn. présumé de l'Hirondelle de Cheminée, *Hirundo rustica*, L. *V*. HIRONDELLE.

(DR..Z.)

CHÉLIDONS. OIS. Nom imposé à une famille d'Oiseaux qui réunit les Hirondelles, les Martinets, les Engoulevens, les Ibijaux, etc. *V*. ces mots.

(DR..Z)

CHELIFER. ARACHN. (Geoffroy.) *V*. PINCE.

(AUD.)

* CHELIMONTOMA. BOT. PHAN. (Tabernæmontanus.) Syn. arabe de Chélidoine. *V.* ce mot.   (B.)

* CHELINUS. POIS. (Commerson.) *V.* CHEILION.

CHELIOC. OIS. Syn. anglais du Coq, *Phasianus Gallus*, L. *V.* COQ.   (DR..Z.)

* CHELIPE. ARACHN. Même chose que PINCE. *V.* ce mot.   (AUD.)

CHELISCOTHECA. BOT. PHAN. Même chose qu'*Obeliskoteka*. *V.* ce mot.

CHELLÆ. BOT. PHAN. Syn. arabe de *Scandix infesta*. Espèce du genre Cerfeuil. *V.* ce mot.   (B.)

* CHELNION. POIS. (Cuvier.) Sous-genre de Chætodons. *V.* ce mot.   (B.)

* CHELODOMONTOMA. BOT. PHAN. (Daléchamp.) Même chose que Chelimontoma. *V.* ce mot.   (B.)

CHÉLODONTES. *Chelodonta*. INS. Latreille a donné quelque part ce nom à un ordre de la division des Insectes Acères ou Arachnides comprenant les espèces munies de mandibules, et dont la bouche ne constitue pas un tube. Telles sont les Arachnides pulmonaires et presque toutes les Holètres. *V.* ARACHNIDES et HOLÈTRES.   (AUD.)

CHÉLONAIRE. *Chelonarium*. INS. Genre de l'ordre des Coléoptères, section des Pentamères, établi par Fabricius (*Syst. Eleuther.* T. 1er, p. 101), et rangé par Latreille (*Gener. Crust. et Ins.* T. II, p. 44, et Considér. génér. p. 187) dans la famille des Byrrhiens. Ses caractères sont : tête tout-à-fait inférieure et recouverte par un corselet demi-circulaire en forme de bouclier; antennes d'environ sept articles dont le second et le troisième très-grands, comprimés, et les suivans très-courts, logées dans une rainure pectorale. Les Chélonaires qui appartiennent (Règn. Anim. de Cuv.) à la grande famille des Clavicornes se distinguent de tous les autres genres par leurs antennes. Ils se rapprochent des Byrrhes par la forme générale de leur corps; leur tête est petite, arrondie, cachée par le prothorax; les antennes sont moniliformes et insérées en avant des yeux; le prothorax est plane, il offre sur les côtés des bords presque réfléchis; l'écusson du mésothorax est petit, velu et arrondi; les élytres égalent l'abdomen en longueur, et l'embrassent sur les côtés; les pates sont courtes, larges et comprimées ainsi que dans les Nosodendres et les Byrrhes. Ces Insectes sont originaires de l'Amérique méridionale. Leurs mœurs sont inconnues. Fabricius en décrit deux espèces. Nous citerons le Chélonaire noir, *Chel. atrum*, qui est peut-être le même que le *Chel. Beauvoisi* de Latreille, figuré dans son *Genera Crust. et Ins.* tab. 8, fig. 7, avec un détail de l'antenne, fig. 8.   (AUD.)

CHELONARIE. Quelques auteurs, et entre autres Duméril, ont traduit ainsi le nom latin *Chelonarium*. *V.* CHÉLONAIRE.   (AUD.)

CHÉLONE. REPT. CHEL. Du Dictionnaire de Déterville. Pour Chélonée. *V.* ce mot.   (B.)

CHÉLONE. *Chelonum*. INS. Genre de l'ordre des Hyménoptères, section des Térébrans, établi par Jurine (Classif. des Hyménopt.), et désigné par Latreille sous le nom de Sigalphe. *V.* ce mot.   (AUD.)

CHELONE. *Chelone*. BOT. PHAN. Ce genre de la Didynamie Angiospermie de Linné avait été placé par A.-L. de Jussieu dans la famille des Bignoniacées. Lamarck, dans l'Encyclopédie Méthodique, a indiqué ses rapports avec les Personnées et principalement avec les Digitales, rapports qui ont été mieux vus et exprimés par Kunth qui (*Nova Genera et Spec. Plant. œquinoct.*, t. 2, p. 292) assigne au genre Chélone une place parmi les Scrophularinées, et le caractérise ainsi : calice à cinq divisions profondes presque égales; corolle tubuleuse, renflée à sa gorge, dont le limbe est bilabié; la lèvre supérieure émarginée à deux lobes; l'inférieure trifide; étamines didynames saillantes; le filet d'une étamine avortée se fait remarquer entre les deux plus grandes; anthères à loges écartées; stigmate obtus; capsule biloculaire, à deux valves qui portent la cloison à laquelle adhère un placenta central qui finit par s'en séparer. Jussieu ajoute que les graines sont très-nombreuses et membraneuses sur leurs bords. On a partagé ce genre en deux sections, selon que le filet stérile était muni supérieurement de villosités, ou qu'il était glabre. Ces divisions, commodes pour faciliter l'étude des espèces, ne doivent pas constituer deux genres distincts, comme Willdenow et d'autres auteurs l'ont fait en adoptant le genre *Pentstemon* formé des Chélones à filets stériles. Cette dernière circonstance, en effet, n'est pas liée à d'autres caractères importans, tels que l'organisation du fruit et l'inflorescence qui sont les mêmes dans l'une et l'autre section.

Le genre Chélone, nommé aussi vulgairement *Galane*, se compose d'une dizaine d'espèces dont quelques-unes sont des Plantes d'ornement assez agréables. On cultive sous ce rapport le *Chelone barbata* de Cavanilles, indigène du Mexique, remarquable par ses belles fleurs d'un rouge jaunâtre, disposées en panicules terminales, et qui se penchent élégamment sur sa tige. Le *Chelone campanulata*, *Pentstemon campanulatum*, Willd., par la beauté de ses fleurs, mériterait aussi d'être plus répandu dans les jardins. — Des quatre nouvelles espèces que Kunth a décrites, il en a figuré deux avec les détails de la fructification; ce sont les *Chelone gentianoïdes* et *Chelone angustifolia*. (G..N.)

CHÉLONÉE. *Chelonia*. REPT. CHEL. et non *Chelone*. Genre formé dans l'ordre des Reptiles chéloniens, par Brongniart. *V*. TORTUE. (B.)

CHÉLONIENS. REPT. CHEL. Nom donné par Brongniart et adopté par les naturalistes pour désigner un ordre de Reptiles qui renferme les Ani-

maux vulgairement appelés Tortues. C'est à ce mot plus généralement connu que sera traité cet important article. (B.)

CHÉLONISCUS. MAM. (Fab. Columna.) C'est-à-dire *Tortue Cloporte*, syn. de Tatou. *V*. ce mot. (B.)

CHÉLONITES. ZOOL. FOSS. Les Oryctographes ont désigné par ce nom des Tortues pétrifiées, des Glossopètres et des Échinites. (B.)

CHÉLONIUM. BOT. PHAN. (Dioscoride.) Syn. de *Cyclamen europæum*, L. *V*. CYCLAMEN. (B.)

CHELOSTOME. *Chelostoma*. INS. Genre de l'ordre des Hyménoptères, section des Porte-Aiguillons, établi par Latreille qui le place (Règn. Anim. de Cuv.) dans la famille des Melifères, tribu des Apiaires. Ses caractères sont: mandibules étroites, arquées, fourchues ou échancrées à leur extrémité, avancées (surtout dans les femelles); palpes dissemblables; les trois premiers articles des labiaux insérés bout à bout, dans une même direction longitudinale; le quatrième seul, inséré obliquement sur le côté extérieur du troisième, près de son sommet; les palpes maxillaires très-courts et composés de trois articles. Les Chélostomes se rapprochent beaucoup des Mégachiles par la forme et l'allongement du labre ainsi que par l'existence d'une brosse soyeuse garnissant le dessous de l'abdomen des femelles; mais la forme du corps qui est plus allongée ou presque cylindrique, le développement des parties de la bouche, et surtout l'insertion du quatrième article des palpes labiaux suffisent pour distinguer ces deux genres. Des considérations à peu près analogues les éloignent des Hériades, des Stélides, des Anthidies, des Osmies, etc. On ne connaît encore qu'une espèce propre à ce genre. La femelle a été décrite par Linné sous le nom d'*Apis maxillosa*, et par Fabricius sous le nom d'*Anthophora truncorum*, var. B. Panzer (*Faun. Ins. Germ.*, fasc. 53, tab. 17) l'a représentée sous le nom d'*Anthidium truncorum*; Latreille pense que l'*Apis florisomnis* de

Linné et l'*Hylæus florisomnis* de Fabricius , ne sont autre chose que le mâle. La femelle dépose ses œufs dans de vieux troncs d'Arbres.   (AUD.)

CHE-LUM. BOT. PHAN. (Loureiro.) Syn. chinois de *Rhamnus lineatus*, L., espèce du genre Nerprun.   (B.)

CHELYDE. *Chelys.* REPT. CHEL. Genre établi par Duméril parmi les Chéloniens. *V.* TORTUES.   (B.)

CHEMAM. BOT. PHAN. Et non *Cheman.* Nom arabe, selon Delile, du *Cucumis Dudaim*, dont Forskahl avait, à ce qu'il paraît, fait un double emploi sous le nom adopté de *Cucumis Schemuram. V.* CONCOMBRE. (B.)

CHEMIS. BOT. PHAN. Syn. égyptien de Panais. *V.* ce mot.   (B.)

CHEMNICIA et CHEMNITZIA. BOT. PHAN. Aublet ayant fondé, sous le nom de *Rouhamon*, un genre nouveau de la Guiane, Schreber le changea en celui de *Lasiostoma*; Scopoli lui donna de son côté le nom de *Chemnicia*. Mais ces trois nouveaux mots sont superflus, puisqu'il est probable que le genre en question doit être réuni au *Strychnos*, dont il ne diffère que par le nombre des parties de la fructification diminué d'un cinquième.   (G..N.)

* CHEN. OIS. Syn. grec d'Oie domestique. *V.* CANARD.   (B.)

CHENA. OIS. Nom générique de Canard en grec moderne. *V.* CANARD.   (DR..Z.)

CHENALOPÈCES. OIS. (Pline.) Probablement la même chose que CHENALOPEX. *V.* ce mot.   (B.)

CHENALOPEX. OIS. (Aristote.) Syn. d'*Anas ægyptica*, L., selon Geoffroy Saint-Hilaire, et non de Tadorne. (Moehing.) Syn. de Pingouin.   (DR..Z.)

CHENANE. GÉOL. Dans quelques parties du bassin de la Loire, on donne ce nom à l'étendue infertile d'un terrain mêlé de sable et d'argile.   (LUC.)

CHÉNANTOPHORES. BOT.

PHAN. Ce mot est ainsi écrit dans le Dictionnaire de Levrault, pour Chænanthophores. *V.* ce mot.   (G..N.)

CHENAR. BOT. PHAN. Arbre indéterminé, cultivé comme ornement des jardins chez les Persans.   (B.)

CHENARD. BOT. PHAN. Syn. de Chenevis.   (B.)

* CHENCHELCOMA. BOT. PHAN. Syn. de *Salvia oppositifolia* au Pérou. Espèce de Sauge.   (B.)

* CHENDANA. BOT. PHAN. (Marsden.) Syn. de Santal à Sumatra. (B.)

CHÊNE. *Quercus.* BOT. PHAN. Le nom de ce genre de Plante rappelle à notre esprit cette foule d'Arbres majestueux qui font l'ornement des forêts de presque toutes les contrées tempérées du globe. Linné avait placé ce genre dans la Monœcie Polyandrie; Jussieu l'a rangé dans son ordre polymorphe des Amentacées, divisé à juste titre en plusieurs familles distinctes par les botanistes modernes, et en particulier par feu le professeur Richard, qui en a fait le type de sa famille des Cupulifères. *V.* ce mot. Voici les caractères qui distinguent les Chênes en général : dans toutes les espèces, la tige est ligneuse, mais elle offre, sous le rapport de sa hauteur, de sa force et de sa durée, les différences les plus grandes. Tandis que quelques-unes d'entre elles élèvent leur cime majestueuse à une hauteur de cent pieds et au-delà, que leur tronc offre six et même huit pieds de diamètre, le Chêne au Kermès, le Chêne à la galle forment de simples buissons rabougris, et le Chêne nain s'élève avec peine à un ou deux pieds au-dessus du sol. Leurs feuilles, qui souvent persistent et ornent diverses espèces d'une verdure perpétuelle, sont toujours alternes, ordinairement lobées plus ou moins profondément, quelquefois parfaitement entières ou simplement dentées, caractères qui servent à établir trois sections assez naturelles dans les nombreuses espèces de ce genre. A la base de chaque feuille on trouve deux stipules en général très-petites et caduques.

Les fleurs sont toujours monoïques. Les mâles forment des chatons longs et grêles, placés à la partie supérieure des jeunes rameaux. Les fleurs femelles sont groupées à l'aisselle des feuilles supérieures, où elles sont tantôt sessiles, tantôt portées sur des pédoncules plus ou moins longs. Les fleurs mâles se composent chacune d'une écaille caliciforme plus ou moins concave et lobée sur ses bords. Du centre de cette écaille naissent les étamines dont le nombre est très-variable dans la même espèce. Il est rare qu'on en trouve plus de huit ou dix. Chaque fleur femelle est enveloppée presque en totalité par un involucre globuleux composé d'un grand nombre de petites écailles foliacées, imbriquées les unes sur les autres, et plus ou moins serrées. C'est cet involucre qui devient la cupule, dont le gland est environné, quand le fruit est parvenu à sa maturité. Le calice est adhérent par son tube avec la surface externe de l'ovaire, qui est infère. Son limbe se compose de plusieurs petites dents inégales et irrégulières; cet ovaire est en général plus ou moins allongé, à parois épaisses; coupé transversalement, il offre trois loges, dans chacune desquelles existent deux ovules attachés par leur milieu à l'angle interne de la loge, et tous deux à peu près à la même hauteur. La partie supérieure de l'ovaire se continue au-dessus du limbe calicinal pour former un style épais, plus ou moins cylindrique, et dont la longueur varie suivant les diverses espèces. Au sommet de ce style sont placés trois stigmates épais, spathuliformes, et généralement marqués d'un sillon longitudinal sur le milieu de leur face interne, qui est légèrement glanduleuse.

Le fruit porte le nom de Gland. Il présente des différences extrêmement tranchées dans le grand nombre d'espèces qui composent ce genre, tant sous le rapport de sa grosseur que sous celui de sa forme. Tantôt il est petit, globuleux et à peine de la grosseur d'une petite noisette, tantôt il égale en volume une grosse noix. Il en est qui sont arrondis et globuleux, d'autres sont ovoïdes et allongés. Dans quelques-uns la cupule ne recouvre que la partie la plus inférieure du Gland; dans d'autres ce dernier est entièrement recouvert par la cupule; le Gland lui-même se compose d'une enveloppe crustacée indéhiscente, au sommet de laquelle on aperçoit un petit ombilic, formé par les dents du calice. Elle est à une seule loge et à une seule graine par suite de l'avortement constant des cloisons et de cinq des ovules qui existaient dans l'ovaire. Cette graine, qui est très-grosse et qui remplit toute la cavité intérieure du péricarpe, se compose d'un embryon dépourvu d'endosperme, ayant les cotylédons extrêmement épais, charnus, souvent intimement soudés ensemble par leur face interne; la radicule est petite et conique. Un fait important à remarquer, c'est que dans un grand nombre d'espèces de Chênes, il faut deux années pour que le gland parvienne à son état parfait de maturité, tandis que dans d'autres le fruit mûrit pendant l'été et une partie de l'automne.

Il est peu de genres dans tout le règne végétal où les espèces offrent autant d'intérêt et d'utilité dans les arts et l'économie domestique. Leur bois est en général dur, compacte et employé à la construction des bâtimens de terre et de mer; leur écorce, riche en tannin et en Acide gallique, sert au tannage des cuirs, et enfin leurs glands, qui, dans plusieurs espèces sont doux et d'une saveur agréable, servent à la nourriture de l'Homme et d'une foule d'Animaux. Le Liége, substance d'une grande utilité, est retiré d'une espèce de Chêne. Les Noix de galle, si fréquemment usitées dans la teinture pour la fabrication de l'encre, et même dans la thérapeutique, se recueillent sur un Chêne qui croît en Orient, et que le voyageur français Olivier a décrit et figuré sous le nom de *Quercus infectoria.*

Le nombre des espèces de Chênes connues s'est très-rapidement accru par les recherches et les découvertes des voyageurs du siècle dernier et du commencement de celui-ci. Linné n'en a décrit que quatorze. On en trouve soixante-seize dans Willdenow; enfin le *Synopsis Plantarum* de Persoon en énumère quatre-vingt-deux. Aujourd'hui plus de cent trente espèces ont été décrites dans les différens auteurs, dont près de la moitié appartiennent à l'Amérique. La seule Flore des États-Unis de l'Amérique septentrionale en compte près de quarante espèces. Humboldt et Bonpland en ont recueilli vingt-quatre espèces dans le cours de leurs voyages dans l'Amérique méridionale.

Malgré l'intérêt que présentent la plupart de ces espèces, il nous est impossible de les mentionner toutes dans cet article. Nous nous contenterons seulement de dire quelques mots de celles qui, par leur structure et l'importance de leurs usages, méritent une distinction particulière. Nous diviserons ces espèces en trois sections, suivant qu'elles ont les feuilles plus ou moins profondément découpées en lobes arrondis, suivant que ces feuilles sont simplement dentées, ou enfin qu'elles sont tout-à-fait entières.

Iʳᵉ Section : *feuilles lobées.*

CHÊNE ROUVRE ou ROURE, *Quercus Robur,* Lamk. Dict. *Quercus sessiliflora*, Smith, Fl. brit. Cette espèce, qui porte également le nom de Chêne à fruits sessiles, peut s'élever à une hauteur de soixante à soixante-dix pieds. Ses feuilles sont pétiolées, souvent velues, surtout dans leur jeunesse; elles sont découpées latéralement en lobes obtus et presque régulièrement opposées. Ses fleurs mâles forment de longs chatons grêles, et ses fleurs femelles sont sessiles ou presque sessiles à l'aisselle des feuilles supérieures, caractère qui distingue surtout cette espèce de la suivante, avec laquelle Linné l'avait confondue sous le nom de *Quercus Robur.*

Ce Chêne est commun dans nos forêts.

CHÊNE PÉDONCULÉ, *Quercus pedunculata*, Hoffm. Fl. Germ. Ce bel Arbre, que l'on considère à juste titre comme le roi de nos forêts, est bien plus élevé que le précédent; son bois est plus dur, plus compacte et beaucoup plus recherché; ses feuilles sont presque sessiles, toujours glabres, élargies vers leur partie supérieure, découpées latéralement en lobes irréguliers; ses glands sont portés sur de longs pédoncules axillaires; on le trouve en abondance dans nos forêts. Il est souvent désigné sous les noms de Gravelin et de Chêne à grappes.

Les deux espèces dont il vient d'être question forment en quelque sorte la base de la végétation des forêts européennes; ce sont elles aussi dont le bois est le plus estimé, à cause de sa dureté et de sa résistance. Si le Chêne n'est pas le plus grand et le plus gros des Arbres de nos forêts, si quelques Pins et quelques Sapins présentent parfois des dimensions plus considérables, cependant on trouve des Chênes qui, sous le rapport de la taille, peuvent rivaliser avec ces colosses de la végétation. On en voit encore aujourd'hui dans les forêts de Fontainebleau et de Compiègne dont le tronc, mesuré à la base, offre trente à trente-six pieds de circonférence, et s'élève ainsi à une hauteur de quarante pieds avant de donner naissance à aucune ramification.

Le Chêne croît lentement, même dans les terrains qui sont le plus favorables à son développement. Il n'est pas rare qu'à cent ans, cet Arbre n'ait pas plus de dix-huit pouces de diamètre. On ne connaît pas exactement la durée de la vie du Chêne; cependant on a remarqué qu'après trois ou quatre siècles, cet Arbre cessait de s'accroître, et même qu'il finissait par dépérir. La plupart des Chênes les plus gros qu'on remarque dans la forêt de Fontainebleau sont couronnés, c'est-à-dire que la partie supérieure de leurs branches est dépouillée de feuilles et privée de vie.

Ce bel Arbre s'accommode à peu près de tous les terrains ; cependant il croît avec plus de force et de rapidité dans ceux qui sont légèrement humides et substantiels. Plus le Chêne se développe lentement, plus le terrain dans lequel il végète est sec et rocailleux, et plus son bois offre de dureté. Buffon, Duhamel et plusieurs autres naturalistes avaient pensé qu'on pourrait donner plus de solidité au bois, et surtout la communiquer à l'aubier considérable qui forme la partie externe du tronc de ces Arbres, en les écorçant au temps de la sève et en les laissant ainsi sur pied pendant un an avant de les abattre ; mais des expériences multipliées, faites principalement par des forestiers allemands, ont prouvé le peu de fondement de cette opinion, et même les inconvéniens qui pouvaient résulter de cette pratique.

Le bois de Chêne l'emporte sur celui de tous les autres Arbres indigènes par sa dureté, sa résistance et sa durée. Avant de l'employer on doit soigneusement en séparer l'aubier dont le grain est plus lâche, plus pâle et moins solide, et le laisser exposé à l'air pendant un an ou deux. Quand on a pris ces précautions, ce bois peut durer pendant des siècles sans éprouver aucune altération. Il jouit du précieux avantage de se conserver sous l'eau, plus long-temps encore que lorsqu'il est simplement exposé à l'air. Aussi l'emploie-t-on à la construction des pilotis et d'autres ouvrages qui doivent demeurer submergés. Les menuisiers, les charpentiers, les charrons, font tous un usage très-fréquent du Chêne, soit pour former des meubles, des panneaux de menuiserie, des portes, des fenêtres, des poutres, des jantes et des rayons de roues, etc.

L'écorce du Chêne est extrêmement astringente et contient une très-grande quantité de tannin et d'Acide gallique. C'est avec cette écorce que l'on prépare le *Tan*, si fréquemment usité en Europe pour la préparation des cuirs. En général c'est sur de jeunes pieds de douze à quinze ans que l'on enlève l'écorce de Chêne. On la fait ensuite sécher, puis on la réduit en poudre grossière avant de l'employer. Ce n'est point là le seul usage de l'écorce de Chêne, la thérapeutique la réclame et la compte parmi les médicamens toniques, et au nombre des succédanés indigènes du Quinquina. On l'emploie extérieurement et intérieurement ; à l'extérieur, on saupoudre les vieux ulcères atoniques avec la poudre de tan. Par l'excitation qu'elle détermine, elle en favorise la cicatrisation. Lorsqu'on la prescrit pour l'usage interne, c'est généralement pour arrêter le cours d'une fièvre intermittente. Dans ce cas, on administre quatre à six gros de sa poudre, que le malade doit prendre en plusieurs doses, sept à huit heures avant l'accès que l'on veut supprimer. On augmente considérablement la propriété fébrifuge de l'écorce de Chêne en lui associant la racine de Gentiane, dans la proportion d'un tiers ; on forme alors un médicament d'une très-grande efficacité. Si l'on fait bouillir trois à quatre gros de tan dans une pinte d'eau, on obtient une décoction avec laquelle on peut préparer des lotions ou des injections astringentes, fort utiles dans plusieurs maladies externes.

Les glands du Chêne commun ont une saveur âpre et très-désagréable. Cependant il paraît que dans certains temps de disette, des habitans des campagnes en ont préparé une sorte de pain assez nourrissant. Bosc assure qu'en laissant tremper les glands concassés dans une lessive alcaline, on parvient ainsi à les dépouiller en grande partie de leur saveur désagréable. Dans les forêts, ces fruits sont la nourriture principale des bêtes fauves, telles que les Cerfs, les Daims, les Chevreuils, pendant presque tout l'hiver. Tout le monde sait combien le Porc domestique recherche le gland avec avidité et avec quelle rapidité ce fruit l'engraisse. Autrefois, on faisait un fréquent usage en médecine des glands et de leur cupule torréfiés et réduits en poudre. Cette poudre est, en effet, à la fois amère et astringente. On la prescrivait à la dose d'un demi-gros à un gros dans les maladies qui réclament l'usage des toniques astringens, et en particulier, dans la diarrhée chronique, les hémorragies passives, le diabétès, etc.

CHÊNE BLANC, *Quercus alba*, L., Michx. Chên. Amériq., t.5. Le Chêne blanc remplace, dans l'Amérique septentrionale, notre Chêne Rouvre. Il y est aussi commun que ce dernier, car on l'a observé dans presque toutes les contrées des Etats-Unis, depuis les Florides jusqu'au Canada. Il ressemble beaucoup à notre Chêne pédonculé. Sa hauteur est d'environ soixante à soixante-dix pieds. Ses feuilles sont presque uniformément pinnatifides, à découpures obtuses, souvent entières, glabres et glauques en dessous. Cette espèce, dit Michaux, peut être comparée au Chêne d'Europe à long pédoncule, dont elle diffère peu par les feuilles, le fruit, et même par la qualité du bois. En Amérique, on la préfère à toutes les autres pour la construction des maisons et des navires. Elle sert à tous les usages économiques; elle fournit d'excellentes douves pour les tonneaux à liqueurs spiritueuses, tandis que ceux qu'on fabrique avec le Chêne rouge ne peuvent contenir que des marchandises sèches. Enfin, l'élasticité des fibres du Chêne blanc est si grande, qu'on en fait des corbeilles et des balais. Cet Arbre est, de toutes les espèces d'Amérique, le plus anciennement connu. Parkinson rapporte que les Indiens font bouillir son gland pour en retirer une huile, avec laquelle ils préparent leurs alimens; ce fruit est en effet fort doux.

CHÊNE QUERCITRON, *Quercus tinctoria*, Michaux, Chên. Amériq., t. 24 et 25. Le Quercitron que les habitans de la Pensylvanie et des montagnes nomment improprement *Chêne noir*, se développe avec une très-grande rapidité et parvient promptement dans l'Amérique septentrionale, sa patrie, à une hauteur de soixante-dix à quatre-vingts pieds. Ses feuilles pétiolées sont largement obovales, à base obtuse, à lobes peu profonds, anguleux et mucronés au sommet, d'un vert obscur en dessus, légèrement pubescentes en dessous. Ses fleurs mâles n'ont généralement que quatre étamines. Ses glands sont arrondis, un peu déprimés, à moitié recouverts par leur cupule. Il croît près du lac Champlain, dans la Pensylvanie et les hautes montagnes des deux Carolines et de la Géorgie.

Le bois du Quercitron est rougeâtre et poreux. Cependant, il est assez estimé en Amérique, et après le Chêne blanc, c'est celui qu'on emploie le plus fréquemment dans la construction des maisons. Il résiste fort long-temps dans l'eau. Mais c'est l'écorce de cet Arbre qui en est la partie la plus intéressante. Non-seulement elle est extrêmement riche en principes astringens et employée en abondance à la préparation des cuirs; mais elle contient de plus un principe colorant jaune, d'où l'Arbre a tiré son nom de *Quercitron*. Ce principe colorant existe surtout dans la partie cellulaire de l'écorce. On l'obtient par le moyen de la décoction. Il est employé à communiquer les différentes nuances de jaune à la soie, à la laine et aux papiers de tenture. L'Alun et les sels d'Etain avivent singulièrement sa teinte. Des expériences nombreuses ont prouvé qu'une partie de Quercitron fournissait autant de principe colorant que huit parties de Gaude. Depuis quelques années, Michaux fils a introduit la culture du Quercitron et de plusieurs autres espèces de Chênes américains dans la partie du bois de Boulogne, voisine de la porte d'Auteuil. Les plantations ont en général parfaitement réussi, et l'on a déjà fait des essais heureux avec le Quercitron recueilli sur ces jeunes Arbres.

CHÊNE VELANI, *Quercus Ægylops*, L., Olivier, Voyage, t. 13. Dans son Voyage en Orient, Olivier a donné une excellente figure de ce Chêne. Il a le port de l'espèce de nos forêts ; ses feuilles, courtement pétiolées, offrent sur leurs bords des lobes anguleux et mucronés ; elles sont coriaces, lisses en dessus et légèrement pubescentes à leur face inférieure. Leurs fruits sont extrêmement gros ; la cupule surtout est très-volumineuse ; elle se compose d'écailles longues, foliacées et écartées les unes des autres ; le gland lui-même est ovoïde et très-allongé. Le Velani croît dans la plupart des îles de l'Archipel, la Grèce, et la côte occidentale de la Natolie.

La cupule de ce Chêne est connue dans le commerce sous le nom de *Velanède*. Elle contient une très-grande quantité de principes astringens : aussi en Orient, en Grèce et même en Angleterre, on l'emploie très-fréquemment comme la Noix de Galle, soit à la préparation des cuirs, soit dans la teinture. Quelquefois on trouve dans le commerce les jeunes fruits du Velani ; ils sont beaucoup plus estimés et d'un prix plus élevé.

IIe SECTION : *feuilles dentées.*

CHÊNE A LA GALLE, *Quercus infectoria*, Olivier, Voyage, t. 14 et 15. On a long-temps ignoré quelle était positivement l'espèce de Chêne sur laquelle on récoltait en Orient les Noix de galle. Le voyageur Olivier a levé tous les doutes à cet égard en donnant une description et une figure très-exactes de cet Arbre, ou plutôt de cet Arbrisseau. Il ne s'élève guère à plus de quatre à six pieds. Ses branches sont tortueuses et portent des feuilles pétiolées, coriaces, glabres en dessus et pubescentes en dessous, offrant latéralement des dents profondes et inégales. Les fruits sont presque cylindriques, longs d'un pouce et au-delà ; leur cupule est formée d'écailles fort petites, imbriquées et très-serrées. Ce Chêne croît dans toute l'étendue de l'Asie-Mineure.

La galle est une excroissance morbide, produite par la piqûre d'un Insecte ailé auquel Olivier a donné le nom de *Diplolepis Gallæ tinctoriæ*. Elle est en général globuleuse, à sur-

face inégale et tuberculée ; sa forme est arrondie ; elle se développe sur les jeunes rameaux, et renferme dans son intérieur les œufs que l'Insecte y a déposés. On doit la recueillir avant la métamorphose de l'Insecte, parce qu'elle est alors plus pesante et plus riche en principes tannans. Lorsque l'on attend que l'Insecte en soit sorti, elles sont percées d'un trou, plus légères et moins estimées. Les meilleures viennent d'Alep. Elles doivent être de grosseur moyenne, bien pesantes et non percées. La Noix de galle est une substance éminemment astringente, dont cinq cent parties contiennent, d'après l'analyse d'Humphry Davy, cent quatre-vingt-cinq parties de matières solubles principalement formées de tannin et d'Acide gallique. On emploie la Noix de galle à la teinture en noir, à la préparation de l'encre à écrire, et, en médecine, sa décoction sert à faire des lotions ou des injections éminemment toniques et styptiques.

CHÊNE YEUSE, *Quercus Ilex*, L. Ce Chêne, qu'on appelle aussi Chêne vert, parce qu'il conserve ses feuilles pendant toute l'année, croît dans les régions méridionales de l'Europe, l'Orient et l'Afrique septentrionale. Il est plus particulièrement avec le Béllote, *V.* ce mot, selon Bory de Saint-Vincent, le Chêne de l'Espagne. Il est très-commun dans le midi de la France, en Provence, en Languedoc, et même jusque vers le centre de ce vaste royaume. Son tronc tortueux et branchu acquiert souvent des dimensions colossales. Pline parle d'une Yeuse qui existait près de Tusculum, et dont le tronc offrait trente-quatre pieds de circonférence à sa base, et donnait naissance supérieurement à dix branches principales, chacune d'une grosseur étonnante. Ses feuilles sont pétiolées, coriaces, persistantes, ovales, allongées ou quelquefois ovales-arrondies. Tantôt elles sont parfaitement entières ; tantôt, et plus souvent, elles sont irrégulièrement dentées sur leurs bords. Leur face supérieure est d'un vert clair, glabres et luisantes ; l'inférieure est cotonneuse et blanchâtre. C'est à l'aisselle des feuilles de l'année précédente que se développent les chatons de fleurs mâles, tandis que les fleurs femelles naissent à l'aisselle des jeunes feuilles de l'année, où elles sont portées et groupées sur des pédoncules assez longs. Les glands, dont la cupule est courte, imbriquée et cotonneuse, sont ovoïdes-allongés.

L'écorce de l'Yeuse est très-astringente, et s'emploie, comme celle du Chêne Rouvre, à la préparation et au tannage des cuirs. Son bois est d'un grain très-fin, dur et très-serré. Aussi est-il fort recherché pour la confection des poulies, des roues et de tous les outils et ustensiles qui sont exposés à un frottement fréquemment répété. Ses glands, dans les régions méridionales, ont une saveur douce et agréable qui a beaucoup d'analogie avec celle de notre Noisette. En Espagne, en Grèce, etc., les gens du peuple les recueillent et s'en nourrissent une partie de l'année. Beaucoup d'écrivains se récrient sur la grossièreté des premiers habitans de la Grèce et de l'Europe méridionale, qui, vivant au milieu des forêts, trouvaient dans les glands du Chêne leur principale nourriture. Cette prévention vient évidemment de l'idée qu'on s'était faite des fruits de toutes les espèces de ce genre, en comparant leur saveur à celle des Chênes vulgaires qui peuplent nos forêts. Mais si l'on fait attention que, dans un grand nombre d'espèces, ces fruits ont une saveur douce et agréable, on ne s'étonnera plus que les anciens peuples aient cherché à s'en nourrir. D'ailleurs il n'est pas positivement démontré que les peuples désignés dans les historiens ou les poëtes de la Grèce sous le nom de Balanophages, aient reçu ce nom de l'usage où ils étaient de se nourrir des fruits du Chêne. Les Grecs en effet donnaient le nom de *Balanos*, que les Latins ont traduit par celui de *Glans*, à tous les fruits qu'on pouvait manger, tels que les Dattes, les

Noix, les Faînes, les Olives, etc. Il est donc possible qu'ils aient appelé Balanophages, les peuples qui se nourrissaient principalement de toute espèce de fruits.

Desfontaines a fait connaître, dans les Mémoires de l'Académie des Sciences, une espèce extrêmement voisine de l'Yeuse, et à laquelle il a donné le nom de *Quercus Ballota*. C'est celui dont il a déjà été question à l'article BELLOTE. *V.* ce mot. Son bois est employé aux mêmes usages que celui du Chêne vert, et ses glands crus ou torréfiés sont, pour les habitans de l'Atlas et d'une partie de l'Espagne, une nourriture très-saine et très-recherchée.

CHÊNE-LIÉGE, *Quercus Suber*, L. Cette espèce a aussi beaucoup de ressemblance avec le Chêne Yeuse dans son port et ses autres caractères ; mais elle s'en distingue facilement par l'épaisseur considérable de la partie herbacée de son écorce, qui est dure, fongueuse, élastique, et connue sous le nom de Liége. Ses feuilles sont, comme celles de l'Yeuse, petites, coriaces, persistantes, blanchâtres et tomenteuses à leur face inférieure. Leurs glands sont également doux et bons à manger. Aussi en Espagne et dans le midi de la France, les mange-t-on après les avoir fait griller. Le Chêne-Liége croît spontanément dans l'Europe australe et la Barbarie. Il est fort commun en Espagne, qui fournit presque seule à la consommation du reste de l'Europe. En France, on en trouve une assez grande quantité en Languedoc, en Provence et à Nérac, près de Bordeaux. Nous en avons vu des plantations assez considérables dans la partie du département du Var qui borde la Méditerranée, particulièrement dans cette région montueuse et aride qui s'étend entre Hyères, La Napoule et Fréjus, et qu'on désigne sous le nom de Maures. Les individus en sont généralement isolés et non réunis en forêts. Ils se plaisent particulièrement dans les terrains secs et rocailleux ou dans les sables arides.

Jamais on ne les voit dans les terres substantielles et profondes.

Ce n'est guère que tous les huit ou dix ans que se fait la récolte du Liége. Pour cette opération on fend la partie externe de l'écorce, que l'on détache soigneusement. Par ce procédé on n'enlève que l'épiderme et l'enveloppe herbacée, et il reste encore les couches corticales et le liber dont la présence est indispensable à la vie de l'Arbre, qui périrait infailliblement s'il en était dépouillé. On peut faire une douzaine de récoltes successives sur le même individu. Lorsque les Chêne-Liéges ont été ainsi écorcés, ils offrent un aspect tout-à-fait singulier, à cause de leur surface unie et d'un rouge plus ou moins intense.

Le Liége est employé à une foule d'usages dans l'économie domestique. On en fait des bouchons pour fermer les bouteilles et les vases d'une plus grande dimension. Par sa grande légèreté, il surnage à la surface de l'eau; aussi les pêcheurs s'en servent-ils pour soutenir leurs filets. On en fait aussi des espèces de corsets qui facilitent singulièrement la natation, et soutiennent un homme à la surface de l'eau. Brûlé dans des vaisseaux clos il forme le noir d'Espagne, employé dans la teinture. Enfin on fabrique avec le Liége divers instrumens de chirurgie, et particulièrement des pessaires. Comme il est imperméable à l'eau, on en fait des semelles que l'on place dans les chaussures pour garantir les pieds contre l'humidité. Tout le monde sait que les entomologistes garnissent le fond de leurs boîtes avec des lames minces de Liége, afin de pouvoir y fixer leurs Insectes avec facilité.

CHÊNE AU KERMÈS, *Quercus coccifera*, L. Petit Arbrisseau rabougri, tortueux, qui, dans les provinces méridionales de la France, et surtout en Provence, forme le long des chemins, dans les lieux pierreux et arides, des buissons épais, hauts de trois à quatre pieds. Ses feuilles sont petites, coriaces, persistantes, gla-

bres sur leur deux faces, ordinairement bordées de dents épineuses; rarement elles en sont totalement dépourvues. Ses fruits sont petits, et ne parviennent à leur parfaite maturité que la seconde année, particularité qui s'observe également dans plusieurs autres espèces de ce genre. Leur cupule est hérissée de petites écailles foliacées, et recouvre la moitié inférieure du gland.

Cet Arbrisseau nourrit un petit Insecte de l'ordre des Hémiptères, nommé *Coccus Ilicis*, et que l'on connaît dans le commerce sous les noms de *Kermès* ou graine d'écarlate. Il a pendant long-temps été l'objet d'un commerce très-étendu et très-lucratif pour les habitans des contrées méridionales, avant que la Cochenille, autre Insecte du même genre qui vit au Mexique sur diverses espèces de *Cactus*, ne lui ait été préférée pour la teinture en rouge. Le Kermès a pendant long-temps été usité en médecine, comme tonique et astringent; mais aujourd'hui on en a totalement abandonné l'usage.

IIIᵉ SECTION : *feuilles entières.*

Nous ne trouvons dans cette section que des espèces exotiques. La plus remarquable de toutes est le Chêne à feuilles de Saule, *Quercus Phellos*, L., Michx. Chêne Am. t. 12 et 13. Il croît dans les lieux humides de la plus grande partie des États-Unis. Par son port il ressemble beaucoup à nos Saules européens à feuilles étroites. En effet ses feuilles sont lancéolées, étroites, aiguës, minces et glabres. Ses glands sont petits et à moitié recouverts par leur cupule qui est imbriquée.

On est parvenu à naturaliser ce bel Arbre dans plusieurs jardins d'agrément de la France. On en voit encore aujourd'hui un superbe individu, qui a été planté par notre bisaïeul dans les jardins du Petit-Trianon. Il peut avoir maintenant quarante à quarante-cinq pieds de hauteur.

Nous aurions pu ajouter encore à cette énumération rapide plusieurs autres espèces intéressantes, mais nous avons cru devoir nous borner aux espèces les plus remarquables par leurs propriétés ou leurs usages dans les arts ou l'économie domestique.

(A. R.)

CHÊNE MARIN ou DE MER. *Quercus marinus.* BOT.CRYPT. (*Hydrophytes.*) Les anciens auteurs ont donné ce nom au *Fucus vesiculosus* de Linné, à plusieurs de ses variétés, ainsi qu'au *Fucus serratus.* *V.* VAREC.

(LAM..X.)

CHENEROTES. OIS. Petite Oie sauvage distincte des Chenalopèces, dont la chair était fort estimée, mais qu'on ne peut déterminer sur le peu qu'en a dit Pline. (B.)

CHENETTE. BOT. PHAN. Nom vulgaire des *Teucrium* et *Veronica Chamœdrys*, ainsi que du *Dryas octopetala.* (B.)

CHENEUSE. BOT. PHAN. L'un des noms vulgaires de l'Agripaume. *V.* LÉONURE. (B.)

CHENEVÉ ET CHENEVIS. BOT. PHAN. La graine du Chanvre. (B.)

CHENEVILLE ET CHENEVOTTE. BOT. PHAN. La tige dépouillée du Chanvre, dont on fait des allumettes. (B.)

CHENGO-VERAG. BOT. PHAN. Syn. de Millepertuis. (B.)

CHENIER. BOT. CRYPT. Nom vulgaire donné aux Champignons qui croissent sur le Chêne, et adopté avec des épithètes non moins barbares par Paulet. (AD. B.)

CHENILLÈRE ou CHENILLETTE. BOT. PHAN. *V.* SCORPIURE.

CHENILLES. ZOOL. Pour les Chenilles qui appartiennent à la classe des Insectes, *V.* LARVES.

On a étendu le nom de CHENILLE à divers Animaux qui n'ont aucun rapport avec les Larves des Lépidoptères. Ainsi l'on a appelé improprement :

CHENILLE AQUATIQUE (Joblot), parmi les Infusoires, un Brachionide mal à propos confondu par Müller avec le *Brachionus cirrhatus.* *V.* LÉPADELLE.

CHENILLE BARIOLÉE, parmi les Co-

quilles, le *Murex Aluco*, L., Cerithium, Brug.

CHENILLE BLANCHE, le *Cerithium vertago.*

CHENILLE BLANCHE STRIÉE, le *Cerithium fasciatum.*

CHENILLE GRANULEUSE, le *Cerithium granulatum.*

CHENILLE (grande), le *Cerithium nodulosum.* *V.* CÉRITHE.

CHENILLE DE MER, un Oscabrion, ou l'Aphrodite hérissée. *V.* ces mots.

On a appelé FAUSSES CHENILLES les larves de quelques Hyménoptères. *V.* ce mot. (B.)

CHENION, CHENISKOS. OIS. Syn. de l'Oie vulgaire, *Anas segetum*, L., en Grèce et dans Pline. *V.* CANARD. (DR..Z.)

CHENIPS. BOT. PHAN. (Mentzel.) Syn. arabe de *Cicer arietinum.* *V.* CHICHE. (B.)

CHENNA ET KENNA. BOT. PHAN. Syn. arabe de *Cupressus sempervirens.* *V.* CYPRÈS. (B.)

CHENNÉ BOT. PHAN. Syn. arabe de *Lawsonia.* *V.* ce mot. (B.)

CHENNIE. *Chennium.* INS. Genre de l'ordre des Coléoptères, section et famille des Dimères, établi par Latreille, et ayant pour caractères : antennes de onze articles, dont les dix premiers à peu près égaux, lenticulaires, et dont le dernier plus grand et presque globuleux ; une lèvre distincte ; quatre palpes très-petits ; deux crochets au bout des tarses. Les Chennies sont de petits Insectes très-voisins des Psélaphes, et n'en diffèrent que par un développement moindre dans les articles des palpes et par le nombre des crochets des tarses ; ils s'éloignent davantage des Clavigères. On ne connaît encore qu'une seule espèce, la Chennie bituberculée, *Ch. bituberculatum.* Elle a été trouvée par Latreille dans le département de la Corrèze sous les pierres. (AUD.)

CHENO ou KENO. BOT. PHAN. Syn. arabe de Carthame laineux. (B.)

* CHENOBOSCON. BOT. PHAN.

(Mentzel.) Syn. grec d'Argentine, *Potentilla Anserina*, L. *V.* POTEN-
TILLE. (B.)

CHENOLEA. BOT. PHAN. Thun-
berg ayant établi ce genre qui ne présente d'autre différence d'avec les Salsola, que celle d'avoir sa graine renfermée dans une capsule, et contournée en spirale, L'Héritier n'a pas fait
difficulté de le faire rentrer dans ce
dernier genre. *V.* SOUDE. (G..N.)

CHENOLITE. GÉOL. Même chose
que Pierres de foudre. (LUC.)

CHÉNOPODE. *Chenopodium.* BOT.
PHAN. Ce genre, qui porte également
les noms d'Anserine et de Pate-d'Oie,
appartient à la famille des Chénopodées de Ventenat ou Atriplicées de
Jussieu, et à la Pentandrie Digynie
de Linné. Il se compose de Végétaux
herbacés ou sous-frutescens, portant
des feuilles alternes, sans gaîne ni
stipules, tantôt planes, tantôt étroites, cylindriques, subulées, plus ou
moins charnues; les fleurs sont petites, verdâtres, hermaphrodites, ordinairement disposées en une sorte
de grappe ou de panicule terminale.
Chacune d'elles offre un calice monosépale, persistant, à cinq divisions
très-profondes; les étamines sont également au nombre de cinq, et ont
leurs filamens opposés aux divisions
calicinales. L'ovaire est libre, un peu
comprimé, à une seule loge, qui
renferme un seul ovule attaché à sa
partie supérieure. Du sommet de l'o-
vaire naissent trois, rarement quatre
stigmates sessiles et subulés.

Le fruit est un petit akène globuleux ou comprimé, enveloppé par le
calice, qui ne prend point d'accroissement après la fécondation. La graine renferme un embryon grêle, recourbé autour d'un endosperme
charnu.

Les Anserines ou Chénopodes ont
de grands rapports avec les genres
Arroche et Soude. Elles se distinguent
du premier par leurs fleurs hermaphrodites et non polygames, par leur
calice fructifère à cinq lobes, ne prenant pas d'accroissement après la fé-

condation, tandis que, dans les Arroches, le calice des fleurs fertiles est
à deux divisions qui s'accroissent à
l'époque de la maturité du fruit.
Quant aux Soudes, elles se distinguent surtout par les appendices sca-
rieux qui naissent et se développent
sur leur calice, lorsque la fécondation s'est opérée. Aussi les botanistes
modernes ont-ils placé au nombre
des Anserines plusieurs espèces de
Salsola de Linné qui ont leur calice
dépourvu de ces appendices, que Kœler a désignés sous le nom de pera-
phylles.

Le nombre des espèces de ce
genre s'est considérablement accru,
soit par la réunion de plusieurs
Soudes aux Anserines, soit par des
découvertes récentes. Ainsi la seconde édition du *Species Plantarum*
de Linné en mentionne dix-huit espèces. Willdenow en a décrit vingt-
six espèces, et, dans son *Synopsis
Plantarum*, Persoon en énumère
vingt-huit. Aujourd'hui on en connaît environ une soixantaine d'espèces à peu près dispersées dans toutes
les contrées du globe. Robert Brown
en a trouvé sept espèces nouvelles
sur les côtes de la Nouvelle-Hollande.
Les Anserines croissent dans toutes les
localités : on en trouve dans les
champs cultivés, les vignes. D'autres
recherchent les lieux habités, les dé-
combres, les rues des villages; quelques-unes enfin croissent dans les
endroits où abonde le Sel marin, sur
les bords de la mer, dans les marais
salins, etc.

Nous allons mentionner quelques-
unes des espèces les plus intéressantes.

1°. *Feuilles linéaires entières et
charnues.*

CHÉNOPODE LIGNEUX, *Chenopodium fruticosum*, L. C'est un petit
Arbuste haut de trois à quatre pieds,
dont la tige est dressée, grêle, ligneuse inférieurement, et donne naissance à un grand nombre de ramifications herbacées, chargées de petites feuilles linéaires, subulées,

charnues, glabres, très-nombreuses. Les fleurs sont petites, vertes, groupées à l'aisselle des feuilles supérieures. Cette espèce est fort commune sur les bords de l'Océan et de la Méditerranée. Nous l'avons trouvée en abondance aux environs de Marseille, de Nice, etc.

CHÉNOPODE MARITIME, *Chenopodium maritimum*, L., Flor. dan., t. 489. Cette espèce a beaucoup de ressemblance avec la précédente, et croît dans les mêmes localités; mais elle s'en distingue par sa tige herbacée et annuelle, par ses feuilles glauques; de-là le nom vulgaire de Blanchette, sous lequel on la connaît dans plusieurs contrées.

CHÉNOPODE SÉTIFÈRE, *Chenopodium setigerum*, D. C. Fl. fr., suppl. Cette Anserine, que De Candolle a le premier distinguée de la précédente, en diffère par ses feuilles et sa tige pubescentes, et par un poil très-allongé qui termine chaque feuille. Elle croît dans les marais salins des bords de la Méditerranée; je l'ai recueillie aux environs d'Aigues-Mortes en Provence, non loin des salines de Pequay. Elle est annuelle comme l'Anserine maritime, dont elle rappelle absolument le port.

Il paraît que c'est par l'incinération de cette Plante que l'on obtient la Soude en Espagne, et particulièrement aux environs d'Alicante; elle y est connue sous le nom de Barille. Cependant un grand nombre d'autres Plantes, qui vivent dans le voisinage de la mer, peuvent également être employées à l'extraction de cet Alcali. Ainsi l'Anserine ligneuse et l'Anserine maritime, plusieurs espèces de Soude, de Salicorne, le *Mesembryanthemum nodiflorum*, et même le Varec vésiculeux, contiennent une très-grande quantité de Soude, que l'on peut en retirer par le moyen de l'incinération.

2°. *Feuilles planes.*

Cette seconde section renferme un nombre plus considérable d'espèces que la première; on distingue les suivantes comme les plus intéressantes :

CHÉNOPODE BOTRYS, *Chenopodium Botrys*, L., Blackw., t. 314. Plante annuelle qui croît dans les provinces méridionales de la France. Sa tige cylindrique, pubescente et glanduleuse, s'élève à environ un pied; elle est simple inférieurement, divisée en rameaux dressés à sa partie moyenne et supérieure; les feuilles sont alternes, allongées, pinnatifides, pubescentes, à lobes écartés et obtus; les fleurs sont fort petites, disposées en grappes dressées au sommet des ramifications de la tige.

Cette Plante répand une odeur forte et aromatique; elle a une saveur âcre et amère. Ces qualités décèlent dans le Botrys un médicament énergique. On l'employait beaucoup autrefois dans les affections hystériques, les catarrhes chroniques, etc.; mais aujourd'hui son usage est à peu près abandonné.

CHÉNOPODE AMBROISIE, *Chenopodium ambrosioïdes*, L. On nomme vulgairement Thé du Mexique cette espèce d'Anserine, qui en effet est originaire de cette partie de l'Amérique. Ses feuilles sont ovales, simplement dentées, glabres; ses fleurs sont sessiles à l'aisselle des feuilles supérieures. Du reste elle a beaucoup d'analogie avec l'Anserine Botrys. Son odeur est plus forte, mais en même temps plus agréable. L'infusion théiforme de ses feuilles est une boisson agréable et légèrement excitante, que l'on emploie au Mexique et dont les usages sont les mêmes que ceux du Thé de la Chine. Quoiqu'originaire du Nouveau-Monde, cette Plante s'est tellement multipliée en France, particulièrement dans le voisinage des villes, qu'elle semble y être indigène.

CHÉNOPODE ANTHELMINTIQUE, *Chenopodium anthelminticum*, L. Elle est originaire de l'Amérique septentrionale, et n'est probablement qu'une simple variété de l'Anserine Ambroisie. Ses fruits sont très-employés comme vermifuges dans les États-Unis d'Amérique.

Parmi les espèces indigènes appartenant à cette section, on compte l'ANSÉRINE VULGAIRE, désignée par De Candolle sous le nom de *Chenopodium Leiocarpum*, et qui comprend les *Chenopodium album* et *viride* de Linné, qui ne sont que de simples variétés; l'ANSÉRINE BON HENRI, *Chenop. bonus Henricus*, L., qui se distingue par ses feuilles hastées, et par ses fleurs en grappes terminales. On mange ses feuilles comme celles de l'Épinard; l'ANSÉRINE PUANTE, *Chenopod. vulvaria*, L., petite Plante couchée, glauque, qui croît abondamment le long des murailles, et dont toutes les parties répandent une odeur infecte de Poisson pourri.

(A. R.)

CHÉNOPODÉES. *Chenopodeæ.*

BOT. PHAN. Ventenat et De Candolle ont ainsi nommé la famille naturelle de Plantes, à laquelle Jussieu avait donné le nom d'Atriplicées ou d'Arroches, et dont le genre Chénopode fait partie. Les Chénopodées appartiennent aux Plantes dicotylédones apétales, dont les étamines sont insérées sous l'ovaire. Ce sont en général des Plantes herbacées, des Arbustes ou des Arbrisseaux répandus dans presque toutes les régions du globe, portant des feuilles alternes, rarement opposées, sans stipules, ni gaînes à leur base. Leurs fleurs sont généralement fort petites et de peu d'apparence, souvent hermaphrodites, quelquefois unisexuées et polygames. Chacune d'elles se compose d'un calice monosépale généralement persistant, plus ou moins profondément divisé; d'étamines, dont le nombre est très-variable, non-seulement dans les différens genres, mais encore dans les espèces d'un même genre; le nombre que l'on observe le plus fréquemment est de cinq; cependant on n'en compte qu'une dans les genres *Blitum*, *Ceratocarpus*, etc.; une ou deux dans les Salicornes; trois dans l'*Axyris*; quatre dans le *Crucita* de Loefling; huit, dix ou même une vingtaine et au-delà, dans

les diverses espèces de *Phytolacca*. Presque constamment ces étamines sont insérées immédiatement au-dessous de l'ovaire; assez rarement elles s'attachent tout-à-fait à la base des divisions calicinales au-devant desquelles elles sont placées, en sorte que l'insertion nous paraît être hypogynique et non périgynique, ainsi qu'on le croit généralement.

Il n'existe qu'un seul pistil dans tous les genres de la famille des Chénopodées, à l'exception du seul genre *Phytolacca*, qui en présente plusieurs réunis par leur base, lesquels finissent par se souder ensemble et former un seul fruit. L'ovaire est toujours à une seule loge, et contient un seul ovule attaché à la base de la loge; sur le sommet de l'ovaire on trouve tantôt un style très-court terminé par deux, trois ou quatre stigmates; tantôt il existe plusieurs styles distincts, tantôt enfin les stigmates sont immédiatement sessiles.

Le fruit présente deux modifications : le péricarpe est sec, mince, indéhiscent, ou bien il est plus ou moins charnu. Dans le premier cas, c'est un akène ou utricule, recouvert par le calice persistant, qui, dans plusieurs genres, se développe et prend de l'accroissement; dans le second cas, c'est une petite baie; dans les genres *Basella*, *Blitum*, etc., c'est le calice lui-même qui devient charnu.

La graine est attachée à la base de la loge; son tégument est mince; d'autres fois il est double, et l'externe est légèrement crustacé; l'embryon est allongé, recourbé autour d'un endosperme farineux et roulé en spirale. Il est rare que l'endosperme manque entièrement.

La famille des Chénopodées a de tels rapports d'affinité avec les Amaranthacées, qu'il est presque impossible de trouver un caractère fixe qui soit propre à les distinguer. L'insertion hypogynique, dans ces dernières, et qu'on regardait comme perigynique dans les Chénopodées, avait été donnée comme un des caractères les plus tranchés entre ces deux familles. Mais nous avons reconnu que l'insertion des étamines était manifestement hypogynique, du moins dans la majeure partie des genres. Il n'y aurait que le fruit qui, restant toujours indéhiscent dans les Chénopodées, tandis que généralement il s'ouvre en boîte à savonnette dans la plupart des Amaranthacées, qui pourrait établir quelque différence entre ces deux familles. Il en est à peu près de même des Urticées qui viennent se placer immédiatement à côté des Chénopodées, dont elles ne diffèrent que par l'absence de l'endosperme et par les stipules que l'on remarque dans un grand nombre de leurs genres. Du reste nous pensons que ces trois familles demandent une nouvelle révision, et que probablement, lorsque leurs caractères auront été mieux étudiés, elles formeront une même tribu naturelle, dans laquelle on pourra établir plusieurs groupes secondaires. La famille des Polygonées entrera également dans ce groupe, à moins que l'on ne considère son insertion perigynique et les gaînes membraneuses qui terminent ses feuilles inférieurement, comme des caractères suffisans pour l'en distinguer.

Les genres qui composent la famille des Chénopodées ou Atriplicées sont assez nombreux. Nous les diviserons en deux sections suivant que leur péricarpe est charnu ou sec.

Ire SECTION. — *Fruit à péricarpe charnu.*

Phytolacca, L., Juss.; *Rivinia*, L., Juss.; *Salvadora*, L., Juss.; *Bosœa*, L., Juss.; *Rhagodia*, R. Brown.

IIe SECTION. — *Fruit sec.*

1°. Calice devenant charnu.

Basella, L., Juss.; *Blitum*, L., Juss.; *Acnida*, L., Juss.

2°. Calice membraneux.

Microtea, Swartz; *Ancistrocarpus*, Kunth; *Cryptocarpus*, Kunth; *Petiveria*, L., Juss.; *Polycnemum*, L.,

Juss.; *Camphorosma*, L., Juss.; *Galenia*, L., Juss.: *Anredera*, L., Juss.; *Anabasis*, L., Juss.; *Caroxylum*, Thunberg, Juss.; *Salsola*, L., Juss., auquel il faut joindre le *Suœda* de Forskahl, et probablement les genres *Traganum* et *Cornulaca* de Delille, et le *Kochia* de Roth.; *Spinacia*, L., Juss.; *Beta*, L., Juss.; *Chenopodium*, L., Juss.; *Enchylæna*, R. Br.; *Atriplex*, L., Juss.; *Sclerolæna*, R. Br.; *Crucita*, Loefl., Juss.; *Axyris*, L., Juss.; *Anisacantha*, R. Br.; *Hemichroa*, R. Br.; *Threskeldia*, R. Br.; *Dysphania*, R. Br.; *Ceratocarpus*, L., Juss.; *Salicornia*, L., Juss.; *Batis*, Browne, Jacq.; *Coryspermum*, L. Juss.   (A. R.)

CHENOPUS. BOT. PHAN. (Pline.) Syn. de *Chenopodium album*, espèce du genre Chénopode. *V.* ce mot. (B.)

* CHENUCE. BOT. PHAN. (Tabernæmontanus.) Syn. arabe d'*Asphodelus ramosus. V.* ASPHODÈLE. (B.)

CHENUT. BOT. PHAN. Pour Chesnut-Trée. *V.* ce mot. (B.)

* CHEPA, CHEPU ET CHAUPA. POIS. Les pêcheurs galiciens en Espagne donnent ces noms à l'Oblade, espèce du genre Bogue. *V.* ce mot. (B.)

CHÉRAMEL. BOT. PHAN. Syn. d'*Averrhôa Carambola*, dans les colonies où ce nom a été employé par les Portugais; Chéramela est autre chose. *V.* CARAMBOLIER. (B.)

CHÉRAMELA. BOT. PHAN. (Rumph. *Amb.* 7, 34, t. 33, f. 2.) Dont on fait Chéramellier et Chérembellier dans les colonies françaises. Syn. de *Cicca disticha*, L. *V.* CICCA. (B.)

CHÉRAMELLE ou CHÉREMBELLE. BOT. PHAN. Fruit du Chéramellier ou Chérembellier. *V.* CICCA. (B.)

CHÉRAMELLIER ou CHÉREMBELLIER. BOT. PHAN. Syn. de *Cicca disticha*, L., dans les colonies françaises. *V.* CICCA. (B.)

CHERAMUS. OIS. (Pline.) Paraît

être synonyme de Chenalopex. *V.* ce mot. (DR. Z.)

CHERBACHEM. bot. phan. *V.* Charbe.

CHERBAS. bot. phan. *V.* Chas.

* CHERBOSA. bot. phan. *V.* Copous.

CHERC – FOLEK. bot. phan. Pour Cherk - Falek. *V.* ce mot. (c..n.)

CHERDA. bot. phan. Syn. barbaresque d'*Eryngium maritimum*, L. *V.* Panicaut. (b.)

CHEREM. bot. phan. Syn. hébreu de Vigne. (b.)

CHEREMBELLE. bot. phan. *V.* Cheramellier.

CHEREMIA. bot. phan. Même chose que Chéramela à Mascareigne. (b.)

CHEREN. ois. Syn. arabe du Martin-Pêcheur, *Alcedo ispida*, L. *V.* Martin-Pêcheur. (dr..z.)

CHEREPHYLLUM. bot. phan. Pour Chærophyllum. *V.* Cerfeuil. (b.)

CHERERDRAMON. bot. crypt. Et non *Chererdranon.* (Dioscoride.) Syn. de Prêle, selon Daléchamp. *V.* Prêle. (b.)

CHERES. bot. phan. *V.* Charfi.

CHERFA. bot. phan. (L'Écluse.) Syn. hongrois de *Quercus Cerris*, espèce de Chêne. *V.* ce mot. (b.)

CHREIC. ois. Espèce du genre Bec-Fin, *Sylvia madagascariensis*, Lat. *V.* Sylvie. (dr..z)

* CHERIMOLIA. bot. phan. Espèce d'Anone, *Anona Cherimolia*, Lamk. et D. C., *A. tripetala*, Willd. (b.)

CHERINE. *Cherina.* bot. phan. Genre de la famille des Synanthérées et de la Syngénésie Polygamie superflue de Linné, établi par H. Cassini et placé par lui dans sa tribu des Mutisiées. D'après son propre témoignage, il est si rapproché du *Chœtanthera*, qu'il n'en diffère que

par l'involucre non appendiculé, par les fleurs femelles à languette intérieure bifide et non indivise, et par la corolle presque régulièrement quinquelobée des fleurs hermaphrodites. Une seule espèce, *Cherina microphylla*, H. Cass., originaire du Chili, et trouvée dans l'herbier de Jussieu, compose ce genre dont l'adoption est par conséquent encore problématique; car de légères différences dans l'organisation des fleurs ne suffisent pas, ce nous semble, pour autoriser la séparation de Plantes d'ailleurs très-voisines; mais si l'on retrouve cette même organisation sur des espèces évidemment distinctes, les différences qui avaient d'abord paru si faibles acquièrent plus de valeur, et l'on est en droit d'en former un groupe qui reçoit alors la sanction de tous les botanistes. C'est dans ce cas seulement qu'on peut dire avec le célèbre Linné, que le genre est naturel. (c..n.)

* CHÉRIP. ois. Syn. vulgaire du Moineau, *Fringilla domestica*, L. *V.* Gros-Bec. (dr..z.)

CHERIWAY. ois. Espèce du genre Aigle, *Falco Cheriwai*, Gmel. *V.* Aigle. (dr..z.)

CHERK-FALEK. bot. phan. C'est-à-dire *Arc-en-ciel.* Syn. égyptien au Caire de *Convolvulus cairicus* et de *Passiflora cœrulœa.* *V.* Liseron et Passiflore. (b.)

CHERLA ou CHERNA. pois. Syn. espagnol de *Perca Scriba*, L. *V.* Perche. (b.)

CHERLÉRIE. *Cherleria.* bot. phan. Ce genre de la famille des Caryophyllées et de la Décandrie Trigynie de Linné a été établi par Haller, qui l'a ainsi caractérisé : calice à cinq parties; corolle formée de cinq pétales très-petits et échancrés; dix étamines; ovaire surmonté de trois styles; capsule triloculaire et à trois valves; chaque loge renferme deux semences. On ne connaît encore qu'une seule espèce de ce genre. C'est une petite Plante nommée par Linné *Cherleria sedoïdes*, dont les tiges couchées et rampantes forment des gazons assez épais dans les prairies rocailleuses des Alpes et des Pyrénées. Les souches rampantes de cette Plante sont garnies vers leur sommet de feuilles linéaires aiguës et réunies en rosettes très-serrées. Leurs fleurs sont d'un jaune verdâtre, et par conséquent fort peu apparentes. (G..N.)

CHERMASEL. bot. phan. (Belon et L'Ecluse.) Galles du *Tamarix orientalis*. *V*. Tamarix. (B.)

CHERMELLE ou CHERMEL-LIER. bot. phan. Même chose que Cheramelle et Cheramellier. *V*. ces mots. (B.)

CHERMEN, CHERMÈS ou KER-MÈS. bot. et ins. Noms arabes de l'Insecte dont les piqûres forment les galles du *Quercus coccifera*. *V*. Chêne, Galles et Psylle. (B.)

CHERMES. ins. (Duméril.) Syn. de Livie. *V*. ce mot. (P.)

* CHERMON. pois. Syn. d'*Esox Bellone*. *V*. Esoce. (B.)

CHERNA. pois. *V*. Cherla.

* CHERNITE. min. Pline désigne sous ce nom une Pierre blanche comme de l'ivoire, dont on faisait des tombeaux, parce qu'elle conservait les corps. C'était probablement le Gypse blanc. (LUC.)

CHEROLLE. bot. phan. L'un des noms vulgaires de *Vicia spicata*. *V*. Vesce. (G..N.)

* CHEROOLING. ois. Syn. de Pluvier doré, *Charadrius pluvialis*, L., à Batavia. *V*. Pluvier. (DR..Z.)

CHEROPHYLLON. bot. phan. Pour Chœrophyllum. *V*. Cerfeuil. (G..N.)

CHEROPOTAME. mam. Ce nom est donné comme synonyme d'Hippopotame. *V*. ce mot. (A.D..NS.)

CHEROSO. mam. Syn. portugais de Rat musqué. *V*. ce mot. (B.)

* CHERRY DEANISH. ois. Syn.

du Calao du Malabar, *Buceros malabaricus*, Gmel. *V*. Calao. (DR..Z.)

* CHERRY-TRÉE. bot. phan. (Swartz.) Syn. d'*Ardisia tinifolia* à la Jamaïque, et d'*Ehretia tinifolia* dans le reste des îles anglaises. (B.)

CHERSEA ou CHERSOEA. rept. oph. Espèce du genre Couleuvre. *V*. ce mot. (B.)

CHERSYDRE. rept. oph. Chez les anciens c'était probablement la Couleuvre à collier. Cuvier a emprunté ce nom pour une division de son genre Hydre. *V*. ce mot. (B.)

CHERT. min. Syn. anglais d'Horn-Stein. (LUC.)

CHERU. bot. phan. Syn. de Katon Tjeroe. *V*. ce mot. (B.)

CHERUNA. ois. Syn. lapon du Lagopède, *Tetrao Lagopus*, L. *V*. Tétras. (DR..Z.)

CHERUTSCH. bot. phan. Syn. kamtschadale de *Spiræa chamædrifolia*, L. *V*. Spiræie. (B.)

CHERVA. bot. phan. Syn. arabe de *Ricinus communis* et d'*Euphorbia Lathyris*. (B.)

CHERVI. bot. phan. Même chose que Carvi. *V*. ce mot. On appelle aussi Chervi de marais l'*Œnanthe fistulosa*. (B.)

CHERVIL. bot. phan. Syn. anglais de Cerfeuil. *V*. ce mot. (B.)

* CHERVILLUM. bot. phan. (Dodœns.) Syn. de *Sium Sisarum*. (B.)

CHERWENY - SWONCEK. bot. phan. Syn. bohémien d'*Hypericum perforatum*. *V*. Millepertuis. (B.)

CHESNEA. bot. phan. (Scopoli.) Même chose que Caropiche. *V*. ce mot. (B.)

* CHESNUT-HÉRON. ois. (Latham.) Syn. anglais de Bihoreau femelle, *Ardea badia*, *Ardea grisea*, Gmel. *V*. Héron-Bihoreau. (DR..Z.)

CHESNUT-TRÉE. bot.phan.Syn. anglais de Châtaignier.

CHETA. bot. phan. *V*. Chate.

CHETÆA. bot. phan. (Jacquin.) Syn. d'Ayenia. *V*. ce mot. (b.)

* CHETASTRUM. bot.phan. (Necker.) Même chose qu'*Asterocephalus*. *V*. ce mot. (b.)

* CHETCHIA. bot. phan. (Rochon.) Epervière indéterminée de Madagascar. (b.)

* CHETE-ALHAMAR. bot. phan. Même chose que Chefe-Allimar. *V*. ce mot. (b.)

CHET - ETE. bot. phan. *V*. Chate.

CHETHMIE. bot. phan. Syn. syrien de Ketmie. *V*. ce mot. (b.)

CHÉTOCÈRES ou SETICORNES. ins. Famille nombreuse de l'ordre des Lépidoptères, établie par Duméril (Zool. analytique), et comprenant les huit genres suivans : Lithosie, Noctuelle, Crambe, Phalène, Pyrale, Teigne, Alucite, Ptérophore. *V*. ces mots. (aud.)

CHÉTOCHILE. bot. phan. Pour Chætochile. *V*. ce mot.

CHÉTODON. pois. *V*. Choetodon.

CHETODONOIDE. pois. Espèce des genres Cestorinque et Lutjan. *V*. ces mots. (b.)

CHETOLOXES. ins. Grande famille de l'ordre des Diptères, fondée par Duméril et renfermant les douze genres qui suivent : Dolichope, Calobate, Tétanocère, Cérochète, Cosmie, Thérève, Échinomyie, Sarge, Mulion, Syrphe, Cénogastre, Mouche. (aud.)

CHE-TSIEN-TSAO. bot. phan. Syn. chinois de *Plantago major*, L. *V*. Plantain. (b.)

* CHETUM. bot. phan. (Mentzel.) Syn. égyptien de *Plantago Psyllium*. (b.)

CHEUDSUR. bot. phan. Syn. arménien de Pomme. (b.)

* CHEU-KUS. bot. phan. Syn. chinois de Goyave. *V*. Goyavier. (b.)

CHEU-LU. bot. phan. (Loureiro.) Syn. chinois de *Sedum stellatum*, L. *V*. Orpin. (b.)

* CHEUNCE. bot. phan. (Daléchamp.) Syn. arabe d'*Asphodelus fistulosus*. *V*. Asphodèle. (b.)

CHEUQUE. ois. Nom donné au Rhéa, *Rhea americana*, Briss., dans le Chili. *V*. Rhéa. (dr..z.)

* CHEUSSANO. pois. Syn. de Trigle Hirondelle parmi les pêcheurs du golfe de Gênes. (b.)

CHEVAL. mam. *Equus*, L. Genre de Pachyderme, constituant à lui seul la troisième famille de cet ordre, celle des Solipèdes dans le Règne Animal de Cuvier.

Voici les caractères du genre, qui sont aussi ceux de la famille : un seul doigt et un seul sabot à chaque pied. Il n'y a pas en arrière d'ongles rudimentaires comme dans les Ruminans et les Cochons; néanmoins il existe, sur la face postérieure de chaque canon, deux stylets qui représentent, non pas des phalanges, comme on l'a dit, mais les rudimens de deux métacarpiens aux pieds de devant et de deux métatarsiens aux pieds de derrière.

Il y a, dit Cuvier, à chaque mâchoire, six incisives qui, dans la jeunesse, ont leur couronne creusée d'une fossette, et partout six molaires à couronne carrée marquée, par les lames d'émail qui s'y enfoncent, de quatre croissans, et dans les supérieures d'un petit disque au bord interne. Les mâles ont de plus deux petites canines à la mâchoire supérieure, et quelquefois à toutes les deux, canines qui manquent presque toujours aux femelles. Entre ces canines et la première molaire est l'espace vide qui répond à l'angle des lèvres où l'on place le mors. Leur estomac est simple; l'œsophage s'y insère obliquement. Ce canal est composé de deux parties distinctes : l'une supérieure, contractile et musculaire; l'autre inférieure, non contractile, mais très-élastique, longue de huit ou dix pouces, forme en bas l'ouverture cardiaque de l'estomac. Celle-ci est toujours fermée, et même après la mort il faut une force extrême pour y introduire le doigt. C'est un véritable pylore, dilatable seulement par la contraction des fibres œsophagiennes pour la déglutition, mais résistant invinciblement à toute ascension rétrograde des alimens, quelque pression qu'ils éprouvent, soit de la contraction des fibres stomacales, soit des muscles abdominaux agissant contre le diaphragme. C'est à ce mécanisme que tient la grande difficulté du vomissement chez les Chevaux. L'ouverture pylorique est au contraire toujours largement ouverte, et ne retient que très-imparfaitement les alimens et encore moins les boissons. Aussi la digestion est-elle loin de se passer dans l'estomac, d'ailleurs fort petit. C'est à Magendie qu'on doit la démonstration de ces faits. Les intestins sont forts longs, le cœcum surtout est énorme. Au côté interne de l'avant-bras, près du carpe pour les membres antérieurs, et au-dessus du tarse pour les postérieurs, existent des plaques ovalaires dans le sens vertical, rugueuses, de consistance cornée, connues sous le nom de châtaignes. Ce ne sont pas des poils agglutinés, c'est plutôt une accumulation épidermique dont la formation n'a aucune cause apparente. Car ces parties sont à l'abri de tout froissement, cause présumée, sans plus de fondement peut-être, des callosités qui se forment aux fesses des Singes, de celles qui naissent aux genoux, aux poignets, aux coudes, et surtout à la poitrine des Chameaux. Ce n'est pas non plus une altération due à la domesticité, puisque ces plaques se retrouvent dans les espèces sauvages.

Les caractères distinctifs des espèces sont beaucoup moins tranchés que dans aucun autre genre; ils sont absolument superficiels, et consistent dans la proportion des oreilles ou de quelque forme extérieure, la distribution et la longueur des crins de la queue, le fond général de la robe, et la répartition de quelques couleurs détachées du fond, en rayures. D'ailleurs, dit Cuvier, la comparaison du squelette de toutes les espèces aujourd'hui vivantes ne peut fournir un caractère assez fixe pour prononcer sur une de ces espèces d'après un os isolé. La différence de taille n'est pas significative à cet égard, cette différence variant du simple au double dans la même espèce. Et il est probable que l'Hemionus, dont on ne possède pas encore le squelette, ressemble autant, sous ce rapport, aux autres espèces, qu'elles se ressemblent entre elles. Cette même ressemblance paraît avoir existé entre les espèces actuellement vivantes, et celle dont on trouve les débris fossiles; seulement les Chevaux fossiles ne dépassent pas la taille du Zèbre et des grands Anes. Néanmoins, à ne considérer que les seuls rapports ostéologiques, on ne peut affirmer que cette espèce fût l'une de celles aujourd'hui vivantes, plutôt qu'une autre qui aura été détruite. Mais cette dernière conclusion acquiert une grande probabilité par la considération du gissement de ces débris de Chevaux fossiles. Ils se trouvent dans les mêmes couches qui recèlent des Animaux inconnus. Leur association avec les Eléphans contemporains d'un âge qui a précédé la période actuelle paraît générale; ces Chevaux ne sont donc les ancêtres d'aucune des espèces actuelles. A la vérité, c'est dans les alluvions récentes, et dont la formation se continue encore, qu'on trouve des os de Chevaux en plus grand nombre. Mais si ces fossiles appartiennent à l'âge actuel de la terre, ce fait prouve seulement, pour les espèces aujourd'hui vivantes, que la figure des diverses parties du type est restée inaltérable depuis leur création (et cette preuve est d'une grande conséquence en zoologie, comme l'a montré Cuvier); qu'en conséquence les diversités d'espèces ne peuvent être attribuées à l'altération d'un type unique primitif par le temps et le climat. Cette invincible persistance du type n'affecte pas seulement les os; les organes extérieurs eux-mêmes, malgré toutes les influences de la domesticité, restent immuables, comme l'observe Buffon. L'empreinte de cette ressemblance affecte jusqu'au moral et à l'intelligence des différentes espèces de Chevaux. A travers les distances des lieux et des temps, après une domesticité de plusieurs milliers d'années, les Chevaux redevenus sauvages et les différentes espèces qui n'ont pas cessé de l'être offrent la même uniformité de mœurs et d'habitudes; et néanmoins, les diverses espèces sauvages sont cantonnées aux deux extrémités de l'ancien continent. Les Chevaux redevenus libres dans les steppes du Nouveau-Mexique et dans les pampas de Buenos-Ayres, ne doivent à aucun modèle, à aucune expérience préalable leur tactique d'attaque et de défense, tactique absolument la même que celle de leurs ancêtres d'Asie. L'imitation ne leur a donc rien appris, et leurs facultés naturelles, endormies pendant des siècles, se sont réveillées vierges de toute altération. L'ame de l'espèce est restée immuable, malgré les influences du pouvoir de l'Homme. Au rapport d'Azzara, les Chevaux insurgés (Alzados) parcourent en troupes nombreuses l'Amérique australe, au sud du Rio de la Plata. Il y a de ces troupes qui comptent jusqu'à dix mille individus. Précédées d'éclaireurs, elles marchent en colonne serrée que rien ne peut rompre. Si quelque caravane, quelque gros de cavalerie est signalé, le chefs vont en reconnaissance : alors, selon l'ordre du chef, la colonne au galop passe à travers ou à côté de la caravane, invitant, par des hennissemens graves et prolongés, les Chevaux domestiques à la désertion. Ils y réussissent souvent. Les Chevaux transfuges s'incorporent à la troupe et ne la quittent plus. Pallas dit que les troupes de Czigithai embauchent de la même manière les Chevaux domestiques. Si les insurgés ne chargent pas, ils tournent longtemps autour de la caravane avant de faire retraite ; d'autres fois ils ne font

qu'un seul tour et ne reparaissent plus. Chaque troupe est composée d'un grand nombre de pelotons formés d'autant de jumens qu'un seul étalon peut en réunir. Il se bat pour leur possession contre le premier qui la dispute. Les jumens reconnaissantes suivent néanmoins le vaincu autant qu'elles le peuvent. Descendus de la race Andalouse, ils lui sont inférieurs pour la taille, l'élégance, la force et la vitesse. Leur tête est plus épaisse, leurs jambes plus grosses et raboteuses, le cou et les oreilles plus longues, en quoi ils se sont rapprochés du modèle primitif de leur espèce, tel qu'il existe encore dans les steppes de la Tartarie. La domesticité n'influe donc pas toujours au préjudice de la nature, comme le croyait Buffon, qui supposait aux Chevaux redevenus sauvages des perfectionnemens imaginaires. A la vérité la race domestique de l'Amérique sud ressemble fort aux Alzados, mais c'est qu'elle vit presque dans la même liberté. Le Cheval Alzado dompté devient docile, mais à la première occasion il retourne à la liberté.

Azzara n'a vu parmi eux d'autre couleur que le bai-châtain, le zain et le noir Jais. Les noirs sont si rares qu'il n'y en a guère qu'un sur deux mille. Il y a ordinairement quatre-vingt-dix bai-châtains sur dix zains. De cette prépondérance de la couleur châtain Azzara conclut avec raison que, par l'effet de la liberté, les Chevaux dispersés recouvrent à la longue les mœurs, les inclinations, les formes et la couleur de leur type. D'après Forster, on ne voit pas de couleur pie ou noire parmi les troupes de Chevaux sauvages de l'Asie centrale; l'isabelle et le gris de souris est leur couleur commune. En supposant (supposition bien gratuite) que la race du Cheval ne se soit pas conservée sauvage dans les steppes d'Asie, au moins les Chevaux y seraient-ils redevenus sauvages depuis un temps bien plus reculé qu'en Amérique. Et l'éclaircissement de leur couleur vers l'isabelle ou le gris de souris,

nuances qui se retrouvent dans l'O-
nagre et le Czigithai et sur le fond du
Zèbre et du Couagga, prouve évidemment que telle est la couleur du
type primitif du Cheval.

Libres du choix de leur habitation,
ces Chevaux redevenus sauvages sont
établis dans des sites analogues à ceux
qu'occupait et occupe encore leur espèce sauvage en Asie. Les savannes
du Nouveau-Mexique, les pampas de
Buenos-Ayres et de la Patagonie rappellent, par l'uniformité de leur projection et de leur végétation, les steppes
de l'Asie, comme les Karroos de l'A-
frique australe. La nature des pays
où les races de Chevaux domestiques
se sont mieux maintenues avec la physionomie originelle, indique d'ailleurs
quelle doit être leur patrie primitive.
Les Chevaux arabes, persans et barbes, sous un ciel serein, dans une atmosphère sèche, sur un sable aride;
les Chevaux espagnols en Europe,
sous un climat moins étranger que le
nôtre à celui de l'Arabie, rappellent
mieux l'un que l'autre le modèle de
la nature. Et, dans notre Europe
tempérée et boréale, ce modèle a été
d'autant moins dégradé que les races
ont été placées dans des sites moins
différens de celui qui vit naître l'espèce. En Suède, malgré le froid, la
précaution de préserver, même à l'é-
curie, les Chevaux de l'humidité,
leur a donné la jambe plus fine et plus
belle, en les exemptant de ces fluxions
si fréquentes dans les pays humides.

La multiplicité et la variété des
couleurs des races de Chevaux domestiques, opposée à l'uniformité de la couleur des Anes également domestiques,
annoncerait à elle seule, si Aristote ne
nous l'apprenait pas, que l'Ane est depuis moins long-temps que le Cheval à
notre service. De son temps, il n'y en
avait pas dans les Gaules ni en Illy-
rie. Si, nonobstant cette date récente
de sa domesticité, l'Ane en a res-
senti des influences toutes contraires
à celles éprouvées par le Cheval, c'est,
comme l'a bien expliqué Buffon, que
dernier venu dans la servitude, il en
a supporté toutes les charges les plus

pesantes, sans en être dédommagé par
aucun soin; c'est qu'aussi son climat
originel s'étend moins vers le nord
que celui du Cheval, et qu'il recherche particulièrement les sites montagneux. Privé du bénéfice de cette
double influence, et assujetti à des
causes de dégradation plus nombreuses que le Cheval, dont la race d'ailleurs est continuellement croisée avec
le type le plus pur, par des alliances
plus ou moins rapprochées, la dégradation de l'Ane en Europe n'a rien
qui doive surprendre.

Dans les régions chaudes et tempérées, en Asie au contraire, où sa
domesticité est plus ancienne, mais
où on le soigne autant que le Cheval,
l'un ne s'est pas moins perfectionné
que l'autre. Les Anes de selle, croisés
le plus souvent possible avec les Onagres que l'on peut apprivoiser, sont
plus grands que l'Onagre, résistent
mieux à la fatigue et sont plus rapides que les Chevaux tartares. Les
Persans les prisent autant, et quelquefois plus que les Chevaux. Ils ont
conservé l'usage de peindre en rouge,
comme on le fait aussi en Égypte, ces
Anes de monture, ce qui, dans un
pays où les coutumes sont éternisées
par une fixité tout à la fois distinctive et religieuse des esprits, explique comment on doit entendre le passage d'Élien sur ces Anes de l'Inde à
tête rouge, et, pour surcroît de merveilleux, armés d'une seule corne au
front.

La patrie de l'Ane et du Cheval à
l'état sauvage paraît être les déserts des environs des mers Caspienne
et Aral. L'espèce du Cheval s'étend jus-
qu'au cinquante-sixième degré boréal, celle de l'Ane ne dépasse pas le
quarante-cinquième; mais dans ses
voyages réglés sur la marche du soleil,
la dernière descend en suivant les
montagnes jusque près du golfe Per-
sique, et même jusqu'à la pointe australe de l'Indostan. Odoar Barboza
(Coll. de Ramusio, vol. 1) en a vu dans
les montagnes de Golconde; c'est
aussi d'Onagres que parle Turner
sous le nom de Chevaux sauvages, et

dont il a vu des troupes dans les montagnes du Boutan où on les nomme Gourkhaws.

Le Czigithai paraît confiné plus à l'est, et l'on n'a aucun indice de son existence à l'ouest de la mer d'Aral et des monts de Belur. Son cantonnement dans l'est de l'Asie est un exemple remarquable de l'influence de la prédilection de plusieurs Animaux pour le sol qui les vit naître, et où ils ne sont peut-être attachés, que par quelques Plantes qu'ils ne retrouvent pas ailleurs assez abondamment. Il est peut-être douteux qu'il ait jamais existé de Chevaux sauvages en Afrique. Dans le passage de Léon l'Africain (*Vid. Leo Afr.*, ed. *Elzev.* 1632, p. 752), c'est d'Anes sauvages qu'il est question, et peut-être encore le passage de Léon doit-il concerner une contrée asiatique et non pas africaine. Si l'un ou l'autre de ces Animaux y vivait à l'état sauvage, leur existence sociale ne les y laisserait pas ignorés. Des témoins oculaires ont assuré à Pallas avoir vu dans les déserts de Tatarie et de Perse la route des Anes sauvages tracée sur une largeur de plus de trois cents toises. En outre comme dans leurs émigrations annuelles vers l'équateur, les Onagres suivent les plateaux ou les versans des grandes chaînes de montagnes, il n'est pas probable qu'ils aient jamais passé en Afrique, où d'ailleurs l'antiquité de la population et de la culture de l'Egypte leur eût fermé le chemin.

Le cantonnement en Afrique au sud de l'équateur, du Zèbre et du Couagga, n'est pas moins que leur diversité d'organisation une preuve de leur origine séparée. Ces deux espèces australes, confondues d'abord l'une avec l'autre, parce qu'elles se mêlent pour paître, sont aujourd'hui reconnues pour être bien distinctes. (*V.* Cuv. Ménag. du Muséum.)

Cette distance immense séparant du Czigithai, par des obstacles insurmontables, les deux espèces australes qui lui ressemblent le plus, est une preuve de l'origine séparée de ces es-

pèces. Et dans l'Afrique australe, l'uniforme perpétuité du Zèbre et du Couagga, journellement rapprochés néanmoins à la pâture, sans qu'il se soit formé une troisième espèce, ni même une variété, est une preuve qu'en liberté, les espèces sauvages répugnent à l'adultère. D'ailleurs l'uniformité absolue d'influence sous laquelle ils vivent prévient jusqu'à l'idée que le Couagga pourrait être dérivé par altération du Zèbre, et le Zèbre du Couagga. Par leur coexistence sous le même climat et dans le même site, par leur prédilection pour les mêmes pâturages, il est donc évident que ces deux espèces sont primitives. Or, ce sont celles qui se ressemblent davantage, et qui auraient pu rendre la supposition plus plausible. Quant aux trois espèces boréales, malgré la contiguité, vers la mer d'Aral, des régions habitées par elles, le cantonnement du Czigithai se prolonge sous des méridiens où il n'y a pas d'Anes sauvages, et les émigrations australes de l'Onagre prolongent au sud sa patrie bien au-delà de celle du Cheval qui de son côté s'avance seul près du cercle polaire. Or, les divergences de ces cantonnemens coïncident avec les diversités de nature. Ces différences sont manifestées dans ces trois espèces par des caractères qui n'ont suggéré à personne, pas même à Buffon, l'idée de les ramener à l'unité. Quand Buffon voulut faire une réduction de ce genre, il ne la crut faisable qu'entre le Czigithai et le Zèbre. Son imagination qui retrouvait dans l'Amérique sud le Chevreuil d'Europe, promené ainsi sur le globe par des déclinaisons incroyables en latitude et en longitude, pouvait seule concevoir l'émigration de l'une de ces deux espèces de Chevaux, entre les deux points les plus distans de notre continent. (*V.* Supp. t. 3.) Buffon ne reconnaissait donc que quatre espèces de Chevaux, quoique informé de l'existence et même des caractères des cinq établies dès-lors par Pallas, et confirmées depuis par Cuvier.

Toutes ces espèces, si évidemment

séparées, ne se ressemblent pas moins par le naturel et les habitudes que par le squelette. Toutes vivent en troupes plus ou moins nombreuses; toutes, sans l'avoir appris l'une de l'autre, ont la même tactique, et l'on a vu, pour les Chevaux redevenus sauvages en Amérique, que des milliers d'années d'esclavage n'avaient pas effacé les facultés innées dans leur espèce. Ce fait, mieux que tout autre emprunté à l'espèce humaine, parce qu'il n'y a pas chez celle-ci d'exemple d'une aussi longue interdiction morale et intellectuelle, prouve que la suspension de l'exercice d'une faculté pendant une longue suite de générations, ne peut ni anéantir, ni même altérer l'organe de cette faculté; qu'en conséquence une espèce dépourvue, dans tous les individus qui la composent, d'une ou plusieurs facultés, attribut essentiel d'une autre espèce, ne peut pas descendre de celle-ci. Et réciproquement l'exemple des cinq espèces de Chevaux prouve que la similitude des facultés ne démontre pas unité d'origine. Or, jusqu'ici les définitions d'espèces en zoologie portaient principalement sur ces deux considérations mal entendues, et sur celle de la stérilité des Mulets qui ne l'était pas mieux.

Dans toutes ces espèces, la vue est excellente, et quoiqu'ils ne soient pas des Animaux nocturnes, ils distinguent mieux que nous les objets dans l'obscurité. Or, on sait depuis longtemps que la concavité de la choroïde du Cheval est d'un éclat resplendissant comme celle des Chats. Toutefois on attribuait en général à la couleur noire de la choroïde l'usage d'absorber les rayons qui ont déjà touché la rétine, et dont on suppose que la convergence par réflexion vers le foyer de la sphère de l'œil, peut troubler la vision par des anneaux colorés. Tel n'est donc pas l'usage de cette couleur noire, puisque la vue est si nette dans les Chevaux, malgré l'éclat de la choroïde. (*V.*, sur l'effet utile de cette couleur de la choroïde, nos Rech. Anat. et Physiol., et notre Mémoire sur de nouveaux élémens de la fonction optique, inséré au journal de Magendie, janvier 1823.) La pupille représente un rectangle allongé horizontalement.

L'oreille fort mobile donne beaucoup d'expression à leur physionomie qu'animent aussi les mouvemens de leurs lèvres, de leurs naseaux et de leurs yeux. Tout le monde connaît le beau tableau d'Horace Vernet, représentant l'effroi et la douleur du Cheval du trompette à la vue de son maître mort. L'ouïe paraît souvent consultée par eux. Pallas observe que les mauvaises qualités reprochées à l'Ane tiennent probablement à l'excessive délicatesse de son oreille faite pour la solitude des steppes, induction qu'autorise une pratique des Anglais. Ils rendent les Anes plus dociles en leur coupant les oreilles, moyen d'atténuer ainsi l'intensité des impressions sonores, qui, dans l'état domestique, sont pour eux une source continuelle de distractions et de faux jugemens.

L'odorat sert au moins aussi utilement que l'ouïe. Il est surtout d'une susceptibilité extrême pour les émanations amoureuses. Ils sentent l'eau aussi de fort loin. Les Arabes, les Tatares et les Mongols dans leurs caravanes, et les pâtres espagnols dans les Llanos de Caraccas, pendant la saison sèche, tirent parti de cette énergie de l'odorat chez ces Animaux, pour se diriger à la suite des Anes, des Chevaux et des Mulets, vers les lagunes lointaines. Les Hébreux, pendant les quarante ans d'exil dans le désert, leur durent le même service.

1. CHEVAL, *Equus Caballus*, L. Pallas, deuxième Voyage, t. 5, pl. 1. A couleur unifome et à queue garnie de crins dès la racine. Il n'existe d'autre figure de Cheval sauvage que celle indiquée ci-dessus, faite d'après une jeune jument prise entre le Jaïk et le Volga.

L'on suppose que les Chevaux sauvages, errans depuis le Volga jusqu'à la mer de Tatarie, ne sont pas la race sauvage pure, mais une race domestique redevenue libre. Néanmoins, comme dans tout l'ancien continent on n'a trouvé de Chevaux sauvages que dans cette grande zône, reconnue d'ailleurs pour être le pays natal de l'espèce, comme la nature du sol a toujours imposé la vie nomade aux nations qui l'habitent, comme la race sauvage pure de l'Onagre y existe en grandes troupes, ainsi qu'une autre espèce non domestique; il ne nous paraît pas probable que l'espèce sauvage ait pu jamais disparaître. L'exemple de ce qui se passe en Amérique prouve que les Chevaux sauvages se recrutent de tous les domestiques qu'ils peuvent embaucher. Ces accidens plus fréquens dans les steppes de l'Asie, parcourus par des nomades, expliquent la diversité de couleur observée chez les Tarpans, dont la grande pluralité est pourtant isabelle et gris de souris. Mais l'empreinte originelle du type chez les Animaux est bien plus fixe dans les proportions et les formes de leur squelette que dans les couleurs de leur robe. Indépendamment de toute influence domestique, il s'établit chez les espèces sauvages des races qui se perpétuent avec des couleurs anomales (*V*. CHIEN) : c'est l'albinisme et le mélanisme. La considération de la couleur me semble donc peu décisive pour la question.

Voici les caractères anatomiques qui distinguent les Tarpans (nom tatare des Chevaux sauvages) de nos Chevaux domestiques : la tête grande à proportion comme dans l'Âne; le front bombé au-dessus des yeux; le chanfrein droit; les oreilles plus longues, habituellement couchées en arrière comme au Cheval prêt à mordre, ont la pointe recourbée en avant; le pourtour de la bouche et des naseaux garni de longs poils; la crinière plus épaisse se prolonge au-delà du garrot; le dos moins voûté; membres plus élevés et plus forts. Le poil, quelquefois long et ondoyant, n'est jamais ras; l'isabelle et le gris de souris est leur couleur, mais on n'en voit jamais de pies ni de noirs.

Tous ces caractères sont déjà en partie reproduits dans la race Andalouse, redevenue sauvage au sud de Buenos-Ayres. D'après Azzara, elle a perdu sa grande taille; sa tête s'est épaissie, les jambes sont devenues plus épaisses et raboteuses, le cou et les oreilles se sont allongés; la multiplicité des couleurs a disparu; on n'y en voit plus que deux dont voici la proportion : 90 bai-chatains contre 10 zains. Le noir est si rare qu'il n'y en a pas un sur deux mille, et il est possible qu'il soit un déserteur de la domesticité. Leur poil n'est pas plus long qu'aux Chevaux domestiques; mais cela tient évidemment à la douceur du climat plus tempéré, à latitude égale, dans l'Amérique australe que dans l'hémisphère boréal. Une différence physiologique très-importante les distingue des Tarpans; c'est qu'à tout âge leur caractère reprend au bout de quelques jours la docilité domestique, tandis que les Tarpans ne peuvent être domptés que très-jeunes, et même les poulains ne s'apprivoisent jamais entièrement.

L'opposition de cette sauvage inflexibilité du Tarpan avec la prompte et facile soumission de l'indépendant américain n'indique-t-elle pas que l'émancipation de celui-ci est récente, et que l'autre n'oublia et même ne perdit jamais la liberté. Tous deux ont l'odorat d'une finesse extrême; ils éventent l'homme d'une demi-lieue. Les Chevaux américains creusent la terre pour découvrir l'eau. Braves avec discipline, ils ne redoutent aucune bête féroce.

En Asie, ils ne s'avancent pas à plus de trente degrés au sud, mais ils s'élèvent vers le nord le plus qu'ils peuvent pour trouver des pâturages plus verts et fuir les Mouches. En hiver, ils recherchent les régions des montagnes où le vent a balayé la neige. En Asie, leurs troupes ne se composent que d'une vingtaine d'individus; en Amérique, elles sont de plusieurs milliers, et parcourent les vastes pampas étendues de la rivière de la Plata au détroit de Magellan. Il s'y est formé, comme en Asie, une race à poils frisés ou crépus; mais à la différence de ceux d'Asie qui sont blancs, il y en a de toute couleur en Amérique, excepté blancs et pies. On les nomme Pichay au Paraguay. D'après le rapport assez constant de la longueur et de l'abondance du poil avec le degré de froidure du climat, on aurait plutôt pensé que cette variété était née vers la pointe australe de la Patagonie comme son analogue d'Asie dans la Baskirie.

Le passage de Léon l'Africain si souvent cité (édit. Elzev.) sur les Chevaux sauvages me paraît concerner l'Onagre, ainsi que je l'ai dit plus haut, et comme cet auteur indique ensemble l'Arabie et la Lybie, son assertion relativement à l'Afrique est au moins fort équivoque. Marmol et Jules-Cæs. Scaliger (*Exercit. esot. ad Card.*), n'ayant fait que copier Léon, n'ont par conséquent aucune autorité.

De la presqu'impossibilité d'apprivoiser les Chevaux sauvages (Tarpans), il suit que leur esprit d'association n'a pu être un moyen auxiliaire de l'intérêt de l'Homme pour l'assujettissement de ces Animaux. Car s'il en était ainsi, pourquoi le Czigithai et le Zèbre, autant animés de cet esprit d'association que le Cheval, seraient-ils néanmoins indomptables? Et l'exemple du Castor ne prouve-t-il pas d'ailleurs que l'instinct d'association n'engendre pas l'aptitude à la domesticité? Toute cette philosophie de causes finales dont on a tant multiplié, même aujourd'hui, les applications à l'histoire naturelle, doit donc être rejetée.

L'histoire des races domestiques a été donnée par Buffon. Il ne convient pas d'en parler ici. J'observerai seulement que ces races sont d'autant plus parfaites en réalité, qu'elles s'éloignent moins pour les proportions de la forme du Cheval sauvage. Or, la race arabe est loin d'être le modèle de cette beauté de convention imaginée par notre luxe. Je citerai seulement ici, à cause de la particularité de son sabot plein et sans fourchette, la race Schaloch, la plus es-

timée chez les nations du Caucase (*V.* Pallas, 5° Voy. t. 1, pl. 21). Chez les Tcherkesses, la souche de cette race passe pour être née de la mer, mythe conforme à celui des Grecs qui attribuaient à Neptune la création du Cheval.

2. CZIGITHAI, *Equus Hemionus*, Pallas, *Nov. Com. Petrop.* t. 19, pl. 7; Encycl., pl. 43, fig. 4. De la taille et de la figure d'un Mulet, mais en tout plus élégant; la tête à proportion plus grande et plus comprimée que dans le Cheval domestique; le chanfrein étroit et plat; lèvres très-mobiles, surtout la supérieure; le menton et le tour des narines garnis de poils en forme de moustaches, de deux pouces de long; oreilles plus grandes que celles du Cheval, pointues et redressées avec grâce; le cou plus menu qu'au Cheval, et comprimé; une crinière de la nuque au garrot, brune et douce comme celle d'un poulain; le tronc allongé, comprimé, arqué sur l'épine; très-haut sur jambes; sabots noirs et demi-coniques; la moitié supérieure de la queue nue comme à la Vache, et terminée par un flocon de crins noirs longs de huit à neuf pouces. Couleur isabelle grisâtre; le poil d'hiver mollement floconneux comme celui du Chameau; celui d'été n'a pas plus de trois lignes et demie, et se fait remarquer par des épis rayonnés dispersés çà et là et sur les flancs.

Aristote (*Hist. Anim.*, l. 6) indique l'existence contemporaine de cette espèce en Syrie, et Ælien (liv. 16) dans l'Inde. Tous deux distinguent spécifiquement leur Hémione ou demi-Ane, de l'Ane sauvage et du Mulet métis. Messerschmidt, le premier des modernes qui l'ait retrouvé, l'a reconnu pour le Mulet fécond d'Aristote : mais c'est à Pallas qu'on en doit l'Histoire (*loc. cit.*) Le Czigithai est aujourd'hui cantonné dans les grandes steppes de l'Asie centrale, surtout dans le désert de Cobi. Il ne pénètre ni dans les forêts ni dans les montagnes, soit rocheuses, soit à cimes couronnées de neiges;

il fait jusqu'à cinquante ou soixante lieues dans le désert sans boire ; la tête et l'encolure habituellement hautes comme le Cerf ; les oreilles très-droites : il les redresse encore plus dans la fuite en relevant aussi la queue; son hennissement est plus grave et plus sonore qu'au Cheval. Les troupes de Czigithais ne sont que d'une vingtaine de jumens et de poulains sous un chef mâle. Quelquefois même, plusieurs mâles n'ont que quatre ou cinq jumens à leur suite.

Le rut a lieu vers la fin d'août ; la mise bas au printemps. Le petit, ordinairement unique, est adulte à trois ans.

Les Mongols, et surtout les Tanguts, chassent le Czigithai pour sa chair et son cuir. Cette chasse consiste dans de grandes manœuvres de cavalerie, pour tâcher d'en envelopper une troupe. Mais leur incroyable vitesse qu'avertissent un œil d'aigle et un odorat qui évente le chasseur de plus d'une lieue, fait presque toujours échouer ces chasses. Leur vélocité, supérieure à celle de l'Antilope Dseren, est passée en proverbe chez les Mongols; et dans la mythologie thibétaine, le dieu du feu est monté sur un Czigithai. Aussi les prend-on le plus souvent dans des piéges, ou bien on les tue à l'affût, de derrière quelque mamelon voisin des lagunes ou des parages salés qu'ils fréquentent. On dit cependant que par le vent et la pluie on peut les approcher et les surprendre, parce qu'alors ils s'étourdissent, et leurs sens sont moins exquis. Le Czigithai existe aussi dans la Songarie; les Kalmoucks émigrés de cette contrée en Russie, le connaissaient sous ce même nom, et le distinguaient bien de l'Onagre qu'ils nomment Chulan, et du Cheval sauvage qu'ils nomment Takeja. Les Kirgises n'ayant pas de nom relatif à cet Animal, il est très-vraisemblable que s'il a existé à l'ouest des monts de Belur, il n'y vit plus depuis long-temps.

3. ANE, *Equus Asinus*, L. Onagre des anciens, Koulan des Tatares et de tous les peuples asiatiques. Pallas,

Act. Petrop. t. 2, pl. 11 et 12. La figure donnée sous ce nom dans l'Encyclopédie ne représente qu'un Ane domestique.

Bien plus haut sur jambes que l'Ane domestique, il les a aussi plus fines; par son poitrail étroit, son corps comprimé, il ressemble à un jeune poulain; ses jambes sont assez longues pour se gratter aisément l'oreille avec le pied de derrière; le chanfrein très-arqué, le front plat entre les yeux; la tête, l'encolure et les oreilles bien plus redressées qu'à l'Ane; ses oreilles, presqu'un tiers plus courtes que celles de l'Ane domestique, sont très-effilées et très-pointues; la hauteur temporo-frontale de la tête, supérieure proportionnellement à celle du Czigithai : le pourtour des narines ne bombe pas comme chez celui-ci; dessus de la tête, côtés du col, flancs et fesses de couleur isabelle; cette couleur est circonscrite sur ces quatre parties par des bandes de blanc pâle, bordant aussi la crinière qui est noire; en hiver, le poil devient un lainage ondoyant comme celui du Chameau, gras au toucher et d'un blond plus clair sur les taches isabelles. La raie, couleur de café, qui règne le long de l'échine, s'élargit sur la croupe, et gagne le ventre en séparant l'isabelle des fesses de celui des flancs; le poil de la raie dorsale est fort touffu et ondoyant, même en été, lorsque tout le reste du corps est entièrement lisse; le flocon de crins qui termine la queue est long de quatre ou cinq pouces. Une callosité saillante marque les ergots aux boulets des quatre pieds; les côtés de l'encolure à sa base sont sillonnés verticalement de douze raies de poils redressés en épis à contre-sens des autres; d'autres épis circulaires contournent le gras des jambes de devant et les jarrets; deux épis rayonnans près de la nuque, deux autres sur chaque flanc, sont des particularités de pelage qui n'existent nulle part ailleurs au même degré. Les mâles seuls portent sur les épaules la barre transversale conservée dans les Anes domestiques; elle est même quelquefois double dans l'Onagre. Presque oublié des modernes jusqu'à Pallas, il était bien connu des anciens, même en remontant aux premières époques historiques. Il est célèbre dans l'Écriture sainte. Moïse, en général trèsmauvais naturaliste, le croyant d'espèce différente, défendit de l'accoupler avec l'Ane. Lui et les prophètes ont sévi bien davantage contre une autre prostitution plus réelle de l'Onagre, prostitution encore accréditée aujourd'hui chez les Persans et les Nogaïs, comme un remède contre les maux de reins et la goutte sciatique. Mais on connaît chez les Orientaux la toutepuissance des traditions pour immobiliser à la fois les mœurs et les esprits.

Il fut bien connu des Romains sous les empereurs. Jules Capitolin (Vie de Gordien, *in Hist. August.*) dit que cet empereur en avait nourri trente et autant de Chevaux sauvages, entre autres Animaux rares parmi lesquels étaient trois cents Autruches et deux cents Bouquetins. Depuis, Philippe, dans ses jeux séculaires, montra aussi vingt Onagres et quarante Chevaux sauvages.

Le nom turc de l'Onagre, Dagh Aischâki, Ane de montagne, exprime le site particulier à cette espèce. Le choix de sentiers escarpés et étroits qu'il affecte en marchant, est un reste de son instinct primitif, et cet instinct est lui-même le résultat nécessaire de la compression verticale de son corps d'où résulte le plus petit écartement des membres terminés d'ailleurs par des sabots presque cylindriques et très-durs. Sa base de sustentation étant ainsi rétrécie, on conçoit la rapidité et la sûreté de sa course sur des crêtes de rocher où le guide un œil presque aussi juste que celui du Chamois. Nous ne répéterons pas que cet œil est muni d'un tapis ou miroir réflecteur auquel on attribuait de troubler la vision.

L'Onagre, plus grand que l'Ane domestique, a quatre pieds six pouces à la croupe et quatre pieds deux pouces au garrot. Cette disproportion, très-favorable à la course ascendante,

est une des nécessités physiques de l'instinct montagnard de cet Animal. La vitesse de l'Onagre est extrême, et il la soutient plus long-temps que le meilleur Cheval persan ou même arabe. Aussi, en Perse, les beaux Anes de selle que l'on peint encore en rouge, suivant l'usage antique, sont-ils croisés le plus qu'on peut avec de jeunes Onagres qu'on réussit à apprivoiser. D'après Niébuhr, la vitesse de ces Anes de selle, est, terme moyen, de sept mille pas par heure. La jeune femelle, emmenée à Pétersbourg par Pallas, fit la route d'Astracan à Moskow, attachée derrière sa chaise de poste, sans autre repos que quelques nuits. Elle courut de même les sept cents werstes de Moskow à Pétersbourg. — Les Anes de Perse, d'une forme leste, ont le port animé et un air spirituel dont sont éloignés nos Anes abrutis de l'Occident. Il est probable cependant que, nonobstant la contrariété du climat, des soins et surtout des croisemens bien entendus, développeraient autant cette espèce que celle du Cheval. Comme ses autres congénères, l'Ane sauvage qu'enhardit encore la supériorité numérique de ses troupes, se défend avec le même courage, la même discipline et le même succès contre toutes les bêtes féroces. Il paraît jouir aux lèvres d'un toucher moins délicat que les autres Chevaux. Elles sont très-épaisses, garnies jusqu'au bord de poils roides couchés et contournés sur leur convexité. Le cartilage des narines ne forme pas non plus de saillie comme au Czigithai. Chez les Tatares et les Arabes c'est le gibier le plus estimé. Sa peau, connue dans le commerce sous le nom de Chagrin, du mot turc *sagri*, n'est pas naturellement grenue, comme on le croit; le grain lui est donné par une opération chimique bien décrite seulement par Pallas (*loc. cit.*).

4. Le Couagga, *Equus Quaccha*, Gm., Geof. et F. Cuv., Mam. lith., 5o⁰ livrais.; Samuel Daniels, *Afric. Scenerys*, pl. 15.

A queue de Vache comme les deux

espèces précédentes ; il n'a que trois pieds neuf pouces au garrot; sa croupe est arrondie, son sabot cylindrique ; d'un brun foncé à la tête et au cou, brun clair ou gris-roussâtre sur le reste du corps, avec des rayures verticales d'un roux pâle; dix bandes bien détachées, d'un gris-blanc sur le cou; ces raies sont longitudinales, étroites et serrées sur le chanfrein ; sa crinière, droite comme celle d'un Cheval à qui on l'a coupée , est tachée de blanc vis-à-vis de chaque bande ; les rayures des flancs ne sont visibles que sous certaines incidences ; le chanfrein , assez busqué au-devant des yeux, est flanqué longitudinalement par un losange bleuâtre, depuis l'œil jusqu'à la narine ; une bande noirâtre sur l'échine et la queue. Cet Animal habite, pêle-mêle avec le Zèbre dont on le crut long-temps la femelle , les karroos ou plateaux de l'Afrique australe, dont le sol , composé d'une argile blanchâtre mêlée de sables rouges, est uniformément couvert de Plantes grasses et d'une espèce particulière de Mimosa. Il s'apprivoise très-vite ; on l'élève avec le bétail ordinaire qu'il défend contre les Hyènes. La Ménagerie de Paris en a possédé un , mort à dix-huit ou vingt ans. Il hennissait à la vue des Chevaux et des Anes. Il couvrit sans effet une Anesse en chaleur. Delalande l'a vu en grand nombre vers l'embouchure de Groot-vis-River; pendant la nuit ils approchaient de sa tente. Leur cri est juste couaay. C'est le Cheval du Cap.

5. ZÈBRE, *Equus Zebra* , Lin. Figuré dans Ménag. du Mus. in-fol. Encyc., pl. 44. , fig. 4. Queue de Vache et tout le corps couvert de bandes verticales; elles sont horizontales aux membres. Cet Animal , plus semblable à l'Ane domestique pour la forme que celui-ci ne l'est même à l'Onagre , est caractérisé par son fond blanc glacé de jaunâtre et rayé d'un brun presque noir; la moitié inférieure de l'oreille est rayée irrégulièrement de blanc et de noir; l'autre moitié est noire, excepté la pointe qui

est blanche; elle est blanche au-dedans ; la crinière, courte et droite comme au Couagga, a aussi des intersections blanches et brunes continues avec les bandes alternatives du cou.

La robe est uniforme dans les deux sexes et dans les petits où le brun est seulement plus pâle. La femelle porte douze mois.

F. Cuvier a figuré et décrit (Mam. lith. , 15e liv.) un métis femelle de Zèbre , produit par un Ane d'Espagne. Il teta pendant un an , mais en grandissant il perdit sa ressemblance avec la mère , devint rétif et méchant ; maintenant son pelage est gris foncé , varié de bandes transversales sur les jambes , le garrot et la queue. Il ne hennit pas , aime à se rouler sur la terre humide , attaque tout le monde des pieds et des dents. Quoique robuste , il n'a jamais eu de rut ; mais on sent qu'on ne peut presque rien conclure d'un Animal captif depuis sa naissance. Au Cap on n'a pu encore réduire le Zèbre en domesticité.

Le Zèbre n'a point été inconnu aux Romains de l'empire. Xipphillin (Abrégé de Dion Cassius, *lib.* 77, *cap.* 6. *Ed. Reimar.*) dit que Caracalla tua un jour un Éléphant, un Rhinocéros, un Tigre et un Hippo-Tigre. Ce nom d'Hippo-Tigre, Cheval-Tigre, donné par des gens qui voyaient le Tigre à côté de l'Animal à qui ils appliquaient ce surnom, ne peut désigner que le Zèbre. Le même auteur, Vie de Septime Sévère, ne l'indique pas moins clairement dans une autre occasion, *lib.* 75, *cap.* 14. Le préfet du prétoire, Plautius, fameux par des brigandages administratifs plus scandaleux encore que ceux de Verrès , et surtout parce qu'il fit faire eunuques cent citoyens romains, quelques-uns pères de famille et tous de naissance ingénue , pour les donner à sa fille Plautilla, «envoya des Centurions enlever, dans des îles de la mer Erythrée, les Chevaux du Soleil, semblables à des Tigres. »—Les rois de Perse, dans les fêtes mithriaques, immolaient annuellement des Chevaux au Soleil. Ce passage induit donc à croire que dans quelques îles de la mer Rouge, il y avait un dépôt de Zèbres destinés pour ces cérémonies. Il est encore question du Zèbre, mais plus obscurément, dans la description que Diodore de Sicile, *lib.* 3, fait du pays des Troglodytes. Le Zèbre est l'Âne du Cap de plusieurs voyageurs.

(A.D..NS.)

Le nom de Cheval a été étendu, accompagné de quelque épithète, à des Animaux qui non-seulement n'appartiennent pas au genre dont il vient d'être question, mais dont plusieurs ne font point partie des mêmes ordres ou des mêmes classes. Ainsi l'on nomme :

CHEVAL DU BON DIEU (INS.), le Grillon des champs.

CHEVAL CERF (MAM.), le Cerf des Ardennes chez les anciens, et à la Chine une Antilope indéterminée.

CHEVAL CHAMEAU (MAM.), un Quadrupède indéterminé, mentionné par le poëte Ausone.

CHEVAL DU DIABLE (INS.), les Manthes et les Spectres dans le midi de la France.

CHEVAL DES FLEUVES (MAM.), l'Hippopotame.

CHEVAL DE FRISE (MOLL.), une Coquille du genre Rocher.

CHEVAL MARIN (MAM. et POIS.), le Morse et le Syngnathe Hippocampe.

* CHEVAL MARIN ARGENTÉ (POIS.), un autre Syngnathe.

CHEVAL DES RIVIÈRES (MAM.), l'Hippopotame.

CHEVAL TIGRE (MAM.), le Zèbre.
(B.)

CHEVALET. BOT. PHAN. L'un des noms vulgaires de l'*Arum macula-tum*. *V.* GOUET.
(B.)

CHEVALIER. *Totanus.* OIS. Genre de la seconde famille de l'ordre des Gralles. Caractères : bec assez long, droit, quelquefois courbé en haut, comprimé dans toute sa longueur, mou à la base, dur et tranchant à la pointe qui est aiguë ; l'extrémité de la mandibule supé-rieure légèrement courbée sur l'infé-rieure, toutes deux sillonnées à leur base ; narines latérales, linéaires, longitudinalement fendues dans le sillon ; pieds longs, grêles, nus au-dessus du genou ; trois doigts de-vant, celui du milieu réuni à l'ex-térieur jusqu'à la première articu-lation par une membrane qui se prolonge quelquefois jusqu'à la se-conde. L'interne n'a ordinairement qu'un rudiment de membrane, un doigt postérieur, ailes médiocres, la première rémige la plus longue.

Ce genre est sans contredit l'un de ceux qui offrent le plus de difficultés dans l'assignation claire et précise des caractères. Les deux mues auxquelles les espèces qui le composent sont as-sujetties dans le courant de l'année, ont été une source d'erreurs pour presque tous les méthodistes, et Lin-né lui-même semble, en cette cir-constance, avoir laissé échapper le fil qui l'a si heureusement conduit dans le dédale où il a trouvé toutes les parties de l'histoire naturelle. Le genre *Totanus*, méconnu ou dédaigné par lui, se retrouve avec assez de peine parmi les espèces de ses genres *Sco-lopax* et *Tringa*. C'est principalement au moyen de la consistance du bec que l'on est jusqu'ici parvenu à éta-blir une démarcation moins sujette à varier entre les Barges, les Bécas-seaux et les Chevaliers. Ces derniers ont la pointe du bec dure et solide, ce qui leur permet de frapper et saisir leur proie sur un terrain sec et pier-reux, au lieu que les autres ont, par le prolongement de la fosse nasale, cet organe si mou et si flexible, qu'ils ne peuvent que fouiller dans la vase que liquide pour y trouver les Ver-misseaux et les Mollusques, dont, ainsi que les Chevaliers, ils font leur prin-cipale nourriture. Ces Oiseaux voya-gent par petites troupes aux deux épo-ques de l'année. Ils s'arrêtent et se re-posent plus ou moins long-temps sur les prairies qui avoisinent les rivières, les étangs et les lacs ; rarement on les rencontre sur les plages maritimes. Celles qui habitent les régions tempérées, assez long-temps pour s'y occuper de la propagation, nichent dans les herbes élevées, non loin de leurs rives nourricières, quelquefois dans un simple trou qu'ils pratiquent dans le sable. La ponte consiste dans trois, quatre ou cinq œufs plus ou moins gros et pointus ordinairement, pour la plupart d'un jaune-verdâtre parsemé de taches cendrées ou brunes, chez quelques espèces d'une couleur olivâtre foncée avec des taches d'un brun noirâtre, etc.

CHEVALIER ABOYEUR , *Totanus glottis, T. fistulans, T. griseus*, Bechst. Barge grise, Briss.; Barge variée, Barge aboyeuse, Buff. Plumage d'hiver : parties supérieures d'un brun noirâtre, avec les plumes bordées de blanchâtre; moustache, gorge, milieu de la poitrine, parties inférieures ainsi que le milieu du dos blancs; tête, joues, côtés et devant du cou , côtés de la poitrine rayés longitudinalement de brun cendré et de blanc ; grandes tectrices alaires rayées diagonalement de brun; rectrices blanches, les intermédiaires rayées transversalement de brun; les deux latérales le sont longitudinalement; bec robuste, très-comprimé à sa base, plus haut que large, retroussé et d'un brun cendré; pieds d'un vert jaunâtre chez les adultes, cendrés chez les jeunes. Plumage d'amour : parties supérieures noires avec les plumes bordées de blanc et de taches rougeâtres aux scapulaires; sommet de la tête et nuque rayés de noir et de blanc; aréole des yeux, face, gorge , devant du cou, poitrine et flancs d'un blanc semé de taches ovales noirâtres; ventre et abdomen blanc; poignet noir; grandes tectrices rougeâtres , tachetées, avec la tige noire; les petites bordées de blanc et de brun; les deux rectrices intermédiaires cendrées, traversées de zig-zags bruns. Longueur, douze pouces six lignes. D'Europe.

CHEVALIER ARLEQUIN , *Totanus fuscus*, Leisl. *Tringa Totanus*, Meyer. *Tringa fusca*, L. *Scolopax curonica*, Gm. *Scolopax Cantabrigensis* , Gm.

Lath. Barge aux pieds rouges, Ger. Plumage d'hiver : parties supérieures cendrées avec les tiges des plumes noires; moustache, gorge, poitrine, ventre, abdomen et croupion blancs; un trait noirâtre sous la moustache ; joues, côtés et devant du cou variés de blanc et de gris ; tectrices caudales et rectrices rayées transversalement de brun noirâtre et de blanc ; flancs cendrés; bec noir, rouge à la base en dessous ; pieds rouges. Les jeunes ont les parties supérieures d'un brun olivâtre, bordées de blanc, les tectrices alaires et les scapulaires ornées de taches blanches triangulaires; les parties inférieures blanchâtres avec des zig-zags et des taches d'un cendré brun ; les pieds orangés. C'est alors : *Scolopax Totanus*, Gmel. *Totanus maculatus*, Bechst. Plumage d'amour : parties supérieures noirâtres avec les plumes du dos, des scapulaires et des tectrices alaires bordées de petites taches blanches et terminées par un croissant de même couleur; parties inférieures grises avec la poitrine et le ventre maillés de blanc ; abdomen et tectrices caudales rayés transversalement de noirâtre et de blanc; rectrices noirâtres, rayées de blanc sur le bord des barbes; pieds d'un rouge brun. Longueur, onze pouces six lignes. C'est alors *Totanus fuscus* , Bechst. *Scolopax fusca*, Gm. Lat. *Tringa atra*, Gmel. Chevalier noir , Cuv. Barge brune, Buff. pl. enl. 875. D'Europe, de l'Amérique septentrionale et des Indes.

CHEVALIER AUSTRAL , *Tringa australis*, Lath. Parties supérieures variées de cendré, de brun et de jaune ; sommet de la tête et croupion rayés transversalement de noirâtre ; rémiges et rectrices d'un brun noirâtre ; bec et pieds noirs. De l'Amérique méridionale.

CHEVALIER BARIOLÉ , *Totanus variegatus*, Vieill. Parties supérieures grises, variées de brun et de noirâtre; petites tectrices alaires d'un brun foncé; les intermédiaires d'un brun plus pâle et toutes tachetées et rayées transversalement de noir; face roussâtre; gorge, devant du cou et poitrine blanchâtres, rayés de noir dans les deux sens; parties inférieures blanches; queue arrondie, bec noirâtre; pieds jaunâtres. Longueur, cinq pouces neuf lignes. De l'Amérique septentrionale et des Antilles.

CHEVALIER BÉCASSEAU, *Totanus ochropus*, Tem. *Tringa ochropus*, Gm. Lath. Bécasseau ou Cul-Blanc, Buff. pl. enl. 848 (Pline.) Parties supérieures d'un brun nuancé d'olivâtre à reflets verdâtres, avec les plumes du dos, les scapulaires et les tectrices alaires pointillées de blanchâtre sur leurs bords; moustache blanche, brune inférieurement; tectrices caudales et parties inférieures blanches; devant du cou et poitrine d'un blanc finement rayé longitudinalement de brun; rectrices blanches, largement rayées de noir; bec et pieds d'un noir verdâtre; iris brun. Les jeunes ont toutes les parties supérieures d'une teinte plus claire; la nuque variée de cendré; les côtés de la poitrine verdâtres, tachetés de blanc. Ils ont des taches brunes, lancéolées sur le devant du cou et la poitrine, etc. Longueur, huit pouces six lignes. D'Europe.

CHEVALIER BLANC, *Scolopax candidus*, Lath. Blanc, ondé de brun sur le dos; bec et pieds orangés. Du nord de l'Amérique.

CHEVALIER BLANC ET NOIR, *Scolopax melanoleuca*, Lath. Tout le plumage noir parsemé de taches blanches; premières rémiges noires, rectrices et croupion rayés de noir et de blanc; bec noir; pieds longs et jaunes. Longueur douze pouces. De l'Amérique septentrionale.

CHEVALIER BLANCHE QUEUE. Syn. de Jean-le-Blanc. *V.* AIGLE.

CHEVALIER DES BOIS, *Tringa Glascola*, Gmel., Lath. Plumage d'hiver: parties supérieures brunes avec les plumes du dos et les scapulaires bordées de trois petites taches blanchâtres; le nombre est plus grand aux tectrices; nuque, joues, devant du cou, poitrine et flancs blanchâtres, rayés et ondulés de brun; sourcils, gorge et milieu du

ventre blancs; tectrices caudales blanchâtres, finement rayées de brun; rectrices rayées de brun et de blanc avec les barbes internes blanches aux latérales; bec et pieds verdâtres. Les jeunes sont bruns, tachetés de roux; ils ont la poitrine cendrée, tachetée de brun; les rectrices irrégulièrement rayées. Plumage d'amour: parties supérieures brunes avec les plumes noires au centre, et marquées de deux taches blanchâtres de chaque côté des barbes; sommet de la tête et nuque rayés longitudinalement de brun et de blanchâtre; joues, devant du cou, poitrine et flancs blanchâtres, rayés longitudinalement de brun. Longueur, sept pouces six lignes. D'Europe.

CHEVALIER BRANLE-TÊTE, *Scolopax nutans*, Lath. Tête, cou et scapulaires variés de cendré, de noir et de rougeâtre; dos et croupion blancs; tectrices cendrées avec l'extrémité des rémiges blanche; rectrices rayées transversalement de noirâtre et de blanc; devant du cou et poitrine d'un brun roux avec des taches noires; bec noir, pieds verdâtres ou d'un vert foncé. Quelquefois l'origine de la queue est d'un brun rougeâtre. Longueur, onze pouces. De l'Amérique septentrionale. Le nom de Branle-Tête, imposé à cette espèce, lui vient de l'habitude d'avoir toujours la tête en mouvement.

CHEVALIER BRUN. *V.* CHEVALIER ARLEQUIN.

CHEVALIER CENDRÉ, *Scolopax incana*, Lath. Cendré avec la face blanchâtre; la gorge variée de brun; le menton, le devant du cou et le milieu de l'abdomen blancs; bec noir, pieds jaunes, verdâtres. Longueur, dix pouces. De l'Amérique septentrionale.

CHEVALIER DES CHAMPS, *Totanus campestris*, Vicill. Parties supérieures noirâtres, bordées de roussâtre; côtés de la tête, du cou, et parties inférieures noirâtres avec les plumes largement bordées de blanc; tectrices alaires noirâtres, rayées transversalement de blanc; rectrices étagées, roussâtres, terminées de blanc et de noir, les deux intermédiaires bordées de blanc; bec et pieds jaunâtres. Longueur, onze pouces. De l'Amérique méridionale.

CHEVALIER A COIFFE BRUNE, *Totanus fuscocapillus*, Vieill. Parties supérieures brunes avec les tectrices alaires pointillées de blanchâtre; un trait blanc et noir entre le bec et l'œil; queue étagée; pieds jaunes. Longueur, dix pouces. De l'Amérique méridionale.

CHEVALIER A COU FERRUGINEUX, *Scolopax novœboracensis*, Lath. Parties supérieures cendrées, variées de noir et de brun roussâtre; cou et poitrine d'un brun ferrugineux, marqués de petites taches noires; parties inférieures blanchâtres variées de brun; dos et croupion blancs; rectrices brunes variées transversalement de blanc et de noir; bec noirâtre; pieds d'un vert obscur. Longueur, dix pouces. De l'Amérique septentrionale.

CHEVALIER DE COURLANDE. *V.* CHEVALIER ARLEQUIN.

CHEVALIER CRIARD, *Totanus vociferus*, Vieill. Parties supérieures noirâtres, rayées de brun rougeâtre; parties inférieures blanches; cou et poitrine d'un cendré ferrugineux et tacheté; petites tectrices alaires cendrées, les grandes noirâtres et bordées de brun; rémiges brunes, les secondaires terminées de blanc; croupion blanc, tacheté de noir; rémiges brunes, bordées de noir et de blanc, et terminées de roussâtre; bec long, grêle et noir; pieds verdâtres. Longueur, dix pouces. De l'Amérique septentrionale.

CHEVALIER A CROUPION NOIR, *Totanus melanopygius*, Vieill. Parties supérieures d'un brun roussâtre, avec les plumes bordées de fauve; croupion et tectrices caudales noirs; grandes rémiges et rectrices intermédiaires grises; parties inférieures blanches, avec le devant du cou et le haut de la poitrine marqués de brun; bec brun; pieds orangés. Longueur, huit pouces. De l'Amérique septentrionale.

CHEVALIER A CROUPION VERDATRE, *Tringa ochropus*, Var., Lath. Parties supérieures d'un cendré verdâtre; tête et cou parsemés de taches blanches plus apparentes et allongées sur le cou; tectrices alaires fortement tachétées de blanc; croupion d'un gris-verdâtre; gorge et devant du cou blancs; poitrine grise, tachetée de blanc; rectrices tachetées de noir, les latérales blanches; bec noir, brun à la base; pieds d'un brun-verdâtre pâle. Longueur, huit pouces. De l'Amérique septentrionale.

CHEVALIER A DEMI-COLLIER, *Totanus semi-collaris*, Vieill. Parties supérieures d'un brun clair, finement rayées de noirâtre: sommet de la tête noir, avec un trait blanc dans le milieu; côtés de la tête et du cou bruns; œil entre deux traits blancs; un demi-collier noirâtre, et un autre blanc entre les ailes; petites tectrices alaires variées de blanc-roussâtre et de brun, les grandes noirâtres, tachetées de blanc, ainsi que les rémiges; rectrices étroites, étagées et pointues; parties inférieures blanches; bec et pieds verts; iris noir. Longueur, huit pouces. De l'Amérique méridionale.

CHEVALIER A DEMI-PALMÉ, *Scolopax semi-palmata*, Gmel. *Glottis semi-palmata*, Nils. Plumage d'hiver: parties supérieures d'un brun clair; tectrices alaires d'un brun cendré, nuancé de blanchâtre; rémiges noires avec un grand espace blanc en forme de miroir; croupion et tectrices caudales blancs; rectrices blanchâtres, rayées de petits zig-zags bruns, les intermédiaires brunes; parties inférieures blanches ainsi que la gorge; devant du cou et poitrine cendrés, striés de brun; bec gros, fort cendré ainsi que les pieds, dont les doigts sont à moitié palmés. Les jeunes ont le sommet de la tête brun, varié de noirâtre, la nuque cendrée, les plumes du dos brunes, lisérées de roussâtre; les rectrices brunes, avec des zig-zags seulement à l'extrémité des latérales, les parties inférieures d'un blanc sale. Plumage d'amour : parties supérieures cendrées , avec quelques taches rousses, et rayées de larges bandes brunes; tête , joues, cou et poitrine rayés longitudinalement de brun et de blanchâtre; parties inférieures et miroir des ailes blancs avec des taches en chevrons sur la poitrine et les flancs ; rectrices blanchâtres , rayées de zig-zags bruns , les intermédiaires rayées de bandes noires. Longueur, quinze pouces. Du nord des deux continens ; plus commun en Amérique.

CHEVALIER DES ÉTANGS , *Totanus stagnatilis*, Bechst., *ScolopaxTotanus*, L. Petit Chevalier aux pieds verts , Cuv. Barge grise, Buff., pl. enl., 876. Plumage d'hiver : parties supérieures cendrées , bordées de blanchâtre ; sourcils , face, gorge, milieu du dos , devant du cou et de la poitrine blancs, ainsi que les parties inférieures ; nuque striée de brun et de blanc ; petites tectrices et poignet d'un cendré noirâtre ; côtés du cou et de la poitrine blanchâtres , avec de petites taches brunes; rectrices blanches rayées diagonalement de bandes brunes; une longue bande en zig-zag sur les latérales ; bec faible , long et subulé , d'un noir cendré ; pieds d'un vert olivâtre ; iris brun. Les jeunes ont les plumes des parties supérieures noirâtres, entourées d'une large bordure jaunâtre ; les grandes tectrices rayées diagonalement de brun très-foncé ; la face et les côtés de la tête finement pointillés de brun ; les pieds d'un cendré verdâtre. Plumage d'amour : parties supérieures cendrées , nuancées de rougeâtre, striées transversalement de noir; moustaches , gorge, devant de la poitrine et parties inférieures blancs ; face , joues, côté du cou et de la poitrine, flancs blancs tachetés de noir; sommet de la tête et nuque cendrés , rayés longitudinalement de noir ; rectrices rayées sur les barbes extérieures de zig-zags longitudinaux, les intermédiaires rayées diagonalement ; bec noir; pieds verdâtres. Longueur , neuf pouces. De l'est de l'Europe.

CHEVALIER FERRUGINEUX , *Tringa islandica* , Lath. Parties supérieures noirâtres, variées de brun ferrugineux ; petites tectrices alaires cendrées ; rémiges noirâtres , les secondaires terminées de blanc; croupion blanchâtre, ondé de noir; rectrices cendrées , les intermédiaires noirâtres ; parties inférieures blanches ; devant du cou et poitrine cendrés, variés de brun-jaunâtre et tachetés de noirâtre ; bec et pieds bruns. Longueur, neuf pouces. De l'Amérique septentrionale.

CHEVALIER A FRONT ROUX , *Totanus rufifrons*, Vieill. Parties supérieures brunes avec les plumes bordées de noirâtre ; tête grosse ; plumes qui entourent la base du bec rousses; paupières , parties inférieures et croupion blancs ; tectrices alaires brunes, les plus grandes terminées de blanc; rémiges brunes en dessus , et argentées en dessous, avec les tiges blanches ; rectrices noirâtres , terminées de cendré , les deux latérales et les deux intermédiaires les plus courtes ; bec faible , noirâtre , ainsi que les pieds. Longueur , douze pouces six lignes. De l'Amérique méridionale.

CHEVALIER GAMBETTE , *Totanus Calidris*, Bechst., *Totanus striatus* , Briss., *Tringa striata*, Gmel., Lath. , Chevalier rayé, Buff. , pl. enl. , 827. Plumage d'hiver : parties supérieures d'un brun cendré , avec la tige des plumes noirâtre ; côté de la tête, gorge , devant du cou et poitrine blanchâtres , avec un trait brun sur la tige des plumes ; croupion, ventre et abdomen blancs; moitié des rémiges secondaires blanches; rectrices rayées transversalement de blanc et de larges zig-zags noirs ; bec rouge, noir à l'extrémité; iris brun ; pieds rougeâtres, avec un rudiment de membrane aux doigts. Les jeunes ont un trait blanc qui va du bec à l'œil ; les plumes du sommet de la tête brunes, finement lisérées de jaunâtre; la nuque cendrée; les plumes des parties supérieures bordées de taches angulaires jaunâtres ; les tectrices alaires bordées et terminées de blanc jaunâtre ; des points bruns sur la gorge ; des taches brunes sur les flancs, l'abdomen et les tectrices caudales ; les pieds orangés. Plumage d'amour : parties supérieures d'un brun olivâtre varié de noir ; un trait blanc du bec à l'œil ; côté de la tête, gorge et parties inférieures blanches, avec une tache longitudinale noirâtre sur chaque plume ; rectrices rayées de noir et de blanc, qui passe au cendré sur les quatre intermédiaires ; moitié du bec et pieds d'un rouge très-vif. C'est alors *Scolopax Calidris*, Gmel., Lath., *Tringa Gambelia*, Gmel., *Totanus nævius*, Briss., petit Chevalier aux pieds rouges ou Gambette, Cuv., Buff., pl. enl., 845. Longueur, dix pouces et quelques lignes. D'Europe et des Indes où il est absolument semblable.

CHEVALIER (GRAND) D'ITALIE. *V.* ECHASSE.

CHEVALIER GRISATRE , *Scolopax grisea*, Lath. Tête, cou et scapulaires d'un brun cendré ; un trait blanc de la base du bec à l'œil ; dos blanc ; tectrices alaires brunes ; rémiges secondaires bordées de blanc ; parties inférieures blanches avec la poitrine mélangée de brun ; croupion rayé de noir ainsi que les rectrices ; bec et pieds bruns. Longueur, dix pouces. De l'Amérique septentrionale.

CHEVALIER GRIVELÉ, *Tringa macularia*, Gm., Lath., Wils. Amer. ornit. pl. 59, f. 1. Grive d'eau, Buff. Parties supérieures d'un brun cendré, nuancées d'olivâtre, avec les plumes de la tête et du cou rayées longitudinalement de noir et des zigzags de la même couleur sur le dos et les ailes ; un trait brun du bec à l'œil, et une bande blanche au-dessus ; parties inférieures blanches, avec une grande tache noire à l'extrémité de chaque plume ; rectrices blanches, variées de brun et terminées de noir ; les quatre intermédiaires d'un brun olivâtre terminées de noir ; bec rougeâtre, noir à la pointe ; pieds d'un rouge de chair. Longueur, huit pouces. De l'Amérique septentrionale ; de

passage dans le nord de l'Europe.

CHEVALIER A GROS BEC, *Totanus crassirostris*, Vieill. Parties supérieures grises ; tectrices alaires intermédiaires grises et blanches ; partie des grandes blanche , et partie brunâtre bordée de blanc ; rémiges blanches et noires ; rectrices blanches à l'origine, puis variées de gris ; gorge et parties inférieures blanches ; bec fort, épais, long , rougeâtre , noir à l'extrémité ; pieds noirâtres ; doigts antérieurs demi-palmés. Longueur, treize pouces. De l'Amérique septentrionale.

CHEVALIER GUIGNETTE , *Tringa Hypoleucos*, Gmel., Guignette, petite Alouette de mer, Buff., pl. enl. 850. Parties supérieures d'un brun olivâtre , irisé, avec les tiges des plumes noirâtres et de fines raies transversales brunes en zig-zags ; un trait blanc au-dessus des yeux ; parties inférieures et gorge blanches, avec les côtés du cou et la poitrine rayés longitudinalement de brun ; rectrices étagées , blanches et brunes , terminées de blanc ; les deux intermédiaires , rayées diagonalement de noir ; bec et pieds cendrés , verdâtres ; iris brun. Longueur, sept pouces trois lignes. Les jeunes ont la gorge et le devant du cou blancs , parsemés de taches brunes sur les côtés ; le trait blanc des yeux plus large ; les tectrices alaires plus foncées, et terminées de roux et de noir ; les plumes des parties supérieures bordées de roux et de noirâtre. D'Europe.

CHEVALIER LEUCOPHÉE , *Totanus leucophæus*, Vieill. Parties supérieures cendrées, avec la plupart des plumes bordées et mouchetées de blanchâtre ; rémiges primaires noirâtres en dessus, grises en dessous : les secondaires pointillées de brun ; tectrices caudales blanches, festonnées de gris à l'extrémité ; rectrices cendrées, rayées transversalement de brun et de blanc ; face , gorge , poitrine et parties inférieures blanches, avec des lignes cendrées sur le devant du cou et les flancs ; bec long et brun ; pieds orangés. Longueur, douze pouces. De l'Amérique septentrionale.

CHEVALIER LEUCOPHRYS, *Totanus Leucophrys*, Vieill. Parties supérieures grises, variées de brun et de blanc; tête grise, tachetée de brun; dessus et côtés du cou rayés longitudinalement de noirâtre et de blanc; rémiges primaires noires; croupion brun, avec chaque plume terminée de blanc; tectrices caudales rayées transversalement de brun; sourcils, gorge et parties inférieures blanches, avec des petites taches et des traits noirs sur le devant du cou, la poitrine et les flancs; bec long, brun, noir à la pointe; pieds orangés. Longueur, onze pouces six lignes. De l'Amérique septentrionale.

CHEVALIER A LONGUE QUEUE, *Tringa longicauda*, Bechst. *Totanus Burtramia*, Wils. Parties supérieures d'un brun noirâtre avec les plumes lisérées de brun fauve; scapulaires et tectrices alaires d'un brun roussâtre, bordées de fauve et finement rayées de noir; joues, cou et poitrine fauves, avec des raies longitudinales noires; parties inférieures blanches avec les flancs rayés en travers de zig-zags noirs; tectrices caudales inférieures rousses; les quatre rectrices intermédiaires brunes, les autres fauves, toutes rayées diagonalement de noirâtre; bec long, d'un brun jaunâtre; iris brun; pieds rougeâtres. Longueur, neuf pouces six lignes. Les jeunes ont les parties supérieures, à l'exception du dos, marquées de grandes taches brunes; d'autres taches lancéolées ornent le devant du cou, la poitrine et les flancs. Du nord des deux continens.

CHEVALIER MARBRÉ, *Totanus marmoratus*, Vieill. Parties supérieures marbrées de noir, de gris et de blanc; tête et dessus du cou noirs, rayés longitudinalement de blanc; gorge et devant du cou bruns, tachetés de noir; poitrine, parties inférieures, croupion et tectrices caudales blancs, avec des raies transversales sur les côtés du ventre; bec noir; pieds rouges. Longueur, treize pouces. Des Antilles.

CHEVALIER MORDORÉ ARMÉ. *V.* SUCANA.

CHEVALIER MOUCHETÉ, *Totanus guttatus*, Vieill. Parties supérieures grises, mouchetées de blanc; tête et dessus du cou d'un gris clair, tacheté de blanc; devant du cou gris, moucheté de brun; rémiges primaires brunes; croupion, tectrices caudales et rectrices d'un brun noirâtre, rayés transversalement de brun et de blanc; gorge, poitrine et parties inférieures blanches; bec brun; pieds orangés. De l'Amérique septentrionale.

CHEVALIER NAGEUR, *Totanus natator*, Vieill. Parties supérieures brunes, avec le bord des plumes pointillé de blanc et de noirâtre; face noirâtre avec un trait blanc; côtés de la tête et devant du cou blanchâtres, rayés longitudinalement de brun; tectrices alaires inférieures blanchâtres, rayées en travers de brun; tectrices caudales blanches avec quelques traits bruns; rectrices étagées, rayées de blanc et de brun; parties inférieures blanches; bec brun; pieds orangés. Longueur, neuf pouces. De l'Amérique méridionale.

CHEVALIER NOIR, Cuv. *V.* CHEVALIER ARLEQUIN en plumage de noces.

CHEVALIER NOIR de Steller, *Scolopax nigra*, Gmel., Lath. Noir avec le bec, et les pieds rouges. Des îles orientales de l'Asie. Espèce douteuse.

CHEVALIER NOIRATRE, *Totanus nigellus*, Vieill. Parties supérieures noirâtres; front blanchâtre; tête et dessus du cou bruns, avec les plumes lisérées de blanc; grandes tectrices alaires terminées de blanc; rémiges noirâtres avec la tige des plumes blanches, les intermédiaires terminées de blanc; rectrices noirâtres, blanches à la base; parties inférieures et croupion blancs; bec noir, avec la mandibule supérieure plus grosse que l'autre; pieds jaunes; doigts entièrement libres. De l'Amérique méridionale.

CHEVALIER PERLÉ. *V.* CHEVALIER GRIVELÉ.

CHEVALIER (PETIT) AUX PIEDS VERTS, Cuv. *V.* CHEVALIER STAGNATILE.

CHEVALIER AUX PIEDS COURTS,

Totanus brevipes, Vieill. Parties supérieures grises; un trait blanc et un autre brun de chaque côté de la tête, au-dessus de l'œil; devant du cou, poitrine et parties inférieures blanchâtres avec les plumes terminées par une lunule grise; bec fort, comprimé, rougeâtre. Longueur, huit pouces. Patrie inconnue.

CHEVALIER AUX PIEDS JAUNES, *Scolopax flavipes*, Lath. Parties supérieures variées de blanchâtre, de brun et de noirâtre; rémiges bordées de blanc; parties inférieures et haut de la gorge d'un blanc pur; poitrine mélangée de blanc et de noir; bec verdâtre; brun à la poitrine; iris gris; pieds jaunes. Longueur, huit pouces six lignes. De l'Amérique méridionale.

CHEVALIER AUX PIEDS ROUGES. *V.* CHEVALIER GAMBETTE.

CHEVALIER AUX PIEDS VERTS. *V.* CHEVALIER ABOYEUR.

CHEVALIER POINTILLÉ, *Totanus punctatus*, Vieill. Parties supérieures brunes, pointillées de blanc; côtés de la tête et devant du cou également bruns, mais avec le bord des plumes blanc; sourcils et paupières blancs; rectrices latérales et intermédiaires brunes, les autres rayées de blanc et de noirâtre; parties inférieures blanches; bec étroit, verdâtre, noir en dessus; pieds jaunes. Longueur, huit pouces. Amérique méridionale.

CHEVALIER PYGMÉE, *Totanus pusillus*, Vieill. Petite Alouette de mer de Saint-Domingue, Briss. Parties supérieures d'un brun verdâtre; petites tectrices alaires terminées par une ligne noire; les grandes variées de brun et de blanc; rémiges brunes; rectrices latérales blanches, tachetées de brun verdâtre; parties inférieures blanches, avec les côtés de la poitrine et les jambes grisâtres; bec brun, noir à la pointe; pieds orangés. Longueur, cinq pouces. De l'Amérique septentrionale.

CHEVALIER RAYÉ. *V.* CHEVALIER GAMBETTE.

CHEVALIER ROUGE. *V.* CHEVALIER GAMBETTE.

CHEVALIER SASASHEW, *Totanus Sasashew*, Vieill. Parties supérieures d'un brun noirâtre avec des traits et des taches triangulaires blanches; trait du bec à l'œil, aréole et gorge d'un blanc pur; joues et devant du cou blancs; striés de noir; parties inférieures blanches; bec brun; pieds rouges. Longueur, quinze pouces. De l'Amérique septentrionale.

CHEVALIER SEMI-PALMÉ. *V.* CHEVALIER A DEMI-PALMÉ.

CHEVALIER SOLITAIRE, *Totanus solitarius*, Vieill. Parties supérieures brunes, variées de taches blanchâtres; tête et cou bruns, veinés de blanchâtre; aréole de l'œil, gorge, parties inférieures et croupion blancs; flancs rayés de brun; rectrices brunes, tiquetées, ainsi que les rémiges, de noir et de blanc; bec brun; pieds jaunes. Longueur, quatorze pouces. De l'Amérique méridionale.

CHEVALIER STAGNATILE. *V.* CHEVALIER DES ÉTANGS.

CHEVALIER SYLVAIN. *V.* CHEVALIER DES BOIS.

CHEVALIER TACHETÉ, Briss. *V.* CHEVALIER GAMBETTE.

CHEVALIER A TÊTE RAYÉE, *Tringa virgata*, Lath. Parties supérieures noirâtres, avec les plumes bordées de blanc; tête et cou blancs, rayés longitudinalement de noirâtre; tectrices alaires cendrées; rémiges brunes; rectrices d'un cendré obscur; tectrices caudales et parties inférieures blanches; flancs tachetés de noirâtre; bec noir; pieds jaunâtres. Longueur, neuf pouces. Patrie inconnue.

CHEVALIER VARIÉ. *V.* BÉCASSEAU COMBATTANT, jeune âge.

CHEVALIER VERT, *Rallus Bengalensis*, Gm. *V.* RHYNCHÉE. (DR..Z.)

CHEVALIER. *Eques*. POIS. Ce genre établi aux dépens des Chœtodons de Linné par Cuvier, qui le place conséquemment dans la famille des Squammipennes de l'ordre des Acanthoptérygiens, a pour caractères: un corps allongé, finissant en pointe par l'amincissement du bout de la queue;

la tête mousse et les rayons de la première dorsale prolongés; les dents en velours; la vessie natatoire très-grande et très-robuste; l'estomac médiocre; les cœcums courts au nombre de cinq ou de six. Les Chevaliers, qui appartiennent à l'ordre Linnéen des Thoraciques, ont en outre deux dorsales dont la première est aussi haute que le corps, et garnie de longs filamens à l'extrémité de chaque rayon. Leur anale est courte et moins grande que chacune des thorachiques; leurs écailles sont grandes et dentelées, et leur opercule sans dentelures ni piquans. Ce sont des Poissons étrangers, d'un aspect singulier, et parés des couleurs les plus élégantes, dont l'un, figuré par Séba (III, pl. xxvi, 33), est le *Gramites acuminatus* de Schneider, un autre est l'*Eques punctatus* de cet auteur. Le plus remarquable est le CHEVALIER AMÉRICAIN, *Eques americanus*, Bl. pl. 347, *Chætodon lanceolatus*, L.; l'or brille sur ses écailles; son dos est rembruni; trois bandes noires bordées de traits blancs ornent sa tête et ses flancs; ses nageoires réfléchissent diverses couleurs métalliques. (B.)

CHEVALIER NOIR ET CHEVALIER ROUGE. INS. Ces deux dénominations ont été employées par Geoffroy dans son histoire abrégée des Insectes. La première désigne le Panagée Grande-Croix, *V*. PANAGÉE, et la seconde, le Carabe bipustulé de Fabricius, rangé dans le genre Badiste. *V*. ce mot. (AUD.)

CHEVALIERS. *Equites*. INS. Linné, dont l'imagination était si féconde, et qui avait le talent de l'appliquer avec grâce et toujours à propos aux différentes parties de l'Histoire naturelle, a donné ce nom à une division de son grand genre Papillon, qu'il sous-divise ensuite en deux sections, les Chevaliers-Troyens, *Equites-Troes*, et les Chevaliers-Grecs, *Equites-Achivi*. Parmi les espèces de la première section, on remarque les noms d'Hector, d'Ascagne, de Pâris, d'Anténor, d'Achate, de Polydore,

de Priam, d'Énée, d'Hélène, d'Astyanax; etc., etc. Les espèces de la deuxième section portent les noms de Pyrrhus, de Castor, de Pollux, de Machaon, de Jasius, de Podalyre, de Ménélas, de Nestor, d'Achille, de Télémaque, etc., etc. *V*. PAPILLON. (AUD.)

* CHEVALINES. MAM. *V*. CAVALINES.

CHEVALON. BOT. PHAN. L'un des noms vulgaires du Bluet, *Centaurea Cyanus*, L. *V*. ce mot. (B.)

CHEVANNE. POIS. Espèce du genre Able. *V*. ce mot. (B.)

CHEVAUCHÉES. BOT. PHAN. Nom vulgaire des Herbes nuisibles aux moissons dans quelques cantons de la France. (B.)

CHEVÊCHE. OIS. Espèce européenne du genre Chouette, *Strix Passerina*, L. *V*. CHOUETTE. (DR..Z.)

CHEVÊCHES. OIS. *Noctua*. Sous-genre des Oiseaux de proie nocturnes dans le Règne Animal de Cuvier. *V*. CHOUETTE. (DR..Z.)

CHEVECHETTE. OIS. Espèce du genre Chouette, *Strix Acadica*, L. *V*. CHOUETTE. (DR..Z.)

CHEVELINE. BOT. CRYPT. L'un des noms vulgaires du *Clavaria coralloïdes*, L. *V*. CLAVAIRE. (B.)

* CHEVELU. OIS. Espèce du genre Canard, *Anas Sabuta*, Lath. *V*. CANARD. (DR..Z)

CHEVELU. BOT. PHAN. *V*. RACINES.

CHEVELURE DES ARBRES. BOT. On a donné ce nom au *Tillandsia usneoïdes*, aux Usnées et à l'Hydne rameux. (B.)

CHEVELURE DORÉE. BOT. PHAN. Nom vulgaire de *Chrysocoma Linosyris*. *V*. CHRYSOCOME. (B.)

CHEVESNE. POIS. Pour Chevanne. *V*. ce mot. (B.)

CHEVEUX. ZOOL. et BOT. *V*. POILS. Le nom de Cheveux, accompagné d'épithètes, désigne divers êtres; ainsi l'on nomme :

CHEVEUX DE ROI, dans les Antilles, le *Tillandsia usneoïdes*.

CHEVEUX DU DIABLE, la Cuscute qui tue la Luserne.

CHEVEUX D'ÉVÊQUE, le *Campanula Rapunculus*.

* CHEVEUX MARINS OU DE MER, les *Fucus Filum* et *Tendo* et l'*Ulva compressa*, quand celle-ci croît par grandes touffes sur la carène des vaisseaux.

CHEVEUX DE VÉNUS, l'Adianthe de Montpellier et la Nielle de Damas.

* CHEVEUX DE LA VIERGE, les Byssos et autres fongosités filamenteuses fugaces, qui croissent dans les mines et les souterrains sur les pièces de bois.   (B.)

CHEVEUX DE VÉNUS. MIN. Nom marchand et vulgaire du Titane oxidé aciculaire. *V.* TITANE.   (LUC.)

* CHEVILLES. BOT. CRYPT. L'un des noms barbares employés par Paulet, pour désigner deux familles de Champignons qu'il nomme *Chevilles rousses* et *Chevilles en coin*. Ce sont des Agarics.   (B.)

CHEVILLES. MAM. Nom employé dans la vénerie pour désigner les rameaux des andouillers des bois de Cerfs.   (A.D..NS.)

* CHEVILLES ROUX BRUN. BOT. CRYPT. (Paulet.) Syn. de *Boletus granulatus*, L.   (B.)

CHEVIN. POIS. (Lachênaye-des-Bois.) Syn. de *Leuciscus Dobula*. *V.* ABLE.   (B.)

CHÈVRE. *Capra*, L. Genre de Ruminans où le noyau des cornes est creusé de cellules communiquant avec les sinus frontaux, comme chez les Moutons et les Bœufs. Mais leur chanfrein droit et même concave, leur menton barbu, au moins chez tous les mâles, et l'arc unique de leurs cornes courbées en haut et en arrière, caractères réunis à leurs deux mamelles inguinales séparées par un raphé velu, les distinguent assez des espèces sauvages de Moutons qui leur ressemblent, d'ailleurs, pour le naturel. Le redressement vertical de la queue, dont on a fait un caractère pour les Chèvres, leur est d'ailleurs commun avec les Mouflons, et de plus ce redressement n'existe pas dans

les Bouquetins. Par ce dernier motif et d'autres considérations encore, nous séparons des Chèvres quelques espèces incorporées à ce genre sans raison suffisante, à notre avis.

L'histoire, et, pour ainsi dire, la généalogie des espèces de ce genre a été singulièrement embrouillée par Buffon qui prétend ramener à un seul type primitif non-seulement les espèces alors connues de ce genre, mais la plupart des Antilopes, entre autres le Chamois, et toutes les espèces de Moutons. Supposant faussement que les cornes de la femelle du Bouquetin ressemblent aux cornes du Chamois, il imagine le principe qu'en zoologie l'immutabilité de la forme des femelles constitue l'espèce; qu'au contraire les mâles, sujets à toutes sortes de dégradations, peuvent engendrer une infinité de races et de variétés; qu'ainsi, dans l'espèce de la Chèvre, le Bouquetin représente la variété mâle, rendue permanente on ne sait comment, et le Chamois, la variété femelle. Et de chacune de ces variétés dérivent, selon lui, plusieurs races. Il en donne pour preuve que la Brebis domestique engendre, avec le Bouc ou le Bélier indifféremment, une race féconde, ce qui n'arrive pas aux Chèvres avec le Bélier; argument tout-à-fait inintelligible si l'on oubliait qu'il considère nos Moutons comme une race très-éloignée du Chamois. Pour arriver à de pareilles combinaisons, Buffon a tout-à-fait méconnu la valeur des moyens de détermination zoologique résultant de la figure et de la substance des cornes des Ruminans, moyens dont, par une contradiction singulière, il a vanté l'excellence pour la distinction des Cerfs. Or, les Cerfs sont précisément les seuls Ruminans où ce caractère devient incertain, à cause du renouvellement annuel des bois dont les rameaux peuvent avorter ou se déformer par beaucoup d'influences. Là où les cornes sont persistantes, au contraire leur figure reste par-là même immuable; et comme elles sont composées de deux parties, le noyau osseux et la gaîne cornée, on trouve, dans la fixité de la figure et dans la couleur de cette gaîne, de nouveaux caractères étrangers aux Cerfs ; tels sont la direction des cornes, le poli ou les reliefs de leur surface, leur substance et leur couleur. Ainsi, par exemple, les cornes du Mouflon, comme celles de nos Béliers, sont jaunâtres, circonstance qui, avec leurs larmiers, leurs poches inguinales nues, les distingue de nos Chèvres à cornes noires, et surtout du Bouquetin qui de plus a un sinus glanduleux entre l'anus et la queue.

Pallas (*Spic. Zool. Fasc.* xi) a réfuté tous ces paradoxes de Buffon qu'égarèrent à la fois et son ignorance sur les espèces sauvages de ce genre et son prétendu principe de l'unité des espèces, quand elles produisent ensemble des Mulets féconds. Le célèbre conseiller d'Etat russe reconnaît pour condition déterminée la possibilité de ces métis féconds d'espèces réellement différentes. Après avoir tracé la séparation des Chèvres d'avec les Antilopes d'une part et les Moutons de l'autre, il établit trois espèces dans ce genre, et prouve que la souche de nos Chèvres domestiques n'est pas le Bouquetin, mais l'espèce appelée Ægagre ; avouant toutefois que s'il n'avait eu la faculté d'en examiner le crâne et plusieurs cornes, il aurait, comme Buffon, rapporté nos Chèvres domestiques au Bouquetin, tant celui-ci ressemble à l'Ægagre. D'ailleurs il lui paraît vraisemblable que nos Chèvres domestiques ne sont pas une variété pure de l'Ægagre ; qu'elles se sont croisées avec le Bouquetin (*Ibex*) et le Bouquetin du Caucase ; que néanmoins l'empreinte de l'Ægagre n'a pas été effacée par ces adultères et est restée dominante ; que les émigrations lointaines de la Chèvre domestique à la suite de l'Homme, ses croisemens successifs suivant les régions, soit avec l'Ibex, soit avec le Bouquetin du Caucase, soit même avec sa propre souche, enfin l'extrême différence entre le site naturel de

l'Ægagre ou Chèvre sauvage et les climats où se propagent la plupart de ses variétés, expliquent les dégradations plus profondes et plus nombreuses dans ce type que dans celui du Mouflon dont le climat naturel, comme celui de ses congénères, se trouve dans les étages inférieurs des montagnes, tandis que celui du genre Chèvre touche aux glaciers et à la limite des neiges perpétuelles. Enfin Pallas soupçonne même quelques races d'être métis de Chèvre et de Mouton, celle d'Angora entre autres.

Toutes les espèces de ce genre se tiennent sur les sommets des grandes chaînes de montagnes : les Bouquetins ne descendent même pas dans les vallées alpines. C'est par une prédilection instinctive, et non pour fuir l'Homme, qu'ils habitent sur la limite des glaciers et des neiges perpétuelles, au-dessus des régions boisées, dans les Pyrénées, les Alpes, les grandes chaînes du Taurus, du Caucase et de l'Altaï jusqu'au Kamtschatka. Comme les sommets ne forment pas des lignes continues le long desquelles les diverses espèces ou les individus d'une même espèce aient pu se disperser, mais au contraire sont groupés en un grand nombre de centres ou d'axes, isolés les uns des autres, soit par des mers, soit par d'immenses plaines, barrières également infranchissables pour ces Animaux ; et comme, d'autre part, il est évident que ces espèces, dont trois ne sont connues que depuis un demi-siècle, n'ont point été transportées par l'Homme dans leurs sites actuels, il est clair qu'elles en sont aborigènes. Il en faut dire autant des individus d'une même espèce dispersée par groupes sur des sommets non continus. La nécessité de leur tempérament et leurs préférences alimentaires les enchaînent tous irrésistiblement à leur site natal. La zône boisée des montagnes les sépare, là où il existe, du Mouflon qui n'y entre même pas : Ils habitent ou ont habité d'une extrémité à l'autre de notre continent. Le Bouquetin se trouve encore dans les Pyrénées, les Alpes et leurs chaînes Vendeliques et Carpathiques, dans les montagnes de Crète, dans toutes les grandes chaînes de l'Asie, depuis la mer Caspienne à travers la Perse jusqu'à l'Inde au sud et jusqu'au Kamtschatka au nord. L'Ægagre a habité ou habite encore tous ces sommets excepté la grande chaîne des Altaï, où il n'y a de Chèvres que le Bouquetin. Varron, *De Re rusticâ*, *lib.* 2, dit que l'espèce sauvage de la Chèvre, appelée *Rota* par les Latins, existait de son temps en Italie et dans la Samothrace. Il est probable qu'il en existe encore dans les Alpes et les Pyrénées, car les Ægagres décrits par Cuvier (Ménagerie du Muséum) semblaient être des métis ; on manquait d'ailleurs de renseignemens sur leur origine. L'Ægagre habite les sommets de l'île de Crète avec l'Ibex, et ceux du Caucase avec le Bouquetin caucasique. L'historien Polybe a constaté, il y a deux mille ans, un fait important pour la distribution géographique des espèces de ce genre et des Ruminans en général. Il dit (*lib.* 12) que la Corse ne possède ni Chèvre sauvage, ni Bœuf, ni Cerf. Il y mentionne au contraire l'existence de la Brebis sauvage (le Mouflon), qui s'y trouve encore aujourd'hui.

La vue et l'odorat sont les plus actifs de leurs sens. Or, le fond de leur œil est tapissé d'un réservoir réflecteur (*V.* notre Mém. T. III du Journal de Magendie). En fuyant à travers les précipices, leur coup-d'œil, aussi prompt que juste, dirige des mouvemens rapides comme l'éclair, mais d'une vigueur si souple qu'ils peuvent rompre par un repos soudain les élans rectilignes ou paraboliques dont ils effleurent les crêtes les plus aiguës du granit et même des glaciers. Bondissant d'un pic à l'autre, il leur suffit d'une pointe où se puissent ramasser leurs quatre pieds, pour y tomber d'aplomb d'une hauteur de vingt à trente mètres, y rester en équilibre, ou s'en élancer au même instant vers d'autres pointes, soit inférieures, soit plus culminantes. Ils éventent le chas-

seur bien avant de lui être en vue. Une fois lancés, leur résolution est aussi rapide que leur coup-d'œil. Si une tactique calculée d'après l'expérience de leur poursuite et la connaissance des lieux, les a cernés sur quelque rampe de précipice d'où il n'y ait à leur portée, ni une pointe de glace, ni une crête de roc, ils se jettent dans l'abîme, la tête entre les jambes, pour amortir la chute avec leurs cornes. D'autres fois, jugeant l'audace plus profitable à se défendre qu'à fuir, le Bouquetin fait volte-face, s'élance, et, en passant comme la flèche, précipite le chasseur.

Ils vivent en petites familles, ordinairement suspendues aux pics voisins des glaciers et des neiges perpétuelles, et séparées, par la région des forêts, du Mouflon et de l'Argali qui habitent l'étage inférieur. Les Saules alpestres, le Bouleau nain, les Rhododendrons, les Saxifrages, les Epilobes et autres Plantes amères sont leur pâture de prédilection. On en a conclu que leur goût était obtus ; n'est-ce pas plutôt le contraire ?

Tous ces Animaux ont la figure fine, l'œil vif, l'oreille mobile ; sans être sveltes, comme les Gazelles et les Cerfs, leur attitude est gracieuse et leur démarche surtout fière et assurée. Seuls des Animaux domestiques, ils ont conservé pur leur goût pour l'indépendance ; ils sont plutôt les hôtes de l'Homme que ses esclaves. Dociles seulement aux caresses et aux bons traitemens, la force ne peut rien sur eux ; mais leur affection est intelligente presque comme celle du Chien. Aussi les poëtes bucoliques de tous les âges les ont-ils associés à la moralité des sentimens de l'Homme, par une juste distinction de leur supériorité intellectuelle sur les autres Ruminans.

Les Chèvres n'ont que cinq vertèbres lombaires, deux mamelles inguinales séparées par un interstice de poil ; la vulve est séparée de l'anus par un périnée étroit et nu. Le rut vient en automne, mais les Chèvres domestiques s'accouplent toute l'année ; la femelle porte cinq mois un ou deux petits : ils vivent à peu près quinze ans.

1. Le Bouquetin, autrefois Bouc-estain, Stein-Bock des Germains, c'est-à-dire Bouc des rochers, Agrimia des Grecs modernes (*Capra Ibex*, Lin., Buff., 12, pl. 13. Pallas, *Spic. Zool. Fasc.* XI, pl. 3. Belon, Observ. in-48, f° 15. Encycl. fig. imaginaire).

À cornes gris-noires, régulièrement tronquées à leur base ; à côtes transverses, planes en avant, qui ne s'étendent pas à la face interne, et dont le nombre croît avec l'âge. Pallas en a compté jusqu'à seize sur une corne de deux pieds neuf pouces de contour, et de huit livres de poids, tenant à un crâne de onze pouces de long, qu'il a représentée, *loc. cit.*, pl. 5, f. 4.

Une barbe noire, plus courte chez les femelles, de huit pouces et demi chez les vieux, et roide comme la crinière d'un Cheval ; face, tête et encolure d'un Bouc, avec plus de masse et de solidité dans tout le train de devant : les épaules presque aussi musclées que les fesses pour résister aux resauts de leurs énormes bonds ; le pied fendu jusqu'au haut des phalanges, et les ongles de devant plus grands que ceux de derrière, mobiles l'un sur l'autre et bridés en travers pour assouplir le choc dans le saut : un vrai poil de Bouc, mais roide et comme usé sur le dos, bourré à sa base d'une laine cendrée, très-molle, plus rare en dessous où les poils plus longs vont jusqu'à quatre pouces, ainsi qu'à la nuque et au cou. La queue nue en dessous, et sur le reste une petite crinière. La couleur, d'un gris sale en dessus chez les jeunes, noircit chez les vieux ; une bande noire aux flancs et sur l'échine. Dessous du corps, dedans des membres, fesses, base de la queue, bouts des pieds et bord des lèvres, blancs.

Le Bouquetin, haut de deux pieds et demi environ sur trois et demi de long, a des cornes disproportionnées en apparence pour sa taille. « C'est bien de quoi s'émerveiller, dit Belon, de voir un si petit corps porter de si pesantes branches de cornes, des-

quelles en ay tenu de quatre coudées de long. En courant et surtout en sautant, il redresse la tête et les étend sur son dos pour s'équilibrer. »

Au contraire, quand il se jette dans les précipices, il les tourne en bas en mettant sa tête dans ses jambes pour rompre le choc de ces chutes souvent mortelles. Il lui arrive quelquefois de s'en casser alors. Pallas en a vu un exemple. C'est un accident semblable qui aura fait imaginer la fable du Monocéros de montagne dont parlent aussi les peuples de Sibérie. La femelle, plus petite que le mâle, met bas, à la fin de mai ou d'avril, un ou deux petits.

Pris jeune, il s'apprivoise aisément, et vit avec les Chèvres dont il s'approche aussi quand il eu rencontre des troupeaux. Tous les montagnards de l'Europe et de l'Asie croisent ainsi leurs Chèvres. Il n'a jamais été commun nulle part. Aucun voyageur, avant Pallas, n'en avait vu dans les Alpes sibériennes.

2. Ægagre ou Chèvre sauvage, *Capra Ægagrus*, Gm., Cuv., Ménag. du Mus. Mammif. lith. de Geoff. et F. Cuv. 30° livrais. le mâle, et 31 la femelle. Crâne et cornes. Pallas, *loc. cit.*, pl. 5., f. 2 et 3, et Encycl.; p. 49, f. 2. C'est le Paseng des Perses, la Chèvre du Bézoard des Orientaux. A cornes d'un brun-cendré, uniformément arquées en arrière, peu divergentes, un peu recourbées en dedans vers la pointe, très-comprimées, tranchantes en avant, planes en dedans, convexes sur la face externe où, le long de l'arète antérieure, règne un sillon qui rend le tranchant plus aigu ; à la base de la corne projetée angulairement en pointe sur le front ; quatre tubérosités également distantes, et dont les intervalles sont légèrement striés ; face ou bord postérieur rond et lisse ; le crâne, décrit par Pallas, avait neuf pouces trois lignes de long, et les cornes deux pieds deux pouces et demi de contour. Les cornes sont donc encore plus grandes que celles du Bouquetin, mais elles sont plus de qua-

tre fois plus légères ; car , hors de leurs noyaux, toutes deux ne pesaient que trois livres. La femelle n'en porte pas ou n'en a que de fort petites. L'Animal est d'un fauve cendré; il a sur le dos une bande noire; la queue est noire aussi ; leurs orbites plus grands et plus saillans qu'au Bouquetin. Aldrovande (*Quad. Bisul.*, *lib.* 1) avait déjà distingué une Chèvre sauvage distincte de l'Ibex et du Chamois, comme souche des Chèvres domestiques. Belon l'a connüe aussi. Cuvier (Ménag. du Muséum) a décrit deux mâles et deux femelles d'une grande espèce de Chèvre venus de Suisse où on disait qu'elle existait sauvage , et qui avaient les cornes et plusieurs autres caractères de l'Ægagre. F. Cuvier a su depuis que , dans les Pyrénées et dans les Alpes, presque tous les troupeaux ont à leur tête quelques individus de cette grande espèce. Mais il ne sait encore si ce sont des métis de Bouquetin et de Chèvre. Ils ont tous les traits des races libres , et cependant leur race s'est éteinte à la troisième génération.

Quoi qu'il en soit , l'Ægagre habite aujourd'hui le Caucase et la grande chaîne qui, à travers la Perse et le Candahar, va joindre les monts Himmalaya. Par la figure de son crâne et de ses cornes cette espèce est évidemment la souche de nos Chèvres domestiques dont les races , comme celles du Bœuf, ont été multipliées presque à l'infini. Le *Tragelaphus* de Gesner, que Pallas (*loc. cit.*) croyait être , sinon l'Ægagre, au moins très-voisin , est le Mouflon d'Afrique.

Nous indiquerons seulement les figures des diverses variétés domestiques de cette espèce. On y verra que l'allongement des oreilles latéralement pendantes, la réduction ou même la disparition des cornes, quelquefois le doublement de leur nombre ; l'extrême développement de la bourre et des poils soyeux ; enfin le raccourcissement simultané du tronc et des jambes ou des jambes seulement , forment le caractère de ces variétés.

Tout le monde connaît la Chèvre commune Voir Buff., t. 5, pl. 9 et 10.

La CHÈVRE NAINE, Mam. lith. de Geoff. et F. Cuv. 16e et 18e livrais. Cette race paraît s'être formée en Afrique. Transportée en Asie et aux Antilles, en Amérique , elle y a conservé son type sans altération : ses cornes sont tournées en vis comme aux Chèvres cachemiriennes.

CHÈVRE DE CACHEMIRE, Mam. lith. de Geoff. et F. Cuv., 6e livrais. Cornes droites et spirales divergentes sous un angle de cinq à sept degrés seulement ; les poils soyeux rectilignes et non tordus en tire-bourre comme au Bouc d'Angora ; la bourre laineuse gris-blanc partout.

CHÈVRE D'ANGORA, Mamm. lith. Cette race doit au site qu'elle occupe sur les sommets du Taurus, comme la précédente sur ceux de l'Himmalaya , sa laine douce et fine, traversée, comme celle des Chèvres cachemiriennes, par les poils soyeux que F. Cuvier dit tordus en tire-bourre dans l'Angora , qui a de plus les cornes recourbées en bas.

CHÈVRE MAMBRINE ou de Juidda en Guinée , et non de Juda en Syrie, Buff. pl. 10. Encycl. , pl. 49, fig. 5. Cornes repliées en arrière et en bas, et oreilles fort longues et pendantes.

CHÈVRE DE NAPAUL , Mam. lith. de Geoff. et F. Cuv., 18e livrais. Cornes petites mais spirales comme à la race cachemirienne. Tous ses poils sont soyeux , d'après F. Cuvier ; ce qui est surprenant , vu la nature du pays qu'elle habite. Chanfrein un peu busqué.

Ce que dit Blainville de la Chèvre imberbe et de la Chèvre Cossus nous les fait plutôt considérer comme des Moutons *V.* ce mot.

Nous en dirons autant du Bouc de la Haute-Egypte de F. Cuv., Mamm. lith., 10e livrais. *V.* MOUTON.

La race d'Irlande est caractérisée par le doublement des cornes. C'est un accident commun à toutes les races et peut-être à toutes les espèces de Ruminans à cornes persistantes. Nous en avons déjà fait la remarque à l'article ANTILOPE. Nous y reviendrons au sujet des Moutons. *V.* ce mot.

5. Le BOUQUETIN DU CAUCASE, *Capra caucasica,* Guldœnstadt, *Act. Petrop.* T. II. La tête du mâle, pl. 17, la femelle en pied, pl. 17 A. Les cornes du mâle sont à trois faces : une postérieure plus large; deux antérieures, dont l'externe est relevée par dix à quatorze côtes d'autant plus saillantes qu'elles sont inférieures; les autres faces légèrement striées. Elles sont disproportionnées à la taille de l'Animal, très-rapprochées à la base, arquées en arrière, avec la pointe en dedans; leur courbure a vingt-sept à vingt-huit pouces; la corde de leur arc dix-huit, leur base quatre de diamètre; leur couleur est noire; chanfrein droit et large; face comprimée; fentes des narines presque horizontales, très-rapprochées; barbe de quatre pouces de long, distante de trois pouces de la lèvre. La distance du museau à la base des cornes est de neuf pouces dans le mâle, de huit dans la femelle.

Celle-ci est autant inférieure pour la taille à notre Chèvre, que le mâle surpasse notre Bouc. Ses cornes, presque droites, longues d'environ six pouces, ne dépassent les oreilles que d'un travers de doigt. Elles sont aplaties sur trois faces, dont l'interne, plus large, est toute sillonnée de rides transverses. Leur couleur est gris-brun. Cette femelle était vieille; sa couleur générale était celle d'un vieux Cerf; dedans des quatre membres, ventre et fesses blancs; pieds noirs, ainsi que la queue qui est jaunâtre en dessous; poils roides mais couchés, les plus longs de six pouces; bourre laineuse au dos et sur les flancs; pas de barbe.

L'Ibex du Caucase en habite les sommets schisteux, tandis que le Chamois ne s'élève pas au-dessus des étages plus tempérés du calcaire. La zône intermédiaire est occupée par l'Ægagre. Guldœnstadt n'a pu découvrir aucun indice de l'existence de l'Ibex ordinaire dans ces montagnes. Le Bouquetin du Caucase s'ac-

couple en novembre; la femelle met bas en avril. Les Tartares et les Géorgiens font des vases à boire avec les cornes, et trouvent sa chair délicieuse. Zebuder, Hach, sont les noms du Bouquetin du Caucase dans deux idiômes de ces montagnes, et Tzan et Bodsch ceux de l'Ægagre. Ske est celui du Chamois chez un troisième peuple qui a aussi des noms particuliers pour les deux autres espèces. Nous citons ces noms comme preuve que ces montagnards ont connaissance de la diversité primitive d'Animaux confondus par des naturalistes qui n'étudient que des livres sans les savoir toujours bien comprendre.

4. Le BOUQUETIN A CRINIÈRE D'AFRIQUE, Tackhaitze de Samuel Daniels, *Afric. Scenery.* pl. 24.—Cuvier, Règn. Anim. t. 1, p. 265, ayant rattaché au genre Chèvre le bel Animal figuré par Samuel Daniels dans ses Vues d'Afrique, nous déférons, en le décrivant ici, à l'autorité de notre illustre maître.

Samuel Daniels en a vu un couple à la sortie de Betakoo, chef-lieu des Boshuanas, lat. 26 deg. 30 min. Sa taille est de quatre à cinq pieds au garrot; le mâle et la femelle ont des cornes régulièrement arquées comme celles de l'Antilope bleue auxquelles elles ressemblent encore par l'existence, sur leurs deux tiers inférieurs seulement, de demi-anneaux qui n'en occupent que le demi-contour antérieur. Une longue crinière brune pendante à droite et à gauche, une barbe sous le bout du menton également brune, ainsi que la queue qui est longue comme l'oreille, se détachent fortement du bleu bai qui forme la couleur générale. Le chanfrein est blanc et un peu concave. Cet Animal, très-turbulent et très-dangereux à approcher dans le rut et quand il est blessé, vit en troupes de cinq à six ou par paire, pêle-mêle avec d'autres Antilopes de plaine et la Girafe, dans les karroos de l'Afrique australe, sorte de déserts couverts d'une Mimeuse très-abondante, et dont l'as-

37*

pect uniforme rappelle les bruyères de l'Europe.

Par le site, la taille, la grandeur et la figure des cornes dans les deux sexes, nous inclinerions plutôt à considérer cette espèce comme une Antilope. Elle ferait pour la taille la troisième espèce de la cinquième tribu de ce genre, les *Tsoiran*. La barbe seule les rattacherait aux Chèvres; mais plusieurs Antilopes ont des crinières sous la gorge et le col, et la barbe du Tackhaïtze se prolonge, avons-nous dit, jusque sous la gorge.

Chèvre colombienne, *Capra Columbiana*, N. *Ovis montana*, Ord. *Rupicapra americana*, Blainville, Antil. *lanigera* d'Hamilton Smith; *Lin. Soc.* t. 13, pl. 4.—Smith (*loc. cit.*) critique la place et le nom donnés par Blainville à cette espèce. Il propose le nom d'*Antilope lanigera*, parce qu'il suppose que cette qualité du poil ne se retrouve pas dans une autre Antilope. Or nous avons décrit une Antilope du Cap (*V.* ce mot), rapportée par Delalande et déjà figurée dans Samuel Daniels (*Scenery of Afric.*), dont le poil est uniquement laineux. Ensuite la solidité seule du merrain de la corne pourrait motiver la place de cette espèce parmi les Antilopes.

Manquant nous-mêmes de renseignemens sur ce caractère, nous avons rapporté cette espèce au genre Chèvre, à cause de l'ensemble de sa physionomie qui, à défaut d'informations plus précises, est encore un motif de détermination zoologique, et de la qualité de la toison qui rappelle celle des Chèvres cachemiriennes. L'Animal surpasse un fort Mouton pour la taille. L'aspect de la tête est celui du Bélier; les oreilles longues et pointues sont pleines à l'intérieur de longs poils; les cornes noires, de quatre à cinq pouces de long, recourbées en arrière, ont un pouce de diamètre à la base, où elles sont sillonnées de deux ou trois anneaux. D'après la figure donnée par H. Smith, leur cône ne seroit pas comprimé. Les sabots qui sont noirs comme du jais sont remarquables par leur largeur

qui contraste avec leur peu d'élévation, et par de fortes rainures à la semelle. De longs poils soyeux jaunâtres, et plus moelleux que ceux d'une Chèvre, couvrent tout le corps excepté le chanfrein et les quatre pieds, où le poil est serré et fin comme au Mouton; ces longs poils augmentent beaucoup le volume de l'Animal. Au-dessous d'eux existe une bourre duvetée, très-fine et très-serrée, d'un blanc clair qui, dans les jeunes, ressemble à du coton.

Vancouver, T. i, p. 308, et T. ii, p. 284, a donné les premiers indices de l'existence de cette espèce. Sur différens points de la côte nord-ouest d'Amérique, au nord de la Columbia, il vit une grande quantité de tissus fabriqués avec un mélange de la laine grossière des Chiens domestiques de cette contrée, et d'une laine plus fine de quelqu'autre Animal qu'il soupçonnait être très-nombreux par la proportion dans laquelle sa laine entrait dans ces étoffes. Ce ne fut que par le 54 degré qu'il eut occasion d'en observer des peaux; mais elles étaient trop mutilées pour laisser reconnaître, même le genre de l'Animal. Elles avaient cinquante pouces de long et trente-cinq de large, non compris la tête, la queue et les jambes. La quantité de laine n'est pas, dit-il, en proportion de l'étendue de la peau. Elle est surtout fournie au dos et aux épaules d'où sort, continue-t-il, une sorte de crinière de longs poils semblables à des soies de Sangliers. Ces mêmes poils forment la couverture du corps et cachent entièrement la laine qui est fine et de belle qualité. La toison est de couleur de crème, et la peau d'une épaisseur remarquable.

Cette espèce paraît habiter toutes les montagnes depuis le lac des bois auprès du lac supérieur, et la côte ouest de la baie d'Hudson jusqu'à la mer Pacifique au nord du 40 deg. parallèle.

Rafinesque (*Americ. Monthly Magazine*) a fait de cette espèce le type d'un groupe intermédiaire aux Chèvres et aux Antilopes, sous le nom de

Mazame. Il compose ce genre des deux Guazous à dagues d'Azarra (*V.* Cerf), de l'*Ovis montana* d'Ord. et de son propre *Mazame sericea*, qui est identique à l'*Ovis montana*; tous deux n'étant que l'espèce précédente. Il propose même un sous-genre ou plutôt un genre à part pour les deux dernières espèces, sous le nom d'*Oreamnos*, attendu qu'ils vivent dans les montagnes, etc.   (A.D..NS.)

CHÈVREAU. MAM. Petit de la Chèvre. *V.* ce mot.   (B.)

CHÈVREFEUILLE. BOT. PHAN. *Caprifolium,* Juss.; *Loniceræ sp.,* L. Principal genre de la famille des Caprifoliacées de Jussieu, Pentandrie Monogynie de Linné. Le nom de Chèvrefeuille (*Caprifolium*) avait été restreint par Tournefort au Chèvrefeuille des jardins et à quelques Plantes qui en sont très-rapprochées. Les autres Chèvrefeuilles connus de son temps et que Linné réunit tous sous la dénomination commune de *Lonicera,* étaient distribués dans quatre autres genres qu'il nommait *Xylosteon, Chamæcerasus, Diervilla* et *Periclymenum.* La plupart des auteurs ont imité Linné, c'est-à-dire qu'ils n'ont admis ces groupes que comme des sections du genre *Lonicera.* Ainsi Lamarck et De Candolle (Flore française, deuxième édition) ont décrit sous ce seul nom générique les sept espèces de Chèvrefeuilles qui croissent spontanément en France, quoiqu'elles fissent partie des genres *Caprifolium, Periclymenum* et *Xylosteon* de Tournefort. Persoon (*Synops. Plant.,* 1er vol., p. 213) ne fait aussi qu'un seul groupe de tous les Chèvrefeuilles; c'est le genre *Lonicera* de Linné dans toute son extension; il y réunit, comme cet auteur, le *Symphoricarpos* de Dillen, en outre des genres de Tournefort; néanmoins, il admet la séparation du *Diervilla* de Tournefort. Une autorité du plus grand poids dans un pareil sujet, A.-L. de Jussieu, s'était pourtant prononcée en faveur de l'adoption de la plupart des genres de Tournefort. Il en avait tracé les caractères dans son *Genera Plantarum,* en indiquant les espèces de *Lonicera* de Linné qui faisaient partie de chacun d'eux. Ainsi il ne faudrait plus comprendre parmi les Chèvrefeuilles, le *Symphoricarpos* de Dillen, le *Diervilla,* le *Xylosteon* et le *Chamæcerasus* de Tournefort. Ce dernier genre a été traité séparément dans ce Dictionnaire sous le nom français de CAMÉRISIER. *V.* ce mot. Il en sera de même pour les deux autres.

Quant aux Chèvrefeuilles proprement dits, où Jussieu réunit le *Caprifolium* et le *Periclymenum* de Tournefort, ils ont pour caractères : un calice à cinq dents muni de bractées à sa base; une corolle à tube allongé et présentant cinq divisions presque égales dans les *Periclymenum* de Tournefort, ou irrégulières et séparées en deux lèvres dans le genre *Caprifolium* du même auteur; cinq étamines de la longueur de la corolle; stigmate globuleux; baie triloculaire polysperme. Les Chèvrefeuilles ainsi définis se composent de sous-Arbrisseaux grimpans qui ont des fleurs sessiles et en capitules terminaux, ou axillaires et verticillées. Cultivés pour la plupart dans les jardins d'agrément, ils méritent cette préférence sur d'autres Plantes volubiles comme eux, par la beauté des formes, la vivacité des couleurs et l'odeur suave de leurs fleurs. Leur culture est facile; tout terrain, toute situation paraît leur convenir; ils réussissent mieux cependant en plein soleil que dans les lieux ombragés. On les multiplie par marcottes qui s'enracinent en peu de jours; il arrive même que des branches rampantes ont assez de racines en automne pour être séparées et replantées, tant est grande leur disposition à émettre des racines dès qu'ils sont dans des circonstances favorables. La flexibilité de leurs tiges les rend propres à prendre toutes les formes qu'on veut leur donner, mais ils ne sont jamais plus élégans que quand on les plante près des Arbres dans les avenues; là, ils serpentent autour de leurs troncs, s'entrelacent dans leurs branches et redescendent en guirlandes chargées de fleurs qui flattent à la fois la vue et l'odorat. On en garnit aussi les berceaux, les treillages et les murs des jardins d'ornement. Nous allons décrire succinctement les espèces qui, à ce titre, nous semblent les plus intéressantes à connaître :

1°. CHÈVREFEUILLE DES JARDINS ou D'ITALIE, *Caprifolium hortense*, *Lonicera Caprifolium*, L. Arbrisseau sarmenteux et grimpant, dont la tige, couverte d'une écorce grisâtre, émet des jets cylindriques fort longs et rameux; feuilles sessiles très-entières, glabres, glauques en dessous, la plupart obtuses, simplement opposées dans les parties inférieure et moyenne des tiges, et réunies en une seule au sommet de celles-ci (*Folia connata*); fleurs nombreuses, grandes, et disposées en bouquet terminal, exhalant une odeur délicieuse. Cette Plante est spontanée dans les haies des pays méridionaux de l'Europe. On en cultive particulièrement deux variétés d'Italie précoces, l'une à fleurs rouges et l'autre à fleurs blanches.

2°. CHÈVREFEUILLE DES BOIS, *Caprifolium Periclymenum*, Juss., *Lonicera Periclymenum*, L. Cet Arbrisseau ne diffère du précédent que par ses feuilles supérieures qui, au lieu d'être connées, sont entièrement libres. Les fleurs sont d'un blanc jaunâtre et d'un aspect moins agréable que celles du Chèvrefeuille d'Italie. Il y en a deux variétés principales. L'une est velue et quelquefois devient difforme et panachée de blanc et de vert; elle est commune dans les bois et les haies de la France. La variété glabre, à fleurs plus grandes et moins jaunâtres que l'autre, ne fleurit qu'en août et septembre, et croît en Allemagne et en Suisse, d'où les noms de *Chèvrefeuille d'Allemagne* et de *Chèvrefeuille rouge tardif* que quelques personnes lui ont donnés.

3°. CHÈVREFEUILLE DE VIRGINIE, *Caprifolium sempervirens*, Juss.; *Lonicera sempervirens*, L. Ce charmant Arbrisseau a des fleurs presque régu-

lières, d'une couleur rouge-écarlate des plus vives, qui lui a fait donner l'épithète de *Corail* par quelques jardiniers. Ses feuilles, ovales, sessiles, glabres supérieurement, glauques en dessous, sont connées au sommet de la tige. Indigène de la Virginie, il a été transporté en Europe, où il nous offre l'avantage de fleurir depuis le commencement de mai jusqu'en automne, et de conserver une partie de ses feuilles pendant l'hiver. Il est à regretter que de si belles fleurs soient absolument inodores. Le Chèvrefeuille de Virginie est le type du genre *Periclymenum* de Tournefort.

Kunth (*in Humboldt et Bonpl. Nova Genera et Species Plant. Amer. œquinoct.*), admettant la séparation indiquée par Jussieu du genre *Caprifolium* d'avec le *Lonicera* de Linné, décrit et donne la figure d'une belle espèce nouvelle qui a beaucoup de rapport avec le Chèvrefeuille de Virginie, mais que son limbe étalé en distingue facilement; ses feuilles, d'ailleurs, sont velues, comme l'indique son nom spécifique (*Caprifolium pilosum*, Kunth, t. 298). Elle habite les lieux froids de la Nouvelle-Espagne.   (G..N.)

CHEVRETTE. MAM. Femelle du Chevreuil. *V.* CERF.   (B.)

CHEVRETTE. CRUST. et INS. On désigne vulgairement sous ce nom, en France, dans les ports de l'Océan, la *Crevette de mer* ou le *Cardon*, petit Crustacé du genre Crangon. *V.* ce mot.

Geoffroy (Hist. des Ins.) a nommé Chevrette bleue le *Lucanus caraboïdes* de Linné, et Chevrette brune, le *Trogosita caraboides*. *V.* PLATYCÈRE, LUCANE et TROGOSITE.   (AUD.)

* CHEVRETTES ou CHEVROTINES. BOT. CRYPT. Champignons sous-épineux qui sont des *Urchins*, etc., dit Paulet, qui trouve aux Hydnes de la ressemblance avec des pieds de Chèvre!..... Il y a des Chevrotines ordinaires, *Hydnum repandum*, L., des Chevrotines écailleuses ou grandes Chevrettes, *Hydnum rufescens*, etc., et des Chevrilles, qui sont le Mérule Chanterelle.   (AD. B.)

CHEVREUIL. мам. Espèce du genre Cerf. *V.* ce mot. (в.)

CHEVREUIL DE MONTABU-ZARD. мам. *V.* Cerf.

CHEVREULIE. *Chevreulia,* Cass. вот. PHAN. Genre de la famille des Synanthérées et de la Syngénésie Polygamie superflue de Linné. H. Gassini l'a établi en l'honneur du célèbre chimiste Chevreul qui, par ses nombreux travaux d'analyse chimique végétale, a si bien mérité de la botanique, et l'a constitué avec une Plante placée parmi les Chaptalies par Persoon, et dans les Xéranthèmes par Aub. Du Petit-Thouars. Tous les fleurons de son disque sont parfaitement réguliers et nullement bilabiés, comme on pourrait le soupçonner, puisqu'on en avait fait une Chaptalie. S'il était certain que cette Plante fût organisée de même que le *Chaptalia runcinata* de Kunth, et qu'on dût ne pas les séparer du *Chaptalia tomentosa,* type de ce genre, alors le caractère donné par ce dernier naturaliste, qui admet dans ce genre des corolles régulières ou labiatiflores indifféremment, devrait être adopté. Quoi qu'il en soit, Cassini séparant le *Chevreulia,* et des Chaptalies et des autres Labiatiflores, le place dans sa tribu des Inulées. Le *Chevreulia stollonifera,* Cass., *Xeranthemum cœspitosum* de Du Petit-Thouars, a été recueilli près de Montevidéo par Commerson, et dans l'île de Tristan d'Acugna par Du Petit-Thouars. (G..N.)

* CHEVREUSE. вот. PHAN. Syn. d'Amandier-Pêcher, variété du Pêcher. *V.* ce mot. (в.)

CHÈVRE VOLANTE. ois. Syn. vulgaire de la Bécassine, *Scolopax Gallinago,* L. *V.* Bécassine. (DR..Z.)

* CHEVRILLE. вот. CRYPT. *V.* Chevrettes. (в.)

CHEVRIN DES BOIS. вот. PHAN. Syn. de *Salix amygdalina* et *triandra. V.* Saule. (в.)

CHEVROLLE. *Caprella.* CRUST. Genre de l'ordre des Isopodes, section des Cystibranches, établi par Lamarck, qui lui assigne pour caractères (Hist. des Anim. sans vert. T. v, p. 173) : quatre antennes, les deux supérieures plus longues, leur dernière pièce composée de très-petits articles nombreux ; deux yeux sessiles, composés ; corps allongé, linéaire ou filiforme, divisé en articles inégaux ; queue très-courte ; dix pates onguiculées , à paires disposées en une série interrompue.

Ce genre a subi, depuis, quelques modifications, et l'on en a extrait celui des Protons. Ses caractères sont, suivant Latreille : corps et pieds filiformes ; point d'yeux lisses ; dernière pièce des antennes supérieures composée d'un grand nombre de petits articles ; dix pieds disposés dans une série interrompue ; les second et troisième anneaux du corps en étant dépourvus.

Les Chevrolles ressemblent beaucoup aux Leptomères de Latreille et aux Protons de Leach avec lesquels elles ont d'abord été confondues; mais elles se distinguent suffisamment des uns par le nombre de leurs pieds qui ne s'élève jamais au-delà de dix, et des autres par les second et troisième anneaux du corps dépourvus de véritables pates. Les femelles ont leurs œufs renfermés dans un sac suspendu au troisième anneau du corps.

On trouve communément les Chevrolles sur les Plantes marines ; leur démarche ressemble à celle des Chenilles arpenteuses ; elles nagent assez bien, en courbant en bas et redressant alternativement les extrémités de leur corps. On les voit quelquefois tourner avec rapidité sur elles-mêmes. Dans tous ces mouvemens, leurs antennes sont vibrantes.

Latreille place dans les deux divisions suivantes le petit nombre d'espèces connues.

† Tête ovale point ou peu rétrécie postérieurement.

CHEVROLLE FRONT POINTU , *Caprella acutifrons* de Latreille, ou *Caprella Atomos* de Leach, et peut-être

584 #

CHE

de Linné. Elle a été trouvée sur les côtes d'Angleterre.

CHEVROLLE ACUMINIFÈRE , *Capr. acuminifera* de Leach. Elle a été envoyée sous ce nom par Leach.

†† Tête allongée et rétrécie postérieurement.

CHEVROLLE LINÉAIRE, *Capr. linearis* de Latreille, ou CHEVROLLE SCOLOPENDROIDE? de Lamarck, *Cancer linearis* de Linné, figurée par Müller (*Zool. Danica*, tab. 56, fig. 4, 6 , *mas*. tab. 114, fig. 11 et 12 , *fem.*). On la rencontre sur nos côtes et dans les mers du Nord.

CHEVROLLE MANTE, *Capr. Mantis* de Latreille. Elle habite nos côtes océaniques.

Latreille rapporte encore à ce genre le *Cancer filiformis* de Linné, et une autre espèce que Forskahl (*Fauna Arab.* p. 87) a décrite comme une larve de genre incertain.   (AUD.)

CHEVROTAINS. *Moschus*, Lin.

MAM. Ne différant extérieurement des Ruminans ordinaires et même des Cerfs que par l'absence des cornes ; car la grande canine qui sort de la bouche des mâles se retrouve presqu'aussi grande dans plusieurs espèces de Cerfs. A l'intérieur, ils ont un péroné styliforme, étendu depuis la tête du tibia jusqu'auprès de son extrémité astragalienne. Ce péroné n'existe pas même dans les Chameaux. Ils ont de plus à chaque canon deux stylets plus développés même que dans les Chevaux, et représentant deux métacarpiens en avant et deux métatarsiens en arrière.

Ces caractères ostéologiques n'existent peut-être pas néanmoins dans toutes les espèces du genre. D'ailleurs toutes les espèces manquent de larmiers. Dans toutes les espèces, la canine des femelles est rudimentaire ; elles ont deux mamelles inguinales.

Ces Animaux, dont une seule espèce est bien connue et a servi de type au genre, habitent l'Asie et ses îles. Le *Moschus moschiferus* habite toutes les montagnes à l'est du méridien de l'Indus au nord du Tropique. Les autres

CHE

espèces habitent les îles. Le seul Mémina est commun aux montagnes de Ceylan et du Mysore sur le continent de l'Inde.

1. Le MUSC , *Moschus moschiferus*, Linn. Toorgo , Gifar des Tatares ; Kudari des Kalmoucks et des Mongols ; Dsaanja des Tungousses du Jenisei ; Houde de ceux du Baïkal ; Dschija de ceux de la Ceuta ; Xé des Chinois ; Gloa, Glao et Alath des Tanguts au Thibet ; Kaborga des Russes au Jenisei, leur Saïga sur les bords du lac Baïkal et de la Ceuta ; Bjos des Ostiaks du Jenisei. Pallas , *Spic. Zool. fasc.* 12, pl. 51, Schreber, pl. 242, B. Cette figure montrera combien est erronée l'assertion qui qualifie de ras le poil du Chevrotain, poil que Pallas, *Spicil. Zool. fasc.* 13, dit avoir sur le train postérieur de trois à quatre pouces de long.

De la taille d'un Chevreuil de six mois ; la bouche fendue jusqu'aux molaires. Le faon, nouveau-né vers la fin de mai, est d'un fond gris-roux avec une livrée de tâches blanchâtres disposées par lignes. De novembre à janvier, le fond est devenu brun moins foncé pourtant qu'aux vieux avec des lignes de taches fauves sans ordre sur les flancs, et transversales sur le dos. C'est l'âge où furent figurés les deux individus représentés par Pallas, *loc. cit.* Alors les mâles n'ont pas encore de canines ; dès-lors néanmoins les mâles se font reconnaître à leur museau plus épais, plus obtus qu'aux femelles (*V.* dans Pallas, *loc. cit.* pl. 5 , f. 2). Mais le caractère le plus constant du pelage c'est d'avoir toute la vie sous le cou, depuis la gorge jusqu'au poitrail, deux bandes blanches bordées de noir, enfermant entre elles une bande noire. Dans la vieillesse, tout le reste du corps est d'un brun noirâtre, comme l'indique la figure citée de Schreber. Il y en a néanmoins des individus constituant peut-être une variété, qui sont d'un jaune blanchâtre, à tête, cou et membres d'un blanc de lait ; les ongles même sont blancs ; les bandes latérales du cou sont grises chez ces Albinos. Telle était une vieille femelle disséquée par Pallas dans les montagnes de Sayansk. Les poils, ondulés sur leur longueur de blanc cendré ou de gris-brun et même de noir, sont verticaux, très-serrés, n'ont pas de bourre ni de lainage à leur base, excepté un peu au bas des jambes. L'existence de ce lainage dans les Mammifères des climats froids et même des sommets glacés de leurs montagnes, n'est donc pas une loi générale. La queue et une place autour en forme de cœur, s'étendant jusque sur les ischions, sont nues dans le mâle, et toujours mouillées d'une humeur odorante. Les femelles toute leur vie et les mâles jusqu'à deux ans ont au contraire la queue couverte de poils en dessus et de laine en dessous. L'anus est entouré d'un épi de poils rayonnés. Il n'y a souvent qu'un seul testicule dans le scrotum, cinq lignes au-delà duquel le fourreau de la verge bien saillant se continue avec l'angle postérieur de la bourse ventrale. Celle-ci très-proéminente, à parois internes, presque verticales, a son entrée fermée par des poils convergens. Son fond offre deux orifices. L'antérieur déprimé et nu est celui du follicule ou poche à musc; le postérieur est la fente du prépuce bordée d'un épi de poils rayonnés. La bourse à musc, de cinq à six pouces de tour, et longue de deux pouces et quelques lignes, s'étend en arrière au-dessus de la verge sans être nulle part adossée à la peau. Ce qu'il y a d'assez étonnant, c'est que sa membrane exhalante n'offre aucun vaisseau, est sèche et roide comme l'épiderme humain; mais le tissu cellulaire environnant est très-vasculaire. La surface exhalante de cette membrane (Pallas, *loc. cit.*, pl. 6, f. 10, où se voient aussi tous les détails d'anatomie qui précèdent et d'autres dont nous ne pouvons parler ici) est comme déchiquetée en petites languettes ou valvules inégales. Vers l'orifice, cette surface est lisse, et projette quelques longs poils que l'on retrouve quelquefois dans le musc. Le pourtour de l'orifice est lubrifié par de petites glandes comparables à celles de la marge des paupières de l'Homme. Le musc, même sur l'Animal vivant, forme une masse de consistance sèche, compacte en dehors, où se trouve l'empreinte des petites valvules de la poche. Le centre de la masse est vide ou très-peu compacte, le globule ne se formant que par la compression concentrique des dernières couches exhalées. La bourse ne contient pas plus de deux drachmes de musc dans les vieux et de six dans les adultes. Il y a quatorze et quelquefois quinze paires de côtes. D'après Pallas, sur un mâle de trente livres, le foie ne pesait que quatre onces. La pupille longuement fendue annonce, comme toutes ses habitudes, un Animal nocturne; néanmoins elle devient circulaire après la mort.

La hauteur au garrot d'un pied dix pouces, celle à la croupe de deux pieds, annoncent la vigueur d'impulsion du saut et de la course du Chevrotain. Cette vigueur lui était nécessaire au milieu des précipices qu'il habite. Ses ongles postérieurs plus longs que dans aucun autre Ruminant, et qui peuvent s'écarter des autres presqu'autant que chez le Chamois, lui donnent un pas sûr et solide: aussi gravit-il jusque sur les arbres inclinés. En tout, c'est pour la hardiesse à se précipiter des rochers, à franchir les abîmes, à gravir les pentes les plus rapides, l'émule du Chamois et du Bouquetin. Il passe de plus les fleuves à la nage. Excessivement timide, il ne peut vivre en captivité; il se nourrit en hiver de Lichens, et en été de quelques racines et de feuilles du *Rhododendron Dauricum*. Le chyme a une odeur ambrée et résineuse, qui annoncerait l'existence des matériaux du musc tout formés dans le sang. Le rut vient en novembre, temps où ils sont très-gras. Alors ils se rassemblent comme pour émigrer, mais c'est seulement pour choisir leurs femelles après des combats qui laissent beaucoup de mâles cicatrisés ou édentés de leurs canines. La poche du musc n'en contient alors pas davantage, ni de plus parfumé. Pallas suppose que l'utilité du musc est de servir de stimulant de volupté pour les femelles dans l'accouplement. La compression de la bourse en exprime alors cette matière qui se répand sur la vulve de la femelle. L'usage qu'en font les Bayadères et d'autres femmes orientales donne à cette explication l'appui de l'analogie. Les femelles manquent donc de bourse musquée. Nous ne rappellerons pas tous les contes ridicules faits sur l'origine naturelle ou artificielle de cette matière. (*V*. Pallas, *loc. cit.*)

Cette espèce, quoique les voyageurs en rencontrent peu parce qu'elle est nocturne, est presque innombrable dans toutes les montagnes qui forment les arètes des trois versants boréal, austral et oriental de l'Asie. On ne la trouve pas en Perse ni dans le Taurus, malgré la continuité de cette chaîne, par les montagnes du Candahar, avec celles du Kaschmir où Bernier l'a observée. Au nord-est il s'arrête à l'Indigirka. Par les montagnes qui bordent la Léna, il descend jusqu'à Iakutsk, et s'étend jusqu'à l'Océan par la chaîne des monts Stanavoï qui borde l'Amur au nord. A Patna, Tavernier acheta à la fois seize cent soixante-treize bourses de musc, toutes marquées aux douanes du Thibet. Il est aussi très-abondant dans les chaînes qui séparent l'Indo-Chine de la Tartarie chinoise et de la Chine. Au nord, très-commun tout le long des monts Altaï, il est surtout innombrable depuis les sources du Jenisei jusqu'à la mer Baïkal; car, dit Pallas, c'est là l'empire des montagnes boisées, sites favoris du Chevrotain qui ne s'aventure jamais dans les montagnes nues, et à plus forte raison dans les plaines. — Le musc des Alpes sibériennes n'a pas plus d'odeur que le Castoréum. Le meilleur vient du Tunkin, où il doit probablement sa force à la végétation plus parfumée de montagnes moins distante du Tropique.

Les Chevrotains proprement dits,

Tragulus, n'ont pas de bourses ventrales; ils ont des canines comme le Moschus, et aussi des ongles rudimentaires, quoi qu'en ait dit Pallas (*Not. ad fasc.* 13).

2. Le CREVROTAIN DE JAVA, *Moschus javanicus*. Napu des Malais. Staf. Raffles, *in zool. Collect. made in Sumatra., Trans. Linn.* t. 13., Buff. suppl., t. 6, pl. 3o.

De vingt pouces de long sur treize de haut, plus bas au garrot qu'à la croupe; queue de deux à trois pouces, touffue, blanche dessous et à la pointe; à couleur du musc jaspé de noir sur le dos, gris varié de blanc sur les flancs, et blanc en dessous et à la face interne des cuisses; une raie blanche étendue de chaque côté du menton à l'angle postérieur de la mâchoire; l'intervalle de ces deux raies est blanc, et projette en arrière trois bandes blanches, la moyenne jusque sous la poitrine, les latérales sur les épaules; la raie médiane est séparée des deux latérales par une grande tache triangulaire noire, dont la base est sur la poitrine et la pointe au haut de la gorge; enfin une raie noire de l'œil aux narines et les sabots très-allongés. Le Napu fréquente les bois voisins de la mer, où il vit de baies d'une espèce d'*Ardisia*. Pris jeune, il s'apprivoise aisément. Ses cornes sont courtes et droites.

3. Le KRANCHIL, *Moschus Kranchil,* Staf. Raffles, *ibid*. Plus petit que le précédent, de quinze pouces de long sur neuf ou dix de haut. Il est aussi plus vif et plus agile. Sa couleur est aussi très-différente : d'un roux-brun tirant sur le noir au dos, blanc au-dedans des jambes et sous le ventre; la raie de chaque côté de la mâchoire se prolonge jusqu'à l'épaule en se rétrécissant; la raie du milieu du cou est réellement une grande tache blanche triangulaire dont la base est près de la poitrine et le sommet sous la gorge; elle est encadrée par du fauve qui la sépare des deux raies blanches étendues de chaque angle de mâchoire aux épaules. Il n'y a pas de raies noires entre le nez et les yeux comme dans le

Napu; mais le derrière du cou est marqué d'une bande de noir, et une de brun s'étend d'entre les jambes de devant au milieu du ventre; canines longues et courbées en arrière; queue comme au précédent.

Ses mœurs sont aussi très-différentes : le Kranchil habite la profondeur des forêts, où il se nourrit des fruits du *Gmelina villosa*. Il est si rusé que sa réputation là-dessus est passée en proverbe : les Malais disent d'un voleur habile, rusé comme un Kranchil.

Sa légèreté, son adresse et sa vigueur sont telles qu'il se dérobe aux Chiens qui le serrent de trop près, en s'élançant jusqu'aux branches des Arbres auxquelles il s'accroche par le moyen de ses canines. Il reste ainsi suspendu jusqu'à ce que la meute soit éloignée. C'est à cette heureuse agilité que le Kranchil doit de pouvoir habiter les forêts sans crainte des bêtes féroces. Il est de Sumatra.

4. Le Pélandok, Staf. Raffles, *ibid.*, est plus bas que les deux précédens. Son corps est plus gros et plus lourd à proportion; son œil est plus grand; il vit dans les buissons voisins des habitations.

5. Le Mémina, *Moschus Memina*, L.; Pissay, dans Hamilton, Voy. Cast. ind., Schreb.; pl. 245, Buff. Sup. t. 3, pl. 15. Remarquable par deux ou trois séries parallèles de longues taches d'un blanc nuagé, étendues le long des flancs. Il se trouve à Ceylan, et diffère certainement du Kranchil, et à plus forte raison du *Moschus javanicus*. Est-il identique avec le Pélandok? Le peu que dit Raffles de celui-ci ne permet pas de le décider zoologiquement, mais on peut le soupçonner d'après sa position géographique. Leschenault a trouvé le Mémina das les Gates. C'est de ces montagnes que viennent les deux individus qui existent au Muséum de Paris. C'est le seul Tragulus que l'on ait encore observé sur le continent de l'Inde.

6. Le Pygmée, *Moschus Pygmœus*, Lin., Buff., t. 12, pl. 42. Schreber, T. III, p. 957, donne le nom de Kranchil comme synonyme malais de cette espèce, qu'il dit aussi se nommer Poctjoug à Java. Il est bien certain que le nom de Kranchil ne concerne pas le Pygmée, mais notre dernière espèce à pelage fauve ou roux en dessus, blanchâtre en dessous, a sous le cou deux bandes longitudinales de couleur rousse mêlée de brun, entre des bandes blanches; une transversale de même couleur au devant de la poitrine, et une bande fauve le long des flancs; les canines divergentes sont longues de six lignes. Buffon ne nomme pas la patrie du Pygmée; Raffles ne donne pas les couleurs du Pélandok. Dans ce défaut d'informations, nous pourrions hésiter sur la diversité de ces deux espèces, si Raffles ne disait du Pélandok que son corps est lourd à proportion de sa hauteur; or, le Pygmée est aussi svelte que le Kranchil.

Quoi qu'il en soit, il est aujourd'hui bien prouvé, d'abord que les Chevrotains n'existent pas en Afrique, où l'on a pris pour eux de petites espèces d'Antilopes, ce qui leur y faisait attribuer des cornes; et de plus qu'ils ont pour patrie les îles au sud de l'Asie. On n'a encore trouvé sur le continent de l'Inde que le *Moschus Memina*, commun à ses montagnes et à celles de Ceylan.   (A. D..NS.)

CHEVROTINE. MAM. Syn. de Chevrette (MAM.) *V.* ce mot.   (B.)

CHEYBEH. BOT. PHAN. Syn. d'*Artemisia arborescens*, espèce d'Armoise cultivée en Egypte dans les jardins.   (B.)

*CHEYBEH. BOT. CRYPT. (Delille.) Syn. égyptien d'*Evernia prunastri*. *V.* EVERNIE.   (B.)

CHEYLÈTES. *Cheyletus.* ARACHN. Genre de l'ordre des Trachéennes, famille des Holètres, tribu des Acarides, établi par Latreille et ayant, suivant lui, pour caractères : organes de la manducation formant un bec gros, avancé et conique; palpes courts, très-gros, en forme de bras, et dont le dernier article est terminé par un crochet en faucille; huit pates, corps ové. Les Cheylètes ont le corps entièrement mou et sans plaque écailleuse, ce qui les distingue des genres Ixodes, Argas et Uropode. La grosseur de leurs palpes empêche de les confondre avec les Oribates, les Smaris, les Bdelles et les Sarcoptes.

L'espèce servant de type à ce petit genre a été décrite par Schrank (*Enum. Insect. Austriæ indigenorum*, p. 515, n° 1058) sous le nom d'*Acarus eruditus*. Elle est très-petite et se trouve ordinairement dans les livres; on la rencontre aussi dans les collections. Sa démarche est lente; Latreille rapporte aussi au genre Cheylète le *Pediculus musculi* du même auteur (*ibid.*, pag. 501, n° 1024). (AUD.)

CHEYLETIDES. *Cheyletes.* ARACHN. Famille de l'ordre des Trachéennes, fondée par Leach (*Trans. Linn. Societ.*, T. XI), et comprenant les genres Cheylète, Smaris, Bdelle et Sarcopte. Leach observe que cette famille peu étudiée réclame un nouvel examen. (AUD.)

CHEYLOGLOTTE. *Cheyloglottis.* BOT. PHAN. Pour Chiloglotte. *V.* ce mot. (B.)

* CHE-YU. POIS. Syn. chinois d'Alose. (B.)

CHEZE. OIS. Syn. vulgaire de Mésange nonnette, *Parus palustris*, L. *V.* MÉSANGE. (DR..Z.)

* CHI. ZOOL. (Gaimard.) Syn. de Dent chez les Chinois de Timor. (B.)

CHIA. BOT. PHAN. Syn. de *Salvia hispanica*. *V.* SAUGE. (B.)

* CHIACA. MAM. (Gaimard.) Syn. de Rat aux îles Marianes. (B.)

CHIACCHIALACCA. OIS. (Forster.) Syn. mexicain de la Poule. *V.* COQ. (DR..Z.)

* CHIACHAS. BOT. PHAN. (Daléchamp.) Syn. arabe de Hêtre. *V.* ce mot. (B.)

* CHIAI-CATAI. BOT. PHAN. Plante inconnue de la Chine, que Dalé-

champ, en parlant de la Rhubarbe, se borne à mentionner comme un excellent médicament. (B.)

* CHIAMANDOLA. OIS. Syn. sarde de Canard. (DR..Z.)

* CHIAMETLA. REPT. OPH. *V.* COBRA DE CHIAMETLA. (B.)

CHIAMPIN. BOT. PHAN. Arbre de Ceylan indéterminé, dont les fleurs fort odorantes se confisent, et qui est peut-être le même que Champac. *V.* ce mot. (B.)

CHIANTOTOLT. OIS. Oiseau du Mexique encore peu connu et que l'on présume appartenir au genre Étourneau. Il a les parties supérieures variées de brun et de blanc, les inférieures blanches, tachetées de roux; les ailes noires et blanches; le bec un peu recourbé. (DR..Z.)

CHIAPPARONNE. OIS. Syn. du Bruant Proyer, *Emberiza miliaria*, L., dans le nord de l'Italie. (DR..Z.)

CHIAR. BOT. PHAN. Nom arabe d'une variété de Concombre que les Tartares nomment Chijar. (B.)

* CHIARARAGUE. REPT. OPH. (Gaimard.) Syn. de la Vipère brésilienne, à Rio-Janeiro. L'individu de cette espèce, donnée au Muséum par Quoy et Gaimard, fut tué dans les montagnes d'Estrelles. Langsdorf, consul russe à Rio-Janeiro, assura aux médecins de l'*Uranie* qu'il avait vu mourir, dans l'espace de quatre heures, un Nègre mordu par ce dangereux Reptile. (B.)

CHIARELLA. BOT. PHAN. Syn. italien de *Salvia Sclarœa*, L. *V.* SAUGE. (B.)

* CHIARTOLITE. MIN. *V.* MACLE.

* CHIASORAMPHE. OIS. Syn. de Bec-Croisé. *V.* LOXIE. (B.)

CHIASTOLIN. MIN. (Karsten.) Même chose que Chiartolite. *V.* MACLE. (LUC.)

* CHIATTO. REPT. SAUR. (Gesner.) L'un des synonymes italiens de Crapaud. *V.* ce mot. (B.)

CHIBI. MAM. (Azzara.) Syn. de Chat domestique au Paraguay, où l'on appelle l'Ocelot Chibi-Gouazou, c'est-à-dire Grand Chat. *V.* CHAT. (B.)

CHIBAU ET CHIBOUÉ. BOT. PHAN. Syn. de Gomart (*V.* ce mot) à Saint-Domingue. (B.)

CHIBOULE. BOT. PHAN. Même chose que Ciboule, espèce d'Ail. *V.* ce mot. (B.)

CHIC. OIS. En Provence, en Languedoc et en Guienne, c'est-à-dire dans les départemens de la France où l'on emploie le patois gascon, on nomme ainsi la plupart des petits Oiseaux qui n'ayant pas un ramage bien décidé, font entendre de petits sifflemens. Ce sont particulièrement les Bruans que l'on nomme ainsi. Le Zizi est le *Chic* par excellence, le Mouchet est le *Chic d'Avausse*, le Bruant fou est le *Chic farnous*; le Gavoué est le *Chic gavotte*; le Proyer est le *Chic-Perdrix*, et l'Ortolan de roseau est aussi un Chic. (B.)

CHICA. BOT. PHAN. Espèce de Bignone de l'Amérique méridionale, dont les naturels retirent, au rapport de Bonpland, une teinture pour se rougir le corps en partie ou en totalité.

L'on nomme également CHICA dans les terres Magellaniques et dans quelques îles de la mer du sud, une sorte de bière faite avec du Maïs ou d'autres Végétaux macérés dans l'eau. (B.)

CHICAL. MAM. (Hasselquitz.) Syn. turc de Chacal. *V.* CHIEN. (B.)

CHICALY. OIS. Oiseau peu connu de l'Amérique méridionale, dont le plumage, à ce que l'on rapporte, est aussi brillant que celui des Aras. (DR..Z.)

CHICAS. OIS. Syn. vulgaire du Choucas, *Corvus monedula*, L. *V.* CORBEAU. (DR..Z.)

CHICASAW. BOT. PHAN. Syn. anglo-américain de *Prunus angustifolia*. *V.* PRUNIER. (B.)

CHI-CHAP-HOA. BOT. PHAN. Syn.

chinois de *Justicia purpurœa*, espèce de Carmantine. (B.)

CHICHAROU. POIS. Syn. de Sauret en Saintonge. *V.* CARANX. (B.)

CHICH-CICH. OIS. Syn. piémontais du Gobe-Mouche gris, *Muscicapa grisola*, L. *V.* GOBE-MOUCHE. (DR..Z.)

CHICHE ou CICHE. *Cicer.* BOT. PHAN. Genre de la famille des Légumineuses et de la Diadelphie Décandrie de Linné, fondé par Tournefort et adopté par tous les auteurs qui l'ont suivi. Il offre pour caractères : un calice à cinq divisions dont la longueur égale presque celle de la corolle; quatre de ces divisions sont penchées sur l'étendard, et une placée sous la carène; celle-ci est très-petite, comparée à l'étendard dont les dimensions sont très-grandes. Le Légume, qui contient seulement deux graines, a une forme rhomboïdale qui offre quelque ressemblance avec la tête d'un Bélier. Cette conformité, dont Pline a fait mention, sert de nom spécifique à l'unique espèce qui compose ce genre. Le *Cicer arietinum*, L., a une tige haute de trois décimètres, rameuse et un peu velue, des feuilles ailées avec impaire; ses pédoncules sont axillaires, solitaires, portant des fleurs ordinairement violettes pourprées, et quelquefois blanches. Cette Plante croît naturellement dans les moissons de l'Espagne, de l'Italie et de tout l'Orient. On la cultive dans le midi de la France où elle porte les noms vulgaires de *Pois chiche* ou *Café français*. Les poils dont elle est couverte transsudent une liqueur qui, selon Déyeux, est de l'Acide oxalique pur. (G..N.)

*CHICHI. OIS. Nom kamtschadale d'une espèce de Faucon. (DR..Z.)

* CHICHICA-HOATZOU. BOT. PHAN. (Hernandez.) Probablement l'*Eryngium fœtidum* au Mexique. *V.* PANICAUT. (B.)

* CHICHIC-HOANTI. BOT. PHAN. *V.* HOANTI. (B.)

CHICHICTLI. ois. Espèce du genre Chouette, *Strix Chichicli*, Lath. *V.* CHOUETTE. (DR..Z.)

CHICHILTOTOLT. ois. Syn. mexicain du Tangara pourpré, *Tanagra jacapa*, L. *V.* TANGARA. (DR..Z.)

CHICHIMICUNA. BOT. PHAN. C'est-à-dire *nourriture de Chauve-Souris.* Nom de pays du *Nycterisition ferrugineum* de la Flore du Pérou. (B.)

CHICHMOU CICHIN. BOT. PHAN. Syn. égyptien de *Cassia Absus*, espèce de Casse cultivée dans les jardins du Caire. (B.)

CHICHIVAL. BOT. PHAN. (Hernandez.) Probablement le *Capraria biflora*. (B.)

CHICHLAS. ois. Syn. grec de la Draine, *Turdus viscivorus*, L. *V.* MERLE. (DR..Z.)

CHICHON. BOT. PHAN. L'un des noms vulgaires de Laitue romaine, variété de *Lactuca sativa*. *V.* LAITUE. (B.)

CHICHOULLOS. BOT. PHAN. (Garidel.) Nom provençal des fruits du *Celtis australis. V.* MICOCOULIER. (B.)

* CHICIATOTOLIN ou CIHUATOTOLIN. ois. La femelle du Dindon au Mexique. (B.)

CHICKWEED. BOT. PHAN. Nom générique anglais de petites Plantes basses et débiles, telles que la Morgeline, les Céraistes, la Montie des fontaines, l'Holostée ombellée, les petites Véroniques, etc. (B.)

CHICLA. BOT. PHAN. (Dioscoride,) Syn. de Panicaut, selon Adanson. (B.)

CHICLI. ois. (Azzara.) Espèce de Fauvette du Paraguay. (B.)

* CHICOCAPOTÉS. BOT. PHAN. Vieux nom du *Cratæva Marmelos*, L. *V.* ÉGLÉ. (B.)

CHICORACE. *Chicoreus*. MOLL. Genre formé par Denis Montfort avec l'un des nombreux démembremens du genre Rocher qu'il avait fondé sans beaucoup de discernement, et qui, conséquemment, n'a pas été plus conservé que ses Brontes, ses Aquilles, ses Typhys, etc. Il forme la seconde division de la seconde section

du genre Rocher, tel que l'établit Lamarck (Anim. sans vert. T. VII, p. 155). Les *Murex ramosus*, *Scorpio* et *saxatilis*, L., en étaient les principales espèces. *V.* ROCHER. (B.)

CHICORACÉES. *Chicoraceæ*. BOT. PHAN. De toutes les tribus ou sections établies dans la vaste famille des Synanthérées, les Chicoracées sont sans contredit la plus naturelle et la mieux définie, puisqu'au milieu des bouleversemens auxquels les genres de cette famille ont été exposés dans ces derniers temps, ce groupe est resté à peu près intact et tel qu'il avait été institué par Vaillant et Jussieu. Son caractère distinctif est en effet très-nettement tranché, et consiste surtout dans la forme singulière de la corolle, dout le limbe est toujours déjeté de côté et unilatéral, par suite de la profondeur d'une de ces cinq divisions qui se prolonge jusqu'à la base de la corolle, tandis que les quatre autres entament à peine son bord. C'est à cette forme de corolle que l'on a donné le nom de ligulée, et chacune des petites fleurs qui en sont pourvues est nommée demi-fleuron. Aussi Tournefort appelait-il semiflosculeuses les Plantes que nous appelons ici Chicoracées.

Les genres de cette tribu sont assez nombreux. On peut les diviser en deux sections artificielles suivant que leur réceptacle ou phorante est nu, ou qu'il est chargé de poils ou de paillettes. La première section peut être subdivisée en trois paragraphes d'après l'aigrette qui manque, est formée d'écailles ou d'arêtes, ou bien est composée de poils simples ou plumeux. Nous allons donner l'énumération des genres principaux de chacune de ces sections.

Ire SECTION : *Phoranthe nu.*

§ I. Point d'aigrette.

Lampsana, L., Juss.; *Arnoseris*, Gaertn.; *Rhagadiolus*, Tourn.; Juss.;

§ II. Aigrette formée d'écailles ou d'arêtes.

Hedypnoïs, Tournef., Juss.; *Drepania*, Juss.

§ III. Aigrette formée de poils.
Zacintha, Tournefort; *Prenanthes*, L., Juss.; *Chondrilla*, L., Juss.; *Lactuca*, L., Juss.; *Hieracium*, L., Juss.; *Sonchus*, L., Juss.; *Crepis*, L., Juss.; *Hyoseris*, L.; *Thrincia*, Roth; *Krigia*, Willdenow; *Virea*, Adans., Rich.; *Leontodon*, L.; *Taraxacum*, Haller; *Picris*, L., Juss.; *Helminthia*, Juss.; *Picridium*, Desfontaines; *Scorzonera*, De Cand.; *Podospermum*, *Tragopogon*, L. Juss.; *Troximoa*, De Cand., Gaertner; *Urospermum*, Scopoli, Juss.; *Apargia*, Scopoli.

IIe SECTION : *Phoranthe chargé de paillettes ou de poils.*
§ I. Aigrette poilue ou plumeuse.
Geropogon, L., Juss.; *Hypochœris*, L., Juss.; *Seriola*, L., Juss.; *Achyrophorus*, Gaertner; *Andryala*, L., Juss.; *Rothia*, Schreber.
§ II. Aigrette formée d'arêtes ou nulle.
Catananche, L., Juss.; *Cichorium*, L., Juss.; *Scolymus*, L., Juss.

(G..N.)

CHICORÉE. *Cichorium*. BOT. PHAN. Famille des Synanthérées, type de la tribu des Chicoracées, Syngénésie égale de Linné. Dans ce genre, les folioles de l'involucre sont disposées sur deux rangs, caractère que certains auteurs ont désigné par l'expression de calice double et caliculé. La rangée intérieure est composée de huit folioles droites et soudées inférieurement; celle de l'extérieure l'est de cinq plus courtes et réfléchies à leur sommet. L'aigrette des akènes moins longue que ceux-ci est sessile et écailleuse. On dit alors que les fruits sont couronnés seulement par un rebord frangé et membraneux. Le réceptacle n'est garni que de poils épars. Les Chicorées sont en outre reconnaissables à leurs fleurs bleues ou blanches, sessiles ou agglomérées au nombre d'une à six dans l'aisselle des feuilles supérieures; une de ces fleurs est quelquefois longuement pédonculée.

Tous les auteurs modernes ont adopté le genre Chicorée, tel que nous venons de le définir. Il ne se compose que d'un petit nombre d'espèces dont deux sont éminemment utiles, l'une comme Plante médicinale et l'autre comme Plante potagère. La première ou la Chicorée sauvage, *Cichorium Intybus*, L., croît abondamment sur les bords des chemins et dans les champs de toute l'Europe. Sa tige naturellement haute de cinq décimètres prend un accroissement beaucoup plus considérable par la culture. Elle est velue inférieurement, branchue et divariquée, ce qui ôte de la grâce à cette Plante, dont les fleurs sessiles d'un beau bleu céleste sont d'ailleurs fort élégantes. Ses feuilles lancéolées, dentées et sinuées, sont un peu velues sur leurs côtes. Cette espèce offre plusieurs variétés; quelques individus ont des fleurs blanches, d'autres des fleurs rouges, d'autres enfin ont la tige large et aplatie, comme si on l'avait fortement comprimée. La racine de Chicorée sauvage jouit d'une réputation méritée, sous le rapport de ses propriétés médicales; aussi en fait-on un usage très-vulgaire dans toutes les circonstances où il s'agit d'exciter les organes digestifs par le moyen des toniques. En effet son amertume très-intense et dégagée de toute âcreté est un indice certain de son innocuité que démontre l'expérience journalière. Elle n'est pas même purgative, ainsi qu'on le croit communément, car si l'on administre comme tel le sirop de Chicorée, c'est à la Rhubarbe et à d'autres substances qui entrent dans la composition de ce médicament que celui-ci doit toutes ses vertus. Lorsque cette racine a été torréfiée, elle acquiert une saveur amère sans être désagréable et un arôme qui se rapproche de celui du sucre caramélisé. On l'a beaucoup trop vantée comme le meilleur succédané du Café, et pendant la durée du blocus continental, on en a vendu une quantité immense pour ce seul usage. Toute racine amère et riche en principe extractif mucoso-sucré, donnera par la torréfaction une substance équivalente au Café de la Chicorée. C'est l'abondance de celle-ci seulement qui lui a valu la préférence.

Les feuilles de cette espèce ont à peu près les mêmes propriétés que ses racines; c'est pour les obtenir plus succulentes et en plus grande abondance qu'on cultive la Plante dans les jardins. On en fait usage soit en décoction, soit en exprimant leur suc, comme celui des feuilles de la dent de Lion.

C'est une autre espèce, la Chicorée Endive, *Cichorium Endivia*, L., dont on mange les feuilles soit en salade, soit préparées de toute autre manière. Elle ne diffère que bien peu de la précédente, car ses feuilles sont très-glabres, entières ou dentées, et rarement lobées; quelques-unes de ses fleurs sont portées sur de longs pédoncules. La Plante enfin est annuelle au lieu d'être vivace; mais ces différences se maintenant par la culture, on ne peut la regarder comme une variété de la Chicorée sauvage. Les jardiniers en cultivent principalement trois variétés: l'une qu'ils nomment *Scariole* a les feuilles larges et presque entières; une autre dont les feuilles sont étroites et allongées porte le nom de *petite Endive*; et la variété que l'on appelle *Chicorée frisée*, à cause de ses feuilles découpées et crépues sur leurs bords. C'est surtout à cette dernière que les jardiniers font perdre son amertume et sa dureté en la faisant blanchir par l'étiolement. De même que la plupart des autres Plantes que l'Homme a pour ainsi dire réduites à l'état de domesticité, la Chicorée Endive ne se trouve plus sauvage, et on ignore sa patrie. (G.N.)

CHICORÉE DE MER. BOT. CRYPT. (*Ulvacées*.) Les Ulves à feuilles planes ou comprimées, allongées et frisées, portent ce nom dans plusieurs pays; les Vaches et les Moutons les mangent avec avidité, principalement en Écosse, en Islande, et même sur les côtes de Bretagne. (LAM..X)

* **CHICORÉE FRISÉE.** MOLL. Nom marchand et vulgaire du *Murex ramosus*, L. Type du genre Chicorace de D. Montfort. *V*. ce mot et ROCHER. (B.)

CHICOT. BOT. PHAN. *V*. GYMNOCLADE et GUILLANDINA.

* **CHICOTIN.** BOT. PHAN. Racine en forme de Noisette allongée, qui paraît appartenir à un Telephium dont l'odeur est celle de la Rose, et qui croît au Groenland. (B.)

* **CHICOURGEH.** BOT. PHAN. (Delille.) Syn. arabe de Chicorée, et probablement racine de ce mot. (B.)

* **CHICOY.** BOT. PHAN. (Camelli.) Probablement un Diospyros chez les Espagnols des Philippines. (B.)

CHICQUERA. OIS. Espèce du genre Faucon, *Falco Chicquera*, Lath. *V*. FAUCON. (DR..Z.)

CHICUALTI. OIS. Nom d'une Bécasse montagnarde de l'Inde, selon Vieillot, peut-être la même chose que Chimatli. (DR..Z.)

CHICUATLI. OIS. *V*. CHIQUATLI.

FIN DU TOME TROISIÈME.

www.ingramcontent.com/pod-product-compliance
Lightning Source LLC
Chambersburg PA
CBHW031725210326
41599CB00018B/2510

* 9 7 8 2 0 1 4 5 0 2 0 8 4 *